U0225323

沉积盆地动力学与能源矿产研究进展丛书

丛书主编　刘池洋

油气煤铀同盆共存成藏（矿）机理与富集分布规律

（上册）

主编　刘池洋　吴柏林

科学出版社

北　京

内 容 简 介

本书为国家973项目"多种能源矿产共存成藏(矿)机理与富集分布规律"的总结成果,同时汇纳和补充了后续相关项目的成果和最新资料。全书共7篇31章。第一篇从全球最新资料、典型成矿域剖析和系统理论总结三方面,论述了油气煤铀同盆共存、成藏与分布。第二篇总结了鄂尔多斯盆地的深部结构、地温场和其演化、构造事件和埋藏史、新生代构造反转、高原演化与环境变迁。第三篇讨论了沉积有机相、地层和烃源岩富铀特征与分布、天然气运移耗散和其地矿效应、热液活动地化记录。第四篇介绍了盆地油气、煤和铀矿的成藏与分布;探讨了低渗透油田成藏模式、流体运移与天然气成藏、含煤岩系与铀成矿关系、西缘断褶带式和东胜砂岩型铀矿的成矿模式等。第五篇通过模拟实验探讨了天然气在铀成矿和铀在烃源岩生烃过程中的影响。第六篇讨论了煤型镓(铝)矿床和煤中伴生矿产的赋存及分布。第七篇探讨了多种能源矿产协同勘探模式,提出了沉积盆地成矿系统的新概念。

本书可供油、气、煤、铀能源地质勘探及开发和盆地地质等领域以及相关交叉学科的科研、技术人员和高等院校师生阅读、参考。

图书在版编目(CIP)数据

油气煤铀同盆共存成藏(矿)机理与富集分布规律:全2册/刘池洋,吴柏林主编. —北京:科学出版社,2016.10

(沉积盆地动力学与能源矿产研究进展丛书)

ISBN 978-7-03-051467-7

Ⅰ.①油… Ⅱ.①刘…②吴… Ⅲ.①含油气盆地-共生矿物-矿床成因论-研究、Ⅳ.①P618.130.201

中国版本图书馆CIP数据核字(2016)第317334号

责任编辑:胡晓春 王 运 孟美岑 焦 健 刘浩旻/责任校对:何艳萍
责任印制:肖 兴/封面设计:王 浩

科 学 出 版 社 出版
北京东黄城根北街16号
邮政编码:100717
http://www.sciencep.com

北京利丰雅高长城印刷有限公司 印刷
科学出版社发行 各地新华书店经销

*

2016年10月第 一 版 开本:787×1092 1/16
2016年10月第一次印刷 印张:63 1/2
字数:1 450 000

定价:**680.00**元(上、下册)
(如有印装质量问题,我社负责调换)

沉积盆地动力学与能源矿产
—— 代丛书前言

1. 沉积盆地在地学研究中的重要地位

地球表面可分为大陆和大洋两大地貌-构造单元，其中海洋总面积约占地球表面总面积的71%。从地貌形态和正在接受沉积等方面考虑，大洋似可看作一种特殊的巨型沉积盆地或由若干个沉积盆地组成的超级沉积盆地域(群)，故又常被称作大洋盆(地)。

大陆由沉积盆地、造山带和地盾三种属性不同的构造单元所构成。其中沉积盆地所占面积最大。据统计，海拔在500 m以下的平原和丘陵，约占陆地总面积的52.2%，大部为沉积盆地；其中海拔低于200 m的平原面积约占一半，几乎全为正在沉降、接受沉积的冲积平原或三角洲和湖盆，即正在发展的沉积盆地。在海拔500 m以上的山地和高原，仍有较大面积为沉积盆地所占据。若将经后期改造但仍有沉积矿产勘探远景的残留沉积盆地(体)计算在内，盆地的面积约占大陆总面积的4/5。

因而，无论在世界地质和地球动力学，还是在大陆地质和大陆动力学研究中，沉积盆地均处于极为重要的地位。

盆地沉积翔实地记录了地球最外圈层的演化历史和地质作用、气候与环境演变；此记录时间连续、信息丰富。其中大多数盆地仍较好地留存有其形成演化的深部结构特征，从而可弥补诸多造山带深部已"脱胎换骨"而难以反映其形成的深部动力环境之不足。

沉积盆地是一个聚宝盆，蕴藏着丰富的、人类必需的多种矿产资源：如水、油、气、煤、膏盐等非金属矿产，铀矿、铅锌矿等金属矿产；同时也是人类衣食原料的主要生产地。沉积盆地为沉积矿产赋存的基本单元和成藏(矿)的大系统。在盆地形成、演化和后期改造过程中，这些矿产同盆成生共存、聚散、成藏(矿)和定位。

沉积盆地是人类生息、活动的主要场所。目前世界人口的90%集中居住在海拔400 m以下的平原、大河中下流域、环湖和沿海附近盆地分布的地域。在海拔400 m以上的地区，人类主要居住在山间盆地和高原洼地。这些地区通常又是地震、滑坡、泥石流、地裂缝和海啸等自然灾害多发区。人类的活动和集中居住，也影响局部及区域气候和环境的变化，同时带来地表和地下不同程度、多种形式的环境污染。这一切对人类生存环境形成威胁的自然现象和人为行为，其威胁的特点和程度又因盆地地质特征的不同而有别。

所以，近三十多年来，地球科学从基础理论研究，矿产及水资源勘探利用、保护，改善人类生存环境三方面，不约而同地将关注的焦点和研究的热点转向沉积盆地。集地球科学研究和应用的这三大领域(科学研究、物质需求、生存环境)为一体、且均居重要地位者，惟有盆地。沉积盆地从来没有像今天这样得到学术界、工业界和政府部门的广泛重视。在世界和美国等发达国家的地学研究计划中，沉积盆地均处于极为重要的位置。

2. 能源矿产赋存与沉积盆地动力学

随着砂岩型铀矿在铀矿资源中地位和重要性的迅速提高，油、气、煤、铀等重要能源矿产主要赋存在沉积盆地中已成为不争的事实。油、气、煤和铀在世界各国的能源结构、政治、军事、经济发展、社会进步和国家安全等方面均处于十分重要的地位。世界各国均对其高度重视。

我国现已成为全球第二大石油消费国。2004 年净进口原油和成品油 1.4365×10^8 t（其中原油 1.1723×10^8 t），原油进口依存度超过国际石油安全警戒线（40%）。我国目前探明的煤炭、天然气和铀矿储量的规模和质量，也难以适应经济快速发展的需求。"开源节流"和多种能源之间的互补和替代，是缓解我国短缺能源供求矛盾、减少石油进口的有效途径。否则，将会直接威胁到国家的安全，也势必影响我国经济的持续发展。

能源盆地是沉积盆地的主要组成部分，它以其展布面积大、发育时间长而在地球动力学研究中占有更为重要的地位。大中型沉积盆地的形成、发展、演化和改造，总体受地球深部系统内动力地质作用的控制；而盆地内沉积物的充填、埋藏和成岩，则是在盆地形成的统一动力学背景下，总体受地球表层系统（岩石圈浅表层、水圈、大气圈和生物圈）外动力地质作用（风化、生物、剥蚀、搬运、沉积、成岩等）的制约。沉积矿产在此过程中于盆地内成生、共存、聚散、成藏（矿）和定位。所以，沉积盆地将地球深部系统的内动力地质作用和地球表层系统的外动力地质作用有机耦合，自然构成了一个各圈层内、外地质动力相互作用的统一盆地动力学系统；此系统的活动虽有其相对独立性，但总体属地球动力学大系统的重要组成部分——此即为笔者理解的盆地动力学内涵。

沉积盆地动力学系统就是诸多沉积矿产同盆成生、赋存、成藏（矿）的统一动力学背景和成藏（矿）大环境。只有将多种能源矿产置于盆地形成、演化和改造的统一动力学背景之中，才可能揭示其同盆共存富集的基本规律和成藏（矿）机理及其主控因素。

中国大陆活动性强，地球动力学环境因地而异、复杂多变，造就了中国盆地类型多样，地质构造特征复杂，矿产资源丰富而特色显明。这虽增加了研究的难度，但却为我国学者提供了产生具中国盆地和矿产资源特色的前沿创新成果、实现科学重大突破的良好条件和机遇；从而为丰富和发展世界盆地动力学和能源地质相关科学理论做出贡献。

为了推动沉积盆地动力学研究的深化并与我国能源矿产实际密切结合，及时交流研究进展，笔者主编和组织撰写了《沉积盆地动力学与能源矿产研究进展丛书》。丛书以国家 973 项目和其他相关重要项目的研究成果和理论总结为主体；分析实例涉及国内外，重点解剖中国盆地；研究内容涵盖大地学，突出盆地和能源矿产；选题力求反映该领域的研究现状、进展和发展趋势；并触及其薄弱环节、存在问题及可能解决的途径。

本丛书以西北大学含油气盆地研究所提出的盆地动力学研究系统和倡导的"整体、动态、综合"研究原则为指导思想。对各作者的具体研究思路、学术观点、撰稿特色和文笔风格不求统一，且尽可能保留原貌；体现科学民主、学术自由。

预祝丛书顺利出版和各部著作相继问世，为繁荣和发展盆地与能源研究做出贡献。在此，谨向帮助、关心和支持本丛书出版的所有人士致以诚挚的谢意。

刘池洋

2005 年盛夏于西北大学

前　言

油、气、煤和铀为当今世界上最重要的四种不可再生能源矿产，在各国能源结构、政治、军事、经济发展、社会进步和国家安全等方面均处于十分重要的地位；是与国际经济、政治相互影响、快速互动的敏感因素。世界各国对其勘探开发、产销、价格及其运销路线和去向均高度重视和极为关注。

1. 油气煤铀同盆共存命题产生与 973 项目立项实施

在长期对中国及世界能源盆地和矿产资源研究的基础上，于上世纪晚期和本世纪初，笔者根据国内外沉积盆地铀矿勘探的蓬勃开展和砂岩型铀矿地浸开采的成功进行及其明显优势与发展趋势，预测砂岩型铀矿资源丰富、勘探领域广阔；在不久的未来所探明的储量和产量将会跃居各类铀矿之首，成为铀矿勘查的重要方向和主要领域。在此基础上提出油、气、煤、铀"多种不可再生能源矿产主要赋存在沉积盆地中"；"多种能源矿产同盆共存存在普遍，含矿层位联系密切，空间分布复杂有序；表明其间有着密切的内在联系和统一的地球动力学背景，蕴含着深刻的科学内涵，值得进一步深入研究和探讨"。一个与国家重大需求紧密相关、全新的前瞻性前沿科学命题(领域)在孕育形成。

2002 年和 2003 年，西北大学两次组织中国石化勘探开发研究院、煤炭科学研究总院西安地质分院、中国核工业集团公司地质局 203 研究所和中国科学院兰州地质研究所联合申报了国家重点基础研究发展计划(亦称 973 计划)项目"多种能源矿产共存成藏(矿)机理与富集分布规律"。该项目 2003 年 11 月由科技部批准立项，于 12 月正式启动。项目依托单位为教育部和陕西省科技厅，首席科学家为西北大学刘池阳[①]教授。

本 973 项目属多学科交叉、融合，多行业联合、渗透的综合性研究项目。根据项目交叉综合的特点，首席科学家组织了跨学科、跨行业的研究队伍和专家组。项目专家组由赵鹏大院士、陈毓川院士、张国伟院士、贾承造院士、金之钧教授、张泓教授、孟自芳研究员、徐高中研究员和刘池阳教授组成。跟踪专家组由刘文汇研究员(组长)、彭平安研究员(副组长)、赵凤民研究员(副组长)、赵重远教授、贝丰教授、彭苏萍教授、高山教授、杨华教授组成。研究队伍由来自油气、煤炭、核工业、地矿等多个相关部门与 10 所高等院校和中国科学院下属 3 个地学研究所等优势单位的学术骨干组成。科技部指派 973 项目能源领域咨询专家周凤起研究员和夏道止教授(项目中期评估后改换为王洋研究员和罗治斌教授)对项目实施的全过程进行跟踪和咨询指导。

本项目遴选富集多种能源矿产于一体的鄂尔多斯盆地为重点研究地区，以油气、煤、铀等能源矿产为主要研究对象，以盆地内多种能源矿产共存的各种关系为线索，以

---

① 笔名刘池洋。

其同盆共存的内在联系和成藏（矿）机理及分布规律为核心，以盆地动力学和动态演化-改造过程为纽带，多学科交叉综合研究和重点聚焦的关键科学问题是：多种能源矿产同盆共存富集的①物质基础与地球动力学背景、②共存富集环境和成藏（矿）机理、③时空分布与主控因素，及其④判识体系、预测理论和协同勘探模式等。

本 973 项目于 2009 年 11 月 12 日在北京通过了由科技部组织的专家组的评审验收，取得了丰硕的创新成果，得到专家的充分肯定。

首席科学家因主持的多种能源 973 项目成绩突出，获"十一五"国家科技计划执行突出贡献奖（科技部，2011 年 2 月）。

2. 973 项目预测成果验证与大铀矿发现

本 973 项目通过对鄂尔多斯盆地东北部东胜大铀矿床的成矿条件、区域地质构造环境演化和天然气耗散效应等的综合研究认为，在盆地北部东西向展布的伊盟隆起具有与东端东胜铀矿床类似的成矿条件和演化过程，整个隆起区铀成矿条件良好、勘探领域广阔，可望成为世界级超大型砂岩型铀矿矿集区。在 973 项目验收结题之后，刘池阳等前往在鄂尔多斯盆地进行油气勘探的诸单位进行学术交流，介绍 973 研究成果，建议在该区兼探铀矿。此建议得到中石化华北油田分公司的响应，2011 年兼探铀矿的工程项目正式启动，与西北大学刘池阳科研团队先后签订了"鄂尔多斯盆地中石化探区铀矿资源调查"和"杭锦旗探区铀矿资源评价"等科研项目。西北大学团队全面负责铀矿勘查区（面积 6358.314 km²）沉积构造基础地质与工业制图、铀成矿条件和环境及分布特征等研究、所有取心井及地面相关样品的采集和实验测试分析、铀矿资源评价等任务。

在鄂尔多斯盆地北部，铀矿勘探的主要目的层为侏罗系直罗组。因侏罗系一直未发现油气，油气探区工作程度颇低，缺乏基础研究和资料。西北大学团队通过对研究区内所有取心井岩心观察描述和样品分析，测井和二维、三维地震资料研究，结合野外露头剖面调查和区域地质背景资料，对区内 216 口钻井（铀矿勘查新钻探的 141 口和前期天然气勘探完钻的 75 口）开展了侏罗系和下白垩统各地层组、段、小层的全新划分对比，首次建立了地层等时格架和直罗组不同岩性的电测曲线特征模板；开展各类地层、沉积、构造工业制图；完成各类分析测试 45 项、800 余件；创新性地利用飞秒激光剥蚀多接收等离子体质谱（fLA-MC-ICPMS）对杭锦旗铀矿的铀矿物进行微区原位 U-Pb 定年，首次获得了五组精确的铀石年龄。这些工作填补了该区侏罗系直罗组、安定组和下白垩统前人工作和资料的空白。进而研究和总结了研究区砂岩型铀矿的铀赋存状态、成矿条件、主控因素和主成矿期、铀成矿模式等；建立了伽马能谱测井 GR 值与对应含铀矿层实测铀含量之间的关系，及其可达工业矿石标准（100 ppm①）的对应关系。对 216 口井进行了铀矿化段解释，编制相关图件，计算与评价铀资源量，发现了杭锦旗大铀矿床。

对比研究表明，杭锦旗与东胜铀矿床在成矿条件和赋存环境等方面相似大于差异，成熟煤型气向北规模运移-耗散为这两个大铀矿床形成和保矿的重要而关键因素。这验证了同盆共存的油气煤铀在赋存条件、成藏（矿）环境和分布特征等方面内在联系密切等理论认识和盆地北部伊盟隆起为世界级超大型砂岩型铀矿矿集区的预测推断。

2012 年 5 月 30 日，中核集团与中石化集团签订《战略合作框架协议》。在仪式上，

---

① 1 ppm = 10^{-6}。

中核集团董事长、党组书记孙勤和中石化集团公司董事长、党组书记、股份公司董事长傅成玉都表示，"经过一段时间的努力，终于达成并签署本协议。这不仅是矿产领域合作的开端，也是双方其他领域合作的起点和基础。"为落实此框架协议，2012 年 6 月 28 日，双方关于内蒙古鄂尔多斯盆地中石化探矿权内铀资源勘查开发举行合作会谈。2013 年 3 月 29 日，中核集团地矿事业部与中石化华北分公司在京签署了"中核石化铀业有限公司"合资协议。2013 年 5 月 22 日，"中核石化铀业有限公司"召开第一次股东会暨董事会、监事会，选举产生了公司董事、监事和经理层，审议了合资公司发展规划和2013 年工作计划。会后，举办了简短的揭牌仪式，中核集团党组成员、副总经理曹述栋和中石化集团党组成员、高级副总裁王志刚分别讲话。国防科工局、国土资源部及鄂尔多斯市有关领导和人员出席了仪式。该合资公司的成立得到了国防科工局、国土资源部等上级部门的充分认可。①

3. 关于本著作

本著作主要为 973 项目的研究成果，同时不同程度地汇纳和补充了期后进一步研究与作者后续相关项目的成果和认识。后者如上述与中石化科研合作的铀矿勘查项目、国家地调局有关项目等。对一些与时有变的数据等，尽可能改用了最新资料（如第十七章），或重新对最新资料进行了统计、对比和分析总结（如第一章）。

全书共 7 篇 31 章。

第一篇含 3 章，从全球视野对最新资料的统计归纳和研究（第一章）、对中-东亚能源矿产成矿域的典型实例剖析（第二章）、对相关理论认识及进展总结（第三章）三个不同侧面，论述了油气煤铀同盆共存特征、成藏（矿）机理与分布规律，构建了本书的理论框架和基础。

第二篇的 6 章，综合作者自己和已有多种方法所获得的测试资料和成果，讨论与总结了鄂尔多斯盆地及邻区的地球物理场特征与深部结构（第四章）、地温场特征和热演化史（第五章）、中-新生代的构造事件年代学（第六章）和沉积埋藏演化史（第七章）、新生代构造反转（第八章）、高原形成演化与环境变迁（第九章）及其形成的动力环境。较全面地展现了与多种能源矿产赋存相关的盆地特征及演化、构造事件和动力环境。

第三篇共 7 章，分别从沉积有机相模式（第十章）、沉积地层放射性异常及分布（第十一章）和延长组长 7 段优质烃源岩富铀特征及富集机理（第十二章）、盆地北部上古生界天然气向北运移及其散失量（第十三章）、天然气耗散的砂岩漂白现象（第十四章）及其地质效应和判识标志（第十五章）、多种能源矿产热液活动地球化学记录（第十六章）等方面，讨论了有机与无机流岩作用和能源矿产共存的物质基础。

第四篇共有 9 章，较全面地介绍了鄂尔多斯盆地油气（第十七章）、煤（第二十章）和铀矿（第二十一章）各能源矿产的赋存、成藏与分布的总体特征；专题探讨了延长组低渗透油田的成藏新模式（第十八章）、盆地北部流体运移与天然气成藏（矿）（第十九章）、盆地西缘断褶带式砂岩铀矿地质特征与成矿作用（第二十二章）、东北部侏罗纪含煤岩系与铀成矿关系（第二十三章）、东胜砂岩型铀矿成矿特征及模式（第二十五章）和该矿区有机地球化学特征与有机质来源（第二十四章）。

第五篇有 2 章，主要通过模拟实验研究，探讨了天然气在铀成矿（第二十六章）和

①　此部分据中国核工业集团公司网站资料。

铀在烃源岩生烃演化过程(第二十七章)中有机-无机能源矿产的相互作用和成矿效应，从而为油气煤铀同盆共存、富集成藏提供环境、机理和过程细节及约束条件。

第六篇的 2 章讨论了煤型镓(铝)矿床(第二十八章)和煤中伴生矿产(第二十九章)的形成、特征及分布，为能源矿产的伴生矿产资源研究和利用提供了可资借鉴的实例。

第七篇有 2 章，第三十章探讨了鄂尔多斯盆地多种能源矿产协同勘探模式，具前瞻性和探索性；第三十一章提出了沉积盆地成藏(矿)系统的新概念，有助于深刻揭示包括能源矿产在内的各种沉积矿藏同盆共存的内在联系、成藏模式和分布规律，丰富和发展已有成矿理论体系。

本书的策划和编撰始于本 973 项目实施中后期，973 项目结题之后书稿陆续集结。在审稿和修改过程即将结束时，又经历了拟纳入 973 项目油气类丛书和独立出书等反复。目前呈现在读者面前的各章节内容，是在主编综合编委会、审稿专家和相关专家意见基础上选定的，约为原书稿章节的 2/3。未选用的部分，大多为对鄂尔多斯盆地及周邻山系的基础地质研究内容。本书根据专家建议拟尽可能突出与油气煤铀共存、成藏和分布联系较为密切或直接相关的内容，故只能忍痛割爱了。另外有些章节的内容彼此重复较多，但又自成体系、难以合并，就只能根据需要选择其一了。还有部分章节或因作者对内容还不满意但暂难补充完善，或作者觉得尚难达到审稿意见的修改要求，或作者无暇修改原稿而使其达到自己满意或出版要求等，作者自己放弃或建议不被录用。个别需多学科学者集体完成的章节，因各人写作思路、内容侧重点等的差异，或缺少部分内容，而难以成章。主编尽可能择选录用章节中与主题关联性强的相对独立部分融入相关章节。在此特作说明并请有关作者理解、鉴谅。

本书各章节的内容和结论，并不完全代表主编的观点或认识。10 多年前本丛书的前言即阐明："对各作者的具体研究思路、学术观点、撰稿特色和文笔风格不求统一，且尽可能保留原貌；体现科学民主、学术自由。"本书继续遵循实践。各章节的作者署于对应章节首页，文责自负。若有必要或需要，读者可直接与之进行讨论交流。

从撰稿到成书，凝结了作者和审稿人不少汗水和心血。各作者根据专家的修改意见和出版要求对书稿进行了多次认真修改和校对，不少几易其稿。在书稿组织、编务和加工等方面，有多位非本书作者的年轻教师和研究生辛勤工作、默默奉献。在此谨致以诚挚的敬意和深切的谢意！

在本 973 项目申报和实施过程中，始终得到科技部、项目依托和合作单位和本项目各课题长、骨干的愉快合作、默契配合与专家的悉心指导，借此谨表示衷心感谢！

能源领域的 973 项目是对国家能源发展和科技进步具有全局性、带动性和前瞻性的重大基础性研究项目：围绕我国能源科技自身发展的重大需要，解决能源领域中长期发展中面临的重大关键问题；瞄准科学前沿重大问题，体现学科交叉、综合，探索科学基本规律；发挥我国的优势与特色，体现我国自然、地理与能源矿产特点。项目将国家重大需求与重大前沿科学问题有机结合，将为能源科技创新提供动力和源泉，为能源可持续发展提供科技支撑。这是 973 项目设立的初衷和立项的要求，也体现了本 973 项目的特点，要实现和达到上述要求和目标，本项目的工作尚属远行起步，任重道远。

刘池洋

2016 年 9 月 10 日于西安高新苦乐斋

目　录

第三篇　有机-无机流岩作用与能源矿产共存物质基础

第四篇 鄂尔多斯盆地油气煤铀赋存、成藏(矿)与分布

第五篇　有机-无机能源矿产相互作用的实验模拟研究

第六篇　与能源矿产伴生的其他矿产资源

第七篇　　多种能源矿产协同勘探模式与沉积盆地成矿系统

CONTENTS

The dynamics of sedimentary basins and energy minerals
Preface

| Part 1 | Coexisting characteristics, accumulation (mineralization) mechanism, and spatial enrichment law of oil/gas, coal and uranium in the same basin |

Part 2	Deep structure, tectonic-thermal characteristics and evolution in the Ordos Basin

Part 3   Fluid-rock interaction between organic and inorganic materials and its implications for co-existance of multi-energy resources

Part 4   Occurrence, mineralization and distribution of multi-energy resources in the Ordos Basin

Part 5   Experimental simulation of the interaction between organic and inorganic energy minerals

Part 6 Other mineral resources co-existed with the major energy deposits

Part 7 Cooperative exploration mode about multi-energy resources and mineralization system within sedimentary basin

第一篇

油气煤铀同盆共存特征和其成藏(矿)与分布

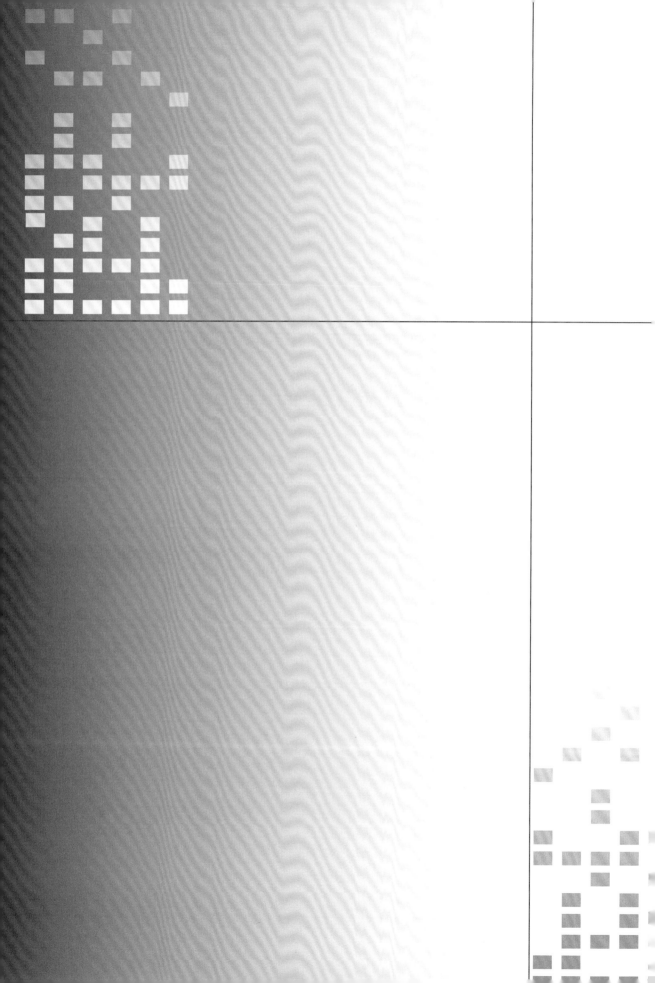

第一章

全球油气煤铀藏(矿)同盆共存特征与分布规律*

第一节 全球铀矿和砂岩型铀矿的产储量

一、铀矿床与沉积型铀矿的分类

铀矿床的分类根据所划分标准或出发点等的不同,分类方案有多种。要对铀矿进行全球或大区域的对比归纳和规律性总结,统一的分类是工作的基础和前提。

(一) 铀矿床分类

铀矿床的分类方案较多,国内外有代表性的部分方案有:Heinrich（1958）、哥特良尔(1959)、祖勃列夫和李连杰(1976)、Kazansky 和 Laverov（1977）、Dahlkamp（1978,1980,1993,2009)、舒米林(1980)、Barthel 等(1986)、Лаверов 等(1986)、周维勋等(1991)、金景福和黄广荣(1991)、张万良(1995)、黄净白和黄世杰(2005),OECD-NEA/IAEA（2007,2014）、IAEA（2009）、Cuney （2009）、张金带（2012）、童航寿（2012,2014)、金若时等(2014b)、蔡煜琦等(2015),等等。其中祖勃列夫和李连杰(1976)、Лаверов 等(1986)按成因总体上将铀矿床分为内生、外生、变质和复成因四大类型。

因不同学者视角不同,各自按含矿主岩、沉积建造或矿床的地质-构造环境、矿床作用与成因或者产出的大地构造单元等进行类型划分,方案自然不同。铀矿床的形成往往具有多期多源、改造叠加等复杂的特点,认识会随时间产生变化,因此,以成因为标准的划分方案往往难以涵盖全部的矿床,甚或难以将某一矿床归属于所划分的某单一成因类型,并且类型归属可能随时间、研究程度和不同学者观点差异而出现变化和分歧。

我国通用的分类方案形成于 20 世纪 70 年代,按含矿主岩岩性将具有工业价值的铀矿床划分为花岗岩型、火山岩型、砂岩型和碳硅泥岩型四大类(罗朝文、王剑锋,1990)。涂光炽等(1984)、张静宜(1995)等从矿床成因的角度将砂岩型和碳硅泥岩型都划归为沉积-改造矿床和层控铀矿床。最新的全国铀矿资源潜力预测评价研究成果将我国铀矿床资源划分为岩浆型、热液型、陆相沉积型(即广义砂岩型,包括砂岩型、泥岩型和煤岩型)和海相沉积型(即广义碳硅泥岩型,包括碳硅泥岩型和磷块岩型)(张金带,2012)。

国际原子能机构(IAEA)最新推荐的方案综合考虑成因、容矿主岩和产出地质环境

* 作者：王飞飞,刘池洋,邱欣卫,赵红格,张少华,郭佩,赵晓辰.西北大学地质学系,西安.
E-mail：bravederek@gmail.com

等方面差异,将世界上的铀矿床分为15类(按经济重要性排序):砂岩型、元古宙不整合面型、多金属铁氧化物角砾杂岩型、(古)石英卵石砾岩型、花岗岩相关型、变质岩型、侵入岩型、火山岩相关型、交代岩型、表生型、碳酸盐型、塌陷角砾岩筒型、磷块岩型、褐煤型、黑色页岩型(OECD-NEA/IAEA,2014)。在对同一种矿床名称的表述上,此分类与该机构此前的分类方案(OECD-NEA/IAEA,2010,2012)略有差异,增加或省略了时代等描述性词语,如元古宙不整合面型省略为不整合面型、多金属铁氧化物角砾杂岩型省略为角砾杂岩型等。

国际原子能机构(IAEA)和一些学者推荐的划分方案,以含矿主岩作为主要分类标志,同时针对部分工业类型考虑其独特的产出环境(如不整合面型)或矿床形态(如脉型)(OECD-NEA/IAEA,2014)。这种分法虽不能准确表明矿床的成因,但也同时避免了上述仅依据成因划分可能带来的不足,因矿床围岩一经正确鉴定不会改变(余达淦,2004),因此在勘探研究中的实用性较强、较少出现争议,国际上现多采用此方案(Dahlkamp,2009;OECD-NEA/IAEA,2014)。本文亦如此。

按经济价值、技术手段是否成熟和开采历史,可将铀资源分为常规和非常规资源。常规铀资源指已有一定生产历史,铀作为生产中主要产品或重要的副产品的资源;非常规铀资源指矿床品位低、目前技术条件下没有市场利润或仅作为次要副产品回收的资源(Dahlkamp,1993)。对应矿床类型,IAEA分类方案中磷块岩型、褐煤型和黑色页岩型属于非常规资源,其余为常规资源;我国分类方案中前三种均为常规资源,碳硅泥岩型需根据具体情况而定。显然,和油气资源类似,这种划分方法具有一定时空动态性,一种铀资源是否具备开采价值、属于常规还是非常规资源并非一成不变,会随着技术进步和市场需求等或地域不同而发生变化。

(二)沉积型铀矿分类

从成因和产出环境来看,IAEA推荐的分类方案中砂岩型、石英卵石砾岩型、表生型、磷块岩型、黑色页岩型和褐煤型6类铀矿床的成矿过程与沉积环境关系密切。其形成以风化淋滤、沉积作用、成岩作用和后生作用为主导,主要赋存于沉积盆地,本文将其统称为沉积型铀矿床。我国的分类方案中花岗岩型和火山岩型属内生型,砂岩型和碳硅泥岩型属沉积(外生)型。部分学者通常将砂岩型、泥岩型和煤岩型统称为广义的砂岩型或陆相沉积型(张金带,2012)。

1. 砂岩型铀矿

砂岩型铀矿泛指工业铀矿化主要赋存于砂岩(包括含砾砂岩、粉砂岩)中的铀矿床,多形成于陆相河湖相和滨浅海相沉积环境,是世界上发现最早的铀矿类型之一(Dahlkamp,1993),矿床一般属于后生成因或低温成岩-后生成因(Finch,1967;Dahlkamp,1993)。矿体产出于渗透性较好的还原性砂体,这些容矿地层的产状一般较平缓(<5°),与弱透水层(泥岩、页岩等)互层或顶底被其所限。

砂岩型铀矿的形成与水岩之间的氧化还原作用密切相关,其成矿作用有层间氧化和潜水氧化之分。总体上，层间氧化作用的成矿机理为携带铀元素的含氧水在砂岩等渗透性较好的岩层内运移，随着氧的消耗或遇还原剂与其相互作用，携铀流体的物理化学等性质发生转变，从而在氧化还原界面附近卸载，铀元素沉淀聚集成矿。沿地下水流动方向具有明显的氧化还原分带现象，依次分为氧化带、氧化还原过渡带和原生未蚀变砂岩带，矿体产于过渡带(余达淦等，2004)。潜水氧化作用是携铀流体在透水性较好的砂岩层垂向下渗，氧化还原界面的分带性与其产状和潜水位的高低有关。

在砂岩型铀矿成矿过程中，充当还原剂的物质一般为含碳物质(植物碎屑、无定形腐殖酸、海藻等)、硫化物(H_2S、黄铁矿)、烃类物质(油气)和铁镁质矿物(绿泥石)等(OECD-NEA/IAEA，2010)，这些物质可以是砂岩中原生固有或后期进入容矿地层的。

按不同依据可将砂岩型铀矿进一步划分为不同的亚类(李胜祥等，2001)。通常根据矿体形态与沉积-构造环境的空间关系，将其分为板状、底部河道(古河道)、卷锋(前卷、卷)状和构造-岩性控制4种亚类(图1.1)(Dahlkamp，2009；OECD-NEA/IAEA，2012)，也有将产于前寒武纪砂岩中的铀矿单独列为亚类的划分方法(OECD-NEA/IAEA，2014)。这几种亚类之间有时存在一定交叉。最新的全国铀矿资源潜力评价成果按成因(成矿作用)将我国砂岩型铀矿划分为层间氧化型、潜水氧化型、沉积成岩型和复合成因型4个亚类，进一步细分为9个小类(张金带等，2012)。这两种分类有一定关联性，如矿体形态上，层间氧化型多为卷状，潜水氧化型多为板状，但其对应并不唯一。我国发布的现阶段核行业标准，将陆相沉积盆地中的铀矿床划分为红色碎屑岩建造、暗色碎屑岩建造和火山-沉积碎屑岩建造3类[①]。现今实际应用时不尽统一，因需而异，第一种应用较为多见。

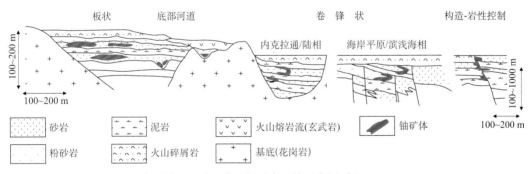

图1.1　砂岩型铀矿4种亚类空间赋存环境示意图(据 Dahlkamp，2009)

2. 石英卵石砾岩型铀矿

此类型主要分布在南非的 Witwatersrand 陆相内克拉通盆地(以金为主，铀为副产品)和加拿大 Blind River-Elliot Lake 边缘海盆地(以铀为主，含稀土)，巴西和澳大利亚也有一定分布。其产出被限定于元古宇下部(约2200 Ma BP以前)，不整合覆盖在太古

[①] 核工业总公司地质局. 1995. 陆相沉积盆地铀矿找矿指南(EJ/T 920-1995). 行业标准-核工业(CN-EJ)

宙岩石之上。其形成为碎屑铀矿物同沉积成因,被成岩过程改造。一般认为铀来源于伟晶岩和片麻岩地区的同生晶质铀矿(主要成分为 UO_2),以碎屑形式被携带而呈重矿物沉积下来。石英卵石砾岩型铀矿的形成与前寒武纪时期的地球演化特点密切相关,当时大气圈内的含氧量极其有限,大气成分变化剧烈,晶质铀矿等含铀矿物可与其他矿物碎屑一起随河流长距离搬运而不致被氧化破坏。直到古元古代中期(约 2200 Ma BP)大气中氧含量明显增加,铀矿物易于被含氧水溶为含铀离子,地面径流不可能长距离搬运晶质铀矿,因而此后再也没有这类铀矿形成(Dahlkamp,1993;Cuney,2004;周维勋,2010)。在其称谓前有时冠以"古"(paleo-)字,以示强调和区别于含氧大气层转换之后年轻砾岩(如日本古-新近系含矿砾岩)中的铀(Dahlkamp,1993)。

可见,石英卵石砾岩型铀矿与砂岩型铀矿成因的最重要区别是,前者形成过程不发生氧化作用(缺氧大气),因而成矿过程不需要还原剂,主要是物理作用而几乎没有化学作用的参与。

3. 表生型铀矿

是指赋存于年轻的(新生代)近地表表生建造内层控或构造控制的铀矿床,形成时代较新,铀矿物主要赋存于干旱条件下的钙结岩、硅结岩和膏结岩等硬壳层或潮湿气候条件下的富植物有机质和未固结沉积物等。其形成主要受后生作用控制,在澳大利亚西南部的伊尔岗地块和纳米比亚、索马里、博茨瓦纳、南非等非洲地区分布较多(梁幼侠,1987[①];Dahlkamp,1993;OECD-NEA/IAEA,2014)

4. 磷块岩型、黑色页岩型和褐煤型铀矿

三者均指赋存于对应围岩中的铀矿床,分别以摩洛哥 Youssoufia 地区铀矿、瑞典 Viken 矿床和美国威利斯顿(Williston)盆地西南部 Slim Buttes 铀矿点为代表。前两种类型为海相沉积环境下的产物,后一种在海相和陆相沉积环境均有产出。值得一提的是,磷块岩型虽属于非常规铀资源(部分已工业开采),但其总资源量居各类铀矿之首。其中铀主要富集在鱼骨残骸和鱼鳞上的富铀有机磷块岩甚是独特少见,部分与稀土共生,见于里海东北部海岸渐新统—中新统(Петров и Язиков,1995)、俄罗斯叶尔格尼、德国西部尼德尔豪森-米尔弗尔德地区二叠系赤底统沉积物和苏格兰泥盆系砂岩中(放射性地质编辑部,1975[②];余达淦等,2004)。里海东北部的该类型矿床发现于 20 世纪 50 年代,已工业开发(Dahlkamp,2009)。

按沉积作用和成矿作用发生的先后顺序分析,以上 6 种沉积型铀矿床之间的一个重要区别是,古石英卵石砾岩型、黑色页岩型和磷块岩型具有同生性质,即沉积作用和成矿作用同时发生,而砂岩型、表生型和褐煤型则以后生成因为主,即先沉积后成矿,同时部分也具有不同程度的同生(沉积成岩)成因(Dahlkamp,1993)。各种沉积型铀矿的分类、矿化特征和典型矿床实例等总结整理于表 1.1。

---

① 梁幼侠. 1987. 世界钙结岩型铀矿床. 北京铀矿地质研究所编译报告
② 放射性地质编辑部. 1975. 国外盆地型铀矿床资料. 放射性地质编辑部编译报告

表 1.1　沉积型铀矿床分类及矿化特征表

矿床类型	亚类	含矿主岩及形成环境	成因模式	规模 /t U₃O₈	品位 /10⁻⁶	国内外典型实例	是否工业化开采及采选方式
砂岩型	卷锋状	陆相或滨海相沉积	在静态(板状)或动态(卷锋状)的基础上,潜水渗入或地下水携带铀元素迁移与还原剂相互作用引起过滤、沉淀、富集,或沿断裂等进行再分布调整(构造-岩性)	$n\times10^2 \sim n\times10^5$	500~2500	美国粉河盆地铀矿床;得克萨斯海岸平原铀矿;哈萨克斯坦 Moynkum 矿床;兹别克斯坦 Bukinay 矿;中国伊犁盆地库捷尔太素铀矿床	
	板状			$n\times10^2 \sim 1.5\times10^5$	500~5000	美国科罗拉多高原诺铀矿床;澳大利亚的 Angela 矿床;捷克 Hamr-Straz 矿床;中国二连盆地努和廷矿床	是
	底部河道			$n\times10^2 \sim 2\times10^4$	100~30000	俄罗斯外乌拉尔地区 Dalmatovskoye 矿床;维季姆地区 Khiagdinskoye 矿床;澳大利亚 Beverley 矿床;中国二连盆地巴彦乌拉铀矿	以地浸法为主,部分采用露天或地下开采
	构造-岩性控制			$n\times10^2 \sim 5\times10^3$	1000~5000	澳大利亚 Westmoreland 地区 Red Tree 矿床;尼日尔 Arlit 地区铀矿床;加蓬 Mikouloungou 铀矿床	
石英卵石砾岩型	以铀为主,伴有稀土元素	古元古代基底河流相到三角洲相单成分石英卵石砾岩	含晶质铀矿的同沉积碎屑成因,受一定成岩过程改造	$n\times10^4$	100~1500	加拿大 Blind River-Elliot Lake 铀矿床;南非 Witwatersrand 盆地铀矿床	是
	以金为主,金是最大于铀						副产品回收
褐煤型	层状或裂隙/节理充填	沼泽沉积	同沉积化学成因,经历了再分布	$n\times10^1 \sim n\times10^2$	10~300	美国 Williston 盆地铀矿;捷克 Trutnov 盆地铀矿	原苏联有少量开采

续表

矿床类型	亚类	含矿主岩及形成环境	成因模式	规模 /t U₃O₈	品位/10⁻⁶	国内外典型实例	是否工业化开采及采选方式
黑色页岩型	沥青-腐泥质黑色页岩	陆缘盆地的海相沉积，厌氧而强烈的还原环境	同沉积化学成因(海水中U、Cu、Co、Mo等元素同沉积期一并沉淀)	$5\times10^3 \sim n\times10^6$	50~400	瑞典Viken矿床；中国华南地区铲子坪铀矿	仅个别国家少量开采
	明矾页岩中的腐殖质/科姆煤型						
磷块岩型	磷矿型	大陆架上形成的海相磷块岩	同沉积化学成因(铀从海水中萃取并置换钙进入磷酸盐矿物)	$n\times10^4 \sim n\times10^6$	60~200	摩洛哥Youssoufia地区；美国佛罗里达州Land Pabble地区；中非Bakouma矿床；哈萨克斯坦滨里海磷鱼骨化石碎屑铀矿床；中国贵州诸铀矿床	美国等个别国家作为副产品回收
	残余磷块岩砾石型						
表生型	钙壳层型	(半)干旱条件下的硬壳河流、河谷或干盐湖沉积环境	表生淋滤，由含矿元素的地下水迁移造成沉淀，有机质吸附，表生淋滤与地下水混合造成沉淀或沿裂隙充填等形成富集	$n\times10^1 \sim n\times10^4$	300~1500	澳大利亚Yeelirrie矿床，Lake Maitland矿床；纳米比亚Langer Heinrich矿床	
	泥炭沼泽型	潮湿条件下富有机质和黏土的浅部拗陷		1~50	50~1000	美国华盛顿州Flodelle River矿床	是
	喀斯特溶洞型	喀斯特溶洞洞底沉积物		$n\times10^1 \sim n\times10^2$	1000~2000	美国Pryor-little Mts矿床；乌兹别克斯坦Ferghana盆地Tyuya-Myuyun矿床	露天或地下开采
	表生成土和构造充填型	含铀岩石和附近表生裂隙及其充填物		$n\times10^1 \sim n\times10^2$	100~3000	美国华盛顿州Daybreak矿床；加拿大Summerland地区	

二、各类铀矿及主要产铀国的资源量和产量

1. 各类铀矿床数量和资源量

据国际原子能机构(IAEA)最新 UDEPO 数据库资料统计显示，全球已发现的 15 种类型铀矿床合计 1520 个，分布在 75 个国家。沉积型合计 887 个，占总铀矿床数量的 58%；其中砂岩型 639 个，占沉积型铀矿床的 71%，占世界铀矿床总数的 42% (图 1.2 左)。从 UDEPO 数据库给出的初始资源量(包括累计产量和剩余资源量)来看，世界总铀初始资源量为 3504×10^4 t U，沉积型占世界总资源量的 79%，其中磷块岩型资源量最为丰富，其次为褐煤型和砂岩型，三者依次分别占沉积型的 49%、26% 和 15%，占世界总资源量的 39%、21% 和 12% (图 1.2 右)。前两者属于非常规铀资源，在目前技术水平下开采困难多、成本高，仅在个别国家有少量生产。故在常规资源中，无论是从数量还是初始资源量来衡量，全球砂岩型铀矿整体所占比例均最大。

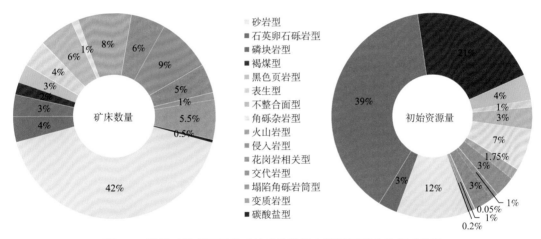

图 1.2　世界已发现不同类型铀矿的数量和资源量所占比值对比图
数据来自 UDEPO 数据库，截至 2015 年 6 月

通常用经济可采(成本低于 USD 130/kg U，随经济、技术等因素浮动)条件下的已探明资源量(Identified resources)①或可靠资源量(RAR)来代表铀资源量的多少更具现实意义。世界经济合作与发展组织核能委员会(OECD-NEA)和国际原子能机构(IAEA)联合发布的 2011 年铀矿红皮书资料显示，开采成本小于 USD 130/kg U 的全球已探明资源量(RAR+IR)中，砂岩型占 32%，其次为角砾杂岩型和不整合面型，石英卵石砾岩型占

———————————

①　各国铀资源量级别划分不完全一致。铀红皮书将铀资源量划分为两大类：已探明资源量(identified resources)=可靠资源量(RAR：reasonably assured resources)+推断资源量(IR：inferred resources)，待探明(潜在)资源量(undiscovered resources)=预测资源量(prognosticated resources)+推测资源量(speculative resources)；各类别资源量按成本可以再细分为不同级别。本文数据主要来自红皮书，因此采用此资源量划分方案。有的学者将 identified resources 译为或使用"已查明资源量"，也有在同一文中将其与"已探明资源量"混用者。二者内涵大体相同。

5%，其他沉积类型(以磷块岩型、褐煤型和黑色页岩型为主)占7%，亦即沉积岩型合计约占44%（图1.3左）。

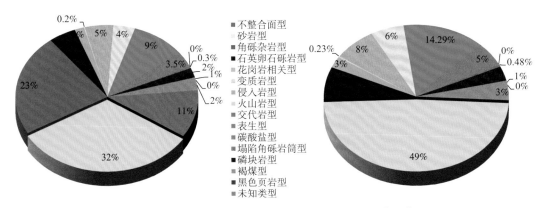

图例：
■ 不整合面型
■ 砂岩型
■ 角砾杂岩型
■ 石英卵石砾岩型
■ 花岗岩相关型
■ 变质岩型
■ 侵入岩型
■ 火山岩型
■ 交代岩型
■ 表生型
■ 碳酸盐型
■ 塌陷角砾岩筒型
■ 磷块岩型
■ 褐煤型
■ 黑色页岩型
■ 未知类型

图1.3　不同类型铀矿床全球已探明资源量(RAR+IR)所占比值对比图

数据来自OECD-NEA/IAEA，2014；右图未计加拿大和澳大利亚两国的角砾杂岩型和不整合面型铀矿资源

此外，不同年份国际原子能机构报告显示，在全球总体待探明资源量(undiscovered resources)和近年来新增已探明资源量中，以砂岩型铀矿为代表的沉积型铀资源也占据重要份额，资源潜力巨大(OECD-NEA/IAEA，2012；OECD-NEA/IAEA，2014)，我国的该比例和全球相比更甚之。

2. 主要产铀国的资源量(储量)

截至2011年，全球已探明总铀资源量(RAR+IR，<USD 130/kg U) 5327200 t U，世界排名前五位国家合计约占全球总量的70%，分别是澳大利亚(1661600 t U，31%)、哈萨克斯坦(629100 t U，12%)、俄罗斯(487200 t U，9%)、加拿大(468700 t U，9%)、尼日尔(421000 t U，8%)，我国排第十位(166100 t U，3%)(OECD-NEA/IAEA，2012)。

将全球主要产铀国的可靠资源量(RAR)(<USD 130/kg U)的组成统计总结于图1.4。在对全球可靠资源量的统计结果中，角砾杂岩型铀资源几乎全部来自澳大利亚，不整合面型几乎全部来自加拿大和澳大利亚。全球这两类铀矿已探明资源量的99%以上在这两个国家，在全球其他地方鲜有发现，今后再发现这类大型矿床的概率也较小。故将其纳入总资源量数据中进行统计分析时，其在铀矿成矿规律、分布特征等方面并不能代表全球的整体普遍性，如此进行的统计结果对指导铀矿勘查及投资导向等也会失之偏颇，甚至产生错误导向。合理的做法是将这两类矿床视为特例对待(后文的所有统计分析中，将澳、加两国这两类铀矿资源视为特例，原因同此)。剔除这两类矿床后，在全球铀矿床可靠资源量中，沉积型占65%，其中砂岩型占49%（图1.3右）。

全球可靠资源量最丰富的前15个国家中，有6个国家的砂岩型资源量占该国总资源量的85%以上，其中位于第二、三、六位的哈萨克斯坦、尼日尔和美国的砂岩型资源量分别占该国总资源量的86%、100%和93%，分居世界第12、14、15位的乌兹别克斯坦、坦桑尼亚和马拉维三国则全部为砂岩型铀矿（图1.4）。这15个国家平均沉积型铀矿占比约 40%，砂岩型铀矿占比 31%，剔除总量远超其他国家的澳大利亚外，沉积型占比约 60%，砂岩型占比 46%，此结果和上述全球整体统计结果基本一致。

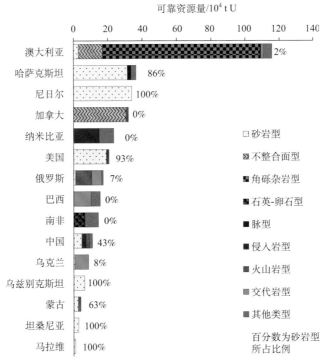

图 1.4　世界主要产铀国各类铀矿可靠资源量(RAR)及砂岩型铀矿所占比例对比图
数据来自 OECD-NEA/IAEA，2012

　　按 UDEPO 数据库 2016 年公开资料，我国已发现各类型铀矿床 44 个，数量最多的两个类型为砂岩型(17 个)和火山岩型(10 个)，其次为花岗岩相关型(7 个)、褐煤型(2个)、黑色页岩型(2 个)和侵入岩型(2 个)，即数量上砂岩型占 39%，沉积型合计占48%。此数据尚未完全包含我国新近在北方诸盆地新发现但暂未出现在该数据库中的多个中小型砂岩铀矿床(刘池洋等，2007；陈祖伊等，2010；张金带，2012；金若时等，2014a；蔡煜琦等，2015；西北铀矿地质编撰委员会，2015[①])，这些矿床的资源总量十分可观，因此不同规模砂岩型铀矿床的实际数量和资源量均应大于上述数字。

　　我国铀资源的总体特点是"小而多、贫而可用、广而相对集中"(张金带，2012；蔡煜琦等，2015)，即总量和单个矿床规模不如澳大利亚、加拿大及哈萨克斯坦等铀资源大国，以中小型为主，但矿床数量多、类型多，且以砂岩型、花岗岩型、火山岩型和碳硅泥岩型四大类型为主；矿床以中低品位为主，但矿石性能等较好，大多矿床技术可行、可经济利用；矿床分布较广泛，产出相对集中，单个矿床的规模虽小，但主要集中在数十个矿田和矿集区，往往小中有大，例如北方沉积盆地砂岩型铀矿和南方相山火山岩型铀

---

　　① 西北铀矿地质编撰委员会. 2015. 西北铀矿地质志. 中国核工业地质局内部资料

矿床。

　　我国整体上铀资源较为丰富，但勘查程度总体较低，探明程度小于25%。最新全国铀矿资源潜力评价成果预测，全国1000 m以浅铀矿资源总量为200余万吨(未包括非常规铀资源)(张金带，2012)，总资源量以"四大类型"为主，砂岩型占43.0%，花岗岩型占22.9%，火山岩型约占17.6%，碳硅泥岩型占8.7%，其他类型，包括碱性岩型、伟晶岩型、煤岩型、泥岩型、磷块岩型等合占约7.8%(蔡煜琦等，2015)。砂岩型是我国最具优势的铀矿种类，全球排名第4(OECD-NEA/IAEA，2014)，已成为我国资源量和资源潜力最大的铀矿类型。

3. 各类铀矿床和主要产铀国的年产量

　　2013年全球共生产铀59531 t U，其中哈萨克斯坦占39%、加拿大占22%、澳大利亚占9%。即全球铀总产量的2/3以上来自这三个国家(世界核能协会WNA数据)。国际原子能机构提供的最新资料显示，2013年全球总计铀产量中通过地浸方式生产28277 t U，占当年总产量的47.5%，其次为露天和地下两种开采方式，分别占18.5%和25.6%，通过副产品回收、堆浸和其他方式获得的产量合计不足9%(图1.5、图1.6)。地浸方式生产的铀全部来自砂岩型矿床，但部分不具备相应地质条件和开采技术的砂岩型铀矿一般采用传统露天或地下等方式开采。如尼日尔、马拉维等国的铀矿床，若仅将这两国通过非地浸方式生产的砂岩型铀产量一并计算在内，则砂岩型铀矿的产量则至少为33336 t U，占该年度全球总产量的56%。

　　2012年世界十大产铀国的产量中(图1.5)，除加拿大、澳大利亚和纳米比亚外，其

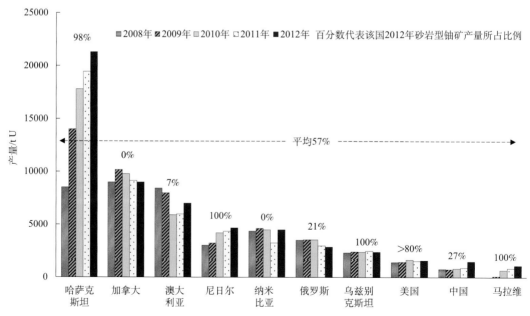

图1.5　近五年世界十大产铀国产量变化及其中来自砂岩型铀矿产量所占份额对比图

数据来自WNA

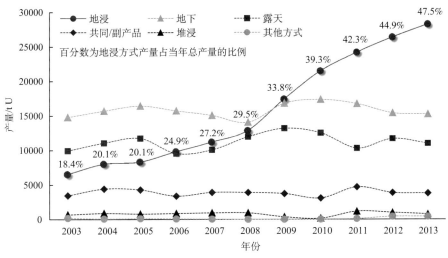

图 1.6　近年全球不同开采方式铀产量走势图

数据来自 OECD-NEA/IAEA，2008~2014

余 7 国来自砂岩型铀矿的产量均占重要地位。2012 年产量排名第一位的哈萨克斯坦 98% 的产量来自砂岩型，排名第 4、7、10 位的尼日尔、乌兹别克斯坦和马拉维均全部来自砂岩型；俄罗斯和中国来自砂岩型的产量分别占 21% 和 27%。美国未公布砂岩型铀矿或地浸方式的铀产量，但根据其目前正在运营的主要铀生产中心估算，砂岩型铀矿的产量应不低于总产量的 80%。总体上，这十国平均有 57% 的铀产量来自砂岩型铀矿，此值和上述估算的 2012 年全球砂岩型产量所占总铀产量比例 56% 接近。

从大型矿床的产量来看，2015 年世界排名前 15 位的铀矿床贡献了全球 66.4% 的产量，其中 9 个为砂岩型，其产量之和占这 15 个超大型矿床总产量的一半(49.9%)(表 1.2)。同时在这 15 大矿床中，元古宙不整合面型和角砾杂岩型几乎仅分布在加拿大和澳大利亚两个国家，这种分布十分局限，对于全球整体规律的研究不具统计意义。若除去 5 个这两种类型的矿床，其余全球产量最大的 10 个矿床几乎全为砂岩型(9 个)。显然，砂岩型铀矿床是目前除分布十分局限的不整合面型和角砾杂岩型之外，世界级规模矿床数量和产量最多的类型，仅 9 个最大的砂岩型铀矿就贡献了全球总铀产量的 1/3 (表 1.2)。

表 1.2　2015 年世界产量前十五大铀矿床类型及产量排序一览表(数据来自 WNA)

排序	矿床名称	国　家	矿床类型	开采方式	产量/t U	占世界总产量比例/%
1	McArthur River	加拿大	元古宙不整合面型	地下	7354	12
2	Cigar Lake	加拿大	元古宙不整合面型	地下	4345	7
3	Tortkuduk & Myunkum	哈萨克斯坦	砂岩型	地浸	4109	7
4	Olympic Dam	澳大利亚	角砾杂岩型	副产品或地下	3179	5
5	SOMAIR	尼日尔	砂岩型	露天	2509	4
6	Inkai	哈萨克斯坦	砂岩型	地浸	2234	4

续表

排序	矿床名称	国 家	矿床类型	开采方式	产量/t U	占世界总产量比例/%
7	Budenovskoye 2	哈萨克斯坦	砂岩型	地浸	2061	4
8	South Inkai	哈萨克斯坦	砂岩型	地浸	2055	3
9	Priargunsky	俄罗斯	砂岩型	地下	1977	3
10	Langer Heinrich	纳米比亚	表生型	露天	1937	3
11	Central Mynkuduk	哈萨克斯坦	砂岩型	地浸	1847	3
12	Ranger	澳大利亚	元古宙不整合面型	露天	1700	3
13	Budenovskoye 1, 3 & 4	哈萨克斯坦	砂岩型	地浸	1642	3
14	Rabbit Lake	加拿大	元古宙不整合面型	地下	1621	3
15	COMINAK	尼日尔	砂岩型	地下	1607	3
砂岩型矿床小计		数量: 9 个			20041	33.12
合 计		数量: 15 个			40177	66.40

　　统计结果表明, 2003~2013 年间铀总产量增长了 64%, 新增量中有 86% 来自地浸开采。2003 年全球地浸开采量占铀总产量的比例为 18.4%, 近年来持续上升, 特别是 2009 年以来产量快速增加, 至 2013 年占 47.5%。这主要与哈萨克斯坦、尼日尔、乌兹别克斯坦、马拉维、俄罗斯和中国等国近年砂岩型铀矿产量均持续增长有关(图 1.5、图 1.6)(OECD-NEA/IAEA, 2012)。2009 年以来, 地浸采铀量已跃居第一(图 1.6)。除副产品回收和堆浸生产的铀有少量增加外, 全球年度新增铀产量绝大部分来自砂岩型矿床。

　　2013 年我国铀产量为 1450 t U, 其中 380 t U (26.2%) 来自砂岩型铀矿(OECD-NEA/IAEA, 2014)。近年来我国北方中新生代沉积盆地铀矿勘探开发取得重大进展和突破, 通过铀矿大基地建设和新一代地浸工艺技术的突破, 大幅度提高了我国地浸采铀水平和产能, 地浸采铀产能比例从“十一五”末的 27% (图 1.5) 提升到目前的 62% (张金带, 2015)。未来几年新增的铀产量也将主要来自北方诸砂岩型铀矿床。

　　综上所述, 相对内生、变质和复成因铀矿而言, 沉积型铀矿床的数量和(初始)资源量在全球各类型矿床中均处优势地位, 其中磷块岩型和褐煤型铀矿的初始资源量最大, 砂岩型铀矿的数量和可靠资源量(RAR)名列第一; 最晚从 2007 年起, 砂岩型铀矿的产量始居各类型铀矿产量之首(OECD-NEA/IAEA, 2008~2014)。有可信的研究预测, 从 2010 年起不整合面型铀矿在全球铀总产量中所占比例将逐渐下降(陈祖伊等, 2010[①])。目前, 世界铀总产量中多一半来自砂岩型铀矿, 且保持强劲的持续增长势头。沉积盆地是铀矿赋存的重要场所和勘探、生产的主战场, 这一点已逐渐被人们所认知并被勘查实践所证明(陈祖伊, 2002; 刘池洋等, 2006a; 刘池洋, 2007; Dahlkamp, 2009; 张金带, 2012; Jaireth et al., 2015)。

---

① 陈祖伊等. 2010. 中国铀矿床研究评价: 第三卷 砂岩型铀矿床. 核工业北京地质研究院内部编译报告

第二节　全球已发现砂岩型铀矿的特征和分布

一、砂岩型铀矿开采的优越性

砂岩型铀矿最早在 1880 年发现于美国科罗拉多高原尤拉凡(Uravan)铀矿区,1951 年在圣胡安盆地西南缘发现杰克派尔(Jackpile)铀矿床后,砂岩型铀矿成为一种重要的工业铀矿类型而被重视。随后相继在中亚近天山地区、美国西部科罗拉多高原及其周边和非洲尼日尔、加蓬等地发现一系列世界著名的矿床和矿集区,并在理论认识方面取得长足发展。特别是 1967 年在中亚布金纳依矿床进行的地浸试验取得成功之后,由于砂岩型矿床的工业品位和采冶成本均大大降低,极大地扩展了勘探领域并激发了找矿动能,砂岩型铀矿的勘探研究也随之进入一个快速发展的时期。相对于其他类型铀矿床,砂岩型铀矿的最大优势是多数可以利用地浸方式(全称为原地地浸采冶技术, In situ leach, 简称 ISL)开采。即从钻孔中向含矿层注入地浸液,使之选择性地从矿层中溶解并浸出含铀组分,然后将其抽出地表萃取铀。整个过程形式上类似于油田开发中的注水采油。可见,地浸开采具环境友好优势,采矿工人不与矿体直接接触,因而遭受铀元素的放射性危害轻而少,特别是近年来在此基础上新开发的 CO_2+O_2 地浸采铀工艺技术,更为环保,可称之为绿色采矿。

相比露天、地下和堆浸等传统开采方式,在前期矿田建设、开采过程和后期尾矿废矿处理、地表修复等环节,地浸开采经济效益高、投入成本少、建设周期短,降低了矿床的边界品位要求,矿床资源量明显提高,同时为浸取伴生元素提供了可能,使很多铀矿床转变为多元素矿床,提高了矿床本身的经济价值。近年的铀红皮书按经济重要性将砂岩型排在 15 种铀矿类型中的首位(OECD-NEA/IAEA, 2012, 2014)。

简言之,地浸开采在诸多方面明显优于传统方式,归纳起来有:①经济效益高;②环境友好;③生产安全可控;④职业健康,对采冶人员伤害小。在美国和澳大利亚等发达国家,地浸法被认为是投入产出效益最高和环境可接受的采矿方式。近年来砂岩型铀矿的产量和所占铀总产量的比值不断增长便是最好的证明(图 1.6)。

二、时空分布的总特征

1. 全球分布广泛但不均衡, 规模因地而异

前人将全球划分为 24 个主要铀矿省,较为重要的有 13 个,砂岩型铀矿分布于其中的 10 个(余达淦等,2004)。截至 2015 年 6 月,全球共发现砂岩型铀矿床 639 个,成本低于 USD 130/kg U 的可靠资源量为 985200 t U,分布于 45 个国家(OECD-NEA/IAEA, 2014),遍布南极外的各大洲,其在全球所有类型常规铀矿床中数量最多、资源最丰、分布最广。

砂岩型铀矿在全球分布广泛但不均衡,且具有偏极性,表现为北半球明显多于南半球,西半球绝大多数集中于美国,主要分布在中亚、东亚、北非、美国西部和澳大利亚中西部,仅哈萨克斯坦、尼日尔和美国三国已探明的资源量就占全球总量的 3/4 (OECD-NEA/IAEA, 2014),而在面积较大的南美地区分布则十分有限(图 1.7)。

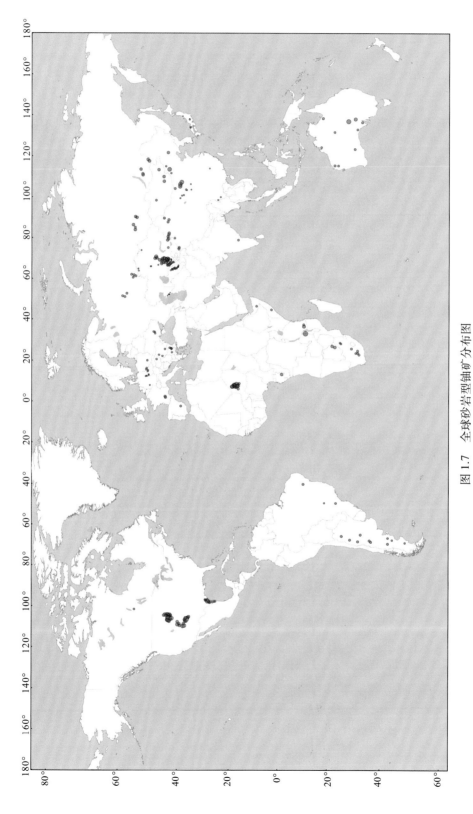

图 1.7 全球砂岩型铀矿"分布图

本图根据 OECD-NEA/IAEA, 2014 等相关资料综合整理, 参考文献较多, 一并列于文末。
圆圈大小表示资源量相对多少; 底图采用高尔立体投影

砂岩型铀矿床规模不等,不同矿床从几千吨到几十万吨资源量均有,因地而异,(超)大型矿床多且分布相对广泛(表1.2)。

大型沉积盆地中常发育大型砂体和区域缓斜坡,在较大范围内具有相似的成矿环境,形成区域性层间氧化带,有利于形成数量多、规模不等的裙带状矿床,一系列(超)大型矿床串接起来,形成(超)大型矿床,因而常常在区域性成矿条件有利的地区形成矿集区(带)甚或铀矿省。如中亚东土伦铀矿省、楚-萨雷苏盆地、南得克萨斯海岸平原带状铀矿区(有大小不等的铀矿床百余个)、鄂尔多斯盆地北部。在地下水循环系统和断裂等因素影响明显的地区,铀矿常沿断裂呈串珠状分布,亦可能组合成(超)大型矿床,如尼日尔阿加德兹盆地诸矿床。

2. 容矿主岩以中新生代地层为主,主成矿年龄新、定位时间晚,动态成矿明显

砂岩型铀矿床含矿主岩的地层时代较多,但以中新生界为主。其中尤以侏罗系(美国科罗拉多高原铀矿群、中亚-中国伊犁铀成矿区、中国鄂尔多斯盆地北部铀矿区等)、白垩系(中亚近天山铀矿省、中国松辽盆地南部铀矿床)和古近系(美国怀俄明盆地、得克萨斯海岸平原铀矿区)最为集中,其次为石炭系(尼日尔部分矿床)、三叠系、新近系和第四系。亦有个别矿床赋存于前寒武纪地层中(加蓬Oklo铀矿)。

在全球范围,非洲地区砂岩型铀矿床的容矿层位以前中生代地层居多,整体具有以非洲为中心向东西方向逐渐变新的特征。非洲南部中新生代地层遭受强烈剥蚀,残留较少,马拉维、坦桑尼亚和博茨瓦纳等国的砂岩型铀矿主要赋存于该区广泛分布的古生界卡罗群(Karoo Group)。这与世界上大多数地区砂岩型铀矿多集中在中新生代地层明显不同。非洲地区的砂岩型铀矿多为构造-岩性控制类(图1.1)。尼日尔境内阿加德兹盆地的砂岩型铀矿受构造特征控制明显,绝大多数铀矿沿南北走向的阿尔利特断裂带分布(Abzalov,2012;聂逢君等,2013;许强,2013)。

在中亚-东亚成矿域,由西向东砂岩型铀矿主要容矿层的地层时代总体具新-变老-更新的特点。即中亚地区容矿层位以古近系和上白垩统为主,其次为新近系;向东到中国西部地区(伊犁、吐哈、巴音戈壁等盆地)以下白垩统和中下侏罗统为主,再向东到我国中部(鄂尔多斯盆地等)以中侏罗统及下白垩统为主,至我国东部地区(二连、松辽等盆地)容矿层位则上移至下白垩统和上白垩统。在日本中部,远野铀矿(Tono deposit)主要产于新近系古河道沉积物中(Sasao *et al*.,2006)。随着中亚-东亚成矿域砂岩型铀矿容矿层时代的变化,主导矿化类型和成矿作用也有所不同(陈祖伊等,2010)。成矿作用自西向东的变化特点为:中亚以层间氧化作用为主→我国中西部以(古)层间氧化作用为主,潜水氧化作用和沉积成岩作用次之→我国东部层间氧化作用渐居次要地位,以沉积成岩作用叠加层间氧化作用为主,潜水氧化作用次之。

由于砂岩型铀矿床地浸开发技术对砂岩矿层孔隙度有一定要求,目前勘探和已发现的铀矿床大多埋深较浅、地层时代较新,深度在1000 m以浅,多数在几百米以内。含矿地层时代较老的矿区上覆地层多无沉积或被剥蚀,如非洲尼日尔阿尔利特铀矿床(Arlit deposit)含矿层位为下石炭统,但距地表仅约30 m(聂逢君等,2013),马拉维Kayelekera铀矿的最大埋深不超过100 m。这主要与目前的开采技术有限、勘探深度相对较浅有关。

但不可否认,在盆地浅表层发生的砂岩型铀矿成矿环境和成矿作用,在地质历史时期也应存在,所形成的古矿体随上覆地层充填加厚而被深埋和保存至今。如在鄂尔多斯盆地深部的三叠系延长组(埋深大于2000 m)和石炭-二叠系(埋深大于3000 m)的多个层位发现分布较广的明显铀异常(刘池洋等,2006;谭成仟等,2007)。这些埋藏较深的铀异常或铀矿,因成岩程度高、孔渗条件差,利用目前的地浸技术尚难以开采,可视为非常规铀资源。

砂岩型铀矿床的形成没有严格的时控性(Dahlkamp,1980;中国科学院矿床地球化学开放研究实验室,1997),早至中元古代,晚至第四纪。但和很多矿产一样,在时限上同时具有较明显的偏极性,全球已发现砂岩型铀矿床的形成时代集中在中新生代以来,尤以新生代为主。

与容矿地层时代相对应,中亚境内的砂岩型铀矿形成的开始时间也具有从东向西变新的趋势。东部的矿化时间持续最长,年龄也相对有老有新,靠近中国边境的伊犁、伊塞克盆地等最早的铀成矿年龄约为61.5~51 Ma;西部的矿化时间较短,年龄以较新年龄为主,楚-萨雷苏、锡尔河盆地和中央克孜勒库姆铀矿区的铀矿化最早年龄约为20 Ma(赵凤民,2013①),乌兹别克斯坦境内的所有砂岩型铀矿的年龄均小于10 Ma(陈祖伊等,2010);再向西至滨里海地区的沉积型矿床则年龄更小,有的在第四纪才开始形成。新生代印度板块向亚洲大陆强烈挤压的新构造运动对该铀矿区的影响也是从东部开始,构造活化区不断向西扩展,相应的铀成矿作用也表现为由东向西逐渐变新和年龄组合中新年龄占比变多、老年龄变少并逐渐消失的趋势。我国砂岩型铀矿成矿时间集中在白垩纪-古近纪以来,最新的测试数据表明部分矿床的成矿作用可持续到近1万年以来。

砂岩型铀矿主要与中、新生代时期的大陆拼聚和裂解有关。高等植物的出现和繁盛为陆相建造提供充分的有机质,全球性大陆地壳的汇聚、裂解和板块运动可能导致气候的转变,受中新生代区域构造运动(特提斯、环太平洋)的影响,众多中间地块盆地开始出现,同时分布广泛的众多克拉通活化或者盆地区域应力由(弱)伸展向(弱)挤压转换,富铀源岩在构造、气候、水文等地质营力作用下开始活化进入相邻的沉积盆地,而这时的沉积盆地不少已具备丰富的有机质和相应的地层结构等条件,因而这一时期在世界范围形成了主要的砂岩型铀矿床或矿化点(Dahlkamp,1993)。

铀元素的物理化学性质和成矿特点决定了砂岩型铀矿的形成总体具有类似流体矿产的特点;其成矿、保存和改造总体受地表-地下水活动的影响明显;始终处于沉淀-活化-迁移-再沉淀的动态过程中,成矿作用具多期性;主成矿期年龄新,矿体的最终定位往往较晚。滇西城子山铀矿床在发现后的两年时间矿体厚度明显增大、品位明显降低(陈戴生等,2011),说明该矿床受喜马拉雅运动影响地壳上升,先期形成的铀矿体至今仍在不断活化-迁移-再沉淀,动态往复进行。下文将讨论的已发现矿床分布和现今气候特征相吻合的特点也佐证了大部分砂岩型铀矿的形成和定位时代应相对较晚。

---

① 赵凤民. 2013. 中亚铀矿地质. 核工业北京地质研究院内部编译报告

3. 空间分布与气候环境关系密切

有关气候对砂岩型铀矿形成和保存影响的论述并不鲜见,但多浅尝辄止,在此做进一步剖析。

砂岩型铀矿的成矿机制决定了(古)气候是其形成和保存的重要条件,其分布与挽近(泛指第四纪以来)气候特征关系十分密切。容矿层砂体沉积时相对湿润的气候对增加砂体的有机质含量以提高砂体还原容量有利,而成矿期则需要干旱的气候环境将蚀源区的铀元素从原岩中氧化淋滤出来,以构成成矿的物质基础。从容矿地层沉积期到铀成矿期,由炎热潮湿的气候向干旱到半干旱气候的转变,或炎热干旱、半干旱的交替气候有利于铀矿化的形成,而始终持续干旱或持续潮湿的气候都对砂岩型铀矿的形成不利。高纬度的寒冷气候、极地气候和植被茂盛的热带雨林气候或常年降雨较多的其他环境气候不利于铀元素的淋滤活化和化学迁移,因此这些气候环境地区很少发现砂岩型铀矿(Dahlkamp,1993)。铀元素对氧化还原作用十分敏感,已形成的铀矿体容易受地下水或渗入地层中的大气降水的影响,被过量浸入的地下水稀释改造甚或破坏,因此降水量较多的地区不仅不利于铀元素的聚集成矿,而且不利于已形成矿体的保存。

全球已发现的砂岩型铀矿尤其是大型矿集区现今所在地区多为植被覆盖少的沙漠、戈壁、荒漠、干旱草原等干旱-半干旱少雨的气候区,这样的气候环境特点是铀矿形成的一个重要条件。在这些地区地下水和地表水的pH普遍大于7,甚至达到8~9,植被不发育,腐殖质层薄,有利于大气中氧的渗入,促使地层深部层间氧化带发育。地表径流较少的地区活性铀被地表径流带走稀释的也相对较少,可以更多地集中进入地层深部(陈戴生等,2011)。现今全球气候的分带性及其特征主要形成于第四纪以来,部分地区气候的形成可向前追溯到新近纪或古近纪。因此,已发现的砂岩型铀矿床在北半球主要分布在温带大陆性气候区的沙漠、戈壁、荒漠和干旱-半干旱地区,以及副热带高气压带及其两侧的信风带范围,处于北半球中纬度15°~50°(主要在30°~50°之间),主要集中于各大陆的西部地区,这也是由于现今各大陆主要表现出西部多干旱而东部多湿润的相似气候特点。在南半球则多分布于南回归线附近的热带沙漠等干旱气候区,如澳大利亚中西部、非洲南部和阿根廷部分地区。

NASA和NOAA于2014年发射的Suomi NPP卫星采集的最新全球植被变化信息制作的地球卫星图像直观显示了与气候和环境有关的地表植被覆盖及发育情况,进而可探讨其与砂岩型铀矿分布间的关联性(图1.8A)。中亚砂岩型铀矿主要分布在巴尔喀什湖南侧和卡拉套山两侧、卡拉库姆沙漠等图兰低地腹地的沙漠区;中蒙两国的砂岩型铀矿产区主要分布于天山-河西走廊-阴山褶皱带及其两侧的沙漠或干旱地区;尼日尔铀矿区分布于北非撒哈拉大沙漠之中,地理位置处于北回归线稍偏南的副热带高压区,属于亚热带-热带沙漠气候;美国的砂岩型铀矿大多也集中在干旱少雨的科罗拉多高原和怀俄明盆地。

全球植被发育茂盛、覆盖率最高的地区是位于赤道附近的三大热带雨林群系(图1.8A),即东南亚雨林群系(以马来群岛为主)、非洲雨林群系(以西非刚果盆地为主、马达加斯加东岸为次)、美洲雨林群系(以亚马逊河流域为主)。这些地区显著气候特点是常年高温潮湿多雨，生物具明显多样性，各种植被丛林浓密，鲜有直接出露地表的地层可以直接接受蚀源区的流体，蚀源区的铀元素不易被氧化，也难以通过地表径流浸入地层，极不利于砂岩型铀矿的形成，在这三大雨林群系分布范围至今确未见发现工业砂岩型铀矿床的报道。

年降水量是反映气候特征的另一个直观的重要指标。研究表明，已发现砂岩型铀矿床的分布与年降水量的分布特征极其吻合(图 1.8B~E)。这说明年降水量的多少对砂岩型铀矿的形成具有重要的宏观控制作用。我国砂岩型铀矿主要分布在北方，与我国降水量南多北少的特征相吻合，美国砂岩型铀矿主要分布在西部，与其降水量东多西少的特征完全一致。

系统对比研究发现，除个别地区外，全球砂岩型铀矿绝大多数分布在年降水量少于 400 mm 的地区。这些地区的基本气候特征是干旱少雨。我国北方、美国西部科罗拉多高原和怀俄明盆地、非洲以及南美洲均表现出这样的规律(图 1.8B~E)。虽然得克萨斯海岸平原铀矿区的降水量(约 880 mm)相对美国其他两地较多，但亦分布在整个墨西哥湾盆地降水最少的西部范围较小的地区(图 1.8B)。值得注意的是，我国东北松辽盆地、非洲东部索马里和南美洲东部 Tucano 盆地三个地区，均为整体 400 mm 降水线向东突出或在其之外独立存在的小于 400 mm 降水区(植被分布图亦有表现)。与大于 400 mm 降水区包含的广阔范围相比，这三个地区的面积均较小，但该地区发现的砂岩型铀矿均位于其中(图 1.8B~E)。

在欧洲，特别是西北欧地区，不乏内生型铀矿床(IAEA, 2009)，但砂岩型铀矿却明显少于世界其他大陆。西北欧为温带海洋性气候，冬暖夏凉，年温差小，全年有雨，向东逐渐过渡到中欧和东欧的温带大陆性气候，山区为高原山地气候，南欧为地中海气候。西北欧年降水量大部分在 800~1000 mm，从斯堪的纳维亚半岛西部沿西北欧边界向南一带以及英国全境的降水量更丰，最高可达 2000 mm 以上，是全球除三大雨林地区外植被最茂盛的地方之一(图 1.8A)。充沛的降水、常年温和的气温以及十分茂盛的植被覆盖，使得蚀源区岩石难以被风化淋滤，即使蚀源区存在富铀岩石且为可淋滤的活性铀元素，也极易被地表水带走稀释，难以携带大量氧进入地下形成层间氧化带。受地理位置和地形影响，欧洲降水较少(<400 mm)的地区分布在东欧黑海西岸及其以北地区，由此向西南经乌克兰东南部延伸至罗马尼亚和保加利亚境内；其次为波兰、德国、捷克和匈牙利境内部分地区以及欧洲西南部伊比利亚半岛东南部地区。对比可以发现，欧洲已发现的砂岩型铀矿几乎全分布在上述几个降水小于 400 mm 地区。

前已述及，由层间氧化作用、潜水氧化作用和(深部)热水改造等不同成矿作用为主形成的铀矿床，在成矿和后期保存阶段对气候条件的要求和响应不尽相同。例如上述 400 mm 降水线效应对层间氧化作用成因的铀矿床更为适用，但对其他成因的砂岩型或沉积型铀矿床可能部分适合或影响不明显。如俄罗斯外贝加尔的希阿格达古河道型铀矿(Khiagdinskoye Deposit)，在新近纪成矿期并非干旱-半干旱气候，而且至今仍保持潮湿气候(陈肇博等，2003)。再如上述提及的西北欧地区，瑞典虽不发育砂岩型铀矿但却拥有世界上最丰富的黑色页岩型铀矿。

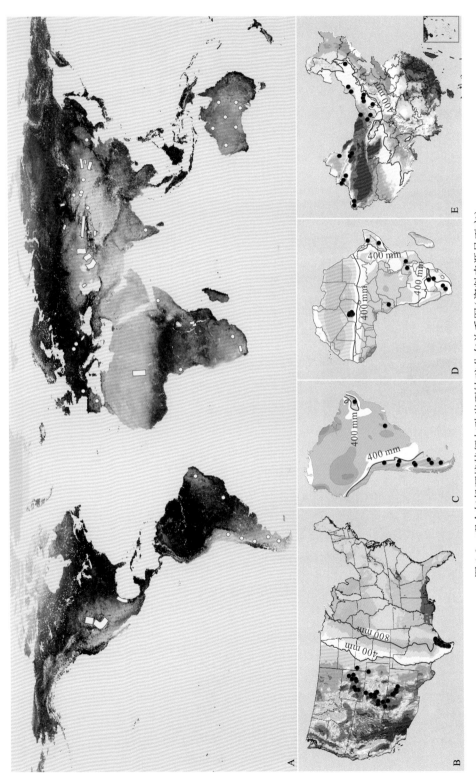

图 1.8 现今气候环境特征与砂岩型铀矿分布关系图(资料来源见正文)

A. 现今全球植被发育特征与砂岩型铀矿分布叠合图;B~E. 不同地域砂岩型铀矿分布与年降水量等值线叠合图(B. 美国、C. 南美洲、D. 非洲、E. 中国)

三、各大洲主要产铀国分布特征

据最新资料统计,世界上已探明砂岩型铀矿资源(RAR+IR)最丰富的三个国家依次
为哈萨克斯坦、尼日尔和美国,其次为中国、乌兹别克斯坦、蒙古、澳大利亚等国(图1.9)。
砂岩型铀矿资源最丰富的11个国家集中了全球90%以上的已探明资源量和75%的矿床
数量。

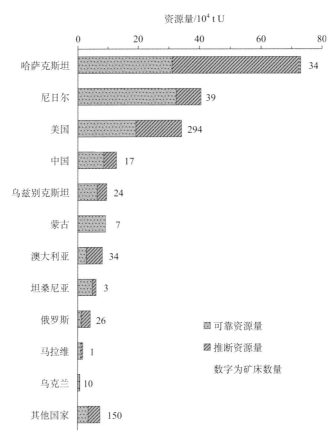

图1.9 世界各国砂岩型铀矿已探明资源量(RAR+IR)及数量排名对比图

数据来自 OECD-NEA/IAEA, 2014, 矿床数量据 UDEPO 数据库; 按<USD 130/kg U 成本统计

砂岩型铀矿床经常产出大型铀矿和裙带型铀矿群,某一个大型-超大型矿床的发现,
会直接影响该国在世界的排名次序。前三位哈萨克斯坦、尼日尔、美国由于较高的探明
率,近几年的资源量基本没有太大变化,而前10位中的其他国家在近3年来的资源量和
排名却发生了较大变化(OECD-NEA/IAEA, 2012, 2014)。中国和蒙古的资源量增加最
明显,坦桑尼亚和马拉维的资源量均有持续扩大,排名也发生相应变化。俄罗斯全国总
铀资源中砂岩型铀矿仅占7%,受其他各国排名上升的影响,其排名明显下降。

以下介绍世界各大洲主要产铀国砂岩型铀矿的分布概况。

1. 亚洲

亚洲是世界上砂岩型铀矿分布最集中的地区，尤以中亚最为丰富。

全球有六个重要的铀矿省分布在中亚、东亚一带及其附近：位于中亚的东土伦铀矿省和中央克兹尔库姆铀矿省、地跨哈萨克斯坦和中国的巴尔喀什-伊犁铀矿省、中国中东部和蒙古国境内的铀矿省区、位于俄罗斯境内的西西伯利亚南部铀矿省和维季姆铀矿省。前两个铀矿省是当今世界上铀资源最丰富的地区，也是最重要的可地浸铀矿勘查和生产基地。由这些砂岩型铀矿构成的巨型成矿带，呈向南凸出的东西向弧形带状分布（蒙古弧）（李述靖，1998；陈祖伊，2002）。

日本和印度等国有少量砂岩型铀矿发现。亚洲的其他地方，如中东、南亚和东南亚等地砂岩型铀矿的发现极其有限。

（1）中亚地区

中亚铀矿区是水成铀矿中层间氧化带理论和次造山理论的发祥地，相关理论在砂岩型铀矿成矿研究历史中占据重要地位。中亚地区砂岩型铀矿主要分布在哈萨克斯坦和乌兹别克斯坦两个国家，土库曼斯坦和吉尔吉斯斯坦及塔吉克斯坦也发现了部分矿床。

哈萨克斯坦是当今世界上总铀资源第二丰富的国家，砂岩型铀资源为各国之最，同时也是世界第一大产铀国（图1.4、图1.9），2012年总铀产量达21317 t U，其中98%的产量来自砂岩型矿床（图1.5）。砂岩型铀矿占据本国铀资源的90%，其余为脉型和含鱼骨化石的磷块岩型等。截至目前共发现砂岩型铀矿34个，最新评估结果显示该国拥有砂岩型铀资源量（RAR+IR，成本低于USD 130/kg U）647691 t U，约占世界总量的40%。哈萨克斯坦拥有世界著名的两大铀矿省，东土伦和巴尔喀什-伊犁铀矿省。东土伦铀矿省主体位于该国南部，包括世界上砂岩型铀矿最丰富的楚-萨雷苏盆地和锡尔河盆地，其中有6个铀矿床进入世界产量前15位的大铀矿行列（表1.2），该国的铀产量主要来自这两个盆地。巴尔喀什-伊犁铀矿省位于该国东部，向东延入我国境内的伊犁盆地，同属天山内的中间地块盆地。上世纪50年代于里海东北部发现的麦洛沃耶大型矿床（当时的探明资源量为43800 t）为含鱼骨化石的铀-稀有金属矿的代表，属滨里海铀矿区，主要分布于古地理环境为开阔陆架区的地层中，含矿层为一套富含黄铁矿、有机质和鱼骨碎片化石的黑色黏土层，厚度超过1 km，属渐新世—早中新世的巨厚马伊科普黏土建造，矿体剖面形态为独特的马尾状或扫把状。矿石主要由鱼骨碎片、铁的硫化物和黏土物质组成，其中最特征（外来奇异）的主要组分是鱼骨碎片（Stolyarov and Ivleva，1995；陈祖伊等，1997[①]；Dahlkamp，2009；赵凤民，2013[②]）。

乌兹别克斯坦共发现砂岩型铀矿24个，可靠资源量（RAR）64286 t U。主要分布在中克孜勒库姆铀矿省。该铀矿省位于现今阿姆河和锡尔河之间的广袤沙漠区，由众多被古生界露头相隔的小型盆地群组成。乌兹别克斯坦和哈萨克斯坦的铀成矿背景总体接

① 陈祖伊，张铁岭，郭华等译. 1997. 哈萨克斯坦外生铀矿床. 核工业北京地质研究院内部编译报告
② 赵凤民. 2013. 中亚铀矿地质. 核工业北京地质研究院内部编译报告

近,容矿层为上白垩统—古近系。该国资源量曾位居世界前列,现已被中国和蒙古超过,但其后备资源潜力甚丰。

（2）中国

中国共发现砂岩型铀矿 17 个,可靠资源量(RAR)86000 t U (OECD-NEA/IAEA, 2014)。主要分布在内陆,具有南贫北富的特征,除南方四川盆地、滇西龙川江盆地和衡阳盆地发现个别矿床外,绝大多数集中分布在北方诸沉积盆地。已经形成以北方的伊犁、吐哈、塔里木、巴音戈壁(即石油系统习称的银额盆地中东部)、鄂尔多斯、二连和松辽 7 个盆地为主的铀矿勘探开发格局。在跨国的伊犁盆地中国地域,已发现多个大中型砂岩型铀矿床和矿化点。自此由西向东依次在准噶尔、吐哈、塔里木、潮水、酒东、银额、鄂尔多斯、二连和松辽等盆地发现系列铀矿床和矿化点。近年来,在鄂尔多斯盆地北部发现了东胜、杭锦旗和大营等世界级的(超)大型矿床,并且规模有继续扩大的趋势;伊犁盆地和二连盆地诸矿床规模相继扩大,部分成为超大型,并陆续在外围有新的矿化点发现;在二连盆地发现了部分典型古河道型矿床;在准噶尔盆地取得了新突破(金若时等,2016;王果等,2016),海拉尔盆地亦有矿化点发现。中国砂岩型铀矿的容矿层位以侏罗系和白垩系为主,部分在古近系亦有分布,总体上有由西至东层位变新的特点。这与我国东、西部盆地特征、类型的差异和中新生代以来区域构造环境及演化不同所导致的成矿环境和成矿作用的差异有关(陈祖伊等,2010)。

（3）蒙古和俄罗斯

蒙古迄今为止共计发现砂岩型铀矿床 7 个,累计可靠资源量 25582 t U。主要位于东南部的东戈壁盆地(赛音山达盆地),在向我国延伸的乔巴山盆地、塔穆察格-海拉尔盆地以及南部的中戈壁、南戈壁等其他中新生代盆地群发现不少的铀矿化点,临近俄罗斯的北部地区发育有古河道型砂岩铀矿(赵凤民、乔茂德,2005[①])。最近,在蒙古东南部又发现了 6 万吨(RAR)以上的砂岩型铀矿石,大大提升了该国的铀资源储量(OECD-NEA/IAEA,2014)。

在俄罗斯的亚洲部分(乌拉尔山及其以东),迄今已发现砂岩型铀矿 26 个,可靠资源量 11800 t U。主要分布在南部诸铀矿区,东西延展距离长,自西向东依次为外乌拉尔铀矿区、西西伯利亚南部铀矿区(包括叶尼塞铀矿区)和外贝加尔-维季姆铀矿区,大多数为古河道型,主岩层位以上侏罗统—下白垩统为主(赵凤民,2006[②])。

2. 北美洲

美国除亚利桑那州 Strip 地区有塌陷角砾岩筒型矿床外,其余绝大多数为砂岩型矿床,砂岩型铀资源占该国总可靠资源量的 93%。

美国是世界上砂岩型铀矿数量最多、潜在资源最丰富的国家,累计发现砂岩型铀矿

---

① 赵凤民,乔茂德. 2005. 蒙古铀矿地质. 核工业北京地质研究院内部编译报告

② 赵凤民. 2006. 俄罗斯铀矿地质. 核工业北京地质研究院内部编译报告

床 294 个（占世界总数的 46%），砂岩型铀矿床资源占该国总可靠资源量的 93%，初始资源量 967338 t U，居世界第一位，砂岩型铀矿的可靠资源量排名世界第三位，仅次于哈萨克斯坦和尼日尔。美国砂岩型铀矿主要集中在西部铀矿省，自北而南分为怀俄明盆地（群）、科罗拉多高原和南得克萨斯沿海平原（墨西哥湾盆地）三个铀矿区。其中怀俄明盆地和南得克萨斯沿海平原发育典型的卷状铀矿，容矿建造为古近系和新近系砂岩。怀俄明盆地群主要产于粉河盆地、谢利盆地、气山和克鲁斯山峡谷地区。科罗拉多高原主要以板状类型为主，另有部分古河道型，矿床主要集中在格兰茨、莫纽门特、里斯本谷、尤拉凡、怀特谷和格兰得谷六个铀矿带，矿体主要产于上侏罗统莫里森（Morrison）建造和上三叠统琴尔（Chinle）建造中（Dahlkamp，1993）。

加拿大是世界第二大产铀国，但其砂岩型铀矿的发现却甚少。加拿大西部和美国西部同属中新生代科迪勒拉褶皱山系影响区，在构造背景等方面有一定的相似性，但气候条件有较明显差异，因而成矿环境不尽一致。在上世纪 60 年代中期至 70 年代中期，加拿大对砂岩型铀矿勘探曾有一定投入，后发现了阿萨巴斯卡盆地等系列超大型（特）高品位不整合面型铀矿，该类型遂成为主攻目标，砂岩型相关勘探相继停止，报道趋少。

3. 大洋洲

澳大利亚是世界上各类铀资源总量最丰富的国家，长期稳居世界第一（图 1.4）。由于该国占绝对优势的角砾杂岩型（IOCG）和不整合面型铀矿资源量巨大，使得砂岩型铀矿在该国总铀资源量中所占比例仅为 2%。然该区已发现砂岩型铀矿 34 个，其可靠资源量（RAR）为 28800 t U，已探明资源量（RAR+IR）位居世界第五位（图 1.9）。该国砂岩型铀矿分布较为广泛，主要集中在中西部沙漠区和山区三个州（图 1.7、图 1.8），分别属于坎宁盆地、恩加利亚盆地、阿玛迪厄斯盆地、卡那封盆地、艾尔湖盆地、卡拉邦纳盆地和尤克拉盆地，几乎全部分布在这些盆地的边部。其中尤克拉盆地东、西边缘的矿床类型均为古河道型。在容矿地层上，前三者为石炭系，卡那封盆地为白垩系，其余均以古新世—渐新世地层为主。

4. 非洲

尼日尔位于非洲西北部，属尼日尔-马里铀矿省，已探明砂岩型铀资源量（RAR+IR）位居非洲第一，世界第二。2011 年评估的可靠资源量（RAR）曾超过长期位居第一的哈萨克斯坦（图 1.9）（OECD-NEA/IAEA，2012）。该国砂岩型铀矿几乎全部分布在北部的阿加德兹盆地，该盆地为伊勒姆登大型盆地的次级盆地。矿床受断裂影响明显，主要分布在南北向的阿尔利特断裂两侧，容矿层位为石炭系和上侏罗统—下白垩统。非洲中部加蓬的弗朗斯维尔（Franceville）盆地发现元古宇砂岩铀矿，是世界上容矿层最古老的砂岩型铀矿之一，矿床明显受岩性和构造控制（Dahlkamp，1993）。盆地内的奥克洛铀矿（Oklo Deposit）的 ^{235}U 发生了明显亏损，研究证明该系列矿床天然启动了自持链式核裂变反应。该地区约十余座天然核反应堆成为全球铀矿床中独一无二的现象，一经发现便轰动世界。

近年来，非洲南部砂岩型铀矿资源量和产量与日俱增。马拉维和坦桑尼亚的矿床主要集中在马拉维北部的马拉维湖畔地区、坦桑尼亚南部的鲁胡胡盆地和姆库曲河（Mkuju

River)沿岸,前二者为同一铀矿带的横向延伸,这几处矿床近年资源量和产量增长很快,已成为或将会成为世界级大矿床。博茨瓦纳主要位于该国的东部和东北部,虽具有可观规模,但按目前技术条件均属高成本资源(大于 USD 260/kg U)。这三个国家的砂岩型铀矿产于二叠系-三叠系卡罗群(Karoo Group),该套地层同时为优质的煤系地层和潜在烃源岩层。该区铀勘探方兴未艾,资源有继续增长的趋势。

5. 欧洲

欧洲的砂岩型铀矿主要集中在中东欧波西米亚铀矿区(主体位于捷克和德国境内)和乌克兰铀矿省两个地区,主要分布在保加利亚、乌克兰、罗马尼亚、匈牙利、捷克、德国和波兰等国,以环黑海的几个国家和地区居多。

保加利亚砂岩型铀矿分布较广、资源量可观,累计发现 19 个矿床,主要分布在该国中南部的特拉茨盆地,多沿马里查河及其支流分布,容矿层位为二叠系和古近系—新近系。乌克兰大部分砂岩型铀矿分布在中南部基洛夫格勒州和克里沃罗格地区,捷克和德国的砂岩型铀矿主要位于捷克地块西北部的北波西米亚白垩纪中间地块盆地中(主体位于捷克,跨越德国)(赵凤民,1991[①])。

西欧除法国和西班牙境内有少数矿床外,其他国家较少有砂岩型铀矿的分布。

6. 南美洲

南美洲整体上砂岩型铀矿不十分发育,矿床规模一般都不大,以几百到几千吨居多(Dahlkamp,2010),主要分布在阿根廷境内,巴西有少数矿床,西北部的哥伦比亚境内近年也发现了一个矿床。阿根廷可采铀资源的 90%以上为砂岩型铀矿,都分布在西部安第斯山山麓的部分盆地中,从北向南依次为 Tonco-Amblayo 地区、Tinogasta 地区、Guandacol 地区、Los Colorados 地区、San Rafael 地区、Malargüe 地区、San Jorge Gulf Basin 地区。

第三节 油气煤铀藏(矿)同盆共存特征

油、气、煤、铀是当今最重要的四种不可再生能源矿产,这四种能源矿产主要赋存和产出于沉积盆地中(刘池洋等,2006a;刘池洋,2007)。对世界最新资料的全面统计和系统研究表明,油气煤铀同盆共存在世界范围内具有明显的普遍性和分区性。

一、同盆共存的普遍性

以国际原子能机构 UDEPO 数据库公布的砂岩铀矿床数据为基础进行的统计表明,截至 2015 年 6 月,全球已发现的砂岩型铀矿床共 639 个,分布在 109 个沉积盆地中。通过对不同国际组织和行业来源的近千篇(部、份)国内外文献资料、报告等进行调研和对比,探讨这些含铀盆地与已探明的油、气、煤的同盆赋存情况(表 1.3)。

---

① 赵凤民. 1991. 东德铀工业. 核工业北京地质研究院内部编译资料

表 1.3 世界多种能源矿产同盆共存一览表 *

洲	国家	序号	盆 地	油藏	气藏	煤田	铀矿
亚洲	中国	1	松辽盆地	●	○	■	★
		2	海拉尔盆地	●	○	■	★
		3	二连盆地	●	○	■	★
		4	鄂尔多斯盆地	●	○	■	★
		5	银额(巴音戈壁)盆地①	●	○	■	★
		6	酒东盆地	●	○	■	★
		7	吐哈盆地	●	○	■	★
		8	准噶尔盆地	●	○	■	★
		9	塔里木盆地	●	○	■	★
		10	伊犁-阿拉木图盆地	●	○	■	★
	哈萨克斯坦	1					
		2	楚-萨雷苏盆地	●	○	■	★
		3	锡尔河盆地	●	○	■	★
		4	曼格什拉克盆地	●	○	—	★
		5	巴尔喀什盆地	—	—	■	★
		6	滨里海盆地(跨哈、俄)	●	○	—	★
	乌兹别克斯坦	1	中克孜勒库姆盆地群	●	○	■	★
	土库曼斯坦	1	阿姆河盆地(跨乌、土)	●	○	■	★
	吉尔吉斯斯坦	1	费尔干纳盆地(跨吉、塔)	●	○	■	★
	蒙古	1	内尔金盆地	△	△	■	★
		2	乔巴山盆地	△	△	■	★
		3	东戈壁盆地	●	○	■	★
	印度	1	孟加拉盆地	—	○	—	★
	日本	1	瑞浪盆地	—	—	■	★
	巴基斯坦	1	印度河盆地	●	○	—	★
	俄罗斯（亚洲部分）	1	外乌拉尔盆地	●	○	■	★
		2	西西伯利亚盆地	●	○	■	★
		3	叶尼塞盆地	—	○	—	★
		4	外贝加尔盆地	△	△	■	★
		5	兴凯盆地(跨中俄)	—	—	■	★
大洋洲	澳大利亚	1	阿玛迪厄斯盆地	●	○	—	★
		2	坎宁盆地	●	○	—	★
		3	卡纳尔文盆地	●	○	■	★
		4	恩加利亚盆地	—	—	■	★

续表

洲	国家	序号	盆地	油藏	气藏	煤田	铀矿
大洋洲	澳大利亚	5	艾儿湖盆地	●	○	■	★
		6	尤克拉盆地	—	—	■	★
北美洲	加拿大	1	艾伯塔盆地	●	○	■	★
		2	威利斯顿盆地	●	○	■	★
	美国	1					
		2	大分水岭盆地	●	○	—	★
		3	粉河盆地	●	○	■	★
		4	风河盆地	●	○	■	★
		5	谢利盆地	●	○	■	★
		6	砂洗盆地	●	○	■	★
		7	怀俄明盆地群[②]	●	○	■	★
		8	圣胡安盆地	●	○	■	★
		9	帕拉多盆地	●	○	—	★
		10	科罗拉多高原[③]	●	○	■	★
		11	丹佛盆地	●	○	■	★
		12	墨西哥湾盆地	●	○	■	★
		13	死亡谷盆地(阿拉斯加)	—	—	■	★
	墨西哥	1	布尔戈斯盆地	—	○	—	★
		2	东北部盆地	●	○	—	★
南美洲	阿根廷	1	萨尔塔盆地	—	—	■	★
		2	库约盆地	●	○	■	★
		3	内乌肯盆地	●	○	—	★
		4	圣豪尔赫湾盆地	●	○	—	★
	玻利维亚	1	圣克鲁斯盆地	●	○	—	★
	巴西	1	吐卡洛盆地	●	—	—	★
		2	巴拉那盆地	●	—	■	★
	巴拉圭	1					
	哥伦比亚	1	中玛格达雷那盆地	●	○	■	★
欧洲	西班牙	1	卡斯蒂利亚盆地	●	○	—	★
	法国	1	阿基坦盆地	●	○	■	★
		2	洛代沃盆地	—	○	■	★
		3	巴黎盆地	●	○	■	★
	德国	1	西北德国盆地	●	○	■	★

续表

洲	国家	序号	盆　　地	油藏	气藏	煤田	铀矿
欧洲	捷克	1	波西米亚盆地	—	—	■	★
		2	索科洛夫盆地	—	—	■	★
		3	赫普盆地	—	—	■	★
		4	下西里西亚盆地	●	○	■	★
	波兰	1					
	匈牙利	1	潘诺尼亚盆地	●	○	■	★
	罗马尼亚	1					
		2	喀尔巴阡盆地	●	○	■	★
	保加利亚	1	普罗夫迪夫盆地	—	—	■	★
		2	索菲亚诸盆地	—	—	■	★
		3	保加利亚西南-南部地区	—	—	■	★
	乌克兰	1	顿涅茨盆地	●	○	■	★
非洲	博茨瓦纳	1	卡拉哈里盆地	●	○	■	★
	加蓬	1	弗朗斯维尔盆地	●	○	■	★
	马拉维	1	鲁库鲁盆地	—	—	■	★
	马达加斯加	1	木伦达瓦盆地	—	○	■	★
	纳米比亚	1	奥兰治盆地	—	—	—	★
	尼日尔	1	阿加德兹盆地	—	—	■	★
	南非	1	卡鲁盆地	●	○	■	★
		2	斯普林博克平原盆地	—	—	■	★
	坦桑尼亚	1	鲁胡胡盆地	—	—	■	★
		2	舍鲁斯盆地	—	—	■	★
	赞比亚	1	卢安瓜盆地	—	—	■	★
		2	赞比西盆地	—	—	■	★
	津巴布韦	1					
合计			38 个国家，85 个盆地，570 个铀矿床				

注：●油藏；○气藏；■煤田；★铀矿；△非商业油气显示；—无此种矿产；①核工业系统习称"巴音戈壁盆地"，范围相当于石油系统"银额盆地"的中东部；②，③分别指除表格中已列出之外的怀俄明和科罗拉多高原诸盆地。

　　*此表调研综合整理过程涉及各类资料，文献过多，无法在此处一一注明，将其中主要资料与本章其他参考文献一并编排，列于文末。

　　研究结果显示，在已发现砂岩型铀矿的 109 个盆地中，有 85 个盆地中的 570 个砂岩型铀矿与已探明的油气田或煤田同盆共存，分别占产铀盆地总数的 78%、占砂岩型铀矿总数的 89%（图 1.10），称这些盆地为多种能源矿产共存盆地，下文简称多能源盆地。

　　统计结果表明，全球已发现的 639 个砂岩型铀矿中，分别有 113 个、41 个和 416 个

铀矿床分别与另外 1 种、2 种、3 种能源矿产共存，分别占多能源盆地铀矿床总数的
20%、7% 和 73%，占全球铀矿床总数的 18%、6% 和 65%；在 85 个多能源盆地中，分别
有 30 个、12 个和 43 个盆地分别有 2 种、3 种、4 种能源矿产同盆共存，分别占多能源盆
地总数的 35%、14% 和 51%，占产铀盆地总数的 28%、11% 和 39%（图 1.10）。由于资料
来源的不同，所获得的砂岩型铀矿与其他三种能源矿产共存的比例数值可能会有一定差
别，但不会有大的变化。总体说明这四种能源矿产关联密切、同盆共存普遍，尤以 4 种
矿产同盆共存比例最大。

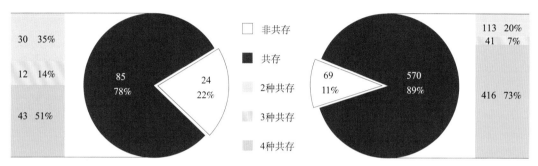

图 1.10   世界砂岩型铀矿与油气煤能源矿产同盆共存统计结果图
左：产铀盆地数量及所占比例；右：铀矿床数量及所占比例

据不完全统计，85 个多能源盆地中铀的探明资源量（RAR+IR）约占全球砂岩型铀资
源总量的 90% 以上；初步估算，2015 年全球 9 个最大的砂岩型铀矿均位于多能源盆地，
贡献了全球 1/3 的总铀产量和约一半的砂岩型铀产量（表 1.2），调查表明全球其他大型
砂岩型铀矿也几乎全部位于不同地区的多能源盆地。可见，世界已发现的大型-超大型
砂岩型铀矿床几乎全部位于这 85 个多能源盆地之中，因此世界砂岩型铀矿的资源量和
产量也绝大多数来自其中。

以上统计结果对现无商业油、气藏或煤矿，但有不同形式油气显示或曾存在古油气
藏而现今已遭破坏，或有劣质煤或薄煤层、煤线的盆地，未作为含油气盆地、含煤盆地
统计在内。事实上，这些盆地中不具商业价值的油气、煤，大多足以提供砂岩型铀矿形
成过程中所需的有机质。若将这些盆地统计在内，多种能源同盆共存的比例会更高。

尚需说明，由于研究程度和勘探重心的不同，致使一些含油气煤盆地较长时期尚未
发现砂岩型铀矿，而其中部分盆地逐渐显示出含铀潜力。如中东地区拥有全球最为丰富
的油气资源，以往对铀矿勘查关注不够而鲜有发现。近年有学者研究后认为，中东地区
铀资源潜力很大，不乏砂岩型铀资源（Howari，2008）。近年来已在土耳其、约旦境内和
北非索马里北部等地区（Levich and Muller-Kahle，1983；Khoury *et al.*，2014）发现了一定
数量的砂岩型铀矿。

可见，在世界范围内、油、气、煤、铀多种能源矿产同盆共存现象普遍存在。但目前
对这种普遍共存、内在联系密切的现象进行整体、系统的研究甚少。各能源矿种长期各
自独立勘探的格局及其形成的定势思维还会延续并影响理论探索与矿产发现。因此，全
面揭示多种能源共存的内在规律并用之指导实践显得尤为迫切和关键。

国家 973 计划项目"多种能源矿产共存成藏（矿）机理与富集分布规律"（2003CB214600）2003 年启动实施，拉开了油气煤铀同盆共存研究的序幕，意义重大。2012 年"全球视角：砂岩型铀矿成因技术大会"在维也纳召开，国际原子能机构（IAEA）核能技术专家和会议科学秘书 Harikrishnan Tulsidas 在会议报告中亦提出了与"多种能源同盆共存、协同勘探"相类似的观点和找矿思路，指出大型含油气煤盆地将是未来砂岩型铀矿取得新发现的主要场所，并将会大幅度提高低成本铀矿的可利用率。这表明，国际权威核能机构也开始意识到多种能源同盆共存的普遍性和重要意义，并开始倡导依据此新思路进行铀矿勘查探索。

二、同盆共存的分区性

统计表明，能源盆地中油气煤铀同盆共存普遍，在世界各大洲均有分布，但其分布并不均衡，具有明显的分区性（表 1.3，图 1.7）。在 85 个多种能源共存的盆地中，分布较多的国家有：美国 13 个，中国 10 个，中亚 8 个，澳大利亚 6 个，俄罗斯 5 个，这 5 个地区约占总数的一半。

1. 多能源盆地分布广而不均衡

多能源共存盆地主要分布在北半球，时代主要为中-新生代，其中中-东亚和美国西部分布最为集中。这两个区域的四种能源矿产资源丰富，其中砂岩型铀资源（RAR+IR）合计约占全球总量的 3/4（73%）。

（1）中-东亚成矿域

中-东亚巨型能源矿产成矿域东起我国松辽盆地，西止里海，东西连绵逾 6000 km。在该成矿域分布有数十个（特）大型油田、气田、煤田和砂岩型铀矿，其中多数盆地同时赋存这四种能源矿产（图 1.11），能源资源甚丰。最新统计显示，仅砂岩型铀矿资源量（RAR+IR）就占全球的 55%。根据大地构造特征、区域演化和成矿条件等方面的差异，自东而西可将该成矿域划分为松辽-鄂尔多斯、阿拉善-河西走廊、新疆和中亚 4 个成矿区（刘池洋，2007；刘池洋等，2009）。前三个地区主体位于中国北方，向北跨入蒙古境内。该成矿域大致沿古丝绸之路所经之地分布，与 21 世纪丝绸之路经济带覆盖的主要区域（任宗哲等，2014）几乎叠置，具有重要的科学和现实意义。关于中-东亚能源成矿域的论述详见本书第二章，此处不再赘述。

（2）美国西部

美国西部多能源盆地分布区内以三种或四种能源矿产分布为主，同盆共存的特征明显。该区由北向南可以进一步划分为怀俄明盆地区、科罗拉多高原区、墨西哥湾盆地区（图 1.12），前二者共属科迪勒拉褶皱带的一部分，是北美大陆濒太平洋构造带的重要组成部分，三个地区的多种能源矿产赋存特点不尽一致。这三个成矿区能源矿产的资源量和产量在美国占据重要地位。该区已发现的砂岩型铀矿资源量占美国总资源量的 90%

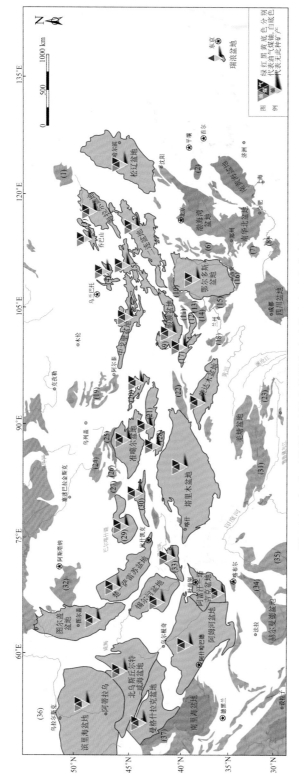

图 1.11 中—东亚能源成矿域多能源盆地及其矿产赋存分布图

盆地编号及名称：(1)根河盆地；(2)北黄海盆地；(3)乔巴山盆地；(4)内尔金盆地；(5)东戈壁盆地；(6)沁水盆地；(7)南襄盆地；(8)江汉盆地；(9)银根盆地；(10)河西走廊盆地；(11)雅布赖盆地；(12)渤海湾盆地；(13)巴彦浩特盆地；(14)武威盆地；(15)六盘山盆地；(16)渭河盆地；(17)酒泉盆地；(18)共和盆地；(19)大湖盆地；(20)三塘湖盆地；(21)吐哈盆地；(22)敦煌盆地；(23)比如盆地；(24)萨彦盆地；(25)准噶尔盆地；(26)塔城盆地；(27)阿拉科尔尔盆地；(28)焉耆—车米什盆地；(29)南巴尔喀什盆地；(30)伊犁—阿拉木图盆地；(31)措勤盆地；(32)田吉兹盆地；(33)费尔干纳盆地；(34)卡塔瓦兹盆地；(35)印度河盆地；(36)卡丹—基内盆地；(37)特里克—里海盆地

以上,占全球总资源量的18%。怀俄明盆地和墨西哥湾盆地铀矿均产于古-新近系,矿体形态均以卷状为主,前者属于山间(中间地块?)盆地,后者属于被动陆缘盆地。科罗拉多高原铀矿主要产于上三叠统和上侏罗统,矿体形态主要为板状,盆地类型属于前陆盆地。

图 1.12 美国西部多能源盆地及其矿产赋存分布图

美国约一半的煤炭产于这三个成矿区。除墨西哥湾盆地分布以古-新近系为主的煤层外,大部分盆地都同时分布白垩系和古近-新近系煤层,且煤层基本覆盖全盆地范围。墨西哥湾盆地煤层主要为褐煤,科罗拉多高原和怀俄明盆地均以亚烟煤和烟煤为主。

该区是美国主力油气产区之一,有多个大油气田,油气藏类型和特征多样。尤其是近年来开发的非常规油气资源引起世界关注。

以圣胡安盆地和墨西哥湾盆地为例对比美国西部多种能源同盆共存的平面分布差异。位于科罗拉多高原的圣胡安盆地,在盆地南缘大致沿祖尼隆起呈南东东方向展布着著名的格兰茨(Grants)砂岩型铀矿带;油气田则主要位于盆地腹部和北部广阔地区;煤炭覆盖了全盆地广大地区,中部较厚,向东北和西南两侧变薄,较厚的地区和油气集中发育区大致重合。墨西哥湾盆地的油气,尤其是 Eagle Ford 页岩组合的油气,大致沿盆缘走向(北东-南西向)呈带状分布,垂直该方向表现为内油外气,其油气的分布和铀矿床平面分布几乎完全叠置;煤炭均为褐煤,在盆地的陆地部分均有发育。可见,四种能源矿产在平面上的分布,墨西哥湾盆地叠合度高,而圣胡安盆地并非如此。

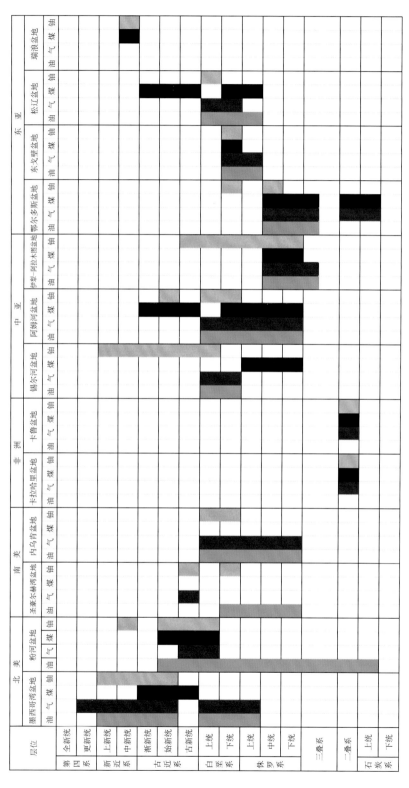

图 1.13 世界典型多能源盆地矿产赋存层位对比图

2. 赋存层位和形成时代因地而异，但具有区域规律

对比世界典型多能源盆地的油气煤铀赋存层位(图 1.13)，研究多种能源共存的共性和个性，进而分析其分区性特点。不同盆地区油气煤铀的主要赋存层位不同，在一定范围内集中在几个主要层位(图 1.13)，且在区域上有一定变化规律。如从我国东北松辽盆地向西，经二连、东戈壁盆地、鄂尔多斯盆地、银额、新疆诸盆地，再到中亚诸盆地，砂岩型铀矿床的主含矿层主要在侏罗系—新近系，含矿层位和成矿时代总体具有从东向西变新的趋势；区域含煤层主要为侏罗系和石炭-二叠系，在有些地区上三叠统、白垩系-古近系某些组段也含有煤层；油气赋存层位颇多，显生宙不同时代地层几乎都有含油气层。若不考虑叠合盆地下伏盆地的油气成藏系统，油气主要赋存于中新生代地层，具体含油气层段的分布因盆地而异(刘池洋等，2002)。

同盆地的四种矿产赋存层位在统的级别上大致跨度相当或相邻。一般来说，煤层的位置与烃源岩层位相近，或相邻(位于其上下)。砂岩型铀矿的层位一般偏新，同一盆地大多集中在少数几个层位，这与其开采时对地层的孔隙度有较为严格的要求而使勘探的深度受到一定限制有关。含油气层一般涉及的层位较多，这与其随外部条件的变化和构造变动易于流动的属性有关；特别是叠合盆地，会有多套油气成藏组合。煤炭为固体矿产，赋存的层位在一个区域内相对比较固定。在全球范围内，煤主要集中分布在石炭-二叠系和侏罗系，中生代其他时代地层和古近系也含有煤层，但分布相对较为局限。

对比和总结全球各大陆多能源盆地中四种能源矿产共存分布的层位(图 1.13)，一般而言，位于克拉通内部的盆地，共存的地层层位相对较老；若这些盆地中新生代沉积局限或厚度较薄，共存的层位时代会更老，如非洲南部卡鲁盆地、卡拉哈里盆地。挽近时期持续沉降-沉积幅度较大的盆地，或位于新构造活动强烈地区的盆地，多种能源共存的层位明显要新。前者如中亚近里海铀成矿诸盆地、美国墨西哥湾盆地等；后者如中亚南部临近青藏高原的盆地、日本的瑞浪盆地等。可见，多种能源矿产同盆共存层位的分布和特征，总体受能源盆地所在地区区域地球动力学环境特征及其演化的控制。

参 考 文 献

蔡煜琦, 张金带, 李子颖等. 2015. 中国铀矿资源特征及成矿规律概要. 地质学报, (6): 1051~1069

陈戴生, 李胜祥, 蔡煜琦. 2006. 我国中、新生代盆地砂岩型铀矿沉积环境研究概述. 沉积学报, (2): 223~228

陈戴生, 刘武生, 贾立城. 2011. 我国中新生代古气候演化及其对盆地砂岩型铀矿的控制作用. 铀矿地质, 27(6): 321~326

陈肇博, 陈祖伊, 李胜祥. 2003. 层间氧化带砂岩型与古河谷砂岩型铀矿成矿地质特征对比. 世界核地质科学, 20(1): 1~10

陈祖伊. 2002. 亚洲砂岩型铀矿区域分布规律和中国砂岩型铀矿找矿对策. 铀矿地质, 18(3): 129~137

陈祖伊, 杜乐天. 2006. 加拿大、澳大利亚铀矿勘查活动的特点及其成功经验. 铀矿地质, (1): 1~9

陈祖伊, 周维勋, 管太阳等. 2004. 产铀盆地的形成演化模式及其鉴别标志. 世界核地质科学, 21(3): 141~151

陈祖伊, 陈戴生, 古抗衡等. 2010. 中国砂岩型铀矿容矿层位、矿化类型和矿化年龄的区域分布规律. 铀

矿地质, 26(6): 321~330

池国祥, 褚海霞, Scott R 等. 2013. 加拿大 Athabasca 盆地不整合面型铀矿的控矿因素研究. 地质学报, 87(增刊): 102

杜利, 张本筠. 1975. 怀俄明州气山和谢利盆地铀矿床的铀-铅年龄. 国外放射性地质(Z1): 62~66

赴俄考察小组. 1993. 赴俄罗斯地质考察. 铀矿地质, (1): 60~61

甘克文. 1992. 世界含油气盆地分布图. 北京: 石油工业出版社

哥特良尔 В И. 1959. 铀矿地质. 南京大学地质系译. 北京: 科学出版社

郭亚俊, 赵志刚, 胡金堂等. 2009. 东戈壁盆地宗巴音凹陷构造发育特征研究. 中国石油勘探, (2): 14~22

胡文海, 陈冬晴. 1995. 美国油气田分布规律和勘探经验. 北京: 石油工业出版社

黄净白, 黄世杰. 2005. 中国铀资源区域成矿特征. 铀矿地质, 21(3): 129~138

黄世杰, 牛林. 1993. 乌克兰铀矿形成的地质条件. 国外铀金地质, (3): 193~199

金景福, 黄广荣. 1991. 铀矿床学. 北京: 原子能出版社

金若时, 黄澎涛, 苗培森等. 2014a. 准噶尔盆地东缘侏罗系砂岩型铀矿成矿条件与找矿方向. 地质通报, 33(Z1): 359~369

金若时, 苗培森, 司马献章等. 2014b. 铀矿床分类初步探讨. 地质调查与研究, (1): 1~5

金若时, 程银行, 杨君等. 2016. 准噶尔盆地侏罗纪含铀岩系的层序划分与对比. 地质学报, 90(12): 3293~3309

李保侠, 徐高中. 2003. 俄罗斯联邦铀矿区地质特征. 世界核地质科学, (4): 194~198

李国玉, 金之钧等. 2005. 新编世界含油气盆地图集. 北京: 石油工业出版社

李巨初, 陈友良, 张成江. 2011. 铀矿地质与勘查简明教程. 北京: 地质出版社.

李胜祥, 陈戴生, 蔡煜琦. 2001. 砂岩型铀矿床分类探讨. 铀矿地质, 17(5): 285~288

李胜祥, 韩效忠, 蔡煜琦等. 2006. 天山造山带山间盆地砂岩型铀矿成矿模式及找矿方向探讨. 矿床地质, (S1): 241~244

李述靖. 1998. 蒙古弧地质构造特征及形成演化概论. 北京: 地质出版社

李卫红, 徐高中, 权建平. 2010. 天山造山带山间盆地后期改造与砂岩型铀矿成矿. 矿床地质, (S1): 141~142

刘池洋. 2005. 盆地多种能源矿产共存富集成藏(矿)研究进展. 北京: 科学出版社. 11~12

刘池洋. 2007. 叠合盆地特征及油气赋存条件. 石油学报, 28(1): 1~7

刘池洋. 2008. 沉积盆地动力学与盆地成藏(矿)系统. 地球科学与环境学报, 30(1): 1~23

刘池洋, 赵红格, 杨兴科等. 2002. 油气晚期-超晚期成藏——中国含油气盆地的重要特点. 见: 中国工程院, 环太平洋能源和矿产资源理事会, 中国石油学会编. 21 世纪中国暨国际油气勘探国际研讨会论文集. 北京: 中国石化出版社. 57~60

刘池洋, 赵红格, 谭成仟等. 2006a. 多种能源矿产赋存与盆地成藏(矿)系统. 石油与天然气地质, 27(2): 131~142

刘池洋, 赵红格, 桂小军等. 2006b. 鄂尔多斯盆地演化-改造的时空坐标及其成藏(矿)响应. 地质学报, 80(5): 617~638

刘池洋, 邱欣卫, 吴柏林等. 2007. 中-东亚能源矿产成矿域基本特征及其形成的动力学环境. 中国科学 (D 辑), 37: 1~15

刘池洋, 邱欣卫, 吴柏林, 赵红格. 2009. 中-东亚能源矿产成矿域区划和盆地类型. 新疆石油地质, 30(4): 412~418

刘池洋, 毛光周, 邱欣卫等. 2013. 有机-无机能源矿产相互作用及其共存成藏(矿). 自然杂志, 35(1): 47~55

刘池洋, 赵俊峰, 马艳萍等. 2014. 富烃凹陷特征及其形成研究现状与问题. 地学前缘, 21(1): 75~88

刘池洋, 王建强, 赵红格等. 2015. 沉积盆地类型划分及其相关问题讨论. 地学前缘, 22(3): 1~26

刘兴忠, 周维勋. 1990. 中国铀矿省及其分布格局. 铀矿地质, 6(6): 326~337

罗朝文, 王剑锋. 1990. 铀成矿原理. 北京: 原子能出版社

罗金海, 车自成. 2001. 中亚与中国西部侏罗纪沉积盆地的成因分析. 西北大学学报(自然科学版), (2): 167~170

马艳萍, 刘池洋, 赵俊峰等. 2007. 鄂尔多斯盆地东北部砂岩漂白现象与天然气逸散的关系. 中国科学 (D辑), 37(增刊I): 127~138

毛光周, 刘池洋, 刘宝泉等. 2012. 铀对I型低熟烃源岩生烃演化的影响. 地质学报, 36(2): 1833~1840

米灵, 汉辉. 1965. 怀俄明州射利盆地铀矿床的分布和成因. 铀矿地质译丛, (3): 15~22

聂逢君, 林双幸, 严兆彬等. 2010. 尼日尔特吉达地区砂岩中铀的热流体成矿作用. 地球学报, (6): 819~831

聂逢君, 严兆彬, 林双幸等. 2013. 非洲尼日尔特吉达地区铀成矿作用与预测. 北京: 地质出版社

钱法荣. 1994. 保加利亚铀矿地质. 国外铀金地质, (2): 147~155

任宗哲, 石英, 白宽犁等. 2014. 丝绸之路经济带发展报告(2014). 北京: 社会科学文献出版社

邵济安, 张履桥, 牟保磊. 2011. 中亚造山带东段铀、钼矿床分布与中间地块的关系. 吉林大学学报(地球科学版), 41(6): 1667~1675

舒米林(Шумидин М Б). 1980. 铀矿床的分类. 高必娥译. 放射性地质, (2): 134~138

宋继叶, 蔡煜琦, 姚春玲等. 2011. 古陆块及其边缘与铀成矿的关系. 铀矿地质, 27(1): 8~12, 25

谈成龙. 2007. 世界上拥有铀矿床最多的两个国家之一——俄罗斯. 世界核地质科学, (3): 165

谭成仟, 刘池洋, 赵军龙等. 2007. 鄂尔多斯盆地典型地区放射性异常特征及其地质意义. 中国科学 (D辑), 37(增刊I): 147~156

童航寿. 2012. 世界超大型铀矿床分类方案新构想. 铀矿地质, 28(1): 1~10

童航寿. 2014. 我国铀矿床类型分类研究(一). 世界核地质科学, 31(1): 1~9

童晓光. 2002. 世界石油勘探开发图集. 北京: 石油工业出版社

童晓光, 张光亚, 王兆明等. 2014. 全球油气资源潜力与分布. 地学前缘, 21(3): 1~9

涂光炽, 王秀璋, 陈先沛等. 1984. 中国层控矿床地球化学(一). 北京: 科学出版社. 227~228

王果, 王国荣, 鲁克改等. 2016. 准噶尔盆地铀矿地质工作回顾及今后找矿方向. 铀矿地质, 32(6): 340~349

王木清. 2014. 欧洲铀矿化与大地构造活动及演化的关系. 世界核地质科学, (3): 499~502

王木清. 2015. 非洲和北美洲铀成矿概述. 世界核地质科学, 32(1): 1~8

王先彬, 欧阳自远, 卓胜广等. 2014. 蛇纹石化作用、非生物成因有机化合物与深部生命. 中国科学: 地球科学, (6): 1096~1106

王兴无. 2000. 乌克兰的主要工业铀矿床及铀资源量. 国外铀金地质, (4): 307~312

王正邦. 2002. 国外地浸砂岩型铀矿地质发展现状与展望. 铀矿地质, 18(1): 9~21

魏思华. 2000. 维季姆和南维季姆铀矿区. 国外铀金地质, (3): 210~213

吴柏林. 2006. 世界砂岩型铀矿特征、产铀盆地模式及其演化. 西北大学学报(自然科学版), (6): 940~947

吴柏林, 魏安军, 刘池洋等. 2015. 鄂尔多斯盆地北部延安组白色砂岩形成的稳定同位素示踪及其地质 意义. 地学前缘, 22(3): 205~214

夏同庆. 1986. 新墨西哥州西北部侏罗纪和白垩纪岩石中稀土、钍和铀的分布趋势——在格兰茨矿带铀 矿成因中的应用. 国外铀矿地质, (1): 97~97

夏毓亮，林锦荣，刘汉彬等. 2003. 中国北方主要产铀盆地砂岩型铀矿成矿年代学研究. 铀矿地质，19(3)：129~136

谢方克，殷进垠. 2004. 哈萨克斯坦共和国油气地质资源分析. 地质与资源，(1)：59~64

许强. 2013. 尼日尔阿泽里克地区砂岩型铀矿控矿因素研究. 核工业北京地质研究院博士学位论文

姚益轩，王海峰. 1997. 怀俄明与南哈萨克斯坦铀矿床地质特征比较. 世界采矿快报，(8)：17~20

姚振凯，向伟东，张子敏等. 2011. 中央克兹勒库姆区域构造演化及铀成矿特征. 世界核地质科学，(2)：84~88

叶柏庄. 2005. 中亚砂岩型铀成矿特征及其在我国的找矿思路. 世界核地质科学，22(4)：192~197

伊凡纳克，李连杰. 1977. 澳大利亚澳北区恩加利亚盆地铀矿化的发现. 世界核地质科学，(3)：26~29

游国庆，王志欣，郑宁等. 2010. 中亚及邻区沉积盆地形成演化与含油气远景. 中国地质，(4)：1175~1182

于文卿. 1996. 中亚铀-煤矿床及其成矿规律. 世界地质，(4)：26~34

余达淦，吴仁贵，陈培荣. 2004. 铀资源地质学. 哈尔滨：哈尔滨工程大学出版社

张本筠. 1994. 捷克和斯洛伐克共和国的铀矿床. 国外铀金地质，(1)：44~52

张桂平，王淑玲. 2012. 尼日尔矿产资源开发现状. 地质与资源，(6)：571~576

张金带. 2011. 合理布局科学规划积极推进铀矿大基地建设. 中国核工业，(12)：52~57

张金带. 2012. 我国铀资源开发面临的问题与建议. 中国核工业，(6)：19~19

张金带. 2015. 中国铀资源新图景——"三大战略"助力铀资源开发新突破. 中国核工业，(11)：20~22

张金带，李子颖，蔡煜琦等. 2012. 全国铀矿资源潜力评价工作进展与主要成果. 铀矿地质，28(6)：321~326

张静宜. 1994. 中国铀矿物志. 北京：原子能出版社. 4~5

张明林，刘建军. 2011. 世界天然铀资源、勘查及生产状况. 世界核地质科学，28(1)：18~24

张万良. 1995. 铀矿床成因分类之我见. 铀矿地质，(4)：223~223

赵凤民. 2005. 外生-后生渗入型铀矿床的空间定位问题探讨. 铀矿地质，21(3)：161~168

赵喆，胡菁菁，孙作兴等. 2014. 欧洲地区主要含油气盆地资源潜力评价. 地学前缘，(3)：82~90

郑大瑜. 1998. 多因复成铀矿床及其成矿演化. 北京：地质出版社

中国科学院矿床地球化学开放研究实验室. 1997. 矿床地球化学. 北京：地质出版社

周维勋. 2010. 铀成矿理论与成矿作用探索. 北京：原子能出版社

周维勋，刘兴忠，王祖邦. 1991. 中国铀矿床分类刍议. 铀矿地质，(1)：1~15

朱伟林. 2011. 欧洲含油气盆地. 北京：科学出版社

朱西养，孙泽轩，陈洪德等. 2004. 滇西龙川江盆地沉积体系特征及与砂岩铀矿成矿. 成都理工大学学报(自然科学版)，(3)：267~272

朱益平. 1992. 捷克和斯洛伐克铀矿工业的现状及未来. 国外铀金地质，(1)：65~68

祖勃列夫(Зубев И Н)，李连杰. 1976. 铀矿床分类. 国外放射性地质，(2)：16~21

Abzalov M Z. 2012. Sandstone-hosted uranium deposits amenable for exploitation by in situ leaching technologies. Applied Earth Science，121(2)：55~64

Abzalov M Z，Paulson O. 2012. Sandstone hosted uranium deposits of the Great Divide Basin，Wyoming，USA. Applied Earth Science Imm Transactions，121(2)：76~83

Abzalov M Z，Heyden A V D，Saymeh A *et al*. 2015. Geology and metallogeny of Jordanian uranium deposits. Applied Earth Science Transactions of the Institutions of Mining & Metallurgy，124(2)：63~77

Adams S S，Smith R B. 1981. Geology and recognition criteria for sandstone uranium deposits in mixed fluvial-shallow marine sedimentary sequences，south Texas. Final Report，US-DOE，GJBX-4(81)

Adewuya A O. 2008. Flexibility and variability in lexicon usage among Yoruba-speaking Nigerian outpatients with schizophrenia: a controlled study. Psychopathology, 41(5): 294~299

Alexandre P, Kyser K, Layton-Matthews D et al. 2014. The formation of the Matoush uranium deposit in the Otish Basin, Quebec, Canada: Gac-Mac Joint Meeting Fredericton. 61~75

Alexandre P, Kyser K, Layton-Matthews D et al. 2015. Formation of the enigmatic Matoush uranium deposit in the Paleoprotozoic Otish Basin, Quebec, Canada. Mineralium Deposita, 50(7): 825~845

Ayers W B. 2002. Coalbed gas systems, resources, and production and a review of contrasting cases from the san juan and powder river basins. AAPG Bulletin, 86(11): 1853~1890

Banerjee D C. 2005. Development in uranium resources, production, demand and the environment: International Atomic Energy Agency. Technical Document, 1426: 81~94

Barthel F, Dahlkamp F J, Fuchs H, Gatzweiler R. 1986. Kernenergierohstoffe. In: Bender F (ed). Angewandte Geowissenschaften. Stuttgart: Ferdinand Enke Verlag. 268~298

Blundell D J. 2002. The timing and location of major ore deposits in an evolving orogen: the geodynamic context. Geological Society, London, Special Publications, 204(1): 1~12

Bonnetti C, Cuney M, Malartre F et al. 2012. Characterization of uranium sources in the Erlian Basin, NE China: Implication for sedimentary-hosted uranium deposits. IAEA Technical Meeting on the Origin of Sandstone Uranium Deposits: A Global Perspective. Vienna

Bonnetti C, Cuney M, Malartre F et al. 2015. The Nuheting deposit, Erlian Basin, NE China: Synsedimentary to diagenetic uranium mineralization. Ore Geology Reviews, 69: 118~139

Bowden P. 1981. Uranium in the Niger-Nigeria younger granite province. Mineralogical Magazine, 44(336): 379~389

Bowden R A, Shaw R P. 2007. The Kayelekera uranium deposit, Northern Malawi: past exploration activities, economic geology and decay series disequilibrium. Applied Earth Science Imm Transactions, (116): 55~67

Bruneton P, Cuney M, Dahlkamp F et al. 2014. IAEA geological classification of uranium deposits. International Symposium on Uranium Raw Material for the Nuclear Fuel Cycle: Exploration, Mining, Production, Supply and Demand, Economics and Environmental Issues (URAM-2014), Vienna. 12~14

BurlinY K, Sokolov B A. 2000. Sedimentary basins and hydrocarbon resources in Russia. Earth Science Frontiers, (4): 351~361

Collings S P, Knode R H. 1984. Geology and discovery of the Crow Butte uranium deposit, Dawes County, Nebraska. Practical Hydromet

Cortial F, Gauthier L F, Lacrampe C G et al. 1990. Characterization of organic matter associated with uranium deposits in the Francevillian Formation of Gabon(Lower Proterozoic). Organic Geochemistry, 15: 73~85

Crawley R A. 1983. Sandstone uranium deposits in the United States: a review of the history, distribution, genesis, mining areas, and outlook. USDOE Grand Junction Area Office

Cuney M. 1960. Recent and not-so-recent developments in uranium deposits and implications for exploration. Pediatria Polska, 35(27): 1413~1418

Cuney M. 2009. The extreme diversity of uranium deposits. Mineralium Deposita, 44(1): 3~9

Cuney M L. 2004. World-class unconformity-related uranium deposits: Key factors for their genesis. Mineral Deposit Research: Meeting the Global Challenge. Berlin, Heidelberg: Springer. 245~248

Dahl C, Kuralbayeva K. 2002. Energy and the environment in Kazakhstan. Fuel & Energy Abstracts

Dahlkamp F J. 1978. Classification of uranium deposits. Mineralium Deposita, 13(1): 83~104

Dahlkamp F J. 1980. The time related occurrence of uranium deposits. Mineralium Deposita, 15(1): 69~79

Dahlkamp F J. 1993. Uranium Ore Deposits. Berlin: Springer-Verlag

Dahlkamp F J. 2009. Uranium Deposits of the World: Asia. Berlin, Heidelberg: Springer-Verlag

Dahlkamp F J. 2010. Uranium Deposits of the World: USA and Latin America. Berlin, Heidelberg: Springer-Verlag

Dickinson W R. 1988. Paleotectonic and paleogeographic setting of Laramide sedimentary basins in the central Rocky Mountains. Geological Society of America Bulletin

Dill H G. 2007. A review of mineral resources in Malawi: With special reference to aluminium variation in mineral deposits. Journal of African Earth Sciences, 47(3): 153~173

Dill H G. 2011. A comparative study of uranium-thorium accumulation at the western edge of the Arabian Peninsula and mineral deposits worldwide. Arabian Journal of Geosciences, 4(1): 123~146

Disnar J R. 1990. Organic matter in ore genesis: progress and perspectives. Organic Geochemistry, 16(1−3): 577~599

Douglas G B, Butt C R M, Gray D J. 2005. Mulga Rock uranium and multielement deposits, Officer Basin, WA. Regolith expression of australian ore systems. Perth: CRC LEME. 415~417

Douglas G B, Butt C R M, Gray D J. 2011. Geology, geochemistry and mineralogy of the lignite-hosted Ambassador palaeochannel uranium and multi-element deposit, Gunbarrel Basin, Western Australia. Mineralium Deposita, 46(7): 761~787

Dyman T S, Condon S M, Ahlbrandt T S et al. 2005. Assessment of Undiscovered Oil and Gas Resources in Hanna, Laramie, Shirley Basins Province, Wyoming. U. S. Geological Survey

Eskenazy G M. 2009. Trace elements geochemistry of the Dobrudza coal basin, Bulgaria. International Journal of Coal Geology, 78(3): 192~200

Eskenazy G M, Stefanova Y S. 2007. Trace elements in the Goze Delchev coal deposit, Bulgaria. International Journal of Coal Geology, 72(3-4): 257~267

Eyles N, Eyles C H, Apak S N et al. 2011. Permian-Carboniferous tectono-stratigraphic evolution and petroleum potential of the Northern Canning basin, Western Australia. AAPG Bulletin, 85(6): 989~1006

Fasasi M K, Oyawale A A, Mokobia C E et al. 2003. Natural radioactivity of the tar-sand deposits of Ondo State, Southwestern Nigeria. Nuclear Instruments and Methods in Physics Research Section A: Accelerators, Spectrometers, Detectors and Associated Equipment, 505(1-2): 449~453

Fassett J E, Finch W I, Huffman A C et al. 2013. Coal Resources of the San Juan Basin. American Geophysical Union, 19~26

Feng X Y, Huang J X, Qiao H M. 2008. Study on microbial diversity and ecological distribution in the shihongtan sandstone-type uranium deposit. Acta Mineralogica Sinica, 28(3): 276~284

Finch W I. 1967. Geology of epigenetic uranium deposits in sandstone in the United States. In: U. S. Geological Survey Professional Paper 538. Washington: U. S. Government Printing Office

Finch W I. 1996. Uranium Provinces of North America—Their Definition, Distribution, and Models. Denver, U. S. Geological Survey Bulletin, 2141

Finch W I, Davis J F. 1985. Geological Environments of Sandstone-type Uranium Deposits. Report of the Working Group on Uranium Geology Organized by the International Atomic Energy Agency. International Atomic Energy Agency

Finch W I, Huffman A C, Fassett J E. 1989. Coal, Uranium, and Oil and Gas in Mesozoic Rocks of the San Juan Basin: Anatomy of a Giant Energy-rich Basin. American Geophysical Union

Fishman N S, Reynolds R L. 1982. Origin of the Mariano Lake uranium deposit, McKinley County, New Mexico. Open-File Report

Forbes P, Landais P, Bertrand P et al. 1988. Chemical transformations of type-III organic matter associated with the Akouta uranium deposit (Niger): Geological implications. Chemical Geology, 71(4): 267~282

Foster N H, Beaumont E A, Geologists A A O P. 1987. Geologic Basins II - evaluation, resource appraisal, and world occurrence of oil and gas. Geologic basins II: evaluation, resourcs appraisal, and world occurrence of oil and gas. American Association of Petroleum Geologists

Gallegos T J, Campbell K M, Zielinski R A et al. 2015. Persistent U(IV) and U(VI) following in-situ recovery (ISR) mining of a sandstone uranium deposit, Wyoming, USA. Applied Geochemistry, 63: 222~234

Galloway W E, Hobday D K. 2012. Terrigenous Clastic Depositional Systems: Applications to Fossil Fuel and Groundwater Resources. Berlin: Springer Science & Business Media

Gauthier F. 1989. The francevillian (lower Proterozoic) uranium ore-deposits of gabon. Economic Geology, 84(8): 2267~2285

Gott G B, Erickson R L. 1952. Reconnaissance of uranium and copper deposits in parts of New Mexico, Colorado, Utah, Idaho, and Wyoming. Trace Elements Investigations

Hall S, Coleman M. 2012. Critical analysis of world uranium resources. US Geological Survey Scientific Investigations Report, 5239: 56

Heinrich E W. 1958. Mineralogy and Geology of Radioactive Raw Materials. New York, Toronto, London: McGraw Hill

Hilpert L S, Moench R H. 1960. Uranium deposits of the southern part of the San Juan basin, New Mexico. Economic Geology & the Bulletin of the Society of Economic Geologists, 55(3)

Hofmann B, Eikenberg J. 1991. The krunkelbach uranium deposit, schwarzwald, germany: correlation of radiometric ages (UPb, U-Xe-Kr, KAr, ^{230}Th-^{234}U). Economic Geology, 86: 1031~1049

Homovc J F, Constantini L. 2001. Hydrocarbon exploration potential within intraplate shear-related depocenters: Deseado and San Julián Basins, Southern Argentina. AAPG Bulletin, 85(10): 1795~1816

Horr C A, Myers A T, Dunton P J, Hyden H J. 1961. Uranium and Other Metals in Crude Oils. Washington: United States Government Printing Office

Howari F M. 2008. Uranium Resources of the Middle East Region, and Global Exploration Analogue

Huff L C, Lesure F G. 1965. Geology and Uranium deposits of Montezuma Canyon area, San Juan County, Utah. In: U. S. Geological Survey Bulletin 1990. Washington: U. S. Government Printing Office

IAEA. 2009. World distribution of uranium deposits (UDEPO) with uranium deposit classification. TECDOC-1629, Division of Nuclear Fuel Cycle

Illich H A, Haney F R, Mendoza M. 1981. Geochemistry of oil from Santa Cruz Basin, Bolivia: Case study of migration-fractionation. AAPG Bulletin, 65(11): 2388~2402

Ingham E S, Cook N J, Cliff J et al. 2014. A combined chemical, isotopic and microstructural study of pyrite from roll-front uranium deposits, Lake Eyre Basin, South Australia. Geochimica et Cosmochimica Acta, 125: 440~465

Jaeger J C. 1970. Heat flow and radioactivity in Australia. Earth and Planetary Science Letters, 8: 285~292

Jaireth S, Clarke J, Cross A. 2010. Exploring for sandstone-hosted uranium deposits in paleovalleys and paleochannels. Geoscience Australia Ausgeo News, 97: 1~25

Jaireth S, Roach I C, Bastrakov et al. 2015. Basin-related uranium mineral systems in Australia: a review of critical features. Ore Geology Reviews, 76: 360~394

Jaraula C M B, Schwark L, Moreau X et al. 2015. Radiolytic alteration of biopolymers in the Mulga Rock (Australia) uranium deposit. Applied Geochemistry, 52: 97~108

Kazansky V I. 1970. Geology and structure of the Tyuya Muyun ore deposit. In: Essays on Geology and Geochemistry of Ore Deposits. Moscow: Nauka. 34~57

Kazansky V I. 1995. Uranium deposits of the Asian sector of the Pacific ore belt. Geological Ore Deposit, 37 (4): 303~316

Kazansky V I, Laverov N P. 1977. Deposits of uranium. In: Smirnov V I (ed). Ore Deposits of the USSR-Vol. II. London: Pitman Publication. 349~424

Kazansky V I, Maksimov E P. 2000. Geological setting and development history of the Elkon uranium ore district (Aldan Shield, Russia). Geological Ore Deposit, 42(3): 189~204

Keen C E, Lewis T. 1982. Measured radiogenic heat production in sediments from continental margin of eastern North America: implications for petroleum generation. AAPG Bulletin, 66: 1402~1407

Kesler S E, Jones H D, Furman F C et al. 1994. Role of crude oil in the genesis of mississippi valley-type deposits: evidence from the cincinnati arch. Geology, 22(7): 609~612

Khoury H N, Salameh E M, Clark I D. 2014. Mineralogy and origin of surficial uranium deposits hosted in travertine and calcrete from central Jordan. Applied Geochemistry, 43: 49~65

Kinnaird J A, Nex P A M. 2016. Uranium in Africa. Episodes, 39(2): 335~359

Klingensmith A L, Burns P C. 1983. Uranium geochemistry, mineralogy, geology, exploration and resources. Biology & Fertility of Soils, 44(3): 435~442

Kondrat′Eva I A, Maksimova I G, Nad Yarnykh G I. 2004. Uranium distribution in ore-bearing rocks of the Malinov Deposit: Evidence from fission radiography. Lithology & Mineral Resources, 39(4): 333~344

Kostova I, Zdravkov A. 2007. Organic petrology, mineralogy and depositional environment of the Kipra lignite seam, Maritza-West basin, Bulgaria. International Journal of Coal Geology, 71(4): 527~541

Křibek B, Žák K, Dobeš P et al. 2008. The Rožná uranium deposit (Bohemian Massif, Czech Republic): Shear zone-hosted, late Variscan and post-Variscan hydrothermal mineralization. Mineralium Deposita, 44 (1): 99~128

Laduke J. 2013. Geochemistry and mineralogy of the alteration halo associated with the Three Crow roll-front uranium deposit, Nebraska, USA. Dissertations & Theses-Gradwork, 49(2): 22

Landais P. 1996. Organic geochemistry of sedimentary uranium ore deposit. Ore Geology Review, 11: 33~51

Leventhal J S, Nagy B, Gauthierlafaye F. 1989. Preliminary results from microanalyses of organic matter in the lower Proterozoic uranium ores at Oklo in Gabon. Open-File Report

Levich R A, Muller-Kahle E. 1983. International Uranium Resources Evaluation Project (IUREP) orientation phase mission report: Somalia (No. INIS-XA-09S0011). International Atomic Energy Agency

Levitan D M, Schreiber M E, Ii R R S et al. 2014. Developing protocols for geochemical baseline studies: An example from the Coles Hill uranium deposit, Virginia, USA. Applied Geochemistry, 43(4): 88~100

Li Z, Fang X, Chen A et al. 2007. Origin of gray-green sandstone in ore bed of sandstone type uranium deposit in north Ordos Basin. Science in China Series D: Earth Sciences, 50(S2): 165~173

Lin L H, Wang P L, Rumble D et al. 2006. Long-term sustainability of a high-energy, low-diversity crustal biome. Science, 314(5798): 479~82

Lipman P W. 1981. Volcano-tectonic setting of tertiary ore deposits, southern Rocky Mountains. Shigen-Chishitsu, 32: 1~23

Liu C. 2007. Characteristics and dynamic settings of the central-eastasia multi-energy minerals metallogenetic domain. Science in China, 50(S2): 1~18

Lollar B S, Onstott T C, Lacrampe-Couloume G et al. 2014. The contribution of the Precambrian continental lithosphere to global H2 production. Nature, 516(7531): 379~382

Lovley D R, Phillips E J P, Gorby Y A *et al*. 1991. Microbial reduction of uranium. Nature, 350(14): 413~416

Macke D L, Schumann R R, Otton J K. 1990. Uranium distribution and geology in the Fish Lake surficial uranium deposit, Esmeralda County, Nevada. U. S. Geological Survey Bulletin

Mackenzie A. 2006. An overview of a natural analogue study of the tono uranium deposit, central Japan. Geochemistry Exploration Environment Analysis, 6(1): 5~12

Manning D A C. 1993. Bitumens in Ore Deposits. Berlin, Heidelberg: Springer

McKay A D, Miezitis Y. 2001. Australia´s uranium resources, geology and development of deposits. AGSO-Geoscience Australia

Merkel B J, Hasche-Berger A. 2008. Uranium, Mining and Hydrogeology. Springer Science & Business Media

Merkel B J, Planer-Friedrich B, Wolkersdorfer C. 1995. Uranium in the aquatic environment. Journal of Chemical Education, 72(3): 264~265

Michie U M. 1975. Formation of uranium ore deposits: international atomic energy agency, Vienna, 1974. Fuel, 54(4): 300

Min M, Xu H, Chen J *et al*. 2005. Evidence of uranium biomineralization in sandstone-hosted roll-front uranium deposits, northwestern China. Ore Geology Reviews, 26(3-4): 198~206

MontúfarJ C B, Cortés M R, Cortés I A R *et al*. 2012. Uranium-series isotopes transport in surface, vadose and ground waters at San Marcos uranium bearing basin, Chihuahua, Mexico. Applied Geochemistry, 27(6): 1111~1122

Mossman D J, Nagy B, Davis D W. 1993. Hydrothermal alteration of organic matter in uranium ores, Elliot Lake, Canada: Implications for selected organic-rich deposits. Geochimica et Cosmochimica Acta, 57(14): 3251~3259

Nageswar R P, Kumar P, Srivastava S K *et al*. 2001. Uranium mineralisation in Kurnool sub-basin, Cuddapah Basin, Andhra Pradesh. Journal of the Geological Society of India, 57(5): 462~463

Nagy B, Gauthierlafaye F, Holliger P *et al*. 1993. Role of organic matter in the Proterozoic Oklo natural fission reactors, Gabon, Africa. Geology, 21(7): 655~658

Nash J T, Granger H C, Adams S S. 1981. Geology and concepts of genesis of important types of uranium deposits. Economy Geology, 75: 63~116

Nicot J P, Scanlon B R, Yang C *et al*. 2010. Geological and Geographical Attributes of the South Texas Uranium Province. A report prepared for the Texas Commission on Environmental Quality

OECD-NEA/IAEA. 2008. Uranium 2007: Resources, Production and Demand. OECD, Paris

OECD-NEA/IAEA. 2010. Uranium 2009: Resources, Production and Demand. OECD, Paris

OECD-NEA/IAEA. 2012. Uranium 2011: Resources, Production and Demand. OECD, Paris

OECD-NEA/IAEA. 2014. Uranium 2014: Resources, Production and Demand. OECD, Paris

Ospanova G, Mazalov I, Alybayev Z. 2008. Mining of Uranium in Kazakhstan. Berlin, Heidelberg: Springer

Ossa F O, Hofmann A, Vidal O *et al*. 2014. Hydrothermal clay mineral formation in the uraniferous Paleoproterozoic FA Formation, Francevillian basin, Gabon. Precambrian Research, 246: 134~149

Penney R. 2013. Australian sandstone-hosted uranium deposits. Applied Earth Science, 121(2): 65~75

Peterson F, Turner-Peterson C E. 1980. Lacustrine-humate Model: Sedimentologic and Geochemical Model for Tabular Sandstone Uranium Deposits in the Morrlson Formation, Utah, and Application to Uranium Exploration. USGS Open-File Report

Piestrzynski A. 2001. Mineral Deposits at the Beginning of the 21st Century. Netherlands: Crc Press

Polito P A, Kyser T K, Rheinberger G *et al*. 2005. A paragenetic and isotopic study of the Proterozoic Westmoreland uranium deposits, southern McArthur basin, northern territory, Australia. Economic Geology, 100(6): 1243~1260

Pool T C. 1991. The uranium industry ofbulgaria. Nuexco Monthly Report to the Nuclear Industry

Pownceby M I, Johnson C. 2014. Geometallurgy of Australian uranium deposits. Ore Geology Reviews, 56: 25~44

Protsak V, Kasparov V, Maloshtan I *et al*. 2011. The New Uranium Mining Boom: Challenge and Lessons Learned. Berlin, Heidelberg: Springer-Verlag

Radke B M. 2009. Hydrocarbon and geothermal prospectivity of sedimentary basins in central Australia: Warburton, Cooper, Pedirka, Galilee, Simpson and Eromanga basins. Geoscience Australia

Reynolds R L, Goldhaber M B. 1978. Origin of a South Texas roll-type uranium deposit: I, Alteration of irontitanium oxide minerals. Economic Geology, 73(8): 1677~1689

Robison R F. 2015. Mining and Selling Radium and Uranium. Springer International Publishing

Sanford R F. 1992. A new model for tabular-type uranium deposits. Economic Geology, 87(8): 2041~2055

Sasao E, Ota K, Iwatsuki T *et al*. 2006. An overview of a natural analogue study of the Tono Uranium Deposit, central Japan. Geochemistry: Exploration, Environment, Analysis, 6(1): 5~12

Sharp W N. 1963. Geology and uranium deposits of the pumpkin buttes area of the powder river basin, Wyoming. In: U. S. Geological Survey Bulletin 1107-H. Washington: U. S. Government Printing Office

Shikazono N. Utada M. 1997. Stable isotope geochemistry and diagenetic mineralization associated with the tono sandstone-type uranium deposit in Japan. Mineralium Deposita, 32(6): 596~606

Simov S D, Boijkov I B, 刘士侗. 1991. 保加利亚铀矿勘探史例和新的铀矿勘探地区. 国外铀金地质, (4): 55~62

Skácelová Z, Mlčoch B, Tasáryová *et al*. 2011. Digital model of the crystalline basement and permo-carboniferous volcano-sedimentary strata in the Mnichovo Hradiště basin and correlation with the geophysical fields (Czech Republic, Northern Bohemia). Acta Geodynamica et Geomaterialia, 8: 225~235

Skirrow R G. 2009. New views of Australia´s uranium mineral systems. Aus Geo News, 95: 3~6

Smieja-Król B, Duber S, Rouzaud J N. 2009. Multiscale organisation of organic matter associated with gold and uranium minerals in the Witwatersrand basin, South Africa. International Journal of Coal Geology, 78(1): 77~88

Sonibare O O, Jacob D E, Ward C R *et al*. 2011. Mineral and trace element composition of the Lokpanta oil shales in the Lower Benue Trough, Nigeria. Fuel, 90(9): 2843~2849

Stolyarov A S, Ivleva E I. 1995. Uranium-rare metal deposits related to stratum concentrations of fish bone detritus. In: Kholodov V N, Mashkovtsev G A (eds). Rare-metal-uranium Ore Formation within Sedimentary Rocks. Moscow: Nauka. 200~223 (in Russian)

Sun Y, Li Z Y. 2005. Study on the Relationship between Coal-Derived Hydrocarbon and Formation of Sandstone-Type Uranium Deposits in The Basins of North China. Berlin, Heidelberg: Springer. 315~316

Tuo J, Ma W, Zhang M *et al*. 2007. Organic geochemistry of the Dongsheng sedimentary uranium ore deposits, China. Applied Geochemistry, 22(9): 1949~1969

Turner-Peterson C E. 1985. Lacustrine-humate model for primary uranium ore deposits, Grants Uranium Region, New Mexico. AAPG Bulletin, 69(11): 1999~2020

Turner-Peterson C E, Peterson F. 1978. Uranium in sedimentary rocks, with emphasis on facies control in sandstone-type deposits. USGS Open-File Report

Tyler N. 1981. Jurassic depositional history and vanadium-uranium deposits, slick rock district, Colorado Plateau

Vakanjac B B, Vakanjac V R R, Rutherford N F *et al*. 2015. Regional setting and correlation of exploration results for the Naarst uranium deposit Dornogobi Province, southeast Mongolia. Arabian Journal of Geosciences, 8(10): 8861~8878

Vogel J C, Talma A S, Heaton T *et al*. 1999. Evaluating the rate of migration of an uranium deposition front within the Uitenhage Aquifer. Journal of Geochemical Exploration, 66: 269~276

Volozh Y, Talbot C, Ismail-Zadeh A. 2003. Salt structures and hydrocarbons in the Pricaspian Basin. AAPG Bulletin, 87(2): 313~334

Wanty R B. 1990. Geochemistry of vanadium in an epigenetic sandstone-hosted vanadium-uranium deposit, Henry Basin, Utah. Economic Geology & the Bulletin of the Society of Economic Geologists, 85(2): 270~284

Warren I F. 1967. Geology of Epigenetic Uranium Deposits in Sandstone in the United State. Washington: United States Government Printing Office

Weniger P, Francǔ J, Krooss B M *et al*. 2012. Geochemical and stable carbon isotopic composition of coal-related gases from the SW Upper Silesian Coal Basin, Czech Republic. Organic Geochemistry, 53(12): 153~165

Wright R J. 1955. Ore controls in sandstone uranium deposits of the Colorado Plateau. Economic Geology, 50(2): 135~155

Wulser P A, Brugger J, Foden J *et al*. 2011. The sandstone-hosted Beverley Uranium Deposit, Lake Frome Basin, South Australia: mineralogy, geochemistry, and a time-constrained model for its genesis. Economic Geology, 106(5): 835~867

Wyman B. 2015. The Zambezi River Basin: A multi-sector investment opportunities analysis-summary report. European Geriatric Medicine, 29(7): 1305~1316

Yue S, Wang G. 2011. Relationship between the hydrogeochemical environment and sandstone-type uranium mineralization in the Ili basin, China. Applied Geochemistry, 26(1): 133~139

Zdravkov A, Kostova I, Sachsenhofer R F *et al*. 2006. Reconstruction of paleoenvironment during coal deposition in the Neogene Karlovo graben, Bulgaria. International Journal of Coal Geology, 67(1-2): 79~94

Zhang Y, Xiu X, Liu H *et al*. 2014. Molecular methods in microbiology research of rocks in Mengqiguer Uranium Deposit in Yili Basin. Acta Geologica Sinica, 88(s2): 1430~1431

Zielinski G W, Bruchhausen P M. 2013. Shallow temperatures and thermal regime in the hydrocarbon province of Tierra del Fuego. Church History, 82(82): 225~227

Лаверов Н П и др. 1986. Основы Прогноза Урановых Ировинций и Райоцов. Москва: Нелра

Петров Н Н, Язиков В Г, Аубакиров X Б и др. 1995. Урановые месторождения Казахстана (экзогенные). Алматы: Гылым

Смилкстын А О, 张本筠. 1984. 美国西部砂岩型铀矿床的主要类型. 国外铀矿地质, (2): 12~15

<table>
<tr><td style="background:black;color:white">第二章</td><td style="background:gray;color:white">中–东亚能源矿产成矿域*</td></tr>
</table>

  尽管已发现的砂岩型铀矿遍布全球，但其富集成矿区的集中分布却有明显的分区性。无论砂岩型铀矿床的数量还是总资源量，北半球(北纬20°~50°)均占主导地位，其中以中–东亚分布最为集中(见本书第一章)。在中–东亚成矿区，油、气、煤、铀同盆共存尤为普遍和典型；从而呈现出单个盆地多种能源矿产共存，诸多能源盆地复合构成宏伟的能源矿产成矿域(带)。涂光炽院士提出的"中亚成矿域"(涂光炽，1999)和戴金星院士论及的"中亚煤成气聚集域"(戴金星等，1995)的东界，分别大致在我国内蒙古西部和新疆东部。现已发现油气、煤、铀共存的鄂尔多斯盆地已超出其东界，二连盆地和松辽盆地处于亚洲东部，故称其为中–东亚能源矿产成矿域，简称中–东亚成矿域。

  我国目前所发现的油、气、煤、铀富集共存的盆地绝大多数在北方，是中–东亚能源矿产成矿域的重要组成部分。本章主要讨论中东亚成矿域多种能源矿产同盆共存的基本特征和其形成的动力学环境。

第一节　中–东亚成矿域区划与能源盆地分布

  中–东亚巨型能源矿产成矿域东起中国东北的松辽盆地，西止中亚里海，地跨中国、蒙古和中亚诸国，东西连绵逾6000 km。在该成矿域分布有数十个(特)大型油田、气田、煤田和砂岩型铀矿；其中多数盆地油气煤铀4种能源矿产共存富集(图2.1)。

  根据区域构造演化特征和成矿条件等方面的差异，自东而西将该成矿域划分为松辽–鄂尔多斯、阿拉善–河西走廊、新疆和中亚4个成矿区(表2.1，图2.1)。前三个成矿区主体位于中国北方，向北跨入蒙古境内。

一、松辽–鄂尔多斯成矿区

  该成矿区西以六盘山–贺兰山南北构造带为界，大致位于东经106°之东。包括7个能源盆地(图2.1，表2.1)。

1. 能源矿产赋存

  各盆地的油气年产量(石油当量)，松辽盆地曾超过6000×10⁴ t，鄂尔多斯盆地现已超过7000×10⁴ t，二连盆地最高年产量逾100×10⁴ t，海拉尔盆地达数十万吨。在东戈壁盆地已发现商业油气田；在乔巴山、内尔金小型盆地发现油页岩和沥青，钻探见油气显示。

---

 * 作者：刘池洋、吴柏林、邓煜、邱欣卫、赵红格、王飞飞、郭佩、雷开宇、赵岩. 西北大学地质学系，西安.
　E-mail：lcy@nwu.edu.cn

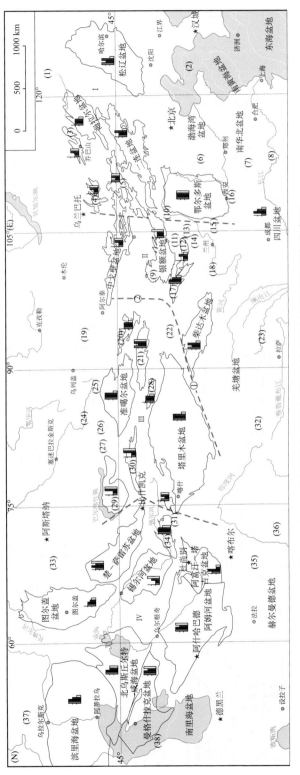

图 2.1　中–东亚能源矿产成矿域能源盆地分区图与多种能源矿产分布图

盆地编号及名称：（1）根河盆地；（2）北黄海盆地；（3）乔巴山盆地；（4）内尔金盆地；（5）东戈壁盆地；（6）沁水盆地；（7）南襄盆地；（8）江汉盆地；（9）银额盆地；（10）河套盆地；（11）雅布赖盆地；（12）潮水盆地；（13）巴彦浩特盆地；（14）武威盆地；（15）六盘山盆地；（16）渭河盆地；（17）酒泉盆地；（18）共和盆地；（19）大湖盆地；（20）三塘湖盆地；（21）吐哈盆地；（22）敦煌盆地；（23）比如盆地；（24）萨彦盆地；（25）福海盆地；（26）塔城盆地；（27）阿拉科尔盆地；（28）焉耆–库米什盆地；（29）南巴尔喀什盆地；（30）伊犁–阿拉木图盆地；（31）乌恰盆地；（32）措勤盆地；（33）田吉兹盆地；（34）费尔干纳盆地；（35）卡塔瓦兹盆地；（36）印度河盆地；（37）卡拉–基内姆盆地；（38）特里乌兹–里海盆地。

说明：图中划归中–东亚成矿域的盆地边用红色表示。盆内长方形柱体从左往右依次为油、气、煤和铀，柱体高低表示已发现资源的多少。棕褐色虚线为成矿区分区界限：Ⅰ．松辽–鄂尔多斯成矿区；Ⅱ．阿拉善–河西走廊成矿区；Ⅲ．新疆成矿区；Ⅳ．中亚成矿区。

①阿尔金断裂；②弱水断裂

表 2.1 中东亚能源矿产成矿域

（据 Петроб и др., 1995；李国玉、金之钧，2005；

成矿区		盆地名称(国别)*	面积/10⁴ km²	主要沉积岩	
				时代	厚度/m
松辽-鄂尔多斯		松辽(C)	26	K,J 及 Cz**	7000
		海拉尔(C,M)	7	K 及 J,Cz	5500
		乔巴山(M)	2.5	K 及 J,Cz	4000
		内尔金(M)	2.3	K 及 J,Cz	3500
		东戈壁(M)	5.7	K 及 J,Cz	5000
		二连(C)	10	K 及 J,Cz	4500
		鄂尔多斯(C)	25	Pz,Mz,E-N	7500
阿拉善-河西走廊		潮水(C)	1.7	J-K 及 Cz	5000
		酒泉(C)	2	J,K 及 Cz	6000
		中戈壁(M)	7	J,K 及 Cz	3500
		银额(巴音戈壁)(C)	10	C-P,J,K 及 Cz	5000
		柴达木(C)	12	Cz 及 J,K,	8000
新疆		三塘湖(C)	3	P,Mz,Cz	4000
		吐哈(C)	5.5	P,Mz,Cz	7000
		准噶尔(C)	13	Pz₂,Mz,Cz	7000
		焉耆-库米什(C)	1.86	T,J,Cz	5000
		塔里木(C)	56	Pz,Mz,Cz	8000
		乌恰(吐云)(C)	0.41	Mz,Cz	3000
		伊犁-阿拉木图(C,Ka)	5	Pz₂,Mz,Cz	5000
		南巴尔喀什(Ka)	7	Pz₂,Mz,Cz	>4000
中亚	费尔干纳	费尔干纳(U,Ta,Ky)	4	T-Q	8000
	东土伦	楚-萨雷苏(Ka)	15	Pz₂,K,E-N	8000
		锡尔河(Ka)	18	Pz₂,J,K,Cz	>5000
		图尔盖(Ka)	20	Mz,Cz	>5000
	中克兹尔库姆	阿富汗-塔吉克(A,Ta,U)	12.5	J-Q	7000~12000
		阿姆河(卡拉库姆)(Tu,U)	43.7	J-Q	8000
		北乌斯丘尔特-咸海(Ka,U)	27(18)	Mz,Cz	>5000
	近里海	曼格什拉克(Ka,U)	10(7.5)陆地	Mz,Cz	7000~10000
		滨里海(Ka,R)	55	Pz-Cz	12000

* 国别栏以各国英文名第一或前两个字母代之：C-中国；Ka-哈萨克斯坦；U-乌兹别克斯坦；Tu-土库曼斯坦；

** Cz-新生代。

各成矿区主要盆地基本特征要素表

童晓光、徐树宝, 2004; 李国玉等, 2002)

发现油气田和主要储集岩			含煤层系	外生沉积型铀矿床	
油气田	时代	岩性		规模	矿层
60多个	K,J_3	陆源碎屑岩	J_3,K_1,E	铀矿	K,E
3个	K_1,J_3,T	陆源碎屑岩	K_1	矿化点	K_1
K_1发现油页岩、沥青和油气显示			K_1	铀矿	K_1
K_1发现油页岩、沥青和油气显示			K_1	铀矿	K_1
4个	K_1	陆源碎屑岩	K_1	铀矿	K_1
13个	K_1	碎屑岩,火成岩	J_{1-2},K_1	铀矿床	E_{1-2},K_1,K_2
30多个	油T,J;气$C-P,O$	陆源碎屑岩,碳酸盐岩	$J_{1-2},T,C-P$	铀矿床	J_2,K_1,T_1
J钻探发现小油藏;见油流和油气显示			J_{1-2}	铀矿点	J_2,K_1
7个	$N-E,K_1,S$	砂岩,白云岩,变质岩	J_{1-2}	铀矿点	K_1
K_1发现油页岩、沥青和油气显示			$J-K_1$	铀矿床	K_1,Rz
高产油气流	$C-P$及$J-K$	砂岩	$J-K,C-P?$	铀矿床	K_1
24个	E,N,Q,J	陆源碎屑岩	J_{1-2}	铀矿点	E
5个	J,P	砂岩	J_{1-2}	矿化点	J
18个	J及K,T,E	砂岩	J_{1-2}	铀矿床	J_{1-2}
20多个	Mz,E,N,P,C	碎屑岩及火成岩	J_{1-2}	铀矿	E_{1-2}
2个	J_{1-2}	砂岩	J_{1-2}	矿化点	J_{1-2}
20多个	Pz_2,Mz,E,N	砂岩,碳酸盐岩,礁灰岩	J_{1-2}	铀矿	J_{1-2},K_1,N
K_1广见固体地沥青和CH_4,H_2S,H_2等气体			J_{1-2}	铀矿	K_1
见少量天然气和油气显示			J_{1-2}	铀矿床	J,K,E_1
有油气显示			J_{1-2}	铀矿床	J,K,E_1
50多个	J,K,E,N	碳酸盐岩,砂岩	J_{1-2}	铀矿床	E
21个	$D-P$	砂岩,碳酸盐岩	C,J	铀矿床	K_2,E,N
西部有油气显示			C,J	铀矿床	K_2,E,N
17个	J,K_1,Pz基底	陆源碎屑岩	J	铀矿	K,E
>24个	J,K,E_1	碳酸盐岩,砂岩	J_{1-2}		
250多个	J,K	砂岩,碳酸盐岩	J,K_1,E	铀矿床	K,E_2
17个	J,K_1,E_2,C	陆源碎屑岩,碳酸盐岩	K_1,C_2		
25个	J,K_2,E_1,T	陆源碎屑岩,碳酸盐岩,礁灰岩	J_{1-2}	铀矿床	鱼骨碎片型,E_3
186个	$D-J,K,E-N$	陆源碎屑岩,碳酸盐岩			

Ky-吉尔吉斯斯坦; Ta-塔吉克斯坦; A-阿富汗; R-俄罗斯; M-蒙古。

该区各盆地的煤炭资源丰富，产层主要为石炭-二叠系、三叠系、侏罗系、白垩系及古近系。其中侏罗系储量最丰、分布最广；石炭-二叠系次之。在鄂尔多斯盆地，有石炭-二叠系、侏罗系及三叠系三大套数十层煤层，该盆地上古生界大气田均为煤成气田（戴金星等，2008）。该成矿区各盆地的含煤地层有自南向北、由西往东时代变新的特点，下白垩统煤层主要分布在该成矿区北部—东北部。

在鄂尔多斯、二连盆地中，已探明有(特)大型可地浸砂岩型铀矿床，并发现多个铀矿和多处铀矿化点。在松辽、海拉尔、乔巴山、内尔金、东戈壁等盆地，发现有多个铀矿床和众多铀矿化及铀异常点。除鄂尔多斯盆地少数地区外，目前对松辽、海拉尔、二连、鄂尔多斯盆地矿层同位素年龄测试所获得的铀成矿年龄一般都小于100 Ma，即其砂岩型铀矿的成矿作用主要发生在早白垩世末以来。

鄂尔多斯盆地（表2.1，图2.1）发育时限为中晚三叠世—早白垩世，主体具内克拉通盆地属性和特征。现今盆地为经过多期不同形式改造的残留盆地。在盆地发展演化的鼎盛时期（$T_{2-3}y$，J_2y），沉积范围远大于今盆地（刘池洋等，2006b）。在鄂尔多斯盆地所在地区，地史上大范围接受沉积的时间长达 $4\times10^8 \sim 5\times10^8$ a。中生代鄂尔多斯盆地叠加在早、晚古生代大型克拉通盆地之上，形成了不同时期（$Mz/Pz_2/Pz_1$）多个大型盆地的叠加和复合，笔者称其为多重叠合型盆地（刘池洋，2007），致使鄂尔多斯盆地集油气、煤和铀于一盆，多种能源矿产均极为丰富。

除鄂尔多斯盆地外，在本成矿区北—东北部的其他盆地，主要为形成于侏罗纪—白垩纪的断陷盆地；新生代的沉积范围和厚度均远逊于白垩纪，且地层多有缺失。各盆地多以早白垩世为鼎盛发育时期，部分可延续到晚白垩世早期。唯松辽盆地到晚白垩世区域沉降，转变为大型拗陷鼎盛发展。所以，这些盆地油气煤铀主要共存于侏罗纪—白垩纪地层之中，其中以下白垩统及上白垩统下部为主。在松辽盆地，上白垩统仍为重要的含油气、铀、油页岩地层（表2.1），古近系赋存有褐煤和铀。

蒙古有10个面积在 $2\times10^4 \sim 7\times10^4$ km² 的中新生代盆地（Миронв，2003）。油、气、煤和铀主要赋存于东南部中(晚)侏罗世—早白垩世发育的张性断陷盆地群之中。已在东南临近中国的东戈壁盆地和海拉尔(塔穆察格)盆地发现商业油气田，储油气层主要为下白垩统和上侏罗统砂岩，烃源岩主要为下白垩统河-湖相泥岩。在东、南部乔巴山、内尔金等盆地发现油页岩和沥青。外生铀矿床和成矿远景区均分布在东南部中新生代盆地群中，与煤和油页岩及油气同盆共存，现已发现6个铀矿床、约100个铀矿点和1400个铀矿化点（裴承凯等，2007）。目前探明的铀矿床主要可分为与潜水或层间氧化带有关的煤岩型和砂岩型两类。后者规模较大，最具工业开采价值，主要产层和矿化地段（K_1上部和K_2底部）的砂岩富含有机质碎屑和沥青。该类铀矿床主要赋存于盆地和古河谷的砂岩中。

蒙古有上石炭统、上二叠统、中-下侏罗统和下白垩统等多套含煤地层，350 m以浅的煤炭总储量约为 1500×10^8 t。煤层时代从西向东变新、煤级逐渐降低，西部为石炭系（高-低挥发分烟煤级半无烟煤），中南部为二叠系（高-中挥发分烟煤），中北部为侏罗系（次烟煤），东部为下白垩统（褐煤）。砂岩型铀矿化的形成和铀异常富集与白垩系及侏罗系褐煤层联系密切（董大啸、苏新旭，2016）。

2. 盆地特征

在该成矿区，尚有诸多新生代断陷盆地，如鄂尔多斯盆地周邻的河套、银川和渭河盆地，东部的渤海湾盆地和河淮（南华北）盆地（图2.1），东北的依兰-伊通等盆地。其中渤海湾盆地油气资源丰富，是中国第一个年产量超过6000×10^4 t的富油气盆地；依兰-伊通盆地南部的伊通次盆地，最高年产油量逾63×10^4 t（刘池洋等，2006b）。在这些盆地的古近纪和新近纪地层中，部分含有煤层。但在这些盆地中尚未发现铀矿。其原因除投入勘探工作量极为有限外，主要是这些新生代断陷盆地沉积速率快，不利于铀元素的富集和层间或潜水氧化带砂岩型铀矿的形成。

另外，在区内还有两个值得注意的含油气盆地：六盘山盆地的白垩纪地层中已发现多处油苗和少量原油，下伏侏罗系含可开采煤层；沁水盆地主要生产石炭-二叠系煤和煤成气。六盘山盆地受青藏高原形成并向外扩展的影响，新生代晚期抬升变形强烈，地表高差较大，早白垩世地层大面积裸露并遭受剥蚀。沁水盆地所在地区分别为中生代鄂尔多斯盆地和古生代大华北盆地的一部分，中生代晚期以来抬升强烈，上三叠统及其以上地层几乎剥蚀殆尽，属典型的残留盆地。这两个改造盆地的共同特点是新生代晚期以来抬升强烈，不适于地表外源分散铀元素进入盆地后的进一步富集和成矿。

上述新生代断陷盆地的快速沉降充填和中生代改造盆地的强烈抬升剥蚀，所表现的地质构造特征正好相反。但二者对砂岩型铀成矿作用的负面影响却是相同的，即均缺乏同一砂岩型铀储层系统较长时期接受浅表外源分散铀元素汇聚富集的相对稳定环境。在此有必要指出，在这些盆地某些相对稳定或升降较弱的地区，若铀源等其他条件具备，仍有发现铀矿的可能。

二、阿拉善-河西走廊成矿区

该区西部以北东向阿尔金断裂和近南北向弱水断裂及其北延为界，主体位于祁连造山带南、北的柴达木地块和阿拉善地块，以北可达蒙古地区。现有5个能源盆地（图2.1，表2.1）。

1. 能源矿产赋存

柴达木盆地近年油气勘探成绩斐然，油气年产量快速上升，已接近900×10^4 t石油当量，石油主要产自古近系和新近系，天然气产自新生界不同层系地层、侏罗系和前中生界基底变质-岩浆岩系。酒泉盆地群中的酒西、酒东小型盆地石油最高年产量分别可达140×10^4 t、10×10^4 t，主要产自古近系和新近系、下白垩统和前白垩系变质岩。在潮水、雅布赖盆地钻探已于侏罗-白垩纪地层中发现工业油流。位于阿拉善地块北部的银额盆地已在侏罗-白垩系多处见不同级别油气显示；新近在石炭-二叠系中获高产油、气流（王亚楠，2016）。蒙古的中戈壁盆地已发现油页岩和沥青，钻探见油气显示。

各盆地的含煤层主要为中下侏罗统，向北到蒙古的中戈壁盆地有下白垩统褐煤。该区石炭-二叠系南北有别，分属不同构造体系和沉积环境（见后）；南部已见煤层，北部盆地覆盖区推断有煤层。

在银额盆地(核工业系统称巴音戈壁盆地)中东部已发现大型铀矿床(张金带, 2012),在潮水、柴达木、酒东、中戈壁等盆地,发现多个铀矿和铀矿化、铀异常点。该成矿区还有较多的中新生代中小型盆地,有的已生产油气(如民和盆地),有的已有油气显示(如巴音浩特盆地等);这些盆地大多含有侏罗系煤层。但地表条件相对较差,或被大面积沙漠所覆盖,或位于山间,加之铀矿勘探投入工作量甚少,目前尚没有大的发现。但在这些中小型中新生代盆地中,不乏铀成矿条件良好的盆地。

2. 盆地特征

根据区域构造环境演化阶段和盆地的主要(鼎盛)发育时期的不同,可将该成矿区的能源(沉积)盆地分为石炭-二叠系、侏罗-白垩系和新生界三类。

石炭-二叠纪沉积环境由海相转变为陆相,盆地沉积的原始面貌后期改造强烈,现今残留地层虽多被分隔而大范围连片性较差,但分布范围广阔。根据其沉积期大地构造环境,可分为南部滨祁连海型和北部滨中亚海型。现今埋藏较深者,大多上覆有较厚的侏罗-白垩纪及新生代地层。

接受侏罗纪煤系地层和早白垩世张性断陷沉积的盆地,也遭受较强烈的后期改造,上覆有厚度不等的新生代不同时代地层。以侏罗-白垩纪为主要发育时期的盆地,如潮水、中戈壁盆地和阿拉善地块内诸多中小型盆地或坳陷,新生代地层在分布范围和厚度等方面均较为局限,现今大部地区地表起伏较小,不同程度地被沙漠所覆盖。

有必要提及的是,在该区中北部,侏罗-白垩纪地层的铀异常较普遍,此已为重要的地层对比划分标志。

叠加在遭改造的侏罗-白垩系之上的新生代盆地,如酒泉盆地群的酒西、酒东盆地,古近纪沉积范围不很宽阔但厚度较大。受青藏高原向外扩展的影响,新近纪以来的挤压冲断作用使前期地层发生褶断,形成老君庙不对称背斜式中生(K_1)新储(N-E)大油田。南部白垩系被掩覆在祁连山北缘老地层之下,现已在该推覆体之下和邻近发现下白垩统自生自储的青西、鸭儿峡油田,储量达亿吨。

柴达木盆地边缘分布有侏罗-白垩系,但作为大型盆地是在新生代才出现的,新生代各主要时期沉积范围广阔,地层厚度逾 1×10^4 m,在东部的第四系厚度可达 3400 m。从而形成了该盆地能源矿产的分布特点:中西部古近系和新近系油田区、东部第四系气田区、北部古近系及新近系油田和侏罗系煤成气田区。盆地西部和北部边缘(部)有多个煤田、铀矿和铀矿化点。

三、新疆成矿区

该区主体位于天山造山带南北及山间,包括中国新疆和跨入哈萨克斯坦境内的 8 个大小不等的能源盆地(图 2.1,表 2.1)。

油气年产量(石油当量)在准噶尔和塔里木盆地超过千万吨,吐哈盆地逾百万吨,达数十万吨的有三塘湖和焉耆小型盆地。在伊犁-阿拉木图和南巴尔喀什盆地,已有不同程度油气显示。其中伊犁盆地的多口钻井测试在二叠系—白垩系多个层段直接获得天然气。

在吐哈、伊犁等盆地已探明有大型可地浸砂岩型铀矿床，并发现多处铀矿化和铀异常点。在三塘湖、准噶尔、塔里木和焉耆-库米什等盆地，发现有多个铀矿、铀矿化及铀异常点。在塔里木盆地西端边缘的乌恰小型盆地所发现的铀矿分布与固体地沥青的展布范围一致，显示出二者的密切联系。伊犁-阿拉木图和南巴尔喀什盆地铀矿勘探的系列重要发现，使其成为中亚重要的砂岩型铀矿区(省)之一。该成矿域诸盆地晚白垩世以来发生了多期砂岩型铀矿的成矿作用，以新生代最为重要。

新疆成矿区煤炭资源丰富，其中以下中侏罗统煤层分布最广，几乎遍布该区各主要中生代盆地。仅伊犁-阿拉木图盆地西部哈萨克斯坦境内的煤炭资源就达 $200×10^8 ~ 240×10^8$ t (Петроб и др., 1995)。该矿区铀矿床的形成和分布，与早中侏罗世陆相含煤建造联系密切。煤系地层也是塔里木盆地北部库车拗陷克拉 2 号等大气田的主要气源岩(戴金星等, 2008)。在蒙古西部，含煤地层有石炭系、二叠系和侏罗系(Миронв, 2003)。

新疆成矿区各能源盆地的面积、类型、演化过程、沉积地层时代和厚度均差别很大。但诸盆地却有两个共同点：普遍发育早中侏罗世煤系地层；新生代晚期以来均遭受了强烈而不均匀的挤压变形及剥蚀改造。这就使各盆地能源矿产的成藏-定位具有可比性，同盆地各能源矿产的成藏-定位及其分布有密切的联系。

四、中亚成矿区

中亚成矿区西达里海，区内有 9 个能源盆地(图 2.1、图 2.2，表 2.1)，盆地多种能源矿产共存普遍，且资源丰富。

1. 能源矿产赋存

中亚地区油气资源极为丰富，据不完全统计，已发现 500 多个油气田(李国玉、金之钧, 2005)。划归该成矿区的盆地均不同程度地发现规模油气，多数盆地发现众多油气田和多个大型、特大型油气田。现石油探明剩余可采储量逾 $41×10^8$ t，天然气探明剩余可采储量超过 $20×10^{12}$ m^3。十多个含油气盆地主要分布在哈萨克斯坦、乌兹别克斯坦、土库曼斯坦、吉尔吉斯斯坦和塔吉克斯坦五国(以下简称中亚五国)，向南延入阿富汗(图 2.1，表 2.1)。其中滨里海、阿姆河盆地油气丰富世界有名，费尔干纳盆地以油气"小而富"著称。

目前，中亚已成为全球油气勘探的热点和新的油气生产区，油气发现和储量增长快速。截至 2015 年底，哈萨克斯坦的石油剩余可采储量 $39×10^8$ t、2015 年石油产量 $7930×10^4$ t，分别名列世界第 12、14 位，除波斯湾盆地诸产油国外，分别在亚洲位居第一、第二。截至 2015 年底，土库曼斯坦天然气剩余可采储量 $17.5×10^{12}$ m^3，位居世界第 4 位；土库曼斯坦和乌兹别克斯坦 2015 年天然气产量分别为 $724×10^8$ m^3、$577×10^8$ m^3，分别位居世界第

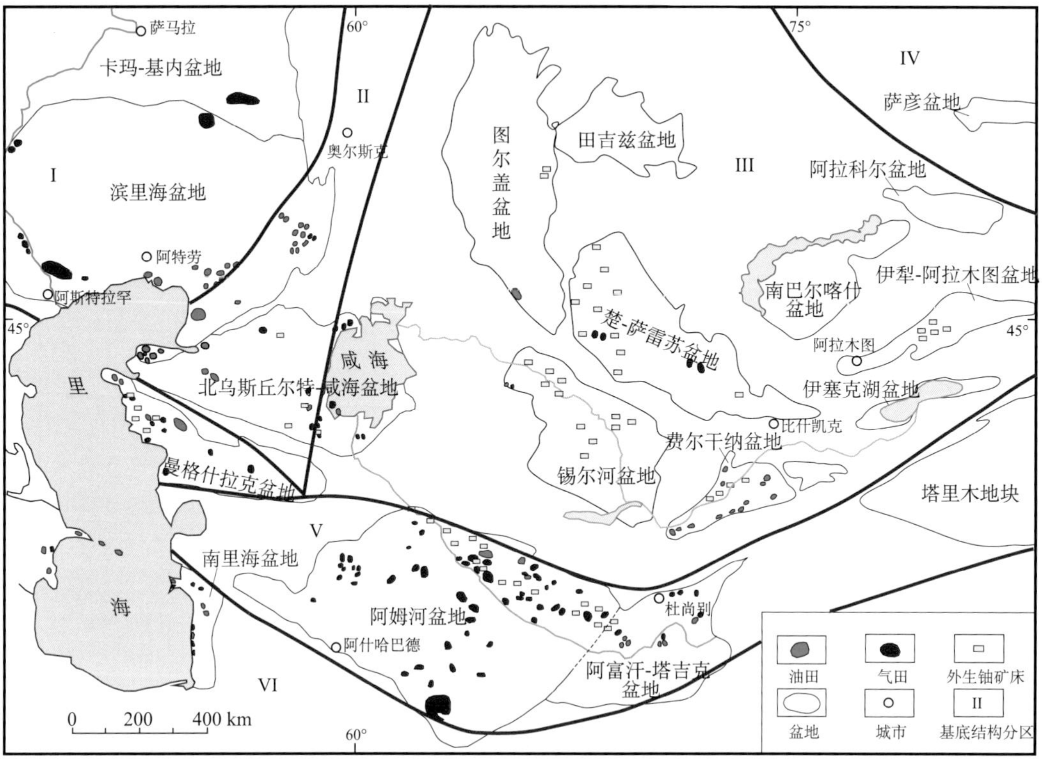

图 2.2　中亚能源盆地分布与区域基底结构背景图(据 Петроб и др., 1995；
童晓光、徐树宝，2004；李国玉、金之钧，2005)

I. 东欧克拉通；II. 乌拉尔海西褶皱带；III. 哈萨克斯坦地块；IV. 中亚-蒙古海西褶皱带；
V. 阿姆河年轻地块；VI. 科佩达格-阿尔卑斯-青藏褶皱带

12、15 位[1]。

中亚是世界铀资源最丰富的地区之一，近年来铀产量快速增长，2009 年跃居世界第一。2009~2011 年铀年产量分别达 16249 t、20203 t 和 23451 t，分别占世界铀产量的 37%、37.6% 和 42.9%，且仍处于持续增长趋势(赵凤民，2013[2])。现已探明的 7 个铀矿区(省)，全分布在中亚五国(图 2.1，参见图 3.5)。其中 5 个外生沉积型铀矿区(表 2.1)有 4 个分布在咸海之东的中亚腹地，全为砂岩型铀矿床，主要为层间氧化带型。近里海铀矿区属鱼骨碎片型(Петроб и др., 1995)。中亚已探明砂岩型铀矿床数逾百个，大型-超大型铀矿床 20 多个，铀矿资源占该区总资源量的 70% 以上[1]。最新评估结果表明，仅在哈萨克斯坦境内探明的可地浸砂岩型铀资源量(可靠+推断，成本低于 USD 130/kg U)647691 t U，约占世界总量的 40%(详见第一章)。这些产铀盆地多为重要的油气生产区，仅锡尔河盆地尚未发现商业油气，但已有不同程度油气显示。

---

① BP 世界能源统计 2016. 石油科技动态，2016，第 7 期. 中国石油集团科学技术研究院
② 赵凤民. 2013. 中亚铀矿地质. 核工业北京地质研究院

中亚成矿区主要含油气、产铀盆地大多有侏罗系及石炭系煤层分布（表2.1）。截至2015年底，哈萨克斯坦煤炭探明剩余可采储量336×10^{8}t，2015年产量4580×10^{4}t，分别位居世界第7位、第19位。丰富的天然气资源以煤成气为主（戴金星等，1995，2008）；铀矿床的形成和分布与早中侏罗世陆相含煤建造联系密切。

2. 区域背景与盆地特征

与上述3个成矿区相比，中亚地区的显著特点是：变形较强、高差起伏较大的地带主要分布在东南和南部边缘，向陆内延伸变形强度和地貌高差快速递降，广阔的中亚主体被土兰平原和哈萨克丘陵占据。东部天山造山带分支分叉撒开式向西倾伏延伸不远即消失，在中亚东部形成了多个有利于铀矿形成的、展布范围广阔的构造缓斜坡，却没有将广阔的中亚地区分隔成像新疆成矿区那样南北完全不同的独立构造-地貌-水动力单元。这种构造变动特点和结果，既有利于中亚地区油气的运聚、成藏和保存，同时也在表浅层形成了有利于铀成矿的南、北两大地下成矿水动力系统（图2.2）。水由中亚东-东南、南部山地补给，分别排泄于咸海、里海，形成了资源丰富的区域层间氧化带型东土伦、中克兹尔库姆两大铀矿区（Кисляков и Щеточкин，2000）（表2.1）。后者位于阿姆河盆地北部斜坡区，铀矿区的形成同时与盆地丰富的天然气及石油向北运移有重要的成因联系。费尔干纳铀矿区的成矿作用和矿床类型与之相似（刘池洋等，2005）。

中亚成矿区各盆地砂岩型铀矿的含矿层（表2.1）和成矿时代均较新。东土伦铀矿区的成矿过程大致可分为后生主成矿期（$E_3^3 - N_1$）和改造-定位期（$N_2^2 - Q$）两个阶段（Кисляков и Щеточкин，2000）；中克兹尔库姆铀矿区成矿年龄绝大部分小于25 Ma，主成矿期为8~6 Ma BP 和4~1 Ma BP；费尔干纳铀矿区的成矿期与中克兹尔库姆铀矿区应相似或稍晚。这与其所在盆地油气的成藏-定位时期和期次基本一致，总体是区域地球动力学环境演变，特别是青藏-喜马拉雅构造域晚新生代强烈活动和向外影响明显增强（刘池洋等，2009b）的效应和对其响应。

第二节　中-东亚成矿域能源盆地类型

中-东亚成矿域东西延展逾6000 km，跨越多个构造属性和特征明显不同的构造单元，因而不同区域盆地的特征、演化过程和能源矿产赋存、成藏（矿）及保存的条件等差别显著。综合分析和对比多种能源矿产的成藏（矿）条件和勘探现状认为，相对稳定的区域构造背景和适度（较弱）的构造变动，是大中型砂岩型铀矿床、油气田（区）和煤田形成、共存和保存的必要条件（刘池洋等，2007）。适于油、气、煤、铀同盆共存成藏、且资源甚丰的盆地，多为大中型内克拉通盆地和中间地块盆地及其相关的各类改造盆地。中生代晚期形成的中型断陷盆地（群），也具有多种能源矿产成藏（矿）及共存的较好条件。

一、内克拉通盆地和中间地块盆地

克拉通泛指具前寒武纪结晶基底、面积广阔的稳定陆块。中间地块一般指被褶皱

(造山)带所包围的相对稳定、面积较大的地块，其与克拉通的关系，类似于地体与板块的关系，主要是大小的区别。其结晶基底可为古老结晶基底(Ar，$AnPt_{2-3}$)，或克拉通化的较老(早于周邻山系形成的时代)变质岩系(刘池洋等，2015)。

内克拉通盆地和中间地块盆地一般均为大中型盆地，后者的面积通常比前者要小。二者的共同特点是：主体发育在相对稳定的克拉通或地块之上，盆地内结构构造较简单、沉积环境横向变化相对较小，一般面积较大、发育时间相对较长。这类盆地油气和煤资源丰富，常形成(多个)大型油气田和煤田，也是大型砂岩型铀矿发育的理想场所。古-中生代鄂尔多斯和塔里木大型盆地属内克拉通盆地。对具有上述地质特征，可能并非统一完整的前寒武纪结晶基底，或其基底时代、结构和属性尚有争议的较大型盆地，可称之为中间地块盆地或类克拉通盆地。如松辽、准噶尔、柴达木、楚-萨雷苏、锡尔河及阿姆河等大中型盆地。吐哈、伊犁(-阿拉木图)、费尔干纳等中小型盆地(图2.1、图2.2)，可划归基底时代较老的中间地块盆地。

以往曾有用山间(凹陷)盆地泛指褶皱造山带中各类接受不同规模沉积的负向构造单元。Miall(1984)指出，山间盆地的涵义"很不精确，因而价值不大"，意应废除。实际上，没有相对稳定的较老地块为基底的山间盆地，盆地的分布位置常不稳定、演化时间不会太长，其中的沉积地层也易于变形和变质，不利于较大型能源矿藏的形成和保存，对油气类流体矿产和形成具流体特征的砂岩型铀矿更是如此(刘池洋等，2015)。在对银额盆地进行的油气调查和勘探过程中，曾受根据褶皱山系和周边露头石炭-二叠系变形强、已不同程度变质的调查结果和认识的影响。但新的调查研究发现，在地块内盆地凹陷中存留的同时代地层，变形并不很强、也未变质；烃源岩所经历的热演化少数达到过成熟，大部处于成熟-高成熟阶段。这些新的调查结果和认识被新近在石油和天然气两方面均获得高产所证实。

鉴于山间盆地概念过于宽泛，不便使用和彼此对比。故笔者建议将其限定为没有明显深部背景，主要为地貌成因的盆地类型，与上述明显由深部内动力作用导致沉降、含义较明确的中间地块盆地相并列和区别。因为这两类盆地的地质构造意义和沉积矿产价值均明显不同(刘池洋等，2015)。

二、肢解、分离的残留盆地

中国中西部和中亚地区晚新生代以来受青藏-喜马拉雅构造域强烈活动的影响明显，盆地在中生代甚至古近纪的原始面貌因后期改造甚烈而大为改观(刘池洋，1996；刘池洋、杨兴科，2000)。没有克拉通或中间地块为基底的前晚新生代盆地，抗改造能力差且一般规模较小，在后期强烈改造中大部已面目全非或不复存在。这类盆地已不具备形成和保存油气藏和铀矿的条件。内克拉通盆地和中间地块盆地抗改造能力相对较强，一般为大中型盆地。该地域这类盆地在后期改造中，或盆地边部遭较强烈褶断剥蚀，或原大中型盆地边部被断裂分离甚或整个盆地被肢解分隔为几个规模较小的残留体(盆地)。相应地，原盆地中的油气也发生了多期次、不同形式、不同强度的改造、成藏和聚散。

如河西走廊西部早白垩世酒泉中型盆地，在新生代被解体和重新组构为酒西、酒东和花海等小型盆地，现统称其为酒泉盆地群（刘池洋，1996）。新生代地层在各残留盆地的分布、层段和厚度变化较大。目前发现的油气田主要在西部酒西盆地（面积2700 km²），油气源自下白垩统烃源岩，储集在新生代及前新生代不同时代地层中；在酒东盆地已有油气发现。

现今位于南天山的焉耆-库米什小型改造残留盆地（图2.1），在中生代主要沉积时期为大型塔里木克拉通盆地北部的组成部分，到晚白垩世-古新世才与塔里木盆地分离而独立发展（赵文智等，2000；陈建军等，2007）。晚白垩世以来，该残留盆地东部库米什地区抬升遭受剥蚀，在侏罗系中已发现煤岩型铀矿；西部焉耆地区沉降形成新生代盆地，在其南部博湖拗陷（面积5400 km²）被较厚新生代地层覆盖的中生界残留地层中，已发现2个油田和多个含油构造。

位于天山西南隅的乌恰小型残留盆地（图2.1），新生代晚期才与塔里木盆地分离。在分离之前，处于盆地边部较高部位的乌恰地区，有较大规模的油气向此运移、聚散，并使途经的下白垩统红色岩层还原蚀变。后期乌恰地区抬升并遭受剥蚀，聚集的流体油气逸散殆尽。不同时期油气轻组分散失而留下的沥青等重有机组分，在浅表层进一步被氧化形成固体地沥青；同时吸附富氧含铀水中的铀而成矿，并控制铀矿化的分布。该区显著的抬升和油气大规模的耗散主要发生在中新世以来（刘池洋等，2009a），故铀的主成矿期及其改造也应与之同步。

在中亚，南巴尔喀什与伊犁-阿拉木图，楚-萨雷苏、锡尔河和费尔干纳等盆地，甚或还有阿姆河和阿富汗-塔吉克，北乌斯丘尔特-咸海和曼格什拉克等盆地（图2.2），于中生代甚或古近纪可能分别为统一接受沉积的同一个盆地，或为沉积相通、成因相关、演化相似的盆地群。新近纪（晚期）以来强烈的断褶隆拗和剥蚀改造，才使原各大型内克拉通盆地或中间地块盆地解体，形成现今诸多大小不等盆地独立分布的格局。

勘探实践和研究均表明，这些位于大中型内克拉通盆地和中间地块盆地边邻或外围的改造或残留盆地，其成矿条件和资源规模一般远优于同面积其他类型的中小型盆地（刘池洋等，2015）。应剔去后期改造的影响，恢复原盆地面貌，再现盆地的动态演化-改造过程，才可能较深入地认识盆地属性和客观评价各类能源矿产的成矿作用及其相互联系。

三、中生代晚期兴衰的断陷盆地（群）

中东亚成矿域东部的三大成矿区（图2.1）于中生代晚期（新疆成矿区残留地层主要为J_{1-2}，之东主要发生在K_1）较大范围不同程度地发生裂陷伸展，形成诸多中小型断陷盆地群。如北部中蒙边界南、北的松辽、海拉尔、二连、乔巴山、东戈壁、中戈壁、银额（巴音戈壁）、三塘湖等盆地和阿拉善地块的雅布赖、巴彦浩特、潮水等盆地。这些断陷盆地的沉降充填，于早白垩世末或晚白垩世早期先后结束，新生代以来再没有发生较强烈的构造变动和较大规模的沉降。换言之，上述诸盆地于晚白垩世以来处于相对稳定的大区域差异抬升的构造环境中，有利于铀元素的聚集-成矿和多种能源矿产的保存。油气和煤能否富集成藏，更多地取决于早白垩世和侏罗纪的沉积特征等条件，一般而言，面积较大的（大）中型盆地成藏条件较好，如松辽、二连、海拉尔、吐哈等盆地。现已在中蒙边界南、北多个断陷盆地发现油气、铀、煤矿藏,且几种能源矿产同盆共存较为普遍。在阿拉善地块,上述诸盆地煤、铀、油气已有不同程度的发现和显示。该区多种能源矿产目前发现规模较小,除盆地地质特征和成矿条件外,该区大部被沙漠所覆盖,勘探程度低也是主要原因之一。

有必要指出,在中国北方含油气盆地北部或之北,大致相当于中亚-蒙古褶皱带及附近,蚀源区岩石普遍富含铀(见第三节),为邻近盆地中生代晚期地层中铀赋存成矿提供了铀源。在这类盆地中较普遍发生铀成矿或有铀异常显示,应与此背景密切相关。

与上述区域隆升相反的是,新生代,特别是新近纪以来持续快速沉降-充填的各类盆地或地区,一般不利于铀矿的形成、保存和定位(刘池洋等,2007),也就不易形成有机与无机能源矿产的同盆共存。因这类盆地现今(几)千米以浅可能成矿的砂层,埋深速率快、形成时间短,缺乏铀成矿的基本条件,即挽近较长时期相对稳定的区域构造背景。这类盆地如渤海湾盆地,鄂尔多斯盆地周缘的银川、河套、渭河、山西断陷盆地群,柴达木盆地三湖新拗陷腹部,中西部环青藏高原晚新生代沉降快、堆积厚的诸陆内前陆盆地或拗陷部分等。由于铀成矿所需的区域构造环境范围相对较小,不排除在这些盆地某些挽近时期活动不明显的地区,仍存在形成中小型砂岩型铀矿的可能。

第三节　多种能源矿产赋存特点与分布规律

综合研究、对比和总结中-东亚成矿域诸能源盆地,该区域多种能源矿产的赋存和分布具有以下特点。

一、空间分布复杂有序

目前发现的砂岩型铀矿床主要分布在临近(较)富铀蚀源区的盆地边部和盆内隆起或凸起、斜坡上。这些盆内较高部位,一般也常为油气运移-逸散的指向。如松辽盆地钱家店铀矿床,伊犁、吐哈及准噶尔盆地南部的铀矿床,鄂尔多斯盆地东南部店头铀矿床,塔里木盆地北部铀矿点,中亚楚-萨雷苏盆地西北部铀矿区(Петроб и др.,1995),阿姆河(卡拉库姆)盆地东北部的中克兹尔库姆铀矿区(图2.3)等,均分布在临近盆地隆起边缘的斜坡地带。鄂尔多斯盆地北部东胜、杭锦旗和大营等大型铀矿床、二连盆地测老庙铀矿床、焉耆-库米什盆地东部的铀矿或铀矿点等,均位于盆地内部或边部的隆起或凸起上,这种分布尽管受地浸开采技术有关的钻探深度和勘探程度的不同程度限制,但仍总体上反映了控制砂岩型铀矿形成的条件和环境,在分布上具有代表性。

固体矿产煤的形成和分布主要受原始沉积环境和现今埋深的控制,可开采的煤矿一般埋藏较浅,常位于盆地的边部或盆内隆起部位。在我国北方较大型盆地500~2000 m及其下,仍有丰富煤炭资源。

流体矿产油气的成藏、分布和定位较为复杂。各类油气藏(田)多数分布在盆地内和边部的较高部位,如背斜、凸起、斜坡和隆起及鞍部。岩性-地层油气藏分布较广,宏观上受古构造和沉积环境控制,然而不完全受现今起伏高低的制约。致密油气和页岩油气等非常规或特殊油气藏,一般赋存于盆内的较低部位。

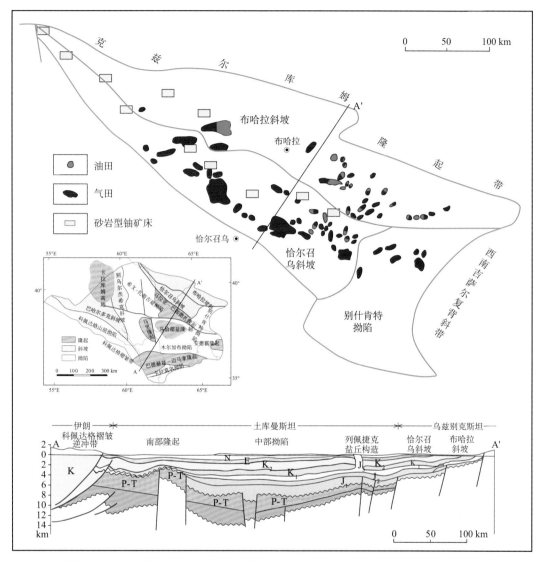

图 2.3　阿姆河（卡拉库姆）盆地结构与东北部油气田和砂岩铀矿床分布图（据 Петроб и др., 1995；
童晓光、徐树宝，2004；李国玉、金之钧，2005 等资料编绘）

　　上述 4 种能源矿产的形成和分布特点，总体形成了边部铀和煤、内部油气，浅部铀
（煤），中下部油气、煤，铀矿面积小，油气田范围较大，煤田展布广的宏观分布格局。
但由于不同盆地的演化-改造过程、结构、构造和沉积特征、成矿条件等的差异，常形成
特征复杂、组合多样、有级别、分区带但有序可循的空间分布格局。

二、含矿层位和地区联系密切

　　综合研究和对比中东亚成矿域同一盆地各能源矿产的赋存层位可知，从东北松辽盆
地，经二连、鄂尔多斯盆地和河西走廊-阿拉善、新疆诸盆地，到中亚各盆地，砂岩型铀

矿床的主含矿层主要在侏罗系—新近系，且与同一盆地中其他三种能源矿产的赋存层位大体相同，或彼此相邻（刘池洋等，2005）（图2.4）。

一般而言，煤岩型铀矿床的含矿层与相关主煤层的分布关联系密切。如中亚伊犁铀矿区（省）两个盆地的铀矿床主要为煤岩型，其中与两个最厚煤层有关的铀矿床储量占总储量的76.5%（Петроб и др.，1995）。油气易于流动和逸散，与之有关的砂岩型铀矿床的含矿层和储油气层的空间（平、剖面）位置关系形式多样。一些运移较远，特别是远离烃源岩或油气藏逸散的油气与铀成矿作用的关联性往往不引人重视，甚或持否定态度。在这种情况下，对油气与铀成矿关联性的厘定，常常需在铀矿物、铀矿层内和矿床周邻较大区域进行多方面不同尺度的研究和论证。

对于发育时间长、演化阶段多、沉积厚度大的盆地和叠合盆地，常有多套储油气层和煤层。由于受地浸开采技术和与之相适的钻探深度的限制，目前揭示的砂岩型铀矿床的埋深一般小于500 m，大多在400 m以内；其含矿层时代相对较新。故在这些盆地中所发现铀矿床的含矿层与上（中）部产煤层及含油气层基本一致或相邻，而位于（中）下部含油气层及煤层之上。如中亚东土伦、费尔干纳、中克兹尔库姆和近里海诸铀矿区各盆地（Петроб и др.，1995），中国鄂尔多斯、塔里木等盆地（表2.1）。

事实上，在盆地演化的不同阶段或地层埋藏的不同深度，均有油、气、煤、铀富集共存的可能。新近利用油气井测井和岩心测试对鄂尔多斯盆地古生界气区和中生界油区的研究表明，在埋深1600~2300 m的上古生界、中生界多个层段中，均发现有由铀元素含量异常引起的放射性高值异常；其岩性有砂岩、泥岩、碳质泥岩和煤层等（刘池洋等，2006a；谭成仟等，2007）。各铀元素含量异常的层位与同深度、同时代地层的油、气、煤赋存的层位基本一致或相邻。如盆地最重要的烃源岩延长组7段泥页岩，即以富含铀元素为特征。系列生烃热模拟实验及对油气勘探发现的综合研究揭示，盆地较深部各层段铀元素的富集或古铀矿的存在，对烃源岩的形成和生烃有积极影响（Mao et al.，2014），能够成为表浅层铀成矿物质的来源也已获得多方面支持的证据（张龙等，2015；Zhang et al.，2017）。这些确是值得深入探讨和引起重视的重要问题（刘池洋等，2006b）。

多个盆地的勘探和研究揭示，在多种能源共存盆地的各含矿层内，甚至可不同程度地直接见到其他能源矿产，或发现其存在的相关踪迹。油和气、气和煤彼此同层或上、下分布已屡见不鲜，油和煤、油气煤同层也常有发现。如在鄂尔多斯盆地东南部的店头铀矿床，含矿层直接位于油砂层之下（陈宏斌等，2006）。在黄陵-铜川矿区油煤同层产出，多个煤矿在侏罗系延安组煤层的采煤坑道工作面，直接可见来自中下三叠统延长组的石油渗滴产出。在盆地北部杭锦旗、东胜大型砂岩型铀矿的矿层（J_2z）中，有多种外来成熟煤型气存在和作用的岩石、矿物、地球化学等证据（刘池洋等，2006b）。在伊犁等盆地中，铀矿直接赋存煤层之间或上下（李胜祥等，1996）。与塔里木盆地西隅相通的乌恰残留盆地中，巴什布拉克铀矿床含矿层广泛发育固体沥青和CH_4、H_2S、H_2等气体，矿化范围和固体沥青分布范围一致，该矿床的形成与逸散油气的还原作用和被氧化为沥青的吸附作用密切相关（黄净白等，2005[①]）。二连盆地的努和廷和苏崩铀矿床以及松辽盆

---

① 黄净白，黄世杰，张金带等. 2005. 中国铀成矿带概论. 中国核工业地质局

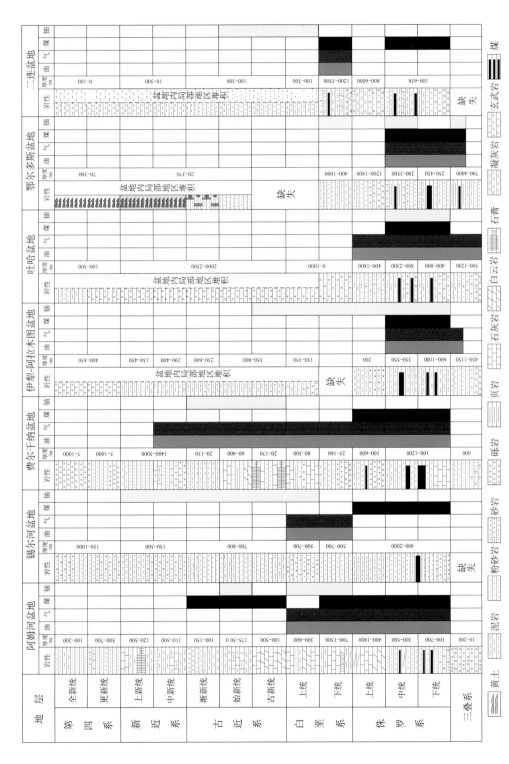

图 2.4　中-东亚能源矿产成矿域典型盆地共生存能源矿产含矿层位对比图

地的钱家店铀矿床,分布在油气田内或与油气田相邻(殷敬红等,2000)。在中亚阿姆河盆地北部斜坡区的中克兹尔库姆铀矿区,已发现高含硫气田和凝析气田约 100 个(童晓光、徐树宝,2004;李国玉、金之钧,2005),各铀矿床与诸多气田、凝析气田及油田呈交织穿插或相邻分布(图2.3、图2.4),研究证明该区砂岩型铀矿的形成与阿姆河盆地油气向北运移有成因上的联系(Петроб и др.,1995)。

由上述可见,外生铀矿床,特别是砂岩型铀矿的形成与有机矿产的聚散联系密切。

三、成藏(矿)-定位时期相同或相近

目前,除非洲外全世界已发现的砂岩型铀矿绝大多数产在中新生代盆地和中新生代地层中。可直接开采的非砂岩沉积型铀矿床一般分布在表浅层,可地浸开采的砂岩型铀矿床含矿主岩成岩程度较差、渗透性较强、埋深较浅。因而所发现的(外生)沉积型铀矿床一般赋存于盆地演化晚期充填的地层中,少数在后期抬升而埋藏变浅的盆地发育早中期地层内。含铀矿层主要为侏罗系—古近系,次要的还有三叠系、新近系及第四系。但其成矿时代除少数煤岩型、泥岩型外,绝大多数集中在新生代,特别是渐新世以来。所以,砂岩型铀矿以储矿主岩时代较新和成矿时代新为特点(刘池洋等,2005,2006b)。

与流体矿产油气相似,砂岩型铀矿床是逐步积聚增生、多期形成的,在含铀矿体的不同部位成矿年龄不同,一般从中部及翼部向前方卷头部位变新。可见,砂岩型铀矿的成矿过程是在开放系统中较长时期进行和完成的,在原理上不具备测年的条件(进一步讨论见第三章第七节)。通过多种方法的探索和校正,获得了我国北方主要含铀盆地已发现的砂岩型铀矿的成矿年代(夏毓亮等,2003;张明瑜等,2005;向伟东等,2006;刘汉彬等,2007)。这些研究和年龄数据表明,除鄂尔多斯盆地少数年龄值外,目前松辽、海拉尔、二连、鄂尔多斯、吐哈、伊犁等盆地矿层同位素年龄测试所获得的铀成矿年龄均小于 100 Ma。秦明宽(2006[①])对鄂尔多斯盆地北部东胜砂岩型铀矿床矿体不同部位单颗粒铀矿物测年所获得的 21 个同位素年龄值,也均小于 100 Ma。对鄂尔多斯盆地北部伊盟大型铀矿集区已知单颗粒铀矿物测年所获得的数据统计,年龄值最大为 68.6±2.1 Ma,大多小于 25.1±1.1 Ma。这说明,这些盆地砂岩型铀矿的成矿作用主要发生在早白垩末以来,可进一步细分为 3~5 期,以新生代中晚期为主。上述各盆地的起始成矿时间,大致显示出鄂尔多斯盆地较老,以其为界,东部较早、西部较新的特征。这与各盆地所在地区较强构造活动时期东早西晚吻合颇好。

我国北方各主要产铀盆地的主成矿期和成矿期次虽不尽相同,但其与所在盆地油气的成藏-定位期却大多相同或基本一致(刘池洋、杨兴科,2000;刘池洋等,2000,2003);显示出油、气、铀三种能源矿产的成藏(矿)过程及矿藏定位的时期密切相关。我国北方各能源盆地的类型、特征和演化差别较大,有些盆地油气成藏时间长、期次多。但中国大陆活动性强,盆地后期改造强烈,油气流体矿产晚期-超晚期成藏-定位是中国含油气盆地的显著特点(刘池洋等,2003;贾承造等,2006)。这正是油、气、铀成藏(矿)过程、期次和定位时期密切相关的统一地球动力学背景。

---

① 秦明宽. 2006. 多种能源矿产 973 项目年度报告

从伊犁铀矿区到中亚各盆地,砂岩型铀矿的含矿层(表2.1)和成矿时代具变新特点。各盆地的铀成矿时期:伊犁铀矿区成矿期主要始于古近纪早期(约为61.5~51 Ma),东土伦铀矿区两个盆地大致可分为晚渐新世-中新世(后生主成矿期)和晚上新世-第四纪(改造和定位期)两个阶段(Петроб и др.,1995);中克兹尔库姆铀矿区成矿年龄绝大部分小于25 Ma,主成矿期为8~6 Ma BP 和4~1 Ma BP(中国核工业地质局,1999[①]);费尔干纳铀矿区的成矿期与中克兹尔库姆铀矿区应相似或稍晚;滨里海地区的主成矿期会更晚。这与其所在盆地油气的主要成藏和定位时期相一致,总体是青藏-特提斯构造域晚新生代强烈活动的效应和对其响应(刘池洋等,2009b)。

四、共具丰富的矿源物质

成矿物质为矿藏形成之源,因而其来源和丰富程度,是所有矿产形成研究最为关注的重要问题。

中东亚能源成矿域主体北邻并地跨乌拉尔-天山-兴安海西期褶皱带。根据多年铀矿勘查对西起伊犁地块、天山,东到额尔古纳、大兴安岭广阔地区所取得的测试资料,该区带海西、燕山各期及加里东晚期的侵入岩和火山岩多属富铀的中酸性岩浆岩。其铀含量远大于世界酸性火成岩铀的平均含量(陈祖伊,2002)。利用航空能谱测量数据编制的蒙古-中亚及南北邻区铀、钍、钾含量图揭示,东部在贝加尔湖之东和之南,中部在北纬56°之南、西部中亚地区在北纬50°之南,铀含量明显高于其北部几倍到十几倍(图2.5)。钍、钾含量特征及分布与铀大体相似(赵凤民、乔茂德,2005[②])。这表明,中东亚能源成矿域和其北部广阔蚀源区的岩石大多富铀,为外生铀矿床形成提供了较丰富的物质条件。

此航测资料和研究认识得到在中东亚成矿域中国境内地质调查和岩石样品测试结果的证实。在中国北方诸能源盆地之北的蚀源区,岩浆岩和变质岩大多富含铀。如对鄂尔多斯盆地之北蚀源区狼山、乌拉山-大青山地区出露的不同时期侵入岩以及古老基底变质岩铀含量的统计结果(图2.6)表明,铀含量的峰值集中出现在330~110 Ma。可进一步分为330~210 Ma 和145~110 Ma 两组峰值,即中晚石炭世—晚三叠世早期和早白垩世。前者与古亚洲洋缩小到关闭,中亚-蒙古碰撞褶皱带形成演化的区域动力学环境和时期相吻合。该期富铀中酸性岩浆活动时间长、规模大、铀含量高(最高逾27 ppm[③])。早白垩世的高峰值与该期裂陷、岩浆活动普遍的区域构造背景相一致。此外,还有450 Ma(晚奥陶世晚期)、2000±100 Ma(古元古代中期)、2500±100 Ma(元古宙与太古宙间)相对较高峰值。蚀源区富铀岩石的存在,为邻近盆地中生代晚期地层中铀赋存成矿提供了重要矿源。在这些盆地中较普遍发生的铀成矿或铀异常显示,应与此背景密切相关。值得注意的是,中侏罗统直罗组为鄂尔多斯盆地北部主要铀成矿层段,但在盆地之北蚀源区侏罗纪并没有富铀的岩浆活动发生。

---

① 中国核工业地质局. 1999. 赴乌兹别克斯坦铀矿地质考察培训总结报告

② 赵凤民,乔茂德. 2005. 蒙古铀矿地质. 核工业北京地质研究院内部编译报告

③ 1 ppm $= 10^{-6}$。

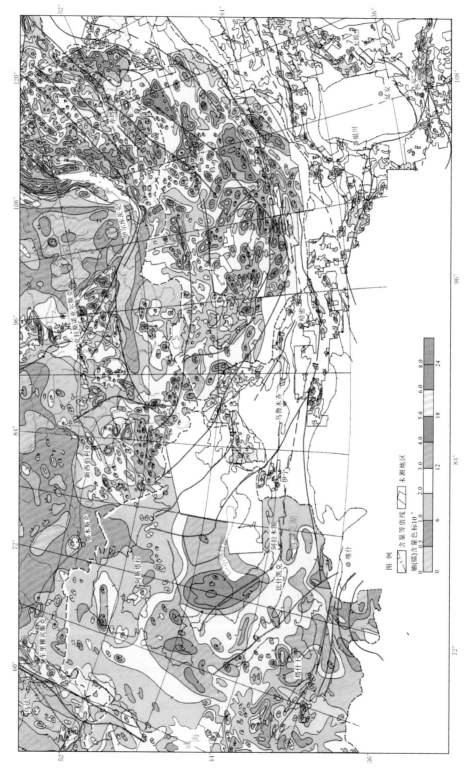

图 2.5　蒙古-中亚及邻区铀含量等值线图(据 Серых , 2002 , 转引自赵凤民等 , 2005)

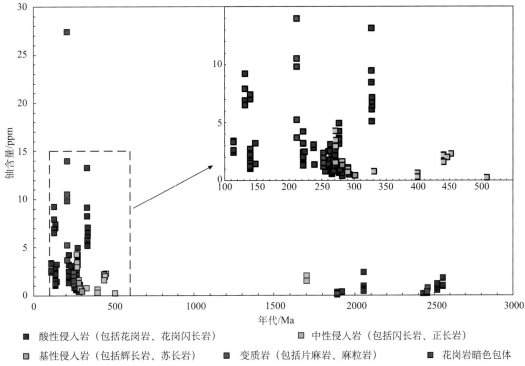

图 2.6　鄂尔多斯盆地之北蚀源区各期岩浆岩及基底变质岩铀含量统计图

图中数据来自公开发表文献和本文作者测试数据

　　在此有必要强调指出，中东亚能源成矿域各盆地，普遍发育和保存有侏罗系和石炭系-二叠系两大套煤系地层。特别是侏罗系煤系地层分布广泛，遍布整个中东亚成矿域（Кисляков，1994；戴金星等，1995，2000），其沉积时的范围更广，远超出现今中生代盆地所限。这两套煤系地层有十多层厚度不等的优质煤层，煤炭资源极丰，为我国和中亚诸国主要的煤炭产层。不仅如此，这些煤层和与其伴生或先后沉积的泥炭、含碳较高的泥页岩被深埋后，可形成大量的煤成气。我国北方及中亚含油气盆地大型气田的气源大多来自煤系地层（戴金星等，1995，2000）。在吐哈盆地，已发现煤成油田（赵文智等，2000）。煤系地层无论在初始沉积阶段，或是埋藏成矿进而规模生气时期，抑或后期抬升至表浅层，均对铀元素的富集和铀成矿作用有积极的影响。所以，中东亚能源成矿域各盆地多种能源矿产同盆共存、富集成藏（矿）的形成过程中，广泛分布和保存的侏罗系及石炭-二叠系两大套煤系地层在其中扮演了重要的角色。

第四节　多种能源盆地演化及其地球动力学环境

　　沉积盆地是诸多沉积矿产同盆成生、赋存的基本单元和成藏（矿）大系统，从盆地动态演化-改造研究入手，才可能深刻理解和总体揭示多种能源矿产共存的内在联系、形成的赋存环境和统一动力学背景（刘池洋，2005，2006b）。

一、盆地演化-改造阶段与能源矿产共存成藏(矿)

同盆共存的多种能源矿产成生、聚散、成藏(矿)、改造和定位等,总体受盆地演化和改造过程的控制。其成藏(矿)过程和主要期次,与盆地演化-改造的阶段及主要地质事件有明显的响应联系和耦合关系(Петроб и др., 1995;刘池洋等,2006b)。

(一) 区域铀成矿期次

目前,中东亚成矿域主要含铀盆地测得的铀成矿同位素年龄值数以千计(Петроб и др., 1995;夏毓亮等,2003;张明瑜等,2005;向伟东等,2006;刘汉彬等,2007);最大值为177±16 Ma(向伟东等,2006;刘汉彬等,2007),其铀矿层为鄂尔多斯盆地中侏罗统直罗组下段。除鄂尔多斯盆地少数几个年龄值外,中东亚含铀盆地所测得的成矿同位素年龄均小于100 Ma。即铀成矿作用主要发生在晚白垩世以来,以新生代为主。综合研究和对比中亚成矿域诸含铀盆地的含矿地层(表2.1)和成矿作用及年龄,将区域铀成矿过程以100 Ma、50±2 Ma、20±2~4 Ma、8~5 Ma为界划分为5个时期。中东亚成矿域东西延展长约6000 km,跨越多个构造单元,因而不同区域盆地的起始成矿时间和主成矿期不尽相同,一般具有东部早、西部晚的特点。在松辽-鄂尔多斯成矿区,各盆地20±2~4 Ma BP之前各成矿期存在普遍,在鄂尔多斯盆地主要成矿期发生在白垩纪末到新生代。在鄂尔多斯盆地之西的3个成矿区,20±2~4 Ma BP始进入区域铀成矿主要时期,而之前成矿作用较局限。12 Ma BP前后似在天山成矿带有一次地区性成矿期。8~5 Ma BP以来为西部各盆地,特别是中亚地区重要的铀成矿时期。

(二) 盆地能源成矿期次与区域构造演化

中亚各主要产铀盆地的主成矿期及其差异与区域大地构造演化有明显的响应关系,总体受区域地球动力学环境演变的控制并与所在盆地油气的成藏-定位时期和期次基本一致(刘池洋、杨兴科,2000;刘池洋等,2000,2003)。

100 Ma BP(±10 Ma),即大致在早晚白垩世之间,为中国大陆中新生代地球动力学环境的重大转换时期[①]。华北克拉通东部破坏结束,始进入深部岩石圈调整新阶段(朱日祥等,2011,2012)。在中国北方,除松辽盆地外,上白垩统分布局限,古新统大部缺失或出露甚少,白垩纪晚期到古近纪初期岩浆活动和沉积作用较弱,以剥蚀为主。中国东部中生代强烈而广泛的热力作用和岩浆活动进入晚白垩世即告结束。大部分中生代盆地于早白垩世末(即100 Ma BP)始萎缩消亡。本时期为早中生代-古生代盆地油气的重要生成-成藏期,侏罗系和石炭-二叠系煤层最高热演化主体在此阶段完成(刘池洋等,

---

[①] 刘池洋. 2005. 100 Ma BP(±10 Ma)中国大陆东部中新生代地球动力学环境的重大转换时期. 中生代以来中国大陆板块作用过程学术研讨会论文摘要集

2006b)。这种地球动力学环境转变的原因，是中国诸地块与周邻(古)太平洋和西伯利亚板块会聚，特提斯洋闭合之间相互作用的综合结果，主要与各板块相互作用引起的大陆深部地球动力学环境的改变调整密切相关(刘池洋，1987)。华北克拉通东部遭改造破坏和岩石圈减薄，即是这种深部作用的直接表现。

50±2 Ma BP (始新世早期)为我国东中部地区裂陷盆地广泛发育，开始进入强烈拉张伸展时期，同时在中国西北部-中亚之南，印度板块持续碰撞，青藏-特提斯构造域开始强烈活动。

20±2~4 Ma BP (早中新世早中期)为中国新生代大陆构造演化和地貌景观形成的转折时期，具有划时代意义(刘池洋等，2003，2006a)。在此时期，受太平洋-菲律宾板块向亚洲大陆汇聚的速率、方向及方式和深部作用等方面变化的影响，在东亚和东南亚发生了一系列重大地质事件。在中国东部和大陆边缘最引人关注的事件是，一系列古近纪裂陷盆地经过短暂的隆褶剥蚀转变为区域拗陷沉降。大致与此同时，青藏-喜马拉雅构造域的演化进入转折时期，青藏高原开始发生整体变形。此后，青藏高原的形成演化才对周邻广大地域产生较强烈的中远程效应：在东南亚和中亚形成了有直接响应关系、十分广阔的喜马拉雅构造域，其影响波及到东亚、西亚、北亚和周邻海域等更广阔地区(刘池洋等，2009b)。8~5 Ma BP 青藏-喜马拉雅构造域才开始发生较强烈挤压变形。中新世中期以来，特别是 8~5 Ma BP 以来，我国西部及中亚诸山系强烈隆升，鄂尔多斯、酒泉、塔里木、准噶尔、费尔干纳、阿姆河、锡尔河-楚萨雷苏等能源盆地隆拗强烈、前期格局改变，盆山过渡带陆内前陆盆地发育、沉降充填快速，即是对青藏高原整体强烈活动和中远程效应的直接响应。从而形成我国和中亚含油气盆地普遍存在的一个重要特点：油气晚期-超晚期成藏和定位(刘池洋等，2000，2003，2006b)。绝大多数盆地油气的成藏和定位主要发生在 20±2~4 Ma BP 之后(刘池洋，2003)，我国西北和中亚受青藏-特提斯构造域强烈活动影响明显的诸能源盆地或地区，油气成藏和定位主要发生在 8~5 Ma BP以来。

(三) 多种能源矿产相互作用和成藏-定位的重要时期

由上述可见，多种能源矿产的成藏(矿)过程及矿藏定位期次有着密切的联系，形成于统一的地球动力学环境。在盆地演化和改造的不同阶段，共存、富集及其相互联系的特点不同。从工业利用和商业开采考虑，油、气、煤、铀共存、成藏和定位及其相互作用的密切联系的重要时期，主要发生在盆地演化晚(末)期和之后。

在盆地演化晚(末)期，多数盆地的烃源岩已开始生、排烃，油气遂运移、聚集成藏，也是铀矿床储矿砂岩发育和初次预富集成矿的重要阶段和煤质煤级演变的主要时期。盆地区域抬升消亡和后期改造阶段为油气聚散、成藏-定位的关键时期(刘池洋，2005；刘池洋等，2006a，b)，较深部油气向上和侧向运移重新聚散对表浅层铀元素的富集和成矿有重要影响。固体煤层的抬升加强其与潜水和大气的相互作用，相应会改变煤质或赋存状态，同时脱溶、解吸和排出一定规模的煤成气和煤层吸附气，成为气藏新的气源，并为铀成矿提供还原剂。此阶段的整体差异隆升和与其密切相关的区域流体运动-交换和风化、淋滤及剥蚀等,本身就是铀矿形成、富集、叠加和定位的重要条件和主要时期。此期又恰与油气、煤成气的调整和重新聚散期相吻合,进一步加强和促进了铀矿的富集和成矿。可地浸砂岩型铀矿床主要形成、定位于此阶段。

二、盆地发育的地球动力学环境

(一) 盆地挽近时期动力环境的重要意义

多种能源矿产相互作用和成藏-定位、同盆共存的重要时期,发生在中新生代盆地演化的晚期,或前新生代盆地演化后期改造阶段的挽近时期。所以,挽近时期的区域地球动力学环境,对油气、煤、铀的共存、成藏(矿)定位和分布具有重要影响甚或主控作用。

北半球砂岩型铀矿在数量和总资源量上均在全球占主导地位,与该区域新生代以来发生的阿尔卑斯-喜马拉雅和拉拉米构造运动有着密切的成因联系。对中亚和我国诸含铀盆地的成矿环境综合研究认为,挽近时期相对稳定的区域构造背景和适度(较弱)的构造变动是砂岩型铀矿形成的必要条件(刘池洋等,2007)。中-东亚成矿构造域,特别是中亚地区为世界上最大的砂岩型铀矿矿集区,与之联系密切。这也是大中型油气田(区)和煤田形成及保存的必要条件,因而也就成为油气煤铀共存的必要条件。

尚需指出,与流体矿产油气相似,砂岩型铀矿床的形成过程和分布位置是动态的,外生-后成渗入型铀矿床更是如此。晚新近纪,或第四纪以来相对缓慢抬升、较稳定的构造环境和地貌-地下水动力系统继承性持续存在的盆地或地区,有利于该类铀矿床的形成和定位。否则,不利于铀矿的形成和保存,即使早期已形成的矿床也可能会迁移、改造甚或消失。所以,与强烈隆升变形的地带相对应,挽近时期持续快速沉降-充填的盆地或地区也不利于铀矿的形成、保存和定位。如新生代裂陷盆地,可以渤海湾盆地、鄂尔多斯盆地周缘诸断陷盆地为代表,包括柴达木盆地三湖新拗陷腹部,西部造山带山前诸晚新生代陆内前陆盆地沉降快、堆积厚的拗陷部分等。

(二) 中亚与中国西北挽近时期成矿动力学环境的对比

中国西北和中亚成矿区相连,均与青藏-特提斯构造域毗邻,但二者的油、气、铀的成矿条件、资源规模和分布特征却明显有别。造成此差异的原因颇多,其中沉积盆地发展演化和挽近时期区域构造环境两方面的差异影响明显。

我国西北地区诸盆地大部缺失晚白垩世-古新世沉积。除柴达木盆地外,大中型盆地古近纪沉积的范围和厚度均较有限,致使下白垩统剥蚀甚烈,残缺不全。但在中亚地区中南部主要盆地,白垩纪-古近纪仍为主要发育时期,较大范围接受展布稳定的陆相-海相沉积,直到新近纪南部阿姆河盆地的海水才陆续退出(Петроб и др.,1995;童晓光、徐树宝,2004)。从而使中亚地区多了白垩系和古近系两大套成矿层系,且前晚白垩世地层得以较完整保存。

　　现今的区域地貌特征和宏观起伏格局,总体是挽近时期构造变动和区域动力学环境的综合反映。上述两成矿区虽同处青藏-特提斯构造域之北,但中国西北地处印度板块碰撞的正前方,挤压变形和地壳缩短强烈。特别是天山的强烈变形和快速隆升,使青藏高原之北广阔的新疆成矿区深盆高山相间,即总体呈一山(天山)两盆(塔里木盆地和准噶尔盆地)格局。在盆山过渡带和盆地边部,大幅沉降与快速抬升同步,巨厚沉积和强烈剥蚀相邻,差异改造-建造显著,地表起伏和变化巨大。

　　而中亚地区位于碰撞的印度板块西犄角前方之西,加之帕米尔地区(较)大型走滑断裂系的发育,转换和削弱了来自(东)南部的挤压。所以,变形较强、高差起伏较大的地带主要分布在中亚东南和南部边缘,向陆内延伸变形强度和地貌高差递降快速,广阔的中亚大部被图兰平原和哈萨克丘陵占据(图2.7)。

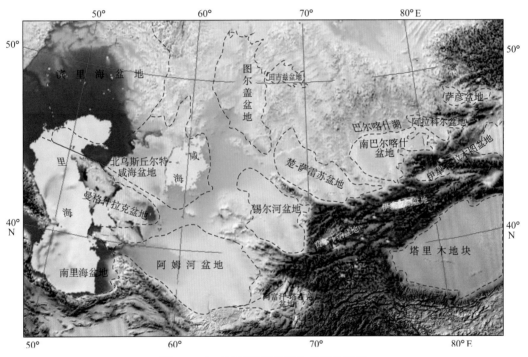

图2.7　中亚地区能源盆地与地貌关系图

　　中亚与中国西北成矿区的显著差别是,天山造山带分支分叉撒开式向西倾伏延伸不远即消失,构造变动相对较弱的地区展布范围广阔,在中亚东部形成了多个有利于铀矿形成的构造缓斜坡;却没有将广阔的中亚地区分隔成南北完全不同的独立构造-地貌-水动力单元。从而在中亚表浅层形成了两大地下成矿水动力系统:中亚中北部主水动力系统由东(南)部山地补给,平行于北西向次造山系和区域断裂向西北径流,排泄于咸海。在补给和排泄区之间总体西倾的广阔缓斜坡上,于白垩系-新近系砂岩(层)形成了资源丰富的区域层间氧化带型东土伦铀矿区(Кисляков и Щеточикин,2000;赵凤民,2005)(图2.2、表2.1)。另一个水动力系统主体在中亚南部阿姆河盆地内,向西北水体排入咸海南部和里海(图2.2、图2.3)。两大水动力系统的分界,地表在阿姆河之南,地下在阿姆河之北的阿姆河盆地北缘隆起，即克兹尔库姆山南麓。故在阿姆河盆地北部斜坡区形成的中克兹尔库姆铀矿区(图2.3)与局部层间氧化带有关，同时与盆地丰富的天然气及石油向北运移有重要的成因联系。费尔干纳铀矿区的成矿作用和矿床类型与之相似。

所以，在根据中亚地区铀成矿特点总结的次造山带控矿理论(模式)中，500~2000 m地貌高差的次造山带仅是一种表象，其实质是适度的较新构造运动在盆地边部形成构造高差和向盆内延展的区域缓斜坡，外生含铀水体源源不断渗入，从而为在流经的砂层中形成后生铀矿输送铀元素创造了条件。适于砂岩型铀矿形成的地貌特征因地而异，类型多样，如我国东胜等铀矿区的地貌高差，与中亚地区次造山带的模式并不相同。所以，应由表及里，揭示砂岩型铀矿床形成环境和成矿条件的主控内在原因。

青藏高原的形成演化发生在新生代，渐新世末-中新世早期(20±2~4 Ma)为高原形成演化的重要转折时期。此后，青藏高原的地球动力学环境发生了重大改变，开始对周邻广阔地域的山隆盆降、矿产聚散、环境变迁等方面产生显著影响并逐步增强，青藏-喜马拉雅构造域开始呈阶段性地向外扩展、形成(刘池洋等，2009b)。上述邻近青藏-喜马拉雅构造域的中国西北和中亚地区，对多种能源矿产相互作用、同盆共存和成藏-定位有重要影响的挽近时期，在时限上应主要在20±2~4 Ma BP以来。

参 考 文 献

陈宏斌，徐高中，王金平等. 2006. 鄂尔多斯盆地南缘店头矿化特征及其与东胜铀矿床对比. 地质学报，80(5)：724~732

陈建军，刘池阳，姚亚明等. 2007. 新疆焉耆盆地中生代原始面貌探讨. 沉积学报，25(4)：518~525

陈祖伊. 2002. 亚洲砂岩型铀矿区域分布规律和中国砂岩型铀矿找矿对策. 铀矿地质，18(3)：129~137

戴金星，何斌，孙永祥等. 1995. 中亚煤成气聚集域形成及其源岩. 石油勘探与开发，22(3)：1~6

戴金星，钟宁宁，刘德汉等. 2000. 中国煤成大中型气田地质基础和主控因素. 北京：石油工业出版社

戴金星，杨春，胡国艺等. 2008. 煤成气是中国天然气工业的主角. 天然气地球科学，19(6)：733~740

董大啸，苏新旭. 2016. 蒙古国煤炭资源开发前景. 煤田地质与勘探，44(4)：167~172

贾承造，何登发，石昕等. 2006. 中国油气晚期成藏特征. 中国科学(D辑)，36(5)：412~420

李国玉，金之钧. 2005. 新编世界含油气盆地图册. 北京：石油工业出版社

李国玉，吕鸣岗等. 2002. 中国含油气盆地图集. 北京：石油工业出版社. 210~264，257~266

李胜祥，陈戴生，王瑞瑛等. 1996. 伊犁盆地含煤系地层沉积相特征及其与层间氧化带砂岩型铀矿成矿关系. 铀矿地质，12(3)：129~134

刘池洋. 1987. 渤海湾盆地的构造演化及其特点. 见：西北大学地质系编. 西北大学地质成立四十五周年学术报告会论文集. 西安：陕西科学技术出版社. 447~458

刘池洋. 1996. 后期改造强烈——中国沉积盆地的重要特点之一. 石油与天然气地质，17(4)：255~261

刘池洋. 2005. 盆地构造动力学研究的弱点、难点及重点. 地学前缘，12(3)：113~124

刘池洋. 2007. 叠合盆地类型及其特征和油气赋存. 石油学报，28(3)：1~7

刘池洋，杨兴科. 2000. 改造盆地研究和油气评价的思路. 石油与天然气地质，21(1)：11~14

刘池洋，赵重远，杨兴科. 2000. 活动性强，深部作用活跃——中国沉积盆地的两个重要特点. 石油与天然气地质，21(1)：1~6

刘池洋，赵红格，杨兴科等. 2003. 油气晚期-超晚期成藏定位——中国含油气盆地的重要特点. 见：中国工程院，环太平洋能源和矿产资源理事会，中国石油学会编. 21世纪中国暨国际油气勘探. 北

京：中国石化出版社. 57~60

刘池洋, 谭成仟, 孙卫等. 2005. 多种能源矿产共存成藏(矿)机理与富集分布规律研究. 见：刘池洋主编. 盆地多种能源矿产共存富集成藏(矿)研究进展. 北京：科学出版社. 1~16

刘池洋, 赵红格, 桂小军. 2006a. 鄂尔多斯盆地演化——改造的时空坐标及其成藏(矿)响应. 地质学报, 80(5)：617~638

刘池洋, 赵红格, 谭成仟等. 2006b. 多种能源矿产赋存与盆地成藏(矿)系统. 石油与天然气地质, 27(2)：131~142

刘池洋, 邱欣卫, 吴柏林等. 2007. 中东亚成矿域多种能源矿产同盆共存特征和其形成的动力学环境. 中国科学, 37(专辑)：1~15

刘池洋, 邱欣卫, 吴柏林等. 2009a. 中-东亚能源矿产成矿域区划和盆地类型. 新疆石油地质, 30(4)：412~418

刘池洋, 赵红格, 张参等. 2009b. 青藏-喜马拉雅构造域演化的转折时期. 地学前缘, 16(3)：1~12

刘池洋, 王建强, 赵红格等. 2015. 沉积盆地类型划分及其相关问题讨论. 地学前缘, 22(3)：1~26

刘汉彬, 夏毓亮, 田时丰. 2007. 东胜地区砂岩型铀矿成矿年代学及成矿铀源研究. 铀矿地质, 23(1)：23~29

裴承凯, 黄贤芳, 仉宝据. 2007. 蒙古铀资源简述. 世界核地质科学, 24(2)：88~95

谭成仟, 刘池洋, 张蓉蓉等. 2007. 鄂尔多斯盆地典型地区放射性异常特征及其地质意义. 中国科学(D辑), 37(专辑)：147~156

童晓光, 徐树宝. 2004. 世界石油勘探开发图集(独联体地区分册). 北京：石油工业出版社. 205~313, 365~386

涂光炽. 1999. 初议中亚成矿域. 地质科学, 34(4)：397~404

王亚楠. 2016. 银额盆地油气勘探实现重大突破. 中国矿业报, 8月9日, 总第3347期A1版

夏毓亮, 林锦荣, 刘汉彬等. 2003. 中国北方主要产铀盆地砂岩型铀矿成矿年代学的研究. 铀矿地质, 19(3)：129~136

向伟东, 方锡珩, 李田港等. 2006. 鄂尔多斯盆地东胜铀矿床成矿特征与成矿模式. 铀矿地质, 22(2)：257~266

殷敬红, 张辉, 呇国军等. 2000. 内蒙古东部开鲁盆地钱家店凹陷铀矿成藏沉积因素分析. 古地理学报, 2(4)：76~82

张金带. 2012. 中国北方中新生代沉积盆地铀矿勘查进展和展望. 铀矿地质, 28(04)：193~198

张龙, 刘池洋, 赵中平等. 2015. 鄂尔多斯盆地杭锦旗地区砂岩型铀矿流体作用与成矿. 地学前缘, 22(3)：368~381

张明瑜, 郑纪伟, 田时丰等. 2005. 开鲁坳陷钱家店铀矿床铀的赋存状态及形成时代研究. 铀矿地质, 21(4)：213~218

赵凤民. 2005. 外生-后生渗入型铀矿床的空间定位问题探讨. 铀矿地质, 21(3)：161~168

赵文智, 靳久强, 薛良清等. 2000. 中国西部地区侏罗纪原型盆地与演化. 北京：地质出版社

朱日祥, 陈凌, 吴福元等. 2011. 华北克拉通破坏的时间、范围与机制. 中国科学：地球科学, 41：583~592

朱日祥, 徐义刚, 朱光等. 2012. 华北克拉通破坏. 中国科学：地球科学, 42：1135~1159

Mao G Z, Liu C Y, Zhang D D *et al*. 2014. Effects of uranium on hydrocarbon generation of hydrocarbon source rocks with type-III kerogen. Science China：Earth Science, 57(6)：1168~1179

Miall A D. 1984. Principles of Sedimentary Basin Analysis. New York, Beilin, Heidelberg, Tokyo：Springer-Verlag. 371~444

Zhang L, Liu C, Fayek M *et al*. 2017. Hydrothermal mineralization in the sandstone hosted Hangjinqi uranium deposit, North Ordos Basin, China. Ore Geology Reviews, 80: 103~115

Кисляков Я М. 1994. Роль мезозойский зкзогенно-эпигенетических процессов и образовании урано-угольныхместорождений. Геология Рудиых Местокдешц, 36(2): 148~168

Кисляков Я М, Щеточикин В Н. 2000. Гидрогенное рудообразование. Москва. ЗАО "геоинформаммарк", 486~493

Петроб Н Н, Язиков В Е, Аубакиров Х Ь и др. 1995. Урановые месторождения Казахстана (зкзогенные). Алмзты: Гылым

Миронв Ю Б. 2003. Уран Моптоии. ВСЕГЕИ: С-Петербург

<table>
<tr><td>第三章</td><td>油气煤铀同盆共存成藏（矿）与分布
理论及进展*</td></tr>
</table>

油气煤铀属化石能源，为当今世界上最重要的不可再生能源矿产。

油、气、煤、铀同盆共存和富集成藏（矿），是沉积盆地及其地质环境演化过程中，有机质转化、运聚和金属铀元素汇聚及其相互作用、彼此影响的结果。有机-无机、非金属-金属物质在不同地质环境和地球化学作用过程中的耦合效应，促进了铀的成矿作用，影响着盆地内有机能源矿产的形成演化和成藏（矿）作用。概而言之，油、气、煤、铀同盆共存成藏（矿）及其内在联系，主要受控于各类矿产本身的物理化学特性、彼此依存的赋存环境及其相互作用的地质演变过程。这已被目前诸多矿产勘探、实验模拟和科学研究所揭示和印证，进一步地论证、深化和完善仍需持续进行和广泛开展；在此基础上构建多种能源矿产同盆共存理论体系（框架）十分必要和重要。

第一节　油气煤铀的基本特性和成矿特点

一、油-气-煤-铀的物质特性

有机-非金属油气、煤和无机-金属铀分属两大完全不同的地球化学系列，各自本身的物质特性和成矿作用及赋存环境差别颇大。在这些诸多明显不同的表象里，仍有着千丝万缕的内在联系，从而使油气煤铀同盆共存、富集成藏。

1. 石油与天然气

石油是由烃类为主的多种有机化合物组成的混合体，其中碳（84%~87%）和氢（11%~14%）两种元素占95%以上，主要以烃类形式存在；硫、氮、氧和其他微量元素的总含量一般仅占1%~4%。石油中的硫含量具有环境判识意义，源自淡水湖相烃源岩中的石油含硫量一般≤1%；产自海相、盐湖相等半咸水-咸水沉积地层的石油含硫量较高，一般≥1%（蒋有录、查明，2016）。石油的密度一般≤1.00 g/cm³，大部分≤0.9 g/cm³；密度>0.92 g/cm³的石油被称为重质油，其形成除低成熟油外，均为成熟油经水洗、生物降解、游离氧化等后期改造而使轻质组分损失减少所致。

  *　作者：刘池洋[1]、吴柏林[1]、王飞飞[1]、邓煜[1]、张龙[1]、王建强[1]、赵红格[1]、毛光周[2]、邱欣卫[3]、马艳萍[4]、王文青[1]等. [1]西北大学地质学系，西安；[2]山东科技大学，青岛；[3]中海石油（中国）有限公司深圳分公司研究院，深圳；[4]西安石油大学，西安.
    Email：lcy@ nwu.edu.cn

天然气一词含义广泛,简单可分烃类气和非烃类气,或有机气和无机气。作为能源矿产的烃类气以气态烃为主,主要成分为甲烷到丁烷的烷烃,一般以甲烷为主;伴生的非烃类气体(如 CO_2、N_2、H_2S 和稀有气体)总量较少、种类颇多、含量不等。烃类混合天然气的密度一般在 0.56~1.0 kg/m³ 之间,其中密度较大者与高碳数的重烃含量以及 CO_2、H_2S 含量的增多有关。天然气可不同程度地溶于石油和水中,其中与石油的互溶性更强;在水中的溶解度与气体组分、温度、压力和含盐度、CO_2 含量等有关。岩石对烷烃的吸附值随碳数的增加而增加,甲烷最低;对气态烃的吸附值要比液态烃低得多(赵靖舟等,2013)。

油气矿产最基本的特征是:有机矿产,具有还原性、吸附性;流体矿产,极易流动迁移,轻组分具有较强的挥发性;油气的密度一般小于水,故在主体被水体充填的沉积盆地中,油气是自下向上运动迁移、聚集成藏或耗散;烃类一般难溶于水,在温压条件和水介质性质及矿化度不同时而有所变化。

溶于水或石油中的烃类气,在外界条件发生改变时,就会由溶解气变为游离气而相对独立运移,进而聚集成藏,或与围岩相互作用,甚至逸散。

2. 煤

煤的化学组成复杂,以有机质为主体,主要由碳、氢、氧、氮、硫等五种元素组成。其中又以碳、氢、氧为主,总和占有机质的 95% 以上。无机质部分包括水分和矿物质,其中也含少量的碳、氢、氧、硫等元素,大多为有害成分,如硫、磷、砷、氯、汞、硒、铍、氟等元素;部分煤有锗、镓、铀、钒、镍、钼等有益伴生元素。工业分析将煤组成分为水分、灰分、挥发分、固定碳和氢等,为反映和评价煤质的主要指标。1986 年发布、1989 年 10 月 1 日正式实施的《中国煤炭分类》国家标准(GB5751-86)将煤炭分为 14 种。此分类在保留和延续此前已有分类命名中的褐煤、长焰煤、弱黏煤、气煤、肥煤、焦煤、瘦煤、贫煤和无烟煤的基础上,增加了其间的过渡性煤类。各类煤的煤化程度依次增高,煤中矿物质的含量相应增多,煤的密度亦随之变大。煤的密度在低-中煤阶煤为 1.25~1.45 g/cm³,无烟煤为 1.4~1.86 g/cm³(杨起、韩德馨,1979;杨孟达,2000)。

煤炭为有机固体矿产,具还原性和吸附性,煤层的密度明显小于围岩。在初始成煤物质沉积后被埋藏、压实、增温、成煤,这是一个脱水、排挥发分的过程。成煤过程之初的褐煤具有以下鲜明特征:高孔隙、高挥发分、高含水(可达 30%~60%),灰分含量因地而异,高低有变。大规模水分和挥发物的脱除,对周邻地层的地质环境和流体性质必然会产生重要影响。

煤炭形成后一般不易迁移,形成时代大多在前新生代,主要赋存层位也有一定专属性,全球范围内多集中在侏罗系和石炭-二叠系,白垩纪和新生代及三叠纪地层也有部分含煤,但煤屑、碳化植物枝干等在显生宙各时代地层中均很常见。

煤本身即为重要的烃源岩,此特性使煤与大部分烃类气及部分石油的关系上升为亲缘关系。煤的流体产物(含非烃类流体)及其影响,改变了固体煤不易与煤层之外进行物质交换和流岩作用的局限。加之盆内的 4 种能源矿产中,煤层在空间上分布最广,所以在多种能源矿产同盆共存、相互作用和聚集成藏过程中,煤处于非常重要的地位。

3. 铀元素与铀矿物

铀元素的化学性质十分活泼，几乎可以与稀有气体元素以外的所有元素发生化学反应(王剑锋，1986；余达淦，2005)。铀具有强的变价性、亲氧性和放射性，属易聚易散的活泼元素。

铀是变价元素，在自然界和矿物中，以4价和6价两种价态存在，3价和5价的铀构成过渡态，只在实验室条件下稳定(余达淦，2005)。U^{6+}与U^{4+}因环境改变而相互转化(即由氧化环境中活跃的U^{6+}，在还原环境中转化为U^{4+}，或者相反)的地球化学特性，使铀元素活性极大、易聚易散。因而砂岩型铀矿化具有动态、易变、多期和晚期定位的特征。

铀属亲石元素或"典型的亲氧元素"(刘英俊等，1984)，与氧有很强的亲和力。铀矿物中的元素组合因铀的价态不同而异，与四价铀结合的元素基本是亲石元素；与六价铀结合的元素除亲石元素外，还有亲硫、亲铁和亲气元素。铀矿物的密度也因铀的价态不同有别，各类四价铀矿物均为密度≥ 4 g/cm^3的重矿物，六价铀矿物的密度一般为$3 \sim 4$ g/cm^3(余达淦，2005)。

值得注意的是，在铀矿床中常有比例不等的U^{6+}存在，其分布有一定规律，大多处在矿体的边部，表明成矿时间相对较晚。这些固态U^{6+}应是在成矿时序或演变环境中处于向U^{4+}转化的过渡或临界状态的产物，探究其形成和分布具有重要意义。

4. 多种能源矿产同盆共存的地球化学机理

油气煤铀同盆共存的机理与各类能源矿产的物质特性、赋存环境演变及其相互作用息息相关。其中油气和铀易聚易散的属性，使其在共存、富集中更显活跃和重要。

"在各类沉积岩中，铀的主要地球化学特征和有机质有着密切的关系"，"有机物质的络合作用对铀的地球化学行为有着重大影响"，在"砂岩沉积的还原环境中，有机质起了铀的吸附剂及还原浓缩剂的作用"，"许多实验证明，有机质中聚铀能力最强的是腐殖质，其次是腐泥质"(刘英俊等，1984)。有利于铀富集的陆、海相沉积物(层)，一般富含有机质、含硫化物或有磷酸盐组分(余达淦，2005)。要使U^{6+}还原、沉淀、富集必须有还原剂或还原环境。铀地球化学研究已表明，气的还原作用是形成铀矿化、铀沉淀最重要的机制；天然气中的H_2、CH_4、H_2S、CO是目前所知铀沉淀最为有效的还原剂；而黄铁矿、固体有机质等的还原作用影响则相对较为有限。

(强)还原环境下形成的油、气、煤类有机矿产，为铀的富集成矿提供了必需的还原环境。特别是油、气类流体有机质(部分源自煤层)，易于流动、运移和聚散的性能，可使其远离母岩所处的还原环境而进入浅表层其他环境中。从而为油气所经过或达到的地带提供还原介质，将游离、分散的U^{6+}还原成U^{4+}沉淀、聚集成矿；同时使该地带的环境和岩矿发生后生还原蚀变，或形成地球化学还原障，促进和加速了砂岩型铀矿的形成和富集。

铀元素是重要的催化剂。在盆地沉积阶段，来自盆外蚀源区、从空而降的火山灰或来自较深部热液所携带的铀及其伴生元素，促使水体中生物繁盛和勃发，有利于烃源岩形成。在烃源岩被深埋向烃类转化过程中,铀元素的存在可使烃源岩液态烃的生成温度门限降低而提前生烃;铀元素在温压较高的深部环境中,自身有能力将水分解为活性强的氢和氧(Lin et al., 2006),为烃源岩生烃提供了外源氢,从而使生烃量增加(毛光周, 2009;刘池洋等, 2013;毛光周等, 2014)。此外,铀及其伴生的无机元素也会影响有机质的成烃过程及热演化,使有机质的芳构化程度增加,也可使含铀岩层中的有机质更加趋于腐殖化,从而有利于油气的生成。

可见,很可能是赋存环境将具不同物质特性的有机(油、气、煤)与无机(铀矿)、非金属和金属能源矿产有机地联系在一起,构成了多种能源矿产同盆共存的交互和谐、互利成矿的基础。这就类似于同一群落生态中的生物多样性和生物链的关系,相关同存的各类生物(类似于各种能源矿产)之间未必有必然的亲缘关系或变异演化,但其自然同存导致共盛却有着重要的内在联系和直接或间接的依存关系。这就是多种能源矿产同盆共存、相互作用、同存趋富,或群落生态中各类生物彼此影响、同存互利和共盛的必然性。这表明,油、气、煤、铀同盆共存间有着密切的内在联系和统一的沉积盆地动力学背景。

油、气、煤、铀赋存的环境因盆地而异,多种能源共存的特点、成矿过程和分布规律必然因盆地有别、形式多样,但总体受所在盆地演化-改造统一地球动力学环境所控制。

二、成藏(矿)特点与过程

1. 源汇系统及其成藏(矿)特点

与盆地内沉积物充填的特点一样,沉积矿产的形成也明显具有从源到汇的显著特点(图3.1)。但在沉积盆地发展演化及后期改造过程中,不同矿产的源汇系统及其从源到汇发生的时间阶段有别,其成矿过程和特点也各具特色。

油气藏的形成是从烃源岩(源)的生烃作用开始,经运移通道(径)在一定成藏动力下运移至具特定条件的圈闭而成藏(汇)的。外源砂岩型铀矿的成矿作用大致可以表述为,从蚀源区(源)铀元素的淋滤活化开始,经地表径流和地下水携带进入可渗流的潜在容矿层(径),在一定成矿动力下迁移至特定的地球化学或岩性过渡障而聚集成矿。从源

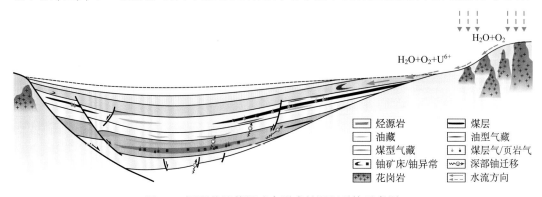

图3.1 沉积盆地能源矿产形成的源汇系统示意图

汇系统的角度来看,砂岩型铀矿和油气藏的形成过程颇为类似,各阶段可以相应对比(图3.1,表3.1)。

表3.1 沉积盆地中油气煤铀基本特性和成矿环境对比表

矿产	物质特性				源-汇(储)关系		成藏(矿)环境*					成藏(矿)-保存特点
	化学属性	物理状态	活动性	氧化还原性质	层位(相对次要)	距离	气候	构造	地层物性	地化环境	热、流体作用的影响	
油	有机	流体	强	还原性	源储异地(自生自储)	盆内近源	烃源岩形成期温湿;成藏期无特别要求	高差起伏	储层有孔渗、盖层孔渗差	还原	控制生烃和生烃阶段	动态成藏,晚期定位
气	有机	流体	极强	强还原性	源储异地(自生自储)					还原		
煤	有机	固体	弱	还原性	源储同地	盆内	成煤物质聚集期温湿	相对稳定,适度活动 少断层	致密顶底板	还原	控制成煤阶段和生气	煤质变化,位置鲜变
铀	放射性金属	固体	6+价态可随水迁移、化学性质活泼	金属态和低价态具还原性**	源储异地(源储同地)	盆内外,较近源	成矿期干旱少雨	缓倾斜坡	容矿孔渗砂岩,顶底为泥岩	氧化→还原	常温-低中温;流体性质及运动特点影响明显	动态成矿,晚期定位

* 成藏成矿所需的构造等条件复杂,限于篇幅表中仅简要说明;** 王剑锋,1986。

盆内的烃源岩和蚀源区的铀源岩都是成藏(矿)的物质基础,不同之处在于油气藏的源在盆内沉积层,而砂岩型铀矿的源多在盆外露头区,有时也有来自盆内岩层或基底更深部的内源铀。运移通道为具有孔隙、裂缝或溶洞的渗透地层,或是具开启的断裂。对于层间氧化作用成因的铀矿而言,层间氧化层就是上接源、下连汇的成矿物质运移的通道(途径)。油气藏的"汇"是可捕获油气的各类圈闭,砂岩型铀矿的"汇"为阻挡含铀流体继续运移的"障"。二者的作用类似,均具有阻挡含矿流体继续运移而就地汇聚、富集成藏(矿)的作用。对油气藏而言,这种圈闭可以是构造形态或岩性的突变等所致,如背斜圈闭、岩性圈闭等;而砂岩型铀矿的障,多与地球化学环境的突变有关,也可是岩性或构造突变所致(图3.1)。值得注意的是,在有关铀矿的外文文献中,也常使用英文"trap"一词来形象地描述成矿"障"及其作用(Bowden,1981;Jaireth et al.,2015)。而trap一词,在油气文献中,常与汉语"圈闭"一词相对译。这说明,砂岩型铀成矿中的"障"和油气成藏中的"圈闭"含义相似、作用类同,是从源到汇成藏(矿)全过程的最后关键一站,也是矿藏最终定位的地带。

砂岩型铀矿和油气藏的形成过程也各有其个性。例如油气比重小于水,运移的动力一般多为浮力,生烃增压、构造应力或上覆地层重力负荷压力等亦为其运移的动力,总体上具有从盆内往盆缘、自深部向浅部"离心"式运聚散的趋势;而砂岩型铀成矿物质溶于水,含矿流体迁移的动力一般多为重力,故表现为从盆缘往盆内、自浅表向深埋层迁移汇聚的"向心"趋势。从水动力学系统看,这种流体离心和向心运动的趋势类似于水成矿产中的渗出型成矿和渗入型成矿的特点(陈肇博等,2003)。油气和含铀流体的相向运移,为二者不期而遇进而相互作用创造了可能。在有些情况下,砂岩型铀矿的铀源也可能来自盆地内部较深部地层或基底及其下更深处。可见,含铀成矿物质的流体与含油气的有机流体之间潜在的相互作用区间可存在于盆地的不同深度,并不限于油气藏或铀矿体附近。

由上述可知,砂岩型铀矿化和油气成藏的过程具有很大的相似性,在有较充分矿源存在的前提下,从源到汇的必备条件是存在适于含矿流体运移的通道。这些通道一般为岩层的孔隙、裂隙和断裂。但煤在此方面与油气和铀成藏(矿)过程存在明显差别。成煤物质在沉积期即已聚集,成煤作用本身属于沉积地层的成岩作用,成煤物质和层内及上下砂泥岩层同时经历成岩演化,完全属源汇一体。这与油气藏和砂岩型铀矿形成时需由源到汇(储层和圈闭)的运移明显不同。但对煤成烃而言,除煤层气为源汇合一外,煤层又成为油气成藏的源。可见,油、气、煤、铀四种能源矿产的成藏(矿)作用和条件(环境)既存在相似之处又有明显差异,且在期间扮演的角色随矿种的组合和演化阶段的不同也会发生变化(表3.1)。

2. 成矿过程

在盆地沉积充填阶段,汇聚了大量相关原始成矿物质,但并未形成(也并非都能形成)油气、煤和铀矿等矿产。这些成矿物质是多种能源矿产形成的物质基础,埋藏后随地球化学环境和温压条件等变化,有机物质开始向各种能源矿产转化,遂进一步聚集形成矿藏,即进入成藏(矿)阶段。

在初始成煤物质埋藏、压实、增温、成煤和成岩过程中,脱除大量水和挥发分,体积大为缩小。大规模脱水和排挥发物,对周邻围岩环境和流体性质会产生重要影响。固体矿产煤转化成矿之后,一般在地层中的分布位置相对稳定。若后期煤层被抬升至浅表层或地表,就会遭受氧化、自燃和剥蚀等形式的改造,在后期抬升强烈地区甚至可将煤层剥蚀殆尽。若后期埋深增大或所处环境地温升高,固体煤的煤级、煤质和其他物理化学特征会发生相应变化。

具细粒沉积的各类煤岩型、泥岩型铀矿的铀物质聚集,主要发生在所赋存地层的沉积阶段。由于细粒沉积地层一般吸附能力较强,且大多不乏具还原能力的有机质,因而这类铀矿层中的铀元素向外迁移的数量相对较少。

砂岩型铀矿的形成和聚集具有流体矿产的特征,成矿物质的来源具多元性。除含矿层初始沉积阶段碎屑中含有少量铀元素外,铀成矿物质由源到汇和成矿作用的进行主要发生在盆地演化晚期或之后。"在沉积过程中一般不产生铀矿物,只能形成含分散-吸附状铀的贫矿层或初步富集的矿源层。""在成岩过程中,分散于矿源层中的铀发生初步富集,有时能发生铀的成矿,形成沥青铀矿、铀石、含铀胶磷矿和含铀有机质等,但一般都呈贫矿化。""多数情况下,单靠沉积物类型和其自身的固铀机制对铀的浓集成矿是不够的"(余达淦,2005)。

值得重视的是,煤本身即为成油气母质之一,其间存在直接的亲缘关系。随着热演化程度的持续增高,煤将会生成大量煤型气,或赋存于煤层之中(煤层气),或离开煤层运移到母岩之外聚集成藏(煤型气藏)。中国已发现的大型气田,气源大多来自煤型气(戴金星等,2005)。在此过程中,一些特定的煤也会有一定规模的煤型油生成和聚集成藏(黄第藩等,1995;代世峰等,2005)。

油气和煤可以溶解、萃取或吸附铀元素,而铀元素也可以影响油气和煤的生成和演化(毛光周,2012a)。可见,油气煤铀各自的物质属性和盆地的演变环境,使其不仅自然地同盆共存,而且相互作用、彼此依存和影响。

油气为流体矿产,在成烃、成藏(矿)期和期后的改造阶段,其分布位置、状态和规模等均极易随时空变迁和所处环境的变化而改变,甚至消失(刘池洋,1996;刘池洋、杨兴科,2000)。砂岩型铀矿的形成和分布也具有类似的动态变化特征,即油气成藏、砂岩型铀矿形成及其分布位置是动态的,往往随时间的发展和所处环境的改变,可能会发生规模、位置等方面的变化,甚至消失。

中国大陆活动性强,后期改造强烈而普遍。盆地演化末期和之后的后期改造阶段对能源矿产,特别是流体矿产形成、分布和定位有重要影响;油气和砂岩型铀矿的成藏(矿)是动态的,晚期-超晚期成藏(矿)-定位在中国盆地存在普遍(刘池洋、杨兴科,2000;刘池洋等,2003)。多种能源矿产同盆共存、相互作用、彼此影响、快速聚散和成藏-定位,主要发生在盆地演化末期或之后(刘池洋等,2007a),在时间上与盆地后期改造时期相重叠。加强后期改造阶段研究,对中国沉积盆地动力学和多种能源矿产共存富集的研究意义重要;对中国盆地的油气勘探和砂岩型铀矿的形成意义尤甚。

在主要能源矿产的形成、改造和分布定位过程中,流体动力和热动力起着十分重要的作用。流体以多重身份参与其中:既影响能源矿产的形成环境,又是该环境的重要组成部分;既是成藏(矿)物质搬运、聚散和成藏(矿)的动力,又直接参与成藏(矿)物质的交换甚或物质转化和反应;同时,又与周邻围岩和各矿产相互作用,成为不同类别(有机-无机能源、金属-非金属矿产)、不同相态(气、液、固态)、多种能源矿产(油、气、煤、铀)之间联系的纽带和桥梁。热动力作用直接参与和宏观控制着有机能源矿产的形成,总体决定其成矿物质反应和转化的程度、阶段与相态等;此过程(如通过控制流体的相态和流动方向)同时又直接控制或间接影响着铀成矿物质的迁移、聚散、成矿及分布。因而,在探讨多种能源矿产共存富集的环境和机理中,应重视对流体动力、热动力和其物理化学行为及成藏(矿)效应的研究。

第二节　共存特征与分布规律

在21世纪初"多种能源矿产共存成藏(矿)机理与富集分布规律"973项目立项终评答辩会上,会议主席和专家就曾提问,油气煤铀同盆共存仅是鄂尔多斯盆地的个例,还是普遍存在;各矿种是简单的空间并列,还是有着密切的内在联系,等等。对这些问题的解答具有重要意义,是在沉积盆地中进行多能源矿产评价预测和勘查,特别是协同勘探的理论基础和决策依据。

一、主要赋存在沉积盆地中

油、气、煤几乎完全赋存在沉积盆地中，极少数见于岩浆岩或变质岩中的油气也源自盆地中的烃源岩。这已被百余年的勘探和生产实践所证明(刘池洋等，2005a)。

外生沉积型铀异常和铀矿虽发现较早，但在20世纪70年代之前，分布在地表和表浅层的各类内生热液型铀矿床的开采生产一直处于主导地位。近30年来，随着盆地中沉积型铀矿勘探的蓬勃开展和砂岩型铀矿的成功地浸开采，世界和我国已发现砂岩型铀矿的数量和产、储量逐年增加，已跃居各类铀矿床之首。

根据对国际原子能机构(IAEA)最新数据库资料的统计，全球已发现铀矿床1520个，其中各类沉积型铀矿共887个，占铀矿床总数量的58%；砂岩型铀矿数量最多，有639个，占沉积型铀矿床的71%，占世界各类铀矿床总数的42%。截至2011年，全球已探明总铀资源量(可靠+预测 RAR+IR，<USD 130/kg U)532.72×10⁴ t U，其中沉积岩型铀矿约占44%，砂岩型铀矿占32%，位居各类铀矿之首。若将几乎仅分布在加拿大和澳大利亚的角砾杂岩型和不整合面型铀矿视为特例，剔除这两类矿床的资源量后统计，在全球铀矿床总可靠资源量中，各类沉积型铀矿占65%，砂岩型铀矿占49%（见第一章）。

2003~2013年10年间全球铀总产量增长了64%，新增量中有86%来自砂岩型铀矿的地浸开采。全球地浸开采量占铀总产量的比例，由2003年的18.4%增长到2013年的47.5%。2009年以来，地浸采铀量已跃居第一(见第一章)。

2013年全球共生产铀59531 t U，其中砂岩型铀矿的产量约占全球总产量的56%。

我国已探明铀资源量16610 t U，位居世界第十位；其中砂岩型铀矿可靠资源量占43%，在全球各国拥有砂岩型铀矿可靠资源量中排名第4（OECD-NEA/IAEA，2012，2014）。我国已探明各类铀矿床350多个，在已探明的铀资源量中，砂岩型铀矿约占35%，位居第一。据全国铀矿资源潜力预测评价成果，我国1000 m以浅铀矿资源总量逾210×10⁴ t（不含非常规铀资源），砂岩型占43.0%（张金带，2012；蔡煜琦等，2015；张金带等，2015）。砂岩型铀矿已成为我国资源量和资源潜力最大的铀矿类型。砂岩型铀矿为外生沉积类铀矿的一种类型，估计在我国已探明的铀资源量中，各类沉积型铀矿所占比例应与世界的65%相当。

综上所述，油、气、煤、铀多种不可再生能源矿产主要赋存在沉积盆地中。

二、同盆共存的普遍性与分区性

1. 普遍性

截止2015年6月，全球已发现的砂岩型铀矿床共639个，分布在109个沉积盆地中(国际原子能机构 UDEPO 数据库)，平均5.9个铀矿/盆地。对国内外诸多文献资料的调研、分析和对比揭示，在已发现砂岩型铀矿的109个盆地中，有85个盆地中的570个砂岩型铀矿与已探明的油气田或煤田同盆共存，分别占产铀盆地总数的78%、占砂岩型铀矿总数的89%，平均6.7个铀矿/盆地，高于全球含铀盆地平均值，显示砂岩型铀矿大多赋存于含油气和聚煤盆地之中。

世界已发现的大型-超大型砂岩型铀矿床几乎全在这 85 个多能源盆地之中。其中包括 2015 年全球 9 个最大的砂岩型铀矿,其年产量占全球总铀产量的 1/3 和砂岩型铀矿铀产量约 1/2 (见第一章)。换言之,没有与油气煤共存的 24 个含铀盆地,仅发现了 69 个砂岩型铀矿,平均 2.9 个铀矿/盆地,不到全球含铀盆地平均值的一半。这些盆地所探明的铀资源量、所发现砂岩型铀矿的数量和资源规模均较少(小)。

与已探明的油气田或煤田同盆共存的砂岩型铀矿床,在数量上占世界已探明的砂岩型铀矿床的 89%,其资源量(储量)占已探明的总铀资源量(RAR+IR,<USD 130/kg U)的 93.4% 以上(截至 2013 年底)。这从另一个方面进一步揭示,大型-超大型砂岩型铀矿床主要分布在与油气、煤共存的能源盆地中。所以,大型含油气盆地和聚煤盆地将是未来发现新的砂岩型铀矿的主要场所(刘池洋等,2005a)。

以上统计结果,对现今尚无商业油、气藏或煤矿,但已有不同形式油气显示,有望发现新油气藏,或曾存在有古油气藏而现今已遭破坏,或有劣质煤或薄煤层、煤线的盆地,未作为含油气盆地、聚煤盆地统计在内。事实上,在这些盆地中,油气、煤即使不具商业价值,其在数量上大多也足以满足砂岩型铀矿形成过程中所需的有机质还原效应。何况,尚有不少盆地仍有发现商业油气藏或煤田的可能。这类盆地为数不少,若将其统计在内,多种能源同盆共存的比例会更高。

所以,在世界范围内,油、气、煤、铀同盆共存现象存在普遍。

2. 分区性

已发现的砂岩型铀矿遍布全球,但其富集成矿区的集中分布却有明显的分区性。

无论砂岩型铀矿床的数量,还是总资源量,北半球均处主导地位,在北纬 25°~50° 之间分布最为集中,其中以中-东亚地区及美国西部分布最为重要。这两个成矿区域已探明的砂岩型铀矿资源约占全球总量的 3/4 (73%)(见第一章),油、气、煤、铀同盆共存盆地尤为普遍和典型。

中-东亚巨型能源矿产成矿域东起我国松辽盆地,西止里海,东西连绵逾 6000 km;包括中国北方和中亚 5 国,向北跨入蒙古境内。该成矿域油气煤铀资源极为丰富,其中已探明的砂岩型铀矿床的铀资源量占全球的 55%。对中-东亚能源矿产成矿域的全面论述见第二章。

美国西部能源矿产成矿区主要由落基山盆地群中 10 多个盆地构成,除威利斯顿盆地(24×10^4 km^2)和丹佛盆地(15×10^4 km^2)外,其余均为面积<6×10^4 km^2 的中小型盆地。已发现油气田 1000 多个,其中有大油田 18 个,年产量曾达到石油 3212×10^4 t、天然气 496×10^8 m^3,为美国重要产油气区之一(李国玉、金之钧,2005)。该区所探明的砂岩型铀矿资源量占美国铀总资源量的 90% 以上,占全球铀总资源量的 18%;煤炭产量约占美国总产量的一半,是美国重要的能源生产基地。

此外,在澳大利亚和南美洲西南部的阿根廷-玻利维亚地区,已发现分布较为集中的砂岩型铀矿,亦与油气藏、煤矿同盆共存。

除大区域多种能源矿产成矿和分布的分区外,在同一能源矿产成矿域的不同盆地或同一盆地内的不同地区,油气煤铀资源的贫富也有较明显的差异。笔者(刘池洋,2013)称其为自然界中矿产资源赋存分布的"二八法则",主要受控于成矿条件、环境和构造动力学背景等因素。

三、空间分布复杂有序

油气煤铀藏(矿)的空间分布复杂多样,但有规律可循。

前已述及,油气成藏的源汇系统总体上具有"离心"式运、聚、散的趋势;外源铀成矿的源汇系统多表现为"向心"式特点。这从宏观上控制和影响油气、铀矿的成藏(矿)和分布。

受矿源迁移的各类动力、地层物性条件与优势运移通道、水动力系统、适于成矿聚集的场所及其区域构造背景等条件变化的影响,油气藏和铀矿的分布整体表现为近源、亲缘的聚集成藏和分布特点。

在平面上,常规油气藏主要分布在盆地内部烃源岩发育的富烃凹陷附近和上下,如岩性-地层油气藏,或部位较高的背斜、凸起、斜坡和隆起及鞍部等构造或复合油气藏;致密油气、页岩油气、煤层气等非常规油气富集区或特殊油气藏,则分布在富烃凹陷中烃源岩内部或煤层中。这已成为中国陆相盆地油气分布规律的总结结论和油气勘探的指导思想。若盆地断裂发育,或后期构造作用改造强烈,流体矿产油气离源向外部和向高处迁移的距离会增大,成藏和分布的位置相对会较远,油气藏特征也会更为复杂多样。

在中东亚成矿域,目前发现的砂岩型铀矿床主要分布在临近(较)富铀蚀源隆起区的盆地边部(刘池洋等,2007a)。在世界其他地区,也大多具有这种分布特征。这种分布既是外源后生浅成铀成矿理论指导铀矿勘探的对应结果,又不同程度受地浸开采技术及钻探深度和勘探程度的一定限制,总体上反映了现阶段流行成矿理论和开采技术相关的砂岩型铀矿形成的条件和环境,在分布上具有代表性。这些铀成矿作用发生的盆地边部斜坡或较高部位,一般也常为油气运移-逸散的指向。油气的介入,有利于该区的铀成矿和保矿,并会发生系列流岩作用和还原蚀变,留下多种烃类、非烃类地化产物(图3.2、图3.12、图3.13、图3.15)(吴柏林等,2006a;马艳萍等,2007;刘池洋等,2008),成为判识油气耗散和改变铀成矿、保矿环境的标志(见第十四章、第十五章)。

事实上,由于铀元素的活泼性和来源的多元性,其富集成矿未必一定发生在"外源后生浅成"环境中。在显生宙,特别是在盆地中新生代的不同演化阶段,在临近富铀蚀源区的盆地边部,不乏外源浅成铀成矿的良好条件和环境。不过此阶段形成的砂岩型铀矿,常会在盆地后续沉降和沉积过程中被深埋,因其不在现阶段勘探的深度范围而未被发现。来自盆地内部较深处或之下基底、地壳和岩石圈深部的富含碳酸根的热流体,也会携带铀元素迁移到盆地中浅部沉淀、聚集和成矿。这种"晚生"、"内源"类铀成矿的分布,无疑会与"外源后生浅成"铀成矿有较大不同,且铀矿的分布也不会仅限于浅部。所以,在远离蚀源区的盆内隆起或凸起及其斜坡地带,也会有铀矿形成并存在。在盆地演化晚期或末期之前形成的铀矿,在后期改造阶段被抬升而埋深较浅者,无论现阶段位于盆地什么部位,仍应具有勘探意义和商业价值。

图 3.2　鄂尔多斯盆地东北部侏罗系延安组顶部砂岩蚀变漂白现象图

固体矿产煤的形成和分布主要受原始沉积环境和现今埋深的控制,可开采的煤矿一般埋藏较浅,常位于盆地的边部或盆内隆起部位。我国煤炭的开采大多在数百米以浅,现已对埋深浅于2000 m的煤炭资源进行了资源潜力评价。在我国北方较大型盆地2000 m之下,仍有丰富煤炭资源。由于煤岩沉积时受区域气候生态环境的影响明显,因而在同一成矿域或构造单元的较大范围,煤层的形成时代相当、层位相对稳定、分布较为广阔。

在大型盆地尤其是克拉通类盆地,油气煤铀能源矿产的形成和分布总体形成了边部铀和煤、内部油气,浅部铀(煤),中下部油气、煤,铀矿床面积小、油气田范围较大、煤田展布广的宏观分布格局。但由于不同盆地的结构、构造和沉积特征、成矿条件等的差异和演化-改造过程的不同,常形成特征复杂、组合多样、有级别、分区带但有序可循的空间分布格局。

四、含矿层位和地区联系密切

盆地中油气、煤、铀主要赋存层位宏观上受区域动力学环境和构造背景控制,含矿层位的分布具有地域性,在同一成矿区具有较明显的相关性和变化规律。

在中东亚成矿域,砂岩型铀矿床的主含矿层主要在侏罗系—新近系,含矿层位和成矿时代总体具有从东向西变新的趋势。但在不同成矿区明显不同,在同一成矿区成矿时限较为集中、时代相近。含铀矿层与同一盆地中其他三种能源矿产的赋存层位大体相同、相近或彼此相邻(图2.4)(刘池洋等,2005a,2007a)。

易于流动的油气一般赋存层位颇多,显生宙不同时代地层几乎都有含油气层,且在岩浆岩、变质岩和前古生界中亦有含油气岩层。若不考虑构造改造(如断裂作用)等特殊情况,在平面分布和剖面位置上,油气主要赋存于各时代烃源岩层上下或及其分布区附近,具体含油气层段的时代因盆地烃源岩时代的不同而异(刘池洋等,2002)。若受断裂构造活动的影响,油气可远离烃源岩而运移较远,在垂向上可达表浅层,数百米到上千米的油气显示层段或分布有油气藏的现象并不鲜见,甚至会运移到地表耗散。

在全球范围内,煤集中分布在侏罗系和石炭-二叠系,在有些地区,上三叠统、白垩系—古近系某些组段也含有煤,但分布范围较为局限。煤岩型铀矿床的含矿层与相关主煤层的分布联系密切。

煤本身是重要的烃源岩,特别是主要气源岩。一般而言,煤层的初始沉积环境与油型烃源岩的沉积有较多的联系。因而油型烃源岩和煤层的层位分布在平面和剖面均相距较近,或渐变过渡。如在鄂尔多斯盆地中晚三叠世延长期,中期为盆地发育的鼎盛时期,湖区面积广、水体深,在深湖-较深湖区发育了长7段优质油型烃源岩,富烃凹陷主要分布在延安之西南,沿姬塬—华池—庆阳—铜川一带呈北西向展布(图3.3、图3.4)。到延长期晚期长1段沉积时,受秦岭造山带隆升的影响,沉积中心向北迁移,水体变浅,沉积了一套含煤地层,称之为瓦窑堡煤层。延长组上部瓦窑堡优质煤层主要分布在子长—安塞一带(图3.3、图3.4),位于长7段优质油型烃源岩之上偏外侧。关于瓦窑堡煤系地层进一步讨论见第三节第二部分和图3.6、图3.7。

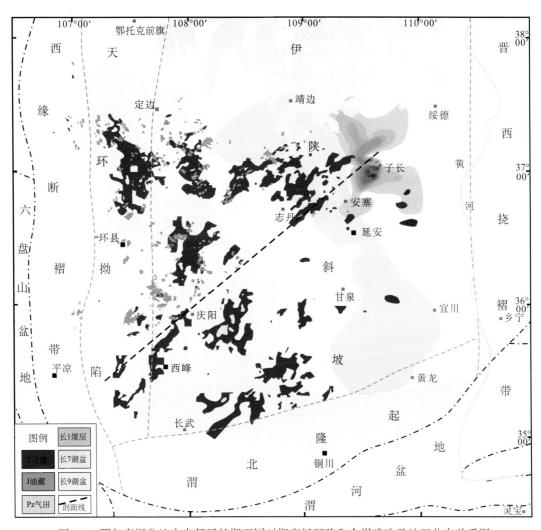

图 3.3　鄂尔多斯盆地中南部延长期不同时期富烃凹陷和含煤建造及油田分布关系图

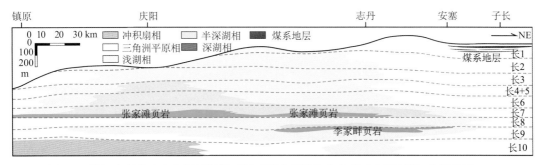

图 3.4　鄂尔多斯盆地中南部延长期不同时期富烃凹陷和含煤建造平面图(位置见图3.3)

与油气有关的砂岩型铀矿床的含矿层和含油气层空间(平、剖面)位置及距离关系复杂,形式多样。若处区域缓斜坡,或有断裂、区域不整合面存在,油气在平面上可发生较长距离的运移,在垂向上可穿过多个层系达到表浅层,甚至逸散。在这种情况下,对油气与铀成矿关联性的厘定,需根据油气区域运移的时间和指向,寻找各类油气耗散行迹及其成岩-成矿结果进行多方面研究和论证(刘池洋等,2008a)。

受地浸开采技术和与之相适的钻探深度的限制,目前揭示的砂岩型铀矿床的埋深较浅,其含矿层时代一般较新。故在这些盆地中所发现铀矿床的含矿层与上(中)部产煤层及含油气层基本一致或相邻,而位于(中)下部含油气层及煤层之上。

事实上,在盆地演化的不同阶段或地层埋藏的不同深度,均存在油、气、煤、铀同层、邻层富集共存的现象。沉积型铀矿中的泥岩型、煤岩型铀矿,其矿层本身即是烃源岩和含油气层,完全属同层共生共存。如在鄂尔多斯盆地,埋深 1600~2300 m 的石炭-二叠系煤系地层和含气层、中上三叠统延长组烃源层和含油层中,在多个层段发现铀异常,最高含铀量可达 $109×10^{-6}$,其岩性有砂岩、泥岩、碳质泥岩和煤层等(刘池洋等,2006b;谭成仟等,2007)。在北非和阿拉伯地区,古生界烃类 80%~90% 源于下志留统底部"热页岩"(TOC 含量达 17%,厚度 ≤25 m)(Lüning et al.,2000)。此"热页岩",既是烃源岩,又为高铀异常或富含铀层。可见,外生铀矿床,特别是砂岩型铀矿的形成与有机矿产的聚散联系密切。

除泥岩型、煤岩型铀矿外,在多种能源共存盆地的各含矿层内,甚至可不同程度地直接见到其他能源矿产,或发现其存在的相关踪迹(见第二章)。

一般而言,位于克拉通内部的盆地,共存的地层层位相对较老。若这些盆地中新生代沉积局限或厚度较薄,共存的层位时代会更老,如非洲南部卡鲁盆地、卡拉哈里盆地。挽近时期持续较快速沉降-沉积的盆地或位于新构造活动强烈地区的盆地,多种能源共存的层位明显要新。前者如中亚近里海铀成矿区诸盆地、美国墨西哥湾盆地等;后者如中亚南部临近青藏高原的盆地、东亚日本的瑞浪盆地(Mizunami Basin)等。可见,多种能源矿产同盆共存层位的分布和特征,总体受能源盆地所在地区区域地球动力学环境特征及其演化的控制。

五、具同存俱富、少缺趋贫的特征

前已论及,世界上已发现的砂岩型铀矿床,数量的 89% 和已探明铀资源量(储量)的 93.4% 以上赋存在含油气盆地或聚煤盆地之中。这显示了在盆地中油气煤铀同存俱富的成矿和分布特点。

但无论是在世界各大洲,还是在中东亚能源矿产成矿域,或是在中国大陆,有一个值得注意的现象,即在蚀源区铀源较充分但无(贫)油气、煤的盆地,很少发现规模砂岩型铀矿床。

根据目前我国铀矿的勘查现状和对已探明铀资源量的统计,内生热液-岩浆岩型铀矿主要分布在华南及扬子陆块东南部铀矿区(省)(黄净白、黄世杰,2005),集中在赣、闽、湘、两广、江、浙等省区,约占该类型铀矿已探明资源量的 80%。这与该区中新生代岩浆活动强烈有关。这类铀矿床几乎全分布在露头区的表浅层,故与其相邻的诸多中新生代(红色)盆地,具有丰富的铀成矿物质来源。但迄今为止,除在四川含油气盆地和滇西小型聚煤盆地中有铀矿发现外,在南方众多的中新生代陆相红色盆地中,仅在湖南衡阳盆地红色地层(K₂-E)中发现汪家冲铀矿。中国南方广阔地区的众多盆地中,周缘蚀源区铀源大多甚丰,盆内有利于铀赋存成矿的红色砂岩层发育,但多数尚未发现规模砂岩型铀矿床,良好的铀矿点和矿化异常也较少见。我国大陆主体在全球砂岩型铀矿集中分布的纬度(北纬25°~50°)带内。但我国目前已探明的砂岩型铀矿的资源量,95%以上却在北纬35°之北的北方中新生代陆相盆地中,且与油、气、煤等能源矿产同盆共存富集。这与已经查明和证实的我国中新生代陆相盆地的油气北富南贫、煤炭北多南少惊人的一致,表明其间有着密切的深层次内在联系。这从反面佐证了各能源矿产同盆共存、富集成藏有着密切的内在联系,显示出同存俱富、少缺趋贫的趋势。

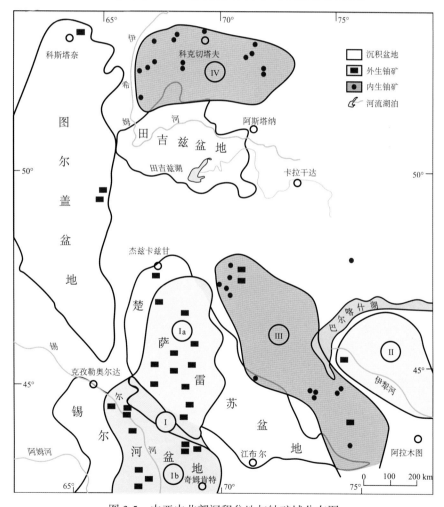

图 3.5　中亚中北部沉积盆地与铀矿域分布图

I. 东土伦巨型铀矿域: Ia. 楚-萨雷苏铀矿域, Ib. 锡尔达林铀矿域;
II. 伊犁铀矿域; III. 楚-伊犁铀矿域; IV. 哈萨克斯坦铀矿域

无独有偶,在里海之东的中亚地区,油气、煤、铀资源丰富,已发现的油气、煤集中分布在中南部诸盆地,大型-超大型外生铀矿床与之同盆共存。位于中亚北部的田吉兹盆地,面积 $4×10^4$ km^2,地表处于汇水接受沉积的低部位(图 3.5),迄今没有油气发现,缺乏煤炭资源。该盆地南、北分别与楚-伊犁和北哈萨克斯坦两个内生(热液)铀矿域毗邻,地表蚀源区铀源丰富,但却未发现沉积型铀矿。

以上案例启示我们,铀成矿物质的贫富是能否形成矿床的重要因素和必要条件,但不是决定因素和唯一条件;铀成矿物质只有在特定的环境和条件下,才可能富集成矿床;油气、煤矿产赋存和富集的能源盆地,有利于铀成矿作用的进行和形成大型砂岩型铀矿床。

以上沉积盆地中油气煤铀少缺趋贫的案例和所蕴含的物理,是对油气煤铀同盆共存俱富规律和结论的补充及完善。二者分别从两个相反的端元更系统、全面地揭示,沉积盆地中油气煤铀共存有着关联的赋存环境、密切的成因联系和统一的动力背景。

第三节   成矿条件和赋存环境

沉积盆地是沉积矿产赋存、形成和成藏的基本单元(赵重远等,1990;刘池洋等,2007b)。油气、煤和沉积型铀矿的形成、聚集和成藏(矿),是在盆地形成演化-改造过程的统一动力学环境中发生的,并受其控制。

一、盆地类型和构造属性

1. 盆地类型与构造特征

对中东亚能源矿产成矿域油气煤铀共存盆地类型的分析总结认为,适于油气煤铀同盆共存成藏且资源甚丰的盆地,多为大中型内克拉通盆地和中间地块盆地及其相关的各类改造盆地。中生代晚期兴衰的中型(断陷)盆地(群),也具有多种能源矿产成藏(矿)及共存的较好条件(详见第二章)。

综合分析和对比多种能源矿产的成藏(矿)条件和勘探现状认为,相对稳定的区域构造背景和适度(较弱)的构造变动,是大中型砂岩型铀矿床、油气田(区)和煤田形成、共存和保存的必要条件(刘池洋等,2007a)。

适于油气、煤、铀同盆共存成藏、资源甚丰的盆地,一般应具有以下特征:

1)相对稳定的区域构造背景,盆地构造变动的整体性大于因地而异的差异性。

2)适度(较弱)的构造变动:发生构造变形和隆拗起伏,但变而不强、动而不烈;特别是在能源矿产主要成藏(矿)定位期及其后。

3)在盆地主要沉积演化阶段,盆地沉积范围相对较广阔,其中存在沉积速率较快,但沉降速率≥沉积速率的时期,发育至少一套良好烃源岩或煤层。

4)盆地演化晚期和末期,盆地萎缩,之后发生不均匀抬升,盆地边缘抬升幅度较大,发生剥蚀削边,致使现存地层边界线小于原始沉积边界线而向盆地内缩迁移,在临盆地边部倾角变陡,出现区域缓斜坡。

5) 具良好铀成矿条件的地区：新生代，特别是新近纪(最迟在 20 Ma BP)以来，没有发生较强烈差异变形或没有较快速沉降的地区；邻近蚀源区出露有含铀较丰富的岩石；若全盆地或盆地部分地区仍在接受沉积，应沉积速率较慢，平面差异变化小。在新生代快速沉降-沉积的盆地或地区，不利于铀元素较长时间稳定地定向聚集，难以形成较大型铀矿。因外源后生砂岩型铀矿的形成是一个长期缓慢的成矿过程，需要长期、持续稳定地携带蚀源区铀元素的地表水源源不断地对同一可能成矿层补给；地表水和进入盆地之后的地下水流速不宜过快，即要求地表蚀源区和盆内矿化区的地层角度均不宜过陡，以缓斜坡为宜。

2. 中生代晚期兴衰盆地(群)的多种能源矿产成藏(矿)条件

在我国北方，现今所存留的中下侏罗统煤层可出现在不同构造单元和不同类型地貌区，地层特征和煤层分布在较大区域具可对比性。剔去后期改造影响，恢复初始沉积时的原始面貌揭示，早中侏罗世沉积时地表起伏小，广阔地区已准平原化，沼湖遍布，气候湿暖，含煤建造分布范围广阔。这一广阔的成煤建造和聚煤盆地，经后期强烈而又不均匀的改造后，被肢解分割成多个大小不等、特征各异的改造盆地或残留沉积体，现今散布在不同地貌景观的广阔地区。煤为固体矿产，在这些遭改造分隔的残留盆地或沉积地层中，大部仍有经济可采煤层存在。吐哈盆地所发现的油气藏与侏罗系煤层和煤系地层转化的煤成烃有关(黄第藩等，1995；代世峰等，2005)。

在中侏罗世晚期，气候趋变干旱，沼湖水系较大范围退缩，沉积地层以砂泥岩为主，煤层在数量、厚度和空间分布上均骤减，且在大部地区不发育。前期广阔区域变化较小的构造-沉积-地貌环境于中侏罗世晚期开始分化，但所沉积的砂层仍展布较广，粒度相对较均匀，为之后砂岩型铀矿的形成提供了理想的储集条件和砂泥岩沉积组合。因而在煤层和含煤岩系之上，较普遍存在砂岩型铀成矿的现象。除此沉积条件外，中侏罗统砂岩之所以成为中国北方砂岩型铀矿重要的成矿层，与中侏罗世沉积后该区总体以抬升为主，该套砂岩埋深相对较浅、成岩程度低、孔隙较为发育有关。

在中侏罗世砂岩为含铀层的盆地或地区，盆地演化和后期改造一般具有以下特点。这些特点也是该区中侏罗世之后以抬升为主演化-改造过程的表现和证明。

1) 普遍缺失新生代沉积，若有沉积厚度较薄，且多为第四系。在新生代沉降较快、堆积较厚的盆地或地区，一般不利于新生代和前新生代地层铀成矿作用的发生和进行。

2) 上覆晚中生代沉积地层厚度小或没有沉积，即使沉积厚度不很大的晚中生代地层，后期也多遭受不同程度地剥蚀改造。

3) 在早白垩世断陷沉积(如二连盆地、六盘山盆地、银额盆地、蒙古国南部诸盆地等)和晚白垩世拗陷沉积(如松辽盆地)地层分布较广的盆地，一般新生代地层缺失或沉积局限、厚度小。这些盆地边部或在大型盆地内隆起的含铀层，多为白垩系不同层段地层，其下伏若有中上侏罗统含铀层，其重要性和含铀丰度会不同程度有所降低。

统而言之，在中国北方，中生代晚期(中侏罗世、早白垩世断陷或晚白垩世拗陷)兴盛，之后即趋衰亡的中型盆地(群)或大型盆地边部及内部隆起，具有多种能源矿产成藏(矿)及其共存的较好条件。

3. 关于山间盆地

在与砂岩型或沉积型铀矿有关的文献中，山间盆地一词时有出现。

山间盆地或凹陷是一个地貌概念，可泛指位于各类山系中或被山系所围限的尚在或曾接受不同规模沉积的所有负向单元。符合此概念或定义的盆地数量众多、成因类型多样、面积大小相差悬殊，可发育在不同构造成因的山系之中。Miall（1984）曾指出山间盆地的涵义"很不精确，因而价值不大"，意应废除。

在山系间差异隆升过程中于负向地形发育的山间或山前地貌盆地，具有以下特征（刘池洋等，2015）：①一般面积较小，数千平方公里即属大盆；②沉积建造早、晚期差别较大，早期沉积速率快，粗粒沉积居多，分选和磨圆差，砾岩发育，沉积环境和沉积类型多变，地层厚度较大但厚度、岩性横向变化快；晚期沉积速率减慢，细粒沉积增多，地层厚度较小；③因地貌高差较大和地层厚度变化大，重力不稳定会形成滑坡和重力断层，但后者断距一般向下减小，或不延入基底岩系内，或进入基底不深即消失；④从地质时间的尺度来看，盆地的分布位置不稳定、发育时间较短，盆地或因负向地形随区域构造变动改变而消失，或因被沉积物充填堆满而消亡；⑤盆地的演化和地质条件不利于较大型能源矿藏的形成和保存，对油气类流体矿产和形成具流体特征的砂岩型铀矿更是如此，可有资源规模有限的煤层或劣质煤层。这类盆地本身一般油气资源贫乏，被叠合的下伏地层若有生烃条件，可形成下生上储油气藏。

鉴于山间盆地概念过于宽泛，不便使用和异地对比。故笔者建议将该盆地限定为没有明显深部背景，主要为地貌成因的盆地类型(其特征如上述)，以与明显由深部内动力作用导致沉降、有相对稳定的较老地块为基底、含义较明确的中间地块盆地相并列和区别。这两类盆地的地质构造意义和沉积矿产价值均明显不同(刘池洋等，2015)。位于山间或被山系所围限的能源盆地，特别是资源甚丰的多种能源盆地，大多为中间地块盆地，如伊犁、吐哈、柴达木等盆地。

二、沉积建造与构造环境

1. 沉积环境与建造

对沉积盆地演化的过程和阶段性及其对应的沉积环境变迁分析总结表明，成煤沉积建造在时间演化和空间分布上，总体而言处于成油气建造和成铀建造的过渡-衔接部位和承前启后的演化阶段。

油和煤不共生的说法由来已久，虽不够全面(已有部分特定的煤可生油)，但不无道理，因二者的初始沉积环境不同。前已述及，成煤物质与油型烃源岩的沉积环境有较多的联系。在沉积盆地演化过程中，盆地发育的鼎盛阶段深湖-较深湖发育，在此阶段或其他阶段的较深湖区所在部位，常发育油型烃源岩；在水体变浅时期或湖盆边部地带，可形成含煤建造。所以，在油气煤铀矿产赋存的层位上，油型烃源岩(同时影响油气藏的分布位置)常位于煤层之下(图3.3、图3.4)，或二者呈间互层，或同层异地(盆地中部与边缘)。如鄂尔多斯盆地中晚三叠世延长组烃源岩主要发育在富烃凹陷内，其中长7

段为盆地主力优质烃源岩;而延长组顶部的瓦窑堡煤层则位于富烃凹陷之外(图 3.3、图 3.4、图 3.6、图 3.7)。具体实例剖析见后述。

含铀层一般位于煤层之上,或呈边铀内煤分布,具有近煤分布的特征。近煤型铀矿在中东亚能源矿产成矿域广泛存在于中新生代地层之中(图 2.4),其中侏罗纪地层(中国西北和鄂尔多斯盆地)和白垩纪地层(二连盆地-松辽盆地及蒙古国中东部诸盆地)存在普遍、特征典型。中国南方滇西的砂岩型铀矿也属此类,矿床赋存于多个小型新生代聚煤盆地之中。在美国西部和东欧等地的中新生代聚煤盆地中亦分布有近煤型铀矿。但近煤型铀矿在石炭-二叠系煤层之上并不发育。在中新生界,特别是中生代地层中普遍存在的上铀下煤空间分布特征,已被勘探实践和发现所证明。重新审视和综合利用前期、早期煤炭勘查资料,评价煤层之上地层的放射性异常和含铀性,已成为铀矿勘查部署的常用程序和经济有效的简捷方法。

这种近煤型铀矿的形成和煤、铀矿层的空间分布关系,在盆地演化和对应沉积环境变迁的时序和岩石组合等关系上,可以得到很好地说明和解释(在本节第一部分已述及)。根据这种近煤型铀矿与煤层在空间上相邻或相近的分布关联,也有认为下煤对上铀成矿有成因上的联系。成煤物质在沉积埋藏之后的成煤成岩过程中所发生的变化和物质迁移,肯定对后期或晚期上覆地层及其中铀的成矿有一定影响,但具体有何影响,有多大影响,在铀矿形成过程中在哪些阶段有较明显影响等,鲜有深入论及和探讨,尚缺乏直接或有力的相关证据。这确是对铀成矿理论和找矿实践有重要联系、值得进一步深入探讨的问题,也是油气煤铀同盆共存研究值得关注的重要问题。其中铀成矿过程中各种相关作用的时间耦合(如下部煤层的形成演化-改造过程和所经历的热演化程度及时间,上部铀矿主要成矿物质来源和形成-改造过程及其主要时段,铀成矿期区域构造变动和重要地质事件及其属性等)和在成因上具有排他性的直接证据是重要的,应是取证的关键和研究的重点。

2. 上三叠统瓦窑堡含煤建造[*]

鄂尔多斯盆地瓦窑堡煤系位于三叠系顶部,与下伏延长组长 2 段为连续沉积、整合接触,故长期以来将其划归长 1 段(亦有人将其独立成组,称为瓦窑堡组)。此层段为主要含煤层段,含煤范围限于黄陵、富县、延安、子长、子洲一带。其中只有子长一带达可采厚度,该区共含煤 7~15 层,可采仅一层,厚 1~2 m,位于长 1 段上部。

瓦窑堡煤系属湖泊三角洲相沉积体系,一般含煤 6 组共 8~22 层,最多 32 层;煤厚一般 0.05~0.40 m,煤层总厚达 11.00 m 左右,主要出露于铜川、宜君、富县、子长、榆林至神木一线,吴旗、志丹、安塞等地也有少量分布。由于后期剥蚀改造的程度因地而异,现存地层厚度变化较大。该套建造岩性变化极大,以佳县-横山为界,瓦窑堡煤系具有沉积厚度北薄南厚、沉积粒度北粗南细的宏观特征。北部主要为辫状河沉积的灰绿、黄绿、灰白色中细粒砂岩夹砂质泥岩、粉砂岩及煤线。南部西段主要为湖泊三角洲-浅湖-次深湖相沉积,尤其以清涧河、大理河一带最为发育,厚度达 380 m,铜川柳林沟 200 m

---

　*　作者:李增学. 山东科技大学,青岛.

左右,横山地区约 190 m,神木地区厚约 180 m。煤系主要发育于长 1 段上部,含煤性较好,含煤面积较大,煤厚较稳定,是瓦窑堡煤系的主要可采煤层。煤层顶部发育的油页岩,因剥蚀改造残存无几、厚度不一。

瓦窑堡煤系地层沉积时,地壳升降十分频繁,导致湖水进退频发,进退时限均较短,从而造成煤层层数多但缺少厚煤层。所有煤层中,除 5 号煤层为主要可采煤层外,其余煤层极少见可采点。富煤中心分布于子长、蟠龙一带,陕北子长县和子洲县之间的三角洲平原聚煤中心煤层变化极有规律,厚度累计大于 4 m,从上三角洲平原—下三角洲平原—湖湾区,煤层厚度由薄变厚再变薄直至到浅湖区尖灭,如图 3.6、图 3.7 所示。

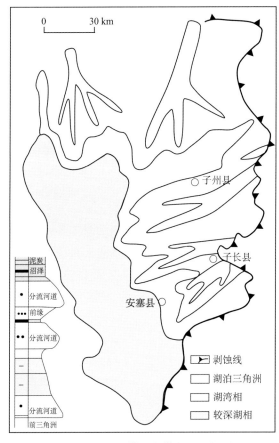

图 3.6 瓦窑堡煤系含煤段沉积相图

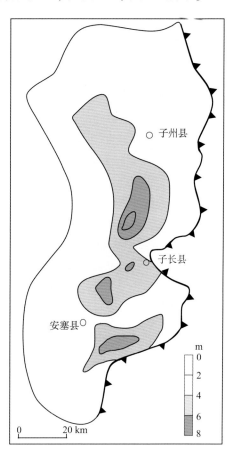

图 3.7 瓦窑堡煤系煤层等厚图

瓦窑堡煤系地层是在鄂尔多斯盆地延长期大型湖泊萎缩、沉积中心向北迁移的背景下形成的。故其形成、分布(图 3.3、图 3.4)和物质组成与油型烃源岩有较多的关联。

瓦窑堡煤系中煤的基质镜质体并不纯粹由木质素和纤维素演化形成,而是混入了大量的类脂组碎屑。这些类脂组碎屑经过生物降解和凝胶化作用等早期煤化作用过程而以超微类脂体形式参与基质镜质体的形成。同时水下成煤环境中繁殖有大量的浮游藻类,经降解后,部分形成沥青质体,部分则以超微细纹层和分子级藻类类脂物形式输入到腐殖基质中，从而使得瓦窑堡煤系煤中的基质镜质体富含氢，成为瓦窑堡煤系煤中主要的生烃显微组分。

3. 成矿构造环境：惠安堡铀矿实例剖析

前已论及，适于油气煤铀同盆共存成藏和保存的盆地，一般应具有相对稳定的区域构造背景和适度(较弱)的构造变动(刘池洋等，2007a)；在能源矿产主成藏(矿)-定位期及其后，特别是新近纪(最迟 20 Ma BP)以来，没有发生较强烈差异变形或没有较快速沉降。这强调了挽近时期构造相对稳定性在成矿和多种能源矿产共存中的重要意义。换言之，即使在较早时期发生过较强烈的构造变动，只要在挽近时期构造环境相对稳定，其他成矿条件具备，仍有铀成藏(矿)的可能。

由中亚、俄罗斯等地大量铀矿勘查实践建立的水成铀矿理论认为，典型层间氧化带砂岩型铀矿一般赋存于持续发育的中新生代盆地边部近山系的缓斜坡地带。我国新疆伊犁、吐哈盆地已发现的砂岩型铀矿也是如此。

鄂尔多斯盆地西缘地质结构复杂，构造变形强烈，总体属构造活动和变形较强烈的地区，中部以发育较大规模逆冲断褶带和推覆构造为特征(汤锡元等，1992)，中新生代以来在盆地边部没有发育分布较广的斜坡带。据上述中亚铀成矿理论和我国西北盆地铀矿勘探实践，在鄂尔多斯盆地西缘不利于层间氧化带型砂岩铀矿的形成。

对鄂尔多斯盆地西缘构造演化，尤其是侏罗纪以来盆地构造变动及改造特征的深入研究认为，盆地西缘构造变动和改造强度，在空间上存在明显的南、北分区(刘池洋等，2005b；赵红格等，2006)，在时间上不同时期特征显著不同。该区以断褶-推覆构造为特征的强烈构造变动发生于晚侏罗世(图 3.8b)。在中侏罗世，该区构造-沉积环境稳定，沉积范围向西远超出同时代地层现今分布的西界(图 3.8a)。在早白垩世沉积前，该区隆褶起伏的地貌特征几近夷平，下白垩统超覆不整合沉积于前期不同时代地层之上(图 3.8c)。晚白垩世以来，鄂尔多斯盆地消亡，盆内大范围接受沉积的历史结束(图 3.8d)。新生代早期，盆地西缘发生裂陷伸展，形成银川、宁南断陷盆地群(图 3.8e)；经渐新世末短暂的区域抬升剥蚀之后，在中新世早期又复沉降，分隔式断陷转变为区域广覆式沉积。受青藏高原形成演化和向外扩张的影响，8 Ma BP 六盘山地区隆升并进一步发展，宁南盆地消亡(图 3.8f)(刘池洋等，2006b，2009b)。此即在时间上分期剖析、动静转换。

由上述可知，鄂尔多斯盆地西缘侏罗纪以来各阶段的构造变动，在时空上差异明显。盆地西缘发生三期明显的构造变动：晚侏罗世以区域挤压为主，影响范围较广；古近纪早期裂陷和末期抬升的影响范围也较广，但在东西向上主要发生在今盆地边界之西；新近纪中期以来受青藏构造域向外扩张挤压的影响，主要发生在盆地西南边缘邻区，即六盘山地区。概而言之，新生代的裂陷沉降影响最明显的地区主要在盆地西缘北区今银川断陷及邻区，新近纪以来的挤压抬升主要发生在盆地西缘南部六盘山地区及附近。盆地西缘中部惠安堡、磁窑堡一带，于晚侏罗世褶断变形强烈，随后被剥蚀夷平和下白垩统覆盖，晚白垩世以来该区总体处于相对整体升降，以区域隆升为主，间有沉降接受较薄沉积的构造环境中。该区的构造环境自晚白垩世以来总体具有"相对稳定的区

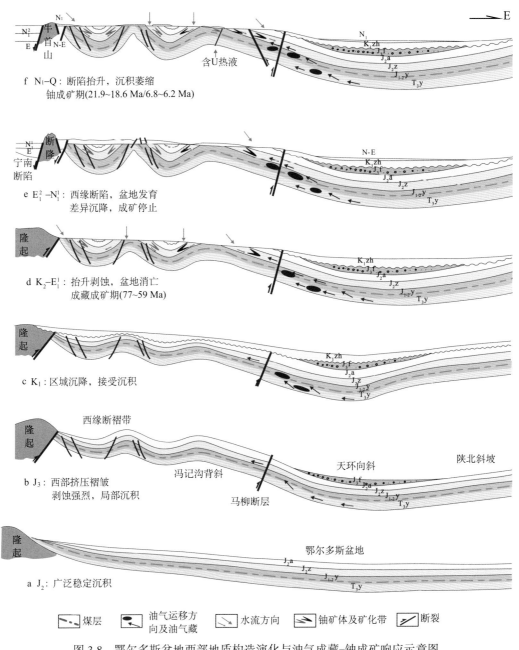

图 3.8　鄂尔多斯盆地西部地质构造演化与油气成藏-铀成矿响应示意图

域构造背景和适度(较弱)的构造变动"特征,适于铀的聚集、成矿和保存——此谓在空间上分区评价、动中找静。

对盆地西缘前侏罗纪地层进行的裂变径迹测年结果表明,中部石沟驿地区存在晚侏罗世和晚白垩世两期抬升冷却事件;比其北部贺兰山(赵红格等,2007)和南邻罗山(磷灰石中心年龄为 78.0 Ma)的初始抬升时间要早,也结束得相对要早。这与上述构造变形和改造分析所得的结论相符,二者可相互印证。

在"多种能源"973 项目实施期间,本项目的课题承担单位之一——核工业 203 研究所对上述地区进行综合评价并选惠安堡地区钻探勘查,作为 973 项目课题的成果多次在项目和课题会议交流讨论。在惠安堡地区钻探发现了铀矿带长达十多千米,规模已达中-大型的惠安堡砂岩型铀矿床(该矿床特征详见本书第二十二章)。此成果和"在时间上分期剖析、动静转换,在空间上分区评价、动中找静"的复杂构造区砂岩型铀成矿评价思想和勘探模式,对我国西部等地构造活动复杂区铀矿勘查具有指导和示范意义。

对鄂尔多斯盆地西缘中区所发现铀矿中的铀矿物(铀石、沥青铀矿)进行 U-^{208}Pb 法同位素年龄测定,获得 4 个铀矿物的形成年龄。在北部磁窑堡地区,表观年龄为 59.6 Ma和 21.9 Ma;在南部惠安堡铀矿,表观年龄为 6.8 Ma、6.2 Ma(徐高中等,2009[①])(见第二十二章)。所获年龄显示该区发生了三期成矿,分别对应古新世、中新世早期和中新世晚期。

该区铀成矿的期次与所发生的晚白垩世-古新世中期(100~60 Ma)、渐新世末(约24 Ma前后)、中新世中晚期(10~8 Ma)三期区域隆升时限(刘池洋等,2006b)对比可知,成矿期时限晚于隆升期时代,并与该区中新世晚期隆升的动力来自南部,之南邻区六盘山地区晚期隆升强烈相吻合。这表明,砂岩型铀矿的成矿作用常发生在区域隆起期之后一段时期,或表述为,在区域隆升期之后,常会发生新一期铀成矿作用。分析各期的隆升特征和发生的地质构造背景似可认为,隆升期和成矿期时间间隔的长短与隆升的特点(整体或差异隆升)和隆升的慢快(地面高差大小)相对应,同时受隆升之初出露地层含铀性(铀源贫富)的影响。如第一期隆升与铀成矿间隔的时间长,主要与晚白垩世-古新世中期鲜有断裂发育的区域整体隆升且隆升速率慢,较短时间在地表不易形成高差和汇水环境有关。加之该期隆升之初地表大面积出露的下白垩统,总体所含铀元素欠丰,需剥蚀到含铀性相对较丰的侏罗系和更老地层出露才会有良好铀物质来源。后两期隆升速率快,并在伴有断裂作用或断褶变形的背景下进行,易于形成地表高程和汇水低地,在第一期隆升剥蚀的基础上更易使较老富含铀的岩层出露,故这两次隆升期与成矿期间隔的时间短,约为 2~3 Ma。

三、丰富的成矿物质

1. 油气煤铀成矿物质与成矿

成矿物质是所有矿产形成的基础,其丰富的程度直接决定矿藏(田)的大小和资源规模。不同矿产成矿物质来源的途径、进入储矿层的时间等不尽相同。

沉积能源矿产的形成,一般经历了原始成矿物质由源到汇的沉积聚积和转化后成矿物质由源到汇的富集成藏(矿)的两大动态过程。但不同矿产成矿作用的特征和所经历的过程差别较大。油气、煤的成藏(矿)经历了此两大过程,即原始成矿物质的聚积完全发生在源岩层沉积过程,且必须经过其后埋藏-成岩阶段才可能转化(并非都能转化)为

---

① 徐高中等,2009. 多种能源矿产 973 项目课题 2 总结报告

成矿物质——油气、煤。固体煤矿在此阶段即已形成，而流体油气成藏则需经历新的由源到汇的过程，即油气发生进一步运移，在有储层和不同类型的圈闭聚集成藏，且随后还可能发生多期不同形式的改造和不同规模的聚、散、失。

对陆相盆地而言，富烃凹陷的有无和烃源岩质量，直接决定盆地油气资源的贫富和规模，同时明显控制着油气藏（田）的大小和分布（刘池洋等，2000，2014）。没有富生烃凹陷就没有大油气田（李思田，2004）。富烃凹陷是优质烃源岩形成和集中分布的单元，其形成的主要地学条件和动力学环境及主控因素，目前尚在探索之中。关于富烃凹陷特征及其形成的研究现状与问题已有专文讨论（刘池洋等，2014），在此不再复述。

砂岩型铀矿的形成具有流体矿产的特征，与固体煤矿的形成有诸多差别，与油、气成藏的重要区别是一般经历一个轮回的由源到汇的过程。铀虽在地球中分布广泛且常有少量的聚集，但并不是丰富的元素（余达淦，2005）。尽管大型-超大型砂岩型铀矿床和93%以上已探明的铀资源量（储量）赋存在含油气盆地或聚煤盆地之中，但确有不少含油气盆地或聚煤盆地尚未发现砂岩型铀矿。这之间除了部分勘探程度低、地质条件复杂等原因而没有发现砂岩型铀矿的盆地外，其他没有发现砂岩型铀矿的含油气或聚煤盆地，或铀成矿的主要条件不具备，或缺乏有效的较为丰富的铀物质来源。换言之，统计资料和勘查现状显示，砂岩型铀矿，特别是大型砂岩型铀矿主要赋存在含油气或聚煤盆地之中；但并非所有含油气或聚煤盆地中都有（大型）砂岩型铀矿。尽管铀成矿作用亦具明显的多样性和复杂性，但在沉积盆地中进行铀矿勘查和评价，查明是否存在有效的较为丰富的铀源应是第一位的。

砂岩型铀矿成矿物质的来源十分广泛，具多元性和多（长）期性：可由沉积同生带入、浅埋藏准同生扩散、表层后生渗入、后生改造和下（深）部次生侵入等。这与油气、煤明显不同。只有铀源较为丰富，存在某一种或几种由源到汇的铀迁移-汇聚形式，才可能发生铀的富集和成矿。首先应了解和查明临近沉积盆地蚀源区各类岩石所含铀元素的多少，这对盆地沉积型铀矿，特别是砂岩型的评价和勘查意义重要。

由于有机质、黏土矿物等较强的吸附性能和有机质浅埋分解所产生的还原环境，可使同沉积期及遂埋藏时煤系地层和烃源岩中铀含量明显增高，从而在同生、准同生阶段，有机与无机、金属和非金属成矿物质同（邻）层富集共存。关于鄂尔多斯盆地较深部地层，特别是烃源岩和煤系地层中铀元素分布及铀异常等的讨论，见第十一章。

2. 厚煤层的初始成煤物质来源与成因

煤是由古代植物经过复杂的各类地球化学作用转变而成，泥炭沼泽是成煤的原始物质，并非所有植物遗体都能以原地生成方式堆积并转变为泥炭的（杨起、韩德馨 1979；Stach *et al.*，1983；焦养泉等，2015）。关于原始成煤物质（泥炭）的堆积聚集，分为原地生成和异地生成两大类。但对异地生成类在聚煤过程中出现的频率（常见，或少见）和所处地位（所占煤炭总资源量的多少）及其作用过程、形成环境、发生背景、搬运距离和植物转变等，讨论尚欠充分和全面。

厚煤层的成因颇有争议、认识不一，值得探讨。剖析成煤成岩后的厚-巨厚煤层剖面（图3.9）可见：①不同岩性的地层微小单层近等厚展布；②各层之间呈近平行产状的层状结构特征。地层的这种沉积特点和结构,是成煤物质由源到汇经过较远距离搬运后再沉积的表现,不可能为原地生成或近源搬运沉积,其原始成煤物质无疑应属异地生成类。

图 3.9　准格尔煤田黑岱沟煤矿太原组 6 号煤层露天剖面图(代世峰提供)

在成煤物质埋藏之后的压实-成岩-成煤过程中,泥炭成煤后的厚度缩减巨大,缩减率可达 5~10 或更大,即成煤后煤层的厚度不到原始成煤物质(泥炭)厚度的 1/5~1/10。在煤的不同转变阶段,随煤阶增高,初始泥炭厚度的缩减明显增加(Press et al., 2004;焦养泉等,2015)。成煤成岩过程中煤的原始物质厚度缩减量如此巨大,但缩减后仍呈近等厚层状结构。说明沉积时成煤物质在平面上不仅厚度均一,而且物质组成和结构也较均匀。这也只能是较长距离搬运分选的结果,原地自然堆积和近距离搬运是不可能产生这种结果的。

鄂尔多斯盆地东北部准格尔煤田黑岱沟煤矿太原组 6 号煤层平均厚达 30 m(图 3.9),若按由泥炭演变到褐煤原始厚度缩减了 4/5,由褐煤再转变到烟煤厚度又缩减一半的缩减率(Press et al., 2004)估算,太原组 6 号煤层原始成煤物质的厚度约达 300 m。泥炭的堆积速率与气候条件(如温度、干湿)及地域生态环境有关,文献所记录的每年堆积速率在 0.1~2.3 mm 之间,大多小于 1(焦养泉等,2015)。若取泥炭的堆积速率为 1 mm/a,300 m 的泥炭需要连续不间断堆积 $30×10^4$ a。在 $30×10^4$ a 间,某一具体聚煤地域的气候条件、生态环境和地貌、地质特征不可能不发生变化,变化甚小的有利成煤环境是否可持续存在,值得思考。在我国内蒙古东部胜利煤田中部 2 号矿的 6 号煤层,煤层厚度可以达到 244.7 m (Dai *et al.*, 2015)。若按同样方法估算,此煤层的原始成煤物质堆积厚度达 2447 m,其堆积时间约 $245×10^4$ a,令人惊诧。

笔者认为,较厚-巨厚煤层原始成煤物质的堆积,一般都经历了较远距离的搬运,较广阔范围内丰茂的成煤物质被搬运汇聚到聚煤盆地,为厚煤层的形成提供了物质基础。只有在适于草木本植物茂盛勃发的生态环境(特定地质时期)于较广阔的范围内才可能形成如此巨量的原始成煤物质;才可能使在单位时间堆积的成煤物质的数量剧增,从而大大减少单位体积物质堆积所需的时间。仅凭原地生长和近源搬运的成煤物质,数量有限,一般很难形成巨厚煤层。在成煤物质被搬运过程中,促使初经分解的植物遗体进一步遭化学、生物和物理分解,使植物,特别是木本植物的形体和结构遭解体和碎化。植物遗体被搬离原地,也有利于原地后继草本、木本植物的持续再生和繁茂,进而源源不断地提供更多成煤物质。

此分析认识与前述厚煤层的沉积特点和层状结构特征相符,可彼此印证。较厚煤层在煤炭资源的份额和煤炭高效开采部分处于重要的地位。由于原始成煤物质所在源区一般位于盆地边部或边缘,侵蚀搬移到他处的成煤物质远多于在原地沉积留存的部分,在盆地演化末期和后期改造阶段这些地区多遭剥蚀削边,同时代地层残留无几,故这一厚煤层成因或形成模式(较远距离搬运和较广地域原始成煤物质汇聚),有益于对原始成煤物质形成环境和聚集的全面认识和环境恢复,有助于探讨和深化对成煤与成铀和成油气环境及其时空分布的认识。

3. 中亚-俄南-蒙古巨型放射性异常带

中东亚能源矿产成矿域诸沉积盆地外生铀矿床规模形成和集中分布的重要因素是,在盆地北邻较广阔蚀源区的岩石总体富铀,为盆地沉积型铀矿床和铀异常的形成预备了较丰富的物质(刘池洋等,2007a)。

在 20 世纪 90 年代,全俄勘探地球物理研究所完成了俄罗斯全境及邻区的航空伽马能谱测量资料的综合整理,编制了 1:1000 万的铀、钍、钾含量分布图和铀区域场、铀熵和钍铀比值等系列图件。

在这些放射性地球化学系列图件上,清楚地显示在俄罗斯及邻区南部有一巨型放射性地球化学高异常带。该带西起黑海,东临鄂霍次克海,东西长约 15000 km,南北宽 500~1000 km (图 3.10)。其特征是钍铀比值相对较低,在铀高异常区钾含量亦高,铀(镭)不均匀分布程度高和铀的分异程度高。该带的边界以铀含量 $≥2×10^{-6}$、铀熵 $≥2$ 和累乘系数 $≥0.4$ 的等值线圈出。在该巨型带边部,出现钍铀比高值(4~5,甚至达 10)异常区;在中部北侧,有一钍铀比低值($≤2.5$)异常区。钾的高场分布在该巨型带边部。各类放射性地球化学参数综合显示,该巨型带内的铀元素发生过强烈的迁移(赵凤民,2006[①])。

---

① 赵凤民. 2006. 俄罗斯铀矿地质. 核工业北京地质研究院

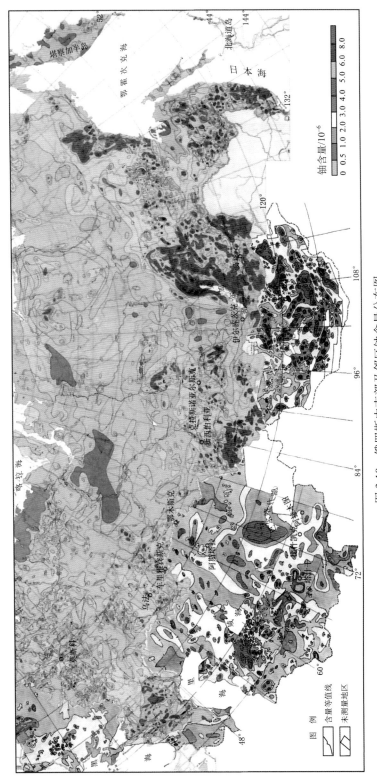

图 3.10　俄罗斯中南部及邻区铀含量分布图

据全俄勘探地球物理研究所, 1995; 节选转引自赵凤民, 2006, 俄罗斯铀矿 地质

此巨型放射性异常带地跨中亚-蒙古和俄罗斯南部,向南延入中国境内,被称为中亚-俄南-蒙古巨型放射性地球化学异常带。在该巨型带内,分布着不同时代各种成因的铀矿床,集中了原苏联 70%~75% 的铀资源;在该巨型带边邻地区,主要形成外生铀矿床(赵凤民,2006[①])。

该巨型带的展布大体与古亚洲洋消亡而形成的中亚-蒙古海西褶皱构造带的位置相对应,根据其放射性异常特征的明显不同,可分为东西两大区带。两区带的分界大致在中国准噶尔盆地之西北,哈萨克斯坦东北缘的斋桑泊-塞米巴拉金斯克连线一带(图 3.10、图 2.5)。该分界地带在地表大面积出露早、晚石炭世地层,呈北西向展布,这与该带之东北、西南地区主要出露前石炭纪地层和各类中酸性岩浆岩明显有别。根据东、西两区带的放射性异常特征,仍可将其分别再分为三区。西区带的分区界线大致在里海、咸海东-图尔盖盆地,分区界线均呈近南北向带状展布。东区带的西分区界线,大致在蒙古西部 92°~95°E 之间,向北呈北东向延展,似可与上述巨型放射性异常带中部北侧的钍铀比低值异常区相接,东分区界线大致在 124°~127°E 一带,呈近南北—北北西延展。上述不同级别的分区,应与各区带所处的区域大地构造环境和相邻区带岩石组成差异较大或有所不同有关,为区域大地构造分区和构造格局框架建立提供了重要基础资料。

中东亚能源矿产成矿域北邻并地跨此巨型放射性异常带(刘池洋等,2007a)。对中东亚成矿域中国境内诸能源盆地(鄂尔多斯盆地、阿拉善地块的银额盆地、新疆境内的三塘湖、吐哈、准噶尔诸盆地)周缘蚀源区出露的不同时期侵入岩以及古老基底变质岩 1400 多个铀含量测试结果统计表明,大多富含铀,部分样品的铀含量大于 10 ppm,进一步印证和支持前述航空伽马能谱测量的结果和结论(图 3.11、图 2.6)。西北地区地域广阔,铀含量较高岩石的时代不尽一致,年龄主峰值区出现在 235~380 Ma 间。其中来自阿拉善、三塘湖地区和准噶尔盆地东北缘蚀源区样品的时代相对较新,主峰值区集中在 235~320 Ma 间,即早三叠世-晚石炭世;准噶尔盆地南缘(天山)和西缘蚀源区年龄较老,主峰区分别在 260~380 Ma(二叠纪-晚泥盆世)、270±350 Ma(晚二叠世-石炭纪),没有三叠纪年龄。本区还有 380±480 Ma(早泥盆世-晚奥陶世)相对较高峰值区(图 3.11)。根据铀矿勘查对西起伊犁地块、天山,东到额尔古纳、大兴安岭广阔地区多年所取得的测试资料,该区带海西、燕山各期及加里东晚期的侵入岩和火山岩多属富铀的中酸性岩浆岩。其铀含量远大于世界酸性火成岩铀的平均含量(陈祖伊,2002)。

蚀源区富铀岩石的存在,为邻近盆地古生代晚期以来地层中铀赋存成矿储备了丰富的矿源。在这些盆地中较普遍发生铀成矿或有铀异常显示,应与此背景密切相关,这是中东亚成矿域诸盆地中沉积型铀矿床规模形成和集中分布的重要因素和成矿环境。

四、赋存环境和成藏(矿)作用有机相关

沉积盆地内能源矿产的赋存环境可分为沉积阶段和成矿阶段。沉积阶段已在本节第二部分述及,在此着重讨论成矿阶段及其成藏(矿)作用。

---

① 赵凤民. 2006. 俄罗斯铀矿地质. 核工业北京地质研究院

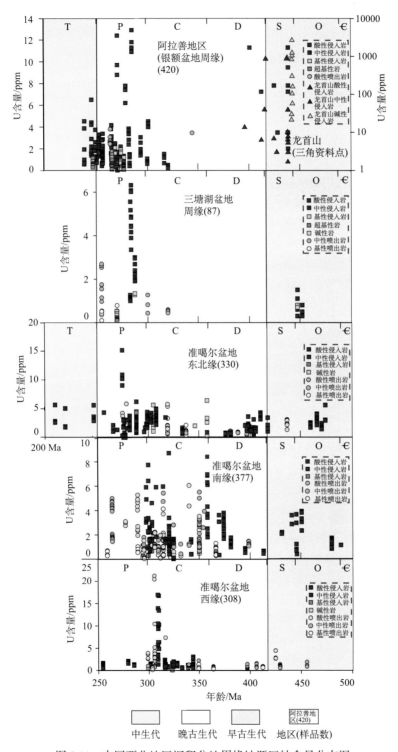

图 3.11 中国西北地区沉积盆地周缘蚀源区铀含量分布图

多种能源矿产相互作用和成藏-定位、同盆共存的重要时期，主要发生在中新生代盆地演化的晚期，或前新生代盆地演化后期改造阶段的挽近时期(刘池洋等，2007a)。

1. 赋存环境和成藏(矿)作用

铀元素的地球化学性质十分活泼。在表生氧化环境中呈 UO_2^{2+} 以溶解、胶体质点吸附等形式易于进入天然水体中被迁移到盆地，在还原环境中沉淀。可见，铀成矿物质的迁移、富集和成矿、进一步改造及叠加、定位，甚至开采均具有流体矿产的特性。加之铀矿床成矿物质来源和分布的广泛性，决定其成矿具有长期性、多期性、易变(动态)性和晚期-超晚期矿床定位等特点。这和油气晚期成藏-定位的特点颇为相似(刘池洋、杨兴科，2000；刘池洋等，2003；贾承造等，2006)，且其发生背景密切相关、形成时期大致同步。

砂岩型铀矿的铀源主要来自盆地周邻蚀源区。对于蚀源区的活性铀来说，其能否被浸出迁移，主要取决于气候环境。气候环境影响岩石的风化程度和性质(物理风化或化学风化)，同时影响地表水的分布和铀的表生迁移。一般干旱少雨、植被发育差的气候环境适于铀的浸出和迁移。这已成为大多砂岩型铀矿形成的重要条件和找矿标志。挽近时期的气候环境常会不同程度地延续到近代，故近代干旱少雨的气候环境也可成为勘查砂岩型铀矿的标志或线索之一。区域研究和综合对比已经证明和揭示，在全球已发现的砂岩型铀矿矿集区，现今大多在植被覆盖少、年降水量少于 400 mm 的干旱-半干旱气候环境(图 1.8)。相关内容见第一章第二节第二部分。

要使 U^{6+} 还原必须有还原剂或还原环境。已证明可作为铀酰还原剂的物质甚多，如各类有机质、硫化物(如黄铁矿)、碳氢化合物等，其中以有机质和其产物最为常见和重要。铀与有机质或有机矿产并无亲缘关系。(强)还原环境下形成的油、气、煤类有机矿产，为铀的富集成矿提供了必需的还原环境。特别是易于流动、迁移的油气，可远离母岩或油气藏而进入浅表层非还原环境中，从而通过还原、吸附和络合等作用使流体中的 U^{6+} 沉淀汇聚，同时使该区带的环境和岩石矿物发生后生还原性变化或形成地球化学还原障。有机与无机能源矿产的相互作用和彼此影响，促进和加强了砂岩型铀矿的形成或富集，同时也影响着盆地内有机成矿物质的演化和生成。

烃源岩中铀元素的存在，又对生烃过程具有积极作用。模拟实验和进一步研究揭示，铀元素的参与可以使烃源岩的生烃量增加、生烃温度域底限降低(毛光周等，2012a，b；刘池洋，2013)。相关内容见第十七章。

2. 油气耗散蚀变现象的分布及其地质效应

在中国北方鄂尔多斯盆地北部(图 3.2)、松辽盆地西南部、柴达木盆地北缘(图 3.12)、新疆和中亚诸盆地的砂岩型铀矿床及其周邻地区，多处可见的铀矿层及近邻地层发生砂岩漂白、绿色蚀变等后生还原蚀变现象。在美国西部犹他州 Capitol Reef 国家公园，可见由于油气从红色砂岩中的碎裂变形带通过，与周邻围岩发生流岩作用而使红色砂岩被蚀变漂白(图 3.13)，而远离碎裂变形带没有被油气通过则未发生还原蚀变的岩石，仍然保留原岩红色。多种地球化学分析和地质研究已揭示，鄂尔多斯等盆地周缘蚀变现象的形成，是油气对早期氧化带还原作用的结果(Петроб и Язиков，1995；Beitler et al.，2003；

图 3.12 柴达木盆地北缘砂岩漂白蚀变(大柴旦大煤沟煤矿区, J)

图 3.13 红色砂岩中碎裂变形带在油气通过处被漂白(据 Parry *et al.*, 2004)

马艳萍等, 2006a; 吴柏林等, 2006a), 详细讨论见本书第十四章和第十五章。

在鄂尔多斯盆地中北部大气田分布区之北直达河套新生代盆地南缘约 $10 \times 10^4\ km^2$ 的广阔地区, 发现普遍存在多种不同形式的成熟煤型气耗散的现象; 形成了多种成藏(矿)-后生蚀变区带自南而北的有序分布: 古生界大气田分布区(见第六节图 3.40)→上二叠统气测异常区→直罗组(灰)绿色蚀变—铀(矿)化砂岩带、碳酸盐化带→延安组顶部漂白砂岩带(图 3.2)→下白垩统凝析油苗带(图 3.14)。这不仅为盆地油气耗散的厘定提供了多种非烃类证据, 同时揭示了天然气耗散的铀成矿效应和找矿的判识标志(吴柏林等, 2006a; 马艳萍等, 2006; 刘池洋等, 2008)。油气的耗散为晚期浅部铀矿的形成和保存营造了有利的环境。从而形成了一个煤→油气(含煤型油气)→铀成矿过程环环相扣、密切相关的成因链。关于盆地北部流体动力学及运移-成藏效应详见第十九章。

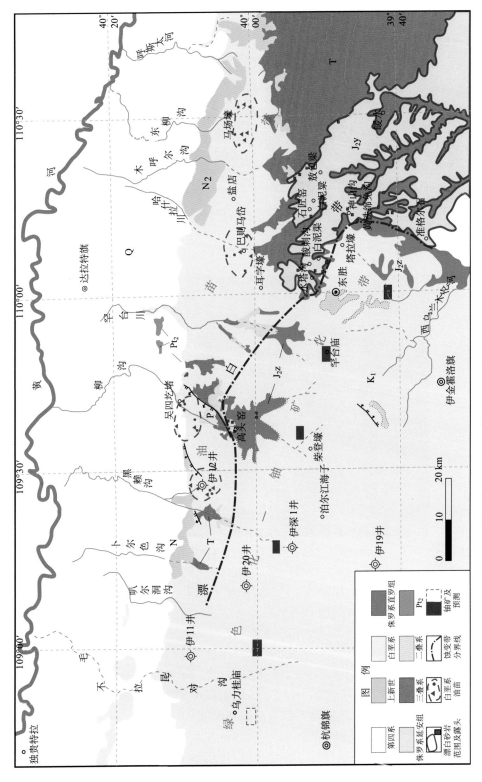

图3.14　鄂尔多斯盆地东北部天然气耗散蚀变现象与铀成矿"有序分布图

在松辽盆地西部斜坡带，目前已经发现大规模的油砂矿藏，资源量 $4.75×10^8$ t。在吉林西部白城地区油砂矿藏埋深 $120~220$ m。在松辽盆地西南隆起通辽地区已发现有钱家店和白兴吐砂岩型铀矿床，属层间氧化带型，容矿层埋深分别为 $212~315$ m（庞雅庆等，2007）和 $250~350$ m（Bonnetti *et al.*, 2017）；砂岩型铀矿和油砂矿藏主要富集在上白垩统姚家组地层内；地球化学证据显示砂岩型铀矿的形成与油气的还原作用密切相关（蔡春芳等，2008；李宏涛等，2008）。同时，在砂岩型铀矿床氧化带砂岩中发现了油气漂白现象（庞雅庆等，2007）；在白城-通辽地区新近系大安组和泰康组发现了铀矿化异常（张振强等，2005）。上述油砂、砂岩型铀矿和漂白砂岩的发现表明，该区发生过大规模的油气耗散。另外，在白城之东南的乾安-通辽地区较大范围出露第四系白色、黄白色沙土层(图3.15)，与鄂尔多斯盆地东北部延安组漂白砂岩的结构和岩性相似，表现为极易遭受流水侵蚀的特征，推测其形成可能与油气大规模耗散产生的强烈烃类蚀变作用相关。

图 3.15　松辽盆地西部斜坡区乾安县狼牙坝白垩系砂岩漂白蚀变(照片来自网络)

综上所述，在盆地内共存富集的多种能源矿产，煤与煤型油气具亲缘关系，除此以外，有机(油、气、煤)与无机(铀矿)、非金属和金属能源矿产之间并无亲缘关系，是其本身的物质特性和相互依存的赋存环境及演变将其有机的联系在一起，构成了多种能源矿产同盆共存、共存俱富、富集成藏的内在联系和成矿条件。这是砂岩型铀矿床(点)和油气田、煤矿及其含矿层联系较密切的主要原因。

五、砂岩铀矿大规模成矿作用的必要条件和主控因素[*]

在空间的不同尺度，普遍存在各类矿产资源贫富相差悬殊的明显分区性，称其为自然界矿产资源成生分布中的"二八法则(或现象)"（刘池洋，2013）。如在一个砂岩铀矿成矿区内出现多个大型、特大型或超大型铀矿床，而在相邻地区形成的砂岩型铀矿却规模小、数量少，甚至没有。有时在同一个成矿区或同一条成矿带上的砂岩型铀矿床，其规模大小也有较大的差别。在此着重讨论砂岩铀矿超大规模成矿作用的必要条件和主控因素。

＊ 作者：吴柏林. 西北大学，西安.

1. 必要条件

对层间氧化带型铀矿的氧化–还原过渡带，发生在层间氧化产矿层的单位截面上铀的富集量取决于以下几个因素(Максимова и Шмариович，1993)：氧化水中铀的浓度和渗流速度、层间渗入持续的时间、还原地球化学障的反差程度。用公式表示即

$$Q = Co \times \varepsilon \times V \times t$$

式中，Q 为单位截面积的铀沉淀量，Co 为氧化带岩石层间水中的铀浓度，ε 为层间水的铀卸载系数，V 为层间水的流动速度，t 为层间水成矿作用的持续时间。

在上述公式中，单位截面积铀的沉淀量实际上主要与 ε 和 t 的关系最为重要。因为：

1) 层间水的流动速度 V 对前锋线上单位面积铀沉淀量有明显影响，单位时间里通过前锋线的水量越多(即水流速度越快)前锋线上被截留的铀量也就越大。

流体的流速 V 和持续时间 t 可互补。如若流速慢，但却持续时间长，也可以达到 Q 大的同样的效果。在地层中流体的流速 V 应具有正反两方面作用，流速较快除了增大通过界面的铀量外，还可能由于与围岩接触时间不充分反而导致卸载效率(ε)降低；另外，对于一定量的流体，其流速 V 越大，持续时间 t 也会越小。即公式中 V 会一定程度制约 ε 和 t 两个参数，将($V \times t$)视为整体(即通过界面的流体总量)更宜，故 V 不能单独作为决定性因素。

2) Co 实际上是间接与 ε 有关的，并且也与时间有关，因为若 Co 小但时间足够长，或 ε 足够大，均可以达到同样的效果。

3) $\varepsilon = 1 - Cs/Co$，其中 Cs 为未蚀变砂岩层间水中的铀浓度。ε 的实际含义就是氧化带水中的铀进入还原带后，在过渡带卸载铀的有效程度。ε 值越大，被截留的铀和在前锋线上累积的铀量就越多，所形成矿床的资源规模也就越大。

除流速 V 在一定程度上影响卸载效率 ε 外，它的大小实际上主要与铀沉淀卸载的还原剂的有效性有关。目前的实验已经证实，铀沉淀最有效的还原剂是气体组份 H_2、H_2S、CO、CH_4 与 C_2H_2 等烃类。这些最有效的还原剂，在最短的时间内和几乎任何温度下都能立即将铀沉淀；而铁等金属硫化物(最常见的是 FeS_2)、地层中的植物或煤屑有机质等只有在较低温度下才能使铀发生十分缓慢的沉淀，其还原效应十分有限。当然如果地层中只有黄铁矿、煤屑有机质，没有气体还原剂，只要时间足够长，也可能形成大规模的铀沉淀量，即等同于短时间内有大量 H_2、H_2S、CO、CH_4 等气体还原剂的铀沉淀效果(即形成大的铀矿规模)。

4) 成矿作用持续时间 t，与前锋线单位面积上的铀沉淀量成正比。

从上述分析可知，实际上容矿砂体的规模一般不是主控因素。若有像中亚地区那种大规模的砂体固然好，但如果没有，而是像中国西北地区那样多数为 20~30 m 厚、平面展布面积不甚广阔的情况，也不是一定不能形成大矿，只要 ε 或 t 的条件满足，即使砂体规模小一点，也能达到 Q 大的效果。

2. 主控因素

综上所述，在基本成矿条件能满足的前提下，决定砂岩铀矿超大规模成矿作用最主

要的因素实际上是两个：

一是含铀地下水系统氧化成矿过程时间 t 足够长，只有构造斜坡长期稳定才能符合这个要求。在这种情况下，不一定砂体规模要求很大(当然越大越好)、也不一定铀成矿还原剂十分有效(只要灰色地层中存在一定的黄铁矿、煤屑有机质即可)。因为此方面的不足可通过成矿时间较长"弥补"，最后也能形成大规模铀矿床。此种典型实例包括中亚西部的世界级砂岩铀矿矿集区(哈萨克斯坦、乌兹别克斯坦等)。

二是虽然长时间成矿的条件不能满足或虽构造斜坡已形成但后期构造较为活动造成水成矿系统的改变或调整，如果在较短时间内有大规模的有效气体还原剂(可以造成 ε 足够大)的条件下，也可以形成大型砂岩铀矿或矿集区，原因如上述公式所示。我国鄂尔多斯盆地北部砂岩铀矿区可能就是属于这种情况。伊盟隆起斜坡带水动力系统成矿稳定的时间很短，因而不存在类似中亚那种长时间地下水稳定作用形成区域性层间氧化带的情况。该区白垩纪末成矿时间开启后"好景"不长，古新世中晚期伊盟隆起之北河套断陷盆地发育，沉积范围进一步扩大，切割了伊盟隆起铀成矿区北部和西北部物(矿)源，之后伊盟隆起又发生一定程度的东西向的隆坳反转。后期如此活跃的多期构造运动和改造，岂能形成大矿？好在鄂尔多斯盆地具有独特的地质背景，即短时间内存在大规模天然气耗散作用，提供了足够的有效气体还原剂，满足 ε 足够大的条件，从而也达到了 Q 足够大的效果，形成了东胜、杭锦旗等系列特大型矿床这种特例，规模上有可能构成世界又一大型砂岩铀矿矿集区。

六、后期改造与保存条件

中国大陆活动性强，中国沉积盆地的显著特点之一即为后期改造强烈(刘池洋，1996)。这由中国大陆本身的特性和所处的特殊大地构造位置所决定，对盆地中能源等矿产的形成和分布有重要的影响。

1. 后期改造与改造盆地

盆地后期改造的地质作用可包括内、外动力地质作用的各种类型。对寻找能源等沉积矿产而言，在后期改造中表现强烈、且发生普遍的地质作用主要为构造运动、剥蚀(及搬运)作用、深埋作用、热力作用和水动力作用。其中构造运动最为重要，直接影响或制约着其他地质作用的发生和改造强度(刘池洋，1991)。

改造盆地的定义为：盆地在演化末期或之后，成盆期的原始面貌遭受较明显改造的沉积盆地(刘池洋、孙海山，1999)。油气的生、运、聚、散和成藏，以及砂岩型铀矿的成矿过程，绝大多数发生在盆地演化的晚期、末期或之后。油气耗散及其流岩作用，同盆共存的多种能源矿产相互作用和成藏-定位，也主要发生在此时期(刘池洋等，2007a)。因而，只有在此时或之后发生的较明显改造，才可能对油气、铀的富集和分布以及多种能源矿产的定位有重要影响或使其复杂化，在矿产勘探和成矿研究中对其重视才有意义和必要。

按后期改造的主要动力作用及改造形式的不同，将改造盆地分为抬升剥蚀、叠合深埋、热力改造、构造变形、肢解残存、反转改造、流体改造和复合改造 8 种类型(刘池洋、孙海山，1999；刘池洋，2008；房建军等，2008)。事实上，这些改造作用彼此影响，改造形式有机相联，一般很难截然分开。因而盆地的改造大多不同程度地表现出复合改造的特点，甚至在同一较大型盆地的不同地区，同时发生的改造形式和动力作用常因地而异，这是值得注意的。

2. 后期改造与成矿作用和保存条件

对后期改造作用与成矿作用、保存条件之间的关系，需分层次、分类别分析。

(1) 宏观入手，分步细化

在沉积盆地进行各类能源矿产勘探和评价之初，首先应从盆地整体的宏观入手确定所研究和勘查的对象(目标)是否遭受过不同形式的较明显改造。中国沉积盆地，特别是时代较老的盆地大都遭受了不同程度的后期改造，一般仅有改造程度的不同和改造形式的差异。盆地的消亡和后期改造，不论是整体抬升造成，还是差异抬升所致，一般盆地边部均遭受相对较强烈的不同形式改造，最常见和表现明显的是剥蚀削边，即会将位于或邻近盆地边部和地层上部分选较差的粗粒近源沉积剥蚀殆尽或削截减薄。这类改造，对主要位于盆内较深部的烃源岩及其演化和油气成藏影响不大。地层抬升和上部剥蚀使煤层埋深变浅甚或临近/到达地表，有利于开采。剥蚀削边使原距盆地边部有一定距离、分选较好、厚度和岩性分布相对较稳定的砂层处于或邻近盆地边缘，有利于外源后生砂岩型铀矿的形成。

在上述基础上，需明确研究或勘查盆地与其原始沉积盆地的空间分布关系：如属原盆地的主体，还是其边部被分割而局部残留的部分。若为后者，是否有烃源岩和煤层留存等等。从较大原盆地分离出的残留盆地，一般面积较小，其油气、煤有机矿产的成矿(藏)和资源规模主要受控于是否留存有烃源岩和煤层。若有，则有发现油气藏和煤矿的可能，如由中型酒泉盆地解体而成的小型酒西盆地，中生代处于塔里木盆地北部边部、现今位于南天山的焉耆-库米什盆地(陈建军等，2007)。若残留盆地无前期烃源岩和煤层，则不具油气勘探潜力，如中生代处于塔里木盆地北部边缘、现今位于南天山的尤尔都斯盆地。由大型盆地分离出来的改造残留盆地，作为独立盆地后是否再接受较厚的新沉积，对多种能源矿产赋存和成藏及保存影响明显。一般后期有较厚沉积覆盖的残留盆地，保存条件好，有利于残留的前期烃源岩生烃转化和油气成藏，对铀成矿则弊大于利；若较新地层沉积前煤层有一定埋藏深度，尚未出露或临近地表，则弊多于利；若煤层出露或临近地表，则利大于弊。

进而评价盆地或较大区域的整体封盖、保存条件，进行改造类型和改造程度区划，在区域改造变形较强烈的地域，遴选相对改造较弱、保存条件较好的单元。在本节第二部分已有"惠安堡铀矿实例剖析"。一般而言，应从宏观上(总体改造和演化历史等)定性地确定改造程度；从微观上(各种精细描述和测试分析)定量地评价保存条件。二者不可重此轻彼或简单替代，而应相互补充、彼此印证和约束(刘池洋、杨兴科，2000)。

（2）分类剖析、综合评价

盆地后期改造的期次、形式、强度、分区性、水介质和流体动力、热演化过程及其最高热演化时期、重大地质事件及其发生时限和构造属性、最晚较强改造时期等等，均对油气煤铀赋存和成矿有影响。这种影响的正、反两方面效应，因能源矿种不同而异，因时空匹配关系和系统组合特征有别而变。应在揭示和模拟盆地的动态演化-改造过程的基础上，对有利勘探地区和资源潜力进行综合评价预测(刘池洋、杨兴科，2000)。

如烃源岩进入成熟-较高成熟的时限，发生在盆地遭受较强烈改造之前或发生在改造之后但盆地上覆缺乏新的较厚地层覆盖，则不利于油气成藏和保存，因保存条件欠佳，已形成或将形成的油气藏均会发生较大的调整和变化，同时并有大量油气耗散。如与今酒西盆地相邻、同属早白垩世酒泉盆地一部分的今花海盆地即是如此(任战利等，1995)。以残留的前期烃源岩为油源、油气资源甚丰的盆地，一般后期都有较厚新地层覆盖，烃源岩进入成熟生烃阶段发生较晚，但在晚期仍具生烃能力，如酒西盆地、焉耆盆地、三塘湖盆地、银额盆地内烃源岩埋深较大的凹陷等。

又如流体改造，加强了地下数百米甚或上千米深度间流体的沟通-交换，使地下流体的封闭性显著变差，不利于油气和具流体成矿特点的铀成藏(矿)和保存。如楚雄盆地云龙凹陷云参 1 井钻探期间发生严重井漏，井漏总量大于 2.2×10^{4} m^{3}，是该地区在较广阔范围内发生非封闭性流体运动及交换的表现，在井深 2000 m 井段以上的漏失量接近全井漏失总量的 85%，与盆地后期强烈而不均匀改造所造成较近距离(26 km)地貌起伏高差较大，促使深部流体运动和循环有成因联系(房建军等，2008)。地下流体的迁移和冲洗，对固体煤的物理化学性能也会产生影响。

再如，后期改造常会使原盆地的隆坳格局发生较大变化，甚或隆坳易位，使早期在较高部位或斜坡形成的铀矿、煤层或油气藏被埋深，也会使早期埋深较大的能源矿产抬升变浅。在盆地内部形成的隆起类似于构造天窗，深部地层抬升遭受剥蚀，在靠近天窗的地方形成缓倾斜坡，含矿流体可从天窗渗入层内形成层间氧化带。松辽盆地南部钱家店矿床的形成与盆地后期改造形成的构造天窗相关。所以，盆地内被埋藏的早期隆起或晚期新形成的隆起，仍可能为铀矿勘探的有利地区。在此隆坳早晚变化或易位过程中，流体矿产的分布位置一般不会仅出现简单的升降，还会发生新的迁移、调整或再聚集成藏。

前已述及，后期改造会使油气发生较大范围、不同形式的规模耗散。这对油气藏及其资源规模是破坏和损失。但耗散的油气又为铀成矿和保存创造了条件。这确如同一群落生态中的生物链，此失彼得、兴衰转换、依存相关。

七、动态成藏过程与晚期成藏定位及其时限

1. 动态成藏过程与晚期成藏-定位

油气为流体矿产，其赋存和成藏明显受成盆期后每一次构造运动和任一种改造形式的影响。所以，油气成藏及其分布位置是动态的，往往随时间的发展和所处环境的改

变，可能会发生规模、位置等方面的变化，甚至消失（刘池洋、杨兴科，2000）。具有流体成矿特征的砂岩型铀矿，也具有此成矿-定位特点。

中国盆地不仅构造变动和改造期次多、强度大，而且时间新，愈新愈烈。许多盆地现今的构造特征和总体面貌，在第四纪，甚至于更新世中晚期才形成，其中不少油气田的成藏过程和定位目前仍在进行或变动着（刘池洋，1996；刘池洋等，2003，2006a）。在盆地演化和后期改造过程中，多期次的构造变动和改造必然导致多期次生、运、聚、散和成藏。我国时代较老的中生代和古生代盆地，一般都有油气多期次聚散-成藏的历史和油气藏晚期定型、定位的特点。在新生代盆地中，许多储油构造圈闭或储集层，于中新世中晚期到上新世或之后才开始形成，随后始发生聚集成藏。如四川、酒西、塔里木、准噶尔等盆地，其中许多油气田（藏）的聚集、成藏始于中新世晚期及其后，且随后仍有不同程度的改变或调整。

青藏高原的形成演化，是全球新生代最宏伟的地球动力学运动和最大的地学事件，其影响范围十分广阔。青藏高原主体在中国，其形成演化对中国，特别是中国中西部大陆的活动性和盆地后期改造强度有广泛而深刻的影响，此影响随时代变新呈明显增强趋势。

所以，在我国不同时代的盆地中，油气晚期-超晚期成藏-定位普遍存在，这是中国含油气盆地的一个重要特点（刘池洋等，2003），明确认识和深刻揭示这一特点，对我国进一步的油气勘探和发现有重要意义。

所以，应深入研究油气的多期动态聚散过程、成藏机理、赋存条件和主控因素，特别应突出对晚期（喜马拉雅期）次生成藏的研究，进而探讨油气成藏、富集特点和分布规律，预测有利区带和靶区。

2. 砂岩型铀矿测年与成矿时限

（1）铀成矿测年方法

各类矿藏的成矿过程和主要阶段及其时限，是矿藏研究的核心内容之一，对矿产勘探具有重要意义。成矿年龄是研究和确定成矿过程、划分成矿阶段的重要依据。砂岩型铀矿的成矿定年问题多、难度大。砂岩型铀矿的形成，是一个含铀流体缓慢渗流到前期已形成的渗透砂岩中，铀元素逐渐汇聚、富集的漫长过程。所以，铀成矿作用具有长期性、多期次和后生（相对围岩而言）特点，成矿环境完全是开放体系。

铀矿物形成后处于开放体系中，铅与铀矿物晶体结构极不相容，铀矿物极易遭受蚀变和后期改造（Janeczek and Ewing，1991，1992；Alexandre and Kyser，2005），其中铀石矿物更容易发生铅丢失，从而限制了 U-Pb 同位素定年的准确性。尽管可以采取各种修正措施，如根据 U-Ra 平衡系数对样品铀含量进行修正等，在一定程度上提高精度，但仍存在以下问题：①砂岩型铀矿床中铀矿物含量通常较低（<1%），全岩 U-Pb 等时线测年结果会受到矿化前砂岩碎屑矿物和胶结物较大的干扰；②开放体系中长期、多期次铀成矿，其形成时间较长，常跨多个年龄域，所得到的混合平均年龄没有实际意义，挑选单矿物进行同位素稀释法定年也存在这一问题。

相对于开放系统中铀成矿的多期次漫长过程，单个铀矿物的形成时间相对要短得多，对单矿物的微区测年，可较准确地反映某一成矿期。目前可用于砂岩型铀矿单矿物微区测年的方法，最准确的应属各种[激光剥蚀、离子探针(SIMS)]微区(10~20 μm)同位素定年。但此方法对铀矿物样品要求高(矿物均一、不含杂质；颗粒一般需≥50 μm、至少>20 μm)，通常难以找到符合测试要求的样品，仅在少数极富矿床可能有适合的样品，而且测试开发周期长、实验费用高，目前仅在全球很少的实验室可以进行。

电子探针化学定年是一种便捷、廉价、无损、空间分辨率高的微区定年方法(EMPA)，在独居石定年研究中应用广泛(Suzuki and Kato，2008)，并已成功地应用于包括砂岩型铀矿床在内的多种类型矿床铀矿物的定年研究(Bowles，1990；Kempe，2003；Alexandre and Kyser，2005；Deditius et al.，2008；Cross et al.，2011)。此方法的精度略逊于微区同位素定年，但适合普通铅含量低的铀矿物，分辨率很高，微区性能极好，较高的分辨率(1~5 μm)，可使大部分铀矿物颗粒满足测试要求。在各类地质研究中，足够数量的测试数据，是保证和验证天然样品测试结果的准确性、代表性和排除随机性的基础。此方法测试对矿石无损，可将测年结果与岩相学、微区地球化学等矿床地质特征相结合进行成矿综合研究。鉴于鄂尔多斯盆地北部杭锦旗铀矿多阶段叠加成矿的复杂成矿过程，加之铀石矿物颗粒细小、非均质性强，本团队研究采用电子探针对矿化年龄测定，获得数十个年龄数据(图 3.16)，取得了新的认识。

(2) 鄂尔多斯盆地北部铀成矿期次

在鄂尔多斯盆地北部，砂岩型铀矿勘查获得了系列重大突破，矿化年龄也取得多个测年结果(张金带等，2013，2015)。在鄂尔多斯盆地北部伊盟隆起上发现的多个铀矿床，具有总体相同的区域构造背景和演化-改造过程、相似的成矿条件和赋存环境，容矿层均为中侏罗统直罗组下段。目前对铀矿床采用的矿化测年方法有全岩U-Pb等时线、单矿物铀铅同位素、铀石微区 fs-LA-ICP-MS 铀铅同位素和电子探针化学定年等，先后所获得的矿化年龄数据在 198±22 Ma 与<1 Ma (低于检测限)之间，跨度极大(图 3.16)。为了对比不同方法测年结果的可信度，我们对相同样品采用了两种方法测试。全岩 U-Pb 等时线法测年所得的 4 个数据，在 198±22 Ma 与 39±11 Ma 之间，数据较为分散。本团队首次进行的铀石微区 fs-LA-ICP-MS 铀铅同位素法测年取得成功，获得的年龄在 68.6~1.2 Ma，绝大部分数据<40 Ma。在同一矿区采用电子探针化学微区定年所获得的 77 个年龄数据在 96.9 Ma 与<1 Ma (低于检测限)之间，多数<40 Ma (图 3.16)，与上述微区 fs-LA-ICP-MS 铀铅同位素测年结果相近。此测试结果显示，部分铀石颗粒的 Pb 含量低于检测限，表明铀石的溶解和再沉淀在近期仍在发生(<1 Ma)。低温环境下形成铀石(图 3.16)的年龄分布在 97 Ma 与<1 Ma，表明在这一时期低温环境下的铀成矿作用总体持续有间断地进行着，同时铀矿物可能发生铅丢失；中温环境(120~180 ℃)下形成的铀石(图 3.16)最早的形成年龄为 39±2 Ma。对东胜铀矿通过挑选铀石矿物颗粒获取的 2 个 U-Pb 同位素年龄分别为 22.9 Ma、9.8 Ma (向伟东等，2006)，此数据与其他单矿物微区测年结果相符。

对比和分析不同作者采用不同测年方法所获得的年龄(图 3.16)可得出以下认识：

1) 大部分年龄小于 40 Ma，代表了主成矿期的时限，即始新世晚期以来为伊盟铀矿矿集区的主要成矿期,现今铀成矿作用仍在进行中。值得注意的是,中、低温环境在此时期均为主成矿期(图3.16),说明来自深部含成熟天然气的热液流体所携带的铀元素参与成矿主要发生在39±2 Ma以来。而低温环境在此阶段铀矿化作用明显增强,应与来自深部到浅部降温的天然气参与矿化有关,因此时限在表浅部并未发生与之相关的地质事件或其他特征性变化。

2)97~40 Ma,特别是80~40 Ma之间也有不少数据,完全为低温环境下形成的铀石的年龄,反映了晚白垩世到始新世中期,在低温环境下仍在发生着铀成矿作用。

3)年龄大于100 Ma的数据均为全岩U-Pb法测年所得。前已述及,此方法不适合于在开放环境中形成的砂岩型铀矿的测年。几种方法测年结果的对比显示,两种铀石微区测年方法获得的最老年龄分别为68.6 Ma和96.9 Ma;铀石单矿物测年获得的两个年龄更小(图3.16)。中侏罗统的底界年龄为174.1 Ma,而全岩法所测的中侏罗世中期直罗组铀矿层的矿化年龄竟有198 Ma、186 Ma、177 Ma,直接显示了全岩法测年不能用于砂岩型铀矿。因"在沉积过程中一般不产生铀矿物"(余达淦等,2005)。若蚀源区存在内生铀矿床,来自其矿层的碎屑或砾石,或许可能含有铀矿物。但在盆地之北广阔邻区没有此情况。

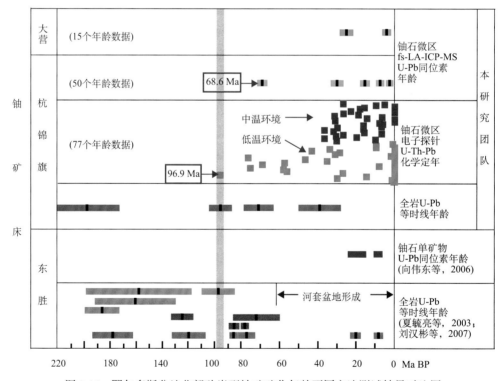

图3.16 鄂尔多斯盆地北部砂岩型铀矿矿化年龄不同方法测试结果对比图

根据目前所获得的铀矿物测年结果来看,鄂尔多斯盆地北部伊盟铀矿矿集区的成矿作用主要发生于100 Ma BP以来。

（3）中国北方砂岩型铀矿成矿期次

在中国沉积盆地进行铀矿勘查取得重要或重大发现的盆地主要在北方。对中国北方各能源盆地砂岩型铀矿床主要成矿或矿化年龄的统计分析(图 3.17、图 3.18)，可得出以下认识：

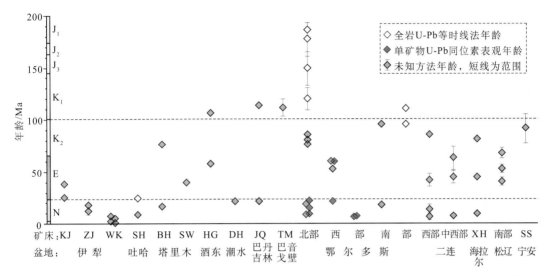

图 3.17 中国北方能源盆地砂岩型铀矿年龄分布图(图中数据据陈祖伊等，2010；张金带等，2013 等)

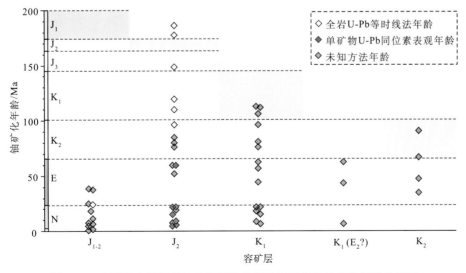

图 3.18 中国北方能源盆地砂岩型铀矿容矿层时代与铀矿化年龄关系图
(图中数据据陈祖伊等，2010；张金带等，2013 等)

1）成矿年龄与容矿层地层时代缺乏关联性。容铀矿层的时代分区明显：新疆成矿区主要为 J_{1-2}，河西走廊-阿拉善地区为 K_1，鄂尔多斯盆地主要为 J_2，二连盆地和东北地区主要为K_2。但容矿层时代最老的新疆,矿化年龄却总体最新。这与新疆地区新生代晚期受青藏-喜马拉雅构造域活动影响明显有关,反映了铀成矿作用受盆地所在构造域挽近时期构造动力学环境的控制。

2)大于100 Ma的年龄或为全岩U-Pb法测年结果,如鄂尔多斯盆地北部J_2直罗组容矿层,对其代表性前已讨论;或矿化年龄与容矿层地层时代接近,如位于河西走廊-阿拉善地区诸盆地的K_1容矿层。这3个年龄的测试方法不知,是否反映铀成矿作用无法判别。

3)大致以100 Ma前后(即K_2/K_1之间)和24 Ma(即N/E之间)附近为界,可将矿化年龄分为三个阶段。这两个分界年龄界限,与中国中新生代以来两期重要的区域动力学环境转换相呼应,详见后述。

我国北方各主要产铀盆地的主成矿期和成矿期次虽不尽相同,但其与所在盆地油气的成藏-定位期却大多相同或基本一致,显示出油、气、铀能源矿产的成藏(矿)过程及矿藏定位的时期密切相关。

3. 新生代区域动力学环境转折与晚期成藏-定位的时限

(1)20±2~4 Ma:中国大陆区域动力学环境演化的重要转折时期

新生代以来,中国大陆的构造变动、地貌形成和成矿作用及定位的时限等,总体上主要受青藏-喜马拉雅构造域和西太平洋构造域的影响。两大构造域的影响范围前者主要在中国中西部和邻区,后者主要在中国近海及邻区和我国东部及中部。

青藏高原的演化具有明显的阶段性,从其对周邻地域的影响来看,可分为印度板块与亚欧板块之间的软碰撞(60~44 Ma BP)、硬碰撞早期(44 Ma~22±2 Ma BP)和晚期(22±2 Ma BP至今)三大阶段。前两个阶段较强烈的构造变动和成矿作用的影响范围主要限于雅江碰撞缝合带及其附近和今青藏高原所在地区,仅通过深大走滑断裂对高原周邻地区局部产生较明显影响。在硬碰撞早期之末,今青藏高原范围内各块体已汇聚镶嵌为一个相对较为完整的整体,高原所在地区始进入相对整体运动、变形和隆升阶段,印度与亚欧板块的进一步碰撞和波及高原的主要地质事件及深部作用才开始对周邻地域产生较明显的影响。渐新世末-中新世早期(20±2~4 Ma BP)为青藏高原形成演化的重要转折时期。此后,高原演化开始对周邻广阔地域的山隆盆降、矿产聚散、环境变迁等产生显著影响并逐步增强和呈阶段性地向外扩展、形成。在东南亚和中亚形成了有直接响应关系、十分广阔的青藏-喜马拉雅构造域;其影响并波及到东亚、西亚、北亚和周邻海域等更广阔地区(刘池洋等,2009b)。

东亚滨太平洋地区在古近纪普遍发生裂陷伸展,形成诸多断陷盆地。如我国东部的依兰-伊通、渤海湾、南襄、苏北、江汉及近海的东海、珠江口、北部湾等盆地,中部鄂尔多斯盆地周缘的渭河、银川、河套等盆地。在这些裂陷盆地中,沉积物主要充填在箕状或不对称断陷中,地层厚度在盆地内变化极大。渐新世末-中新世早期(大致为20±2~4 Ma BP)为这些盆地的构造动力学环境转折时期。此时期各盆地抬升,沉积间断,前期地层遭受不同程度的褶皱和剥蚀夷平。在中新世沉积时,盆地发生相对整体沉降,盆地结构由前期的(箕状)断陷和平面差异沉积,转变为区域拗陷,广覆式大范围接受沉积,中新统不整合覆盖在晚渐新世等地层之上。古近纪"一些特有的微古生物群全部灭绝,并为一些与现代种群相似的生物群所代替"(叶得泉等,1993)。

青藏高原所在地区与东亚滨太平洋地区相距较远,但此重大构造事件发生的时间大致相同,表现特征极为相似,均具有重要的区域动力学环境转变的转折效应。经过渐新世末-中新世初的构造变动和抬升剥蚀改造之后,中新世早期全国高山大盆开始增多,中国大陆和近海大部新生代盆地在中新世沉积地层下(底)部出现"全国性的粗碎屑堆积",海水退出西北塔里木盆地,随后西北各盆地堆积-沉降加速(叶得泉等,1993)。

可见,在渐新世末—中新世初(20±2~4 Ma BP)发生的重大构造改造事件,是中国大陆区域动力学环境演化的一个重要转折时期,具有更为广阔的区域地球动力学背景和划时代意义。

此转折期之后,约10~8 Ma BP以来,喜马拉雅构造域才开始发生较强烈挤压变形。我国西部山系强烈隆升,陆内前陆盆地快速沉降、鼎盛发展,即是对青藏高原整体强烈活动的直接响应。中国及邻近地区现今的地貌景观开始显现和逐步形成(刘池洋等,2009b)。

(2)晚期成藏-定位的时限

根据改造型盆地能源矿产赋存和成藏(矿)特点,在对我国不同地区、不同类型、不同时代能源盆地流体能源矿产成藏定位的特点进行对比和总结的基础上,将油气等成藏(矿)的"时期"与矿藏的"定位"相联系。这既使以往在油气等矿产晚期成藏方面分歧较大的认识渐趋统一,又与能源矿产勘探的实际需求密切结合。

综合研究和区域对比揭示,中国绝大多数盆地油气等流体矿产的成藏-定位主要发生在上述转折期之后,即早中新世中晚期以来。在上述研究的基础上,从绝对时间和相对时限两方面,具体厘定了中国沉积盆地油气等流体矿产晚期-超晚期成藏-定位的时间涵义(表3.2):

1)绝对时间:油气等流体矿产的成藏(矿)-定位,主要发生在中新世中晚期以来,称为"晚期";若主要发生在第四纪,可视为"超晚期"(表3.2)。

在铀矿勘查和研究中,"古层间氧化带砂岩型铀矿床"被定义为"沉积盆地内成矿期早于第四纪"(黄净白、李胜祥,2007),亦强调第四纪与前第四纪的区别。

2)相对时限:烃源岩形成与油气成藏-定位的时间间隔长,达 $1×10^8$ a 以上,即可认定为晚期成藏-定位;若间隔时间超过 $2×10^8$ a(如源于前侏罗纪烃源岩的油气,在新生代才成藏-定位),可称为超晚期(表3.2)。

表3.2 油气晚期-超晚期成藏-定位时限划分表

时间　　　类型	晚期	超晚期
绝对时间:油气等流体矿产成藏-定位	N_1^{1-2} 以来	第四纪
相对时限:烃源岩形成与油气成藏-定位间隔时间	$>1×10^8$ a	$>2×10^8$ a

八、油气煤铀共存受控于统一地球动力学环境

油气、煤、铀的聚集-成藏(矿)和分布，在盆地形成演化-改造过程的统一内动力地质作用环境中，明显受地球表层系统(岩石圈表浅层、水圈、大气圈和生物圈)外动力地质作用(风化、生物、剥蚀、搬运、沉积、埋藏、成岩)的制约(刘池洋等，2005a；刘池洋，2008)，从而总体形成了多种能源矿产共存富集共性特征的地质基础和环境背景。

对能源盆地演化-改造过程和区域成矿作用影响最大、具划时代意义的是，重大构造事件和区域动力学环境的转换。前已述及发生在渐新世末-中新世初(20±2~4 Ma BP)的重大构造事件，在此主要论及发生在古近纪内部的重大构造事件和早、晚白垩世之间的区域动力学环境转换。

1. 成盆-成矿-成藏的统一地球动力学环境

包括油气煤铀在内的沉积矿产的赋存，具有明显的层位专属(亲近)性。而矿产专属或亲近的层位，如一个盆地或较广阔地区的主要煤层、主力烃源岩和铀矿层，具有明显的时代有限性和区域相近性特征。这种矿产赋存的时空特征，就是受盆地形成演化过程，即沉积充填阶段统一区域地球动力环境所控制。

沉积矿产的另一大特点是，原始成矿物质聚集、含矿层位形成与成矿成藏作用发生及矿藏定位的时代并不相同，而且一般间隔的时间较长甚或很长(刘池洋等，2007b)。以致出现了含矿层时代相同或相近，而成矿成藏时代却因盆或因地而异，甚至差别较大；含矿层时代明显不同，然成矿成藏时代却相同或相近(图3.17、图3.18)的现象。这是受盆地演化晚期-后期改造过程，即成藏(矿)时期统一区域地球动力环境的控制。

在区域上，能源盆地的成盆、成矿成藏过程及其特征，在同一构造域具相似性或可比性，而不同构造域则差别明显。但这种相似或不同，又与盆地所处地域周邻构造单元的演化过程和特征事件有着时空的耦合关系或响应联系。这是受更大区域统一的地球动力学环境影响的表现。

由于能源盆地的类型、规模、构造属性及其演化、沉积环境、水动力条件、后期改造、盆山关系等特征的不同及其所处地域基底性质、大地构造环境的差异，各能源矿产的赋存环境和成矿作用及其主控因素、矿藏分布等具体特征又必然因盆而异、复杂多样、各具特色，但仍会显现出沉积盆地内多种能源矿产共存富集有着密切的内在联系和总体受盆地演化-改造统一地球动力学环境制约的共性特点。

所以，应在能源盆地形成演化和改造的统一地球动力学环境的大背景下，以盆地动态演化-改造过程研究为基础，以成矿物质聚积、迁移、富集成矿为主线，根据能源矿产形成的特点将此动态过程分为三大阶段：①沉积充填和原始成矿物质聚积的成矿物质初始汇聚阶段；②成矿物质转化和能源矿产形成富集的成藏-成岩阶段；③后期改造、各种能源矿产多期成生、聚散和成藏-定位的改造-保存阶段。各阶段的发生虽相对独立，特征有别，但相继发生，密切相关，并在大中型盆地存在时空上的彼此叠替。各阶段对能

源矿藏的形成均有贡献,但其贡献形式、规模和各种能源矿产的相互关系,在不同阶段各有特点。

总之,在多种能源矿产同盆共存、富集、成藏(矿)及其分布格局的形成-定位过程中,这三个阶段有机相联,总体上与盆地演化改造的过程及其动力学环境息息相关、耦合密切。在盆地演化晚(末)期和之后的改造阶段,是油、气、煤、铀共存和相互作用、成藏(矿)-定位密切联系的重要时期。如现今所发现的砂岩型铀矿的成矿作用,几乎全发生在盆地演化末期或盆地大范围沉积结束(即盆地消亡)之后的后期改造阶段。此阶段也正是油气规模运移、聚集成藏和耗散的主要时期。

2. 中国东部始新世末构造-改造事件

中国东部和近海新生代盆地以裂陷伸展为特征,盆地总体经历了古近纪断陷和新近纪拗陷两大构造演化阶段。因而,在新生代盆地的结构中,古近系断陷和新近系拗陷两大构造层之间(即上述中新统/渐新统之间)的不整合构造界面最为醒目,也最早被人们所关注。在渤海湾等盆地和南海北部珠江口等盆地,分别称其为 T_2、T_6 地震反射层(以下以 N/E 界面代之)。目前普遍认为,此构造界面所代表的构造变动是新生代盆地演化过程中最重要的构造事件,使盆地的沉降形式、构造属性和沉积的主控因素和展布特征等均发生了巨大或质的变化,具有划时代的意义。但一般认为,这次构造变动对前期古近纪沉积-构造面貌的改造主要表现为:在整体抬升和沉积间断大背景下,同步发生总体强度不大的褶皱变形,局部正断层反转和在此基础上的不均匀剥蚀等。这些不同形式的改造,并没有使前期盆地的沉积面貌和相带展布、凸凹结构和整体构造格局等发生明显的改变。

在新生代地层格架中,除 N/E 构造界面外,在沉积-构造研究、地层划分和地震剖面解释中,还识别或标定有多个地质界面。对这些界面所反映的地质事件,一般认为其重要性和对前期沉积-构造面貌的改造程度,均远逊于 N/E 界面所代表的地质事件。

笔者通过对中国大陆东部和近海诸新生代盆地的研究和对比发现,始新统大多与上覆渐新统呈不整合或假整合接触关系,同时始新世的沉积构造面貌遭受了多种形式强烈而又不均的改造,致使其前后盆地的沉积面貌、构造格局、断裂活动及地热场等发生了明显变革(刘池洋等,2014[①])。这表明,在古近纪裂陷阶段,早、晚期也曾发生过重大的构造变革,致使盆地始新世的原始沉积-构造面貌大为改观(黄雷等,2012;刘池洋等,2014[①];Zhao et al.,2016)。

始新世(晚)期构造事件和改造前后的主要表现有:①断裂数量前少后多;②断裂构造属性和活动特点有所改变;③大型断裂活动特征不同;④岩浆活动特点有异;⑤地温场发生变化;⑥始新世末发生区域抬升与整体遭受剥蚀、沉积缺失,且部分盆地或多或少缺失渐新统(甚至整个渐新统)及新近系。此构造事件与 N/E 之间等其他新生代构造事件的明显不同是:①始新世(晚)期面积较大、相对完整的沉积凹陷被新生断层肢

① 刘池洋,赵俊峰,陈建军等. 2014. 中国东部始新世末构造-改造事件的表现及其重要地质意义. 第七届构造地质与地球动力学学术研讨会(青岛)论文摘要

解为多凸多凹(洼)格局;②断裂活动导致的差异升降和新的凸凹格局,使断隆凸起部位的始新世地层削截强烈,大多已被剥蚀殆尽,所留存的始新世地层比沉积时范围要小,厚度减薄,沉积面貌和相带展布遭受破坏。可见,对这期构造事件的厘定和其表现特征、改造作用及原始沉积面貌的研究,科学意义重要。

始新世是中国大陆东部和近海新生代含油气盆地主力烃源岩的主要发育时期。这些主力烃源岩如渤海湾盆地沙河街组三段、依兰-伊通盆地舒兰组、南襄盆地核桃园组中下段、江汉盆地潜江组二—四段、苏北-南黄海盆地戴南组和阜宁组(E_{1-2})、百色盆地那读组、珠江口盆地文昌组、北部湾盆地流沙港组、东海盆地平湖组等。这些主力烃源岩沉积之后,即遭受了较为强烈的后期改造,致使沉积时的原始面貌大为改观。这对这些盆地油气赋存条件、成藏和分布、资源评价与有利区预测等,无疑会有明显的影响,对其沉积时的原始面貌恢复和研究,具有重要的油气地质勘探意义。

3. 100±10~20 Ma BP 中国大陆地球动力学环境重大转换期

不少学者认为,中国大陆东部特别是华北东部,中生代以来的地质特征和构造体制发生了重大改变。这种改变在地学各学科领域均有不同程度的表现。近20多年来,人们对这种重大改变给予了更多的关注,进行了更为广泛、全面、深入的研究,并给其冠以"变革"、"转换"、"转化"、"转折"、"转变"、"翘变"等称谓。由于此重大改变涉及学科领域众多、影响地域广阔、时空变化和表现形式复杂,因而不同学者对其发育时限、演化过程、地质作用及成因属性等的认识不尽一致,甚至仍有较大分歧。

笔者根据对中国东部中新生代盆地及区域构造演化的研究,曾称此重大改变为"转化"和"转变",近年来改称为"转换"。这种转换在岩浆活动、构造变形、沉积建造、成矿作用、地热场、深部结构等方面均有明显表现。故笔者对其属性和影响规模的认识也由早期的"构造应力场转化"(刘池洋,1982,1987)和"区域构造应力场转变"(刘池洋,1990;赵重远、刘池洋,1990),改变为"区域构造应力场和地球动力学环境转换"(刘池洋,2005[①])。

构造应力场属性和地球动力学环境的转换是重大地质事件,是地球深部动力学环境转换的表现。故应该存在一个转换时期,围绕着这个时期有一个转换过程。在这个时期和过程所产生的地质现象虽与转换前、后有着某些联系,但其差异应更明显(刘池洋,1987;赵重远、刘池洋,1990):与转换前的差异,常有"质"的不同,具突变性;与转换后的差异,多为"量"的变化,呈渐变过渡特征。

在华北地块东部,上白垩统分布局限,古新统大部缺失或出露甚少,白垩纪晚期到第三纪初期岩浆活动和沉积作用较弱,以强烈剥蚀为主。这一切与晚白垩世之前和古新世晚期以来的地质构造特征明显不同(刘池洋,1990)。华北克拉通东部的破坏发生在中生代,在早白垩世晚期(125 Ma±)达到峰期。在此破坏峰期之后,华北陆块东部已不再具有典型克拉通的属性(朱日祥等,2011,2012)。鄂尔多斯盆地是华北克拉通最大的中

---

① 刘池洋. 2005. 100 Ma BP (+10 Ma)中国大陆东部中新生代地球动力学环境的重大转换时期. 中生代以来中国大陆板块作用过程学术研讨会(合肥)论文摘要

生代盆地,于早白垩世晚期巴雷姆期末(汪啸风等,2005)(约125 Ma BP)结束沉积,盆地消亡(刘池洋等,2006b)。

在内蒙古东部的二连盆地,早白垩世末-晚白垩世盆地始萎缩消亡。东北的松辽盆地,于晚白垩世结束了断陷发育阶段,进入盆地发育的鼎盛时期——区域拗陷沉降,形成了东中亚最大的晚白垩世盆地,也是唯一的晚白垩世大型盆地。

在西北广阔地区,晚白垩世地层大范围缺失,厚度不等、地层不全的粗粒红色建造大多局限分布在小型盆地、洼地、或大中型盆地的局部(汪啸风等,2005)。

"下扬子地区在早、晚白垩世之间发生的重要事件——黄桥转换事件,使全区构造格局发生了前后性质相反的变革。油气富集规律随之亦异"(张永鸿,1991)。

古植物学家按植物演化将地质年代分为古植代、中植代和新植代,分别以蕨类、裸子、被子植物最繁盛为特征。各植代与以往地层年表的"代"并不对应;中植代与新植代界线在Albian(阿尔比)期之末(李星学,1998,转引自任纪舜等,1999),即早、晚白垩世之间。此界线与中国大陆地史上大的环境变迁和构造旋回及主要构造事件似更吻合,与笔者所划分的中国东部中新生代区域应力场和地球动力学环境转换时期相一致(刘池洋,1987,1990)。"看来大地构造作用下改天换地的生态大变化,首先是反映在植物大门类的兴衰上。这很值得研究和引起注意"(任纪舜等,1999)。此认识,对盆地演化与有机矿产形成意义重要。由此可见,燕山旋回之结束不是在白垩纪末,而是在白垩纪之内。严格说来,中国东部从(中)晚白垩世起的构造作用,可能已不属燕山而属喜马拉雅旋回(任纪舜等,1999)。

综上所述,中国大陆(东部最典型)中新生代构造应力场和地球动力学环境的转换时期发生在早白垩世末(晚)期-晚白垩世初期(约100±10~20 Ma BP),转换过程可延续到新生代初。导致中国东部地球动力学环境转变的原因,是中国诸地块与周邻(古)太平洋和西伯利亚板块会聚,特提斯洋闭合之间相互作用的综合结果,主要与各板块相互作用引起的大陆深部地球动力学环境的改变或调整密切相关(刘池洋,1987,1990)。包括华北地块在内的中国东部,(中)晚侏罗世-早白垩世强烈而广泛的热力作用和岩浆活动,即是这种深部作用的直接表现。

100±10~20 Ma BP中国大陆区域地球动力学环境的重大转换期,不仅具有重要的地质构造意义,也对包括盆地多种能源矿产在内的外生矿产和内生矿产的成矿作用产生了重大影响,具有划时代意义。

第四节　油气煤铀相互作用与共存成藏(矿)机理

目前,经过百余年的勘探和研究,油气和煤各矿种的成藏(矿)理论已趋成熟,相关论著颇丰。尽管对砂岩型铀矿的成功规模地浸开采及由此所推动的在盆地内广泛进行铀矿勘查的时间较晚,然而在铀矿勘查实践和成矿理论方面均取得了长足的进展,构建了成矿理论基础和体系框架。与油气、煤、铀单矿种的研究现状和理论成果相比,在多种能源矿产同盆共存的条件、赋存环境、内在联系及其相互作用和富集成藏机理等方面的研究,就显得十分薄弱,许多方面的研究始才进行,甚至尚未开展。本节着重讨论油气煤铀相互作用与成藏(矿)机理方面的有关问题和研究进展。

一、煤与油气的有机地球化学特征[*]

有机能源矿产(包括煤、石油、天然气)有一定的成因联系,均来源于沉积有机质,但由于有机质源的不同和转化过程的差异,导致有机能源矿产地球化学特征的多样性。

煤成烃指煤和煤系地层中集中和分散的陆源有机质(主要是煤层),在煤化作用的同时所生成的液态(习称煤成油)和气态烃类(习称煤成气)。

煤的基本化学结构是以源于木质素的缩合芳核为主体,经各种桥键连接起来的复杂高分子化合物,并含有各类类脂和非脂官能团,如羧基(—COOH)、羟基(—OH)、甲氧基(—OCH_3)、醚基(—O)、和羰基(=C=O)。随煤化作用的进行,煤骨架结构的芳香程度逐渐提高,芳香族物质逐渐缩合成较大的聚合体,分子排列渐趋定向化。同时,各类官能团与脂肪族成分逐渐脱落,煤稠环上侧链不断趋于减少。脱落的诸类官能团与脂肪族成分,除一部分碳元素转入并集中加强煤的稠环中,大部分则分解而又组合形成CH_4及其同系物(包括液态烃)、CO_2、H_2O等挥发性物质。这就是成煤作用中形成油气的地球化学基础。

1. 煤成油的地球化学特征

煤、石油和天然气同属有机能源矿产,但它们之间存在明显的差别,石油是液体的,其原始物质来源主要是低等水生浮游生物,H/C(原子比)为1.5~1.8;煤主要是由具芳香结构的固体有机物组成,H/C(原子比)仅为0.4%~1.0%,且成煤的原始物质主要是高等植物;而天然气则具有多源的特征,其原始母质在化学结构和生烃性能上都有很大的差别。因此油、气、煤的形成及其地球化学特征与其原始母质类型密切相关。在很大程度上,煤的液态烃生成潜力取决于富氢组分壳质组(类脂组)含量。生油岩成烃能力的大小,正是取决于类脂组在干酪根中所占的比例的大小。同样,煤中由于存在一定数量的类脂组分,从而具备了一定的液态烃生成能力,煤质越好,即所含类脂组分越多,则成烃潜力越大。研究表明,富氢镜质组也是煤成油的重要贡献者。Smith和Cook(1984)及Moore等(1992)提出澳大利亚吉普斯兰盆地中的大部分油,除了来源于壳质组外,还来源于富氢镜质体。沉积环境可能是富氢显微组分富集的重要控制因素,Thomas(1982)、Thomas和Damberger(1976)注意到了一些受海洋影响的煤的反射率偏低,并指出了这些煤中含有富氢组分。在东南亚许多第三系盆地中,煤是油源岩。这些富氢贫氧的煤的前身是沿海平原的泥炭,厚度超过1 m的地区主要位于强还原环境的覆水区域(Morley,1981)。Thompson等(1985)认为,沉积在特殊环境地层中的煤层可以是优质油源岩,要使煤富氢贫氧,必须有一个类脂组富集的过程,他们认为在沿海潮坪或潟湖环境,由泥炭经改造形成的异地沉积物是类脂组富集的一种可能机制。Noble等(1991)和Mukhopadhyay等(1991)认为,三角洲平原环境是形成作为油源岩的煤的有利环境。

---

　*　作者:姚素平,张科,薛春燕,焦堃,李苗春;执笔人:姚素平,李苗春.南京大学,南京.

煤的热模拟实验研究表明，类脂组的生油气能力最大，且各种壳质体(孢子体、角质体、树脂体、藻类体等)具有不同的生烃潜力和生油门限。傅家谟等(1990)认为，煤岩显微组分或煤成烃母质在相同成熟度时的 H/C (原子比)是决定煤成气和煤成油潜力的基本因素，即壳质组的成油成气潜力最大，镜质组次之，惰性组最差。因此，煤生成石油的潜力和组成特征与煤中壳质组的含量和类型密切相关。

煤和陆源有机质烃源岩具有特殊的地球化学特性。①煤成烃源岩有机质中以高等植物占主导地位，有机质类型主体上是 II_2 型或 III 型干酪根。②有机显微组成上含有大量不生油的贫氢组分，只有一部分有机显微组分生油。③生油显微组成上相当复杂，生油富氢组分包括壳质组分、腐泥组分、部分无定型体和富氢镜质体。不同的显微组分演化途径存在差异，而且同一显微组分不同的亚显微组分的演化途径也可能存在明显差异。表现为生油门槛较早，生油窗相对较宽，生油高峰不明显。煤和陆源有机质烃源岩的生油窗和生油模式取决于其中生油组分的数量和组成。④煤和陆源有机质烃源岩显微组分组成上一般以镜质组占主导地位，部分镜质体中含有一定数量的超微类脂体，它是此类烃源岩重要的生烃母质。⑤煤和陆源有机质中无定型有机质以腐质无定型体、惰质无定型体和菌解腐质无定型体为主；而海相和湖相腐泥型烃源岩中无定型有机质以腐泥无定型为主。⑥煤和陆源有机质中有机碳含量较高，反映有机质丰度较高，但有机碳中很大一部分属于不生油显微组分。

关于煤成油的判识标志见本章第五节。

2. 煤成气的地球化学特征

国内外的勘探实践证明，煤成油仅仅局限于特定环境和有机质组成的煤系，而绝大部分煤系则是一种重要的气源岩系。据戴金星(2000)统计，我国煤成气探明储量占全国气层气的 50.9%，俄罗斯煤成气储量至少占天然气储量的 75%。煤成气占全球商业气储量的 35% 以上，因此煤成气的勘探和开发具有更为重要的经济意义。

我国聚煤盆地达 40 多个，煤炭资源丰富，已有天然气勘探成果表明。我国 60% 以上的大中型气田的气源与煤和煤系源岩有关，近年来鄂尔多斯盆地发现的苏里格大气田、陕 141 大气田和塔里木盆地库车拗陷发现的克拉 2 大气田，以及吐哈盆地发现的油气田，其形成都与煤系烃源岩有关。各类含煤岩系的煤岩组成和热演化阶段控制了煤成气态烃的产率和分布。

对正常腐殖煤而言，镜质组是主要显微组成，一般含量在 50%~70% 甚至更高，是煤成气主要的母质。我国主要大型聚煤盆地中，西北侏罗系煤、华北石炭-二叠系煤和第三系煤均以富含镜质组、惰质组的腐殖煤为主，鄂尔多斯盆地石炭-二叠纪煤镜质组含量一般为 60%~90%，侏罗系煤镜质组含量为 50%~80%。据吐哈盆地侏罗系煤镜质组的模拟实验结果(赵长毅等，1994；戴金星等，2000；刘德汉等，2000)，热演化过程中主要产气态烃。镜质组中均质镜质体和基质镜质体的生烃性能有一定差别，R^o 值达 2% 的均质镜质体在热演化实验中气态烃产率为 77.41 mg/g，轻烃产率为 6.73 mg/g，气态烃和轻烃共占总产烃率(84.7 mg/g)的 91.4%。在煤成液态烃最主要的中等演化段(R^o 值为 1.0%)，气态烃+轻烃的产率为 33.53 mg/g，占总产烃率的 95.5%，其中轻烃产率占 34%，液态烃产率为 1.57 mg/g，仅占总烃产率的 4.5%。鄂尔多斯盆地侏罗系延安组煤热模拟结果显示，在液态烃生烃高峰时，其气液比为 3:1，R^o 值为 1.88% 时，气态烃产率为 40.29 mg/g，液态烃产率几乎为零。

煤成气的形成还取决于煤化作用程度。煤化作用并非匀速发生，研究表明(韩德馨，1996)，煤化作用在煤的物理化学特征上发生了五次明显的质变和转折，称为煤化作用跃变。第一次煤化作用跃变发生在褐煤阶段，主要特点是沥青化作用(形成似石油物质)的明显发生，腐殖酸消失，煤的空间分子结构开始出现六碳环网格，对应的镜质组反射率约 0.5%~0.6%，与油源岩中石油开始形成相对应，表明有机质已进入成熟阶段。第二次煤化作用跃变发生在长焰煤和气煤阶段，反射率约为 0.8%~1.0%，主要特点是煤中新形成的似石油物质达到最大值。与生油岩达到生油高峰相一致，表明煤的产液态烃的能力达到最大值。第三次煤化作用跃变发生在肥煤阶段，反射率为 1.3%，这次变化导致煤的各种性质都发生转折，特别是新生的沥青物质和镜质组热裂解，生成的液态烃类开始向气态烃类转化，沥青化作用结束，大致与石油生成的终止阶段相对应。第四次煤化作用跃变发生在瘦煤和无烟煤分界处，反射率为 2.5%，主要特征是释放出大量甲烷气体，强的芳构化和缩聚作用使反射率迅速增高，与热裂解形成干气的沉积有机质过成熟阶段相对应。第五次煤化作用跃变出现在无烟煤和超无烟煤界线附近，反射率约 3.7%，主要特征是光学异向性明显增强，煤核结构已接近于次石墨特征。各组分的性质随演化程度的提高逐渐趋于一致，最终都变化成组成、结构和性质均较单一的无机物质——石墨。

煤化作用的各个阶段都可能产生一定数量的天然气，煤成气不一定是干气，但是比相同热演化阶段腐泥型干酪根生成的油型气甲烷含量高。对成煤作用各阶段产生天然气值进行的模拟实验表明(表3.3)：成煤作用每个阶段形成的天然气(主要指甲烷)数量是不同的，总的来说，随煤化程度的加深，气体产率不断增大。

表 3.3   煤气发生率数据表(据戴金星，2000)

煤阶	褐煤	长焰煤	气煤	肥煤	焦煤	瘦煤	贫煤	无烟煤
气量/(m³/t)	36~68	138~168	182~212	199~230	240~270	257~287	295~330	346~422

关于煤成气的判识标志见本章第五节。

二、有机作用与铀成矿*

1. 铀沉淀富集成矿机理与有机作用

在自然界中，铀主要以 U^{4+} 和 U^{6+} 存在，U^{4+} 和 U^{6+} 可相互转化。在氧化环境中活跃的 U^{6+}，在还原环境中转化为 U^{4+}，从而沉淀富集成矿，这就是砂岩型铀矿的形成过程。有机质对铀的富集成矿作用主要是通过还原作用、络合作用及吸附作用来实现的。铀还可以以有机络合物的形式进行迁移(吴柏林，2005)。

———————
* 作者：吴柏林. 西北大学，西安.

铀的还原沉淀是碳酸合铀酰离子和氢氧合铀酰离子被破坏并还原成四价铀的化合物 $U(OH)_4$ 沉淀,然后脱水转变成沥青铀矿的过程,促使水中铀还原沉淀的直接原因是水介质中 Eh 值的急剧降低,即还原性增强(吴柏林,2005)。

有机质可以为铀的沉淀成矿提供所需的氧化-还原环境,从而促进铀的迁移、沉淀、富集成矿。流体中的含氧地下水是铀元素活化迁移的介质,而天然气中的 CH_4 等烃类气体以及 H_2、H_2S、CO 等则是铀矿物沉淀的重要还原剂(王驹、杜乐天,1995),能有效地还原 UO_2^{2+},使铀富集成矿。

与铀成矿作用有关的"有机质"及成矿"还原剂"、"流体"等是指:固体有机物如煤、植物碎屑、微生物、沥青、有机酸等;液体有机物,主要指石油等;气态有机物如有机天然气和无机气体还原剂如 H_2、H_2S、CO 等;固体无机还原剂如黄铁矿、闪锌矿等;以及混合的气-液流体(吴柏林,2005)。

一般认为,铀从溶液中的沉淀过程是:铀酰络合物解体,出现游离的 UO_2^{2+},UO_2^{2+} 被还原成 UO_2(铀矿)。在不同温度段,还原剂的有效性不同,如在 127 ℃时,黄铁矿、H_2、CH_4、CO、H_2S 与铀酰离子 UO_2^{2+} 的反应方程式的自由能 ΔG_r^0 均为负值,这些反应将自发地进行;在 227 ℃和 327 ℃的较高温状态下,黄铁矿的还原性能降低,而其他还原剂均有效,它们能使 UO_2^{2+} 还原成晶质铀矿(吴柏林,2005)。

油气为流体矿产,易于长距离和大范围运移而形成较大面积的还原性环境,造成氧化-还原电位 Eh 的降低,从而有利于铀的沉淀富集。

从化学角度看(Landais *et al.*,1994),络合作用为有机质与铀矿之间的重要关系之一。离子交换作用引起的络合是最常见的。腐殖酸、煤和干酪根的羧基官能团可以解释铀矿与有机质的络合作用,这些官能团起着配位体的作用与铀络合(Munier-Lamy *et al.*,1986)。

铀酰的有机配合物主要有三种情况:铀酰离子置换腐殖酸羧基和羟基中的氢离子而形成配合物;铀直接与有机质官能团的碳原子结合,形成所谓的有机化合物;铀与有机质形成螯合物。这三种观点都认为铀原子在有机化合物的分子中占据一定的位置(张维海等,2005)。而 Disnar 和 Sureau (1990)指出,有机配合基的络合对铀矿的富集作用很有限,应该考虑其他现象来解释富有机质的岩相中铀含量高的成因(马艳萍,2007)。

2. 有机质的吸附作用

当固体物质与周围介质相接触时,固体表面不同程度地具有吸着粘附介质中的分子或离子以降低其表面自由能的能力,这种现象称为吸附作用,其原因是由于分子键力(范德华力)或部分化学键力以及异性电荷相吸(极性吸附)的缘故。

腐殖酸具有从浓度极小的溶液中吸附几乎全部 UO_2^{2-} 的能力。含矿岩系中铀含量与有机质丰度具有明显的正相关性,表明铀成矿富集与有机质关系密切,在铀矿石中铀与有机质主要以腐殖酸吸附或腐殖酸盐形式存在。在氧化带有机质被氧化破坏,形成可溶性的铀腐殖酸络合物淋滤进入地下水,在过渡带以腐殖酸盐的形式沉淀下来,并造成过渡带矿石中有机碳含量的增高(向伟东等,2000)。

UO_2^{2+} 带有正电荷,因此极性吸附在铀的吸附作用中具有重要意义。吸附作用强弱与流体中其他组分有关。例如以 $UO_2(SO_4)_2^{2-}$ 形式迁移的 U 则很容易被各种吸附剂所吸附，但当溶液中含有一定浓度的 CO_3^{2-}（$>n\times10^{-7}$ 当量浓度）时，吸附 UO_2^{2+} 的能力减弱近 20 倍。原因是 UO_2^{2+} 与 CO_3^{2-} 结合形成了十分稳定的碳酸合铀酰离子，并且 CO_3^{2-} 与吸附剂又同为负电荷的缘故。吸附作用与介质 PH 有很大关系（吴柏林，2005）。

有机质较强的吸附性能和产生的还原环境，可明显增高煤系地层和烃源岩中的铀含量。所以，煤层、碳质泥岩、烃源岩（各类暗色泥岩、页岩）中铀的含量均相对较高，甚至可形成煤岩型铀矿、泥岩型铀矿。铀的富集同时也影响着盆地内有机成矿物质的演化和成生，有机与无机能源矿产的这种相互作用和彼此影响，使得在同生、准同生阶段，有机与无机、金属和非金属成矿物质同（邻）层富集共存，这应是砂岩型铀矿床（点）和油气田、煤矿及其含矿层联系较密切的原因（黄净白、黄世杰，2005）。

3. 微生物的铀成矿作用

生物成矿作用可分为直接和间接两类：前者指生物有机体等吸附、还原、沉淀元素使之富集成矿；后者指生物的衍生物——有机质（物）等吸收、还原、沉淀使元素富集成矿。砂岩型铀矿形成中的有机地质作用主要是指后一种，即生物的间接成矿作用（吴柏林，2005）。

前人研究了 511、512 矿床沥青铀矿和黄铁矿富集于植物碳屑细胞腔壁及细胞腔内的现象，认为是细菌（去氮菌、造氢菌、造硫化氢菌、造甲烷菌、铁杆菌等）在厌氧作用下产生有机酸，改变了地球化学环境，使铀成矿元素沉淀富集（赵瑞全等，1998；闵茂中等，2003）。

沥青铀矿交代细胞腔内的草莓状黄铁矿，呈微生物结构，草莓状黄铁矿一般认为是硫酸盐还原细菌的作用造成。富矿石中存在有铀矿化的芽孢及藻类等微生物化石。十红滩矿床有机抽提物主要是腐殖型，母质为陆源高等植物，但从矿石中饱和烃气相色谱成分的反映，其有机质呈"腐泥型"特点，表明菌藻微生物对其有强烈降解和改造（吴柏林，2005）。

微生物富集铀的机制可分为代谢性和非代谢性两类（闵茂中等，2003）。

代谢性有两种情况：①铀与微生物代谢产生的化学配位体（例如磷酸盐配位体等）和排泄物络合，在细胞外呈铀酰矿物沉淀。例如，由微生物细胞产生的磷酸酶能从有机质中萃取 HPO_4^{2-}，后者与 UO_2^{2+} 结合，形成氢铀云母（$HUO_2PO_4\cdot4H_2O$）沉淀。②微生物从还原 U（Ⅵ）的过程中获得生长。例如，在无氧的实验条件下，硫酸盐还原菌 *Geobacter metallireducens* 和 *Shewanella putrefaciens* 在藉其代谢酶还原 U（Ⅵ）的同时，从中获得生长能。

非代谢性：微生物细胞的负电位与带正电荷的 UO_2^{2+} 离子间产生物理–化学作用，或因溶液化学状态（pH，磷酸盐含量等）的改变，导致铀在细胞内富集。

大量研究结果证明，微生物富集铀的机制是以间接、非代谢性生物吸附为主，而代谢性富集机制则是次要的（吴柏林，2005）。

三、油气的铀成矿效应

在能源盆地中,油气煤铀同盆共存普遍,而且在不少地区铀与油气或煤近距离共处,甚或零距离直接接触,在时间上有机与无机能源矿产的成矿作用和过程也息息相关。这种时空密切关系,显示其间成矿应有着重要的内在成因联系。但要给出成因相关的肯定性结论,似乎又"缺乏足够的微观证据"(张金带等,2013),或缺少具排他性的铁证或证据链。

包括矿产成因在内的各类与成因有关的地质或地学问题,是地质学领域最高殿堂的顶级问题,要取得"一锤定音"的铁证难度极大,甚或不可能。在油气界有一句使油气地质学家和勘探家汗颜但却令人深思的话:"油都快采完了,油藏是怎么形成的还有争议!"其他各类矿产何尝不是如此。地震的发生、预报和成因厘定亦属此典型案例。这说明了矿藏成因研究的难度,也部分反映了理论认识与应用实际之间的距离关系。

973项目组和西北大学科研团队成员在铀矿形成与油气作用的成因关系难题方面进行了多方面探索,发现了有重要意义的证据链,取得了具突破意义的进展。

1. 天然气的铀成矿效应

(有机)天然气的来源具多元性,主要为煤层、油型烃源岩以及岩层中的各类分散有机质。天然气是流动性最大、最为活跃的能源矿产。前已论及,鄂尔多斯盆地北部天然气运移和耗散所产生的流岩蚀变和成岩成矿效应及其产物种类多、影响范围广;已发现砂岩型铀矿处于天然气耗散范围之中。为了进一步揭示和验证天然气的铀成矿效应,进行了系列模拟实验。

将采自陕北气田的成熟煤型天然气通入到含有铀酰离子的溶液中,模拟天然气在铀成矿过程中的作用,得到的主要产物为 UO_2 粉末,验证了天然气对铀成矿的积极作用和成矿效应。在所模拟的 $30 \sim 80$ ℃低温范围内,50 ℃为最佳温度,产出的 UO_2 量最多(见第二十六章表26.1、表26.2)。对该实验过程进行理论模型过渡态模拟,证明甲烷还原 UO_2 的反应过程在天然条件下可自发进行,但在此过程中不只发生铀沉淀,同时还生成了甲醇(CH_3OH)。重复此实验过程证实了理论模拟计算结果(图3.19)。相关内容详见第二十六章。

在天然气影响铀成矿模拟实验开展之前和进行过程中,973项目组成员对东胜铀矿区溶矿层直罗组中采集样品(包括劣质煤、碳质泥岩、泥岩以及泥质粉砂岩)进行测试,分别从有机质含量变化范围很大的煤、碳质泥岩以及泥岩样品中检出了丰富的脂肪酸甲酯系列化合物。此脂肪酸甲酯系列化合物在分布特征上与相应样品中的正构烷烃系列极为相似;在碳同位素组成方面与相应样品中正构烷烃系列也具有完全相同的变化范围。因此,脂肪酸甲酯系列化合物很可能就是正构烷烃系列化合物十分重要的母质来源(图3.19)。但在地质体中检出以脂肪酸甲酯形式存在的脂肪酸化合物是十分罕见的(徐雁前等,1994;瞿文川等,1999)。因此,个别地质环境条件下存在脂肪酸甲酯形式的类脂化合物,可能意味着该地质体具有不同于其他沉积体的特殊地质环境条件。因地质体中脂肪酸甲酯化合物的存在需要在相应的沉积体中维持比较严格的弱碱性—中性的环境(妥进才等，2006)。相关内容详见第二十四章。

理论模拟和实验模拟均证实，在天然气(甲烷)与含铀溶液反应过程中，铀的沉淀与甲醇(CH_3OH)的生成相伴同生。甲醇与地层中有机质产生的大量脂肪酸作用易于形成脂肪酸甲酯系列化合物。此与众不同的特殊地质环境和过程，在形成超大型砂岩型铀矿床的同时，于地质体中产生了丰富的脂肪酸甲酯系列化合物。后者这一十分罕见的现象，成为判识砂岩型铀矿天然气成因的直接有力证据。这就很好地回答了地质体中"十分罕见"的脂肪酸甲酯系列化合物，为何在铀矿层中却如此"丰富"。

以下工作和研究是分别独立进行的：①在鄂尔多斯盆地北部发生大规模的天然气耗散，东胜铀矿区位于此范围之内；②在来自东胜铀矿区容矿层直罗组的有机质含量变化范围很大的不同样品中，检出了丰富的脂肪酸甲酯系列化合物，此类化合物在地质体中"十分罕见"；③理论模拟计算和④实验模拟测试均证实和发现，在天然气(甲烷)与含铀溶液反应过程中，铀的沉淀与甲醇(CH_3OH)的生成相伴同生(图3.19)。

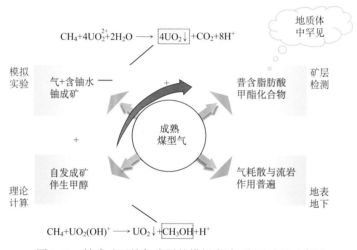

图3.19　铀成矿天然气成因的模拟实验-论证过程示意图

这四方面的独立证据，不谋而合、彼此印证，从不同侧面共同证明，东胜大铀矿的形成和保存主要为成熟煤型气还原成因。根据天然气运移所影响的范围和盆地北部的构造演化预测，广阔的伊盟隆起整体具有与东胜铀矿类似的成矿条件，预测属世界级超大型砂岩型铀矿矿集区。

2. 深部含气热流体的铀成矿效应

砂岩型铀矿的铀物质来源及其赋存环境，一般认为是外源、表浅层和低温-常温。即来自蚀源区被地表氧化水淋滤携带并渗流到容矿层中聚集的U(Ⅵ)和与容矿层碎屑同沉积的铀元素，铀物质迁移、富集和成矿过程发生于表浅层的常温-低温环境。然而，在许多砂岩型铀矿床中均发现了热液流体活动。例如根据矿物学和流体包裹体研究在尼日尔砂岩型铀矿床中发现了热流体活动(Pagel *et al.*，2005；聂逢君等，2010)，利用原位硫同位素分析在澳大利亚 Lake Eyre 盆地卷状铀矿床内发现了热液成因的黄铁矿(Ingham *et al*., 2014)，在鄂尔多斯盆地东胜铀矿也发现超过 100 ℃ 的热流体活动(肖新建等, 2004)等。这些研究者通常将热流体活动与铀成矿或成矿环境相联系。迄今为止，尚无直接证据证明盆地内热液活动参与了表浅层砂岩型铀矿床的形成。因而，在已有的砂岩型铀矿床的成矿模式中，均没有热流体的成矿作用(Adams, 1991)。

形成此现状的主要原因有：缺乏确定热流体活动参与铀成矿的相关直接证据链；地下深处缺氧，盛行还原环境，铀元素应以沉淀为主，难以随热流体迁移；砂岩型铀矿床的形成，通常有低温环境下微生物成矿作用的表现，而热液流体与之难以同存，等等。

(1) 两种成因环境铀矿物的发现及其特征

本科研团队为了直接反映成矿环境和成矿作用，通过对铀矿石同一单矿物开展多项分析测试(直接相关，可对比性强)和进行大量单矿物测试(突出代表性、排除随机性)，在鄂尔多斯盆地北部砂岩型铀矿床中发现了两种成因环境的铀矿物，其中一种属热液流体成因。

根据岩石学和岩相学特征，可以将含矿砂岩划分为 I、II 两种类型：I 类矿化砂岩以灰绿色砂岩为主，较为疏松，内部几乎不含碳质碎屑，遇酸不起泡，部分矿石残留棕红色砂岩，铀石与大量富钒云母和富钒绿泥石共生，砂岩粒间孔隙和溶蚀孔隙发育(图 3.20a、b)；II 类矿化砂岩为灰白色，内部多含碳质碎屑，遇酸产生强烈气泡，砂岩遭受了强烈的方解石胶结物作用，铀石同期或略滞后于亮晶方解石胶结物形成(图 3.20c、d)，砂岩孔隙度较低。岩心观察显示 I 类矿化砂岩通常埋深较浅，矿化度较高(个别样品可达到 7%)，但矿化层厚度偏小，一般仅有数十厘米，分布局限；而 II 类矿化砂岩埋藏相对较深，矿化度中等-偏低(多数集中在 100~2000 ppm)，但矿化层厚度较厚，可达到数米厚。

铀矿物微区地球化学分析表明，不同矿物共生组合的铀矿物表现出两种截然不同的地球化学特征。电子探针结果显示：I 类矿化砂岩中的铀石(I)富集 V_2O_3(1.42%~5.65%，质量分数)，而贫 FeO(<0.37%，质量分数)和 Y_2O_3(低于检测限)；II 类矿化砂岩中与亮晶方解石共生的铀石(II)中 V_2O_3 含量较低(<0.23%，质量分数)，但相比于铀石(I)明显富集 Fe 和 Y 元素，含量分别为 1.18%~2.67%(质量分数)和 2.21%~8.98%(质量分数)。铀石原位 fs-LA-ICP-MS 稀土元素分析显示：铀石(I)强烈富集轻稀土，轻稀土含量(LREEs)比重稀土(HREEs)高两个数量级($\Sigma LREE/\Sigma HREE$ = 94.80~239.42)。相比于铀石(I)，铀石(II)中的稀土元素总含量和重稀土含量均较高，ΣREE 为 4.13%~6.21%(质量分数)，轻重稀土总含量接近，$\Sigma LREE/\Sigma HREE$ 为 0.79~1.27，表现为平坦型的球粒陨石标准化配分模式(图 3.21)。

全岩微量元素分析揭示，相比于非矿化砂岩，矿化砂岩稀土元素(REE)异常富集，相比于不含矿砂岩，矿化砂岩中并不存在其他富 REE 的矿物。因而认为铀矿物富 REE 的特征是造成矿化砂岩富集稀土元素的主要原因。矿化砂岩总体表现为两种上地壳标准化配分模式(图 3.22)：LREE 富集型和 HREE 富集型，与铀矿物原位稀土元素分析结果一致。一些样品的稀土配分模式介于 LREE 富集型和 HREE 富集型之间，可能代表了两种不同类型铀矿物的混合或过渡。对于不同类型的矿化砂岩，钒含量差异明显，LREE

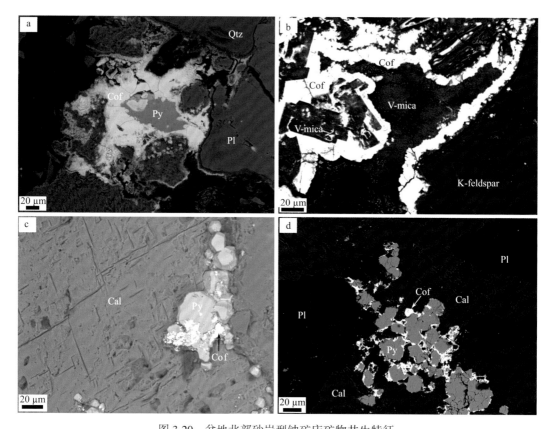

图 3.20 盆地北部砂岩型铀矿床矿物共生特征

a. 铀石和黄铁矿共生, 粒间空隙发育; b. 富钒云母和铀石共生; c, d. 铀石与亮晶方解石胶结物共生;
Qtz = 石英; Py = 黄铁矿; Cof = 铀石; Pl = 斜长石; Cal = 方解石; V-mica = 富钒云母; K-feldspar = 钾长石

富集型矿化砂岩钒含量为 311~5030 ppm。而对于 HREE 富集型矿化砂岩和不含矿砂岩, 钒含量则较低, 多数样品低于 100 ppm。

对 II 类矿化砂岩内亮晶方解石中的原生盐水包裹体(图 3.23a、b)进行显微测温分析。结果显示, 包裹体均一温度主要分布在 120~180 ℃(图 3.23c), 峰值区间在 140~160 ℃; 冰点温度分布在 -5.1~-12.4 ℃, 对应的盐度为 8.00%~16.34% NaCleqv(质量分数)(图 3.23d), 没有观测到低盐度的流体包裹体。研究区埋藏史、热史显示(图 3.24), 直罗组砂岩地层最大古地温 <70 ℃; 直罗组容矿层之下的延安组煤层, 热演化程度低, R^o<0.6%, 亦表明煤层所经历的温度 <70 ℃。这指示亮晶方解石形成所代表的热液流体只能来自于盆地深部。

两种在矿物学和地球化学上明显不同的铀矿物和矿化砂岩, 代表了两种完全不同的成矿流体环境。

I 类矿化砂岩中钒和铀共生的现象与美国科罗拉多高原板状钒-铀矿床相似(Northrop and Goldhaber, 1990; Wanty et al., 1990; Meunier, 1994)。与铀的迁移特性相似, 钒的迁移也主要受到氧化还原条件的控制, 在氧化环境下高价态的 V(V, IV)溶解

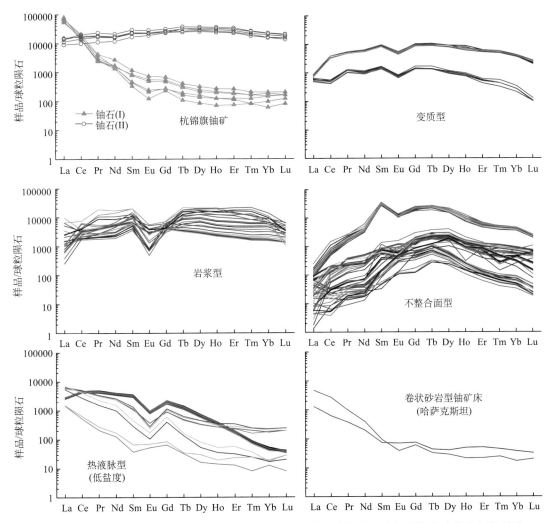

图 3.21　杭锦旗铀矿床铀石矿物与全球不同类型铀矿床铀矿物稀土元素球粒陨石素配分模式图

稀土元素数据引自 Mercadier *et al.*, 2011; Lach *et al.*, 2013; Frimmel *et al.*, 2014;

球粒陨石标准化值据 Anders and Grevesse, 1989

度高, 易进入氧化流体而发生迁移, 而在还原环境下则被还原成难溶的 V(III) 而沉淀。总体而言, 板状钒铀矿床形成于富 U 和 V 的氧化渗入水和盆地卤水(板状有机质层)的界面处, 属于表生氧化还原成矿。铀石(I)球粒陨石标准化 LREE 富集的配分模式与典型的卷状砂岩型铀矿床和低盐度热液脉型矿床同时存在, 表明铀石(I)的形成与受外源的低温–低盐度氧化渗入流体控制的层间氧化成矿相关。中亚哈萨克斯坦楚–萨雷苏盆地的 Tortkuduk 卷状铀矿床(图 3.21)即具有此特征。

II 类矿化砂岩的流体包裹体分析表明, 与铀矿物紧密共生的亮晶方解石形成于中–高温条件(120~180 ℃), 且成矿流体盐度较高(>8% NaCleqv)。铀石(II)平坦型的球粒陨石配分模式与变质型铀矿床形成的铀矿物相似(图 3.21), 而变质型铀矿床形成于高温

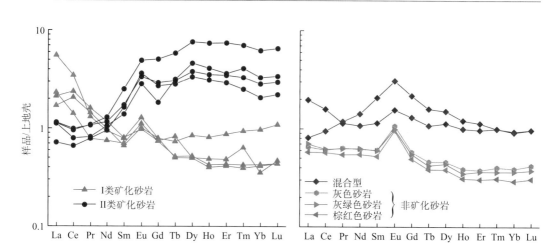

图 3.22   杭锦旗铀矿矿化砂岩上地壳标准化稀土元素配分图

上地壳标准化数值据 Taylor and McLennan，1985

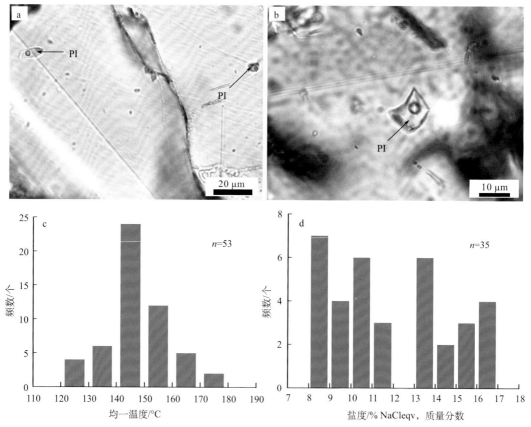

图 3.23   矿化砂岩中亮晶方解石内原生流体包裹体(PI)显微照片(a，b)
和均一温度(c)、盐度(d)分布图

高盐度的成矿流体环境。Mercadier 等(2011)认为高盐度热液成矿流体中高浓度的络合物在萃取、迁移过程中使 REE 发生强烈分异，而低盐度(0~8% NaCleqv)的热液型和砂岩型铀矿成矿流体络合物浓度过低而不足以引起 REE 发生分异。Mclennan 和 Taylor (1979)的研究发现在澳大利亚 Pine Greek 构造带变质沉积岩铀矿床中含有大量碳酸盐矿物，相比于不含矿原岩，矿石样品 HREE 强烈富集，认为 U 和 REE 的迁移特性相似，分别以 $[UO_2(CO_3)_3]^{4-}$ 和 $[REE(CO_3)_3]^{3-}$ 络合物的形式随热液流体迁移，且 CO_3^{2-} 对 HREE 的络合能力强于 LREE。实验研究也显示具有高浓度 CO_3^{2-} 的流体可以降低砂岩表面稀土元素的吸附量并将解吸附的稀土元素搬运至溶液；HREE 相对于 LREE 更易进入含有高浓度 CO_3^{2-} 的溶液，因为 HREE 与碳酸盐结合生成的络合物稳定性更强(Luo and Byrne，2004；Tang and Johannesson，2010)。综上所述，研究区高盐度富 CO_3^{2-} 热流体对 U、HREE 和 Y 具有强络合性，因而所形成的铀矿物具有与变质热液型相似的 REE 配分模式。

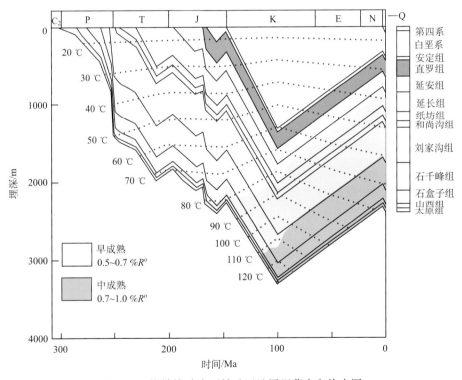

图 3.24　杭锦旗砂岩型铀矿区地层埋藏史和热史图

(2) 深部铀源及其热流体运载

盆地北部现已发现东胜、大营、杭锦旗等多个大型砂岩型铀矿床，然而铀源问题一直令人困惑，也存有争议。

前已述及，鄂尔多斯盆地北部砂岩型铀矿的成矿作用主要发生在 100 Ma BP（晚白垩世)以来，40 Ma BP 以来为主成矿期（图 3.16)。如前所述，一般认为砂岩型铀矿床的铀源有后生外源和同沉积外源两种。同沉积来源的分散-吸附状铀的规模有限,可形成铀异常或贫矿层,在特殊情况下也许会形成小型铀矿。"多数情况下,单靠沉积物类型和其自身的固铀机制对铀的浓集成矿是不够的"(余达淦,2005),难以形成大型铀矿床,更不可能形成矿集区。盆地北部伊盟砂岩型铀矿矿集区之北的河套断陷盆地,形成始于新生代古新世晚期,于始新世已大范围沉积逾 1000 m 地层。河套盆地的形成,阻断了伊盟隆起来自之北蚀源区的铀源,并使伊盟隆起逐步成为蚀源区和分水岭。即此隆起高部位此时和之后再无外源铀的带入,此前在该区砂岩层中的铀还会随剥蚀和径流淋滤而被迁移到河套盆地和伊盟隆起之南的斜坡低处。

在鄂尔多斯盆地中北部大气田矿集区,具高伽马异常的石炭纪及二叠纪地层大面积分布(图 11.7、图 11.8),伽马能谱测井确定高放射性异常主要由铀及钍元素富集引起。早白垩世为盆地中部上古生界煤成气大规模形成时期。在此时期和之后,成熟煤型气向北—北东大范围运移,除形成多个大气田外,也在盆地东北部形成大面积的与天然气耗散-蚀变有关的多种现象(图 3.14,见本书第十四章、第十五章)。根据多种方法和地质证据估算,上古生界天然气平均散失量接近 40%(参见本书第十三章),足见天然气耗散量之巨大。

在盆地北部铀成矿阶段发生的大规模成熟煤型气耗散与碳酸盐化作用同时发生,并在较高的温度(120~180 ℃)环境形成与铀矿物共生的亮晶方解石,在其中已发现大量高成熟度的烃类包裹体。盆地铀矿区矿化砂岩亮晶方解石胶结物碳同位素分布与上古生界气藏中的 CO_2、上古生界储层晚期方解石的碳同位素分布一致,主要分布在 -5‰~-20‰(万从礼等,2004;武文慧等,2011;戴金星,2014;张龙等,2015;杨智等,2016;彭威龙等,2017),证明参与铀成矿的含气热流体来自较深部石炭-二叠纪地层。煤系地层生烃过程中产生的 CO_2 可能是热液流体中高浓度 CO_3^{2-} 的主要来源。热解模拟实验的研究表明(帅燕华等,2013),煤系有机质在生气过程中会产生大量的 CO_2,生成的 CO_2 体积可达到烃类气体的 50%~70%。而目前盆地北部上古生界气藏中的 CO_2 含量很低(<2%)(Dai et al.,2005),表明大量的 CO_2 已经从气藏中迁出。CO_2 极易溶于地层水,并与围岩发生相互作用而形成富 Ca^{2+} 与 CO_3^{2-} 的热液流体。以上证据表明,含气热流体来自于盆地中部石炭-二叠纪煤系地层。

在该区大型砂岩型铀矿形成过程中,外源铀的严重不足和气源层富含放射性铀的存在提示,含气热流体不仅参与铀成矿,还可能作为深部铀源迁移的载体为浅部直罗组地层铀成矿提供了铀源。许多研究者通常因石油、天然气属于还原性流体,认为只要在还原剂存在的条件下,铀元素必定被还原沉淀成为固体,从而排除了烃类或含烃类流体对铀元素迁移的可能性。但是,越来越多的证据表明,铀的氧化还原过程极其复杂,受到氧化还原条件、介质组分、温度、催化剂、矿物吸附性等许多因素的控制。首先,不同类型铀酰络合物的稳定性能不同,因而被还原形成沉淀的难易程度也有别。实验研究显示,即使在强还原条件下,当溶液中同时存在 Ca^{2+} 与 CO_3^{2-} 时,U(Ⅵ)的还原反应就会趋于停止(Brooks et al.,2003;Neiss et al.,2007;Singer et al.,2009)。这是因为 Ca-U(Ⅵ)-CO_3 三元络合物被还原的临界氧化还原电位值很低,稳定的铀酰络合物的形成会极度地抑制 U(Ⅵ)被还原,并加速铀矿物的氧化。除此之外,铀酰络合物的稳定性会随着温度的升高而增强(Pablo *et al.*, 1999；Rao *et al.*, 2003)，表明铀酰络合物在高温条件下更难以被还原。因而，在鉴别流体对铀元素的携带迁移能力时，还应该综合考虑反应动力学、流体组分、温度等其他因素的影响。在一定条件下，强还原剂可以与迁移态 U(Ⅵ) 同存，因而烃类或含烃类流体与铀的迁移二者并不对立，完全可以在同一流体中同时发生进行。高温水介质条件下 U(Ⅵ) 被还原需要更强的还原条件，富 Ca^{2+} 和 CO_3^{2-} 的碱性热流体环境易于铀元素迁移而不使其沉淀。盆地北部地下深部上古生界煤系地层生烃过程中产生的含气富 Ca^{2+} 和 CO_3^{2-} 的热液流体对流经围岩中的铀元素具有萃取富集作用，可使石炭-二叠纪富铀地层中的铀元素发生活化迁移而形成富铀热流体。

(3) 铀成矿机理及过程

在盆地晚期抬升阶段，随着天然气藏超压的释放，来自深部的含气富铀热流体源源不断地向盆地北部运移并通过断裂迁移至浅层参与铀成矿。当含气热流体进入浅层后，随着温压的降低，亮晶方解石开始沉淀形成，碳酸铀酰络合物的稳定性和含量也随之下降，铀遂开始沉淀、聚集成矿。同时，热流体还可能改造早期已成矿聚集的铀使其发生再迁移。含气热流体中饱和的天然气也随压力的降低开始释放，大量析出的天然气温度降低，向更浅层继续迁移冷却降温更快。这部分天然气作为还原剂在浅层和盆地边缘位置参与铀成矿。模拟实验揭示，在 50 ℃，天然气的铀成矿效应最佳(见第二十六章)。这一时期，河套断陷盆地的形成抑制了含氧渗入水活动，氧化带前锋逐步向浅层和盆地边缘迁移。天然气继续向浅部和地表运移，形成砂岩漂白等各类还原蚀变现象和凝析油苗(图 3.14)，部分散失在大气中，在地貌最高的分水岭处营造了保矿的还原环境。这就是此类铀矿为什么位于分水岭高部位且矿层埋深较浅，多呈灰绿色并缺少碳质植物碎屑而得以保存的原因。

中高温热液成矿和低温主成矿作用均发生于 40 Ma BP 以来(图 3.16)，与上述成矿过程的分析相吻合。二者共同支持以下结论：来自深部含成熟煤型气的热流体活动，同时导致了盆地北部两种不同类型成矿环境和铀成矿作用的发生，即此含气热流体随降压降温而卸载所产生的中高温成矿和析出的天然气所导致的低温还原成矿与保矿。

3. 石油对铀成矿的影响

前已述及，鄂尔多斯盆地西缘中区惠安堡铀矿形成的构造环境，在此着重论述其形成的地球化学环境和多种能源矿产共存相互作用的特征。

在盆地西缘中区，油气煤铀共存特征明显(图 3.25)。侏罗系延安组煤层分布广，几乎覆盖全区，且厚度较大，该区有多个煤田正在生产。该区又是盆地较早发现古生界气田的地区，分布有刘家庄、胜利井气田，气源均为来自石炭-二叠系太原组和山西组含煤地层的煤成气藏。惠安堡地区处于盆地南部延长组优质烃源岩所在的富烃凹陷的西北部，亦为富烃凹陷所生成油气向西北运聚及散失的指向区(图 3.25、图 3.26)。晚侏罗世，盆地西缘挤压隆升和断褶变形较为强烈，自此开始形成了盆地西缘与其之东地区的高差(图 3.26)，增强了富烃凹陷油气向西北运移的动力，并发育盆地其他地区少有的断裂，成为油气向上覆侏罗系运移的通道(图 3.8)。所以，富烃凹陷西北部不仅发现延长组不同层段油藏(田),也是盆地已发现侏罗系油田分布最多的地区。在富烃凹陷西北隅大水坑、红井子、惠安堡一带,还发现有直罗组油藏(图3.25)。可见,在惠安堡砂岩型铀矿分布区,盆地南部富烃凹陷的油气不仅运移到了直罗组储铀层,而且在直罗组聚集成藏,形成了平面和剖面油气煤铀多种能源近距离共存的局面。

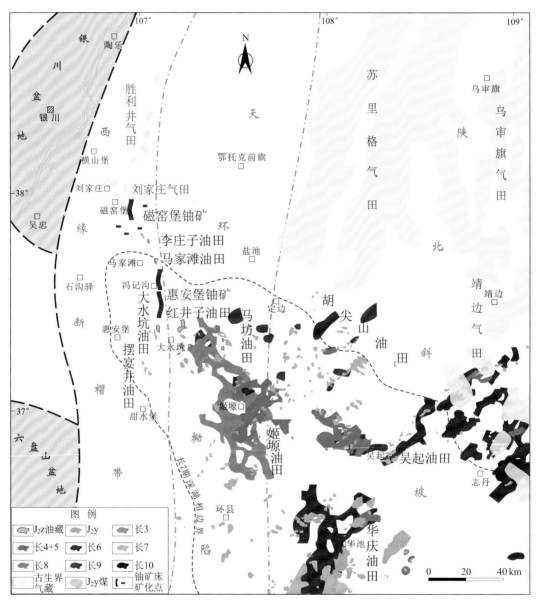

图3.25　鄂尔多斯盆地中南部西区油气煤铀矿藏共存叠加分布图

对侏罗系油田的原油进行油源追溯对比表明(图3.27),其与长7烃源岩质量色谱图指纹特征相似、各项指标吻合度高。如二者均具有如下特征:①三环萜烷含量比较低;② Ts>Tm, Ts/Tm分布范围小;③ C_{30}霍烷>C_{30}重排霍烷;④ $\alpha\alpha\alpha$(20R)构型规则甾烷

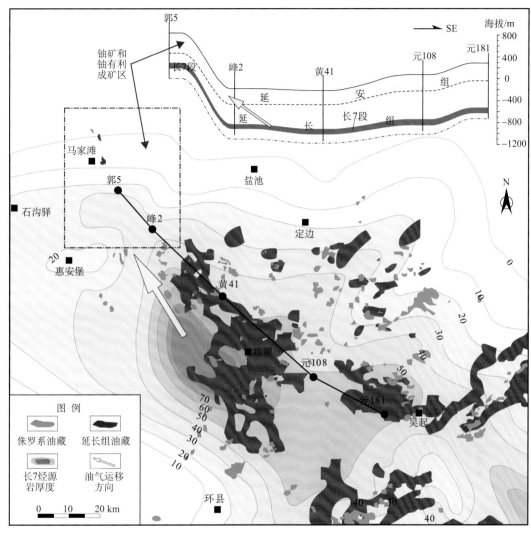

图 3.26　鄂尔多斯盆地晚三叠世延长组富烃凹陷与油气运移方向和油田分布图

C_{27}含量稍低于C_{29}规则甾烷，与C_{28}、C_{29}规则甾烷呈不对称"V"字形分布特征；⑤低伽马蜡烷(图 3.27)。这表明，侏罗系油藏的油源来自富烃凹陷中长 7 湖相优质烃源岩。

在惠安堡地区不仅油气煤铀近距离共存，而且铀矿的形成期次与油气运聚和耗散密切相关。如前所述，在惠安堡-磁窑堡地区，铀成矿作用主要发生在 60 Ma 以来，大致可分为 60 Ma、22 Ma 和 6~7 Ma 三个阶段。刘家庄气田在 50 Ma 前属储量为 454.9×10^8 m³的大气田，50 Ma BP 以来散失的天然气量达 453×10^8 m³，到目前仅为储量1.9×10^8 m³的小气田(戴金星等，2003)。此天然气散失的时间，正在该区铀成矿的时限内。天然气的快速扩散，显然有较明显的构造变动或后期改造的区域背景。此背景对石油的运移、散失和保存同样会产生影响，具流体成矿特点的铀成矿作用也会有所响应。

油气煤铀空间上近距离共存和时间上成矿物质的聚散同步，为多种能源矿产相互作

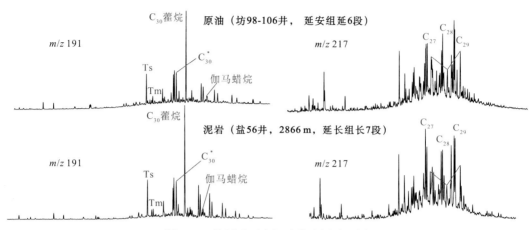

图 3.27 侏罗系延安组油藏油源对比图

用、此散彼聚、彼此依存创造了条件和提供了旁证。在该区铀矿和铀异常区已发现有机能源矿产流岩作用和蚀变现象。

惠安堡铀矿的发现表明，油气运移指向的较高地区，具有良好的铀成矿条件；可按"从油找铀"的思路，进行"油铀兼探"的实践。

关于惠安堡铀矿详见第二十二章。

四、铀在烃源岩生烃演化中的作用

（一）深部地层铀异常的分布特征

在含油气盆地和聚煤盆地中，较深部地层常有铀异常存在，在有的层位或地区，铀异常含量颇高，在各类放射性测井资料反映明显。如北非和阿拉伯地区下志留统底部"热页岩"和鄂尔多斯盆地延长组 7 段均为富含铀的优质烃源岩。

较深部地层中铀异常的存在和特征，是分析盆地早中期演化过程中烃源岩和煤层形成及其进一步成岩成烃或成煤过程中铀作用效应的基础，也是探讨是否存在深部铀源和是否发生过早期铀成矿作用的前提。

在鄂尔多斯盆地，有铀异常的层段较多，但在深部分布广、异常高的铀异常主要在中上三叠统延长组和石炭系。延长组为盆地的主力油型烃源岩、石炭-二叠系是主力煤成气源岩和重要煤产层。

1. 盆地南部中上三叠统延长组铀异常特征

研究表明，延长组 7 段深湖相烃源岩除具优质烃源岩的多项地化指标外，其显著特征为富铀和夹多层凝灰岩。对覆盖整个盆地的 3594 口测井资料研究，本区高伽马异常（自然伽马值≥200 API）层在横向上有良好的连续性和可追踪性。从联井剖面可看出，高伽马异常烃源岩单层相对较厚，大部分在 10~20 m 之间，最厚逾 30 m，横向上明显可以对比的层段分布于长 7 段的下部。

　　为了明确地层中放射性异常主要由那种放射性元素引起，对盆地较深部中上三叠统延长组及中下侏罗统延安组地层(深度在 1522.3~2242.8 m 之间)不同伽马异常、不同岩性样品的放射性元素进行了测定，烃源岩中铀元素含量最少为 $1.4×10^{-6}$，最多为 $109×10^{-6}$，铀平均含量约 $50×10^{-6}$。各样品的铀、钍、钾含量与其对应深度的自然伽马值的对比(图 3.28)分析揭示，自然伽马值高低主要与铀含量多少成正相关关系，而钍和钾的含量几近常量，并不随自然伽马值的高低而发生明显变化(图 3.28)。

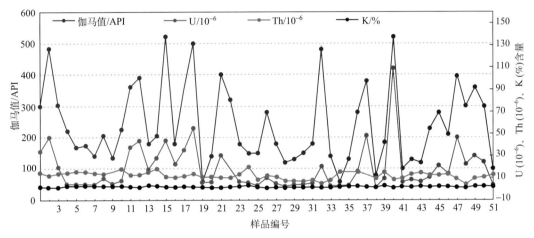

图 3.28　测井自然伽玛值与实测 U、Th、K 含量对应关系图

　　长 7 段优质烃源岩的有机质丰度高—极高，总有机碳含量(TOC) 2.35%~44.36%，平均为 13.81% (张文正等，2015)。总有机碳含量(TOC)与铀含量之间存在着良好的正相关关系。放射性异常高值区和厚度大的地区，主要分布在呈北西-南东向展布的富烃凹陷之中(图 3.29)。相关讨论详见第十二章。

　　在富烃凹陷铀异常含量高、厚度大、分布广，反映有稳定、充足的铀元素供给。综合研究认为，该区铀富集的铀源主要通过三种途径输入盆地：①空中，主要为火山喷发和大气搬运的火山灰携带，在长 7 烃源岩中夹有多层凝灰岩；②地表，从盆外蚀源区富铀岩石流经的各类地表水系搬运汇集和碎屑物质的代入；③深部，为盆地基底-地壳深部的热液(水)喷涌-上侵所携带(Qiu et al., 2014, 2015)。

2. 盆地中北部上古生界放射性异常特征

　　在盆地中北部上古生界大气田集中分布地区，在深度 2200~3300 m 范围内上古生界太原组高伽马异常分布较广泛，厚度大于 3 m 的地区包括鄂托克旗-神木-榆林-横山-靖边地区(图 11.7、图 11.8)。其中在靖边—榆林—横山一带异常幅度高、厚度大，最大幅值可达 700 API，异常层厚度可以达到 21 m 以上。伽马异常高、厚度大的地区，与上古生界生气中心和大气田集中分布地区(图 3.40)总体重叠，反映了放射性元素富集、煤型烃源岩和大气田分布之间的联系。

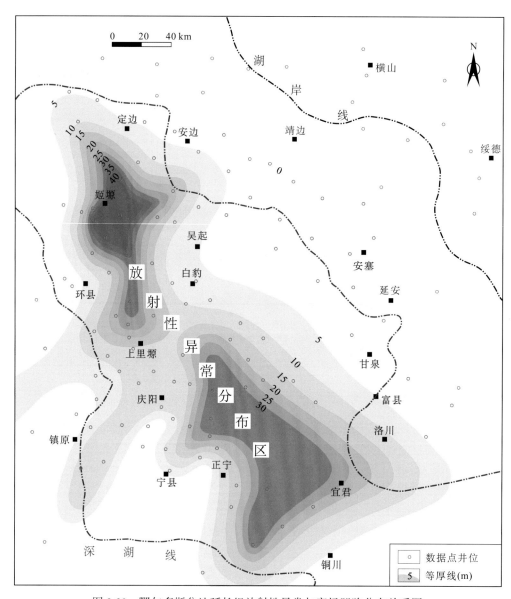

图 3.29 鄂尔多斯盆地延长组放射性异常与富烃凹陷分布关系图

该区自然伽马异常与 U、Th 含量关系密切，均为正相关关系，而与 K 没有相关性。

鄂尔多斯盆地中北部上古生界各组地层的沉积物源均来自盆地之北，对蚀源露头区不同时期岩石铀含量的统计(图 2.6)表明，铀含量峰值集中出现在 330~210 Ma，即中晚石炭世—晚三叠世早期。该区带属中亚-俄南-蒙古巨型放射性异常带(图 3.10)南部的组成部分。此巨型放射性异常带的形成，与海西期古亚洲洋关闭，中亚-蒙古碰撞褶皱带形成有着重要的联系。蚀源区富铀岩石的存在和同期发生的火山活动，为邻近盆地晚古生代地层提供了铀源，在盆地中北部本溪组地层即含有凝灰岩。

相关讨论详见第十一章。

(二) 铀对烃源岩生烃的影响

1. 铀在生烃演化中的作用

大量的勘探实践与研究结果显示,地下化学环境对油气形成和组成有着非常重要的影响(刘池洋等, 2000; Seewald, 2001, 2003)。费-托合成反应($CO_2+H_2\longrightarrow C_nH_m+H_2O+Q$)及 $HCO_3^-+4H_2\longrightarrow CH_4+OH^-+2H_2O$ 解释了非生物成因烃类的形成机制,此反应过程中地质催化作用是非常重要的(Horita and Berndt, 1999; Sherwood et al., 2002)。催化反应可以降低反应活化能(Tissot, 1969; Johns and Shimoyama, 1972)、提高反应速度(Goldstein, 1983)、影响反应机理,进而改变生成物种类及生成物的量。对地质催化作用前人研究甚多(Haydn, 2000)。无机化合物,如水和矿物及微量元素(过渡族元素、重金属元素和放射性元素等)可以作为反应物或催化剂,对有机能源油气形成和演化的全过程都有影响(Seewald, 2003; 王先彬等, 2003; 戴金星等, 2005; 周世新等, 2006)。在此着重讨论无机金属铀在生烃过程中的作用和贡献。

对生烃过程中铀元素参与可能产生的影响,以往研究薄弱。1957 年切格尔提出在不饱和烃类的聚合反应中,应用含铜系成分的催化之后,人们开始关注含铀催化剂的研究(据王德义, 1985)。铀具有独特良好的配位性能。它能与许多配位体形成配位化合物,因此具有良好的络合催化及氧化还原催化特性(Pass et al., 1960; 王德义, 1985; Taylor et al., 2003)。

在国内外含油气盆地中,富铀优质烃源岩并不鲜见,显示铀与烃源岩形成和成烃的密切关系。为了探究铀在烃源岩生烃演化中的作用,对成熟度低($R^o\leqslant0.6\%$)的 I、II、III 型烃源岩(干酪根)分别进行加铀(50 ppm,据对国内外烃源岩中铀含量统计)和不加铀的系列生烃热模拟对比实验(毛光周等, 2012a, b, 2014)。相关讨论见第二十七章。

实验结果揭示,加铀的烃源岩有两个明显的变化:生烃量增多和液态烃生成门限温度降低(图 3.30)。

(1) 生烃量增多

加铀烃源岩的生烃总量(重量或体积)增加,在 III 型烃源岩表现最为明显,II 型烃源岩次之,I 型烃源岩相对不够明显。

石油的形成是一个有机质加 H 去 O、N 等杂元素的过程(Hunt, 1979)。因此,H 含量是有机质成烃潜力的关键。传统观点是部分有机质缩合,从而提供烃类生成所需的 H(Tissot et al., 1978)。一般没有或鲜有考虑烃源岩之外的外源 H 的加入。石油的生成是在地下天然的物质-能量交换系统中进行,并非室内纯理想的实验环境,完全有可能有烃源岩之外的外源 H 参与到有机质生烃的过程之中。若有外源氢源存在,传统的生烃模式就会发生较大的改变(图 3.31),只要有 C 存在,氧化产物(有机酸和 CO_2)和甲烷就可源源不断地形成(图 3.31)(Seewald, 2003)。

在地表之下 2.8 km 的岩石中,发现了生存大约有几百万年的细菌自组织团体,其在

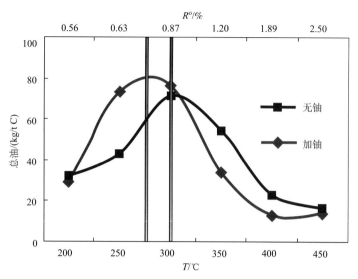

图 3.30 烃源岩无铀与加铀样品生烃模拟实验结果对比图

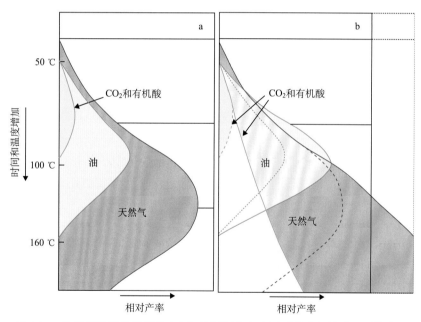

图 3.31 传统干酪根生烃演化(a)与外源氢参与生烃过程生烃演化(b)模式图

据 Seewald, 2003 等, 右图有补充修改

地下生存不是依靠光合作用, 而是通过铀的放射作用从水分子中分解的氧, 来维持其自身生存和繁衍(Lin et al., 2006)。实验证明, 在地下较深处, 铀元素有能力将水分解为氧和氢, 产生较高活性的外来氢源, 从而为烃源岩生烃过程中增添外来氢。这些具较高活性的 H^+ 和 OH^-, 易于和烃源岩中较充足的碳结合, 形成更多的碳氢化合物(烃类)。这类外源氢参与成烃演化过程, 增加了 CO_2、CH_4 和 H_2 的产率, 在一定程度上增加了烃

类的产率(图 3.32)(Seewald, 2003)。外源氢的加入, 使不饱和烃向饱和烃转化, 促进长链烃的断裂, 使高碳数的烃发生裂解, 促进低分子量烃类的产生, 从而使 CH_4 的含量提高, 生成的烃类的干气化程度增加; 同时烃源岩生成更多的 H_2, 进一步促进了烃源岩的烃气产率, 为总气量的增加做出贡献(图 3.31)。

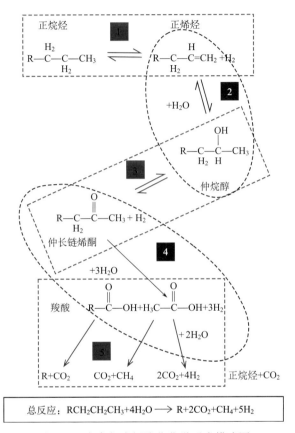

图 3.32 水参与成烃演化化学反应模式图

据 Seewald, 2003, 改动编排

铀产生的外源氢的加入和生烃量的增多, 改变了 Tissot 和 Welte (1978, 1984)的经典生油理论模式, 揭示了与传统认识明显不同、具有重要意义的现象, 对总体处于富铀背景的我国北方陆相能源盆地油气资源评价和资源量估算, 资源丰富原因等的认识和进一步勘探, 将会产生重要启迪和影响。

(2) 液态烃生成门限温度降低

铀的参与降低了烃源岩液态烃生成的门限温度, 使生烃时间提前, 即烃源岩在相对较低温阶段就可生成液态烃(图 3.30)。这意味着铀的存在, 可促使烃源岩在演化的早期低熟阶段有规模液态烃产出, 有利于未熟-低熟油气的形成。这为低(未)熟油气的规模生成及其形成环境提供了新的认识, 给出了实验证明, 同时弥补了传统生烃模式(理论)

中主要考虑热演化的局限。

铀可以降低烃源岩饱和烃产量,增加芳烃产量,降低了族组分的饱/芳值,使烃源岩模拟实验产物中族组分表现出与低熟油更加相似的特征。铀可以改变实验产物中饱和烃气相色谱特征参数,说明铀的存在可以使烃源岩的演化程度发生变化,促使低熟烃源岩的生烃门限降低,提前生成烃类;同时在高温阶段阻止有机质过度成熟,使其保持在较低的成熟度水平,利于烃的生成及所生成烃的保存(毛光周等,2012a,b;见第二十七章)。这为认识或解释7000 m以下仍有液态烃存在的事实提供了新的思路。当然,这种现象的形成机理及其作用过程细节,仍需更多实验和实践的进一步验证。

据此推论,在富铀烃源岩演化过程中,早期应有未熟-低熟油气生成,会成为未熟-低熟油气成藏和勘探的有利地区。这些低(未)熟油气的较早生成和运移,可使成岩早期阶段孔渗性能良好的储层较大范围被油气充注而变为亲油性,并在有利地区聚集。这为烃源岩后续大规模生成的油气运聚和成藏创造了有利条件,即使当储层进一步变得致密,也有形成大规模商业油气藏(田)的可能。这为致密油气藏的形成提供了新的机理和模式,据此构建了鄂尔多斯盆地低渗—超低渗(致密)地层岩性油藏形成的模式。此模式已被以下事实所证明:较早生成的石油在运移所达地区均留下了行迹(干沥青),现今所发现的油藏(田)均分布在早期油气所达的范围之内(见第十八章)。

2. 铀对烃源岩热演化的影响

在沉积盆地的沉积地层中,放射性元素衰变所提供的热量对地表热流和烃源岩有机质成熟度有重要的影响。此影响类似于有机质被深埋深成所造成的影响,除 H/C 值降低外,铀含量高的有机质还会遭受氧化(Landais and Connan,1985)。

沉积岩石中放射性元素铀、钍、钾生热率的计算,通常采用经验公式(Birch,1954):

$$A = 0.317\rho(0.73U + 0.2Th + 0.27^{40}K)$$

不少学者分析了铀对烃源岩热演化的作用。其效应的大小,或明显程度,与地层中含铀量的多少和距高铀异常区的距离有关。

依据 $Q=AH$,计算求得轮南地区放射性元素生热对地表热流的累计贡献为 8.2 mW/m^2。在现今的地温梯度中,由放射性元素生热增加的地热梯度为 3.3 ℃/km,5000 m 深处放射性生热增温约 16.5 ℃,从而增加了地层中有机质的成熟度,加速了烃源岩的热演化(王社教等,1999)。

对加蓬奥克洛的弗朗斯维尔组和法国洛代夫的二叠系所做的研究表明(Cassou *et al.*,1984),放射性使得有机质成熟度增高,如含铀样品的干酪根演化程度明显地要高,无氯仿抽提物,其气烃要比别的不含铀样品更明显地为干气。"放射性损伤"的强度越趋近铀矿体越强,放射性地段有机质成熟度较高,铀矿化附近有机质演化程度较深。

富铀矿区黑色岩系有机质成熟度更高,黑色岩系的铀含量与其中沥青的反射率(R^o)具一定的线性正相关(梅水泉等,1998)。在四川盆地铀、钍、钾的异常高值处,有机质的成熟度也相应增大(徐永昌等,1982)。含铀物质的加入在一定程度上加速了褐煤有机质的成熟过程(卢红选等,2007)。

五、铀及其伴生元素对烃源岩生气的影响

（一）鄂尔多斯盆地北部中侏罗统[*]

为了考查铀及其伴生的金属和非金属元素 V、Mo 和 Se 对有机质成气过程的影响，在鄂尔多斯盆地北部东胜矿区选取了具有代表性的泥岩、碳质泥岩和煤样进行生烃热模拟实验。

1. 实验样品地球化学参数及实验条件

3 种模拟实验样品的地球化学参数见表 3.4，其共同特征是有机质的热演化程度基本一致，其埋藏深度非常接近，有机质类型基本一致，都属于 III 型有机质。但其有机质含量变化很大，基本上代表了目前所有的烃源岩类型(泥岩、煤和碳质泥岩)。

表 3.4　实验样品的基本地球化学参数表

样品编号	井　号	岩　性	井深/m	有机碳/%	"A"/%	"A"/TOC/%	HC/"A"/%	HC/TOC/%
T0407	ZKA139-39	碳质泥岩	176	15.48	1.3517	8.7321	16.8490	1.4713
T0412	ZKA183-87	泥岩	172	1.32	0.0784	5.9374	8.9408	0.5309
T0413	ZKA183-87	煤	175	61.25	0.6676	1.0899	21.6934	0.2364

首先将经过可溶有机质抽提后的样品进行酸化处理，以便除去样品中可能存在的少量碳酸盐胶结物。然后取样品泥岩、碳质泥岩和煤分别为 500 mg、100 mg、100 mg，并各取 5 份，进行 5 组实验。第一组样品在不加任何矿物介质的条件下进行；第二组到第五组样品，在分别加入 1%、5%、10% 和 20% 的 UO_3、Mo、Se、V 的条件下进行生烃模拟实验。实验温度从 200 ℃ 到 800 ℃，每隔 100 ℃ 取一个温度点，即选择 200 ℃、300℃、400 ℃、500 ℃、600 ℃、700 ℃、800 ℃ 七个温度点，在每个温度点恒温 30 min。模拟实验温度和加热时间的选择主要是参照了通常类似的生气模拟实验所采用的模拟实验温度和加热时间。

2. 实验条件选择的地质依据

油气的形成除了温度起主导作用以外，一些无机矿物，微量的金属元素甚至放射性作用对有机质的热演化和油气的形成同样会产生重要的影响，有可能大大降低油气形成的反应活化能，使原本不能进行的反应得以进行，并使一些原本进行较慢的反应加快进程。本项工作试图从模拟实验的角度近似的再现无机矿物、微量的金属元素对油气形成所产生的催化作用及其在油气藏形成中的地质意义和经济价值。

---

　　[*] 作者：妥进才，张明峰，马万云. 中国科学院地质与地球物理研究所兰州油气资源研究中心，兰州.

地质体中无机矿物和微量元素的种类繁多,实验不可能将其全部考察。此次生烃模拟实验研究中,主要考虑了砂岩型铀矿和烃源岩中经常出现的元素和矿物。在砂岩型铀矿中,除了 U 以外,通常都有一些伴生的其他金属和非金属元素和矿物。常见的 U 伴生元素有 Th、Mo、Se、V、Sn、Nb 等。在东胜砂岩型铀矿中,上述元素的含量都比较高(表3.5)。在其他砂岩型铀矿,例如伊犁盆地扎吉斯坦砂岩型铀矿和 504 砂岩铀矿中,Se 的含量甚至达到了工业品位(表3.6、表3.7)。

表 3.5 东胜铀矿床微量元素的不同分带统计表(据李子颖等,2007)

元素	Th	U	Mo	Se	Pb	Y	Sn	V	Sc	Zr	Nb	Th/U
平均值(10)*	6.02	3.38	3.43	1.63	18.39	21.41	1.92	58.78	8.19	193.65	13.35	1.78
平均值(5)**	4.46	14.33	25.21	0.89	18.38	7.40	2.26	71.56	6.12	151.60	9.62	0.31

*灰绿色中-粗粒岩屑长石砂岩;**灰色中-粗粒岩屑长石砂岩;括号中的数据为统计样品数。

表 3.6 伊犁盆地扎吉斯坦砂岩型铀矿分散元素含量特征表(据王正其等,2006)

元素	陆壳丰度* /10^{-6}	矿 体 中					围 岩 中			库捷尔太铀体**	
		样品数	平均含量 /10^{-6}	变化范围 /10^{-6}	平均富集系数	最大富集系数	样品数	平均含量 /10^{-6}	变化范围 /10^{-6}	均值 /10^{-6}	富集系数
Re	0.0005	92	0.49	0.2~2.30	980	4600	77	0.03	0~0.16	0.22	440
Se	0.05	53	160.83	10~1075.3	3216.6	21506	116	1.24	0~9.10	2260	45200

注:分散元素由国土资源部乌鲁木齐矿产资源监督检测中心分析,测试方法为原子吸收光谱(AAS);*据 Taylor *et al.*(1985);**据核工业 216 大队,库捷尔太铀矿床勘探地质报告(1998)。

表 3.7 504 铀矿床各类矿体中 Se、Ni、Re 含量表(据陈露明、张启发,1996)

元素	平 均 含 量/%							
	单铀矿体	单汞矿体	单钼矿体	铀汞钼混合矿体	铀汞混合矿体	铀钼混合矿体	汞钼混合矿体	围岩
Se	0.0075	0.0006	0.0007	0.0069	0.0135	0.0012	0.0010	0.0000
Ni	0.074	0.011	0.011	0.102	0.113	0.040	0.020	0.006
Re	0.0012	0.0004	0.0005	0.0011	0.0021	0.0010	0.0005	0.0003

3. 实验结果与对比

模拟实验结果表明,加 1% 的 UO_3、V、Mo 和 Se 对不同类型烃源岩(泥岩、碳质泥岩和煤)形成气体产物的过程均有明显的催化作用(图3.33)。但其影响与样品的烃源岩类型和有机质含量不同而有别。增加的生成气量从煤、碳质泥岩到泥岩依次增多。其中,UO_3 和 V 对各类烃源岩生成气体产物的催化能力相对较强(图3.33)。

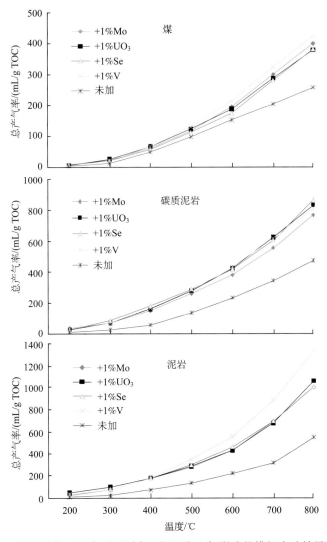

图 3.33　铀及其伴生元素对不同类型烃源岩生气影响的模拟实验结果对比图

(二)柴达木盆地北缘侏罗系[*]

1. 实验依据和样品地球化学特征

柴达木盆地北缘侏罗系为含煤岩系和含铀岩系,同时又为油气重要烃源岩之一。经微量元素及某些地球化学特征指标的测试分析发现,柴北缘中、下侏罗统含煤岩系烃源岩中,微量元素 Mn、V、Mo、Cs、U 等元素含量明显高于正常克拉克值。

---

*　作者:吴柏林,王丹,魏安军,寸小妮. 西北大学,西安.

结合本区地质特征和矿产赋存背景,认为柴北缘侏罗系含煤岩系中的这些元素可能对生烃具有积极作用,对其进行研究,将可能从理论上为多种能源相互作用提供依据。为此,设计和进行了本次金属和非金属元素对有机质成气过程影响的生烃模拟试验。

所采样品来自于柴北缘侏罗系烃源岩。三个代表性样品为:绿草山-宽沟煤矿区的侏罗系煤层、龙 1 井 1729 m 处的侏罗系黑色碳质泥岩、中国地质调查局所钻柴页 1 井 1972.5 m 处的侏罗系黑色碳质油页岩。

样品为低熟烃源岩,R^{o} 基本在 0.5%~0.7%;氯仿沥青"A"含量变化在 0.06%~0.56%;可溶有机质氯仿沥青"A"族组成中煤样以非烃和沥青质为主;碳质泥岩则以饱和烃及非烃为主。泥岩有机碳含量为 1.81%~29.05%,平均 13% 左右,对烃源岩来说含量中等偏好;泥岩和煤样的有机质类型主要为 III 型干酪根(生气为主,但潜力较低);而油页岩及部分碳质泥岩为 IIB 型干酪根(可生油生气,趋向于生油)。少数碳质泥岩有机质类型为 I 型干酪根。总之,柴北缘侏罗系碳质泥岩、煤等为较好的烃源岩。

2. 实验条件和设计

首先将样品进行酸化处理,然后取样品油页岩、碳质泥岩和煤分别为 100 mg,并各取 6 份,进行 6 组实验。第一组样品不加任何矿物介质,另五组样品分别在加入 10% 和 20% 的 Mn、Mo、V、CsCl、UO_2CO_3 的条件下进行生烃模拟实验。实验温度从 200 ℃ 到 800 ℃,每隔 200 ℃ 取一个温度点,即选择 200 ℃、400 ℃、600 ℃、800 ℃ 四个温度点,在每个温度点恒温 30 min。

参照地幔岩包体气体热解质谱法,设计了质谱在线分析高温热解方法,具有高灵敏度,可以测定高温热解生成的很少量的气体组分。

本次实验检测的气体有 CO_2、H_2O、CO、N_2、O_2、H_2、C_4H_{10}、C_2H_6、C_3H_8、CH_4、Ar、SO_2、H_2S、HCl 14 种气体。

3. 实验结果与认识

模拟实验结果表明,与铀矿伴生的 Mn、Mo、V、CsCl、UO_2CO_3 等金属元素和矿物均在不同程度上影响了有机质的生烃率,对其有着明显的催化作用。但具体的影响程度与气体生成类型和产率(为累积产率,而不是分段产率)有关,又与有机质本身所处的岩石类型和所加元素的种类及温度结点有很大的关系。

例如,图 3.34a 所示,在加热时加入 U 元素,与未加元素相比其总生烃(甲烷-丁烷)量明显增加,尤其是在 500 ℃ 以前,这一规律十分明显。在 400 ℃ 时生成量的增加达到高峰,之后累计生烃量趋于平缓,这一现象在煤和油页岩样品的实验中也很明显;图 3.34b,实验中加入 Cs 和 V 元素,对于碳质泥岩甲烷气体的生成有促进作用,表现为①生气量明显增加;②与未加元素相比提前进入生气高峰期,未加时是在 800 ℃,而加入 Cs 和 V 元素后提前到 600 ℃;图 3.34c,加入 Mn 元素后,碳质泥岩样品甲烷产气量增加,相比未加元素也提前进入生烃高峰;图 3.34d,加入 V 和 Mo 元素后,碳质泥岩总生烃量增加,同时 V 的促进作用要强于 Mo 元素;图 3.34e,加入 Cs 元素不仅可以影响烃源岩烃类气体的产气率,对于无机的还原性气体硫化氢,同样有促进作用,生气高峰与未加时相同,但生成量增加幅度较大;图 3.34f,煤中加入 Mo 元素后,对乙烷和丙烷的产气率都有不同程度促进作用,且促进作用在 200~400 ℃温度区间内最为显著,增加量最大。

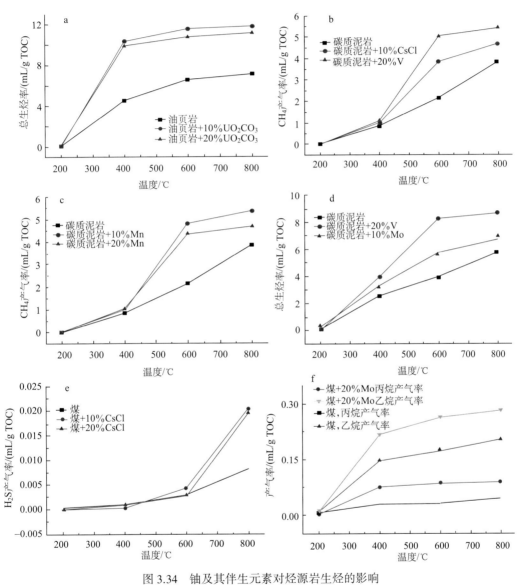

图 3.34　铀及其伴生元素对烃源岩生烃的影响

a. U 对烃源岩总生烃率的影响;b. V、Cs 对烃源岩甲烷产气率的影响;c. Mn 对烃源岩甲烷产气率的影响;
d. Mo、V 对烃源岩总生烃率的影响;e. Cs 对烃源岩硫化氢产气率的影响;f. Mo 对烃源岩产气率的影响

　　由上述模拟生烃结果可知,通过加入 Mn、Mo、V、Cs、U 等金属元素,可以认为 U 及其伴生元素的富集能使烃源岩的烃类气体和非烃类还原性气体的生成量增加,同时还使烃源岩生烃高峰提前。由此可以推断,柴北缘地区侏罗纪地层中 U 及其伴生的金属元素的富集,可以促使该区低熟烃源岩生烃量增加并提早进入生烃阶段;而伴生生成的还

原性气体又反过来作用于含铀物质使其还原成矿，促使 U 的进一步富集。该认识为我国低成熟页岩中为何具有丰富的油气资源提供了科学实验依据。

可见，在沉积盆地地下的自然环境中，烃源岩的生烃过程不可能是一个简单的增温增时的热演化过程，其中可能参与的物质颇多，影响因素复杂。然这些可能参与的物质和影响因素又会因盆地地质环境的不同而有较大差异。这会直接影响烃源岩的生烃过程和生烃量，通常所估算或评价的资源规模与实际情况相差颇大，这可能是其中较为重要的影响因素之一。

结合盆地的地质实际，综合考虑烃源岩生烃过程可能参与的物质和影响的因素，进行生烃模拟实验，才可能取得较符合该盆地实际的认识。

第五节 多种能源矿产共存的综合判识体系

在油气、煤、铀勘探过程中，利用不同勘探技术和方法，各矿种分别形成了多种内容的矿产勘探信息源和判识标志，自成体系，且在不同勘探阶段有所不同或侧重。在构造环境和变形、沉积建造、矿物岩石、流体和热动力、地球化学诸方面，也分别有各学科自己若干判识标志或确定依据，其中部分与能源矿产联系密切。这些是构建多种能源矿产综合判识标志体系的重要基础和组成部分。

根据不同类型矿产各自的形成机理、赋存条件和分布规律及其在地质(如构造、沉积、岩石、矿物、流体、古生物等)、地球物理(如重、磁、电、震、遥、热、测井等)、地球化学(有机、无机、流体、同位素、放射性等)、生态环境、地表矿化和各类烃类耗散结果显示等方面的具体表征，进行多种能源矿产的判识标志体系的筛选、分类和归纳总结，通过多种技术方法和判识标志的综合对比、相互补充印证、彼此约束，形成配套体系，以期判识和圈定各类能源矿产的富集区及其类别和组合分布。

这种综合判识体系可以划分为地上判识体系和地下点面判识体系、深度分析判识体系等。如在勘探初期，重、磁、电等勘探技术方法，从宏观上查明盆地的结构、基底类型及埋深、构造特征等。根据不同的矿产，采取不同的勘探方法，得到不同的勘探数据，相应重点解决不同问题。这些方法包括遥感、航磁、航测、野外踏勘、化探、地震、钻井、录井、测井、激发极化等，得到初步数据，而后利用构造解析、沉积相、岩矿分析和地球化学等地质方法和各种直接或间接的成矿标志开展进一步研究。

一、油气耗散的类型与判识标志

1. 油气耗散及其产物

油气为流体矿产，生成后以留、聚、散、失四种形式存在和演变，即部分"留"存在母岩中(如页岩油气类)；大部离开烃源岩向外运移，或"聚"集成藏，或"散"于岩层和流体中，或在所经途中发生流体-围岩相互作用而耗损甚或暴露地表而散"失"。后者称之为"耗散"(刘池洋等，2008a)。

在后期改造较明显的含油气盆地，油气资源耗散的规模不可忽视，有的十分巨大。

如我国南方的麻江古油藏(韩世庆等，1982)、准噶尔盆地西北缘(吴元燕等，2002)、塔里木盆地中部隆起(庞雄奇等，2002)和柴达木盆地的油砂山，推断耗散的石油储量可达几亿吨到几十亿吨。仅根据油气散失后留下的沥青砂岩估算，塔里木盆地的志留系在海西运动早期损失的油气资源量就达 133.17×10^8 t（张俊等，2004）。鄂尔多斯盆地天然气资源丰富，在中北部大气田集中分布区，根据多种地质证据估算的上古生界天然气平均散失量(体积)接近40%（冯乔等，2006；见第十三章）。再如，在加拿大西部艾伯塔盆地东部的油砂矿区，探明的稠油储量就达 240×10^8 t（李国玉、金之钧，2005）；此储量被初计入世界探明未采石油储量后，使加拿大和世界与之有关的储量比值数据发生了大幅变化。又如世界油气资源最丰富的波斯湾盆地，从盆地北部扎格罗斯山跨土耳其到黑海边，地表出露的各类油气苗和古油藏北西向延展达 2000 km（童崇光，1985），表明古波斯湾盆地油气资源更为丰富。显而易见，在资源量探明程度或剩余待探明资源量估算中，对油气损失的部分若不考虑或估计不足，就会使资源估算结果与客观实际相差甚远（刘池洋等，2008a）。

从同盆共存的油气煤铀的赋存环境和成藏(矿)作用考虑，特别值得关注的是，这些巨量油气在耗散过程中产生了什么地质效应，留下了哪些作用结果或行迹。以往对油气耗散的研究大多关注的是现今仍具烃类特征的直观显示结果，如在地表及地下遗留的油气苗、稠油、各类沥青、地蜡、重烃和凝析油等。油气是一种成分极为复杂的有机流体。在其途经的岩层和散失的浅表层，应发生有机与无机、非金属与金属、流体与固体多种形式的相互作用和相关成矿过程，自然也会留存有相应的各种后生产物和矿产。值得注意的是，这些作用的结果或现象，一般已不具烃类的特征或属性，因而长期以来对其重视不够，甚或视而不知。

根据油气耗散前后数量和性质等基本特征方面的差异，将油气耗散划分为数量减少、相态转变、成分改变和性质转化4种类型(表3.8)。这4种类型的含义是明确的，其间的差别也较明显。各种类型分别不同程度地体现了油气耗散过程中地质构造背景、温压条件、地球化学环境、埋藏深度、耗散特点和程度等方面的差异。如油气相态的某些转变，往往反映经历了较高温度的改造(如焦沥青等)。再如性质转化类型，通常发生在埋藏不很深的表浅层或地表，油气与围岩、流体或大气等相互作用所形成的现象或产物，一般已不具烃类的表观特征或直接属性。在此有必要指出，在油气耗散过程中，其

表 3.8　油气耗散的类型、形式和产物一览表(据刘池洋等，2008a)

耗散类型	耗散形式	结果或产物
数量减少(量变)	断裂切割油气泄流，微裂缝渗漏	油苗、气苗、油砂、沥青脉、含沥青岩石、各类沥青、地蜡、稠油、重烃、凝析油、甲烷
相态转变(相变)	石油液体转变为气体、胶体或固体	
成分改变(性变)	轻烃扩散、微渗漏、逸散；生物降解，产生 CO_2 和 H_2S 等	
性质转化(质变)	与围岩、流体、大气等相互作用，参与形成不具烃类表观特征或直接属性的现象或矿产	砂岩漂白、(灰)绿色化、碳酸盐化、铀矿化、其他矿物蚀变等

数量、相态、成分和性质一般均不同程度地同时发生变化、各种耗散形式也大多相伴或相继发生(刘池洋等,2008a)。

油气与围岩和流体的相互作用及其产物,一般随作用物质的岩石矿物类型、地球化学性质、温压条件和环境等的不同而变化,可形成相应丰富多彩、复杂而有序的系列标志性后生产物及其组合和地质现象。这些产物和现象是确定油气是否曾存在、经过,以及其相互作用程度和耗散规模的重要依据,在有些情况下甚至可能是主要证据;也是示踪、发现和预测相关矿床的有效线索和重要标志。

2. 延安组顶部漂白砂岩成因与形成环境

鄂尔多斯盆地东北部侏罗系延安组顶部的砂岩漂白现象是油气运移逸散的重要证据,此前多从油气蚀变角度对漂白砂岩进行研究和讨论,对其形成的地质环境鲜有论及。漂白砂岩分布在不整合面之下的风化壳中,指示不整合结构是其形成的重要地质背景。结合野外观察、矿物学和地球化学分析,对该区侏罗系不整合结构特征进行重点剖析,进而探讨漂白砂岩的成因。

(1) 不整合结构类型与漂白砂岩分布特征

完整的不整合结构由不整合面之上地层(底砾岩或砂岩)、风化黏土层、半风化岩石和未风化岩石组成。鄂尔多斯盆地东北部直罗组与延安组呈平行不整合接触,不整合面之下的风化黏土层不发育。这一特征与济阳拗陷第三系内部不整合结构相似(隋风贵、赵乐强,2006;宋国奇等,2008)。此类不整合由于间断时间短(<10 Ma)而未形成土壤层,表现为风化黏土层缺失。通过野外露头观察,依据古风化壳的发育特征将研究区侏罗系内部不整合划分为 I 型和 II 型两种结构类型(图3.35)。

I 型不整合结构中延安组顶部发育半风化岩石,风化壳上部以白色砂岩、红色砂岩、黄色细砂岩为主(图3.36a、b),部分地区残存棕红色厚层泥质粉砂岩(图3.36c),内部有时伴生不连续煤层(图3.36a),风化壳下部过渡为黄绿色砂岩(图3.37),代表了风化自上而下逐渐降低。风化壳上部砂岩均遭受强烈溶蚀作用,溶蚀孔隙和高岭石黏土大量发育。红色砂岩和黄色砂岩为延安组顶部砂岩在风化过程中遭受强烈氧化-溶蚀的产物,后期经历烃类还原蚀变而形成漂白砂岩,因而漂白砂岩仅分布在延安组风化壳上部。值得注意的是,风化壳上部的黄色粉细砂岩虽然遭受了强烈的溶蚀及氧化作用,但并未出现漂白现象(图3.38),这是因为黄色粉砂岩压实后孔渗性较差,无法作为后期烃类流体的运移散失通道。另外,风化壳上部的棕红色泥质粉砂岩则更为致密,在风化阶段尽管可以遭受一定的氧化作用,由于其极差的孔渗性,受大气降水补给的地下水优先进入孔渗性好的砂岩中,泥质粉砂岩内的流体循环速率较低,易溶离子无法大量迁出,溶蚀作用有限,棕红色泥质粉砂岩既无法遭受强烈的风化溶蚀,晚期烃类也无法对其进行还原蚀变。因而,黄色粉细砂岩和棕红色泥质粉砂虽分布在风化壳上部,但由于其较差的孔渗性,并未遭受还原漂白。

II 型不整合结构表现为直罗组与延安组之间风化壳缺失,直罗组黄色、灰绿色含砾砂岩直接与延安组灰黑色泥岩、煤层、灰色砂岩等未风化岩层相接触(图3.35)。上覆地

空间结构	结构类型			
	I 型		II 型	
上覆地层 (底砾岩/砂岩)				
风化黏土层	缺失		缺失	
半风化岩石			缺失	
下伏地层 (未风化岩石)				
典型剖面				

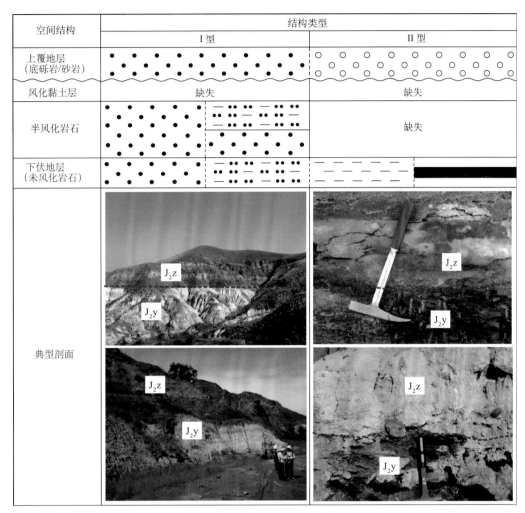

图 3.35 鄂尔多斯盆地东北部侏罗系不整合结构类型图

上图为延安组风化壳上部,下图为风化壳下部。延安组顶部砂岩逐渐从白色过渡为黄色至黄绿色

图 3.36 鄂尔多斯盆地东北部延安组顶部风化壳野外露头照片

a. 白色砂岩与煤层伴生;b. 白色砂岩中残余的红色砂岩;c. 白色砂岩和上覆棕红色泥质粉砂岩

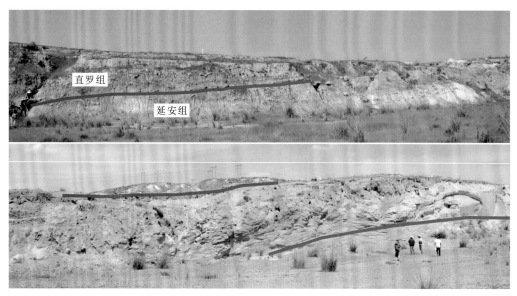

图 3.37　鄂尔多斯盆地东北部高头窑地区中侏罗统不整合结构特征

上图为延安组风化壳上部，下图为风化壳下部。延安组顶部砂岩逐渐从白色过渡为黄色至黄绿色

图 3.38　漂白砂岩下部黄色粉细砂岩岩石学特征

右图为左图镜下特征

层沉积期水动力的强弱直接决定了下伏风化壳的发育状态(赵乐强等, 2009), II 型不整合结构中风化壳的缺失与直罗组沉积期强烈的河流侵蚀作用相关, 盆地东北部延安组因剥蚀厚度小(陈瑞银等, 2006), 风化壳得以保存。

(2) 漂白砂岩成因模式

研究区漂白砂岩的形成并不同于美国科罗拉多高原的纳瓦霍砂岩。纳瓦霍砂岩属于干旱沙漠相沉积, 为成熟度较高的石英砂岩, 砂岩在同沉积期或成岩阶段早期遭受氧化形成赤铁矿而呈红色, 后期烃类的还原使 Fe 元素迁出而将红色砂岩漂白(Beitler et al., 2005)。

　　鄂尔多斯盆地东北部延安组白色砂岩成因模式见图 3.39。延安组原岩属于湿润气候条件下的河流相沉积,砂岩内部发育煤层和炭屑,沉积期和成岩阶段早期属于还原环境,砂岩原始沉积时的色调为灰色、灰黑色。延安期后鄂尔多斯盆地整体抬升,延安组上部岩层因长期暴露地表遭受氧化而呈红色,长石、黑云母等矿物遭受大气降水淋滤溶蚀而形成高岭石(图 3.39a),煤层和炭屑有机质被氧化生成的有机酸可能加速了矿物风

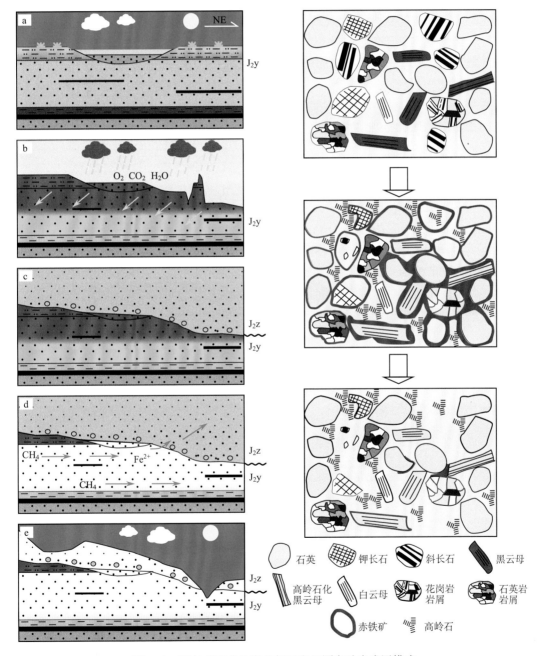

图 3.39　鄂尔多斯盆地东北部延安组漂白砂岩成因模式

化溶解过程(丁晓琪等,2014)。在风化过程中,砂岩物性得以改善并将原岩颜色转变为红色(图 3.39b),因而研究区红色砂岩的形成与纳瓦霍砂岩中的红层存在明显区别。延安组顶部砂岩因风化作用胶结程度变差、物性变好,成为良好的油气运移通道(图 3.39c),同时富集铁氧化物,为后期砂岩发生还原漂白奠定了物质基础。晚侏罗世—早白垩世,鄂尔多斯盆地进入快速沉降期,同时伴随强烈的构造热活动,引起上古生界煤系烃源岩进入生、排烃高峰期,天然气大量生成并发生近距离运聚成藏。而自早白垩世末以来,盆地遭受整体抬升剥蚀,早期的高压气藏遭受破坏,处于构造高部位的盆地东北部地区成为天然气运移散失的重要指向区。作为天然气大规模运移散失的优势通道,延安组顶部风化壳遭受了强烈的烃类流体蚀变改造作用(图 3.39d)。风化壳砂岩内富集的铁氧化物被晚期到达浅层的天然气还原为 Fe^{2+},并随水-烃类混合流体迁出,使红层发生褪色漂白,赤铁矿胶结物的溶解流失,使砂岩的胶结程度进一步变差,后期砂岩抬升至地表而形成极易发生水土流失的"砒砂岩"(图 3.39e)。风化壳内泥质粉砂岩较为致密,受大气降水补给的地下水优先进入孔渗性好的砂岩中,泥质粉砂岩内的流体循环速率较低,易溶离子无法大量迁出,溶蚀作用有限,因此,其物性改善程度并不明显。另一方面,因细碎屑岩塑性较强,对压实作用敏感性强,随着后期地层的深埋,物性改善程度基本消失(宋国奇等,2010),故晚期天然气流体难以在致密的细碎屑岩石中发生大规模运移,细碎屑岩层仍呈氧化色,未发生还原漂白。因此,在风化过程中,孔渗性良好的砂岩更易发生淋滤溶蚀而使物性得以改善,泥岩和粉砂岩等细碎屑岩受风化作用的影响有限,仍可作为良好的封盖层。据此认为,风化壳并不都能够对油气起输导作用,应结合岩性判断风化作用是否使岩石物性有所改善。

综上所述,风化作用使延安组顶部砂岩因铁氧化物的富集而呈红色,同时砂岩物性得以改善,成为后期油气运移的重要通道。天然气的还原蚀变将 Fe 元素迁出,砂岩发生褪色漂白且胶结程度进一步降低。碎屑岩古风化壳中红层的漂白现象是识别不整合结构参与油气运移成藏的重要标志。

3. 油气耗散的判识标志

前已述及,油气耗散是油气地质与勘探领域值得重视的现象和问题,耗散的油气对铀成矿环境有重要的影响,甚至直接参与铀成矿作用和过程。油气耗散的蚀变作用使岩石的物理化学性质发生了变化,其地质和成矿效应不容忽视。蚀变漂白现象使坚硬的砂岩松散,到地表风化后成为粉末,易于随风飘扬而污染环境,易于板结和发生水土流失,故又被称为"砒砂岩"。来自耗散油气的大量有机碳碳酸盐化可形成貌似"硅化木"形状的地质体,其中所充填的方解石晶体、亮晶方解石和泥晶方解石,表明为低温和中温两种环境复合成因,可称之为木形钙化物。若将其视为硅化木或钙化木类木化石,则会影响对地质环境的认知,也会误导化石市场交易。

较大规模的油气耗散结果或产物,会构成多种不同形式、有规律的空间展布格局。在鄂尔多斯盆地东北部天然气运聚-蚀变区,自南而北有序分布有:古生界大气田分布区(图 3.40)→上二叠统气测异常区→直罗组(灰)绿色蚀变-铀(矿)化砂岩带、碳酸盐化带→延安组顶部漂白砂岩带(图 3.2)→下白垩统凝析油苗带(图 3.14)。对油气耗散及其成矿效应的多种判识标志(结果)密切关联、有序排布规律的总结,有利于操作识别和进一步预测、对比。

对具有烃类特征的油气耗散标志,一般较易识别。对不具烃类特征或属性的油气耗散结果,主要类型的地球化学指标值见表15.3;油气耗散蚀变的判识标志,见第十五章第六节第一部分。

二、煤成油与煤成气的有机地球化学判识标志[*]

关于煤成油和煤成气的形成和地球化学特征见本章第四节。

1. 煤成油的判识标志

煤成油具有以下特征的生物标志物(傅家谟等,1990;黄第藩等,1992):

1) 富含高碳数的正构烷烃,煤成油和一般的陆相石油具有相似的正构烷烃的分布,但往往煤成油的高碳数峰群更为突出,CPI 值较高。

2) 具有高的姥鲛烷优势,成煤环境往往是细菌活动的有利场所,所以煤抽提物中常常可以发现比较丰富的源于细菌的大于 C_{20} 的规则和不规则类异戊二烯类。但最明显的特征是 Pr/Ph 值高(Pr/Ph>2),这与成煤早期环境的偏氧化有关。

3) 富含高等植物生源的环烷烃类及其衍生物,已检出大量的这类生物标志物。如源于树脂特征的生物标志物有倍半萜类的 4β(H)桉叶油和 8β(H)锥满烷;二萜类的松香烷(烯)、海松烷(烯)、贝壳松烷(烯)、扁枝烷和劳丹烷系列的衍生物。

4) 富含陆源三萜烷,在煤中发现的除藿烷外其他特征三萜烷有羽扇烷、螺旋三萜烷、奥利烷、乌散烷、蕨烷和无羁烷系列化合物以及某些对应的降解产物。

5) 富含各种芳香烃类。与一般泥质生油岩相比,煤样中芳烃化合物含量较高且种类较多,这是由其母质富含芳香结构决定的。除比较普遍检出的苯、萘、菲及其烷基衍生物外,还经常检出与燃烧有关的稠合芳烃,如芘、䓛、苯并芘,苯并荧蒽等,此外,在煤中还鉴定出各种芳香化程度不同的萜、甾类,如卡达烯、惹烯、西蒙内利烯、苯并藿烷等。

6) 煤成油的 δ¹³C 特征值为-27.00‰~-25.00‰,反映了煤成油母质类型和基本生源构成的特征。

2. 煤成气的判别标识

我国在利用煤烃气碳同位素及氢、氩诸同位素及其组合等鉴别煤成气、油型气和无机成因气上取得了丰硕的成果。目前识别煤成气的地球化学方法包括:①同位素地球化学,如 C、H、N、S 稳定同位素,Ar、He 等稀有气体同位素,主要利用组合同位素和单体系列同位素;②有机地球化学,如烃和非烃化学组成研究,R^o 值等;③无机地球化学方面,如汞蒸气含量测定等。目前,已在同位素、气组分、轻烃和生物标志物四个方面形成了系列的鉴别指标(表3.9)。

＊ 作者:姚素平,张科,薛春燕,焦堃,李苗春.南京大学,南京;执笔人:姚素平,李苗春.

表 3.9 煤成气和油型气综合鉴定表(据戴金星,2000)

项目 \ 气的类型		油型气	煤成气
同位素	$\delta^{13}C_1$	$-30‰ > \delta^{13}C_1 > -55‰$	$-10‰ > \delta^{13}C_1 > -43‰$
	$\delta^{13}C_2$	$< -29‰$	$> 27.5‰$
	$\delta^{13}C_3$	$< -27‰$	$> 25.5‰$
	$\delta^{13}C_1$-R^o关系	$\delta^{13}C_1 = 15.8\log R^o - 42.21$	$\delta^{13}C_1 = 14.13\log R^o - 34.39$
	$\delta^{13}C_{1-4}$连线	较轻	较重
	C_{5-8}轻烃单体系列	$< -26‰$	$> -26‰$
	与气同源凝析油$\delta^{13}C$	轻(一般$< -29‰$)	重(一般$> -28‰$)
	凝析油的饱和烃和芳香烃$\delta^{13}C$	轻($-26‰ > \delta^{13}C > -35‰$)	重($-23‰ > \delta^{13}C > -30‰$)
	烃源岩氯仿沥青"A"对应组分$\delta^{13}C$	较轻	较重
气组分	汞蒸气	< 600 ng/m^3	> 700 ng/m^3
	C_{2-4}(成熟阶段)	R^o相同或相近时,一般油型气比煤成气多2%以上	
轻烃	甲基环己烷指数	$< 50\% \pm 2\%$	$> 50\% \pm 2\%$
	C_{6-7}支链烷烃含量	$> 17\%$	$< 17\%$
	甲苯/苯	一般< 1	一般> 1
	苯	148 μg/L±	475 g/L±
	甲苯	113 g/L±	536 g/L±
	凝析油C_{4-7}烃族组成	富含链烷烃、贫环烷烃和芳香烃,一般芳香烃$< 5\%$	贫链烷烃、富环烷烃和芳香烃,一般芳香烃$> 10\%$
	C_7的五环烷、六环烷和nC_7族组成	富 nC_7和五环烷	贫 nC_7和富六环烷
凝析油和储层沥青中生物标志物	Pr/Ph	一般< 1.8	一般> 2.7
	杜松烷、桉叶油烷	没有杜松烷,难以检测到桉叶油烷	可以检测到杜松烷、桉叶油烷
	松香烷和海松烷系列	贫松香烷和海松烷	成熟度不高时,可检测到松香烷和海松烷系列
	二环倍半萜 C_{15}/C_{16}	< 1 和> 3	$1.1 \sim 2.8$
	双杜松烷	无	有
	C_{27-29}甾烷	一般 C_{27}、C_{28}丰富,C_{29}少	一般 C_{29}丰富,C_{27}、C_{28}少

第六节 多种能源矿产综合评价预测与协同勘探开发

科学研究旨在客观认识自然世界和正确把握自然规律,进而将这些认识和规律运用到为人类生存环境改善和物质需求获取等方面。所以,将多种能源矿产同盆共存及其内在联系和富集成藏（矿）等相关基础科学理论研究，与能源矿产评价预测、协同勘探开发模式等应用实践相结合，是重要和必要的。

与应用体系有关的核心理论技术方法，涉及内容广泛、影响因素颇多。急需构建其理论技术方法体系框架，从而指导综合资源潜力评价和预测，推动协同勘探开发，较大幅度地提高勘探成效，为相关盆地多种能源矿产共存富集的有效判识、客观评价、科学预测和高效协同勘探，为最大限度的发现更多能源矿产（特别是在未突破的新区）、多种能源基地持续发展等提供科学理论和技术支持。

多种能源矿产综合评价预测与协同勘探开发涉及领域广泛，目前总体尚处于探索和起步阶段。本节主要论及与之相关的思路和理论指导应用，并对沉积有机相对多种能源矿产的预测进行总结。

一、综合评价预测与协同勘探开发

1. 盆地是油气煤铀赋存的基本单元和成藏（矿）复杂系统

沉积盆地是油气煤铀等沉积矿产同盆成生、赋存的基本单元和成藏（矿）的巨型复杂系统，盆地动力学系统是沉积矿产赋存-成藏（矿）的统一大环境和动力学背景。复杂系统科学有诸多与传统科学不同的个性特征，决定其研究思想和方法论的嬗变。"我们被迫在一切知识领域中运用'整体'或'系统'概念来处理复杂性问题"（贝塔朗菲，1987）。

能源盆地复杂系统由多个子系统构成。如油、气、煤、铀等矿产的成藏（矿）作用子系统；构造作用、沉积建造、水动力作用、热演化和区域背景及深部动力学环境等各类地质动力子系统。这些子系统还可进一步细分为次一级、再次一级子系统。各子系统又自然的显示出和构成级别不同、因果有关、联系密切、彼此响应-制约的复杂互动大系统。

在能源盆地大系统及其子系统与外部环境之间，随时随地存在着物质、能量和信息的交换。能源盆地是沉积盆地的主要组成部分，它以其展布面积大、发育时间长而在地球动力学更大的复杂系统中占有重要的地位。

有必要指出，对复杂系统的整体把握和认识，只有建立在对其局部（不同层次子系统）或微观的精细分析和深入研究的基础上才更具体、科学，也才可操作。在复杂性科学研究中，其整体论与传统科学的还原论不是对立，而是互补关系。

随着探测手段的进步和科技、社会的需要及潮流，目前地学、生物学（袁建胜，2007）和社会学、经济学等复杂性科学的研究和实践，都更多地趋向于更小尺度的局部或微观层次，致使对微观的了解越来越精细，而对整体或宏观全貌的认识反倒越来越模糊。在这种情况下，强调整体观、系统论是及时而必要的。

2. 能源盆地研究和资源评价的总则

西北大学含油气盆地研究所提出和倡导的含油气盆地研究的总则是"整体、动态、综合"。对此3项研究总则，赵重远教授（1993）已有专文讨论。刘池洋（1993）曾对其内涵和意义作过以下概括性论述："含油气盆地是油气生成、运移和聚集的基本单位。只有从盆地的整体出发,动态研究盆地演化过程中的各种地质作用、综合分析油气成藏和分布的主控因素及最佳配置方式,才可能揭示其最基本的内在联系和规律。……对含油气盆地进行整体、动态、综合研究和全面总结,不只是对盆地单项研究成果的简单汇集,也不只是从大区域对已有资料的重新组合,而是在此基础之上更高层次的研究和升华。其中'整体'是前提,'动态'是核心,'综合'是途经。理论的深化和方法的更新是研究水平提高的基础。否则,研究就可能是同水平的重复。"

笔者认为这三项研究总则对多能源盆地和油气煤铀能源矿产的研究和勘探仍然适用。对其作进一步阐述和说明。

所谓"整体",即将能源盆地置于更广阔的大地构造背景和区域动力学环境之中,作为一个彼此关联-响应的整体。将盆地内不同类型的子系统作为一个联系密切、互动作用的整体,而不是仅顾及或偏重某一子系统或局部地区;将油气煤铀的赋存环境和成矿作用及分布作为相互作用、彼此影响的整体,探讨其形成演化及改造和各种能源矿产的赋存、成藏(矿)及分布。

所谓"动态",即不能将现存的地质现象、矿藏分布简单地等同于地史上的地质事实,因二者已有程度不同的改变,甚至大为改观。中国盆地大多后期改造强烈,无论是地质研究,还是油气煤铀成藏、分布与资源评价,均应剔去后期改造的影响,恢复盆地主要阶段的原始盆地面貌和动力学环境,在此基础上动态研究能源盆地的形成演化和改造过程,进而研究油气煤铀的成生、聚散和成藏的动态过程、评价资源规模和预测勘查远景。

所谓"综合",即将盆地形成演化过程中同时发生的各圈层(岩石圈、水圈、大气圈和生物圈)、各种内、外动力地质作用(活动)(如风化、搬运、沉积、成岩、构造、热力、流体、岩浆、重力、深部及气候等),作为沉积盆地大系统中联系密切、相互影响的子系统和系统外相关系统进行综合研究;将油气煤铀的矿产,反映不同地学特性的地质、地球物理、地球化学等资料进行综合研究。

根据笔者的科研实践体会,不同矿产行业的科研特点、观察和认识问题的角度或出发点,专业术语和表述方式、找矿思路等尚存在一定或较多差别,仍有必要进行综合对比、交叉融合、取长补短、共同提高。

以上三项,"整体"是前提,"动态"是核心,"综合"是途径。

3. 综合评价预测和协同勘探开发思路

多种能源矿产同盆共存、相互作用、聚集成藏和组合分布,本身就是一个前瞻性研究的全新领域。

目前,国内外各种能源矿产分类勘探方兴未艾。但矿权的限制和能源矿产行业的分工及各行其责,致使赋存在同一盆地甚或盆地内同一地区的各种能源矿产,常常各自独立勘探,其间也鲜有业务交流,因而多种能源矿产"信息共享"无法实现。真正意义上的统一规划、协同勘探和综合预测因行业分工和缺乏理论基础等原因尚未实施,单矿种各自独立勘探的负面问题已初步显现。这无疑将会延误相关矿产的发现时间和速度,大大增加和重复使用勘探开发和研究费用,显示了多种能源矿产综合评价预测与协同勘探开发的重要性、必要性及紧迫性。

尽管油、气、煤、铀各矿种、各行业均已构建了自己较为系统、成熟的成矿理论，已有可行、有效的勘探开发程式和配套的技术方法，并取得了辉煌的勘探开发成就，为多种能源矿产同盆共存内在联系、成藏(矿)机理等研究储备了丰富的基础资料和剖析案例，奠定了良好的基础。但二者必定还有诸多不同和多方面差异。将此前对盆地研究总则的意义做改写表述如下：对多种能源矿产同盆共存内在联系、成藏(矿)机理等的深入研究和全面总结，不能是对油气煤铀单矿种研究和勘探成果的简单汇集，也不只是从空间上对已有发现矿藏的重新组合，而是在此基础之上更高层次的研究和升华。思路的创新、理论的突破和方法的更新是研究水平提高的基础。否则，研究就可能是同水平的重复或形式的改换。目前，对有关多种能源矿产综合评价预测与协同勘探开发的研究，特别是有意识、主动的具规划和计划意义的实践还少之又少，对其进行系统总结尚缺乏基础。故在此主要述及与之相关的思路及意义。

多种能源矿产综合评价预测与协同勘探开发，应在对盆地油气煤铀的共存特点、赋存条件、成藏环境和机理、组合和分布规律等多内容较深入研究的基础上进行。强调诸多能源矿产"共存"的核心是，在成矿、赋存和分布诸方面之间内在联系密切，具有相互作用、彼此影响和同存俱富、少缺趋贫的特点(刘池洋等，2006a，2007b)。所以在此方面工作进行的全过程，始终应突出"多种能源"的整体和油气煤铀之间的"内在联系"。

综合评价和协同勘探是在多种能源矿产时空组合和分布规律基础上展开的。

图 3.40 表现鄂尔多斯盆地已探明油气煤铀资源的空间分布：南油北气、边部铀、全盆煤的分布格局一目了然。图中煤炭主要表现埋深<2000 m 的资源，在盆地东南部较大范围的资源"空白"区，没有中生代煤层，而该区的石炭-二叠系煤层又埋深>2000 m。鄂尔多斯盆地主体呈东高西低的西倾单斜，在该"空白"区之西北，大面积分布侏罗纪煤层。在该"空白"区内，侏罗纪煤层在东南大部缺失，西北部埋深>2000 m。在"空白"区东南分布的石炭-二叠系煤层沿黄河东西两侧呈南北向带状展布。石炭-二叠系煤层向西埋深增大，达 2000 m 以深再没有在图中表示。此图为多种能源矿产研究和勘探的基础性图件，用途广泛。该盆地油气煤铀矿产分布及协同勘探等相关内容，请参阅第十七章、第二十章、第二十一章和第三十章。

对多种能源矿产综合评价，资源规模应在油气煤铀各单矿种评价的基础上进行：根据多种能源矿产的内在联系、成藏(矿)机理与分布规律，补充、修正和完善受单矿种勘探资料和思维认知习惯等局限而未定或有误的资源及其相关参数。

在协同勘探开发和经济评价方面，应根据多种能源矿产在立体空间上的组合分布，统筹规划、协同勘探、综合经济评价、择要有序开发。这既提高了矿产的经济价值，又避免了勘探开发经费的重复使用，同时可使同一地区不同矿种的开发利用有序协同进行。

理论的创新和突破，是科学预测有效性提高的基础。油、气、煤和铀矿在同一沉积盆地演化-改造过程中形成、聚散和成藏(矿)，其成因和分布相互关联、彼此影响。这表明，某一种能源矿产的发现，本身就可能隐含着其他能源矿产存在与否或其特征等有关重要信息，使人们更深刻理解和认识盆地能源矿产成藏(矿)的特点和成矿规律。这为

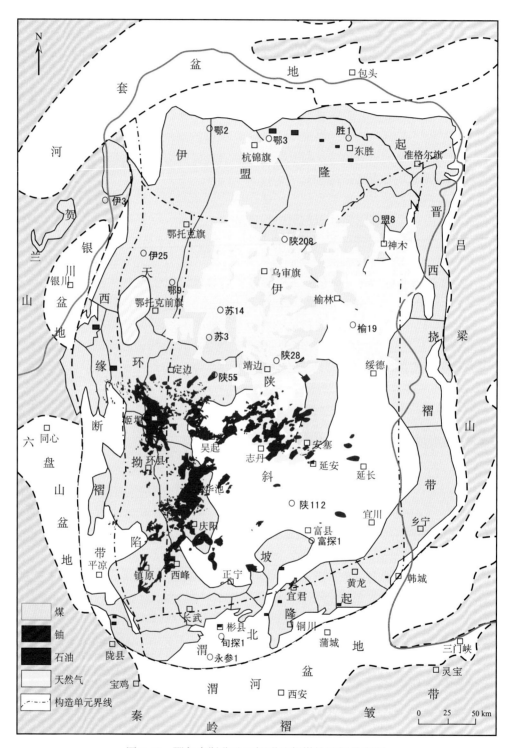

图 3.40　鄂尔多斯盆地已探明油气煤铀空间分布图

盆地内多种能源矿产兼顾,全方位、立体式、科学高效、协同勘探和综合预测奠定了理论基础(刘池洋等,2005a)。同时,要尽可能兼顾与油气煤铀伴生矿产的评价和利用。有关煤的伴生矿产见第二十八章、第二十九章。

可见,对多种能源矿产同盆共存内在联系关系和时空分布规律的揭示,将会增强研究和勘探中的预测性,使人们期盼已久的一叶知秋、举一反三、由此及彼(如由气找铀、由铀找油、由油找铀、由煤找铀、由煤找油等)、探深找盲的综合预测和协同勘探成为可能;从而提高和促进能源矿产行业的勘探开发成效和能源基地的持续发展。

二、沉积有机相对多种能源矿产的预测[*]

煤、石油和天然气是否同盆共存,或是否在同一沉积地层共存富集,受控的地质因素颇多。对于同盆共存共生的各种有机能源矿产,通常从独立矿产来认识和评价其地球化学特征,几乎未涉及到多种矿产资源的总体评价,从而影响了对多种有机能源矿产资源赋存规律的全面认识。如何找到评价煤和油气源岩的最大公约数,是有机地球化学面临的重要课题。

1. 沉积有机相及前人分类

沉积有机相是国内外广泛应用于油气资源评价和盆地远景预测的工具,而煤相作为一种特殊的有机相正越来越多地用于煤成烃的评价和聚煤规律的研究。由于沉积有机相概括了有机质的形成、演化及空间展布特征,进而也成为油、气、煤多种能源矿产进行综合勘探的有效方法。有机相的起源和发展与煤岩学密切相关,许多学者从煤相的角度来揭示烃源岩的有机相特征,根据成煤沼泽类型划分有机相,其划相指标偏重于煤岩学特征(Teichmuller,1989;刘大锰等,1995;金奎励等,1997)。张鹏飞等(1997)根据煤相的划分原则将吐哈盆地烃源岩的有机相划分为干燥沼泽相、森林沼泽相、流水沼泽相和开阔水体相。姚素平等(1997)认为显微组分具有岩石学和地球化学的双重属性,沉积有机相可以通过有机成分反映出来,以煤相为基础划分的有机相已较多地应用于煤成烃特别是煤成油的资源评价中。油气地球化学家更注重烃源岩的油气生成潜力,其有机相的划分主要反映地质体中有机质的富氢程度和生源特性,如Jones(1987)根据干酪根类型将有机相分为4种主要有机相(A、B、C、D)和3种过渡型有机相(AB、BC、CD),其中A、B、C、D相分别对应于干酪根类型的Ⅰ、Ⅱ、Ⅲ、Ⅳ型。在该方案中,各相的地质意义分别为:A相是缺氧环境中形成的,基本上是淡水或湖水成因的;AB相也于缺氧环境中形成,含少量陆源有机质;B相是含有一定量的陆源有机质的有机相,有机质丰度较低,绝大多数烃源岩属此类;BC相基本上由海相有机质和陆源有机质混合而成;C相则以陆源物质为主,煤属此类;CD相基本上氧化环境中形成的;D相则为高氧化性-再旋回沉积,此类沉积物已无生油意义。Jones划分的沉积有机相在某种程度上类似一个复杂化的干酪根分类,但是这一分类充分考虑到了有机相的特征不仅由有机质来源决定,同时

＊ 作者:姚素平、张科、薛春燕、焦堃、李苗春.南京大学,南京;执笔人:姚素平、薛春燕.

也受到有机质的保存环境、沉积环境等因素控制，具有相当的应用前景。近年来，对有机相的研究开始重视有机质的沉积背景，即无机沉积岩的沉积特征，如 Tyson（1996）在 Jones 的基础上，通过层序地层、有机相和孢粉相的研究总结了不同体系域沉积有机质的一系列特征。表 3.10 为沉积有机相分类及煤、油、气矿产综合地球化学评价方案的综合表。因为刘大锰等（1995）和金奎励等（1997）建立的煤系地层有机相和 Jones 用于油气源岩评价的有机相有良好的对应关系，所以其综合指标可用于多种有机能源矿产的综合评价。

表 3.10　沉积有机相分类方案与对应的干酪根地球化学特征及环境对比表

			藻类 (A)	无定形 (AB)	草本质 (B)	木质 (BC)	木质 (C)	煤质 (CD)	煤质 (D)
干酪根分类方案	较早的两分法		腐泥型				腐殖型		
	孢粉学分类		藻类	无定形	草本质		木质		煤质
	Tissot 分类		I		II		III		IV
	有机岩石学分类		类脂组				镜质组		惰性组
	综合指标分类	类型	I		II₁		II₂	III	
		热解 S₁+S₂	>20		20~6.0		<6~2.0	<2.0	
		热解 HI	>700		700~350		350~150	<150	
		元素 H/C	<1.5		1.5~1.2		<1.2~0.8	<0.8	
		元素 O/C	<0.1		0.1~0.2		0.2~0.3	>0.3	
		镜检 Ti	>80~100		80~40		<40~0	<0	
	主要生物来源		藻类、细菌		水生生物,高等植物富类脂组分		高等植物富类脂组分	高等植物	
Jones 有机相	HI		≥850	≥650	≥400	≥250	≥125	50~125	≤50
	H/C		>1.4		1.2~1.4	1.0~1.2	0.7~1.0	0.4~0.7	
	有机相		A	AB	B	BC	C	CD	D
金奎励等（1997）	宏观煤岩型		暗煤、腐泥煤				亮煤、暗煤	镜煤、亮煤	丝炭、暗煤
	V+I		<40				40~70	70~90	>90
	GI		2~10				0~50	2~50	1~2
	TPI		0~1				0~2	2~6	0~2
	煤相		开阔水体相				流水沼泽相	森林沼泽相	干燥沼泽相
化石燃料类型			主要形成石油、油页岩、藻烛煤				主要形成石油,有伴生气		主要形成天然气腐殖煤

注：综合分类参数据国家石油天然气行业标准《SY/T5735-1995》，其中 HI：氢指数；S₁：可溶烃含量；S₂：热解烃含量；Ti 为类型指数，Ti＝藻类(或无定形)体含量×100+壳质体含量×50+镜质体含量×(-75)+惰性质体含量×(-100)。

2. 沉积有机相类型划分

烃源岩和煤的沉积有机相有多种控制因素，其中沉积环境和有机质的原始母质类型是决定沉积有机相最重要的因素。而烃源岩的沉积环境也与烃源岩有机质的生源有着密切关系。一定沉积环境下可形成一定特性的有机岩石成分；反之，据某种特定的有机岩石成分也可推测其形成的特定环境。如有机岩石成分及其产状在一定程度上可以反映沼泽的覆水程度、氧供给、酸碱度等环境条件：藻类体的大量产出，表明沼泽覆水深；水下沉积和开阔沼泽型煤比森林成因煤含有更丰富的花粉；角质体也是在一些水下环境中比较富集，厚壁角质体往往与气候条件有关；萜烯树脂体大多是温热气候条件下的产物，树脂体的环带结构、孢子体的腐蚀痕迹都是遭受氧化的标志；各种显微组分碎屑可能是经过介质搬运的再沉积物等。由于显微组分赋存特征和沉积环境密切相关，煤地质学家提出了一些有效的表征煤相的指标，如镜质组和惰性组的比率(V/I)可以反映成煤泥炭遭受氧化程度的参数，当镜惰比小于 1.0 时，指示了成煤泥炭曾暴露于氧化环境(Diessel，1986)。Diessel (1986)在对澳大利亚煤进行研究时，提出了可以反映成煤环境的两个以显微组分数量为基础的煤岩学指数，即凝胶化指数(GI)和植物保存指数(TPI)，GI 值的大小可反映泥炭沼泽的覆水程度，TPI 值可反映植物遗体遭受微生物降解、凝胶化作用及自然破碎的程度，并在某种程度上可指示 pH 值的大小。此外，显微煤岩类型也与成煤环境相关，如微镜煤主要形成于森林泥炭沼泽环境，氧化程度低；微亮煤往往形成于比较潮湿的还原条件；微暗煤多反映的是水下沉积，水动力条件强；微镜惰煤和微丝煤表明氧化程度较高。微三合煤的成因随着主要显微煤岩组分的变化而变化，一般认为富镜质组的微三合煤可能形成于森林沼泽中，富壳质组的微三合煤可能形成于覆水较深的沼泽中，富惰性组的微三合煤可能形成于比较干燥的条件下。由此可见，有机质的生源特征，它不仅反映了有机质的生烃质量，也反映了有机质的形成环境，而且有机岩石学的最基本单位——显微组分是划分有机质类型的基础，显微组分的数量直接反映了烃源岩的有机质丰度，显微组分的光性和种类是烃源岩演化程度、生烃潜力、生源特征及沉积环境的最直观的标志。因此，以有机岩石学为基础划分的沉积有机相可以更好地反映地质体中有机质的数量、类型、成熟度和沉积环境及与其有成因联系的烃产物类型之间的关系。

本次研究在相类型的建立上，以 Hacguebard 等(1967)的岩相图解为基础，将显微组分数据按岩相图解法绘制到岩相图解上，同时采用了 Teichmüller (1989)对煤相的研究成果，并根据上述沉积有机相标志，结合对准噶尔盆地，吐哈盆地及鄂尔多斯盆地(金奎励等，1995；姚素平、金奎励，1996；姚素平，1997)中生界沉积环境和有机地球化学研究工作的认识，以显微组分及其生烃潜力为主要划相标志(详见第十章)，将延长组和延安组烃源岩和煤的沉积有机相划分为六种，分别为 A 陆地森林(沼泽)、B 湿地森林(沼泽)、C 湿地草木混生(沼泽)、D 覆水草本(沼泽)、E 异地残殖(漂浮沼泽)和 F 开阔湖盆藻质有机相。其中，陆地森林(沼泽)有机相显微组分以富含镜质组、惰性组和贫壳质组为特征，特别是惰性组含量较高，H/C<0.8；湿地森林(沼泽)有机相的显微组分以具有高含量的基质镜质体为主要特征，一般含量在 30%~50%，H/C 值在 0.8~1.2 之间，S_1+S_2 为 50~250 mg/g；湿地草木混生(沼泽)有机相显微组分以富氢镜质体为主体，可富集大量的孢子体，H/C 值在 1.0~1.3 之间，S_1+S_2 为 100~300 mg/g；覆水草本(沼泽)有机相的显微组分来源丰富，富含孢子体、角质体和藻类体，H/C 值在 1.2~1.4 之间，S_1+S_2 大于 300 mg/g；异地残殖(漂浮沼泽)有机相富集孢子体和角质体，H/C 值在 1.1~1.4 之

间，S_1+S_2为 200~300 mg/g；开阔湖盆藻质有机相的有机显微组分主要是藻类体，母质来源以低等生物为主，H/C 值大于 1.4，S_1+S_2大于 300 mg/g。以上划分的沉积有机相的特征表明：陆地–湿地森林(沼泽)有机相和开阔湖盆藻质有机相是鄂尔多斯盆地中生界最重要的有机相，也是延安组成煤和延长组成油的主要有机相类型，前者在盆地发育广泛，后者主要发育于盆地中南部。湿地草木混生(沼泽)有机相在盆地发育局限，只在庆阳和子长瓦窑堡组发育，成烃方向为煤、油和气；覆水草本有机相在盆地中南部有所发育，成烃方向为油、气和煤；异地残殖(漂浮沼泽)有机相只在盆地的黄陵地区有发育，生烃方向主要是油、煤和气。

综上所述，典型的油源岩(F 相)和典型的腐殖煤(A 和 B 相)是两种极端的有机相，也是鄂尔多斯盆地和其他煤、油、气共存盆地的共同特征和主要的有机相类型。鄂尔多斯盆地中生界存在一系列由煤到油转化的过渡类型有机相，如 C、D、E 相具有成油和成煤的共性，由此可以根据沉积有机相预测目的层形成矿产的方向和资源潜力，从而对中生界油、气、煤成因理论及多种能源共同勘探有着重要的意义，也为有机能源矿产共存富集的地球化学定量判识模型的建立提供了基础。

3. 定量表征和评价探讨

尽管目前对有机相的评价方法综合考虑了有机质的丰度、类型、演化程度和沉积环境等多种因素，但大多数划相指标是定性的，缺乏定量描述模型，并且由于使用的各项指标比较分散、杂乱，有些指标之间可比性较差，实际应用起来比较繁琐，很不方便，难以准确地反映成煤、生油、生气源岩的客观有机相特征，且存在处于两相之间的某些参数值不好确定其具体归属的不足，给其推广应用和彼此对比造成了困难。定量有机相评价模型是沉积有机相研究的必由之路。本次研究探讨了将沉积有机相数值化的可能性。沉积有机相的数值化就是试图将各种不同类型的沉积有机相按其对成油、成气和成煤的贡献大小分别赋予不等的数值，得到沉积有机相指数(SOFI)：

$$SOFI = f(Ti, C_{org}, R^o)$$

式中，f 在这里表示一种客观的函数关系，C_{org} 代表有机碳含量，R^o 为镜质组反射率，Ti 为干酪根的类型指数。对于鄂尔多斯盆地中生界标准的腐殖煤和典型的 I 型干酪根的湖相油源岩分别赋予 0 和 100。数值越大，该沉积有机相的油气生成潜力就越大。对于过渡型的沉积有机相，可赋予 0 到 100 之间的不等数值。这样，一系列连续变化的数值就和沉积有机相一一对应起来。

在资料处理过程中将 SOFI 值限定在 0~100 的范围内，以便于最好的生油岩和标准的腐殖煤及最差的生油气母质相对应。以鄂尔多斯盆地中生界部分煤和烃源岩 Ti、C_{org} 和 R^o 数值为统计依据，对这些变量与有机相类型进行多元线性回归分析，得到如下的 SOFI 值计算公式：

$$SOFI = 13.0515 + 38.8374 \times C_{org} + 0.5313 \times Ti + 11.1777 \times R^o \times C_{org}$$
$$+ 0.2216 \times R^o \times Ti - 0.4089 \times C_{org} \times Ti - 0.3946 \times R^o / (C_{org} \times Ti)$$

根据我们以烃源岩物质成分为主划分的有机相，大致有如下的对应关系：A 相(SOFI)≤20，20<B 相(SOFI)≤30，30<C 相(SOFI)≤40，40<D 相(SOFI)≤50，50<E 相(SOFI)

≤60，F 相(SOFI)>60。

　　SOFI 主要与油气生成潜力有关，从成煤和成油的角度来看，还要考虑沉积有机相的重要指标——沉积相指标，对于成煤而言，主要是沼泽相沉积环境，而成油则主要是湖泊相沉积环境，并由此预测成矿类型和成矿潜力(详见第十章)。

参 考 文 献

贝塔朗菲. 1987. 一般系统论基础、发展和应用. 林康义，魏宏森译. 北京：清华大学出版社

蔡春芳，李宏涛，李开开等. 2008. 油气厌氧氧化与铀还原的耦合关系——以东胜和钱家店铀矿床为例. 石油实验地质，30(5)：518~521

蔡煜琦，张金带，李子颖等. 2015. 中国铀矿资源特征及成矿规律概要. 地质学报，(6)：1051~1069

陈宏斌，徐高中，王金平等. 2006. 鄂尔多斯盆地南缘店头铀矿床矿化特征及其与东胜铀矿床对比. 地质学报，80(5)：724~732

陈建军，刘池阳，姚亚明等. 2007. 新疆焉耆盆地中生代原始面貌探讨. 沉积学报，25(4)：518~525

陈露明，张启发. 1996. 504 铀矿床中硒的分布特征. 铀矿地质，(2)：91~94

陈瑞银，罗晓容，陈占坤等. 2006. 鄂尔多斯盆地中生代地层剥蚀量估算及其地质意义. 地质学报，80(5)：685~693

陈肇博，陈祖伊，李胜祥. 2003. 层间氧化带砂岩型与古河谷砂岩型铀成矿地质特征对比. 世界核地质科学，20(1)：1~10

陈祖伊. 2002. 亚洲砂岩型铀矿区域分布规律和中国砂岩型铀矿找矿对策. 铀矿地质，18(3)：129~137

陈祖伊，陈戴生，古抗衡等. 2010. 中国砂岩型铀矿容矿层位、矿化类型和矿化年龄的区域分布规律. 铀矿地质，26(6)：321~330

代世峰，钟宁宁，刘池洋等. 2005. 煤成油研究现状及存在的问题. 见：刘池洋主编. 盆地多种能源矿产共存富集成藏(矿)研究进展. 北京：科学出版社. 83~95

戴鸿鸣，王顺玉，王海清等. 1999. 四川盆地寒武系-震旦系含气系统成藏特征及有利勘探区块. 石油勘探与开发，26(5)：16~20

戴金星. 2000. 天然气地质和地球化学论文集. 北京：石油工业出版社

戴金星. 2014. 中国煤成大气田及气源. 北京：科学出版社

戴金星，洪峰，秦胜飞等. 2000. 中国煤成气田分布规律. 煤成烃国际学术研讨会论文集. 北京：石油工业出版社

戴金星，卫延召，赵靖舟. 2003. 晚期成藏对大气田形成的重大作用. 中国地质，30(1)：10~19

戴金星，秦胜飞，陶士振等. 2005. 中国天然气工业发展趋势和天然气地学理论重要进展. 天然气地球科学，16(2)：127~142

丁晓琪，韩玫梅，张哨楠等. 2014. 大气淡水在碎屑岩次生孔隙中的作用. 地质论评，60(1)：145~158

房建军，刘池洋，王建强等. 2008. 流体改造及地貌高差：含油气盆地分析和评价的重要内容. 石油与天然气地质，29(3)：297~311

冯乔，张小莉，王云鹏等. 2006. 鄂尔多斯盆地北部上古生界油气运聚特征及其铀成矿意义. 地质学报，80(5)：748~752

傅家谟，盛国英，江继纲. 1985. 膏岩沉积盆地形成的未成熟石油. 石油与天然气地质，6(2)：150~158

傅家谟，刘德汉，盛国英. 1990. 煤成烃地球化学. 北京：科学出版社

韩德馨. 1996. 中国煤岩学. 徐州：中国矿业大学出版社

韩世庆，王守德，胡惟元. 1982. 黔东麻江古油藏的发现及其地质意义. 石油与天然气地质，3(4)：

317~326

胡修棉, 王成善. 1999. 100 Ma 以来若干重大地质事件与全球气候变化. 大自然探索, 18(1): 53~58

黄第藩, 华阿新, 王铁冠等. 1992. 煤成油地球化学新进展. 北京: 石油工业出版社. 1~25

黄第藩, 秦匡宗, 王铁冠等. 1995. 煤成油的形成与成烃机理. 北京: 石油工业出版社. 1~82

黄净白, 黄世杰. 2005. 中国铀资源区域成矿特征. 铀矿地质, 21(3): 129~138

黄净白, 李胜祥. 2007. 试论我国古层间氧化带砂岩型铀矿床成矿特点成矿模式及找矿前景, 23(1): 7~16

黄雷, 周心怀, 刘池洋等. 2012. 渤海海域新生代盆地演化的重要转折期——证据及区域动力学分析. 中国科学: 地球科学, 42(6): 893~904

贾承造, 何登发, 石昕等. 2006. 中国油气晚期成藏特征. 中国科学: 地球科学, 36(5): 412~420

姜磊, 蔡春芳, 张永东等. 2012. 东胜铀矿床中发现硫酸盐还原菌和硫氧化菌类脂. 科学通报, 57(12): 1028~1036

蒋有录, 查明. 2016. 石油天然气地质与勘探(第二版). 北京: 石油工业出版社. 12~37

焦养泉, 吴立群, 荣辉. 2015. 聚煤盆地沉积学. 武汉: 中国地质大学出版社. 218~237

金奎励, 王宜林. 1997. 新疆准噶尔煤成油. 北京: 石油工业出版社

金奎励, 姚素平, 魏辉等. 1995. 准噶尔与吐哈盆地侏罗系煤成油研究. 第四届全国煤岩学学术讨论会论文选集. 西安: 陕西科学技术出版社. 103~107

金奎励, 刘大锰, 姚素平等. 1997. 中国油气源岩有机成分成因划分及地化特征. 沉积学报, 15(2): 160~163

李国玉, 金之钧. 2005. 新编世界含油气盆地图册. 北京: 石油工业出版社

李宏涛, 吴世祥, 蔡春芳等. 2008. 油气相关砂岩型铀矿的形成过程: 以钱家店铀矿床为例. 地球化学, 37(6): 523~532

李思田. 2004. 大型油气系统形成的盆地动力学背景. 地球科学: 中国地质大学学报, 29(5): 505~512

李子颖, 方锡珩, 陈安平等. 2007. 鄂尔多斯盆地北部砂岩型铀矿目标层灰绿色砂岩成因. 中国科学: 地球科学, 37(A01): 139~146

刘池阳. 1982. 从古地质构造恢复论渤海湾盆地的构造特征及其演化. 西北大学硕士学位论文

刘池洋. 1987. 渤海湾盆地的构造演化及其特点. 见: 西北大学地质系主编. 西北大学地质系成立 45 周年学术报告会论文集. 西安: 陕西科学技术出版社. 447~458

刘池洋. 1990. 从渤海湾盆地的地壳厚度演化论地壳双层差异扩张原理. 见: 赵重远, 刘池洋. 华北克拉通沉积盆地形成与演化及其油气赋存. 西安: 西北大学出版社. 43~53

刘池洋. 1991. 后期改造与古地质构造恢复. 西北大学学报(自然科学版), 21(增刊): 1~8

刘池洋. 1993. 前言. 见: 赵重远, 刘池洋, 姚远. 含油气盆地地质学研究进展. 西安: 西北大学出版社

刘池洋. 1996. 后期改造强烈——中国沉积盆地的重要特点之一. 石油与天然气地质, 17(4): 255~261

刘池洋. 2005. 盆地构造动力学研究的弱点、难点及重点. 地学前缘, 12(3): 113~124

刘池洋. 2008. 沉积盆地动力学与盆地成矿系统. 地球科学与环境学报, 30(1): 1~23

刘池洋. 2013. 矿产资源成生分布的偏富极——自然界的"二八法则". 地质学报, 87(增刊): 187

刘池洋, 邱欣卫. 2010. 无机作用对油气的贡献. 10000 个科学难题——地球科学卷. 北京: 科学出版社. 281~285

刘池洋, 孙海山. 1999. 改造型盆地类型划分. 新疆石油地质, 20(2): 79~82

刘池洋, 杨兴科. 2000. 改造盆地研究和油气评价的思路. 石油与天然气地质, 21(1): 11~14

刘池洋, 赵重远, 杨兴科. 2000. 活动性强、深部作用活跃——中国沉积盆地的两个重要特点. 石油与天然气地质, 21(1): 1~6

刘池洋, 赵红格, 杨兴科等. 2002. 油气晚期–超晚期成藏——中国含油气盆地的重要特点. 21 世纪中国油气勘探国际研讨会

刘池洋, 赵红格, 杨兴科等. 2003. 油气晚期–超晚期成藏定位——中国含油气盆地的重要特点. 见: 中国工程院, 环太平洋能源和矿产资源理事会, 中国石油学会编. 21 世纪中国暨国际油气勘探. 北京: 中国石化出版社. 57~60

刘池洋, 谭成仟, 孙卫等. 2005a. 多种能源矿产共存成藏(矿)机理与富集分布规律研究. 见: 刘池洋主编. 盆地多种能源矿产共存富集成藏(矿)研究进展. 北京: 科学出版社. 1~16

刘池洋, 赵红格, 王锋等. 2005b. 鄂尔多斯盆地西缘(部)中生代构造属性. 地质学报, 79(6): 737~747

刘池洋, 赵红格, 谭成仟等. 2006a. 多种能源矿产赋存与盆地成藏(矿)系统. 石油与天然气地质, 27(2): 131~142

刘池洋, 赵红格, 桂小军等. 2006b. 鄂尔多斯盆地演化–改造的时空坐标及其成藏(矿)响应. 地质学报, 80(5): 617~638

刘池洋, 邱欣卫, 吴柏林等. 2007a. 中东亚成矿域多种能源矿产同盆共存特征和其形成的动力学环境. 中国科学, 37 (专辑): 1~16

刘池洋, 张复新, 高飞. 2007b. 沉积盆地成藏(矿)系统. 中国地质, 34(3): 365~374

刘池洋, 马艳萍, 吴柏林等. 2008. 油气耗散——油气地质研究和资源评价的弱点和难点. 石油与天然气地质, 29(4): 517~526

刘池洋, 邱欣卫, 吴柏林等. 2009a. 中–东亚能源矿产成矿域区划和盆地类型. 新疆石油地质, 30(4): 412~418

刘池洋, 赵红格, 张参等. 2009b. 青藏–喜马拉雅构造域演化的转折时期. 地学前缘, 16(3): 1~12

刘池洋, 毛光周, 邱欣卫等. 2013. 有机–无机能源矿产相互作用及其共存成藏(矿). 自然杂志, 35: 47~54

刘池洋, 赵俊峰, 马艳萍等. 2014. 富烃凹陷特征及其形成研究现状与问题. 地学前缘, 21(1): 75~88

刘池洋, 王建强, 赵红格等. 2015. 沉积盆地类型划分及其相关问题讨论. 地学前缘, 22(3): 1~26

刘大锰, 金奎励, 艾天杰. 1995. 塔里木盆地海相烃源岩显微组分的分类及其岩石学特征. 沉积学报, (s1): 124~133

刘德汉, 张惠之, 戴金星等. 2000. 煤岩显微组分的成烃实验研究与评价. 科学通报, 45(4): 346~352

刘汉彬, 夏毓亮, 田时丰. 2007. 东胜地区砂岩型铀矿成矿年代学及成矿铀源研究. 铀矿地质, 23(1): 23~29

刘文汇, 王万春. 2000. 烃类的有机(生物)与无机(非生物)来源——油气成因理论思考之二. 矿物岩石地球化学通报, 19(3): 179~186

刘英俊, 曹励明, 李兆麟等. 1984. 元素地球化学. 北京: 科学出版社

卢红选, 孟自芳, 李斌等. 2007. 含铀物质对褐煤有机质热模拟生烃的影响. 新疆石油地质, 28(6): 718~720

马艳萍. 2007. 鄂尔多斯盆地东北部油气逸散特征及其地质效应. 西北大学博士学位论文

马艳萍, 刘池洋, 王建强等. 2006. 盆地后期改造中油气运散的效应——鄂尔多斯盆地东北部中生界漂白砂岩的形成. 石油与天然气地质, 27(2): 233~238

马艳萍, 刘池洋, 赵俊峰等. 2007. 鄂尔多斯盆地东北部砂岩漂白现象与天然气逸散的关系. 中国科学 (D 辑), 37 (增刊 I): 127~138

毛光周. 2009. 铀对烃源岩生烃演化的影响. 西北大学博士学位论文

毛光周, 刘池洋, 刘宝泉等. 2012a. 铀对(I 型)低熟烃源岩生烃演化的影响. 中国石油大学学报, 36: 172~181

毛光周, 刘池洋, 张东东等. 2012b. 铀对(II 型)低熟烃源岩生烃演化的影响. 地质学报, 86: 1833~1840

毛光周, 刘池洋, 张东东等. 2014. 铀在 III 型烃源岩生烃演化中作用的实验研究. 中国科学: 地球科学, 44: 1740~1750

梅水泉, 周续业, 李小朗等. 1998. 诸广-九嶷地区富铀矿的水成叠加作用初探. 铀矿地质, 14(1): 7~11

闵茂中, 彭新建, 王金平等. 2003. 铀的微生物成矿作用研究进展. 铀矿地质, 19(5): 257~263

聂逢君, 林双幸, 严兆彬等. 2010. 尼日尔特吉达地区砂岩中铀的热流体成矿作用. 地球学报, 31(6): 819~831

庞雄奇, 姜振学, 左胜杰. 2002. 叠合盆地构造变动破坏烃量研究方法探讨. 地质论评, 48(4): 384~390

庞雅庆, 向伟东, 李田港等. 2007. 钱家店铀矿床漂白砂岩成因探讨. 世界核地质科学, 24(3): 142~146

彭威龙, 胡国艺, 黄士鹏等. 2017. 天然气地球化学特征及成因分析——以鄂尔多斯盆地东胜气田为例. 中国矿业大学学报, 40(1): 80~90

瞿文川, 王苏民, 张平中等. 1999. 太湖沉积物中长链脂肪酸甲酯化合物的检出及意义. 湖泊科学, 11(3): 245~250

任纪舜, 王作勋, 陈炳蔚等. 1999. 从全球看中国大地构造——中国及邻区大地构造图简要说明. 北京: 地质出版社

任战利, 张小会, 刘池洋等. 1995. 花海-金塔盆地生油岩古温度的确定指明了油气勘探方向. 科学通报, 40(10): 921~923

帅燕华, 张水昌, 高阳等. 2013. 煤系有机质生气行为对储层致密化的可能影响及定量化评价. 中国科学: 地球科学, 43(7): 1149~1155

宋国奇, 陈涛, 蒋有录等. 2008. 济阳坳陷第三系不整合结构矿物学与元素地球化学特征. 中国石油大学学报(自然科学版), 32(5): 7~11

宋国奇, 隋风贵, 赵乐强. 2010. 济阳坳陷不整合结构不能作为油气长距离运移的通道. 石油学报, 31(5): 744~747

隋风贵, 赵乐强. 2006. 济阳坳陷不整合结构类型及控藏作用. 大地构造与成矿学, 30(2): 161~167

谭成仟, 刘池洋, 赵军龙等. 2007. 鄂尔多斯盆地典型地区放射性异常特征及其地质意义. 中国科学(D辑), 37: 147~156

汤锡元, 郭忠铭, 陈荷立等. 1992. 陕甘宁盆地西缘逆冲推覆构造及其油气勘探. 西安: 西北大学出版社

童崇光. 1985. 油气田地质学. 北京: 地质出版社

妥进才, 张明峰, 王先彬. 2006. 鄂尔多斯盆地北部东胜铀矿区沉积有机质中脂肪酸甲酯的检出及意义. 沉积学报, 24(3): 432~439

万丛礼, 付金华, 杨华等. 2004. 鄂尔多斯盆地上古生界天然气成因新探索. 天然气工业, 24(8): 1~3

汪啸风, 陈孝红等. 2005. 中国各地质时代地层划分与对比. 北京: 地质出版社. 435~486

王德义. 1985. 铀(238)在催化中的应用及防护. 现代化工, (1): 45~59

王驹, 杜乐天. 1995. 论铀成矿过程中的气还原作用. 铀矿地质, 11(1): 19~24

王剑锋. 1986. 铀地球化学教程. 北京: 原子能出版社. 17~92

王社教, 胡圣标, 汪集暘. 1999. 塔里木盆地沉积层放射性生热的热效应及其意义. 石油勘探与开发, 26(5): 36~38

王先彬, 妥进才, 李振西等. 2003. 天然气成因理论探索——拓宽领域\寻找新资源. 天然气地球科学, 14(1): 30~34

王晓峰, 刘文汇, 徐永昌等. 2006. 水在有机质形成气态烃演化中作用的热模拟实验研究. 自然科学进展, 16(10): 1275~1281

王正其, 潘家永, 曹双林等. 2006. 层间氧化带分散元素铼与硒的超常富集机制探讨——以伊犁盆地扎吉斯坦层间氧化带砂岩型铀矿床为例. 地质论评, 52(3): 358~362

吴柏林. 2005. 中国西北地区中新生代盆地砂岩型铀矿地质与成矿作用. 西北大学博士学位论文

吴柏林, 邱欣卫. 2007. 论东胜矿床油气逸散蚀变的地质地球化学特点及其意义. 中国地质, 34(3):
　　455~462

吴柏林, 刘池阳, 张复新等. 2006a. 东胜砂岩型铀矿后生蚀变地球化学性质及其成矿意义. 地质学报,
　　80(5): 740~747

吴柏林, 王建强, 刘池洋等. 2006b. 东胜砂岩型铀矿形成中天然气地质作用的地球化学特征. 石油与天
　　然气地质, 27(2): 225~232

吴元燕, 平俊彪, 吕修祥等. 2002. 准噶尔盆地西北缘油气藏保存及破坏定量研究. 石油学报, 23(6):
　　24~30

武文慧. 2011. 鄂尔多斯盆地上古生界储层砂岩特征及成岩作用研究. 成都理工大学博士学位论文

夏毓亮, 林锦荣, 刘汉彬等. 2003. 中国北方主要产铀盆地砂岩型铀矿成矿年代学的研究. 铀矿地质, 19
　　(3): 129~136

向伟东, 陈肇博, 陈祖伊等. 2000. 试论有机质与后生砂岩型铀矿成矿作用——以吐哈盆地十红滩地区
　　为例. 铀矿地质, 16(2): 65~73

向伟东, 方锡珩, 李田港等. 2006. 鄂尔多斯盆地东胜铀矿床成矿特征与成矿模式. 铀矿地质, 22(5):
　　257~266

肖新建, 李子颖, 方锡珩等. 2004. 东胜砂岩型铀矿床低温热液流体的证据及意义. 矿物岩石地球化学
　　通报, 23(4): 301~304

徐雁前, 刘生梅, 段毅. 1994. 柴达木盆地第四系沉积物中长链脂肪酸乙酯化合物的检出及意义. 沉积
　　学报, 12(3): 99~105

徐永昌, 吴仁铭, 沈平等. 1982. 沉积岩中铀、钍、钾与区域地温状态的关系. 见: 石油地球科学学会论
　　文集. 北京: 科学出版社

杨孟达. 2000. 煤矿地质学. 北京: 煤炭工业出版社

杨起, 韩德馨. 1979. 中国煤田地质学. 北京: 煤炭工业出版社

杨智, 付金华, 刘新社等. 2016. 苏里格气田上古生界连续型致密气形成过程. 深圳大学学报: 理工版,
　　33(3): 221~233

姚素平. 1997. 鄂尔多斯盆地中生界煤成油研究. 南京大学博士后研究工作报告

姚素平, 金奎励. 1996. 栓皮栎的热模拟及木栓质成分的成烃演化. 煤田地质与勘探. 24(5): 22~25

姚素平, 张景荣, 金奎励. 1996. 准噶尔盆地侏罗纪含煤地层沉积有机相研究. 西北地质科学, 17(2):
　　75~84

姚素平, 毛鹤龄, 金奎励等. 1997. 准噶尔盆地侏罗系西山窑组沉积有机相研究及烃源岩评价. 中国矿
　　业大学学报, 26(1): 60~64

叶得泉, 钟筱春, 姚益民等. 1993. 中国油气区第三系——总论. 北京: 石油工业出版社

余达淦. 2005. 铀资源地质学. 哈尔滨: 哈尔滨工程大学出版社

袁建胜. 2007. 生命科学学科人才培养再次转向. 科学时报(2007 年 12 月 11 日大学周刊 B1 版)

张复新, 乔海明, 贾恒. 2006. 内蒙古东胜砂岩型铀矿形成条件与成矿作用. 地质学报, 80(5): 733~739

张金带. 2012. 我国铀资源开发面临的问题与建议. 中国核工业, (6): 19~19

张金带, 简晓飞, 郭庆银等. 2013. 中国北方中新生代沉积盆地铀矿资源调查评价. 北京: 地质出版社

张金带, 李子颖, 徐高中等. 2015. 我国铀矿勘查的重大进展和突破. 北京: 地质出版社. 3~19

张景廉. 1992. 地质催化反应在成烃作用过程中的意义. 天然气地球科学, 2: 17~23

张俊, 庞雄奇, 刘洛夫等. 2004. 塔里木盆地志留系沥青砂岩的分布特征与石油地质意义. 中国科学
　　(D 辑), 34(增刊 I): 169~176

张龙, 刘池洋, 赵中平等. 2015. 鄂尔多斯盆地杭锦旗地区砂岩型铀矿流体作用与成矿. 地学前缘, 22(3): 368~381

张鹏飞, 金奎励, 吴涛等. 1997. 吐哈盆地含煤沉积与煤成油. 北京: 煤炭工业出版社. 242~249

张维海, 赵建社, 张荣兰等. 2005. 有机质和微生物在铀成矿过程中的作用. 见: 刘池洋主编. 盆地多种能源矿产共存富集成藏(矿)研究进展. 北京: 科学出版社. 134~140

张文正, 杨华, 杨伟伟等. 2015. 鄂尔多斯盆地延长组长7湖相页岩油地质特征评价. 地球化学, 44(5): 505~515

张永鸿. 1991. 下扬子区构造演化中的黄桥转换事件与中、古生界油气勘探方向. 石油与天然气地质, 12(4): 439~448

张振强, 桑吉盛, 金成洙. 2005. 白城-通辽地区第三系地浸砂岩铀成矿后生氧化条件分析. 地球学报, 26(5): 461~464

赵长毅, 何忠华, 程克明等. 1994. 吐哈盆地煤中基质镜质体的生烃潜力与特征. 科学通报, 39(21): 1979~1981

赵红格, 刘池洋, 王峰等. 2006. 鄂尔多斯盆地西缘构造分区及其特征. 石油与天然气地质, 27(2): 173~179

赵红格, 刘池洋, 王锋. 2007. 贺兰山隆升时限及其演化. 中国科学, 37 (专辑): 185~192

赵靖舟, 张金川, 高岗. 2013. 天然气地质学. 北京: 石油工业出版社. 14~35

赵乐强, 张金亮, 宋国奇等. 2009. 济阳坳陷前第三系顶部风化壳结构发育特征及对油气成藏的影响. 地质学报, 83(4): 570~578

赵瑞全, 秦明宽, 王正邦. 1998. 微生物和有机质在512层间氧化带砂岩型铀矿成矿中的作用. 铀矿地质, 14(6): 338~343

赵重远. 1993. 论含油气盆地的整体动态综合分析. 见: 赵重远, 刘池洋, 姚远. 含油气盆地地质学研究进展. 西安: 西北大学出版社

赵重远, 刘池洋. 1990. 华北克拉通沉积盆地形成与演化及其油气赋存. 西安: 西北大学出版社

赵重远, 刘池洋, 任战利等. 1990. 含油气盆地地质学及其研究中的系统工程. 石油与天然气地质, 11(1): 108~113

周世新, 邹红亮, 解启来等. 2006. 沉积盆地油气形成过程中有机-无机相互作用. 天然气地球科学, 17(1): 42~47

朱日祥, 陈凌, 吴福元等. 2011. 华北克拉通破坏的时间、范围与机制. 中国科学: 地球科学, 41: 583~592

朱日祥, 徐义刚, 朱光等. 2012. 华北克拉通破坏. 中国科学: 地球科学, 42: 1135~1159

祖小京, 妥进才, 张明峰等. 2007. 矿物在油气形成过程中的作用. 沉积学报, 25(2): 298~306

Adams S S. 1991. Evolution of genetic concepts for principal types of sandstone uranium deposits in the United States. Economic Geology Monograph, 8: 225~248

Alexandre P, Kyser T K. 2005. Effects of cationic substitutions and alteration in uraninite, and implications for the dating of uranium deposits. The Canadian Mineralogist, 43(3): 1005~1017

Anders E, Grevesse N. 1989. Abundances of the elements: Meteoritic and solar. Geochimica et Cosmochimica Acta, 53(1): 197~214

Baskin D K. 1997. Atomic H/C ratio of kerogen as an estimate of thermal maturity and organic matter conversion. AAPG Bulletin, 81(9): 1437~1450

Beitler B, Chan M A, Parry W T. 2003. Bleaching of Jurassic Navajo sandstone on Colorado Plateau Laramide highs: evidence of exhumed hydrocarbon supergiants? Geology, 31(12): 1041~1044

Beitler B, Parry W T, Chan M A. 2005. Fingerprints of fluid flow: Chemical diagenetic history of the Jurassic Navajo sandstone, southern Utah, U. S. A. Journal of Sedimentary Research, 75(4): 547~561

Birch F. 1954. Heat flow from radioactivity. In: Faul (ed). Nuclear Geology. New York: John Willey & Son

Bonnetti C, Cuney M, Michels R et al. 2015. The multiple roles of sulfate-reducing bacteria and Fe-Ti oxides in the genesis of the Bayinwula roll front-type uranium deposit, Erlian Basin, NE China. Economic Geology, 110(4): 1059~1081

Bonnetti C, Liu X, Yan Z et al. 2017. Coupled uranium mineralisation and bacterial sulphate reduction for the genesis of the Baxingtu sandstone-hosted U deposit, SW Songliao Basin. Ore Geology Reviews, 82: 108~129

Bowden P. 1981. Uranium in the niger-nigeria younger granite province. Mineralogical Magazine, 44(336): 379~389

Bowles J F W. 1990. Age dating of individual grains of uraninite in rocks from electron microprobe analyses. Chemical Geology, 83(1): 47~53

Brooks S C, Fredrickson J K, Carroll S L et al. 2003. Inhibition of bacterial U(VI) reduction by calcium. Environmental Science & Technology, 37(9): 1850~1858

Cai C, Dong H, Li H et al. 2007a. Mineralogical and geochemical evidence for coupled bacterial uranium mineralization and hydrocarbon oxidation in the Shashagetai deposit, NW China. Chemical Geology, 236: 167~179

Cai C, Li H, Qin M et al. 2007b. Biogenic and petroleum-related ore-forming processes in Dongsheng uranium deposit, NW China. Ore Geology Reviews, 32: 262~274

Cassou A M, Connan J, Correia M et al. 1984. 某些铀矿化的有机质的化学研究和显微镜观察. 陈宏达译. 国外铀矿地质, (2): 41~44

Chan M A, Parry W T, Bowman J R. 2000. Diagenetic hematite and manganese oxides and fault-related fluid flow in Jurassic sandstones, Southeastern Utah. AAPG Bulletin, 84(9): 1281~1310

Charlou J L, Fouquet Y, Bougalt H et al. 1998. Intense CH$_4$ plumes generated by serpentinization of ultramafic rocks at the intersection of the 15°20'N fracture zone and the Mid-Altlantic Ridge. Geochimica et Cosmochimica Acta, 62: 2323~2333

Cross A, Jaireth S, Rapp R et al. 2011. Reconnaissance-style EPMA chemical U-Th-Pb dating of uraninite. Australian Journal of Earth Sciences, 58(6): 675~683

Dai J, Li J, Luo X et al. 2005. Stable carbon isotope compositions and source rock geochemistry of the giant gas accumulations in the Ordos Basin, China. Organic Geochemistry, 36(12): 1617~1635

Dai S, Liu J, Ward C R et al. 2015. Petrological, geochemical, and mineralogical compositions of the low-Ge coals from the Shengli Coalfield, China: A comparative study with Ge-rich coals and a formation model for coal-hosted Ge ore deposit. Ore Geology Reviews, 71: 318~349

Deditius A P, Utsunomiya S, Ewing R C. 2008. The chemical stability of coffinite, USiO$_4$ · nH$_2$O; 0<n<2, associated with organic matter: a case study from Grants uranium region, New Mexico, USA. Chemical Geology, 251: 33~49

Diessel C F K. 1986. On the correlation between coal facies and depositional environments. Advances in the Study of the Sydney Basin: Proceedings of the 20th Newcastle Symposium, Newcastle, N.S.W. The University of Newcastle, Publication, 246: 19~22

Disnar J R, Sureau J F. 1990. Organic matter in ore deposits: processes and perspectives. Organic Geochemistry, 16: 577~600

Eglinton T I, Rowland S J, Curtis C D et al. 1986. Kerogen-mineral relations at raised temperatures in the presence of water. Organic Geochemistry, 10: 1041~1052

Espitalie J, Madec M, Tissot B *et al*. 1980. Role of mineral matrik in kerogen pyrolysis, influence on petroleum generation and migration. AAPG Bulletin. 64: 59~66

Frimmel H E, Schedel S, Brätz H. 2014. Uraninite chemistry as forensic tool for provenance analysis. Applied Geochemistry, 48: 104~121

Goldstein T P. 1983. Geocatalytic reaction in formation and maturation of petroleum. AAPG Bulletin, 67 (1): 152~159.

Hacguebard P A, Birmingham T F, Donaldson J R. 1967. Petrography of Canadian coals in relation to environment of deposition. Science and Technology of Coal, 84~97

Hamme R C, Webley P W, Crawford W R *et al*. 2010. Volcanic ash fuels anomalous plankton bloom in subarctic northeast Pacific. Geophysical Research Letters, 37(19). doi: 10.1029/2010GL044 629

Haydn H M. 2000. Traditional and new applications for kaolin, smectite, and palygorskite: a general overview. Applied Clay Science, 17: 207~221

Helgeson H C, Knox A M, Owens C E *et al*. 1993. Petroleum, oil field waters, and authigenic mineral assemblages: Are they in meta stable equilibrium in hydrocarbon reservoirs? Geochimica et Cosmochimica Acta, 57: 3295~3339

Hoering T C. 1977. The stable isotopes of hydrogen in Precambrian organic matter. In: Ponnamperuma C (ed). Chemical Evolution of the Early Precambrian. New York: Academic Press. 81~87

Hoering T C. 1984. Thermal reactions of kerogen with added water, heavy water, and pure organic substances. Organic Geochemistry, 5(4): 267~278

Horita J, Berndt M E. 1999. A biogenic methane formation and isotopic fractionation under hydrothermal conditions. Science, 285: 1055~1057

Hunt J M. 1979. Petroleum Geochemistry and Geology. San Francisco: W H Freeman and Company

Hunt J M. 1996. Petroleum Geochemistry and Geology, 2nd edition. San Francisco: W H Freeman and Company

Ingham E S, Cook N J, Cliff J *et al*. 2014. A combined chemical, isotopic and microstructural study of pyrite from roll-front uranium deposits, Lake Eyre Basin, South Australia. Geochimica et Cosmochimica Acta, 125: 440~465

Jaireth S, Roach I C, Bastrakov E *et al*. 2015. Basin-related uranium mineral systems in Australia: A review of critical features. Ore Geology Reviews, 76: 360~394.

Janeczek J, Ewing R C. 1991. Coffinitization—a mechanism for the alteration of UO$_2$ under reducing conditions. Materials Research Society Symposium Proceedings, 257: 497~504

Janeczek J, Ewing R C. 1992. Dissolution and alteration of uraninite under reducing conditions. Journal of Nuclear Materials, 190: 157~173

Johns W D, Shimoyama A. 1972. Clay minerals and petroleum-forming reactions during burial and diagenesis. AAPG Bulletin, 56: 2160~2167

Jones R W. 1987. Organic facies. In: Welte D H (ed). Advance in Petroleum Geochemistry: Great Britain Pergam on Journals LTd., (2): 1~89

Katz B J, Mancini E A, Kitchka A A. 2008. A review and technical summary of the AAPG Hedberg research conference on "Origin of petroleum-Biogenic and/or abiogenic and its significance in hydrocarbon exploration and production". AAPG Bulletin, 92(5): 549~556

Kempe U. 2003. Precise electron microprobe age determination in altered uraninite: consequences on the intrusion age and the metallogenic significance of the Kirchberg granite (Erzgebirge, Germany).

Contributions to Mineralogy and Petrology, 145(1): 107~118

Lach P, Mercadier J, Dubessy J et al. 2013. In situ quantitative measurement of rare earth elements in uranium oxides by laser ablation-inductively coupled plasma-mass spectrometry. Geostandards and Geoanalytical Research, 37(3): 277~296

Landais P, Connan J. 1985. 法国两个二叠系盆地：Cérilly、Lodève 中铀与有机质的关系. 陈宏达译. 国外铀矿地质, (1): 26~33

Landais P, Michels R, Elie M. 1994. Are time and temperature the only constraints to the simulation of organic matter maturation? Organic Geochemistry, 22: 617~630

Lewan M D. 1997. Experiments on the role of water in petroleum formation. Geochimica et Cosmochimica Acta, 61(17): 3691~3723

Lewan M D, Winters J C, McDonald J H. 1979. Generation of oil-like pyrolyzates from organic-rich shales. Science, 203: 897~899

Liger E, Charlet L, Van Cappellen P. 1999. Surface catalysis of uranium (VI) reduction by iron (II). Geochimica et Cosmochimica Acta, 63(19/20): 2939~2955

Lin L H, Wang P L, Rumble D et al. 2006. Long-term sustainability of a high-energy, low-diversity crustal biome. Science, 314: 479~482

Lnadais P. 1966. Organic geochemistry of sedimentary uranium ore deposit. Ore Geology Views, 11: 33~51

Lovley D R, Phillips E J, Gorby Y A et al. 1991. Microbial reduction of uranium. Nature, 350: 413~416

Lovley D R, Roden E E, Phillips E J et al. 1993. Enzymatic iron and uranium reduction by sulfate-reducing bacteria. Marine Geology, 113: 41~53

Lüning S, Craig J, Loydell D K et al. 2000. Lower Silurian "hot shales" in North Africa and Arabia: Regional distribution and depositional model. Earth Science Reviews, 49: 121~200

Luo Y, Byrne R H. 2004. Carbonate complexation of yttrium and the rare earth elements in natural waters. Geochimica et Cosmochimica Acta, 68(4): 691~699

Machel H G. 2001. Bacterial and thermochemical sulfate reduction in diagenetic settings—old and new insights. Sedimentary Geology, 140(1): 143~175

Mango F D. 2000. The origin of light hydrocarbons. Geochim Cosmochim Acta, 64: 1265~1277

McLennan S M, Taylor S R. 1979. Rare earth element mobility associated with uranium mineralisation. Nature, 282 (5736): 247~250

Mercadier J, Cuney M, Lach P et al. 2011. Origin of uranium deposits revealed by their rare earth element signature. Terra Nova, 23 (4): 264~269

Meunier J D. 1994. The composition and origin of vanadium-rich clay minerals in Colorado Plateau Jurassic sandstones. Clays and Clay Minerals, 42(4): 391~401

Miall A D. 1984. Principles of Sedimentary Basin Analysis. New York, Beilin, Heidelberg, Tokyo: Springer-Verlag. 371~444

Min M, Xu H, Chen J et al. 2005. Evidence of uranium biomineralization in sandstone-hosted roll-front uranium deposits, northwestern China. Ore Geology Reviews, 26: 198~206

Moore P S, Burns B J, Emmett J K et al. 1992. Integrated source, maturation and migration analysis, Gippsland Basin, Australia. Australian Petroleum Exploration Association Journal, 32(1): 313~324

Morley R J. 1981. Development and vegetation dynamics of a lowland ombrogenous peat swamp in Kalimantan Tengah, Indonesia. Journal of Biogeography, 8: 383~404

Mukhopadhyay P K, Hatcher P G, Calder J H. 1991. Hydrocarbon generation from deltaic and intermontane fluviodeltaic coal and coaly shale from the Tertiary of Texas and Carboniferous of Nova Scotia. Organic Geochemistry, 17: 765~783

Munier-Lamy C, Adriam Ph, Berthelin J et al. 1986. Comparison of binding abilitier of fulvic and hymic acids extracted from recent marine sediments with UO_2^{2+}. Organic Geochemistry, 9: 285~292

Neiss J, Stewart B D, Nico P S et al. 2007. Speciation-dependent microbial reduction of uranium within iron-coated sands. Environmental Science & Technology, 41(21): 7343~7348

Noble R A, Wu C H, Atkinson C D. 1991. Petroleum generation and migration from Talang Akar coals and shales offshore N.W. Java, Indonesia. Organic Geochemistry, 17: 363~374

Northrop H R, Goldhaber M B. 1990. Genesis of the tabular-type vanadium-uranium deposits of the Henry Basin, Utah. Economic Geology, 85(2): 215~269

OECD(NEA)/IAEA Uranium. 2004. Resources, Productionand Demand. OECD, Paris

OECD-NEA/IAEA. 2012. Uranium 2011: Resources, Production and Demand. OECD, Paris

OECD-NEA/IAEA. 2014. Uranium 2014: Resources, Production and Demand. OECD, Paris

Pablo J D, Casas I, Giménez J et al. 1999. The oxidative dissolution mechanism of uranium dioxide. I. The effect of temperature in hydrogen carbonate medium. Geochimica et Cosmochimica Acta, 63(19/20): 3097~3103

Pagel M, Cavellec S, Forbes P et al. 2005. Uranium deposits in the Arlit area (Niger). In: Mao J, Bierlein F (eds). Mineral Deposit Research: Meeting the Global Challenge, Proceedings of the 8th SGA Meeting in Beijing, China. 303~305

Parry W T, Chan M A, Beitler B. 2004. Chemical bleaching indicates episodes of fluid flow in deformation bands in sandstone. AAPG Bulletin, 88(2): 175~191

Pass G, Littlewood A B, Burwell R L Jr. 1960. Reactions between hydrocarbons and deuterium on chromium oxide gel II. Isotopic exchange of alkanes. Journal of the American Chemical Society, 82: 6281~6283

Press F, Siever R, Grotzinger J et al. 2004. Understanding earth. New York: WH Freeman & Company

Price L C. 1994. Metamorphic free-for-all. Nature, 370: 253~254

Qiu X, Liu C, Mao G et al. 2014. Late Triassic tuff intervals in the Ordos basin, Central China: their depositional, petrographic, geochemical characteristics and regional implications. Journal of Asian Earth Sciences, 80: 148~160

Qiu X, Liu C, Mao G et al. 2015. Major, trace and platinum-group element geochemistry of the Upper Triassic nonmarine hot shales in the Ordos basin, Central China. Applied Geochemistry, 53: 42~52

Rao L, Garnov A Y, Jiang J et al. 2003. Complexation of uranium (VI) and samarium (III) with oxydiacetic acid: Temperature effect and coordination modes. Inorganic Chemistry, 42(11): 3685~3692

Schimmelmann A, Lewan M D, Wintsch R P. 1999. D/H isotope rations of kerogen, bitumen, oil, and water in hydrous pyrolysis of source rocks containing kerogen types I, II, IIS, III. Geochimice et Cosmochimica Acta, 63(22): 3751~3766

Schimmelmann A, Boudou J P, Lewan M D et al. 2001. Experimental controls on D/H and $^{13}C/^{12}C$ ratios of kerogen, bitumen and oil during hydrous pyrolysis. Organic Geochemistry, 32(8): 1009~1018

Seewald J S. 1994. Evidence for metastable equilibrium between hydrocarbons under hydrothermal control. Nature, 370: 285~287

Seewald J S. 2001. Aqueous geochemistry of low molecular weight hydrocarbons at elevated temperatures and pressures: Constraints from mineral buffered laboratory experiments. Geochimica et Cosmochimica Acta, 65: 1641~1644

Seewald J S. 2003. Organic-inorganic interaction in petroleum-producing sedimentary basins. Nature, 426 (20): 327~333

Seewald J S, Benitez-Nelson B C, Whelan J K. 1998. Laboratory and theoretical constraints on the generation and composition of natural gas. Geochimica et Cosmochimica Acta, 62(9): 1599~1617

Sherwood B L, Westgate T D *et al*. 2002. A biogenic formation of alkanes in the Earth's crust as a minor source for global hydrocarbon reservoirs. Nature, 416: 522~524

Singer D M, Maher K, Brown Jr G E. 2009. Uranyl-chlorite sorption/desorption: Evaluation of different U (Ⅵ) sequestration processes. Geochimica et Cosmochimica Acta, 73(20): 5989~6007

Smith G C, Cook A C. 1984. Petroleum occurrence in the Gippsland Basin and its relationship to rank and organic matter type. Australian Petroleum Exploration Association Journal, 24 (1): 196~216

Stach E, Mackowsky M-Th, Teichmüller M *et al*. 1990. 斯塔赫煤岩学教程. 杨起等译. 北京: 煤炭工业出版社

Stewart B D, Mayes M A, Fendorf S. 2010. Impact of uranyl-calcium-carbonato complexes on uranium (Ⅵ) adsorption to synthetic and natural sediments. Environmental Science & Technology, 44(3): 928~934

Suzuki K Kato T. 2008. CHIME dating of monazite, xenotime, zircon and polycrase: Protocol, pitfalls and chemical criterion of possibly discordant age data. Gondwana Research, 14: 569~586

Tang J, Johannesson K H. 2010. Rare earth elements adsorption onto Carrizo sand: Influence of strong solution complexation. Chemical Geology, 279(3-4): 120~133

Taylor S, Meclennan S. 1985. The continental crust: its composition and evolution. Oxford: Blackwell Scientific Publications

Taylor S H, Hutchings G J, Palacios M L *et al*. 2003. The partial oxidation of propane to formaldehyde using uranium mixed oxide catalysts. Catal Today, 81(2): 171~178

Teichmuller M. 1989. The genesis of coal from the viewpoint of coal petrology. Intelnational Journal of Coal Geology, 12: 1~87

Thomas B M. 1982. Land-plant source rocks for oil and their significance in Australian Basins. Australian Petroleum Exploration Association Journal, 22: 164~178

Thomas J H, Damberger H. 1976. International surface, moisture content, and porosity of Illinois coals: variation with coal rank. Illinois State Geological Survey, Circular, 493: 1~38

Thompson S *et al*. 1985. Oil-generating coals. In: Thomas B M *et al*. (eds). Petroleum Geochemistry of the Norwegian shelf. London: Graham and Trotman. 59~73

Tissot B. 1969. Premières données sur les mécanismes et la cinétique de la formation du pétrole dans les sédiments. Simulation d'un schéma réactionnel sur ordinateur, Revue de l'Institut français du pétrole, 24: 470~501

Tissot B P, Welte D H. 1978. Petroleum Formation and Occurrence—A New Approach to Oil and Gas Exploration. Berlin, Heidelberg, New York: Springer-Verlag

Tissot B P, Welte D H. 1984. Petroleum Formation and Occurrence. New York: Springer Verlag

Trent P V, George R H. 2000. Catalysis by mineral surfaces: Implications for Mo geochemistry in anoxic environments. Geochimica et Cosmochimica Acta, 66(21): 3679~3692

Tyson R V. 1996. Sequence-stratigraphical interpretation of organic facies variation in marine siliciclastic system: general principal and application to the onshore Kimmeridge clay formation, UK. In: Hesselbo S P, Parkinson D N (eds). Sequence Stratigraphy in British Geology. London: Geology Society Special Publication, 103: 75~96

Ulrich K, Singh A, Schofield E J et al. 2008. Dissolution of biogenic and synthetic UO_2 under varied reducing conditions. Environmental Science & Technology, 42(15): 5600~5606

Walker T R. 1979. A study of global sand seas: red color in dune sand. In: McKee E D (ed). A Study of Global Sand Seas. U S Geological Survey Professional Paper, 61~81

Wanty R B, Goldhaber M B, Northrop H R. 1990. Geochemistry of vanadium in an epigenetic, sandstone-hosted vanadium-uranium deposit, Henry Basin, Utah. Economic Geology, 85(2): 270~284

Zhao J, Liu C, Huang L et al. 2016. Original sedimentary pattern of an inverted basin: a case study from the Bozhong depression, offshore Bohai Bay Basin. Acta Geological Sinica, 90(6): 1801~1819

Высоцкий И В. 1979. Геология природно гогаза. Москва: Недра

Максимова М Ф, Шмариович Е М. 1993. Пластово-иифильтрационное Рудообразование. Москва.

Петров Н Н, Язиков В Г, Аубакнров Х Б. 1995. Урановые Месторождения Казахстана Зкзоге-нные. Алматы: Гылым

Соколов В А. 1948. Очерки Генезиса Нефти. Москва: Гостоптехиздат

第二篇

鄂尔多斯盆地深部结构、构造-热特征及演化

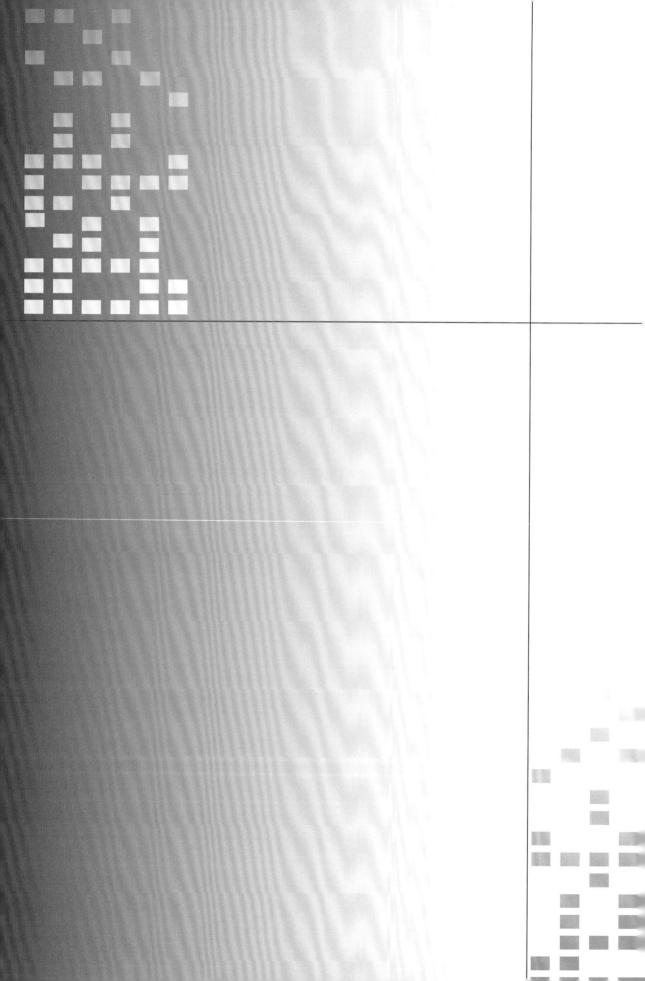

第四章

鄂尔多斯盆地及邻区地球物理场与深部结构*

第一节 盆地及邻区的地球物理场和深部构造特征

一、盆地磁场特征

航磁资料表明在鄂尔多斯盆地区，基本表现为正值高异常，航磁等值线分布平缓、均匀，刻画了盆地作为稳定刚性块体的特征；盆地周缘地区的造山带等则表现为正负相间的异常条带，而且走势形态多变，具有和盆地内部截然不一的航磁特征，反映了鄂尔多斯盆地内部及其周缘造山带地区具有不同的基底属性和演化特征，这可能揭示了两者在岩石圈性质上的根本差异(图4.1)。

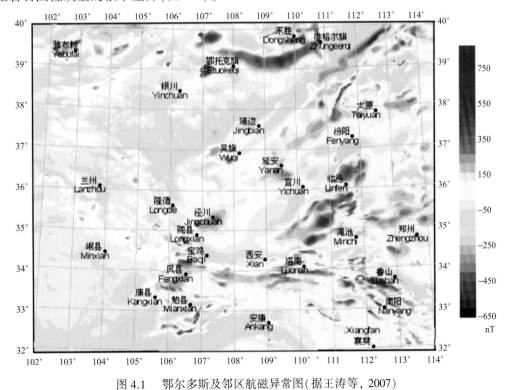

图4.1 鄂尔多斯及邻区航磁异常图(据王涛等，2007)

* 作者：王良书，徐鸣洁，刘绍文，米宁，李华，于大勇. 南京大学地球科学与工程学院，南京.
  E-mail：lswang@nju.edu.cn

鄂尔多斯盆地的磁异常主要来自结晶基底的变质岩系和火成岩,沉积岩的磁化率很小,为基本岩石物性特征。航磁异常图上具有不同特征的磁异常区往往是不同地质年代、具有不同性质的基底特征的反映。研究区基底构造演化特征分析表明,盆地内部结晶基底主要由太古宇和古元古界变质杂岩拼接增生形成(王同和,1995)。从航磁异常图(图4.1)可以看出,以大同-环县断裂为界,两侧磁异常特征出现明显差别(王同和,1995;江为为等,2000;王涛等,2007)。大同-环县断裂西北侧东西走向的强磁异常区,中部南凸呈弧形,东南部被大同-环县断裂切截,与太古宇高磁性的乌拉山群相对应。大同-环县断裂西北侧的银川-盐池-乌审旗地区,为平缓磁异常区,反映太古宇千里山群、宗别立群的磁场特征;与之相接的定边—榆林—五寨一带为北东向狭长低磁异常区,该带与低磁性的集宁群相对应。大同-环县断裂东南侧为东北向的正负异常带。北部的泾川-延安一带为正异常区,与吕梁群、五台群变质岩系相对应。南部铜川-宜川一带为负异常区,与滹沱群副变质岩相对应。

二、盆地重力场特征

从鄂尔多斯盆地布格重力异常图(图4.2)可以看出,盆地为宽缓的负异常区,总的来说从西到东逐渐升高,与地壳厚度所表现出的自西向东变薄的特征呈负相关。

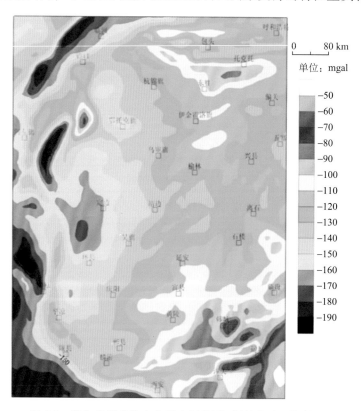

图4.2   鄂尔多斯盆地布格重力异常图(据长庆油田资料)

三、盆地地壳上地幔速度结构

1. 深地震测深获得的地壳上地幔速度结构

穿过鄂尔多斯盆地的地震测深剖面研究结果表明(马杏垣等,1991),鄂尔多斯盆地地壳可简单地分为两层或三层,地壳厚度为 40~43 km,壳内无低速层存在,地壳 P 波速度随深度逐渐增加,地壳平均速度约为 6.2 km/s,上地幔 Pn 波速度约为 8.0 km/s。地壳速度结构成层性好、地壳 P 波速度随深度逐渐增加、地壳平均速度、上地幔 Pn 波速度比较高和无壳内低速层表明鄂尔多斯盆地构造比较稳定。

2. 宽角反射和折射波探测获得的地壳上地幔速度结构

沿延川-包头-满都拉地带进行的地震宽角反射和折射波场探测,取得了高分辨率的 Pg 波震相,并通过走时差分走时反演得到 P 波速度结构,结果表明鄂尔多斯块体上地壳在整体上表现为由沉积盖层和基底构成的双层结构,上下层之间存在明显的折射界面,上层速度低,纵向变化梯度大;下层速度高,变化较均匀(滕吉文等,2008;图 4.3)。

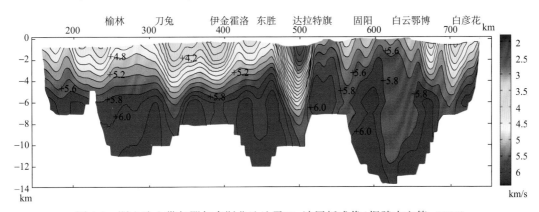

图 4.3　阴山造山带与鄂尔多斯盆地地震 Pg 波层折成像(据滕吉文等,2008)

赵金仁等(2009)利用 2007 年贺兰山矿山大爆破进行了超长地震剖面研究,探测剖面穿过了银川断陷盆地,鄂尔多斯块体和汾渭断陷盆地等构造单元。这次观测首次把反映鄂尔多斯块体岩石圈结构的地震波形显示出来,获得了连续、可靠、远距离可对比跟踪的上地幔顶部折射波震相和具有强反射性质、稳定运动学特征的上地幔的深部震相,反映出鄂尔多斯块体壳幔结构的稳定性。

图 4.4 所示为利用三组主要反射震相得到的深度界面形态,其中莫霍面是速度反差尖锐的一级界面,莫霍面埋深约为 41~45 km。

3. 盆地地壳上地幔 S 波速度结构

陈九辉等利用宽频带流动台阵观测资料和远震体波接收函数分析,获得了青藏高原东北缘至鄂尔多斯 0~100 km 深度的地壳上地幔 S 波速度结构(陈九辉等,2005;图 4.5),

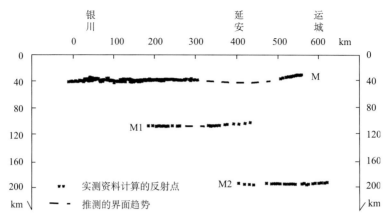

图 4.4　贺兰山矿山大爆破观测得到的地壳上地幔主要构造界面形态(据赵金仁等, 2009)

剖面显示鄂尔多斯盆地地壳速度结构相对简单, 莫霍界面清晰, 上地幔顶部速度较高, 表明鄂尔多斯盆地比较稳定。

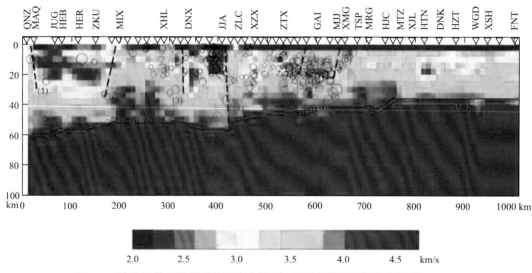

图 4.5　接收函数反演得到的地壳上地幔 S 波速度剖面(据陈九辉等, 2005)

4. 上地幔顶部 Pn 和 Sn 波速度成像和各向异性结果

　　沿上地幔顶部传播的地震波因为受地壳厚度和速度以及上地幔波速和各向异性等因素的影响, 成为揭示地壳–上地幔结构的有效手段。Liang 等(2004)利用中国大陆地区收集到的 Pn 波走时残差反演了 Pn 波速和各向异性, 结果表明中国中西部地区的主要盆地, 如塔里木、准噶尔、四川和鄂尔多斯等均具有较高的 Pn 波速和微弱的 Pn 波各向异性, 而盆地边缘的造山带或裂谷区则具有相对较低的 Pn 波速和较强的各向异性(图 4.6)。裴顺平等(2004)利用 Sn 波资料也得到了类似的结果。这一结果表明鄂尔多斯盆地具有刚性特征, 表现为构造稳定区; 而盆地周缘的裂谷带属于构造活动区, 断裂系统和岩浆活动

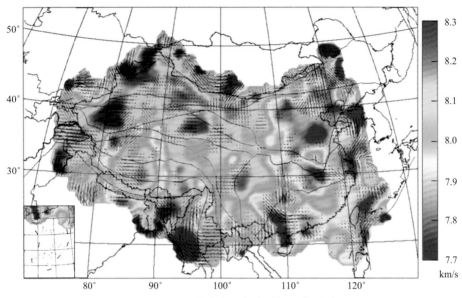

图 4.6　中国大陆地区上地幔 Pn 波速度和各向异性示意图（据 Liang *et al.*，2004）

等发育，从而造成较强的各向异性特征。

5. 鄂尔多斯盆地 P 波速度结构层析成像

华北克拉通 600 km 深度范围的三维 P 波速度结构表明鄂尔多斯盆地岩石圈厚度大于 250 km，存在岩石圈根（Tian *et al.*，2009）。郭飙等（2004）利用布设在青藏高原东北缘—鄂尔多斯地区的宽频地震台站数据反演了观测区内 400 km 深度范围内的地壳-上地幔 P 波地震层析成像。其结果表明在 200 km 深部范围内，鄂尔多斯盆地的波速结构完整、均一，且平均 P 波速度明显高于同一深度的青藏高原东北缘的平均速度，在 100 km 范围内的平均波速为 8.5 km/s，高于全球模型 IASPEI91 给出的结果，这也说明鄂尔多斯属于结构均一、稳定的块体。

四、盆地地壳上地幔电性结构

鄂尔多斯盆地地壳上地幔电性结构变化平缓，横向变化平缓，高导层埋藏深度大，壳内高导层埋藏深度约 20~30 km，上地幔高导层埋藏深度约 110~130 km，部分剖面还存在上地幔第二高导层，埋藏深度约 240 km，这说明鄂尔多斯盆地比较稳定（屈健鹏，1998；赵国泽等，2004；图 4.7）。

五、盆地岩石圈热-流变学结构

盆地现今地温场研究表明鄂尔多斯盆地的平均大地热流为 62 mW/m²，热流分布在盆地内部具有相对均一的特征；而盆地周缘的裂谷地带具有相对较高的大地热流，均在

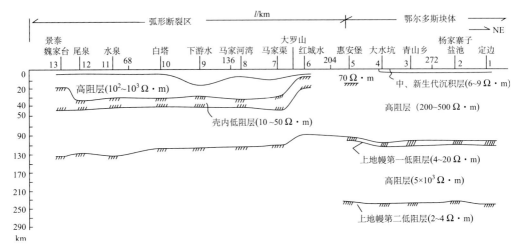

图 4.7　定边-景泰地壳、上地幔电性结构

70 mW/m² 以上。而进一步的岩石圈深部热状态的分析则表明，鄂尔多斯盆地的地幔热流在 30 mW/m² 左右，其值不到平均地表热流的 50%；而周缘裂谷带的平均地幔热流均在 48 mW/m² 左右，已占地表热流的 70% 左右。壳幔过渡带（莫霍面）的温度也存在差异：一般地，鄂尔多斯盆地的莫霍面温度在 600 ℃ 左右，而周缘裂谷带，如临汾盆地的莫霍面温度高达 800 ℃。这一岩石圈热状态也揭示了鄂尔多斯盆地和周缘裂谷带的地表热差异来自深部地幔。热岩石圈厚度在鄂尔多斯盆地地区为 110~120 km 左右，而周缘裂谷带区仅有 60~80 km 厚，岩石圈厚度的如此大差异也反映了深部的热状态不同。

　　岩石圈流变学主要反映了岩石圈的力学性质，我们在该区的岩石圈流变学结构研究表明鄂尔多斯盆地和周缘裂谷带具有不同的流变学性质。鄂尔多斯盆地的岩石圈流变强度在 $1×10^{13}$ N/m 之上，大于板块边界作用力的范围；而周缘裂谷带的岩石圈流变强度普遍在 $5×10^{12}$ N/m 左右，低于盆地强度一个数量级。壳内脆-韧性转换深度也存在差异：鄂尔多斯盆地的转换深度在 20 km 左右，而且壳内存在 2 个转换带；而周缘裂谷带的转换深度在 12~16 km 左右。而主要刻画岩石圈力学性质的岩石圈有效弹性厚度（T_e）也展示了盆地和周缘裂谷带的力学差异。鄂尔多斯盆地的 T_e 为 32 km 左右，而周缘的 T_e 为 14~21 km 左右。此外，岩石圈流变学剖面也表明鄂尔多斯盆地内部的流变学性质横向上展布均一，而盆地周缘则存在显著的流变差异。上述流变学研究表明鄂尔多斯盆地和周缘裂谷带具有不同的力学性质，进而决定了两者具有不同的变形方式。

第二节　盆地南部及周邻地壳上地幔结构宽频地震观测

　　利用研究区多条天然地震流动台阵观测获得的远震体波资料，进行了远震接收函数计算和分析，对台阵下方的莫霍面 Ps 转换震相进行沿测线偏移成像，并估算该地区的地壳平均厚度和泊松比，获得了研究区地壳上地幔结构特征。

一、六盘山-太行山东西向剖面远震接收函数分析

自 2004 年 7 月至 2005 年 7 月在六盘山地区开展了为期一年的三分量宽频带数字流动地震台阵观测,整个台阵呈条带状分布,测线自甘肃省静宁县跨六盘山到达甘肃省庆阳地区的镇原县,基本垂直于六盘山山脉走向。全线共布设 15 个台站,台站间距约 15～20 km,测线全长约 300 km。2007 年 7 月至 2008 年 8 月自陕西省黄龙县经山西省陵川县跨太行山到达河南省鹤壁市淇县布设宽频带数字流动地震台阵观测,测线由鄂尔多斯盆地内向东经过山西地堑、太行山,到达华北平原的西部,与前期六盘山地区测线连接,组成一条西起六盘山、东至太行山,横跨鄂尔多斯盆地南部和山西地堑,长约 1000 km的东西向地震观测剖面(图 4.8)。

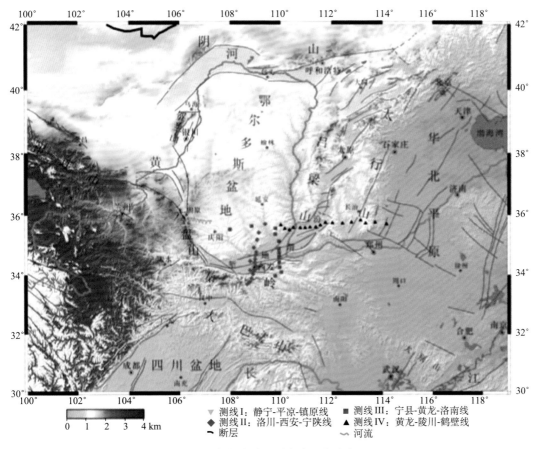

图 4.8 宽频流动地震台阵测线分布图

(一)静宁-平凉-镇原测线接收函数分析

利用静宁-平凉-镇原测线天然地震流动台阵观测获得的远震体波资料,计算各台站

下方的接收函数,对台阵下方的莫霍面 Ps 转换震相进行沿测线偏移成像,得到沿六盘山地区的接收函数偏移剖面(图 4.9)。

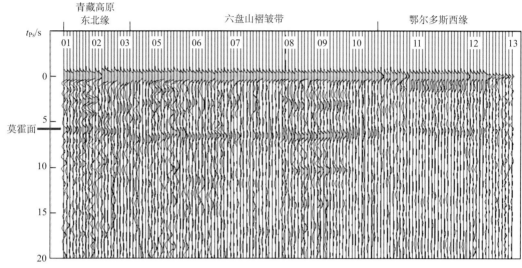

图 4.9 六盘山地区接收函数时间剖面

紫色线指示震相为莫霍转换震相

结果显示,六盘山地区地壳上地幔结构存在明显的横向差异,从青藏高原东北缘,六盘山主体到鄂尔多斯西南缘地壳结构变化剧烈,壳幔界面结构复杂。根据波形结构特征,将整个剖面分为三部分,分别加以分析和说明。

1. 青藏高原东北缘

该部分三个台站位于青藏高原东北缘,图 4.9 中 01~03,莫霍面 Ps 转换震相约为 6 s。01 和 02 两个台站波形结构复杂,存在多个震相,可能壳内存在多个高低速转换界面,指示中上地壳存在低速带。

2. 六盘山褶皱带

该部分六个台站位于六盘山褶皱带,图 4.9 中 05~10,莫霍面 Ps 转换震相到时反映出莫霍面下凹特征,最大约为 7 s,显示在六盘山主体下方的地壳快速增厚。从 LPS08号点开始往东到时逐渐减小,从两侧台站的莫霍面震相延伸特征来看,LPS10 号点在莫霍面 Ps 转换震相附近有较明显的次级震相,与相邻的鄂尔多斯块体莫霍面 Ps 转换震相具有一定连续性,推测这里是青藏高原块体挤入鄂尔多斯地块的最前沿。

这几个站点的接收函数中,在上下地壳间形成了一个强烈壳内转换面,我们推测,这是由于青藏高原块体挤入坚硬的鄂尔多斯块体时遭到阻挡,鄂尔多斯岩石圈的脆性上地壳不易变形,保留了自身块体速度界面的特征,下地壳塑性变形增厚,形成了一个强烈的壳内转换面。

3. 鄂尔多斯块体西缘

该部分三个台站位于鄂尔多斯块体西边缘,图 4.9 中 11~13 到 11 号台站莫霍面 Ps 波转换点又发生一次突变,提前 0.5 s,而且该部分台站的接收函数的波形和其他两部分相比也有明显差异,受浅层低速沉积盖层和基底之间强烈速度对比的影响,各台站接收函数初至 P 波加宽,莫霍面 Ps 转换震相在 13 号台站弱化,震相不明显。

总之,接收函数剖面显示该区的地壳上地幔结构存在明显的横向差异,青藏高原东北缘莫霍面震相复杂,壳内存在多个高低速转换界面;六盘山主体下方表现出地壳显著增厚,并横向延续直至鄂尔多斯块体,且壳内存在一个明显的速度转换界面。莫霍面 Ps 波转换震相到时揭示出地壳厚度以六盘山地区为中心向两侧逐渐减薄,整个剖面显示出了莫霍面具有下凹特征。

一般来说,莫霍面的下凹特征分为两类:一类是莫霍面的垂直错断,表现为壳内有一个低速层;另一类是具有弯曲特性的莫霍面,六盘山地区的莫霍面同时具有这两个特点。李松林等在玛沁-兰州-靖边人工地震测深地壳速度结构研究中发现鄂尔多斯西缘的莫霍面不是一个简单的速度间断面,而是一个相当复杂的过渡带;在我们所布测线的北边,陈九辉等布设了一条从青海玛沁到陕西榆林的台站,其中横跨青藏高原东北缘和鄂尔多斯的测线基本与我们的平行,他们的结果表明在鄂尔多斯西部边界莫霍面深度有超过 4 km 的突变,与我们的结果基本一致。

对每个台站不同地震的径向接收函数经过网格搜索并计算 Ps,PsPs,PpSs+PsPs 震相的振幅加权求和值,确定地壳平均厚度与波速比 K,进一步求取泊松比,计算结果见表 4.1。可以看出,沿测线地壳厚度变化明显且不连续。01~03 台站下方的地壳厚度平均值为 51.5 km;而位于 05~10 台站下方的地壳厚度平均值增大到 53.5 km;11~13 台站下方地壳平均厚度约为 50 km,在六盘山下方存在显著的地壳增厚现象,在台站覆盖区域内莫霍面有着近 4 km 的起伏。

表 4.1 六盘山地区泊松比和地壳平均厚度计算结果

台站编号	台站纬度	台站经度	$K=V_P/V_S$	泊松比 σ	H/km
LPS01	35°33.53′N	105°43.83′E	1.7	0.24	51
LPS02	35°34.38′N	105°53.43′E	1.77	0.26	49
LPS03	35°35.12′N	106°01.61′E	1.79	0.27	53
LPS05	35°39.82′N	106°10.49′E	1.82	0.28	53.5
LPS06	35°40.88′N	106°16.20′E	1.83	0.29	52
LPS07	35°45.63′N	106°15.89′E	1.82	0.28	52
LPS08	35°49.18′N	106°18.49′E	1.77	0.27	55
LPS09	35°51.74′N	106°25.06′E	1.78	0.27	55
LPS10	35°52.20′N	106°32.56′E	1.79	0.27	52
LPS11	35°50.08′N	106°39.53′E	1.77	0.27	51
LPS12	35°48.95′N	106°47.28′E	1.76	0.26	49
LPS13	35°47.70′N	106°54.61′E	1.76	0.26	51

　　泊松比分析表明,青藏高原东北缘、六盘山主体和鄂尔多斯西南缘三个地区泊松比值变化明显,位于青藏高原东北缘的 LPS01～LPS03 台站下方的泊松比平均值为 0.25,属于正常地壳平均泊松比范围。六盘山地区(台站 LPS05～LPS10)的泊松比范围为0.27～0.29,大于地壳平均泊松比范围,地壳泊松比较高的原因可能是这些台站所在部位正是青藏高原和鄂尔多斯两个块体接触域,为一个构造相对活动区域,泊松比远大于地壳平均泊松比范围。泊松比较高的原因可能是下地壳物质的少量局部熔融,或上地幔物质侵入,铁镁成分的增加。在鄂尔多斯块体内的 LPS11～LPS13 台站泊松比平均值为0.26,在正常地壳平均泊松比范围内,反映了鄂尔多斯地块地壳较为稳定的块体特征。

(二) 黄龙-陵川-鹤壁测线接收函数分析

　　利用黄龙-陵川-鹤壁测线天然地震流动台阵观测获得的远震体波资料,计算各台站下方的接收函数,得到各台站接收函数排列的时间剖面。采用反投射方法(Yuan *et al.*, 2000),并连接鄂尔多斯块体中的 3 个台站与六盘山地区的 13 个台站,对组成的剖面进行了接收函数共转换点(CCP)叠加计算,获得了六盘山-太行山 100 km 以上深度(图 4.10)和800 km 深度的偏移叠加深度剖面(图 4.11)。

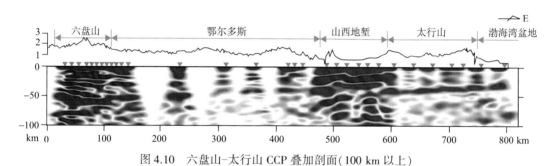

图 4.10　六盘山-太行山 CCP 叠加剖面(100 km 以上)

　　图 4.10 中莫霍面起伏变化清晰可见,从六盘山地区穿过鄂尔多斯、山西地堑、太行山到渤海湾盆地西缘,地壳厚度总体上表现为西边厚度大、东边厚度小,形成莫霍面向西倾斜的结构。鄂尔多斯块体内莫霍面连续性较好,但是其东西缘地壳厚度有较复杂变化。六盘山主体地壳厚度比较大,六盘山下方具有山根的特征,比青藏高原东北缘和鄂尔多斯要厚,也是整条剖面最深处,约达 55 km 以上,而且在六盘山与鄂尔多斯块体边界处莫霍面明显不连续。其次,山西地堑下方莫霍界面明显变浅,约三十公里,山西地堑地壳厚度明显减薄,且相对于两侧的鄂尔多斯和太行山地区莫霍面有明显的间断。

　　图 4.11 可见 410 km 和 660 km 处有较清晰的震相分布,410 km 界面在鄂尔多斯块体下方略有抬升的迹象,而 660 km 界面较平缓,没有大的起伏。

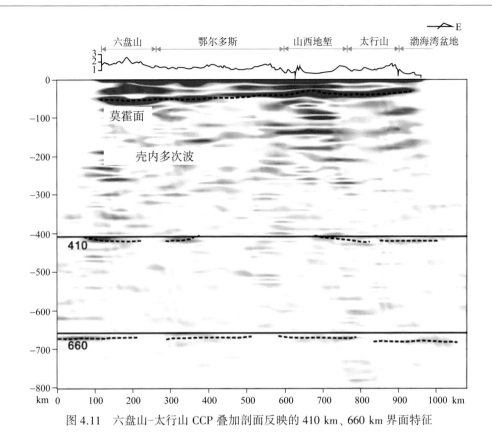

图 4.11　六盘山-太行山 CCP 叠加剖面反映的 410 km、660 km 界面特征

二、盆地南部及周邻南北向测线远震接收函数分析

在鄂尔多斯南缘完成了两条宽频带三分量数字地震观测测线(图 4.8 测线 II 和测线 III)，经鄂尔多斯地块南部，跨越渭河地堑至秦岭，分两期完成，第一期为洛川-西安-宁陕测线(QL00~QL14)，第二期是宁县-黄龙-洛南测线(HL01~HL10)，测线均沿近南北方向延伸，近垂直于构造走向(图 4.12)。

(一) 接收函数分析

洛川-西安-宁陕测线南起秦岭造山带，跨越渭河地堑系到达鄂尔多斯块体南端，其中 QL00、QL01、QL02、QL03 号台位于秦岭造山带，QL04~QL10 号台在渭河地堑系，QL11 号台位于渭河地堑与鄂尔多斯块体交接处，QL12、QL13、QL14 号台在鄂尔多斯块体南端。

计算获得各台站接收函数 684 个，结果显示在不同构造单元莫霍面的 Ps 转换波震相特征明显不同。在秦岭造山带各台站莫霍面的 Ps 转换波震相清晰，t_{Ps} 约 5 s；渭河地堑中莫霍面的 Ps 转换波震相复杂，QL05、QL06 和 QL09 号台 t_{Ps} 略大于 5 s，而处于中间部位的 QL07 和 QL08 号台 Ps 转换波能量较弱，t_{Ps} 较小，明显小于 5 s；鄂尔多斯块体南缘各台站莫霍面的 Ps 转换波震相清晰，较一致，时差 t_{Ps} 大于 5 s，表明鄂尔多斯块体南缘地壳结构

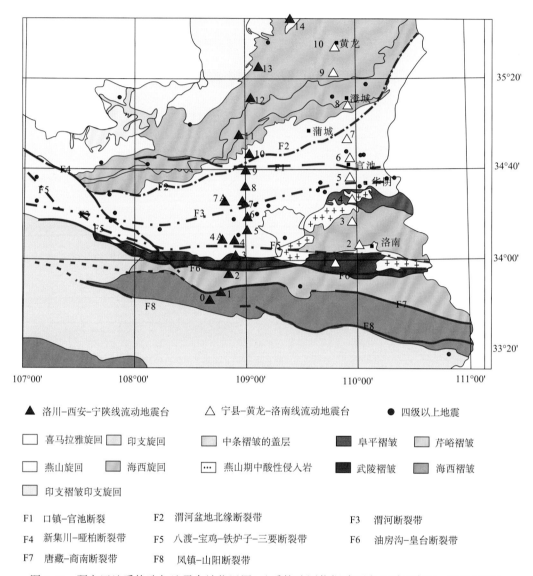

图 4.12　研究区地质构造与地震台站位置图(地质构造图依据陕西省地质矿产局, 1989 修改)

是测线所跨越的三个构造单元中最稳定的, 鄂尔多斯块体南缘也是地壳厚度最大的地区。

秦岭造山带和鄂尔多斯块体南缘 Ps 震相清楚, 而渭河地堑中该震相很弱, 可能是由于地堑内存在很厚的新生代沉积层, 介质波速低, 造成 Ps 波出射角度小, 在径向接收函数上能量很弱; 但可以看到在时差为 1 s 多处, 有明显的震相, 可能是沉积基底的反映。渭河地堑内的 QL05 号台、QL06 号台和 QL09 号台莫霍面的 Ps 震相时差 t_{Ps} 较大, 且波形相对于秦岭造山带和鄂尔多斯南缘更为宽缓, 表明其波速间断面可能呈梯度带特征。特别注意到 QL03 号台和 QL05 号台、QL06 号台和 QL07 号台及 QL09 号台和 QL10 号台之间 t_{Ps} 存在明显的时间差, 分别位于八渡-宝鸡-三要断裂带(F5)、渭河断裂带(F3)和口镇-管池断裂(F1)与渭河盆地北缘断裂带(F2)交汇附近, 表明渭河盆地南缘、渭河断裂带与渭河盆地北缘的断裂带切割深度都相当大，可能是具有地壳尺度的深大断裂。

图 4.13 为黄龙-洛南测线各台站接收函数的叠加结果，其中 HL01 ~ HL04 号台位于秦岭造山带北缘，HL05 ~ HL07 号台位于渭河地堑，HL08 ~ HL10 号台位于鄂尔多斯地块南缘。可见秦岭造山带北缘和鄂尔多斯地块南缘的莫霍界面转换波 Ps 震相清晰、稳定，位于秦岭造山带北缘的 HL01 ~ HL04 号台 Ps 震相时差 t_{Ps} 为 4 s 左右，鄂尔多斯地块南缘的 HL08 ~ HL10 号台时差 t_{Ps} 4.5 s 左右，明显大于秦岭造山带地区；位于渭河地堑中的 HL05、HL06、HL07 号台其莫霍界面转换波 Ps 震相较弱，且 HL05、HL07 号台见较强的沉积底部的转换波震相，另外 HL05 号台莫霍转换波的时差较大，约 5 s。

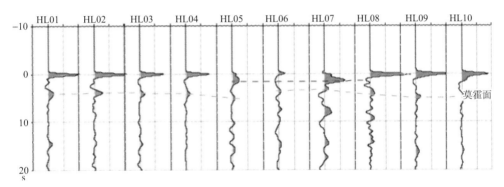

图 4.13　黄龙-洛南测线各台平均接收函数

图 4.14 是沿剖面以 8 km 为窗，将转换点在窗内各事件接收函数经过正常时差校正，进行叠加，然后以 2 km 间距沿剖面滑动叠加窗，得到的共转换点叠加时间剖面。由图中可见，秦岭造山带北缘莫霍界面 Ps 震相在 4 s 左右，渭河地堑 HL05 号台较深（约 5 s），渭河地堑（HL06、HL07）较浅（小于 4 s），鄂尔多斯块体南缘（HL09、HL10）较深（大于 4 s），秦岭段南端（HL01）略加深。渭河地堑（HL05、HL06、HL07）可见明显的沉积底部的转换震相，并显示出 HL05 号台下方东北方位最深，与地质图中表示的新生代沉积厚度一致。另外，HL08 号台反方位角在沿构造线方向北侧的接收函数比南侧的时差大，表明了此台站下方莫霍面明显不连续。

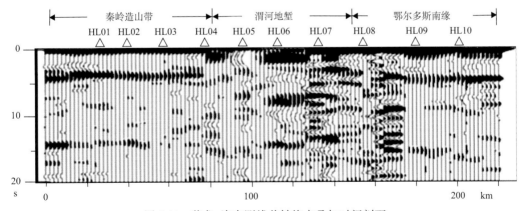

图 4.14　黄龙-洛南测线共转换点叠加时间剖面

（二）接收函数共转换点叠加剖面结果

同样采用反投射方法(Yuan *et al.*, 2000)计算的 CCP 叠加剖面结果(图 4.15)显示，鄂尔多斯块体为稳定的地壳结构，秦岭造山带北缘地壳厚度变化不大，渭河地堑中地壳结构变化较大，特别是洛川-西安-宁陕测线中 QL06 和 QL07 号台之间，黄龙-洛南测线 HL05 和 HL06 号台附近莫霍面不连续，且相差很大，且两条测线的特征相似。此处位于渭河断裂(F3)附近，表明与断裂有关，断裂切割很深，历史上 4 级以上地震多发生在此断裂附近，因此推断渭河断裂可能是控制地堑活动的主要深大断裂。

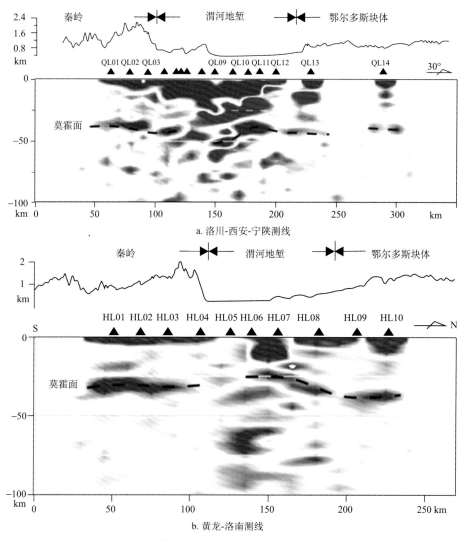

图 4.15   鄂尔多斯接收函数共转换点叠加剖面

对比两条测线结果显示，地壳厚度由东向西增厚，秦岭造山带北缘东线 36.5 km，西线约 40 km；鄂尔多斯块体南缘地壳厚度东线 39 km，西线约 42 km；渭河地堑中部地壳厚度有减薄迹象。鄂尔多斯块体南缘地壳结构相对简单、且稳定，表现出稳定克拉通性质，渭河盆地北缘断裂是鄂尔多斯稳定块体的南边缘断裂，断裂两侧莫霍界面显示明显差异，是稳定鄂尔多斯块体与渭河地堑的分界带。渭河地堑内地壳结构变化很复杂，中部存在地壳减薄，而地堑南北边缘以及渭河断裂附近莫霍界面变化明显，尤其渭河断裂附近，莫霍界面不连续，相差很大，历史上 4 级以上地震也多发生在此断裂带附近。这是否表示渭河断裂是新生代印度-欧亚板块碰撞和太平洋板块俯冲两大地球动力学系统影响下，起应力调节作用的主要断裂系，具有着走滑特征。秦岭造山带莫霍界面较明显，起伏不大，没有发现明显的"山根"特征。

通过上述多条测线的接收函数分析得到鄂尔多斯南部及周邻地区地壳上地幔结构总体特征如下：

1）地壳结构东薄西厚，莫霍面向西倾斜。从六盘山地区穿过鄂尔多斯、山西地堑、太行山到渤海湾盆地西缘地壳厚度总体减小，形成西边厚度大、东边厚度小，莫霍面呈向西倾斜的结构。对比南缘的两条南北向剖面的莫霍面特征，也反映出鄂尔多斯块体莫霍面总体向西倾斜的结构。

2）鄂尔多斯块体地壳结构相对简单稳定。鄂尔多斯块体内部莫霍界面转换波震相清晰稳定，莫霍面连续性较好，表现出了稳定克拉通性质，而鄂尔多斯块体边部都表现出明显的突变特征。

3）鄂尔多斯边缘地区地壳结构复杂，而且在不同的区域特征明显不同。西缘六盘山莫霍界面下凹，地壳呈中间厚、两边薄的状态，表现出在青藏高原东边缘向东挤出，受到鄂尔多斯块体阻挡，使鄂尔多斯西缘受挤压呈"地壳增厚"特征。东缘山西地堑地壳显著减薄，主要呈现一种拉张的特征。而南缘渭河地堑地壳有减薄表现，但表现复杂，尤其在渭河断裂附近存在不连续，震相特征不清楚，可能是受断裂走滑活动的影响。

三、盆地南部及周邻上地幔各向异性特征研究

从震源激发出的剪切波会由于其传播路径上介质的各向异性而发生分裂，即产生两个偏振互相正交而速度不同的剪切波，它们会以不同的时间到达台站。通过分析快慢波之间的走时差以及快波的偏振方向，可以定量地识别剪切波分裂，了解深部物质的流动变形特征。

采用 Silver 和 Chan（1991）提出的剪切波分裂计算和分析方法，其基本原理是通过将实际观测的剪切波水平分量反向传播重建入射波，通过网格算法搜索 S 波分裂参数：快波方向 ϕ 和快慢波延时 δt，使得入射前剪切波切向分量能量最小。其中，分裂参数中快波方向（ϕ）代表上地幔的流动方向，快慢波延时（δt）反映上地幔变形强度。

（一）鄂尔多斯西缘六盘山地区上地幔各向异性特征

利用鄂尔多斯西缘静宁-平凉-镇原测线观测数据，通过计算获得了沿测线 15 个台站的分裂参数(见表 4.2)，其中台站 LPS04 和 LPS14 由于仪器故障未获得可靠数据，图 4.16b 给出了各台站的相对位置和 S 波分裂计算结果。

表 4.2　静宁-平凉-镇原测线剪切波分裂计算结果

台站	经度	纬度	ϕ	σ_ϕ	δt	$\sigma_{\delta t}$
LPS01	35.56	105.73	−37.0	±12.0	1.33	±0.46
LPS02	35.57	105.89	−36.6	±6.5	1.02	±0.14
LPS03	35.58	106.03	−23.3	±10.0	0.87	±0.15
LPS05	35.66	106.18	−26.3	±10.5	0.93	±0.20
LPS06	35.68	106.27	−38.0	±9.6	1.16	±0.19
LPS07	35.76	106.27	−18.4	±10.0	0.95	±0.23
LPS08	35.82	106.31	−26.2	±8.8	1.00	±0.12
LPS09	35.86	106.42	−26.3	±7.3	1.17	±0.27
LPS10	35.87	106.54	−28.5	±10.0	0.91	±0.20
LPS11	35.84	106.66	−48.7	±4.0	1.47	±0.46
LPS12	35.82	106.79	−50.5	±2.2	1.29	±0.19
LPS13	35.80	106.911	−53.0	±2.5	1.41	±0.41
LPS15	35.79	107.21	−57.0	±2.2	1.45	±0.52

注：ϕ 为快波极化方向，δt 为快慢波延时，σ_ϕ 和 $\sigma_{\delta t}$ 分别为 1σ 置信区间误差。

对各台站 SKS 波形记录的分析均观测到明显的剪切波分裂，沿整个台阵的快慢波延时变化范围在 0.87±0.15 s～1.47±0.46 s，平均为 1.13±0.25 s。研究区各向异性快波方向总体上为北西-南东向，以位于六盘山东侧的 LPS10 号台站为界，快波偏振方向有一个明显偏转：从 LPS01 到 LPS10 台站，快波方向为北北西-南南东(−18.4°～−38.0°)，从 LPS10 至 LPS15 台站方向变化为北西西-南东东(−48.7°～−53.0°)，快慢波延时也整体上高于西侧各台站。上述变化特征反映了在六盘山两侧上地幔变形特征存在差异，其各向异性可能来源于不同的成因机制。下面就两部分各向异性的特征和成因分别加以讨论。

测线西段 LPS01 到 LPS10 台站各向异性方向为北西-南东向，基本平行于六盘山逆冲推覆构造带走向，这种相关性表明鄂尔多斯西缘的地表变形和上地幔流动之间存在着耦合变形特征。从前人在青藏高原的剪切波各向异性结果来看，自南向北快波方向从北东-南西逐渐旋转为东西向，反映在印度板块向北不断挤入作用下，上地幔物质向北的流动在受到北部塔里木和阿拉善等坚硬块体的阻挡后，转而向东运动；而在位于青藏东北缘的玛沁和玉树台，各向异性极化方向再次变化为北西-南东向(图 4.16a)，我们的台阵位于这两个台站以东鄂尔多斯块体西缘，快波方向和这两个台是一致的，反映了青藏高原东北部向东挤出的深部物质在受到稳定的鄂尔多斯块体阻挡后，转而向东南方向流动的特征。总观整个研究区，上地幔流动表现为在坚硬块体围限下沿着青藏高原周缘断裂的顺时针旋转流动。从快慢波延时来看，从 LPS01 到 LPS10 台站下方各向异性的延时（0.87~1.33 s）整体上大于玛沁台（0.82 s）和玉树台（0.72 s），反映了青藏高原东北缘和鄂尔多斯西缘块体接触带上变形厚度和变形强度的增加。

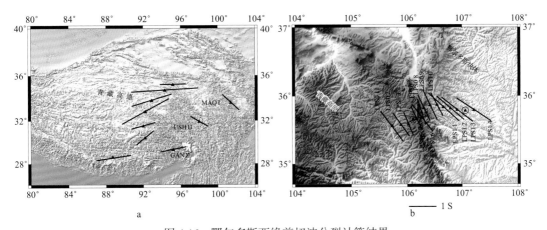

图 4.16　鄂尔多斯西缘剪切波分裂计算结果

a. 青藏高原各向异性结果（据 McNamara et al.，1994）；b. 六盘山地区各向异性结果

根据橄榄石平均各向异性假定上地幔存在 4% 的剪切波各向异性，那么 1s 的延时大约对应于 115 km 的各向异性层（Mainprice and Silver，1993）。因此鄂尔多斯西缘的各向异性层厚度大约在 105~153 km，平均厚度在 120 km，表明有 100 多公里的上地幔参与了由青藏高原物质向东挤出引起的变形。在沿测线的接收函数计算结果中，六盘山下方的地壳厚度比相邻地区增加了约 3 km，表明鄂尔多斯西缘的地壳厚度因青藏高原的挤入而明显加厚。这种地幔流动、地壳增厚和地表构造之间的相关性，反映了鄂尔多斯西缘在统一的动力学背景下深浅部变形的垂直耦合特征。

位于测线东段的 LPS11 到 LPS15 台站位于鄂尔多斯块体内部，四个台站快波方向一致地偏转为北西西-南东东方向，快慢波延时整体上高于西侧各台站。地质学研究表明，从前寒武纪到中生代鄂尔多斯块体在构造上属于华北克拉通（Zhang et al.，1991），与周缘断裂带强烈的构造活动和地震活动不同，鄂尔多斯内部几乎没有明显的构造和地震活动。同时，岩石圈热结构研究表明，鄂尔多斯是一个大地热流相对较低的稳定块体，地热学统计表明不同构造区域的大地热流值反比于最后一期构造热事件或构造-岩浆事件（Pollack et al.，1993），鄂尔多斯相对较低的低热流表明其尚未受到新生代构造热事件的影响。各向异性特征分析表明，稳定构造地区的上地幔各向异性特征受控于最后一期区域构造活动，因此我们认为在这部分台站下方的各向异性为保存在上地幔中的"化石"各向异性，代表上一期构造变动引起的上地幔变形。此外，可以看到各向异性方向发生偏转并不是以六盘山构造带为界，而是位于六盘山以东的 LPS11 台站，表明始于新生代印度-欧亚板块碰撞的青藏高原深部物质的向东挤出，其深部变形范围越过了地表的构造变形带，进入了鄂尔多斯块体。这种深部变形和地表变形之间的空间差异表明鄂尔多斯西缘的地表变形受控于深部物质流动。

（二）鄂尔多斯南缘上地幔各向异性特征

利用位于鄂尔多斯南缘的宁县-黄龙-商洛测线和洛川-西安-宁陕测线的观测数据，通过计算获得了 29 个台站的分裂参数（见表 4.3），22 个台站获得了可靠的分裂参数，4 个台站得到了 Null 值，Null 值表明台站下方不存在各向异性，或者快波方向与地震事件方位一致或垂直，其他 3 个台站由于缺少合适的地震记录而舍弃。图 4.17 给出了各台站的相对位置和 S 波分裂计算结果。

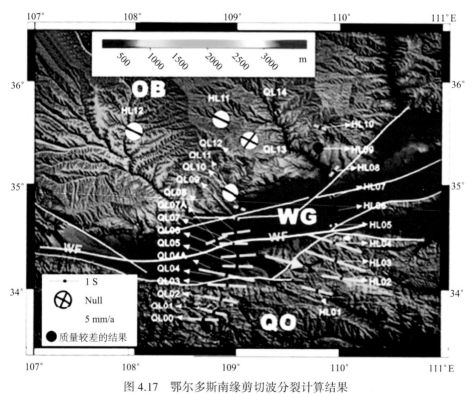

图 4.17   鄂尔多斯南缘剪切波分裂计算结果

OB. 鄂尔多斯块体；WG. 渭河地堑；WF. 渭河断裂；QO. 秦岭造山带。黄色短线的方向表示
台站下方快波方向，长度表示快慢波时间延迟，白色圆圈表明计算结果为 Null

整体上讲，研究区南部和北部之间的横波分裂参数存在较大的差异，并且在渭河断裂（WF）附近存在突变。在断裂以北的鄂尔多斯块体（OB）及渭河盆地（WG）北部，快慢波的时间延迟很小，一般不超过 0.5 s，快波方向也存在较大差异；而在秦岭造山带（QO）及渭河盆地南部，横波分裂比较明显，平均时间延迟为 1.23±0.39 s，快波方向 98°±7°，与地表造山带的走向及 GPS 得到的地壳运动方向是一致的。

计算结果最明显的特征是横波分裂参数在渭河断裂附近发生突变。渭河断裂是一条隐伏在 4000 km 沉积层以下, 向北倾 (倾角 65°) 的断裂, 它分割了北侧的太古宙、元古宙和南侧的古元古代结晶基底。在历史上, 沿着这条断裂共发生了 20 余次破坏型地震。特别是 1556 年的华县地震, 共造成了约 83 万人死亡。这些证据表明渭河断裂可能是一条岩石圈尺度的深大断裂, 是秦岭造山带和鄂尔多斯块体的岩石圈边界。横波分裂参数的突变, 反映了渭河断裂两侧截然不同的岩石圈上地幔各向异性特征。

表 4.3　鄂尔多斯南缘剪切波分裂计算结果

台站	经度	纬度	ϕ	σ_ϕ	δt	$\sigma_{\delta t}$
QL00	33.70	108.67	−88	±12	0.95	± 0.28
QL01	33.77	108.78	−76	±5	0.85	± 0.07
QL02	33.90	108.85	−80	±3	1.12	± 0.14
QL03	34.03	108.91	−87	±4	1.25	± 0.06
QL04	34.13	108.90	−79	±5	1.80	± 0.14
QL04A	34.17	108.79	—	—	—	—
QL05	34.22	109.01	−89	±2	0.98	± 0.03
QL06	34.32	109.02	86	±2	1.12	± 0.04
QL07	34.43	108.97	90	±8	0.93	± 0.18
QL07A	34.47	108.80	68	±5	0.73	± 0.01
QL08	34.54	108.99	−82	±5	0.93	± 0.13
QL09	34.67	109.00	−82	±7	0.20	± 0.02
QL10	34.77	109.04	−73	±3	0.38	± 0.03
QL11	34.92	108.94	Null	—	Null	—
QL12	35.18	109.07	−16	±3	0.12	± 0.07
QL13	35.42	109.14	Null	—	Null	—
QL14	35.70	109.40	76	±5	0.20	± 0.03
HL01	33.99	109.78	−77	±3	0.98	± 0.01
HL02	34.11	110.02	−82	±3	1.25	± 0.07
HL03	34.27	109.96	−72	±3	1.98	± 0.26
HL04	34.44	109.95	−72	±5	1.83	± 0.42
HL05	34.62	109.94	75	±8	0.25	± 0.02
HL06	34.37	109.94	—	—	—	—
HL07	34.89	109.93	69	±5	0.15	± 0.05
HL08	35.13	109.94	43	±5	0.63	± 0.02
HL09	35.37	109.79	—	—	—	—
HL10	35.56	109.80	−70	±3	0.40	± 0.10
HL11	35.64	108.85	Null	—	Null	—
HL12	35.52	107.99	Null	—	Null	—

鄂尔多斯块体及渭河盆地北部，快波方向在各台站之间存在较大差异，快慢波的时间延迟普遍较小，这表明渭河断裂以北上地幔各向异性很弱，这与由 Pn 波反演得到的结果是一致的。鄂尔多斯块体是形成于太古宙的稳定大陆块体，岩石圈基底一直延伸到约 300 km 深，自形成以来其内部很少变形，因此上地幔各向异性比较弱。

相反，在渭河断裂以南的秦岭造山带及渭河盆地南部，各向异性非常明显，而且快波方向与造山带走向一致。秦岭造山带是三叠纪华南块体与华北块体的碰撞缝合边界，块体缝合过程中持续的南北向挤压会造成上地幔橄榄石晶体快轴方向平行于块体边界走向，使得上地幔各向异性与造山带方向一致。

然而，秦岭造山带内部快慢波的时间延迟达到了 1.8 s，这意味着上地幔存在 200 km 厚的各向异性层，而本区的岩石圈厚度不超过 130 km；此外，鄂尔多斯块体相对于周缘块体做逆时针旋转，前人认为这是由于新生代秦岭大型左行走滑断裂带和六盘山褶皱逆冲带驱动的。然而，这种动力仅存在于 130 km 以上，它能够驱动深达 300 km 的鄂尔多斯块体旋转吗？这些问题表明，除了岩石圈以外，在岩石圈底部可能存在着其他作用，和观测到的横波分裂及鄂尔多斯块体的旋转相关。

前人研究表明在青藏高原东部，下地壳沿四川块体和鄂尔多斯块体间向东流动。数值模拟认为由于印度板块向欧亚板块俯冲，在东亚大陆底部存在大规模的上地幔横向挤出作用。层析成像结果表明，在鄂尔多斯块体和四川块体下方，高速异常延伸到 300 km 深。而在它们之间的秦岭造山带表现为低速异常，并将青藏高原和中国东部的上地幔低速异常连接起来。我们认为，在四川块体和鄂尔多斯块体之间，软流圈物质沿秦岭造山带底部向东流动，使得软流圈存在着较强的各向异性。同时，软流圈物质的流动对鄂尔多斯块体产生左行剪切作用，为鄂尔多斯块体的逆时针旋转提供了深部的动力。

（三）鄂尔多斯东缘上地幔各向异性特征

利用位于鄂尔多斯东缘的黄龙-陵川-鹤壁测线的观测数据，通过计算获得了 17 个台站的分裂参数(见表 4.4)，16 个台站获得了可靠的分裂参数，其中台站 HT04 由于仪器故障未获得可靠数据，1 个台站得到了 Null 值，Null 值表明台站下方不存在各向异性，或者快波方向与地震事件方位一致或垂直，图 4.18 给出了各台站的相对位置和 S 波分裂计算结果。

表 4.4　鄂尔多斯东缘剪切波分裂计算结果

台站	经度	纬度	ϕ	σ_ϕ	δt	$\sigma_{\delta t}$
HT01	35.67	110.01	−59	±2	1.68	±0.24
HT02	35.55	110.17	−65	±4	1.35	±0.33
HT03	35.51	110.35	−60	±4	1.09	±0.32
HT05	35.57	110.77	−73	±3.6	0.98	±0.18
HT06	35.58	110.96	−85	±14	0.69	±0.22
HT07	35.60	111.16	86	±8	0.70	±0.10

续表

台站	经度	纬度	ϕ	σ_ϕ	δt	$\sigma_{\delta t}$
HT08	35.60	111.38	Null	—	Null	—
HT09	35.66	111.56	48	±9.5	0.71	±0.2
HT10	35.75	111.76	57	±5	0.84	±0.15
HT11	35.74	112.03	58	±5	1.05	±0.26
HT12	35.72	112.42	53	±4	1.55	±0.43
HT13	35.75	112.77	71	±8	1.20	±0.25
HT14	35.83	113.14	78	±6	1.27	±0.16
HT15	35.73	113.34	−73	±3	1.70	±0.3
HT16	35.75	113.72	−86	±3	1.45	±0.14
HT17	35.70	114.16	−86	±6	1.19	±0.19

注：ϕ 为快波极化方向，δt 为快慢波延时，σ_ϕ 和 $\sigma_{\delta t}$ 分别为 1σ 置信区间误差。

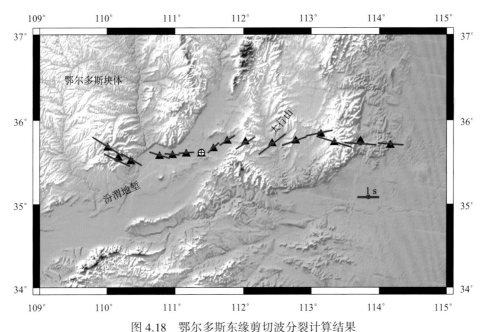

图 4.18　鄂尔多斯东缘剪切波分裂计算结果

图中红色短线方向表示台站下方快波方向，长度表示快慢波时间延迟，白色圆圈表明计算结果为 Null

　　计算结果显示研究区上地幔各向异性存在明显空间变化。在鄂尔多斯块体内部，快波方向表现为稳定的北西西-南东东方向，变化范围在−59°~−65°，快慢波延时变化范围在 1.1~1.7 s。在汾渭地堑各向异性特征自西而东发生渐变，快波方向从鄂尔多斯块体内部的北西西-南东东向逐渐转换为地堑中部的近东西向，快慢波时间延迟逐步减小，在地堑中部趋于 0；自地堑东部至太行山地区，快波方向为北东-南西向，与区域走滑断裂系走向基本一致，延时逐渐增大，达到 1.55 s，在越过太行山进入华北平原后，快波方向再次转变为近东西向。

研究区的上地幔各向异性特征反映了鄂尔多斯块体在周边不同动力学系统作用下深部物质的变形和运移状态。新生代期间,中国大陆东、西部处于两个不同的地球动力学环境,西部地区受印度-欧亚板块碰撞及印度板块持续挤入作用的影响,以地壳缩短增厚和强烈的陆内造山作用、地震活动等为主要特征,而东部华北地区受新生代期间西太平洋板块向欧亚大陆俯冲作用的影响,广泛发育裂谷盆地和弧后微型扩展,并伴有强烈火山和岩浆活动。鄂尔多斯块体位于华北克拉通中部,周边与青藏、华南、华北三个块体相接,其新生代构造演化明显受控于东、西部两个不同地球动力学过程。

从鄂尔多斯盆地南缘多条测线的各向异性分析结果可以看到,鄂尔多斯块体在与周边不同块体的接触带表现出不同的各向异性特征:在西缘反映出青藏高原东北部向东挤出的深部物质在受到稳定的鄂尔多斯块体阻挡后,转而向东南方向流动的特征;南缘的各向异性特征反映出东向运移的深部物质在四川块体和鄂尔多斯块体之间,沿秦岭造山带底部向东流动的特征;而东缘的各向异性特征在越过汾渭地堑和太行山后,表现为东西向的变形特征,反映了西太平洋板块向欧亚大陆俯冲作用下的,华北地区近东西向拉张应力环境下深部物质的变形特征。这种上地幔各向异性特征的差异反映了鄂尔多斯块体深部物质在周边不同动力学系统作用下的响应,而在鄂尔多斯块体内部,则表现出一致稳定的北西西-南东东方向各向异性特征,表明其深部应力和物质变形状态未受到中生代以来周边动力学系统的影响,是一个结构均一、稳定的大陆块体。

同时可以看到,鄂尔多斯块体周缘的逆冲带和地堑系统是上地幔各向异性特征发生明显变化的部位,作为鄂尔多斯块体南缘和周边不同块体接触的边界带,这些活动带成为调节中国大陆自西向东深部动力学状态转换的重要部位。

第三节 盆地南部及周邻面波频散特征与一维速度结构反演

面波是沿着两种介质分界面传播的弹性波,若介质的弹性模量和密度随深度变化,则面波的速度随频率变化,出现频散现象。不同周期的面波,其透入地下的深度不同;周期越大,深度越大。故可利用面波的频散特点,反演地球内部的速度结构。面波频散是目前研究地壳上地幔大尺度结构及横向不均匀性的一种强有力的手段。

面波主要有两种类型:Love波和瑞利(Rayleigh)波。瑞利波是非均匀纵波 P 和横波 SV 在层面上叠加而成的,其质点的位移随深度按指数规律减小,有垂直和平行于半无限弹性介质界面的分量,但垂直分量较强,因而计算时选用的是垂直道分量。

一、盆地南部及周邻构造单元基阶瑞利波相速度

提取面波频散曲线的方法有单台法、双台法和三台法。双台波形的窄带通滤波-互相关函数法是测定双台间的面波相速度的一种常用方法,可避免由震源机制不确定所引

起的困难，只需要两个台站和震源位于同一大圆路径上，利用双台地震资料可以非常精确地求解双台间的面波频散特性(图4.19)。

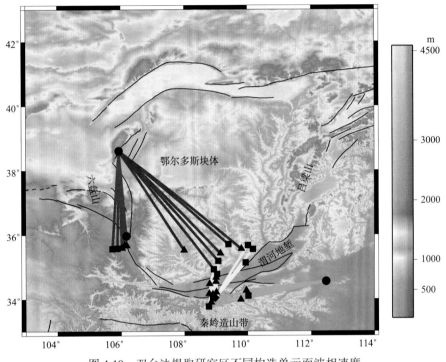

图4.19　双台法提取研究区不同构造单元面波相速度

利用项目多条测线的观测资料，并结合研究区的部分固定台站资料，对位于同一大圆路径上的双台进行了鄂尔多斯块体和周边构造单元的面波频散曲线的计算，各构造单元的频散曲线如图4.20所示，结果显示鄂尔多斯块体与周边构造单元深部横波速度结构存在明显的差异，与地表地质及构造演化存在相关性。

在17~30 s周期范围内，鄂尔多斯块体的基阶瑞利波相速度比Ak135模型的理论相速度低约0.16 km/s，这一周期范围内相速度主要受地壳物质影响，反映了鄂尔多斯块体内巨厚的中新生代沉积物及其下方地壳厚度较大。在45~95 s周期范围内，鄂尔多斯块体的基阶瑞利波相速度是四个地区最高的，比AK135模型的理论相速度高约0.1 km/s（~2.6%）。中长周期范围内相速度主要受地幔岩石圈物质影响，这一高速表明鄂尔多斯块体上地幔盖层横波波速很高，属于典型的克拉通岩石圈结构(Freybourger et al., 2001; Darbyshire et al., 2007)，晚中生代岩石圈活化作用在鄂尔多斯块体内部不明显。在12~70 s周期范围内，渭河地堑的瑞利波相速度比AK135模型的理论相速度低约0.17 km/s，这反映了渭河地堑巨厚的中新生代沉积及其岩石圈的伸展减薄现象。在中长周期（40~70 s），渭河地堑的基阶瑞利波相速度是四个地区最低的，比鄂尔多斯块体低约0.25 km/s，说明华北克拉通西部块体南缘渭河地堑下方岩石圈也可能受到晚中生代构造热事件的强烈改造(Xu et al., 2004)，从渭河地堑到鄂尔多斯块体岩石圈性质发生突变。

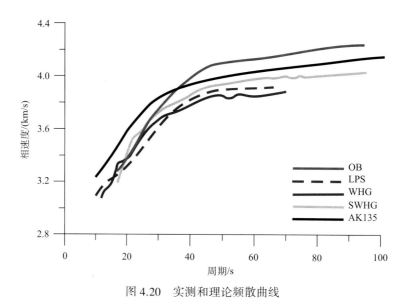

图 4.20　实测和理论频散曲线

OB. 鄂尔多斯块体；LPS. 六盘山地区；WHG. 渭河地堑；SWHG. 渭河地堑南缘；AK135. AK135 大陆模型

　　在 10~36 s 周期范围内，六盘山的瑞利波相速度比 AK135 模型的理论相速度低约 0.2 km/s，这与六盘山下方存在山根，地壳加厚有关。在 37~65 s 周期范围内，六盘山的瑞利波相速度比 AK135 模型的理论相速度低约 0.1 km/s，推测这可能是因为青藏高原东北缘挤出作用导致六盘山逆冲覆构造带下方岩石圈受到热扰动，从六盘山逆冲覆构造带到鄂尔多斯块体岩石圈性质也发生突变。在 15~40 s 周期范围内，渭河地堑南缘相速度比 AK135 模型的理论相速度值低约 0.13 km/s，在 41~95 s 周期范围内，渭河地堑南缘相速度比 AK135 模型的理论相速度值低约 0.07 km/s，这可能与岩石圈活化作用有关。渭河地堑南缘相速度整体上比渭河地堑高，特别是在中长周期(20~70 s)大约高 0.1 km/s，表明处于秦岭大别造山带与华北克拉通中部块体交带上的渭河地堑南缘地区，受晚中生代岩石圈活化作用影响相对较小。

二、盆地南部及周邻构造单元的岩石圈速度结构

　　利用上述频散曲线，我们使用线性阻尼最小二乘法进行一维反演得到相应的岩石圈横波速度模型。瑞利波频散对横波速度要比对纵波速度和密度敏感，故在反演过程中采用固定泊松比，由每层横波速度得到相应的纵波速度。为了使反演稳定，在不同阶段采用了不同的阻尼因子。在最初的二次迭代中采用了相对较高的阻尼因子(10)以避免所得模型不在合理的范围内，之后的迭代阻尼因子为 0.5。初始横型为 AK135 大陆模型(Kennett *et al.*, 1995)，反演结果如图 4.21 所示，可见鄂尔多斯块体周缘岩石圈存在强烈的横向变化，与区域构造演化一致。

　　鄂尔多斯块体在 80 km 至 190 km 深度范围内横波速度比 AK135 要高 3%~5%，上地幔盖层速度在 120 km 达到最大值 4.75 km/s，并且至少在 200 km 深度范围内没有明显

的低速层(图 4.21a)，表明岩石圈厚度在 200 km 以上。体波走时层析成像结果(Huang *et al.*, 2006；Tian *et al.*, 2009)揭示鄂尔多斯块体岩石圈厚度在 250 km 以上，与面波反演结果较一致。这种典型克拉通类型的岩石圈速度结构表明鄂尔多斯块体下方的大陆根未受到晚中生代岩石圈活化的显著影响，与其构造上长期稳定相对应。

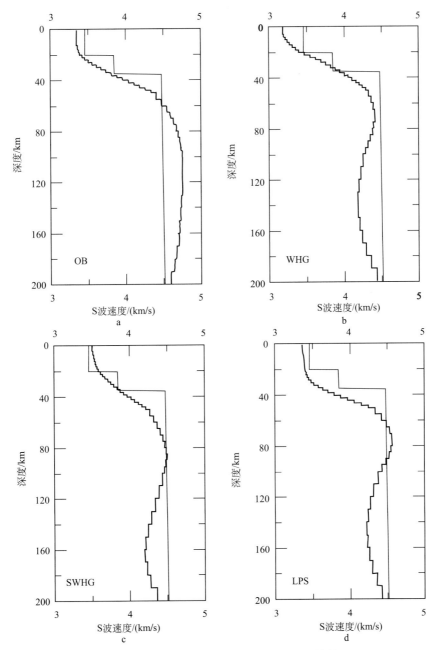

图 4.21　面波频散反演得到的岩石圈速度结构

黑线为反演结果，灰线为 AK135 大陆模型。

a. 鄂尔多斯块体；b. 渭河地堑；c. 渭河地堑南缘；d. 六盘山地区

渭河地堑下方岩石圈-软流圈界面大概在 80 km（图 4.21b），下方存在显著低速层，120 km 深度处横波速度为 4.2 km/s，表明岩石圈受克拉通破坏作用后软流圈热熔融物质明显上涌（Xu et al., 2004）。渭河地堑南缘下方岩石圈厚度约 100 km（图 4.21c），可见岩石圈活化作用的空间不均匀性。

六盘山岩石圈厚度约 100 km（4.21d），下方存在明显的低速层，这可能是青藏高原软流圈物质发生北东向流动，至六盘山逆冲推覆带遇到刚性鄂尔多斯块体的阻挡而在此积聚形成热扰动。

综上所述，可知鄂尔多斯块体是一地震波速高的稳定克拉通，无明显的低速层，但其周缘活动构造带上地幔低速层十分明显，岩石圈厚度与鄂尔多斯块体相差 100 km 以上，这一变化大且剧烈。在 200 km 水平距离上岩石圈厚度具有如此差异，说明了研究区域不同的岩石圈属性及构造演化过程。位于鄂尔多斯块体南缘与秦岭造山带之间的渭河地堑，可能是一个古老的力学薄弱区。在华北克拉通长期演化过程中，一系列构造事件反复影响鄂尔多斯块体边缘地区。岩石圈伸展减薄可能优先发生在这些力学薄弱区，最终导致地堑的发育。而太古宙鄂尔多斯块体则受构造活动影响较少，克拉通核很可能仍为刚性稳定的。

三、盆地南部及周邻的岩石圈性质

综合上述在鄂尔多斯及邻区开展的各种地球物理探测研究成果，我们对该区的岩石圈性质做了如下的总结。

1. 岩石圈具有整体的刚性

地热、地震、航磁和活动构造的研究均揭示了鄂尔多斯盆地岩石圈具有整体的刚性特征，表现为地温低、强度高和厚度大等特征；而岩石圈流变学进一步指出，盆地具有极高的流变强度，在板块边界应力作用下表现为稳定的块体，其内部变形甚弱，而在其边缘发生强烈的构造变形，这已被地震活动和 GPS 观测等现今变形场特征所证实。

2. 岩石圈具有强烈的非均质性

岩石圈非均质性主要体现为横向分块和纵向流变分层特征。纵向上，上地壳表现为强度高的脆性层，发生断裂、地震等弹性形变，中下地壳则表现为低强度的韧性层，发生塑性变形的流展，而岩石圈上地幔的流变特性与热状态有关：若地表热流较低，则为高强度的脆性或韧性层；若地表热流相对较高，则表现为低强度的韧性层。岩石圈这一分层变形特征决定了盆地内部断裂发育、深大断裂沿壳内滑脱面收敛于中地壳层次。沉积盖层由于物性和岩石力学性质的差异，也存在一些浅层滑脱面和韧性层，发育断层相关褶皱等变形样式。横向上，鄂尔多斯盆地整体性好，变形弱，为稳定的刚性块体；而盆地周缘的裂谷带则变形强烈，是岩石圈热-流变结构的薄弱带，易于在构造应力下产生变形。这一特征在诸多地球物理场有明显的表现。

3. 盆地周缘的变形受构造继承性和岩石圈流变非均质性控制

鄂尔多斯作为地质历史中长期稳定的刚性块体，在历次构造运动中保持相对稳定，仅表现为平动或旋转，内部变形甚弱；构造变形主要集中在块体边缘，发生碰撞、拼贴、增生、岩浆和变质活动等。多次的构造运动使得盆地周缘地带为多次拼贴带和古断层及缝合带，就力学性质上而言属于岩石圈热-流变结构的薄弱带，具有强烈的构造继承性。也即在合适的应力作用下重新复活(reworking)，产生新的变形，这一变形具有显著的继承性。

第四节　盆地南部及周邻中新生代构造演化动力学的深部依据

古生代和早中生代时期，鄂尔多斯盆地与华北盆地是一个统一的克拉通台地，它们共同组成了大华北盆地。发生在晚三叠世的印支运动，伴随着秦岭洋的闭合和华南、华北地块的陆-陆碰撞作用，产生了近南北向挤压应力场，鄂尔多斯盆地从近海盆地演化为大型陆内湖盆。燕山运动时期，随着太平洋板块的俯冲，挤压应力场的方向由近南北向转变为近东西向，从而导致中晚侏罗世时期，这个湖盆发生了东西向重大构造分异，现今鄂尔多斯盆地的构造-地貌格局正是在中晚侏罗世以来的晚中生代-新生代时期逐渐形成的。

晚中生代白垩纪—新生代是鄂尔多斯盆地重要的改造阶段，区域构造体制经历了重大转换。发生在华北克拉通东部的"破坏作用"，导致华北克拉通东部明显减薄和强烈的岩浆作用，这对鄂尔多斯盆地有强烈的影响。鄂尔多斯地块东部抬升，遭受强烈剥蚀，使得盆地东部中生代地层剥蚀厚度大，往西部剥蚀厚度逐渐变小(刘池洋等，2006；陈瑞银等，2006)。鄂尔多斯盆地东部和南部，中生代的构造热事件表现出明显的增温过程(任战利，1999；任战利等，2006)，也与华北克拉通东部晚中生代活化过程密切相关。图 4.22 是这一地球动力学的示意图。由于华北克拉通东部岩石圈减薄，在均衡作用下，鄂尔多斯块体东缘抬升遭受强烈剥蚀和快速"冷却"，地温梯度增高。这一地球动力学过程深部依据表现在鄂尔多斯南缘的上地幔各向异性方向(图 4.17)指示了上地幔物质向东流动，以及地壳厚度由东向西增厚(图 4.5)。

新生代期间，鄂尔多斯地处中国西部印度-欧亚大陆碰撞造成的挤压应力体制和东部因西太平洋板块向欧亚大陆东南缘的俯冲而于弧后产生伸展的拉张应力体制之间，是构造应力体制的转换过渡带，也是变形复杂地区。鄂尔多斯西南缘与青藏高原东北缘直接接壤，受印度-欧亚碰撞应力的东北向传递，造成六盘山逆冲-褶皱带的发育和六盘山新生代快速隆升(Zheng *et al.*，2006)。鄂尔多斯块体在东北向挤压应力作用下，其北面受西伯利亚刚性块体的阻挡，因而产生逆时针旋转，造成其北缘和西北缘的拉张伸展，产生河套裂谷带；在差异应力作用下，鄂尔多斯东缘的太行山块体也发生逆时针旋转，造成了山西裂谷和渭河地堑的伸展拉张变形。这一变形的动力学来源是印藏碰撞应力远程扩展效应所致，而构造变形的就位受岩石圈热-流变结构非均

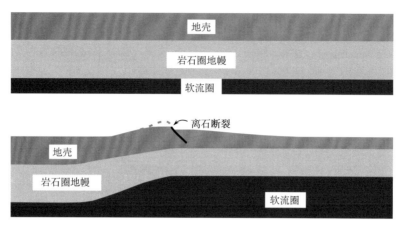

图 4.22　鄂尔多斯东缘中-新生代地球动力学过程示意图

质性所控制,从而体现了构造继承性。对这种陆内变形的模式,我们基于岩石圈热-流变结构特性,给出了一个广泛的变形过程:在构造挤压作用下,刚性块体成盆,软弱带造山;拉张应力作用下,刚性块体造山,而软弱带成盆。而鄂尔多斯周缘的六盘山逆冲-褶皱带、河套及汾渭地堑裂谷带的成因机制和演化过程就是这一陆内变形模式的体现。

鄂尔多斯南缘新生代处于走滑伸展过程(图 4.23),莫霍面上拱(图 4.15)。鄂尔多斯盆地南缘抬升掀斜遭受剥蚀,上地幔整体上具有向东流动特点(图 4.17),动力来源与印度-欧亚板块的陆陆碰撞有关。

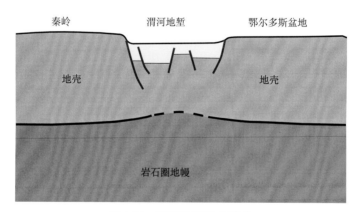

图 4.23　渭河地堑形成模式

鄂尔多斯盆地内部稳定的北西西向上地幔各向异性特征,与盆地东缘、南缘和西缘存在明显差异,可能是新生代之前的地球动力学过程形成的、被保留下来的深部物质变形特征(图 4.24),反映鄂尔多斯盆地新生代是稳定的,未受到新构造变形的影响。面波反演结果也表明鄂尔多斯块体相对稳定(图 4.20、图 4.21)。

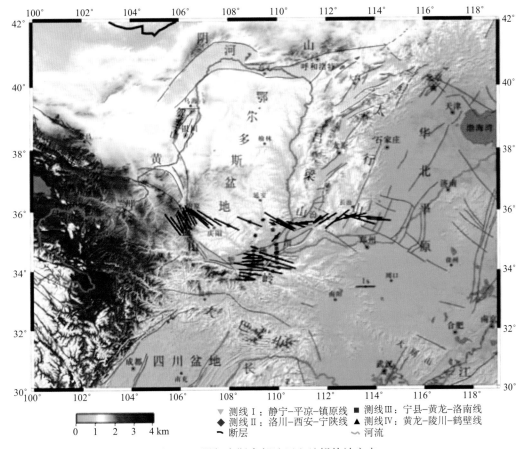

测线Ⅰ：静宁-平凉-镇原线　■ 测线Ⅲ：宁县-黄龙-洛南线
◆ 测线Ⅱ：洛川-西安-宁陕线　▲ 测线Ⅳ：黄龙-陵川-鹤壁线
〜 断层　　　　　　　　　　　〜 河流

图 4.24　鄂尔多斯南部地区上地幔快波方向

总的来说，鄂尔多斯盆地及邻区地球物理场与深部结构呈现出以下几方面特征：

（1）地壳上地幔结构特征

远震体波接收函数剖面显示鄂尔多斯南部地区地壳结构总体上东薄西厚，从六盘山地区穿过鄂尔多斯、山西地堑、太行山到渤海湾盆地西缘地壳厚度总体减小。鄂尔多斯块体内部地壳结构相对简单稳定，莫霍界面转换波震相清晰稳定，表现出了稳定克拉通性质。鄂尔多斯边缘地区地壳结构复杂，不同的区域特征明显不同。西缘六盘山莫霍界面下凹，地壳呈中间厚、两边薄的状态。东缘山西地堑地壳显著减薄，呈现拉张的特征。南缘渭河地堑地壳有减薄表现，并表现复杂，震相特征不清楚，可能是断裂走滑活动的影响。

（2）上地幔各向异性特征

各向异性分析结果可以看到，在鄂尔多斯块体内部，各向异性特征表现出一致稳定的北西西-南东东方向，表明深部应力和物质变形状态未受到中生代以来周边动力学系统的影响，是结构均一、稳定的大陆块体。鄂尔多斯块体和周边不同块体的接触带则表现出不同的各向异性特征。西缘反映出青藏高原东北部向东挤出的深部物质在受到稳定的鄂尔多斯块体阻挡后，转而向东南方向流动的特征；南缘的各向异性特征反映出东向运移的深部物质在四川块体和鄂尔多斯块体之间，沿秦岭造山带底部向东流动的特征；东缘的各向异性特征在越过汾渭地堑和太行山后，表现为东西向的变形特征。

（3）面波频散与岩石圈横向不均一性

面波相速度分析和反演，得到了鄂尔多斯块体、渭河地堑及六盘山的岩石圈横波速度结构。分析结果表明，鄂尔多斯块体深部速度结构属于稳定克拉通类型，存在很深的大陆根，表明华北克拉通中东部块体的中新生代岩石圈活化对其影响不太。周缘活动构造带深部结构存在显著差异，渭河地堑岩石圈结构属于大陆拉张型，岩石圈厚度约 80 km，下方存在显著低速层，表明热软流圈明显上涌；六盘山地壳存在明显山根，岩石圈厚度约 100 km，下方存在显著低速层。

（4）深部构造特征与盆地演化动力学

鄂尔多斯东缘自白垩纪以来，受华北克拉通减薄和太平洋板块俯冲影响，在均衡作用下处于抬升掀斜并遭受剥蚀过程，存在上地幔向北东东—东方向流动的现象。这一过程使鄂尔多斯盆地东部晚中生代发生一次地温梯度增高的过程；山西地堑具有地壳伸展的深部特征，莫霍面上拱与地形成镜像关系；鄂尔多斯南缘新生代处于走滑伸展过程，莫霍面上拱，使鄂尔多斯盆地南缘抬升掀斜遭受剥蚀，上地幔整体上具有向东流动特点，可能与印度-欧亚大陆碰撞有关。

参 考 文 献

陈九辉，刘启元，李顺成等. 2005. 青藏高原东北缘—鄂尔多斯地壳上地幔 S 波速度结构. 地球物理学报，48(2)：333~342

邓启东，程绍平，闵伟等. 1999. 鄂尔多斯块体新生代构造活动和动力学讨论. 地质力学学报，5(3)：13~21

丁韫玉，薛广盈. 2000. 渭河断陷地壳三维 S 波速度结构和 V_p/V_s 分布图像. 地球物理学报，43(2)：194~202

郭飚，刘启元，陈九辉等. 2004. 青藏高原东北缘—鄂尔多斯地壳上地幔地震层析成像研究. 地球物理学报，47(5)：790~797

何建坤，刘福田，刘建华等. 1998. 东秦岭造山带莫霍面展布与碰撞造山带深部过程的关系. 地球物理学报，41(增刊)：64~76

何天翼等. 2005. 鄂尔多斯盆地西缘地质构造特征及勘探方向. 石油地球物理勘探，40(增刊)：65~69

何自新等. 2003. 鄂尔多斯盆地演化与油气. 北京：石油工业出版社

胡圣标，何丽娟，汪集旸. 2001. 中国大陆地区大地热流数据汇编(第三版). 地球物理学报，44(4)：611~626

嘉世旭，张先康. 2005. 华北不同构造块体地壳结构及其对比研究. 地球物理学报，48(3)：611~620

江为为，郝天珧，宋海斌. 2000. 鄂尔多斯盆地地质地球物理场特征与地壳结构. 地球物理学进展，15(3)：45~53

李松林, 张先康, 张成科等. 2002. 玛沁-兰州-靖边地震测深剖面地壳速度结构的初步研究. 地球物理学报, 45(2): 210~217

刘昌铨, 嘉世旭. 1993. 山西高原及临汾盆地地壳上地幔速度结构. 见: 马宗晋主编. 山西临汾地震研究与系统减灾. 北京: 地震出版社. 231~235

刘池洋. 2005. 盆地多种能源矿产共存富集成藏(矿)研究进展. 北京: 科学出版社

刘池洋, 赵红格, 桂小军等. 2006. 鄂尔多斯盆地演化-改造的时空坐标及其成藏(矿)响应. 地质学报, 80(5): 617~638

刘绍文, 王良书, 贾承造等. 2008. 中国中西部盆地区岩石圈热-流变学结构及其对前陆盆地成因演化的意义. 地学前缘, 15(3): 113~122

马杏垣, 刘昌铨, 刘国栋. 1999. 江苏响水至内蒙古满都拉地学断面. 北京: 地质出版社

裴顺平, 许忠淮, 汪素云. 2004. 中国大陆及邻近地区上地幔顶部Sn波速度层析成像. 地球物理学报, 47(2): 250~256

屈健鹏. 1998. 鄂尔多斯块体西缘及西南缘深部电性结构与该区地质构造的关系. 内陆地震, 12(4): 312~319

权新昌. 2005. 渭河盆地断裂构造研究. 中国煤田地质, 17(3): 1~8

任战利. 1999. 中国北方沉积盆地构造热演化史研究. 北京: 石油工业出版社

任战利, 张盛, 高胜利等. 2006. 鄂尔多斯盆地热演化程度异常分布及形成时期探讨. 地质学报, 80(5): 674~683

陕西省地质矿产局. 1989. 陕西省区域地质志. 北京: 地质出版社

苏世民. 1996. 鄂尔多斯盆地西缘的两个不同类型的盆地. 西安石油学院学报, 11(4): 21~24

孙少华等. 1997. 鄂尔多斯盆地构造热事件研究. 科学通报, 42(3): 306~309

滕吉文, 王夫运, 赵文智等. 2008. 鄂尔多斯盆地上地壳速度分布与沉积建造和结晶基底起伏的构造研究. 地球物理学报, 51(6): 1753~1766

田勤俭, 申旭辉, 冯希杰等. 2003. 渭河盆地断层活动反映的第四纪构造事件初步研究. 地震地质, 25(1): 146~154

王涛, 徐鸣洁, 王良书等. 2007. 鄂尔多斯及邻区航磁异常特征及其大地构造意义. 地球物理学报, 50(1): 163~170

王同和. 1995. 晋陕地区地质构造演化与油气聚集. 华北地质矿产杂志, 10(3): 283~398

徐果明, 李光品, 王善恩等. 2000. 用瑞利面波资料反演中国大陆东部地壳上地幔横波速度的三维构造. 地球物理学报, 43(3): 366~376

薛广盈, 丁韫玉. 1997. 渭河断陷盆地地壳速度的层析成像研究. 地震学报, 19(3): 283~290

张国民, 汪素云, 李丽等. 2002. 中国大陆地震震源深度及其构造含义. 科学通报, 47(9): 663~668

张国伟, 郭安林, 姚安平. 2004. 中国大陆构造中的西秦岭-松潘大陆构造结. 地学前缘, 11(3): 23~32

张学民, 刁桂苓, 王为民等. 2005. 陕西省数字地震台下方壳幔速度结构研究. 华北地震科学, 23(2): 1~9

张岳桥, 廖昌珍. 2006. 晚中生代-新生代构造体制转换与鄂尔多斯盆地改造. 中国地质, 33(1): 28~40

赵国春, 孙敏, Wilde S A. 2002. 华北克拉通基底构造单元特征及早元古代拼合. 中国科学(D辑), 32(7): 538~549

赵国泽, 汤吉, 詹艳等. 2004. 青藏高原东北缘地壳电性结构和地块变形关系的研究. 中国科学(D辑), 34(10): 908~918

赵金仁, 张先康, 王夫运等. 2009. 中国煤矿第一爆对华北克拉通岩石圈结构研究的启示. 科学通报, 54(7): 924~930

Alex M B, Graham W S. 1998. Shear-wave velocity structure beneath North Island, New Zealand, from

Rayleigh-wave interstation phase velocities. Geophys J Int, 133：175~184

Artemieva I M, Mooney W D. 2001. Thermal thickness and evolution of Precambrian lithosphere：A global view. J Geophys Res, 106(B8)：16387~16414

Bellier O, Mercier J L, Vergely P et al. 1988. Evolution sedimentaire et tectonique du graben cenozoique de la Weihe (Province du shaanxi, China du Nord). Bull Geol Soc France, 6(5)：979~994 (in French with English abstract)

Burchfiel B C. 2004. New Technology; New Geological Challenges. GSA Today, 14(2)：4~10

Burov E, Diament M. 1995. The effective elastic thickness (Te) of continental lithosphere：What does it really mean? J Geophys Res, 100(B3)：3905~3927

Byerlee J D. 1978. Friction of rocks. Pure Appl Geophys, 116：615~626

Darby B J, Ritts B D. 2002. Mesozoic contractional deformation in the middle of the Asian tectonic collage：the intraplate western Ordos fold-thrust belt, China. Earth and Planetary Science Letters, 205：13~24

Hu S B, He L J, Wang J Y. 2000. Heat flow in the continental area of China：A new data set. Earth and Planetary Science Letters, 179：407~419

He J K. 2005. Asymmetric flank uplift of the Yinchuan graben, north central China：Implications for lateral variation of crustal rheology from the Alashan to the Ordos. Geophysical Research Letters, 32, L23302

Kirby S H, Kronenberg A K. 1987. Rheology of the lithosphere：Selected topics. Rev Geophys, 25：1219~1240

Kohlstedt D L, Evans B, Mackwell S J. 1995. Strength of the lithosphere：constraints imposed by laboratory experiments. J Geophys Res, 100 (B8)：17587~17602

Liang C T, Song X D, Huang J L. 2004. Tomographic inversion of Pn travel times in China. J Geophys Res, 109(B11). No. B33304

Liu M et al. 2006. Crustal structure of the northeasten margin of the Tibetan Plateau from the Songpan-Ganzi terrane to the Ordos Basin. Tectonophysics, 420：253~266

Mainprice D, Silver P G. 1993. Interpretation of SKS waves using samples from the subcontinental lithosphere. Phys Earth Planet Int, 78, 257~280

McNamara D E, Owens T J, Silver P G et al. 1994. Shear wave anisotropy beneath the Tibetan Plateau. J Geophys Res, 99(B7)：13 655~13 665

MeierT, Dietrich K et al. 2004. One-dimensional models of shear wave velocity for the eastern Mediterranean obtained from the inversion of Rayleigh wave phase velocities and tectonic implication. Geophys J Int, 156：45~58

Northrup C J, Royden H, Burchfiel B C. 1995. Motion of the Pacific Plate to Eurasia and its potential relation to Cenozoic extension along the eastern margin of Eurasia. Geology, 23：719~722

Owens T J, Zandt G, Taylor S R. 1984. Seismic evidence for an ancient rift beneath the Cumberland Plateau, Tennessee：a detailed analysis of broadband teleseismic P-waveforms. J Geophys Res, 89：7783~7795

Ranalli G, Murphy D C. 1987. Rheological stratification of the lithosphere. Tectonophysics, 132：281~295

Shen Z K, Zhao C K, Yin A et al. 2000. Contemporary crustal deformation in east Asia constrained by Global Positioning System measurements. J Geophys Res, 105(B3)：5721~5734

Sibson R H. 1974. Frictional constraints on thrust, wrench and normal faults. Nature, 249：542~544

Silver P G, Chan W W. 1991. Shear wave splitting and subcontinental mantle deformation. J Geophys Res, 96：16429~16454

Tian Y, Zhao D P, Sun R M et al. 2009. Seismic imaging of the crust and upper mantle beneath the north China craton. Physics of the Earth and Planetary Interiors, 172：169~182

Tian Z Y, Han P, Xu K D. 1992. The Mesozoic-Cenozoic east-China rift system. Tectonophysics, 208: 341~363

Wang Q, Zhang P Z, Freymueller J T et al. 2001. Present day crustal deformation in China: Constrained by Global Position System measurements. Science, 294: 574~577

Wu J C, Xu C J, Chao D B. 2001. Research on an intraplate movement model by inversion of GPS data in North China. Journal of Geodynamic, 31: 507~518

Xu X W, Ma X Y. 1992. Geodynamics of the Shanxi rift system, China. Tectonophysics, 208: 325~340

Xu Y G, Huang X L, Ma J L et al. 2004. Crust-mantle interaction during the tectono-thermal reactivation of the North China Craton: constraints from SHRIMP zircon U-Pb chronology and geochemistry of Mesozoic plutons from western Shandong. Contributions to Mineralogy and Petrology, 147(6): 750~767

Zandt G, Ammon C J. 1995. Continental crust composition constrained by measurements of crustal Poisson's ratio. Nature, 374: 152~154

Zhang P, Burchfiel B C, Molnar P et al. 1991. Amount and style of Late Cenozoic deformation in the Liupan Shan area, Ningxia, Autonomous Region, China. Tectonics, 10(6): 1111~1129

Zhang S, Karato S. 1995. Lattice preferred orientation of olivine aggregates deformed in simple Shear. Nature, 375: 774~777

Zhang Y Q et al. 1998. Extension in the graben systems around the Ordos (China), and itscontribution to the extrusion tectonics of South China with respect to Gobi-Mongolia. Tectonophysics, 285(1998): 41~75

Zhang Y Q et al. 2003. Cenozoic extensional stress evolution in North China. Journal of Geodynamics, 36(2003): 591~613

Zheng D W, Zhang P Z, Wan J L et al. 2006. Rapid exhumation at ~8 Ma on the Liupanshan thrust fault from the apatite fission-track thermochronology: Impiliactions for growth of the northeastern Tibetan Plateau margin. Earth and Planetary Science Letters, 248: 198~208

第五章

鄂尔多斯盆地地温场特征与热演化史 *

第一节　盆地现今地温场特征

盆地现今地温场研究是盆地古地温恢复的基础,现今地温是油气成藏、油气评价及开发的重要参数(赵重远等,1990;任战利,1999)。随着鄂尔多斯盆地大规模油气勘探的进行,已积累起了大量的地层测温资料,根据已有的地层测温资料对鄂尔多斯盆地现今地温场进行分析研究。

一、单井地层测温结果分析

1. 神木北部矿区测温结果

神木北部区内常温(恒温)带的深度和温度未作专门工作,根据柠条塔露天区的478号孔长期观测资料,孔深46m处,井温始终保持为11.5 ℃。50 m范围内可视为地表下温度受地表影响消失的恒温带深度,11.5 ℃可视为常温带地温,可作为地温梯度计算的依据。

根据长期钻孔观测资料,将39、121、205三个钻孔的简易测温资料作实测井温曲线(图5.1、图5.2、图5.3),求出近似地温梯度分别为2.8 ℃/100 m、3 ℃/100 m、2.9 ℃/100 m,并用20个钻孔的简易测温资料计算近似地温梯度,其平均值为2.9 ℃/100 m,该地温梯度应属于该区地温梯度的代表值。

2. 连续测温结果分析

鄂尔多斯盆地有40余口井进行了系统的连续测温,根据12口代表性测温井的温度-深度关系进行回归分析,可得出各井各层位的地温梯度(图5.4)。陕85井白垩系、侏罗系、三叠系、二叠系、石炭系到奥陶系的地温梯度值分别为3.11 ℃/100 m、3.10 ℃/100 m、2.89 ℃/100 m、2.77 ℃/100 m、3.68 ℃/100 m和2.00 ℃/100 m。除石炭系地温梯度值较大外,随地层时代由新到老,地温梯度是逐渐减小的。盆地东部楼1、洲2和麒参1等钻井的地温梯度自侏罗系、三叠系到二叠系,地温梯度逐渐变小,到石炭系地温梯度又急剧上升。

* 作者:任战利,于强,崔军平. 西北大学地质学系,西安.
E-mail: renzhanl@ nwu. edu. cn

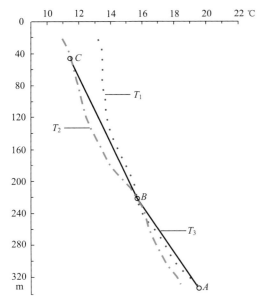

图 5.1 4-39 钻孔地温与深度关系图

T_1、T_2 为不同时期的测温结果，T_3 为代表性地温曲线，C 为恒温带温度，A 为最高温度点。下同

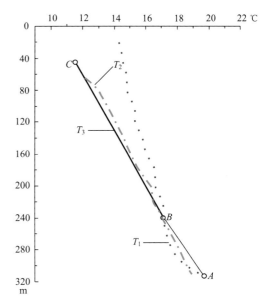

图 5.2 11-121 钻孔地温与深度关系图

通过对盆地中各构造单元的多口钻井地层温度和深度做回归分析，得出盆地内地温梯度纵向变化的范围，白垩系的地温梯度在 2.6~3.1 ℃/100 m 之间波动，侏罗系的梯度分别为 2.0~3.1 ℃/100 m 和 2.0~2.9 ℃/100 m，石炭系的地温梯度普遍比较高，一般为 2.2~4.4 ℃/100 m，最高可达 6.2 ℃/100 m。奥陶和寒武系地温梯度较低，其值分别在 1.8~2.1 ℃/100 m 和 1.3~2.0 ℃/100 m 范围内变化，中-新元古界地温梯度大致在 2.1 ℃/100 m。

鄂尔多斯盆地随着深度的增加，地层由新到老，地温逐渐升高，地温梯度逐渐降低。进入二叠-石炭煤系地层，地温梯度明显增大，穿过该层段后，地温梯度又急剧变小，并随深度的增加逐渐减小。

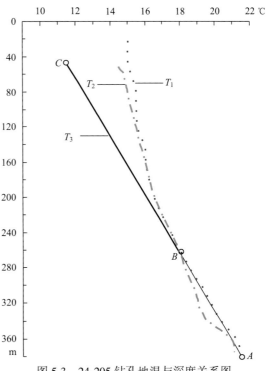

图 5.3 24-205 钻孔地温与深度关系图

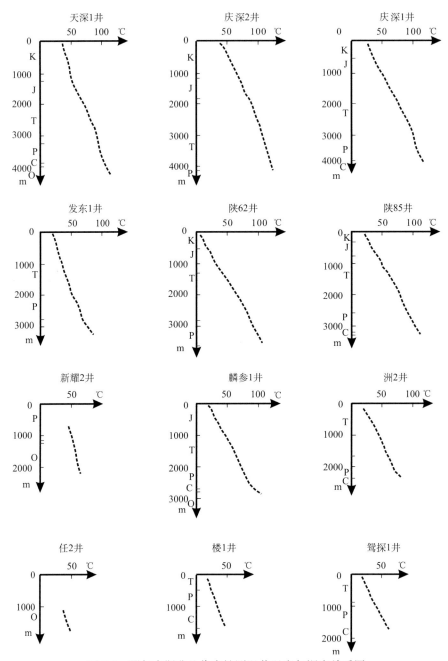

图 5.4 鄂尔多斯盆地代表性测温井温度与深度关系图

二、盆地代表性地温梯度

鄂尔多斯盆地已积累了 211 口井的地层点测温资料,这些点测温资料代表了地层的真实地温状况。根据这些井测温数据与深度做回归分析,可以看出温度随深度增加而增高,线性关系明显,温度与深度曲线在温度轴的交点为 10.8 ℃,与地表恒温带温度

11.5 ℃接近。温度与深度关系曲线斜率为 2.93 ℃/100 m（图 5.5），该值代表了盆地平均地温梯度，该地温梯度低于裂谷盆地和弧后盆地，高于被动大陆边缘盆地和前陆盆地，表明鄂尔多斯盆地属于中温型地温场(任战利等，2007）。

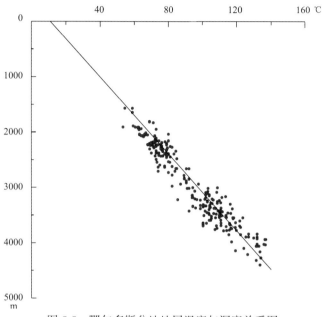

图 5.5　鄂尔多斯盆地地层温度与深度关系图

金属铀矿主要分布于盆地北部伊盟隆起区，盆地北部伊盟隆起的钻井测温资料分析表明地温随深度增加，线性关系明显，根据温度与深度回归关系得出了伊盟隆起的地温梯度约为 2.7~3.1 ℃/100 m，代表性地温梯度为 3.0 ℃/100 m（图 5.6）。

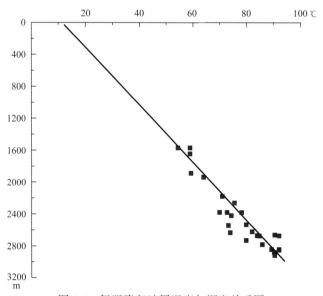

图 5.6　伊盟隆起地层温度与深度关系图

测温资料表明盆地地层埋深在 1000 m 深度地温为 33～42 ℃，2000 m 为 53～71 ℃，3000 m 为 77～102 ℃。相同深度的地温在盆地中东部高于中西部，盆地南部高于北部。

根据鄂尔多斯盆地层目前最全的测温资料重新勾绘的地温梯度分布图（图 5.6）表明，盆地现今地温梯度分布不均匀，总体具有东高西低、南高北低特点。在鄂托克前旗—乌审旗—神木以北，伊盟隆起以南地区为地温梯度低值区，地温梯度小于 2.80 ℃/100 m。在盆地南部庆阳—安塞—子长一带为地温梯度高值区，地温梯度可达 3.00 ℃/100 m 以上，地温梯度高值区呈北东向分布（图 5.7）。

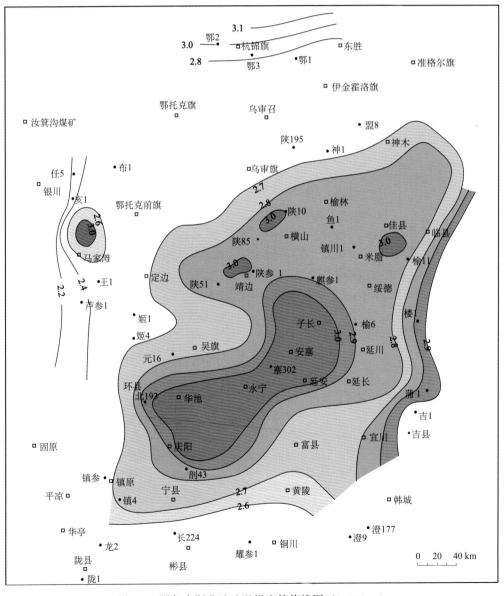

图 5.7 鄂尔多斯盆地地温梯度等值线图（℃/100 m）

三、大地热流值及变化

大地热流值的确定需要岩石热导率的测试结果,我们在热导率测试的基础上,对各井热导率及各构造单元的热导率变化规律进行了分析,以便取准岩石热导率值。陕北斜坡不同钻井不同岩性的热导率变化很有规律,随深度的增加,砂岩、泥岩的热导率增加,砂岩的热导率高于泥岩,白云岩、灰岩的热导率和砂岩接近且变化规律相同(图5.8)。

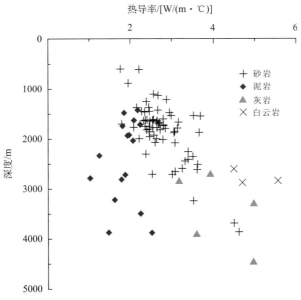

图 5.8　陕北斜坡不同岩性热导率随深度变化图

根据各个单井的地温梯度及热导率测试结果,分别计算了各单井的大地热流值,编制了鄂尔多斯盆地大地热流值分布图(图5.9)。大地热流值与地温梯度变化趋势基本相同,总体为东高西低、南高北低的变化趋势。大地热流值等值线在盆地北部伊盟隆起及南部的渭北隆起近东西向分布,在盆地晋西挠褶带、陕北斜坡、西缘断裂带大地热流值等值线近南北向、北东向分布。

鄂尔多斯盆地计算的大地热流值在 $43 \sim 70$ mW/m² 之间,各个构造单元的大地热流值有较大差异(图5.9),鄂尔多斯盆地全盆地的平均大地热流值约为 63.4 mW/m²,接近全球平均热流值 61 mW/m²,远低于现代大陆裂谷区和新生代构造活动区的热流值(如贝加尔裂谷 97 ± 22 mW/m²、美国盆地山脉省 83 mW/m²)。

四、深部热结构

鄂尔多斯盆地地表热流值是地壳、地幔各种因素综合作用的结果,虽然在地壳浅部测量的大地热流是地球内部最为直接的显示,并能给出发生于地球内部的各种作用过程

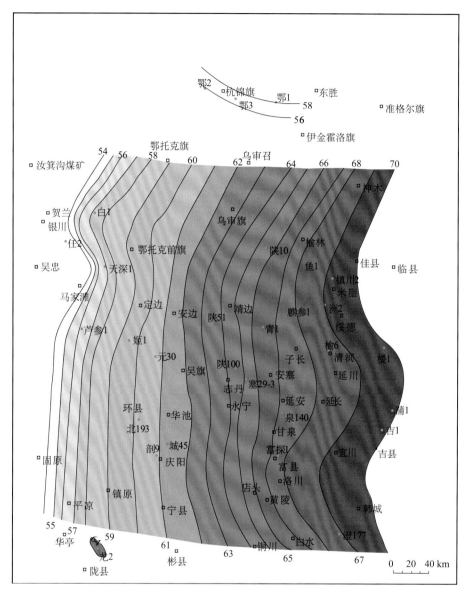

图 5.9 鄂尔多斯盆地大地热流等值线图(mW/m^2)

之间能量平衡的深部信息。但大量热流测试实践表明,一个地区在地表所观测到的热流值的变化范围很大。地表热流值的变化除受浅部的地质或环境因素影响外,更有其深部根源。地表大地热流实际上由两部分组成:一部分源于地壳浅部放射性元素(U、Th、^{40}K)衰变所产生的热量,这部分热流称为地壳热流;另一部分来自于地壳深处及上地幔的热量,称为深部热流。就某一地区或构造单元而言,地壳热流部分可因放射性元素含量的变化而有所差别,但深部热流一般比较稳定。不同构造单元深部热流变化很大,因此深部热流普遍被认为是更能从本质上表征一个地区构造活动性的重要物理量(任战利，1999；邱楠生等，2004）。

因此研究各个层段放射性生热率的大小及对热流值的贡献，进而确定深部热流值对研究区的构造活动性有重要意义。一个地区深部热流值的确定，关键在于从地表所观测到的总热流量中，扣除掉由地壳浅部放射性元素富集层所提供的那部分热量或地壳热流。首先要给出一地区的地壳结构模型，并确定出各岩层段放射性生热率之后，即可采用"剥层"法逐层计算各层段所提供的热量，从而得出各层段底部的热流值。

岩石放射性生热率 A 可根据 U（ppm）、Th（ppm）和 K（%）的浓度用下式求得：

$$A(\mu W/m^3) = \rho(9.51C_U + 2.56C_K + 3.48C_{Th}) \times 10^{-5}$$

式中，ρ（g/cm^3）为岩石密度，C_U、C_{Th}、C_K 分别代表 U、Th、K 的浓度。只要测定了不同岩石的放射性生热率，就可计算盆地各层段的平均生热率。

地壳深部温度计算通常采用一维稳态热传导公式进行：

$$T_Z = T_0 + qH/k - AH^2/2k。$$

式中，T_Z 为深度 Z 处的温度；T_0 为各计算层段的表面温度（地表即为恒温带温度）；q 为各层段的地表热流（最上层取地表热流值）；H 为各层段厚度；k 为岩石热导率；A 为岩石生热率。

在大量岩石生热率测试的基础上，分析了岩石生热率在纵向上的变化规律，鄂尔多斯盆地石炭-二叠系、三叠系、侏罗系生热率特点是砂岩生热率低，泥岩生热率高（图 5.10、图 5.11）。东胜地区直罗组砂岩生热率明显变高，为异常值（图 5.12），反映了金属铀矿区存在放射性元素铀的异常。

根据盆地不同地区的地壳结构模型，在确定出各岩层段放射性生热率之后，即可采用"剥层"法逐层计算各层段所提供的热量，可得出各层段底部的热流值。地壳深部温度可通过一维稳态热传导公式计算，计算的鄂尔多斯盆地莫霍面底部的热流和温度图反映盆地南部热流值及温度高于北部，盆地热岩石圈厚度主要在 80~

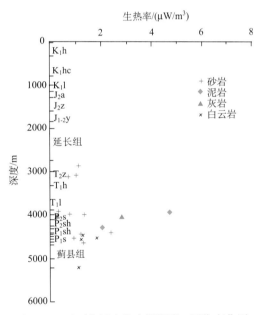

图 5.10　天环向斜生热率随深度、层位变化图

130 km 之间，具有东薄西厚、南薄北厚，盆地中部庆阳、靖边地区热岩石圈厚度较薄的特点。

地温梯度、大地热流、"热"岩石圈厚度等参数表明鄂尔多斯盆地的现今地热场既不属于"热"构造活动型，也不属于"冷"稳定构造型，而是具有介于两者之间的过渡型构造地热特征。

鄂尔多斯盆地现今地温场地温梯度、大地热流值东高西低的分布特征主要受现今地壳厚度、岩石圈厚度东薄西厚、南薄北厚的热岩石圈结构控制。

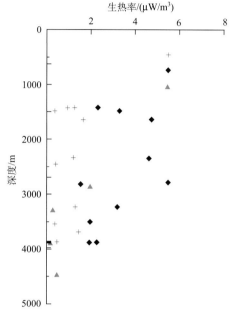

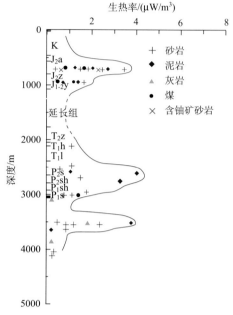

图 5.11 陕北斜坡生热率随深度变化图 　　图 5.12 伊盟隆起生热率随深度、层位变化图

第二节　盆地中生代晚期古地温场恢复与中生代热异常特征

　　鄂尔多斯盆地早白垩世之后发生大规模的隆升,盆地现今地温梯度较低,在中生代晚期盆地是否存在异常地温场?如果异常地温场存在,异常地温场的影响范围、发生时间、形成机理就是我们要进一步研究的问题。

　　鄂尔多斯盆地已积累了大量的古温标数据,古温标数据记录了盆地热演化的过程,是古地温场重建的重要资料。

一、盆地不同构造单元镜质组反射率与深度关系

　　在对大量镜质组反射率(R^o)数据分析的基础上,我们对鄂尔多斯盆地不同构造单元的 R^o 与深度关系进行了分析,不同构造单元的差异主要在曲线的斜率及 R^o 在接近地表的起始值不同(图 5.13、图 5.14、图 5.15、图 5.16)。不同构造单元 R^o 与深度关系图中 R^o 值没有明显的错断,仅在奥陶系–石炭系界面附近 R^o 出现异常,表明奥陶系顶面为一热流体活动的界面(任战利等,1994;任战利,1999)。

　　鄂尔多斯盆地各构造单元 R^o 与深度关系曲线形态形似,为似线性变化类型,表明埋藏增温是主要的热机制。鄂尔多斯盆地不同构造单元的 R^o-H 关系图反映中生代晚期地层在达到最大埋深时的地温梯度,因此可以应用 R^o-H 关系求取不同构造单元的古地温梯度和剥蚀厚度(任战利等,1994;任战利,1995,1999;Suggate,1998)。

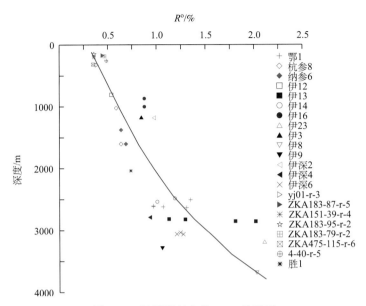

图 5.13　伊盟隆起各井 R^o-H 关系图

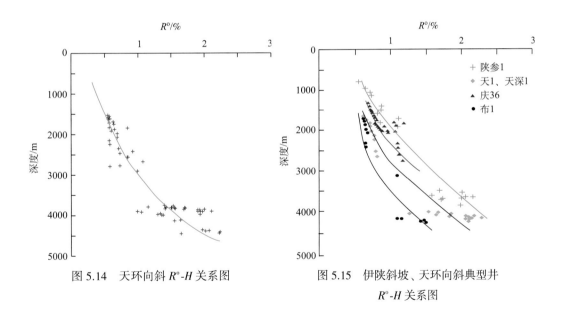

图 5.14　天环向斜 R^o-H 关系图

图 5.15　伊陕斜坡、天环向斜典型井 R^o-H 关系图

　　根据不同构造单元镜质组反射率(R^o)与深度关系图恢复了各构造单元的剥蚀厚度，镜质组反射率求取的剥蚀厚度为早白垩世以来总的剥蚀厚度。从恢复的剥蚀厚度来看，晋西挠褶带、渭北隆起经历了较大的剥蚀，剥蚀厚度一般在 2000 m 以上；伊盟隆起剥蚀厚度较小，剥蚀厚度在 500~1300 m 之间；陕北斜坡剥蚀厚度东高西低，一般在 1000~2000 m 之间；天环向斜剥蚀最小，剥蚀厚度一般在 500~700 m 之间。剥蚀厚度的计算为埋藏史和热史的恢复提供了重要的限定条件。

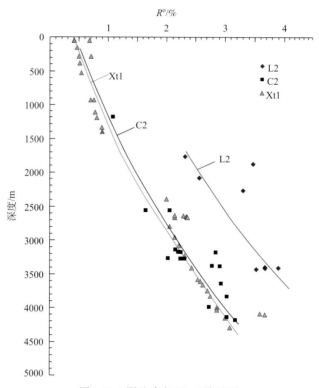

图 5.16　渭北隆起 R^o-H 关系图

二、不同层位镜质组反射率平面分布及热异常区的确定

根据大量的镜质组反射率实测资料,结合构造背景,我们重新系统编制了鄂尔多斯盆地不同层位的镜质组反射率平面分布图,以便为确定热异常范围及热事件的成因提供依据。

1. 上古生界(C–P)

从鄂尔多斯盆地古生界煤系地层 R^o 平均等值线图上可知,R^o 值由盆地边缘向盆地内逐渐增高。东北部为最低区,其次为西缘逆冲带及天环向斜西部,渭北隆起较高,最高区在吴旗、富县、庆阳一带,最高值可达 3.0% 以上(图 5.17)。镜质组反射率值曲线与构造相交且方向不一致。

2. 上三叠统、中侏罗统

中生界上三叠统延长组及中侏罗统延安组镜质组反射率平面分布图,同样具有从盆地边缘向盆地内部成熟度增高的特点(图 5.18、图 5.19),R^o 最高值对应吴旗-庆阳-富县地区。R^o 等值线形态与盆地莫霍面形态及现今地温等值线不一致,与盆地中生代晚期的古构造特征也不一致。

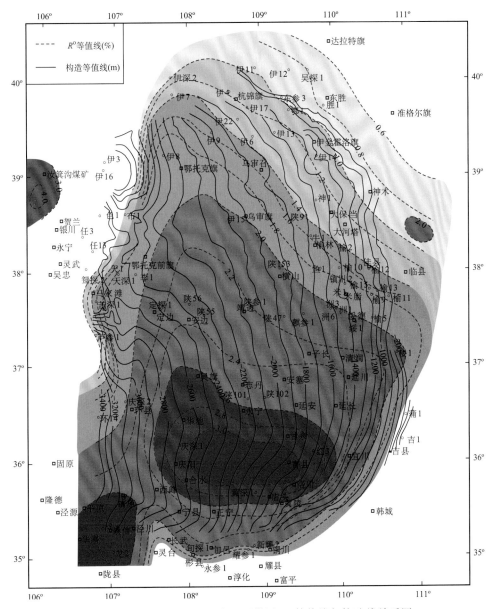

图 5.17　鄂尔多斯盆地上古生界煤层 R^o 等值线与构造线关系图

　　镜质组反射率(R^o)平面图与构造线相交，与中生代晚期的构造面貌不一致，该镜质组反射率平面分布的格架反映有地温异常存在，异常区位于盆地南部庆阳—吴旗—富县一带，镜质组反射率的平面分布反映了中生代晚期地层达到最大埋深期的异常古地温场。

　　从以上鄂尔多斯盆地石炭-二叠系、上三叠统以及中侏罗统的烃源岩镜质组反射率等值线分布图可以看出，都存有大致相同的镜质组反射率值异常区，异常区位于盆地南部的吴旗-庆阳-富县一带(图 5.20)，反映在此区域存在古地温异常。

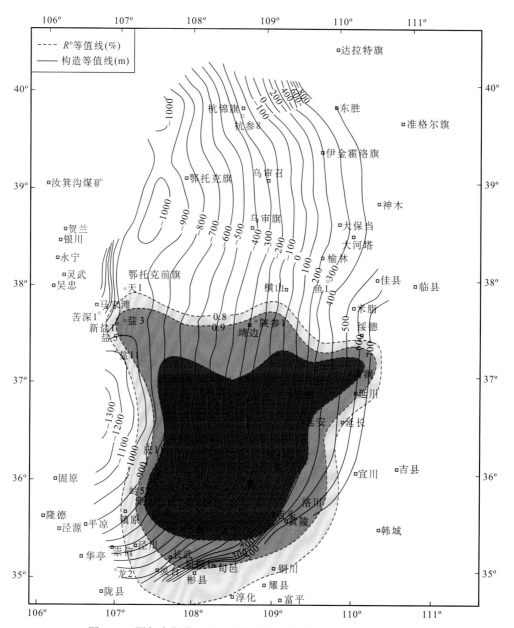

图 5.18 鄂尔多斯盆地上三叠统延长组镜质组反射率平面分布图

三、古地温及古地温梯度的恢复

鄂尔多斯盆地各构造单元 R^o-H 关系曲线形态形似，为似线性变化类型，鄂尔多斯盆地不同构造单元的 R^o-H 关系图反映在中生代晚期地层在达到最大埋深时的地温梯度，多种古地温恢复方法可恢复中生代晚期的古地温梯度。

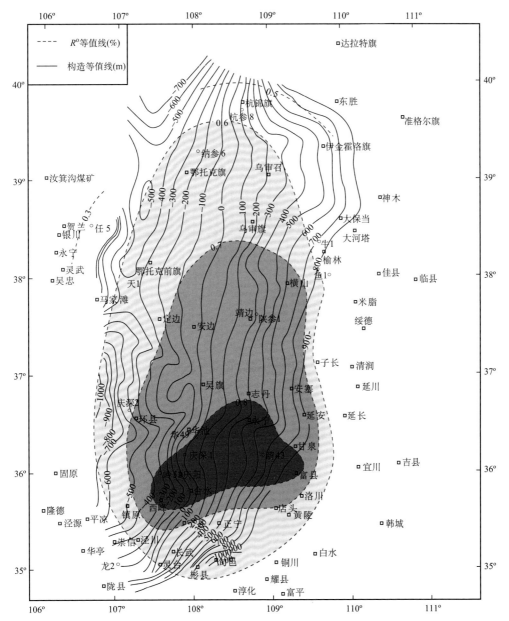

图 5.19　鄂尔多斯盆地中侏罗统延安组镜质组反射率平面分布图

鄂尔多斯盆地所测包裹体有晚古生代碎屑岩中石英次生加大边内的包裹体和方解石胶结物中的包裹体。这些包裹体均一温度分布在 80~190 ℃，其形成温度为 90~240 ℃，所测包裹体都是成岩晚期的产物，是早白垩世地层在接近或达到最大埋藏温度时形成的。因此包裹体测温资料主要反映了中生代晚期的古地温状况及成岩环境。

根据现有地层厚度，利用包裹体测温资料计算得到古地温梯度为 3.7~15.9 ℃/100 m，用恢复的剥蚀厚度对上述古地温梯度进行校正，则为 3.3~4.5 ℃/100 m。如果按不同构造

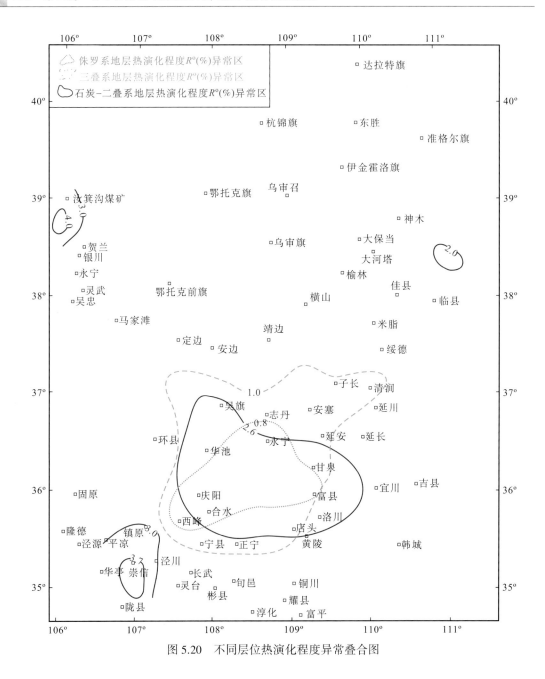

图 5.20　不同层位热演化程度异常叠合图

区分布加以平均，则渭北隆起的古地温梯度为 4.5 ℃/100 m，伊陕斜坡为 3.9 ℃/100 m，天环向斜为 3.6 ℃/100 m（任战利，1994，1995，1998）。

　　根据多种古地温温标恢复了重点井的古地温及古地温梯度，恢复结果表明陕北斜坡的镇川 1 井古地温梯度约为 4.8 ℃/100 m（图 5.21），麒参 1 井古地温梯度约为 4.3 ℃/100 m（图 5.22），天深 1 井古地温梯度为 3.6~4.1 ℃/100 m（图 5.23），陕参 1 井古地温梯度约为 4.0 ℃/100 m。

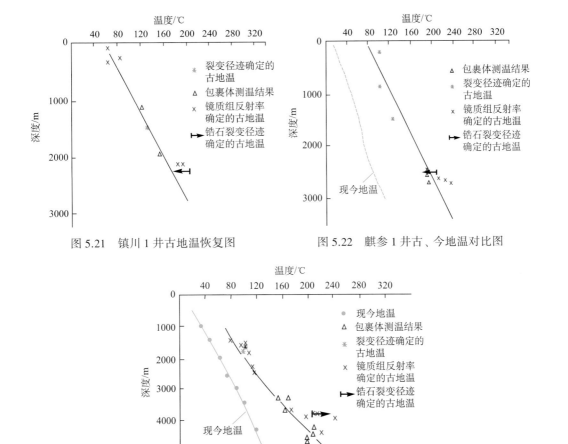

图 5.21　镇川 1 井古地温恢复图　　　　图 5.22　麒参 1 井古、今地温对比图

图 5.23　天深 1 井现今地温梯度与古地温梯度对比图

　　陕参 1 井剥蚀厚度以 1000 m 计算，用盆地模拟软件进行模拟，在模拟的镜质组反射率与实测的镜质组反射率拟合度较高的情况下，模拟的地温梯度高达为 4.0 ℃/100 m，这与用古地温温标计算的古地温梯度一致。盆地南部庆 36 井镜质组反射率资料较多，剥蚀厚度以 800 m 计算，则模拟计算的地温梯度高达 4.4 ℃/100 m，与用古地温温标计算的古地温梯度较接近。

　　渭北隆起旬探 1 井、淳 2 井是镜质组反射率资料较多的井，R^o-H 曲线线性关系明显，不同深度均有镜质组反射率值且深度跨度大对曲线的斜率有很好的限定作用，用该曲线的变化趋势确定古地温梯度较为准确。根据淳 2 井、旬探 1 井不同深度的镜质组反射率，应用 Barker 等的古地温与镜质组反射率的关系计算不同深度、不同镜质组反射率的古温度（Barker，1986，1989），根据古地温与深度关系确定淳 2 井早白垩世平均古地温梯度约为 3.7 ℃/100 m，旬探 1 井早白垩世古地温梯度约为 5.0 ℃/100 m（图 5.24）。因为 Barker 等应用镜质组反射率估算古地温的关系式是经验性的，计算的古地温及古地温梯度可作为参考值，可与盆地模拟法等的恢复计算的古地温结果进行比较。淳 2 井模拟恢复的剥蚀厚度为 1000 m，根据淳 2 井的沉积埋藏史及热史模型进行模拟，不同深度

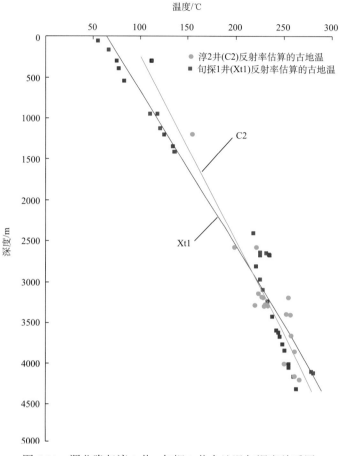

图 5.24　渭北隆起淳 2 井、旬探 1 井古地温与深度关系图

模拟成熟度和实测的 R° 匹配良好时的早白垩世最佳古地温梯度为 4.5 ℃/100 m，旬探 1 井早白垩世最佳古地温梯度为 4.6 ℃/100 m（图 5.25）。热史模拟确定的古地温梯度与用古地温温标计算的古地温梯度 5.0 ℃/100 m 较为接近，表明早白垩世古地温梯度高。

　　根据已有的伊盟隆起磷灰石裂变径迹资料，可以看出未退火带与部分退火带的界限约为 700 m，部分退火带与冷却带的界限约为 2440 m，退火温度约在 70~125 ℃，估算的古地温梯度约为 3.2 ℃/100 m（图 5.26）。根据东胜铀矿区延安组的镜质组反射率值约为 0.5%，估算的古地温约为 60 ℃，剥蚀厚度约为 1340 m，在东胜地区鄂 1 井直罗组埋深在 626~784 m，鄂 1 井距东胜最近，胜 1 井直罗组埋深在 202~250 m。根据现今埋深及剥蚀厚度，估算的古地温梯度约为 3.1 ℃/100 m。胜 1 井用最大剥蚀厚度 1340 m 计算，模拟的最佳古地温梯度为 3.3 ℃/100 m，与用古地温温标计算的古地温梯度值较接近。

　　古地温恢复表明在早白垩世晚期鄂尔多斯盆地古地温梯度较高，古地温梯度具有南高北低的特点，在盆地南部古地温梯度异常更为明显，异常地温场的存在表明该区曾经发生过一期强烈的构造热事件(任战利等，1994；任战利，1995，1999，2004，2007)。

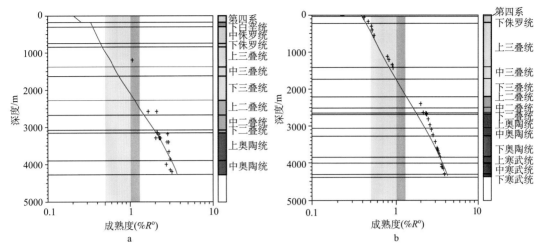

图 5.25　典型井实测镜质组反射率与模拟值对比图

a. 淳 2 井实测结果与模拟结果对比图；b. 旬探 1 井实测结果与模拟结果对比图

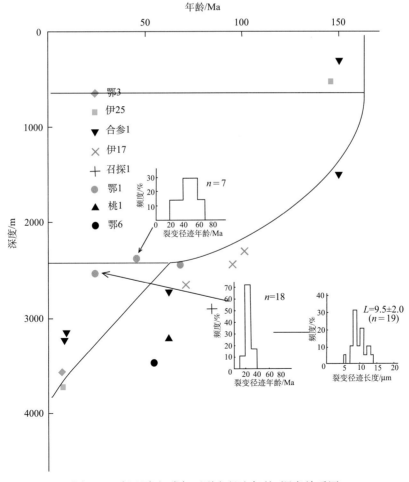

图 5.26　伊盟隆起磷灰石裂变径迹年龄–深度关系图

第三节 盆地后期抬升冷却及盆地热演化恢复

一、盆地后期抬升冷却事件的确定

鄂尔多斯盆地已测试了大量的磷灰石裂变径迹分析样品, 任战利 1994 年首次应用磷灰石裂变径迹方法, 分析了鄂尔多斯盆地不同构造单元裂变径迹退火带及冷却带的变化规律, 确定了陕北斜坡、天环向斜 23~20 Ma 以前存在一期冷却事件。古地温恢复及冷却事件的确定表明鄂尔多斯盆地后期发生过大幅度的抬升和冷却(任战利等, 1994; 任战利, 1995, 1999)(图 5.27、图 5.28、图 5.29)。样品分析结果表明鄂尔多斯盆地演化后期经历了大规模的的抬升剥蚀(图 5.29)。

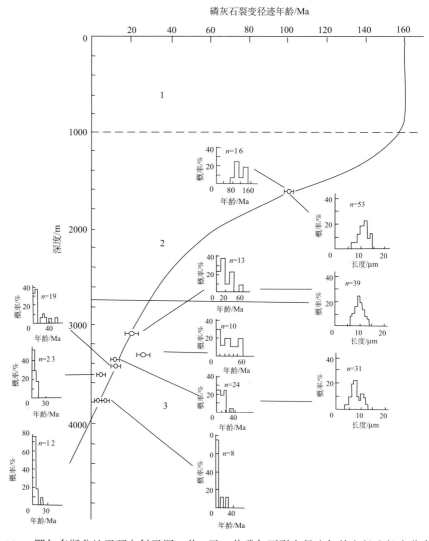

图 5.27 鄂尔多斯盆地天环向斜天深 1 井、天 1 井磷灰石裂变径迹年龄和径迹长度分布图

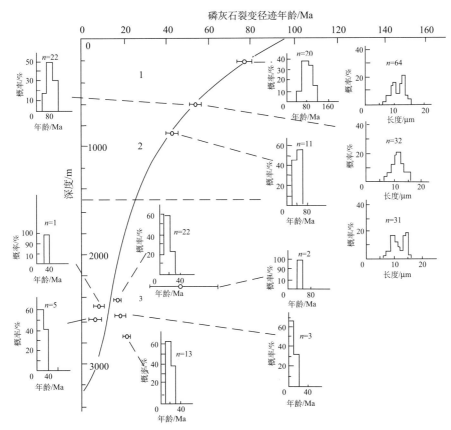

图 5.28　麒参 1 井裂变径迹年龄与深度关系图

天环向斜天 1 井 1625 m 深度的样品裂变径迹年龄 104 Ma，小于地层年龄。径迹长度分布在 6~15 μm 之间，平均为 11.3±2.1 μm，小于诱发径迹长度（16.27±0.90 μm）。长度分布宽度较大，分布中短径迹（<8 μm）占比例很小，表明经历了中等程度的退火，处于退火带中部。天深 1 井在 3055~3781 m 之间的 7 个样品的平均裂变径迹年龄在 27.8~3.1 Ma 之间，它们和单颗粒年龄远小于地层年龄（243~286 Ma），裂变径迹年龄随井深增加没有明显减小。井深 3055 m 和 3341 m 的两个样品，裂变径迹长度分别为 9.8±1.8 μm 和 8.1±2.3 μm，表现出平均径迹长度稍小和分布展宽的特征。3000 m 以下样品现存的裂变径迹主要是在冷却过程中形成的，在地层达到最大古地温时，裂变径迹已完全退火，因此古地温远高于 120 ℃（图 5.27）（任战利等，1994；任战利，1995，1999）。

陕北斜坡东部的麒参 1 井 9 个样品，井深小于 900 m 的 3 个样品裂变径迹年龄在 42.7~78.2 Ma，远小于地层年龄（213~231 Ma），随井深增加裂变径迹年龄迅速减小。裂变径迹长度在 11.1±2.3 ~ 11.5±2.5 μm，径迹分布中包含有相当大比例的长度小于 10 μm，井深 216.7 m 和 881 m 两样品径迹长度呈明显双峰型（图 5.28），表明经受的最高古地温在 100 ℃ 左右，剥蚀厚度用 1870 m，推测抬升剥蚀前的古地温梯度为 4.1 ℃/100 m。井深 2000 m 以下的 6 个样品，裂变径迹年龄在 6.9 ~ 47 Ma，远小于地层年龄

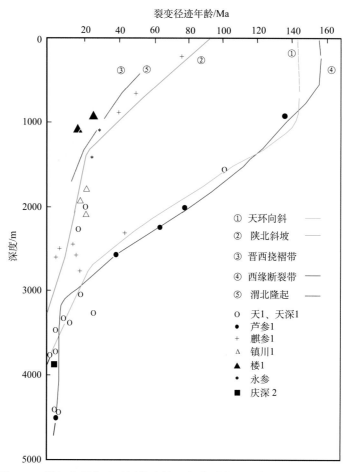

图 5.29　鄂尔多斯盆地不同构造单元各井裂变径迹年龄与深度关系图

（248~320 Ma），随井深增加，裂变径迹年龄无明显减小。这 6 个样品处于冷却带中，在冷却以前形成的裂变径迹已完全退火，因此最大古地温远高于 120 ℃（任战利等，1994；任战利，1995，1999）。

　　总之，从陕北斜坡麒参 1 井岩样的裂变径迹年龄、长度分布来看，处于部分退火带中下部和冷却带中，说明盆地后期受到过大幅度的抬升和冷却，使非退火带及部分退火带全部剥蚀掉了（图 5.28）。

　　根据不同构造单元各井裂变径迹与井深的关系及裂变径迹长度分布特征判断，各构造单元各井磷灰石裂变径迹分带情况差别比较大。天环向斜出现部分退火带、冷却带，在浅部为未退火带，陕北斜坡、渭北隆起、晋西挠曲带、伊盟隆起缺失未退火带及部分退火带上部地层，表明鄂尔多斯盆地后期发生过大幅度的抬升和冷却，渭北隆起、陕北斜坡、晋西挠褶带剥蚀量大，天环向斜剥蚀量最少（图 5.29）（任战利，1995，1999）。裂变径迹反映的剥蚀厚度趋势与用镜质组反射率计算的剥蚀厚度趋势一致。

　　从鄂尔多斯盆地磷灰石裂变径迹年龄与深度关系可以看出陕北斜坡的麒参 1 井、镇川 1 井给出了 23 Ma 以前的一期冷却事件。天环向斜天深 1 井给出了 20 Ma 以前的冷却事件。渭北隆起、晋西挠褶带、西缘断裂带抬升冷却更早(图 5.29)。裂变径迹资料记录发生在 23~20 Ma 前的一期冷却事件,表明 23~20 Ma 以来盆地快速抬升(任战利,1995,1999)。

由天深 1 井、镇川 1 井及麒参 1 井冷却带中裂变径迹年龄与深度关系曲线斜率,在考虑温度变化的情况下,可以确定地层的抬升速率。由镇川 1 井及麒参 1 井冷却带确定的陕北斜坡 23 Ma 年以后的抬升速率为 34 m/Ma。由天深 1 井冷却带确定的天环向斜 20 Ma 以后的抬升速率为 22.9 m/Ma。由此可见,鄂尔多斯盆地中新世以后抬升速度很快,盆地东部陕北斜坡抬升速率明显大于天环向斜。

自 1995 年以来不同学者测试了大量的磷灰石裂变径迹分析样品,对不同构造单元磷灰石裂变径迹进行了研究,研究结果表明盆地周缘抬升剥蚀较早,盆地内部抬升较晚(任战利等,1994,1999,2006,2007,2014a,b,c,2015;任战利,1995,1998;高峰等,2000;孙少华等,1997;陈刚等,2007;王建强等,2010;赵红格等,2007;赵俊峰等,2015)。

盆地边缘渭北隆起、吕梁山、西缘断裂带在早白垩世末已抬升,盆地西部早白垩世末到晚白垩世抬升不太强烈,新生代以来盆地大幅抬升。盆地南部渭北隆起的隆升主要分两大阶段,早白垩世晚期以来及新生代始新世-渐新世以来两期抬升冷却事件(图 5.30、图 5.31)。对渭北隆起所测磷灰石裂变径迹冷却年龄的统计值显示,渭北隆起冷却年龄统计中分布频次较高时段为 100~110 Ma(图 5.32),相当于早白垩世晚期,其地质含义是隆升,主要波及到渭北隆起南带的岐山—礼泉—泾阳口镇—富平—澄城一带。在渭北隆起冷却年龄频率分布图上峰值最高为 30~40 Ma,反映 40 Ma 以来为渭北隆起的主隆升期。鄂尔多斯盆地内部 20~23 Ma 以来快速抬升冷却。渭北隆起南部边缘高部位隆升期为燕山期,渭北隆起北部低部位主要隆升期为 40 Ma 以来的始新世—渐新世,盆地内部主要为 20~23 Ma 以来快速隆升,渭北隆起南部隆起区早于盆地内部,且由南向北隆升时间逐渐变新。渭北隆起早白垩世晚期以来具有先慢后快的特点。

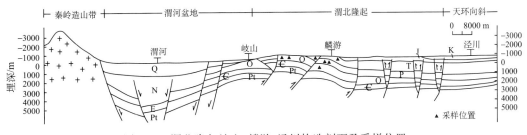

图 5.30　渭北隆起岐山-麟游-泾川构造剖面及采样位置

根据已有的陕北斜坡磷灰石裂变径迹年龄、长度与深度关系资料进行进一步分析,陕北斜坡及天环向斜白垩系磷灰石裂变径迹年龄大于地层年龄,处于未退火带①;侏罗系及上三叠统顶部处于部分退火带,磷灰石裂变径迹年龄小于地层年龄,长度分布呈双峰型,表明处于部分退火带②。延长组中部及以下地层已处于冷却带中③,冷却带可进

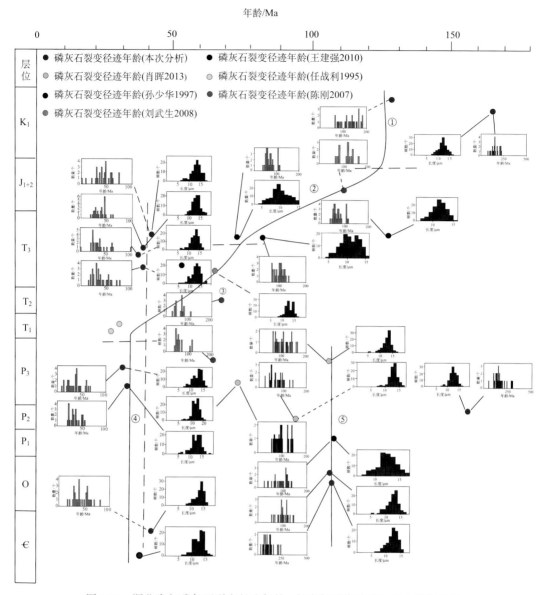

图 5.31　渭北隆起磷灰石裂变径迹年龄、长度与层位关系及退火带划分图
①未退火带；②退火带；③冷却带；④⑤两期冷却事件

一步分为两段，在约 53~25 Ma 抬升冷却较为缓慢，25 Ma 以来快速抬升冷却（图 5.33）。从鄂尔多斯盆地内部陕北斜坡及天环向斜磷灰石裂变径迹与深度关系的分析认为陕北斜坡及天环向斜在约 53 Ma 已开始抬升，25 Ma 以来快速抬升冷却（图 5.33）。

　　磷灰石裂变径迹资料分析表明鄂尔多斯盆地的后期演化主要经历了两次抬升剥蚀，一次为晚白垩世的抬升剥蚀，此期抬升剥蚀在盆地周缘强烈，在盆地内部记录不明显，可能抬升剥蚀较弱；另一期抬升剥蚀为新生代以来，是盆地的主要的抬升剥蚀期，其中 25 Ma 以来快速抬升剥蚀，盆地大幅抬升降温。

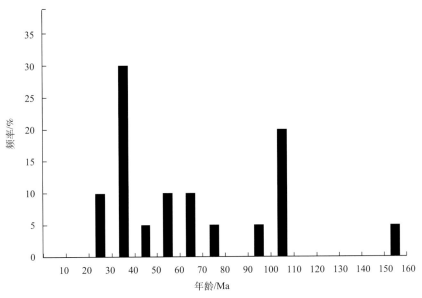

图 5.32 渭北隆起磷灰石裂变径迹抬升冷却年龄频率分布图

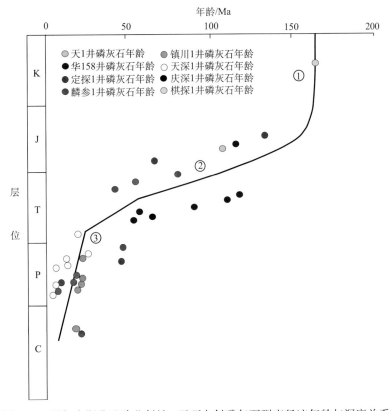

图 5.33 鄂尔多斯盆地陕北斜坡、天环向斜磷灰石裂变径迹年龄与深度关系

二、盆地热演化史模拟

鄂尔多斯盆地为大型叠合盆地,由不同时期不同类型盆地叠合而成,盆地古地温场存在叠加、改造的情况。

我们根据沉积盆地不同演化阶段地温场信息的记录、保持及后期叠加改造情况的不同,以盆地内不整合面上、下两段 R^o 是否能拟合为一条直线为例,从盆地叠加与改造对古地温场信息影响的角度出发,详细讨论了叠合盆地热演化史恢复的思路,提出了分演化阶段真实恢复叠合盆地热演化史的方法及思路(任战利,1991,1996,1998,1999;任战利等,2007,2014a,b,c)。

应用叠合盆地古地温叠加与改造的思路,在剥蚀厚度及埋藏史恢复的基础上,应用典型井的大量实测的镜质组反射率资料,以古温标恢复的早白垩世古地温梯度为约束,根据建立的盆地热史模型(任战利,1995,1999;任战利等,2007),应用 BasinModel 盆地模拟软件进行模拟分析,恢复了盆地的热演化史。

在模拟热史时,将恢复的剥蚀厚度、中生代晚期早白垩世的地温梯度及磷灰石裂变径迹确定的抬升冷却时间和过程作为限定条件,不断修改热演化模型,最终使盆地模拟结果中实测的镜质组反射率与理论计算的镜质组反射率达到很好的一致,此时的热史模型就可以认为代表盆地的热演化史。

对盆地不同构造单元的 7 口井进行了详细的热史模拟,陕北斜坡陕参 1 井用镜质组反射率法恢复的剥蚀厚度为 1000 m,则计算的中生代晚期的地温梯度高达 4.0 ℃/100 m,这与用古地温温标计算的古地温梯度较接近(图 5.34)。陕北斜坡南部热异常明显,庆

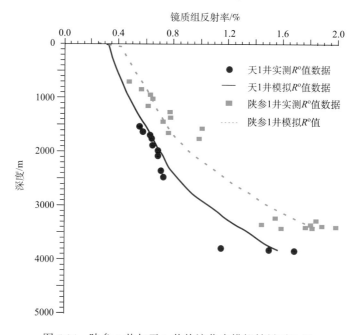

图 5.34　陕参 1 井与天 1 井热演化史模拟结果对比图

36 井在中生代晚期约 130~100 Ma 地温梯度高达 4.4 ℃/100 m，此模拟值与用古地温温标计算的古地温梯度较接近。天环向斜天 1 井恢复的剥蚀厚度为 120 m，计算的地温梯度为 4.1 ℃/100 m，与用古地温温标计算的古地温梯度较接近(图 5.34)。盆地热史模拟结果表明在中生代晚期古地温梯度较高，盆地南部古地温梯度高于盆地北部，在盆地南部出现过异常高值。

根据热演化史恢复可以看出鄂尔多斯盆地南部地区古地温梯度演化与整个盆地区域地温场演化一致，古生代地温梯度值低，中生代晚期早白垩世地温梯度达到最高，地层达到最大古地温，是主要油气生成期(图 5.35)，新生代以来古地温梯度整体呈现下降趋势。早白垩世以后，鄂尔多斯盆地整体大幅度抬升剥蚀，发生冷却降温，地温梯度减小及地层地温降低(图 5.35、图 5.36)。

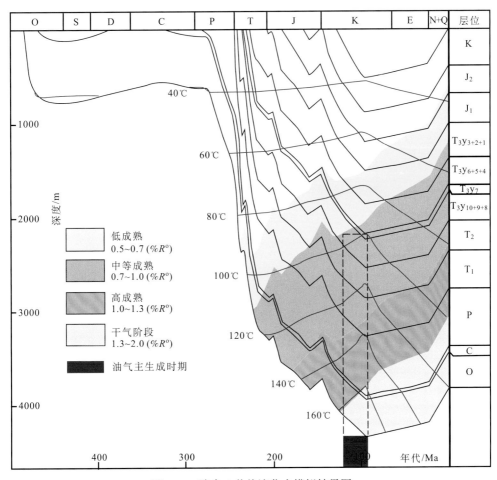

图 5.35　陕参 1 井热演化史模拟结果图

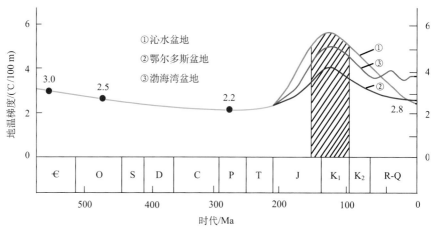

图 5.36　鄂尔多斯、沁水、渤海湾盆地地温演化对比图

第四节　盆地及邻区构造热事件和其形成背景

一、中生代晚期构造热事件发生的证据

古地温恢复表明在早白垩世鄂尔多斯盆地古地温梯度较高，在盆地南部古地温梯度异常更为明显。早白垩世存在异常高的地温场表明发生过一期强烈的构造热事件（任战利等，1994，2004，2007；任战利，1995，1999）。构造热事件存在的证据有下列三方面。

1. 火成岩活动的证据

火成岩活动的记录是构造热事件发生的直接证据，尽管鄂尔多斯盆内部火成岩不发育，但盆地周缘燕山期火成岩较为发育。

在盆地边缘区东缘临县的紫金山岩体分布具环带状，岩体呈孤岛状出露于三叠系二马营组，碱性火成岩体面积达 23 km^2。从外环向内环，岩性依次为：二长岩、长石霓辉正长岩、霓辉正长岩、角砾状粗面岩、角砾状响岩。地球化学分析表明岩浆来源于地幔。岩体主要为燕山晚期形成，前人分析的紫金山岩体同位素年龄主要在 138~125 Ma（表 5.1）（黄锦江，1991），相当于早白垩世。根据碱性长石及斜长石中钠长石的分子比求得石英二长岩的结晶温度为 960 ℃，高温的岩浆使岩体周围煤层热演化程度增高，在岩体与砂岩接触带上砂岩已发生变质现象（吴利仁，1964）。

我们对盆地东缘临县紫金山岩体进行了采样，对 4 块火成岩样品在西北大学大陆动力学国家重点实验室进行主量、微量元素测定。主量元素用碱熔玻璃片法在 X 荧光光谱仪上测定，微量元素用 ICP-MS 测定，地球化学常量微量元素及岩石组合特征分析表明该岩体岩浆为幔源成因。选取所采样品 Zj03-r-1（霓霞正长岩）送至河北省区域地质矿产调查研究所挑选锆石，获得的锆石数量多于 1000 颗。将在双目显微镜下挑出的锆石样

表 5.1　紫金山岩体同位素年龄数据表

采样地点及岩石名称	测定对象	K/%	$^{40}Ar/(10^{-6}g/g)$	$^{40}Ar/^{40}K$	测定年龄/Ma	资料来源
正长斑岩（岩墙）	正长岩	8.55	0.0842	0.0080 0.00826	132.7 136.9	山西省区调队
水磨川东南暗霞、霓辉正长岩	全岩	8.68	0.05786	0.00546 0.00559	91.2±3.2 93.7	
水磨川东南暗霞钛辉石岩	黑云母	7.22	0.06932	0.00787 0.00805	129.9±3.1 133.5	
水磨川东南霓辉正长岩	角闪岩	0.89	0.009115	0.008395 0.008585	138.7±4.4 192.1	
流水岔西二长岩	全岩	4.28	0.04910	0.00940 0.00926	154.2±4.0 138.4	
紫金山岩体					125	汤达祯文章
岩体中部正长斑岩墙中的正长石斑岩					134.8	中国科学院地质与地球物理研究所

品置于环氧树脂中打磨，暴露出锆石的中心面，用于阴极发光(CL)和锆石 LA-ICP MS U-Pb 同位素组成分析。锆石的 CL 图像在西北大学大陆动力学国家重点实验室电子探针仪加载的阴极发光仪上完成。锆石 U-Pb 同位素组成分析在西北大学大陆动力学国家重点实验室激光剥蚀电感耦合等离子体质谱仪（LA-ICP MS）上完成。样品 Zj03-r-1 的 U、Th 含量分别为 $199.12\times10^{-6} \sim 1671.81\times10^{-6}$ 和 $120.69\times10^{-6} \sim 3357.49\times10^{-6}$，Th/U=0.3~2.5。在锆石 U-Pb 年龄谐和曲线图中，所获得的锆石$^{206}Pb/^{238}U$ 年龄主体集中在 138.3±1.1 Ma（图 5.37），得到$^{206}Pb/^{238}U$ 的加权平均年龄为 138.3±1.1 Ma（MSWD=2.3，9 个样品点）。该年龄值表明紫金山杂岩体应属燕山期产物，该年龄值对中生代构造热事件发生的时代确定有重要意义（肖媛媛、任战利，2007）。

在伊盟隆起保尔斯太沟、伊 12 井一带的下白垩统泾川组见有玄武岩侵入，在喇嘛沟有辉绿岩侵入，白垩系志丹群上部出现凝灰岩。伊盟隆起中北部的杭锦旗黑石头沟下白垩统砂岩之上有一层玄武岩出露，属于碱性橄榄玄武岩，Ar-Ar 激光阶段加热定年结果表明，Ar-Ar 坪年龄为 126.2±0.4 Ma，杭锦旗黑石头沟玄武岩形成于早白垩世（邹和平等，2008）。

对盆地西南缘甘肃省崇信县铜城超钾质岩体岩石岩相学、地球化学、锆石 U-Pb 定年研究表明锆石 U-Pb 年龄 107.6±0.9 ~ 123.8±2.7 Ma，为中生代早白垩世。铜城超钾质岩有可能起源于受壳源物质交代的 EMI 型富集地幔环境（张宏法等，2012）。盆地南缘渭北隆起上陇县华亭地区龙 1、龙 2 井三叠系中闪长玢岩厚达 150 m 以上，龙 1、龙 2 井的火成岩使上覆地层热演化程度产生了异常高值（表 5.2）。

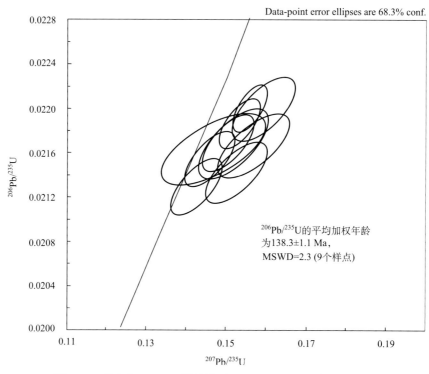

图 5.37 紫金山 Zj03-r-1 样品锆石 LA-ICP-MS U-Pb 年龄谐和图

表 5.2 龙 2 井烃源岩热演化程度统计表

井号	层位	井深/m	岩性	测点数	$R^o/\%$
龙 2 井	P_1s	3428	煤		3.57
龙 2 井	P_1s	3430	煤		3.68
龙 2 井	P_1s	3423.5	煤		3.91
龙 2 井	P_1s	3428	煤		3.57
龙 2 井	P_1s	3430	煤		3.68
龙 2 井	P_1s	3423.5	煤		3.91
龙 2 井			泥岩	20	3.48
龙 2 井	P_1s	3428	煤	30	3.57
龙 2 井	P_1s	3430	煤	30	3.68
龙 2 井	P_1s	3423.5	黑色碳质泥岩	29	3.91
龙 2 井	J	1776	泥岩	30	2.33
龙 2 井		1887.5	泥岩	20	3.48
龙 2 井	T_2z	2093	泥岩	23	2.57
龙 2 井	T_2z	2275	泥岩	30	3.31
龙 2 井	P_1s	3428	煤	30	3.57
龙 2 井	P_1s	3430	煤	30	3.68
龙 2 井	P_1s	3423.5	黑色碳质泥岩	29	3.91
龙 2 井	C_3t-P_1x	3409			3.68

　　与鄂尔多斯盆地相邻的山西地区燕山期火成岩发育，山西地区所有的中生代火成岩同位素年代测量数据表明岩浆侵入和喷发发生于侏罗纪到白垩纪，其年龄主要分布于110~150 Ma之间，主峰值120~140 Ma，主峰年龄相当于早白垩世(图5.38)。与鄂尔多斯盆地周缘区的火成岩活动时期一致，同为晚燕山期。

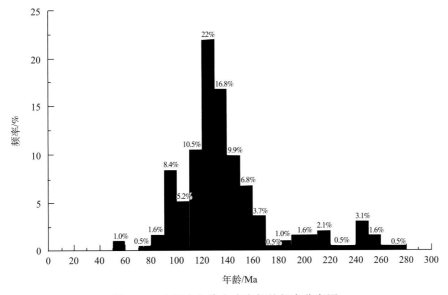

图 5.38　山西中生代火成岩年龄频率分布图

　　山西地区石炭二叠系煤高变质带的分布与岩浆岩体的分布相吻合，如襄汾、浮山、翼城之间的二峰山、塔尔山花岗岩；高平、晋中地堑祁县的石英二长岩；在西山煤田西部的狐偃山花岗岩；临县紫山花岗岩都与煤的高变质带相对应。岩浆活动和北北东向断裂带有关，从西到东火成岩体分布在三个带：西带大体沿吕梁复背斜断裂带分布，如紫金山—尖家沟—永和一带及狐偃山—交城一带；中带大体沿万荣复背斜断裂带分布，如祁县-翼城、襄汾(二峰山、塔儿山岩体)；东带大体沿陵川复背斜断裂带分布，如平顺-陵川岩体。在北北东向断裂带上岩浆侵入部位形成了煤的高变质带。在平面上煤质的分带以岩浆岩体侵入位置为中心依次向外展布，其中心往往为无烟煤，高变质带的宽窄受岩体规模的大小和侵入深度控制，侵入浅则高变质带较窄。

　　在盆地南部秦岭褶皱带发育许多大型火成岩体，其中燕山晚期发育大规模的花岗岩，其同位素年龄集中在约100 Ma(张国伟等，2001)。

　　中生代晚期早白垩世火成岩在盆地周缘的广泛发育，反映鄂尔多斯地块在早白垩世发生了一次构造热事件，该期构造热事件与整个中国东部早白垩世发生的构造-岩浆-热事件在时间上具有一致性。

2. 地温梯度异常

　　在鄂尔多斯盆地不同层位烃源岩镜质组反射率平面分布图上，盆地南部庆阳—富县一带镜质组反射率显示为异常高值，不同层位异常位置一致性很好(图5.20)。

根据多种古地温恢复方法对盆地中生代晚期的古地温梯度进行恢复,表明鄂尔多斯盆地中生代晚期的古地温梯度主要在 3.3~4.80 ℃/100 m 之间,在盆地南部古地温梯度高,古地温梯度主要为 4.00 ℃/100 m 或更高,表明在中生代晚期的古地温梯度出现过异常高值,发生过一次构造热事件(图 5.36)。

3. 强烈的构造运动

鄂尔多斯盆地及周缘区燕山晚期构造活动强烈,在盆地周缘区地层变形强烈,在盆地周缘区在中侏罗统与下白垩统之间存在明显的角度不整合,在盆地内部为平行不整合。构造变形、构造运动及热变质等作用主要发生在晚侏罗世—早白垩世。强烈的构造运动及火成岩的发育是构造热事件发生的重要证据。

二、构造热事件发生时期、影响范围

构造热事件不仅是构造事件,而且是热事件,在构造运动发生时伴随着地温的升高。对中生代晚期构造热事件发生时间的早、晚认识虽然有一些差异,但差异不大。普遍认为这次构造热事件是存在的,这次构造热事件对鄂尔多斯盆地油、气、煤、金属铀矿的形成与分布有重要的控制作用。

根据鄂尔多斯盆地周缘及邻区火成岩年龄资料、磷灰石裂变径迹资料、强烈构造运动发生时期资料及盆地热史模拟资料,可以判定中生代构造热事件主要发生在 138~100 Ma。构造热事件持续时间约 10~40 Ma,构造热事件发生时期为地温梯度异常时期(任战利,1995,1999;任战利等,2006,2007)。

中生代晚期构造热事件除在火成岩侵入和喷发的地区及西缘断裂带表现较强外,在盆地南部庆阳—富县—宜川一带也造成了古生界、中生界烃源岩热演化程度的高异常。

三、构造热事件形成机制

鄂尔多斯盆地南部热演化程度高,中生代晚期高地温梯度、高大地热流值与鄂尔多斯周缘地区强烈的构造变动、岩浆活动和深源流体上涌有关,中生代晚期异常地温场形成的根本原因在于中生代晚期鄂尔多斯盆地岩石圈深部的热活动增强,鄂尔多斯盆地南部岩石圈活动性更强,此时鄂尔多斯盆地可能处于一种弱拉张的构造环境,地幔发生底侵作用,岩石圈减薄,发生岩浆侵入和喷发(任战利等,2005,2006,2007)(图 5.39)。

鄂尔多斯盆地中-新生代热流演化以及"热"岩石圈厚度的计算结果揭示出早白垩世末期盆地"热"岩石圈厚度为 65 km 左右,明显减薄(焦亚先等,2013)。

鄂尔多斯盆地中生代晚期构造热事件发生不是孤立的,发生时间与华北地台岩石圈全区范围内由亏损地幔性质转变为富集地幔性质时期、岩石圈减薄时期及华北东部构造体制转折的峰期一致(吴福元等,2000;翟明国等,2003;朱日祥等,2011),表明构造热事件及岩石圈减薄的发生具有区域性(任战利等,2006),岩石圈深部热活动是其根本原因。

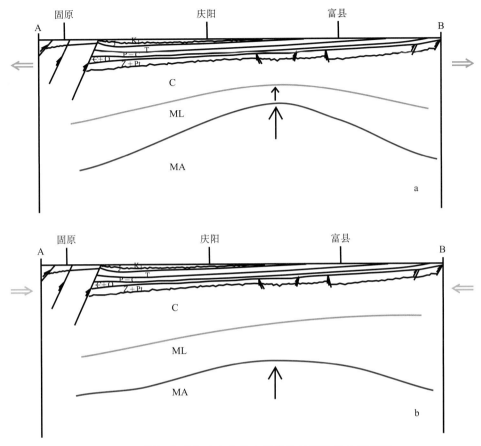

图 5.39　鄂尔多斯盆地中生代晚期构造热事件发生机理图

a. 早白垩世(100 Ma左右盆地深部结构图)；b. 现今盆地深部结构图。C. 地壳；ML. 岩石圈地幔；MA. 软流圈地幔

第五节　盆地热演化史与多种能源矿产形成的关系

一、热演化史与油气、煤成藏(矿)的关系

从陕北斜坡陕参1井所作的热演化史剖面可以看出古生代地温梯度低，奥陶系、石炭二叠系气源岩埋藏浅，热演化程度低，R^o 值均小于 0.5%，油气尚未生成。印支旋回，气源岩埋藏加深，成熟度增加，仍处于生油阶段。燕山旋回，地层持续拗陷。地温梯度升高，加速了气源岩向天然气的转化，R^o 可达 2.0% 以上，是天然气的生气高峰期，也是三叠系延长统的生油高峰期。燕山旋回以后，鄂尔多斯盆地整体大幅度抬升，地温梯度减小，气源岩埋深变浅，生烃作用逐渐减弱或停止(图 5.40)。

从鄂尔多斯盆地热演化史与油气的关系来看，无论是下古生界气源岩还是上古生界气源岩，地层经历的最高古地温都是在早白垩世达到的，天然气大规模生成期及成藏期均在中生代晚期的早白垩世，生气高峰期晚，有利于天然气的保存。三叠系延长统主要生油期及成藏期也是在早白垩世(图5.40)(任战利,1995;任战利等,1999,2007)。生油、生气的高峰期在中生代晚期早白垩世,油气充注、成藏期主要在早白垩世,受中生代晚期构造热事件控制。

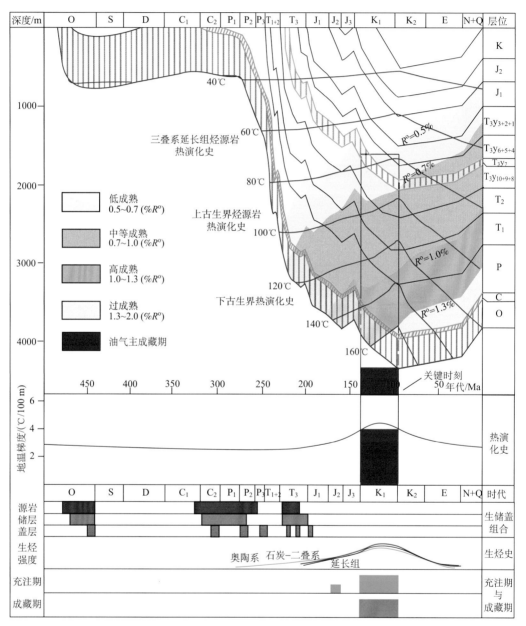

图5.40 鄂尔多斯盆地热演化史与油气生成、成藏关系图

对于石炭-二叠系、三叠系及侏罗系的煤化过程而言,其煤化作用主要发生在晚侏罗世—早白垩世,煤的最高热演化程度是在早白垩世达到的。煤的最高热演化程度形成时期与油气生成高峰期和成藏期基本一致。

中生代晚期构造热事件加速了有机质的热解过程，使盆地古生界碳酸盐岩及煤系地层在中生代晚期大量生成天然气并发生运移和聚集。中生代晚期的构造热事件控制了油气的生成期及成藏期，油气的主成藏期均在早白垩世。鄂尔多斯盆地在新生代以来快速抬升冷却，地温梯度减小及地层地温降低，有助于天然气出溶成藏，油气生成速率明显减小或停止。

鄂尔多斯盆地在 23 Ma 发生了一期快速抬升的冷却事件，地温梯度减小及地层地温降低，有助于天然气出溶成藏。

二、热演化史与金属铀等矿床的关系

不同矿产成藏、成矿环境、部位虽然不同，但油-气-铀三种能源矿产的成藏（矿）作用有着密切的联系，油气为流体矿产，砂岩型铀矿的形成和聚集也具有流体矿产的特征。流体矿产的形成及分布是动态的，极易随成藏（矿）期之后所处环境的变化而发生流动，改变其规模、状态和位置甚至消失。热-流体动力学演化对多种能源矿产的形成有重要的控制作用，是沟通多种矿产联系的桥梁和纽带。

中生代构造热事件对油气、煤的形成、演化、成藏有多方面的控制作用，对金属铀矿、金属矿产的形成也有重要的控制作用，中生代晚期早白垩世构造热事件发生时期是热流体活动的时期，也是金属铀矿重要的成矿时期（任战利等，2007）。砂岩铀矿与油气藏都为流体成因矿产，因而成藏成矿期受盆地构造-热演化史的控制。中生代晚期构造热事件发生时期热流体沿奥陶系顶面活动强烈，沿奥陶系顶面成矿。在盆地周缘及盆地内部的一些特殊构造部位或层位，发生了热液矿化及动力变质现象，这些热液矿化及热动力变质现象本身就显示了热-流体的活动，是热事件存在的证据。热液矿（化）如卡布其 Pb-Zn 矿，李 1 井、李华 1 井等的黄铁矿化，陕 139 井风化壳之上的黄铁矿矿化带厚 150 m 以上。六盘山区是重要的燕山期多金属成矿带。金属矿化集中于西缘深大断裂一线和 O-C 不整合面附近。热力变质如小松山西南大理岩、蛇纹石化大理岩，宽度可达 500 m。

在内蒙古东胜南部由核工业部 208 地质总队发现侏罗纪地层中的砂岩型铀矿的矿层（J_2z）。鄂尔多斯盆地北部东胜地区直罗组层间氧化带前锋线沿皂火壕—沙沙圪台—孙家梁一线显近东西向展布，初步控制长度约 40 km。鄂尔多斯盆地北部东胜地区砂岩型铀矿层间氧化带的发育期和成矿期自中侏罗世晚期至始新世末，持续时间达 115 Ma。铀矿成矿时间为 107±14 Ma，属早白垩世晚期（陈法正，2002；夏毓亮等，2003），与中生代晚期构造热事件发生时期一致。

鄂尔多斯盆地安定组之后的晚侏罗世，盆地挤压强烈，盆地隆升并较长时期的剥蚀，盆地北部的东胜隆起带具有长期稳定隆起的特征，目的层形成及形成以后水动力条件长期以来较稳定。东胜地区具备形成可地浸砂岩铀矿的三层结构（下结构层由中下侏罗统富县组和延安组黑色含煤建造组成、上结构层为下白垩统伊金霍洛组红色沉积建造、中结构层为直罗组与安定组杂色碎屑岩建造过渡层），下伏的延安组煤系地层，是直罗组沉积大量还原碎屑物的直接来源，目标层的还原砂体是一套富含有机质和黄铁矿的蓝灰至灰黑色含砾中粗砂岩和中细砂岩，具有很强的自身还原能力(陈法正，2002)。砂岩铀矿与油气藏成藏都为流体成因矿产，成藏成矿期受盆地构造−热演化史的控制。鄂尔多斯盆地中生代晚期构造热事件发生时期，构造断裂活动，是热流体运移的活跃时期。在盆地边部流体处于对流状态，温度较高的盆地自生流体(含油气流体)向盆地边部流动，与盆地表生流体相遇的衡地带容易形成砂岩铀矿，构造热事件发生时期是热−流体活跃时期，也是金属铀矿成矿时期(刘池洋等，2006)。

深部油气也是铀成矿的良好还原介质，在东胜附近的钻井白垩系地层中油气显示普遍，东胜以北地面油苗很多，油气不断的向东胜地区运移，起到了还原剂的作用。在东起马厂壕，西至合赖沟，北界乌兰格尔基岩凸起，南抵白垩系地面鼻状背斜轴部，东西长 100 km、南北宽约 13 km，约 1300 km² 内，油气显示点集中分布在四个点上，共计 45

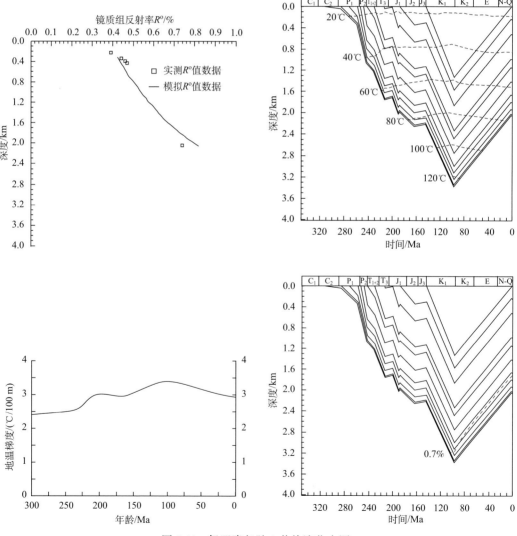

图 5.41 伊盟隆起胜 1 井热演化史图

处。其中地面油苗 22 处，钻井下 23 处，显示厚度一般只有几米。厚 10~30 m 者为局部含油。显示层位大多数都分布在距白垩系底部 60 m 的层段内，含油岩性以灰绿色砾状砂岩为主，油层厚一般 2~14 m，下伏层位为上古生界二叠系石千峰统以下地层，凡是白垩系与侏罗系或三叠系接触处未见油气显示（刘友民，1982）。

油气显示的油质轻，挥发性强，具有强或弱的煤油味，井下油砂可见浅黄色油浸。在地层中的油苗，长期雨淋日晒，河水冲刷，其显示程度并不褪色，越接近河床，油味越浓，没有因挥发分强而减弱。古生界油样、白垩系油苗分析化验资料证实白垩系油苗和二叠系原油相似，而与河套盆地的古近系和新近系和陕甘宁盆地的三叠系、侏罗系原油无亲缘关系（王少昌、刘雨金，1983）。

从伊盟隆起鄂 1、胜 1 井热演化史图来看，伊盟隆起区石炭-二叠系热演化程度较低，石炭-二叠系镜质组反射率小于 1.3%，古地温小于 160 ℃，胜 1 井更低（图 5.41）。在胜 1 井处侏罗系直罗组地层达到的最高温度约为 60 ℃，镜质组反射率约为 0.5%。在鄂 1 井处侏罗系直罗组地层达到的最高温度约为 80~90 ℃，镜质组反射率约为 0.6%。

在东胜铀矿我们测试了直罗组铀矿层的镜质组发射率值，镜质组反射率小于 0.5%，表明其热演化程度较低。现今研究结果认为东胜地区直罗组砂岩铀矿的形成不是偶然的，砂岩铀矿形成确实与油气煤有密切的关系，油气不断地向东胜地区运移，起到了还原剂的作用。但是从热演化程度来看，伊盟隆起石炭-二叠系热演化程度较低，油气特别是天然气要大规模来自伊盟隆起本身是有困难的，大规模的天然气只能来自于伊盟隆起南部埋藏更深、距离更远的榆林—乌审旗—乌审召一带。

参 考 文 献

陈法正. 2002. 鄂尔多斯盆地北部古水文地质条件与铀成矿前景分析. 铀矿地质，18(5)：287~294

陈刚，孙建博，周立发等. 2007. 鄂尔多斯盆地西南缘中生代构造事件的裂变径迹年龄记录. 中国科学（D 辑），37(增 I)：110~118

陈瑞银，罗晓荣，陈占坤等. 2006. 鄂尔多斯盆地中生代地层剥蚀量估算及其地质意义. 地质学报，80(5)：685~693

高峰，王岳军，刘顺生等. 2000. 利用磷灰石裂变径迹研究鄂尔多斯盆地西缘热历史. 大地构造与成矿学，24(1)：87~91

黄锦江. 1991. 山西临县紫金山碱性环状杂岩体岩石学特征与成因研究. 现代地质，5(1)：24~39

焦亚先，邱楠生，李文正. 2013. 鄂尔多斯盆地中-新生代岩石圈厚度演化——来自地热学的证据. 地球物理学报，56(9)：3051~3060

梁宇，任战利，史政. 2011. 鄂尔多斯盆地富县-正宁地区延长组油气成藏期次. 石油学报，3(5)：741~748

刘池洋，赵红格，桂小军等. 2006. 鄂尔多斯盆地演化-改造的时空坐标及其成藏（矿）响应. 地质学报，80(5)：617~633

刘武生，秦明宽，漆富成等. 2008. 运用磷灰石裂变径迹分析鄂尔多斯盆地周缘中新生代沉降隆升史. 铀矿地质，24(4)：221~227

刘友民. 1982. 陕甘宁盆地北缘乌兰格尔地区白垩系油苗成因及意义. 石油勘探与开发，3：39~42

邱楠生，胡圣标，何丽娟. 2004. 沉积盆地热体制研究的理论与应用. 北京：石油工业出版社

任战利. 1991. 关于沉积盆地古地温恢复问题的探讨. 西北大学学报，21(增刊)：227~234

任战利. 1995. 利用磷灰石裂变径迹法研究鄂尔多斯盆地地热史. 地球物理学报, 38(37): 339~349

任战利. 1996. 鄂尔多斯盆地热演化史与油气关系的研究. 石油学报, 17(1): 17~24

任战利. 1998. 中国北方沉积盆地构造热演化史恢复及对比研究. 西北大学博士学位论文

任战利. 1999. 中国北方沉积盆地构造热演化史研究. 北京: 石油工业出版社. 1~50

任战利, 赵重远. 1997. 鄂尔多斯盆地与沁水盆地中生代晚期地温场对比研究. 沉积学报, 15(2): 134~137

任战利, 赵重远, 张军等. 1994. 鄂尔多斯盆地古地温研究. 沉积学报, 12(1): 56~65

任战利, 赵重远, 陈刚等. 1999. 沁水盆地中生代晚期构造热事件. 石油与天然气地质, 20(1): 46~48

任战利, 张盛, 高胜利等. 2004. 鄂尔多斯盆地热演化程度异常分布区及形成时期探讨. 地质学报, 80(5): 674~684

任战利, 肖晖, 刘丽等. 2005a. 沁水盆地中生代构造热事件发生时期的确定. 石油勘探与开发, 32(1): 43~47

任战利, 张盛, 高胜利等. 2005b. 鄂尔多斯盆地热演化史研究现状及进展. 刘池洋主编. 盆地多种能源矿产共存富集成藏(矿)研究进展. 北京: 科学出版社. 17~25

任战利, 张盛, 高胜利等. 2006. 伊盟隆起东胜地区热演化史与多种能源矿产的关系. 石油与天然气地质, 27(2): 187~193

任战利, 张盛, 高胜利等. 2007. 鄂尔多斯盆地构造热演化史及其成藏成矿意义. 中国科学(D 辑), 37(增 I): 23~32

任战利, 刘丽, 崔军平等. 2008. 盆地构造热演化史在油气成藏期次研究中的应用. 石油与天然气地质, 29(4): 502~506

任战利, 崔军平, 李进步等. 2014a. 鄂尔多斯盆地渭北隆起奥陶系构造-热演化史恢复. 地质学报, 88(11): 2044~2056

任战利, 李文厚, 梁宇等. 2014b. 鄂尔多斯盆地东南部延长组致密油成藏条件及主控因素. 石油与天然气地质, 35(2): 190~198

任战利, 田涛, 李进步等. 2014c. 沉积盆地热演化史研究方法与叠合盆地热演化史恢复研究进展. 地球科学与环境, 36(3): 1~20

任战利, 任战利, 崔军平等. 2015. 鄂尔多斯盆地渭北隆起抬升期次及过程的裂变径迹分析. 科学通报, 60(14): 1298~1308

孙少华, 刘顺生, 汪集旸. 1996. 鄂尔多斯盆地地热流场特征. 大地构造与成矿学, 20(1): 29~37

孙少华, 李小明, 龚革联等. 1997. 鄂尔多斯盆地地构造热事件研究. 科学通报, 42(3): 306~309

汤达祯, 杨起, 潘治贵. 1992. 河东煤田地史-热史模拟与煤变质演化. 现代地质, 6(3): 328~337

王建强, 刘池洋, 闫建萍等. 2010. 鄂尔多斯盆地南部渭北隆起发育时限及其演化. 兰州大学学报: 自然科学版, 46(4): 22~30

王少昌, 刘雨金. 1983. 鄂尔多斯盆地上古生界煤成气地质条件分析. 石油勘探与开发, 1: 13~23

吴福元, 孙德有, 张广良等. 2000. 论燕山运动的深部地球动力学本质. 高校地质学报, 6(3): 379~388

吴利仁, 张兆忠, 张玉学等. 1964. 论山西台背斜碱性岩浆的成因与演化. 地质科学, (2): 128~132

夏毓亮, 林锦荣, 刘汉彬等. 2003. 中国北方主要产铀盆地砂岩型铀矿成矿年代学研究. 铀矿地质, 198(3): 129~136

肖晖, 李建新, 韩伟等. 2013. 鄂尔多斯盆地南缘渭北隆起中新生代构造抬升及演化. 西安科技大学学报, 33(5): 576~593

肖媛媛, 任战利. 2007. 鄂尔多斯盆地东部紫金山碱性杂岩地球化学、锆石 LA-ICP MS U-Pb 年代学研究及其地质意义. 地质论评, 53(5): 656~663

杨华, 付金华, 刘新社等. 2012. 鄂尔多斯盆地上古生界致密气成藏条件与勘探开发. 石油勘探与开发, 39(3): 295~303

杨俊杰. 2002. 鄂尔多斯盆地构造演化与油气分布规律. 北京: 石油工业出版社

于强. 2009. 鄂尔多斯盆地南部中生界热演化史及其与多种能源关系研究. 西北大学硕士学位论文

于强. 2012. 鄂尔多斯盆地中东部地区古生界热演化史与天然气成藏. 西北大学博士学位论文

于强, 任战利. 2008. 鄂尔多斯盆地黄陵、东胜地区地温场对比. 吉林大学学报(地球科学版), 6: 933~936+945

于强, 任战利, 曹红霞. 2011. 鄂尔多斯盆地延长探区下古生界热演化史. 兰州大学学报(自然科学版), 5: 24~29

于强, 任战利, 倪军等. 2012a. 鄂尔多斯盆地富县地区中生界热演化史探讨. 西北大学学报(自然科学版), 5: 801~805

于强, 任战利, 王宝江等. 2012b. 鄂尔多斯盆地延长探区上古生界热演化史. 地质论评, 2: 303~308

翟明国, 朱日祥, 刘建明等. 2003. 华北东部中生代构造体制转折的关键时限. 中国科学(D 辑), 33(10): 913~920

张国伟, 张本仁, 袁学诚. 2001. 秦岭造山带与大陆动力学. 北京: 科学出版社. 1~729

张宏法, 包洪平, 彭天朗等. 2012. 鄂尔多斯盆地西南边部超钾质岩及构造意义. 中国地质, 39(5): 1172~1182

赵红格, 刘池洋, 王锋等. 2007. 贺兰山隆升时限及其演化. 中国科学(D 辑), 37(增 I): 185~192

赵俊峰, 刘池洋, Mountney Nigel 等. 2015. 吕梁山隆升时限与演化过程研究. 中国科学(D 辑), 45(10): 1427~1438

赵孟为, Behr H J. 1996. 鄂尔多斯盆地三叠系镜质体反射率与热史. 石油学报, 17(2): 15~23

赵重远, 刘池洋, 任战利. 1990. 含油气盆地地质学及其研究中的系统工程. 石油与天然气地质, 11(1): 108~113

周江羽, 吴冲龙, 韩志军. 1998. 鄂尔多斯盆地的地热场特征与有机质成熟度. 石油实验地质, 20(1): 20~23

朱日祥, 陈凌, 吴福元等. 2011. 华北克拉通破坏的时间、范围与机制. 中国科学: 地球科学, 41(5): 583~592

邹和平, 张珂, 李刚. 2008. 鄂尔多斯地块早白垩世构造-热事件: 杭锦旗玄武岩的 Ar-Ar 年代学证据. 大地构造与成矿学, 32(3): 360~364

Barker C E. 1989. Temperature and time in the thermal maturation of sedimentary organic matter. In: Naeser N D, Mcculloh T H (eds). Thermal History of Sedimentary Basin-methods and Case Histories. New York: Sprinser-Verlag. 75~98

Barker C E, Pawlewicz M J. 1986. The correlation of vitrinite reflectance with maximum temperature in humic or ganic metter. In: Buntebarth G, Stegena L (eds). Paleogeothermics, Lecture Notes in Earth Science 5. New York: Springer-Verlag. 79~288

Gleadow A J W, Duddy I R, Lovering J F. 1986. Fission track analysis: a new tool for the evaluation of thermal histories and hydrocarbon potential. APEA Journal, 23: 93~102

Naeser N D, Naeser C W, McCulloh T H. 1989. The application of fission-track dating to the depositional and thermal history of rocks in sedimentary basins. In: Naeser N D, McCulloh T H (eds). Thermal History of Sedimentary Basins-Methods and Case Histories. Berlin: Springer. 157~180

Ren Z L. 1994. Research on the relations between thermal history and oil-gas accumulation in the Ordos Basin, China. In: IGCP Project 294 International Sysmposium: Very Low Grade Metamorphism: Mechanisms and

Geological Applications. Beijing: Seismological Press. 117~131

Ren Z L. 1995. Study on geothermal history of Ordos Basin with Apatite fission track. Journal of the Geophysic, 38(2): 233~247

Ren Z L, Zhang S, Gao S L *et al*. 2007. Tectonic thermal history and its significance on the formation of oil and gas accumulation and mineral deposit in Ordos Basin. Science in China Series D: Earth Sciences, 50(Sup. II): 27~38

Suggate R P. 1998. Relations between depth of burial, vitrinite reflectance and geothermal gradient. Journal of Petroleum Geology, 21(1): 5~32

Sweeney J J, Burnham A K. 1990. Evaluation of a simple model of vitrinite reflectance based on chemical kinetics. AAPG Bulletin, 74: 1559~1570

第六章

鄂尔多斯盆地中-新生代构造事件年代学*

第一节　盆地西南缘中-新生代构造事件的年代学记录

鄂尔多斯盆地西南缘地处秦-祁造山带北缘的构造转折部位(图6.1)，主要包括马家滩-平凉-陇县区段的盆地西缘构造带(I_1)和渭北隆起区段的盆地南缘构造带(I_2)，它们联合构成盆地西南缘的反S型构造体系(刘池洋等，2005a；陈刚等，2007a)，以及青铜峡-固原断裂以西夹持于盆地西南缘构造带(I)与秦-祁造山带之间的走廊-六盘山弧形构造带(II)。该区特殊的构造位置、复杂的构造变形和较好的古生界-中生界露头，有可能详细地记录着盆地及邻区中-新生代演化的构造事件信息，也为运用裂变径迹(FT)方法进行事件年代学研究提供了较为理想的采样和分析条件。本项研究在鄂尔多斯盆地西南缘不同露头区段系统采集了石炭系—下白垩统等不同层位的露头样品，分别进行了锆石、磷灰石FT测试分析，采用$P(X^2)$概率检和高斯拟合等方法筛分获取了系列的FT冷却年龄数据，并结合筛选获得的该地区已有文献中的FT冷却年龄数据，综合探讨分析盆地西南缘中-新生代构造演化的事件年代学序列，获取区域地层"不整合"构造事件在更窄时间域的峰值年龄信息。

一、样品数据与年龄解析

本研究在鄂尔多斯盆地西南缘三个重点露头区段的上古生界—中生界不同层系，分别采集了10块砂岩样品，每块样品重量不低于3~5 kg，在中国科学院高能物理研究所进行了10件磷灰石样品和5件锆石样品的FT测试分析，采样位置及编号如图6.1所示。每件样品通过常规重液分离法和磁选法分选，分离出测试需要的磷灰石和锆石单矿物，将其分别制成环氧树脂样片和聚全氟乙丙烯塑料样片，并研磨和抛光为光薄片。磷灰石在25 ℃的6.6% HNO_3溶液中蚀刻30 s，锆石在220 ℃的8 g NaOH+11.5 g KOH溶液中蚀刻30 h，分别揭示其自发径迹；然后将低铀白云母分别贴在磷灰石和锆石光薄片上，将低铀白云母外探测器与矿物一并置入反应堆辐照，揭示其诱发裂变径迹密度分别为$72.92×10^5$和$10.34×10^5$，中子注量利用CN5铀玻璃标定，根据IUGS推荐的ξ常数法计算年龄值(Gleadow et al.，1983)，磷灰石和锆石的Zeta常数分别为359.2±10.8和127.1±6.4。测试分析结果如表6.1所示。

---

* 作者：陈刚、康昱、杨甫、丁超、刘腾、徐小刚、张文龙、任帅锋、闫枫. 西北大学地质学系，西安.
E-mail：chengang@nwu.edu.cn

表 6.1 鄂尔多斯盆地西南缘磷灰石和锆石 FT 测试分析数据

地区	样品	层位	矿物	n	N_s	ρ_s /(10^5/cm^2)	N_i	ρ_i /(10^5/cm^2)	$P(\chi^2)$ /%	中值年龄 $(\pm\sigma)$ /Ma	池年龄 $(\pm\sigma)$ /Ma	$L\pm\sigma$ /(N) /μm
香山/卫宁北山	Xs-1a	C	磷灰石	21	168	2.662	3588	56.854	94.2	65±6	65±6	13.2±1.7/(99)
	Xs-1b	C	锆石	23	3580	125.152	1107	38.699	0	194±18	213±13	
	Bs-1a	C	磷灰石	19	309	5.644	5757	105.145	81.4	65±4	65±4	12.9±1.4/(93)
	Bs-1b	C	锆石	18	3959	138.878	1220	42.797	0	206±16	213±13	
崆峒山	Kt-1	K_1	磷灰石	22	194	2.145	3046	33.681	0.5	81±9	83±7	11.9±1.8/(113)
	Kt-2	K_1	磷灰石	21	388	3.987	5509	56.609	0	89±11	100±6	12.6±1.8/(111)
	Kt-3a	T_3	磷灰石	21	261	2.576	1602	15.811	7.6	55±5	56±5	11.7±2.2/(69)
	Kt-3b	T_3	锆石	20	5237	161.932	1079	33.364	0	304±32	311±19	
	Cd-1	K_1	磷灰石	16	357	3.492	7855	76.835	10.7	59±5	60±4	13.1±2.5/(114)
策底/安口	Cd-2a	T_3	磷灰石	14	73	1.084	1196	17.762	67.6	86±11	86±11	12.8±1.8/(114)
	Cd-2b	T_3	锆石	19	4265	121.875	679	19.403	0	385±44	402±27	
	Ak-1	J_2	磷灰石	14	369	4.55	4485	55.304	17.0	115±9	118±7	12.8±1.2/(104)
渭北口镇	Kz-1	T_2	磷灰石	15	120	1.023	2245	19.144	83.8	63±6	63±6	12.2±1.8/(110)
	Kz-2a	P_3	磷灰石	17	74	1.246	3520	25.916	15.1	59±6	59±5	12.7±1.9/(90)
	Kz-2b	P_3	锆石	19	4799	121.745	1326	33.639		213±32	241±15	

注：n＝颗粒数；N_s＝自发 FT 条数；ρ_s＝自发 FT 密度；N_i＝诱发 FT 条数；ρ_i＝诱发 FT 密度；$P(\chi^2)$＝χ^2 检验概率；年龄±σ＝FT 年龄±标准差；$L\pm\sigma$＝平均 FT 长度±标准差；
N＝样品中的封闭 FT 条数

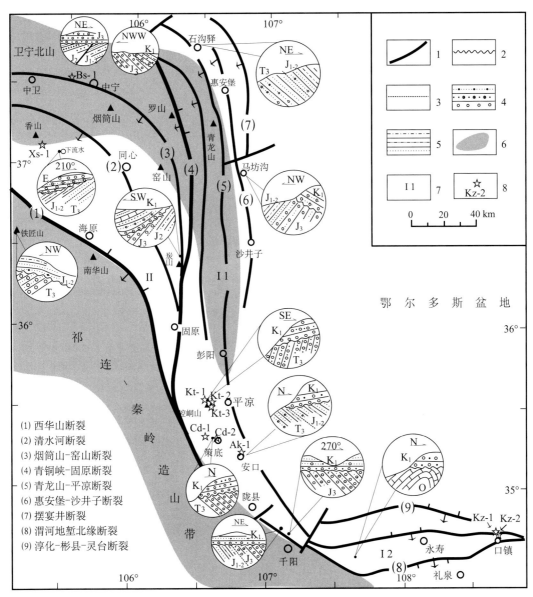

图 6.1 鄂尔多斯盆地西南缘构造格架、地层不整合分布与采样点位置

1. 断裂线；2. 角度不整合；3. 平行不整合；4. 砂砾岩；5. 泥质砂岩；6. 造山带和古隆起；
7. 构造单元分区；8. 采样位置及编号

（一）香山、卫宁北山地区 FT 测年数据解析

盆地西缘六盘山构造带内部香山和卫宁北山地区的两个上古生界砂岩样品（Xs-1、Bs-1），磷灰石 FT 分析得到 AFT-Central 年龄属于明显小于地层年龄、且检验概率 $P(X^2)>5\%$ 的情况（图 6.2），雷达图指示样品的所有单颗粒 FT 年龄均落入同一组，样品

的 AFT-Central 年龄可视为冷却年龄，分别为 65±4 Ma 和 65±6 Ma，与高斯拟合年龄（62 Ma±）相当一致，总体表现为经历完全退火后反弹至未退火带的冷却年龄，指示一次重要的构造抬升事件。

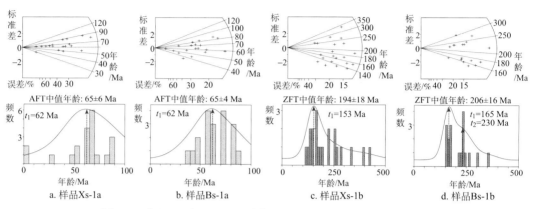

图 6.2　香山、卫宁北山地区磷灰石、锆石样品 FT 年龄组分特征

上述两个样品锆石 FT 分析得到的 ZFT-Central 年龄则属于小于地层年龄但 $P(\chi^2)=0$ 的情况（图 6.2），雷达图指示样品的单颗粒 FT 年龄至少包含 1~2 个年轻年龄组分，样品的 ZFT-Central 仍为混合年龄（Galbraith and Laslett，1993；Brandon，1996）。其中，香山地区 Xs-1b 样品的 ZFT-Central 年龄为 194±18 Ma，混合年龄分组解析给出一个相对年轻的 153 Ma± 峰值年龄；卫宁北山 Bs-1b 样品的 ZFT-Central 年龄为 206±16 Ma，混合年龄分组解析分别给出 165 Ma± 和 230 Ma± 两个事件年龄。

由此认为，六盘山构造带中北部的香山和卫宁北山地区中生代共同经历了 3 次构造抬升事件：206~194 Ma 的晚印支期事件、165~153 Ma 的燕山中期事件和 65 Ma± 的晚燕山末期事件。这表明，现今被新生代卫宁断陷盆地分隔的香山和卫宁北山在前新生代有可能是一个统一隆升的结构单元，应属"香山—卫宁北山至罗山—青龙山—炭山"弧形古隆起带的组成部分。

（二）崆峒山、安口地区 FT 测年数据解析

盆地西缘南端的崆峒山剖面仅有一块上三叠统样品（Kt-3）进行了锆石 FT 年龄测定（图 6.3），其 ZFT-Central 年龄均为稍大于地层年龄且检验概率 $P(\chi^2)=0$ 的情况，相当于源区 FT 年龄所占比例较大的混合年龄，混合年龄分组解析获得了较新年龄组相应的 210 Ma± 年龄，可能指示了晚三叠世沉积期末的构造事件，而较老年龄组对应的 560 Ma± 年龄显然主要为物源碎屑残存的事件年龄。

崆峒山剖面有两块下白垩统砂岩样品（Kt-1、2）进行了磷灰石 FT 分析，其 AFT-Central 年龄均为小于地层年龄、检验概率 $P(\chi^2)<5\%$ 或 $P(\chi^2)=0$ 的情况（图 6.3），属于年轻年龄组分所占比例较大的混合年龄（Gleadow et al.，1986），AFT-Central 年龄分布在 80~89 Ma。通过混合年龄分组解析，Kt-2 样品给出了 85 Ma± 和 223 Ma± 两个事件年龄，

前者代表了早白垩世沉积之后晚燕山期构造抬升事件的冷却年龄，后者则很有可能是物源碎屑残存的晚印支期构造事件的年龄记录；Kt-1 样品给出了 71 Ma± 的事件年龄，指示崆峒山地区晚燕山期构造抬升事件的冷却年龄。

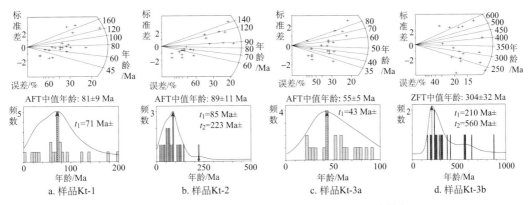

图 6.3　崆峒山剖面磷灰石、锆石样品 FT 年龄组分特征

安口剖面测试了一块中下侏罗统砂岩样品(Ak-1)，其 AFT-Central 年龄属于明显小于地层年龄且 $P(X^2)>5\%$ 的情况(图 6.4)，样品的 AFT-Central 年龄为 115±9 Ma，与高斯拟合年龄(114 Ma±)极为接近，共同表明这一地区存在中燕山晚期的一次构造抬升事件。安口近邻的策底剖面分别对上三叠统和下白垩统两块砂岩样品进行了磷灰石(Cd-1、2a)和锆石(Cd-2b)裂变径迹分析，两块样品的 AFT-Central 年龄总体上可以归为明显小于地层年龄且 $P(X^2)>5\%$ 的情况(图 6.4)，两块样品的 AFT-Central 年龄分别为 86±11 Ma 和 59±5 Ma，年龄分组解析结果进一步给出了与其相应 AFT-Central 年龄在误差范围内基本一致的 66 Ma± 和 51 Ma± 两个年龄，表明这一地区存在峰值年龄接近 66~51 Ma 的一次构造抬升事件，大致相当于晚燕山末期并有可能延续至早喜马拉雅期。但是，上三叠统 Cd-2b 砂岩样品的 ZFT-Central 年龄则属于明显大于地层年龄且 $P(X^2)=0$ 的混合年龄(图 6.4)，年龄分组解析给出了与年轻年龄组对应的 145 Ma± 事件年龄、中间年龄组对应的 230 Ma± 事件年龄、最老的年龄组对应的 398 Ma±(碎屑物源区)事件年龄。

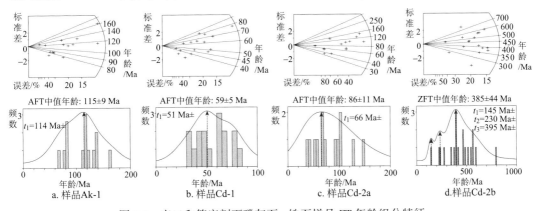

图 6.4　安口和策底剖面磷灰石、锆石样品 FT 年龄组分特征

上述盆地西缘南端崆峒山、安口地区样品的锆石和磷灰石 FT 混合年龄分组解析,分别从混合年龄中获得了相对偏老的 210 Ma、223 Ma 和 230 Ma 的事件年代学记录,它们有可能代表了这一地区晚印支期构造事件的年龄记录。中下侏罗统样品的 AFT-Central 年龄和分组解析年龄一致地给出了 115~114 Ma 的峰值年龄,上三叠统样品锆石 FT 年轻组分给出了 145 Ma±事件年龄,指示这一地区燕山中期至少经历了两次构造事件。下白垩统样品的 ZFT-Central 年龄与分组解析年龄基本吻合,给出了 89~51 Ma 的燕山晚期—喜马拉雅早期构造事件年龄记录;但崆峒山样品年龄集中在 80~70 Ma、策底样品年龄集中在 66~51 Ma,暗示了这两个区块燕山晚期—喜马拉雅早期的差异抬升特点。

(三) 口镇地区 FT 测年数据解析

盆地南缘渭北隆起中段口镇剖面的两块上二叠统和中三叠统砂岩样品(Kz-1、2),分别进行了锆石和磷灰石 FT 分析(图 6.5)。上二叠统样品(Kz-2)的锆石 FT 年龄分析结果表明,其 ZFT-Central 年龄属于明显小于地层年龄但 $P(X^2)=0$ 的情况,样品的 Central 年龄(213±32 Ma)为新生径迹年龄占有较大比重的混合年龄。FT 年龄数据的分组解析分别给出了两个较年轻年龄组对应的 113 Ma±和 165 Ma±年龄、两个较老年龄组对应的 298 Ma±和 560 Ma±年龄,前者有可能指示了这一地区存在燕山中期的两次构造抬升事件,后者应该属于碎屑源区构造抬升事件的残留径迹年龄记录。

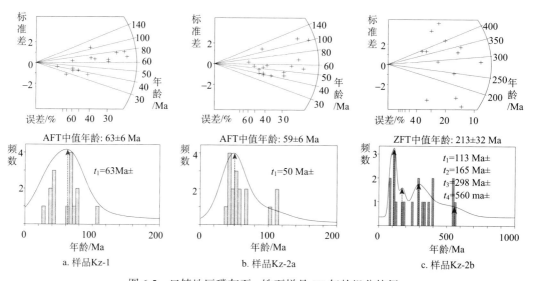

图 6.5 口镇地区磷灰石、锆石样品 FT 年龄组分特征

上述两块砂岩样品的磷灰石 FT 分析结果表明(图 6.5),其 AFT-Central 年龄属于明显小于地层年龄且 $P(X^2)>5\%$ 的情况,样品的 Central 年龄分别为 59±6 Ma 和 63±6 Ma,并与其相应的年龄分组解析结果基本一致,共同代表了样品经历高温退火之后的抬升冷却年龄,表明这一地区显著的构造抬升事件主要发生在 63~59 Ma 的燕山晚期,并有可能持续至喜马拉雅早期。

因此，盆地南缘的渭北隆起区中生代以来至少经历过 3 次构造抬升事件：一是锆石 FT 混合年龄解析提供的中燕山早期 165 Ma± 和晚期 113 Ma± 的两次构造抬升事件信息；二是磷灰石 FT 冷却年龄指示的燕山晚期-喜马拉雅早期 63~59 Ma± 的一次构造抬升事件。

二、盆地西南缘中-新生代构造演化事件的峰值年龄序列

鄂尔多斯盆地西南缘上述石炭系—下白垩统露头样品 FT 测年数据主要给出了中生代经历构造事件的年代学信息，不同层位样品的 FT-Central 年龄分组解析获得的新生代构造事件年龄记录非常有限。全面获取差异沉降-抬升不同构造单元更多层位样品的 FT 测年数据，有助于从更广泛的统计学意义上弥补研究区缺少后期构造事件年龄记录的不足。为此，我们以"不整合"构造事件为地质约束，将盆地西南缘隆起区本次获得的 FT 测年数据与相邻地区不同结构单元已有报道的 FT 年龄数据（任战利，1999；高峰等，2003；郑德文等，2005；刘池阳等，2006；赵红格等，2007）相结合进行了分区、分类的综合统计对比分析，系统揭示了鄂尔多斯盆地西南缘（部）中-新生代经历的 3 期 7 次构造事件的峰值年龄序列及其蕴含的不同结构单元或区块之间 FT 年龄分布的关联统一性和相对差异性特点（图 6.6）。

（一）中生代早期峰值年龄事件

华北与华南两大陆块之间秦岭古洋盆的最终闭合与碰撞造山作用主要发生在中生代三叠纪的印支期（任纪舜等，1997；张国伟等，2001；万天丰、朱鸿，2002；翟明国等，2004），这是包括华北地块在内的华北-秦岭-华南区域由古生代板块构造环境转向中生代陆内变形体制并对华北西部陆块鄂尔多斯盆地西南部具有重大影响的构造变革事件。受其影响，华北区域三叠纪大型内陆挤压拗陷盆地自东向西退缩，鄂尔多斯盆地西南部边缘紧邻秦祁造山带北麓的反 S 型构造转折弧形冲断隆起区带，在反 S 型冲断隆起带前缘的铁匠山和策底-崆峒山-口镇地区，上三叠统与下侏罗统之间呈现出山前带构造变形作用影响较强的角度不整合或沉积缺失显著的平行不整合关系，并在构造走向转折突变的策底-崆峒山地区发育上三叠统粗碎屑类磨拉石沉积；弧形带前缘香山-卫宁北山-石沟驿地区的上三叠统与下侏罗统之间则多表现为非造山差异隆升性质的平行不整合关系，且在石沟驿剖面可以见到上三叠统扇三角洲粗碎屑沉积，但其厚度和粒度都明显小于策底-崆峒山地区。

盆地西南部印支期沉积-构造作用在 FT 年龄统计分布上主要记录了两个期次的构造事件峰值年龄组：230~215 Ma 年龄组的统计峰值为 225 Ma±，大致对应于中、晚三叠世之间的早印支期构造事件；215~195 Ma 年龄组的统计峰值为 205 Ma±，主要对应于晚三叠世末的印支晚期构造事件。其中，六盘山弧形构造带靠近造山带一侧的策底-崆峒山至盆地南缘口镇地区，晚印支期的 FT 年龄相对偏大，主要集中在 213~210 Ma，而远离造山带方向的弧形带外侧香山-卫宁北山地区的晚印支期 FT 年龄相对偏小，主要集中在 206~194 Ma，一定程度上指示了秦祁造山带印支期多幕次碰撞造山作用在鄂尔多斯盆地西南缘产生的差异构造隆升效应。

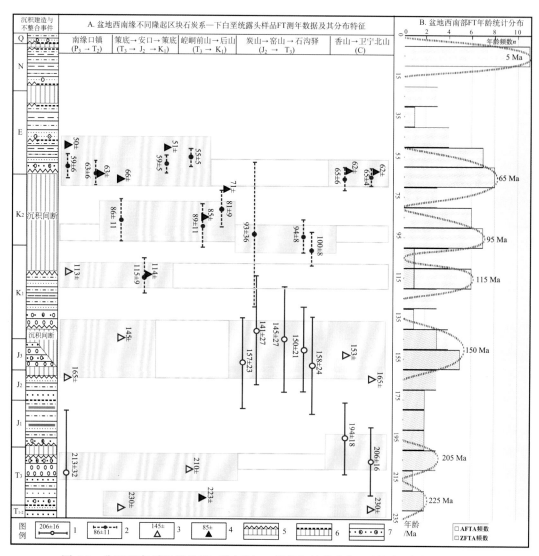

图6.6　盆地西南(部)缘锆石、磷灰石FT峰值年龄分布与"不整合"事件对比关系

1. 锆石 FT-Central 年龄及标准差(Ma); 2. 磷灰石 FT-Central 年龄及标准差(Ma); 3. 锆石 FT 高斯拟合年龄(Ma);
4. 磷灰石 FT 高斯拟合年龄(Ma); 5. 沉积间断与角度不整合界面; 6. 沉积间断与平行不整合界面; 7. 砂(砾)岩层

（二）中生代中期峰值年龄事件

中生代晚侏罗世—早白垩世的燕山中期,西太平洋及其相邻的华北东部发生了显著的构造转折,华北地块东部隆升、西部沉降,并伴随显著的构造岩浆活动,造成早中侏罗世和晚侏罗世—早白垩世的沉积范围向西退缩至吕梁山以西鄂尔多斯盆地;近乎同时,秦祁造山带经历了不亚于印支期碰撞造山强度的多旋回陆内造山作用(张国伟等,2001),鄂尔多斯盆地西南部相邻造山带北缘的反 S 型构造体系经历了以逆冲推覆和走

滑冲断为主要表现形式的多期次陆内变形作用。晚侏罗世，六盘山弧形构造带强烈逆冲抬升，造成盆地西南缘不同区段特征有别的复杂构造变形样式、活动型粗碎屑沉积及其与上、下层系之间的区域性不整合关系；早白垩世，六盘山弧形带总体呈现为前缘走滑冲断、后缘（六盘山盆地）伸展断陷的沉积构造面貌。

盆地西南部燕山中期沉积-构造作用在前新生代砂岩样品的 FT 年龄统计分布上印记了两组较强的 FT 峰值年龄记录：锆石 FT 年龄在研究区主要分布在 165~141 Ma，峰值年龄接近 150 Ma±，对应于盆地西南缘晚侏罗世的强烈逆冲推覆和同期的粗碎屑类磨拉石沉积及其与上、下地层之间的区域"不整合"构造事件；磷灰石 FT 冷却年龄和锆石 FT 混和年龄解析给出了 115~113 Ma 的燕山晚期年龄组分，统计峰值年龄接近 115 Ma，大致对应于这一地区早白垩世以走滑冲断为主要表现形式的构造作用和盆地周缘的构造岩浆活动事件。

（三）中生代晚期峰值年龄事件

中生代晚期的晚白垩世，鄂尔多斯盆地西南缘及其更大区域范围普遍缺失沉积地层记录，下白垩统及其下伏地层单元遭受不同程度的抬升剥蚀，盆地中东部地区的下白垩统则被新近系或第四系平行不整合覆盖，西南部区域多处可见下白垩统与古近系之间的角度不整合关系，暗示鄂尔多斯盆地在早白垩世末已基本消亡，并由此经历了晚燕山期以来较长地质时期的后期差异隆升-剥蚀改造过程。

盆地西南缘不同区段前新生代砂岩样品的磷灰石 FT 年龄统计分析结果表明，晚燕山期的构造隆升事件并非一个连续的抬升剥蚀过程，至少包含两个幕次的峰值年龄事件。较早一次构造抬升事件主要发生在 100~81 Ma 的晚燕山早期，峰值年龄接近 95 Ma，而且具有北早（100~93 Ma）、南晚（89~81 Ma）的事件年龄分布特点；较晚一次构造抬升事件主要发生在 66~55 Ma±的晚燕山末期，有可能延续至早喜马拉雅期，区域 FT 年龄统计峰值主要集中在晚白垩世末的 65 Ma±。

（四）新生代峰值年龄事件

新生代以来，受中国东部大规模走滑伸展、西部喜马拉雅碰撞造山和青藏高原隆升的影响，鄂尔多斯盆地主要表现为多旋回的抬升改造和盆地周缘的差异断陷（任纪舜等，1997；张国伟等，2001；万天丰、朱鸿，2002；刘池洋等，2006；张岳桥、廖昌珍，2006；陈刚等，2007b）。厚逾千米的新生代沉积主要发育在盆地周缘的六盘山、银川、河套和汾渭等新生代周缘断陷盆地，盆地西南边缘的六盘山地区接受了较大幅度的古近纪和新近纪断陷沉积。鄂尔多斯盆地主体部分则总体处于隆升-剥蚀状态，普遍缺失古近纪—新近纪早期沉积；直到新近纪晚期的 8~3 Ma，六盘山弧形隆起带前缘的盆地西南部沉降区发育了厚度不过 120~40 m 的红黏土沉积，并分别与下伏前新生代沉积层系和上覆厚度不大（10~50 m）的第四系黄土层之间呈现低角度不整合或平行不整合关系。

盆地西南部边缘露头和盆内钻井岩心样品的 FT 年龄统计分析结果显示，该区带新生代构造事件的年龄记录主要集中在 10~3 Ma，峰值年龄接近 5 Ma，表明盆地西南缘（部）新生代以来的强烈构造抬升主要发生在新近纪晚期，同时暗示六盘山弧形隆起带前缘的新近纪红黏土沉积有可能是在盆地西南部区域构造隆升背景下差异抬升-沉降的产物。综合上述中新生代"不整合"构造事件及其与峰值年龄分布的对比关系认为，鄂尔多斯盆地西南缘中新生代至少经历了 3 期 7 次的"不整合"构造事件：

1）早印支期峰值年龄构造事件以中、上三叠统之间的区域"平行不整合"构造抬升为特征，主要发生在 230~223 Ma，峰值年龄接近 225 Ma。

2）晚印支期峰值年龄构造事件以秦-祁造山带北麓六盘山弧形构造带残存的上三叠统顶界面的"角度不整合"或"平行不整合"冲断推覆变形及其山前拗陷区晚三叠世的活动型粗碎屑沉积为特征，主要发生在 213~194 Ma，峰值年龄接近 205 Ma。

3）中燕山期峰值年龄构造事件以下白垩统顶、底界面的"角度不整合"冲断推覆变形及其山前拗陷区晚侏罗世和早白垩世初期的活动型粗碎屑沉积为特征，主变形事件发生在 165~135 Ma，峰值年龄为 150 Ma，后续走滑抬升事件的峰值年龄接近 115 Ma。

4）晚燕山期峰值年龄构造事件以区域性整体抬升-剥蚀及其古近系与下白垩统之间将近 40 Ma 时间跨度的"角度不整合"或"平行不整合"为特征，至少包含早、晚两个幕次的峰值年龄事件，峰值年龄分别集中在 95 Ma 和 65 Ma。

5）喜马拉雅期峰值年龄构造事件主要以新近系红黏土层分别与下伏前新生代沉积层系和上覆第四系黄土层之间的区域不整合或平行不整合构造抬升-侵蚀界面为特征，主要发生在近 10 Ma± 以来的新近纪晚期，峰值年龄接近 5 Ma。

第二节　盆地东北部中-新生代构造事件的年代学记录

鄂尔多斯盆地东北部及其邻区的基本构造单元主要包括：盆地东部的陕北斜坡、东缘的晋西挠褶带和北部的伊盟隆起（图 6.7），晋西挠褶带与其东侧相邻山西（吕梁）隆起之间的离石走滑断裂带总体上构成了华北克拉通西部鄂尔多斯稳定陆块与华北克拉通中部（太行-吕梁）活动带的构造分界（邓晋福等，2000；杨俊杰，2002；赵国春，2009）。盆地东缘的晋西挠褶带及其以西的陕北斜坡主体呈现为向盆地西部前渊拗陷带缓倾的构造掀斜面貌，新近系或第四系以低角度不整合关系自东向西依次覆盖在上古生界—中生界的不同层系之上，其间普遍缺失晚白垩世—新近纪早期将近 100 Ma 的沉积地层记录。如何有效地借助构造热年代学分析方法示踪这一沉积地层记录严重缺失地区中新生代尤其是晚中生代以来的演化过程及其受控的构造事件，是盆地东北部构造热演化及其与多种沉积能源矿产耦合成矿关系研究的难点。本项研究通过钻井岩心剖面和野外露头剖面前新生代沉积砂岩和中生代火山岩样品的锆石、磷灰石 FT 测试分析和火山岩样品的同位素测年，结合该区已有报道的部分 FT 分析数据，综合探讨鄂尔多斯盆地东北部中新生代构造演化事件的峰值年龄分布特征及其与区域地层不整合事件的对比关系，为盆地中新生代构造演化事件的整体规律认识和南、北区块之间对比关系研究提供更窄时间域的定量年代学约束。

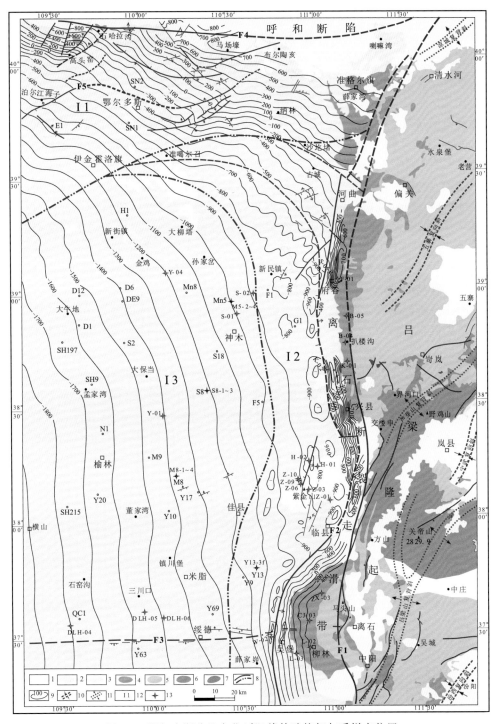

图 6.7　鄂尔多斯盆地东北(部)缘构造格架与采样点位置

1. 新近系；2. 下白垩统；3. 三叠系—中下侏罗统；4. 上石炭统—二叠系；5. 寒武系—中上奥陶统；6. 前寒武系；7. 火山岩体；8. 断层及构造单元分区线；9. 石炭系顶面(Tc2)构造等值线(m)；10. 复向斜；11. 复背斜；12. 构造单元分区；13. 采样位置

一、样品数据与年龄解析

（一）裂变径迹测试数据

鄂尔多斯盆地东部斜坡带的 3 口古生界钻井和包括晋西挠褶带在内的盆地东北缘露头区的上古生界和中生界不同层段（图 6.7），分别采集了 39 块前新生代砂岩样品和 3 块中生代火山岩样品，在中国科学院高能物理研究所进行了的锆石和磷灰石 FT 分析。测试样品的锆石和磷灰石单矿物分选、光薄片制作和反应堆辐照等方法流程见 Gleadow 等（1983，1986）。将低铀白云母分别贴在磷灰石和锆石光薄片上，将低铀白云母外探测器与矿物一并置入反应堆辐照，揭示其诱发裂变径迹密度分别为 3.473×10^5 和 8.476×10^5，中子注量利用 CN5 铀玻璃标定，根据 IUGS 推荐的 ξ 常数法计算年龄值（Gleadow *et al.*，1983），ξ 常数法径迹年龄计算过程采用的磷灰石和锆石的 Zeta 常数分别为 357.8±6.9 和 156.2±7.4，样品测试结果如表 6.2 所示。

从测试分析数据可以看出，盆地东部大部分样品（23 件）的磷灰石 FT 年龄数据基本上通过了 X^2 概率检验（$P(X^2) > 5\%$），FT 中值年龄主要分布在 118~8.9 Ma，明显小于样品的宿主地层年龄，可以视为真实冷却年龄，用于研究区构造事件年代学的统计分析。但是，另有 8 件磷灰石样品和大部分锆石样品（9 件中的 7 件）的 FT 年龄数据则没有通过 X^2 概率检验，$P(X^2) < 5\%$ 或 $P(X^2) = 0$，这些样品的 FT 中值年龄普遍大于或个别略小于样品的宿主地层年龄，属于比真实冷却年龄偏大的混和年龄，需要采用合适的数学方法对混和年龄数据进行分组解析（Gleadow *et al.*，1986；Galbraith and Laslett，1993；Brandon，1996），从中筛分获取相应的真实冷却年龄信息，才能有效用于构造事件年代学研究。

（二）裂变径迹混合年龄解析

通常情况下，受磷灰石和锆石 FT 封闭温度的影响，盆地边缘隆起露头区碎屑岩样品的磷灰石尤其是锆石 FT 测年数据常常出现混合年龄的情况（Brandon，1992）。对于没有通过 X^2 概率检验的上述 15 件砂岩样品的锆石和磷灰石 FT 混合年龄数据，采用雷达视图法与高斯拟合法（Gleadow *et al.*，1986；Galbraith and Laslett，1993；Brandon，1996）进行混合年龄数据的分组解析（图 6.8、图 6.9），为鄂尔多斯盆地东北缘中-新生代构造事件年代学分析提供较为可靠的冷却年龄信息。

锆石裂变径迹（ZFT）分析的 9 件样品中，除了火山岩及其蚀变带砂岩样品之外，其他 7 件砂岩样品的 ZFT 中值年龄均属于 $P(X^2) = 0$ 的混合年龄。ZFT 年龄的雷达图和高斯峰拟合都不同程度地显示了碎屑岩样品混合年龄的两部分组成（图 6.8），一是小于其宿主地层年龄的中生代构造事件年龄组分，在混合年龄组分中占有较大比例；二是大于其宿主地层年龄的物源区碎屑年龄组分，在混合年龄组分中占有较小比例。中三叠统蚀变砂岩 Z-09 样品 ZFT 年龄的高斯拟合给出了中生代燕山晚期 81 Ma 的峰年龄，中二叠

表 6.2　鄂尔多斯盆地东北部磷灰石和锆石 FT 测试分析数据

地区	样品	层位	矿物	n	N_s	ρ_s /(10^5/cm^2)	N_i	ρ_i /(10^5/cm^2)	$P(\chi^2)$ /%	中值年龄 ($\pm\sigma$)/Ma	池年龄 ($\pm\sigma$)/Ma	$L\pm\sigma$/(N) /μm
野外露头样品	Z-03	K$_1$	磷灰石	28	515	1.413	3367	9.237	99.1	27±2	27±2	11.5±2.2(112)
	Z-06	K$_1$	磷灰石	28	52	0.784	136	2.050	100	65±11	65±11	11.5±2.1(36)
	Z-09	T$_2$	磷灰石	28	482	2.744	1481	8.431	81.4	56±4	56±4	11.5±2.1(108)
	Z-10	T$_2$	磷灰石	28	349	1.731	2001	9.925	68.6	31±2	31±2	11.4±2.1(109)
	Y-01	J$_2$	磷灰石	28	132	0.357	2703	7.311	100	8.9±0.8	8.9±0.8	11.0±2.5(61)
	Y-04	J$_2$	磷灰石	28	1161	2.616	2276	5.129	98.4	78±4	78±4	11.4±2.2(118)
	S-01	T$_3$	磷灰石	28	935	2.255	2217	5.347	0	57±5	62±3	11.3±2.0(116)
	S-02	J$_1$	磷灰石	28	551	2.488	1239	5.597	76.8	73±5	73±4	10.8±2.1(117)
	S-05	T$_1$	磷灰石	28	683	2.648	1641	6.362	2.5	79±6	75±4	11.5±1.8(106)
	F-01	P$_2$	磷灰石	28	1047	2.229	3777	8.042	0	50±4	49±2	11.5±2.3(115)
	B-04	P$_2$	磷灰石	28	991	2.367	3364	8.033	0	53±4	55±3	11.6±2.0(108)
	B-05	P$_2$	磷灰石	21	441	4.364	978	9.678	53.2	77±5	77±5	11.4±1.9(47)
	K-01	P$_2$	磷灰石	28	1151	1.948	3816	6.459	0	44±4	48±2	11.3±2.4(128)
	K-02	T$_2$	磷灰石	28	1208	2.254	3064	5.717	0	66±4	67±3	12.3±2.2(107)
	H-01	T$_2$	磷灰石	28	557	1.539	1763	4.872	1.5	53±4	57±3	11.1±2.2(109)
	H-02	T$_3$	磷灰石	27	512	1.434	1488	4.168	2.1	62±5	59±4	11.2±2.1(119)
	ZX-03	P$_2$	磷灰石	28	492	1.407	2075	5.933	54.5	35±2	35±2	12.0±2.1(114)
	Cj-03	P$_2$	磷灰石	28	435	1.018	3246	7.598	76.7	23±1	23±1	11.7±2.2(109)
	L-02	P$_2$	磷灰石	28	515	1.414	3363	9.231	98.3	28±2	28±2	12.0±2.3(104)
	L-03	T$_1$	磷灰石	28	568	3.223	3128	17.747	97.0	34±2	34±2	12.1±2.5(107)
	W-02	T$_3$	磷灰石	28	249	0.481	2058	3.976	50.4	21±2	21±2	11.3±2.5(112)

续表

地区	样品	层位	矿物	n	N_s	ρ_s /(10⁵/cm²)	N_i	ρ_i /(10⁵/cm²)	$P(\chi^2)$ /%	中值年龄 $(\pm\sigma)$/Ma	池年龄 $(\pm\sigma)$/Ma	$L\pm\sigma/(N)$ /μm
野外露头样品	Z-03	K_1	锆石	14	1746	99.786	466	26.633	36.2	77±6	77±5	
	Z-09	T_2	锆石	24	2659	121.300	528	24.087	0	101±9	104±7	
	Z-10	T_2	锆石	11	1184	110.502	218	20.346	61.0	118±10	118±10	
	F-01	P_2	锆石	21	4218	130.029	416	12.824	0	206±25	207±14	
	B-05	P_2	锆石	23	5384	137.962	379	9.712	0	278±40	288±20	
	K-01	P_2	锆石	21	5075	130.045	337	8.635	0	309±30	312±22	
	ZX-03	P_2	锆石	22	4185	115.690	333	9.205	0	252±31	255±18	
	L-02	P_2	锆石	24	3940	148.450	225	8.477	0	336±42	353±29	
钻井岩心样品	M5-2	P_2	磷灰石	29	442	1.199	906	2.458	76.0	18±1	18±1	12.0±2.0(41)
	M5-3	P_1	磷灰石	28	518	1.181	980	2.234	99.4	22±2	22±2	12.1±2.1(90)
	M5-4	P_1	磷灰石	28	536	1.778	1067	3.539	58.6	20±1	20±1	11.4±1.7(87)
	S8-1	P_3	磷灰石	28	382	1.414	794	2.938	96.0	18±1	18±1	11.1±2.2(85)
	S8-2	P_2	磷灰石	28	480	1.490	891	2.765	99.9	18±1	18±1	11.6±2.1(99)
	S8-3	P_1	磷灰石	28	244	0.890	583	2.126	99.3	17±1	17±1	11.1±1.8(32)
	M8-1	P_3	磷灰石	28	400	1.415	991	3.507	9.6	14±1	15±1	11.1±2.0(96)
	M8-2	P_2	磷灰石	28	521	1.525	1111	3.252	88.8	18±1	18±1	11.4±1.8(98)
	M8-3	P_1	磷灰石	28	304	1.384	607	2.763	99.6	17±1	17±1	10.9±1.8(68)
	Y13-3	P_1	磷灰石	28	459	1.210	868	2.289	83.9	17±1	17±1	11.4±1.7(94)
	M8-4	P_1	锆石	23	4778	179.359	2383	89.454	0	400±45	350±17	

注：n=颗粒数；N_s=自发FT条数；ρ_s=自发FT密度；N_i=诱发FT条数；ρ_i=诱发FT密度；$P(\chi^2)$%检验概率；$L\pm\sigma$=平均FT长度±标准差；N=封闭FT条数。

统 B-05、F-01 和 ZX-03 砂岩样品分别包含了 153 Ma、148 Ma 和 133 Ma 等中生代燕山中期构造事件的高斯拟合峰年龄，中下二叠统 K-01、ZX-03、M8-3 和 L-02 砂岩样品分别给出了 240 Ma、230 Ma、210 Ma 和 195 Ma 的中生代印支期构造事件的高斯拟合峰年龄。此外，这些碎屑岩样品的老年龄组分拟合年龄主要分布在 373~345 Ma、450~485 Ma 和 610 Ma，显然属于碎屑物源区海西期、加里东期和晋宁期构造事件的残存年龄记录。

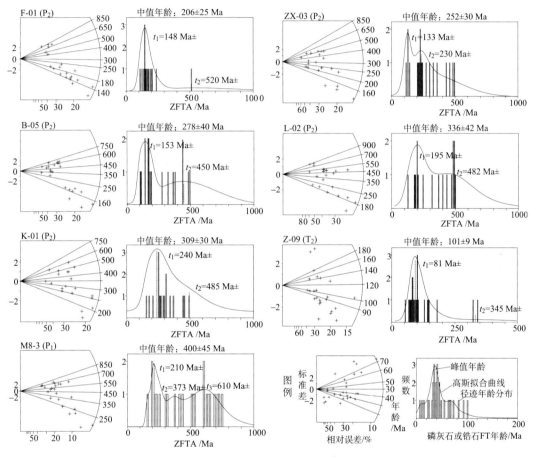

图 6.8 测试样品锆石裂变径迹(ZFT)混合年龄解析结果

磷灰石裂变径迹(AFT)分析样品中，有 8 件砂岩样品的 AFT 中值年龄属于 $P(x^2) < 5\%$ 或 $P(x^2) = 0$ 的混合年龄，但其中值年龄大都已经略小于相应的宿主地层年龄，显示出年龄组分应该是由沉积期后多期次新生 FT 年龄或很少量掺杂有物源碎屑 FT 残存年龄的混合结果(图 6.9)。其中，中二叠统 F-01 和中三叠统 K-02 砂岩样品的年龄组分尤为集中，两块样品 50.3±3.1 Ma 和 65.9±4.3 Ma 的 AFT 年龄主要集中在了 42 Ma 和 62 Ma 的高斯拟合峰，其他较老年龄组分含量甚微，没有构成有意义的拟合峰值。另外 6 件样品的年龄组分相对复杂，中二叠统 K-01 和 B-04 砂岩样品 AFT 中值年龄的高斯拟合分别给出了 66 Ma、37 Ma、12 Ma 和 54 Ma、38 Ma 的多组高斯拟合峰年龄，下三叠统 S-05 砂岩样品 AFT 中值年龄包含了 81 Ma、62 Ma 和 30 Ma 的三组高斯拟合峰年龄，中三叠统

H-01 砂岩样品 AFT 中值年龄(53±4.4 Ma)的高斯拟合分别获得了 63 Ma 和 33 Ma 的峰年龄,上三叠统 S-01 和 H-02 砂岩样品 AFT 年龄的高斯拟合分别给出了 73 Ma、42 Ma 和 61 Ma、36 Ma 的峰年龄。由此可以看出,这些样品 AFT 混合年龄的解析结果主要反映了中生代晚期 81~66 Ma 和新生代 63~12 Ma 的构造事件年代学记录。

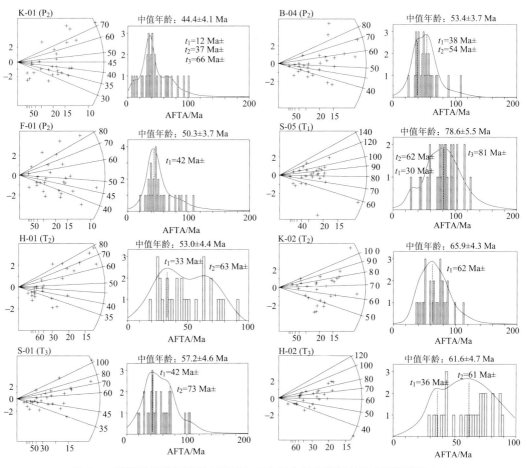

图 6.9   测试样品磷灰石裂变径迹(AFT)混合年龄解析结果(图例同图 6.8)

(三) 紫金山岩体的同位素测年数据

紫金山岩体出露于鄂尔多斯盆地东缘晋西挠褶带中段的临县-佳县地区,主要为一套由浅成侵入岩和喷发岩组成的火山岩系,代表了盆地东缘中生代构造演化阶段的一次重要岩浆活动事件。多年来,紫金山岩浆活动的构造热年代学一直是学界关注的问题。20 世纪 90 年代之前,山西省区调单位和相关学者采用全岩 Rb-Sr 或 K-Ar 和角闪石、黑云母的 K-Ar 等测年方法获得了二长岩、正长岩和透长斑岩样品的一批同位素测年数据,大致限定了该岩体的侵入-喷发活动主要发生在燕山中期(154~91 Ma)的晚侏罗世—早白垩世。近年来,人们运用单颗粒锆石 U-Pb 原位微区定年方法获得了更为精确的紫金山岩体构造热年代学数据,肖媛媛等(2007)和 Ying 等(2007)分别获得了紫金山东坡正长岩和二长岩 138.3±1.1 Ma 和 127.2±2.7 Ma 的锆石 U-Pb 年龄,杨兴科等(2008)对紫金山喷发岩样品进行了单颗粒锆石的 SHRIMP 测年,分别获得了粗面斑岩 132.3±2.1 Ma 和粗面安山岩 125.3±2.7 Ma 的锆石 U-Pb 年龄。

本次研究在紫金山西坡水磨沟剖面采集了二长岩(Z-01)和正长岩(Z-06)两块侵入岩样品,在西北大学大陆动力学国家重点实验室和中国地质大学(北京)地学分析测试中心,分别进行了侵入岩样品的单颗粒锆石 U-Pb 定年、角闪石和黑云母等单矿物 ^{40}Ar-^{39}Ar 测年,获得了紫金山侵入岩不同封闭温度矿物系列的构造热年代学数据。其中,锆石 U-Pb 定年系统由 ComPex102ArF 准分子激光器(波长 193 nm)和 GeoLas200M 光学系统组成,ICP-MS 为配置有高分析灵敏度屏蔽炬(Shield Torch)的 Agilent 7500a,激光斑束直径为 30 μm、频率为 10 Hz。数据处理采用 GLITTER(ver 4.0)程序(Yuan et al., 2004),年龄计算以标准锆石 91500 为外标进行同位素比值分馏校正,加权年龄计算及谐和图绘制采用 Isoplot(ver2.49)。^{40}Ar-^{39}Ar 测年的标样为黑云母 ZBH-25 和透长石 FCT-01,年龄谱图绘制和计算采用伯克利大学地质年代中心提供的 Isoplot(ver.2.31)程序完成(王瑜,2004),其中 ^{40}K 衰变常数 $\lambda = 5.543 \times 10^{-10}/a$,大气氩 ^{40}Ar/^{36}Ar 为 295.5。

次透辉二长岩 Z-01 样品的锆石 U-Pb 测年结果表明,29 个测点年龄数据几乎全部集中在谐和曲线附近(图 6.10),且其拟合直线(不一致线)与谐和曲线的下交点 ^{206}Pb/^{238}U 年龄为 136±20 Ma,与之对应的加权平均年龄为 136.7±6.5 Ma,与肖媛媛等(2007)和 Ying 等(2007)报道的紫金山二长岩和正长岩锆石 U-Pb 年龄(138.3±1.1 Ma 和 127.7±2.7 Ma)在误差范围内基本一致,共同表明紫金山岩体的早期岩浆侵位活动主要发生在 138~127 Ma。

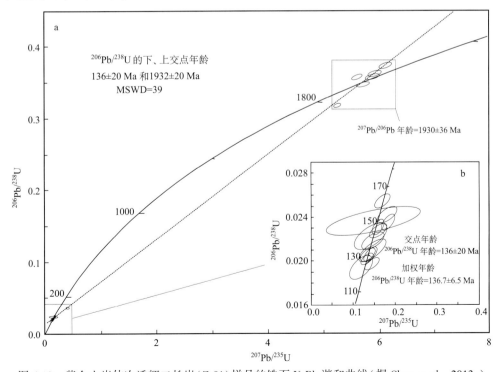

图 6.10　紫金山岩体次透辉二长岩(Z-01)样品的锆石 U-Pb 谐和曲线(据 Chen et al., 2013a)

另外，比较古老的上交点^{206}Pb/^{238}U 年龄为 1932±20 Ma，与之对应的^{207}Pb/^{206}Pb 加权平均年龄为 1930±36 Ma，接近于 Yin（2007）在紫金山侵入岩中获得的 1821±120 Ma 古老锆石年龄（Ying et al.，2007），指示了紫金山侵入岩捕获的继承锆石所记录的古元古代华北克拉通基底岩石形成演化过程的重要热变质事件年龄。

紫金山岩体的次透辉二长岩（Z-01）和次透辉正长岩（Z-06）样品的角闪石和黑云母^{40}Ar-^{39}Ar同位素测年结果表明（图 6.11），二长岩 Z-01 样品的角闪石 Ar-Ar 坪年龄为133.1±0.9 Ma，基本接近或略大于正长岩 Z-06 样品角闪石矿物的 132.2±0.8 Ma 坪年龄；正长岩样品的黑云母 Ar-Ar 坪年龄为 130.4±0.7 Ma，略小于二长岩和正长岩样品的角闪石年龄。显然，侵入岩中不同封闭温度矿物角闪石和黑云母的年龄时差不过 3Ma，指示紫金山侵位岩浆的快速结晶–固结作用主要发生在 133.1~130.4 Ma。

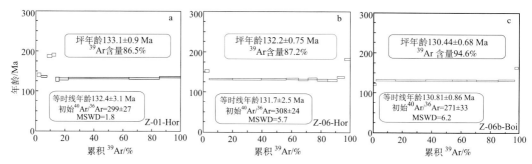

图 6.11 紫金山二长岩和正长岩样品的单矿物^{40}Ar-^{39}Ar 同位素测年结果（据 Chen et al.，2013a）

紫金山侵入岩样品不同封闭温度矿物的测年数据总体呈现出有序分布特征，一定程度上反映了岩浆侵位–结晶–固结过程的构造热年代学时间序列。二长岩样品具有高封闭温度的锆石 U-Pb 年龄表明紫金山岩体的早期岩浆侵位–结晶作用主要发生在 136.7±6.5 Ma；二长岩和正长岩样品具有较高封闭温度的角闪石 ^{40}Ar-^{39}Ar 年龄非常接近地集中在 133.1~132.2 Ma，平均为 132.7 Ma，总体代表了侵位岩浆熔体中主要造岩矿物的峰值结晶年龄；正长岩样品具有较低封闭温度的黑云母 ^{40}Ar-^{39}Ar 年龄指示紫金山岩浆熔体的晚期结晶–固结成岩作用主要发生在 130.4±0.7 Ma。显然，紫金山侵入岩样品不同封闭温度矿物的测年数据比较接近，岩浆侵位–结晶–固结的年龄时差很小，指示紫金山侵入岩具有浅成侵位、快速冷却结晶–固结的年龄分布特点。

二、盆地东北部中–新生代构造演化事件的峰值年龄序列

依据研究区上古生界–中生界砂岩和火山岩样品的系列测年数据及其 FT 混合年龄解析结果，采用统计分析方法系统建立了鄂尔多斯盆地东北部的中–新生代构造演化事件的年代学序列，并结合研究区域中–新生代沉积建造、岩浆活动、地层不整合类型和构造隆升变形特点，综合揭示峰值年龄事件与区域"不整合"构造事件的对比关系（图 6.12），尤其是为盆地东北部在晚中生代–新近纪沉积记录严重缺失时段的构造事件属性认识和区块间对比关系研究提供更窄时间域的定量年代学约束。综合分析认为，鄂尔多斯盆地

东北部中新生代以来至少经历了五个期次的主要构造事件：①碎屑砂岩 ZFT 残存年龄记录给出了印支期 230 Ma 和 200 Ma 两次构造抬升事件的峰值年龄；②紫金山岩体及其蚀变带砂岩不同封闭温度矿物充分记录了燕山中期 135 Ma 的构造热事件峰值年龄；③碎屑砂岩 AFT 年龄显著记录了晚燕山-早喜马拉雅期 65 Ma 和中晚喜马拉雅期 15 Ma 两次重要构造抬升事件的峰值年龄。

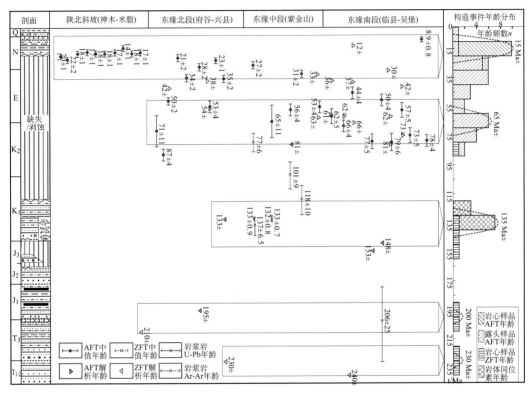

图 6.12　盆地东北部中-新生代事件年代学序列及其与"不整合"构造事件的对比关系

（一）印支期峰值年龄事件

三叠纪印支期，华北克拉通在东隆、西降的构造分异背景下，鄂尔多斯盆地东北部的沉积-构造演化表现为盆地东北部隆升、西南缘多旋回冲断推覆及其前渊沉降的特点，造成盆地东北部中下三叠统与上三叠统之间、上三叠统与下侏罗统之间的平行不整合关系。与之相应，碎屑砂岩样品的锆石 FT 混合年龄解析给出了盆地东北部印支期相对较弱的两组峰值年龄（图 6.12），一是大致与中、下三叠统之间平行不整合界面相当的 240 Ma 峰值年龄，二是上三叠统与下侏罗统之间区域性平行不整合界面对应的 200 Ma 峰值年龄。结合印支期区域沉积-构造演化特征分析，这两组较弱的峰值年龄事件记录，指示了研究区早三叠世末和晚三叠世末两次程度不等的差异构造抬升事件，尤其是 200 Ma 峰值年龄对应于印支期末一次重要的区域性平行不整合构造事件。

（二）燕山早中期峰值年龄事件

早中侏罗世燕山早期，华北区域处于相对稳定的构造发展阶段，广泛发育类似中国西部区域性弱伸展拗陷环境下的早中侏罗世内陆河湖相含煤碎屑岩沉积。晚侏罗世—早白垩世，受华北区域中生代晚期显著的东隆、西降作用和构造岩浆活动事件的制约，以及鄂尔多斯盆地南缘相邻造山带陆内造山过程构造挤压作用的影响，盆地东北部主要表现为晚侏罗世自东向西的构造掀斜和隆升剥蚀、早白垩世自西向东的大幅度内陆拗陷和东部边缘以紫金山大型碱性杂岩体为标示的构造岩浆活动；早白垩世沉积之后经历了较长地质历史时期的构造掀斜和差异隆升剥蚀，造成下白垩统与其上、下层系之间的地层剥蚀和低角度削蚀角度不整合关系（图6.12）。与之相应，盆地东北部碎屑砂岩和火山岩样品的不同矿物中留下了不同封闭温度的构造热年代学记录。其中，火山岩样品中具有较高封闭温度的锆石U-Pb和角闪石、黑云母等Ar-Ar定年数据给出了代表岩浆侵位–结晶的同位素年龄，前白垩纪碎屑砂岩的锆石和磷灰石也不同程度地印记了相应构造事件的FT年龄记录。测年数据的统计分布特征表明，盆地东北部燕山中期构造岩浆活动事件的年龄分布主要集中在145~125 Ma，峰值年龄接近135 Ma（图6.12）。

（三）燕山晚期—喜马拉雅期峰值年龄事件

燕山晚期—喜马拉雅期，包括鄂尔多斯盆地在内的华北区域长期处于隆升剥蚀状态，盆地东北部普遍缺失晚白垩世—新近纪早期的沉积地层记录，造成下白垩统及其下伏地层遭受不同程度剥蚀，新近纪晚期的红黏土沉积普遍以低角度不整合关系覆盖在前新生代的不同沉积层系之上（图6.12）。研究区构造事件年代学数据的统计分布特征表明，燕山晚期—喜马拉雅期盆地东北部长达近亿年的构造隆升–剥蚀作用并非一个均匀连续的过程，燕山晚期以来的构造差异隆升至少经历了两个期次的显著构造抬升事件（图6.12），一是白垩纪末的65 Ma峰值年龄所代表的晚燕山期构造抬升事件，二是新近纪早期峰值年龄接近15 Ma的喜马拉雅中期构造抬升事件。

喜马拉雅晚期，鄂尔多斯盆地东部经历了新近纪晚期的构造反转与第四纪以来的构造隆升，盆地东北部突出表现为前新近纪的斜坡隆起区发生了反转沉降拗陷，发育形成了新近纪晚期3~8 Ma的红黏土沉积（刘池洋，2005b；刘池洋等，2006）；之后，新近纪红黏土层被第四纪黄土以低角度侵蚀不整合覆盖，黄土高原形成，并隆升冲蚀为沟壑纵横的黄土地貌，表明新近纪晚期2~1.7 Ma以来鄂尔多斯盆地东北部再次经历了一次重要的构造抬升事件。

第三节　盆地中–新生代构造演化事件的峰值年龄坐标

依据前文在鄂尔多斯盆地西南部和东北部不同区块最新获得的中新生代构造事件年代学数据资料，结合沉积建造组合、地层不整合关系、抬升剥蚀状况、构造岩浆活动及其受控的区域构造演化信息,综合分析盆地南、北不同结构单元的中-新生代构造沉积演化特征与不同级次构造差异抬升事件的峰值年龄序列及其时空对比关系,系统构建盆地中-新生代构造沉积演化与后期改造事件的年代学坐标体系(图6.13,表6.3),从不同规模层次上定量揭示鄂尔多斯盆地中-新生代演化-改造过程主控构造事件的整体性规律和南、北不同结构单元的个性特点及其对比关系。

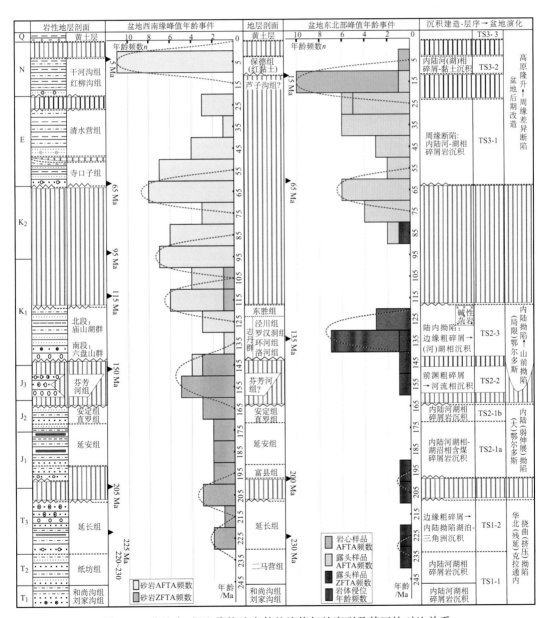

图6.13　盆地中-新生代构造事件的峰值年龄序列及其区块对比关系

表 6.3 盆地中-新生代构造沉积演化与后期改造事件的峰期年龄对比特征

时期	构造-沉积特点	地质构造事件	关键时期/时刻	盆地演化
N_1^3-Q	西南缘冲断系活化，盆地西隆东降并接受 N_1^3+Q 沉积	今特提斯体系：盆地构造反转→差异升降，西隆、东拗	西南缘 0~10 Ma/5 Ma±	
N_1^{1-2}		特提斯-青藏挤压→贺兰/六盘冲断隆升，盆地差异抬升、东部尤甚	东北缘 15 Ma±	反转改造 ↑ 多幕式 差异隆升
$E_{2~3}$	西南缘差异沉降，盆地西隆东降、西北缘和东南缘差异断陷			
$E_1-K_1^2$		古→今太平洋构造体系转换：盆地差异抬升剥蚀、东部构造翘倾	东北缘 65 Ma±，西南缘 95、115 Ma/105 Ma	
K_1^1	盆地差异升降，西部拗陷、东部翘倾斜坡沉积超覆+构造岩浆作用		东北缘 125~145 Ma/135 Ma±	鄂尔多斯内陆拗陷
J_3 末		西缘强烈冲断隆升、盆地西部与东部差异抬升剥蚀、西南缘显著	西南缘 145~155 Ma/150 Ma±	
J_3^1	盆地西缘冲断山前拗陷带粗碎屑沉积与东部翘倾斜坡抬升剥蚀			鄂尔多斯西缘山前拗陷
J_2a 末		特提斯→古太平洋构造体系转换：盆地区域短暂抬升	西南缘 165 Ma±	
J_2z-J_2a	大鄂尔多斯盆地广覆式"杂色"内陆河湖相碎屑岩沉积			
J_2y 末		特提斯构造体系：区域短暂抬升	西南缘 173 Ma±	（大）鄂尔多斯内陆拗陷
J_1f-J_2y	大鄂尔多斯盆地广覆式"灰色"含煤碎屑岩湖(沼)-河流相沉积			
T_3y 末		特提斯构造体系：秦岭全面碰撞造山，山体→盆地抬升、鄂尔多斯西南缘突出	西南缘 205 Ma，东北缘 200 Ma	

续表

时期	构造-沉积特点	地质构造事件	关键时期/时刻	盆地演化
T_{3y}	华北克拉通内坳陷盆地广覆式"灰色"湖相-湖沼相-河流相沉积			
T_2末		古→中特提斯构造体系转换：秦岭(勉略带)自东向西聚合、区域差异抬升	230 Ma±	华北克拉通内陆坳陷
T_{1-2}-P_3	华北克拉通内坳陷盆地广覆式"红色-杂色"碎屑岩沉积			
P_2末		古亚洲体系→古特提斯体系转换	260 Ma±	

一、印支期"不整合"构造事件的时间坐标及其对比关系

印支期，鄂尔多斯南缘的秦-祁古洋盆最终碰撞闭合，盆地北缘海西晚期业已闭合的阴山褶皱带发生陆内隆升变形，这是研究区域及其更大范围的中国北方由古生代板块构造环境全面转向中生代陆内变形体制的重要构造变革时期(张国伟等，2001)。中国中东部包括鄂尔多斯盆地在内的华北区域开始盛行北西-南东向走滑挤压构造应力场环境，导致华北克拉通盆地出现东、西分异背景下的东北部抬升隆起和西南部鄂尔多斯盆地区的挤压坳陷。期间，主要存在两期重要的区域"不整合"构造事件，分别发生在早印支期的中、晚三叠世之交和晚印支期的晚三叠世末(图6.13)。

早印支期构造事件的不整合界面响应主要以中、上三叠统之间平行不整合关系为标示，盆地东北部与之对应的事件年代学记录主要集中在中三叠世晚期的235~225 Ma、峰值年龄接近230 Ma±；盆地西南部则相对偏晚，主要集中在晚三叠世早期的230~220 Ma、峰值年龄接近225 Ma±。

晚印支期构造事件不仅表现为盆地区域普遍存在的上三叠统与中下侏罗统之间的角度或平行不整合关系，而且在盆地西南部的山前坳陷区发育晚三叠世活动型粗碎屑砂砾岩沉积建造组合，与之对应的事件年代学记录在盆地西南部主要集中在晚三叠世与早侏罗世之交的215~195 Ma、峰值年龄接近205 Ma±；盆地东北部则相对滞后，主要集中在205~195 Ma、峰值年龄接近200 Ma±。因此，鄂尔多斯盆地印支期构造事件的峰值年龄响应主要发生在中晚三叠世，早印支期构造事件的峰值年龄主要集中在230~225 Ma，晚印支期构造事件的峰值年龄主要集中在205~200 Ma。

二、燕山期"不整合"构造事件的时间坐标及其对比关系

早中侏罗世(燕山早期)，华北区域尤其是西部地区进入了秦-祁碰撞造山之后一个

相对稳定的构造发展阶段，鄂尔多斯及其相邻的六盘山地区广泛发育类似中国西部区域弱伸展拗陷环境的内陆河湖相含煤碎屑岩沉积。中侏罗世直罗-安定期转向干旱氧化作用逐渐增强的杂色-紫红色内陆河湖相沉积，区域沉积构造环境发生了重要变化。晚侏罗世—早白垩世（燕山中期），盆地西南缘的秦-祁造山带和北缘的阴山造山带及其夹持于其间的盆地西缘贺兰山等，均不同程度地经历了陆内造山性质的冲断变形-岩浆活动及其随后的广覆式拗陷沉积（赵越等，2004；董树文等，2007），突出表现为盆地西南缘的山体冲断隆升及其前缘拗陷，盆地东部斜坡带的掀斜隆升及其边缘带的构造岩浆活动，以及晚侏罗世粗碎屑磨拉石沉积与其下伏中下侏罗统之间和上覆下白垩统之间的角度不整合或平行不整合接触关系（图6.13）。晚白垩世的燕山晚期，伴随着中国东、西部构造体制转换和华北区域转向北西-南东向走滑伸展构造应力场环境的重要变革，中生代鄂尔多斯盆地消亡并全面进入后期改造过程，盆地及其相邻的较大区域范围总体处于隆升剥蚀状态，普遍缺失晚白垩世的沉积地层记录。

鄂尔多斯盆地燕山期存在多级次、不同规模的"不整合"构造事件，盆地不同结构单元峰值年龄分布的对比关系显示（图6.13、表6.3），峰值年龄事件主要发生在燕山中晚期，且在时空分布上存在一定的差异性。盆地西南部主要存在四组峰值年龄，分别为燕山中期的150 Ma±、115 Ma±和燕山晚期的95 Ma±、65 Ma±；盆地东北部则主要显示了两组峰值年龄，分别对应于燕山中期的135 Ma±和燕山晚期的65 Ma±。显然，燕山中期峰值年龄事件的区块对比关系呈现为盆地西南部发生早、期次多，东北部发生晚、期次少，且具有东、西交叉错位的时空分布特点，盆地西南部的冲断变形、挤压隆升事件主要发生在晚侏罗世的150 Ma±和早白垩世的115 Ma±，盆地东北部则缺少与之对应的峰值年龄记录，而是在这两组峰值年龄事件之间存在一组135 Ma±的峰值年龄，对应于盆地东部掀斜边缘带的构造岩浆活动事件。燕山晚期，盆地西南部较早经历了以95 Ma±为峰值年龄的构造抬升事件，之后与盆地东北部共同经历了以65 Ma±为峰值年龄的区域性构造抬升事件。

三、喜马拉雅期"不整合"构造事件的时间坐标及其对比关系

喜马拉雅期，在中国东部古→今太平洋构造体系转换和西南部喜马拉雅碰撞造山作用的联合效应下，华北区域全面进入北西-南东向的走滑伸展构造演化阶段，鄂尔多斯地区总体呈现为盆地腹部整体抬升、边缘活动带伸展断陷的基本构造格局。古近纪—新近纪早期，盆地腹部整体处于抬升剥蚀状态，断陷作用主要集中在盆地西北部和东南部的边缘地带；新近纪晚期是盆地边缘断陷最为广泛和强烈的时期，尤其是受盆地西北缘银川-河套地堑系和东南缘汾-渭地堑系新近纪大规模伸展断陷作用的影响，盆地东南部的腹地首次接受了晚新近纪拗陷型红黏土沉积；第四纪以来，黄土堆积、区域抬升、高原定型。

因此，喜马拉雅期沉积-构造"不整合"事件的完整序列主要发育于盆地西北部和东南部边缘断陷的不同沉积层系之间，呈现古近系与新近系或第四系之间的低角度或平行不整合接触关系，差异抬升剥蚀事件的峰值年龄记录主要集中在新近纪中晚期的15 Ma±（东北缘）和5 Ma±（西南缘），大致相当于古近系与新近系之间和新近系与第四系之间

的不整合界面(图 6.13)。尤其是盆地中东部斜坡带晚白垩世—新近纪晚期的多幕式差异抬升剥蚀更为显著,造成晚新近纪红黏土沉积与下伏前新生代不同层系和上覆第四系黄土之间的低角度或平行不整合接触关系,与之响应的峰值年龄主要集中在新近纪中期的 15 Ma±,大致相当于晚新近纪红黏土沉积与下伏地层之间的不整合界面。显然,鄂尔多斯盆地喜马拉雅期具有峰值年龄响应的重要"不整合"构造事件主要发生在新生代晚期,盆地东北部抬升剥蚀的峰值年龄事件相对较早,主要发生在盆地东部红黏土沉积之前的新近纪中期,标记了盆地由"西降东隆"转向"西隆东拗"的重要构造转换事件;盆地西南缘相邻六盘山盆地的构造反转-隆升相对较晚,大致与新近纪晚期盆地东部拗陷的红黏土沉积期基本一致,标记了新近纪晚期六盘山冲断隆升与其前缘鄂尔多斯中东部反转沉降关联耦合的峰值年龄事件。

第四节　盆地东北部中-新生代构造热转换及其成矿效应

鄂尔多斯盆地东北部是中-新生代构造热液作用、差异隆升活动与油气、煤和砂岩型铀矿等多种沉积矿产共存富集的典型地区。多种矿产共存富集于盆地东北部榆林-神木-东胜-准格尔旗地区构造差异隆升与翘倾-转换的特定结构单元,其耦合成矿(藏)与富集定位主要发生在晚中-新生代盆地建造晚期与后期改造过程的几个特定时段(夏毓亮等,2003;刘池洋等,2006;刘汉彬等,2007;李子颖等,2009),显示出这一地区晚中生代以来构造隆升-改造事件与多种矿产的共存富集-定位具有密切的成因联系。但长期以来,盆地东北部中-新生代经历了怎样的构造转换作用与差异隆升过程,它们在何种时空尺度上、以何种方式促成了该区晚中-新生代特定时段和区带古生界—中生界不同层系沉积矿产的共存富集,则知之甚少。在上述盆地东北部构造事件年代学研究的基础上,进一步通过研究区多矿种赋存状态与中-新生代构造-热转换特征分析,结合上古生界油气成藏年代学样品测试和研究区煤矿、砂岩型铀矿等相关数据资料,探索分析盆地东北部中-新生代构造-热转换与油气等多种矿产耦合富集-定位的关系。

一、盆地东北部矿产分布与中-新生代构造热转换特征

鄂尔多斯盆地东北部总体呈现为弧形掀斜边隆环绕的宽缓复向斜结构面貌,明显受控于盆地北缘东西向构造与盆地东缘南北向构造的复合转换作用,形成轴向近北东-南西且向盆地内倾伏的宽缓复向斜构造。盆地北部边缘伊盟隆起(I_3)东西向构造与盆地东部边缘晋西挠褶带(I_2)南北向构造在盆地东北一隅的准格尔地区交接转换、叠加复合,构成复向斜构造东北隅的环边翘倾隆起,复向斜构造的轴向枢纽自准格尔旗沿南西走向倾伏于大牛地一带,大致位于伊盟隆起南翼边坡与盆地东部陕北斜坡之间构造转换的重、磁异常递变带。复向斜的西北翼依托于伊盟隆起东段,自北向南依次发育乌拉格尔凸起、伊北挠褶带和伊南斜坡(杨俊杰,2002);复向斜的东南翼自东向西依次由晋西挠褶带和陕北斜坡组成。

（一）盆地东北部多种共存矿产的空间分布特征

已有勘探成果表明，鄂尔多斯盆地东北部不同结构单元均不同程度地发育上古生界和中下侏罗统的煤矿层，沉降斜坡区赋存有不同类型的古生界气藏，气藏以北的斜坡-边隆转换区发现有中侏罗统直罗组砂岩型铀矿，边缘翘倾隆起带多处可见下白垩统油砂或油苗(图6.14)。其中，有机矿产的成矿母质主要包括上古生界滨海沼泽相和中生界内陆河湖相的煤系泥岩，铀矿的宿主矿层主要为侏罗系含煤碎屑岩层系中的富铀砂岩；它们在空间组合上相互叠置、彼此关联。中下侏罗统延安组与下二叠统煤层分居上、下且分布广泛，二叠系含气层居中且主要产出于斜坡沉降区，中侏罗统砂岩型铀矿层产出于延安组之上且主要就位于斜坡与边隆的过渡转换区，下白垩统油砂-油苗居顶且主要泄露于边缘断隆活动区，总体呈现为"内聚油气、外环铀矿、镶边油苗"的分布格局。

盆地东北部结构-构造单元分区与多种矿产的空间组合关系(图6.14)主要表现为如下三方面的特点：

1) 复向斜的南西倾伏区分布着现已初步探明的古生界大牛地气田和神木-双山-榆林气区。其中，榆林气区以规模较大的山西组原生气藏为主，以北的神木-双山气区则呈现为上古生界多层系复合含气的特点，自南向北东边部翘升区气藏压力逐渐降低、含气层位逐渐上提，上石盒子组区域盖层之上发现了上二叠统石千峰组低压次生气藏(杨俊杰，2002；杨华等，2004)，且在油气向北逸散的路径上伴随有中下侏罗统延安组含煤岩系的自燃烧变(图6.14)。

2) 复向斜轴部枢纽以北的翘倾斜坡至边缘隆起，依次可以见到规模宏大的中下侏罗统延安组砂岩漂白、中侏罗统直罗组砂岩的绿色蚀变(吴柏林等，2014)和下白垩统的油砂-油苗(刘友民，1982)等特殊现象；其间，东胜一带的直罗组绿色蚀变砂岩中发现有世界级砂岩型铀矿，铀矿化带东北方向的复向斜构造翘升隆起区构成了准格尔旗二叠系露天煤矿的主产区，其中的准格尔旗黑岱沟煤矿已初步探明了世界级规模的下二叠统山西组煤型镓矿床(代世峰等，2006)。

3) 盆地东北部自南向北依次发育或呈现出"中下二叠统的正常压力原生气藏→上二叠统石千峰组的低压次生气藏"，并在油气向北逃逸路径上依次分布着"$J_{1-2}y$ 烧变岩→ $J_{1-2}y$ 漂白砂岩和 J_2z 绿色蚀变及铀矿化砂岩→K_1 油砂-油苗"等一系列与油气还原作用相关的特殊地质遗迹(马艳萍等，2007；吴柏林等，2014)，它们在自南南西沉降区向北北东构造翘升区的空间分布和自下而上的产出层位上形成了一种彼此关联的有序组合(图6.14)，有可能暗示了彼此之间的成因联系。

（二）盆地东北部中-新生代构造热转换特征

前述构造事件年代学研究结果表明，鄂尔多斯盆地东北部中-新生代以来至少经历了五期主要构造演化-改造事件。锆石裂变径迹(ZFT)残存年龄记录给出了印支期230 Ma±和200 Ma±两次构造事件的峰值年龄，紫金山岩体及其蚀变带砂岩不同封闭温

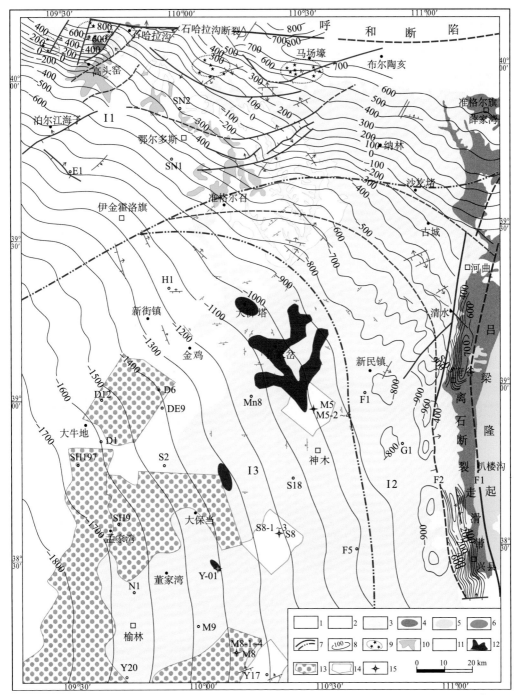

图 6.14 盆地东北部宽缓复向斜-弧形边隆构造与多种矿产分布的空间组合关系

1. 新近系；2. 下白垩统；3. 三叠系—中下侏罗统；4. 上石炭统—二叠系；5. 寒武系—中上奥陶统；6. 前寒武系；7. 断层及构造单元分区线；8. 石炭系顶面（Tc2）构造等值线（m）；9. 油砂油苗；10. 直罗组绿色蚀变砂岩；11. 延安组漂白砂岩；12. 延安组烧变岩；13. 中下二叠统原生气区；14. 上二叠统次生气区；15. 采样井点

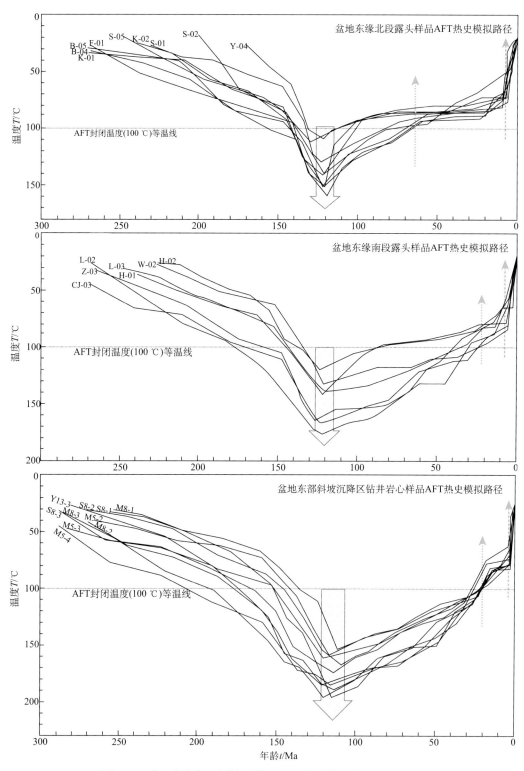

图 6.15　盆地东北部不同构造单元 AFT 热史模拟路径对比特征

度矿物的测年数据记录了燕山中期(135 Ma±)构造热事件的峰值年龄,磷灰石裂变径迹(AFT)年龄记录了晚燕山期—早喜马拉雅期(65 Ma±)和中晚喜马拉雅期(15 Ma±)两次重要构造抬升冷却事件的峰值年龄。显然,燕山中期的构造热事件和燕山晚期—喜马拉雅期的构造抬升冷却事件是控制鄂尔多斯盆地东北部中–新生代构造热演化的主要构造事件。以此为约束,运用 AFT Solve 模拟软件,对盆地东北部 10 块钻井岩心样品和 16 块野外露头样品的 FT 测试数据分别进行了热史模拟(图 6.15),定量分析揭示了研究区不同结构单元的中–新生代构造热演化路径及其动–热转换特征。

1)盆地东北部不同结构单元、不同采样条件和层位样品的磷灰石裂变径迹热史路径均指示,燕山中期构造热事件之最高热增温作用的关键时刻为 120±10 Ma,大致接近或稍滞后于盆地东缘紫金山岩体侵位事件的峰值年龄,并与盆地区域早白垩世最大沉积–沉降时期基本相当,呈现岩浆热活动与沉降埋藏增温联合作用的构造热增温特点。

2)上古生界不同样品层段在燕山中期构造热事件作用过程中经历的最大古地温区间一般为 130~180 ℃,古地温梯度接近 4 ℃/100 m,总体限定了研究区煤矿层和含油气层系的最高古地温状态。其中,盆地东缘北段浅埋藏含矿层温度相对较低(130~150 ℃),盆地东缘南段相对增高(150~170 ℃),盆内沉降缓坡区最高(>160 ℃)。

3)盆地东缘北段 110 Ma 之后区域性差异抬升冷却,至少在 65 Ma± 的白垩纪末期,上古生界样品的宿主地层全部抬升冷却至低于 AFT 封闭温度(100 ℃)以浅,古地温梯度接近 3.5 ℃/100 m;但盆地东缘南段尤其是西接盆内沉降区的后期抬升降温明显推迟,最高热增温关键时刻(120±10 Ma)之后的很长时段处于弱抬升的持续高温状态,上古生界强烈抬升冷却至低于 AFT 封闭温度(100 ℃)以浅的深度层次则主要发生在新近纪 30~15 Ma 以来。

由此认为,盆地东北部燕山中期构造热事件是区域构造岩浆热液活动与盆内沉积埋藏增温作用耦合的一次重要构造热增温事件,随后盆地东北部沉降区与边缘隆起带经历了明显有别的差异升降过程,在一定程度上拓宽了盆地东北部斜坡埋藏区的热增温时窗,这种热增温延续效应促成了差异沉降区早白垩世—古近纪处于持续高温状态。由此带来盆地东北部差异沉降区三个重要的煤和油气等有机矿产耦合成矿(藏)效应:一是构造热事件及其热增温延续效应有利于上古生界煤系烃源岩在白垩纪距今 145~65 Ma 的较长时期经历 150~180 ℃ 的高温生烃和原生油气运聚成藏,以及相应煤矿层的煤级定型;二是 65~30 Ma 期间相对缓慢的差异抬升冷却过程和沉降缓坡区较高的古地温状态(>100 ℃)有利于促成上古生界天然气藏的适度调整–次生成藏与保存;三是盆地东北部 30~15 Ma 新近纪以来的区域性快速抬升作用,可能是盆地东北部差异沉降区天然气藏改造–逸散和边缘抬升隆起区煤矿层浅成–定位的主要控制因素。

二、盆地东北部古生界油气成藏–调整改造期次

采用钻井岩心样品自生伊利石同位素定年和流体包裹体间接定年相结合的油气成藏年代学研究方法,基于鄂尔多斯盆地东北部斜坡(M8 井、S8 井)和边缘构造掀斜区(Mn5 井)不同结构单元的 9 件样品数据分析,结合研究区中–新生代事件年代学及其构造热演

化和差异隆升过程的相关对比研究,定量分析了盆地东北部上古生界油气成藏-调整改造的期次和时间及其与构造动-热转换事件的关系。

(一) 油气成藏的自生伊利石定年

选择盆地东北部神木-米脂地区已发现工业气流的 Mn5、S8 和 M8 井(图 6.14),分别采集了下二叠统(P_1)山西组、中二叠统(P_2)下石盒子组和上二叠统(P_3)石千峰组等不同含气层段的 7 块砂岩样品,在中国石油勘探开发研究院实验中心进行了电镜和 X 衍射分析及自生伊利石 K-Ar 测年(表 6.4)。从测年数据可以看出,4 个样品 0.3~0.15 μm和<0.15 μm 两个粒级组分的测年数据在误差范围内基本一致,接近自生伊利石的成岩年龄;另外有 3 个样品<0.15 μm 粒级组分的自生伊利石含量明显偏低,主要给出了 0.3~0.15 μm 粒级组分的最小年龄。所有样品的自生伊利石年龄都远小于其宿主岩层二叠系的年龄(299~251 Ma),且不同层段样品的年龄大小与其埋藏深度不存在明显的正相关关系,说明自生伊利石的生长或抑制与孔隙流体化学性质随埋深变化无关,主要受到了油气的选择性充注对储层孔隙流体性质的影响(Hamilton et al.,1989;王飞宇等,1998;张有瑜等,2002),可以代表成岩伊利石宿主砂岩储层油气充注成藏事件的年龄。

表 6.4　盆地东北部二叠系含油气砂岩的自生伊利石 K-Ar 测年数据(据 Chen et al.,2013b)

样品	层位	粒级/μm	I/S 含量/%	I/S 间层比	钾含量/%	$(^{40}Ar/^{38}Ar)_m$	$^{40}Ar^*/^{40}K$	年龄/Ma
Mn5-1a	P_3	0.3~0.15	89	25	3.78	191.80658	0.0075677	125.75±1.56
		<0.15	88	25	3.86	206.06907	0.0079201	131.40±1.57
Mn5-2a	P_2	0.3~0.15	71	25	5.11	199.24989	0.0064710	108.07±1.48
Mn5-3a	P_1	0.3~0.15	100	5	7.24	285.20937	0.0064643	107.96±2.25
		<0.15	97	5	6.99	259.24208	0.0066518	110.99±0.80
S8-1a	P_3	0.3~0.15	57	25	3.52	178.40585	0.0087612	144.81±3.20
S8-2a	P_2	0.3~0.15	48	25	4.13	192.93456	0.0073358	122.03±1.57
		<0.15	50	25	4.17	177.07771	0.0076283	126.73±1.03
S8-3a	P_1	0.3~0.15	96	5	5.90	360.75472	0.0109051	178.54±1.32
M8-1a	P_3	0.3~0.15	78	25	3.76	219.93913	0.0099289	163.26±1.37
		<0.15	96	10	3.95	245.37399	0.0097252	160.01±1.51

研究区二叠系不同层段自生伊利石测年数据对比分析显示,中下二叠统自生伊利石测年数据以较宽范围分布在中晚侏罗世—早白垩世的 178~108 Ma,主要集中在 126~108 a,且呈现自南(S8 井)向北(Mn5 井)自生伊利石年龄逐渐减小的空间分布特点,其中 S8 井下二叠统 0.3~0.15 μm 粒级组分的测年数据给出了相对偏大的年龄(178.5 Ma)、中二叠统样品两个小粒级组分的年龄减小至 126~122 Ma,其北侧 Mn5 井的中下二叠统样品两个粒级组分的年龄更为年轻,主要集中在 110~108 Ma。上二叠统样品的自生伊利石年龄主要分布在 160~131 Ma,且具有类似中下二叠统样品自南向北年龄逐渐减小

的空间分布特点，M8 井及其以北的 S8 井和 Mn5 井自生伊利石年龄分别为 160 Ma、144.81 Ma 和 131.4 Ma。显然，自生伊利石年龄的空间分布规律总体指示研究区二叠系的油气运聚成藏年龄具有自南向北逐渐减小的特点，且主要集中在早中侏罗世—早白垩世盆地多旋回沉降增温及其相应上古生界烃源岩的主要生-排烃阶段，指示二叠系不同层段都曾经历过早中侏罗世—早白垩世的原生油气成藏作用。另从二叠系不同层段原生油气成藏的时序关系来看，总体具有下二叠统内源油气成藏时间（178~110 Ma）相对较早、持续较长，近源的中二叠统和源外的上二叠统的成藏时间（126~108 Ma 和 160~125 Ma）相对较晚、持续较短的特点，尤其是上二叠统成藏时间持续更短、结束较早。

　　进一步结合已有文献（张艳萍，2008）报道的粒级<0.15 μm 自生伊利石测年数据分析，下二叠统样品的自生伊利石年龄在研究区南侧紧邻的 Y84 为 160 Ma，向北自 M13 井至 F5 井分别减小为 132 Ma 和 125 Ma；中上二叠统的自生伊利石年龄则由研究区中部 SS17 井的 152 Ma 向北至 S25 井减小为 129 Ma，总体显示出与本次测年结果及其所反映的油气成藏时序变化规律具有较好的一致性。考虑到测年样品选择的随机性和多层系非均质储层油气充注的复杂性，以通常认识上烃源岩生成油气至聚集成藏的最短时限（10 Ma）作为统计区间步长，将研究区二叠系不同层段的已有样品年龄数据进行了分组归类基础上的统计对比分析（图 6.16）。结果表明，鄂尔多斯盆地东北部二叠系油气成藏期次主要集中在 175~155 Ma 和 145~115 Ma 的两个区间年龄组，相应的峰值年龄分别为中侏罗世的 165 Ma 和早白垩世的 130 Ma，表明盆地东北部二叠系不同层段都至少经历过两期原生油气成藏事件：早期（I）基本对应于早中侏罗世沉降增温晚期下二叠统烃源岩油气生成与二叠系原生油气成藏的时间，且呈现出中下二叠统略早于上二叠统的成藏年龄分布特点；晚期（II）则与早白垩世异常构造热增温阶段二叠系大规模油气生成-运聚成藏时期基本一致，且中下二叠统油气成藏时间较长，结束时间略晚于上二叠统。

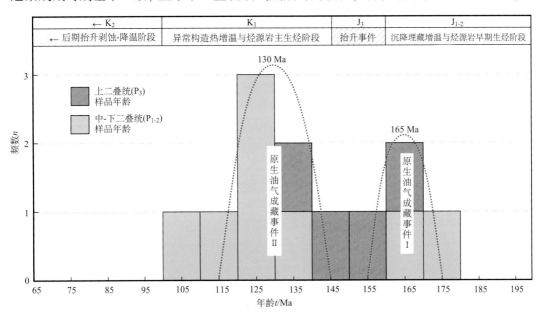

图 6.16　盆地东北部二叠系含油气砂岩自生伊利石测年数据分布特征（据 Chen *et al.*，2013b）

由此可以看出，自生伊利石测年数据总体指示研究区二叠系尤其是中下二叠统的原生油气成藏年龄以较宽的时间域分布在早中侏罗世—早白垩世的 178~108 Ma，空间分布上呈现出自南(178~122 Ma)向北(160~108 Ma)年龄逐渐减小的变化规律，时间序列上主要集中在 175~155 Ma 和 145~115 Ma 两组主值年龄区间，相应的峰值年龄为 165 Ma 和 130 Ma，层位上表现为中下二叠统油气成藏时间较长(178~108 Ma)、结束时间要晚于上二叠统(160~131 Ma)的年龄分布特点。或许是受样品分布或伊利石测年方法本身某些局限性的影响，研究区已有伊利石样品测年数据缺失晚白垩世以来油气次生成藏或调整逸散的相关年龄记录。

（二）多期次油气成藏的流体包裹体间接定年

选择 Mn5、S8 和 M8 井(图 6.14)二叠系不同深度层段的 9 块含油气砂岩样品，切制成双面抛光包裹体薄片进行了包裹体的薄片观察和成岩世代分析，并在此基础上挑选上述 3 口钻井二叠系不同层段样品的 18 件薄片进行了不同期次油气包裹体共生(含烃)盐水包裹体测试分析。包裹体测温在核工业北京地质研究院测试中心 Linkam THMS 600G 冷热台上完成。不同成岩序次或世代的流体包裹体特征及其测温数据分布总体显示(表 6.5)，第 1 期与液态烃共生的盐水包裹体，均一温度相对较低，一般为 64.7~97.2 ℃；第 2~3 期为气(液)烃共生的盐水包裹体，均一温度明显较高，主要分布在 90.3~134.8 ℃，其中成岩矿物愈合裂隙带分布的气(液)烃包裹体在上二叠统样品薄片中居多，与之共生盐水包裹体均一温度主要集中在 90~100 ℃。

表 6.5 盆地东北部二叠系含油气砂岩的流体包裹体测试结果(据 Chen et al., 2013c)

样品	层位	赋存产状	盐度/%	盐水包裹体均一温度(T_h)分布及测点个数(n)	共生烃类包裹体特征
Mn5-1b	P₃	次生加大石英与穿石英加大边裂纹	2.6~12.8	第 1 期(64.7~84.6 ℃)/(n=7)，第 2~3 期(90.3~124.5 ℃)/(n=12)	GOI = 4%±，黄褐色液态烃、灰色气烃和沥青
Mn5-2b	P₂	方解石胶结物与石英加大边裂纹	0.9~2.1	第 1 期(69.7~97.2 ℃)/(n=8)，第 2 期(103.1~123.4 ℃)/(n=5)	GOI = 3%±，黄褐色液烃、灰色气烃和少量气液烃
Mn5-3b	P₁	方解石胶结物与石英加大边裂纹	0.9~17.5	第 1 期(70.1~96.7 ℃)/(n=10)，第 2 期(104.7~132.6 ℃)/(n=19)	GOI = 3%±，黄褐色液烃、少量气液烃和局部沥青
S8-1b	P₃	次生加大石英与穿石英加大边裂纹	0.7~1.6	第 1 期(78.2~101.5 ℃)/(n=4)，第 2~3 期(107.2~121.4 ℃)/(n=7)	GOI = 5%±，黄褐色液烃、灰色气烃和少量气液烃
S8-2b	P₂	次生加大石英及裂纹	2.4~12.8	第 1~2 期(70.6~94.3 ℃)/(n=14)	GOI = 5%±，黄褐色液烃、灰色气(液)烃
S8-3b	P₁	次生加大石英方解石胶结物	3.4~16.8	第 1 期(77.4~101.3 ℃)/(n=15)，第 2 期(103.4~130.2 ℃)/(n=6)	GOI = 4%±，深褐色液烃和少量灰色气(液)烃

续表

样品	层位	赋存产状	盐度/%	盐水包裹体均一温度(T_h)分布及测点个数(n)	共生烃类包裹体特征
M8-1b	P_3	次生加大石英及裂纹	2.6~4.5	第1期(68.2~85.3 ℃)/(n=6),第2~3期(107.3~123.2 ℃)/(n=3)	GOI = 2% ~ 3%±, 深褐色(气)液烃和沥青
M8-2b	P_2	方解石胶结物与石英加大边裂纹	1.6~2.3	第1期(78.3~82.4 ℃)/(n=3),第2期(117.4~134.8 ℃)/(n=10)	GOI = 5%±, 深褐色液烃和少量气(液)烃和沥青
M8-3b	P_1	次生加大石英及裂纹	2.6~4.2	第1期(72.5~82.5 ℃)/(n=6),第2期(118.1~121.3 ℃)/(n=2)	GOI = 7%±, 黄褐色液烃、灰色气(液)烃

通过包裹体测温数据的分组归类统计获得了鄂尔多斯盆地东北部二叠系不同层段的包裹体统计峰温分布及其相应的分期组合关系(图6.17)。中、下二叠统(P_{1-2})包裹体测温数据具有相似的统计分布特征,呈现为由两个总体组成、分段连续的统计分布类型,低温总体($I_{P_{1+2}}$)和高温总体($II_{P_{1+2}}$)的均一温度分布在69.7~101.3 ℃和103.1~134.8 ℃,分别对应于两个主值区间的测温数据82.5~90.5 ℃和122.5~127.3 ℃及其相应的87.0 ℃和124.8 ℃的统计峰温。上二叠统(P_3)包裹体均一温度的统计分布则明显不同于中下二叠统的两总体分布特点,而呈现为三个总体组成、分段连续的统计分布类型,低温总体(I_{P_3})、中温总体(III_{P_3})和高温总体(II_{P_3})的均一温度统计分布,分别对应于三个主值区间的测温数据78.0~82.1 ℃、97.5~101.5 ℃和119.4~121.4 ℃及其相应的79.8 ℃,98.9 ℃和120.6 ℃的统计峰温。通常情况下,对于同一时空域形成的油气藏,不同埋深层段的流体包裹体通常应该具有下高、上低的温度分布特点,中下二叠统与上二叠统包裹体统计

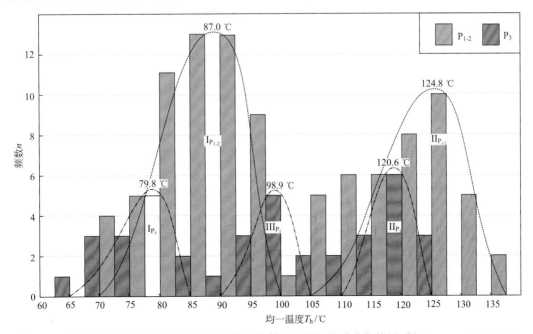

图6.17 盆地东北部二叠系含油气砂岩流体包裹体测温数据统计分期特征(据 Chen *et al.*, 2013c)

峰温的组合对比关系显示，它们的低温总体（$I_{P_{1+2}}$ 与 I_{P_3}）和高温总体（$II_{P_{1+2}}$ 与 II_{P_3}）都分别具有与其深度序列相匹配的下高、上低的统计峰温组合；但上二叠统的中温总体（III_{P_3}）却叠合分布在中、下二叠统低温总体的偏高温一侧，呈现为与中下二叠统的高、低温总体及其统计峰温的深度分布均不匹配的另一峰温总体。

上述表明，研究区二叠系不同层段共同经历了分别与包裹体低温和高温总体相对应的 79.8~87.0 ℃和 120.6~24.8 ℃两个峰温世代及其相应的两期油气充注成藏事件，上二叠统则除此之外还经历过一次相应于中温总体（III_{P_3}）之 98.9 ℃峰温世代的油气充注作用。上二叠统包裹体的中温总体（III_{P_3}）在二叠系不同层段共有的高、低温两期油气充注成藏事件之外独立存在，暗示上二叠统之中温总体的油气来源不可能跨越中下二叠统储层而直接来自更深层的下二叠统烃源岩，最大的可能则应该是二叠系原生油气藏晚后期调整或次生运聚的结果。实际上，前述上二叠统包裹体薄片中相对较多的沥青充填遗迹和切穿石英颗粒及其加大边愈合裂隙带的第三期流体包裹体测温数据更接近中温总体的均一温度记录（90~110 ℃），以及前人对该区上二叠统低压次生油气藏成因机理及其相关同位素地球化学证据等（杨华等，2004），都从不同层面反映了研究区上二叠统在晚白垩世以来的构造差异抬升改造过程中经历过次生油气成藏作用。结合构造热演化和二叠系烃源岩生烃史分析，鄂尔多斯盆地东北部上二叠统不仅在中晚侏罗世—早白垩世沉降增温过程经历过与中下二叠统由低温总体到高温总体同步有序的两期原生油气充注事件，同时还在后期抬升改造阶段经历了峰温接近 98.9 ℃的次生油气充注成藏事件。

油气成藏的流体包裹体间接定年不仅取决于测温数据及其世代分期，同时还受制于包裹体宿主岩层的热演化历史（赵靖舟，2002；李明诚等，2005；欧光习等，2006；陈洪汉，2007）。为此，我们选择 Mn5 井 1465~1918 m 井段与包裹体分析样品并行的上、下二叠统砂岩样品，在样品 AFT 测试数据分析基础上，采用 AFT-Solve 软件和 Multi-Kinetic 退火模型（Ketcham et al., 2000）模拟获得了包裹体宿主岩层的中–新生代构造热演化历史（图 6.18a）。结果显示，上、下二叠统样品共同经历了前白垩纪缓慢沉降增温—早白垩世异常高温过程的 AFT 退火和晚白垩世以来的抬升冷却过程，并于新生代晚期全面抬升到了 AFT 封闭温度以浅的未退火带深度。考虑到不同井段样品热演化路径的差异可能对包裹体间接定年精度的影响，特别对 Mn5 井上、下二叠统与 AFT 并行样品的包裹体测温数据进行了统计分期（图 6.18b），结果与图 6.17 二叠系不同层段包裹体测温数据的统计分布特征及其组合关系基本一致。据此，将 Mn5 井上、下二叠统包裹体统计峰温投影到宿主样品的 AFT 模拟热史路径上可以看出，上、下二叠统含油气储层共同经历了第 I 期（162~153 Ma）和第 II 期（140~128 Ma）油气充注成藏作用，前者的峰温主要集中在 78.9~89.3 ℃的低温总体，对应于上古生界烃源岩早中侏罗世缓慢沉降增温晚期的一次中低温油气生–排烃作用；后者的峰温主要集中在 120.7~124.5 ℃的高温总体，对应于早白垩世异常热增温阶段上古生界高成熟烃源岩的大规模油气生–排烃作用。它们显然分别代表了二叠系各层段中生代多旋回沉降埋藏–异常增温过程共同经历的两期原生油气充注成藏事件。如前所述，上二叠统接近 98.6 ℃的中温总体（III_{P_3}）应该属于盆地后期抬升改造阶段捕获包裹体的温度记录，在其宿主岩层（P_3）热史路径抬升降温段的投影限定了与之相应的油气充注时间主要发生在古近纪晚期的 30 Ma±，对应于宿主岩层晚白垩世以来构造抬升降温过程由缓慢抬升转向快速抬升的重要构造转换作用(图6.18a),指示了研究区后期构造抬升转换过程以上二叠统次生油气调整充注作用为主体的第III期油气成藏或次生成藏时间。

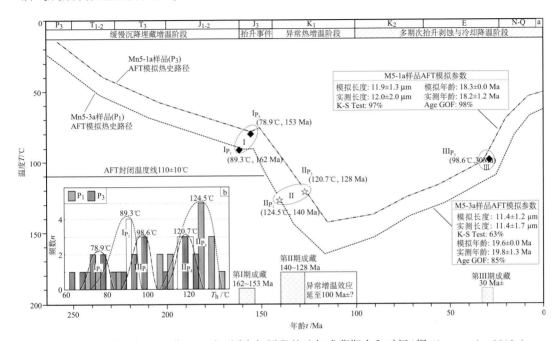

图6.18　盆地东北部Mn5井二叠系不同含气层段的油气成藏期次和时间(据Chen *et al.*, 2013c)

综合上述,自生伊利石测年与流体包裹体间接定年结果共同表明,鄂尔多斯盆地东北部沉降缓坡区二叠系各层段均不同程度地经历了165~153 Ma和140~128 Ma的两期原生油气成藏事件,成岩–成藏峰温分别接近78.9~89.3 ℃和120.7~124.5 ℃;流体包裹体间接定年进一步揭示了盆地边部构造抬升掀斜区的上二叠统还经历了一期峰值年龄接近30 Ma±的油气次生成藏事件,成岩–成藏峰温接近98.6 ℃。前者显然主要受控于盆地东北部燕山中期的构造热增温事件及其引发的烃源岩大规模生–排烃作用;后者则与晚白垩世以来盆地后期抬升改造过程由缓慢抬升转向快速抬升的喜马拉雅中晚期(30~15 Ma)构造动–热转换作用密切相关,应该属于原生油气藏后期调整或次生运聚成藏的结果。

(三) 油气逸散指向区延安组烧变岩的年代学信息

盆地东北部石千峰组次生气藏调整–逸散区紧邻的大河塔(安崖)—瑶镇—大柳塔近南北一带广泛出露中下侏罗统延安组烧变岩(图6.14)。通常认为,烧变岩是由深部含煤层系抬升至近地表并在特定助燃条件下煤层自燃烘烤所导致围岩在外观和岩石学特征等方面发生改变而形成的一类特殊岩石,它可能包含了烧变岩区特殊构造作用环境的重要信息。对此,我们采集了榆林北部大河塔–安崖地区出露的$J_{1-2}y$烧变砂岩样品(Y-01),

在中国科学院高能物理研究所进行了磷灰石裂变径迹(AFT)测试分析, AFT 实测结果给出了检验概率 $P(X^2)=100\%$ 条件下 8.9 ± 0.8 Ma 的中值年龄和 11.0 ± 2.5 μm 的平均径迹长度。在此基础上利用 AFT Solve 软件(Ketcham *et al.*, 2000)模拟获得了烧变岩的热史路径(图 6.19)。从中可以看出如下两个方面的重要信息。

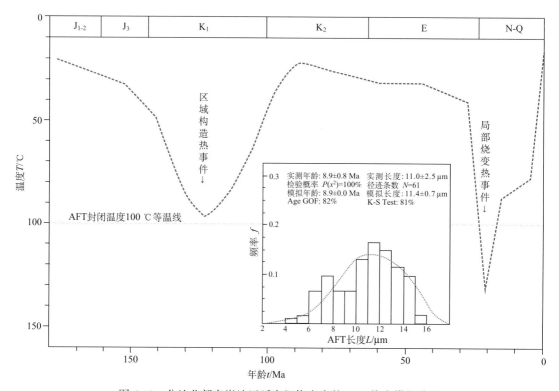

图 6.19 盆地北部安崖地区延安组烧变岩的 AFT 热史模拟路径

1)烧变岩样品与前述盆地区域上古生界—中生界不同层位未烧变砂岩的 AFT 模拟热史路径具有一个相似的共性特征, 它们都在早白垩世最大沉降埋藏时期的 125 Ma 左右共同经历过燕山中期的区域性构造热事件及其相应的异常增温作用, 且延安组烧变砂岩与其邻区相同层位未烧变砂岩一样都只遭受了低于 AFT 封闭温度的部分退火, 随后快速抬升冷却并在晚白垩世—古近纪的较长地质时期一直处于近地表的低温状态。

2)在研究区普遍缺失晚白垩世以来沉积而总体处于抬升剥蚀的地质构造背景下, 烧变岩的热史路径却显示在新近纪早期(20 Ma±)经历了与邻区相同层位未烧变砂岩迥然不同的一次极为快速的异常高温事件, 其增温幅度远高于 AFT 模拟热史路径记录的早白垩世区域构造热事件温度, 但其增温时间则极其短暂, 显示一种类似火山岩的异常陡变型热增温模式, 随后的快速抬升作用使其至少在新近纪晚期的 8.9 Ma± 冷却到了低于 AFT 封闭温度状态。

由此可以看出, 大河塔安崖地区延安组烧变砂岩显然不同于未烧变岩样的 AFT 热史路径, 它一方面提供了研究区燕山中期构造热事件的年代学和古地温信息, 另一方面则又突显并限定了延安组煤层自燃-围岩烧变事件主要发生在新近纪早期的 20 Ma±。延安组烧变岩发育在盆地东北部的上古生界油气逃逸路径上(图 6.14)，位居神木地区已发现次生油气藏与其北部侏罗系"漂白+绿色蚀变"砂岩之间的区带，而且烧变事件与这一地区新生代晚期 30~15 Ma 以来的快速构造抬升事件和二叠系油气次生成藏-调整逸散事件等近乎同步，它们这种特殊的时空组合关系实际上也为这一特定地区延安组的煤层自燃和围岩烧变提供了有利于煤层自燃的近地表浅埋藏环境和可能来自油气逸散的烃类助燃条件。由此推测，研究区新生代晚期以来快速构造抬升背景下延安组煤系地层的自燃烧变事件与上古生界油气次生成藏-调整逸散事件等具有时间和空间上的重要成因联系，烧变事件(20 Ma±)的峰值年龄从一侧面提供了盆地东北部新近纪以来强烈构造抬升和天然气逸散事件的年代学制约。

三、盆地东北部构造热转换的耦合成(矿)藏效应

鄂尔多斯盆地东北部构造-热转换特征主要表现在燕山中期的构造热事件与随后多期次差异抬升冷却事件的构造-热环境变化，燕山中期的构造热事件促成了古生界烃源岩层系的成熟生烃、原生油气成藏和上古生界—中生界不同含煤层系的煤阶定型，晚白垩世以来的多期次差异隆升—剥蚀卸载—抬升改造过程伴随着原生油气藏的调整改造—次生油气成藏和煤矿层的浅成定位及其烃类逸散与铀矿化砂岩的富集成矿，由此控制和影响着盆地东北部多种沉积矿产的耦合成(矿)藏和共存富集分布。通过中-新生代事件与多种共存矿产成(矿)藏事件的年代学对比分析，结合不同结构单元 AFT 热史模拟基础上构造抬升(剥露)速率和古地温梯度等构造动力场和热力场参数计算，有可能从时间和空间域动-热参数转换的角度，定量探索表征研究区中-新生代构造演化-改造事件与多种共存矿产耦合成(矿)藏的关系。

(一)中-新生代构造事件与成(矿)藏事件的时序对比关系

依据前文有关"不整合"构造事件年代学和油气成藏年代学的研究认识，结合前人对这一地区煤矿和砂岩型铀矿等方面的研究成果，综合给出了鄂尔多斯盆地东北部中-新生代构造演化-改造事件与多种矿产耦合成(矿)藏事件的时序对比关系(图 6.20)。构造演化-改造事件与上古生界油气成藏事件的年代学对比分析表明，燕山早中期的早中侏罗世，鄂尔多斯盆地总体处于相对稳定的大型内陆拗陷湖盆沉积演化阶段，期间仅在延安组沉积末期(167.7~169.6 Ma)存在一次平均抬升剥蚀速率接近 46 m/Ma 的短暂构造抬升事件；研究区二叠系含油气砂岩的自生伊利石和流体包裹体年代学记录给出了最早发生在 162~153 Ma 的一次初始油气充注事件，大致对应于早中侏罗世(大)鄂尔多斯湖盆沉积末期与晚侏罗世(局限)鄂尔多斯盆地西部拗陷的构造转换期(图 6.13)，表明盆地东北部这次初始油气充注事件相关的热增温生烃作用与盆地西南部的构造-沉积环境转换具有更为明显的成因关联性。

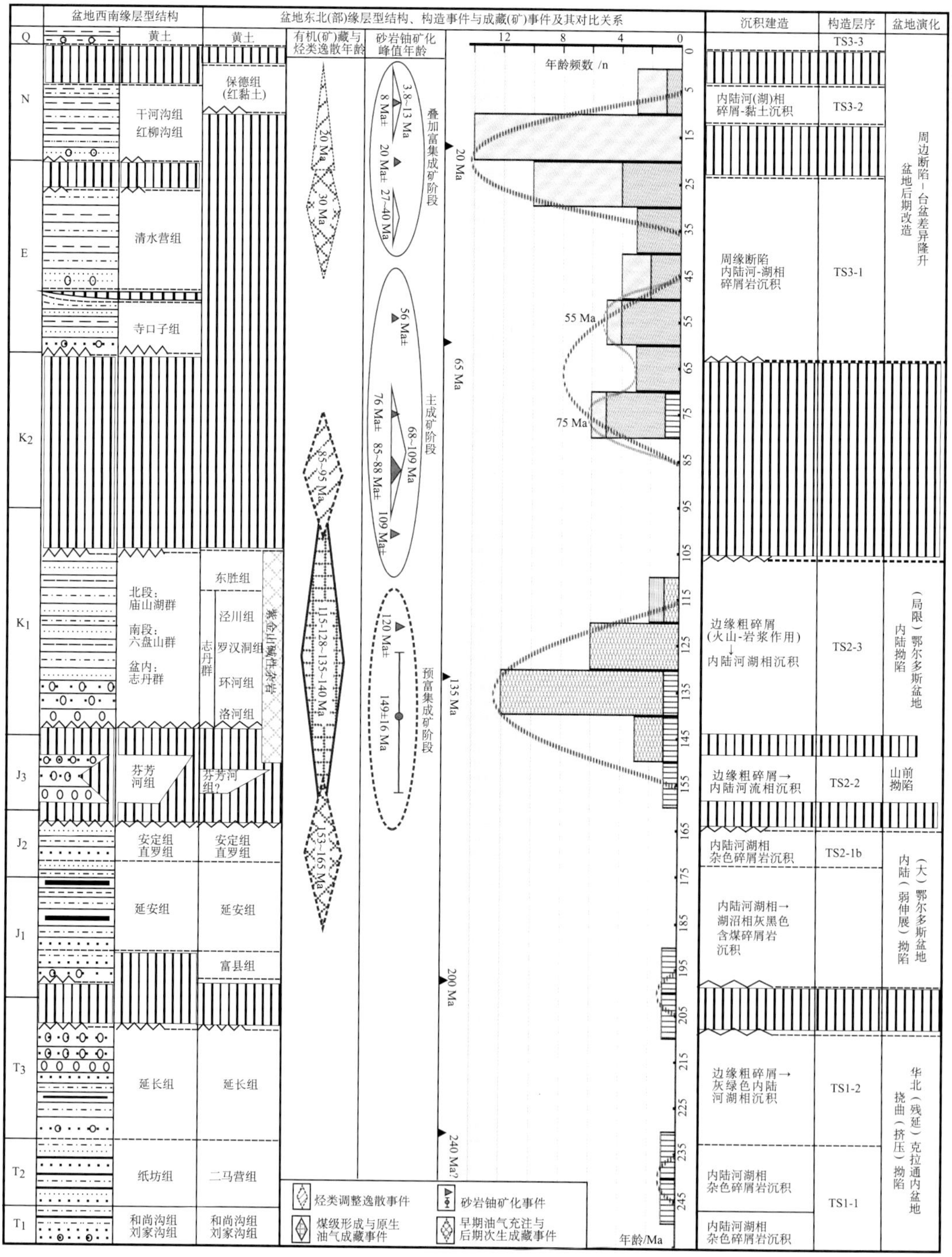

图 6.20　盆地东北部中-新生代构造演化-改造与成(矿)藏事件的时序对比关系

　　燕山中期早白垩世构造-岩浆热增温事件主要发生在晚侏罗世鄂尔多斯西缘冲断山前拗陷形成之后的 145~115 Ma，峰值年龄接近 135 Ma±，突出表现为华北区域构造岩浆活动与大规模成矿背景下，华北西部陆块区的鄂尔多斯盆地经历了早白垩世局限内陆拗陷构造沉积演化，以及与之相关的盆地内部古生界烃源岩高温生烃、大规模油气运聚成藏（任战利等，2006）和主要含煤层系的煤级热演化程度定型（张泓等，2005），同时伴随着盆地北缘（东胜）中侏罗统砂岩型铀矿的预富集成矿。二叠系含油气砂岩的自生伊利石和流体包裹体年代学记录指示盆地东北部大规模原生油气成藏事件主要发生在 140~128 Ma，相应时期盆地北缘东胜直罗组砂岩型铀矿的预富集成矿作用主要发生在 149~120 Ma（刘汉彬等，2007；李子颖等，2009），它们与盆地早白垩世内陆拗陷沉积期和盆地东缘 145~115 Ma 紫金山岩体超浅成侵位和北缘 126.2 Ma±杭锦旗黑石头沟玄武岩喷发（邹和平等，2010）的峰值年龄基本一致，总体显示了研究区异常构造热液-沉积埋藏增温热事件与原生油气成藏、煤级定型和预富集砂岩型铀成矿事件的同步耦合关系。

　　燕山晚期—喜马拉雅期，鄂尔多斯盆地东北部开始全面进入构造热增温事件之后的区域抬升改造过程，大致经历了燕山晚期—喜马拉雅早中期（100~30 Ma）的缓慢抬升降温阶段和喜马拉雅中晚期 30~15 Ma（尤其是近 10 Ma）以来的快速抬升冷却-剥蚀改造阶段。燕山晚期—喜马拉雅早中期的缓慢抬升降温阶段，盆地东北缘隆起区的抬升速率分布在 48~80 m/Ma、平均接近 65 m/Ma，且构造抬升事件主要发生在 75~55 Ma，峰值年龄接近 65 Ma；侏罗系绿色蚀变和碳酸盐化漂白砂岩等记录了与之相近或稍早时期（95.8~85.3 Ma）的一次烃类调整或逃逸事件（吴柏林等，2014），东胜铀矿的主成矿作用几乎与这一时期的构造抬升过程同步，主要发生在 109~68 Ma，部分可后延至 56 Ma（夏毓亮等，2003；刘汉彬等，2007；李子颖等，2009）。研究区由"缓慢"转向"快速"抬升的构造-热转换事件主要发生在古近纪晚期的 30 Ma 以来，峰值年龄接近 15 Ma±，盆地东北部边缘翘倾隆起区的抬升速率主要分布在 115~128 m/Ma、平均接近 120 m/Ma，新近纪晚期以来的抬升速率进一步增大，平均可达 250 m/Ma。与之相对应，研究区二叠系原生油气藏遭受了调整改造，经历了峰值年龄接近 30 Ma±的次生成藏和后期更为明显的烃类逸散，并在烃类逸散路径上同期伴生有侏罗系延安组含煤岩系 20 Ma±的自燃烧变、东胜地区侏罗系铀矿化砂岩在 30~8 Ma 时段的叠加富集铀成矿作用（刘汉彬等，2007；李子颖等，2009）。

　　由此可以看出：①燕山中期主要发生在早白垩世 145~115 Ma 的构造热异常增温事件促成了盆地东北部不同结构单元多种矿产成矿（藏）作用的同步耦合、协同爆发，突出表现为榆林-神木的斜坡沉降区 140~128 Ma 的上古生界原生油气成藏和区域上古生界—中生界侏罗系的煤级定型，以及翘倾斜坡与边缘隆起之间构造转换过渡区带接近 149~120 Ma 的东胜中侏罗统直罗组铀矿化砂岩的预富集成矿。②燕山晚期以来的后期改造过程大致经历了燕山晚期—喜马拉雅早中期（100~30 Ma）的缓慢抬升阶段和喜马拉雅中晚期 30~15 Ma（尤其是近 10 Ma）以来的快速抬升冷却-剥蚀改造阶段，并先后促成了相对平稳抬升期东胜铀矿接近 109~68 Ma 的主成矿作用，以及快速抬升阶段盆地东北部斜坡区原生油气藏的调整改造-次生成藏（30 Ma±）、盆地边部翘倾区的煤矿层浅成定位和东胜铀矿化砂岩主要集中在 30~8 Ma 的叠加富集铀成矿，总体显示出构造抬升峰值年龄事件与油气次生成藏、烃类逸散和煤矿、铀矿等固体矿成矿事件之间近乎同步的耦合关联性。

（二）中-新生代构造-热参数转换与多种矿产耦合成（矿）藏的关系

依据前述研究区中-新生代构造演化-改造事件的峰值年龄序列和基于热史模拟计算获取的构造动力场与热力场参数，比对前人有关研究区煤矿和砂岩型铀矿等固体矿产的成矿参数数据（夏毓亮等，2003；张泓等，2005；向伟东等，2006，刘汉彬等，2007；李子颖等，2009），进一步综合表征了鄂尔多斯盆地东北部不同结构单元中-新生代构造-热转换与多种矿产耦合成矿（藏）定位之间的参数变化和关联特征（图 6.21）。从中可以看出，中-新生代演化-改造的关键构造事件及其在特定时空域的构造-热转换作用总体呈现出了盆地稳定沉降区与边缘活动翘倾隆起带之间构造动力场和热力场环境及其参数变化特征，它们在很大程度上关联或控制着该区不同结构单元多种沉积矿产的耦合成矿（藏）和定位，结合翟裕生等（2002，2004）和毛景文等（2003）对中国东部构造动力体制转换与成矿作用关系的研究认识，或可将其称之为多种共存矿产耦合成矿（藏）受控的极端构造动-热环境或临界状态。

燕山中期构造热异常增温事件是鄂尔多斯盆地内部差异沉降、东北部构造翘倾、边缘带岩浆热液活动和油气等多种矿产耦合成（矿）藏的主控构造事件。盆地东北部二叠系原生油气成藏、各含煤层段煤级定型和侏罗系铀矿化砂岩预富集成矿过程同步耦合的关键时段主要集中在燕山中期的 155～115 Ma，峰值年龄接近 135 Ma，构造动-热参数突出表现为构造岩浆活动背景下的高地温梯度（40 ℃/km）环境，盆内斜坡沉降区和边缘隆起带的含矿层古地温主要分布在 150～190 ℃ 和 110～150 ℃，分别接近 170±20 ℃ 和 130±20 ℃，其间的构造转换过渡区带平均接近 150±20 ℃。燕山中期构造热事件及其在盆地东北部不同结构单元形成的构造动力场和热力场环境，一方面促成了榆林-神木斜坡沉降区峰值年龄集中在 140～128 Ma 的二叠系原生油气成藏和区域上古生界—侏罗系含煤层系的煤级定型（张泓等，2005），另一方面还在盆地北部翘倾斜坡区引发了东胜中侏罗统直罗组铀矿化砂岩集中在 140～120 Ma 的预富集成矿（夏毓亮等，2003；向伟东等，2006，刘汉彬等，2007；李子颖等，2009）。

燕山晚期—喜马拉雅期的多旋回构造差异隆升事件在一定程度上控制了不同结构单元的抬升冷却状态和多种矿产的调整改造与成矿定位。燕山中期构造热事件之后，研究区首先经历了燕山晚期—喜马拉雅早期较长时段（100～30 Ma）的相对缓慢抬升冷却过程，构造抬升的峰期主要集中在 75～55 Ma，相伴引发了烃类的早期调整逸散和翘倾斜坡区侏罗系砂岩漂白-绿色蚀变（马艳萍等，2007；吴柏林等，2014）及其相应铀矿化砂岩集中在 100～56 Ma 的主成矿作用（夏毓亮等，2003；刘汉彬等，2007；李子颖等，2009），同时造成煤矿层差异抬升至较浅埋深状况。其中，砂岩型铀矿的主成矿作用主要发生在烃类逸散指向区的盆内沉降缓斜与边缘隆起之间的（神木-东胜）构造翘倾转换过渡区，构造动-热参数主要表现为构造抬升速率接近 35.2 m/Ma、地温梯度接近 32 ℃/km，盆内斜坡至边缘隆起区不同类型矿层温度分布在 140～90 ℃，过渡带平均接近 115±25 ℃。

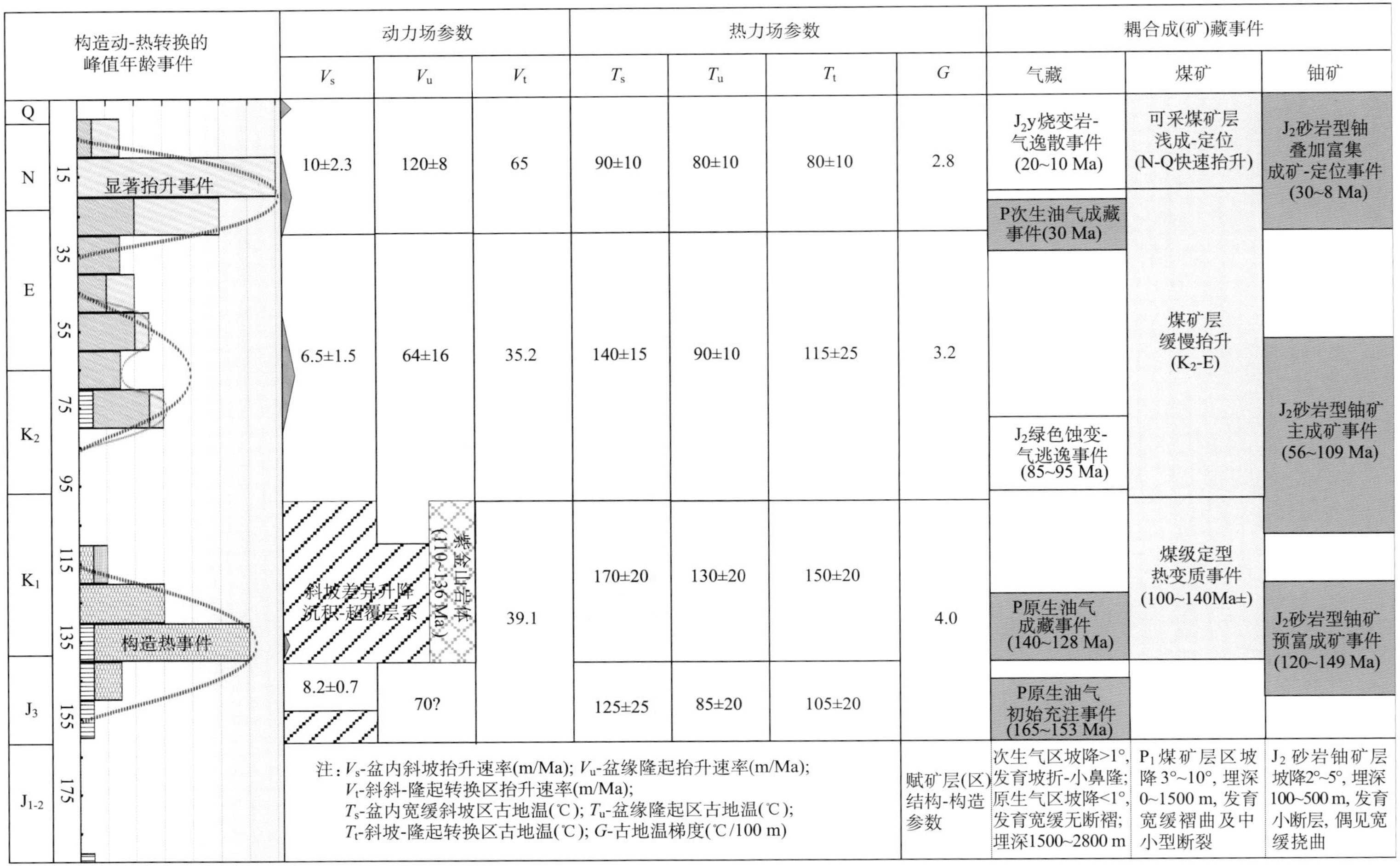

图 6.21　盆地东北部中-新生代构造活动-热参数转换与多种矿产耦合成(矿)藏事件的关系

　　喜马拉雅中晚期 30 Ma 以来，研究区进入了最为显著的后期抬升改造过程，快速抬升-剥蚀卸载事件的峰值年龄接近 15 Ma±。古近纪晚期—新近纪早期的 30~20 Ma 相当于燕山晚期—喜马拉雅早期缓慢抬升与喜马拉雅中晚期快速抬升之间的构造转换期，该期渐趋增大的构造抬升作用促成了斜坡沉降区上古生界原生油气藏的适度调整，同时伴生了上二叠统石千峰组峰值年龄接近 30 Ma±的次生油气成藏作用；随后，峰值年龄接近 15 Ma±的构造抬升改造事件更为显著的差异抬升-剥蚀卸载作用，不仅有可能造成油气藏调整改造和煤层气解吸等相关的大规模烃类逸散，同时引发了烃类逸散路径上构造翘升斜坡区侏罗系延安组含煤层系的局部烧变和东胜地区中侏罗统直罗组绿色蚀变砂岩带 30~8 Ma 的叠加富集铀成矿事件（夏毓亮等，2003；刘汉彬等，2007；李子颖等，2009），以及上古生界和侏罗系煤系地层的（超）浅成定位成矿。期间，盆地东北部多种矿产耦合成矿区的构造动-热参数突出表现为快速抬升速率平均接近 65 m/Ma、地温梯度接近 2.8 ℃/km，盆内斜坡至边缘隆起区不同类型矿层温度分布在 90~80 ℃，过渡带平均含矿层温度接近 80±10 ℃。

　　由此可以看出，盆地东北部燕山中期（155~115 Ma）峰值年龄接近 135 Ma±的构造热事件以较高的古地温梯度（40 ℃/km）和平均含矿层古地温（150±20 ℃），促成了区域性煤级定型、盆内斜坡沉降区古生界原生油气成藏和边缘翘倾过渡带侏罗系铀矿化砂岩的预富集成矿；燕山晚期—喜马拉雅早期（75~55 Ma）峰值年龄接近 65 Ma±的缓慢隆升事件的古地温梯度降至 32 ℃/km，抬升速率接近 35.2 m/Ma，含矿层古地温平均降至 115±25 ℃，相伴而生了原生油气藏和含煤层系的烃类调整逸散和盆地边缘翘倾带砂岩型铀成矿；喜马拉雅中晚期（峰值年龄接近 15Ma）以来快速隆升-剥蚀卸载事件的古地温梯度降至 2.8 ℃/km，抬升速率高达 65m/Ma，含矿层古地温平均降至 80±10 ℃，引发研究区二叠系原生油气藏的调整改造—次生成藏—油气逸散、煤层气解吸和煤矿层的（超）浅成定位，以及大规模烃类逸散指向区的侏罗系砂岩型铀矿叠加富集。显然，燕山中期构造热事件之后，盆地东北部以差异掀斜隆升-剥蚀卸载为主导的后期改造作用方式和特定构造转换时空域的构造动-热状态决定了盆地缓坡至边缘隆起带不同结构单元的构造动力场和热力场环境，很大程度上控制和影响了盆地东北部不同结构单元多种矿产的耦合成矿（藏）与富集定位；盆地东北部喜马拉雅中晚期 30 Ma 以来的快速构造抬升事件显然是不亚于燕山中期构造热事件耦合成矿作用的一次与构造抬升-剥蚀卸载作用相关的耦合成矿（藏）事件，并由此最终控制了多种共存矿产的保存状况和空间分布格局。

　　上述表明，鄂尔多斯盆地东北部不同结构单元多种共存矿产的成矿（藏）作用存在着明显的成因联系，它们在很大程度上受控于有限时间和空间域的特定构造动力学环境，使之能够不仅促成有机能源矿产的富集成矿（藏），同时引发烃类物质组分的适度逸散和其逸散指向地区形成适宜于砂岩型铀矿化富集的有机还原障环境。多种矿产的最终保存定位更为显著地受控于耦合成矿（藏）区后期改造作用与保存状况的平衡关系及其有利于多种矿产富集定位的构造动-热转换环境和空间结构状态。因此，多种沉积矿产的耦合成矿（藏）与保存定位在很大程度上应该是成矿物质富集区独具特点的临界构造动力学环境与地球化学环境耦合联动作用的结果，关键构造事件及其特定构造转换时空域的临界构造动-热环境与地球化学环境的联动很可能是决定多种矿产成矿（藏）要素和作用能否向着有利于多种矿产耦合富集成矿(藏)方向发展的关键因素。鄂尔多斯盆地东北部上述有限工作主要集中在中-新生代构造热事件、后期抬升事件及其构造动-热参数转换的耦合成矿(藏)效应研究,但对于多种矿产耦合成矿的地球化学环境及其临界参数的相关研究尚存缺憾,对于构造事件及其动-热转换环境与成矿地球化学环境之间的耦合联动效应知之甚少。因此,特定构造转换时空域的临界构造动-热环境下多种共存矿产耦合成矿与富集定位的临界地球化学环境,以及这两种临界环境的联动方式及其耦合成矿效应等,应该是包括研究区在内的盆地构造动力临界转换成矿(藏)作用研究值得进一步关注和深化认识的重要科学问题。

致谢：该项研究的重要基金资助课题包括国家 973 计划课题(2003CB214601、2003CB214607)、中国地质调查局国家油气资源调查计划项目重大专项课题(1212011220761-03)、教育部高等学校博士学科点博导类自然科学专项科研基金(201116101110006)、大陆动力学国家重点实验室科技部专项经费资助重点课题(BJ14252)、陕西省自然科学基金重点课题(2012JZ5001)和国家人社部留学人员科技活动择优资助基金(陕外专 2010-26)。特别感谢国家 973 计划(2003CB214600)首席科学家刘池阳教授、西北大学地质学系周立发教授和任战利教授等,英国伦敦帝国理工 Philip A. Allen 教授,长庆油田公司徐黎明、席胜利和张文正教授级高工,中国地质大学袁万明教授,核工业北京地质研究院欧光习研究员和中石油勘探开发研究院张有瑜高工等,他们在研究思路和样品分析中给予了很多有益的启示和帮助;同时感谢已毕业研究生章辉若、李书恒、李向平、孙建博、雷盼盼、李向东、胡延旭、黄得顺、师晓林、王志维、江涛、白国娟、李睿、毛小妮、李振华、李岩和李楠等对本项研究付出的辛劳和贡献。

参 考 文 献

陈刚, 孙建博, 周立发等. 2007a. 鄂尔多斯盆地西南缘中生代构造事件的裂变径迹年龄记录. 中国科学(D 辑), 37(增刊 I)：110~118

陈刚, 王志维, 白国娟等. 2007b. 鄂尔多斯盆地中新生代峰值年龄事件及其沉积构造响应. 中国地质, 34(3)：375~382

陈红汉. 2007. 油气成藏年代学研究进展. 石油与天然气地质, 28(2)：143~150

代世峰, 任德贻, 李生盛. 2006. 内蒙古准格尔超大型镓矿床的发现. 科学通报, 51(2)：177~185

董树文, 张岳桥, 龙长兴等. 2007. 中国侏罗纪构造变革与燕山运动新诠释. 地质学报, 81(11)：1449~1458

邓晋福, 魏文博, 邱瑞照. 2000. 中国华北地区岩石圈三维结构及其演化. 北京：地质出版社. 192~275

高峰, 王岳军, 刘顺生等. 2003. 利用磷灰石裂变径迹研究鄂尔多斯盆地西缘热历史. 大地构造与成矿学, 24(1)：87~91

李明诚, 单秀琴, 马成华等. 2005. 油气成藏期探讨. 新疆石油地质, 26(5)：587~591

李子颖, 方锡珩, 陈安平等. 2009. 鄂尔多斯盆地东北部砂岩型铀矿叠合成矿模式. 铀矿地质, 25(2)：65~70

刘池洋. 2005. 盆地多种能源矿产共存富集成藏(矿)研究进展. 北京：科学出版社. 1~42

刘池洋, 赵红格, 王锋等. 2005. 鄂尔多斯盆地西缘(部)中生代构造属性. 地质学报, 79(6)：737~747

刘池洋, 赵红格, 桂小军等. 2006. 鄂尔多斯盆地演化-改造的时空坐标及其成藏(矿)响应. 地质学报,

80(5)：617~633

刘汉彬，夏毓亮，田时丰. 2007. 东胜砂岩型铀矿成矿年代学及成矿铀源研究. 铀矿地质，23(01)：23~29

刘友民. 1982. 陕甘宁盆地北缘乌兰格尔地区白垩系油苗成因及意义. 石油勘探与开发，9(3)：39~43

马艳萍，刘池洋，赵俊峰等. 2007. 鄂尔多斯盆地东北部砂岩漂白现象与天然气逸散的关系. 中国科学（D 辑），37（增刊 I）：127~138

毛景文，张作衡. 2003. 华北及邻区中生代大规模成矿的地球动力学背景. 中国科学(D 辑)，33(4)：289~299

欧光习，李林强，孙玉梅. 2006. 沉积盆地流体包裹体研究的理论与实践. 矿物岩石地球化学通报，25(1)：1~11

任纪舜，王作勋，陈炳蔚. 1997. 新一代中国大地构造图. 中国区域地质，16(3)：225~230

任战利. 1999. 中国北方沉积盆地构造热演化史研究. 北京：石油工业出版社. 16~103

任战利，张盛，高胜利等. 2006a. 鄂尔多斯盆地热演化程度异常分布区及形成时期探讨. 地质学报，80(5)：674~682

任战利，张盛，高胜利等. 2006b. 伊盟隆起东胜地区热演化史与多种能源矿产的关系. 石油与天然气地质，27(2)：187~193

万天丰，朱鸿. 2002. 中国大陆及邻区中生代—新生代大地构造与环境变迁. 现代地质，16(2)：107~120

王飞宇，郝石生，雷加锦等. 1998. 砂岩储层中自生伊利石定年分析油气藏形成期. 石油学报，19(2)：40~43

王瑜. 2004. 构造热年代学——发展与思考. 地学前缘，11(40)：435~443

吴柏林，魏安军，胡亮等. 2014. 油气耗散作用及其成岩成矿效应. 地质论评，60(6)：1119~1211

夏毓亮，林锦荣，刘汉彬等. 2003. 中国北方主要产铀盆地砂岩型铀矿成矿年代学研究. 铀矿地质，19(3)：129~136

向伟东，方锡珩，李田港. 2006. 鄂尔多斯盆地东胜铀矿床成矿特征与成矿模式. 铀矿地质，22(5)：257~266

肖媛媛，任战利，秦江峰等. 2007. 山西临县紫金山碱性杂岩 LA-ICP MS 锆石 U-Pb 年龄、地球化学特征及其地质意义. 地质论评，53(5)：656~663

杨华，姬红，李振宏等. 2004. 鄂尔多斯盆地东部上古生界石千峰组低压气藏特征. 地球科学，29(4)：413~419

杨俊杰. 2002. 鄂尔多斯盆地构造演化与油气分布规律. 北京：石油工业出版社. 39~213

杨兴科，晁会霞，郑孟林等. 2008. 鄂尔多斯盆地东部紫金山岩体 SHRIMP 测年地质意义. 矿物岩石，28(1)：54~63

翟明国，孟庆任，刘建明等. 2004. 华北东部中生代构造体制转折峰期的主要地质效应和形成动力学探讨. 地学前缘，11(3)：285~294

翟裕生. 2004. 地球系统科学与成矿学研究. 地学前缘，11(1)：1~10

翟裕生，吕古贤. 2002. 构造动力体制转换与成矿作用. 地球学报，23(2)：97~102

张国伟，张本仁，袁学诚等. 2001. 秦岭造山带与大陆动力学. 北京：科学出版社. 171~282

张泓，何宗莲，晋香兰等. 2005. 鄂尔多斯盆地构造演化与成煤作用. 北京：地质出版社. 4~53

张艳萍. 2008. 鄂尔多斯盆地东部地区上古生界天然气成藏年代研究. 西安石油大学硕士学位论文. 69~74

张有瑜，罗修泉，宋健等. 2002. 油气储层中自生伊利石 K-Ar 同位素年代学研究若干问题的初步探讨. 现代地质，16(4)：403~407

张岳桥，廖昌珍. 2006. 晚中生代—新生代构造体制转换与鄂尔多斯盆地改造. 中国地质，33(1)：28~36

赵国春. 2009. 华北克拉通基底主要构造单元变质作用演化及其若干问题讨论. 岩石学报, 25(8): 1772~1792

赵红格, 刘池洋, 姚亚明等. 2007. 鄂尔多斯盆地西缘差异抬升的裂变径迹证据. 西北大学学报(自然科学版), 37(3): 470~474

赵靖舟. 2002. 油气包裹体在成藏年代学研究中的应用实例分析. 地质地球化学, 30(2): 83~89

赵越, 徐刚, 张拴宏. 2004. 燕山运动与东亚构造体制的转变. 地学前缘, 11(3): 319~328

郑德文, 张培震, 万景林等. 2005. 六盘山盆地热历史的裂变径迹证据. 地学前缘, 48(1): 157~164

邹和平, 张珂, 刘玉亮等. 2010. 鄂尔多斯地块北部中-新生代玄武岩地球化学特征及其地质意义. 大地构造与成矿学, 34(1): 92~104

Brandon M T. 1992. Decomposition of fission track grain age distributions. American Journal Science, 292: 535~564

Brandon M T. 1996. Probability density plot for fission track grain age samples. Radiation Measurement, 26(5): 663~676

Chen G, Ding C, Xu L M et al. 2013a. Analysis on the thermal history and uplift process of Zijinshan intrusive complex in the eastern Ordos Basin. Journal of Geophysics, 56(1): 78~79

Chen G, Yang F, Li S H et al. 2013b. Geochronological records of oil-gas accumulations in the Permian reservoirs of the northeastern Ordos Basin. Acta Geologica Sonica, 87(6): 1701~1711

Chen G, Li S H, Zhang H R et al. 2013c. Fluid inclusion analysis for constraining the hydrocarbon accumulation periods of the Permian reservoirs in northeast Ordos Basin. Journal of Earth Science, 24(4): 589~598.

Galbraith R F, Laslett G M. 1993. Statistical models for mixed fission track grain ages. Nuclear Tracks Radiation Measurement, 21: 459~470

Gleadow A J W, Dubby I R, Lovering J F. 1983. Fission track analysis: a new tool for the evaluation of thermal histories and hydrocarbon potential. Australian Petroleum Exploration Association Journal, 23: 93~102

Gleadow A J W, Duddy I R, Green P F et al. 1986. Fission track lengths in the apatite annealing zone and the interpretation of mixed ages. Earth and Planetary Science Letter, 78: 245~254

Hamilton P J, Kelley S, Fallick A E. 1989. K-Ar dating of illite in hydrocarbon reservoirs. Clay Minerals, 24: 215~231

Ketcham R A, Donelick R A, Donelick M B. 2000. AFT solve: a program for multi-kinetic modeling of apatite fission-track data. Geological Materials Research, 2(1): 1~32

Ying J F, Zhang H F, Sun M et al. 2007. Petrology and geochemistry of Zijinshan alkaline intrusive complex in Shanxi Province, western North China Craton. Lithos, 98: 45~66

Yuan H L, Gao S, Liu X M et al. 2004. Accurate U-Pb age and trace element determinations of zircons by laser ablation inductively coupled plasma mass spectrometry. Geoanalytical and Geostandard Research, 28(3): 353~370

　　油气的运聚成藏是发生在地质历史时期的事件和过程，对其认识需要对盆地充填和地层埋藏的历史进行恢复，从而了解与油气成藏相关地层的空间展布特征及其随盆地演化所发生的变化，动态地认识烃源岩埋藏成熟生烃、排烃、运移、成藏的过程。

　　自三叠系纸坊组沉积以来，鄂尔多斯盆地依次沉积了三叠系延长组、侏罗系富县组、延安组、直罗组、安定组，以及下白垩统和第四系，部分地区钻遇古近系和新近系。以上各层组间为不整合或假整合接触，记录了盆地多次沉降和构造抬升历史。

　　本章主要以钻井、测井资料为依据，建立现今地层空间格架；结合野外观察及前人研究认识，重点对三叠纪末期、中侏罗世末期、侏罗纪末期和晚白垩世以来四个时期的地层剥蚀厚度进行估算，进而分析认识地层埋藏历史，为建立油气运聚成藏动力学模型提供基础资料。

第一节　现今地层格架

　　鄂尔多斯中生代盆地自晚三叠世以来开始形成。晚三叠世延长期早期，由于盆地周缘相对抬升，形成面积大、水域广的大型鄂尔多斯湖盆。鄂尔多斯盆地上三叠统—白垩系为多旋回河流-湖泊相碎屑岩沉积，累计厚度可达3000~4000 m，在盆地东南部保存的地层厚度最大。

　　由于研究区地表黄土覆盖层对地震探测信号有较大的影响，地震资料品质较差。因此，在充分认识总结前人研究成果的基础上，利用近600余口井的钻井和测井地层资料，绘制了现今延长组各段及其上覆地层的厚度图和界面构造图。

一、三叠系延长组各段

1. 延长组长9、长10段

　　盆地长9段顶面构造形态整体上呈中间低四周高，尤以东、西缘为高，西缘高程变化梯度明显大于东缘（图7.1a）。低部位高程为−1000 m，位于环县—盐池一带，高部位为1000 m，为盆地周缘。长9、长10段总厚度为130~450 m，以子长和富县为厚度中心，向周围减薄（图7.1b）。延长组底界东缘翘起，环县一带为构造低部位，高程为−1500 m，东部翘起部位最大高程达1200 m（图7.1c）。

＊　作者：陈瑞银[1]，罗晓容[2]，喻建[3]. [1]中国石油勘探开发研究院，北京；[2]中国科学院油气资源重点实验室，北京；[3]中国石油长庆油田公司，西安.
E-mail: sdcry chen@ sohu. com

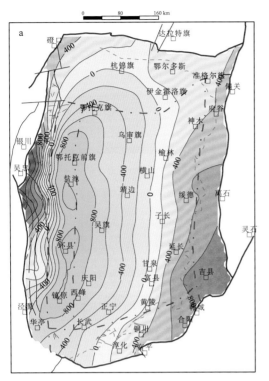
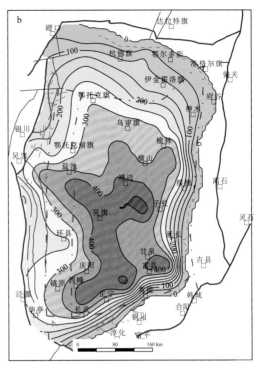
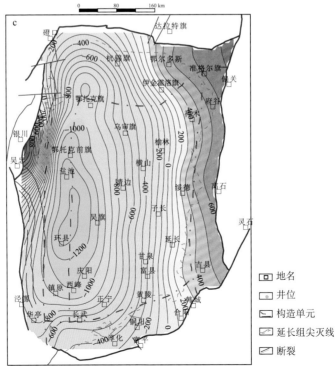

图 7.1　延长组长 9+10 段残余厚度及地层顶、底面构造图(单位：m)

a. 长 9 段顶面构造图；b. 长 9+10 段等厚图；c. 长 10 段底面构造图

2. 三叠系延长组长 8 段

盆地范围内，该段地层残余厚度为 0~140 m（图 7.2a），南部和西缘为高厚度区，盐池、榆林以及盆地周缘为低厚度区，在盆地东缘、南缘和北缘地层缺失。姬塬、安塞、白豹地区厚度为 80~100 m。该段地层顶面构造形态与长 9 段相似，低部位高程为−1000 m，高部位为 1200 m（图 7.2b）。

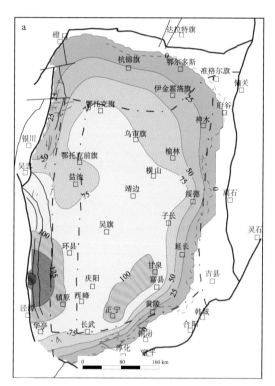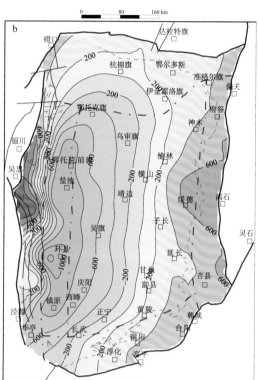

图 7.2　延长组长 8 段残余厚度及地层顶面构造图（单位：m）
a. 残余厚度图；b. 地层顶面构造图。图例见图 7.1

3. 三叠系延长组长 7 段

该层以吴旗、富县为最大残余厚度中心，向盆地四周减薄，厚度值为 0~120 m（图 7.3a）。由于盆地沉积背景和后期的抬升剥蚀，该层在东缘被剥蚀殆尽。顶面构造形态整体上中低周缘高，但在盆地西南方向上开口，高程范围为−1000~1000 m（图 7.3b）。

4. 三叠系延长组长 6 段

该地层在盆地中南部为最大残余厚度区，最大厚度为 130 m。地层沉积后抬升剥蚀事件的发生，造成该地层在盆地东缘遭受剥蚀，使地层尖灭线进一步西移（图 7.4a）。该层顶面构造形态与长 7 顶面构造形态相似，在盆地范围内呈中低周高之势，但等高线在西南部基本闭合（图 7.4b）。

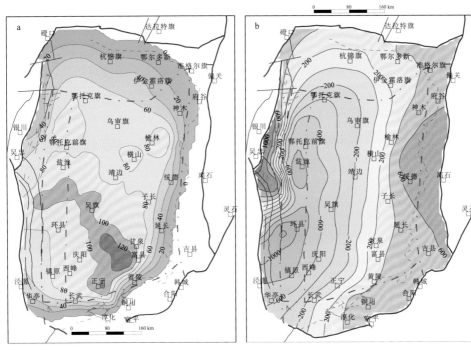

图 7.3　延长组长 7 段残余厚度及地层顶面构造图(单位：m)

a. 残余厚度图；b. 地层顶面构造图。图例见图 7.1

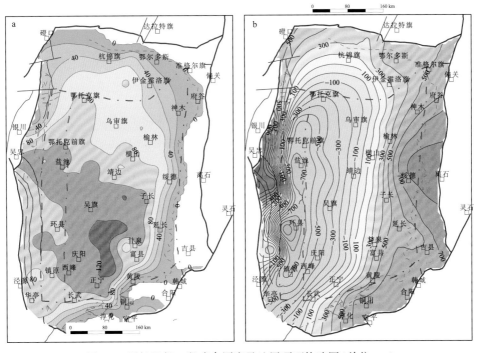

图 7.4　延长组长 6 段残余厚度及地层顶面构造图(单位：m)

a. 残余厚度图；b. 地层顶面构造图。图例见图 7.1

5. 延长组长 1—长 4+5 段

长 1—长 4+5 段累计残余厚度分布如图 7.5a 所示，呈中厚边缘薄，靖边和富县两地区为最大厚度区，最大厚度为 500 m。该层段由于古河道的下切侵蚀作用，在镇原、吴旗地区遭受较大剥蚀。该层顶面构造低部位进一步向西南转移，地层向西倾，呈单斜趋势，高程变化范围为 -900~1000 m（图 7.5b）。

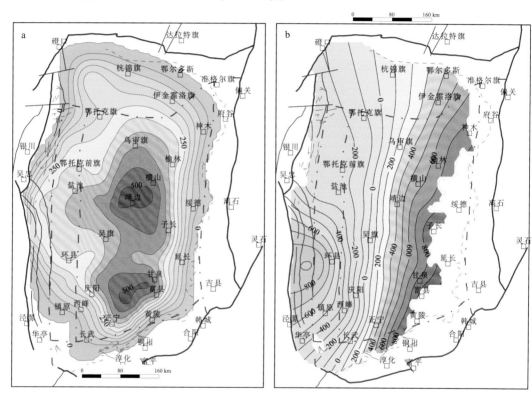

图 7.5　延长组长 1~长 4+5 段残余厚度及地层顶面构造图（单位：m）

a. 残余厚度图；b. 地层顶面构造图。图例见图 7.1

二、侏罗系各组

1. 富县组

由于富县组以三叠纪末的古河道为沉积背景，其厚度在古河道发育区明显增厚。最大厚度 90 m，其他地区则多小于 30 m（图 7.6a）。富县组顶面构造低部位以环县为中心，最低为 -800 m，盆地东、西两缘翘起（图 7.6b）。

2. 延安组

该层残余厚度较大，盐池、环县一带达到 300 m（图 7.7a）。南部地区地层减薄，长武一带为 120 m。该层顶面构造与下伏地层构造相似，但构造低部位向南移至镇原一带，高程变化范围 -400~1100 m，等高程线呈喇叭状向西南开口（图 7.7b）。

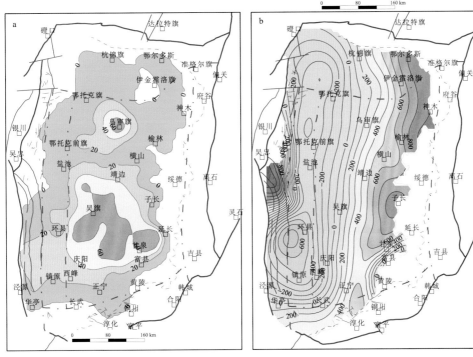

图 7.6 侏罗系富县组残余厚度及地层顶面构造图(单位:m)

a. 残余厚度图;b. 地层顶面构造图。图例见图 7.1

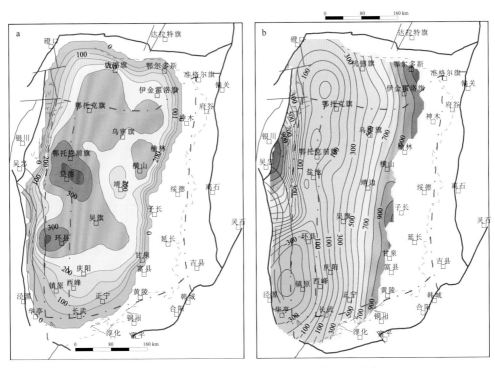

图 7.7 侏罗系延安组残余厚度及地层顶面构造图(单位:m)

a. 残余厚度图;b. 地层顶面构造图。图例见图 7.1

3. 直罗组

直罗组地层厚度变化大，变化范围为 100~600 m。盆地西部残余厚度最大，向东南方向地层减薄。安塞、西峰、白豹地区为 200~300 m，姬塬地区厚度大于 400 m（图 7.8a）。顶面构造形状与延安组顶面相似（图 7.8a）。

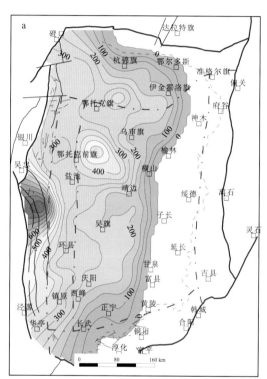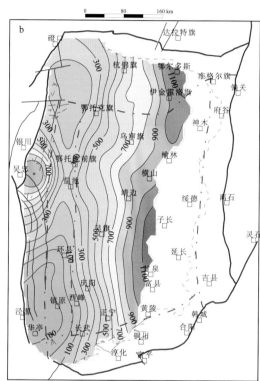

图 7.8   侏罗系直罗组残余厚度及地层顶面构造图（单位：m）

a. 残余厚度图；b. 地层顶面构造图。图例见图 7.1

4. 安定组

安定组地层厚度从西向东减薄，范围为 0~300 m（图 7.9a）。顶面构造与下伏地层近似，但等高程线变化梯度减小（图 7.9b）。

三、白垩系与新生界

1. 白垩系

白垩系地层在盆地西缘最大厚度达 1400 m，横山—富县一线以东遭受强烈地层剥蚀，致使地层缺失（图 7.10a）。顶面地势呈西高东低趋势展布，最大海拔为 1500 m（图 7.10b）。

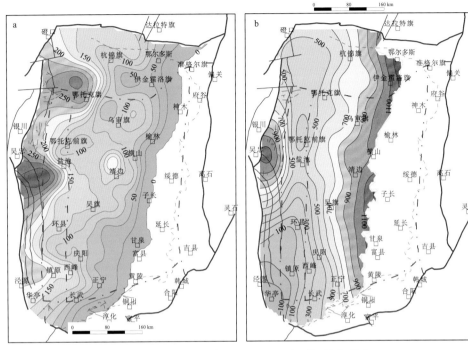

图 7.9 侏罗系安定组残余厚度及地层顶面构造图(单位：m)

a. 残余厚度图；b. 地层顶面构造图。图例见图 7.1

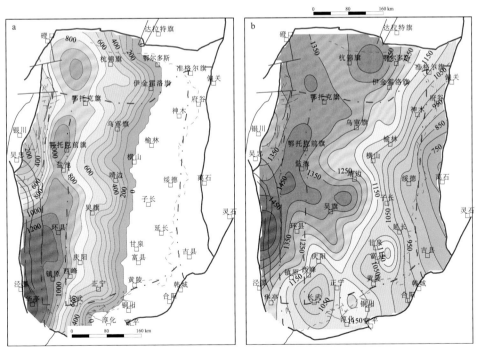

图 7.10 白垩系残余厚度及地层顶面构造图(单位：m)

a. 残余厚度图；b. 地层顶面构造图。图例见图 7.1

2. 新生界

该地层仅在乌审旗、吴旗、西峰、镇原等地区零星分布(图 7.11a),其中,镇原、西峰及姬塬为厚度高值区,最大厚度 260 m。地表构造等值线图显示,该层顶面与白垩系顶面形态相似(图 7.11b)。

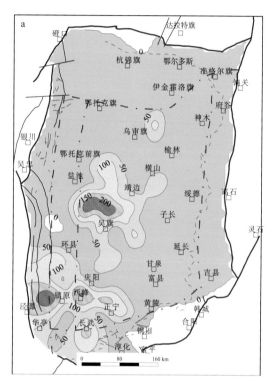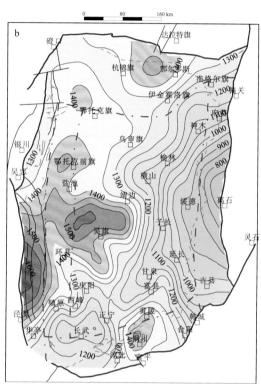

图 7.11 新生界总残余厚度及地层顶面构造图(单位:m)
a. 残余厚度图;b. 地层顶面构造。图例见图 7.1

第二节 不整合面对应的剥蚀厚度恢复

根据前人研究,鄂尔多斯盆地自三叠纪以来发生过多期剥蚀事件,特别是三叠纪末、中侏罗世末、侏罗纪末、晚白垩世以来的四次构造抬升较为强烈,地层剥蚀显著,对延长组油气成藏过程产生了重要影响。其中,晚白垩世鄂尔多斯盆地发生了三叠纪以来最为强烈的一期全盆抬升剥蚀事件,导致的地层剥蚀厚度最大。

一、不整合面的基本特征

1. 三叠系\侏罗系

受印支晚期构造运动的影响,延长组顶部地层遭受剥蚀,与上覆侏罗系呈角度不整合接触关系，这种不整合接触关系在盆地西部地区较为明显，向东逐渐减弱呈假整合。不整合面之下延长组为湖相沉积，地层发育幅度和规模较小的褶皱和冲断。

2. 侏罗系直罗组\延安组

燕山第一幕构造运动致使盆地短暂抬起，造成直罗组与延安组间沉积间断，不整合面上下地层为平行不整合接触关系。尽管剥蚀强度较弱，但在整个盆地范围内均有发生。

3. 侏罗系\白垩系

燕山运动第二幕发生在安定组沉积后，盆地主体上升剥蚀，致使上侏罗统芬芳河组地层完全剥蚀，在横山、富县以东地区进一步剥蚀安定组。盆地内部安定组与白垩系为平行不整合接触关系，盆地边界不整合面上下地层表现为小角度的上超接触关系。

4. 白垩系\第四系

受整个华北地区普遍发育的构造事件影响，下白垩统与第四系间呈角度不整合接触。喜马拉雅运动使得盆地及其周边地区整体受挤压应力作用，纵向上发生差异构造抬升，侧向上构造变形较弱，局部地区地层发育宽缓小型褶皱(图 7.12)。后期第四系黄土覆盖其上。

图 7.12 大板梁地区白垩系地层发育的背斜

以上各不整合面在测井曲线上均有反映，表现为上下地层泥岩基线的错位。

二、剥蚀厚度估算

剥蚀厚度恢复是建立油气运聚成藏动力学模型的基础工作。本小节主要对三叠纪末期、中侏罗世末期、侏罗纪末期、晚白垩世以来等四期剥蚀事件导致的地层剥蚀厚度进行了估算。

（一）方 法 选 择

地层剥蚀厚度估算的方法很多，常用的剥蚀厚度估算方法有泥岩压实曲线外推法、地层沉积趋势法、地震同相轴追踪法、镜质组反射率恢复法、磷灰石裂变径迹法等。由于不同地区沉积埋藏特点各不相同，其地质特征不能满足某种方法所设定边界或前提假设时，用此种方法估算的剥蚀厚度可信度不高。因此，必须结合本区地质特点，对剥蚀厚度估算方法进行筛选。

泥岩压实过程通常是一个不可逆过程，当剥蚀造成上覆负荷降低，泥岩基本上保持曾经经历的压实状态。在剥蚀面上新沉积物的重量达到其原先沉积过又被剥蚀掉地层的重量之前，泥岩的压实状态将一直保留。泥岩压实曲线外推法估算剥蚀厚度的适用前提为：①剥蚀量大于上覆地层沉积量；②地层泥/砂值高，且泥岩单层厚度达到资料信息可分辨的尺度。

利用地热演化指标方法（R^o 方法、裂变径迹法等）估算剥蚀厚度的原理与压实曲线方法类似，是利用一些热指标热演化不可逆的性质。随剥蚀作用发生，地层埋深减小，温度随之下降，地层内热指标仍保持曾经遭受的最大受热状态。若剥蚀后地层的沉积厚度不能使下伏地层达到其曾经遭受的温度，剥蚀前的热信息将一直保留，可以用来估算剥蚀厚度。这种方法适用的条件为：①后期热强度小于该期的热强度；②测试准确、数据可靠。

鄂尔多斯盆地发生在三叠纪末期、中侏罗世末期及侏罗纪末期的三期剥蚀事件，由于剥蚀量小于再沉积量，不能满足泥岩压实曲线外推法及地热指标方法的使用前提。

虽然大部分地区白垩系地层剥蚀厚度超过了后期上覆地层的厚度，但被剥蚀掉的地层厚度所占比例太大，白垩系本身的残余厚度较薄，加上沉积相变化强烈，泥岩段仅在研究区西部发育，其他地区不能作出可靠的泥岩压实曲线，因此泥岩压实曲线外推法估算的地层剥蚀厚度可信度较低。同时，研究区缺乏系统的地热指标的测量数据，而且白垩系不是油气勘探目的层，可供使用的资料很少。因此，本区热指标方法实际上不能应用。

鉴于以上方法的限制条件，结合鄂尔多斯盆地内钻井分布均匀、钻井资料齐全，基本可控制全区以及测井曲线较完整的特点，作者以钻井分层资料为基础，采用地层沉积趋势法与压实趋势线法结合的方法，对盆地内四个不整合面所对应的剥蚀厚度进行恢复。

我们分析统计了 600 多口井分层资料，在沉积相研究的基础上，选取 210 口井，沿主要层系沉积相展布的北东方向及与之垂直的北西方向，选择 21 条联井剖面控制研究区（图 7.13），建立剥蚀厚度恢复模型，估算延长组、延安组、安定组和白垩系等地层的剥蚀量。

工作中应用剖面交叉井在不同剖面上恢复出的结果进行验证。若偏差较大，则在古地层界面基准标注井控制的基础上，根据各交叉井点恢复结果进一步调整校正各剖面线，兼顾地层真、视厚度差异，进行反复调整剥蚀厚度恢复剖面，从而使恢复结果更接近地质事实。

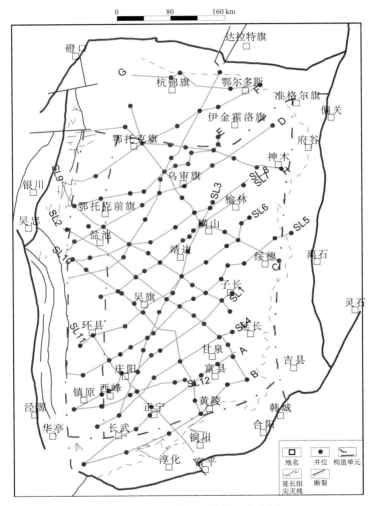

图 7.13　剥蚀恢复联井剖面分布图

（二）剥蚀厚度恢复模型与基准标注井选择

进行地层恢复时，在上述地层剖面基础上，以相同地层未发生剥蚀范围内的井为基准标注井（图 7.14，图中有暗色框的井为剖面所在层的基准标注井），以这些井的地层厚度数据为基础，将地层底面和下部保存完整的地层面上移到标注井所恢复地层的上界面处作为趋势线，然后向剥蚀区延展趋势线得到剥蚀厚度值。最后，把不同剖面的恢复结果对比进行检验，不同剖面相交点，所获得的剥蚀厚度应该一致。

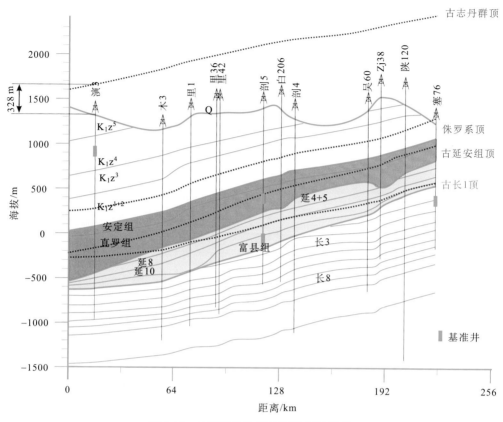

图 7.14　地层趋势法剥蚀厚度恢复模型

　　根据前人研究成果，鄂尔多斯盆地西部环县一带为白垩纪的沉积沉降中心，后期地层遭受剥蚀程度从西到东逐渐加强，环县-镇原为弱剥蚀区。该区环 40 井、演 9 井和演 3 井一带白垩系上覆的地层厚度仅 10 m，适于泥岩压实曲线外推法确定剥蚀的"恢复地表"高度。选择环 40 井和演 9 井，利用其声波时差资料作出压实曲线，估算白垩系地层剥蚀厚度(图 7.15)。

　　研究区白垩系残余地层由西到东减薄，在横山-富县一线尖灭。岩性为粗粒碎屑岩，测井显示泥岩段少而薄，一般厚度小于 10 m，仅在环县一带泥岩较发育。结果表明，晚垩世以来发生的剥蚀事件导致环 40 井白垩系地层剥蚀厚度为 370 m，演 9 井白垩系地层被剥蚀厚度为 313 m。西北大学对邻近演 3 井白垩系地层剥蚀厚度的估算结果为 328 m(陈荷立、王震亮，1992)，与我们的估算结果相符。由此，选择环 40 井、演 9 井及演 3 井作为该期剥蚀恢复的基准标注井。

　　其他三期剥蚀由于剥蚀量较小，以近似零剥蚀区的井作为基准标注井。三叠纪末期、中侏罗世末期和侏罗纪末期的剥蚀厚度基准标注井分别选用塞 26 井、定探 2 井和盐 5 井。

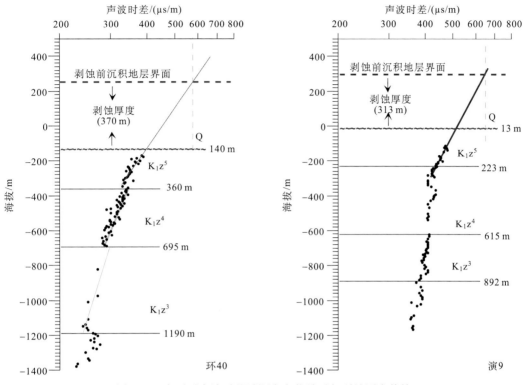

图 7.15　白垩系声波时差随深度变化关系与剥蚀厚度估算

（三）多期剥蚀叠加时的剥蚀量分配

由现今残留地层及其侧向延伸的趋势分析，鄂尔多斯盆地三叠纪末发生的盆地抬升使盆地内延长组地层遭受剥蚀，剥蚀的最深层位到长 6 段；侏罗纪延安期末的盆地抬升剥蚀局限在延安组地层内；而在侏罗纪末发生的地层盆地抬升剥蚀也主要限于安定组内。白垩纪以来发生的剥蚀作用在盆地西部基本限于白垩系之内，但在盆地东部的剥蚀程度很大，相当一部分地区的白垩系都剥蚀殆尽，下伏侏罗系乃至部分地区的上三叠统也都遭受不同程度的剥蚀。根据地层沉积与剥蚀的时间序列，按照小层及各自不整合面的延展趋势，可以获得各地层的"恢复地表"及"恢复不整合面"（图 7.16）。"恢复不整合面"就是按照仅记录了同期抬升剥蚀的地层不整合面纵横向延展趋势，恢复多期剥蚀叠加区域某期剥蚀在后期剥蚀叠加前的不整合面。

（四）剥蚀厚度估算结果验证

要验证剥蚀厚度估算结果的可靠性和基准标注井位置白垩系遭受剥蚀前的地层顶界面取值的正确性，可应用不同方法对非基准井的某点恢复其地层剥蚀厚度，对比结果的

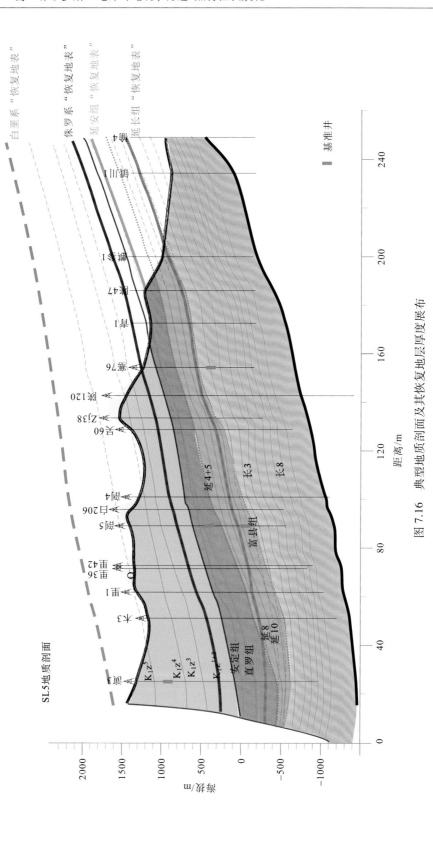

图 7.16 典型地质剖面及其恢复地层厚度展布

异同。鉴于实际地质背景条件下可用资料的局限性，选用单井深度上 R^o 测点较多的庆 36 井，验证地层对比法估算剥蚀厚度的结果。原则上此两种方法获得的结果相差不会太大，但由于 R^o-深度曲线法计算的剥蚀厚度值与地表 R^o 取值有很大的关系，R^o 每变动 0.01% 便会造成地层剥蚀厚度值 50~150 m 的变化幅度。地层对比法获得的结果精度主要由位于盆地弱剥蚀区的基准井的古地层顶面精度决定。因此，当两方法存在 150 m 差异的范围内，地层对比法由于基准井的可靠性更高，最后结果以地层对比法结果为准。当两方法获得的结果差别大于 150 m 时，则应考虑各自原始资料的可靠性和操作中的错误等原因。

据赵孟为（1996）对庆 36 井镜质组反射率系统的测试数据绘制庆 36 井镜质组反射率与深度关系（图 7.17）。中侏罗世末期和侏罗纪末期两期剥蚀量不大，界面上下的 R^o 无明显变化，因此该井纸坊组以上 R^o 的变化趋势可以代表白垩系地层被剥蚀之前 R^o 的变化特征，R^o 与深度的回归关系式为

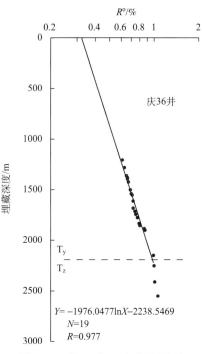

图 7.17 庆 36 井 R^o 与深度关系

$$Z = -1976.0477\ln R^o - 2238.5469 \qquad (7.1)$$

式中，Z 为样品埋藏深度，单位 m；R^o 为镜质组反射率，单位 %，曲线拟合相关系数为 0.977。

不同井位 R^o 随深度的变化梯度可能相同，但上式的常数项因剥蚀厚度不同而不同。考虑到白垩系岩性对地温梯度的影响，取地表 R^o 值为 0.21%（Dow，1977），代入式（7.1）可获得该井处地层遭受剥蚀前的白垩系顶面海拔为 845 m。现今庆 36 井白垩系顶面海拔为 -62 m，据此推算白垩纪末期在该井处的剥蚀厚度为 907 m。

在该井处，地层对比法恢复的剥蚀量（770 m）是根据目前埋藏深度更大地区压实程度较高地层的厚度在侧向上外推获得，即沉积颗粒经早成岩作用阶段压实后的厚度，而镜质组反射率法的恢复结果是被剥蚀地层剥蚀前最大沉积厚度时的值，二者间存在一定差异。考虑地层埋藏压实效应，按照该井残余白垩系地层的砂地比为 60%，取白垩系初始沉积物孔隙度为 50%（罗静兰等，2001）、残余地层顶部现今孔隙度为 20%（刘世安等，1996），推算庆 36 井当时剥蚀掉的地层厚度为 916 m。因此，应用地层对比法估算的庆 36 井白垩纪剥蚀厚度校正后的值（916 m）与镜质组反射率方法估算结果（907 m）相近，表明剥蚀厚度恢复结果可信。

通过对比不同时期各单位对部分井位白垩系地层剥蚀厚度恢复结果（表 7.1），可以发现，本研究估算的剥蚀厚度较西北大学研究的结果接近而与长庆油田勘探开发研究院估算结果存在一定的差异。出现这些差异的主要原因仍然是方法的选择。本地区地层时

代偏老，由于地层流体与岩层的物理化学作用、成岩作用对孔隙结构的影响较大，现在声波时差不能反映历史时期被剥蚀地层沉积时的环境和状态；另外，由于大部分地区的白垩系地层纯泥岩段少，声速的读取受到影响，人为因素易导致这种剥蚀厚度估算方法结果存在偏高偏低的不确定性；在没有全区系统校正的情况下，通过单井泥岩压实估算的剥蚀厚度，难以保证其结果的准确性。地层沉积趋势法是地层原始的形态记录，不受后期地层再埋藏和热事件的影响，在构造作用引起断层对地层切割较弱的地区，这一方法可避免较大的误差。鄂尔多斯盆地中生界沉积环境较为稳定，地层厚度横向变化不大，应用地层沉积趋势法估算的地层剥蚀厚度，应具有较高的可信度。

表 7.1 白垩系地层剥蚀厚度恢复结果对比表（单位：m）

井号	本研究	西北大学 1988.7 1992.12	长庆油田勘探开发研究院 1999.12	井号	本研究	西北大学 1988.7 1992.12	长庆油田勘探开发研究院 1999.12
	地层沉积趋势法	泥岩压实法	泥岩压实法、R^o法		地层沉积趋势法	泥岩压实法	泥岩压实法、R^o法
定探 2	730	910	200	塞 8	1230	1539	
岭 111	690	751		陕 117	1250		780
岭 72	720	724	490	陕 147	1030		630
木 3	610	307	400	陕 25	1060	676，1100	640
剖 12	535	798	600	陕 53	990		500
剖 14	440	844	670	陕 55	850		405
剖 24	820	934	625	陕 56	830		320
剖 25	925	1084	710	吴 60	870	819	650
剖 26	1100	1234	750	午 21	820	870	530
庆 36	770	800	560	西 26	625	800	600
庆深 1	850	780	530	盐 19	610	577	180
庆深 2	400	111	310	演 3	328	328	420
塞 76	1120	1204	850	城川 1	930	891	400

（五）剥蚀厚度估算结果

依据上述地层剥蚀厚度恢复结果，可在平面上勾绘出各时期地层剥蚀厚度等值线，进一步分析不同时期地层剥蚀特征（图 7.18）。

1）三叠纪末，延长组顶部遭受剥蚀的强度不大，整体为西强东弱的趋势。庆阳、镇原、环县等西南地区最大剥蚀厚度为 400 m；靖边以东地区剥蚀厚度较小，一般在 100 m以下。早侏罗世古河道的下切，使得延长组在吴旗、庆阳地区被切割，剥蚀厚度增大，残余地层相对减薄（图 7.18a）。

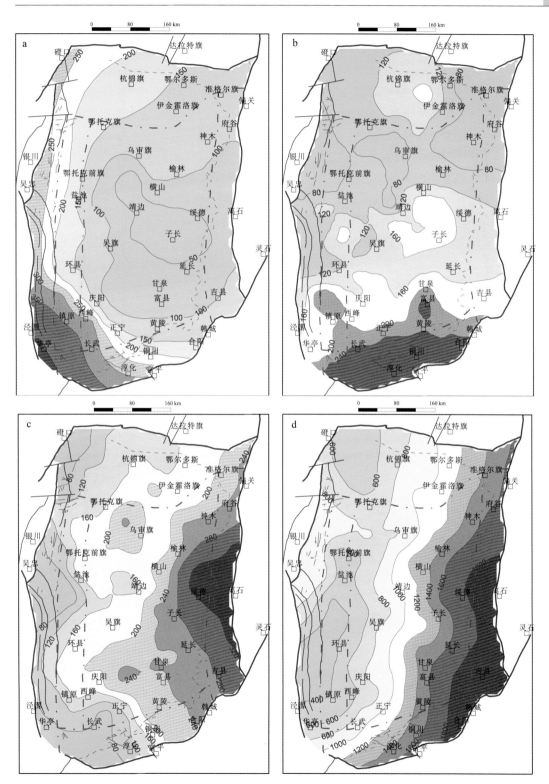

图 7.18 鄂尔多斯盆地地层剥蚀厚度等值线图(单位: m)

a. 三叠纪末;b. 中侏罗世末;c. 侏罗纪末;d. 早白垩世末。图例见图 7.1

2）中侏罗世末剥蚀事件使地层遭受剥蚀的强度不大，延安组遭受剥蚀。最大剥蚀区在镇原-庆阳-甘泉以南地区，最大剥蚀厚度为 250 m；盐池以西和以北地区剥蚀厚度最小，普遍低于 100 m（图 7.18b）。

3）侏罗纪末的剥蚀事件以芬芳河组和安定组遭受剥蚀为特征。富县-横山以东地区为强剥蚀区，剥蚀厚度为 200~320 m。盐池以东地区剥蚀厚度小于 150 m，为弱剥蚀区；庆阳、子长地区剥蚀厚度为 150~250 m（图 7.18c）。

4）白垩纪末发生中生代以来强度最大的一期剥蚀事件，某些地区甚至剥蚀到上三叠统。剥蚀厚度由西南向东逐渐增大，至榆林、甘泉以东地区达 1200 m 以上。低剥蚀厚度中心在环县以北和镇原以南地区，剥蚀厚度最小值低于 400 m（图 7.18d）。

总体上，白垩纪末开始的地层剥蚀事件最为强烈，剥蚀厚度最大，其他三个时期的剥蚀强度相对较弱。早侏罗世发生的剥蚀事件由于古河道的下切，造成该阶段的剥蚀厚度局部较大。剥蚀事件反映了不同时期地层抬起的幅度，自延长组沉积以来盆地具有依次以西部、南部、东南和东部为中心的差异抬升并遭受剥蚀的演化特征。

第三节　地层埋藏史

在现今地层空间展布格架及剥蚀厚度估算研究分析的基础上，我们应用 Temis 和 Genesis 盆地模型软件，在沉积埋藏规律和计算机反演技术的支持下，对地层埋藏历史过程进行恢复，认识地质历史时期地层起伏和埋深特征。图 7.19 为研究区长 8 段侏罗纪末期三维埋藏特征。

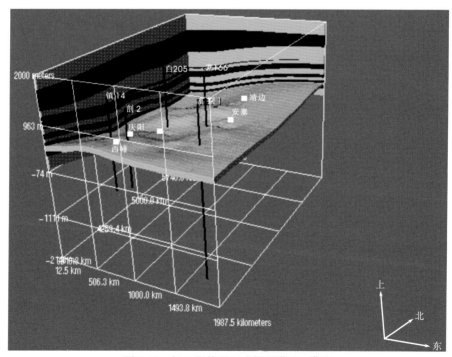

图 7.19　长 8 段侏罗纪末期埋藏 3D 模型

需要说明的是，Temis 软件所绘制的 3D 构造图中的高程值定义以海平面为基线，为方便与其他图件的对比，我们最终的构造图中以 2000 m 为基线，向下为正。

以研究区延长组长 8 段、长 6 段和长 3 段目的层为代表，按侏罗纪末、早白垩世末、白垩纪末以及现今四个时间探讨构造演化特征。

一、侏 罗 纪 末

该时期对应的是燕山运动期的一幕轻微构造波动事件前夕，是侏罗系在盆地范围内最大沉积时期。长 8 顶面为由南向北逐渐降低的单斜构造，彬县为构造高部位，海拔为 680 m；盐池以北为构造低部位，最小海拔-200 m（图 7.20a）。吴旗、靖边一带地势较缓，平均海拔 360 m。西峰地区海拔较高，位置接近彬县构造高点；安塞地区稍低，与吴旗地区近似；白豹为相对较低的沟谷地区，相对周围地区海拔低 120 m；姬塬地区较低，平均海拔为 120 m。从构造上分析，吴旗、安塞地区为有利油气运聚的隆起带；姬塬地区地层坡度大，但无闭合区，不利于油气聚集，但不排除岩性圈闭的可能性；西峰地区虽位于斜坡地带，如果存在被低渗透包围的高孔渗砂体区，可以形成有利聚集带。

长 6 顶面构造形态整体呈东高西低的斜坡走势，西部低部位海拔-800 m，东部最高部位海拔 1200 m（图 7.20b）。安塞地区处于较缓的斜坡上，海拔约 900 m，利于油气在高孔渗储层储集；西峰、白豹和姬塬地区坡度大。

长 3 顶面构造形态与长 6 相似，最高海拔 1000~1240 m，最低海拔 120~-240 m（图 7.20c）。长 3 与长 6 的最大不同在于，华池-吴旗的构造隆起逐渐从安塞地区独立出来，成为一独立的长轴背斜，背斜顶面闭合高 80 m，可构成构造-地层圈闭。

二、早白垩世末

早白垩世末，由于盆地西缘的构造应力推挤，环县一带相对下沉，接受了巨厚的白垩系沉积。此时，长 8 顶界构造起伏特征如图 7.21a 所示，整体为西北低、东南高的斜坡构造形态，等值线弧度不大，仅在白豹、志丹和吴旗地区由于地势变化缓慢而有一定的摆动。最低部位海拔为-2000 m，最高部位海拔为-400 m。其中，安塞北部地区为一低缓鼻状构造隆起，平均海拔-600 m；西峰地区处于斜坡的中部，海拔-800 m；白豹地区为斜坡的沟谷，海拔相对周边地区低 100 m；姬塬地区构造平缓，海拔为-1100~-1000 m。

长 6 顶面构造起伏形态与长 8 段近似，整体海拔增加 100 m 左右（图 7.21b）。安塞地区鼻状隆起基本消失，其他地区未有明显变化。其中，安塞地区海拔-400 m，坡度较小，姬塬地区坡度较大，地势变化大。该层在西峰、白豹地区的构造形态与长 8 段相似。

长 3 顶面构造与长 8、长 6 的构造形态基本相似，只是构造高部位继续向南移动，除定边以北地区外，整体等高线梯度减小，斜坡变缓，构造海拔变化范围-1800~100 m（图 7.21c）。安塞地区长 3 由于地势变化缓慢，其构造闭合高度不足 60 m；西峰地区的构造与长 8、长 6 相似；白豹地区由于处于构造低部位，构造上难以成为有利的油气横向运聚指向区。

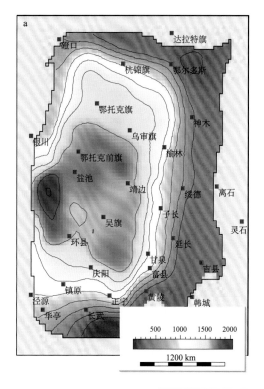

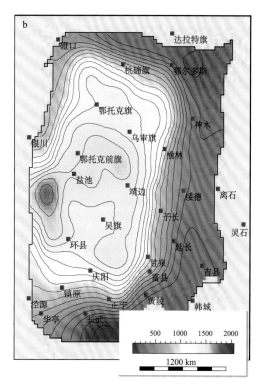

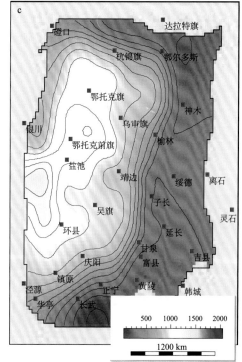

图 7.20　侏罗纪末目的层顶面构造图

a. 长 8 顶面构造；b. 长 6 顶面构造；c. 长 3 顶面构造

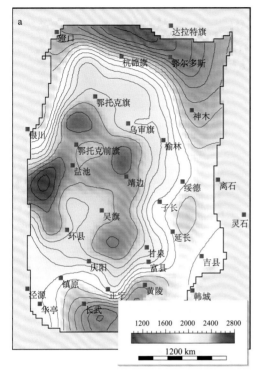
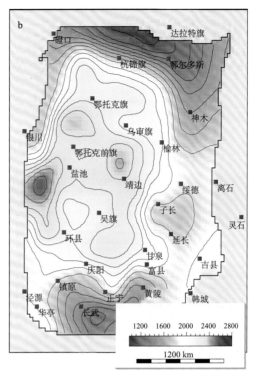
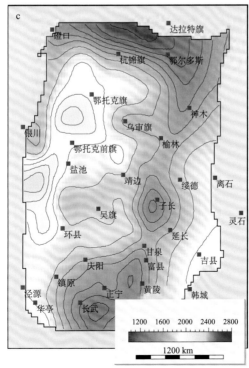

图 7.21 早白垩世末目的层顶面构造图

a. 长 8 顶面构造；b. 长 6 顶面构造；c. 长 3 顶面构造

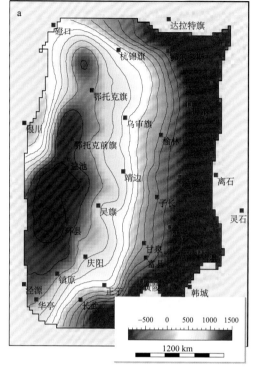

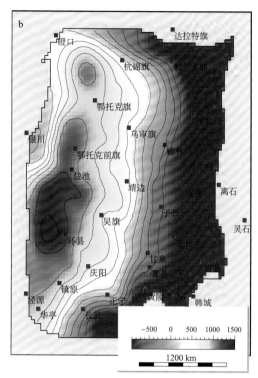

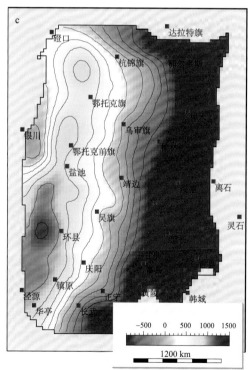

图 7.22　白垩纪末目的层顶面构造图

a. 长 8 顶面构造；b. 长 6 顶面构造；c. 长 3 顶面构造

三、白垩纪末

到白垩纪末，华北陆块整体抬升，遭受剥蚀。延长组地层整体上东高西低。长8顶面构造特征如图7.22a，构造形态单一，为一西倾的斜坡构造。构造高部位海拔为900 m，低部位为–1000 m。其中，安塞地区平均海拔为500 m，西峰、白豹地区平均海拔为–200 m，姬塬为–400 m。

长6顶面构造形态与长8基本相似，构造高部位海拔为1000 m，低部位为–800 m（图7.22b）。

长3顶面构造图构造形态与长6相似，等值线更趋于平直。构造高部位海拔1400 m，构造低部位海拔为–600 m（图7.22c）。安塞、西峰以及白豹地区处于斜坡的中部，平均海拔为500 m。姬塬地区相对较低，海拔为200 m。

总结以上三个延长组目的层顶面古构造，其构造形态单一，为一简单的单斜构造，倾向向正西。这种构造背景易造成油气向斜坡高部位运移，即指向富县、甘泉一带。

四、盆地埋藏演化史

图7.23给出了上三叠统延长组长8段顶面在盆地埋藏演化过程中的构造图，以此反映盆地埋藏演化特征。

印支运动以来，全盆地进入了内陆差异沉降盆地的形成和发展阶段，从而结束了该区早古生代克拉通边缘和晚古生代克拉通内陆拗陷盆地的发展历史，并形成了L型展布且不对称的晚三叠世盆地。三叠纪末期剥蚀事件前（图7.23a），研究区呈现东北部高、东南和西北部低的构造特征，反映了在以环县-固原为稳定的饥饿型湖盆沉积背景下，延长组的沉积呈东北长斜坡、西南短斜坡的样式。

燕山旋回期，盆地经短期整体隆升后进入挠曲差异沉降阶段。图7.23b表明，在隆升过程中，构造特征发生了明显改变，环县、镇原地区率先隆起并遭受剥蚀，形成了延长组自东北向西南方向逐渐被抬升剥蚀的构造地貌演化特点。

早中侏罗世的挠曲差异沉降阶段，盆地经历了拗陷—隆升—再拗陷的发育演化过程。其拗陷期沉积富县组和延安组，延安组顶部的短暂区域构造升降运动造成侏罗系直罗组与延安组间的沉积间断。中侏罗世末期隆升剥蚀事件后（图7.23c）在原来西南翘起的背景下地壳从东南部抬起，西北部转为构造低部位。隆升后的再拗陷，继续沉积直罗组和安定组。

燕山运动第二幕发生在安定组沉积后，盆地主体上升，地层遭受剥蚀。燕山运动的主幕在侏罗系沉积后，致使上侏罗统芬芳河组地层完全剥蚀，并再次剥蚀安定组。侏罗纪末事件后（图7.23d）盆地东南部抬升，使延长组层面呈向西北倾斜的单斜构造。

自早白垩世早期开始，盆地恢复沉降，在白垩纪末，燕山晚幕构造运动使盆地再次整体抬升，白垩纪地层遭受剥蚀。白垩纪末事件后（图7.23e）研究区差异翘起特征更加明显，地层倾角加大，东部为翘起高部位。白垩纪地层遭受剥蚀后，延长组整体呈东高

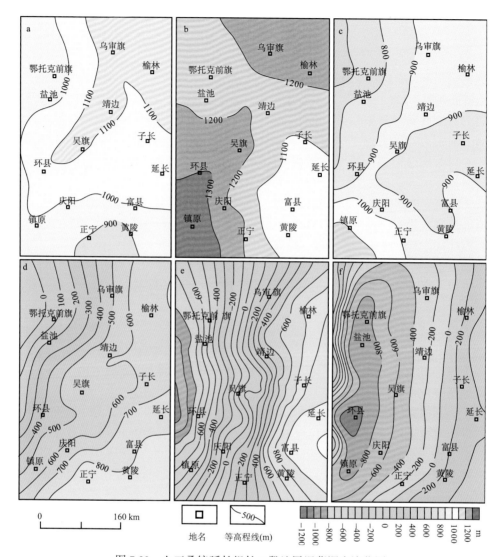

图 7.23 上三叠统延长组长 8 段地层埋藏深度演化图

a. 三叠纪末期剥蚀事件前（196 Ma）；b. 三叠纪末期剥蚀事件后（195 Ma）；c. 中侏罗世末期事件后（170 Ma）；
d. 侏罗纪末事件后（137 Ma）；e. 白垩纪末事件后（65 Ma）；f. 现今（0 Ma）

西低地形展布。

现今，盆地基本上继承了喜马拉雅期的构造背景，形态上以环县、盐池为盆地中心，南北向展布，地势东缘舒缓，西缘较陡（图 7.23f）。

从以上特征可见，研究区三叠纪以来的埋藏演化过程是一个较为复杂的掀起、倾斜过程。

参 考 文 献

陈荷立，王震亮. 1992. 陕甘宁盆地西缘泥岩压实研究. 石油与天然气地质，13(3)：263～271

陈荷立，刘勇，宋国初. 1990. 陕甘宁盆地延长组地下流体压力分布及油气运聚条件分析. 石油学报，11(4)：8~16

陈瑞银，罗晓容，陈占坤等. 2006a. 鄂尔多斯盆地埋藏演化史恢复. 石油学报，27(2)：43~47

陈瑞银，罗晓容，陈占坤等. 2006b. 鄂尔多斯盆地中生代地层剥蚀量估算及其地质意义. 地质学报，80(5)：685~693

高胜利，任战利. 2006. 鄂尔多斯盆地剥蚀厚度恢复及其对上古生界烃源岩热演化程度的影响. 石油与天然气地质，4(2)：180~187

何将启，周祖翼，江兴歌. 2002. 优化孔隙度法计算地层剥蚀厚度：原理及实例. 石油实验地质，24(6)：561~565

何自新. 2004. 鄂尔多斯盆地演化与油气. 北京：石油工业出版社

胡少华. 2004. 基于地震资料的构造-沉积综合分析法：一种剥蚀厚度恢复新方法. 石油地球物理勘探，39(4)：478~483

嘉世旭，张先康. 2005. 华北不同构造块体地壳结构及其对比研究. 地球物理学报，48(3)：611~620

李伟. 1996. 恢复地层剥蚀厚度方法综述. 中国海上油气，10(3)：167~171

刘斌. 2002. 利用流体包裹体计算地层剥蚀厚度——以东海盆地3个凹陷为例. 石油实验地质，24(2)：172~176

刘国臣，金之钧，李京昌. 1995. 沉积盆地沉积-剥蚀过程定量研究的一种新方法——盆地波动分析应用之一. 沉积学报，13(3)：23~32

刘世安，黄忠信，陈延等. 1996. 鄂尔多斯盆地白垩系地下水形成分布规律. 干旱区资源与环境，10(1)：3~14

刘勇，金晓辉，雷天成. 1997. 鄂尔多斯盆地延长组油气初次运移特征. 西安石油学院学报，12(1)：8~11

罗静兰，张立成，阎世可等. 2001. 盆地埋藏史及其对砂岩储层物性演化的影响——以陕北延长油区砂岩储层为例. 石油与天然气地质，22(2)：123~127

毛小平，李绍虎，刘刚等. 1998. 复杂条件下的回剥反演方法——最大深度法. 地球科学，23(3)：277~280

王大锐，关平. 1998. 用泥岩中碳酸盐氧同位素组成确定柴达木盆地东部第四系剥蚀厚度. 石油勘探与开发，25(1)：39~40

王建强，刘池洋，刘鑫等. 2011. 鄂尔多斯盆地南部下白垩统演化改造特征. 西北大学学报（自然科学版），4(2)：291~298

翁望飞，刘池洋，赵红格等. 2009. 鄂尔多斯盆地早白垩世剥蚀地层厚度恢复研究. 地层学杂志，33(4)：373~381

武明辉，张刘平，罗晓容. 2006. 西峰油田延长组长8段储层流体作用期次分析. 石油与天然气地质，27(1)：33~36

席胜利，刘新社，王涛. 2004. 鄂尔多斯盆地中生界石油运移特征分析. 石油试验地质，26(3)：229~235

杨俊杰. 2002. 鄂尔多斯盆地构造演化与油气分布规律. 北京：石油工业出版社. 1~23

赵孟为. 1996. 磷灰石裂变径迹分析在恢复盆地沉降抬升史中的应用——以鄂尔多斯盆地为例. 地球物理学报，39（增刊）：238~248

Allen P A, Allen J R. 1990. Basin Analysis Principles and Application. Oxford London：Blackwell Scientific Publication

Dow W G. 1977. Kerogen studies and geological interpretation. Journal of Geochemical Exploration, 7(2)：79~99

Magara K. 1978. Compaction and Fluid Migration Practical Petroleumgeology. Amsterdam：Elsevier Scientific Publishing Company

Ren J, Tamaki K, Li S *et al*. 2002. Late Mesozoic and Cenozoic rifting and its dynamic setting in eastern China and adjacent areas. Tectonophysics, 339(34): 239~258

Ungerer P, Bessis F, Chenet Y *et al*. 1984. Geological and geochemical models in oil exploration: principles and practical examples. Demaison Petroleum Geochemistry and Basin Evaluation, Am Assoc Pet Geol, Memoir, 35: 53~57

Van Hinte J E. 1978. Geohistory analysis-application of micropaleontology in exploration geology. AAPG Bulletin, 62: 201~222

第八章

鄂尔多斯盆地新生代构造反转及其动力学环境[*]

反转构造(tectonic inversion)是因区域构造应力场改变而使先期构造力学性质(如正断层与逆断层)或构造类型(如隆起和拗陷)向相反方向转化的现象,是一种特殊类型的叠加构造。区域应力场从伸展转变为同方向挤压体制下所产生的构造,称为正反转构造,反之则是负反转构造。在沉积盆地发育的不同时期,由于构造运动方式、动力环境等发生变化,会出现构造反转现象。反转构造通常出现在盆地演化的晚期,表现为构造由拉张/伸展构造转换为挤压构造,或者由拗陷转变为隆起状态。目前在我国东部盆地中普遍存在构造反转现象(王桂梁等,1997),如松辽盆地(王燮培、宋延光,1996;宋鹰,2010;杨承志,2014;余中元等,2015)、伊通盆地(唐大卿等,2013)、渤海湾盆地(侯旭波,2010)、东海盆地(郭真等,2015;张国华、张建培,2015;苏奥等,2016)、珠江口盆地(徐子英等,2015),在西部的塔里木盆地(杨勇等,2014)、银川盆地(侯旭波等,2014)等盆地也有反转构造存在。反转构造的识别需要从地层展布、构造特征和构造演化等方面进行分析。由于油气为流体矿产,其赋存受到构造活动影响强烈,故在油气勘探中,反转构造的识别及其对油气成藏的控制作用是研究的关键问题。

第一节 盆地新生代东西部构造反转的确定依据

鄂尔多斯地块为华北克拉通的一部分,古生代位于华北海的西部,其西端通过 L 形古隆起紧邻祁连海,经过古生代中央隆起的演化与变迁,华北海与祁连海反复的海侵与海退,地块早古生代主要以海相沉积为主,晚古生代逐渐变为海陆过渡相到陆相沉积。中生代经过早中三叠世的过渡,晚三叠世完全转变为陆相沉积,鄂尔多斯盆地形成。受秦祁洋盆闭合的影响,此时沉积主体在南部,之后整体发生抬升剥蚀,形成沟壑纵横的地貌;早中侏罗世地层沉积其上,为稳定的广覆型沉积。晚侏罗世以来,盆地西缘发生强烈的逆冲,东部进一步抬升,区域广泛的西倾大单斜开始形成。早白垩世,沉积、沉降中心转移至盆地西部,西部持续强烈沉降,东部继续隆升。晚白垩世以来盆地发生整体抬升,遭受剥蚀,缺失上白垩统—古新统,盆地内部剥蚀时间可能更长,大部分地区缺失古新统—渐新统。盆地西缘在新生代遭受了强烈的逆冲抬升,形成现今的构造格局。在现今鄂尔多斯盆地本部,东隆西降的发生和西倾单斜的出现始于侏罗纪晚期或之后。但这种构造变动何时结束,是否持续到现今,则鲜有人论及。通过对鄂尔多斯盆地

* 作者:赵红格、刘池洋、张东东、付星辉、王建强、彭治超、李亚南、赵晓辰、王飞飞. 西北大学地质学系, 西安.
Email: zhaohg_75@sina.com, lcy@nwu.edu.cn

新近纪地层、露头剖面等分析，认为盆地貌似稳定，但也存在构造差异运动，即盆地东西部在新近纪发生了差异升降，致使东部由前古近纪的隆起转变为拗陷，西部则由拗陷反转为逆冲抬升。

一、盆地东部构造反转的确定

鄂尔多斯盆地新生代构造运动的最大特征是周缘盆地不同时代不同程度的断陷和盆地主体不等幅、阶段性的抬升。与此相对应的是在盆地的周缘形成一系列断陷盆地，而盆地中央缺失新生代早期(65~10 Ma)地层。

始新世—渐新世，除了北部河套盆地、西部银川地堑及六盘山盆地、汾渭盆地等小型断陷盆地及其边部接受沉积外，整个鄂尔多斯盆地(地块)均隆升遭受剥蚀。渐新世沉积后，盆地西部发生短暂的抬升，与中新世为平行不整合接触。中新世继承了前期的构造格局，周缘地堑快速沉降，其边部相对隆升，贺兰山、大青山持续隆升。盆地本部各构造单元均发生强烈抬升；其隆升速率和伴随的剥蚀东部明显大于西部。中新世晚期，随着青藏构造域影响的增强和扩展，西部的六盘山盆地强烈挤压隆升，沉积范围缩小并向北迁移，沉积粒度变粗。盆地东部率先停止隆升，普遍接受红黏土沉积，周缘断陷则持续发展。随着区域构造环境的改变，盆地东西部分别发生了构造反转。

确定鄂尔多斯盆地东部由中生代以来的隆起转变为拗陷接受沉积，西部由拗陷转变为隆起的时间，应该将东西部的沉积、构造事件和构造特征等因素综合进行分析，其中，地层分布特征及其空间变化规律是分析问题的关键。

1. 前古近系和后中生界地质图的表现特征

为了探讨鄂尔多斯盆地东部停止隆升的时间，我们在前人研究的基础上，修编了盆地前古近系地质图(图8.1)，由图可知，盆地前古近纪地层的变化规律是由西向东时代变老，依次分布前下白垩统、中侏罗统、下–中侏罗统、上三叠统、下–中三叠统和古生界，而在盆地西部马家滩一带出露有侏罗纪地层，与东部的地层分布整体构成一不对称的向斜形态，反映盆地后期构造运动表现为由西向东的逐步抬升剥蚀作用。而下白垩统自西向东依次为泾川组、罗汉洞组、环河组、华池组和洛河组，其分布也显示了由西向东逐渐变老的趋势，表明下白垩统沉积时，东高西低的构造格局仍在持续。这种构造面貌与地震剖面显示的鄂尔多斯盆地西倾单斜形态对应性很好。这种沉积面貌受控于晚中生代东部的强烈的挤压构造运动。

通过对鄂尔多斯盆地直接覆于中生界之上的新生界的展布研究，即编制后中生界地质图(图8.2)，可以用来限定东部不再处于隆起状态的时间，进而推断盆地东部隆起的结束时间。图中显示盆地西部广泛分布有古近系，特别是在隆德、海原、同心、静宁、吴忠一带分布较广。向盆地中部，古近系逐渐消失，而大区域上为新近系，向西北部逐渐过渡为第四系。该鄂尔多斯盆地后中生界地质图中地层分布具有一定的规律，由西向东，地层逐渐变新，由古近系转变为新近系，且西部以古近系为主，中和东部以新近系为主。

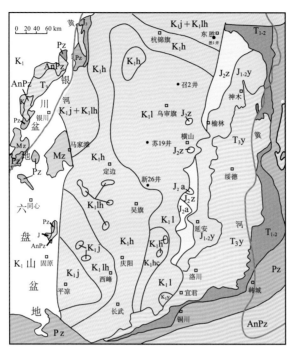

图 8.1　鄂尔多斯盆地前古近系地质图

AnPz. 前古生界；Pz. 古生界；Mz. 中生界；T_{1-2}. 下中三叠统；T_3y. 上三叠统延长组，$J_{1-2}y$. 下中侏罗统延安组；J_2z. 中侏罗统直罗组；J_2a. 中侏罗统安定组；下白垩统（K_1）：K_1l. 喇嘛湾组，K_1j. 泾川组，K_1lh. 罗汉洞组，K_1h. 环河组，K_1hc. 华池组，K_1l. 洛河组，K_1y. 宜君组

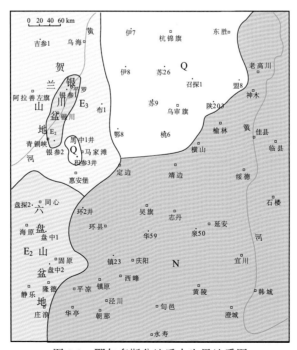

图 8.2　鄂尔多斯盆地后中生界地质图

反映古近纪时,西部相对于东部发生沉降,接受沉积;而东部大部分地区则仍为隆起区,普遍缺失古近系。

将上述两张地质图进行综合分析,可见,盆地西部下白垩统之上覆盖的最老地层为古近系,向盆地中部转变为新近系直接与下白垩统接触,而在盆地东部下白垩统、早中侏罗世延安组、中侏罗世直罗组和安定组、晚三叠世延长组地层之上覆盖的最老地层为新近系,即中新统上部—上新统的红黏土(图8.3)。来自盆地东部的构造抬升的裂变径迹数据表明,晚白垩世以来,该区经历了65 Ma和20 Ma两次构造差异抬升事件(丁超,2013)。盆地东部前新生代地层被剥蚀的厚度可达1600多米(翁望飞等,2009)。

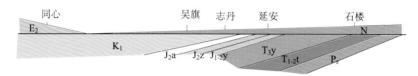

图8.3 鄂尔多斯盆地中新生界接触面上下地层分布图

故可以判定,盆地东部由隆升遭受剥蚀转变为沉降接受沉积的构造反转时间为新近纪红黏土沉积的时间。

2. 红黏土的分布及其意义

该套红黏土的出现,是鄂尔多斯盆地东部发生隆拗反转的重要依据,故有必要对其分布状态进行研究。前人对不同地区典型的红黏土剖面进行了较详细的厚度和分布研究,但对于其在鄂尔多斯盆地整体的分布情况,研究较少。本文根据鄂尔多斯盆地大量的油气田钻井分层资料和区域地质调查资料,结合露头分析(刘东生,1984;陕西省地质矿产局,1989;张云翔等,1998a,b;郭正堂等,1999),获得了数千个红黏土有效厚度数据,绘制出了新近纪红黏土厚度分布图(图8.4),能比较真实地反映地块内部红黏土区域展布特征。

(1)红黏土的分布

新近系红黏土广泛分布于盆地东部的神木、府谷、靖边、吴旗、志丹、榆林、离石、蒲县、韩城等地区(陕西省地质矿产局,1989)。从红黏土厚度分布图中可见,其主体分布于由南部永寿、麟游一带(即渭河北山)、西部六盘山、现今北部毛乌素沙漠边界(大致沿定边、横山、榆林、东胜一线之南)和东部临县、石楼一带(即吕梁山山前)所围限的区域。地块内部存在两个红黏土厚度分布中心,分别位于西南部朝那、镇原、环县和中东部的吴旗、绥德、临县一带。西南部的堆积中心呈现近南北向展布,平行于六盘山东部分布。最大厚度在朝那,可达120多米。吴旗、绥德、临县堆积中心呈现近东西向展布,最大厚度可达110多米。其与沉积时的地势、地貌和基底起伏有一定的联系。在澄城、韩城一带红黏土厚度较小,仅有10 m左右,该区可能为红黏土分布的边缘地带(图8.4)。

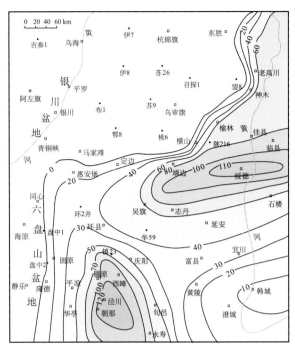

图 8.4　鄂尔多斯盆地新近纪红黏土厚度图(m)

沉积地层岩性均为一套红色沉积组合, 主要由黄棕、褐红色粉砂质黏土或亚黏土组成, 加有多条褐红色团块状黏土, 结构面上覆有铁锰质薄膜。红黏土中含有丰富的层状或星状钙质结核。在垂向与横向上, 各地点的岩性变化较小, 特征相似; 其厚度也比较稳定, 一般约数十米。其地层时代普遍认为为中新世晚期和上新世, 其间为连续沉积。如山西府谷老高川厚 52 m, 佳县为 61.3 m, 榆林厚 60 m, 靖边厚度为 60 m 左右, 山西保德厚约 40~60 m。对盆地东部府谷县西北部老高川乡王大夫梁剖面新近纪"红层"岩石地层、磁性地层、生物地层的综合研究认为, 这套地层的特征可概括为"红、细、广", 即红色、细粒、广泛分布(张云翔等, 1998a)。与我国许多剖面一样, 该区中新世晚期和上新世早期是连续沉积的(张云翔等, 1998b)。

在盆地西部和南部, 新近纪红黏土主要分布于甘肃灵台、西峰、镇原和陕西蓝田, 在西峰地区厚度可达 100 m, 环县约为 30 m, 蓝田段家坡厚 62 m, 关中西部(宝鸡地区)厚约 50~70 m, 灵台朝那剖面厚度最大, 可达 125 m (图 8.4)。

从图中可见, 除了北部地区外, 红黏土广泛分布于鄂尔多斯盆地, 表明其沉积时盆地东西部的构造差异逐渐减小。红黏土在盆地东部的广泛沉积, 表明东部由晚侏罗世以来的隆起转变为接受沉积, 即东部发生了构造隆拗反转。构造反转时间为红黏土最早开始沉积的时间。故红黏土的形成原因和时间成为了构造反转的强有力的地质证据。

(2) 红黏土的形成环境

以往研究认为, 红黏土为风成成因, 其形成与青藏高原的隆起、亚洲季风形成、北半球冰量变化、北方干旱化等息息相关。高原隆升导致了全球风系的改变和季风气候的形成，为粉尘物质的搬运提供了动力条件；全球变冷和干旱化促使了大面积沙漠、戈壁滩的出现，为风积地貌的形成提供了充足的物源。在中国北方包括鄂尔多斯在内的广大区域，远在佳县 8.35 Ma 红黏土出现之前，早已具备形成风积地貌的物源和风动力条件。李吉均等（2001）、刘东生等（1997）、施雅风等（1998）、金性春等（1995）早就指出亚洲夏季风的出现比 8 Ma 要早得多，至少从 22 Ma 开始。秦安红黏土剖面的发现，将红黏土底界追溯到 22 Ma 以前（Guo *et al*., 2002）。但是迄今为止，在鄂尔多斯地块内发现的多是 8 Ma 以来的风成沉积序列。这说明 8.35 Ma 以前鄂尔多斯地块内不具备有红黏土堆积的场所，或者说不具备粉尘堆积的保存条件，即使有粉尘落下也很快就会被风剥蚀带走或受到地表流水的影响，然而 8 Ma 左右的一次构造运动使地块内部地质环境发生改变或调整，为红黏土的沉积和保存提供了良好的地形条件。

另外，西峰地区巴家咀、赵家川剖面及保德冀家沟剖面红黏土底部细砂岩层的存在，也说明了红黏土形成初期流水作用十分突出。显然是后来的构造变动改变了地块内的地质环境，地块及周边原始夷平的地面形态开始复杂化，各种正负地形相应出现，地面起伏加大，相对低地势地区接受红黏土沉积，而高处仍遭受风化剥蚀，风尘物质优先在相对低凹地形处堆积并保存下来（桂小军，2006）。前人通过对黄河中游地区红黏土的成因分析，认为其是地质、构造、气候等诸多因素作用的产物，红黏土沉积的原始物质来源于风动力的搬运，其区域分布特征受到基底地貌的控制，存在明显的沉积中心，在基底地貌地势较低的部位，红黏土的堆积厚度较大，具有传统水成沉积物的特点（弓虎军，2007）。

夷平面和剥蚀面发育的停止是构造变动终止侵蚀旋回的结果（郑度等，2004）。地块内红黏土底部多见薄层残留的红土型风化壳，表明其直接堆积在长期风化剥蚀的夷平面之上，而红黏土堆积的出现则反映了剥蚀作用的终止、夷平面发育的解体，进而又揭示出构造变动的存在。故地块内红黏土的底界年龄，反映该区发生的一次构造运动的时间。

（3）红黏土的年龄意义

前人对鄂尔多斯盆地的红黏土已经进行了大量的古地磁测年研究，对其底部的年龄也有了一系列的研究结果。红黏土底部年龄在盆地西南部甘肃灵台朝那为 8.1 Ma（宋友桂等，2000，2001a，b）或 7.2 Ma（安芷生等，2002）；泾川为 8.0 Ma（杨石岭等，2000）或 7.2 Ma（孙东怀等，1997）；盆地南部陕西的旬邑为 6.8 Ma（薛祥煦、赵景波，2003），蓝田为 5.0~5.3 Ma（岳乐平，1996）；东部的佳县为 8.35 Ma（强小科等，2003）、5.25 Ma（丁仲礼等，1997，1999）；府谷老高川为 7.4 Ma（张云翔等，1995）；而在靠近毛乌素沙漠的榆林，其红黏土底界年龄为 5.3 Ma（岳乐平等，1999a，b），靖边为 3.5 Ma（丁仲礼等，1997，1999）。盆地不同部分红黏土底界年龄在 8.35~3.5 Ma 之间，其中，红黏土的年龄显示在盆地东部最早沉积的时间约在 8 Ma，向边缘（西北部）沉积时代较新，可延续到上新世，故东部红黏土的沉积时期为新近纪，其广泛地在东部的分布，反映此时东部已经发生了构造反转，由隆起转变为坳陷，接受沉积。其反转的时期应该在新近纪 8 Ma 以来。

二、盆地西部构造反转的确定

（一）裂变径迹测试结果

笔者在六盘山地区采集样品进行裂变径迹分析，得到的年龄为 7.2 Ma，表明六盘山地区在 7.2 Ma 已经开始了隆升。郑德文在六盘山断裂上下盘下白垩统采集的 5 个样品，其磷灰石裂变径迹年龄在 8.2~7.2 Ma，故认为六盘山盆地在约 8 Ma 发生了快速抬升冷却事件（郑德文等，2005）。同时，吴中海和吴珍仪（2001）、任战利（1995）、高峰等（2000）对鄂尔多斯盆地西部裂变径迹的研究，均认为盆地西部在 8 Ma 左右发生过快速抬升事件，造成的地层剥蚀量可达 1~1.2 km。不同学者的研究结果可以相互印证，均反映包括六盘山在内的鄂尔多斯盆地西部于 8 Ma 左右（即新近纪晚期）发生了一次构造抬升事件。

而现今在六盘山不同海拔高度零散分布的红黏土（岳乐平等，1999a，b），主体是在差异隆起的山间洼地相对独立堆积并保存的。它为六盘山在 8 Ma 左右抬升提供了证据，由于六盘山的抬升而分隔了陇西地区与鄂尔多斯盆地红黏土分布的统一性。

（二）西部新近纪的构造活动

对鄂尔多斯盆地西部的构造研究发现，新近纪以来形成的不整合广泛存在（汤锡元等，1992）。新生代，特别是新近纪晚期以来，是六盘山弧形构造带的主要形成时期。在六盘山盆地南北两段的构造变形均卷入了古近纪和新近纪甚至第四纪地层，而且变形很强烈，部分地区可见白垩系逆冲至古近系或第四系之上，并且发生了褶皱变形。这充分说明盆地西部构造运动发生的时期很晚，甚至到第四纪。并且，在该构造带可见古近系与第四系间广泛的高角度不整合，主要分布于六盘山盆地、秦祁褶皱带的拐弯处，向东渐变为微角度不整合，至鄂尔多斯盆地内部，则为以平行不整合接触为主。反映该时期的构造运动在盆地西部地区表现极为强烈，向盆地内部波及，构造作用减小。

同时，8 Ma 左右在鄂尔多斯盆地本部发生西隆东降（即构造反转）的同时，地块南、东、北和西北边部随相邻地堑的伸展裂陷、快速沉降而局部抬升。其中盆地西北部受河套弧形地堑和银川地堑强烈沉降的联合作用而抬升最高，缺失红黏土沉积（图 8.5）。盆地西南缘受青藏高原构造域挤压增强的影响，六盘山弧形构造带形成并发生冲断褶皱变形和构造抬升，进而又促进和加强了盆地西隆东降的进行（施雅风等，1999）。

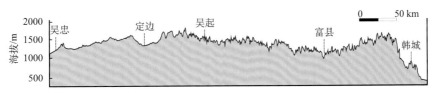

图 8.5　鄂尔多斯盆地北西-南东向地形剖面图

（三）西部抬升的其他证据

古水流测定结果表明，鄂尔多斯盆地中部的古水流方向为由东向西（朱照宇、丁仲礼，1994）；而现今的无定河、窟野河、秃尾河、佳芦河等均呈现出由西（北）向东（南）流动的特点，表明后期盆地曾经发生了东西方向的隆起与拗陷格局的反转。同时，现今的整个中国东部的整体地势也呈现出西高东低的趋势，这是新近纪盆地东西部构造反转及其后续的区域构造运动的表现和有力证据。其反转原因为印度板块与欧亚板块强烈碰撞引起的青藏高原晚新生代以来的大规模整体抬升（刘池洋等，2006）。

三、盆地东西部构造反转持续时间

（一）红黏土年龄空间分布的指示意义

由以上红黏土的分布及年龄可知，新近纪的东西部的构造反转的时间大概在 8 Ma 左右。盆地新近纪红黏土的堆积可延续到上新世，期间伴随着多次的构造活动。在上新世，红黏土堆积、区域抬升和西隆东坳等均可大致以 5.3 Ma 和 3.8 Ma 为界划分为两个阶段。其总的特征是活动强度与时俱增。前者总体是中新世晚期地质构造活动的延续（刘池洋等，2006）。约 3.8 Ma，六盘山开始大规模加速隆升，其隆升规模和幅度远大于 8~5.2 Ma 和 5.2~3.8 Ma 前两个隆升阶段（宋友桂等，2001a）。

甘肃西峰红黏土的堆积，从 3.6 Ma 以来脱离了地下水位波动的影响，表明基底已明显抬升（郑度等，2004）。对灵台剖面石英颗粒各种表面形态特征的研究，发现在约 7 Ma 以来经历了 4 次组合变化，分别发生在约 5.0~4.2 Ma，3.6 Ma，2.6 Ma 和 0.9 Ma（侯圣山，2002）。这应是对区域构造-气候事件的响应。

地块内风尘红黏土堆积的范围不断扩展，3.5 Ma 向西北已越过靖边郭家梁；3.0 Ma 东达吕梁山南部静乐贺丰；鄂尔多斯地块约 3/5 被红黏土覆盖。到上新世末，盆地大部地区已接近海拔大于 700 m 高原的高度（赵景波等，1999），红土准高原形成（刘池洋等，2006）。

（二）吕梁山隆升过程及东西部地势转变的启示

通过对吕梁山前砾石层的研究认为，在 10~6.7 Ma，吕梁山整体处于隆升状态，这与东部红黏土的沉积时间相一致。这表明自 10 Ma 以来，吕梁山开始快速的差异隆升，在地表堆积了厚层的砾石层，到 6.7 Ma 山体的隆升速率有所减缓，堆积了厚约 5m 的红色黏土层。此后，山体继续间歇性隆升，在山前堆积了砾石与红黏土相间的地层序列。之后，砾石层不再出现，意味着自此吕梁山结束了快速隆升的历史，最终定型（李建新，2006）。

鄂尔多斯盆地中央裂变径迹、河流阶地和盆地西部六盘山的隆升过程的研究表明：大约 5.2 Ma 起六盘山开始强烈隆升，盆地西部的抬升速率大于东部，亦即在盆地中发生了一次构造反转，由早期的东隆西降转变为晚期的西隆东降；这次构造反转造成地势上由早期的东高西低到晚期的西高东低在时间上更为滞后,大约为 3.5 Ma(李建新,2006)。

故此次的构造反转大致持续的时间为 8 Ma 到 3.0 Ma。红土准高原的形成,标志着构造反转的基本结束,其后的构造活动持续对高原表面进行剥蚀、改造,直至黄土高原地貌形成。

由于鄂尔多斯盆地早期的东隆西降持续时间长,造成的东部抬升剥蚀作用很强,新近纪的构造反转作用相对较弱,持续时间短,故现今鄂尔多斯盆地地势上整体为西高东低,但东部部分地区也存在较高的地势(图 8.5),表明东西部反转作用对前期构造改造不彻底。

第二节　盆地东西部构造反转的意义

鄂尔多斯盆地在新近纪发生了构造反转,即东部由晚中生代以来的隆起状态转变为沉降状态,接受新近纪沉积;而西部则由长期地沉降,接受巨厚沉积,逐渐发生逆冲抬升。这种转变的重要标志为新近纪红黏土的沉积。与盆地长期形成的西倾单斜构造相比,这种反转的幅度是比较小的,持续时间也较短,它与青藏高原间歇性的构造运动相关。同时,盆地现今的构造格局仍然是平缓的西倾单斜,可见此次的反转对盆地主体的构造格局影响并不大。但是,反转现象是确实存在的,这种小幅度的反转运动会对流体矿产产生重要影响,使得已经形成定位的油气藏尤其是气藏发生逸散,重新运移或定位形成新的油气藏。中国的油气勘探实践也已经证明,新近纪以来的构造运动是中国气藏形成的重要因素,这在塔里木、准噶尔、柴达木、吐哈、四川等盆地都得到了很好的验证(王庭斌,2004),与之相伴生的晚期、超晚期成藏是中国天然气成藏的重要特征(刘池洋等,2003),鄂尔多斯盆地中部气田的形成,盆地南北地貌的差异等均是受到新近纪以来的构造运动的影响(邸领军等,2003)。

一、构造差异抬升促使油气逸散

构造反转造成的差异抬升对上古生界的降压有重要影响。地层卸载、温度降低和气藏内部物质质量的减少三种机制导致了地层内部压力的改变。鄂尔多斯盆地后期改造研究表明,新近纪以来的抬升剥蚀作用非常强烈,东部地层剥蚀厚度可达 1500~2000 m,强烈剥蚀导致了天然气的降压和逸散。神木–榆林中南部压力演化揭示 J_3-$K_1^{\text{中}}$ 和 $K_2^{\text{中}}$-E 两个时期为天然气主要的运移成藏时期,而 $N^{\text{中}}$ 后则属气藏的调整期(王震亮、陈荷立,2007)。盆地东北部天然气的散失量较大,据已有计算可达 39.7%(冯乔等,2006)。西部的刘家庄气田现今储量为 1.9×10^8 m³,近 50 Ma 前其储量可达 454.9×10^8 m³,为一大气田,近 50 Ma 中由于构造抬升和剥蚀而逸散的天然气相当于该气田目前储量的 266 倍。

在鄂尔多斯盆地北部乌兰格尔凸起上分布的白垩系油苗,均出现于白垩系直接与二叠系石千峰组及以下地层接触处,而白垩系与侏罗系或三叠系接触处未见油气显示。其地质、有机地球化学特征及油源对比表明,其为上古生界较高成熟度的天然气向北逸散在地表的显示,即源自上古生界煤系源岩(刘友民,1982;马艳萍等,2007)。

盆地东北部地表广泛分布的漂白砂岩，其形成机理为大规模运移的天然气对原始砂岩的还原作用(马艳萍等，2007)。东胜铀矿井下可见绿色蚀变、漂白砂岩、碳酸盐化等现象，岩石学、地球化学分析等表明其形成于大范围还原性环境下，与上古生界煤成气向东北的逸散作用密切相关(吴柏林、邱欣卫，2007)。盆地东部安崖地区延安组烧变岩的出现有可能是后期构造抬升事件诱发上古生界天然气逸散而助燃了延安组煤层自燃的结果，从侧面反映了东部地区 20 Ma 左右的强烈构造抬升事件中伴随着上古生界天然气的调整逸散(黄雷，2007)。盆地北部山西组砂岩储层流体包裹体分析也证实，上古生界天然气存在向北部和东北部的运移和逸散(冯乔等，2006)。鄂尔多斯盆地诸多的现象表明，后期构造抬升确实导致油气向东北方向发生了逸散。

目前发现的上二叠统石千峰组气藏具有较低的压力和压力系数、较轻的天然气组分、较低的含气饱和度和砂体充满度、较小的气藏规模等特征。盆地东部地区上石盒子组以下地层的气藏压力一般都在 20 MPa 以上，而石千峰组气藏压力在 15 MPa 以下，最小的只有 6.767 MPa。上部气藏天然气甲烷含量在 94% 以上，而下部气藏大部分在 90% 以下(付金华，2004)。这些特征表明构造的抬升导致了地层压力的释放、气体的运移和自下而上的分馏作用，为次生气藏的形成创造了有利条件。

二、构造抬升导致天然气的脱溶

在地层抬升剥蚀过程中，由于温度、压力的下降，天然气的溶解度相应下降，部分水溶气会出溶形成游离相天然气，而出溶程度又取决于构造的抬升幅度，幅度越大溶解度变化越大，出溶程度越高。

鄂尔多斯盆地含有丰富的水溶气，因为盆地具备充足的气源，早白垩世时地层普遍处于一种高温高压状态，有助于天然气的溶解，后期经历了大幅度的抬升剥蚀为天然气大量脱溶-释放创造了条件。据闵琪等估算，鄂尔多斯盆地中部上古生界现今地层水溶气量约为 $3×10^{12}$ m^3，而早白垩世末地层抬升过程中，因压力降低引起了地层水中的天然气"过饱和"，释放气量累计可达 $155×10^{12}$ m^3(闵琪等，2000)。上古生界水溶气的脱溶作为补充气源，部分弥补了后期天然气的逸散损失。

可见，新近纪的构造反转对油气产生了正反两方面的影响，其破坏性在于：地层剥蚀减薄，甚或边缘高部位目的层直接出露，从而改变了地下油(气)的保存环境，加快了油气的散失。建设性体现在：适度剥蚀，诱导封存箱内超压释放，形成次生气藏；促使天然气脱溶、煤层气解吸附，可作为补充气源。

第三节 盆地新生代构造反转的动力学环境

一、盆地晚中生代构造背景

1. 中-晚侏罗世

鄂尔多斯盆地以其漫长的演化历史和稳定的克拉通基底而著称。晚中生代以来，盆地演化进入了强烈的陆内变形和改造阶段(张抗,1989;赵重远·刘池洋,1990;杨俊杰,2002;孙肇才,2003)。受到不同板缘动力作用产生的远程效应和深部构造-热事件的影响,盆地经历了多期次、不同类型的构造变动,盆地原形发生重大改造,在其周缘形成了力学性质不同、形态多变、具圈层分布的复杂构造带和盆-山耦合系统。

晚侏罗世鄂尔多斯盆地区域东隆西拗的格局开始显现。中侏罗世末—晚侏罗世,区域构造动力学环境开始发生重要转换。在鄂尔多斯盆地西部挤压作用增强,在西缘逆冲变形和抬升剥蚀强烈,形成不同样式的冲断构造;其中以马家滩地区逆冲推覆构造最为发育和强烈(刘池洋等,2005)。在盆地北缘大青山区侏罗系含煤盆地、渭北隆起边部,前白垩纪地层中强烈的逆冲-褶皱构造于此期形成。

鄂尔多斯盆地的演化及其后期改造,总体是在华北克拉通东隆西降的区域大背景下进行的。在中生代,古盆地东缘和以东地区不断隆升西扩展,盆地的沉积东界和范围遂逐步向西迁移缩小,东部未沉积区前期地层即遭受东强西弱的不均匀剥蚀。这是盆地演化和改造的显著特点之一。现今太原以东大部分地区上三叠统及其以上地层已被剥蚀,以西侏罗系—下白垩统因剥蚀厚度明显减薄或已剥蚀殆尽。这就进一步加强了区域东隆西降、地层西倾的格局,从而造就了盆地主体西倾大单斜结构的显著个性。但需强调指出,直到晚侏罗世中晚期,随着盆地西缘逆冲推覆构造的发育和西部芬芳河组砾岩的局限堆积,在今盆地范围,才开始显示西低东高大斜坡和天环拗陷之雏形。新生代早中期持续的东隆西降和东强西弱不均匀剥蚀,进一步加强和发展了此区域构造格局(刘池洋等,2006)。

本期盆地西压东隆的构造变动,是更大区域周邻板块相互作用的综合结果。盆地西缘近东西向的挤压,主要与特提斯构造域诸地块及西伯利亚板块分别从南、北向中国大陆碰撞汇聚,使西窄东宽的阿拉善地块向东运动有关。河西走廊-阿拉善地区普遍缺失晚侏罗世沉积,即为该区遭受挤压发生区域抬升的结果。其中走廊过渡带向东的快速运动,形成了盆地西缘独一无二、变形强烈的马家滩薄皮逆冲推覆带(刘池洋等,2005)。东亚滨太平洋构造域开始于中侏罗世晚期的重大构造-热事件,在华北克拉通东部表现最为强烈,与强烈的岩浆活动和区域增温相伴随的是区域抬升(刘池洋等,2005)。鄂尔多斯盆地中东部的区域隆升为其组成部分,与此同时区域地温场也明显增高(任战利等,2006),达古生代以来之最。今盆地东部紫金山杂岩体和山西境内的岩浆活动,也集中在晚侏罗世—早白垩世(杨兴科等,2006)。

2. 早白垩世

早白垩世,鄂尔多斯盆地又复区域沉降,较广泛接受沉积,沉积、沉降中心呈南北向分布于天环拗陷一带。盆地沉积边界总体较中侏罗世明显缩小,但其东界仍远在今黄河以东;西部超覆在遭受强烈剥蚀、几近夷平的西缘逆冲构造带之上。盆地西邻河西走廊-阿拉善地区诸盆地、以北二连盆地和六盘山盆地,在早白垩世表现为伸展断陷特征,表明鄂尔多斯盆地总体处于伸展构造环境中;然而在盆地内部,裂陷伸展变形表现较弱。本期伸展构造环境为中国东部总体受深部热力作用主导的构造-热事件的响应(刘池洋等,2005)。早白垩世末,鄂尔多斯盆地整体抬升。此后,盆地再没有大范围整体接受区域性广覆沉积，大型鄂尔多斯盆地消亡，盆地开始进入后期改造时期。

二、盆地新生代构造动力学环境

鄂尔多斯盆地晚白垩世以来以整体抬升、周缘断陷盆地发育为最大特点。从区域构造背景而言，中晚始新世至渐新世断陷盆地作为大华北东部断陷盆地的组成部分，其发育主要与古太平洋板块向亚洲大陆俯冲产生的弧后扩张有关。中新世时期北东-南西向的引张方向受到西太平洋边缘海盆地的近南北向张开的影响，大陆边缘腹部岩石圈深部构造-热体制发生调整，在华北地区以区域性热沉降和中基性玄武岩浆喷发活动占据主导地位。中新世晚期以来，太平洋板块向亚洲大陆俯冲作用产生的远程效应对鄂尔多斯地区的影响已越来越弱，而青藏高原的快速隆升和向东构造挤出逐渐主导了鄂尔多斯周缘地带变形和构造地貌过程(张岳桥等，2006a，b)。

晚白垩世以来鄂尔多斯盆地主要发生了以下重要地质事件：①盆地主体长期、幕式、差异性整体抬升和强烈而不均匀的剥蚀；②在盆地本部形成了3期区域侵蚀-夷平面；③地块边部裂陷，周缘地堑盆地形成；④地块隆降反转易位，西隆东降发生；⑤风成红黏土、黄土广泛堆积，高原和高原面形成；⑥黄河水系的发育、外流和侵蚀地貌的形成(刘池洋等，2006)。

这些地质事件的发生和构造变动，与周邻各构造域，特别是中国东、西部(含青藏高原)重大构造体制活动的复合、叠加及其与时彼此消长变化密切相关；其活动和改造，使中生代盆地的原始面貌大为改观。根据各主要地质事件发生、动力学环境演变和地层接触关系及沉积环境变化等，将鄂尔多斯盆地及邻区晚白垩世以来划分为晚白垩世—古新世、始新世—渐新世、中新世早中期、中新世晚期—上新世、第四纪5个演化阶段。

1. 晚白垩世—古新世

地块整体抬升，沉积间断、区域剥蚀，形成第一期夷平面。

鄂尔多斯盆地于早白垩世末至晚白垩世初的整体抬升，是在区域挤压应力作用下发生的。在盆地周邻地区的早白垩世断陷盆地发生构造反转，形成明显的逆冲褶皱兼走滑变形构造。这期区域抬升、构造反转和地层广泛缺失所代表的构造变革影响深远，东滨太平洋，西达中亚，波及中东亚构造域；是100 Ma (±10 Ma)中国大陆东部中新生代地球动力学环境发生重大转换的表现(刘池洋等，2005)；完成了古太平洋构造体制向今太平洋构造体制的转换，标志宏伟的燕山运动结束(任纪舜等，1999)。其形成是中国诸地块与周邻(古)太平洋和西伯利亚板块会聚、特提斯洋闭合相互作用的复合结果，主要与其相互作用引起大陆深部地球动力学环境的改变密切相关(刘池洋，1987)。包括华北克拉通在内的中国东部，(中)晚侏罗世—早白垩世强烈而广泛的热力作用和岩浆活动，即是这种深部作用的直接表现(刘池洋等，2005)。

自始新世盆地边部裂陷解体以来，除西南隅外，盆地及邻区总体处于伸展构造环境，间有幕式挤压，其主应力方向不同期次有变；一般近东西向和近南北、北东向(断裂)构造带，分别兼有左行和右行走滑运动(刘池洋，1990a，b)。鄂尔多斯地块内部和周缘构造变动的形式和强度差别颇大：地块内以整体不均匀抬升为主，同时绕垂向轴发生差异旋转；边部地堑裂陷伸展强烈，沉降幅度巨大。中新世以来六盘山挤压和隆升与日俱增，晚期弧形构造带左行走滑显著。

2. 始新世—渐新世

鄂尔多斯盆地边部解体裂陷，内部东隆西降，呈现差异沉积-剥蚀；第二期区域夷平面出现。

大致与中国东部强烈伸展裂陷、断陷盆地发育同步，从始新世早中期开始，鄂尔多斯盆地边部裂陷解体，河套、渭河、银川地堑内次级断陷形成。渭河地堑早期东西向延展，东达豫西三门峡一带；东部沉降早，于古新世(中期)开始接受沉积。河套地堑乌拉特组下部地层的时代为晚古新世(傅智雁等，1994)。这显示鄂尔多斯盆地东南和西北对角的断陷作用为周邻诸地堑之先。除上述之外，古新统在地块和周邻普遍缺失。

随着周缘裂陷沉降，地块主体遂呈东隆西降式快速差异抬升，第一期区域夷平面肢解。地块中东部大范围缺失沉积，并遭受强烈剥蚀。地块西部在渐新世中晚期开始沉积了零散分布的清水营组，厚度几米到数十米(宁夏地矿局，1990)。各地堑外围山体也同步快速块断抬升。渭河地堑南缘华山在57~42 Ma快速隆升(吴中海等，2003)。河套地堑北缘大青山最高夷平面，于50 Ma前后解体。贺兰山于50.1~42.0 Ma大规模快速隆升。

3. 中新世早中期

地堑不整合面发育，随后裂陷扩展；地块整体抬升，第三期区域侵蚀面形成。

古近纪末，区域地球动力学环境转变为以挤压应力为主，鄂尔多斯地块及周邻地堑、山系普遍抬升，并遭受剥蚀。河套、银川和渭河等地堑盆地缩小，曾一度出现沉积间断，前期地层遭受剥蚀；形成了中新统与下伏地层间的区域不(或假)整合面。在渭河地堑，中新统冷水沟组与渐新统白鹿塬组之间有较长时间的地层缺失(叶得泉等，1993)。

在中新世初，各周缘地堑盆地又复沉降，前期彼此分隔的断陷和断隆均发生沉陷，沉积范围明显扩展，广泛接受沉积。渭河地堑的沉积范围向东北部扩展，达山西运城地区。各地堑沉积的中新统厚度在1100~3800 m。宁夏中南部各断陷的沉积演化与上述各地堑一样；其中六盘山盆地中新统为湖相沉积；寺口子剖面厚约1600 m(宁夏回族自治区地质矿产局，1990)。

随周缘各地堑盆地的进一步裂陷和扩展，地块和地堑自身隆、降的整体性和独立性明显增强。与周缘地堑快速沉降相呼应，地块本部各构造单元均发生强烈抬升；其隆升速率和伴随的剥蚀强度东部明显大于西部，西部堆积了几米到数十米的中新统。前期夷平面经中新世早中期差异隆升改造和进一步同步侵蚀，于中新世晚期地块隆降反转前已基本夷平，形成地块内第三期区域夷平面。在鄂尔多斯地块本部西隆东降的同时，地块南、东、北和西北边部随所邻地堑的伸展裂陷、快速沉降而局部抬升。其中地块西北部受河套弧形地堑和银川地堑强烈沉降的联合作用而抬升最高。地块西南缘受青藏高原构造域挤压增强的影响,六盘山弧形构造带形成并发生冲断褶皱变形和构造抬升;进而又促进和加强了地块西隆东降的进行。以上地质作用大致在 8 Ma 前后发生和完成,从而为风尘红黏土的广泛堆积和保存,即大型红黏土盆地的发育奠定了地貌基础。

4. 中新世晚期——上新世

该时期鄂尔多斯地块隆降反转、东部接受沉积,红土准高原开始发育;同时也是黄土高原形成和黄河水系发育时期。本期的显著变化是,到中新世晚期,鄂尔多斯盆地持续达 2 亿多年的东隆西降发生反转;地表率先隆拗易位。盆地东部开始沉降,广泛接受红黏土沉积;以剥蚀为主的改造结束,至此盆地东部前新生代地层被剥蚀的厚度可达 2000 m。与此同时,六盘山区、盆地西缘和西部相继隆升(刘池阳等,2003,2006)。

在地块东隆西降反转易位的同时,周缘诸地堑盆地在中新世晚期的沉积速率明显增快(刘池洋等,2006),沉积范围和湖区面积扩展。中新世晚期,临汾及其以北的山西地堑系内诸断陷相继形成,并快速沉降和沉积。而在宁夏中南部诸断陷中,南部六盘山地区率先隆起,沉积向北迁移。地块周缘地堑大致在同环境、同部位、同时期发育的宁夏中南部诸断陷,随着青藏构造域影响的增强和扩展,沉积范围缩小并向北迁移,湖相地层减少到消失,沉积粒度变粗;到晚中新世晚期鄂尔多斯地块隆降反转时期,诸断陷盆地抬升消亡。

鄂尔多斯地块本部西隆东降的同时,地块南、东、北和西北边部随所邻地堑的伸展裂陷、快速沉降而局部抬升。

盆地新近纪红黏土的堆积延续到上新世。在上新世,红黏土堆积、区域抬升和西隆东拗等均可大致以 5.3 Ma 和 3.6 Ma 为界划分为两个阶段。其总的特征是活动强度与时俱增。前者总体是中新世晚期地质构造活动的延续。3.6 Ma 以来地块及邻区构造活动明显加剧。

5. 第四纪

第四纪基本继承上新世的格局,鄂尔多斯地块持续发生幕式差异抬升。2.5 Ma 以来,地块抬升了 400~500 m(张宗祜等,1989)。周缘各地堑盆地沉积-沉降速率仍然很大,主要为河湖相沉积;风成黄土主要堆积在地堑内相对隆起的断块上。

鄂尔多斯地块内黄河水系的发育,对黄土高原的演化、湖泊变迁及地块内部地貌的形成有决定性作用。

由此可见,新生代以来,由于印度板块与欧亚板块的碰撞及其远程效应远远大于太平洋板块向欧亚板块俯冲的影响,故鄂尔多斯地块逐渐抬升,西部抬升速率明显大于东部,导致了鄂尔多斯地块内部存在着东西部的差异升降,西部抬升、东部开始接受红黏土沉积,西隆东拗的构造格局逐渐形成,并逐步形成了整个中国西高东低的地势。

这次构造反转,对于鄂尔多斯大型能源盆地的油、气、铀矿等产生了重要的影响,促使其重新运移、定位和叠加改造,故对反转展开深入研究,对能源矿产的勘探具有一定的指导意义。目前，对于构造反转作用详细的时空分布、形成的深部背景和对能源矿产形成和聚集的作用还有待于进一步深入研究。

参 考 文 献

安芷生，孙东怀，陈明扬等. 2002. 黄土高原红粘土序列与晚第三纪的气候事件. 第四纪研究，20(5)：435~446

邸领军，张东阳，王宏科. 2003. 鄂尔多斯盆地喜山期构造运动与油气成藏. 石油学报，24(1)：34~37

丁超. 2013. 鄂尔多斯盆地东北部中-新生代构造事件及其动热转换的油气成藏效应. 西北大学博士学位论文

丁仲礼，孙继敏，刘东生. 1999. 上新世以来毛乌素沙地阶段性扩张的黄土-红粘土沉积证据. 科学通报，44(3)：324~326

丁仲礼，孙继敏，朱日祥等. 1997. 黄土高原红粘土成因及上新世北方干旱化问题. 第四纪研究，(2)：147~157

冯乔，张小莉，王云鹏等. 2006. 鄂尔多斯盆地北部上古生界油气运聚特征及其铀成矿意义. 地质学报，80(5)：748~752

付金华. 2004. 鄂尔多斯盆地上古生界天然气成藏条件及富集规律. 西北大学博士学位论文

傅智雁，袁效奇，耿国仓. 1994. 河套盆地第三系及其生物群. 地层学杂志，18(1)：24~29

高峰，王岳军，刘顺生等. 2000. 利用磷灰石裂变径迹研究鄂尔多斯盆地西缘热历史. 大地构造与成矿学，24(1)：87~91

弓虎军. 2007. 中国黄河中游地区新近纪红粘土的成因. 西北大学博士学位论文

桂小军. 2006. 鄂尔多斯盆地后期改造及其对油气赋存的影响. 西北大学硕士学位论文

郭真，刘池洋，田建锋. 2015. 东海盆地西湖凹陷反转构造特征及其形成的动力环境. 地学前缘，3：59~67

郭正堂，彭淑贞，郝青振等. 1999. 晚第三纪中国西北干旱化的发展及其与北极冰盖形成演化和青藏高原隆升的关系. 第四纪研究，6：556~567

侯圣山. 2002. 灵台剖面石英颗粒表面形态初步研究及其古气候意义. 中国科学院研究生院学报，19(1)：59~68

侯旭波. 2010. 济阳坳陷构造反转特征及其与叠合盆地演化关系. 中国石油大学博士学位论文

侯旭波，尹克敏，林中凯. 2014. 银川盆地构造反转及其演化与叠合关系分析. 高校地质学报，2：277~285

黄雷. 2007. 鄂尔多斯盆地北部延安组烧变岩特征及其形成环境. 西北大学硕士学位论文

金性春，周祖翼，汪品先. 1995. 大洋钻探与中国地球科学. 上海：同济大学出版社. 181~183

李吉均，方小敏，潘保田等. 2001. 新生代晚期青藏高原强烈隆起及其对周边环境的影响. 第四纪研究，21(5)：381~391

李建新. 2006. 鄂尔多斯盆地红粘土分布特征与新构造运动研究. 西北大学硕士学位论文

刘池洋. 1987. 渤海湾盆地的构造演化及其特点. 见：西北大学地质系编. 西北大学地质系成立45周年学术报告会论文集. 西安：陕西科学技术出版社. 447~458

刘池洋. 1990a. 河套盆地断裂平移运动研究. 见：赵重远等著. 华北克拉通沉积盆地形成与演化及其油气赋存. 西安：西北大学出版社. 156~170

刘池洋. 1990b. 河套盆地呼和坳陷沉降-堆积中心转移及其形成机制. 见：赵重远等著. 华北克拉通沉积盆地形成与演化及其油气赋存. 西安：西北大学出版社. 171~179

刘池洋，赵红格，杨兴科等. 2003. 油气晚期—超晚期成藏定位——中国含油气盆地的重要特点. 见：中国石油学会主编. 21世纪中国暨国际油气勘探. 北京：中国石化出版社. 57~60

刘池洋, 赵红格, 王锋等. 2005. 鄂尔多斯盆地西缘（部）中生代构造属性. 地质学报, 79(6): 738~747

刘池洋, 赵红格, 桂小军等. 2006. 鄂尔多斯盆地演化-改造的时空坐标及其成藏（矿）响应. 地质学报, 85(5): 617~637

刘东生. 1984. 黄土与环境. 北京: 科学出版社. 1~412

刘东生等. 1997. 中国第四纪环境概要. 见: Williams M A J 等著, 刘东生等编译. 第四纪环境. 北京: 科学出版社. 189~239

刘友民. 1982. 陕甘宁盆地北缘乌兰格尔地区白垩系油苗成因及意义. 石油勘探与开发, (3): 39~42

马艳萍, 刘池阳. 赵俊峰等, 2007. 鄂尔多斯盆地东北部砂岩漂白现象与天然气逸散的关系. 中国科学（D 辑）, 37(增刊 I): 127~138

闵琪. 杨华, 付金华. 2000. 鄂尔多斯盆地的深盆气. 天然气工业, 20(6): 11~15

宁夏回族自治区地质矿产局. 1990. 宁夏回族自治区区域地质志. 北京: 地质出版社. 145~158, 331

强小科, 安芷生, 常宏. 2003. 佳县红粘土堆积序列频率磁化率的古气候意义. 海洋地质与第四纪地质, 23(3): 91~96

任纪舜, 王作勋, 陈炳蔚等. 1999. 从全球看中国大地构造——中国及邻区大地构造图简要说明. 北京: 地质出版社. 1~38

任战利. 1995. 利用磷灰石裂变径迹法研究鄂尔多斯盆地地热史. 地球物理学报, 38(3): 339~349

任战利, 张盛, 高胜利等. 2006. 鄂尔多斯盆地热演化程度异常分布区及形成时期探讨. 地质学报, 80(5): 674~684

陕西省地质矿产局. 1989. 中华人民共和国区域地质志第 13 卷——陕西省区域地质志. 北京: 地质出版社. 243~352

施雅风, 汤懋苍, 马玉贞. 1998. 青藏高原二期隆升与亚洲季风孕育关系探讨. 中国科学（D 辑）, 28(3): 263~271

施雅风, 李吉均, 李炳元等. 1999. 晚新生代青藏高原的隆升与东亚环境变化. 地理学报, 54(1): 10~21

宋鹰. 2010. 松辽盆地裂后期构造反转及其动力学背景分析. 中国地质大学博士学位论文

宋友桂, 方小敏, 李吉均等. 2000. 六盘山东麓朝那剖面红粘土年代及其构造意义. 第四纪研究, 20(5): 457~463

宋友桂, 方小敏, 李吉均等. 2001a. 晚新生代六盘山隆升过程初探. 中国科学（D 辑）, 31(增刊): 142~148

宋友桂, 李吉均, 方小敏. 2001b. 黄土高原最老红粘土的发现及其地质意义. 山地学报, 19(2): 104~108

苏奥, 贺聪, 陈红汉等. 2016. 构造反转对西湖凹陷中部油气成藏的控制作用. 特种油气藏, 3: 1~7

孙东怀, 刘东生, 陈明扬等. 1997. 中国黄土高原红粘土序列的地层与气候变化. 中国科学（D 辑）, 27(3): 265~270

孙肇才. 2003. 板内变形与晚期成藏——孙肇才石油地质论文选. 北京: 地质出版社

汤锡元, 郭忠铭, 陈荷立等. 1992. 陕甘宁盆地西缘逆冲推覆构造及油气勘探. 西安: 西北大学出版社

唐大卿, 陈红汉, 江涛等. 2013. 伊通盆地新近纪差异构造反转与油气成藏. 石油勘探与开发, 6: 682~691

王桂梁, 邵震杰, 彭向峰等. 1997. 中国东部中新生代含煤盆地的构造反转. 煤炭学报, 6: 3~7

王庭斌. 2004. 新近纪以来的构造运动是中国气藏形成的重要因素. 地质评论, 50(1): 33~42

王燮培, 宋廷光. 1996. 从松辽盆地的构造反转看中国东部盆地构造圈闭的形成. 地球科学, 4: 33~42

王震亮, 陈荷立. 2007. 神木-榆林地区上古生界流体压力分布演化及对天然气成藏的影响. 中国科学（D 辑）, 37(增刊): 49~61

翁望飞, 刘池洋, 赵红格等. 2009. 鄂尔多斯盆地早白垩世剥蚀地层厚度恢复研究. 地层学杂志, 33(4): 373~381

吴柏林, 邱欣卫. 2007. 论东胜矿床油气逸散蚀变的地质地球化学特点及其意义. 中国地质, 34(3): 455~462

吴中海, 吴珍汉. 2001. 鄂尔多斯、沁水盆地晚新生代隆升-剥蚀历史. 地质科技情报, 20(3): 16~20

吴中海, 吴珍汉, 万景林等. 2003. 华山新生代隆升-剥蚀历史的裂变径迹热年代学分析. 地质科技情报, 22(3): 27~32

徐子英, 孙珍, 彭学超. 2015. 珠江口盆地白云凹陷反转构造发育特征. 新疆石油地质, 4: 394~400

薛祥煦, 赵景波. 2003. 陕西旬邑新近纪红粘土微形态特征及其意义. 沉积学报, 21(3): 448~451, 481

杨承志. 2014. 松辽盆地—大三江盆地晚白垩世构造反转作用对比及其成因联系. 中国地质大学博士学位论文

杨俊杰. 2002. 鄂尔多斯盆地构造演化与油气分布规律. 北京: 石油工业出版社. 1~228

杨石岭, 侯圣山, 王旭等. 2000. 泾川晚第三纪红粘土的磁性地层及其与灵台剖面的对比. 第四纪研究, 20(5): 423~434

杨兴科, 杨永恒, 季丽丹等. 2006. 鄂尔多斯盆地东部热力作用的期次和特点. 地质学报, 80(5): 705~711

杨勇, 汤良杰, 漆立新. 2014. 塔里木盆地塔中-巴楚地区反转构造及其石油地质意义. 现代地质, 3: 559~565

叶得泉, 钟筱春, 姚益民等. 1993. 中国油气区第三系(I)总论. 北京: 石油工业出版社. 175~183

余中元, 闵伟, 韦庆海等. 2015. 松辽盆地北部反转构造的几何特征、变形机制及其地震地质意义——以大安-德都断裂为例. 地震地质, 1: 13~32

岳乐平. 1996. 黄土高原、红色粘土与古湖盆沉积关系. 沉积学报, 14(4): 148~153

岳乐平, 张云翔, 王建其等. 1999a. 山西静乐和陕西榆林地区红色土与黄土-古土壤序列之关系. 中国区域地质, 18(1): 69~72

岳乐平, 张云翔, 王建其等. 1999b. 中国北方陆相沉积5.3 Ma磁性地层序列. 地质论评, 45(4): 444~448

张国华, 张建培. 2015. 东海陆架盆地构造反转特征及成因机制探讨. 地学前缘, 1: 260~270

张抗. 1989. 鄂尔多斯断块构造和资源. 西安: 陕西科学技术出版社. 1~394

张岳桥, 廖昌珍, 施炜等. 2006a. 鄂尔多斯盆地周边地带新构造演化及其区域动力学背景. 高校地质学报, 12(3): 285~297

张岳桥, 施炜, 廖昌珍等. 2006b. 鄂尔多斯盆地周边断裂运动学分析与晚中生代构造应力体制转换. 地质学报, 80(5): 639~647

张云翔, 薛祥煦, 岳乐平. 1995. 陕西府谷老高川新第三纪"红层"的划分与时代. 地层学杂志, 19(3): 214~219

张云翔, 陈丹玲, 薛祥煦. 1998a. 陕西北部三趾马红粘土的形成环境. 沉积学报, 16(4): 50~54

张云翔, 陈丹玲, 薛祥煦等. 1998b. 黄河中游新第三纪晚期红粘土的成因类型. 地层学杂志, 22(1): 11~15, 51

张宗祜, 张之一, 王芸生等. 1989. 中国黄土. 北京: 地质出版社. 180~182

赵景波, 黄春长, 朱显谟. 1999. 黄土高原的形成与发展. 中国沙漠, 19(4): 333~337

赵重远, 刘池洋. 1990. 华北克拉通沉积盆地形成与演化及其油气赋存. 西安: 西北大学出版社. 1~189

郑德文, 张培震, 万景林等. 2005. 六盘山盆地热历史的裂变径迹证据. 地球物理学报, 48(1): 157~164

郑度, 姚檀栋等. 2004. 青藏高原隆升与环境效应. 北京: 科学出版社. 165~221

朱照宇, 丁仲礼. 1994. 中国黄土高原第四纪古气候与新构造演化. 北京: 地质出版社

Guo Z T, Ruddiman W, Hao Q Z et al. 2002. Onset of Asian desertifications by 22 Myr ago inferred from loess deposits in China. Nature, 416: 159~163

第九章　鄂尔多斯高原形成演化与环境变迁 *

鄂尔多斯盆地是中国中、新生代大型陆相含油气盆地，盆地内的多种能源矿产，包括煤、油、天然气、铀等是在盆地发育时期形成的。新生代以来鄂尔多斯盆地逐渐抬升转化为高原，转化过程构造演化不仅对多种能源矿产的形成、运移和聚集起到控制作用，同时对区域环境产生重要影响。鄂尔多斯高原北部是毛乌素沙地，南部是黄土高原，这种典型的地理环境都是在鄂尔多斯盆地-高原转型过程中形成的，因此分析盆地转型过程中对区域环境的影响，对理解区域环境变化以及在能源开发过程中如何保护环境有着重要的意义。

鄂尔多斯盆地研究程度较高，从构造演化、油气赋存、煤田地质等方面作了大量的研究，在环境演变，特别是黄土与红黏土研究方面亦取得了丰硕成果。但是从鄂尔多斯地块由盆地向高原转型过程，结合全球气候变化背景来研究其环境效应还有待进一步深入。由于鄂尔多斯地区的环境变化受到盆地隆升转型的影响与控制，因此从鄂尔多斯地块构造演化的角度切入可以更深入理解该区域环境演化的机制。

鄂尔多斯地块由盆地转型为高原的过程中，区域地质作用由沉积为主转型为沉积作用与剥蚀作用并行，其中沉积作用由河湖相沉积为主转型为红黏土、黄土与风沙沉积为主，剥蚀作用由夷平作用转型为风蚀作用和流水侵蚀搬运作用。在高原形成的不同阶段环境效应不同，本章重点研究了新近纪中晚期以来，特别是鄂尔多斯盆地开始沉积红黏土以来的环境变化，论述了红黏土分布特征及环境意义，红土高原的解体以及黄土高原形成的环境记录；对第四纪以来随着鄂尔多斯高原加速隆升，侵蚀基准面降低，黄土高原侵蚀加剧进行论述。

第一节　中新世中晚期至第四纪初鄂尔多斯高原形成

2006 年中国地质调查局"青藏高原基础地质成果汇集和综合研究"取得系列成果，将青藏高原隆升及沉积响应分为三个大阶段：第一阶段（65~34 Ma）：包括印度与欧亚板块初始碰撞期（1 亚阶段），碰撞高峰期（2 亚阶段），全面完成碰撞期（3 亚阶段）；第二阶段（34~13 Ma）：陆内汇聚挤压隆升阶段；第三阶段（13 Ma 以来）：陆内均衡调整隆升阶段（张克信等，2010a，b）。

　* 作者：岳乐平[1]，李建星[2]，郑国璋[3]，杨利荣[1]，徐永[2]，孙璐[4]. [1]西北大学地质系，西安；[2]中国地质调查局西安地质调查中心；[3]山西师范大学城市与资源学院，临汾；[4]中国科学院地质与地球物理研究所，北京.
Email：yleping@ nwu.edu.cn

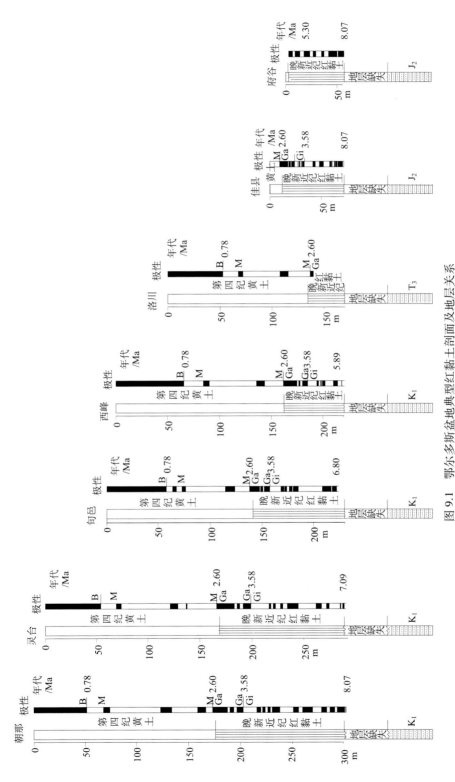

图 9.1 鄂尔多斯盆地典型红黏土剖面及地层关系

图中朝那、灵台、旬邑、西峰、洛川、佳县、府谷剖面的古地磁数据分别引自文献（宋友桂等，2000；丁仲礼等，1998；薛祥煦，2001；孙东怀等，1995；岳乐平，1995；强小科等，2004；张云翔等，1995）

祁连山地区是青藏高原向东北方向扩张到达鄂尔多斯高原之间的过渡地带，近年来笔者研究了新生代祁连山及邻区盆山演化，分析了青藏高原隆升北扩—祁连山新生代盆山演化—鄂尔多斯地块响应：印度板块与欧亚板块在古新世—始新世初碰撞青藏隆升（Yin et al.，2002）祁连山地区受到影响不明显，对鄂尔多斯地区更无影响；始新世（56～34 Ma）印度板块与欧亚板块全面碰撞，祁连山地区初始响应，兰州盆地、西宁盆地、柴达木盆地接受沉积（始新世），但祁连山地区的山脉并未形成，青藏高原北东方向的青海南山、拉脊山、积石山以及六盘山等都未开始隆升，鄂尔多斯地区也没有相应的山体隆升。渐新世（34～23 Ma）青藏高原东北缘逆冲加剧，向东北扩展伸展，祁连山地区贵德–西宁–兰州–循化–临夏前陆盆地形成，高原隆升且东北向生长开始对祁连山地区产生实质性作用，但对鄂尔多斯地区尚未有实质性影响。中新世（23～5 Ma）青藏高原隆升与东北方向扩张加剧，陆内挤压造山开始，祁连山地区内部拉脊山、青海南山、积石山、达坂山等相继隆升成山，西部阿尔金山与东部六盘山也在此时隆升成山。贵德–西宁–兰州–循化–临夏统一的前陆盆地解体为独立盆地，祁连山及邻区内大型盆地形成并进入全面发展扩张阶段，在此阶段祁连山地区盆山地貌形成，区内发育大型盆地，是湖盆发育扩张的鼎盛阶段，同时风成红黏土在部分山间盆地开始堆积（图 9.1）。中新世中晚期（13～5 Ma）由于鄂尔多斯盆地西侧受到挤压造成六盘山隆升，说明此时青藏高原隆升的东北方向扩张开始影响到鄂尔多斯盆地，鄂尔多斯盆地自中生代形成的东高西低的地貌形态自中新世中晚期开始地貌反转（由东高西低向西高东低反转）。

鄂尔多斯地区在中生代早期持续沉降，广泛发育湖盆与大型河流，盆内以湖泊相与三角洲沉积为主，三叠纪大型湖盆是今日鄂尔多斯盆地油气的主要生油区，而三角洲与河道砂体是油气主要储集空间。中生代中期湖泊萎缩，侏罗纪时期广泛发育沼泽森林，气候湿润温和，是区域重要的成煤期，早白垩世地层现今大部分已被剥蚀，部分地区残留。中新世中晚期鄂尔多斯盆地抬升，前期地层遭受剥蚀，盆地内部古近纪地层和早中新世地层缺失，仅在盆地周邻断陷盆地或洼地残留。鄂尔多斯盆地差异性隆升形成地块内部高地剥蚀区和小型盆地或洼地沉积区，在此期间形成的鄂尔多斯地貌为风蚀作用和风成堆积作用奠定了基础。鄂尔多斯盆地广泛发育红黏土，形成了中新统与下伏不同时代地层之间的区域不整合或假整合接触（图 9.1）。

Yin 等（2002）、李吉均等（2001）、张培震等（2006）、张克信等（2008，2010a，b）、葛肖虹等（2014）、许志琴等（2016）研究了新生代以来发生在青藏高原内部和周缘的构造与环境事件，安芷生等（An et al.，2001）研究了亚洲地区的粉尘堆积，认为 8 Ma BP 前后青藏高原隆升对环境产生重大影响，东亚季风日趋强化。受青藏高原阻挡以及东亚季风环流及西伯利亚–蒙古高压的影响，我国北方干旱化加剧。包括毛乌素地区在内的鄂尔多斯高原，处于西北部干旱荒漠与东南部森林草原之间的过渡带位置，极易受到气候波动影响。

中新世，特别是中新世中晚期 8 Ma 中亚地区干旱日趋加剧，粉尘物质通过西风环流与东亚冬季风途经新疆、青海、甘肃、内蒙古携带入鄂尔多斯地区，细颗粒物质沉积并在土壤化作用下形成红黏土。在这一时期鄂尔多斯地区持续抬升，高原北部出露地表的中生代基岩高地开始遭受风蚀作用，风蚀区包括现今的毛乌素地区。毛乌素地区冬季位于蒙古冷高压控制下和反气旋的运行路径上，自西北往东南出现干冷、多西北风的干旱风蚀区。贺兰山山前堆积及中西部高地地区，地势高，风力大，以风蚀作用为主。由于植被疏矮，基岩疏松，在风力以及流水的交互作用下，地表高处基岩遍遭剥蚀，产生大量砾、砂、粉尘物质。砂与粉尘物质在强劲的冬季风携带下向东南方向搬运，受地势降低以及梁丘和河谷地形起伏影响，风速降低而粉尘沉降，在北部、中部洼地沉积并与中亚地区带来的细颗粒风尘混合形成了红黏土序列。在此区域的红黏土序列有明显的近源特征。主要特征表现为：其一，红黏土堆积序列部分层位出现细砂甚至中砂，由于粗颗粒物质不可能由风力远距离搬运至此，物质显然来自近源，因此很可能来自其西北方向的毛乌素地区。其二，府谷一带数十平方公里的红黏土沉积区域含有非常丰富的大型哺乳动物化石，化石层厚达数米，化石层红黏土中含有细砂砾，从化石埋藏学与沉积学角度分析，红黏土最终沉积的地理环境应当是洼地或小型盆地。被风力携带来的粉尘或沙尘可以沉降在高地或洼地，但在包括面流在内的局部流水的作用下，经过短途搬运最终沉积在洼地。其三，部分红黏土地层特别是含化石的红黏土层具有明显的流水层理。

府谷剖面位于鄂尔多斯高原中东部的沙漠-黄土交界地区，同时位于风蚀区与沉积区交互地区。在府谷红黏土剖面 5.30 Ma、5.80 Ma 以及 7.00 Ma 处出现粗颗粒砂质层，大于 100 μm 的颗粒大大增加，甚至可以达到 20%~30%，说明府谷红黏土中含有近源的物质。在地块抬升与冬季风气候的作用下，7.00 Ma BP 鄂尔多斯地块北部地区已经成为较为干旱的风蚀区，可以为中部甚至南部地区提供粉尘。部分样品颗粒达到 300 μm 或甚至含有小砾石，是流水作用造成的。

中新世晚期—上新世，鄂尔多斯地块已完成向高原转型，其明显的环境效应在地貌上表现为差异隆升造成的起伏地表，形成遭受风蚀作用的高地与接受红黏土沉积的洼地。常年积水洼地或湖泊为大型哺乳动物提供了生息地，干旱洼地或临时性积水洼地接受了二次搬运的红黏土，并在此基础上发育成为红色土壤。由于中新世晚期—上新世气候相对第四纪湿润，降水相对充沛，粉尘沉降在高原后有足够的流水冲刷和短途再搬运，不能像第四纪黄土粉尘那样沉降后基本覆盖在整个黄土高原，此外，前第四纪区域地表起伏较大，因此鄂尔多斯地区没有形成连续的红土高原，仅在当时的洼地保留有红黏土沉积。虽然在隆起高地没能完全保存红色黏土(有些区域可能保存薄层的红黏土沉积)，但由于红黏土断续分布在现今黄土高原低洼地区，我们仍认为在中新世晚期—上新世有"红土高原"存在，但是相对黄土高原而言是不连续的"红土高原"。在鄂尔多斯地区"红土高原"的面积约占黄土高原面积的 70%。丁仲礼等(1998)在研究了黄土高原地区的红黏土分布后认为："在第四纪黄土堆积之前，目前的黄土高原可能为一古红土高原"。笔者同意这一观点，认为中国北方红黏土物质来源于由中低空风力携带的西部干旱区粉尘、低空风力携带的近源粉尘以及区域高地的面流剥蚀物；粉尘或其他颗粒沉降后经过水流作用的"削高补低"，沉积在洼地或残留在高地，经土壤化作用形成目前的红黏土序列或残留的"红土高原"。

笔者利用黄土高原内部现代河流阶地抬升速率计算了高原抬升速率，进而计算了"红土高原"的高度。程绍平、邓起东(1998)利用晋陕峡谷黄河阶地测年，认为 1.40 Ma BP 以来鄂尔多斯高原隆升 160 m。岳乐平等(1995)利用洛河阶地计算的高原抬升速率支持这一数据。据此计算 2.60 Ma 以来高原抬升约 250~300 m；8.00~2.60 Ma BP 高原

344 第二篇 鄂尔多斯盆地深部结构、构造-热特征及演化

抬升速度相对慢，8.00 Ma以来高原抬升取值约500~600 m。初步计算：红黏土沉积初期，8 Ma BP前后鄂尔多斯地块为高平原（即初始红土高原），地表海拔约500 m；黄土沉积前，2.60 Ma BP前后鄂尔多斯高原内部的"红土高原"地表海拔约800~900 m。计算模式：现今在鄂尔多斯高原内部的黄土高原高度（海拔约1200~1300 m）-黄土厚度（150 m）-红黏土厚度（50 m）-8.00 Ma以来抬升高度（500 m）=初始"红土高原"高度（海拔约500 m）；现今黄土高原高度（海拔约1200~1300 m）-黄土厚度（150 m）-2.60 Ma以来抬升高度（250 m）=后期"红土高原"高度（海拔约800 m）。

红黏土沉积初期，8 Ma BP前后鄂尔多斯地块为高平原，地表海拔约500 m，2.60 Ma BP前后鄂尔多斯高原内部的"红土高原"地表海拔约800~900 m，第四纪初黄土开始堆积。

第四纪青藏高原加速隆升，祁连山地区黄河逐渐形成并于1.80 Ma BP现代黄河出现，自青海共和盆地-贵德盆地-临夏盆地-兰州盆地再进入鄂尔多斯地区北部河套地区古湖。河套古湖打开后黄河继续东流进入晋陕峡谷。于第四纪1.80 Ma BP黄河形成，标志着地貌反转完成，鄂尔多斯高原诞生。渭河等黄河支流在1.2 Ma BP形成并东流进入三门峡地区的三门古湖，说明此时中国东西地貌反转已经完成，青藏高原—鄂尔多斯高原—华北平原三级地貌单元正式形成。

第二节 鄂尔多斯高原及周缘地区红黏土

鄂尔多斯高原黄土的空间分布已有很高的研究程度，早在20世纪六七十年代就有学者绘制了黄土厚度等值线图。与黄土-古土壤序列相比，红黏土的空间分布的研究程度相对较低。宋友桂等（2001a，b）结合前人研究成果和野外调查认为：红黏土厚度和粒度以六盘山为中心，呈扇形向东黄土高原地区辐射减小，六盘山山麓前缘的朝那一带为红黏土沉积最厚的地区。张云翔等（1997）认为就小范围而言，红黏土展布受下伏古地貌影响较小，在不同高度、不同古地貌单元都可以看到红黏土的分布。在鄂尔多斯盆地内部有不少具有代表性的红黏土剖面，前人从各方面对它做过工作，其中包括这些剖面红黏土的厚度测量：如陕西旬邑职田镇剖面红黏土厚约90 m、灵台任家坡剖面红黏土厚度为126 m、泾川剖面红黏土厚度126 m、朝那剖面红黏土厚度128 m、巴家咀剖面红黏土厚度66 m、赵家川剖面红黏土厚度45.1 m、老高川剖面红黏土厚度52.6 m、佳县方塔乡剖面红黏土厚度61.3 m、榆林剖面红黏土厚度60 m及靖边郭家梁剖面红黏土厚度20 m等，但它们只能代表少数地点的红黏土厚度情况，对于描述偌大一个鄂尔多斯盆地红黏土的区域分布特征，这些数据显然是不足的。到目前为止，尚未见有与黄土等厚图相似的红黏土等厚图问世，这可能与红黏土上覆有厚层的黄土-古土壤序列而野外露头较少以及红黏土的整体的研究程度低于黄土-古土壤序列有关。本文制作了红黏土分布图（图9.2）。

在调查红黏土的空间分布和绘制厚度等值线图时，利用了野外地质调查取得的第一手数据（全站仪器）和前人大量的研究成果，还利用了最新的SRTM（Shuttle Radar Topography Mission航天飞机雷达地形任务）数据，以及40余幅1:20万区域地质报告、局部范围的水文地质报告，这些报告中一般都有实测的红黏土剖面，并且对红黏土的空

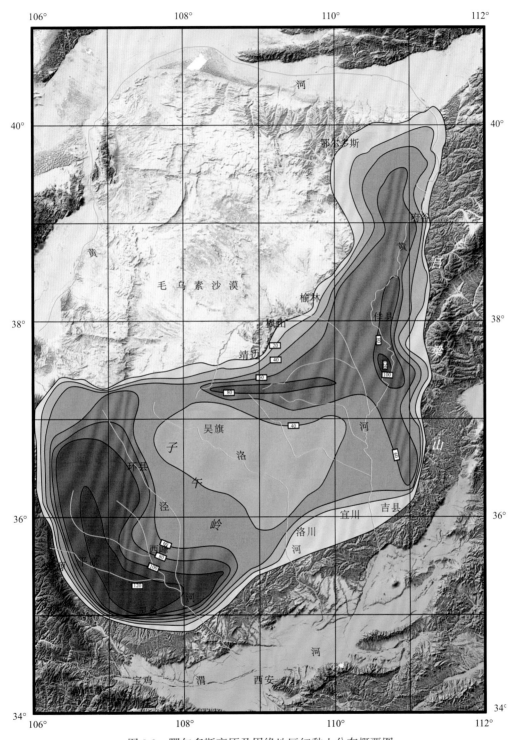

图 9.2 鄂尔多斯高原及周缘地区红黏土分布概要图

间变化也有不同程度的介绍,为研究红黏土空间分布提供了不可或缺的资料。在鄂尔多斯盆地石油天然气和地下水的勘探中,完成了大量的石油、水文钻孔,部分钻孔数据具有红黏土层位的记录,是红黏土厚度的一个重要数据来源。与黄土-古土壤序列相似,红黏土中同样记录有古气候的变迁和生物的演化信息,这引起了不少新生代地质学家的注意,许多专题性质的研究中也不乏大量的红黏土剖面。这些研究不但有实测地质剖面,而且大都有年代学数据,这为研究红黏土的时间演化和空间分布提供了可靠依据。野外地质调查不但获得了大量的红黏土厚度第一手数据,而且在红黏土分布的关键部位——红黏土与其他地层在横向上过渡的地段进行了重点观察研究。这些地方包括:渭北北山南北两侧,近南北向分布的子午岭两侧、吕梁山的西部山前拗陷地段、六盘山东部山前、近东西向分布的白于山的南北两翼。

基于红黏土堆积区不同的地质地理环境、红黏土本身特征和红黏土与其他同时代物质之间的过渡交互关系,本节分六盘山前、吕梁山前和盆地中央区几个典型的地区来分别阐述红黏土的空间分布特征,并对新近完成的吕梁山地区的石楼剖面、柳林剖面、吴起白于山地区的土佛寺剖面重点阐述。

一、盆地中央红黏土的分布特征

鄂尔多斯盆地中央红黏土分布区是指前述四个构造单元所围限的地区,亦即通常所述的狭义的黄土高原区。具体是范围是:北起吴旗、安塞一带黄土峁地貌区,南到渭河以北黄土区或北山以北,西起环县、西峰、灵台,东到黄河以西的府谷、佳县、宜川一带。

1. 子午岭一带红黏土分布特征

子午岭山脊的不同地段分布有厚度不同的红黏土,但总体厚度较小,厚度很少超过60 m,部分地段甚至缺失红黏土。子午岭虽然在地貌上把高原分为东部的陕北黄土高原和西部的陇东黄土高原,但不能把红黏土分割开来,东部与西部的红黏土在岩性和厚度上几无差别。

该处红黏土一般不整合于前新生代地层之上,上覆有厚层的黄土-古土壤序列(部分地区为早更新世三门组),红黏土出露情况较差,加之该区红黏土厚度相对较薄,所以目前研究程度较高的红黏土剖面较少。但是野外调查及钻孔数据显示该区的红黏土厚度变化不大,仅在子午岭南部山脊处局部缺失红黏土,在南部越过子午岭的东西两侧大约10~15 km的地方,均可见到红黏土堆积。野外地质调查路线主要是横穿子午岭的309国道沿线。子午岭以西,在甘肃合水东部红黏土厚度可达50~60 m,西峰红黏土厚约50~60 m,整体呈淡红色,局部可见有薄层砾石层,无钙质结核和Fe、Mn黑斑出现,成壤作用差。向东到子午岭,子午岭的山脊处红黏土不但未见减薄,反而有增加的趋势。过子午岭向东,红黏土厚度开始减小,局部缺失,到富县可见厚度有20~30 m。洛川一带红黏土一般为40~50 m。309国道以北,收集到的钻井数据较多,钻井数据揭示在环县、华池一带,红黏土大都在40 m左右。

洛川剖面和西峰剖面分别在子午岭东西两侧大致同一纬度。这两个剖面已经作过大量的研究，研究成果被广泛认知，在此不再赘述。

2. 渭北北山山前红黏土的分布特征

渭北北山是分割北部黄土高原和南部渭河盆地的东西—北东-南西走向的中低山系：主要由碳酸盐岩断块山地组成，如景福山、崛山、瓦罐岭、五峰山、嵯峨山、将军山、金粟山等，高程介于 1500~1700 m。渭北基岩山地是鄂尔多斯盆地南缘基岩翘起端，出露了元古宇及古生界岩层。本文所指的渭北北山山前主要是指北山的北部山前，渭北北山南部主要是断陷型的渭河盆地，红黏土仅零星出露于山前台塬地带。

渭北北山山前的红黏土是鄂尔多斯盆地中红黏土研究程度较高的。红黏土整体不整合于前新生代地层之上，上覆有厚层的黄土-古土壤序列。不少的学者对该地区的红黏土做了详细的研究，对其地层岩性做了不同的划分和对比，结合前人研究的典型剖面和我们野外区域上的观察，基本上可以得出：红黏土自下而上可以分为三段：下部为泥质（可能含有红黏土成分）胶结的砂砾石层，厚度一般较小，不超过 5 m；中部为棕褐色黏土，钙质成分较高，并且含有数层钙质结核层；上部颜色较中部深，为浅棕红色黏土，致密，具团块状结核，并为 Fe、Mn 质所浸染，富含零散钙质结核。

渭北北山山前典型的剖面有：陕西旬邑职田镇剖面，红黏土厚约 90 m；灵台任家坡剖面，厚约 126 m；泾川剖面，厚约 126 m；朝那剖面，厚约 128 m。平面上这些剖面相距不远，厚度上这些地区基本相似，都在 120 m 左右。野外地质调查表明该地区红黏土、黄土-古土壤序列基本稳定，因此这些剖面的厚度数据基本可以代表渭北山前的红黏土的厚度。另外，钻孔数据揭露在旬邑县城西北的太峪一带红黏土厚度可达 116.5 m，同样说明该地区红黏土厚度大约为 120 m。该地区向北向南，红黏土厚度变化较大，往北到西峰一带，红黏土厚度一般为 50~60 m。再往南到渭北北山，厚度迅速减薄，渭北北山目前为基岩裸露区—半裸露区，几无红黏土分布，局部可见有薄层的黄土披挂在基岩之上。旬邑东南土桥一带的水文钻孔揭示，该处已无红黏土出露。旬邑的太峪、职田距离旬邑土桥相距不到 20km，红黏土厚度相差很大，这说明红黏土的分布与古地势有很大的关系。灵台朝那、灵台任家坡和旬邑职田镇剖面近于东西向展布，旬邑往东，渭北北山走向由东西向急转为北东-南西向，红黏土的沉积中心也随之改变，且厚度逐渐变小，到富县一带，一般可见到红黏土厚度不超过 20 m，县城南水文钻孔的数据显示的厚度仅为 13.6 m。自朝那向西，红黏土逐渐减薄，超覆在六盘山之上。

3. 陕北白于山南缘红黏土分布及与区域湖相沉积关系

在黄土高原的北部，与毛乌素沙漠、三边（安边、定边、靖边）盆地的交界处是南北水系的分水岭——白于山。白于山东西向延伸，高程在 1800 m 以上。其南为环江的上游——东川、西川、洛河、延河以及大理河的上游。其北为红柳河、东西葫芦河的上游，也就是无定河的上游。白于山南北两侧的地貌形态并不相同，北为长梁与残塬地形，梁顶平缓，沟谷切割深度不大，逐渐过渡到沙漠高原区。白于山南沟谷深切，其中典型的黄土峁就发育在白于山山南。由于白于山位于黄土高原的北缘，与沙漠分布区相毗邻，有着独特的地质发展历史和古地理环境,且白于山以南的涧峪岔一带,红黏土厚度较大,与黄土高原区的 30~50 m 的红黏土厚度形成较大的反差,因此有必要作为一个单独的区域,对其红黏土分布作一介绍。

该区域的红黏土为棕红色,夹有钙质结核,自下而上颜色变深;下部的钙质结核层多且钙质结核的直径较大,最大可达 5~8 cm,局部地区夹有细砂层。厚度整体比较稳定,80~100 m,局部地区厚度变化大,甚至缺失。在东部的涧峪岔厚度可达 100~110 m,偏东北部的驼耳巷也可达 100 m。野外调查表明这两个地方是该区域的沉积中心,向西到五谷城一带最大厚度可达 80 m,沿涧峪岔—驼耳巷—五谷城一线向周缘展开,红黏土逐渐变薄,如杏子河上游的钻井揭示红黏土厚度仅有 45 m,其厚度与盆地中央相似。北部靖边一带的钻井数据相对密集,数据显示红黏土厚度小于 56 m,但总的规律是靠近沙漠区红黏土逐渐减薄、尖灭。涧峪岔向北到石窑沟一带,厚度仅有 50 m,再向北到横山厚度逐渐变小,直至尖灭在沙漠边缘。

笔者在吴起白于山南缘建立了土佛寺"吴起古湖——红黏土"序列,2010 年完成了古地磁年代测定与沉积环境分析。

（1）吴起古湖沉积——红黏土沉积古地磁年代序列

吴起古湖位于鄂尔多斯地块腹部的陕北黄土高原北侧,以及黄土高原与毛乌素沙漠交界区域,北倚分割黄土高原与毛乌素沙漠的白于山。初步研究表明,吴起古湖发育于新近纪晚期,结束于第四纪初期。吴起古湖除包含湖相沉积外,其下部、中部夹红黏土沉积,上部夹黄土沉积,还有化石层。湖湘沉积包含风成粉尘沉降成分,记录了丰富的古气候信息。古湖位于分隔黄土高原与毛乌素沙漠的白于山南缘,可能记录了白于山隆升的信息。白于山与横山为隔断黄土高原与沙漠的东西走向山脉,对黄土高原与毛乌素沙漠边界的形成与演化可能也提供了信息,并对于进一步了解黄土高原古环境演化有重要意义。

白于山海拔约为 1200~1800 m,主峰海拔 1823 m,大致呈东西走向,是北洛河等黄河支流的分水岭,同时也是毛乌素沙地与黄土高原的分界线。研究剖面位于白于山南麓吴起县土佛寺村白土沟(坐标:36°48′33.7″N,108°15′34.4″E)。

土佛寺剖面中湖相沉积物与下伏红黏土之间为连续沉积,与上覆风成黄土堆积之间存在不整合面。湖相沉积物的主体部分由棕红、灰绿、灰白等色的泥质、黏土质、粉砂质沉积物互层组成。剖面控制了上部部分黄土层、全部的湖相沉积层及下部的红黏土,红黏土堆积未见底,剖面共厚 63.5 m。典型的湖相沉积主要集中于 7.7~36.9 m,可分为三个湖相层:第一湖相层自 36.9 m 至 33.2 m,主要以碧绿、灰绿、灰白色泥质沉积物为主,发育波状层理。第二湖相层自 33.2 至 23.0 m,为一段棕红色黏土质与灰白色泥质、粉砂质互层的沉积物,钙质成分较多,一些地方形成钙质沉积层,可观察到波状层理。第三湖相层从 23.0 m 到 7.7 m,主要为灰绿、灰白、棕红色的泥质、粉砂质沉积物。在这套湖相沉积物的下部,即 52.7~36.9 m 为一段棕红-棕黄色泥质沉积物,含钙质颗粒,虽然没有明显的水成痕迹,但与中国北方典型的红黏土堆积有所区别,其中常夹有脉状、团块状杂色(棕红、灰白、灰绿)泥质沉积物,且钙质成分较多,为红黏土堆积夹少量湖相沉积，下文称其为过渡层。

笔者对土佛寺剖面进行了磁性地层年代学研究(图9.3)，结果表明土佛寺剖面起始于约4.28 Ma BP，过渡层(52.7~36.9 m)的时限为3.7~3.0 Ma BP，第一湖相层(36.9~33.2 m)对应的时间段为3.0~2.5 Ma BP；第二湖相层(33.2~23.0 m)的时限为2.50~2.05 Ma BP；第三湖相层(23.0~7.7 m)开始于2.05 Ma BP，结束年龄利用沉积速率(按该剖面的平均沉积速率1.8 cm/ka计算)外推，为1.2 Ma BP左右。野外观察与试验结果均表明，吴起地区的湖相地层与红黏土、黄土-古土壤序列是同期异相的关系，这与三门古湖类似。

(2) 吴起古湖沉积-红黏土序列记录的气候信息

土佛寺剖面的磁化率、粒度的变化(图9.4)能较好地与前文划分的岩性段对应。4.28~3.70 Ma BP (前文中的第7层，63.5~52.7 m)时为风成红黏土堆积，其磁化率和粒度各组分总体上变化都不大，沉积速率也较为稳定，保持在2 cm/ka左右，与黄土高原其他地区接近，只是在该阶段的末尾3.7 Ma BP (54.7~52.7m)附近上述指标出现了较明显的波动。

3.7~3.0 Ma BP (前文中的第6层，52.7~36.9 m)时为过渡层，相对于下部的红黏土，该层的磁化率与沉积速率均表现出较明显的波动，中值粒径M_d的变化不明显，但<2 μm和2~5 μm组分有缓慢增加的趋势，结合前文所述的过渡层在岩性上与风成红黏土的区别，认为3.7~3.0 Ma BP期间该地区可能已经存在小规模的水流作用，但受地形和气候因素的约束还未形成大范围的湖盆，为过渡期。

3.0~2.5 Ma BP (前文中的第5层，36.9~33.2 m)为第一湖相层，磁化率与沉积速率均降至整个剖面的最低，磁化率的降低主要是由于灰绿—碧绿色或灰白色的沉积物反映出的还原环境不利于赤铁矿的生成，推测湖相沉积层中的磁性矿物可能是由水流搬运的近源沉积物。<2 μm和2~5 μm组分逐渐减小，而5~16 μm和16~30 μm组分则逐渐增多，可能暗示着此后水体逐步变浅，这一阶段古湖的沉积速率明显小于同时期的红黏土与黄土堆积，一方面可能是此时主要接受沉积速率小的细粒物质；另一方面可能是由于沉积物经历了较长时间的压实作用导致的。综合来看这一时期水体相对较深，吴起古湖从此时起初具规模，吴起地区湖相沉积层下部出现的石膏说明古湖经历了硫酸盐湖阶段。

值得注意的是我国北方在晚上新世—更新世时期的许多盆地都发育河湖相沉积物，代表性地点有泥河湾盆地、关中盆地和榆社盆地。朱日祥等(2007)对泥河湾盆地的研究显示，湖相沉积物的起始年龄约为3.0 Ma BP左右。榆社盆地在中—上新世时期也分布有较厚的河湖相地层，其中麻则沟组由灰绿色泥灰岩夹砂岩层组成，朱大岗等(2009)利用电子自旋共振法得出的结果表明其起止时间为3.04~2.50 Ma BP。一方面，湖泊的广泛分布表明黄土高原地区在晚上新世—更新世时期气候相对湿润，与孢粉学的研究结论吻合；另一方面，风成堆积与湖相沉积共存的事实，暗示着3.6~2.6 Ma BP期间东亚冬季风相对于夏季风的逐步强盛，并使区域内温湿-冷干气候波动的幅度逐渐变大，这一点在已有的研究中也得到了证实。

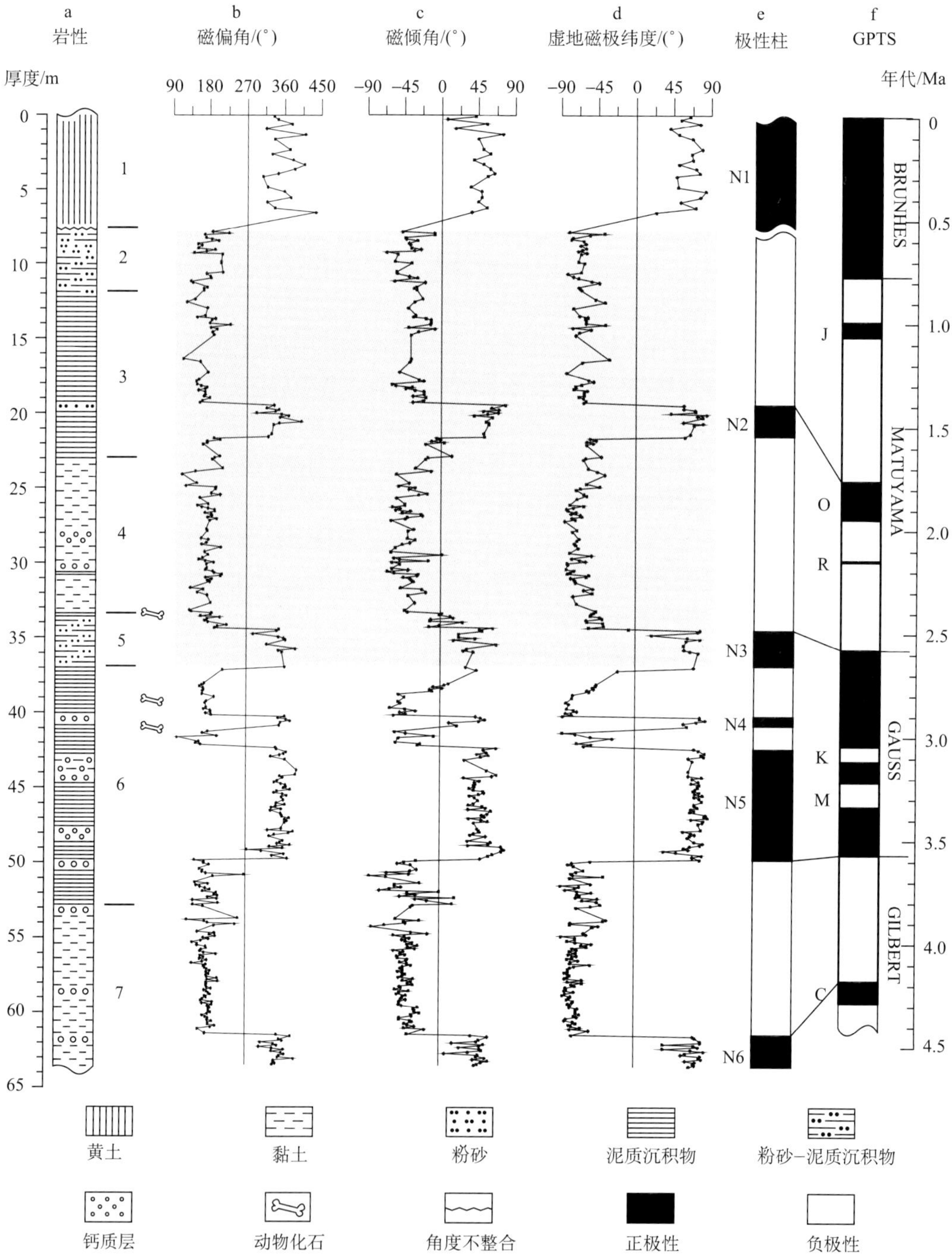

图 9.3 土佛寺剖面岩石地层(a)、磁极性地层(b~e)与地磁极性年表 GPTS (f)的对比
(据孙蒟等，2010)

1~7 对应于前文中的地层划分；N1~N6 为磁极性带编号；灰色阴影区域为湖相沉积段。

J. Jaramillo 正极性亚时；O. Olduvai 正极性亚时；R. Reunion 正极性事件；K. Kaena 负极性亚时；
M. Mammoth 负极性亚时；C. Cochiti 正极性亚时

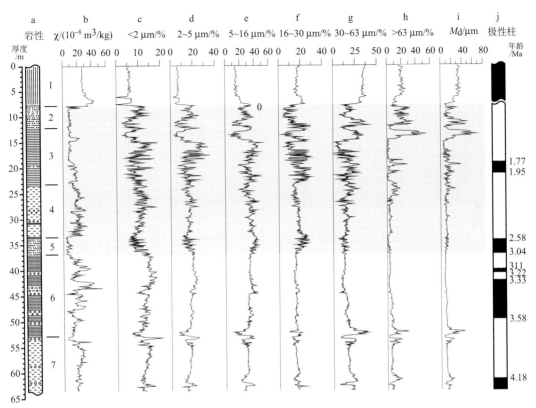

图9.4　土佛寺剖面岩性(a)、磁化率(b)、各粒级组分(c~i)变化图（据孙蕗等，2010）

1~7 对应于前文中的地层划分；灰色阴影区域为湖相沉积段。岩性图例同图9.3

　　2.50~2.05 Ma BP（前文中的第4层，33.2~23.0 m）为第二湖相层，2.58 Ma BP 北半球冰盖开始迅速扩张，黄土高原的大部分地区则开始广泛接受风成黄土堆积，气候由温湿向冷干变化的趋势更加明显，黄土-古土壤序列取代红黏土堆积，也表明气候波动幅度达到了一个新的水平，第二湖相层磁化率的升高，代表高空搬运粉尘的组分（<2 μm）以及 30~63 μm 和 >63 μm 组分的增加，沉积速率的增大都暗示着水体变浅；此外，钙质成分的增多、波状层理的出现等岩性特征也表明湖水变浅，沉积物可能还暴露出过水面。气候的急剧变化对生物界也产生了显著的影响，在剖面 33.3~33.2 m 处发现了大量哺乳动物化石碎片，层位上正处于第一、第二湖相层接合处。野外观察还发现，该地区的哺乳动物化石主要就产出于这一层位。不过此处虽然化石数量丰富，但因以获取"龙骨"为目的的采集方式对化石的破坏非常大，多数已无法详细鉴定。从已有材料看，有锯齿虎类（Homotherium）、牛科（Bovidae）、羚羊类（Gazella）、鹿科（Cervidae）及啮齿类化石等（由西北大学地质学系张云翔教授鉴定）。薛祥煦等（2006）研究了黄土高原地区不同时期保存于红黏土及黄土中的哺乳动物化石组合。经过对比认为，土佛寺剖面中发现的上述化石组合的时代接近于晚上新世/更新世，其反映的气候类型和古环境特点也与上文的推测一致。

2.05~1.20 Ma BP（前文中的第 3~2 层，23.0~7.7 m）为第三湖相层，磁化率降至较低水平，沉积速率比第二湖相层略有下降，总体上看<30 μm 组分逐渐减少，>30 μm 组分逐渐增多，灰白、灰绿色的泥质-粉砂质沉积物以及其中的波状层理、脉状或团块状的杂色泥质包体都表明此时的水体较浅（但应该比第二湖相层略深）。值得注意的是 14.0 m 处（对应于约 1.45 Ma BP）粒度组分出现了较大变化，<16 μm 的细粒组分急剧减少而>16 μm 的粗粒组分显著增多，这可能是对 1.45 Ma BP 左右发生在该区域的构造运动的响应。此后吴起古湖进入消亡期，我们推测吴起古湖结束的时间不会晚于 1.2 Ma BP。区域构造活动导致的北洛河溯源侵蚀并切穿湖盆可能也是吴起古湖消亡的原因之一。

二、六盘山东麓红黏土分布特征

本区范围主要是指六盘山以东地区，西至六盘山基岩区，东到环县—西峰一带，南抵渭北北山基岩隆起区，北至固原拗陷盆地一带。前人对此区的红黏土的地层归属有不同的意见，南部的红黏土因与其六盘山西部的陇西盆地仅有一山之隔，行政区划分上均属甘肃省管辖，早期的地质工作一般将之归结为临夏组。北部因靠近固原盆地且行政区划属宁夏回族自治区管辖，一般划为干河沟组。二者在本质上并无巨大差别，都与盆地中央的保德组、静乐组岩性相差无几。《甘肃省区域地质志》（1982）根据临夏组中所含的三趾马动物化石与山西保德地区保德组的化石相似而将临夏组与山西保德组对比。临夏组在盆地中分布广泛，岩性较为单一，以橘红、棕红色砂质泥岩及泥岩为主，部分地区含有钙质结核，底部往往有砾岩层，产状水平，该组在盆地的西缘局部整合于咸水河组之上，在平凉—环县一带直接不整合于下白垩统之上，其上覆有黄土-古土壤序列或者被更新统三门组不整合覆盖。六盘山地区红黏土的总体特征是无钙质结核与 Fe、Mn 黑斑出现，整体不显层性，成壤作用随地区差异变化较大。

该区域红黏土厚度变化较大，最厚可达 130~140 m，主要分布在固原以南的南北向拗陷内，一般厚度大于 100 m。向东西两侧厚度变化大，自南北向的沉积中心向东部厚度逐渐减薄，东部到镇原、西峰厚度仅有 50~60 m，到西峰一带厚度基本保持稳定。自沉积中心向西厚度很快减薄，直至尖灭在六盘山前。在彭阳南、平凉北钻孔数据显示厚度均大于 150 m，但到平凉西南的红土梁一带，红黏土的厚度不超过 60 m。红土梁往西南，红黏土露头随处可见，但厚度一般不超过 20 m，可见红土梁的含义是其分布范围较广而不是厚度大。再往西南，仅在基岩顶部可见红黏土零星飘在基岩之上。

三、吕梁山前红黏土的分布特征

吕梁山前是指吕梁山以西黄河两岸的山西、陕西之间相对拗陷的地区，俗称晋陕峡谷。且自吕梁山向西，地势总体降低，晋陕黄河两岸的地势相对黄河河谷较高，其中黄河以东山西一带的地势比黄河河谷区高出大约 200 m，黄河以西的陕北地区的地势高出黄河河谷 100 m。吕梁山自山西最北部一直延伸到汾河入黄河处，自北向南有管涔山、芦芽山、关帝山、火焰山等高地。北段主要由碳酸盐岩组成，中南段关帝山为岩浆岩，局部夹有变质岩和少量碎屑岩。该区红黏土的东界为离石—中阳—芦芽山一带，往东为吕梁山基岩出露区。北界可到下古寨—只泥泉—大沟—立民一线，南界为吕梁山西南段乡宁县岭上的基岩分水岭，西部自北向南大致以神木、佳县、延川、宜川为界。该区位于鄂尔多斯盆地的东部边缘，南北延伸远，与盆地中央的红黏土连在一起。

该区在大地构造区划上属于晋西挠褶带和陕北斜坡的过渡地段，大致以黄河为界，东部挠褶带地层陡倾，西部陕北斜坡则倾角一般不超过 3°，二者大致以离石断裂为界。独特的构造部位决定了该区域中间地势低、两边地势高的地貌格局。正是在这地势较低的区域堆积了厚层的红黏土。吕梁山前的红黏土，因其研究程度较高而分为下部的保德组和上部的静乐组。厚层的红黏土和其中的哺乳动物化石吸引了不少地质学家，其中著名的保德红土就位于该区内，半个多世纪以来，山西省保德县冀家沟剖面作为中国北方新近系保德阶的层型剖面，因在教科书及科技文献中被大量引用而闻名于世。

吕梁山前红黏土因处于独特的构造部位，红黏土分布独具风格。东部吕梁山在 10 Ma 开始隆升，在山前堆积了代表山体隆升的厚层砾石层，大约 8 Ma 起红黏土开始在鄂尔多斯盆地中普遍堆积，在吕梁山前不但堆积在下伏的砾石层之上，而且更为广泛的超覆在周缘基岩之上。此后吕梁山间歇性的隆升，在山前不断的堆积砾石层，红黏土也不断的堆积。早期砾石层的厚度大于红黏土，到晚期则主要为红黏土。红黏土与砾石层甚至河湖相堆积伴生是该区红黏土特征之一。红黏土上覆的一般为厚层的黄土-古土壤序列，局部地区可见红黏土直接暴露于地表，其上无堆积物。在神木麻家塔可见有晚期的河流冲积物残留在红黏土之上，红黏土充当了晚期河流阶地的基座。

与其他地区相同，吕梁山前红黏土厚度变化也很大，主要表现为东部迅速尖灭在吕梁山，西部逐渐过渡到盆地中央，与六盘山前红黏土厚度变化成镜像对称，只不过六盘山前红黏土偏南而吕梁山偏北。该区的红黏土厚度一般为 80 m，最厚达 100 m 以上。其中南部石楼、隰县等地的红黏土厚度一般为 50~60 m，向北到柳林红黏土厚度最大，包括其中的红黏土的砾石夹层，剖面控制厚度可达 140 m。在保德冀家沟，红黏土及其砾石夹层厚度可达 60 m，再往北厚度有逐渐变大的趋势。东部吕梁山的基岩有大量的灰岩出露，鄂尔多斯岩溶找水项目曾经在此布置有大量的钻孔，由于钻孔相对靠近吕梁山而距离黄河较远，所以钻孔数据揭示的红黏土厚度一般都在 20~30 m。总的来看，吕梁山前红黏土厚度北部大于南部，其中在黄河沿岸及五寨盆地中厚度最大，东部地区现在残存较少，厚度一般不超过 20 m，向西过渡到盆地中央，红黏土厚度比较稳定，一般为 40~50 m。

笔者完成了吕梁山地区柳林红黏土剖面与石楼红黏土剖面测定，在本节作简单论述。

1. 柳林红黏土剖面古地磁年代序列及环境记录

柳林剖面位于吕梁山西麓晋陕谷地中，行政区划为山西省柳林县高家沟乡卫家洼村，剖面距离吕梁山的主峰数十公里。剖面中下部水成堆积、上部风尘堆积、中间略有过渡的特征非常明显。下部的水成物中还见有少量风成物的夹层。

（1）柳林剖面地层特征

柳林剖面新近纪地层自下而上可以分为三段：下段为典型水成堆积，上段为风成堆积，中段则为二者的过渡带。

上部风成段：主要为红黏土及钙质结核，局部夹有少量砂砾石层，厚度较大且以红黏土层厚度大于钙质结核层为特征。钙质结核的粒径、密集程度差异较大。靠上部钙质结核层较少且钙质结核粒径较小，一般为 5~10 mm，分布较为密集，中下部钙质结核粒径较大，一般为 30~80 mm，外形极不规则，分布较为稀疏。局部层位仅零星分布有钙质结核。红黏土单层较为均一，自上而下颜色略微变浅，土壤的团粒结构、铁锰胶膜的垂向分布不具规律性。不同的红黏土及钙质结核层可能是不同气候环境的产物。

下部水成堆积：主要由水成堆积物组成，仅局部夹有红黏土层。根据碎屑是否固结成岩可以将水成堆积物分为分为上下两段，上段碎屑已经固结成岩，下段碎屑为经过搬运的红黏土及钙质结核。碎屑为固结成岩的水成堆积物根据碎屑粒级大小可以分为砾、砂、泥三个级别。砾岩、砂岩与泥岩三者在横向上为过渡关系，垂向上组成总体自下而上变细的沉积序列，其中砾岩中发育叠瓦构造和递变层理，向上过渡为砂砾岩，发育有平行层理和交错层理，顶部泥岩中可见有水平纹层和泥裂，自下而上组成的沉积层序与冲积扇相的沉积层序相同，为冲积扇相堆积（李建星等，2009）。

（2）再搬运的红黏土及其意义

柳林剖面新近纪地层下段水成堆积物中部分碎屑物质由红黏土团粒组成。根据红黏土团粒在沉积物中分布状况可以分为三种类型（李建星，2006）：

类型 I 碎屑全部为红黏土颗粒，粒径一般为 1~3 mm，砾石占碎屑总量 40%~50%，砾石均成球状，磨圆度高。小于 2 mm 的碎屑也都呈球状，磨圆度高，分选性好，常可见由粗粒的砾石与较细粒的碎屑分别成层分布组成的自下而上由粗变细的基本层序（图 9.5、图 9.6，A 段为粗粒，B 段为细粒，C 为下一次粗粒旋回）。碎屑之间的充填物也是红黏土，碎屑的红黏土和填隙物的红黏土在物质上并无大的差异，其固结程度也基本相同。野外新开挖的剖面中红黏土的碎屑结构明显，剖面风干后需要仔细辨认方可识别其碎屑结构。碎屑组成及沉积特征表明该序列是周缘红黏土经过相对远距离搬运的产物。

类型 II 碎屑主要为钙质结核，少量红黏土团块。碎屑中粒径达砾石大小的钙质结核与红黏土团块占碎屑物总量的 50%~60%，填隙物是较为细小的红黏土。其中钙质结核砾石占砾石总量的 50%~60%，粒径大小不一，为 2~10 mm，以 3~5 mm 者居多。砾石呈圆—次圆状，磨圆度较高（图 9.5、图 9.7），不再具有不规则的生姜外形（未经搬运的钙质结核因外形与生姜相似而俗称料姜石，图 9.8），局部甚至具有叠瓦排列的特征，显然是经水流搬运的产物。红黏土砾石与钙质结核砾石相比粒径较小，一般为 2~3 mm，且多为棱角状，充填在钙质结核砾石之中，两种不同类型的砾石混杂在一起指示其沉积的水动力较强且已有红黏土和钙质结核堆积，且该段沉积时剥蚀的主要对象是钙质结核。垂向上常见自下向上由粗变细的沉积旋回，在这种沉积旋回中钙质结核是明显的标志层（图 9.5）。

图 9.5　自下向上变细的沉积序列

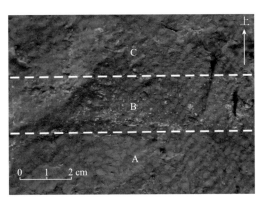

图 9.6　红黏土团块碎屑组成的沉积序列

图 9.7　经过搬运的钙质结核

图 9.8　未搬运的钙质结核

　　类型 III　是以红黏土为主兼有钙质结核碎屑的沉积序列。这种沉积序列中粒级达砾石的组分较少，一般小于 10%。略具磨圆的红黏土碎屑与钙质结核无序的堆积在一起，显示搬运距离较短水动力较强的特征。

　　柳林剖面下部水成堆积物的碎屑主要是尚未成岩的红黏土和钙质结核，碎屑经过明显的分选和磨圆，垂向上可见由粗变细的沉积旋回，显然是经过水流搬运再堆积的红黏土，其沉积速率之高也非上部红黏土所能及。钙质结核一般认为是红黏土淋滤的产物，其作为砾石单独成层出现排除了相同时代红黏土作为物源的可能。另外，下部沉积物的沉积速率也需要有近源厚层堆积的红黏土作为其物源。这就说明研究区周缘存在着年龄远大于 8 Ma 的红黏土。这表明在 8 Ma 之前，鄂尔多斯盆地像甘肃秦安地区一样，堆积了厚层的红黏土，只不过该红黏土未能完好保存而被改造，以碎屑物质出现在水成堆积物中，在其相邻古地势较高的部位应当存在时代早于 8 Ma 的红黏土。石楼剖面红黏土底界年龄为 11 Ma 印证了这一推论。

　　远源的风尘堆积仅经历轻微的后期水流的改造。成为典型的记录古气候演变的红黏土。所谓轻微改造是指仅仅是面流为主的改造，风尘物质可以继续保留在较高部位也可以堆积在相对低的洼地作为土壤成为红黏土，成为土壤的红色土称为红黏土。进入河道汇入洼地的红黏土则成为普通水成堆积物的物源之一，它们成为河流沉积物或湖泊沉积物的组成部分，不能形成土壤，因此，称之为红色泥岩、红色砂质泥岩或含红黏土团块的砾岩。早期堆积的红黏土经过后期水流的搬运在地势较低的部位再堆积后，只能证明曾经邻区地势较高的部位有红黏土堆积。上部典型的红黏土是指示区域土壤不再接受溪流水流作用的影响。柳林剖面上下两分的特征说明在 8.1 Ma 之前，该区周缘曾经有红黏土堆积，后期的水流作用将红黏土搬运剥蚀堆积在剖面所在处，红黏土以碎屑物的形式出现。在 8.1~7.2 Ma 东部的吕梁山开始强烈隆升，堆积了碎屑已经固结成岩的砂砾石层，间歇期堆积了红黏土，同时该区地势也随之抬升，7.2 Ma 之后该区地势抬升到相对较高的部位而堆积了典型的红黏土序列（李建星，2006）。

（3）柳林剖面古地磁年代序列

对山西柳林卫家洼剖面进行磁性地层年代学研究，测量结果显示剖面共记录了 10 个清晰的正极性段、9 个清晰的负极性段和 2 个不完整的负极性段。其中第一层水成堆积以及其上的风尘堆积（静乐组）记录了 4 个完整正极性段和 3 个完整负极性段，与古地磁年表中 C3n.1n、C3n.2n、C3n.3n、C3n.4n 及其间的负极性带对比，下部还跨及 C3r 负极性带的部分，年龄约为 4.18~5.60 Ma。中部红黏土夹水成堆积物带（保德组）记录了 5 个清晰的正极性段和 4 个清晰的负极性段，与古地磁年表中的 C3An.1n 与 C4n.1r 之间的极性带对比，其上段记录了 C3r 负极性带下半部分，下段记录了 C4n.2n 正极性带的上半部分，年龄为 5.60~7.62 Ma。下部以水成堆积物为主体，夹有红黏土堆积（芦子沟组），记录了 1 个不完整正极性段和 1 个不完整负极性段，即 C4n.2n 和 C4n.2r 的部分，年龄约为 7.6~8.1 Ma。剖面中下段由于有过多的水成堆积物，且水成堆积物中的粗砾岩及松散砂层无法取样，可能漏掉了一两个短暂的极性段，但总体为正极性段（C3Bn~C4n.2n）的特征保留，且由于其沉积速率远大于风成红黏土，所以中下部的极性柱与上部极性柱存在比例失调现象。在 C3Ar 负极性带中产 *Hipparion* 和 *Samotherium*，可与保德剖面相应层位的生物化石对应，另外 C3r、C3An.2n、C3Ar 几个较长的极性柱也为与标准极性柱对比提供依据。古地磁定年结果表明卫家洼剖面的沉积速率差异很大，上部风成堆积速率较低，3.1 Ma（4.2~7.3 Ma）之内沉积了约 60 m 厚的沉积物；下部的沉积速率陡然增大，0.8 Ma（7.3~8.1 Ma）之内堆积了厚达 40 m 的堆积物。这与野外观测结果相同，上部的风成堆积物源是远源的，其堆积速率较低；下部的水成堆积物物源主要来自于周缘，是近源快速堆积的产物，因此其堆积速率很高。剖面未见底，以该地区的平均基岩面作为沉积物的下界，剖面至少还有 50 m 厚的沉积物，以下部沉积物的沉积速率推断，该剖面的底界年龄至少可达 9.2 Ma（李建星，2009）。

2. 石楼红黏土剖面古地磁年代序列及环境记录

石楼剖面（坐标：36°55.518′N，110°56.316′E）位于山西省吕梁市石楼县罗村镇下田庄村，处于黄土高原东部吕梁山西麓，地形上为具基岩基座黄土墚。黄土墚顶部有数十米的更新世黄土，黄土与底部基岩之间可见几十米厚的新近纪红黏土沉积（图 9.9）。

深度/m　地层柱

强土壤化红黏土　中等土壤化红黏土
弱土壤化红黏土　碳酸盐结核　黄土

图 9.9　石楼剖面的地层特征

（1）石楼剖面地层特征

研究的剖面整个新近纪沉积厚 70 余米，剖面底部至河床，下部仍有 2~3 m 厚红黏土层，剖面顶部与黄土整合接触。

石楼剖面上下两分性特别明显，而且中间有一厚层钙质结核，与黏土互层，这一层在段家坡等剖面也比较明显，可作为野外识别的标志层。上部红黏土厚约 26 m，呈深红棕色，与下部明显区分。这一层整体铁锰胶膜和黏粒胶膜较发育。钙质结核粗大，呈倒锥状、棒状、串珠状垂直分布于黏土之中，多数都结成厚层板状，呈明显的陡坎，顶底面凹凸不平，走向上稳定。钙质结核质地坚硬，多数为空心，内壁上为小珠状物质。下部红黏土厚 40 多米，总体颜色较上覆黏土浅，钙质结核颗粒较小，密集结成板状，厚度为0.1~0.3 m，红黏土作为基质充填于空隙之中。钙质结核质地较软，多为实心状。沉积特征较上部变化较大，部分层段成壤作用极强，团块结构特别发育，铁锰胶膜、黏膜沿团块表面分布，而其他层段则未见此类特征。

剖面由大于 60 个红黏土和钙质结核旋回组成（图 9.9），在大部分层段中，红黏土表现为土壤发生特征明显的 B 层与钙质结核层组合。这些土壤 B 层厚度不等，大部分厚度约在 0.1~0.5 m，上部较厚，其基本色调为红棕色，具较发育的次角块状结构，并有不等量的黏粒胶膜和铁锰胶膜，因此，这些土壤发生层大部分可鉴定为 Bt 层。钙质结核层的厚度大部分在 0.1~0.3 m，钙质结核之间的基质一般为红色的 B 层物质，部分层位中的钙质结核已被次生溶蚀。在整个剖面中，没有完整的 A-B-C 发生序列的土壤剖面，表明土壤发育时，同时有母质缓慢堆积，从而显示加积型土壤的典型特征，整套红黏土沉积可看作一巨厚的土壤组合。

根据野外特征，剖面可以分成四大层(图 9.9)，用 R_i 表示，R 表示红黏土，i 表示层数。R_1 从 2.8 到 19.4 m，这层土壤是整个剖面最发育的，含有丰富的铁锰和黏土胶膜。R_2 从 19.4~34.6 m，具有弱的土壤特征。R_3 从 34.6 到 46.4 m，这层土壤特征也较弱，颜色为浅红棕色。R_4 从 46.4 m 到剖面底部，成壤作用较上层强。但是底部由于长期为河床，土壤特征不明显，可能是长期的流水浸泡所致。

(2)石楼剖面古地磁年代序列及记录的气候环境意义

石楼剖面厚 69.4 m，按 10 cm 间距采样，重点部位按 5 cm 间隔采样，共采集古地磁标本 805 个，定向标本在室内被切割成 2 cm 的立方体。样品加工后选择一半在实验室完成测试，在极性变化频繁部位加密，共测试 400 多个。

剩磁分析在西北大学大陆动力学国家重点实验室完成。剩磁测量选用捷克 Agico 公司产的 JR6-A 旋转磁力仪。退磁选用英国 Magnetic Measurement 公司产的 TTMD-80 型热退磁仪，样品的测试和退磁均在屏蔽框进行。样品在测完 NRM 后，按 50 ℃或 20 ℃分档退磁，退到 600 ℃或 680 ℃。对出现异常或者磁性不稳定样品，对其平行样品进行了补测，以检验原来测试样品值是否可靠。

为了判定剩磁携带的矿物特征，选取部分样品进行了岩石磁学测试，岩石磁学实验在中国科学院地质与地球物理研究所岩石磁学与古地磁实验室完成。磁化率温度曲线在卡帕桥 KLY-3 及其附带的 CS-3 型高温装置上完成。为了降低样品由于加热引起氧化作用，整个加热过程均在氩气环境中进行。热磁分析和磁滞回线使用居里秤(VFTB)完成。样品用量大约为 0.2 g。将粉末样品置于石英管中，用耐火棉塞进、压实，从 35 ℃缓慢升温，并测试每一个温度点样品的剩余磁化强度，升温至 700 ℃后缓慢降低到室温。

所得的 VGP 纬度与 Cande 和 Kent 的 95 年表进行对比(Cande and Kent, 1995)(图 9.10)。M/G 界限位于剖面的 2.8 m 处，与野外观察特征一致。高斯正极性带对应于剖面的 2.8~12.2 m，其中包括了两个负极性亚带，Kaena 和 Mammoth 极性亚带。吉尔伯特负极性带对应于剖面的 12.2~35.8 m，其中包括了 Cochiti、Nunivak、Sidufjall 和 Thvera 四个正极性亚带。C3A 极性段对应于剖面的 35.8~39.8 m，但是没有记录到 C3An.1n 和 C3An.2n 之间的负极性亚带。C3B 极性段对应于剖面的 39.8 到 43.0 m，其中包括了三个正极性亚带 C3Bn、C3Br.1n 和 C3Br.2n，但是没有记录到负极性亚段 C3Br.2r。C4 极性段对应于剖面的 43.0~48.6 m，其中包含了三个正极性亚段 C4n.1n、C4n.2n 和 C4r.1n。石楼黏土剖面底部对应于正极性段 C5n.2n。由于底部有将近 8 m 的正极性段，根据整个剖面以及底部的沉积速率，推断石楼剖面的黏土底界为 11 Ma。

在吕梁山地区发现年龄大于 11 Ma 的红黏土具有重要科学意义。在此之前，在六盘山以东地区发现了约 22 Ma 的红黏土，但是在鄂尔多斯高原及东部地区始终未发现大于 8 Ma 的红黏土，于是存在几种猜想，一种认识是：作为红黏土物源的粉尘物质没有越过六盘山地区到达鄂尔多斯高原及以东地区；另一种认识是：作为红黏土物源的粉尘曾到

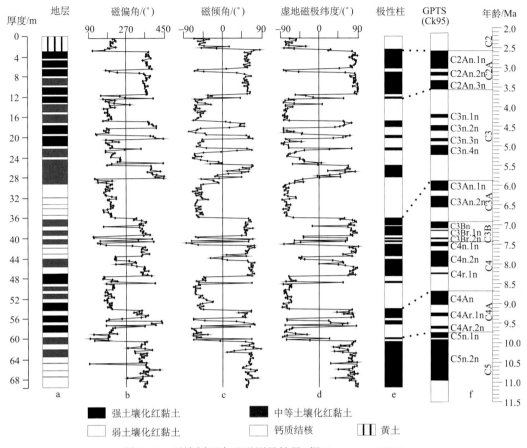

图 9.10　石楼剖面古地磁测量结果（据 Xu *et al*., 2009）

达鄂尔多斯高原甚至更东部地区，只是没有保存下来，但这种认识缺乏地质证据。吕梁山地区发现大于 11 Ma 的红黏土说明红黏土物源的粉尘曾到达鄂尔多斯高原甚至更东部地区，在鄂尔多斯地区没有保存下来说明在 8 Ma 以前鄂尔多斯高原还处在剥蚀期，延续着自白垩纪以来的剥蚀。吕梁山地区的山前洼地给了红黏土保存条件，指示着在此时期红黏土粉尘的沉降，揭示了西部干旱化产生的粉尘物质被风力搬运到东部地区。

第三节　"红土高原"解体与黄土高原形成及环境变迁

一、第四纪以来高原内部差异隆升与"红土高原"解体

第四纪初青藏高原加速隆升，在季风作用加强的同时，中国北方干旱化加剧。受青藏高原隆升影响，鄂尔多斯高原加速隆升，冬季风造成的鄂尔多斯高原北部风蚀作用进一步加剧，陕北黄土高原接受粉尘堆积。此时鄂尔多斯盆地最大的地貌环境变化是"红土高原"解体与黄土高原开始形成。

白于山位于黄土高原北缘，主峰海拔 1823 m，山体由侏罗纪红色砂岩和黄土构成，在 1200~1400 m 海拔的沟谷中可以见到红黏土，山顶不见红黏土沉积，但山体南缘红黏土发育。研究认为在前第四纪，白于山地区除山体主峰是基岩高地外，大部分区域是沉积洼地。第四纪早期白于山开始成山，块体北部加速隆升，南部山前凹陷进一步发育成湖，红色黏土沉陷到湖底，其上开始堆积湖相沉积。至今在吴旗白于山以南地带可以看到从下至上为红黏土—灰绿色砂砾岩及泥岩—黄土序列(图 9.11)。

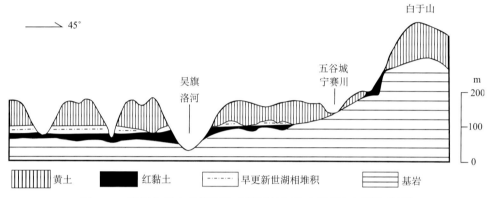

图 9.11 吴旗白于山南部凹陷晚新近纪红黏土沉积与河湖相沉积

子午岭位于黄土高原中部，主峰海拔 1687 m，近北北西走向。在子午岭 1400 m 高度沟谷内可以看到零星的上新近系红黏土堆积，说明至新近纪晚期，该区域的洼地仍在接受红黏土沉积。新近纪晚期以来或第四纪初子午岭相对高原面抬升了 300 m 左右。

渭北北山位于黄土高原西南缘，是分割北部黄土高原和南部渭河谷地的东西—北东-南西走向的中低山系，高程 1500~1700 m。北部山前盆地是晚新生代以来沉积中心，朝那、灵台、旬邑一带红黏土厚度约 100~120 m，其上黄土约 150~200 m；其南部山前主要是断陷的渭河盆地，红黏土仅局部出露于山前台塬地带，厚度多小于 50 m。

由于鄂尔多斯高原内部差异性隆升，隆起的山顶上的红黏土遭受剥蚀不复存在，山谷中保存的红黏土随山体抬升高出黄土塬区的红黏土地层面，"红土高原"解体，残存的红黏土下伏在黄土塬之下。

二、第四纪初(2.60 Ma BP)"黄土高原"诞生

黄土沉积前，2.60 Ma BP 前后鄂尔多斯高原内部的"红土高原"地表海拔约 800~900 m。"红土高原"上始终发育土壤，目前保留的红黏土地层实际上是在气候波动条件下形成的古土壤序列。与黄土不同，红黏土在发育过程中遭受更多的流水作用，包括面流及洪水，不过流水作用的痕迹已经被后期强烈的土壤化作用改造，即便如此在红黏土中还是可以发现水流层理等流水作用痕迹。大约 2.60 Ma BP 由于东亚冬季风加强而粉尘搬运量加大，加之区域气候向干旱寒冷方向发展，黄土堆积取代了红黏土堆积。从宏观上看，红黏土向黄土过渡是连续的，在部分红黏土-黄土剖面中(如蓝田段家坡剖面、

灵台剖面)可以观察到红黏土-黄土过渡带,过渡带具有水流侵蚀痕迹,底部黄土中包裹了红黏土团块,有少量水流层理,这种流水侵蚀可能没有造成大的时间间断,并且没有被后期较弱的成壤作用改造。在很多区域特别是山区或高地,由于红黏土堆积扮演了被"削高补低"的角色,高地上的红黏土往往严重被侵蚀或缺失,黄土"披盖"在残存的红黏土上。黄土是以"披盖"形式覆盖在残存的不连续的"红土高原"之上,黄土堆积基本是连续的,期间可能有短时间的侵蚀或地层缺失,这要依靠未来更精确的地层测年来完成。

三、第四纪中晚期高原北部沙漠化与南部水土流失加剧

随着鄂尔多斯高原及其外围山地的断续抬升与扩大,西北部(贺兰山)、西部(六盘山)、南部(秦岭)、东部(吕梁山)及北部(阴山)构成山体环列地形,区域闭塞地势愈趋明显。当青藏高原抬升达到一定高度时,东亚季风环流形成并日趋强化。在冰期,因高原外围山体的屏障作用,阻碍了湿空气向高原内部输送,使本区更趋干旱;在毛乌素地区形成干旱荒漠草原,强劲的西北风将粉尘携带到黄土高原,加速了高原地区粉尘堆积。在鄂尔多斯高原持续抬升与全球气候变化的双重作用下,毛乌素沙地与黄土高原接壤地带成为环境脆弱地带,为今日区域沙漠化奠定了脆弱的沙化地质背景。

鄂尔多斯高原北部在新近纪末至第四纪初有湖泊河流分布,毛乌素地区的萨拉乌苏组河湖相沉积广泛分布。由于鄂尔多斯高原抬升,以黄河为基准的侵蚀面相对随之降低,黄河晋陕峡谷更新世阶地面高于现代水面 200 余米,反映了高原强烈抬升及侵蚀基准面下降,黄河支流随之侵蚀加剧。根据笔者对萨拉乌苏河乌审旗段的调查,萨拉乌苏河在东南洼地下切了包括下-中更新统以上地层约 60~80 m。河流的急剧下切导致区域湖泊外泄加快而最终干枯,干枯的湖床暴露地表,在风力作用下活化形成流沙。图 9.12 反映了鄂尔多斯高原抬升后窟野河及黄河的下切状况。图 9.12a 是位于毛乌素沙地腹地的杭锦旗剖面,地表为风沙覆盖,剖面显示在风沙层之下发育河湖相砂砾石层,反映了该区域早期曾有河流湖泊存在。图 9.12b 是位于毛乌素沙地东部边缘的秃尾河水系阶地剖面,剖面反映出更新世以来河流下切了数十米。图 9.12c 是图切剖面,反映了窟野河至黄河之间的地貌形态。由于水系的下切侵蚀又促使高原更多沟谷系统的形成,地表湖沼水体日趋疏干,地下水位逐渐下降,地表生态系统恶化。结果使地表更加破碎,含砂地层大量出露并几经流水冲刷、分选、停积,为风的吹蚀、搬运与堆积提供了有利条件。

第四纪鄂尔多斯高原持续抬升,由于区域西北部抬升速度较快而翘起,原鄂尔多斯盆地洼地内的内陆湖泊逐渐被东流河流袭夺而消失。例如高原北部毛乌素地区的萨拉乌苏湖,高原中部黄土高原北部的吴旗古湖,高原南部的古三门湖。干枯湖泊遗留的大量沙物质在强烈的冬季风作用下活化并在冬季风作用下向东南方向搬运,在毛乌素地区形成沙地,在鄂尔多斯高原南部地区形成陕北黄土高原。高原北部地区的沙化与南部地区的水土流失都受高原的构造抬升控制。

伴随鄂尔多斯高原间歇性的整体抬升,鄂尔多斯高原内部河流也急剧下切侵蚀。笔者测量了位于黄土高原中部的洛河秦家川段河流阶地,并完成了阶地黄土堆积古地磁年

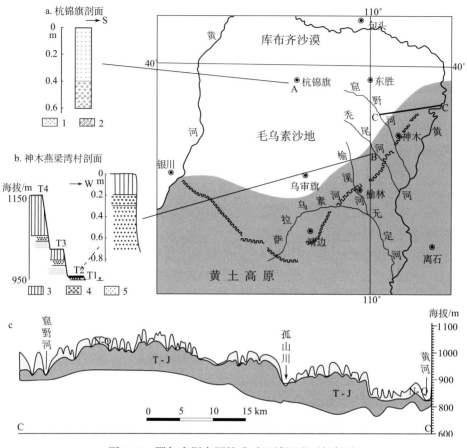

图 9.12　鄂尔多斯高原抬升后区域河流下切侵蚀

图例：1. 风成沙；2. 砂砾石；3. 黄土；4. 河漫滩沙泥；5. 河床沙

代测量。早更新世中期，大约 1 Ma 以来洛河秦家川段下切侵蚀了 52 m，河流下切造成侵蚀基准面下降，洛川黄土塬面距洛河水面 130 m，侵蚀加剧，地表沟壑纵横，水土流失严重。

王苏民等（2001）研究了三门古湖的沉积物，认为黄河完全切穿三门古湖，黄河贯通流入东海的时间约为 0.15 Ma BP。三门古湖的消失与河流侵蚀基准面降低，导致黄土高原地区河流侵蚀作用加强，河网密度加大有关，平坦的黄土高原被塑造成千沟万壑的侵蚀地貌景观。黄土梁峁区陕北米脂一带河网密度（以每平方公里的河网长度计，按长于 500 m 的天然河道网进行统计）为黄河全流域之冠，达 3.81 km/km²；黄土高原沟壑区长武、淳化一带分别达到 2.76 km/km² 和 2.13 km/km²；黄土台塬区的乾县一带达到 1.89 km/km²。侵蚀基准面降低，导致地下潜水面降低，河网密度加大导致蒸发量增加，从而加剧了黄土高原地区干旱化的发展。因此鄂尔多斯高原抬升对区域环境产生了巨大影响。

晚新近纪约 8.00 Ma BP 鄂尔多斯盆地持续 2 亿多年的东隆西降发生反转，地貌易位。盆地东部开始沉降，广泛接受沉积，同时鄂尔多斯地块向"红土高原"、黄土高原转型。在转型过程中区域环境发生重大变化。首先由汇水盆地转变为接受粉尘堆积的高地，盆地内大型湖泊消失，周缘山体开始隆升，在高原整体隆升的过程中，部分区域隆升幅度不同，盆内出现洼地。8.00 Ma BP 也是东亚季风形成并加强时期，西北内陆发生干旱化，鄂尔多斯高原开始接受粉尘堆积，由于高原的差异性隆升，红黏土沉积遭受"剥高填低"，约2.60 Ma BP 形成海拔约800~900 m 的不连续"红土高原"。红黏土不仅接受远程风力携带来的粉尘，风力与面流携带的近源物质也加入其中。第四纪初，约2.60 Ma BP 鄂尔多斯高原持续抬升，在全球气候变冷、东亚季风加强、西部干旱化加剧的背景下，高原接收黄土沉积。晚更新世由于高原抬升、河网密度加大，黄土高原侵蚀加剧，鄂尔多斯高原环境趋于脆弱。

参 考 文 献

安芷生, 孙有斌, 孙东怀等. 2000. 黄土高原红黏土序列与晚第三纪的气候事件. 第四纪研究, 20(5)：435~446

安芷生, 张培震, 王二七等. 2006. 中新世以来我国季风-干旱环境演化与青藏高原的生长. 第四纪研究, 26(5)：678~693

程绍平, 邓起东. 1998. 黄河晋陕峡谷河流阶地和鄂尔多斯高原第四纪构造运动. 第四纪研究, (3)：238~248

邓成龙, 刘青松, 潘永信等. 2007. 中国黄土环境磁学. 第四纪研究, 27(2)：193~209

丁仲礼, 孙继敏, 朱日祥等. 1997. 黄土高原红黏土成因及上新世北方干旱化问题. 第四纪研究, (2)：147~157

丁仲礼, 孙继敏, 杨石岭等. 1998. 灵台黄土-红黏土序列的磁性地层及粒度记录. 第四纪研究, (1)：86~94

傅建利, 张珂, 马占武等. 2013. 中更新世晚期以来高阶地发育与中游黄河贯通. 地学前缘, 20(4)：166~181

甘肃省地质矿产局. 1982. 甘肃省区域地质志. 北京：地质出版社. 290~321

葛肖虹, 刘俊来, 任收麦等. 2014. 青藏高原隆升对我国构造-地貌形成、气候环境变迁与古人类迁徙的影响. 中国地质, 41(3)：698~714

弓虎军, 张云翔, 岳乐平等. 2007. 甘肃灵台新近纪红黏土磁组构特征的沉积学意义. 沉积学报, 25(3)：437~444

李长江. 2003. 晋陕蒙交界地区晚第三纪沉积特征与地貌演化. 水土保持研究, 10(3)：120~124, 129

李丰江, 吴乃琴, 裴云鹏. 2005. 黄土高原西部秦安新近纪风尘堆积的蜗牛化石证据. 第四纪研究, 25(4)：510~515

李吉均, 方小敏, 潘保田等. 2001. 新生代晚期青藏高原强烈隆起及其对周边环境的影响. 第四纪研究, 21(5)：381~391

李建星. 2006. 鄂尔多斯盆地红粘土分布特征与新构造运动研究. 西北大学硕士学位论文. 1~54

李建星. 2009. 吕梁山及邻区新生代构造-沉积演化. 西北大学博士学位论文. 1~109

李建星, 岳乐平, 徐永等. 2009. 吕梁山西麓红黏土和水成堆积物之间的关系, 沉积学报, (3)：518~524

李智佩, 岳乐平等. 2002. 中国三北地区荒漠化区域分类与发展趋势综合研究. 西北地质, 35(4)：

135~153

李智佩，岳乐平等. 2003. 北方环境地质调查评价. 见：生态环境地质调查论文集. 北京：地质出版社. 444~461

李智佩，岳乐平，薛祥煦等. 2004. 鄂尔多斯高原沙质荒漠化发展现状与防治对策研究. 见：侯光才等（主编）. 鄂尔多斯盆地下水资源与可持续利用研究. 西安：陕西科学技术出版社. 439~446

李智佩，岳乐平，薛祥煦等. 2006. 毛乌素沙地东南部边缘不同地质成因类型土地沙漠化粒度特征及其地质意义. 沉积学报，24（2）：267~275

梁美艳，郭正堂，顾兆炎. 2006. 中新世风尘堆积的地球化学特征及其与上新世和第四纪风尘堆积的比较. 第四纪研究，26（4）：657~664

刘池洋. 2005. 盆地多种能源矿产共存富集成藏（矿）研究进展. 北京：科学出版社. 1~26，238~258

刘池洋，赵红格，王锋等. 2005. 鄂尔多斯盆地西缘（部）中生代构造属性. 地质学报，79（6）：738~747

刘池洋，赵红格，桂小军等. 2006. 鄂尔多斯盆地演化-改造的时空坐标及其成藏（矿）响应. 地质学报，80（5）：617~638

刘秀铭，安芷生，强小科等. 2001. 甘肃第三纪红粘土磁学性质初步研究及古气候意义. 中国科学（D辑），31（3）：192~205

刘秀铭，安芷生，强小科等. 2001. 甘肃第三系红黏土磁学性质初步研究及古气候意义. 中国科学（D辑），31（3）：192~205

刘运明，李有利. 2007. 山西保德黄河最高阶地形成的时代. 地理与地理信息科学，23（1）：101~103

刘运明，李有利，吕红华等. 2007. 黄河山陕峡谷保德-克虎段高阶地砾石层的初步研究. 北京大学学报（自然科学版），43（6）：808~815

鹿化煜，汶玲娟，熊尚发等. 2004. 高原周边地区的红黏土-黄土地层记录. 见：郑度，姚檀栋等. 青藏高原隆升与环境效应. 北京：科学出版社. 245~255

鹿化煜，王先彦，李郎平. 2008. 晚新生代亚洲干旱气候发展与全球变冷联系的风尘沉积证据. 第四纪研究，28（5）：949~956

鹿化煜，李郎平，弋双文等. 2010. 中国北方沙漠-黄土体系的沉积和侵蚀过程与未来趋向探析. 地学前缘，17（5）：336~344

马玉贞，吴福莉，方小敏等. 2005. 黄土高原陇东盆地朝那红黏土 8.1~2.6 Ma 的孢粉记录. 科学通报，50（15）：1627~1635

潘桂堂. 1990. 青藏高原新生代构造演化. 北京：地质出版社. 1~165

裴云鹏，吴乃琴，李丰江. 2004. 晚第三纪红黏土成因和沉积环境的生物学证据：蜗牛化石记录. 科学通报，49（13）：1294~1298

彭淑贞，郭正堂. 2007. 风成三趾马红土与第四纪黄土的黏土矿物组成异同及其环境意义. 第四纪研究，22（2）：277~285

强小科，安芷生，李华梅等. 2004. 佳县红黏土堆积的磁学性质及其古气候意义. 中国科学（D辑），34（7）：658~667

强小科，安芷生，宋友桂等. 2010. 晚渐新世以来中国黄土高原风成红粘土序列的发现：亚洲内陆干旱化起源的新记录. 中国科学：地球科学，40（11）：1479~1488

宋友桂，方小敏，李吉均等. 2000. 六盘山东麓朝那剖面红黏土年代及其构造意义. 第四纪研究，20（5）：457~463

宋友桂，方小敏，李吉均等. 2001a. 晚新生代六盘山隆升过程初探. 中国科学（D辑），31（S1）：142~148

宋友桂，李吉均，方小敏. 2001b. 黄土高原最老红黏土的发现及其地质意义. 山地学报，19（2）：

104~108

孙东怀, 刘东生, 陈明扬等. 1997. 中国黄土高原红黏土序列的磁性地层与气候变化. 中国科学(D 辑), 27(3): 265~270

孙东怀等. 1998. 晚新生代黄土高原风尘堆积序列的磁性地层与古气候记录. 中国科学(D 辑), 28(1): 79~84

孙蕗, 岳乐平, 王建其等. 2010. 黄土高原北部晚新近纪"吴起古湖"的古地磁年代学与古环境记录. 地球物理学报, 53(6): 1451~1462

孙有斌. 2001. 新近纪以来中国黄土高原的风尘记录. 地层学杂志, 25(2): 94~101

王非, 胡玉台, 李红春等. 2002. 晚第四纪中秦岭下切速率与构造抬升. 科学通报, 47(13): 1032~1036

王苏民, 吴锡浩, 张振克等. 2001. 三门湖沉积记录的环境变迁与黄河贯通东流研究. 中国科学(D 辑), 31(9): 760~768

许志琴, 杨经绥, 侯增谦等. 2016. 青藏高原大陆动力学研究若干进展. 中国地质, (1): 1~42

薛祥煦. 2001. 黄土高原一个连续的晚新生代剖面及其划分与对比. 地层学杂志, 25(2): 81~88, 101

薛祥煦, 李文厚, 刘林玉. 2002. 渭河北迁与秦岭抬升. 西北大学学报(自然科学版), 32(5): 451~454

薛祥煦, 李虎侯, 李永项等. 2004. 秦岭中更新世以来抬升的新资料及认识. 第四纪研究, 24(1): 82~87

薛祥煦, 张云翔, 岳乐平等. 2006. 从哺乳动物化石看中国黄土高原红黏土-黄土系列的气候环境及演变. 中国科学(D 辑), 36(4): 359~369

杨达源, 吴胜光, 王云飞. 1996. 黄河上游的阶地与水系变迁. 地理科学, 16(2): 137~143

杨石岭, 丁仲礼. 2002. 晚中新世以来中国北方风成沉积的磁性地层学和沉积学研究及其古气候意义. 中国科学院研究生院学报, 19(2): 202~208

杨石岭, 侯圣山, 王旭等. 2000. 泾川晚第三纪红黏土的磁性地层及其与灵台剖面的对比. 第四纪研究, 20(5): 423~434

岳乐平. 1995. 中国黄土与红黏土记录的地磁极性界限及地质意义. 地球物理学报, 38(3): 311~319

岳乐平. 1996. 黄土高原黄土、红色黏土与古湖盆沉积物关系. 沉积学报, 14(4): 148~153

岳乐平, 薛祥煦. 1995. 中国黄土古地磁学. 北京: 地质出版社. 68~70

岳乐平等. 1996. 中国北方黄土地层中哺乳动物群及在磁性地层中的位置. 古脊椎动物学报, 34(4): 305~311

岳乐平, 雷祥义, 屈红军. 1997. 黄河中游水系的阶地发育时代. 地质论评, 43(2): 186~192

岳乐平, 李建星, 郑国璋等. 2007. 鄂尔多斯高原演化及环境效应. 中国科学(D 辑), 37(增): 16~22

张克信, 王国灿, 曹凯等. 2008. 青藏高原新生代主要隆升事件: 沉积响应与热年代学记录. 中国科学(D 辑), 38(12): 1575~1588

张克信, 王国灿, 季军良等. 2010a. 青藏高原古近纪-新近纪地层分区与序列及其对隆升的响应. 中国科学(D 辑), 40(12): 1632~1654

张克信, 王国灿, 骆满生等. 2010b. 青藏高原及邻区新生代构造-岩相古地理图及说明书. 北京: 地质出版社. 1~299

张培震. 2008. 青藏高原东缘川西地区的现今构造变形、应变分配与深部动力过程. 中国科学(D 辑), 38(9): 1041~1056

张培震, 郑德文, 尹功明等. 2006. 有关青藏高原东北缘晚新生代扩展与隆升的讨论. 第四纪研究, 26(1): 5~13

张云翔, 弓虎军. 2003. 甘肃灵台上新世哺乳动物化石埋藏学. 古生物学报, 42(3): 460~465

张云翔, 薛祥煦, 岳乐平. 1995. 陕西府谷老高川新第三纪"红层"的划分与时代. 地层学杂志, 19(3): 241~249

张云翔, 岳乐平, 陈丹玲等. 1997. 中国北部新第三纪红层划分的岩石学标志及其意义. 地层学杂志, 21(1): 63~67

张云翔, 岳乐平, 曹红霞. 2001. 黄河中游新近纪三趾马动物群生态序列. 科学通报, 46(14): 1196~1199

赵景波. 2002. 淀积理论与黄土高原环境演化. 北京: 科学出版社. 1~177

郑洪波, 黄湘通, 刘锐等. 2005. 晚中新世以来亚洲季风阶段性演化的海陆记录. 矿物岩石地球化学通报, 24(2): 103~109

朱大岗, 孟宪刚, 邵兆刚等. 2009. 山西榆社地区新近纪地层时代讨论. 中国地质, 36(2): 300~313

朱日祥, 潘永信, 丁仲礼. 1996. 红黏土的磁学性质. 第四纪研究, (3): 232~238

朱日祥, 郭斌, 潘永信. 2000. 甘肃灵台黄土剖面记录地球磁场变化的可靠性分析. 中国科学(D辑), 30(3): 324~330

朱日祥, 邓成龙, 潘永信等. 2007. 泥河湾盆地磁性地层定年与早期人类演化. 第四纪研究, 27(6): 922~944

朱照宇. 1989. 黄河中游河流阶地的形成与水系演化. 地理学报, 44(4): 429~439

An Z S, Kutzbach J E, Prell W L et al. 2001. Evolution of Asian monsoons and phased uplift of the Himalaya-Tibetan Plateau since late Miocene times. Nature, 411: 62~66

Cande S C, Kent D V. 1995. Revised calibration of the geomagnetic polarity timescale for the Late Cretaceous and Cenozoic. Journal of Geophysical Research, 100: 6093~6095

Ding Z L, Sun J M, Liu T S. 1999a. Sediment index of coupling relation during contacting desert-loess evolution. Science in China, 29(1): 82~87

Ding Z L, Xiong S F, Sun J M et al. 1999b. Pedostratigraphy and paleomagnetism of a ~7.0 Ma aeolian loess-red clay sequence at Lingtai, Loess Plateau, north-central China and the implications for paleomonsoon evolution. Palaeogeography, Palaeoclimatology, Palaeoecology, 152(1-2): 49~66

Ding Z L, Derbyshire E, Yang S L et al. 2005. Stepwise expansion of desert environment across northern China in the past 3.5 Ma and implications for monsoon evolution. Earth and Planetary Science Letters, 237: 45~55

Dong H S. 2004. Monsoon and westerly circulation changes recorded in the late Cenozoic aeolian sequences of northern China. Global and Planetary Change, 41(1): 63~80

Dong H S, An Z S, Shaw J et al. 1998. Magnetostratigraphy and palaeoclimatic significance of late Tertiary aeolian sequences in the Chinese Loess Plateau. Geophysical Journal International, 134(1): 207~212

Evans M E, Wang Y, Rutter N et al. 1991. Preliminary magnetostratigraphy of the red clay underlying the loess sequence at Baoji, China. Geophysical Research Letters, 18(8): 1409~1412

Guo Z T, Ruddiman W F, Hao Q Z et al. 2002. Onset of Asian desertification by 22 Myr ago inferred from loess deposits in China. Nature, (416): 159~163

Lin A M, Yang Z Y, Sun Z M et al. 2001. How and when did the Yellow River develop its square bend. Geology, 29(10): 951~954

Liu X M, Rolph T, An Z S et al. 2003. Paleoclimatic significance of magnetic properties on the red clay underlying the loess and paleosols in China. Palaeogeography, Palaeoclimatology, Palaeoecology, 199(1-2): 153~166

Lu H Y, Vandenberghe J, An Z S. 2001. Aeolian origin and palaeoclimatic implications of the "Red clay" (North China) as evidenced by grain-size distribution. Journal of Quaternary Science, 16(1): 89~97

Lu H Y, Zhou Y L, Liu W G et al. 2012. Organic stable carbon isotopic composition reveals late Quaternary vegetation changes in the dune fields of northern China. Quaternary Research, 77: 433~444

Reiners P W, Brandon M T. 2006. Using thermochronology to understand orogenic erosion. Annual Review of

Earth and Planetary Sciences, 34(1): 419~466

Sun D H, Shaw J, An Z S *et al*. 1998. Magnetostratigraphy and paleoclimatic interpretation of a continuous 7.2 Ma Late Cenozoic eolian sediments from the Chinese Loess Plateau. Geophys Res Lett, 25(1): 85~88

Sun J M. 2002. Provenance of loess material and formation of loess deposits on the Chinese Loess Plateau. Earth and Planetary Science Letters, 203(3-4): 845~859

Sun J M. 2005. Nd and Sr isotopic variations in chinese eolian deposits during the past 8 Ma: implications for provenance change. Earth and Planetary Science Letters, 240(2): 454~466

Xu Y, Yue L P, Li J X *et al*. 2009. An 11 Ma old red clay sequence on the eastern Chinese Loess Plateau. Palaeogeography, Palaeoclimatology, Palaeoecology, 284(3): 383~391

Yang S L, Ding Z L. 2004. Comparison of particle size characteristics of the Tertiary "Red clay" and Pleistocene loess in the Chinese Loess Plateau: implications for origin and sources of the "Red clay". Sedimentology, 51(1): 77~93

Yin A, Rumelhart P E, Butler R E *et al*. 2002. Cenozoic sedimentation tectonic history of the Altyn Tagh fault system in northern Tibet inferred from Cenozoic sedimentation. Geological Society of America, 114(10): 1257~1295

Yue L P, Yang L R, Li Z P. 2007. The effects of last glacial paleo-aeolian sands on desertification in northern China. Environ Geol, 51: 1197~1201

Zhu Y M, Zhou L P, Mo D W *et al*. 2008. A new magnetostratigraphic framework for late Neogene hipparion red clay in the eastern Loess Plateau of China. Palaeogeography, Palaeoclimatology, Palaeoecology, 268 (1-2): 47~57

第三篇

有机-无机流岩作用
与能源矿产共存物质基础

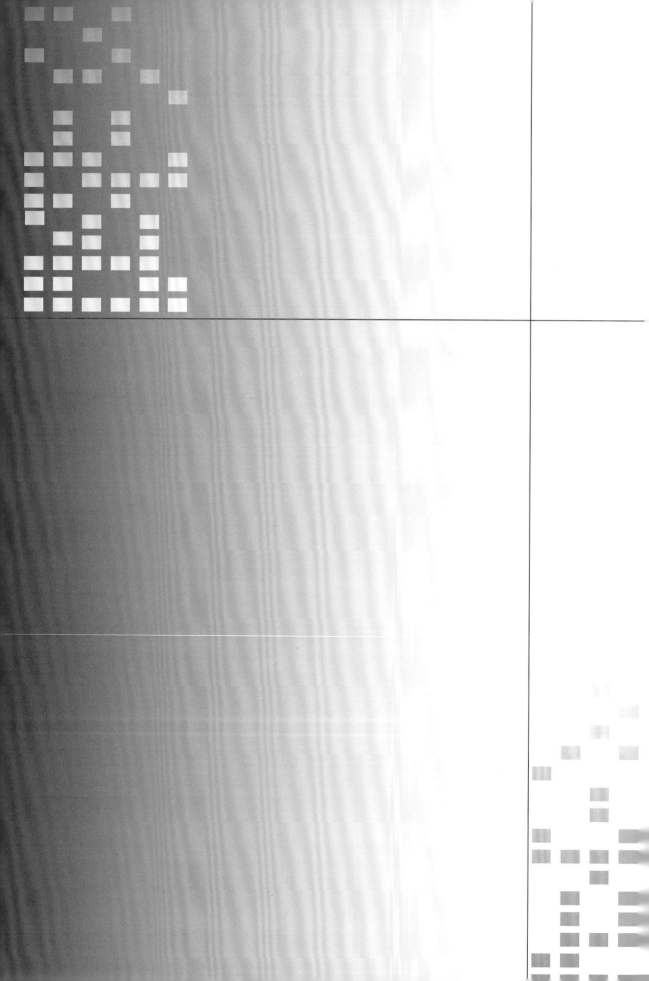

第十章

沉积有机相分布模式及有机能源矿产同盆共存的地球化学条件 [*]

第一节 沉积有机相

 沉积有机相是国内外广泛应用于油气资源评价和盆地远景预测的工具，由于它涵盖了有机质的形成、演化及空间展布特征，进而也成为油、气、煤多种能源矿产综合勘探的有效方法。可燃能源矿产特别是石油和天然气资源评价主要依据有机地球化学方法，但随着油气勘探和有机质成烃理论研究的不断深入，从某一学科的独立研究远远不能评价沉积盆地生烃潜力的需要，而必须开展多学科的交叉、渗透和综合，于是有机相应运而生。Rodgers（1979）首次提出有机相的概念之后，由于有机相在评价油气资源上的独特优势，迅速成为油气地球化学研究的一个新领域（郭迪孝、胡民，1989；郝芳等，1994；Mukhopadhyay et al.，1995；程顶胜，1996；Follows and Tyson，1998；Altunsoy and Özcelik，1998；Robison et al.，1999；Flores，2002；John et al.，2004；Piedad-Sánchez et al.，2004）。

 沉积有机相作为资源评价的重要工具，经历了由简单的有机质描述到将有机-无机作为一个整体来综合研究的发展过程。有机相最初的来源仍不十分清楚，但可以肯定的是它与煤相的研究和发展存在密切关系，实际上，煤相就是一种特殊的有机相，苏联和西欧的煤岩学家早在20世纪50年代就提出了煤相（coal facies）的概念，并以此来表征煤层的形成环境。如Teichmüller 和 Thomson（1958）在研究联邦德国下莱茵地区中新世褐煤时，曾利用古植物学和煤岩学相结合的方法，恢复和再造了五种煤相类型：①开阔水域；②覆水的芦苇沼泽；③紫树-落羽杉沼泽；④杨梅树-西里拉科高位沼泽；⑤杉树高位沼泽。每种煤相类型都有特定的煤岩组分和煤岩类型。70年代以后，由于煤岩学方法开始广泛用于沉积岩中分散有机质的研究，一些油气地球化学家开始用"相（facies）"这个术语来描述干酪根中所观察到的有机显微组分的类型和烃源岩的地球化学特征（Rodgers and Koons，1971），并由 Rodgers 在1979年第十届国际石油地质会议上明确提出了"有机相（organic facies）"的概念，Rodgers 提出的有机相主要强调有机质的生源与形成环境，他认为有机相类似于沉积相，可以跨越时间，不受地层或岩石单位的限制，有机质含量、来源和沉积环境是确定有机相的必要条件。20世纪80年代至今，有机相分析被大量用于石油地质研究，但不同的学者对"有机相"概念的理解不同，研究和应用的对象也存在差异，导致对"有机相"的定义和划相指标也不尽相同。孢粉

---

 [*] 作者：姚素平. 南京大学地球科学与工程学院，南京.
　　E-mail：spyao@nju.edu.cn

学家以孢粉研究为基础,着重有机质的生源而采用孢粉相(Batten,1983)来描述烃源岩中有机质的分布,油气地球化学家则从干酪根类型出发,使用干酪根相(Barnard et al.,1981;Scotchman,1991)区分烃源岩油气生成潜力的差异。Jones 等(1987)系统地研究了沉积盆地中沉积岩体所包含的分散有机质的沉积有机相,并用有机地球化学参数限定了各有机相的范围,突出强调了有机相是空间上具有相同有机质特征的特定沉积体,并将有机质的产烃潜力、地球化学特征和有机质的原始输入量与沉积环境及岩石学特征联系在一起,建立了 A~D 7 个有机相,Jones 定义的有机相具有广泛的影响,目前大多数学者都以 Jones 定义的有机相为基础来划分沉积有机相,但这种有机相的划分往往很少关注到沉积岩的无机面貌。由于不同的沉积环境条件下有不同的有机质特征,在某种程度上,沉积环境决定了赋存于沉积岩体中有机质的组成和性质,因此随着沉积有机相研究的不断深入,人们越来越认识到沉积岩中的无机面貌特别是沉积环境在研究沉积有机相中的重要性。如郭迪孝和胡民(1989)把生油层的有机、无机特征作为一个整体加以研究,他认为有机相是沉积环境、生物组合、成岩环境、氧化-还原条件以及相近有机质特征的地层单元,将沉积环境作为沉积有机相划分的一个重要因素。

由于沉积有机相主要是服务于地质勘探和油气源岩的评价,因此沉积有机相的研究内容应该包括沉积岩中有机质的岩石学特征、地球化学特征、生物学特征和沉积环境。我们认为:沉积有机相是有机质的沉积相,其要素包括有机质的形成环境、生源组合、有机质的岩石学特征和地球化学特征,它和沉积相既有区别,也存在密切联系,区别之处在于沉积有机相研究的对象是沉积岩中的有机质,但沉积岩中的有机质是赋存于无机岩石之中或形成于无机岩石的背景之上,它们受控于共同的构造沉积背景。因此沉积有机相的研究不仅仅是描述有机质,还和沉积相研究密切相关。沉积相研究的基础理论来源于沉积岩石学。同样,有机岩石学是研究有机相的重要理论依据和技术手段。因为沉积有机相的研究内容包括了沉积岩中有机质的岩石学特征、地球化学特征、生物学特征、沉积环境及沉积岩体的展布特征等诸多因素。结合前人的研究结果和多种能源矿产综合评价的要求,本章将其定义为:有机相是沉积环境、生物组合、成岩环境、氧化-还原条件以及相近有机质特征的地层单元。沉积有机相是一个给定地层单位的可制图亚单位,在其沉积环境和有机成分的基础上区别于附近亚单位。

第二节 中生界沉积有机相划分及相特征

一、沉积有机相划分标志

沉积有机相研究的归宿是要弄清某一沉积地质体(煤和烃源岩)的油气生成条件及其空间上的展布特征,同一沉积有机相是具有相似的沉积环境、生源构成、成岩过程及相近的地球化学特征的地层单元。因此沉积有机相的划分是烃源岩的沉积学、有机岩石学和有机地球化学的综合成果,其划相指标也是上述特征的综合反映。

1. 沉积环境

沉积环境对沉积有机相的分布有极其重要的控制作用。延长组始末所记录的有机质从腐殖到混合再到腐殖的演变过程，恰恰反映了一个湖盆从兴到旺、再到衰的变化过程，即湖泊水体的浅—深—浅的变化过程(滨浅湖相的长 4+5 和长 9 是两次转变的过渡时期，长 7 是湖泛最发育的时期)。鄂尔多斯盆地和我国其他中新生代陆相盆地的研究实践表明：成油的腐泥型或腐殖腐泥型母质往往分布在深水、半深水湖相沉积期或区域内，长 7 段油源岩的主要母质是显微藻类体，腐殖型母质则形成于滨浅湖、湿地、三角洲和冲积平原环境区域内，延安组含煤岩系的主要母质是高等植物，且以木本植物占优势。延长组形成时期，由于湖泊发育，水体深，不利于高等植物生长，也不利于成煤；延安组形成时期也曾有过湖相沉积，但它是短暂的、支离破碎的，纯泥岩相沉积很少，纵横向变化大，再加上气候温湿，植被繁茂，大量陆生植物就地倒伏埋藏，使得延安组主要表现为腐殖型特征。

烃源岩的沉积环境与烃源岩有机质的生源有密切关系。一定沉积环境下可形成一定特性的有机岩石成分，反之，据某种特定的有机岩石成分也可推测其形成的特定环境。如有机岩石成分及其产状在一定程度上可以反映沼泽的覆水程度、氧供给、酸碱度等环境条件，藻类体的大量产出，表明沼泽覆水深，如长 1 煤系局部藻类体含量较高；水下沉积和开阔沼泽型煤比森林成因煤含有更丰富的花粉；角质体也是在一些水下环境中比较富集，厚壁角质体往往与气候条件有关；萜烯树脂体大多是温热气候条件下的产物，树脂体的环带结构、孢子体的腐蚀痕迹都是遭受氧化的标志；各种显微组分碎屑可能是经过介质搬运的再沉积物等，如延安组形成时期处于湖盆中心地区(庆阳地区)及安塞油田延长组形成时期的薄煤层均具有搬运再沉积的特征。

2. 有机岩石学特征

显微组分特征是反映源岩油气生成条件的最基本因素。因为源岩显微组分的数量直接反映了有机质丰度，它们的组成是划分有机质类型的基础，其种类和光性则是烃源岩演化程度、生烃潜力及生态特征和沉积环境的最直观的标志，镜质组反射率是目前国际上唯一可对比的成熟度指标，是有机相划分的重要指标。

成煤、成油和成气的有机物质是由各种显微组分按不同比例组成的。显微组分被划分为镜质组、惰质组和壳质组。镜质组来源于树干、树皮、根、茎等含木质素、纤维素成分高的植物组织的埋藏转化，是一组富含氧(1.5%~20%)、挥发分中等的有机组分。惰质组则是成煤植物在泥炭沼泽时期遭受不同形式和不同程度的氧化作用形成的，是三大组分中碳含量最高(一般在 90% 以上)、氢含量(一般小于 5%)、氧含量和挥发分都低的有机组分。壳质组(也称类脂组、稳定组)主要来源于植物的孢子、花粉、角质、树脂、油脂、蜡等类脂化合物和低等植物如藻类，是显微组分中含碳量低，氢含量高(常大于6%)和挥发分产率高的有机组分。煤和油气源岩地球化学性质取决于其中的三大组分含量和演化程度。

从理论上讲，各种显微组分都可以成为成煤的原始质料，也都具有一定的油、气生成潜力,其成煤和成烃转化方向的差异是由显微组分组成差异造成的(图 10.1、图 10.2、图 10.3)。图 10.1 为各种显微组分的元素分析数据,从中可以看出,类脂组富氢贫氧,惰质组富氧贫氢,镜质组介于两者之间,Saxby(1980)通过一系列热解实验,提出了产油率和元素组成的相关方程。即:

$$油产率(\%) = 66.7\ H/C - 57.0\ O/C - 33.3$$

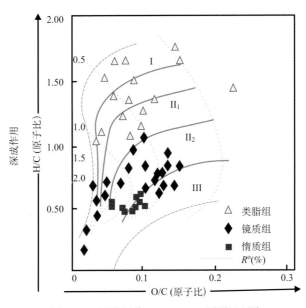

图 10.1 显微组分 H/C-O/C(原子比)图

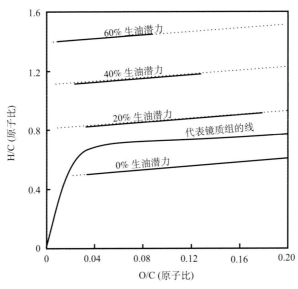

图 10.2 H/C-O/C(原子比)与生油潜力

图 10.2 显示了干酪根元素组成与油产率的关系，由此可见，显微组分均具有一定的成油转化能力。根据图 10.2，藻类体由于特别富含氢，其 H/C（原子比）在低成熟阶段常大于 1.4，故而在成熟演化过程中，大部分有机质转化为石油和天然气；起源于高等植物的类脂组的氢含量也较高，其中树脂体和藻类体相当，甚至高于藻类体，角质体、孢子体的 H/C（原子比）也都在 1 以上，因此这些显微组分也有相当可观的有机质可以转化为液态石油；镜质组的 H/C（原子比）在中低成熟度之前，一般为 0.7~1.0，按 Saxby 的实验结果，也有 10%~20% 左右的石油转化潜力；而惰质组由于氢含量过低，一般无石油转化能力。Rock-Eval 分析结果也表明了显微组分的生油潜力有很大差异（图 10.3）：未熟–低熟阶段，树脂体的热解烃产率（S_1+S_2）高达 1000 mg/g TOC，藻类体为 570~840 mg/g TOC，壳质组为 450~750 mg/g TOC，镜质组为 100~150 mg/g TOC，而惰质组一般不足 50 mg/g TOC。现代生物的热模拟实验结果也表明：浮游藻类的热解烃产率（S_1+S_2）为 750~800 mg/g TOC；宏观底栖藻类热解烃产率（S_1+S_2）为 480 mg/g TOC；现代松粉热解烃产率（S_1+S_2）也在 1000 mg/g TOC 左右，细菌的菌孢 S_1+S_2 为 330 mg/g TOC，现代高等植物的木栓层 S_1+S_2 为 580 mg/g TOC，而现代木材的热解烃产率（S_1+S_2）仅为 65 mg/g TOC，生油潜力较低。由此可见，煤和烃源岩中显微组分组成的差异是造成成煤和成烃方向的主要原因。因此，有机岩石学特征是有机相划分的最重要指标，有机相的分类应以显微组分为基础，显微组分具有反映沉积环境和地球化学特征的双重属性，是研究沉积有机相的重要依据。

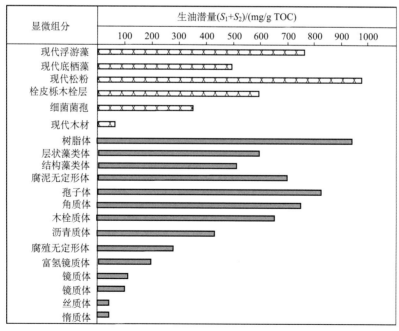

图 10.3　显微组分生油潜量

层状藻类体、结构藻类体资料来源于韩德馨（1996）；

菌孢资料来源于李超（1999）

3. 有机地球化学标志

1）有机碳含量是评价烃源岩丰度的主要指标，一般将有机碳含量大于40%的有机岩定义为煤，6%~40%区间为碳质泥岩或油页岩，其中6%~20%区间为高碳泥岩，而小于6%为一般分散有机质赋存的沉积岩。

2）H/C（原子比）是评价烃源岩生烃潜力的可靠分析参数。烃源岩干酪根的H/C（原子比）越高，干酪根就越易转变成烃，因此，Jones将H/C（原子比）作为划分有机相的基础。

3）Rock-Eval分析：由于岩石热解资料，特别是氢指数、T_{max}、S_1和S_2能较好地反映烃源岩的生油潜力，而且岩石热解具有快速、方便的特点。为此，将它们作为划分沉积有机相的参数既实用又经济。

此外，氯仿沥青"A"及族组成、饱和烃色谱及色质分析等对烃源岩的母源、成熟度和有机质丰度均有重要的指示意义，对有机相的划分也具有重要的参考价值。

二、沉积有机相划分及相特征

Hacguebard等（1967）在对大量现代沼泽研究的基础上，提出了有机质生成环境的岩相图解，即两个三角形的四端元法则，端元上的字母分别代表：A=惰质组；B=镜质组；C=壳质组（除D外）；D=藻类体+沥青质体（包括矿物沥青基质中的沥青质体）。

岩相图解的划分原则及三角图所代表的意义如下（图10.4）：

1）低等水生生物和高等植物的生成环境差异较大，以此作为岩相图解中上下三角形区分的依据。低等水生生物以藻类体为代表，多与湖相深水沉积有关。相的划分首先以藻类体含量的10%为限。藻类体和沥青质体之和大于10%的煤和碳质泥岩为水下湖相沉积，岩相图的划分以下部的三角形为准，藻类体含量小于10%的为陆地沉积，岩相图以上部三角形为准。

2）上部的三角形代表比较干燥的条件，越向A端元顶端越干燥。当分析结果D端元小于10%时使用这一图解，需将C与D组元合并；同样，当分析结果D端元大于10%时，需将A与B组元加在一起，将数据绘在下面的三角形中，即代表比较潮湿条件下的三角形。

我们将本区煤和暗色泥岩的有机显微组分进行了系统的分类，其分析结果在第三章中描述。在相类型的建立上，以Hacguebard等（1967）岩相图解为基础，将显微组分数据按岩相图解法绘制到岩相图上（图10.4），同时采用了Teichmüller对煤相的研究成果，并根据上述沉积有机相标志，结合对准噶尔盆地、吐哈盆地（金奎励等，1995；姚素平等，1996，1997）及鄂尔多斯盆地中生界沉积环境和有机地球化学研究工作的认识，以显微组分及其生烃潜力为主要划相标志（图10.4，表10.1），将延长组和延安组烃源岩和煤的沉积有机相划分成六种沉积有机相，可以看出，本区样品主要分布在陆地森林沼泽有机相和开阔湖盆藻质有机相中，其中延安组煤层主要形成于陆地森林沼泽，延长组的泥岩主要形成于开阔湖盆中，其他样品分散于另外几个过渡相中，瓦窑堡组煤主要形成于草木混生环境。各相特征和分布如下：

1. 陆地森林(沼泽)有机相

该相主要发育于冲积平原环境和三角洲平原中，岩性以砂质泥岩为主，煤层厚度变化较大，这种环境经常暴露于潜水面之上，遭受氧化，所以以单层厚度不稳定，生物保存程度差，只能形成贫氢煤。显微组分组成上以富含镜质组、惰质组和贫壳质组为特征；显微煤岩类型以微丝煤和微镜惰煤为主。惰性组主要由氧化丝质体和粗粒体组成，含量介于30%~90%之间。镜质组以均质镜质体为主，植物结构保存程度差。壳质组含量一般低于5%。泥岩中的有机成分也是以富集惰质组和镜质组为主要特征，它反映了一种偏氧化的沼泽环境。

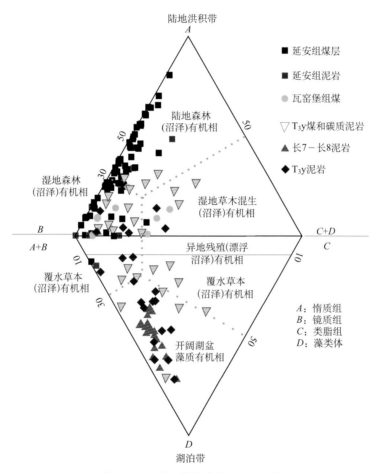

图 10.4　显微组分划分的有机相图解

上部的三角形代表比较干燥的条件，越向 A 端越干燥，当 D 端小于 10% 时使用这一图解，C 与 D 组元在这一三角形中合并；下部的三角形代表水下环境，越向 D 端水体越深，当 D 端元>10% 时使用这一图解，A 与 B 在这一图解中合并

表 10.1　沉积有机相划分方案

划相指标		沉积有机相类型					
		陆地森林（沼泽）有机相	湿地森林（沼泽）有机相	湿地草木混生（沼泽）有机相	覆水草本（沼泽）有机相	异地残殖（漂浮沼泽）有机相	开阔湖盆藻质有机相
有机岩石学特征	宏观煤岩类型	丝炭、暗煤	镜煤、亮煤	亮煤	腐泥煤	亮煤、暗煤	暗煤、腐泥煤
	V/%	<70	>70	<70	<70	V+I=40~70	V+I<40
	I/%	>30	<30	>50	<10		
	E/%	0~10	<30	10~30	40~60	40~60	>60
	组分特点	镜质体、丝质体为主	基质镜质体、碎屑体	基质镜质体	富含藻类体、孢子体、碎屑体	角质体、孢子体	藻类体、角质体
	Ti	−100~−50	−65~0	−50~+50	−10~+65	−50~+65	+10~+100
	植物类别	高等植物	高等植物	草木混生	草本植物为主	高等植物类	低等生物为主
沉积环境（煤相）	显微煤岩类型*	微丝煤	微镜煤、微亮煤	微亮煤、富孢子微亮煤、微镜煤	微三合煤、微矿化煤	微亮煤	微暗煤
	V/I	<2	>2	<2	>2	>2	>2
	GI*	1~2	2~50	>10	>20	0~50	>50
	TPI*	0~2	2~6	0~6	0~2	<1	<1
	水动力条件	潜水面以上	潜水面以下	浅覆水	深覆水	潜水面以下、流水	深水
	氧化还原性	氧化	弱氧化-还原	弱氧化-还原	弱氧化-还原	弱还原-氧化	强还原
	沉积环境	冲积平原	三角洲平原	滨浅湖	开阔湖盆	开阔湖盆	半深湖-深湖
有机地球化学特征	H/C	<0.8	0.8~1.2	1.0~1.3	1.2~1.4	1.1~1.4	>1.4
	I_H/(mg/g C)	<100	50~250	200~400	300~600	250~600	>600
	S_1+S_2/(mg/g)	<50	50~200	100~300	>300	200~300	>300
	类型	III	III	II~III	II	II	I~II$_1$
	生烃性	生气为主	生气为主	油和气	油和气	油和气	油和气
成烃方向		煤、煤成气	煤、煤成气	油、气、煤	油、气、煤	油、气、煤	油、油型气
Jones 有机相		D，CD	CD，C	C，BC	C，BC，B	BC，B	B，AB，A

* 仅用于描述煤层。

在 R^o<0.5%左右时，H/C<0.8，氢指数低于 100 mg/g TOC。有机碳含量作为沼泽相和非沼泽相区分的标志（沼泽相有机质含量一般大于 40%，如果按有机质中有机碳含量占 70%的话，则沼泽相中有机碳含量应大于 30%），因为不同的有机质富集状态（煤，暗色泥岩和碳质泥岩）不同，有机碳含量变化很大。煤的氯仿沥青"A"含量一般 1.0%，总烃不足 0.5%，烃转化率在 0.5%以下，饱和烃气相色谱主峰碳一般在 C25、C27 和 C29，Pr/Ph 值一般大于 1，大多数在 3 以上。

地球化学指标反映了该相主要成煤和形成 III 型干酪根的气源岩，但它不是好的生油相。主要发育于盆地周缘冲积环境中，盆地北部东胜-鄂托克煤田、神木煤田、灵盐地区及南部黄陵—铜川一带均有少量发育。

2. 湿地森林(沼泽)有机相

该相是侏罗系延安组分布范围最广、面积最大的一类有机相。盆地周缘的广大地区均有分布。在岩相古地理图上，常发育于冲积平原和湖泊之间的过渡地带，如河流相的漫滩亚相、牛轭湖和三角洲的各种亚相等。潜水面低，沼泽经常处于覆水阶段，造成的环境多为弱氧化–还原环境，加之气候温暖湿润，有利于植物的生长和发育，使得本区煤系十分发育。

煤中以具有荧光的基质镜质体含量高为主要特征，一般含量为30%~50%。壳质组含量一般少于30%，惰质组含量一般小于30%。泥岩中以碎屑镜质体和角质体为主，大量的壳屑体可能是角质体破碎和降解的产物。少量的碎屑镜质体显示有再循环的特征。

$R^\circ<0.5\%$时，H/C（原子比）为0.8~1.2，S_1+S_2为50~200 mg/g TOC，干酪根类型以III型为主，少量的II_2型有机质。煤的氯仿沥青"A"含量和总烃含量变化大，一般为0.1%~3%，正构烷烃分布往往以C25为主峰，也有C23和C27为主峰碳，Pr/Ph一般为1~3。

地球化学指标显示了该相以成煤为主，少量富含倾油性的镜质体(基质镜质体)和壳质组显微组分的煤和烃源岩具有一定的油气生烃潜力。该相是延安组煤和泥岩的主要有机相类型，北部东胜煤田、神木煤田及灵盐等广大地区的煤系普遍发育该有机相带。

3. 湿地草木混生(沼泽)有机相

该相地处湿地森林沼泽有机相边缘，主要发育于湖盆边缘相带中，如三角洲的分流间湾、前三角洲及湖泊边缘沼泽相中，在湖泊萎缩、淤浅过程中特别发育，岩性多为灰黑色泥岩和腐殖腐泥煤，单层厚度比较稳定，具有弱还原环境，有利于富氢煤的形成。有机质母质以草本蕨类植物为主，混生有木本植物，镜质组和惰性组含量较湿地森林沼泽有机相要低，形成微三合煤或碳质泥岩、沥青质的微亮煤。由于覆水相对较深，宏观底栖藻类和浮游藻类较为发育，同时，由于位于湖泊边缘，水流作用较为强烈，导致植物强烈分解，形成基质镜质体为主体(或富氢镜质体)的泥炭沼泽相，它相当于Teichmüller的"芦苇沼泽"相。此相可富集大量的孢子体，凝胶化指数和镜惰比较高，由于水流作用的机械分解作用，结构保存指数很低。宏观上表现为具有亮线纹理的亮煤，贝壳断口，显微煤岩类型为微亮煤、富孢子微亮煤等，均匀结构。

低演化阶段时，H/C（原子比）为1.0~1.3，$I_H=200~400$ mg/g，$S_1+S_2=100~300$ mg/g，有机质类型多为II_2~III型，表明该相不仅成煤，还具有较高的油气生成潜力，准噶尔盆地和吐哈盆地侏罗系煤成油与该相带的煤密切相关。在瓦窑堡煤系中，煤的显微组分以基质镜质体为主，最高含量可达60%以上，类脂组中含有大量的孢子体，角质体和藻类体也是类脂组中常见的组分，在南家嘴煤矿和洪水沟煤矿中，地球化学特征分别表现为，I_H为265.00 mg/g C和241.00 mg/g C，S_1+S_2为209.99 mg/g和174.41 mg/g。在安塞油田，长4+5和长6的煤岩显微组分最突出的特点就是富氢组分含量高，大部分煤富含壳质组，少量的富含藻类体，因此，瓦窑堡煤系、延长组部分煤是这种有机相的典型代表。

4. 覆水草本(沼泽)有机相

此相发育于湖泊水体中,其有机质主要来源于草本植物或藻类体(多为宏观底栖藻类),漂浮植物(浮游藻类)、水生动物及丰富的细菌物质聚集而成,其他如黏土、孢子、碎屑惰性体等由水流或风携带入湖,形成富含壳质组显微组分的烃源岩和腐殖腐泥煤、腐泥煤,这种相带中的煤往往灰分含量较高,大部分形成的是劣质煤和碳质泥岩。煤和烃源岩均富含孢子体、角质体和藻类体。煤的显微结构为碎屑结构,其煤岩类型主要是微三合煤、微孢子亮煤、微角质亮煤,镜质组含量相对较小,煤中的沥青质体、烃源岩中的矿物沥青基质含量较高,GI 值一般大于 20。

有机地球化学特征表现为 H/C(原子比)为 1.2~1.4,$I_H>300~600$,$S_1+S_2>300$,有机质类型大部分为 II 型,其中典型的腐泥煤(如藻煤)及其相似显微组分构成的烃源岩为 I 型,此外发育少量的 III 型有机质。

该相带有机质的转化方向取决于有机质的成熟度,既可以转化形成良好的油源岩,也可以形成劣质煤和油页岩。

在延长组沉积中期,尤其是长 7 段,在盆地西南和南部,分布有厚层油页岩,纵向上和水下扇体相叠置,岩心外表常挂"白盐霜"和硫黄,可能生成于滞水半封闭环境(长庆油田,1984 资料)。铜川地面油页岩干酪根镜检结果主要是无定形颗粒,见有显微藻类,特别是宏观底栖藻类相对发育,从镜检结果看,藻类来源的无定形占 46.5%,壳质组含量为 2.25%,镜质组为 42.25%,惰质组为 9.00%,其母质类型属于 II 型,陇东地区镜检结果表明无定形含量达 80%左右,母质类型表现为 I~II$_1$ 型。但地球化学特征表明,尽管有机碳含量高,铜川为 24.62%,陇东地区为 10.0%~30.0%,但烃转化能力较低,为 1%~3%,饱和烃含量低,一般小于 20%,沥青质含量常常在 30%以上,甚至可高达 60%,这些特征又表现为腐殖型母质特征;这种类型主要是由宏观底栖藻类的性质所决定的,宏观底栖藻类的生烃特点和性质介于显微藻类和高等植物母质之间,故而表现为混合的特征。

5. 异地残殖(漂浮沼泽)有机相

这是一种特殊的有机相类型,它可以形成于覆水草本沼泽有机相,也可形成于开阔湖盆。是由水流将陆地沼泽或湖泊边缘沼泽中的泥炭带入异地沉积场所所致。在异地搬运过程中,泥炭经过氧化、分选而选择性保存稳定组分,因此特别富集孢子体、角质体等,往往形成角质残殖煤、孢子煤或烛煤,并含有一些藻类等低等生物形成的有机质以及由类似前身物质转变而来的沥青质体,壳质组含量一般在 10%以上,藻类体主要是一些淡水的皮拉藻。煤的类型可由高壳质组含量的腐殖煤过渡到腐泥煤,且常含有较多的黏土矿物。暗色泥岩中的有机质组成和煤相似,一般角质体的形态不完整,含有较多的黄铁矿。镜质组含量常常低于 50%。总之,该相的有机质先质主要是一些水生植物及浮游生物遗体和外来的高等植物的树叶、孢子和花粉等,它处于一种低腐殖酸的水下沉积环境。

在低成熟阶段,H/C(原子比)为 1.1~1.4 左右,氢指数介于 250~600 mg/g TOC 之间。反映了该相更趋于生油。在黄陇煤田的烛煤中,孢子体含量多在 10%以上,个别分层可达 25%,以小孢子为主,最常见为 30~50 μm,较大者 70~90 μm,>100 μm 的很少,藻类体少量，个体较小（<50 μm）。在部分延长组煤和碳质泥岩中，含有一些藻类体和沥青质体，如在安塞油田的部分煤层和碳质泥岩中，藻类体和沥青质含量可达 10% 以上，最高达 29%。

6. 开阔湖盆藻质有机相

该相中的有机显微组分主要是藻类体、沥青质体和矿物沥青基质，可见有少量的高等植物碎屑。H/C（原子比）大于 1.4，氢指数在 600 mg/g TOC 以上，有机质类型为 I~II₁ 型，主要形成碳质泥岩或沥青质泥页岩或油页岩，发育于浅湖的泥坪和半深湖环境，为深水沉积。该相具有很高的生油潜力。延长组长 6—长 8 段的部分泥岩段分布在此相中。

第三节　中生界沉积有机相模式与生烃潜力及成矿类型

一、中生界沉积有机相模式及分布

由于有机相和沉积相的密切关系，因此这些有机相在时空上也互为过渡，发生有规律的相序递变，按照有机质沉积时的覆水和氧化还原程度，鄂尔多斯盆地中生界沉积有机相模式为陆地森林（沼泽）有机相—湿地森林（沼泽）有机相—湿地草木混生（沼泽）有机相—覆水草本（沼泽）有机相—开阔湖盆藻质有机相—异地残殖（漂浮沼泽）有机相（图 10.5）。相应的沉积相序列为冲积平原相—三角洲相—湖泊相。其中湿地森林（沼泽）有机相和开阔湖盆藻质有机相是中生界最重要的有机相，也是延安组造煤和延长组成油的

相类型	陆地森林(沼泽)有机相	湿地森林(沼泽)有机相	湿地草木混生(沼泽)有机相	覆水草本(沼泽)有机相	开阔湖盆藻质有机相
主要植物潜水面	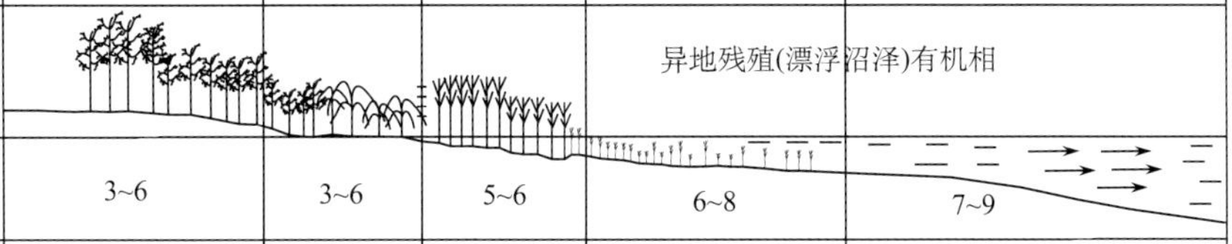			异地残殖(漂浮沼泽)有机相	
pH	3~6	3~6	5~6	6~8	7~9
煤岩类型	暗煤、镜煤	镜煤、亮煤	沥青质亮煤	暗煤、亮暗煤	烛煤、藻煤
干酪根类型	III₂	III₁~III₂	III₁~II₂	III₁~I₁	II~I₁
V/I	<1	>1	>>1	>>1	
GI	1~2	2~50	2~50	0~50	2~10
TPI	0~2	2~6	2~6	0~2	<1
H/C	<0.8	0.8~1.2	1.0~1.2	1.0~1.4	>1.4
煤C/%	>60	>70	>60	>40	>40
I_H	<100	50~200	100~300	300~600	>600
S_1+S_2	<50	50~100	100~200	200~300	>300
沉积环境	冲积平原	三角洲平原、滨湖		浅湖	开阔湖盆

图 10.5　中生界沉积有机相模式图

主要的有机相类型。

通过上述有机相分析结果，并以长 1—延安组为单位将其展布于平面上（图 10.6）。总的来看，各有机相在延长组烃源岩和延安组煤系的分布情况相差较大。陆地森林

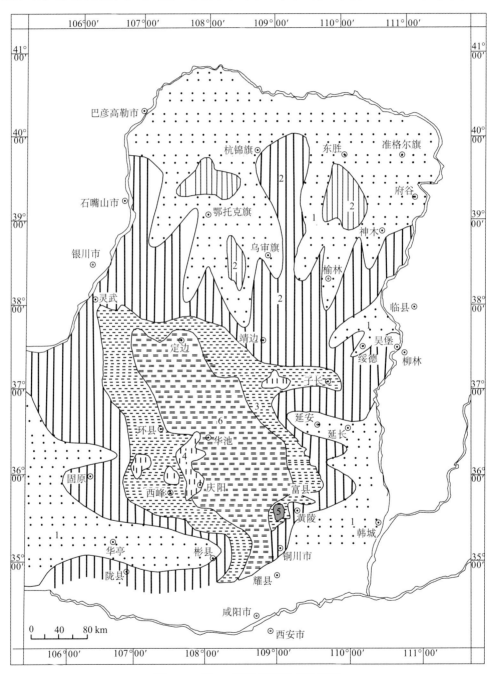

图 10.6 长 1—延安组沉积有机相图

1. 陆地森林（沼泽）有机相；2. 湿地森林（沼泽）有机相；3. 湿地草木混生（沼泽）有机相；
4. 覆水草本（沼泽）有机相；5. 异地残殖（漂浮沼泽）有机相；6. 开阔湖盆藻质有机相

（沼泽）有机相是延安组的重要的有机相类型，分布范围较广，除了华池、安塞一带，其他如北部、西南部均有广泛发育。将其叠合在岩相古地理图上，可以发现，该有机相主要发育于冲积平原和三角洲平原沉积相中，这种有机相的转化方向主要是煤，在高过成熟阶段，可形成煤成气。

湿地森林（沼泽）有机相是延安组分布范围最广、面积最大的一类有机相类型，盆地周缘广大地区均有分布，在岩相古地理图上，该有机相可分布在冲积相、三角洲相和湖泊相带中，由于该有机相含有一定数量的角质体，局部富含基质镜质体，因此具有一定的产油气能力，特别是煤成气的能力。

湿地草木混生（沼泽）有机相的分布范围及面积仅次于陆地森林（沼泽）有机相和湿地森林（沼泽）有机相，其面上分布于湖泊边缘，其典型代表是长 1 段的瓦窑堡煤系，主要发育于湖盆边缘及浅湖相中，由于富含类脂组显微组分，生成物可能的转化方向包括了煤成油和煤成气，原生质则转化为煤和 II$_2$～III 型干酪根。

覆水草本（沼泽）有机相分布比较局限，仅在盆地西南部庆阳、华池局部地区和南部铜川的部分地区有发育，在岩相古地理图上，该有机相分布在浊积扇和浅湖中。由于其有机质来源比较多样化，所以有机质的转化方向取决于有机质的生源构成和成熟度，成烃方向为油、气和煤。

异地残殖（漂浮沼泽）有机相只在盆地南部黄陵地区有少量分布，在岩相古地理图上，它发育于黄陵三角洲上，由于其特别富集孢子体、角质体等，因此生烃方向趋于生油。

开阔湖盆藻质有机相是延长组湖泛时期主要的有机相类型（长 8—长 6），分布在盆地中南部，如定边、华池和庆阳一带。主要发育低等水生生物，以浮游藻类为主要母质，含孢子体和腐殖碎屑，有机质类型为腐泥或腐殖腐泥型。其沉积相图上主要分布中浅湖-半深湖环境中，其转化方向以油为主。

以上有机相的分析研究表明：典型的煤和油源岩发育于不同的有机相中，此外，还存在煤和油源岩之间的过渡类型的有机相，既可成煤，也可形成油气，但这类有机相不是鄂尔多斯盆地中生界主要的有机相类型，并且往往仅仅是局部发育，对鄂尔多斯盆地中生界总体的油、气、煤的空间架构影响不大。

二、不同有机相的生烃潜力及成矿类型

煤、油、气是有机相中有机质转化的产物，其转化方向主要取决于母质类型，油气生成潜力则是由丰度和有机质类型共同确定的，即是由组成各有机相的显微组分特征和数量决定的。开阔湖盆藻质有机相的主要显微组分是藻类体（浮游藻类）、覆水草本（沼泽）有机相的主要母质是水生草本蕨类植物和宏观底栖藻类，其特征显微组分主要是富氢的基质镜质体和藻类体（浮游藻类和底栖藻类），湿地草木混生（沼泽）有机相以草本蕨类植物和木本植物为母源，显微组分组成特征是高含量的富氢基质镜质体和类脂组；湿地森林（沼泽）有机相的原始植物类型主要是木本植物，主要的显微组分是镜质体；陆地森林（沼泽）有机相由于经常暴露于氧化环境，因此其显微组分组成富含惰质组。本次

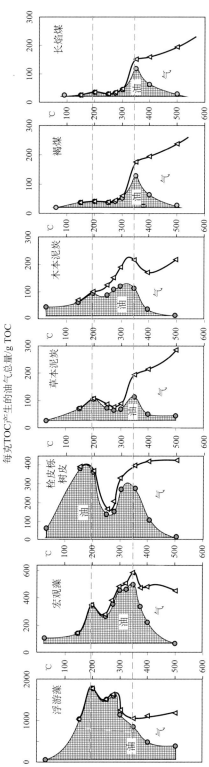

图 10.7 不同生烃母质的油气生成量

研究根据各有机相的特征显微组分，进行热模拟实验，并对鄂尔多斯盆地中生界主要烃源岩和煤系进行了对比模拟实验，以此作为判断各有机相的成烃转化能力的依据。

热模拟实验结果表明（图10.7）：浮游藻类为最好的生烃母质，从数据上看，浮游藻的最大热解油产率超过1800 mg/g（200 ℃），宏观藻类为450 mg/g（350 ℃）左右，栓皮栎、树皮的最大油产率近400 mg/g（180 ℃）；草本泥炭为100 mg/g（200 ℃，350 ℃），木本泥炭、褐煤以及长焰煤的最高油产率也可达到100 mg/g（350 ℃），但其总生油量很少，不及浮游藻油产率的1/15。从图10.7我们可以看出，后三种生烃母质已侧重生气，它们的最高生气率可达到200 mg/g（350 ℃）。根据生烃潜力结果比较来看，以浮游藻类为主体母质的开阔湖盆藻质有机相主要生油；而陆地森林（沼泽）有机相和湿地森林（沼泽）有机相主要成煤和Ⅲ型干酪根的腐殖型气；覆水草本（沼泽）有机相偏生油相，异地残殖（漂浮沼泽）有机相和湿地草木混生（沼泽）有机相则偏成煤相，但具有相当的油气生成潜力。

第四节　沉积有机相的数值化分析方法探讨

前已述及，鄂尔多斯盆地中生界油、气、煤同盆共存，并有一定的成因联系，它们都共同来源于沉积有机质，但由于有机质源的不同和地球化学转化过程的差异，将导致可燃有机矿产的多样性，控制生物先质的转化方向取决于沉积有机相。沉积有机相由于集沉积学、有机岩石学和有机地球化学于一体，所以是评价盆地煤、油、气等能源矿产的最有效方法，通过沉积有机相对鄂尔多斯盆地中生界的油、气、煤生成条件进行了综合剖析，鄂尔多斯盆地中生界典型的油源岩和典型的腐殖煤是两种极端的有机相，也是鄂尔多斯和其他煤、油、气共存盆地的共同特征和主要的有机相类型，但鄂尔多斯盆地中生界也存在一系列的由煤到油转化的过渡类型的有机相，对中生界油、气、煤成因理论及多种能源共同勘探有着重要的意义。然而沉积有机相的研究往往是定性的，不利于生产应用，给其推广应用造成了一定的困难。尽管现代沉积有机相的评价方法大多数都综合考虑了有机质的丰度、类型、演化程度和沉积环境等多种因素，但由于使用的各项指标比较分散、杂乱，且有些指标本身就是定性的，使得各相划分指标之间可比性较差，实际应用起来比较繁琐，很不方便。如Jones划分的A、AB、B、BC、C、CD及D 7个有机相；Rogers划分的藻质相、无定形相、草本相、木质相和煤质相；金奎励等（1997）划分的干燥沼泽相、森林沼泽相、流水沼泽相和开阔水体相等都是对有机相的定性描述，实际上这种定性有机相的描述和Ⅰ、Ⅱ$_1$、Ⅱ$_2$和Ⅲ型及类似方法定性描述有机质类型一样，难以准确地反映生油、气源岩的真实有机相特征，且存在处于两相之间的某些参数值不好确定其归属的弊病。

鉴于描述性沉积有机相在应用方面的各种弊端，我们提出定量化（数值化）沉积有机相的初步设想。沉积有机相的数值化就是试图将各种不同类型的沉积有机相按其对成油、成气和成煤的贡献大小分别赋予不等的数值，对于鄂尔多斯盆地中生界标准的腐殖煤和典型的Ⅰ型干酪根的湖相油源岩分别赋予0和100。数值越大，该沉积有机相的油气生成潜力就越大。对于过渡型的沉积有机相,可赋予 0 到 100 之间的不等数值。这样,一系列连续变化的数值就和沉积有机相一一对应起来。

沉积有机相是在沉积环境的基础上其有机质分布区别于附近亚单位的地质体。因此它主要由有机质丰度、有机质类型和有机质成熟度等基本条件所决定。这三者之间不仅紧密相关,而且每一个基本条件又可有多种参数表达。有机质丰度一般以有机碳含量(C_{org})表示,成熟度最常用也是最可靠的指标则是镜质组反射率(R^o),有机质类型影响因素众多,特别是有机质成熟度对有机质类型的影响最大,因此有机质类型的代用参数应该选用受成熟度影响较小的评价指标,干酪根的类型指数(Ti)决定于有机质的显微组分组成,它主要取决于母源,是有机质类型的理想表达参数。因此,沉积有机相和它们的关系可表示为:

$$沉积有机相类型 = f(Ti, C_{org}, R^o)$$

f 在这里表示一种客观的函数关系,为了便于讨论问题,可用 SOFI(sedimentary organic facies index)即"沉积有机相指数"来表示数值化了的沉积有机相类型,并在资料处理过程中将 SOFI 值限定在 0~100 的范围内,以便于最好的生油岩和标准的腐殖煤及最差的生油气母质相对应。

在不知道 SOFI 值与 Ti、C_{org}、R^o 这三个变量之间究竟存在何种函数关系的情况下,要想求出这样一个数学表达式,比较好的方法是通过对可能存在的函数关系进行逐步回归分析,剔除那些对 SOFI 贡献不显著、基本不影响 SOFI 值的函数关系,而选入那些对 SOFI 贡献显著、对其影响较大的重要函数关系式。

设影响沉积有机相指数 SOFI 的参变量为 $X1, X2, \cdots, Xn$(简记为 I),实测 SOFI 各参数为 $x1k, x2k, \cdots, xmk, Ik$($k = 1, 2, \cdots, n$,$n > m+1$)

通过多元线性回归,可在参变量和沉积有机相指数之间找到一种理想的关系式:

$$I' = b0 + b1X1 + b2X2 + \cdots + bmXm \tag{10.1}$$

使得实测 I 和 I' 之间的标准偏差最小。即

$$Q = \sum_{k=1}^{n} (I_k - I'_k) \tag{10.2}$$

式(10.1)即是沉积有机相指数 SOFI 和沉积有机相类型特征参数之间的函数表达式,再通过逐步判别分析达到将沉积有机相数值化。由于多元线性回归分析是建立在各变量是相互独立和各变量与函数之间存在着统一的线性关系这两个假设基础上的。但是事实上这两个假设并不总是成立的。为了避免多元线性回归分析的上述缺陷,并能从影响沉积有机相类型的众多因素中筛选出权重大的参数,在确定参变量与 SOFI 关系之间对各个参变量进行逐步判别分析。考虑到 SOFI 函数与 Ti、R^o 和 C_{org} 等参变量之间并不都是线性关系,也不都是彼此独立的,因此选取了 Ti、C_{org}、R^o 及由三者相互组合成的 20 多种函数关系式作为自变量,即:

Ti、R^o、C_{org}、$R^o \times Ti$、$R^o \times C_{org}$、$Ti \times C_{org}$、$(Ti)2$、$(R^o)2$、$(C_{org})2$、eR^o、eTi、eC_{org}、$eR^o \times Ti$、$eR^o \times C_{org}$、$eTi \times C_{org}$、$eTi \times R^o$、$eC_{org} \times Ti$、$eC_{org} \times R^o$、$(Ti)2 \times R^o$、$(Ti)2 \times C_{org}$、$(R^o)2 \times C_{org}$、$(R^o)2 \times Ti$、$(C_{org})2 \times R^o$、$(C_{org})2 \times Ti$、$1/Ti$、$1/R^o$、$1/C_{org} \cdots$

以鄂尔多斯盆地中生界部分煤和烃源岩 Ti、C_{org} 和 R^o 数值为统计依据，对这些变量与有机相类型进行多元线性回归分析，在进行逐步回归分析过程中，通过适当选取剔除变量的临界检验值，剔除不显著变量，选入显著变量，最后计算选入了 6 个函数关系式，并得到如下的 SOFI 值计算公式：

$$SOFI = 13.0515 + 38.8374 \times C_{org} + 0.5313 \times Ti + 11.1777 \times R^o \times C_{org}$$
$$+ 0.2216 \times R^o \times Ti - 0.4089 \times C_{org} \times Ti - 0.3946 \times R^o / (C_{org} \times Ti)$$

上式的复相关系数 $r = 0.98$，可见其相关性比较显著。SOFI 值计算公式显示有机质类型和丰度参变量的权重较大，这与有机相的概念及我们进行有机相划分的基本思想是相一致的。据上述讨论可知，我们完全可以直接利用计算出的 SOFI 值对烃源岩的有机相特征进行定量划分，其 SOFI 值越高，则烃源岩有机相的类型就越好；而不必再根据众多的有关资料对有机相的类型进行各方面、各层次的定性划分。

根据我们依据以烃源岩物质成分为主划分的有机相，大致有如下的对应关系（表 10.2）。

表 10.2　沉积有机相类型指数划分

有机相类型	A	B	C	D	E	F
SOFI	<20	20~30	30~40	40~60	50~60	>60

SOFI 表达的主要是与油气生成潜力有关，从成煤和成油的角度来看，还要考虑沉积有机相的重要指标——沉积相指标，对于成煤而言，主要是沼泽相沉积环境，而成油则主要是湖泊相沉积环境。

多元统计分析得出的 SOFI 的正确性和可靠性在很大程度上取决于参与统计分析的数据量及其反映问题的真实程度。建立正确、全面反映沉积有机相类型的 SOFI 表达式需要大量实际资料的统计分析，且尽可能包含影响沉积有机相的各个因子，这将使 SOFI 包含的变量多，函数关系复杂，计算繁琐，不便于应用。本章提出的以烃源岩中有机物质成分为基础的有机质类型参数 Ti、以常规的有机碳含量和镜质组反射率值来分别表达有机质丰度和成熟度的参数，通过多元线性回归分析得出的沉积有机相类型指数，仍需要大量实际资料的验证，因此 SOFI 指数的提出仍有待实验的检验。

参 考 文 献

程顶胜. 1996. 有机相在油气勘探中的应用. 地质地球化学,（5）：59~62

郭迪孝, 胡民. 1989. 陆相盆地沉积有机相分析. 石油与天然气地质文集（2）. 北京：地质出版社.
    191~199

郝芳, 陈建渝, 孙永传等. 1994. 有机相研究及其在盆地分析中的应用. 沉积学报, 12(4)：77~86

韩德馨. 1996. 中国煤岩学. 徐州：中国矿业大学出版社

金奎励, 王宜林. 1997. 新疆准噶尔煤成油. 北京：石油工业出版社

金奎励, 姚素平, 魏辉等. 1995. 准噶尔与吐哈盆地侏罗系煤成油研究. 第四届全国煤岩学学术讨论会
    论文选集. 西安：陕西科学技术出版社. 103~107

李超. 1999. 单细胞海藻、菌孢成烃机制研究. 同济大学博士学位论文

杨俊杰, 张伯荣, 曾正全. 1984. 陕甘宁盆地侏罗系古地貌油田的油藏序列及勘探方法. 大庆石油地质与开发, (1): 79~89

姚素平, 张景荣, 金奎励. 1996. 准噶尔盆地侏罗纪含煤地层沉积有机相研究. 西北地质科学, 17(2): 75~84

姚素平, 毛鹤龄, 金奎励等. 1997. 准噶尔盆地侏罗系西山窑组沉积有机相研究及烃源岩评价. 中国矿业大学学报, 26(1): 60~64

Altunsoy M, Özcelik O. 1998. Organic facies characteristics of Sivas Tertiary Basin (Turkey). Journal of Petroleum Science and Engineering, 20: 73~85

Batten D J. 1983. Identification of amorphous sedimentary organic matter by transmitted light microscopy. In: Brooks J (ed). Petroleum Geochemistry and Petroleum Exploration. Blackwell Scientific Publications, Oxford. 275~287

Barnard P C, Collins A G, Cooper B S. 1981. Generation of hydrocarbons-Time, temperature and source rock quality. In: Brooks J (ed). Organic Maturation Studies and Fossil Fuel Exploration. Academic Press, London. 271~282

Flores D. 2002. Organic facies and depositional palaeoenvironment of lignites from Rio Maior Basin (Portugal). International Journal of Coal Geology, 48: 181~195

Follows B, Tyson R V. 1998. Organic facies of the Asbian (early Carboniferous) Queensferry Beds, Lower Oil Shale Group, South Queensterry, Scotland, and a brief comparision with other Carboniferous North Atlantic oil shale deposits. Organic Geochemistry, 29(4): 821~844

Hacguebard P A, Birmingham T F, Donaldson J R. 1967. Petrography of Canadian coals in relation to environment of deposition. Science and Technol of Coal, 84~97

Jones R W. 1987. Organic Facies. In: Welte D H (ed). Advance in Petroleum Geochemistry. Great Britain Pergam on Journals LTd. , 2: 1~89

John B C, Maciej J, Kotarba M D et al. 2004. Oil-source rock correlations in the Polish Flysch Carpathians and Mesozoic basement and organic facies of the Oligocene Menilite Shales: insights from hydrous pyrolysis experiments. Organic Geochemistry, 35: 1573~1596

Mukhopadhyay P K, John A W, Kruge M A. 1995. Organic facies and maturation of Jurassic-Cretaceous rocks, and possible oil-source rock correlation based on pyrolysis of asphaltenes, Scotian Basin, Canada. Organic Geochemistry, 22(1): 85~104

Piedad-Sánchez N, Izart A, Suárez I et al. 2004. Organic petrology and geochemistry of the Carboniferous coal seams from the Central Asturian Coal Basin (NW Spain). International Journal of Coal Geology, 57: 211~242

Robison C R, Smith M A, Royle R A. 1999. Organic facies in Cretaceous and Jurassic hydrocarbon source rocks, Southern Indus basin, Pakistan. International Journal of Coal Geology, 39: 205~225

Rodgers M A. 1979. Application of organic facies concepts to hydrocarbon source rock evaluation. 10th Word Peter Cong, 25~30

Rodgers M A, Koons C B. 1971. Advances in geochemistry series. In: Origin and Refining of Petroleum. Am Chem Soc, 67~80

Saxby J D. 1980. Atomic H/C ratios and the generation of oil from coals and kerogens. Fuel, 59: 305~307

Scotchman I C. 1991. The geochemistry of concretions from the Kimmeridge Clay Formation of southern and eastern England. Sedimentology, 38(1): 79~106

Teichmüller M, Thomson P W. 1958. Vergleichende mikroskopische und chemische Untersuchungen der wichtigsten Fazies-Typen im Hauptflöz der niederrheinischen Braunkohle. Fortschr Geo Rheinl Westfalen, 2: 573~598

第十一章

鄂尔多斯盆地沉积地层放射性异常及分布特征[*]

在鄂尔多斯盆地长期的油、气、煤、铀矿勘探开发过程中，积累了丰富的地球物理测井资料，其中均含有地层的放射性信息，为了解盆地沉积地层的放射性异常特征奠定了基础。本章通过收集覆盖全盆地的石油、天然气探井和评价井测井资料，利用丰富的自然伽马和自然伽马能谱测井资料，开展盆地内的放射性异常研究，并通过实验分析和能谱测井手段，确定了研究区引起放射性异常的因素，在此基础上分析了放射性铀元素富集的环境和机理。研究表明，鄂尔多斯盆地沉积地层存在大范围的放射性异常，纵向上异常主要赋存于下白垩统的环河组和华池组、中下侏罗统的直罗组和安定组以及延安组、上三叠统的延长组以及更深部的一些地层中，平面上主要分布在东胜、盐池、定边、镇原、黄陵等地区（赵军龙等，2006；谭成仟等，2007）。

第一节　放射性异常的识别

自然界的岩石和矿石均不同程度地具有一定的放射性，它们几乎全部是由放射性元素铀、钍、铜以及放射性同位素钾 $^{19}K_{40}$ 在其中存在并进行衰变的结果。这些放射性元素在衰变过程中都能同时放出伽马射线，且不同元素放出的 γ 射线的数量和能量两方面均有区别。如：钾同位素 $^{19}K_{40}$ 发射 1.46 MeV 单一能量的伽马射线，而其他放射性元素则发射出多种能量的伽马射线。因此，沉积岩石的自然放射性取决于其中所含的这些放射性元素的含量和类型。

研究岩石中放射性元素的相对含量，即探测自然伽马射线总强度的测井方法叫做自然伽马测井；而测定在一定能量范围内自然伽马射线的强度以区分岩石中放射性元素的类型及其实际含量的测井方法，则叫自然伽马能谱测井。

虽然自然伽马能谱测井与自然伽马测井相比，有更多的优势和用途，但因 U、Th、K 数值低且精度有限，加上仪器复杂、测速低和成本高，它不可能成为一种常规测井方法，只能用于复杂地区和复杂岩性的重点研究。具体在鄂尔多斯盆地，绝大部分的石油探井和评价井中仅有自然伽马测井资料，只在北部深度较深、岩性复杂的天然气探井和评价井中才进行自然伽马能谱测井。本次研究中，使用的测井资料以自然伽马测井资料为主，辅以自然伽马能谱测井资料。

根据研究区放射性测井资料的特征，泥岩的自然伽马值一般为 80~140 API，砂岩的

* 作者：谭成仟[1]，刘池洋[2]. [1]西安石油大学，西安；[2]西北大学地质学系，西安.
E-mail: Cqtan-001@ 163. com

伽马值一般为 20~100 API，故研究中为了提取典型的放射性异常地层及特征，确定放射性异常层的划分原则和标准为自然伽马值大于 200 API 为异常标准进行统计研究。

第二节　盆地内地层放射性异常分布特征

基于收集遍布盆地内部的多口探井和评价井测井资料，根据前述地层放射性异常的定义，已有资料统计分析表明，鄂尔多斯盆地在多个地区的多个层位(浅部和深部)均存在着显著的放射性异常层。

一、放射性异常纵向分布特征

放射性测井资料表明，本区浅部和深部地层均存在显著高伽马异常层。浅部高伽马异常层岩性主要为砂岩，其地层时代主要为早白垩世、侏罗纪。深部高伽马异常层岩性主要为泥灰岩、煤系地层和泥岩等，其地层时代主要为中生代中晚三叠世以及古生代石炭纪。

如盆地南部黄陵矿区二号井区 H37 井异常层为侏罗系直罗组下部中粒砂岩，电阻率呈现较高值，自然电位呈负异常，井径曲线平直，自然伽马幅度显著，高达 1300 API，如图 11.1。

盆地西部的定边地区，安定组也普遍存在着放射性异常层，伽马值最大达到了 800 API。如图 11.2，元 91 井的自然伽马曲线，从该井 880~920 m，自然伽马曲线明显增大。

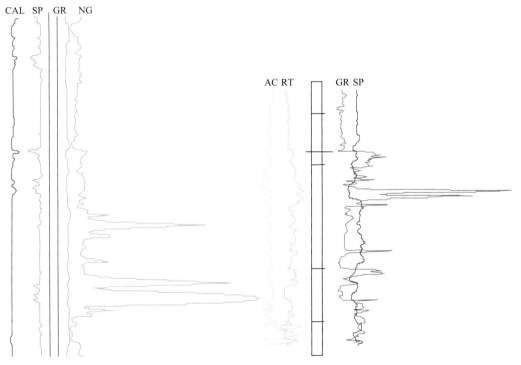

图 11.1　H37 井高伽马异常层　　　　图 11.2　元 91 井高伽马异常层

在该层段之上或之下，自然伽马曲线值一般为 80 API，而在该层段自然伽马曲线值一般大于 200 API，最大达 800 API。

深部的高伽马异常层岩性主要为泥岩、碳质泥岩等。异常层常为三叠系延长组 7 段的泥质烃源岩和石炭系太原组煤层底板的碳质泥岩。

图 11.3 为庄 25 井的测井曲线图，该井位于鄂尔多斯盆地伊陕斜坡，地理位置为甘肃省合水县柳沟乡刘家庄村。通过岩心详细观察与描述，长 7₃ 段烃源岩以灰黑色碳质泥岩为主，砂质含量较低，厚度达 16.2 m，其测井特征表现为相对低自然电位、高声波时差和中高电阻率值，烃源岩与上、下部地层整合接触，岩性分别为灰色粉砂岩和泥质细砂岩。

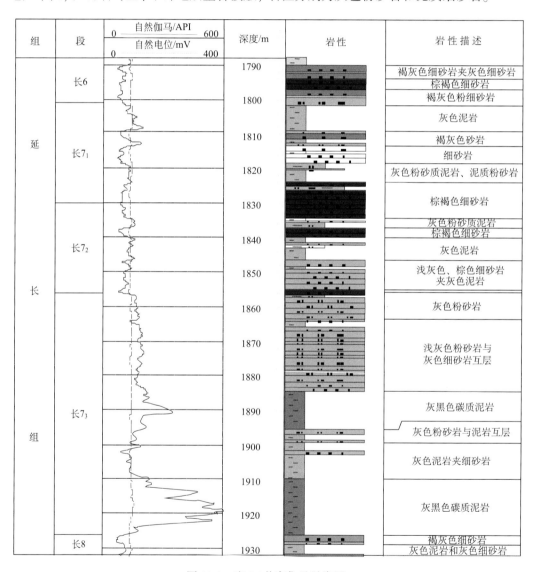

图 11.3 庄 25 井高伽马异常层

　　图 11.4 为盆地北部的陕 200 井，在石炭系太原组煤层下部普遍存在的碳质泥岩，其放射性异常明显。

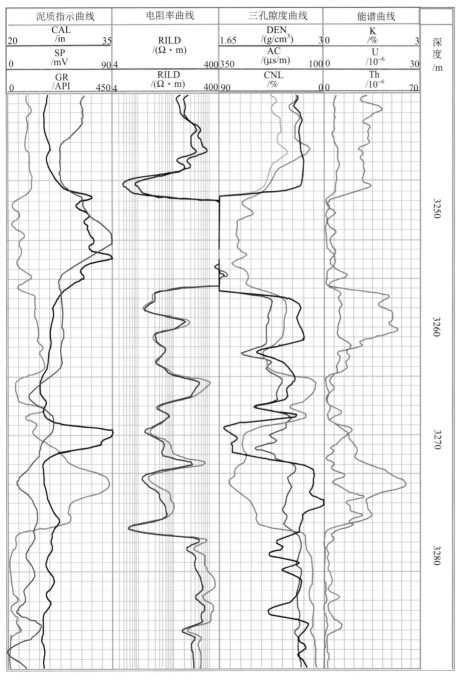

图 11.4　陕 200 井测井曲线

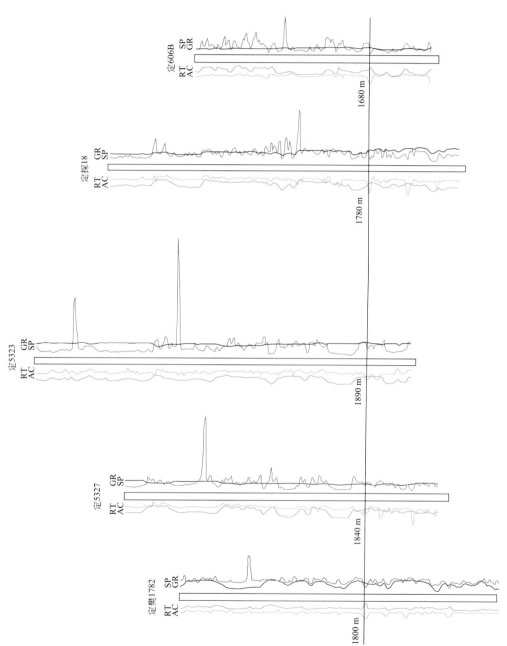

图 11.5 定樊 1782—定 5327—定 5323—定探 18—定 606B 测井对比剖面

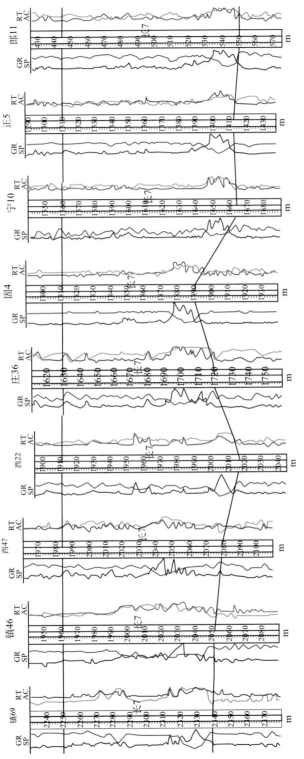

图 11.6　镇 69—镇 46—西 47—西 22—郎 11 对比剖面

图 11.5 为分布在定边地区的一条侏罗系直罗组联井剖面图，剖面对比图表明，本区的高伽马异常层在横向上具有良好的连续性和可追踪性，反映了异常的规模可观、横向连续。

图 11.6 为延长组长 7 对比剖面，从联井剖面可以看出，烃源岩相对单层较厚，大部分在 2~15 m 之间，横向上可以对比的烃源岩分布于长 7 的下段，纵向上烃源岩测井曲线有明显的一致性，表现为长 7 下段烃源岩分布于低井径、低自然电位和高声波时差的井段。

通过研究区大量的放射性测井资料统计分析，鄂尔多斯盆地下白垩统各层组、侏罗系直罗、延安组以及三叠系、石炭-二叠系等地层均不同程度地存在放射性异常，其具体分布和沉积建造特征如表 11.1。

表 11.1　鄂尔多斯盆地放射性异常地层层位分布简表

地层时代				沉积建造	沉积相
界	系	统	组		
中生界	白垩系	下统	泾川组	灰色碎屑岩夹杂色层	河湖相
			罗汉洞组	红色碎屑岩夹浅色层	河相
			环河组	红色砂泥夹灰色层	河湖相
			华池组	红色碎屑岩夹灰色层	河湖相
	侏罗系	中统	安定组	红色砂泥岩	湖相
			直罗组	砂岩	河相
		下统	延安组	含煤建造	湖相为主
	三叠系	上统	延长组	碎屑岩	湖相
		中统	纸坊组	碎屑岩	河湖相
		下统	和尚沟组	红色砂泥夹浅色层	河湖相
			刘家沟组	红色砂泥岩	河相
古生界	二叠系	上统	石千峰组	红色砂泥岩	河湖相
		中统	石盒子组	杂色泥岩	湖相
	石炭系	上统	太原组	含煤建造	海陆交互相
		中统	本溪组	含煤建造	海陆交互相

二、放射性异常平面分布特征

根据对该研究区已有的油气探井和评价井的放射性测井资料分析和异常数据整理，研究了该区不同层位的自然伽马异常平面分布特征，石油探井和评价井一般钻到延长组，天然气探井和评价井一般钻到二叠系或石炭系，因此对各层位异常分布特征的描述还有很大的局限性。

下白垩统异常分布较广，以西部和西南部，特别是西南部的镇原及其东北异常值最大，异常值分布层段最厚；中下侏罗统的直罗—安定组和延安组异常分布的范围较小，主要集中在研究区北部；上三叠统延长组放射性异常分布范围最广，分布在盆地的大部分区域，其异常与盆地最大沉积范围相对应；石炭系太原组高伽马异常主要位于盆地北部，其具体分析如下。

（一）石炭系放射性异常平面分布

石炭系太原组高伽马异常主要位于盆地北部的鄂托克旗-神木-榆林-横山-靖边-绥德地区。异常层深度范围 2200~3300 m，其中在榆林、横山一带异常幅度大，且异常厚度最大，最大幅值可达 700 API，异常层厚度可以达到 21 m 以上，如图 11.7、图 11.8。

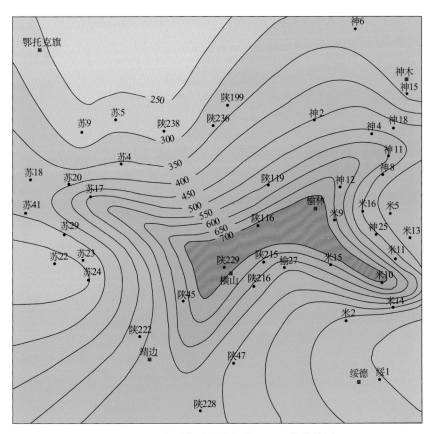

图 11.7　石炭系伽马异常幅值（API）等值线图

石炭纪太原期，地壳继续下沉，海侵范围进一步扩大，来自东西两侧的海水分别向盆地中央古隆起侵漫，研究区所在区域的沉积相为海陆交互相。高伽马异常高值区位于浅海陆棚边缘，太原期该区域地层沉积厚度约为 30~40 m。太原期本区沉积环境为还原环境，有利于放射性元素的富集。

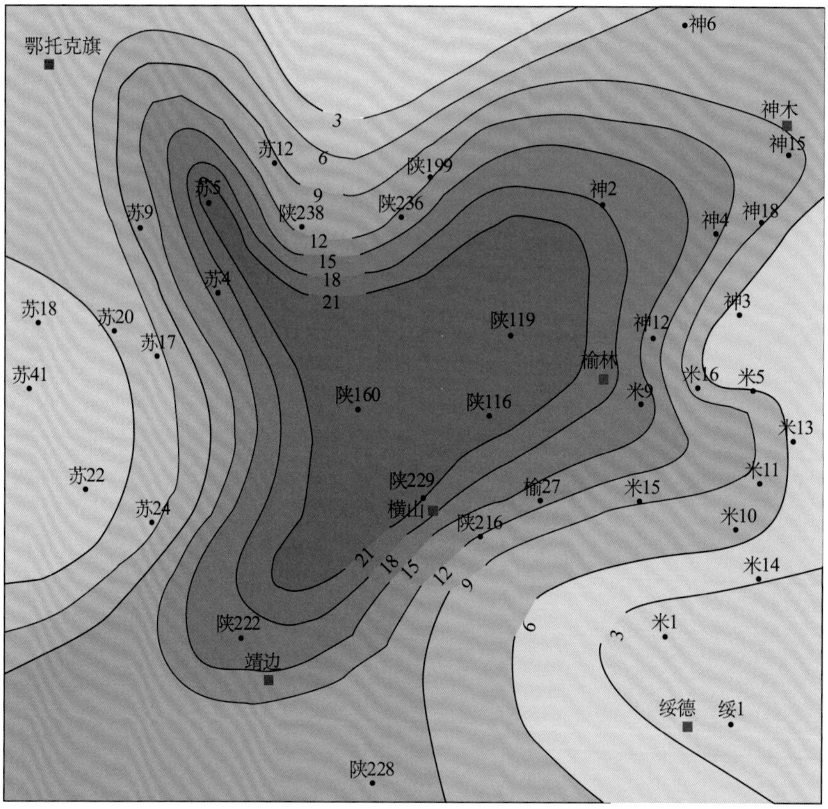

图 11.8　石炭系伽马异常层厚度(m)等值线图

(二) 三叠系放射性异常平面分布

伽马异常主要分布在长 7、长 8 段, 深度在 1800~2600 m 左右。其岩性主要为碳质泥岩、泥岩以及砂岩等。这一层组是盆地的主要烃源岩层, 富含有机质, 吸附能力强。从后述分析可知, 放射性测井的伽马异常主要是由铀的富集造成的, 铀在氧化环境下迁移, 在还原环境下富集。烃源岩层在沉积–成岩–成烃过程中的还原环境, 有利于铀的富集。这一层段的伽马异常主要分布在定边—安塞—延安的西南部的广大区域内(图 11.9、图 11.10), 伽马最大值达 800 API; 伽马异常地层厚度一般在 10~20 m 之间, 最厚 30 多米。伽马异常值分布区和异常厚度分布有一定对应关系。这一层位的伽马异常普遍存在, 富含放射性元素, 应有可能为表浅层提供铀源; 也有可能成矿, 因碳硅泥岩型铀矿本身就是一种产于泥岩中的铀矿形式。该伽马异常分布层正好是烃源岩层, 放射性元素的富集生热效应有助于烃源岩层的热演化和生烃。

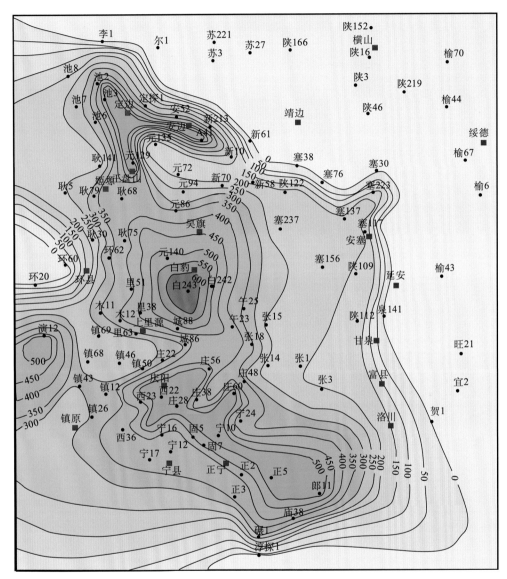

图 11.9　三叠系伽马异常幅值(API)等值线图

(三) 侏罗系放射性异常平面分布

研究区侏罗系伽马异常主要分布在吴旗-定边地区,如图 11.11 所示,异常主要分布在 300~600 API, 最大伽马异常值有 680 API, 最大厚度 18 m。异常值和异常地层厚度也有较好的正相关对应关系。该组伽马异常值在安定组、直罗组以及延安组均有分布,安定组异常分布层段主要在安定组的顶部, 其深度在 900~1200 m, 异常层段主要岩性为顶部泥灰岩段。安定组处在氧化还原环境下, 鉴于安定组伽马值高且处于氧化还原环

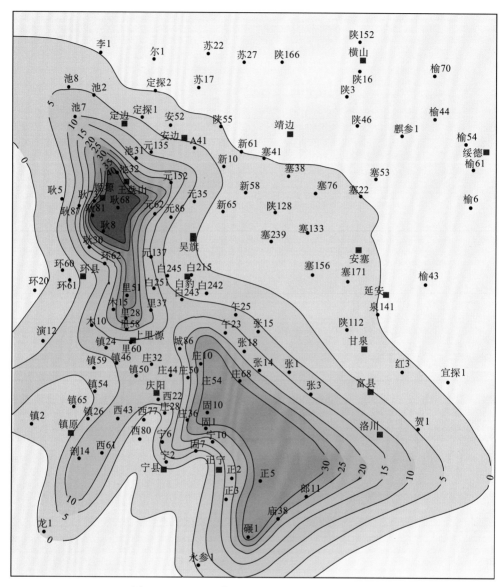

图 11.10 三叠系伽马异常层厚度(m)等值线图

境,是一个比较有利于成矿和勘探的异常区(王金平,1998)。直罗组伽马异常分布层段的深度在 1200～1400 m 左右,出现伽马异常层段对应的岩性主要为砂岩,预示可能为有利的成矿区的显示。在盆地东北部的东胜地区,中侏罗统直罗组就是主要的产铀矿层位。延安组的伽马异常分布层段的深度在 1300～1900 m 左右,异常层段主要岩性为煤系地层、泥岩以及砂岩。

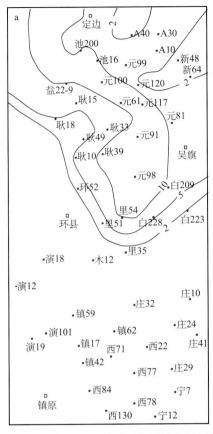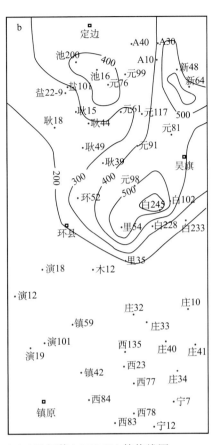

图 11.11　侏罗系伽马异常层厚度(m)(a)及幅值(API)(b)等值线图

（四）白垩系放射性异常平面分布

　　研究区白垩系异常层段岩性主要为砂岩，其自然伽马最大值达 700 API，分布深度在 200~900 m。从图 11.12 可以看出下白垩统伽马异常在该地区分布较为普遍，异常分布区呈南西向，且有越往边部异常值越大的趋势，异常主要分布在 300~600 API，最大可达 700 API，厚度最大可达 50 m。该区异常值与异常厚度有较好的对应关系，异常值大的地方，厚度也很大，显示在镇原地区周围有一个明显的伽马异常值的集中区，不仅伽马值大，地层厚度也较大。该区下白垩统发育好，铀矿化埋藏浅。

　　综上所述，在研究区不同时代地层均存在有放射性异常，各地层伽马异常值的大小和分布范围存在明显差异，与盆地沉积、演化的明显不同和分阶段性相一致。造成这种分布的原因，与盆地构造背景控制下的各期沉积物源，沉积环境和相带的不同有关。

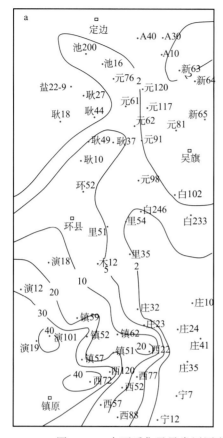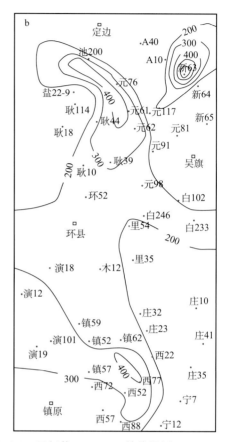

图 11.12 白垩系伽马异常层厚度(m)(a)及幅值(API)(b)等值线图

第三节 放射性异常成因分析

一、样品选采与测试

上面分析了研究区中生代地层放射性异常的分布特征,而引起异常的因素主要有铀、钍、钾三种放射性元素。在鄂尔多斯盆地中生代地层中伽马异常主要是由哪种元素造成的,需要明确。为了解决这一问题,选取了33件岩样进行放射性元素含量测试分析(表11.2),测试项目主要包括 U、Th、K、Ra、Fe^{3+}、Fe^{2+} 等。样品来自研究区定边-镇原地区的石油探井的钻井取心,由于该区石油勘探的目的层主要为延安组和延长组,取心也仅在这两个层系进行,故样品则主要采自中下侏罗统延安组和上三叠统延长组与测井资料对应有不同放射性强度的岩样,岩性为砂岩(13件)、泥岩(8件)、碳质泥岩(8件)和煤(2件)及粉砂岩(2件),取样深度在 1522.3~2242.8 m。

表 11.2　岩心测试分析数据表

序号	井段/m	层位	岩性	伽马值/API	U/10^{-6}	Th/10^{-6}	K/%
1	2003.2	长 6	砂岩	60	5.6	10.9	2.00
2	2236	长 7	砂岩	140	6.3	11.3	1.01
3	2236.5	长 7	碳质泥岩	400	30.0	10.3	1.43
4	2237.4	长 7	泥岩	320	18.6	10.5	1.96
5	2242.8	长 7	泥岩	180	6.8	13.4	2.30
6	2221.7	长 2	碳质泥岩	150	5.7	19.8	3.52
7	1871	延 1+2	砂岩	150	3.0	8.6	1.52
8	1873	延 1+2	煤	280	10.0	12.1	0.97
9	1874	延 1+2	砂岩	180	4.9	11.3	1.47
10	1903	延 1+2	砂岩	120	2.5	7.6	1.59
11	1904	延 3	砂岩	130	3.3	7.1	1.47
12	1905	延 3	砂岩	150	3.9	7.0	1.47
13	1906	延 3	砂岩	180	5.1	8.3	1.39
14	1907	延 3	煤	480	20.0	4.8	1.32
15	1908	延 3	砂岩	140	2.8	8.0	1.45
16	1522.3	长 3	砂岩	60	2.9	15.2	2.07
17	1724.3	长 6	泥岩	130	3.6	15.6	2.68
18	1873.5	长 7	泥岩	280	16.2	15.2	2.67
19	1874.1	长 7	碳质泥岩	380	47.9	13.2	1.79
20	1878.2	长 7	砂岩	80	1.4	9.6	1.56
21	1883.5	长 7	砂岩	180	9.7	15.5	2.50
22	1896.9	长 7	泥岩	460	109.0	8.7	1.22
23	1906.3	长 7	粉砂岩	100	5.9	9.7	2.08
24	1908.5	长 7	泥岩	130	8.4	13.3	2.03
25	1941.6	长 7	粉砂岩	120	6.8	14.8	2.35
26	1942.3	长 8	碳质泥岩	230	10.9	12.6	1.93
27	1942.8	长 8	泥岩	280	20.9	12.8	2.15
28	1946.2	长 8	碳质泥岩	210	14.5	13.3	2.25
29	1946.8	长 8	碳质泥岩	400	46.1	9.5	1.44
30	1747.3	长 8	碳质泥岩	300	22.8	4.3	1.05
31	1948.3	长 8	碳质泥岩	360	30.3	10.2	2.39
32	1950.9	长 8	泥岩	300	24.2	10.9	2.47
33	1951.9	长 8	砂岩	100	3.6	13.5	1.91

二、岩心放射性元素含量测试结果分析

测试样钍元素含量最小值为 4.3×10^{-6}，最大值为 19.8×10^{-6}，平均为 11.17×10^{-6}，标准偏差 3.36×10^{-6}，说明钍元素含量比较稳定。而钾元素含量最小值为 0.97%，最大值为 3.92%，平均为 1.86%，标准偏差 0.568%，说明钾元素含量较稳定。而铀元素含量最小值为 1.4×10^{-6}，最大值为 109×10^{-6}，平均为 15.56×10^{-6}，标准偏差 20.64×10^{-6}，说明铀元素含量变化大，这与测试样自然伽马幅值变化呈现良好相关性。

（一）自然伽马值与铀含量的关系

将各样品的伽马值与铀含量做相关性分析，如图 11.13，可以清楚地看到两者之间的相关关系。由趋势线可以明显看出伽马值有随着铀含量增大而增大的趋势，两者的相关系数 R^2 达到了 0.5767，说明伽马值和铀含量之间有较好的正相关性，即伽马值高则铀含量一般也较高。在图中还可以看到有两个样品点(14 号煤样和 22 号泥岩样)偏离趋势线较远，在所测样品中属于特殊情况，不具代表性，若去掉这两个样品，则两者的相关系数显著提高，其 R^2 达到 0.8045，如图 11.14。

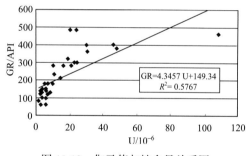

图 11.13　伽马值与铀含量关系图　　图 11.14　伽马值与铀含量关系图(剔除 2 个异常样品)

（二）自然伽马值与钍含量的关系

再将各样品的伽马值与钍含量做相关性分析，如图 11.15，从图中可以清楚地看到两者之间的相关性，两者的相关趋势线接近水平，相关系数 R^2 为 0.0766，即自然伽马变化大的情况下，而钍含量变化很小，说明伽马值和钍含量之间相关性很弱，钍含量对伽马值的高低贡献很小。

（三）自然伽马值与钾含量的关系

图 11.16 为伽马值与钾含量相关图，类似于伽马值与钍含量相关性，钾含量与伽马值的相关趋势线也接近水平，相关系数 R^2 为 0.0491，说明伽马值和钾含量之间相关性也很弱，即伽马值高低和钾含量关系不大。

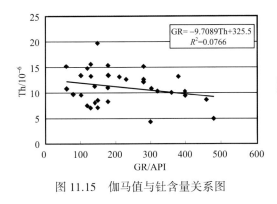

图 11.15　伽马值与钍含量关系图

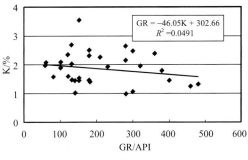

图 11.16　伽马值与钾含量关系图

综合以上分析可见，在本区自然伽马异常的变化，主要是由于铀元素含量的变化而引起；铀元素含量与测试样的自然伽马幅值的变化呈现很好的正相关性。即对本区而言，自然伽马异常的显著增加主要是铀元素含量增加直接引起的。

在定边-镇原地区，铀的变化起着主导作用，伽马异常高主要是由放射性元素铀的富集造成的。由此推断在鄂尔多斯盆地，自然伽马曲线和铀的含量之间存在着较好的对应关系，伽马值高，一般情况下就可推断铀含量较高。通过测井资料和以上分析可建立定边-镇原地区伽马值和铀含量之间的关系公式：

$$NG(API) = 7.3816U(10^{-6}) + 109.7 \quad (R^2 = 0.8045)$$

式中，NG 为伽马值；U 为铀含量；R 为相关系数.

在研究区，有了测井资料的自然伽马值，就可以通过上式计算出地层中的铀含量。这样不仅可节约大量的分析测试费用，还可充分利用区内大量的油气井的测井资料来发现铀矿异常。

三、石炭系地层放射性异常成因分析

在鄂尔多斯盆地北部鄂托克旗-神木-榆林-横山-靖边-绥德地区存在有分布广泛的放射性异常，其主要岩性为碳质泥岩。该地区的油气勘探目标均为天然气，钻井深度大多在 3000 m 以上，储层条件较为复杂，因此测井资料均进行了自然伽马能谱测井（NGS），自然伽马能谱测井采用能谱分析的方法，可以定量测定铀、钍、钾的含量，同时，还给出地层总的伽马放射性强度，因此在该地区可以通过自然伽马能谱测井了解研究区地层放射性异常形成原因。

如图 11.17 井为苏里格气田苏 4 井 3410～3470 m 井段综合测井曲线图，在 3433～3438 m 井段深、浅探测电阻率很大，超过 400 Ω·m，密度很低，小于 1.6 g/cm³，自然伽马很低（约 40API），是一个典型的煤层电性特征，在其下 3438～3453 m 井段就是我们关注的高放射性的碳质泥岩井段，其自然伽马异常值在 300 API 左右，在能谱测井曲线上，可以看出铀、钍异常明显，而钾含量很低，可见此处的放射性异常主要是由铀和钍元素含量高引起的。

图 11.18 为苏里格气田苏 25 井 3300～3360 m 井段综合测井曲线图，在井段 3340～3344 m 处，明显看到高的自然伽马异常对应着铀、钍异常。

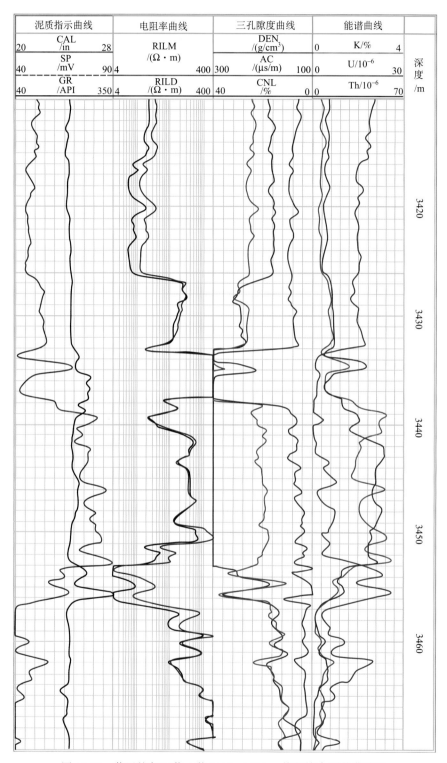

图 11.17   苏里格气田苏 4 井 3410~3470 m 井段综合测井曲线图

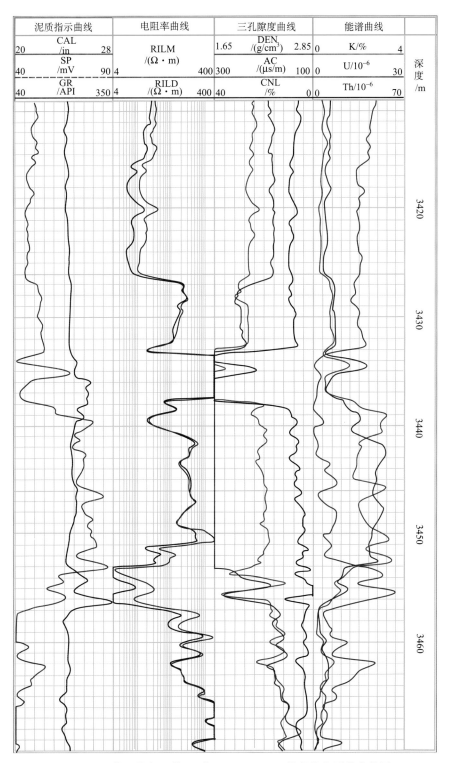

图 11.18　苏里格气田苏 25 井 3300~3360 m 井段综合测井曲线图

根据上述测井资料, 对自然伽马测井的总异常与自然伽马能谱测井的 U、Th 以及 K 曲线进行统计分析, 如图 11.19、图 11.20 和图 11.21。

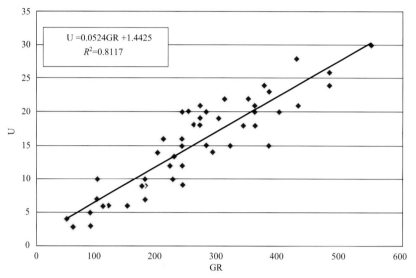

图 11.19 自然伽马总异常与能谱测井的 U 曲线关系图

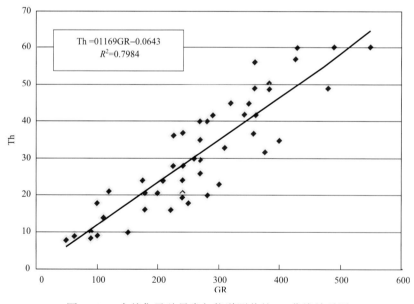

图 11.20 自然伽马总异常与能谱测井的 Th 曲线关系图

从相关关系图上明确看到自然伽马测井的总异常与自然伽马能谱测井的 U、Th 曲线关系密切, 均为正相关关系, 而与 K 曲线几乎没有任何相关性。

可见, 石炭系太原组的放射性异常的主要影响因素是铀、钍两种放射性元素存在而引起的。

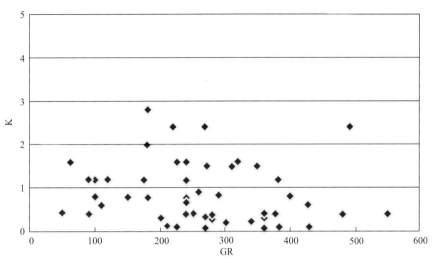

图 11.21　自然伽马总异常与能谱测井的 K 曲线关系图

第四节　盆地内地层放射性异常的形成环境 和形成机理

前述图 11.7~图 11.12 展示了鄂尔多斯盆地石炭系、三叠系、侏罗系以及白垩系高伽马异常层的分布区域和分布特征，从图上可以看到各层段异常差异明显，其异常值的大小、厚度和平面分布不尽相同，反映了放射性元素的富集特征在不同地层时代是不相同的，而是与各个时代的沉积环境密切相关。研究盆地内放射异常的沉积环境和形成机理，对油、气、煤、铀等多种能源的协同勘探具有重要意义。

一、鄂尔多斯盆地三叠系高伽马异常与沉积环境分析

表生条件下，铀是一种化学性质非常活泼的放射性元素，在氧化条件下易被氧化而溶解迁移，还原条件下则易被还原而沉淀富集。因此放射性铀元素的富集要具备两个方面的条件，即有利的沉积环境和充足的铀元素来源（张祖还、赵懿英，1984）。

前面的研究表明，鄂尔多斯盆地三叠系高伽马（富铀）异常在盆地内部的分布范围最为广泛，这与当时的沉积环境——湖盆鼎盛期沉积密切相关。

据李文厚教授多年的研究成果表明，鄂尔多斯盆地延长组的沉积经历四个演化阶段，即湖盆形成及扩张期、鼎盛期、回返期、萎缩消亡期。

长 10、长 9 至长 8 期由满盆的河流到迅速的湖进，至长 7 期湖盆发育逐渐达到鼎盛。长 6 期三角洲大规模充填，湖盆萎缩开始，长 4+5 期在盆地西北部出现短暂的湖泛，整体来看湖盆仍继续萎缩。长 3 期湖泊面积减小，深湖区向东南部退缩，长 2 期河流沉积广布，湖岸线萎缩幅度较大，深湖衰竭，至长 1 期演化为三角洲平原，仅在子长—庙沟一带深湖短暂复活，由于后期剥蚀作用，湖泊已支离破碎。延长组沉积结束

后，受印支运动影响，延长组广泛遭受剥蚀形成侵蚀谷地。

如图11.22为鄂尔多斯盆地上三叠统延长组长7段沉积相图，对比图11.9和图11.10可以看到，放射性异常高值区的分布与盆地中心相区沉积环境具有明显的联系：与三角洲前缘-半深湖相的相变边界吻合，大多出现于湖底浊积扇相与湖底平原相的过渡相带中，异常区与浅湖相边界基本一致。这种现象不是偶然的，是与当时的放射性元素的供给和沉积条件有关的。

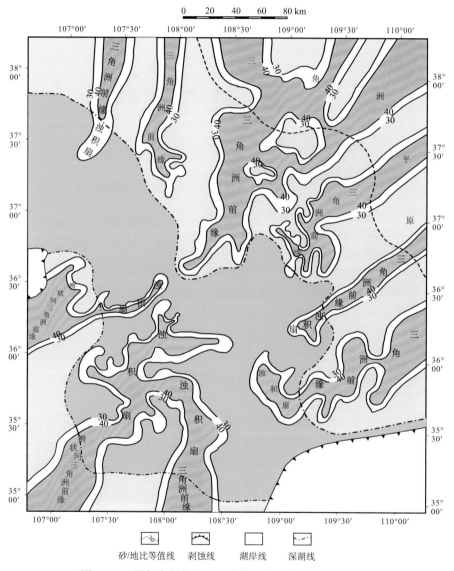

图11.22 鄂尔多斯盆地上三叠统延长组长7段沉积相图

据张文正等（2007）、杨华和张文正（2005）对长6—长9湖相烃源岩U含量与TOC的关系研究表明：长7湖相烃源岩U的丰度与有机碳含量之间呈正相关关系（如图11.23），反映出在长 7 油页岩发育期，铀的来源相对充足，有机质的富集显著地促进了铀元素的富集。长 8、长 9 湖相烃源岩铀的含量相对较低以及 U 的丰度与有机质丰度之间的相关性不明显的现象可能与沉积水体中铀的含量较低，或者与沉积环境的偏氧化有关。

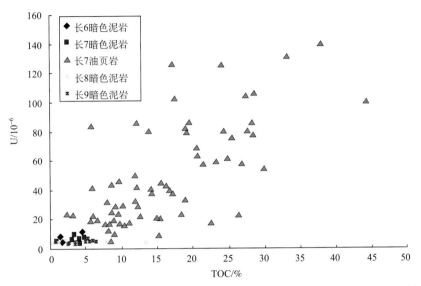

图 11.23　长 6—长 9 湖相烃源岩 U 含量与 TOC 的关系（据杨华、张文正，2005；张文正等，2007）

图 11.24 为鄂尔多斯盆地上三叠统延长组长 6—长 9 湖相烃源岩铀与二价硫的相关性关系图，可见长 7 优质烃源岩富含二价硫，铀含量与二价硫含量具有明显的正相关性，反映铀的异常富集与缺氧的沉积环境有关。

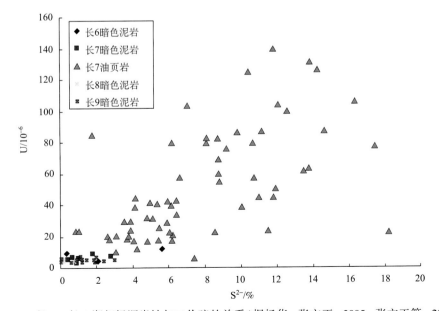

图 11.24　长 6—长 9 湖相烃源岩铀与二价硫的关系（据杨华、张文正，2005；张文正等，2007）

长 7 地层沉积期，丰富的有机质来源、缺氧的沉积环境、丰富的铀的来源三个方面的有利条件形成了较高的铀富集放射性异常。

长 7 期是晚三叠世陆相湖盆演化过程的最大湖泛期，气候湿润、雨水充沛，河流水系十分发育，有机质供给应该比较充足，反映在地层上表现为在湖盆中部的深湖-半深湖沉积相带沉积了丰富的优质烃源岩。

在长 7 油页岩层中纹层-薄层凝灰岩十分发育，单层最大厚度可达 1~2 m，反映盆地周缘存在强烈而频繁的火山喷发活动。

凝灰岩的 SiO_2 含量为 49.37%~72.45%，平均为 62.4%，具中-酸性凝灰岩的特征。凝灰岩中放射性元素含量较高，铀的含量为 5.23×10^{-6}~13.14×10^{-6}，平均铀含量为 8.84×10^{-6}；钍的含量为 15×10^{-6}~57.9×10^{-6}，平均钍含量为 39.7×10^{-6}。因此，长 7 早期频繁的火山喷发活动提供的大量富铀火山物质在蚀源区和盆内的水解作用是铀的重要来源之一。

另外，长 7 优质烃源岩中铀与 Fe、P_2O_5、Cu、V、Mo、S 等元素共生富集，反映了铀的富集可能与湖底热水活动有关。

因此，有利的沉积环境和充足的铀元素来源，形成了鄂尔多斯盆地长 7 期具有较高铀富集的优质烃源岩。

二、放射性异常(铀富集)形成机理

上述白垩系、侏罗系、三叠系以及石炭系高伽马异常层的分布区域和特征差异明显(图 11.7~图 11.12)，各层段异常值的大小、厚度和平面分布不尽相同。研究表明，不同时期的铀异常，是在不同的沉积条件下形成的，即在盆地演化的不同阶段，均有铀矿床富集形成的可能。同时深部各层段铀元素的富集或铀矿的存在，也有可能成为浅表层铀矿床形成的成矿物质来源。

铀在自然环境中呈四价和六价两种价态存在，四价铀在富含游离氧的表生带里极不稳定，很容易形成六价铀，六价铀同氧结合成非常稳定的铀酰络阳离子 UO_2^{2+}，在氧化-还原过渡带内常被还原成四价铀而沉淀下来。铀及其化合物在水溶液中的溶解度和存在形式对表生环境里的 pH 和 Eh 的变化极为敏感，在天然水体中，碳酸根离子的浓度对铀的溶解度有很大影响，呈正相关关系。

使铀在有机质中富集的主要因素是还原作用、吸附作用等，有机质中聚集铀最强的是腐殖质，其次是腐泥质，泥炭及褐煤吸附铀及其他金属元素的能力最强，溶于水中的 H_2S、HS^-、H_2、CH_4 和其他碳氢化合物是铀的还原剂(吴柏林等，2006)。

早古生代奥陶纪时期鄂尔多斯盆地海侵处于高潮，富足的碳酸溶液使得海水中铀的溶解度显著增大，加上环境从原生氧化到原生还原的变迁，促使风化壳中富集了相当的铀元素。

晚石炭世本溪期，榆林和延安一带为一套灰黑色铁铝土质泥岩、铝土岩、含凝灰岩潟湖沉积。沉积地层可细分为两段，下段为铁铝土岩段，上段为暗色泥岩、砂岩、石灰岩和煤层互层，铁铝土质泥岩和煤层对铀元素有很好的吸附作用，凝灰岩中铀元素丰度相对高，可以提高本溪组地层铀元素富集。

石炭纪太原期、二叠纪山西期形成海陆交互相煤系油源岩过程中，多期慢速海进和快速海退加速了对盆地台地淋滤、促进了铀元素溶解，海水中丰富腐殖质吸附了丰富铀元素，因此在盆地东北部太原组煤层底部总是有丰富的铀元素富集。

三叠纪延长期，形成盆地中生界湖相生油岩（延长组）和较好的成煤地层（延长组）过程中，有机质的吸附作用和还原条件的满足促进了铀元素的富集，同时，长7早期频繁的火山喷发活动提供的大量富铀火山物质。这个时期，深部上古生界进入生气阶段，作为铀的还原剂的天然气继续促进着深部铀的富集。

侏罗纪延安期，尽管成煤过程和石炭－二叠纪成煤相似，但延安组是一个从水进到水退的过程，环境呈氧化性，不利于铀的沉淀和富集，测井资料表明侏罗系煤层和铀的共存关系没有石炭系本溪组和太原组的煤铀共生关系那样紧密。值得指出，盆地西北部鄂托克前旗地区钻探、测井结果表明，延安组铀的富集与该组煤的性质有一定关系。

白垩纪大部分时间气候干旱炎热、剥蚀作用很强。从晚三叠世直至现代，盆地地下水的渗入作用也越来越大，这为白垩系的层间氧化带型铀矿的形成提供了先决条件。同时华池—环河组的沉积物富含有机质，其底部层位夹多层的凝灰岩、沉凝灰岩，也为铀成矿提供了一定的铀源。此阶段，盆地北部的东胜砂岩型铀矿成矿作用具外生和深源双重性质的微量元素组合特征，铀成矿过程有深部物质和含煤层气或油气流体参与，而铀矿含矿层之下大量微裂隙与裂隙带出现是深部物质影响浅部铀成矿的主要通道。

可见，盆地深部到浅部铀异常的存在与油、气、煤之间有紧密的关联关系，油、气、煤成藏（矿）所形成的氧化还原环境对铀矿的形成有重要的促进作用（刘池洋等，2005，2006）。石炭系、三叠系、侏罗系以及白垩系地层均存在明显的放射性异常，其中尤以三叠系延长组长7地层的放射性异常分布范围最广，异常地层厚度最厚，并首次编制了研究区各层位高伽马异常平面分布特征图。放射性元素含量测试分析表明，研究区内铀元素含量与自然伽马值具良好的正相关性，自然伽马异常的增大，主要是由铀元素的增加而引起，自然伽马异常主要是由铀的活化和聚集引起。各时代地层伽马异常值的差异性，主要受控于盆地构造背景控制下的各期沉积物源、沉积环境和沉积相带。

参 考 文 献

刘池洋，谭成仟，孙卫等. 2005. 多种能源矿产共存成藏（矿）机理与富集分布规律研究. 见：刘池洋主编. 盆地多种能源矿产共存富集成藏（矿）研究进展. 北京：科学出版社. 1~16

刘池洋，赵红格，谭成仟等. 2006. 多种能源矿产赋存与盆地成藏（矿）系统. 石油与天然气地质，27(2)：131~142

谭成仟，刘池洋，赵军龙. 2007. 鄂尔多斯盆地高自然伽马异常特征及主控因素研究. 石油地球物理勘探，42(1)：50~56

王金平. 1998. 陕甘宁盆地层间氧化带砂岩型铀矿成矿远景研究. 铀矿地质，14(6)：330~337

魏永佩，王毅. 2004. 鄂尔多斯盆地多种能源矿产富集规律的比较. 石油与天然气地质，25(4)：385~392

吴柏林，王建强，刘池洋等. 2006. 东胜砂岩型铀矿形成中天然气地质作用的地球化学特征. 石油与天然气地质，27(2)：225~232

杨华，张文正. 2005. 论鄂尔多斯盆地长7段优质油源岩在低渗透油气成藏富集中的主导作用：地质地

球化学特征. 地球化学, 34(2): 147~154

张祖还, 赵懿英. 1984. 铀地球化学. 北京: 原子能出版社. 67~70

张文正, 杨华, 傅锁堂等. 2007. 鄂尔多斯盆地长 9_1 湖相优质烃源岩的发育机制探讨. 中国科学(D 辑), 37(增 I): 33~38

赵军龙, 谭成仟, 刘池洋. 2006. 鄂尔多斯盆地油、气、煤、铀富集特征分析, 石油学报, 27(2): 58~63

赵军龙, 谭成仟, 刘池洋. 2009. 鄂尔多斯盆地铀富集分布的影响因素分析, 地质学报, 83(2): 158~165

Tan C Q, Liu C Y *et al*. 2006. The radioactive abnormality characteristics of typical regions in Ordos Basin and its geological implications. Science in China (Series D), 50(sup II): 174~184

<table>
<tr><td>第十二章</td><td>鄂尔多斯盆地延长组长 7 段烃源岩
铀元素分布、赋存状态及富集机理*</td></tr>
</table>

第一节　延长组长 7 段烃源岩的铀异常特征及测井识别

一、长 7 段烃源岩的基本特征及分布

最新的研究表明，在鄂尔多斯盆地晚三叠世湖盆全盛期沉积的长 7 段发育了一套富含有机质的油页岩、黑色泥页岩（杨华、张文正，2005）。其中，长 7 油页岩的平均 TOC 为13.81%，平均沥青"A"为 0.8392%（张文正等，2015），其有机质丰度、生排烃能力及规模明显优于其他岩性和层段的生烃岩，无疑是鄂尔多斯盆地中生界的主力油源岩。在长 7 优质烃源层中发育震积岩（张文正等，2009）和薄（纹）层凝灰岩，反映了活跃的区域动力学背景。

长 7 油页岩段在测井综合图上表现出低电位（SP）、高伽马值（GR）、高电阻率（RILD）、低密度（ρ）等显著特点，与湖相粉砂质泥岩、泥岩明显不同。大量钻孔的统计结果表明，长 7 油页岩段大面积发育，分布范围可达 5×10^4 km^2，大部分地区油页岩段的厚度在 10~50 m，发育带呈北西-南东向展布。层段上，以长 7 段下部最为发育，长 7 段中部次之，长 7 段上部仅在局部地区发育。

二、长 7 段油页岩的铀元素丰度异常特征

在研究长 7 油页岩全岩的微量元素数据（岛津 ICPS-7500，核工业 203 研究所分析试验中心）时发现，长 7 油页岩中放射性元素铀含量较高，具有显著的铀元素正异常特征。主要表现在以下三个方面。

（一）长 7 油页岩全岩的铀元素丰度较高

对 68 个长 7 油页岩样品全岩的铀元素丰度进行统计，其铀元素平均含量达到 51.1×10^{-6}，主频分布在 10×10^{-6} ~ 50×10^{-6}（图 12.1），个别样品铀元素含量超过 100×10^{-6}，接近或者达到了放射性铀矿的工业品位。

* 作者：张文正[1]，秦艳[2]，吴凯[1]，李善鹏[1]，周振菊[2]. [1]中国石油长庆油田分公司勘探开发研究院，西安；[2]中国科学院广州地球化学研究所矿物学与成矿学重点实验室，广州.
E-mail：zwz_cq@ petrochina.com.cn

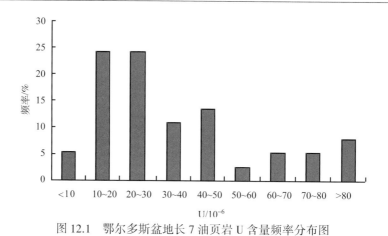

图 12.1 鄂尔多斯盆地长 7 油页岩 U 含量频率分布图

（二）长 7 油页岩中的胶磷矿组分中十分富集铀元素

通过在西北大学大陆动力学国家重点实验室用 LA-ICP-MS 方法进行的原位微区微量元素分析检测结果显示，在长 7 油页岩中的胶磷矿组分中十分富集铀元素，里 68 井的一个长 7 油页岩样品胶磷矿做了 8 个点的检测，其铀元素丰度介于 $3122.48 \times 10^{-6} \sim 6195.38 \times 10^{-6}$（图 12.2），说明铀元素的富集与磷元素的沉积存在显著关系。

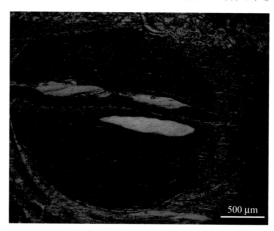

图 12.2 长 7 油页岩中的胶磷矿（里 68 井，2078.2 m）

（三）鄂尔多斯盆地长 7 油页岩铀元素总量比较大

在整个鄂尔多斯盆地长 7 油页岩段均存在铀元素富集的特征。经过对钻孔岩心资料和测井资料的统计，铀正异常油页岩累计厚度大于 10 m 的分布面积约为 3.2×10^4 km²，累计厚度大于 20 m 的分布区域呈北西-南东向展布，即姬塬地区—华池地区—正宁地区一带。根据长 7 段油页岩的总重量与平均铀元素含量进行估算，整个鄂尔多斯盆地长 7 油页岩的铀元素总量约为 0.8×10^8 t，说明在长 7 油页岩沉积时期，整个湖泊沉积系统具有十分稳定、充足且范围广泛的铀元素补给。

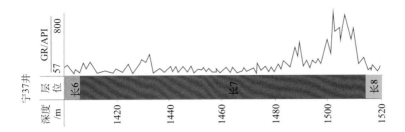

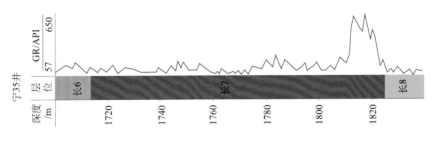

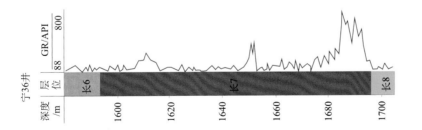

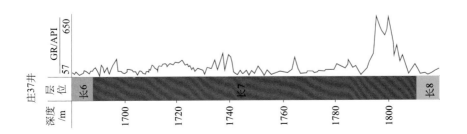

图 12.3　鄂尔多斯盆地延长组自然伽马显著正异常层位的测井响应

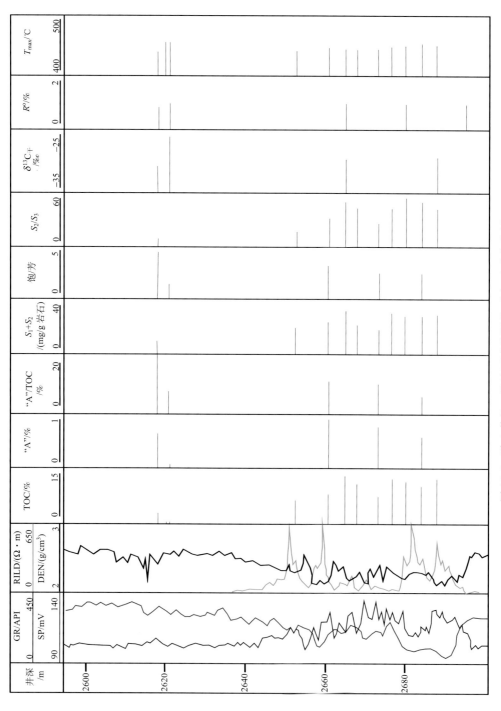

图 12.4 耿 8 井长 7 段油页岩的测井–有机地球化学剖面

三、长 7 段铀元素异常烃源岩的测井识别

大量的钻孔测井资料和微量元素测试数据显示，延长组长 7 油页岩发育的层段，其测井数据上显示伽马值显著正异常，自然伽马值(GR)大于 180 API，甚至达到 500~1000 API（图 12.3），同时，该段岩层伴有异常高的电阻率、低岩石密度和低电位等特征(图 12.4)。

通常，放射性测井参数——自然伽马值是 U、Th、K 等放射性元素的丰度的响应。通过对伽马值显著正异常烃源岩岩心进行全岩微量元素分析显示，这些烃源岩中放射性微量元素 U 的含量比较高，U 元素的平均含量达到了 51.1×10^{-6}（参见表 12.2），且铀元素的含量与对应井深的放射性测井伽马值(API)呈现正相关关系(图 12.5)。

相反，对应井深的测井伽马值与岩心样品中 Th、K_2O 含量之间呈负相关关系(图 12.6、图 12.7)。这说明油页岩层伽马值的显著正异常直接反映了铀元素的正异常，而与 Th、K 等其他放射性元素无关。因此，可以利用测井资料有效地识别出铀正异常的层段，即测井伽马值显著正异常的岩层也就是铀元素正异常的油页岩层。

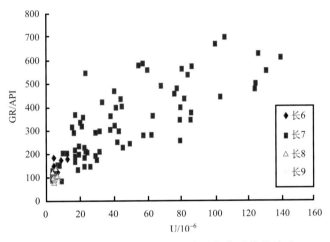

图 12.5　长 6—长 9 烃源岩 U 含量与伽马值的关系

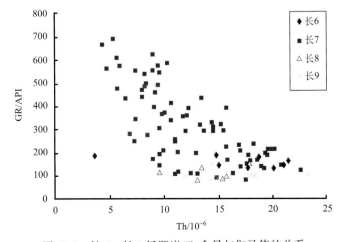

图 12.6　长 6—长 9 烃源岩 Th 含量与伽马值的关系

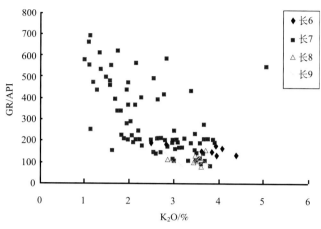

图 12.7 长 6—长 9 烃源岩 K_2O 含量与伽马值的关系

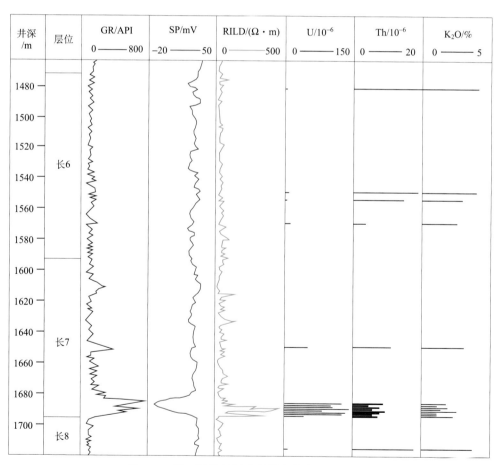

图 12.8 铀正异常烃源岩的纵向分布（宁 36 井）

四、长7段铀正异常烃源岩的空间分布特征

经过对鄂尔多斯盆地内200余口钻穿长7的钻井的测井资料统计和对数十口井钻孔岩心的观察和描述，笔者对长7铀正异常烃源岩的厚度和分布规模进行了计算，在计算中，对富铀烃源岩的统计主要指自然伽马值大于180 API，岩石密度小于2.4 g/cm³，电阻率高于50 Ω·m的岩层。统计结果显示，延长组铀正异常烃源岩的空间分布特征具有明显的规律性。

（一）长7富铀油页岩的纵向分布特征

纵向上，铀正异常烃源岩在层位分布上主要位于长7油层组的底部长7_3段(图12.8)，其厚度主要分布在10~35 m。绝大部分地区长7油页岩的现今埋深大于1000 m，埋深小于

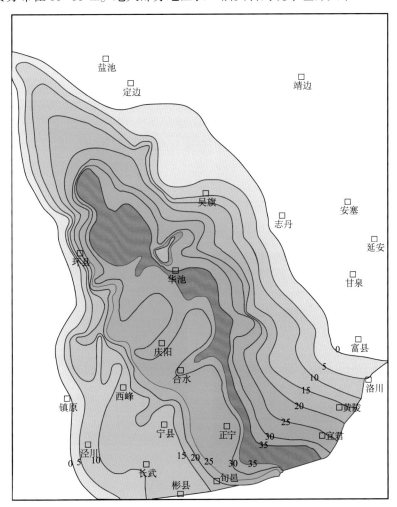

图12.9　鄂尔多斯盆地长7铀正异常烃源岩平面展布与厚度(m)等值线图

500 m 的分布范围小，仅位于盆地东南部长 7 油页岩出露区附近的黄陵—宜君—旬邑一带。

（二）长 7 富铀油页岩的平面分布特征

平面上，铀正异常油页岩发育于湖盆中部的深湖-半深湖沉积相带，分布稳定，范围广，经过对钻孔岩心资料和测井资料的统计，铀正异常烃源岩累计厚度大于 10 m 的分布面积约为 3.2×10^4 km^2，累计厚度大于 20 m 的分布区域呈北西-南东向展布，即姬塬地区—华池地区—正宁地区一带（图 12.9）。油页岩发育中心与鄂尔多斯盆地长 7 最大湖泛期的湖盆中心位置相一致。

第二节　长 7 段铀异常油页岩的岩石学与元素地球化学特征

一、长 7 铀异常油页岩岩石学特征

井下油页岩样品外观呈黑色、质纯、手感较轻，部分样品点火可燃。露头风化后呈纸片状、黑色或浅灰白色、手感轻、点火可燃。油页岩中常见椭圆形富有机质的胶磷矿结核（数毫米至 20 mm）和薄层、纹层状凝灰质夹层（毫米级至数十毫米级）。肉眼和显微镜、电子显微镜下观察，油页岩中富含草莓状黄铁矿，常见胶磷矿。有机质与无机矿物（黏土、晶屑、玻屑等）呈纹层状分布。长 7 油页岩可划分为极富莓状黄铁矿层油页岩（图 12.10）和富莓状黄铁矿油页岩（图 12.11）两大类岩石。其中，富莓状黄铁矿油页岩分布于油页岩层上部，极富莓状黄铁矿层油页岩分布于油页岩层中下部。

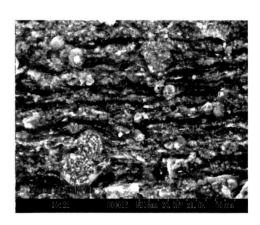

里68井，2080.1 m，长7 SEM　　　　　　　庄66井，2047.04 m，长7 SEM

图 12.10　极富莓状黄铁矿层油页岩电镜照片

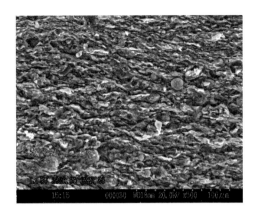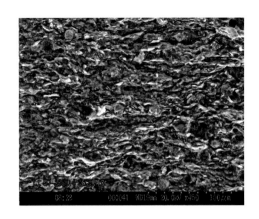

里57井，2320.88 m，长7 SEM　　　　　　里57井，2329.14 m，长7 SEM

图 12.11　富莓状黄铁矿油页岩的电镜照片

二、长 7 铀异常烃源岩的元素地球化学特征

（一）长 7 铀异常烃源岩的无机地球化学特征

1. 常量元素地球化学特征

X 射线荧光光谱法测试（核工业 203 研究所分析试验中心完成）结果（表 12.1）表明，与延长组其他层位的烃源岩相比，长 7 油页岩呈富 Fe（平均含量 6.66%，58 个样品）、富 P_2O_5（平均含量 0.55%），相对贫 Al_2O_3（平均含量 13.31%）、SiO_2（平均含量 49.29%）的特征。Ca（平均 1.60%）和 MgO（平均 1.21%）含量较低。岩石学、岩石化学组成特征反映出长 7 油页岩发育于淡水-微咸水湖泊的富营养环境。湖盆的初级生产力高、陆源碎屑补给速度低。

表 12.1　延长组烃源岩的常量元素和化合物含量平均值

层位	岩性	沉积相	样品/个	U /10^{-6}	P_2O_5/%	Fe /%	Al_2O_3/%	SiO_2/%
长 6	暗色泥岩	浅湖-半深湖	9	6.2	0.18	4.34	18.67	56.44
长 7	暗色泥岩	半深湖	12	5.2	0.17	4.53	17.32	57.70
长 7	油页岩	深湖-半深湖	68	51.1	0.55	7.18	12.48	46.17
长 8	暗色泥岩	浅湖	8	4.8	0.12	5.05	18.14	54.52
长 9	暗色泥岩	浅湖-半深湖	10	4.9	0.30	4.43	16.92	57.47

2. 微量元素地球化学特征

长 7 油页岩的微量元素测试（岛津 ICPS-7500，核工业 203 研究所分析试验中心）结果显示，Mo 的平均含量为 74.8×10^{-6}（58 个样品）、V 的平均含量为 224.4×10^{-6}、Cu 的平

均含量为 226.4×10^{-6}、Pb 的平均含量为 34.6×10^{-6}、个别样品的 Sr（$>1000 \times 10^{-6}$）和 Mn（$>1000 \times 10^{-6}$）呈显著正异常。与页岩克拉克值相比（图 12.12），长 7 油页岩中 Mo、U、Cu、Pb 等微量元素呈显著正异常或正异常；而 Li、Ni、Zr、Sr、Cr 等微量元素相对亏损；其他微量元素无异常。长 7 油页岩中生命元素——Cu、V，以及亲 Fe 元素——Mo、亲 Cu 元素——Pb 的富集，一方面反映了湖盆水体富无机营养盐的特征；另一方面，富营养水体促进了生物勃发和高的初级生产力，水生生物对这些元素的吸收，以及高初级生产力造成的缺氧环境也使得这些元素在岩石中富集。U 的异常富集与有机质的富集和缺氧的沉积环境有关。

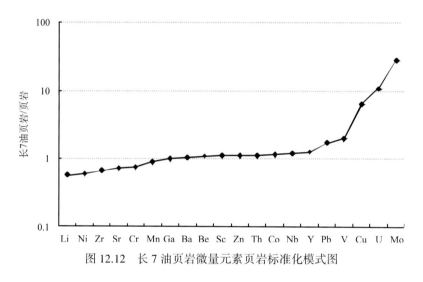

图 12.12　长 7 油页岩微量元素页岩标准化模式图

从长 7 油页岩段微量元素剖面（图 12.13）可以看出，Cu、V、Mo、Ba、Sr、U 等微量元素呈现出与 TOC 同步变化的特征，这一现象清楚地反映出生物勃发与沉积作用对微量元素富集的显著影响。同时，还可以看出，个别样品具有显著富集 Mn、Cu、Mo 等元素的特征，这一现象可能与事件地质作用有关。

3. 微量元素地球化学参数与沉积环境

变价元素——V、U 等的地球化学行为与沉积、成岩的氧化–还原环境有着密切的关系。在还原环境下，V、U 呈低价，易于富集。因此，V/（V+Ni）、U/Th、V/Cr、V/Sc 等参数通常被用作指示氧化–还原环境的地球化学参数。计算结果（图 12.14、表 12.2）显示，长 7 油页岩的 V/（V+Ni）值主要分布在 0.8~0.9，U/Th 值均大于 1，最高达 10 以上，V/Cr 值较大，主要分布在 2~5，V/Sc 值大，主要分布在 7~20。延长组湖相生油岩的 V/（V+Ni）与 U/Th 之间存在着良好的正相关关系（图 12.15），长 7 油页岩的 U/Th 值显著高于其他生油岩，同时 V/（V+Ni）值也明显高于其他生油岩。上述讨论表明，V/（V+Ni）、U/Th、V/Cr、V/Sc 等参数能够有效地指示湖相生油岩沉积环境的氧化–还原属性。长 7 油页岩的 V、U 的显著正异常和高的 U/Th、V/（V+Ni）等比值反映了其缺氧的沉积–成岩环境特征。

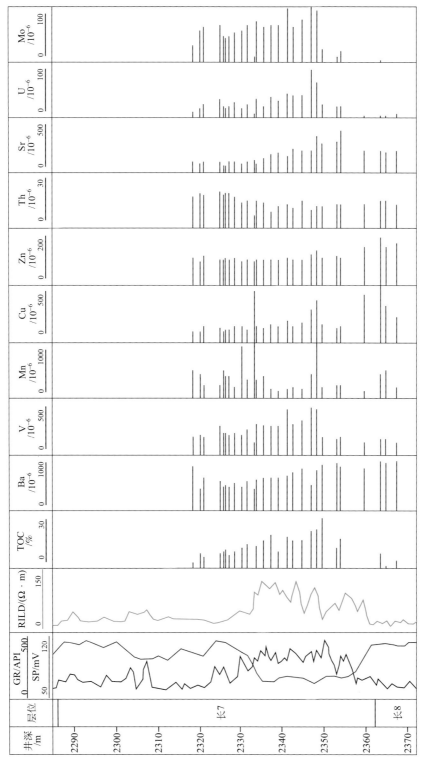

图 12.13　里 57 井长 7 优质烃源层微量元素丰度的纵向变化特征

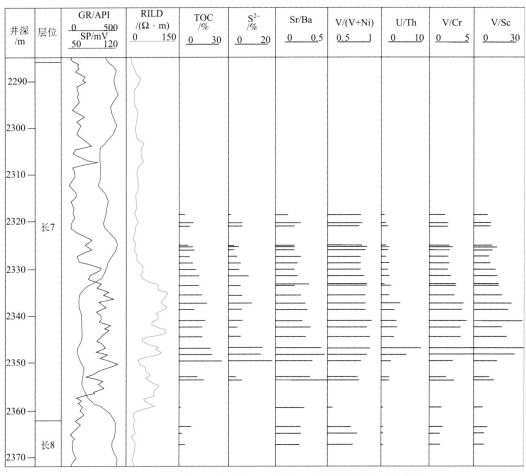

图 12.14 里 57 井长 7 优质烃源层微量元素参数的纵向变化特征

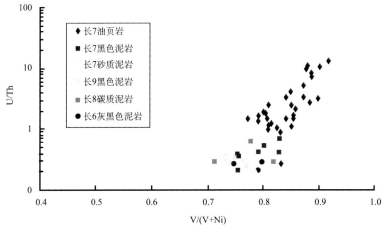

图 12.15 延长组湖相生油岩 V/(V+Ni)-U/Th 相关关系

表 12.2　延长组长 6—长 9 湖相烃源岩铀元素丰度及相关地球化学参数统计表

层位	岩性	沉积相	样品/个	U/10⁻⁶	P₂O₅/%	Fe/%	V/10⁻⁶	Mn/10⁻⁶	Cu/10⁻⁶	Mo/10⁻⁶
长 6	暗色泥岩	浅湖–半深湖	9	6.2	0.18	4.34	115.1	414.9	58.7	5.73
长 7	暗色泥岩	半深湖	12	5.2	0.17	4.53	123.1	597.9	219.9	5.92
长 7	油页岩	深湖–半深湖	68	51.1	0.55	7.18	235.2	859.5	228.6	86.43
长 8	暗色泥岩	浅湖	8	4.8	0.12	5.05	166.4	761.0	191.1	1.72
长 9	暗色泥岩	浅湖–半深湖	10	4.9	0.30	4.43	99.3	450.4	101.1	2.49

层位	岩性	沉积相	样品/个	Th/10⁻⁶	V/(V+Ni)	U/Th	V/Cr	V/Sc	∑REE/10⁻⁶	Al₂O₃/%	SiO₂/%
长 6	暗色泥岩	浅湖–半深湖	9	16.8	0.77	0.62	1.43	8.86	191.05	18.67	56.44
长 7	暗色泥岩	半深湖	12	15.7	0.77	0.34	1.32	7.23	214.43	17.32	57.70
长 7	油页岩	深湖–半深湖	68	11.8	0.84	5.98	5.61	22.88	168.14	12.48	46.17
长 8	暗色泥岩	浅湖	8	14.4	0.73	0.35	1.70	8.37	226.40	18.14	54.52
长 9	暗色泥岩	浅湖–半深湖	10	16.2	0.73	0.31	1.23	6.02	226.43	16.92	57.47

注：表中数据均为算术平均值。

微量元素参数中的 Sr/Ba 值通常被用作指示海相或陆相环境的指标，长 7 油页岩的 Sr/Ba 值均较低（小于 0.5，个别样品除外），反映了陆相湖泊的沉积特征。同时，长 7 油页岩的 B 含量（$11.1×10^{-6}$~$91.9×10^{-6}$）较低，说明湖盆水体的含盐度不高。

长 7 油页岩微量元素参数在纵向上的变化呈现出明显的规律性，自下而上，V/（V+Ni）、U/Th、V/Cr、V/Sc 等参数均表现出快速增高–缓慢降低的变化特征，并且与 TOC、S^{2-} 的变化同步。这一变化特征与湖盆快速扩张、沉降，缓慢回升的演化过程相一致。同时清晰地反映了沉积环境的还原性由强变弱的演化特征。湖盆快速沉降和高初级生产力促进了缺氧环境的形成，反过来，缺氧环境又促进了有机质的富集。

因此，根据岩石化学组成、微量元素丰度和相关参数的变化，可以将发育长 7 油页岩的湖泛旋回划分为快速扩张、稳定沉降和缓慢回升三个阶段。相应地，Fe、P₂O₅、V、U、Cu、Mo、Sr 等微量元素丰度和 V/（V+Ni）、U/Th 等地球化学参数也表现出快速增高–缓慢降低的变化过程，反映出湖盆水体营养状况和缺氧程度由强转弱的演化过程。

4. 稀土元素特征

长 7 油页岩的总稀土含量（∑REE）相对较低（图 12.16），并且随着 TOC 的增高呈现出降低的趋势。因此，长 7 油页岩较低的总稀土含量也反映了有机质快速堆积、陆源细碎屑补给速度慢的深湖相沉积特征。

长 7 油页岩稀土元素配分型式（图 12.17、图 12.18）呈轻稀土富集型。虽然，正 8 井各个烃源岩样品的总稀土含量有所不同，但是，稀土元素配分型式非常一致，较好地反映了物源和沉积环境的稳定性。里 68 井烃源岩样品之间的稀土元素配分型式表现出一定的差异性，可能存在其他物源的输入。

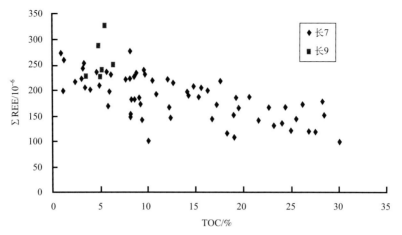

图 12.16 长 7、长 9 烃源岩总稀土含量（$\sum REE$）与 TOC 的关系

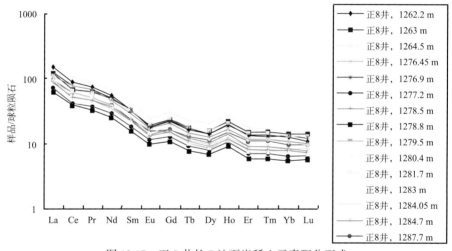

图 12.17 正 8 井长 7 油页岩稀土元素配分型式

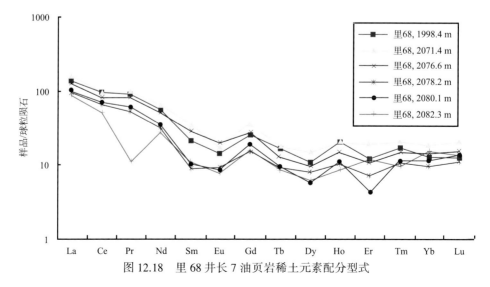

图 12.18 里 68 井长 7 油页岩稀土元素配分型式

（二）长 7 油页岩铀元素与其他元素的关系研究

1. 铀元素与有机质丰度的关系

从烃源岩总残余有机碳含量（TOC）与铀元素丰度的相关性分析（图 12.19）可以清楚看出，长 6、长 7 湖相烃源岩铀元素的丰度与有机质丰度之间存在着良好的正相关关系，相对而言，长 8、长 9 湖相烃源岩铀元素的丰度与有机质丰度之间的相关性不明显。以上现象反映出在长 7 油页岩发育期，铀的来源相对充足，因而有机质的富集显著地促进了铀元素的富集。另外，整个油页岩层均显著富集铀的特征也反映了铀的来源是较为充足的。同时，长 8、长 9 湖相烃源岩相对较低的铀以及铀元素的丰度与有机质丰度之间的相关性不明显的现象可能与沉积水体中铀的含量较低，或者与沉积环境的偏氧化有关（张文正等，2008）。

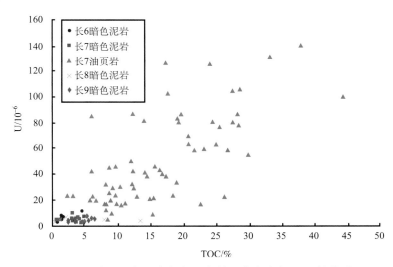

图 12.19　长 6—长 9 湖相烃源岩铀元素丰度与 TOC 的关系

2. 铀元素与磷元素的关系

长 7 油页岩中富含胶磷矿（图 12.2）。磷元素的富集，特别是胶磷矿的沉积往往与生物作用或生物化学作用有关。长 7 油页岩铀元素含量与磷元素含量呈正相关（图 12.20），揭示了生物或生物化学作用在铀元素的富集中起着重要的作用。

同时，前文曾提到过，通过在西北大学大陆动力学国家重点实验室用 La-ICPMS 方法进行的原位微区微量元素分析检测结果显示，在长 7 油页岩中的胶磷矿组分中十分富集铀元素，里 68 井的一个长 7 油页岩样品胶磷矿做了 8 个点的检测，其铀元素丰度介于 $3122.48 \times 10^{-6} \sim 6195.38 \times 10^{-6}$ 之间，这种富集程度远远高于铀元素在有机质纹层中的富集，这说明胶磷矿的形成过程也是铀元素强烈富集的过程。由于在长 7 油页岩中普遍含有胶磷矿，胶磷矿中铀的异常富集有可能占了铀元素的很大一部分。

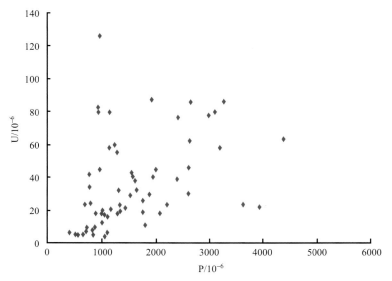

图 12.20 长 7 烃源岩磷含量与铀含量的关系

3. 铀元素与 Fe、Cu、Mo、V 等生命元素的关系

研究表明，长 7 油页岩具有富集 Fe、Mo、Cu、V 等生命元素的特征(张文正等, 2008)。从图 12.21、图 12.22、图 12.23 可以看出，长 7 油页岩铀元素的丰度与 Fe、Mo、Cu 等生命元素的丰度呈明显的正相关性，清晰地反映了铀元素与生命元素具有共生富集的特征。

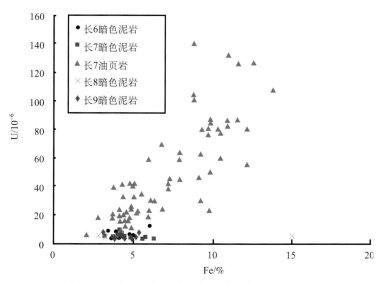

图 12.21 长 6—长 9 湖相烃源岩铀与铁的相关性

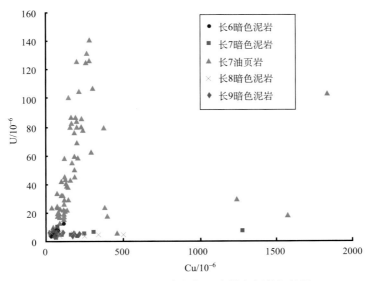

图 12.22　长 6—长 9 湖相烃源岩铀与铜的相关性

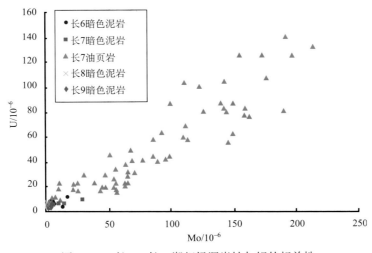

图 12.23　长 6—长 9 湖相烃源岩铀与钼的相关性

4. 铀元素与氧化还原敏感元素的关系

S、V、Mo、Cu 等都是氧化还原敏感元素,易于在还原环境富集,甚至包括 U 元素本身也是氧化还原的敏感元素。长 7 油页岩中铀含量与 S^{2-}、Cu、Mo 含量以及 V/(V+Ni)、V/Sc 等氧化还原参数之间具明显的正相关性(图 12.24、图 12.25、图 12.26),反映了缺氧环境在铀的富集中所起的重要作用。缺氧程度越强,铀的富集程度也越高。

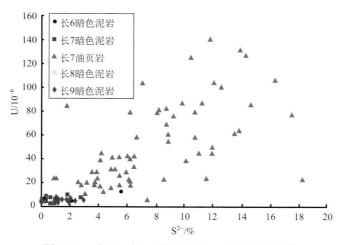

图 12.24　长 6—长 9 烃源岩铀与二价硫的相关性

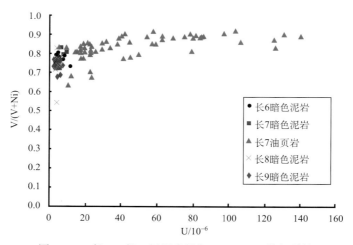

图 12.25　长 6—长 9 烃源岩铀与 V/（V+Ni）的相关性

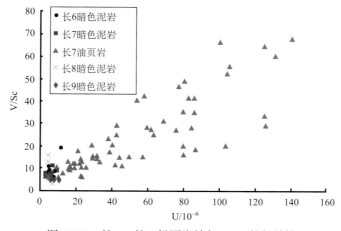

图 12.26　长 6—长 9 烃源岩铀与 V/Sc 的相关性

5. 铀元素与主要造岩成分的关系

Al_2O_3、SiO_2 是湖相非碳酸盐类沉积岩的主要造岩成分,其含量的高低主要受沉积相带、陆源碎屑的成分与补偿速度的影响。长 7 油页岩铀元素的丰度与 Al_2O_3、SiO_2、$\sum REE$ 的含量呈明显的负相关关系(图 12.27、图 12.28、图 12.29),反映了陆源碎屑对铀元素起着明显的稀释作用,因而陆源碎屑低补偿的深湖相环境有利于铀的富集,这与铀正异常地层——长 7 油页岩的空间分布相吻合。

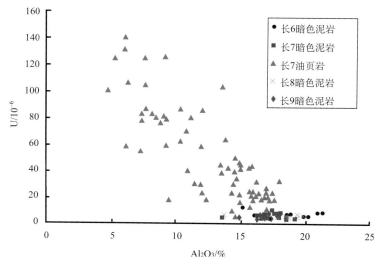

图 12.27　长 6—长 9 烃源岩铀与 Al_2O_3 的关系

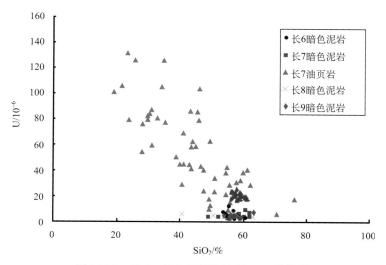

图 12.28　长 6—长 9 烃源岩铀与 SiO_2 的关系

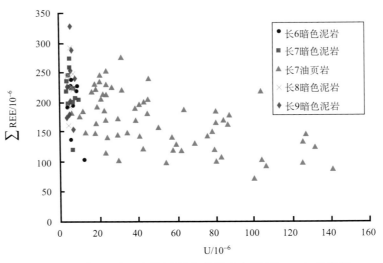

图 12.29　长 6—长 9 烃源岩铀与总稀土丰度（∑REE）的关系

第三节　长 7 段铀异常烃源岩中铀的赋存状态与富集机理

一、长 7 段铀异常烃源岩中铀的赋存状态

在成岩过程中，分散于矿源层中的铀发生初步富集，有时能发生铀的成矿，形成沥青铀矿、铀石、含铀胶磷矿和含铀有机质等，但一般都呈贫矿化。含矿主岩有黑色页岩、含有机质细砂岩、粉砂岩、砂质泥岩、磷块岩和硅质泥板岩等（余达淦等，2007）。

含铀矿物是以铀为非基本组分，但具有偏高的铀含量的矿物。其中一些矿物的铀含量只有千分之几到万分之几，另一些矿物的铀含量可达 10%，甚至 20% 以上。同一种矿物中铀含量的变化范围很大，铀在其中的价态可以是 +4，也可以是 +6。含铀矿物中的铀可能以类质同象混入物、吸附态和铀矿物超显微包裹体三种形式存在。

鄂尔多斯盆地延长组长 7 油页岩具有富草莓状黄铁矿、有机质纹层、胶磷矿等显著特征。

长 7 油页岩中胶磷矿很丰富，一般呈透镜状，长度 1 mm 左右（图 12.30）。除透镜状、结核状胶磷矿外，镜下还见到生物碎屑胶磷矿（图 12.31），管壁的主要成分为胶磷矿，管芯为有机质充填，横切面呈同心圆状。能谱结果显示，管芯充填的有机质中无机元素含量很低，应为纯净的有机质。还有一种为实心胶磷矿（图 12.31），横切面为圆形。

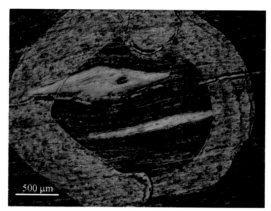

里68井，2078.2 m，长7，油页岩，反射光　　　　　　里68井，2080.9 m，长7，油页岩，反射光

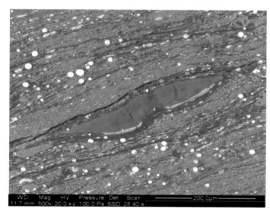

白240井，2262.2 m，SEM　　　　　　　　正9井，1327.25 m，SEM

图 12.30　长 7 油页岩中胶磷矿显微镜及扫描电镜特征

1. 电子探针分析

使用 Jeor JXA-8100 电子探针系统（中国科学院广州地球化学研究所）对样品中各种形态胶磷矿、有机质、黄铁矿的主要构成元素进行了测定。

选取延长组长 7 段的 15 个样品，胶磷矿分析了 346 个点，有机质分析了 52 个点，黄铁矿分析了 2 个点。电子探针的检测限为 100×10^{-6}，有机质、黄铁矿中 U 元素的含量较低，大部分低于检测限，仅个别有检出。在检测的各个组分中，铀元素含量具有以下顺序：透镜状胶磷矿>生物碎屑胶磷矿（有机质充填）>磷结核>实心管状胶磷矿>有机质（图 12.32）。透镜状胶磷矿的 U 元素含量为 $110 \times 10^{-6} \sim 10480 \times 10^{-6}$，平均为 1908×10^{-6}。生物碎屑胶磷矿（有机质充填）中个别因含量太低未检出，其余生物碎屑胶磷矿（有机质充填）的 U 元素含量为 $120 \times 10^{-6} \sim 1700 \times 10^{-6}$，平均为 538×10^{-6}。磷结核共分析了 28 个点，12 个点的铀元素含量为 $130 \times 10^{-6} \sim 880 \times 10^{-6}$，其余的含量低于检测限。实心管状胶

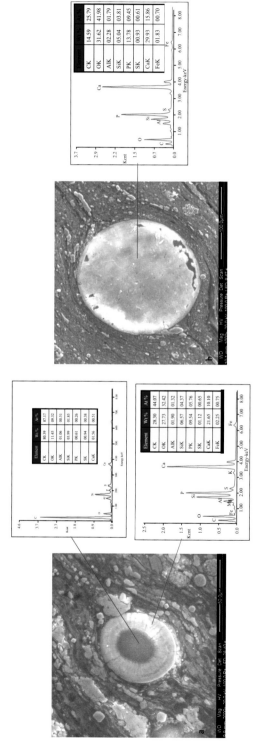

图 12.31 生物碎屑胶磷矿扫描电镜图像和能谱图

磷矿共分析了 42 个点，仅 14 个点的铀元素含量高于检测限。由电子探针分析结果可以看出，鄂尔多斯盆地延长组长 7 油页岩中的胶磷矿中铀含量很高，而有机质纹层和黄铁矿中铀的含量较低。

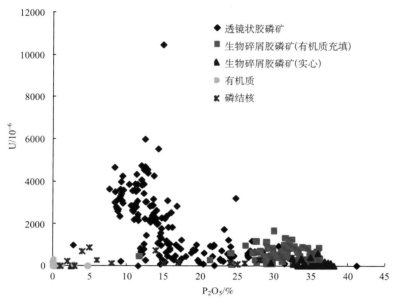

图 12.32　长 7 油页岩各结构组分中铀含量分布

2. LA-ICP-MS 分析

我们对鄂尔多斯盆地延长组长 7 油页岩中的草莓状黄铁矿、有机质纹层、胶磷矿进行了原位微区微量元素分析，以电子探针做的主量元素做内标对数据进行计算。原位微区微量元素分析在西北大学大陆动力学国家重点实验室用 LA-ICP-MS 方法完成，所用仪器为 Nu PlasmaHR（Wrexham，UK）多接收电感耦合等离子体质谱仪。

草莓状黄铁矿因为颗粒较小（一般直径为 $10\sim20\ \mu m$），而做 LA-ICP-MS 的激光光束较小的为 $30\ \mu m$，加之没有合适的标样，所以没有完成对草莓状黄铁矿的原位微区微量元素分析。对鄂尔多斯盆地延长组长 7 段的 10 个油页岩中的透镜状胶磷矿、生物碎屑胶磷矿及有机质纹层用激光剥蚀等离子体质谱仪（LA-ICP-MS）进行了原位微区微量元素分析，结果见表 12.3 和图 12.33。从结果可以看出，有机质中铀的含量为 $8\times10^{-6}\sim28\times10^{-6}$，铀并不富集。而透镜状胶磷矿中铀含量很高，介于 $353\times10^{-6}\sim6195\times10^{-6}$ 之间，平均为 2858×10^{-6}。生物碎屑胶磷矿中也比较富集铀，介于 $250\times10^{-6}\sim1088\times10^{-6}$ 之间，平均为 503×10^{-6}。从这些结果可以看出胶磷矿中赋存的铀比有机质中富集一到两个数量级。因此鄂尔多斯盆地延长组长 7 段油页岩中铀的富集和胶磷矿有很大的关系。

表 12.3　原位微区铀元素丰度（LA-ICP-MS）

组　分	分析点数/个	U 含量范围/10^{-6}	平均值/10^{-6}
透镜状胶磷矿	18	353~6195	2858
磷结核	6	1~252	42
生物碎屑胶磷矿（有机质充填）	8	250~1088	503
生物碎屑胶磷矿（实心）	6	1~42	12
有机质	12	8~28	17

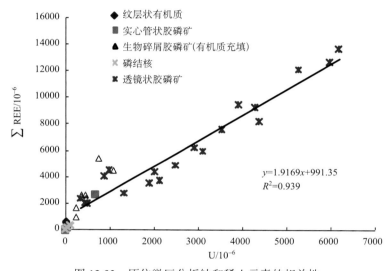

图 12.33　原位微区分析铀和稀土元素的相关性

　　稀土元素在这几种结构组分中的分布具有和铀相似的分布特征（图 12.33），$\sum$REE 和铀元素含量呈明显的正相关的关系，$\sum$REE 的含量随着铀含量的增加而增加。在张杰等（2008）对贵州寒武纪早期磷块岩稀土元素特征的研究结果中显示，贵州寒武纪早期磷块岩主要矿物为胶磷矿，稀土元素以类质同象形式存在于磷块岩中的胶磷矿中。而本章研究中稀土元素也主要赋存在胶磷矿中，与铀元素的分布具有相似的特征，因此铀也可能以类质同象的形式存在于胶磷矿中。

　　原位微区微量元素和电子探针分析结果显示，鄂尔多斯盆地延长组长 7 油页岩中的铀元素主要富集在胶磷矿中，纹层有机质中铀的含量并不高。LA-ICP-MS 结果还显示长7 油页岩各结构组分中稀土元素的含量分布与铀元素的含量分布特征相似，且具有正相关关系。稀土元素也主要分布在长 7 油页岩的胶磷矿中，有机质中含量较低。胶磷矿可能也是长 7 油页岩富集铀的重要原因。

3. 逐级化学提取法

逐级化学提取属于化学方法，即选择适当的化学试剂及条件将样品中的金属元素选择性地提取到特定的溶液中，然后测定溶液中该金属元素的丰度，从而确定其在样品中的赋存状态，使赋存状态的研究定量化。国内外学者都曾用逐级化学提取方法研究土壤和底泥中 Hg、Cd、Co、Cu、Ni、Pb 和 Zn 等金属元素的赋存状态（张淑苓等，1988；Cavender and Spears，1995）。Galindo 等（2007），Fisher 等（2003）也曾用逐级化学提取方法研究黑色页岩中铀和钍的分布特征。

实验 1：

为了研究长 7 油页岩中铀的赋存状态，我们选取了一个样品进行了逐级化学提取，提取方法参考 Galindo 等（2007）中的方法，具体见表 12.4。离心管中装入 3 g 样品，每一步萃取完后，用离心机 3500r/min 转 15 min，把溶液与固体颗粒分离开，然后表面清液用 0.45 μm 的滤膜过滤，残渣用高纯水清洗两次并离心、过滤，滤液装入聚丙烯瓶中保存以待分析。滤液稀释到一定的浓度，然后进行微量元素分析。微量元素分析在中国科学院广州地球化学研究所完成，所用仪器为 PE Elan 6000 型等离子体质谱仪（ICP-MS）。

表 12.4　逐级提取实验程序

提取步骤	赋存状态	方　法	萃取条件	
			振荡时间/h	温度
A1	水溶态/可交换态	1 mol/L $MgCl_2$	24	室温
A2	碳酸盐态	1 mol/L CH_3COONa+1 mol/L CH_3COOH（pH=4.75）	24	室温
A3	铁锰氧化物态	0.04 mol/L $NH_3OH \cdot HCl$+25% v/v CH_3COOH（pH=2）	24	室温
A4	有机质+黄铁矿态	30% H_2O_2+0.02 mol/L HNO_3（pH=2）	2	85 ℃
		30% H_2O_2+0.02 mol/L HNO_3（pH=2）	3	
		30% H_2O_2+0.02 mol/L HNO_3（pH=2）	0.5	
A5	其他有机态	残渣 850 ℃灰化后 H_2O_2 溶解		室温

对逐级提取滤液进行了微量元素分析，滤液中铀的含量见表 12.5。有机质和无机质吸附的元素可以通过使用 pH 为 7 的 1 mol/L $MgCl_2$ 来提取，从表中结果可知，A1 组分中铀的含量很低，因此铀在长 7 烃源岩中几乎没有以离子吸附的状态存在，而可能是以类质同像的状态存在。以碳酸盐态、铁锰氧化物态、其他有机态存在的铀的含量均比较低，有机质和黄铁矿（A4 组分）中铀的含量仅占全岩中铀含量的 20% 左右。其余的铀赋存在哪呢？

实验 2：

由于上面的实验最后一步残渣 850 ℃灰化后用 H_2O_2 溶解，残渣没有完全溶解，又参考 Fisher 等（2003）选取了另外一种分级提取的实验方法，为了验证方法的可靠性，选取不同的样品量进行了重复性实验，实验结果基本一致。

表 12.5　逐级化学提取萃取液中铀的含量

提取步骤	赋存状态	U/10^{-6}	
		里 68 井（2078.2 m）	白 246 井（2224.1 m）
A1	水溶态/可交换态	0.374	0.022
A2	碳酸盐态	1.322	1.738
A3	铁锰氧化物态	3.024	1.352
A4	有机质+黄铁矿态	11.574	11.206
A5	其他有机态	1.53	0.9556
全岩		65.06	54.73

　　离心管中装入 1 g（第二次为 100 mg）样品，每一步萃取完后，用离心机 3500 r/min 转 15 min，把溶液与固体颗粒分离开，然后表面清液用 0.45 μm 的滤膜过滤，残渣用高纯水清洗两次并离心、过滤，滤液装入聚丙烯瓶中保存以待分析。滤液稀释到一定的浓度，然后进行主量元素和微量元素分析。主量元素和微量元素分析在中国科学院广州地球化学研究所完成，所用仪器分别为 Varian 公司 Vista-PRO 型电感耦合等离子光谱仪（ICP-AES）和 PE Elan 6000 型等离子体质谱仪（ICP-MS）。

　　据 Fisher 等（2003）研究认为 HCl 溶解的部分主要是细晶磷灰石，从主量元素分析结果也可以看出来。600 ℃灰化后用 6 mol/L HCl 溶解的主要是黄铁矿和有机质组分（F2）；F3 主要是铝硅酸盐组分。从实验结果（表 12.6 和图 12.34）可以看出，P_2O_5 和 CaO 在 3 个萃取溶液中具有相似的分布特征，70%以上的 CaO 和 80%的 P_2O_5 在 2 mol/L HCl 的作用下已经溶解出来，因此，绝大部分的胶磷矿已经被 2 mol/L HCl 的溶解，胶磷矿中的铀已经释放到 F1 组分中。白 240 井和白 246 井两个黑色页岩 F1 滤液中的铀占整个分级提取过程中铀含量的 50%以上，白 240 井的磷结核 F1 滤液中铀的含量占整个分级提取过程中铀含量的 90%以上。这部分铀主要是胶磷矿中赋存的铀。600 ℃灰化后用 6 M/L HCl 溶解的主要是黄铁矿和有机质组分（F2），这部分滤液中铀含量占整个分级提取过程中铀含量的 20%左右。因此，胶磷矿中赋存的铀是长 7 油页岩富集铀的重要原因，有机质中赋存的铀也不容忽视。

表 12.6　逐级化学提取萃取液中铀的含量

步骤	提取方法	U/10^{-6}					
		白 240 井		白 246 井		磷结核	
F1	2 mol/L HCl 溶解黑色页岩，振荡 24 h，过滤	14.256	14.094	21.315	18.56	334.5	330.194
F2	600 ℃灰化上一步残渣，6 mol/L HCl 溶解振荡 24 h	5.031	4.558	7.2825	6.544	10.839	14.746
F3	HF∶HNO_3（1∶1）溶解上一步残渣	6.0885	5.71	11.8965	11.644	4.632	2.894
总和		25.3755	24.362	40.494	36.748	349.971	347.834

　　从图 12.34 可以看出，Th、$\sum$REE、Mn 在逐级提取滤液中具有与 U 相同的分布特征，在 F1 组分中，这些元素比较富集。其中白 240 井和白 246 井两个黑色页岩的 F1 组

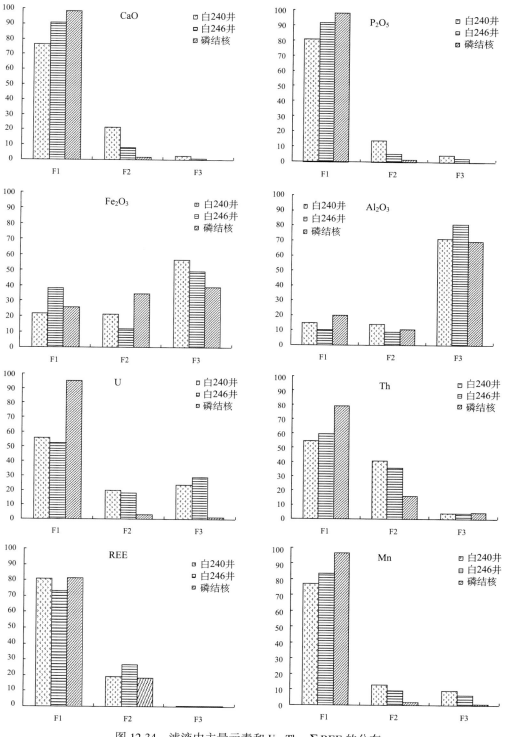

图 12.34　滤液中主量元素和 U、Th、$\sum$REE 的分布

分中 Th 和 U 一样，在 2 mol/L HCl 滤液中 Th 的含量占整个分级提取滤液中 Th 含量的 50% 以上，白 240 井的磷结核 F1 滤液中 Th 的含量占整个分级提取过程中铀含量的 80% 以上。ΣREE 和 Mn 元素在 2 mol/L HCl 滤液中的含量占整个分级提取滤液中含量的 70% 以上。说明在胶磷矿中，这些元素具有共生富集的特征。

4. α 径迹蚀刻法

α 径迹蚀刻法是用感光胶片的片基记录放射性元素衰变产生的 α 粒子所造成的辐射损伤，经化学蚀刻扩大径迹的方法（赵凤民等，1988）。α 径迹蚀刻法适用于研究岩石、矿石中铀的分布状况、存在形式等，寻找岩石和矿石中颗粒细小的铀矿物和含铀矿物，研究铀矿石的结构构造。如观察径迹本身的特征，一般需要在中-高倍显微镜下观察，其图像如一蚕子。蚀刻的 α 径迹多为圆锥形，也有呈截锥状。当 α 粒子垂直薄膜表面入射时，则表现为一圆锥形蚀坑。由于色散作用，用高倍镜平行入射光观察时，可见蚀坑呈现二色环构造。内圈为红橙色色环，色环外缘逐渐变为黑色。当 α 粒子倾斜入射时，则蚀坑表现为椭圆形，粉红亮点不在中心，偏离在径迹锥顶的一端，外廓略尖。从这些特征可以与一些非辐射损伤的痕迹相区别（赵凤民等，1988）。

一般认为，α 径迹呈密集分布的细脉、团块、放射状球粒是由铀矿物中的铀放射性衰变产生的 α 射线所引起，在这些部位下的矿物为铀矿物；一些普通矿物中密集的中心放射状的 α 径迹大都是由颗粒细小的铀矿物引起，其与含铀矿物的区别是径迹密集程度高。而且不会出现空心放射状。一般认为，α 径迹呈稀疏均匀分布时可以是类质同像，也可以是吸附形式。如果 α 径迹分布均匀且与矿物的形态大小一致应为类质同像；如果 α 径迹沿矿物表层或裂隙局部密集，则为吸附铀。

实验 3：

把样品磨成光片，洗净表面，将感光胶片的片基薄膜覆在光片表面上，用钢针在薄膜上划出光片轮廓，以便于以后观察时对位。然后捆紧，放置在无灰尘、干燥、常温的地方。放足时间后取出拆开，进行蚀刻。蚀刻溶液配方为

$$22 \text{ g NaOH} + 3 \text{ g KMnO}_4 + 100 \text{ mL H}_2\text{O}$$

60 ℃ 水浴中恒温 35 min，蚀刻完后先用清水冲洗，再用 1∶1 盐酸溶液溶去表面沉淀物，最后用清水洗净，晾干。

我们选取了 6 个样品进行了 α 径迹蚀刻分析。α 径迹蚀刻照片（图 12.35）显示：在有胶磷矿的位置，α 径迹分布比较密集且分布均匀，且形态大小与胶磷矿一致；在有机质和黄铁矿分布的地方，α 径迹很少且分布稀疏。因此铀主要赋存在胶磷矿中，且在胶磷矿中是以类质同像的状态存在。

以上结果说明，鄂尔多斯盆地三叠系延长组长 7 段油页岩中铀很富集，铀主要赋存在烃源岩中的胶磷矿组分中，胶磷矿中分布的铀占全岩中铀含量的 50% 以上，这部分铀主要以类质同像的状态存在。有机质和黄铁矿中分布的铀占全岩中铀含量的 20% 左右。

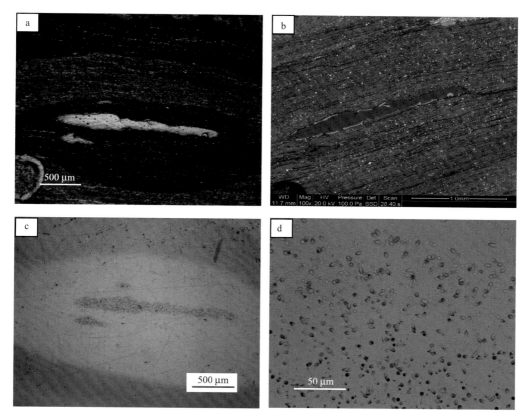

图 12.35　长 7 油页岩的 α 径迹分布
a. 显微镜，反射光；b. SEM；c. α 径迹分布；d. α 径迹形态

二、长 7 段铀异常烃源岩中铀的富集机理

在自然界，铀以四价和六价两种价态存在，四价铀在富含游离氧的表生带中极不稳定，很容易形成六价铀，而六价铀在表生环境下极易与氧结合成非常稳定的铀酰络合离子 UO_2^{2+}，并易于迁移。在氧化还原过渡带，UO_2^{2+} 常被还原成四价铀而沉淀下来。此外，微生物和有机质对 UO_2^{2+} 的还原作用和吸附作用也可促进铀的沉淀与富集。因此，有机质的富集、缺氧的沉积–成岩环境以及水体中丰富的 UO_2^{2+}——铀的丰富来源是形成沉积岩中铀富集的主要因素。

前文的讨论中已经指出，长 7 油页岩的有机质丰度很高，并且，铀含量与有机质丰度之间存在着良好的正相关关系，说明了丰富的有机质显著促进了铀的富集。

长 7 油页岩中丰富的草莓状黄铁矿、异常高的二价硫含量、高的 V/（V+Ni）、V/Sc、U/Th 值（表 12.2）等清晰地指示了缺氧的沉积–成岩环境特征。从图 12.24、图 12.25、图 12.26 和表 12.2 可以看出，长 7 油页岩中铀含量与二价硫含量、V/（V+Ni）、V/Sc 等参数之间具明显的正相关性，反映了缺氧环境在铀的富集中所起重要的作用。缺氧程度越强，铀的富集程度也越高。

以上讨论说明，长 7 油页岩沉积期丰富的有机质来源和缺氧的环境对铀的富集是十分有利的。但是，环境条件仅仅是形成铀富集的外在因素，而丰富的铀的来源才是形成铀富集的内在因素。从铀正异常的长 7 油页岩大规模发育，铀的大规模富集（接近 0.8×10^8 t），且大范围地分布于湖盆中部的深湖–半深湖相带的实际情况来看，同沉积期铀的来源应是相当充足的。

通常，湖盆水体中铀的供给途径主要有河流水系、火山喷发活动和湖底热水活动三种方式。就河流水系汇入而言，长 7 期是晚三叠世陆相湖盆最大的湖泛期，气候润湿、雨水充沛、河流水系应该是十分发育的。由于铀元素丰度与 Al_2O_3、SiO_2、$\sum REE$ 等呈负相关关系，说明蚀源区的陆源碎屑不是铀元素的主要携带者，铀主要是以 UO_2^{2+} 形态由河流水系汇入湖盆。从层位上看，铀的富集出现在长 7 早期沉积的油页岩中，而长 9、长 8 黑色泥岩（有机质丰度较高）未表现出铀富集的特征。因此，在长 7 油页岩发育期的蚀源区或盆内很可能存在富铀物质的供给。

研究表明，长 7 期是晚三叠世陆相湖盆演化过程的最大湖泛期，区域构造活动强烈，在盆地周缘存在强烈而频繁的火山喷发活动，并造成长 7 油页岩层中纹层–薄层凝灰岩十分发育，单层最大厚度可达 $1 \sim 2$ m。测试资料显示，凝灰岩的 SiO_2 含量分布在 $49.37\% \sim 72.45\%$，平均为 62.4%（16 个样），具中–酸性凝灰岩的特征。凝灰岩中放射性元素含量较高–高，铀含量分布在 $5.23 \times 10^{-6} \sim 13.14 \times 10^{-6}$，平均铀含量为 8.84×10^{-6}，钍含量分布在 $15.0 \times 10^{-6} \sim 57.9 \times 10^{-6}$，平均为 39.7×10^{-6}。李琼（2007）对鄂尔多斯盆地西南部延长组三套主要凝灰岩的分布特征进行了研究，研究结果显示，放射性异常高值区与凝灰岩分布区叠合，发现二者有较好的对应关系，暗示二者之间可能有着内在的联系。说明凝灰岩可能为长 7 油页岩的重要铀源。

因此，长 7 早期频繁的火山喷发活动提供的大量富铀火山物质在蚀源区和盆内的水解作用是铀的重要来源之一。

另外，长 7 油页岩铀与 Fe、P_2O_5、Cu、V、Mo、S 共生富集的特征，反映了铀的富集可能与同期存在的湖底热水活动有关。

近年来的很多含铀沉积岩的研究结果显示，在沉积岩中，磷灰石和富有机质的黑色页岩是铀浓度增加的重要特征（Kochenov and Baturin, 2002；Fisher et al., 2003）。在黑色页岩和磷灰石中铀的丰度通常在 $(0.00n \sim 0.0n\%)$ 范围内，在数量级上超过沉积岩的克拉克值。黑色页岩和磷灰石共存通常表现为黑色页岩和磷灰石互层或黑色页岩中富含磷灰石。Kochenov 和 Baturin（2002）在其对 Dictyonema 页岩的研究结果显示铀的最大富集区与磷的增加区一致，有机质和磷酸钙共存是海相沉积岩中铀富集的必需条件。

在缺氧的沉积环境下，在成岩作用早期，在底层水和裂隙水的交换作用下，铀从凝灰岩中向延长组长 7 黑色页岩中扩散，一部分被有机质吸附沉淀固定下来，造成孔隙溶液中铀的浓度降低，形成一定浓度差。扩散作用使得周围沉积物中（如凝灰岩）孔隙溶液中的铀不断地向此方向扩散并聚集在富含有机质、磷酸钙的岩层中。因此在长 7 油页岩中表现为约 50% 以上的铀以类质同像的形式赋存于胶磷矿中，约 20% 以上的铀以吸附的形式赋存于有机质中。

综上所述，缺氧的沉积环境、丰富的铀源、高含量的有机质及胶磷矿共同促进了铀在鄂尔多斯盆地上三叠统延长组长 7 油页岩中的富集。

参 考 文 献

李琼. 2007. 鄂尔多斯盆地西南地区深部放射性异常及其对烃源岩演化的影响. 西北大学硕士学位论文

杨华, 张文正. 2005. 论鄂尔多斯盆地长 7 优质油源岩在低渗透油气成藏富集中的主导作用: 地质地球化学特征. 地球化学, 34(2): 147~154

余达淦, 吴仁贵, 陈培荣. 2007. 铀资源地质学教程. 哈尔滨: 哈尔滨工程大学出版社. 46

张杰, 张覃, 龚美菱等. 2008. 贵州寒武纪早期磷块岩稀土元素特征. 北京: 冶金工业出版社. 39~57

张淑苓, 尹金双, 王淑英. 1988. 云南帮卖盆地煤中锗存在形式的研究. 沉积学报, 6(3): 29~41

张文正, 杨华, 傅锁堂. 2006. 鄂尔多斯盆地晚三叠世湖相油页岩发育段中震积岩的发现及其地质意义. 西北大学学报(自然科学版), 2006(增刊): 31~37

张文正, 杨华, 杨奕华等. 2008. 鄂尔多斯盆地长 7 油页岩的岩石学、地球化学特征及发育环境. 地球化学, 37(1): 59~64

张文正, 杨华, 杨奕华等. 2009. 鄂尔多斯邻区晚三叠世火山活动对长 7 油页岩发育的影响. 地球化学, 38(6): 573~582

张文正, 杨华, 解丽琴. 2010. 湖底热水活动及其对油页岩发育的影响——以鄂尔多斯盆地长 7 烃源岩为例. 石油勘探与开发, 37(4): 424~429

张文正, 杨华, 杨伟伟等. 2015. 鄂尔多斯盆地延长组长 7 湖相页岩油地质特征评价. 地球化学, 44(5): 505~515

赵凤民, 陈璋如, 张静宜等. 1988. 铀矿物鉴定手册. 北京: 原子能出版社. 5~17

Cavender P F, Spears D A. 1995. Analysis of forms of sulfur within coal, and minor and trace element associations with pyrite by ICP analysis of extraction solutions. In: Pajares J A, Tascon J M D (eds). Coal Science, Vol. II. Coal Sci. Technol., vol. 24. Amsterdam: Elsevier. 1653~1656

Fisher Q J, Cliff R A, Dodson M H. 2003. U-Pb systematics of an upper Carboniferous black shale from South Yorkshire, U K. Chemical Geology, 194: 331~347

Galindo C, Mougin L, Fakhi S et al. 2007. Distribution of naturally occurring radionuclides (U, Th) in Timahdit black shale (Morocco). Journal of Environmental Radioactivity, 92: 41~54

Kochenov A V, Baturin G N. 2002. The paragenesis of organic matter, phosphorus, and uranium in marine sediments. Lithology and Mineral Resources, 37: 107~120

Yang H, Zhang W, Wu K et al. 2010. Uranium enrichment in lacustrine oil source rocks of the Chang 7 member of the Yanchang Formation, Erdos Basin, China. Journal of Asian Earth Sciences, 39(4): 285~293

第十三章　鄂尔多斯盆地北部上古生界天然气向北运移-散失[*]

第一节　天然气运移-散失的地球化学指标

一、生物标记化合物与油源特征

1. 基本特征

生物标记化合物是由碳、氢和其他元素组成的复杂的有机化合物，与生物体的母体有机分子的结构差别很小或根本没有差别（彼得斯等，1995）。因此，生物标记物地球化学作为有效的石油勘探方法，可以用于母源输入、沉积环境、热成熟度、油源对比、生物降解等的研究。

1）正构烷烃。原油或沥青可抽提物中的生物标记化合物主要包括饱和烃和芳烃。饱和烃中的正构烷烃是其优势组分，含量约占饱和烃总量的 50%~70%，其组成和分布特征与有机显微组分组成和有机质演化程度等因素密切相关。饱和烃的轻重比（C_{21-}/C_{21+}）是反映正构烷烃组成的有用参数，其变化与源岩中有机质生源构成和演化程度关系密切。一般而言，泥质烃源岩主要形成于水体较深，能量较低的静水环境，水生生物的贡献相对较高，而煤系烃源岩主要形成于水体较浅的环境，陆源有机质供应充分，水生生物贡献相对较少，从而造成水生生物贡献较高的泥质烃源岩含较多 nC_{21-} 正构烷烃，而煤系烃源岩含较多 nC_{21+} 正构烷烃。

2）类异戊二烯烷烃。类异戊二烯烷烃是烃源岩或原油饱和烃馏分的主要组分之一。其中姥鲛烷（Pr）、植烷（Ph）是最常用的生物标记化合物参数。Pr/Ph 通常可用于油源对比和沉积环境分析，如非海相源岩生成的澳大利亚高蜡原油和凝析油的 Pr/Ph 的范围为 5.0~11.0，海相源岩生成的低蜡原油的 Pr/Ph 范围仅有 1.0~3.0。由于该比值还受到热成熟度和沉积环境的影响，因此，Didyk 等（1978）认为该比值可以表示源岩的氧化还原电位，Pr/Ph<1 指示为缺氧沉积环境，Pr/Ph>1 指示氧化环境。Volkman 和 Maxwell（1986）指出当用 Pr/Ph 描述古环境时要考虑成熟度的影响，处于生油窗的样品，高 Pr/Ph（>3.0）指示氧化环境中陆源有机质输入，低 Pr/Ph（<0.6）代表缺氧的超盐度环境（表 13.1），而对于 Pr/Ph 在 0.8~2.5 范围内的样品，很难作为古环境的标志。

---

　　[*] 作者：冯乔. 山东科技大学，青岛.
　　E-mail：fengqiao999@126.com

Pr/nC$_{17}$值和 Ph/nC$_{18}$值也是常用的油源对比参数。由开阔水体环境沉积的源岩生成的石油，其 Pr/nC$_{17}$值<0.5，而源于内陆泥炭-沼泽相沉积形成的石油，该比值<1.0。另外(Pr+nC$_{17}$)/(Ph+nC$_{18}$)值被认为受成熟度的影响要小一些。但是，这些参数均易受到像生物降解等次生作用的影响。

表 13.1　我国不同沉积环境的 Pr/Ph 变化(据梅博文、刘希江，1980)

沉 积 相	生油岩系	水介质环境	Pr/Ph	类 型
咸水深湖相	膏岩、灰岩、泥灰岩、黑色泥岩互层	强还原	0.2~0.8	植烷优势
淡水-微咸水深湖相	大套富含有机质的黑色泥岩类油页岩	还原	0.8~2.8	姥植烷均势
淡水湖泊相	煤层、油页岩、黑色页岩交替相变	弱氧化-弱还原	2.8~4.0	姥鲛烷优势

2. 分析结果及认识

通过对耳子壕马岱、哈拉什川下白垩统油砂进行了 GC、GCMS 分析，并与 J11 井的原油分析结果进行了对比。

1) 下白垩统油砂中发育完整的正构烷烃系数化合物，从 nC$_{14}$~nC$_{36}$分布，主碳峰均为 nC$_{18}$，OEP 分别为 0.855 和 0.835，Pr/nC$_{17}$、Ph/nC$_{18}$、Pr/Ph 值均<0.5（图 13.1），反映下白垩统油砂中的可溶有机质具有姥植烷均势，属于淡水-微咸水深湖相还原环境；这与早白垩世的低热演化程度和冲积扇-河流的沉积环境是不匹配的，表明下白垩统中的可溶有机质是外来的，应该来源于更深部烃源岩所生成的石油。

2) 伊盟地区 J11 上石盒子组储层在凝析油的全油色谱分析表明（图 13.2），其碳数范围为 nC$_7$~nC$_{22}$，主碳峰为 nC$_9$，OEP 为 0.958，Pr/nC$_{17}$、Ph/nC$_{18}$分别为 0.674 和 0.334，这些参数显示出与下白垩统油砂一定的差别，这可能与凝析油保留了完整的轻质组分，而下白垩统油砂由于挥发作用和实验室的抽屉、蒸馏等损失了几乎全部的低碳数组分，导致色谱特征不同。

3) 下白垩统油砂与伊盟地区 X18 井的岩心油砂的异戊二烯烃生物标记物参数进行对比（图 13.3），总体呈现为下白垩统油砂的生标参数处于岩心油砂的范围之内，显示它们之间可能有一定的成因联系。

4) 饱和烃 GCMS 分析中的一些生标参数比值能够反映样品遭受了热作用的程度，即样品的成熟度。从 C$_{29}$ββ/(αα+ββ)藿烷与 C$_{29}$ααα 甾烷 20S/(20S+20R)、Ts/Tm 与 C$_{29}$ββ/(αα+ββ)藿烷关系图来看（图 13.4），东胜北马岱和哈拉什川的下白垩统油砂可溶有机质成熟度与奥陶系和部分下古生界岩石的成熟度相当，处于过成熟区或高成熟区，显然与下白垩统岩石本身的热成熟度是不同的，说明下白垩统中的可溶有机质是运移来的。

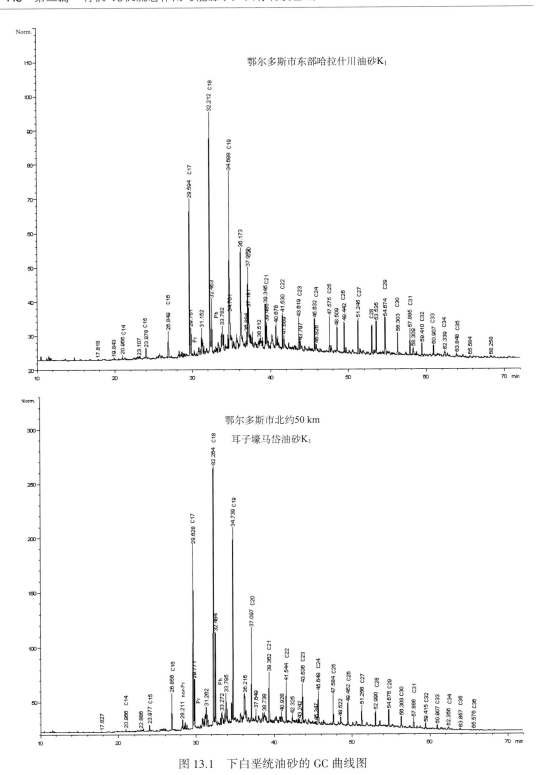

图 13.1 下白垩统油砂的 GC 曲线图

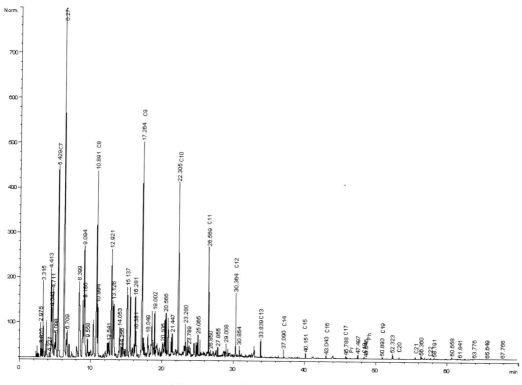

图 13.2　J11 井凝析油全油色谱图

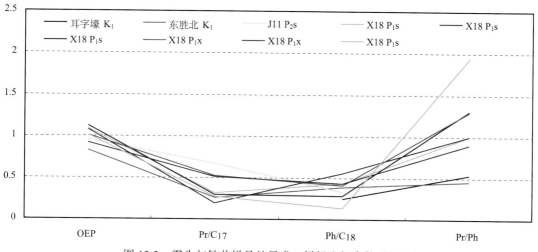

图 13.3　露头与钻井样品的异戊二烯烃生标参数对比图

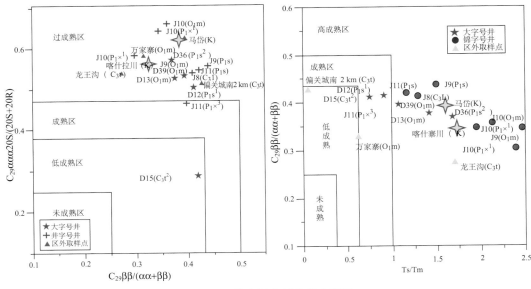

图 13.4　饱和烃生标参数交汇图

二、天然气碳同位素特征

原子由原子核和核外电子组成，原子的质量主要集中在原子核中，核外电子的质量非常小，可以忽略不计。原子核包含大量的基本粒子，其中质子和中子被看做是原子核的主要构成，反映了原子核的质量和电荷。质子是一种带正电的离子，一个质子的电荷与一个电子的电荷大小相同，极性相反。中子的质量与质子的质量相近而略偏重，不带电荷。一个中性原子的核外电子数与质子数相等，因此，当原子处于电中性时，原子核的质子数决定了该原子所拥有的核外电子数，核外电子及其分布决定原子的化学性质。

原子核内质子数相同而中子数不同的一类原子，统称为同位素，每一个同位素又可称为核素。同位素可分为稳定同位素和不稳定同位素两类。本部分主要讨论的是碳、氢等稳定同位素。由于稳定同位素在地质作用过程中，因温度、压力、浓度、化学作用等的影响，可以发生分馏作用，从而对地质过程具有示踪效果。

通过对鄂尔多斯盆地上古生界 77 个天然气样品的研究，太原组、山西组、下石盒子组、石千峰组分别统计分析表明（图 13.5），获得以下结果及认识：

1）太原组至石盒子组的 CH_4、C_2H_6 的碳同位素值虽然分布范围较宽，变化较大，但是其平均值基本一致，相差不大，而石千峰组的碳同位素值明显偏负，表现为亏损 ^{13}C 而富集 ^{12}C 的特点，其平均值与下覆地层间存在较大差异。造成这种差异的原因可能是上石盒子组是一套以泥质为主的沉积，为良好的区域性盖层，在一定程度阻挡了天然气的向上运移，导致天然气同位素纵向分馏。

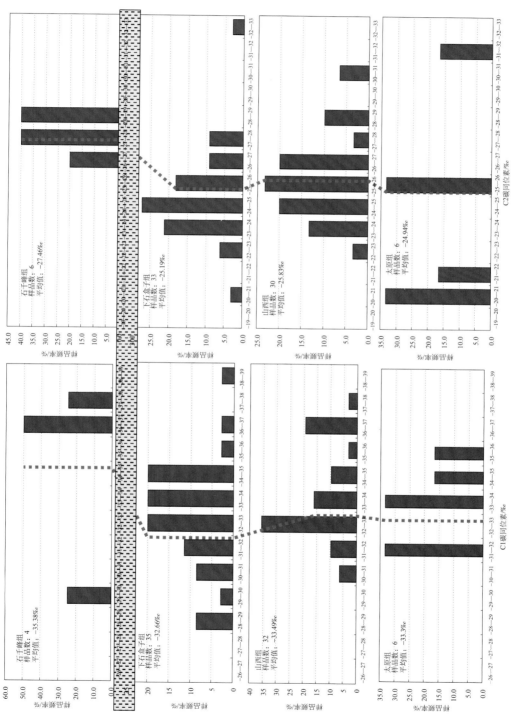

图 13.5　不同层位位素值分布图

2）榆 17 井石千峰组天然气中 CH_4、C_2H_6 的碳同位素比下伏石盒子组的同位素值分别偏负 2.5‰和 2.6‰，而 C_3H_8、iC_4H_{10} 和 nC_5H_{10} 的碳同位素值却相差无几（图 13.6），说明这种同位素值的差异不是由烃源岩、热作用或沉积环境变化引起的，而应该是运移分馏造成的，因为 CH_4、C_2H_6 的分子更小，容易运移，从而造成同位素值的差异（冯乔等，2007）。

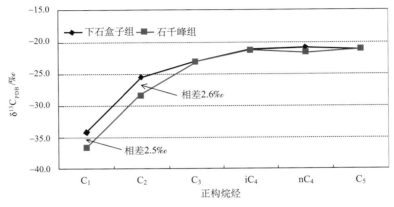

图 13.6　榆 17 井不同层位碳同位素对比图

3）从天然气碳同位素值在平面上的分布来看（图 13.7），CH_4 碳同位素值表现为东西低而南北高的特点，C_2H_6 碳同位素表现为南部高而东部和西北部偏低的特点。

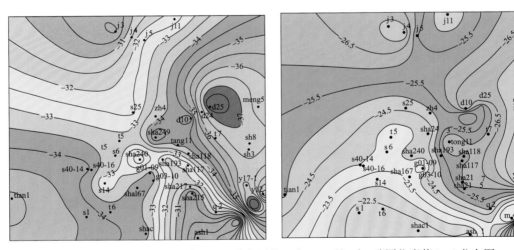

图 13.7　鄂尔多斯盆地上古生界天然气甲烷（左）、乙烷（右）碳同位素值（‰）分布图

三、$^3He/^4He$ 同位素指标与幔源气成因

研究表明，稀有气体 He 在空气中的居留时间大约只有 10^6 年，因而空气中 ^3He 含量比典型岩浆气中的 ^3He 丰度低 2～3 个数量级。大气中的 He 含量为 $1.386×10^{-6}$，设为 Ra = 1.00。放射性衰变和沉积物或地壳中的 He 为 0.01～0.03Ra，熔岩和大洋中脊水热流

体中采集的氦气约 8±1 Ra，并被认为代表上地幔的氦气同位素组成，大陆区幔源捕虏体中 He 为 5~8 Ra，代表次大陆岩石圈地幔中氦气的同位素组成（陈红汉，2001）。

通过对鄂尔多斯盆地上古生界 53 个 He 数据分析，其 He 的变化在各个层位相差不大，R/Ra 在 0.03 附近变动（图 13.8），其奥陶系 R/Ra 最大值约 0.056，因此其天然气中的 He 应来自于地壳岩石中的放射性衰变，从而否定了有地幔来源的 He 气，从而推测上古生界气藏中也不可能存在幔源成因的天然气。

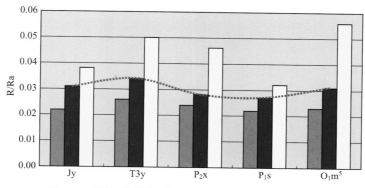

图 13.8　鄂尔多斯盆地 $^3He/^4He$ 同位素的 R/Ra 分布

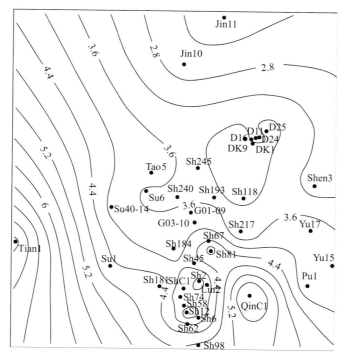

图 13.9　鄂尔多斯盆地 $^3He/^4He$ 同位素平面分布图（单位：10^{-8}）

鄂尔多斯盆地沉积岩中^{3}He/^{4}He同位素值介于$2.14\times10^{-8}\sim7.7\times10^{-8}$之间。从^{3}He/^{4}He同位素平面分布来看，具有北部小南部大的特点，大致以苏6-陕193-陕118-神3井为界，北部^{3}He/^{4}He同位素值$<3.6\times10^{-8}$，而南部一般介于$3.6\times10^{-8}\sim4.9\times10^{-8}$之间(图13.9)。这种特点可能与沉积作用有关，如前所述，本地区的氦气主要是沉积岩中的放射性成因，而沉积岩中的放射性物质主要富集在细粒沉积物中，因此离物源区较近的北部岩性较粗，吸附的放射性物质较少，所以氦同位素比值偏低，而向南部细粒沉积物逐渐增多，放射性物质含量也随之增加，因此氦同位素比值较大。

只有西部的天1井的^{3}He/^{4}He同位素值相对较大，为7.7×10^{-8}，相当于盆地其他地区较大约1倍。其原因可能是由于该区发育断裂而混有较深部来源的氦气。

第二节 天然气运聚动力与通道

一、流体包裹体捕获压力及演化

1. 流体包裹体纵向压力变化

根据鄂尔多斯盆地上古生界流体包裹体捕获压力统计分析发现，鄂尔多斯盆地上古生界天然气藏在纵向上可以划分为3个流体压力系统，即太原组-山西组流体压力系统、下石盒子组(盒8段—盒4段)流体压力系统和石千峰组流体压力系统(冯乔等，2006)。其共同特点是包裹体捕获压力均从深部往浅部由高到低的变化(图13.10)。在每个压力系统顶部，流体压力均降到最低，然后在上一个压力系统底部流体压力增高，往上再逐渐降低。这样的分布模式反映了天然气纵向运移的特点和不同压力系统之间流体分隔的特点。石千峰组表现为一个独立的流体压力系统，这与天然气藏的聚集成藏分布特点是一致的。

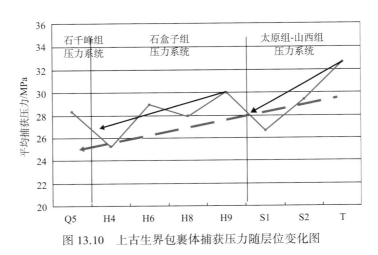

图13.10 上古生界包裹体捕获压力随层位变化图

2. 流体包裹体平面压力变化

鄂尔多斯盆地上古生界流体包裹体捕获压力从 24.0~34.0 MPa 之间变化，其捕获压力平面变化表明（图 13.11），鄂尔多斯盆地南部流体压力较大，可达 30.0 MPa 以上，向北流体压力逐渐降低，流体压力最低位于鄂尔多斯盆地东北部的杭锦旗—东胜—神木一带。流体压力的变化趋势可能指示了上古生界天然气是向北运移的，而且运移、散失的最终区域正位于大型东胜铀矿发育区。因此，在东胜铀成矿过程中，大量的天然气供给可以为铀石的形成提供良好的还原剂。

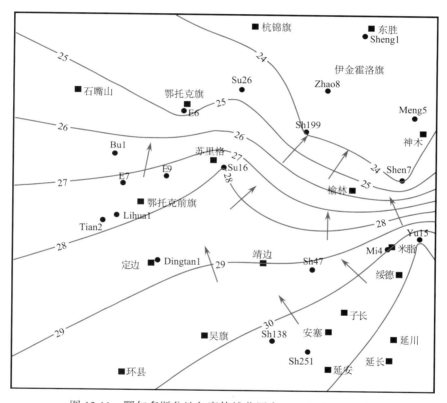

图 13.11　鄂尔多斯盆地包裹体捕获压力（MPa）平面变化图

二、天然气运聚通道

天然气的大规模运移与散失需要良好的通道。这些通道一般包括不整合、连通砂体和断裂，尤其是断裂是天然气运移、散失的优势运移通道。

根据重力、航磁资料解译，伊盟地区基底断裂十分发育。这些断裂在平面上主要构成两种组合样式。伊盟隆起西南部的断裂以北西-南东向延伸为主，伊盟隆起东北部，断裂以北东-南西向延伸为主。

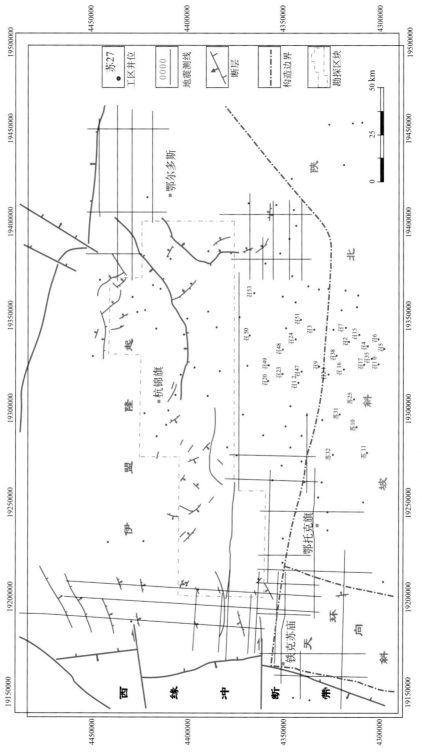

图 13.12 伊盟地区盖层（山西组底）断裂构造分布图

通过地震资料的研究表明,伊盟地区盖层断裂也比较发育(图13.12)。其中以由东西逐渐转为北东方向延伸的泊尔江海子断裂规模最大,而且其活动时间也最长。地震资料表明,泊尔江海子断裂在中新元古代为正断层,控制了中新元古界的沉积;到燕山期再次强烈活动,表现为由北向南运动的高角度逆冲断层(图13.13)。

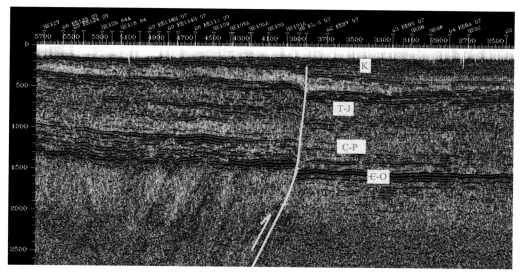

图13.13　伊盟地区泊尔江海子断裂地震剖面图

结合伊盟地区下古生界奥陶系、上古生界太原组、山西组的分布发育情况,以及构造特征,可以认为天然气也是向北运移的(图13.14),而且在杭锦旗-东胜区域隆起较高,是天然气散失的主要部位。

第三节　天然气散失量估算

一、根据方解石含量及碳同位素估算天然气散失量

铀矿砂岩中含有大量方解石,一种以集合体呈透镜状或条带状富集,另一种以胶结物的形式存在。方解石含量约10%~30%,平均17.7%(表13.2)。

通过对方解石进行碳氧同位素分析,8个钻井样品的碳同位素平均-12.28‰,氧同位素-13.72‰;9个露头样品的碳同位素平均5.93‰,氧同位素-11.23‰。

根据同位素的定义,设单位体积内总碳量为1.0,有机碳量为A(m³),无机碳量为$1-A$。有机碳同位素为$C_{有}$,无机碳同位素为$C_{无}$,方解石碳同位素为$C_{方}$,则有

$$A \times C_{有} + (1-A) C_{无} = C_{方}$$

假如有机碳全部由甲烷组成,则设$C_{有}=-35‰$,$C_{无}=0$。当$C_{方}=-5.93‰$时,则$A=0.1694$,说明方解石中17%的碳为有机成因;当$C_{方}=-12.28‰$时,则$A=0.3509$,说明方解石中35%的碳为有机成因。

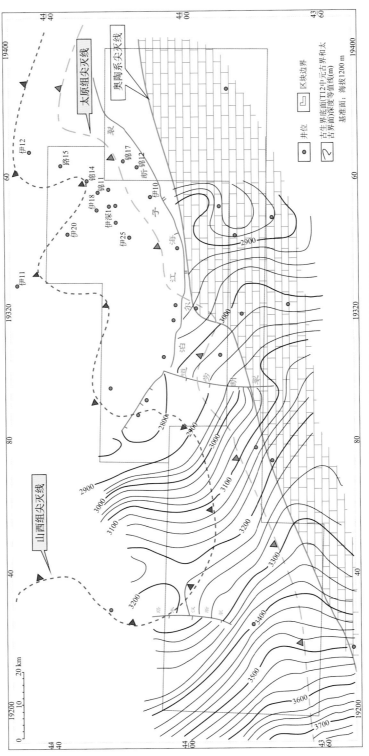

图 13.14 伊盟地区古生界分布及可能的天然气运移

表 13.2　含铀砂岩碳氧同位素分析结果

类型	样品号	深度/m	岩性	方解石含量/%	$\delta^{13}C_{PDB}$/‰	$\delta^{18}O_{PDB}$/‰
钻井样品	183-87-7	136	含铀灰色砂岩	30	-12.8	-16.14
	183-87-5	148	含铀灰色砂岩	10	-11.5	-10.23
	183-79-5	137.8	灰绿色中砂岩	2	-19.6	-10.34
	183-79-3	144	灰绿色细砂岩	30	-12.18	-13.16
	183-79-1	153	含铀灰色中砂岩	15	-13.25	-14.4
	151-31-4	164	灰色中砂岩	2	-11.45	-17.13
	151-31-2	174	灰色细砂岩	15	-9.31	-13.17
	151-31-1	178	灰色中砂岩	35	-8.13	-15.15
			平均值		-12.28	-13.72
露头样品	Dongs-16		浅黄绿色细砂岩		-7.64	-11.51
	Dongs-15		浅黄绿色中砂岩		-8.70	-12.41
	Dongs-12		纹层状方解石		-4.13	-11.68
	Dongs-11a		钙质结核		-6.00	-12.01
	Dongs-11		钙质结核		-4.62	-11.70
	Dongs-10		浅褐黄色中砂岩		-8.66	-11.81
	Dongs-09		浅黄绿色细砂岩		-1.11	-10.18
	Dongs-07		浅灰色泥岩		-6.72	-9.00
	Dongs-03		白色粗砂岩		-5.78	-10.80
			平均值		-5.93	-11.23

　　伊盟地区侏罗系发育中侏罗统安定组、直罗组和下侏罗统延安组。其分布如图 13.15、图 13.16 和图 13.17 所示。

　　根据侏罗系各组残余地层厚度图，安定组厚度基本上在 50~200 m 之间变化，部分区域可达 250 m 以上，其平均厚度约为 100 m。直罗组较安定组厚，最厚区域可达 350 m 以上，其平均厚度达 150 m。延安组厚度虽然与直罗组相当，但厚度较均匀，>350 m 范围更大，因此其平均厚度可取 200 m。根据各组面积，可以计算出各组岩石体积(表 13.3)，由此获得侏罗系地层总体积约 136000 km³。

表 13.3　侏罗系地层面积、体积统计表

地层	面积/km²	平均厚度/m	体积/km³
安定组	43387	100	4338.7
直罗组	49368	150	7405.2
延安组	622171	200	124434.2
累计	714926	190.5	136178.1

如果：①方解石含量 10%，则侏罗系中方解石的总体积约 13600 km³；②方解石含量
30%，则侏罗系中方解石的总体积约 40800 km³。

由于形成 1 mol CO$_3^{2-}$，需消耗 1 mol CH$_4$，则需要有机碳（CH$_4$）：$1.36×10^{12} \sim 4.08×$
10^{12} m³。

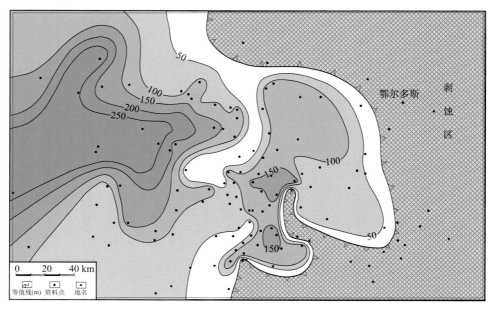

图 13.15 伊盟地区中侏罗统安定组残余厚度图

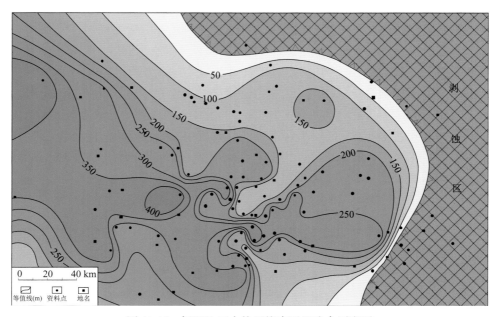

图 13.16 伊盟地区中侏罗统直罗组残余厚度图

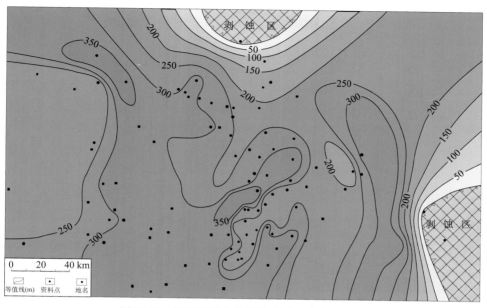

图 13.17　伊盟地区中侏罗统直罗组残余厚度图

二、包裹体捕获压力计算天然气散失量

根据包裹体均一温度序列，鄂尔多斯盆地上古生界砂岩流体包裹体可以划分为 5 期，即石英加大边 I 期、II 期、III 期、裂缝石英脉和裂缝方解石脉。对每一期包裹体应用 PVT 法对捕获压力进行了模拟计算，所获得的捕获压力平均值表现为从早到晚逐渐降低的特点（表 13.4）。根据捕获压力的下降，应用封闭体系温压模型对天然气的散失进行了计算。其结果表明天然气藏中包裹体流体随温度升高，压力逐渐降低，表明存在天然气的漏失。对于每一成岩作用期，天然气漏失约 9% ~ 15%，累计漏失 39.7%。这一结果与楼章华（2004[①]）根据埋藏史所估算的天然气平均散失 39.95% 非常一致，表明这一结果是可信的。

表 13.4　流体包裹体不同期次均一温度、捕获压力及天然气散失量

期次	成岩序列	均一温度/℃	捕获压力/MPa	累计散失量/%
1	石英加大 I 期	94.31	30.64	
2	石英加大 II 期	105.35	28.91	15.53
3	石英加大 III 期	114.01	28.52	23
4	裂缝石英脉	126.2	27.31	13.49
5	裂缝方解石脉	140.47	27.51	21.7

[①]　楼章华. 2004. 鄂尔多斯盆地上古生界天然气运移聚集特征研究

三、根据苏里格恢复流体压力计算散失量

鄂尔多斯盆地上古生界苏里格气田属于典型的低压气藏，其现今地层流体压力梯度为 0.7~0.92 MPa/100 m。由于构造活动和成岩作用的影响，可以认为该地区在白垩纪以前，下古生界及其以下地层已经遭受了比较强烈的成岩作用，而白垩纪以后再埋藏引起的成岩作用对下覆地层基本上没有太大的影响，因此假如现今实测的地层压力只是前白垩纪埋藏压实引起的话，其恢复的流体压力梯度为 0.9~1.14 MPa/100 m。要达到目前的低压状态，流体压力梯度平均下降了 22.44%（表 13.5）。如果压力梯度的变化是由天然气散失引起的话，不考虑温度变化的影响，则相当于其天然气散失了 22.44%。

表 13.5 苏里格气田恢复的流体压力梯度与压力下降

井孔	层位	射孔井段/m	地层压力/MPa	K_1 底埋深/m	前 K_1 残余厚度/m	压力梯度/(MPa/100m)	恢复梯度/(MPa/100m)	压力下降/%
盟6	下石盒子组	3549.0~3554.0	27.92	860	2691.5	0.79	1.04	24.22
苏10		3248.0~3251.0	28.05	667.5	2582	0.86	1.09	20.54
苏13		3341.0~3344.0	29.31	702	2640.5	0.88	1.11	21
苏20		3444.0~3447.0	28.91	754.5	2691	0.84	1.07	21.9
苏25		3203.0~3208.0	26.47	654	2551.5	0.83	1.04	20.4
苏4		3286.0~3289.0	27.08	657.5	2630	0.82	1.03	20
苏5		3292.0~3296.0	29.05	675.5	2618.5	0.88	1.11	20.51
苏19	山西组	3469.5~3471.5	24.29	758	2712.5	0.7	0.9	21.84
苏7		3382.5~3384.5	31.09	644.5	2739	0.92	1.14	19.05
桃7		3346.0~3350.0	25.39	874	2474	0.76	1.03	26.11
苏2	马五	3623.1~3624.9	32.88	735	2889	0.91	1.14	20.28

综上所述，根据流体压力变化所计算出来的鄂尔多斯盆地上古生界天然气散失量约为资源量的 20%~40%。

四、进一步讨论

美国是油气勘探历史最早和勘探程度最高的国家。其天然气勘探自有数据记载以来，已经经历了 100 余年的勘探历史。从其 1900~1990 年天然气历年储量增长情况来看（图 13.18），其新探明天然气的增长可以分为 4 个阶段，即起步阶段（资源探明率 <10%）、快速增长阶段（资源探明率 10%~45%）、稳定增长阶段（资源探明率 45%~60%）和缓慢下降阶段（资源探明率 >60%）。

因此，当资源探明率 >60% 以后，仅有小规模的气藏发现，而且新发现储量逐年快速下降，表明天然气的勘探已经枯竭。由此推论天然气的最终探明率仅能够达到资源量的

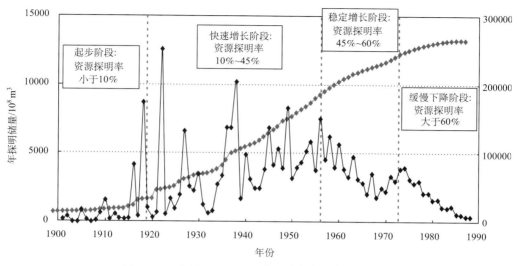

图 13.18　美国 1900~1990 年天然气探明储量分布图

60%~70%，也就是说有 30%~40% 的天然气没有聚集成藏而散失了。

　　另外，三叠系和二叠系砂岩中也含有较多的方解石胶结物，其含量可达 25%~30%（罗忠等，2007；王卓卓等，2008），并以晚期形成的铁方解石为主，部分铁方解石的碳同位素明显偏负（史基安等，2003；胡宗全，2003；吴素娟等，2005），它们均可能与天然气的转化有关。

　　综上所述，天然气散失可以多种方式表现出来，其一为通过孔隙网络向上扩散渗透，直达地表散失；其二是参与到成岩过程中，致使形成亏损 ^{13}C 同位素的方解石或铁方解石；其三是参与到铀成矿迁移–富集过程中，既起氧化作用又起还原作用，同时形成大量方解石和黄铁矿等副产品。因此根据与铀矿化有关的方解石分布，可以大致估算天然气的散失量。

　　鄂尔多斯盆地第三次天然气资源评价计算的天然气资源量为 $10^7 \times 10^{12} m^3$，如果天然气散失 20%~40%，其散失量约为 20×10^{12}~$40 \times 10^{12} m^3$。而铀矿化需要天然气量约为 1.36×10^{12}~$4.08 \times 10^{12} m^3$；因此，只需要天然气散失量约 10% 就完全可以满足东胜大型铀矿床的形成。从而表明，鄂尔多斯盆地有足够散失的天然气可以为铀矿化与富集成矿提供足够的还原剂。

参 考 文 献

彼得斯 K E，沃尔特斯 C C，摩尔多万 J M. 1995. 生物标记化合物指南. 张水昌，李振西等译. 北京：石油工业出版社

陈红汉. 2001. 沉积盆地 C-He 天然气系统研究进展. 中国海上油气（地质），15(4)：295~298

冯乔，马硕鹏，樊爱萍. 2006. 鄂尔多斯盆地上古生界储层流体包裹体特征及其地质意义. 石油与天然气地质，27(1)：27~32

冯乔，耿安松，廖泽文等. 2007. 煤成天然气碳氢同位素组成及成藏意义：以鄂尔多斯盆地上古生界为

例. 地球化学, 36(3): 261~266

胡宗全. 2003. 鄂尔多斯盆地上古生界砂岩储层方解石胶结物特征. 石油学报, 24(4): 40~43

罗忠, 罗平, 张兴阳等. 2007. 层序界面对砂体成岩作用及储层质量的影响——以鄂尔多斯盆地延河露头上三叠统延长组为例. 沉积学报, 25(6): 903~914

梅博文, 刘希江. 1980. 我国原油中异戊间二烯烃的分布及其与地质环境的关系. 石油与天然气地质, 1(2): 99~115

史基安, 王金鹏, 毛明陆等. 2003. 鄂尔多斯盆地西峰油田三叠系延长组长6~8段储层砂岩成岩作用研究. 沉积学报, 21(3): 373~380

王卓卓, 梁江平, 李国会等. 2008. 成岩作用对储层物性的影响及与沉积环境的关系——以鄂尔多斯盆地劳山地区为例. 天然气地球科学, (2): 85~90

吴素娟, 黄思静, 孙治雷等. 2005. 鄂尔多斯盆地三叠系延长组砂岩中的白云石胶结物及形成机制. 成都理工大学学报(自然科学版), 32(6): 569~574

Didyk B M, Simoneit B R T, Brassel S C et al. 1978. Organic geochemical indicators of palaeoenvironmental conditions of sedimentation. Nature, 272: 216~222

Volkman J K, Maxwell J R. 1986. Acyclic isoprenoids as biological markers. In: Johns R B (ed). Biological Markers in the Sedimentary Record. New York: Elsevier. 1~42

第十四章

盆地东北部天然气耗散与砂岩漂白现象*

第一节 天然气逸散的地质-地球化学证据

世界各地大量的油气勘探开发实践业已证实，多数含油气盆地都经历了不同程度的后期改造。Macgregor（1996）通过对350个大油田的调查研究，发现这些油田均处于短暂的动态变化之中，其中有三分之一的油田存在聚集成藏后又遭到破坏的证据，如侵蚀散失、断层漏失和生物降解等。刘池洋等（2000，2008）已明确指出，中国大陆活动性强，后期改造强烈是中国沉积盆地的重要特点之一。油气为流体矿产，极易随所处环境的变化而发生流动或散失，油气形成后的每一期构造运动都对其聚散、成藏和分布有重要影响，对于改造较明显的盆地，其油气多曾发生过一定程度的逸散，甚至消失（刘池洋，2005a）。与石油相比，天然气则更易于散失（戴金星等，2003）。在油气地质和成藏研究中，大多侧重于油气在储集层中的运动及聚集成藏等相关研究。对油气藏破坏后油气的耗散（刘池洋等，2008），近年来虽开始有所涉足和探索，但尚缺乏专门、系统的研究，总体研究薄弱。油气耗散的表现形式主要有两方面：一是散于地下的源岩中和残留于运移途经的围岩及流体中，以油苗、气苗、沥青脉和油砂等形式直观表现出来；二是其与途经的围岩发生流-岩相互作用而耗损和暴露地表或大气而损失。对于前者，很早就引起了关注，在早期油气勘探中起到了重要作用。对后者，研究颇弱，探讨甚少，尤其是有关油气耗散的程度和规模，在以往油气资源评价中，通常仅据盆地类型和演化特点等的不同略有间接体现，但有意识专门考虑油气耗散的程度及其可能规模用于油气资源评价和储量计算的，鲜有论及。然若对油气损失的部分缺乏全面认识而不能正确估计的话，常会不同程度地影响盆地油气资源评价和勘探远景决策（刘池洋等，2008）。

鄂尔多斯盆地素以稳定和整体升降为特色，然在貌似稳定和整体变形的表象之后，其内部差异明显，构造活动强度在空间上表现不同。盆地发育时限为中晚三叠世—早白垩世。早白垩世末，盆地整体抬升，大型盆地的发育历史结束，现今盆地则是晚白垩世以来遭受多种形式改造的残留盆地（刘池洋等，2005；刘池洋，2005b，2007）。金之钧和王清晨（2004）指出，先期盆地的后期改造会使原有油气藏开始新一轮的调整、运移、散失，甚至重新聚集成藏。王庭斌（2005）对中国大中型气田成藏的主控因素研究表明，中国已发现的大中型气田，只有鄂尔多斯盆地的大气田属早期生烃成藏型，该盆地虽然发现了一批储量超千亿立方米的大型气田，但由于成藏期后持续保存时间太长，在盆地后

* 作者：马艳萍[1]，刘池洋[2]. [1]西安石油大学，西安；[2]西北大学地质学系，西安.
E-mail：bye9@sohu.com

期改造中严重散失，气田的储量丰度最低。鄂尔多斯盆地在后期改造过程中，主体遭受了显著的差异抬升和不均匀剥蚀，与此同时盆地边部经历了肢解裂陷沉降，改造形式本部与边部有别。鄂尔多斯盆地在晚白垩世以来的后期改造阶段，经历了以差异抬升和不均匀剥蚀为主的构造变动和后期改造，这种在生排气高峰之后的构造变动势必会对天然气的聚散、成藏和分布产生重要影响。追踪油气逸散过程中地表出露的油气苗、含沥青的岩石以及其与近地表沉积物所发生的化学蚀变产物，可以提供油气逸散的直接或间接证据。本节从这些地质–地球化学证据入手，结合天然气运移的地球化学判识指标，示踪天然气可能的运移方向和散失作用。

一、盆地北部白垩系油苗特征

盆地北部伊盟隆起上，东起马场壕、西止黑赖沟、北至乌兰格尔基岩凸起、南抵白垩系地面鼻状背斜轴部，在东西长 100 km、南北宽约 13 km 的近 1300 km² 的狭长区域内，已发现地表油苗（22 处）、手摇钻井及浅井油气显示多处（23 处），集中分布在四个地区（图 14.1）。20 世纪 50 年代初，原银川石油勘探局内蒙古勘探大队，首次发现了达拉特旗巴则马岱白垩系下部黄绿色含砾中粗砂岩中的油苗剖面（图 14.2）（何自新等，2004）；张文正（转引自张如良，2004）将巴则马岱地区的白垩系油苗与鄂尔多斯盆地上古生界气源层、奥陶系以及延长组油气层的碳同位素特征进行了对比，以探寻其来源；刘友民（1982）对盆地北部油苗做了专门的报道，对油源来自河套盆地还是鄂尔多斯盆地进行了探讨；有关油苗的成因，前人已取得了一些认识，笔者也对盆地北部马场壕基岩断块隆起南坡上采集到的油砂进行了有机地球化学分析，结果与前人的研究结论异曲同工，彼此补充、相互印证。结合前人的工作基础及笔者的实际研究，从油苗分布的地质规律、物理性质以及化学组分、地质背景分析对比表明，盆地北部的白垩系大面积油苗分布与鄂尔多斯盆地上古生界石炭–二叠系的煤成气向北散失有关。

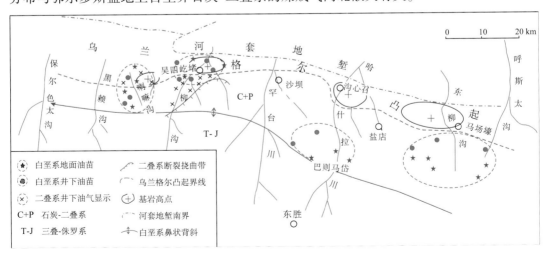

图 14.1   盆地北部油苗分布特征及构造背景图（据刘友民，1982，综合修编）

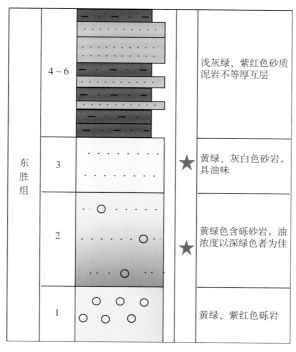

图 14.2　巴则马岱地区白垩系油苗剖面（据何自新等，2004 修改）

（一）油苗分布规律

在油苗分布区，白垩系为大型的西倾鼻状背斜，乌兰格尔凸起则由数个基岩块断隆起组成。白垩系鼻状背斜的轴部与乌兰格尔基岩断块隆起高点之间构成一个 5~15 km 宽的东西向的狭长条带，块断隆起南侧的大断层及古生界与变质岩的不整合面即延展于该带中，而白垩系油苗恰与其延展地段吻合，分布于鼻状背斜的北翼及轴部，于 4 个基岩块断隆起喇嘛沟、乌兰格尔、沟心召和马场壕的南侧集中分布(图 14.1)，而块断隆起之间的相对低洼部位经手摇钻井证实无油苗分布。油气显示层位大多数分布在距白垩系底部 60 m 的层段内，油层厚度一般为 2~14 m，凡是白垩系与侏罗系或三叠系接触处未见油气显示，而有油苗分布的地方，白垩系直接盖在二叠系石千峰组及以下地层之上。

从以上油苗分布特征来看，油苗显然非中生界油气所供给，且非来自河套地堑，理由为：①油苗出现在白垩系鼻状背斜的北翼，且油苗显示处的早白垩世地层直接盖着晚古生代地层，而下伏为中生代地层的则无显示，显然来源与中生界油气无关；②若油源来自河套地堑，虽然符合油苗全分布在白垩系鼻状背斜的北翼及轴部，但其分布受 4 个基岩块断隆起控制，又难以解释油源来自地堑之说；③石油工作者在北部勘探发现，喇嘛沟与乌兰格尔基岩隆起处，正是石炭-二叠系鼻状构造的开口端(刘友民，1982)。区内的石股壕构造，早白垩世地层出露地面，构造属乌兰格尔凸起以南北东-南西向二级构造带上的高点，其轴线北东–南西向，两翼对称，北部翘起，向南倾没，略呈鼻状，核部被近南北向正断层切割，分为两半，长约 5 km，宽 2.5 km，闭合面积约 5.5 km² （以石深 1 井以北正断层为界）[①]，说明二叠纪构造本身与基岩隆起密切相关，而且在这两个上古生界鼻状构造中，于二叠系石盒子组和石千峰组下部见到与白垩系油苗相似的油砂，据此可推断白垩系油苗与上古生界天然气关系密切。

（二）油苗物理性质

野外地质特征分析已显示白垩系油苗与石炭–二叠系的天然气密切相关，为了搞清油源问题，一些研究者对采集到的地面出露的白垩系油苗、钻井中取到的古生界油砂、侏罗系原油以及河套盆地古近系和新近系原油的物理性质进行了分析对比，进一步证实白垩系油苗与盆地二叠系原油颇为相似，而与河套盆地古近系和新近系原油无亲缘关系。

白垩系油苗油质轻，挥发性强，具有强或弱的煤油味，其与乌兰格尔鼻状构造钻井中见到的二叠系石盒子组及石千峰组下部的油砂特征相似，也为油质轻，易挥发，它们都有荧光金黄、油质轻淡、可嗅而不可见的直观特征，但与河套盆地的油无共同之处，非出一源，而与二叠系原油颇为相似（表 14.1）。从油苗直观特征来看，其长期暴露、氧化而未见沥青形成，显示为轻质烃类的产物。

表 14.1   原油物理性质对比表（据刘友民，1982）

油 源	相对密度	黏度/cP *	凝固点/℃	含蜡/%
盆地内二叠系原油	0.74~0.77	1.30~1.6	−46~−36	1.5
河套盆地古近系和新近系原油	0.9124	24.3	54	20.5

＊1 cP＝1 mPa·s。

二、白垩系油苗的来源

（一）油气源对比

油苗、油砂、原油色谱分析显示，植烷（Ph）、姥鲛烷（Pr）、降姥鲛烷（iC_{18}）的相对含量及 Pr/Ph 值对比，均证明白垩系油苗和鄂尔多斯盆地内部二叠系原油相似，其标记化合物皆属 Pr 含量高、Pr/Ph 的值大于 2 以及陆生高等有机质的优势，即姥鲛烷占优势，这与伊深 1 井天然气 $\delta^{13}C_1$ 与 R° 相关图确认的气体属煤成气一致，说明来自下伏石炭系—下二叠统煤系地层（付金华等，1983[①]）。而河套盆地古近系和新近系原油 Pr/Ph 值小于 1，为植烷优势；鄂尔多斯盆地中生界原油 Pr/Ph 接近 1，为姥植均势（表 14.2）。借助原油组分的姥植比，易于将白垩系油苗（砂）和姥植均势的延长组油源、植烷优势的

---

①   付金华，付锁堂等. 1983. 陕甘宁盆地北部上古生界含气构造剖析. 长庆油田勘探开发研究院. 1~27

河套古近系和新近系油源相区别。盆地北部巴则马岱地区下白垩统地层中的油苗的碳同位素特征与上古界气源层、奥陶系以及延长组油气层的碳同位素特征进行对比显示，油苗的碳同位素特征与奥陶系泥岩和延长组长 7 泥岩特征迥异，而与上古生界石炭–二叠系气源层及生产井中的有机质碳同位素特征明显相似(图 14.3)，揭示了乌兰格尔地区白垩系油苗(砂)来自盆地上古生界地层中的天然气散失。

表 14.2　各处原油类异戊间二烯烷烃相对含量对比表

构造位置	井号及样点	层位	样品	Ph	Pr	iC$_{18}$	Pr/Ph
盆地北缘	露头	白垩系	油苗	17.69	37.53	20.64	2.12
	*巴则马岱露头		油砂	16.78	37.83	20.33	2.25
	*四岔沟露头		油砂	19.58	41.54	22.85	2.12
盆地北缘	伊深 1 井	二叠系	油砂	7.0	26.0	17.0	3.36
		*盒 6	油砂	13.13	34.34	23.23	2.62
		*盒 2	凝析油	4.35	17.39	20.29	4.0
盆地南部马岭油田	岭 8 井	延安组	原油	22.0	21.0	17.0	0.97
河套盆地	临深 2 井	古近系和新近系	原油	71.0	14.0	9.0	0.2

*据杨俊杰，1983[①]；余据刘友民，1982。

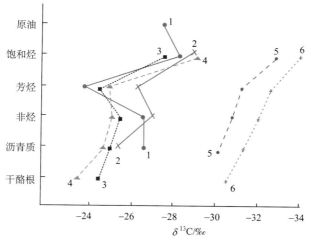

图 14.3　盆地北部巴则马岱白垩系油苗与烃源岩的碳同位素类型曲线对比图(转引自张如良，2004)
1. 内蒙古巴则马岱 K$_1$ 地面油砂；2. 图东 1 井 P$_1$ 凝析油；3. C 煤；4. P 泥岩；5. O 泥岩；6. T$_3$y 长 7 泥岩

为了更进一步了解油砂的油源，本研究在马场壕基岩块断隆起南侧采集到下白垩统油砂样品，并对其进行了有机地球化学分析(图 14.4)。油砂样品中可溶有机质含量为 0.308 mg/g。从萜烷、甾烷、25-降藿烷的 m/z 191、m/z 217 以及 m/z 117 质量色谱图分

① 杨俊杰等. 1983. 关于陕甘宁盆地北部上古生界油气勘探方向的探讨. 长庆油田勘探开发研究院. 1~17

析, 获得以下主要结果和认识: ①油砂中含有较多高分子量烃类(藿烷类), 其一般分布在成熟的沉积物和原油中, 表明油砂中的组分为成熟原油, 且显示为明显的高等植物有机质的贡献; ②油砂中出现25-降藿烷, 表明原油经历了强烈生物降解, 同时有明显数量 $nC_{11} \sim nC_{18}$, 显示了多期次充注; ③证实油砂为源于煤系源岩的较高成熟度轻质油向上运移、经历生物降解和轻烃类再次充注的结果。

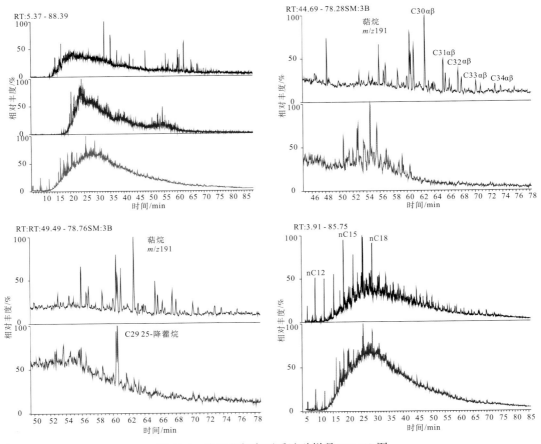

图 14.4   盆地北部白垩系油砂样品 GC-MS 图

(二) 盆地北部上古生界—中生界煤系地层及泥岩原始有机质特征

研究区侏罗系和石炭-二叠系煤系地层热演化程度均较低。本次研究所测侏罗系延安组煤层镜质组反射率 R^o 为 0.33%~0.43%, 5 个平均为 0.39% (表 14.3)与任战利等 (2006)测得的侏罗系煤层、煤线的 R^o 值较一致, 均小于 0.5% (表 14.3, 图 14.5), 表明研究区原始有机质成熟度不高或未成熟。研究区古生界主要有两套可能的烃源岩: 石炭-二叠系煤层和暗色泥岩。其中石炭-二叠系的煤层总厚 18~26 m, 由南向北逐渐增厚, 煤岩有机碳(C)含量为 70.8%~83.2%, 氯仿沥青 "A" 0.61%~0.8%, 总烃 1757.1×10^{-6} ~

$2539.8×10^{-6}$，"A"/C 与总烃/C 所反映的有机质转化率低，烃转化率为 $6.9\%~114.1\%$；暗色泥岩厚 $30~100$ m，有机碳含量 $0.15\%~19.29\%$，氯仿沥青"A"$0.0025\%~2.95\%$，总烃 $62×10^{-6}~1117.4×10^{-6}$，烃转化率 $6.9\%~114.1\%$（魏新善等，2001[①]）。东胜以北石炭–二叠系有机质热演化程度相对较低，镜质组反射率 R^o 小于 0.8%（图 14.5），处于低成熟演化阶段。

表 14.3 研究区中生代地层镜质组反射率实测结果

编号	井号或样号	深度/m	层 位	镜质组反射率值/%
1	ZKA3-15	174	延安组	0.43
2	ZKA24-8	116.3	延安组	0.33
3	ZKA8-7	163	延安组	0.41
4	ZKA223-15	130	延安组	0.37
5	ZKA39-0	260	延安组	0.43
6	ZKA183-87	170.49	延安组	0.45
7	ZKA151-39	195	延安组	0.36
8	ZKA183-95	151.43	延安组	0.36
9	ZKA183-79	180.64	延安组	0.47
10	yj01	322.8	直罗组	0.39
11	ZKA475-115	314.5	直罗组	0.35
12	4-40	254	直罗组	0.49

注：1~5 为本次研究所测，其余引自任战利等，2006。

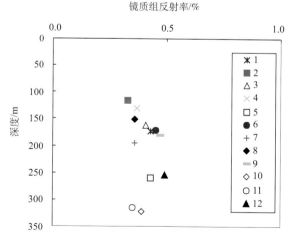

图 14.5 东胜地区侏罗纪煤系地层镜质组反射率与深度关系图

因此研究区北部下白垩统油砂中源于煤系源岩的较高成熟度轻质烃类显然不是来自当地低熟烃源岩，而是有外来烃类的供给。

① 魏新善，黄建松，王飞雁等. 2001. 天环北、东胜地区勘探目标优选. 长庆油田勘探开发研究院. 3~12

（三）盆地上古生界天然气运散的地质背景

在研究区之南，分布有呈近南北向展布的上古生界苏里格、大牛地、乌审旗、榆林、神木、镇川堡和东胜等气田。其中，大牛地气田距北部油砂分布区仅约 150 km，最新发现的东胜气田就在油砂分布区内。鄂尔多斯盆地晚白垩世以来，多种形式的强烈改造使盆地原始面貌大为改观（刘池洋等，2005）。盆地后期改造对油气的聚散、成藏和分布产生了重要影响。然而，鄂尔多斯盆上古生界"广覆型"分布的气源岩大范围生、供气特点，使得天然气首先近源聚集（杨华等，2004）；储层侧向非均质性强、连通性差，岩性圈闭形成时间早于大量生排气期（汪则成等，2005），从而限制了进入储集层的天然气侧向长距离运移。

前人已有研究，根据地球化学指标反映油气运移（Schnell，1983；Shamsuddin and Khan，1991；沈平等，1991；黄志龙等，1997；傅宁等，2005），并得到广泛应用。陈安定和李建锋（1994）曾专文讨论并推荐了 8 项天然气运移的地球化学指标。由于各地区地质情况各不相同，运移指标受多种因素的影响，故不能用单一指标解释，应视不同情况配合选择使用。

笔者在鄂尔多斯盆地收集到部分井的天然气运移相关地球化学指标，选取了天然气干燥系数及甲烷碳同位素。从平面分布上（图 14.6），上古生界天然气干燥系数表现为由南向北，从中部向北西、北东逐渐减小，与成熟度南高北低的总趋势密切相关。如果天然气由南向北、北东方向长距离运移存在的话，沿运移方向上，CH_4 的相对含量逐渐增加，重烃组分（C_{2+}）逐渐减少，因 CH_4 分子量小，渗透、扩散能力强，更易于运移，而矿物和岩石对重烃组分具有较强的吸附保留能力。故干燥系数应该向北、北东方向逐渐变干，显然结果与假设不符，说明受成熟度因素的控制，使天然气组分发生变化，进而影响了干燥系数平面变化趋势，其不能明确反映天然气运移的方向。

天然气甲烷碳同位素平面分布显示（图 14.6），由南往北、北东方向，甲烷碳同位素组成变轻。但该值受成熟度、散失作用的后期改造等多种因素影响，虽然其变化趋势与由南向北、北东方向运移造成的同位素分馏效应表现结果相符，但与干燥系数平面上的变化趋势相矛盾，故其更多是受热演化程度影响。刘文汇等（2004）指出，天然气烷烃气的碳同位素组成特征主要受控于成气母质的同位素组成和在此基础上地质历史中生物、化学、物理作用所造成的同位素分馏，其中天然气中甲烷碳同位素组成则主要反映了气源岩的热演化程度。因为 $^{12}C—^{12}C$ 键能比 $^{13}C—^{13}C$ 键能小，在温度低的成气阶段，首先是 ^{12}C 从母质分离参与烷烃气的生成，故低温阶段生成的烷烃气 $\delta^{13}C$ 较轻，随着温度升高，键能较大的 ^{13}C 从母质分离逐渐增多，致使高温段生成的烷烃气 $\delta^{13}C$ 偏重，即随成熟度的增加烷烃气 $\delta^{13}C$ 增大。在有机母质热降解生成油气的过程中，低温下碳同位素分馏范围大，生成的甲烷具有轻的碳同位素组成。温度增高，碳同位素的分馏作用逐渐减弱，生成的甲烷的碳同位素也逐渐增重（李赞豪等，1985）。因此，甲烷碳同位素平面变化趋势与成熟度分馏效应产生的结果一致。所以两项指标联合表明，其主要受源岩成熟度的控制更明显，天然气南北向、侧向长距离运移的可能小。

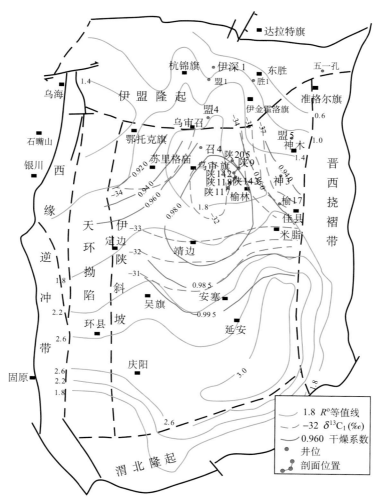

图 14.6 鄂尔多斯盆地上古生界天然气干燥系数-$\delta^{13}C_1$ 平面分布图（据杨华等，2004，有修改）

同时，笔者还收集了中北部 117 井—205 井山 2 气层南北向剖面的相关地球化学指标干燥系数（C_1/C_n）和异丁烷与正丁烷比值（iC_4/nC_4），剖面位置见图 14.6。结合砂体展布，进一步剖析天然气南北向运移情况。地球化学特征显示（表 14.4），从南向北总体上，C_1/C_n 南部干、北部湿，iC_4/nC_4 略由南向北呈减小趋势。

表 14.4 陕 141 井区南北向剖面天然气地球化学特征

井号	层位	C_1/C_n	iC_4/nC_4	Σ三环萜/C_{30}藿烷	$C_{27}*/C_{27}$	$C_{29}\beta\beta/(\beta\beta+\alpha\alpha)$
陕 207	石盒子组		0.85			
陕 205	山 2	0.96	0.82	5.98	0.33	0.47
陕 9	山 2			2.25	0.24	0.44
陕 142	山 2	0.96	0.87	2.56	0.25	0.44

续表

井号	层位	C_1/C_n	iC_4/nC_4	$\sum$三环萜/C30藿烷	C_{27*}/C_{27}	$C_{29}\beta\beta/(\beta\beta+\alpha\alpha)$
陕143	山2	0.95	0.81	4.4	0.36	0.49
陕118	山2	0.97	1.11	1.39	0.3	0.38
陕117	2915	0.99	1.22	2.2	0.28	0.43

按运移过程中的地层色层分馏原理,若天然气存在由南向北的长距离运移,C_1/C_n 和 iC_4/nC_4 应该在运移前方大于运移后方。因为 iC_4 和 nC_4 分子量相同但分子有效直径前者较小,iC_4 的扩散系数亦比 nC_4 的大,故在运移方向上 iC_4/nC_4 呈增加趋势,但实际却不然。从图14.7看出,该区山2段砂体分布处于同一个砂体中,砂体南部的井比北部的井干燥系数大,天然气偏干,天然气干燥系数总体从南向北的变化趋势与盆地上古生界源岩的成熟度变化一致吻合,指示气层接受就近供气,其天然气组分受源岩成熟度的控制。iC_4/nC_4 的变化规律也表明由南向北长距离运移的可能性小。

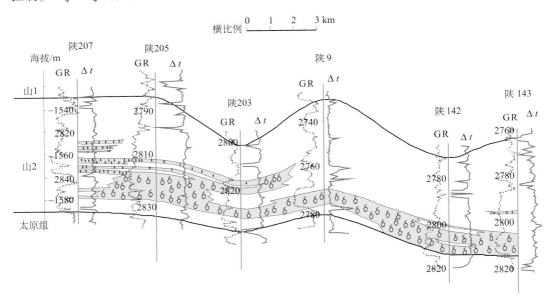

图14.7 榆林气田陕141井区山2气藏剖面图(据付金华,2004)

储层沥青 $\sum$ 三环萜/C_{30} 藿烷、C_{27} 重排甾烷与正常甾烷的比值(C_{27*}/C_{27})、$C_{29}\beta\beta/(\beta\beta+\alpha\alpha)$ 也受控于地层的色层效应,随运移距离的增加该指标会增大(王廷栋等,1999[①])。从表14.4看出,此三项指标从南到北增大不明显,因此长距离的运移不存在。但个别井中的各项指标共同变化,符合运移分馏效应,故就近运移的天然气聚集可能存在。陈安定和李建锋(1994)指出,这种小聚集可能与构造鼻隆、局部隆起以及古地貌背景下的砂体渗透性有关。

---

① 王廷栋等. 1999. 鄂尔多斯盆地上古生界天然气运移聚集的地球化学研究. 西南石油学院勘探系. 5~18

　　虽然天然气由南往北、北东方向运移的趋势存在(米敬奎等，2003)，但从以上分析看出，这种趋势不是长距离运移的结果。天然气通过渗透性较好的相互叠置的砂体运移并在遮挡处聚集，当在后期变动过程中的构造等因素影响下，天然气通过裂缝系统穿层运移，并在局部隆起处或适当的圈闭条件下重新聚集，形成次生气藏，如东部浅层气藏(王震亮等，2004；李振宏，2005)。

　　早白垩世末，在地层整体抬升背景下，上覆地层遭受不同程度的剥蚀。由于上覆载荷卸载，在上下地层孔隙流体压差和气水密度差等综合因素作用下，下部高压气体在上下地层流体势差的作用下沿微裂隙向上运移，在上石盒子组的下部聚集成藏。受构造抬升剥蚀强度东强西弱、微裂隙发育程度东早西晚、东好西差影响，东部抬升剥蚀程度高的地区微裂隙发育，向上运移的通道畅通，垂向运移距离远，天然气向上运移至石千峰组聚集成藏。这从前面的天然气组分特征也可以得到证实。据报道，神木-榆林地区上古生界发育构造缝、水平缝(层理缝及缝合线)和成岩缝三种裂缝(张君峰、兰朝利，2006)。其中，构造缝在各层位均有发育，呈北东向分布；水平缝发育在山2段和太原组，沿砂岩交错层理分布或切割砂岩层理，且部分裂缝被沥青质、碳质、泥质或方解石充填，说明其为早期烃类运移选择性充注的通道；而成岩缝仅见于千5段。盆地东部地区地震剖面重新处理结果，识别出多条断穿上古生界下部气藏的区域盖层上石盒子组和下部生储层山西组，个别甚至到达石千峰组，其在神木附近以东呈北东向分布。关于北东向分布的断裂、裂缝(隙)，汪则成等(2005)研究表明，其受北东向基底断裂的控制。在晚白垩世以来的盆地后期改造阶段，天然气通过裂缝系统穿层运移，并在局部隆起处或适当的圈闭条件下重新聚集，形成东部浅层次生气藏。

　　戴金星等(2003)指出，大气田形成苛刻，要求成藏期晚，主要原因是气的各组分的分子直径小，极易扩散，损失速率大，尤其是CH_4。因此，气藏中的天然气是不断向上覆地层扩散而减少。天然气藏的形成是一个动态过程，根据成藏的运聚动平衡原理，只有在气源岩对气藏的供气量大于气藏扩散损失量并达到某种动态平衡时才能形成有效气藏。在自然界，当一个气藏气源枯竭，扩散量大于气源补给量，就会发生天然气的散失(刘文汇等，2004)。因此，如果成藏早的大气田，成藏后再没有气源不断供给，即使其他保存条件好，没有变化，但由于扩散，储量也不断减少，可使大气田变为中、小型气田，甚至散失殆尽(戴金星等，2003)。浅部高层位的天然气扩散比深部下层的强得多，损失的也多得多。前已论及，天然气运移的地球化学特征表明不存在由南向北长距离的运移，故研究区成熟度较高的天然气可能与浅层气的逸散有关。

　　东部浅层气藏于100 Ma成藏开始(李振宏，2005)，天然气最早进入石千峰组的时间与气水界面迁移至北部气水过渡带的最晚时间(97.5 Ma)(付少英等，2003)吻合很好，反映了100 Ma左右开始发生天然气小规模逸散作用。东部浅层气藏当气源枯竭，扩散量大于气源补给量，就会发生天然气的散失，故天然气从100 Ma就开始了初期微渗漏。之后，浅层气藏内部调整，遂开始大规模的天然气逸散。

　　笔者在对鄂尔多斯盆地东北部考察时发现，鄂尔多斯盆地东北部分布着规模宏大的白垩系油苗，直接证实了上古生界天然气的逸散作用。在油苗分布区以南，在延安组顶部发育规模宏大的砂岩漂白现象，东胜大型砂岩型铀矿即产在该区内，铀矿目的层为延安组之上的直罗组地层，并且铀矿产出层明显受广泛发育的绿色蚀变砂岩带控制，砂岩漂白现象分布区域与油苗分布点有一定的对应关系，且漂白分布区与浅层气测显示区重叠，东胜砂岩型铀矿分布区即紧挨着漂白现象分布(图14.8)。在如此小范围内发育如此多的地质现象，暗示它们在成因上有一定联系。究竟是何成因，值得深入探讨，关于此后面将进行详细论述。

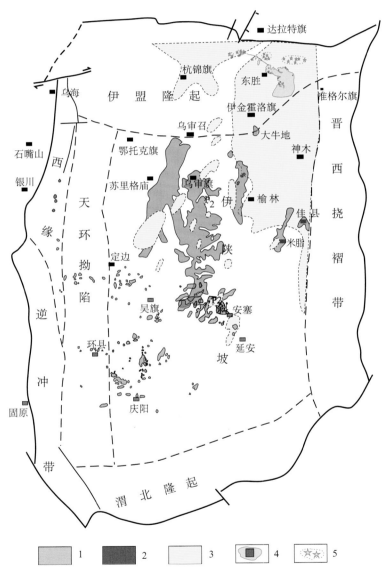

图 14.8　漂白-油苗-气田-油田-铀矿-浅层气测异常平面分布图

1. 油田；2. 气田；3. 上二叠统气测显示；4. 漂白分布及观察采样点；5. 油苗

第二节　盆地东北部砂岩漂白现象及其形成机制

一、砂岩漂白现象的研究现状

砂岩漂白现象在全球广泛分布，著名的是美国科罗拉多州侏罗系纳瓦霍砂岩的漂白现象。砂岩漂白现象最早于 20 世纪 20 年代见诸于文献（Moulton，1926），然而，其作为油气逸散的间接标志，一般已不具烃类的直接特征，是在烃类逸散过程中与周邻岩石发生流-岩相互作用形成的各种还原蚀变后生产物，在早期研究甚弱，不像油气逸散的直接显示，如油苗、气苗、沥青脉和油砂等，很早就引起了关注。对砂岩漂白现象的研究，起初主要通过一些实例的发现，显示漂白砂岩发育的地方都分布有油苗、气苗、沥青、油砂等油气显示，甚至附近就有油气田分布（Levandowski et al.，1973；Walker，1979；Lamb，1980；Segal et al.，1986；Lindquist，1988；Breit and Meunier，1990）。如美国俄克拉荷马州中南部的许多油田（包括 Cement，Velma，Carter-Knox 和 Eola）中，储集层内部或上方存在着"烟囱效应"，出露地表的二叠系红色砂岩发生成岩蚀变（包括砂岩的漂白以及黄铁矿、白铁矿、方解石和白云石的胶结），在蚀变砂岩中，有的能闻到油味，有的可见沿裂缝分布和包裹颗粒的固体沥青（Allen and Thomas，1984；Kirkland et al.，1995）。在科罗拉多地区 Denver 盆地的二叠系 Lyons 砂岩，位于正在开采的油区的为灰色，而在非产油区则是红色的（Levandowski et al.，1973）。在美国犹他州南部的科罗拉多高原上，沿着拉腊米隆起的侧翼和侵蚀顶部，整个侏罗系的风成砂岩——Navajo 砂岩以及部分 Wingate 砂岩和 Keyenta 砂岩被广泛地漂白了（Beitler et al.，2003），而纳瓦霍砂岩的基底沉积为低渗透带，其阻止了流体流动并因此残留了暗色物质（Kirkland et al.，1995）。Chan 等（2000）在犹他州东南部靠近 Morb 断层，也观察到 Navajo 砂岩和 Entrada 砂岩上部的 Moab Tongue 单元的漂白现象，在红色砂岩层中沿着 Moab 断层观察到沥青脉出现白色的环带。与 Navajo 砂岩相当层位的 Nugget 砂岩，其位于怀俄明断层带内的 Painter 油田中，该砂岩也被漂白了（Lamb，1980）。在怀俄明及南部 Montana 地区，鲜红色的三叠系 Chugwater 砂岩，在沿小型褶皱的顶部和主要山脉隆起的翼部被漂白了，而且被漂白的地方都与油饱和有关（Moulton，1926）。哈什曼和亚当斯（1980）在美国怀俄明州克鲁克斯峡谷和气山（Gas Hills）地区发现，大多数砂岩发生"褪色"，其蚀变颜色为米色到白色，而在气山地区就有油气生产井分布。在中亚卡兹库姆地区，一个砂岩型铀矿中发现长约 200m 左右的褪色（漂白）带，在该矿区南部，油气田比较发育（孙圭、赵致和，1994）。这些研究表明漂白现象在空间分布上与烃类关系密切，漂白发育区，一般都有因断裂活动、褶皱变形或区域隆升所引起的油气运移和散失发生。在这些实例中，除了与烃类接触的红层被漂白以外，其他地方仍保留原岩的红色。

研究者们后来又通过成岩蚀变矿物特征（Surdam et al.，1993；Kirkland et al.，1995；Chidsey，1995；Schumacher，1996）和实验研究（Moulton，1926；Shebl and Surdam，1996）进一步探讨了漂白砂岩形成机制。Schumacher（1996，2000）提出，烃类蚀变作用在土壤与沉积物中的主要表现形式有：①微生物异常；②矿物变异，如形成方解石、黄铁矿、铀、硫、铁的氧化物和硫化物；③红层的漂白作用；④黏土矿物蚀变等。Moulton（1926）的试验证实了 Fe^{3+} 在表面温度和压力下能有效地被氢硫化物还原从而使红层漂白。Shebl 和 Surdam（1996）的水-岩-烃类混合物高温分解实验结果显示，宾夕法尼亚州的 Tensleep 风成砂岩从原始的红色变成了浅粉红色、白色、灰色，或深灰色。直到最近十多年来，对漂白砂岩成因机制的研究才越来越引起石油地质工作者的关注。研究者们通过岩石学、岩石地球化学、流体包裹体、同位素地球化学研究，结合地球化学模拟更深入探讨漂白砂岩形成机制（Beitler *et al.*，2003；Parry *et al.*，2004；Oehler *et al.*，2005；Busigny and Dauphas，2007，Parry *et al.*，2009；David *et al.*，2010；Max *et al.*，2012）。这些研究表明，漂白砂岩的形成与烃类等还原性流体关系密切，这些还原性流体在流经红色原岩时，与围岩发生了流体-岩石相互作用，从而使砂岩被"漂白"了，而漂白的根本原因是红色原岩中的颗粒包壳氧化铁发生了变化。红层砂岩中的红色素来自薄的赤铁矿颗粒包壳，它是由铁镁质碎屑硅酸盐矿物如辉石和角闪石在成岩早期由于铁的淋滤和破坏而形成的，其中的铁是三价的（Walker，1979）。在正常的孔隙流体条件下，Fe^{3+} 离子流动性很差，只有当流体的 pH<3 时 Fe^{3+} 才能大规模的运移，但如此低的 pH 在地质上是没有意义的。因此，Fe^{3+} 必须被还原成 Fe^{2+} 才易于运移。当还原性流体进入红层时，通过与 Fe^{3+} 的化学还原反应，生成可溶性 Fe^{2+} 之后从红层中移开或以其他形式出现（后述），从而红层被漂白。Garden 等（1997）研究表明，赤铁矿可以通过与烃类、有机酸、甲烷或硫化氢的化学反应而被还原成 Fe^{2+}，还原反应使得 Fe^{3+} 转化为 Fe^{2+}。但对于砂岩的漂白，是由于铁的亏损引起（Beitler *et al.*，2003；Parry *et al.*，2004；Oehler *et al.*，2005），还是由于铁被固定在其他矿物中或发生了重结晶作用（Parry *et al.*，2009），仍然是争论的焦点。对于后者，这意味着铁并非减少了，而是由于烃类作用于铁的化合物使其从砂岩碎屑颗粒的包壳上移走并使铁固定在铁白云石、黄铁矿和大量的重结晶的镜铁矿中，这些重结晶的镜铁矿是灰色的而非红色的，由此，砂岩像是被"漂白"了（Parry *et al.*，2009）。但不论是铁亏损还是以其他形式重结晶，都与烃类等还原性流体作用有关。最近，Busigny 和 Dauphas（2007）对犹他州纳瓦霍砂岩中的赤铁矿和针赤铁矿结核首次通过铁的同位素来进行古流体示踪。以上这些研究从实例发现、实验验证、理论计算到后来进行的岩石地球化学、流体包裹体、同位素地球化学研究以及地球化学模拟等，都对漂白现象的成因进行了有益的探讨。这些研究证实，红层漂白现象记录和反映了浅表层油气运移、经过的行迹，是证明油气曾经存在及其逸散规模的重要证据。

　　不仅陆上的红层漂白现象被关注，在其他星球上也有类似现象的报道。Oehler 等（2005）通过火星上传回的高反照率的环形坑航片，对比发现其与陆地上发现的与烃类渗漏有关的红层漂白现象相似。因此，他们对火星的大气层中存在甲烷的报道进行了大胆的推测，认为甲烷的来源与撞击变质作用有关，即在整个火星演化历史中由于撞击作用会产生热，而火星上先前的生物被埋藏后有机质保存下来，在热作用下进一步转化为甲烷，并且如果有好的封闭条件，这种气体的储集体可能现在依然存在，其中会有少量的甲烷从圈闭中渗漏到表层，通过撞击带中的裂缝使甲烷从环形坑和中央隆起处逸散，而这种渗漏可能就是火星大气层中检测到的甲烷的来源。如果火星上的高反照率异常（类似于地球上的漂白现象）也是由烃类渗漏引起，则其对火星深部存在的甲烷气藏定位和

（或）火星上远古生命形式的存在具有一定的指示意义。

以往，国内学者鲜有对漂白砂岩研究的专题报道，对于在沉积型铀矿中见到的褪色蚀变现象国内铀矿工作者有一定的认识（孙圭、赵致和，1994；王金平，1998，2000；李细根、王乐民，2004），在我国伊犁盆地南缘，库捷尔太铀矿床中第 V 旋回砂岩有褪色（漂白）现象。取样发现，碳屑显示较强的荧光，在砂岩填隙物中还发现油迹；乌库尔其矿床中，第 V 旋回普遍发育灰白色、乳白色的褪色砂岩。荧光观察发现砂岩中有斑点状分布的油迹以及蓝藻、绿藻等微生物化石。王金平（1998，2000）对鄂尔多斯盆地西缘下白垩统罗汉洞组的红色碎屑岩研究发现，其因褪色蚀变而变为"苍白色"和"浅色带"，而盆地西缘就有产油气井。对褪色蚀变带砂岩的矿物、岩石学特征已有一定的研究基础，然而还没有较好的技术手段来表明褪色带的成因，主要是根据有机质分布特征及基于构造背景的定性探讨研究。刘庆生等（2002）对松辽盆地南部某油气田边缘一个油气显示井的磁性测量结果表明，油气藏聚集过程可能同时伴随着烃类蚀变作用的发生。最近，对漂白砂岩的研究越来越引起大家的兴趣。对鄂尔多斯盆地东北部的砂岩漂白现象笔者所在团队进行了专门研究，详细开展了砂岩漂白现象的时空分布、岩石学、地球化学特征研究，并对其形成机制进行了初步探讨（马艳萍等，2006，2007；Ma et al.，2007；马艳萍等，2014），研究表明漂白砂岩形成是在盆地后期改造过程中，由于构造等因素使天然气发生了重新调整并有部分成熟度较高的上古生界天然气在盆地北部发生逸散，逸散的天然气作为还原剂与延安组顶部红色砂岩发生流体-岩石相互作用，将其中的 Fe^{3+} 还原成 Fe^{2+} 迁移及部分发生重结晶作用，形成了该区延安组顶部规模宏大的砂岩漂白现象；同时漂白蚀变产物也成为示踪天然气运移和逸散的间接标志。然而，还有许多问题有待深入研究。如上古生界天然气通过何种途径进入延安组顶部？其运移通道是什么？延安组顶部红色原岩是何时被漂白的，即漂白现象发生的时间？烃类流经的延安组砂岩被漂白了，为何其上覆的直罗组地层未发生漂白？是砂岩类型、碎屑组成差异，还是有其他必要的地质背景和条件？漂白现象的发生与其经历的地质演化有何关联？研究区中侏罗统延安组顶部砂岩在上覆地层沉积、整合覆盖之前，曾经历过较短暂的风化剥蚀改造。此期风化剥蚀具全盆地区域规模，但该套砂岩的漂白现象仅分布在盆地东北部，显然风化剥蚀并未使该砂岩漂白。但风化剥蚀过程对砂岩漂白现象的形成有无影响？是否会为烃类与岩石相互作用从而使砂岩漂白创造某种有利条件或有积极作用？对此国内外尚无相关研究报道。这应是深入研究砂岩漂白成因机制值得进一步探究的重要问题。

对漂白砂岩形成背景和成因机制的深入研究，对鄂尔多斯盆地天然气逸散特征可以提供重要的证据，对天然气逸散规模的估算也具有重要的参考价值，其对探讨鄂尔多斯盆地北部东胜砂岩型铀矿床的成生-富集环境具有重要的意义。因其有可能作为寻找沉积铀矿、探讨油气运移指向和逸散规模的重要标志和研究内容，是连接砂岩型铀矿与有机能源矿产相互作用关系的桥梁。因此，对其深入研究具有重要的理论和实际意义，对于鄂尔多斯盆地及相关盆地的能源勘探具有重要的指导和借鉴意义。

笔者在野外调查、钻井资料统计的基础上，对漂白砂岩进行了光片、薄片鉴定、扫描电镜分析、砂岩黏土矿物 X 衍射分析、全岩主要元素分析以及微量、稀土元素地球化学分析，并与未漂白的红色砂岩、弱漂白的微红砂岩进行了相关对比，对砂岩漂白现象特征从宏观到微观、从定性到定量进行了详细的研究。同时，对砂岩中的碳酸盐胶结物进行了碳氧同位素分析，包裹体观察，延安组中煤的镜质组反射率测定，砂岩中有机质抽提分析，并结合研究区天然气逸散的地质依据，探讨了东北部砂岩漂白现象形成机制。

二、盆地东北部的砂岩漂白现象

（一）漂白砂岩时空分布特征

鄂尔多斯盆地东北部延安组顶部漂白砂岩分布范围广泛，自西向东绵延约数百公里，主要沿沟分布，位于东胜市（今鄂尔多斯市）东北部，自西向东从塔拉壕、白泥渠、白泥梁、石匠窑，至达拉特旗敖包梁区间及东部神山沟和黄铁绵兔沟范围内连续分布；在东胜市西北部高头窑地区、北部罕台川以及达拉特旗马家敖包处零星分布（图 14.9）。

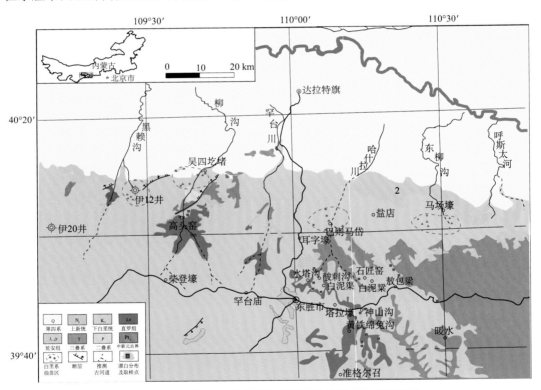

图 14.9　盆地东北部砂岩漂白现象露头及油苗分布地质图

漂白现象主要发育在延安组，主体位于延安组第 V 单元的 1^{-2} 煤（主煤）之上（图 14.10），其分布形式多样：既有分布于煤层之下的，也有位于煤层之上的，有紧挨着煤层的（图 14.11a，b），也有与煤层之间有地层相隔的，其上覆地层多被剥蚀而裸露或

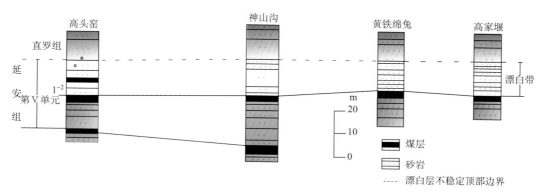

图 14.10 研究区漂白砂岩地层对比图

仅有很薄的覆盖层，在部分地区露头见到上覆地层为直罗组，部分地区漂白砂岩直接被第四系覆盖。在个别露头见漂白砂岩顶板显示为灰色含碳质及根茎植物碎片的长石石英砂岩，底板为灰绿色岩屑长石砂岩，一些地区还见到紧邻漂白层之下发育有机质条带（图 14.11c）。

漂白现象主要表现形式为白色含砾砂质泥、泥质条带以及漂白砂岩，其中尤以漂白砂岩分布广，规模大，如哈什拉川白泥渠剖面，巨厚的漂白砂岩厚度近 18 m（图14.11d），主要呈透镜状和板状分布。该类型主要发育在辫状河道沉积中，具块状及大型交错层理；白色含砾砂质泥仅在高头窑地区的露头中见到，其整体显白色，其中无杂色物质，仅见砾石呈"漂砾"状无规则地散布于砂质泥岩中，粒径 1~2 cm，砾石主要为石英岩和燧石（图 14.11e），该类型一般呈舌状体或板状体，厚度约 3~10 m。其发育环境为泥流型冲积扇（李思田等，1992）。由于区内地层平缓，地形切割深，沿沟可见漂白现象大面积裸露、纵深延伸很远（图 14.11f）。野外露头中见延安组漂白砂岩与红色砂岩层相伴而生，侧向渐变显示，从南向北依次出现从白色、白色微红向红色的渐变（图 14.11g，h）。在白色砂岩的露头中裂隙发育，而红色砂岩则不发育。并且野外露头显示红色粉砂岩、泥岩中发育漂白砂岩透镜体（图 14.11i），漂白部分和红色部分岩石粒度存在差异，漂白部分主要是细、中砂岩，而红色部分主要是泥岩和粉砂岩，在弱漂白砂岩中见到斑点状褐铁矿结核（图 14.11j，k），部分漂白砂岩中见透镜状铁质结核，结核部分主要为铁质胶结的泥岩，结核最大扁平面方向为北东向（图 14.11l），局部可见铁质沿裂隙充填（图 14.11h）。以上这些特征与国外研究报道的漂白蚀变现象相似（Levandowski et al.，1973；Lamb，1980；Lindquist，1988；Helgeson et al.，1993；Chidsey，1995；David et al.，2010），如美国犹他州南部的科罗拉多高原上，沿着拉腊米隆起的侧翼和侵蚀顶部，整个侏罗系风成的纳瓦霍砂岩被广泛地漂白了（Chidsey，1995；David et al.，2010），而纳瓦霍砂岩的底部为低渗透带，因此残留了暗色物质（Kirkland et al.，1995），出现红色和白色相伴的现象；在纳瓦霍砂岩中亦发育斑点状铁质结核，部分漂白砂岩中残留铁质条带。

石油钻孔资料显示，在油气显示井中延安组顶部发育灰白色砂岩。如盆地北部伊深1 井，延安组及其上的侏罗纪地层普遍含黄铁矿晶体，延安组在 627.50 m 深度处发育灰

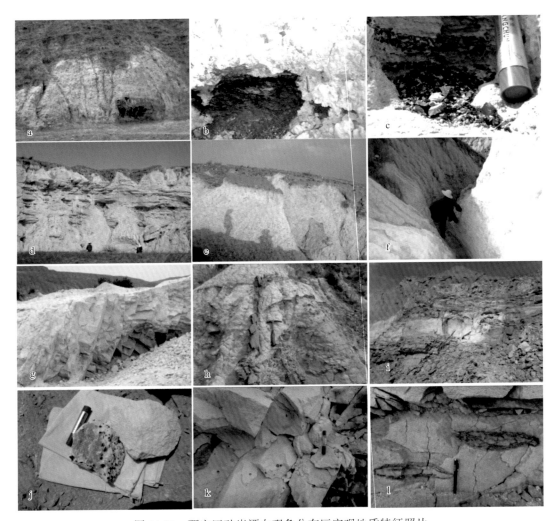

图 14.11　研究区砂岩漂白现象分布区宏观地质特征照片

a. 神山沟漂白砂岩露头，与煤层相邻；b. 漂白之下暗淡煤；c. 漂白底板岩层夹有机质条带；d. 白泥渠巨厚的漂白砂岩，厚约 18 m；e. 高头窑漂白含砾砂质泥；f. 漂白沿沟纵向延伸；g. 神山沟，漂白与弱漂白砂岩侧向渐变；h. 神山沟南露头剖面，漂白砂岩与红色砂岩相伴生，且漂白砂岩裂隙中充填铁质胶结物；i. 神山沟东露头剖面，红色泥岩中发育白色砂岩透镜体；j. 漂白砂岩与带斑状褐铁矿结核的弱漂白砂岩；k. 神山沟露头剖面（漂白、弱漂白砂岩发育褐铁矿结核）；l. 神山沟露头剖面，漂白砂岩中发育透镜状结核，结核部分为铁质胶结的泥岩

白、深灰色砂砾岩，其顶部为白色黏土层，成分为高岭土，其下局部地段发育黏土质白色条带，此与野外露头所见延安组顶部砂岩漂白现象一致，故在石油钻孔中发育砂岩漂白现象（图 14.10）；东胜铀矿钻孔岩心亦显示，延安组顶部发育漂白（褪色）砂岩。

　　由此看出，漂白现象不仅在露头中可见，在井下也有，其分布范围远比现今露头所见要广，整体由隐伏带和出露带构成，出露带在西北部被分割成几块，而在东北部、东部近连续分布。

（二）岩石学、矿物学特征

　　为了更好地认识漂白砂岩特征，样品采集从纵向、平面、岩心、露头综合选取，既有来自东胜铀矿区钻孔岩心中的直罗组含铀矿砂岩底板——延安组顶部漂白砂岩，也有盆地东北部露头样品。其中，露头样品选取延安组顶部的漂白砂岩、附近弱漂白的白色微

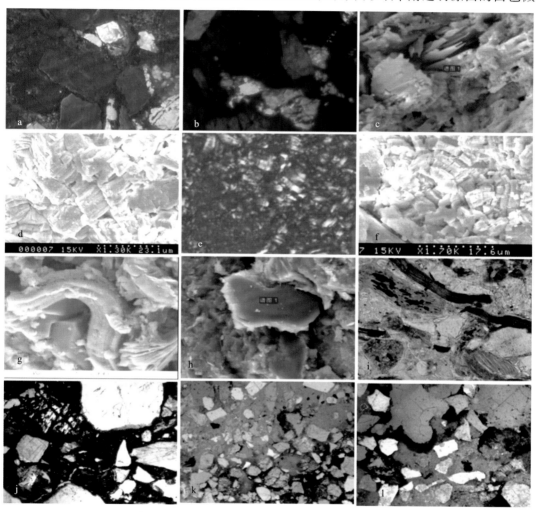

图14.12　漂白砂岩与未漂白红色砂岩显微特征照片

a. 阴极发光，红棕、棕色变质石英，蓝紫色高温石英；b. 阴极发光，发亮蓝色光的碱性长石；c. 漂白砂岩长石溶蚀残骸，SEM；d. 漂白砂岩长石蚀变形成板状高岭石，SEM；e. 漂白砂岩中粒度粗细不一的高岭石孔隙充填，粗粒显蠕虫状，细粒显鳞片状，正交偏光，10×5；f. 漂白砂岩中的折扇状高岭石，SEM；g. 漂白砂岩中的蠕虫状高岭石，SEM；h. 红色砂岩中的碎屑片状高岭石，SEM；i. 神山沟漂白砂岩，单偏光，20×10，黑云母定向排列且水化褪色，部分表面残留铁质斑点；j. 红色砂岩基质及碎屑被铁质浸染，单偏光，10×5；k. 神山沟露头漂白、弱漂白砂岩，漂白砂岩与弱漂白砂岩间的颜色分界，单偏光，10×5；l. 漂白砂岩中含铁矿物从中心向边部颜色变浅，单偏光，10×5

红砂岩和未漂白的红色砂岩，便于对比研究。主要进行了薄片鉴定、阴极发光、扫描电镜（SEM）、黏土矿物 X 衍射、全岩主要元素分析（XRF）以及微量元素分析。

薄片鉴定结果表明，延安组漂白砂岩粒度中等，磨圆度为次棱角状。碎屑成分以单晶石英为主，少量多晶，含量为 70%～85%，阴极发光见发红棕色光的变质石英和蓝紫色光的高温石英（图 14.12a）；岩屑含量为 10%～20%，以变质石英岩岩屑为主，少量喷出岩岩屑和花岗岩岩屑；含少量长石，为 5%～10%，阴极发光下发亮蓝色光的碱性长石（图 14.12b）普遍，也有发淡蓝色光的微斜长石和暗蓝色光的斜长石。纵向上，长石含量自下而上变化不明显，这有别于风化壳中的情况，说明漂白砂岩形成的主导因素并非风化作用。其中部分长石已高岭石化或形成高岭石交代假象，局部见长石溶蚀（图 14.12c，d）。漂白砂岩胶结物主要为鳞片状高岭石集合体，且粒度粗细不一（图 14.12e），粗粒部分可达到近 20 μm，代表了不同的形成期次，其主要以孔隙充填的形式出现。扫描电镜结果证实，漂白砂岩中的高岭石主要为折扇状、蠕虫状和书页状（图 14.12f，g）。任磊夫（1999）对河流相高岭石的研究认为，其自形程度高的高岭石与异地成因无关，故本研究区出现的这些粗粒、结晶度好的高岭石代表流体-岩石作用的结果，而非从源区风化搬运而来。红色砂岩的胶结物则以碎屑片状高岭石为主（图 14.12h），反映原始沉积时风化搬运的特征。在漂白砂岩中观察到石英次生加大，发育不普遍，少量的方解石胶结物，其围岩中方解石胶结物发育，主要为孔隙充填式胶结。漂白砂岩含少量黑云母，且大多已水化褪色，将铁质析出，局部残留斑点状铁矿物（图 14.12i）；红色砂岩基质及部分砂屑都被氧化铁浸染成棕红色（图 14.12j），而漂白砂岩在镜下显示干净，同一样品在漂白部分与弱漂白微红接触部位出现明显的颜色分界（图 14.12k），且漂白部分见含铁矿物从中心向边部颜色出现逐渐变浅的现象（图 14.12l），代表了还原流体作用的结果。

全岩黏土矿物 X 衍射分析结果显示（图 14.13），漂白砂岩矿物组成简单，以高岭石（K）为主，占 90%，含极少量伊/蒙混层（I/S）和伊利石（I），分别占 9% 和 1%；红色砂岩高岭石含量相对偏低，占 60%，伊利石含量明显增高，占 35%，伊/蒙混层为 5%，略低于漂白砂岩。从黏土矿物组合来看，二者都为（K+I+I/S）组合，以富含高岭石为特征，只是各矿物相对含量有别。据研究，该组合常见高渗透储层或煤系地层，也是各含油气盆地砂岩黏土胶结物中最常见的组合（王行信、韩守华，2002）。漂白砂岩高岭石谱图与红色砂岩对比明显（图 14.13），表明漂白砂岩中有自生高岭石的形成，这与薄片观察结果一致。

（三）岩石地球化学特征

1. 全岩主要元素化学分析

岩石地球化学特征对比也显示不同蚀变程度的岩石与未蚀变岩石存在差异和一定的继承性。漂白砂岩与弱漂白砂岩全岩主要元素化学成分分析显示（表 14.5），漂白砂岩 SiO_2 含量为 67.22%～76.60%，Al_2O_3 含量为 16.43%～21.95%，平均为 18.28%，弱漂白微红砂岩中该值为 16.39%，低于漂白砂岩平均值，这也表明漂白砂岩中由于自生高岭石的

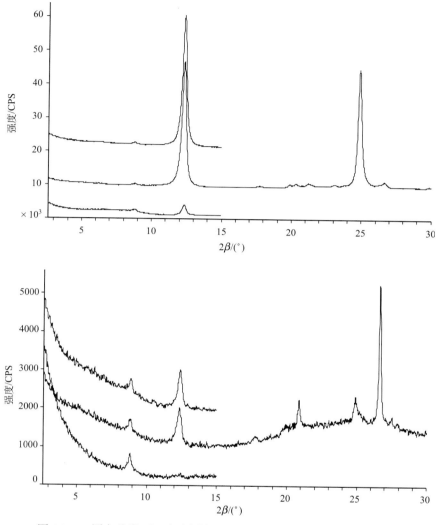

图 14.13　漂白砂岩(上)和未漂白红色砂岩(下)黏土矿物 X 衍射图谱

生成造成 Al_2O_3 质量分数偏高，这与前面的 X 衍射结果显示的漂白砂岩高岭石含量高相符。由此看出，二者具有继承性。MgO、Na_2O 含量相对偏低，普遍小于 1%；其中 SiO_2/Al_2O_3 值为 3.06~4.53，(Na_2O+K_2O) 含量为 0.39%~3.12%，Na_2O/K_2O 值为 0.02~0.16，反映其高岭石含量高，长石含量低，成分成熟度高。漂白砂岩和弱漂白砂岩二者铁含量相差悬殊，前者总铁质量分数(TFe_2O_3) 及 Fe^{3+}/Fe^{2+} 值都很低，TFe_2O_3 质量分数为 0.33%~0.70%，弱漂白微红砂岩 TFe_2O_3 质量分数为 0.80%~2.02%，Fe^{3+}/Fe^{2+} 值低至 0.43，表明红色原岩经弱漂白至漂白过程经历了两种变化：第一，当二者铁含量接近时，说明砂岩漂白是由于原来分散的细粒赤铁矿重结晶形成粗粒的镜铁矿；第二，当二者铁含量相差悬殊时，说明漂白是由于红色原岩经弱漂白至漂白过程中，三价铁被还原成二价铁从而发生迁移，使漂白砂岩中的 TFe_2O_3 含量明显低于弱漂白砂岩，漂白砂岩损失了近 1.5% 的铁，由于铁亏损从而变白(表 14.5)。

表 14.5 不同蚀变程度岩石全岩主要元素分析对比表(%，质量分数)

样品	岩　性	SiO$_2$	TiO$_2$	Al$_2$O$_3$	TFe$_2$O$_3$	MnO	MgO	CaO	Na$_2$O	K$_2$O	P$_2$O$_5$	LOI	TOTAL
M1	神山沟漂白砂岩	73.84	0.41	18.00	0.44	0.01	0.17	0.11	0.06	0.45	0.01	6.76	100.26
M2	白泥渠漂白砂岩	74.50	0.49	16.43	0.39	<0.01	0.14	0.08	0.07	3.00	0.03	4.84	99.97
M3	神山沟漂白砂岩	76.60	0.78	17.49	0.53	0.01	0.17	0.10	0.25	2.87	0.02	1.30	100.12
M4	漂白含砾砂岩	73.50	0.39	18.46	0.33	0.01	0.13	0.13	0.04	0.35	0.02	6.86	100.22
M5	漂白砂岩	71.14	0.63	19.21	0.49	0.01	0.26	0.07	0.19	1.46	0.02	6.74	100.22
M6	漂白细砂岩	67.22	0.84	21.95	0.70	0.01	0.27	0.11	0.14	0.86	0.02	7.79	99.90
M7	漂白砂岩	71.14	0.63	19.21	0.49	0.01	0.26	0.07	0.19	1.46	0.02	6.74	100.22
M8	神山沟弱漂白砂岩	76.22	0.57	16.39	2.02	0.01	0.19	0.09	0.18	2.83	0.01	1.04	99.55
M9	神山沟弱漂白砂岩	72.69	0.82	20.04	0.80	0.01	0.25	0.09	0.26	2.47	0.03	3.01	100.47

注：测试单位为大陆动力学国家重点实验室(西北大学)。

　　为了更进一步确定漂白砂岩与风化作用的关系，本研究采集典型剖面进一步剖析。样品采自神山沟新开采的一个漂白砂岩剖面，保证了样品的新鲜。研究从下而上按一定间隔连续采样，并进行主要元素含量测试，结果见表 14.6。综合已有关于风化作用研究的一些指标(刘成禹、何满潮，2011)，选取 CIA 和 PI 作为漂白蚀变岩石是否经历风化作用的判识指标。其中风化指数公式为：CIA 指数 $= 100 \times Al_2O_3 / (Al_2O_3 + Na_2O + K_2O + CaO)$；PI 指数 $= 100 \times SiO_2 / (SiO_2 + TiO_2 + TFe_2O_3 + Al_2O_3)$，计算结果见表 14.6。

表 14.6 漂白砂岩及围岩主量元素含量表(%，质量分数)

样号	SiO$_2$	TiO$_2$	Al$_2$O$_3$	TFe$_2$O$_3$	MnO	MgO	CaO	Na$_2$O	K$_2$O	P$_2$O$_5$	LOI	TOTAL	CIA	PI
S1	73.25	0.43	15.54	0.63	0.01	0.21	0.54	0.12	2.37	0.02	7.06	100.18	83.7	81.5
S2	72.71	0.48	16.23	0.32	<0.01	0.27	0.60	0.14	2.53	0.03	6.82	100.13	83.2	81.0
S3	73.41	0.47	15.47	0.48	<0.01	0.26	0.59	0.11	2.46	0.02	6.67	99.94	83.0	81.7
S4	74.44	0.47	16.47	0.38	<0.01	0.17	0.05	0.09	2.59	0.03	5.14	99.86	85.6	81.1
S5	74.40	0.63	16.63	0.45	0.01	0.17	0.07	0.10	2.23	0.04	5.27	100.00	87.4	80.8
S6	72.15	0.64	17.95	0.69	0.01	0.19	0.09	0.07	2.35	0.06	5.74	99.94	87.7	78.9
S7	73.01	0.57	16.82	1.01	0.01	0.22	0.12	0.07	2.23	0.04	5.42	99.52	87.4	79.9
S8	73.23	0.43	15.25	0.36	<0.01	0.28	0.47	0.19	2.64	0.03	7.36	100.24	82.2	82.0

　　计算结果显示，发育漂白砂岩的延安组地层剖面中，从下往上，从漂白到顶部的红色砂岩，PI 大体呈下降趋势，CIA 呈上升趋势，PI 大体呈变小趋势，且 PI 变化幅度不明显，而 CIA 向上增加略明显(表 14.6，图 14.14)。从下往上，PI 变化幅度不明显，说明风化作用弱，这与红色砂岩中铁富集使总铁含量(TFe$_2$O$_3$)升高，而白色砂岩中由于铁亏损使得总铁含量(TFe$_2$O$_3$)较低有关，且漂白砂岩中 Al$_2$O$_3$ 高于红色砂岩，故 PI 曲线大致持

平略微减小，可判断为微风化；CIA 向上增加略明显，说明其主要由碱土金属含量的变化引起，最主要与漂白砂岩中的高岭石含量高有关，CIA 曲线从下往上增大相对明显。总体上，该剖面风化作用弱，故漂白砂岩非风化作用的结果，这与前面的矿物学、岩石学特征相互印证。

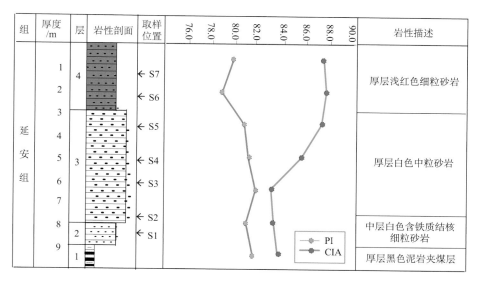

图 14.14　漂白砂岩及围岩风化指数及岩性对照图

2. 稀土元素特征

砂岩钻孔岩心及露头样品的稀土元素含量和球粒陨石标准化（Boynton，1984）模式见表 14.7 及图 14.15。同时，将上部地壳（UCC）（黎彤、倪守斌，1990）和新太古界平均澳大利亚沉积岩（PAAS）（McLennan，1989）的稀土元素也进行了球粒陨石标准化，以期与研究区砂岩进行对比。研究区砂岩稀土元素（REE）从 La 到 Lu 具有与 UCC 和 PAAS 相似的配分型式，基本显示右倾的"V"型模式，说明二者有一定的继承性，但未漂白的红色砂岩曲线位置靠近 UCC 和 PAAS，而漂白砂岩曲线位置大部分偏低（图 14.15）。从表 14.7 也可看出，漂白砂岩的稀土元素总量（ΣREE）、轻重稀土含量大部分低于红色砂岩，其 ΣREE 为 55.8~230.5 $\mu g/g$，而红色砂岩为 94.1~174.2 $\mu g/g$。LREE/HREE 为 7.6~15.0 和 La_N/Yb_N 6.7~24.3，低值出现在红色砂岩中，反映出稀土的分异程度不同，露头漂白砂岩轻重稀土分异程度大，更加富集轻稀土。漂白砂岩 Eu/Eu^* 值为 0.4~0.8，表明 Eu 具有负异常。Ce/Ce^* 值为 0.9~1.3，为弱富铈异常（表 14.7）。

稀土元素性质相似，在成岩、成矿研究中具有重要的意义。其中 Eu 和 Ce 的变化与岩石形成条件密切相关。在酸性介质或强还原环境下，Eu^{3+} 才能被还原为 Eu^{2+}，自然界中这种情况少见，一旦发生，其分馏效应便具有地球化学意义；Ce^{4+} 化合物只有在碱性介质和高氧化电位时才能形成，而在酸性介质中很难氧化。因 Eu^{2+} 和 Ce^{4+} 常会与其他稀土元素发生分离，并据此分异程度可以探讨成岩成矿过程中的物理化学条件（牟保磊，

表 14.7　漂白砂岩及红色原岩稀土元素含量及特征参数对比表（单位：μg/g）

样号	岩　性	La	Ce	Pr	Nd	Sm	Eu	Gd	Tb	Dy	Ho	Er	Tm	Yb	Lu
M1	神山沟漂白砂岩	6.2	15.4	1.1	4.2	0.7	0.1	0.6	0.1	0.5	0.1	0.3	0.0	0.3	0.0
M2	白泥渠漂白砂岩	50.4	102.0	11.3	42.2	7.3	1.8	6.1	0.8	4.2	0.7	1.8	0.3	1.4	0.2
M3	神山沟漂白砂岩	30.3	56.4	6.1	21.2	3.2	0.7	2.7	0.4	1.9	0.4	1.2	0.2	1.3	0.2
M5	漂白砂岩	13.6	28.4	2.8	11.4	2.0	0.4	1.7	0.2	1.2	0.2	0.7	0.1	0.7	0.1
M6	漂白细砂岩	12.2	25.3	2.4	9.6	1.6	0.2	1.4	0.2	1.1	0.2	0.7	0.1	0.7	0.1
M8	神山沟弱漂白砂岩	37.4	76.2	9.0	32.5	5.6	1.2	4.3	0.6	3.1	0.6	1.6	0.3	1.6	0.2
M9	神山沟红色砂岩	18.8	40.6	4.1	16.1	3.0	0.6	3.0	0.5	2.7	0.6	1.6	0.3	1.9	0.3
M10	漂白砂岩岩心	12.2	25.3	2.4	9.6	1.6	0.2	1.4	0.2	1.1	0.2	0.7	0.1	0.7	0.1
M11	漂白砂岩岩心	13.6	28.4	2.9	11.4	2.0	0.4	1.7	0.2	1.2	0.2	0.7	0.1	0.7	0.1
UCC	上部地壳	30.0	64.0	7.1	26.0	4.5	0.9	3.8	0.6	3.5	0.8	2.3	0.3	2.2	0.3
PAAS	澳大利亚沉积岩	38.2	79.6	8.8	33.9	5.6	1.1	4.7	0.8	4.7	1.0	2.9	0.4	2.8	0.4

样号	岩　性	ΣREE	LREE	HREE	LREE/HREE	La_N/Yb_N	Eu/Eu^*	Ce/Ce^*
M1	神山沟漂白砂岩	57.3	27.6	1.8	15.0	15.2	0.4	1.3
M2	白泥渠漂白砂岩	230.5	215.0	15.5	13.9	24.3	0.8	1.0
M3	神山沟漂白砂岩	126.2	117.9	8.3	14.2	15.7	0.7	0.9
M5	漂白砂岩	63.5	58.6	4.9	12.0	13.1	0.7	1.1
M6	漂白细砂岩	55.8	51.3	4.5	11.4	11.8	0.4	1.1
M8	神山沟弱漂白砂岩	174.2	161.9	12.3	13.2	15.8	0.7	1.0
M9	神山沟红色砂岩	94.1	83.2	10.9	7.6	6.7	0.6	1.1
M10	漂白砂岩岩心	55.8	51.2	4.5	11.3	11.1	0.4	1.1
M11	漂白砂岩岩心	63.5	58.6	4.9	12.1	13.9	0.7	1.0
UCC	上部地壳	146.4	132.5	13.9	9.5	9.2	0.6	1.0
PAAS	澳大利亚沉积岩	184.8	167.2	17.6	9.5	9.1	0.6	1.0

1999；Rollison，2000）。研究显示，漂白砂岩 Eu/Eu^* 值为 0.4~0.8，均为负铕（Eu）异常；红色砂岩和漂白砂岩 Ce/Ce^* 值为 0.9~1.3，除 M3 外均大于 1，说明漂白砂岩中 Ce 相对富集。漂白砂岩中出现的铈、铕异常特征说明其形成过程中存在酸性、还原流体环境，该酸性还原环境利于 Eu^{3+} 还原为 Eu^{2+} 而与其他 REE 分离，但不利于 Ce^{3+} 氧化，因而在漂白砂岩中显示铕亏损而铈相对富集，表明漂白蚀变岩石是流体–岩石相互作用的结果。

3. 漂白蚀变砂岩形成的流体环境

　　漂白砂岩与红色原岩的颜色变化、岩石学、岩石地球化学特征指示了流体作用。到底这种流体是什么？通过探寻其在漂白砂岩中的微观踪迹，结合盆地东北部天然气逸散的地质特征揭示漂白蚀变岩石经历流–岩作用的流体地球化学特征。

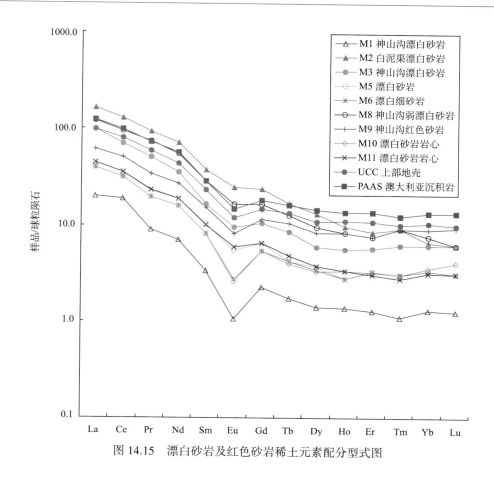

图 14.15　漂白砂岩及红色砂岩稀土元素配分型式图

(1) 砂岩方解石胶结物碳、氧同位素特征

本次共对 14 个样品进行测试，其中 9 个砂岩样品来自东胜地区延安组和直罗组钻孔岩心；另外选取了 2 个铀矿区直罗组砂岩中普遍分布的钙化木，1 个直罗组姜黄色氧化砂岩中沿裂隙分布的白色条带及 2 个直罗组露头样品。所有样品均由中国科学院地质与地球物理研究所岩石圈演化国家重点实验室在 MAT-253 型气体稳定同位素质谱仪上测试完成，所给数据均相对于国际标准 PDB 值，分析误差均好于 0.2‰。测试是将 10 mg 经过去有机质处理的含方解石胶结物的粉末样品与 100%的正磷酸在 25 ℃反应 12 h，以确保送质谱测定的 CO_2 气体来自方解石，并且避免了砂岩中有机碳的影响，使分析结果可信度提高。本节主要讨论与漂白砂岩有关的问题，故只选取了同采自钻孔的 9 个岩心样品，包括延安组灰白色砂岩和灰绿色砂岩及其上覆直罗组地层砂岩样品（表 14.8），其余在后面讨论。9 个样品深度范围为 103.2～288.6 m，其胶结物主要为方解石，包括微晶和亮晶方解石。方解石胶结物含量分布范围为 8%～30%。从图 14.16 可以看出，方解石胶结物碳同位素特征与深度和方解石含量无关。

方解石胶结物碳、氧同位素组分特征显示（表 14.8，图 14.17），$\delta^{13}C$ 和 $\delta^{18}O$ 分布范

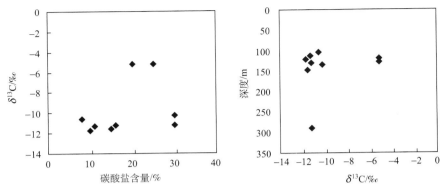

图 14.16　方解石胶结物碳同位素与胶结物含量(左)和深度(右)的关系图

围分别从 −11.729‰ ~ −5.155‰，平均为 −9.789‰ 及 −14.104‰ ~ −11.828‰，平均为 −12.955‰。其中，铀矿区 6 个直罗组及 1 个延安组浅灰白色砂岩(3–9 号样品)的 $\delta^{13}C$ 分布较集中，其值为 −11.729‰ ~ −10.210‰，平均为 −11.110‰；2 个延安组灰绿色砂岩(1、2 号样)，其 $\delta^{13}C$ 分布范围为 −5.180‰ ~ −5.155‰。虽然所有样品都落在 III 区，但直罗组的 6 个和 1 个延安组浅灰白色砂岩样品的碳同位素更轻，比延安组的 2 个灰绿色砂岩平均负偏约 5.95‰。

表 14.8　东胜地区露头及钻孔岩心砂岩中方解石胶结物碳、氧同位素组分表

序号	样号	层位	深度/m	岩 性	方解石含量/%	$\delta^{13}C/‰$	$\sigma/‰$	$\delta^{18}O/‰$	$\sigma/‰$
1	WZ01	延安组	126.5	灰绿色砂岩	20	−5.155	0.006	−12.262	0.008
2	WZ153	延安组	119.0	灰绿色含泥砾砂岩	25	−5.180	0.005	−11.828	0.011
3	WZ151	延安组	129.4	致密浅灰白色砂岩	30	−11.180	0.006	−12.481	0.007
4	WZ19	直罗组	103.2	灰白色砂岩矿石	8	−10.557	0.004	−13.175	0.009
5	WZ28	直罗组	133.0	灰白色粉砂岩	30	−10.210	0.003	−13.038	0.012
6	WZ32	直罗组	147.0	浅灰绿色砂岩	15	−11.579	0.011	−14.104	0.004
7	WZ43	直罗组	112.0	灰绿色砂岩	11	−11.317	0.008	−13.626	0.01
8	WZ54	直罗组	119.6	灰白色砂岩矿石	10	−11.729	0.004	−13.126	0.009
9	WZ67	直罗组	288.6	灰绿色砂岩	16	−11.197	0.004	−13.314	0.009

正常碳酸盐，其碳不论来自大气、淡水还是海相环境，$\delta^{13}C_{PDB}$ 分布范围在 −10‰ ~ +5‰ 之间(Fairbridge，1972；Anderson and Arthur，1983)。大多数的原油，其碳同位素组成分布范围为 −20‰ ~ −32‰，而 CH_4 可能的分布范围为 −20‰ ~ −90‰，一般生物成因的 CH_4 为高负值，从 −60‰ ~ −90‰，而热成因 CH_4 为低负值，从 −20‰ ~ −55‰。与烃类氧化有关的碳酸盐，其碳为混合的有机碳源，同位素组成一般低于 −20‰，具体根据氧化的烃类所提供的碳的比例，碳酸盐的碳同位素可能的范围为 −10‰ ~ −60‰。从图 14.17 看出，研究区方解石胶结物的 $\delta^{13}C$ 大部分小于 −10‰，指示其形成与烃类氧化有关，有机

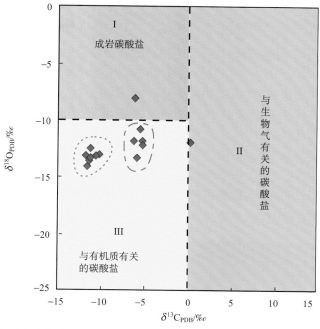

图 14.17 研究区砂岩中碳酸盐胶结物的碳、氧同位素组成分布图(分区据王大锐,2000)

碳提供了部分碳源,因其中的碳富^{12}C,造成方解石胶结物 δ^{13}C 较轻。而最可能的是方解石胶结物中的碳与^{13}C 缺乏的烃在地下通过细菌还原硫酸盐作用时发生同位素分馏有关。这从研究区与方解石胶结物紧密共生的自生黄铁矿硫同位素分布可以得到证实。本次共收集到 24 个硫同位素值(吴柏林等,2006a;张复新等,2006),δ^{34}S 分布范围较宽,从−39.2‰~26.97‰,有 75% 的 δ^{34}S 值低于+8.5‰(海相硫酸盐的最小值),最低达−39.02‰,说明细菌可能参与了部分黄铁矿的形成。

(2) 有机质特征

漂白砂岩和其顶板灰绿色砂岩生物标志化合物参数显示(表 14.9),其 OEP 值均为 1.12;C$_{30}$藿烷 20S/(R+S) 值分别为 0.07、0.61;C$_{29}$甾烷 20S/(20R+20S) 值分别为 0.35、0.40;C$_{29}$甾烷 αββ/(ααα+αββ) 值分别为 0.41、0.44,同时存在相对丰富的重排甾烷等,表明研究区砂岩中的有机质成熟度较高,而煤系地层 R^o(本次测 R^o 为 0.35%~0.49%)小于 0.5%,显然该成熟度较高的有机质不是来自本地。

表 14.9 漂白砂岩及顶部灰绿色砂岩中的有机质生物标志化合物参数

样号	层位	深度/m	岩性	CPI	OEP	Pr/Ph	Pr/nC$_{17}$	Ph/nC$_{18}$	Tm/Ts	Hopane/Moretane	C$_{3120}$S/(S+R)	C$_{29}$Ts/C$_{29}$NH	C$_{30}$DH/C$_{30}$H	C$_{2929}$S/(20S+20R)	C$_{29}$αββ/ααα+αββ	C$_{2720}$R/C$_{2920}$R
WZ156	延安组	149.50	浅灰绿色砂岩	1.27	1.12	1.92	0.77	0.37	0.95	6.74	0.61	0.37	0.09	0.40	0.44	0.97
WZ157	延安组	167.50	漂白砂岩	1.73	1.12	1.42	0.77	0.63	1.50	3.21	0.07	0.30	0.09	0.35	0.41	0.64

（3）包裹体特征

包裹体观察显示，无论是漂白砂岩，还是其上的砂岩铀矿样品，在石英表面的裂隙及方解石胶结物中，均含有一定数量的气液烃包裹体，在方解石胶结物碳同位素显示较轻（-11.180‰）的延安组灰白色砂岩（WZ151）中，于石英次生加大边和方解石胶结物中均发育气烃及气液烃包裹体（图14.18），这也为方解石中的碳存在有机碳源提供了佐证，说明最可能的是烃类气体。通过对研究区砂岩样品碳酸盐胶结物及方解石脉中单个包裹体成分测试表明（吴柏林等，2006a），其中以个体很小的气态烃包裹体为主，少部分气-液烃包体和液烃包裹体，成分主要为 CO_2 和 CH_4，指示研究区的还原性流体为天然气。冯乔等（2006）通过对盆地北部山西组储层中流体包裹体研究表明，上古生界储层中的油气存在向北及北东方向运移并散失。

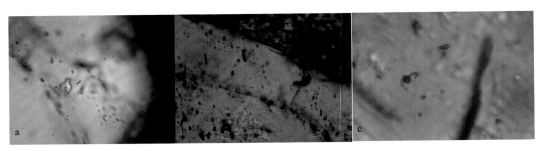

图 14.18 漂白砂岩胶结物中包裹体显微照片

a. 石英次生加大边中的气、液烃包裹体，漂白砂岩，单偏光，50×10；b. 石英次生加大边中的气、液烃包裹体，气泡跳动，漂白砂岩，单偏光，50×10；c. 方解石胶结物中的气、液烃包裹体，漂白砂岩，单偏光，50×10

方解石胶结物碳同位素特征、有机质条带生物标志物分析及流体包裹体研究均显示研究区存在天然气逸散，上古生界天然气的散失提供了漂白砂岩形成所需的流体环境。漂白砂岩中的高岭石胶结物氢氧同位素特征（李荣西等，2006），显示其中的高岭石为低温热液成因，而非风化成因。说明漂白砂岩形成最可能的是盆地上古生界逸散的天然气，其提供了盆地北部红色砂岩漂白所需的还原性流体环境。

三、砂岩漂白现象的形成机制

（一）漂白蚀变砂岩对烃类运散的指示

漂白砂岩与红色砂岩的颜色变化、矿物岩石学特征、地球化学特征均指示了原岩经历了酸性、还原性流体作用。漂白蚀变砂岩为流体-岩石相互作用的结果，其指示了流体作用及路径。证据主要包括：

1）野外露头特征显示，其与红色砂岩相伴生，红色泥岩及粉砂岩中的砂岩透镜体为白色，暗示透镜状砂体可成为天然气运移的通道。

2）岩石的渗透性也影响了流体通过的路径，漂白蚀变现象主要发育在砂岩中，且其中裂隙发育，这些特征为天然气与红色围岩接触提供了通道，使得红色原岩发生流–岩作用后变白了；而在泥岩及粉砂岩中裂隙不发育，且渗透性差，流体难以通过，岩石仍残留红色，说明低渗透岩层阻碍了天然气运移。

3）漂白砂岩中发育的铁质结核最大扁平面方向为北东向，这与盆地上古生界天然气存在向北东方向运移的总趋势一致；漂白砂岩与红色砂岩相伴而生，其颜色渐变显示，从白色、白色微红到红色砂岩，侧向渐变从南西往北东方向变为红色，这也与上古生界天然气向北东方向运移的趋势一致。

4）漂白及弱漂白蚀变砂岩裂隙中有红色的铁质充填及发育斑点状褐铁矿结核，漂白砂岩总铁含量（TFe_2O_3）及 Fe^{3+}/Fe^{2+} 值都很低，且其铁较未漂白砂岩损失了 1.5%，说明漂白砂岩中的氧化铁被还原迁移。指示了漂白砂岩形成过程中经历了还原性流体作用，还原性流体将红色原岩中的 Fe^{3+} 还原为地质条件下可以迁移的 Fe^{2+}，从而由于铁的迁移、沉淀，或分散的赤铁矿重结晶成镜铁矿而形成漂白蚀变特征。后期由于近地表含氧水下渗进一步将铁氧化从而表现为沿裂隙的铁质胶结充填和斑点状褐铁矿结核发育。

5）显微岩石学特征显示，漂白砂岩为流体作用结果，研究区出现的这些粗粒、结晶度好的高岭石代表流体–岩石作用的结果，而非从源区风化搬运而来。漂白砂岩中见长石溶蚀，以及以孔隙充填形式出现的含量较高的自生高岭石，共同反映了漂白砂岩的形成与酸性流体有关。吴柏林等（2006b）通过流体包裹体研究证实，漂白砂岩形成时的流体 pH 为 6.7，显示为弱酸性流体地球化学环境。漂白砂岩中高岭石的氢氧同位素特征亦表明漂白砂岩中的高岭石胶结物为热液成因，而非风化成因。

6）REE 分析显示，漂白砂岩铕亏损而铈弱富集，说明在流岩作用过程中 REE 发生了活化迁移，而漂白砂岩 Eu/Eu^* 和 Ce/Ce^* 特征值指示了其形成过程中的物理化学条件为酸性介质、还原环境。

（二）漂白现象与天然气逸散的时空关系

从鄂尔多斯盆地东北部漂白砂岩与油苗分布位置可知（图 14.8—图 14.10），漂白砂岩分布区域与油苗分布点有一定的对应关系。其中，乌兰格尔地区的油苗与高头窑地区的漂白砂岩可以对应；马场壕、巴则马岱地区的油苗与东胜东部的漂白砂岩可以对应；黑赖沟附近的油苗与伊深 1 井井下延安组顶部的漂白砂岩可以对应。前已述及，北部油苗为上古生界天然气逸散作用的结果，故这种空间对应关系从侧面揭示了漂白砂岩应该与上古生界天然气逸散有密切联系。

从产气井本身发育漂白砂岩来看，更直接证明了漂白砂岩与上古生界煤成气关系密切。伊深 1 井曾试油获工业性气流，盒 6 层日产油 1.01 m^3，盒 1、2 层日产气 9387 ~ 11687 m^3，分析确认气体来自石炭系—下二叠统煤系地层（付金华等，1983①）；另据资料记载，准格尔旗延安组的煤燃之有强烈的硫黄味和微弱的汽油味，当地村民将此种煤以瓷罐装之并加水高热烧，罐内则剩余水，水上浮有油，这表明延安组地层中有油气痕迹

---

① 付金华，付锁堂等. 1983. 陕甘宁盆地北部上古生界含气构造剖析. 长庆油田勘探开发研究院. 1~27

(华北地质局 206 队[①]),但其来源还不确定,这至少可以说明研究区发育漂白砂岩的地层曾经历过油气作用。从漂白砂岩分布与盆地东北部上古生界浅层油气显示分布来看(图 14.8),漂白砂岩分布区域与层位显示高的上二叠统气测异常关系密切,说明浅层气藏的天然气逸散作用对东北部延安组砂岩漂白现象形成有一定的贡献。油苗显示也与气测异常层位显示高的区域重叠,更为浅层气藏天然气逸散提供了佐证。

鄂尔多斯盆地上古生界源岩生、排气高峰在晚侏罗世至早白垩世。早白垩世末,盆地整体抬升,在晚白垩世以来的差异性幕式抬升和强烈剥蚀演化中,油气藏中的油气水分异、脱溶、逸散,对表浅层渗透性砂岩层产生了一定的影响。据前面对浅层气藏的剖析及成藏时间(70~100 Ma)大致可以推断,天然气逸散的时间为早白垩世末以来,故漂白砂岩形成时间应该与其有一定的对应性。

(三) 漂白现象的形成机制

从野外露头地质特征、钻孔显示、岩石矿物学、地球化学以及相关砂岩的对比研究,结合研究区天然气逸散的地质证据可知,漂白现象形成与上古生界煤成气关系密切,主要证据有:①研究区砂岩方解石胶结物碳同位素偏负指示存在有机碳源,而方解石胶结物中发育气液烃包裹体更证实了这一点;②延安组的煤中有油气痕迹;③紧邻漂白砂岩底板见有机质条带,有机质生物标志物结果显示,其中的有机质成熟度较高,而研究区侏罗纪煤系地层及石炭—二叠煤系热演化程度均较低,证明为外来有机质;④流体包裹体研究显示存在天然气逸散;⑤盆地北部鼻隆和断裂构造相对发育,在后期改造过程中,可以作为油气运移的疏导体;⑥漂白现象分布范围与浅层气藏密切相关,浅层气藏易于散失的特点使漂白现象发生成为可能;⑦与漂白砂岩紧邻的北部油苗的存在,证实了上古生界天然气可以运移到达盆地北缘并散失;⑧岩石地球化学结果已证实漂白砂岩形成介质为酸性、还原环境,上古生界向北运移并散失的天然气满足了其形成所需的环境,漂白砂岩中的高岭石胶结物氢氧同位素显示为低温热液成因,也印证了存在热液流体作用。

综合以上各方面,漂白砂岩的形成为酸性、还原环境。天然气向上逸散过程中,其作为还原剂可将红色砂岩中以胶体形式出现的 Fe^{3+} 还原成 Fe^{2+} 迁移;同时继续上升的天然气在浅表层被喜氧细菌氧化,产生 CO_2 和 HCO_3^-,并最终以方解石胶结物的形式沉淀,故方解石胶结物碳同位素大部分较轻(小于-10‰),显示有机碳源,延安组灰白色砂岩及其上直罗组砂岩中的碳酸盐胶结物碳同位素特征便是佐证;当反应使沉积物或孔隙流体中的氧被消耗,厌氧细菌还原硫酸盐开始,产生 H_2S。这一系列的变化导致了环境系统的氧化–还原电位改变,而 pH、Eh 变化又会导致一些矿物稳定性变差,酸性流体使长石溶蚀、高岭石沉淀,细菌还原硫酸盐产生的 H_2S 对红色砂岩中的 Fe^{3+} 还原起到一定的作用,并形成黄铁矿沉淀,从漂白砂岩中含有少量的黄铁矿及石油钻孔资料揭示的延安组顶部及其上的直罗组中含有黄铁矿结核或晶簇可以得到证明,这也正解释了黄铁矿硫同位素有细菌还原硫酸盐特征(低至-39.2‰)。红色砂岩在这一系列过程中被漂白了,

---

①　华北地质局 206 队. 1955. 内蒙古伊克昭盟达拉特旗及其附近地区地质普查报告. 45

并且发生长石溶蚀及高岭石沉淀。目前在白色微红砂岩中见到的斑点状褐铁矿结核，是由于盆地后期改造期间，由于地层暴露，部分 Fe^{2+} 又再次被氧化而形成褐铁矿结核，这与美国科罗拉多高原上的侏罗系纳瓦霍漂白砂岩附近见到的特征一致。Chan 等（2000）将其解释为不同期氧化流体作用的结果。上述砂岩漂白现象的形成机制可以通过以下模式来表达（图 14.19）：

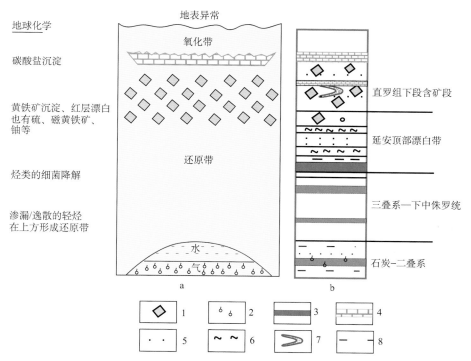

图 14.19　烃类逸散在沉积物发生蚀变的模式图

a. 据 Schumacher，1996，略改动；b. 作者据研究区情况示意

1. 黄铁矿；2. 天然气；3. 煤层；4. 碳酸盐胶结物；5. 砂岩；6. 黏土条带；7. 铀矿；8. 泥岩

1）从上古生界气藏中向上逸散的天然气达到延安组，其首先作为还原剂将砂岩中的 Fe^{3+} 胶结物还原形成 Fe^{2+} 迁移，反应方程式为

$$CH_4 + 4Fe_2O_3 + 16H^+ \Longrightarrow CO_2 + 10H_2O + 8Fe^{2+}$$

2）天然气继续上升，与上覆直罗组中下渗的含氧水相遇，在氧化环境下，喜氧细菌氧化甲烷产生二氧化碳和水，反应方程式为

$$CH_4 + O_2 \Longrightarrow CO_2 + H_2O$$

3）一旦沉积物或孔隙流体中的氧被消耗，便开始了厌氧细菌还原硫酸盐作用，产生 H_2S，进一步的反应使砂岩中的 Fe^{3+} 被 H_2S 还原形成硫同位素较大负值（低至 -39.2‰）的黄铁矿沉淀。同时，有可能发生 Fe_2O_3 与 FeO 的反应生成磁铁矿，这在砂岩中出现磁铁矿与黄铁矿共生的现象可能代表了这一过程，反应方程式为

$$CH_4 + SO_4^{2-} \Longrightarrow H_2S + HCO_3^-$$

$$2H_2S+Fe_2O_3+2H^+ \Longrightarrow FeS_2+3H_2O+Fe^{2+}$$

$$FeO+Fe_2O_3 \Longrightarrow Fe_3O_4$$

鄂尔多斯盆地东北部规模宏大的延安组顶部漂白蚀变砂岩野外露头地质特征、岩石学、大量的岩石地球化学以及流体地球化学特征研究,结合研究区天然气逸散的地质作用,证实了盆地东北部中生界砂岩漂白蚀变现象形成为上古生界较高成熟度的天然气逸散与岩石发生流–岩作用的结果。流–岩蚀变产物–漂白砂岩指示了还原性流体作用,其可作为烃类运移、散失的间接标志。

参 考 文 献

陈安定, 李建锋. 1994. 天然气运移的地球化学指标. 天然气地球科学, 24(5): 38~67

戴金星, 卫延召, 赵靖舟. 2003. 晚期成藏对大气田形成的重大作用. 中国地质, 30(1): 10~19

冯乔, 张小莉, 王云鹏等. 2006. 鄂尔多斯盆地北部上古生界油气运聚特征及其铀成矿意义. 地质学报, 80(5): 748~752

付金华. 2004. 鄂尔多斯盆地上古生界天然气成藏条件及富集规律. 西北大学博士学位论文. 1~77

付金华, 段晓文, 席胜利. 2000. 鄂尔多斯盆地上古生界气藏特征. 天然气工业, 20(6): 16~19

付少英, 彭平安, 张文正等. 2003. 用镜质组反射率和包裹体研究鄂尔多斯盆地气藏中气水界面的迁移. 石油学报, 24(3): 46~51

傅宁, 李友川, 刘东等. 2005. 东海平湖气田天然气运移地球化学特征. 石油勘探与开发, 32(5): 34~37

哈什曼, 亚当斯. 1980. 陆相砂岩卷型铀矿床地质学和识别判据. 见: 秦楚笛译. 北京: 原子能出版社. 1~30

何自新, 杨华, 袁效奇. 2004. 鄂尔多斯盆地地质剖面图集. 北京: 石油工业出版社. 324~325

黄志龙, 柳广弟, 郝石生. 1997. 东方1-1气田天然气运移地球化学特征. 沉积学报, 15(2): 66~69

金之钧, 王清晨. 2004. 中国典型叠合盆地与油气成藏研究新进展——以塔里木盆地为例. 中国科学(D辑), 34(增刊I): 1~12

黎彤, 倪守斌. 1990. 地球和地壳的化学元素丰度. 北京: 地质出版社. 6~26

李荣西, 赫英, 李金保等. 2006. 东胜铀矿区流体包裹体同位素组成与成矿流体来源研究. 地质学报, 80(5): 753~760

李思田, 程守田, 杨士恭等. 1992. 鄂尔多斯盆地东北部层序地层及沉积体系分析. 北京: 地质出版社. 163~174

李细根, 王乐民. 2004. 层间氧化带中褪色带的成因及其找矿意义. 铀矿地质, 20(3): 151~155

李赞豪, 杨义康, 冯明朗等. 1985. 甲烷碳同位素在天然气勘探中的应用. 石油与天然气地质, 6(4): 426~433

李振宏. 2005. 鄂尔多斯盆地上古生界石千峰组气藏成藏时间. 西北油气勘探, 17(2): 8~13

刘成禹, 何满潮. 2011. 对岩石风化程度敏感的化学风化指数研究. 地球与环境, 39(3): 349~354

刘池洋. 2005a. 盆地多种能源矿产共存富集成藏(矿)研究进展. 北京: 科学出版社. 50~58

刘池洋. 2005b. 盆地构造动力学研究的弱点、难点及重点. 地学前缘, 12(3): 113~124

刘池洋. 2007. 叠合盆地类型及其特征和油气赋存. 石油学报, 28(1): 1~7

刘池洋, 杨兴科. 2000. 改造盆地研究和油气评价的思路. 石油与天然气地质, 21(1): 11~14

刘池洋, 赵红格, 王锋等. 2005. 鄂尔多斯盆地西缘(部)中生代构造属性. 地质学报, 79(6): 738~747

刘池洋, 马艳萍, 吴柏林等. 2008. 油气耗散–油气地质和资源评价的弱点和难点. 石油与天然气地质, 29(4): 517~526

刘庆生, 李海侠, 王芳等. 2002. 油气藏全空间磁学、地球化学与矿物学结构及意义——检验"烟筒效

应"的形成机理. 地球科学, 27(5): 637~644

刘文汇, 张殿伟, 王晓峰等. 2004. 天然气气-源对比的地球化学研究. 沉积学报, 22(增刊): 27~32

刘友民. 1982. 陕甘宁盆地北缘乌兰格尔地区白垩系油苗成因及意义. 石油勘探与开发, 3: 39~42

马艳萍, 刘池阳, 王建强等. 2006. 盆地后期改造中油气运散的效应——鄂尔多斯盆地东北部中生界漂白砂岩. 石油与天然气地质, 27(2): 233~238

马艳萍, 刘池阳, 赵俊峰等. 2007. 鄂尔多斯盆地东北部砂岩漂白现象与天然气逸散的关系. 中国科学(D 辑), 37(增刊 I): 127~138

马艳萍, 刘池洋, 司维柳等. 2014. 鄂尔多斯盆地东北部流-岩相互作用的岩石学记录对烃类运散的指示. 西安石油大学学报(自然科学版), 29(2): 37~42

米敬奎, 肖贤明, 刘翻汉等. 2003. 利用包裹体信息研究鄂尔多斯盆地上古生界深盆气的运移规律. 石油学报, 24(5): 46~51

牟保磊. 1999. 元素地球化学. 北京: 北京大学出版社. 1~227

任磊夫. 1999. 黏土矿物与黏土岩. 北京: 地质出版社. 37~40

任战利, 张盛, 高胜利等. 2006. 鄂尔多斯盆地热演化程度异常分布区及其形成时期探讨. 地质学报, 80(5): 674~684

沈平, 徐永昌, 王先彬等. 1991. 气源岩和天然气地球化学特征及成气机理研究. 兰州: 甘肃科学技术出版社. 1~248

孙圭, 赵致和. 1994. 中亚及邻区地浸砂岩型铀矿. 北京: 地质出版社. 1~20

汪则成, 赵文智, 门相勇等. 2005. 基底断裂"隐形活动"对鄂尔多斯盆地上古生界天然气成藏的作用. 石油勘探与开发, 32(1): 9~13

王大锐. 2000. 油气稳定同位素地球化学. 北京: 石油工业出版社. 104~118

王金平. 1998. 潜育型砂岩铀矿化的地球化学特征、成因机理及找矿模式探讨——以红井铀矿床为例. 铀矿地质, 14(1): 20~25

王金平. 2000. 陕甘宁盆地北部下白垩统潜水氧化带型铀矿成矿远景研究. 华东地质学院学报, 23(3): 202~208

王庭斌. 2005. 中国大中型气田成藏的主控因素及勘探领域. 石油与天然气地质, 26(5): 572~583

王行信, 韩守华. 2002. 中国含油气盆地砂泥岩黏土矿物的组合类型. 石油勘探与开发, 29(4): 1~3

王震亮, 张立宽, 孙明亮等. 2004. 鄂尔多斯盆地神木-榆林地区上石盒子组-石千峰组天然气成藏机理. 石油学报, 25(3): 37~43

吴柏林, 刘池阳, 张复新等. 2006a. 东胜砂岩型铀矿后生蚀变地球化学性质及其成矿意义. 地质学报, 80(5): 740~747

吴柏林, 王建强, 刘池阳等. 2006b. 东胜砂岩型铀矿形成中的天然气作用地球化学及其成因矿床学意义. 石油与天然气地质, 27(2): 225~232

杨华, 张文正, 李剑锋等. 2004. 鄂尔多斯盆地北部上古生界天然气的地球化学研究. 沉积学报, 22(增刊): 39~45

张复新, 乔海明, 贾恒. 2006. 内蒙古东胜砂岩型铀矿形成条件与成矿作用. 地质学报, 80(5): 733~739

张君峰, 兰朝利. 2006. 鄂尔多斯盆地榆林-神木地区上古生界裂缝和断层分布及其对天然气富集区的影响. 石油勘探与开发, 33(2): 172~177

张如良. 2004. 鄂尔多斯深盆气与铀矿化关系初探. 铀矿地质, 20(4): 13~218

Allen R F, Thomas R G. 1984. The uranium potential of diagenetically altered sandstones of the Permian Rush Springs Formation, Cement District, Southwestern Oklahoma. Economic Geology, 79: 284~296

Anderson T F, Arthur M A. 1983. Stable isotopes of oxygen and carbon and their application to sedimentologic and paleoenvironmental problems. In: Arthur M A (ed). Stable Isotopes in Sedimentary Geology. SEPM Short Course, 10: 111~151

Beitler B, Chan M A, Parry W T. 2003. Bleaching of Jurassic Navajo sandstone on Colorado Plateau Laramide highs: Evidence of exhumed hydrocarbon supergiants? Geology, 31(12): 1041~1044

Boynton W V. 1984. Geochemistry of the rare-earth elements: Meteorite studies. In: Henderson P. Rare Earth Element Geochemistry. Amsterdam: Elsevier. 63~114

Breit G N, Meunier J D. 1990. Fliud inclusion and $\delta^{18}O$, and $^{87}Sr/^{86}Sr$ evidence for the fault-controlled copper mineralization, Lisbon Valley, Utah, and Silck Rock district, Colorado. Economic Geology, 85: 884~891

Busigny V, Dauphas N. 2007. Tracing paleofluid circulations using iron isotopes: A study of hematite and goethite concretions from the Navajo Sandstone. Earth and Planetary Science Letters, 272~287

Chan M A, Parry W T, Bowman J R. 2000. Diagenetic hematite and manganese oxides and fault-related fluid flow in Jurassic sandstones, Southeastern Utah. AAPG Bulletin, 84(9): 1281~1310

Chidsey T C. 1995. Rocky Mountain gas reservoirs-America's natural gas storehouse: Utah Geological Survey. Survey Notes, 27: 1~2

David B L, Richard M K, Karrie A W. 2010. Follow the water: Connecting a CO_2 reservoir and bleached sandstone to iron-rich concretions in the Navajo Sandstone of south-central Utah, USA. Geology, 38(11): 999~1002

Fairbridge R W. 1972. The encyclopedia of geochemistry and environmental sciences-encyclopedia of earth sciences series (IVA): Stroudsburg, Pennsylvania, Dowden, Hutchinson and Ross. 134

Garden I R, Guscott S C, Foxford K A et al. 1997. An exhumed fill and spill hydrocarbon fairway in the Entrada sandstone of the Moab anticline, Utah. In: Hendry J, Carey P, Parnell J, Ruffell A, Worden R (eds). Migration and Interaction in Sedimentary Basins and Orogenic Belts. Second International Conference on Fluid Evolution, Belfast, Northern Ireland. 287~290

Kirkland D W, Denison R E, Rooney M A. 1995. Diagenetic alteration of Permian strata at oil fields of south central Oklahoma, USA. Marine and Petroleum Geology, 12(6): 629~644

Lamb C F. 1980. Painter reservoir field-giant in the Wyoming thrust belt. In: Halbouty M T(ed). Giant Oil and Gas Fields of the Decade 1968-1978: AAPG memoir, 30: 281~288

Levandowski D W, Kaley M E, Silverman S R et al. 1973. Cementation in Lyons sandstone Colorado. AAPG Bulletin, 57: 2217~2244

Lindquist S J. 1988. Nugget Formation reservoir characteristics affecting production in the overthrust belt of southwestern Wyoming. Journal of Petroleum Technology, 35: 1355~1365

Ma Y P, Liu C Y, Zhao J F et al. 2007. Characteristics of bleaching of sandstone in Northeast of Ordos basin and its relationship with natural gas leakage. Science in China (Series D), 50(II): 153~164

Macgregor D S. 1996. Factors controlling the destruction or preservation of giant light oil fields. Petroleum Geoscience, 2: 197~217

Max W, Niko K, Benoit D et al. 2012. Fluid-mineral reactions and trace metal mobilization in an exhumed natural CO_2 reservoir, Green River, Utah. Geology, 40(6): 555~558

McLennan S M. 1989. Rare earth elements in sedimentary rocks: influence of provenance and sedimentary processes. In: Lipin B R, McKay G A (eds). Geochemistry and Mineralogy of Rare Earth Elements. Rev Mineral. 169~200

Moulton G F. 1926. Some features of red bed bleaching. American Association of Petroleum Geologists Bulletin, 10: 304~311

Oehler D Z, Allen C C, McKay D S. 2005. Impact metamorporphism of subsurface organic matter on Mars: apotential source for methane and surface alteration. Lunar and Planetary Science XXXVI, Abs, 1025

Parry W T, Chan M A, Barbara P N. 2009. Diagenetic characteristics of the Jurassic Navajo Sandstone in the Covenant oil field, central Utah thrust belt. AAPG Bulletin, 93(8): 1039~1061

Parry W T, Chan M A, Beitler B. 2004. Chemical bleaching indicates episodes of fluid flow in deformation bands in sandstone. AAPG Bulletin, 88(2): 175~191

Rollison H R. 2000. 岩石地球化学. 见: 杨学明, 杨晓勇, 陈双喜译. 合肥: 中国科学技术大学出版社. 1~275

Schnell M. 1983. Genetic characterization of natural gases. AAPG, 67(12): 2225~2238

Schumacher D. 1996. Hydrocarbon induced alteration of soil sand sediments. In: Schumacher D, Abrams M A (eds). Hydrocarbon Migration and Its Near Surface Expression. AAPG Memoir, 66: 71~89

Schumacher D. 2000. Surface geochemical exploration for oil and gas: new life for an old technology. The Leaging Edge, 3: 258~261

Segal D B, Ruth M D, Merin I S. 1986. Remote detection of anomalous mineralogy associated with hydrocarbon production, Lisbon Valley, Utah. The Mountain Geologist, 23: 51~62

Shamsuddin A H M, Khan S I. 1991. Geochemical criteria of migration of nature gases in the Miocene of the Bengal Foredeep, Bangladesh. Journal of southeast Asian Earth Sciences, 5(1~4): 89~100

Shebl M A, Surdam R C. 1996. Redox reactions in hydrocarbon clastic reservoirs: Experimental validation of this mechanism for porosity enhancement. Chemical Geology, 132: 103~117

Surdam R C, Jiao Z S, MacGowan D B. 1993. Redox reactions involving hydrocarbons and mineral oxidants: A mechanism for significant porosity enhancement in sandstones. AAPG Bulletin, 77: 1509~1518

Walker T R. 1979. A study of global sand seas: Red color in dune sand. In: McKee E D (ed). A Study of Global Sand Seas. US Geological Survey Professional Paper, 61~81

<table>
<tr><td>第十五章</td><td>鄂尔多斯盆地北部天然气运移-耗散
及其地质效应和判识标志 *</td></tr>
</table>

第一节 概 述

　　油气耗散作用是近年来对鄂尔多斯盆地进行多种能源同盆共存研究时强调和提出的一个概念。目前，在鄂尔多斯中北部上古生界不同层段中发现有乌审旗、榆林、米脂、苏里格、大牛地等多个大型气田和巨大的天然气储量。在盆地东北部的广阔范围，存在来自中部大气田上古生界天然气向东北、北部方向大规模运移及耗散的地质作用，导致了在盆地北部乌兰格尔古隆起南坡东西长 100 km、南北宽 13 km 的范围内约 45 处白垩系油苗的存在，据其各项地质特征综合分析认为，油苗为来自该区南部上古生界煤系地层煤型气运移耗散于此处地表所成的凝析油（刘友民，1982；马艳萍等，2006，2007）。进一步研究表明，盆地北部天然气总体具有由南向北，并最终汇聚到东北部的运移特点，在这个过程中累计天然气的散失量约为 39.7%（冯乔等，2006）。

　　对这种油气生成后发生的运移，并且与途经的流体-围岩相互作用而耗损和暴露地表或大气而损失，这一过程或地质作用称为"油气耗散"。油气生成后发生运移的结果有三种，一是聚集成藏，现在鄂尔多斯东北部及周边的天然气勘探，应属这种二次聚集类型，其潜力不可忽视；二是散于地下的源岩和运移途径的围岩及流体中，目前在油气资源评价中，这一部分少有体现；三是与途经的流体-围岩相互作用而耗损和暴露地表或大气而损失，其中损耗的部分，其性质已经改变，油气与流体-围岩相互作用在一定条件下可形成各种蚀变现象，如本章要讨论的绿色蚀变，砂岩的白色化、碳酸盐化等；因此，这一部分既有消耗又有散失。前人对此现象也有"逸散"之称，然而认为上述现象总体上称为"油气耗散"似更确切（刘池洋等，2008）。

　　在盆地的后期改造中，油气耗散是普遍存在的地质现象；对全球 350 个大油田的统计研究，发现其中 1/3 的油田存在聚集成藏后遭破坏的证据（MacGregor，1996）；我国南方的麻江古油藏、准噶尔盆地西北缘、塔里木盆地中部隆起和柴达木盆地的油砂山，推断耗散的石油储量可达几亿吨到几十亿吨；尤其是塔里木盆地的志留系，在海西运动早期损失的油气资源量估计可达 133.17×10^8 t（韩世庆等，1982；庞雄奇等，2002；吴元燕等，2002；张俊等，2004）。鄂尔多斯盆地的大气田属早期生烃成藏型，天然气在盆地后期改造中严重散失，气田的储量丰度最低，与隆起相邻的斜坡带和隆起区为油气长期运

　　* 作者：吴柏林，刘池洋，魏安军，胡亮，张本浩，宋子升，寸小妮，孙莉，罗晶晶，张婉莹，程相虎，孙斌. 西北大学地质学系，西安.

　　E-mail：wbailin@126.com

移的指向和散失区(王庭斌，2004)。

然而目前对油气耗散尚缺乏专门、系统的研究；尤其是对耗散规模的确定难度颇大，是迄今国内外尚无重要进展的国际性研究难题；近年在对鄂尔多斯盆地北部油气煤铀多种能源共存研究中发现，在盆地北部的广阔地区，存在上古生界天然气向东北方向明显运移耗散的多种直接证据，如地表白垩系层位的油苗，浅表地层大范围分布的上二叠统气测显示(刘池洋，2008)。进一步的研究还发现，该耗散天然气与周邻流-岩作用形成了一些明显的地质蚀变和成矿效应：如形成典型的还原蚀变现象，例如东胜铀矿控矿的中下侏罗统绿色蚀变带，砂岩中透镜状碳酸盐化，延安组顶部大范围的砂岩白色化，以及伊盟隆起带铀的后期超常富集与保存现象等(图 15.1)。本章以鄂尔多斯北部地区为实例，重点介绍上述各现象的最新认识成果与进展。

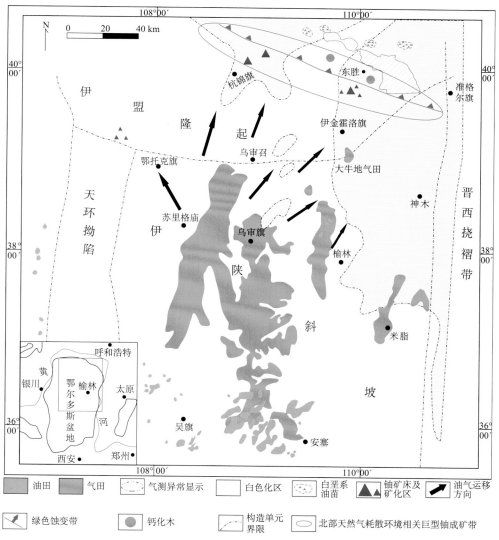

图 15.1　鄂尔多斯盆地北部油气运移耗散与伊盟隆起北西向巨型铀矿矿集区平面分布示意图

对盆地东北部东胜铀矿床的研究表明，在矿区浅表层直罗组、延安组发现了一些十分独特的流−岩作用或成岩蚀变及成矿现象：在直罗组除了发现规模巨大的铀矿富集之外，还发现有大规模的控矿绿色砂岩蚀变带，以及含矿层砂岩内部广泛发育的不连续分布的透镜状钙质砂岩和一些"假钙化木"现象、紧邻含矿层之下的延安组顶部存在较大规模的砂岩白色化，有人称之为砂岩的"漂白现象"，并形成高岭土矿床。这些现象的集中出现，显得十分引人注目。这些成岩成矿现象均与本区的油气耗散作用有关（肖新建等，2004；向伟东等，2006；吴柏林等，2006；吴柏林、邱欣卫，2007；李子颖等，2007，2009）。

综上所述，油气耗散作用可能形成二次成藏的油气资源，也可能为形成金属能源矿产如砂岩铀矿提供后期富集叠加和保矿的还原环境。油气耗散的各种蚀变现象是寻找上述油气铀等能源资源的重要判识标志；同时也是部分非能源矿产，如延安组顶部由于砂岩白色化形成的高岭石矿床等资源的找矿线索。因而，将油气耗散的直接结果（如油气苗、沥青、稠油等）与其地质背景，尤其是与周邻流岩相互作用形成的各种还原蚀变及成矿产物（如铀矿等）相结合进行研究，有可能是探讨和解决油气耗散及其规模这一难题的重要途径；加强对油气耗散作用的研究，将为示踪、发现和预测盆地内多种能源矿产以及相关的金属或非金属矿床提供重要的线索和标志；是油气和各类、各级资源研究和评价的重要内容之一。

沉积盆地集有机和无机、金属与非金属矿产于一盆，构成了相对独立的矿产赋存单元和成藏（矿）大环境，称为沉积盆地成藏（矿）系统（刘池洋等，2007，2008）。作为一种独立的成矿系统，与造山带和地盾等成矿系统相并列，对其专门研究，为丰富和发展已有成矿理论体系，为盆地内多种能源矿产兼顾，科学高效和综合协同预测与勘探奠定了理论基础。其中油气耗散作用及其成岩成矿效应规律的揭示，是沉积盆地成藏（矿）系统研究的重要实例和内容。

第二节　天然气耗散作用证据

一、构造背景

鄂尔多斯盆地发育时限为中晚三叠世—早白垩世。早白垩世末，盆地总体抬升，现今所见则是晚白垩世以来遭受多种形式改造的残留盆地。盆地的后期改造会使原有油气藏开始新一轮的调整，造成油气的运移、散失，甚至重新聚集成藏。前人研究认为，鄂尔多斯盆地的大气田属早期生烃成藏型，由于成藏期后持续保存时间太长，在盆地后期改造中严重散失，气田的储量丰度最低（王庭斌，2004）；该盆地虽然发现了一批储量超千亿立方米的大型气田，但仅是油气散失后所剩很少的一部分。虽对盆地在后期改造作用下天然气大规模散失的追踪研究较为困难，目前其也为国际性研究难题，但是，本专题研究表明，在研究区油气逸散仍可产生诸多间接的地质效应或现象，如绿色化及漂白现象。控制油气逸散作用的动力则为盆地的后期改造作用，在鄂尔多斯盆地主要有：晚侏罗世—早白垩世的构造−热事件，始于晚侏罗世末长达 2 亿年的东隆西拗构造格局及盆地的差异性抬升等。

（一）晚侏罗世—早白垩世构造热事件与上古生界天然气生成

鄂尔多斯盆地上古生界石炭-二叠系气源岩主要分布于太原组和山西组含煤岩系和暗色泥岩。热演化史表明，气源岩沉积后至早白垩世地层埋深达到最大，晚侏罗世—早白垩世盆地的构造-热事件加速了气源岩的热演化，使有机质的成熟度达到最大，此时盆地大部分地区的有机质成熟度达到凝析气和干气生成阶段，烃源岩于早白垩世达到生排气高峰；以微裂缝方式排烃亦达到高峰（柳广弟、郝石生，1996；杨华等，2000）。

（二）晚侏罗世—早中新世晚期西拗东隆格局对天然气运移的控制

前面已叙述到，在晚侏罗世—早中新世晚期长达2亿年的整体及差异性抬升中盆地表现为西拗东隆，这种构造格局总体控制了天然气的分布和运移。

通过对盆地地震反射层位 T9-T4、T9-T3 厚度对比，可以得出山西组与太原组之间的界线 T9 分别在早侏罗世延安组沉积末（T4）和白垩纪初（T3）的古构造形态及演化：中侏罗世—早白垩世是鄂尔多斯盆地上古生界气源岩的大量生成时间，因此 T9 面在这两个时期的古构造对天然气的运移和聚集具有重要的控制作用。其间发育东西相间的两排大型稳定的、呈北北东向展布的古鼻隆带，即灵台-庆阳西古鼻隆、吴旗-靖边古鼻隆、盐池-鄂托克旗古鼻隆、纳林淖-东胜古鼻隆、伊金霍洛旗古鼻隆，已证明该古构造对天然气的运移和聚集具有重要的控制作用（蒲仁海等，2000）。于侏罗纪末生成的大量天然气，分别沿古鼻隆轴线向北东、南南东两个方向运移，北东部的东胜地区和南部的灵台-黄陵地区是天然气运移的指向区。天然气运移的最终指向（北东、南及南东方向）易于形成稳定和强大的还原场，为砂岩型铀矿的形成和迁移、保存提供必要的地球化学条件。因而，这些油气运移指向的盆地边部应是砂岩型铀矿的重点找矿和勘探区域。

（三）差异隆升剥蚀

前面已论述到，长期、差异性、幕式整体抬升和强烈而不均匀的剥蚀，是鄂尔多斯盆地演化和改造过程的显著特点。这对盆地天然气的生、运、聚、散产生了重要的影响。

神木-榆林地区过剩压力演化历史恢复表明，主要烃源岩层山西组分别于晚三叠世和早白垩世形成两个明显的过剩压力高峰（王震亮等，2004）。上白垩统地层整体抬升剥蚀，使源岩温压降低，导致生烃作用减缓甚或停止；同时，抬升剥蚀造成烃源岩层中已形成的超压释放，产生微裂隙，天然气通过微裂隙向上部地层运移。其中东北部下白垩统的剥蚀程度最强。因此，在东北部、东部气测显示层位高，在东部神木地区石千峰组中发现千5浅层气藏就是一个例证（杨华等，2000；李振宏，2005）。

二、直接证据

关于天然气耗散的地质背景及其直接的地质作用特征，第十四章、第十六章、第十七章均有较为详细的论述，在这里只做简略的总结性叙述。

在鄂尔多斯盆地北部乌兰格尔古隆起南坡东西长 100 km、南北宽 13 km 的范围内，已发现 45 处白垩系油苗，集中分布在四个地区，即喇嘛沟、乌兰格尔、沟心召和马场壕的南侧（图 15.1）。20 世纪 50 年代初，银川石油勘探局内蒙古勘探大队，首次发现了达拉特旗巴则马岱白垩系下部的油苗剖面；张文正将巴则马岱地区的白垩系油苗与鄂尔多斯盆地上古生界气源层、奥陶系以及延长组油气层的碳同位素特征进行了对比，以探寻其来源；刘友民对盆地北部油苗做了专门报道，对油源来自河套盆地还是鄂尔多斯盆地进行了探讨；马艳萍等对盆地北部马场壕基岩断块隆起南坡上采集到的油砂进行有机地球化学分析后，探讨了其成因。上述工作总体认为盆地北部的白垩系油苗与鄂尔多斯盆地上古生界石炭-二叠系的煤型气向北、北东方向的散失有关。主要证据有下列一些。

（一）油苗的产状及其分布

油苗的显示层位大多数分布在距白垩系底部 60 m 的层段内，油层厚度一般为 2~14 m，凡是白垩系与侏罗系或三叠系接触处未见油气显示；而有油苗分布的地方，白垩系直接盖在二叠系石千峰组及以下地层之上；这种产状表明油苗非中生界油气所供给，且非来自河套地堑。

（二）油苗物理性质、地球化学特征

为了进一步搞清白垩系油苗的来源问题，一些研究者对地面出露的白垩系油苗、钻井中取到的古生界油砂、侏罗系原油以及河套盆地古近系和新近系原油，从物理性质、地球化学特征方面进行了对比，从中证实了白垩系油苗与上古生界天然气同出一源，而与盆地中生界及河套盆地古近系和新近系原油无关。

1. 物理性质对比

白垩系油苗挥发性强，油质轻，具有强或弱的煤油味，与二叠系石盒子组及石千峰组下部的油砂特征相似，均具有荧光金黄、油质轻淡等特征，但与河套盆地的原油无共同之处，非出一源。油苗虽然长期暴露氧化却未见沥青形成，显示其为轻质烃类的产物。

2. 地球化学特征

对各油苗、原油进行色谱分析后认为，白垩系油苗和盆地二叠系原油其植烷（Ph）、姥鲛烷（Pr）、降姥鲛烷（iC_{18}）的相对含量及 Pr/Ph 值相似，其标记化合物皆属 Pr 含量高、Pr/Ph 值大于 2 以及陆生高等有机质优势的特点；而与河套盆地古近系和新近系原油 Pr/Ph 值小于 1、植烷优势以及盆地中生界原油 Pr/Ph 接近 1、姥植均势的特点不同。

对盆地北部巴则马岱地区下白垩统地层中油气苗的碳同位素与上古生界气源岩、奥陶系以及延长组油气层的碳同位素特征进行对比，表明油气苗的碳同位素特征与上古生界气源层相似，也证明了乌兰格尔地区白垩系油苗与盆地上古生界地层中的油气同出一源，前者是后者散失后形成的凝析油。

3. 有机质镜质组反射率对比

对延安组、直罗组有机质镜质组反射率 R^o 进行测试后的结果表明（表 15.1），数值基本小于 0.5%，平均为 0.42%，表明研究区原始有机质成熟度不高或未成熟。据对采集到的下白垩统油砂样品进行的有机地球化学测试，从其萜烷、甾烷、25-降藿烷的 m/z 191、m/z 217 以及 m/z 117 质量色谱图分析等可以认为，油砂中含有较多高分子量烃类（藿烷类），表明油砂中的组分为成熟原油，且显示为高等植物有机质来源。

表 15.1 中生代地层镜质组反射率实测结果

编号	井号或样号	深度/m	层位	镜质组反射率值/%	编号	井号或样号	深度/m	层位	镜质组反射率值/%
1	ZKA3-15	174	延安组	0.43	10	yj01	322.8	直罗组	0.39
2	ZKA24-8	116.3	延安组	0.33	11	ZKA475-115	314.5	直罗组	0.35
3	ZKA8-7	163	延安组	0.41	12	4-40	254	直罗组	0.49
4	ZKA223-15	130	延安组	0.37	13	ZK111-8	150.5	直罗组	0.47
5	ZKA39-0	260	延安组	0.43	14	ZK127-47	187	直罗组	0.49
6	ZKA183-87	170.49	延安组	0.45	15	ZK7-20	95	直罗组	0.50
7	ZKA151-39	195	延安组	0.36	16	ZK7-0	123	直罗组	0.42
8	ZKA183-95	151.43	延安组	0.36	17	ZK7-23	145	直罗组	0.37
9	ZKA183-79	180.64	延安组	0.47	18	ZK111-43	208	直罗组	0.38

注：1~5 据马艳萍，6~12 引自任战利等，2007；余据吴柏林，2005。

研究区古生界烃源岩为石炭-二叠系煤层或暗色泥岩。其中暗色泥岩厚 30~100 m，有机碳含量 0.15%~19.29%，氯仿沥青"A" 0.0025%~2.95%，总烃 $62×10^{-6}$~$1117.4×10^{-6}$，烃转化率 6.9%~11.2%。镜质组反射率 R^o 小于 0.8%，处于低成熟演化阶段。

综上，研究区中生代煤系地层原始有机质成熟度较低或未成熟，R^o 基本小于 0.5%；石炭-二叠系煤层和暗色泥岩有机质镜质组反射率 R^o<0.8，处于低成熟阶段。因此，研究区本地原始有机质与油砂中较高成熟度的轻烃特征不符，天然气不是来自本地，而是来自研究区以南上古生界气田。

三、地球化学直接证据

赵建社等（2008[①]）也在实验中证实了 CH_4 对 UO_2^{2+} 的还原作用，他将鄂尔多斯盆地的天然气通入到含有铀酰离子的溶液中，模拟天然气在铀成矿过程中的作用，得到的主要产物为 UO_2。而且认为常温下最有利；用 Gaussian 03w 程序对该实验进行理论模型过渡态模拟和通过气相色谱实验测试，均发现并证实甲烷在还原 UO_2^{2+} 的过程中同时生成了甲醇（CH_3OH）。这一新发现通过对东胜矿床含矿层的有机地球化学测试结果已得到证实。

妥进才（2007）对东胜铀矿区直罗组含铀砂岩中有机质含量变化范围很大的煤、碳质泥岩以及泥岩样品有机质中的芳烃馏分进行了检测，从中检出了丰富的脂肪酸甲酯系列化合物；在地质体中，检出以脂肪酸甲酯形式存在的脂肪酸化合物是十分罕见的；地质体中脂肪酸甲酯化合物的存在需要在相应的沉积体中维持一个比较严格的弱碱性—中性的环境。可能意味着该地质体具有不同于其他沉积体的特殊的地质环境条件。联系到赵建社等的实验结果：天然气中的甲烷在还原 UO_2^{2+} 的过程中同时生成了甲醇（CH_3OH），甲醇与地层中有机质产生的大量脂肪酸作用易于形成脂肪酸甲酯系列化合物。这就说明，在天然气作用下的铀成矿作用环境中可以生成丰富的脂肪酸甲酯系列化合物的"副产品"。因此，上述分别独立进行的不同实际测试、实验室模拟实验和理论计算不谋而合、彼此印证，三者从不同侧面共同证明，东胜铀矿区在盆地的后期改造过程中，天然气大规模的逸散和还原作用是东胜矿床铀大规模后生叠加富集的重要因素。也就是说，该结果既证明了东胜矿区存在大规模油气逸散作用，同时也证明了天然气在铀的富集成矿中的重要作用。

目前的研究已证实，同曾属层间氧化成矿作用的砂岩铀矿类型，如我国吐哈盆地、伊犁盆地的砂岩型铀矿为大型规模（万吨级），而东胜矿床则为超大型（大于 3 万吨）。如此大矿量矿床的产生，必须要有大量、有效而丰富的还原剂；东胜矿床早期成矿属层间氧化型，与吐哈盆地、伊犁盆地的砂岩型铀矿类型和成矿过程应属一致，即还原剂以地层中的固体有机质和黄铁矿等为主，其他条件也无太大差别，若后期没有别的地质事件影响，则矿量与前述类型应相差无几。但是，东胜矿床在早期层间氧化类型矿化形成之后经历了盆地强烈的后期改造，造成油气的大规模逸散这一特殊事件，正是该事件为矿床铀的后期富集叠加提供了大量最有效的气体还原剂，从而造就了超大型规模东胜矿床的形成。因此，该油气逸散地质事件是东胜矿床大规模富集成矿的关键因素，而不仅仅是前期研究中曾有人认为的只是保矿因素。

---

① 赵建社，蔡义各，梁玲玲等. 2008. 煤、气、油在铀成矿过程中作用的实验模拟. 973 计划项目"多种能源矿产同盆共存、成藏（矿）机理与赋存条件的实验–模拟研究"专题报告. 西北大学

第三节　地质蚀变和铀富集效应

一、油气耗散蚀变效应

（一）绿色蚀变

1. 地质特征

在盆地东北部东胜地区直罗组下段（J_2z^{1-1}）存在一条规模宏大的绿色蚀变带（蚀变深时看似蓝绿色），长>300 km，宽 2~35 km，沿着盆地的东北部呈弧形展布。该前锋线北侧钻孔揭露的 J_2z^1 砂体有的全部是绿色，有的是部分绿色；而该线以南则（J_2z^1 砂体）基本上全是灰色的；该线附近两侧钻孔揭露 J_2z^{1-1} 砂体为绿色与灰色砂岩的界线，此处产生铀矿化。

灰绿色砂岩样品呈绿色调，肉眼或放大镜下基本上看不到黄铁矿及炭屑（或有机质细脉），局部可见遭受氧化的砂岩团块残留；宏观上呈弧形或卷状，与层间氧化带的空间分布形态极为相似，这种产状特征表明，它在形成之前为氧化作用形成的层间氧化带（图 15.2），只是后来被还原成了现今的绿色化带。

灰绿色砂岩与灰色砂岩在镜下同样可以明显区分开来：灰绿色砂岩薄片在单偏光镜下呈淡淡的绿色或深绿色（图 15.3—图 15.5），而灰色砂岩薄片在单偏光下呈现浅灰色。在镜下观察，这种造成岩石显绿色调的是一些绿色黏土胶结物，经电子探针检测，证明应该是绿泥石矿物成分。也就是说，"灰绿色"是由该区一次重要的蚀变——绿泥石化形成大量胶结物造成的。进一步与 Hey（1954）绿泥石类型成分相比，应主要是铁镁绿泥石，其次为铁绿泥石或叶绿泥石。无论上述哪一类，其 Fe_2O_3 皆<4%，均应属还原态的绿泥石。因此，可以认为，该绿色化砂岩是在还原环境下形成的。

对砂岩全岩 X 射线定量分析表明，灰绿色砂岩和灰色砂岩相比含黄铁矿含量明显低，但斜长石和石英的含量基本相当；对砂岩全岩黏土的分析表明，灰色砂岩与灰绿色砂岩在黏土成分上表现明显的差别，前者高岭石含量较高，平均值为 45.0%，绿泥石含量较低，平均值只有 3%；后者高岭石平均含量为 26%，绿泥石高达 20.75%。可见，二者在碎屑矿物成分上无多大差别，差别主要在于黏土矿物的类别与含量上，绿泥石含量高是灰绿色砂岩呈绿色调的主要原因。进一步对黏土提纯后进行的 X 射线衍射分析也证明了这一认识。

对灰绿色砂岩进行电子显微镜扫描研究，发现在其碎屑颗粒表面覆盖有较多的薄层状及叶片状绿泥石（图 15.6—图 15.8）而灰色砂岩中多为蜂巢状的蒙皂石，粒间主要是蠕虫状的高岭石。扫描电子显微镜对黏土矿物的成分定量能谱分析表明（表 15.2），灰绿色砂岩中的蒙脱石较灰色砂岩中的蒙脱石具有较高的铁和镁的含量，说明灰绿色砂岩蚀变相对处于较碱性的环境；灰绿色砂岩中绿泥石铁的含量高于镁，也说明以铁镁绿泥石为主的特征。

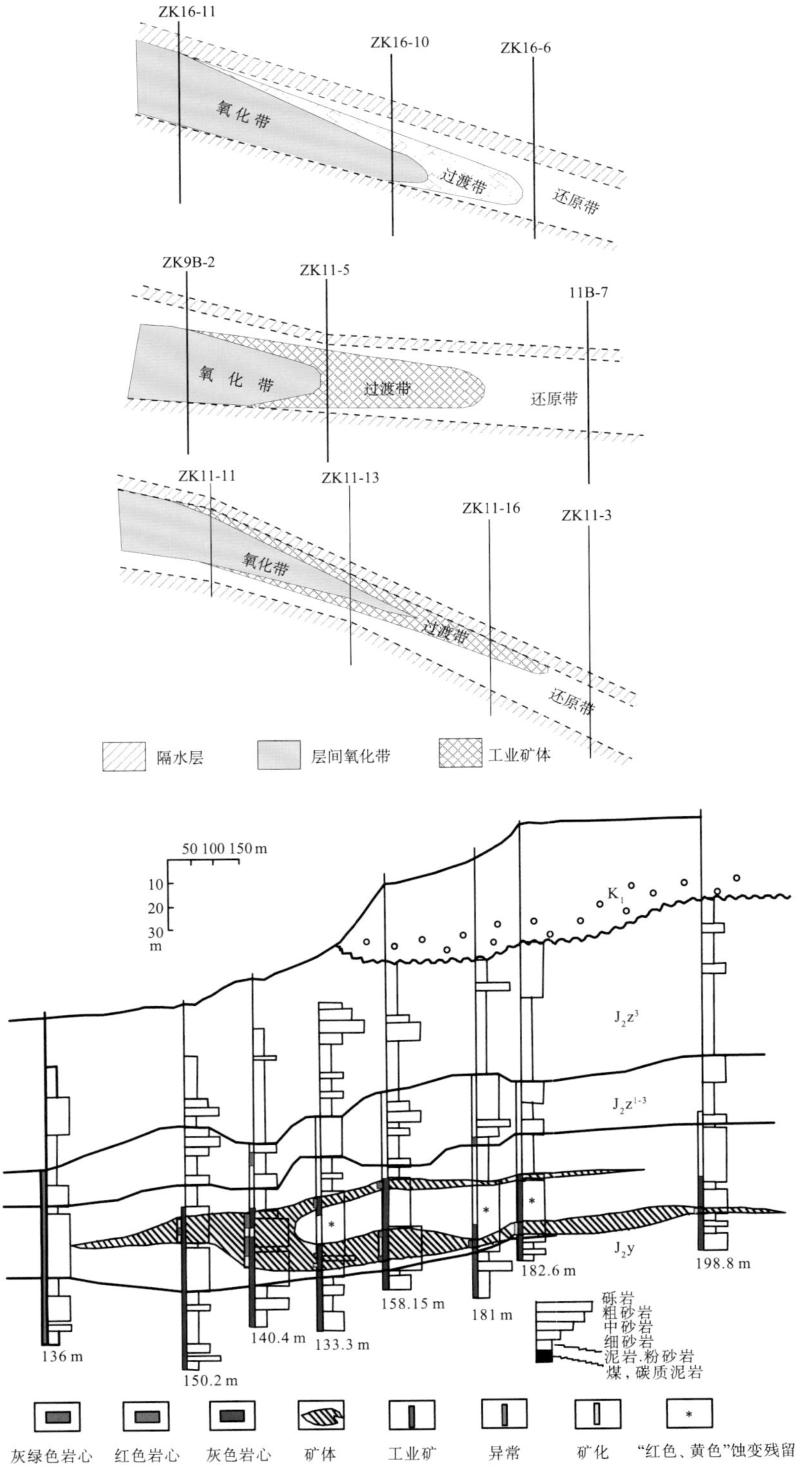

图 15.2 东胜矿床(下图)部分矿体与典型层间氧化带矿卷形态(十红滩矿床,上图)相似

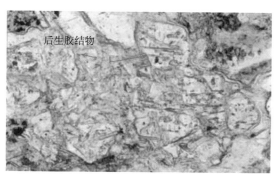

图 15.3 绿色绿泥石构成的胶结物条带，
岩石薄片，w04-84，（–）

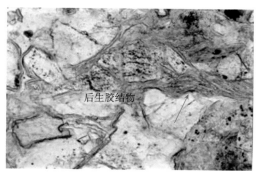

图 15.4 淡绿色绿泥石构成的胶结物条带，
岩石薄片，wds03-1，（–）

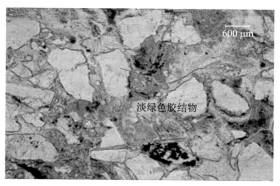

图 15.5 深绿色砂岩，杂基几乎全为
绿色的绿泥石胶结物，（–）

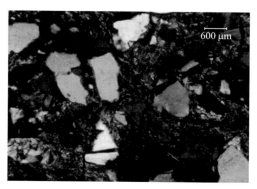

图 15.6 图 15.3 的正交偏光

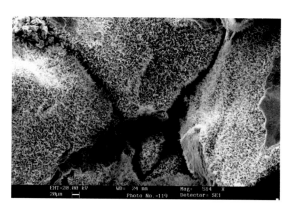

图 15.7 灰绿色砂岩碎屑颗粒表面覆盖极薄的
一层针叶状绿泥石，扫描电镜

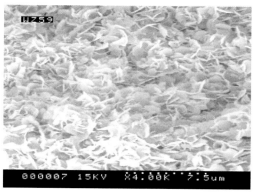

图 15.8 灰绿色砂岩中粒间胶结、叶片状
堆积的绿泥石，扫描电镜

表 15.2 东胜铀矿床黏土矿物扫描电镜能谱分析结果表（%）

岩性	矿物	SiO$_2$	TiO$_2$	Al$_2$O$_3$	FeO	MgO	CaO	K$_2$O	Na$_2$O	总量
灰色中–粗粒岩屑长石砂岩	蒙脱石	57.46	0.17	19.28	2.18	3.76	2.27	0.28	1.19	86.77
	蒙脱石	57.56	0.00	21.17	1.17	4.76	1.70	0.10	1.49	87.94
	蒙脱石	56.65	0.10	20.58	1.78	4.94	1.58	0.28	1.94	87.87
	蒙脱石	58.28	0.24	21.64	0.79	5.08	1.21	0.48	2.30	90.02
	蒙脱石	57.25	0.21	21.16	0.71	4.39	1.18	0.28	2.54	87.73
	蒙脱石	58.01	0.20	20.36	1.10	4.26	1.32	1.91	1.50	88.65
	平　均	57.5	0.2	20.7	1.3	4.5	1.5	0.6	1.8	88.2
	高岭石	49.49	0.05	36.03	0.24	0.75	0.27	0.15	0.37	87.35
	高岭石	48.18	0.07	37.90	0.12	0.39	0.09	0.06	0.17	86.97
	高岭石	47.54	0.05	35.55	0.21	0.52	0.11	0.07	0.35	84.40
	平　均	48.4	0.1	36.5	0.2	0.6	0.2	0.1	0.3	86.2
灰绿色中–粗粒岩屑长石砂岩	绿泥石	30.32	0.11	21.02	22.84	11.77	0.31	0.16	0.92	87.58
	绿泥石	32.75	0.10	20.05	22.92	10.40	0.42	0.14	0.91	87.77
	绿泥石	31.42	0.10	21.94	20.67	11.67	0.24	0.14	0.90	86.54
	绿泥石	36.05	0.10	21.61	18.22	10.58	0.37	0.13	0.98	88.04
	平　均	32.6	0.1	21.2	21.0	11.1	0.3	0.1	0.9	87.5
	蒙脱石	53.68	0.27	21.16	2.81	4.61	1.22	0.52	1.70	85.98

2. 岩石地球化学特征

经对矿区氧化岩石、绿色岩石、原生灰色岩石、矿化岩石以及漂白岩石样品有机碳（C$_{org}$）、总硫（$\sum$S）、Fe$_2$O$_3$/FeO、TFe、Th/U、Ra/U 值等的测试（表 15.3），可以认为：

1）有机碳（C$_{org}$）、总硫（$\sum$S）在绿色带中均较低，说明绿色岩石在还原之前是氧化（红或黄色等）的岩石，后经还原转变而来；

2）Th/U 在绿色蚀变带较高，反映 U 元素被迁移带出，为成矿提供部分铀源，这与绿色带的前身是氧化岩石的结论一致；

3）Fe^{3+}/Fe^{2+}值在氧化蚀变岩石中其数值最大，说明经历过后生氧化的过程；绿色蚀变带中最低，反映大部分 Fe^{3+}转变为 Fe^{2+}，环境具较强的还原性。

因此，上述岩石化学结果表明，绿色蚀变是氧化岩石在强还原环境下被还原转变而来的。

（二）砂岩的白色化或漂白现象

与烃类运动有关的红层漂白现象早在 1922 年就已经被发现了，这一红层指沿着 Montana 含油背斜顶部发育的三叠系 Chugwater 红层（Moulton，1922）和沿 Cement 油田东

表 15.3　鄂尔多斯盆地东胜矿床各后生蚀变岩石地球化学指标值

U	Th	Ra/	C_{org}	ΣS	TFe	Th/U	Ra/U	Fe^{3+}/Fe^{2+}	地球化学性质
10^{-6}		(Bq/g)	%						及样品号
4.20	7.85	0.03	0.08	0.03	3.42	2.26	0.84	3.28(5)	古氧化蚀变带
4 个样品平均：DWW18、47、44；DS-28								DWW-18、47、44；DSF-12、28	及样品号
1.76	13.6	0.026	0.06	0.03	0.57	7.73	1.216	1.78(4)	漂白岩石带
DWW23								DWW23、46；A3-12-7、A3-0-14	及样品号
115.97	9.53	0.92	0.26	0.63	1.41	1.13	0.93	1.59(8)	矿化带砂岩
7 个样品平均：XW1、2、8；DWW41、46；W04-5、134								8 个样品平均：XW1、2、8；DWW41、46；W04-5、134；DS-19	及样品号
3.67	6.50	0.03	0.03	0.02	1.84	2.06	0.94	0.41(10)	绿色蚀变带
8 个样品平均：XW4、5、6；W04-121、02、125、126、133								XW4、5、6；W04-02、121、125、126、133；DS-13、29	及样品号
5.55	5.42	0.05	0.03	0.44	1.31	1.19	0.66	0.87(7)	原生灰色岩石
6 个样品平均：XW3；W04-130、136、139；DS31、34								DS-30、31、34；XW3；W04-130、136、139	及样品号

注：测试单位为核工业西北 203 研究所分析测试中心，2004。白色砂岩采自（$J_{1-2}y$）地层，余均采自于（J_2z）层位。

部和西部背斜顶部发育的二叠系 Rush Springs 红层砂岩（Reeves，1922）。从那以后，一些出版的文献对红层的漂白与岩石中的烃类运移空间关系给出了许多实例（Levandowski et al.，1973；Segal et al.，1986；Surdam et al.，1993；Kirkland et al.，1995；Chan et al.，2000；Beitler et al.，2003）。

Moulton（1922）的试验证实了 Fe^{3+} 在表面温度和压力下能有效地被氢硫化物还原从而使红层漂白。Shebl 和 Surdam 的水–岩–烃类混合物高温分解试验（1996）结果显示，晚石炭世的 Tensleep 风成砂岩从原始的红色变成了浅粉红色、白色、灰色，或深灰色。美国犹他州南部科罗拉多高原上的纳瓦霍砂岩被铁元素染成红色，但某些部位则被漂成白色。Beitler 等（2003）和 Chan 等（2000）研究认为，最可能的漂白剂是石油和天然气。石油和天然气比地壳中其他的流体更轻，易于通过砂岩孔隙向上移动，直到被非渗透岩层挡住。在红层中，厌氧细菌促进了原油中的甲烷和其他烷烃氧化为 CO_2，同时 SO_4^{2-} 还原成 H_2S。碳酸根与 Ca^{2+} 和 Mg^{2+} 的反应产生了胶结物，而硫化物与 Fe^{3+} 和 Fe^{2+} 的反应导致了砂岩的漂白。刘庆生等（2002）对松辽盆地南部某油气田边缘一个油气显示井的磁性测量结果表明，油气藏聚集过程可能同时伴随着烃类蚀变作用的发生。

上述已有研究表明，这些白色地区是由于氧化铁的化学还原作用造成的漂白现象，氧化铁通过与还原性流体相互作用使得 Fe^{2+} 被从红层中移开从而变成白色。

研究区漂白现象主要发育在延安组地层的顶部，在东胜市北郊自西向东约 18 km、南北宽约 6 km 的范围内连续分布，面积大于 100 km²。有时可见漂白砂岩与红色砂岩层相伴出现(图 15.9、图 15.10)，表明其前身为氧化砂岩。砂岩漂白现象不仅发育在露头区，在揭露的井下岩心中亦可见到。

图 15.9　神山沟顶部延安组的漂白现象(1)　　图 15.10　神山沟顶部延安组的漂白现象(2)

该区漂白色砂岩有两个层位：一个是延安组顶部，一个是延长组的顶部(位于东胜地区的麦季沟地区)，见图 15.11。

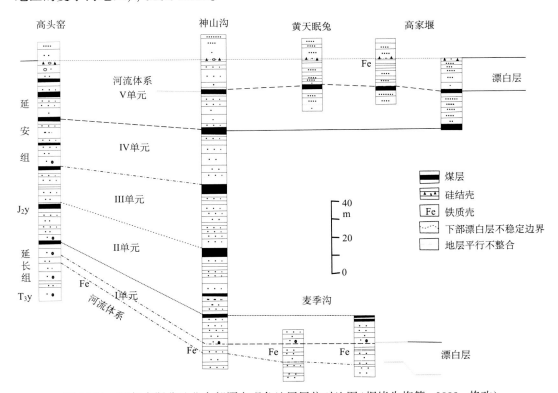

图 15.11　鄂尔多斯盆地北东部漂白现象地层层位对比图(据毕先梅等，2000，修改)

可见，漂白现象虽可分布于多个层位，但却有两个规律，一是分布于盆地的东北方向，二是在纵向上总是位于古生界地层的上方。由于白色化的形成在空间上和成因上均与绿色化紧密相关，因而，在此讨论其形成特征时与绿色化结合起来进行。

1. 岩石学特征

前人曾一度将上述白色砂岩认为是风化成因；但在铀矿区调工作中，并未发现延安组与直罗组之间存在风化壳，两者应为连续沉积。岩石薄片鉴定结果表明，漂白砂岩碎屑成分以单晶石英为主，含量为70%~85%，岩屑含量为10%~20%；胶结物主要为土状、鳞片状和蠕虫状高岭石。

镜下及扫描电镜观察结果证实，漂白砂岩中的胶结物主要为高岭石集合体（图15.12、图15.13）；黏土矿物X衍射分析显示，漂白砂岩矿物组成简单，以高岭石（K）为主，占84%~90%，含极少量伊-蒙混层（I-S）和伊利石（I），占1%~9%；由于以高岭石为主，说明该岩石是在酸性环境下形成的。

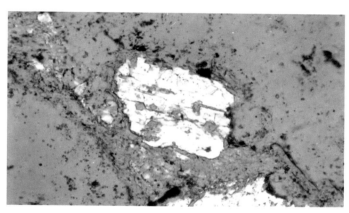

图15.12 延安组顶部漂白砂岩薄片，主要为高岭石（土状）组成，（+）

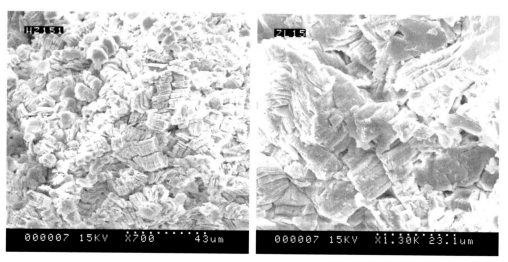

图15.13 漂白砂岩中呈规则自形板状的高岭石，扫描电镜

2. 岩石地球化学特征

（1）常量元素特征

经对研究区绿色蚀变、漂白现象及正常岩石常量元素含量分析，认为 SiO_2、TiO_2、MgO 等含量在各类岩石中变化不大，漂白岩石 Fe_2O_3+ FeO 及 Na_2O+K_2O 含量明显比正常岩石及其他岩石低，说明它经历了铁的强烈丢失及处于酸性的形成环境；Al_2O_3 含量较高也是高岭石矿物存在的反映。氧化岩石 Fe_2O_3/FeO 明显偏高，说明其氧化过程的存在；而绿色蚀变与氧化及原生灰色岩石相比，除了 Fe_2O_3 及 FeO 含量有所差别外，其余各项常量元素指标没有大的差别，说明绿色蚀变岩石与氧化岩石相比仅在形成环境上存在差别。

（2）主要地球化学指标

由表 15.3 可知，

1）TFe 含量：对比氧化蚀变、漂白岩石、绿色蚀变、矿化岩石、原生灰色岩石（此描述顺序下同）中数值分别为 3.42、0.57、1.84、1.41、1.31；其中最明显的一个特征是漂白岩石中 TFe 含量最低，表明 Fe 被强烈带出迁移的特征。

2）Th/U、Ra/U 值在上述蚀变带中含量分别为 2.26、0.84；7.73、1.22；2.06、0.94；1.13、0.93；1.19、0.66；Th/U 在漂白岩石中最高，其次为氧化带、绿色蚀变带，反映 U 元素被迁移带出，为成矿提供部分铀源；而在矿化带中最低，是 U 被带入富集所致。同样，Ra/U 值在漂白带中最高，反映了岩石在漂白作用过程中，U 有活化和迁出，从而提供铀源。

另外，从矿物学特征也可说明漂白作用提供了部分铀源：蒙脱石含量高是东胜矿床砂岩的一大特点，而漂白砂岩中黏土矿物以高岭石为主，由于蒙脱石具有比高岭石吸附更多含量铀的矿物特性，当以蒙脱石为主的灰色砂岩蚀变成以高岭石为主的漂白砂岩时，黏土中铀含量要明显降低，因而漂白作用释能放出部分铀源。

3）有机碳（C_{org}）含量：在上述蚀变带中含量分别为 0.08、0.06、0.03、0.26、0.09；在矿化带最高，而在绿色蚀变带、漂白带、氧化带中均较低。总硫（$\sum S$）反映了黄铁矿含量的多少，其值分别为 0.03、0.03、0.02、0.63、0.44；以矿化带岩石最高，反映部分黄铁矿是在后期与铀矿物同时形成的。而 $\sum S$ 同样在绿色带、漂白带、氧化带中均最低。

综上所述，在绿色蚀变和漂白带，岩石的有机碳和总硫含量均最低，Th/U、Ra/U 值最高，结合野外观察（该两类蚀变带中残留或伴生有氧化蚀变的岩石），认为这是古氧化岩石经历了二次还原作用后转变而成的，因而在绿色和漂白岩石中保留了古氧化岩石有机碳及总硫含量低的特征。

（3）微量元素特征

对研究区漂白岩石等进行了微量元素含量分析，结果表明，除了元素 Sr、Sb 有所富集，Mo、Ba、Zr 略有富集或保持不变外，其余元素，如 Sc、V、Cr、Co、Ni、Cu、Zn、Ga、

Ge、Rb、Y、Nb、Ag、Sn、Cs、Ta、W、Pb 均略有亏损或变化不大；说明流体作用过程中大多数微量元素含量变化不大。从 Th/U 值看，正常岩石、绿色蚀变、漂白、氧化岩石分别是 0.58、0.9、4.4、3.2，由于钍的化学性质比较稳定，因而，在漂白和氧化作用过程中，铀是亏损和带出的，氧化过程和砂岩漂白化明显为铀带出的一个过程。

从各类岩石稀土元素的分析，可以认为，各蚀变带稀土配分曲线排列较一致，说明各蚀变岩石具有相同的物源；然而 $\sum REE$ 原生岩石较高，各类蚀变岩石偏低，说明这些后生蚀变造成了稀土总量的亏损；漂白砂岩、绿色蚀变都存在铕（Eu）负异常，这一定程度上指示具还原环境的特征。说明了漂白砂岩、绿色砂岩均形成于还原性流体作用环境。

（三）直罗组"钙化木"状碳酸盐化特征

本研究区碳酸盐化从野外产状看基本分两类：一是在沉积层理等地质界线处的成层分布，很明显应属沉积成岩成因。二为在地层内部"悬浮"状存在的不连续透镜状碳酸盐化，又可分为两种情况：①不连续透镜状的"钙质砂岩层"（图 15.14），其中泥晶和亮晶方解石混杂（图 15.15），表明有多种成因，既有沉积成岩成因，又有后期热液作用因素。岩石所含碎屑矿物以石英为主，并含有较多的长石，云母及少量岩屑，岩性主要为中粗粒和中细粒砂岩。②"钙化木"状碳酸盐化，岩石外形似"钙化木"，其中有方解石晶体充填（图 15.16）；因此镜下观察可分两部分（图 15.17），一部分为泥晶方解石混杂胶结，表明为成岩成因；另一部分为充填的方解石晶体，表现为亮晶方解石晶体，经研究此应为低温热液成因，碳质来源于耗散油气，理由见后面的有关叙述。

图 15.14　J_2z^2 砂岩中见到的不连续透镜状的"钙质砂岩层"，神山沟路线

图 15.15　J_2z 砂岩中不连续透镜状的"钙质砂岩层"，强烈碳酸盐化；神山沟路线。（+），WDS 03-80

从常量元素含量变化特征看，碳酸盐化砂岩其 SiO_2、Al_2O_3 含量偏低，说明铝硅酸盐矿物蚀变时硅铝有所丢失，而 Na_2O、K_2O 含量没有明显变化，CaO 含量明显增高。反映在矿物变化特点上就是碎屑矿物蚀变较弱，而黏土矿物蚀变强，并有新生矿物方解石的生成。这与碳酸盐化矿物学特征相符。

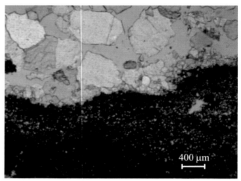

图 15.16　J_2z^1 砂岩中见到的"钙化木"状
碳酸盐化砂岩，神山沟路线

图 15.17　神山沟"钙化木"状碳酸盐化砂
岩，由泥晶方解石及充填的方解石两部分
构成。(-)

二、铀富集效应

（一）天然气耗散保矿和铀后期叠加富集特征

上面的研究已认识到，砂岩在漂白作用过程中，铀强烈亏损，其 Th/U 值最大，Fe^{3+} 大量转化为 Fe^{2+}，因而有大量铀及铁的迁移和带出。由于延安组顶部与绿色化、矿化层位近在咫尺，因而漂白过程中带出的铀为东胜矿床铀矿化的形成应提供大量的铀源；其带出的铁源为控矿的绿色蚀变带的形成提供必要的铁源（绿泥石为含铁镁的铝硅酸盐矿物）。

绿色化相比砂岩的漂白过程则显得更为复杂一些。当含烃地下水流体作用于直罗组早期氧化带砂岩时，开始其地球化学过程和漂白现象的形成是一致的；但当低温热液流体作用叠加时，流体由酸性转化为碱性，在大量的铁、硅及偏高的温度环境下，铁镁绿泥石形成了；同时在逸散油气中大量 H_2S、H_2、CO、CH_4 等还原剂的作用下，伴有大量新生铀石（热液中提供了硅）的叠加富集，这在过渡带中存在部分绿色砂岩矿石的铀的富集（图 15.18）及绿泥石叶片中可见铀石（丁万烈，2003）的现象中可以得到证实。因而，绿色化与后期铀的富集叠加（卷头处铀石的形成）其时间是一致的。

因此，东胜矿床铀矿化的形成实际为两个主要阶段：首先为早期层间氧化型铀矿化；其次为第二阶段铀的保矿作用及进一步叠加富集作用：由于后期油气逸散作用事件的发生，早期过渡带加宽，矿化富集叠加，此时形成的铀矿物主要为新生铀石。由于有大量的气体还原剂和热液的叠加，形成和保存了超大规模的东胜铀矿床。

对于早期形成的层间氧化带型铀矿，其矿石既有灰色，也有氧化色砂岩；当无矿的氧化带砂岩被还原剂还原形成绿色化带时，在二次还原带中是并不成矿的，这从绿色蚀变带中 Th/U 和 Ra/U 值较低也可以看出。但是，在氧化还原过渡带中却可见绿色砂岩的矿石类型，这很明显是早期氧化砂岩矿石转化为绿色砂岩时矿化有叠加富集的结果

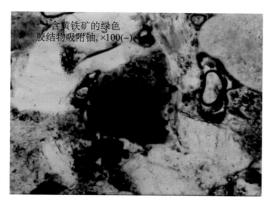
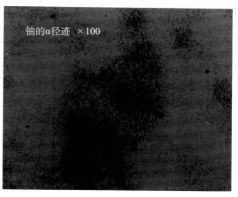

图 15.18　过渡带中绿色化砂岩矿石铀的富集作用

（图 15.18）。这从两翼矿与卷头处矿化年龄不一致也可反映出来。由于认为绿色化是油气作用所致，在过渡带逸散油气中的大量有效还原剂（如 H_2S、H_2、CO、CH_4 轻烃类等）作用在过渡带，使之加厚加宽而使矿化大量、加速富集叠加，致使东胜矿床的矿量或规模大大加大、终成为国内层间氧化带型铀矿中的超大型矿床，其原因正是大规模油气逸散作用这一本区所特有的事件。因此认为，绿色蚀变事件在二次还原带中（即早期的氧化带）不成矿，但在过渡带中却保矿且使原矿带变厚加宽，是后期矿化叠加富集及东胜矿床矿量大的主要原因。

　　因而，油气耗散在铀的富集中起到两个作用：一是保矿，保存前期层间氧化形成的矿体，二是有一定的后期叠加富集作用，在过渡带中的绿色砂岩矿石应该是这个现象的直接证据。

（二）理论、实验和地质依据

　　油气逸散形成了强大的还原性环境，对盆地铀富集作用明显；如盆地东北部的东胜矿床，油气耗散作用留下了明显的痕迹或证据，规模宏大的绿色化和漂白现象就是这一作用的反映；在此过程中早期铀矿得到保存，作为成矿的有效还原剂，后期造成铀的叠加富集。

　　砂岩型铀矿的基本成矿原理是铀在富氧地下水作用下（即氧化环境）呈六价态溶解迁移，在还原环境下呈四价态沉淀富集；而在这种还原环境中最重要和最主要的、有效的还原剂则是还原性气体，如 H_2、CH_4、CO、H_2S。虽然黄铁矿、固体有机质在低温下也能还原铀元素，但作用范围和效果远不如上述气体。下面是黄铁矿、H_2、CH_4、CO、H_2S 与铀酰离子 UO_2^{2+} 的反应方程式：

$$7UO_2^{2+} + FeS_2 + 8H_2O \Longrightarrow 7UO_2 + Fe^{2+} + 2SO_4^{2+} + 16H^+ \tag{1}$$

$$UO_2^{2+} + H_2 \Longrightarrow UO_2 + 2H^+ \tag{2}$$

$$4UO_2^{2+} + CH_4 + 3H_2O \Longrightarrow HCO^- + 4UO_2 + 9H^+ \tag{3}$$

$$UO_2^{2+} + 2CO + H_2 + H_2O \longrightarrow UO_2 + C + HCO^- + 3H^+ \tag{4}$$

$$4UO_2^{2+} + H_2S + 10OH^- \longrightarrow 4UO_2 + SO_4^{2-} + 6H_2O \tag{5}$$

上述 5 个反应方程式在不同温度下的自由能变化（ΔG_T^0，kJ/mol）见表 15.4，在 127 ℃时 5 个反应的 ΔG_T^0 均为负值。根据热力学原理，这些反应将自发地向右进行。在 227 ℃ 和 327 ℃ 时，反应（1）的 ΔG_T^0 为正值，表明反应不能自发地向右进行，因此在高温下黄铁矿并非是高效还原剂。与之相比，反应（2）~（5）的 ΔG_T^0 均为负值，表明 H_2、CH_4、CO 和 H_2S 在高温下均是有效的还原剂，它们能使 UO_2^{2+} 还原成晶质铀矿。反应（2）~（5）中有气相参加，有固相生成（晶质铀矿或沥青铀矿），表明反应可进行得很彻底，即只要有反应物，即刻就会发生 UO_2 的沉淀。表 15.4 的计算未考虑到压力的影响。事实上，从反应式便知，反应（2）~（5）由于有气相反应物，反应将向体积减小的方向（向右）进行，即对形成 UO_2 有利。

表 15.4　反应（1）~（5）在不同温度下的 ΔG_T^0（kJ/mol）

温度/℃	反应（1）	反应（2）	反应（3）	反应（4）	反应（5）
127	−7.444	−95.874	−153.732	−177.769	−1001.670
227	+1.954	−109.723	−198.119	−144.160	−1291.755
327	+105.931	−107.927	−194.744	−83.730	−1582.090

前述的热力学计算证实了 H_2、CH_4、CO、H_2S 能有效地还原 UO_2^{2+}。已有的成矿实验结果也支持这一结论。赵凤民和沈才卿（1986）曾进行过 H_2，H_2S 与含铀溶液反应合成沥青铀矿的模拟实验。实验是在冷风自紧式高压釜中进行的。初始含铀溶液是铀浓度为 23.8 mg/L 的硝酸铀酰溶液。实验所需的 H_2S 是通过硫代乙酰胺试剂在高温高压条件下分解而产生的。他们在不同温度下进行的实验都出现了沥青铀矿（表 15.5）。有人计算过，形成 1000 t UO_2 大约需要 14.86 t 甲烷（王驹、杜乐天，1995）。

表 15.5　用 H_2S 还原铀酰离子获得的沥青铀矿的 X 射线衍射数据[*]

实验编号	X 射线粉晶数据									晶胞参数（A）	实验条件		
											温度/℃	压力/10^5 Pa	pH[**]
83-21	I	10	7	9	9	5	5	5	5	5.44	200	15.59	2.75
	D	3.13	2.7	1.915	1.615	1.245	1.214	1.110	1.047				
81-4	I	10	7	9	9	5	5	5	5	5.45	300	100	2.75
	D	3.12	2.7	1.92	1.64	1.25	1.217	1.112	1.050				
81-23	I	10	7	9	9	5	5	5	5	5.44	400	325	2.85
	D	3.15	2.72	1.925	1.645	1.252	1.220	1.113	1.05				
82-47	I	10	7	9	9	5.	5	5	5	5.46	600	1250	2.65
	D	3.13	2.71	1.925	1.645	1.251	1.22	1.114	1.05				

[*] 据赵凤民和沈才卿（1986）；[**] 为实验前溶液的 pH。

上述的热力学计算、成矿实验以及前面包裹体成分及测定结果充分证实了还原性气体的存在以及它们的还原能力。在铀成矿过程中，当含铀热液与还原性气体相遇时，两者相互作用，导致晶质铀矿或沥青铀矿沉淀形成了铀矿化。由于铀矿的形成主要与UO_2^{2+}、气体的相互作用有关，因此与铀共生的金属矿物很少。H_2、CH_4、H_2S 与 UO_2^{2+} 作用后生成了 H^+、HCO_2^-、SO_4^{2-} 等离子，它们可与 Ca^{2+} 等作用形成 $CaCO_3$（方解石）等，这也正是碳酸盐化广泛发育的原因。即碳酸盐化与天然气的作用关系密切，从容矿地层中酸解烃成分（图 15.19）也可看出这一特点。

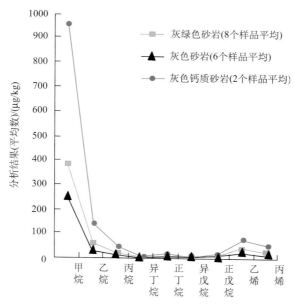

图 15.19　东胜矿床岩石酸解烃成分含量图示

岩石地层内酸解烃的含量高低关系到环境的还原容量。用岩石或土壤样品，通过 30 ℃水溶，盐酸酸解脱气，收集进入气相色谱仪进行分析。从图中看出，东胜矿床各岩石吸附烃中以甲烷为主，且碳酸盐化，绿色蚀变岩石甲烷及总烃含量均要比原生灰色岩石高，说明天然气组分与这些蚀变作用，尤其与碳酸盐化有关。

第四节　地质蚀变效应的成因分析

一、蚀变的地球化学环境

由前面的叙述可知，绿色蚀变砂岩和白色砂岩均形成于还原性环境之中。绿色蚀变砂岩的原因是含有还原态碱性的铁镁绿泥石，岩石化学特点是 Fe^{3+}/Fe^{2+} 值最低，有机碳（C_{org}）、总硫（$\sum S$）含量均较低，并局部可见氧化砂岩的残留；且在过渡带与铀石、黄铁矿共生，故绿色化和铀的富集是在碱性还原（流体）环境下形成的。漂白岩石具有总铁量及 Fe^{3+}/Fe^{2+} 低的特点，矿物学特点以形成后生高岭石为主，故其形成是在酸性还原（流体)环境下作用的结果。

二、流体作用的物理化学性质

选择能代表上述两类蚀变作用的产物(矿物)对象,如石英的次生加大边及新生碳酸盐(如"钙化木"中的方解石晶体)中的包裹体进行流体包裹体观察及激光拉曼光谱成分测试,并对各包裹体进行了均一法测温,结果如图 15.20、图 15.21、图 15.22。测试相应的 pH、Eh,列于表 15.6 中。

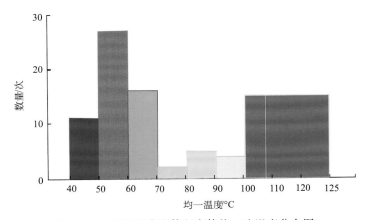

图 15.20 东胜矿床流体包裹体均一法温度分布图

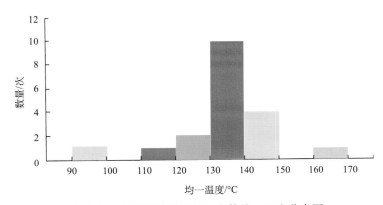

图 15.21 方解石脉天然气包裹体均一温度分布图

(一)流体包裹体地质特征及组分

流体包裹体个体较大者大多是石英增生边及裂隙中的盐水溶液包体,形态有椭圆形、长条形及不规则状,一般 1~2 μm,少数可在 2~3 μm;而方解石胶结物中则含大量的细小气、液烃包裹体(图 15.23、图 15.24);据观察,一般均小于 1 μm,极少数可达 1~2 μm。

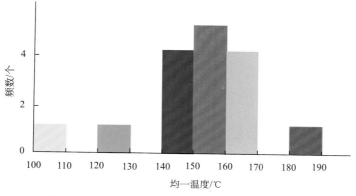

图 15.22　"钙化木"中方解石流体包裹体均一温度

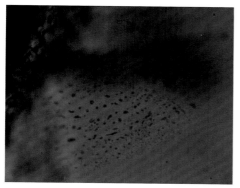

图 15.23　"钙化木"中方解石的单相包裹体
大部小于 5 μm，SWZ08-45，神山沟地区

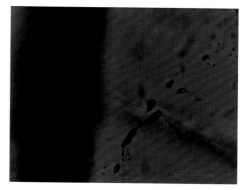

图 15.24　"钙化木"中方解石的气液两相
包裹体，东胜神山沟地区，SGM08-3

可见流体组成由水溶液及天然气或烃类两部分构成。据成分分析可知，流体成分以 H_2O 和 CO_2 占绝对优势，另外还普遍地含有 CH_4、C_2H_2 等有机烃类组分；流体中还检测出含有少量的 H_2S、H_2、CO、N_2 等成分。按天然气的广义概念，说明流体中含有天然气组分及少量液烃成分。其中的 H_2S、H_2、CO、CH_4 等是铀沉淀的重要还原剂。另外，还可看出，在还原性蚀变带(绿色蚀变、漂白岩石、矿化岩石)所取样品中流体含有较多的烃类、H_2S、CO 等还原性组分，而在氧化蚀变带样品中则以水溶液为主，还原性组分所占比例较少。

综上所述，可以认为，研究区砂岩型铀矿流体组成由两部分构成，一部分为 H_2O 溶液，另一部分含天然气的组分及少量液烃的混合。

（二）温　　度

根据对研究区流体包裹体均一法测试温度统计的结果，所测试温度的范围分布是 41~125 ℃，平均 103 ℃。总体上均可分为两组，即常温(约为 40~70 ℃)及低温(100~

125 ℃左右）；从样品统计数看出，以常温分布为主。

从东胜地区方解石脉天然气包裹体测温结果（图15.21）反映，下部古生界逸散来源天然气温度范围为90~160 ℃，主要集中于130~150 ℃间，具有较高的温度；因此认为，具有较高温度的下部天然气逸散进入直罗组地层时，使表生流体加温从而使混合流体具有一定的低温溶液性质。

（三）盐度、压力、密度

利用包裹体冷冻法（冰点）进行盐度测试，东胜矿区结果为0.6%~4.2%（质量分数）；查表得到对应的压力和密度，数值为0.5~1.4 bar[①]，大多数为1 bar左右；而密度均为约1.0 g/cm^3。因此，总体看压力较低，属浅成环境，且密度接近水溶液数值。结合流体成分测试中水为主要组分的特点，可认为该类矿床流体性质主要是表生浅成的水溶液。

（四）后生蚀变流体的pH、Eh

对各蚀变带岩石碳酸盐胶结物分离后，用爆裂法收取流体溶液（热爆超声波提取液，5 mL/g），直接测试pH，并计算得到矿区各后生蚀变阶段流体的pH及相应Eh值，如表15.6所示。从中看出矿区流体作用pH、Eh反映出如下的特征：从古生界蚀源区流体→成岩期流体→氧化带流体→漂白岩石带流体→绿色蚀变带流体→矿化带流体→原生灰色岩石带流体的系列变化过程中，① pH的变化规律是，弱碱→（弱酸-弱碱）→弱碱→强酸→强碱→中性或（弱酸-弱碱）→碱性；也就是说，造成漂白蚀变的流体pH是酸性的；成

表15.6　各蚀变阶段方解石胶结物流体作用 pH、Eh 值数据表

样号	岩性或样品性质与位置	pH	Eh/V	说明
DWW2	蚀源区	8.3	0.15	T＝55 ℃
DWW14	成岩阶段	8.1	0.03	T＝100 ℃
DWW17	成岩阶段	6.8	0.23	
FD2	红色古氧化岩石	8	0.19	T＝55 ℃
DWW34	漂白岩石	6.7	—	—
DWW48	方解石脉	8.3	-0.06	T＝120 ℃
DH3	灰绿色岩石	8	-0.02	
DH1	矿化岩石	7.3	0.09	T＝120 ℃
DWW16	浅灰色岩石，原生带	8.3	0.06	T＝80 ℃

---

① 1 bar＝10^5 Pa。

岩期流体既有酸性又有碱性；氧化蚀变、绿色蚀变和原生未蚀变带流体以碱性为主；而矿化蚀变流体以中性或弱酸→弱碱为主。因此，铀矿化的形成阶段流体 pH 以接近中性为特点。② Eh 的变化规律或性质相应为，氧化→氧化→氧化→还原→强还原→（弱还原-还原）→还原。也就是说，矿区蚀源区流体、成岩期流体、氧化带流体 Eh 值反映是氧化性质的，而漂白现象、绿色蚀变、矿化蚀变的 Eh 值环境为还原或强还原性的。因此，在从氧化带向矿化带过渡的过程中，Eh 值由氧化变为还原，这就是铀矿化形成的关键的地球化学制约因素，这也正是层间氧化带控矿宏观现象的主要地球化学原因。也就是说，流体环境变为强还原性是铀矿化形成的关键因素。

三、流体作用的来源和性质

（一）有机-无机流体地质作用同位素示踪的基本原理

东胜矿床的形成主要是表生作用大气降水与下部来源天然气的混合流体作用的结果，那么在这种有机-无机混合流体后生作用产物如黄铁矿、碳酸盐以及包裹体古流体中，必然要留下其相互作用或相互混染的痕迹；利用黄铁矿硫同位素、碳酸盐碳氧同位素以及包裹体流体（H_2O）氢氧等同位素的示踪研究是揭示这种有机-无机流体相互作用的有效途径之一。如天然气中的 H_2S 气体以及沉积地层煤中的硫源等是形成后生黄铁矿的重要硫源之一；砂岩碳酸盐胶结物中的碳与 CH_4 等有机烃类气体及固体有机质中的碳质来源关系密切；包裹体水中的氢、氧等混染了天然气中的 CO、H_2S、H_2 及 CH_4 等有机烃类气体中的相应组分等，使得在流体作用产物的相应同位素值的变化上出现变异或特征性的显示，这就是本章利用后生蚀变作用稳定同位素地球化学示踪来研究矿区有机-无机流体地质作用的基本立论依据。

（二）黄铁矿硫同位素特征与成因信息

在盆地北部东胜矿床铀矿化带（区）矿石中黄铁矿化十分普遍，存在多种产状的黄铁矿。如充填有机质空洞的半自形-自形黄铁矿、基质中的块状黄铁矿；砂岩中他形分散状黄铁矿、裂隙充填黄铁矿等。一般来说，砂岩中同时含多种产状的黄铁矿，如果对全岩进行黄铁矿的磁法分选，结果是各种产状的黄铁矿的混合而无法利用。但研究发现，在矿石中普遍含有大量的大颗粒的结核状黄铁矿（图 15.25），其含量与铀呈正相关；在铀的赋存状态研究和电子探针测试中发现，铀与黄铁矿具有密切的共生关系，常存在"黄铁矿-铀石-方解石"共生矿物组合（图 15.25）；表明这类产状的黄铁矿与矿化关系密切，两者同时形成。更为主要的是，此类黄铁矿可以很方便地直接对样品进行物理破碎，从而对样品进行分离选纯而不混有其他类型或产状的黄铁矿。因此，本次研究专门挑选了此类矿石中的大颗粒结核状黄铁矿进行硫同位素的研究，通过研究其硫同位素组成特点的分析，且进一步对比盆地内其他有机能源的硫同位素组成，从而示踪该类硫的可能来源，为探讨黄铁矿成因和铀矿化形成环境提供可靠的信息。

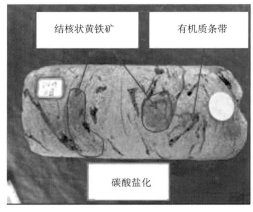 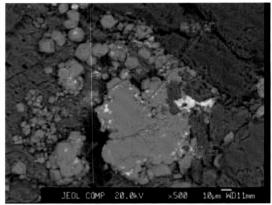

图 15.25　东胜矿床铀矿化带铀矿石中常见"黄铁矿–铀石–方解石"组合（杭锦旗铀矿）

左：矿石中大颗粒结核状黄铁矿，伴随有大量的有机质细脉及碳酸盐化；右：该样品电子探针背散射图像

　　本次研究地区为盆地北部东胜铀成矿带各铀矿区，选择了铀矿石中较大颗粒的结核状黄铁矿样品进行研究，共选纯样品 18 件，在中国地质科学院矿产资源研究所完成硫同位素测试，结果以 CDT 为标准表示。数据结果见表 15.7 所示。

表 15.7　盆地北部杭锦旗–东胜铀成矿带矿石中结核状黄铁矿硫同位素组成

序号	矿区	采样位置	岩性描述	黄铁矿产状	$\delta^{34}S_{CDT}/‰$
1	杭锦旗铀矿区	登 1 井，621.42 m 处	浅灰色致密中细砂岩	全部产于砂岩铀矿石中，呈大的结核状（图 15.25 右），可用物理方法进行分离选纯，矿石中含较多的碳质植物碎屑	−32.4
2		登 1 井，631.25 m 处	浅灰色致密中砂岩		−34.2
3		登 2 井，433.99 m 处	浅灰色泥质粉砂岩		−26.2
4		登 2 井，434.15 m 处	浅灰色致密粉砂岩		−33.4
5		登 2 井，454.26 m 处	浅灰色次疏松细砂岩		−0.5
6		登 3 井，331.17 m 处	浅灰色次疏松中细砂岩		−36
7		登 3 井，333.91 m 处	浅灰色致密细砂岩		−40.1
8		登 3 井，337.12 m 处	浅灰色次疏松中砂岩		−37.5
9		登 3 井，340.76 m 处	浅灰色次疏松细砂岩		−33.1
10		登 4 井，558.74 m 处	浅灰色致密中砂岩		−32.1
11		登 4 井，553.52 m 处	浅灰色次疏松中砂岩		−41.7
12		登 4 井，574.06 m 处	浅灰色次疏松中粗砂岩		−39.5
13	东胜铀矿区	ZK127-47，186.9 m 处	浅灰绿色次疏松中砂岩		−17.04
14		ZK A3-12，103 m 处	灰白色致密细砂岩		−6.897
15		ZK A3-0，130.9 m 处	灰白色致密细砂岩		−6.9
16		ZK A3-11，150.6 m 处	灰白色致密中细砂岩		−39.2
17		ZK A3-12，71.9 m 处	灰绿灰色致密粉砂岩		−15.8
18		ZK A271-16，263.5 m 处	灰白色致密中粗砂岩		−28.4
平均					−27.83

对测试结果进行分析后发现，其 $\delta^{34}S$ 介于 $-40.1‰ \sim -0.5‰$ 之间，均值为 $-27.83‰$，且大多数介于 $-30‰ \sim -40‰$ 之间，表明矿石中该类与铀矿化关系密切的黄铁矿硫同位素普遍表现为较大的负值，具有有机质来源的特征，是微生物对有机质（可能是煤屑，或可能是油气组分）的分解作用下提供了硫源。因为，由硫同位素地球化学可知，只有微生物作用下的硫同位素才普遍具有如此大的负值特征。

（三）"钙化木"碳、氧同位素特征与成因

在自然界中，从碳酸盐（CO_3^{2-}）到 CO_2、石墨，到甲烷（CH_4），逐渐亏损 ^{13}C；$\delta^{13}C$ 值从海相碳酸盐的 $-2‰ \sim 5‰$，降低到沉积有机物的 $-35‰ \sim -15‰$；中国煤成气甲烷的 $\delta^{13}C$ 之 PDB 值为 $-42‰ \sim -14‰$（张理刚，1985；戴金星、陈英，1993；郑永飞、陈江峰，2000；王大锐，2000）。这说明，与有机质（生物作用、油气、煤质等）流体有关的碳源其 $\delta^{13}C_{PDB}$ 值主要为负值。

前面已提到，本区碳酸盐化从野外产状看，其成因基本分两类，一类是呈板状连续分布于地层界面，为沉积成因；研究区大量的另一类是呈不连续的透镜状分布，本次研究采集的是这一类产状的样品（12 个）进行碳、氧同位素的分析。结果认为其形成与本区大规模油气逸散作用所提供大量的碳质来源有关。"钙化木"碳酸盐化样品中方解石晶体的碳、氧同位素在判识图解上明显表现为有机质碳质来源成因（图 15.26）。

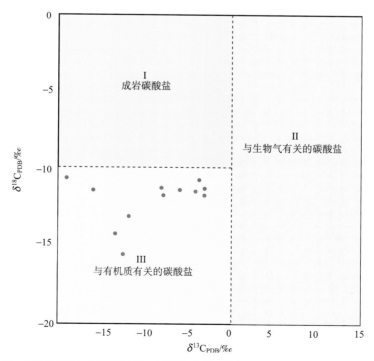

图 15.26 "钙化木"中方解石的碳、氧同位素成因特征图示分区（据王大锐，2000 等）

上述"钙化木"状碳酸盐化碳同位素特征与盆地石炭-二叠系油气及白垩系油砂碳同位素比较接近，而与盆地中生界碳质泥岩中有机质相差甚远（图15.27）。说明形成"钙化木"状碳酸盐化的碳质来源与上古生界天然气有关而与中生界有机质煤质无关。

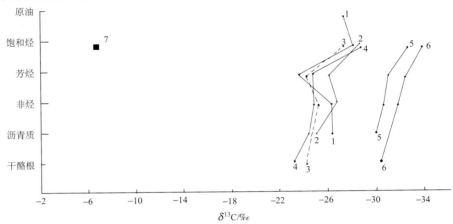

图15.27　北部白垩系油苗与盆地内各油、气烃源岩及直罗组容矿层中钙化木的方解石脉（晶体）中的碳同位素特征类比曲线图（1~6原始数据据张文正，转引自丁万烈，2003）

1. 内蒙古 K_1 地面油砂；2. 图东1井 P_1 凝析油；3. C 煤；4. P 泥岩；5. O 泥岩；6. T_3y 长7暗色泥岩；
7. 研究区容矿层中钙化木中的方解石脉（晶体）中碳同位素数据平均值

另外，盆地北缘白垩系油砂（苗）与二叠系油砂以及中生界原油、河套古近系和新近系原油等石油地球化学特征相比，二叠系石盒子组深灰色泥岩与赋矿层直罗组原油及北部白垩系油砂具有相似的可溶有机质分子地球化学特征，它们含有较多高分子量烃类，具有较高成熟度，且明显来源于高等植物，Pr/Ph 值>2，为姥鲛烷优势，姥鲛烷比值较高。对东胜地区赋矿层位侏罗系直罗组铀矿石样品油气包裹体研究，其 Pr/nC_{17} 和 Ph/nC_{18} 均处于低值，呈现出较高成熟的特点；其 Pr/Ph 为 1.11~2.62，平均为 1.53，与上古生界及北部白垩系油砂具有相似的地球化学特征（表15.8）。

表 15.8　石油有机地球化学特征对比表

位置	井号及样点	层位	样品	Ph	Pr	iC_{18}	Pr/Ph
盆地北缘	露头	白垩系	油苗	17.69	37.53	20.64	2.12
	*巴则马岱露头		油砂	16.78	37.83	20.33	2.25
	*四岔沟露头		油砂	19.58	41.54	22.85	2.12
盆地北缘	伊深1井	二叠系	油砂	7.0	26.0	17.0	3.36
		*盒6	油砂	13.13	34.34	23.23	2.62
		*盒2	凝析油	4.35	17.39	20.29	4.0
盆地南部马岭油田	岭8井	延安组	原油	22.0	21.0	17.0	0.97
河套盆地	临深2井	古近系和新近系	原油	71.0	14.0	9.0	0.2

续表

位置	井号及样点	层位	样品	Ph	Pr	iC$_{18}$	Pr/Ph
盆地北缘 东胜矿床	A0-4-01	直罗组	浅灰色碳酸盐 化中砂岩矿石				1.25
	A0-16-03	直罗组	浅灰色碳酸盐 化中砂岩矿石				1.15
	A3-0-08	直罗组	浅灰色碳酸盐 化中砂岩矿石				1.11
	A4-0-01	直罗组	浅灰色碳酸盐 化中砂岩矿石				2.62

* 据杨俊杰，1983[①]；直罗组数据据欧光习等，2006；余据刘友民，1982。

而中生代煤系地层原始有机质煤质成熟度较低；中生界原油：Pr/Ph 值≈1，为姥植均势。河套盆地古近系和新近系原油：Pr/Ph 值<1，为植烷优势，姥鲛烷比值较低（表15.8）。与东胜铀矿区的容矿层岩石不同。因此，东胜矿床容矿层矿石及碳酸盐化岩石油气地球化学特征与白垩系油苗及上古生界天然气相似，为同出一源。即本区"钙化木"状碳酸盐化所处直罗组之耗散油气来源于上古生界石炭-二叠系天然气逸散而非中生界地层本身有机质煤质及其变化（脱羧基作用）的产物所提供。

（四）包裹体氢、氧同位素特征及成因信息

经对矿区 J$_2$z 地层钙质胶结砂岩分离的碳酸盐矿物进行热爆-超声波提取包裹体溶液的分析，获得了包裹体 H、O 同位素组成，结果表明，①东胜矿床碳酸盐包裹体 δD 为 −31.6‰~−0.7‰，δ^{18}O 为 12.31‰~30.99‰；而蚀源区 δD 为−54.6‰，δ^{18}O 为−0.15‰。依据地壳中不同类型或来源水的同位素组成规律（赵伦山、张本仁，1987）认为：矿区成矿热液之水溶液主要来自大气降水，而不是来自于深部的深成热卤水或变质水的混合热液。②在成岩作用期→氧化蚀变→白色化→绿色蚀变→矿化蚀变的流体演变过程中，δD、δ^{18}O 组成总体有逐渐增大趋势（图 15.28、图 15.29），并在矿化蚀变中达到峰值。这

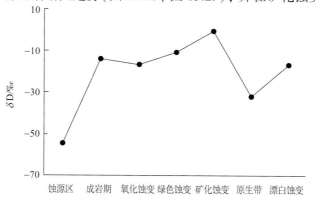

图 15.28　东胜矿床各蚀变带方解石包裹体氢同位素变化图

[①]　杨俊杰等. 1983. 关于陕甘宁盆地北部上古生界油气勘探方向的探讨. 长庆油田勘探开发研究院. 1~17

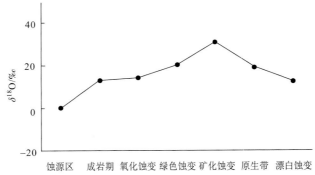

图 15.29 东胜矿床各蚀变带方解石包裹体氧同位素变化图

说明在成矿阶段存在还原性流体的改造活动，此时同位素分馏作用最为强烈（氧化和还原两种环境处于转折时期）。这种在矿化阶段流体 δD、$\delta^{18}O$ 组成达到最大值的特征可作为一种同位素地质学的找矿标志；这在砂岩型铀矿研究中属于首次发现。③天然气中主要还原性气体（如 H_2、H_2S、CH_4 等）与大气降水相遇发生同位素交换，会促使地下水的 δD 值增高（王恒纯，1990）。研究区矿化蚀变样品 δD 值偏高与成矿有利构造部位有丰富的有机质还原剂有关，表明天然气在成矿中起到重要作用。可见，古流体中氢、氧同位素信息可用来示踪油气等有机质流体的运移及其铀成矿效应。

（五）含矿层油气充注特点：无大规模液烃充注历史

为了弄清含矿目的层是否有液体有机物（石油）或气体有机物（天然气）的作用及其充注程度，作者对矿区容矿地层进行了系统的取样；磨制油气包裹体片，对每一个样品在镜下进行油气包裹体数量的统计，利用含油包裹体丰度（GOI）——"含油包裹体颗粒指数"指标来进行判断：GOI＝含油气包裹体的碎屑矿物颗粒数/参加统计的颗粒总数。

一般而言，当 GOI<1% 时，认为地层中不存在石油充注历史；1%～5% 之间表明有过少量的充注；>5% 则说明存在或有过大规模石油充注史。

东胜矿床共统计了 63 个样品，其中 GOI 在 1%～5% 的占 9.5%；<1% 的样品占 90.5%，对矿区的 GOI 测试结果见图 15.30；因此，可以认为东胜矿床有少量的油气充注，并没有过大规模的石油充注史。然而，在碳酸盐胶结物和直罗组地层的碳酸盐脉中，虽然液烃包裹体数量不是很多，但却有较多的天然气包裹体。说明容矿层中存在天然气逸散和充注事件。

通过上述工作后，作者认为，东胜铀矿床含矿目的层虽没有大规模的液烃充注史，但却存在不可忽视的明显的逸散天然气作用现象。

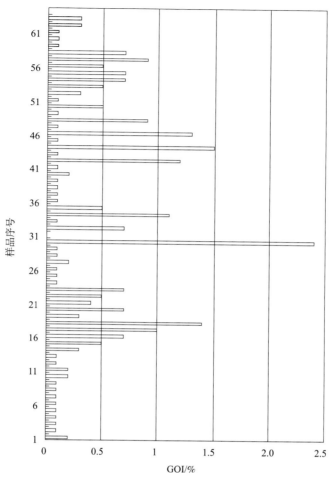

图 15.30　东胜矿床油气充注 GOI 图解［中国石油大学（北京）地球化学实验室测定，2004］

（六）流体除具有"烃-水"基本组成外，还具有部分低温热液作用的性质

在东胜矿区直罗组砂岩中，可见一些后期低温热液作用的现象。如含矿层位 J_2z^{1-1} 中出现一些热液成因产状的方解石脉体或晶体；在含矿砂岩中出现一些硅化、水云母化等水热蚀变现象；另还可见磁铁矿、黄铁矿、白铁矿等低温热液金属矿物的共生组合（柳益群等，2006）；铀石可见分布于微裂缝内的黄铁矿晶体及绿泥石叶片中等。正是该后期呈碱性的富铁镁、硅组分的低温热液叠加于含烃类的流体形成混合流体，作用于早期层间氧化带形成了控矿的绿色化带（流体提供 Fe^{2+}），同时生成铀石（为含硅的铀的氧化物矿物），是使东胜矿床规模大大增加（含烃的低温热液流体提供 H_2、CH_4、CO、H_2S 等还原剂及硅组分）的主要原因。

综上所述，对蚀变流体作用的组成、性质和来源可以总结出如下的认识：①流体的组成特点。由包裹体测试可知，其组成由水溶液及气体和少量液态烃类两部分构成。流

体成分以 H_2O 和 CO_2 占绝对优势,另外还普遍地含有 CH_4、C_2H_2 等有机烃类组分;其中还检测出含有少量的 H_2S、H_2、CO、N_2 等成分。其中的 H_2S、H_2、CO、CH_4 等是铀沉淀的重要还原剂。②流体的温度。从包裹体测温可知,温度范围集中于 $41 \sim 125\ ℃$,但主要为 $50 \sim 70\ ℃$ 的范围,平均 $103\ ℃$。因此,以常温水溶液作用为主,部分具有低温热液的性质。③流体的来源。从流体水溶液氢、氧同位素特点,反映来源为大气降水;碳、氧同位素测试反映固体有机质(经生物细菌作用)及煤型气提供了部分碳质来源。

因此,本区主要蚀变及铀矿化的后期富集均是在以大气降水与逸散天然气混合,后期叠加有富 Fe^{2+}、Si 的低温热液流体作用下的结果。

四、铀富集成矿作用与油气耗散的时空耦合

(一) 油气耗散与铀矿化的空间分布关系

东胜矿床中的绿色化和规模宏大的漂白现象,均分布在矿区附近,其中绿色化带直接控制了铀矿化的产出;白色砂岩其钍/铀值较高,说明有铀的强烈亏损,其中的铀为矿化提供部分铀源。在其北部乌兰格尔隆起分布着众多的油苗,为油气散失的最终窗口;前已述及,其油源为位于中部的上古生界气源岩产生的煤型气。

如前所述,据盆地北部上古生界储层流体包裹体类型、均一温度、捕获压力及其变化的研究,上古生界天然气捕获压力在平面上为南高北低、北东部最低,成藏后大量天然气散失和油气向北东方向迁移;根据理想气体状态方程和不同成岩序列包裹体的均一温度、捕获压力等参数的计算,相对于聚集成藏期,盆地北部天然气的散失量(体积)达39.7%。盆地北部规模十分巨大的天然气发生逸散,为东胜地区的绿色化和白色砂岩的形成提供了有利的环境条件;东胜矿床即是处于这个天然气运移逸散穿越的范围之中,其散失的窗口仍在东胜矿床的北部即大量存在白垩系油苗的乌兰格尔隆起区。

总体上能源矿产及有关的蚀变现象在空间上的分布关系为,油在盆地南部,气在中、北部,铀矿在边部。盆地北部东胜地区直罗组中发育东胜大型砂岩型铀矿,矿区范围内控矿的砂岩绿色蚀变带及延安组顶部发育的大范围砂岩漂白现象以及北部乌兰格尔一带可见众多的白垩系油苗等,这种分布格局颇引人注目。这说明,中部来源的油气向东北部逸散后历经铀矿化区、绿色化区、白色化区,最后油气逸散出露地表形成众多的白垩系油苗:这种格局正说明了油气在空间上已贯穿作用于铀矿形成区,因而东胜铀矿的形成具备油气作用的空间环境。

因此,从空间分布看,东胜矿床铀矿化、绿色化和漂白区完全处于油气耗散的环境包围之中(图 15.1),即空间上铀矿化、蚀变和油气逸散是耦合的。

(二) 油气耗散与铀矿化的时间耦合关系

1. 东胜矿床油气充注年龄的确定

方法是利用伊利石 K-Ar 法分析烃类的充注时间。其基本原理在于砂岩储集层中自

生伊利石是烃类充填储集层前最晚形成的，储层中自生伊利石仅在流动的富钾水介质环境中形成，油气进入储层后伊利石形成过程便会停止。因此，可用自生伊利石的年龄来判断储层中油气藏形成年龄。所选样品全部来自东胜矿床含矿目的层直罗组（J_2z）。共选了两组矿石样，两组绿色蚀变样，一组漂白岩石样，一组原生灰色岩石样。样品测试主要数据及最后分析计算年龄结果列于表 15.9 和图 15.31。

表 15.9　东胜矿床砂岩样品自生伊利石 K-Ar 同位素测年分析结果

样品编号	取样位置	K/%	年龄/Ma	矿物组成				
				伊利石	伊–蒙混层及蒙脱石	高岭石	绿泥石	其他矿物
DWW15，矿石	ZKA151-39	6.34	121.0±3.1	35	52	4	2	7
DWW（21+38），矿石	ZKA111-8，183-87	5.12	95.6±3.5	37	51	6	3	3
DWW（17+23+37），白色砂岩	ZKA167-79，183-87，111-8	4.94	85.3±2.6	55	26	14	1	4
DWW20，灰绿色砂岩	ZKA183-87	6.18	123.7±3.4	62	26	4	5	3
DWW（11+31+33），灰绿色砂岩	ZKA183-71，111-43-1	6.67	134.5±2.3	40	55	0	0	5
DWW35，灰色砂岩	ZK111-0	5.25	95.8±2.7	49	39	7	4	4

注：由中国石油大学（北京）地球化学实验室测试（2004）。

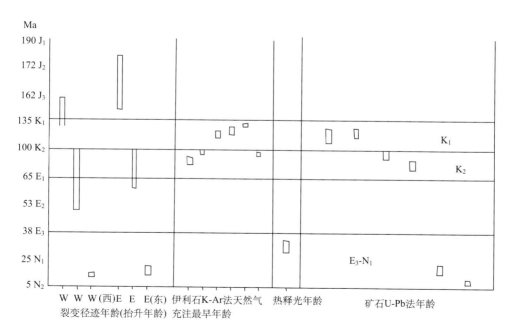

图 15.31　东胜矿床裂变径迹地层抬升年龄–油气充注伊利石 K-Ar 年龄–热释光年龄–
矿石 U-Pb 法年龄图示

从中看出，所获年龄范围为 $85.3\pm2.6\sim134.5\pm2.3$ Ma，即从早白垩世至晚白垩世皆有天然气(少量液烃)充注事件；时代集中于两期，一是 $85.3\pm2.6\sim95.6.5\pm3.5$ Ma，年龄范围是 $82.7\sim99.1$ Ma，即晚白垩世；二是 $121.0\pm3.1\sim134.5\pm2.3$ Ma，范围是 $117.9\sim136.8$ Ma，即早白垩世。因此，我们认为，东胜矿床较早的一次油气充注时间可能是在 $117.9\sim136.8$ Ma 间，即早白垩世；伴随有部分矿化及漂白现象。第二期为晚白垩世，伴随有绿色蚀变和矿化现象。

另据在三叠系延长组新鲜露头节理缝中采集方解石脉的鉴定、分析，认为：其中含有大量的天然气包裹体，其成分主要为甲烷(51.8%)、乙烯(21.2%)和硫化氢(21.1%)。通过应用"热释光"方法对该含天然气包裹体方解石脉测试的年龄值为 32.4 ± 3.24 Ma。说明了鄂多尔斯盆地约在渐新世晚期仍有天然气的逸散事件存在(吴柏林，2005)。

2. 东胜矿床铀矿化年龄

据北京铀矿地质研究院的研究(夏毓亮等，2003)，利用铀矿石 U-Pb 同位素组成测得东胜矿床铀成矿年龄主要有三期，即早白垩世(K_1) $124\pm6\sim107\pm16$ Ma；晚白垩世(K_2) $85\pm2\sim74\pm14$ Ma；中新世(N_1)即 $20\pm2\sim8\pm1$ Ma。所取样品分别取自东胜矿床的孙家梁地段、沙沙圪台地段、162 线附近等富矿地段。

对上述油气逸散与铀矿化的时间关系进行对比，结合磷灰石裂变径迹年龄认为盆地有过三次较明显的抬升降温事件，即 J_2—K_1、K_2—E_1、N_1。而这与天然气耗散充注和铀成矿年龄三者均有一种非常明显的响应关系(图 15.31)。因此，通过上面的分析可以认为，天然气耗散与东胜矿床的铀富集作用无论是在地质地球化学特征，还是在时空耦合方面均具有非常密切的响应关系。

第五节 天然气耗散地质效应的相关实验进展

油气耗散作用成岩蚀变及成矿效应，近年不仅在野外地质研究中被证实，而且在室内模拟实验中也已初步证明是客观存在的。目前的主要工作进展和认识有如下几方面。

一、相关气体组分还原铀的实验现状

天然气中最主要的组分是甲烷等轻烃类气体，另外有的含较多 CO_2 及少量的 H_2S、CO、H_2 等。前人曾对上述气体还原铀的性质进行过实验，结果表明，H_2、CH_4、H_2S、CO 等气体是铀还原沉淀非常有效的还原剂，生成产物主要为 UO_2；然而黄铁矿等金属硫化物以及有机质(煤屑)的还原效应则较为有限(王驹、杜乐天，1995；张景廉，2005；蔡义各，2008；刘正义、秦明宽，2008)。后继实验更进一步证明 CH_4、H_2S 对含铀溶液中的 Mo、Se、Re 等砂岩铀矿中常见的伴生元素也具有很好的还原富集作用(刘正义、秦明宽，2008)。

通过采集东胜铀矿容矿层中的有机质(煤屑)、上古生界天然气、中生界石油等样品，分别模拟铀还原沉淀的实验，结果表明，有机质(煤屑)主要通过其中的腐殖酸与铀的配位作用导致铀的迁移及沉淀；在低温条件下天然气(主要组分是甲烷)还原铀酰离子溶液得到的产物主要为 UO_2。石油馏分与铀酰离子溶液反应产物为混合价态的

U_3O_8、U_4O_9 和 U_3O_7 等（蔡义各，2008）。上述结果表明，油气在铀的富集成矿中作为还原剂起到重要的作用。

二、天然气二次还原氧化砂岩的模拟实验

（一）概　　述

由于东胜铀矿具有典型的油气耗散作用成因，形成所谓砂岩绿色化带控矿的特点，而这是由于耗散天然气对早期氧化砂岩的二次还原作用所致。因此实验中采集了矿区容矿层氧化砂岩、上古生界天然气等样品进行模拟实验（图 15.32、图 15.33）。不仅考察天然气对铀溶液，同时观察对氧化砂岩的还原蚀变影响。通过野外研究已获取了该区有关的物理化学环境参数，如流体组分、温度、压力等；因此，在实验室可在一定程度上模拟自然界条件来重现这些自然形成的地质现象或过程。

图 15.32　实验用天然气样品：中部上古生界气田，台 3 井，层位为山西组山 2 段

图 15.33　实验用样品：均采自东胜矿床直罗组 DWW27：浅灰色疏松中砂岩，ZKA111-40；
DWW50：紫红色砂岩，ZKB 4-56

（二）实 验 过 程

分两种类型样品和不同实验条件共三组实验情况来进行：样品均是来自于研究区直罗组，两类样品中一为氧化岩石（红色砂岩），另一为原生灰色岩石，根据研究区地层地下水的实际情况配制水溶液（表 15.10），①配制不富铀（据包裹体成分和现代地下水成分综合考虑，其浓度为 $u \leqslant 2\ \mu g/L$）酸性的水溶液混合在氧化岩石中；②配制不富铀碱性的水溶液混合在氧化岩石中；③配制富 u（根据野外情况拟配制 $u \geqslant 50\ \mu g/L$ 浓度）的水溶液混合在灰色岩石中，溶液为中性。实验在水热反应釜中进行；在天然气钢瓶中分别对这三组"水-岩"混合样品注入天然气，并有排出装置（整个实验装置示意图见图 15.34）。观察在一定的时间之后可能出现的情况，包括作用前后样品颜色，常量、微量元素含量、砂岩黏土含量及类型、主要地球化学参数（U、Th、C_{org}、ΣS）特征的对比等。

表 15.10　砂岩烃类蚀变实验研究样品水溶液成分配制

东	岩性溶液	含量/（μg/g）							
胜	水溶液成分	F^-	Cl^-	SO_4^{2-}	Na^+	K^+	Mg^{2+}	Ca^{2+}	U
地	"红色蚀变"砂岩	0.06	3.61	72.65	2.90	1.52	0.39	18.8	0.002 μg/g 或 ≤1 μg/L
区	灰色砂岩	0.03	1.65	16.62	4.46	3.22	2.09	207.2	0.728 或 ≥50 μg/L

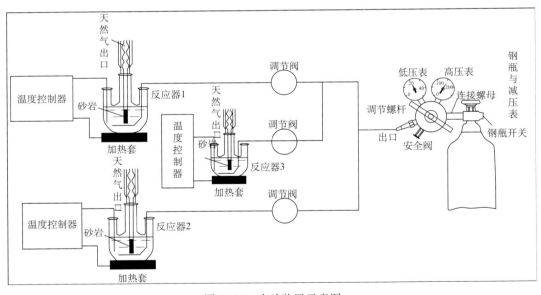

图 15.34　实验装置示意图

（三）实 验 条 件

1）温度和压力：温度为 80～100 ℃（据包裹体测温数据分布的主要区间）；压力为常压。

2）岩石样品：有直罗组红色氧化及原生灰色的正常样品；其实验前的矿物和岩石地球化学特征见表 15.11。

3）天然气样品：采自盆地中部上古生界气田台 3 井，层位为山西组山 2 段；每罐 20升，50 个大气压。其成分经测试主要为甲烷（CH4），占（V/V，‰）95.248，另有少量 CO_2，占 2.192，N_2 占 0.048，H_2 占 0.014 等。

4）酸碱度条件：分三组。中性：原生灰色未蚀变的正常样品；红色氧化样品分酸性和碱性两种情况。

5）水溶液成分配制：据包裹体及现代地下水成分资料综合配制；实验前溶液的离子浓度配制见表 15.10。

（四）实 验 结 果

经三个月反应后，在常温下，发现天然气（主要组分为甲烷）作用于灰色含铀砂岩的该组溶液出现了颜色为黄色的沉淀，而其他两组中，其中在碱性溶液中的砂岩颜色变浅，而酸性溶液中的砂岩颜色变化不明显。经对反应前后样品的矿物组分及黏土含量、铀钍含量、溶液组分的变化测试对比（表 15.10），可以认为：

1）天然气作用于含铀溶液后，出现的黄色沉淀为铀的沉淀物；生成物砂岩中明显变为黄色，其钍/铀的含量大幅降低（表 15.11），证明岩石中铀的含量确实大大增加。

2）在天然气作用后的砂岩矿物成分的检测中（表 15.11），主要造岩矿物变化不大，黏土矿物仍以蒙脱石为主，但却普遍检测出了蛭石矿物的出现，这说明天然气作用于砂岩，是可能造成黏土矿物的变化和转化的。且蛭石有可能是黏土矿物转化的过渡产物，如果组分合适或时间足够长，蛭石有可能继续演化为绿泥石或蒙脱石等。

3）实验后样品的 Fe^{3+}/Fe^{2+} 发生了明显的变化，如实验前氧化样品 DWW50 之 Fe^{3+}/Fe^{2+} 为 2.35，实验后酸性溶液此组变为 4.78，碱性溶液组变为 4.23，原因是 Fe^{3+} 转化为 Fe^{2+} 后大量迁移至溶液中损失；这说明，在天然气作用下，环境变为还原条件，氧化砂岩已经向还原性组分的方向在变化。而原生灰色岩石此项指标变化不大。

4）本实验中未能出现预期的明显的白色和绿色化现象，原因可能有三，一是实验时间太短，漂白和绿色化可能是长时间地质作用的产物；而实验模拟难于完全重演地质历史；二是有热液加温的叠加作用，正如前面分析所述，但本实验未能考虑此一因素；三是漂白和绿色化的重要特点是黏土矿物发生变化，黏土矿物的转化是一个渐变的过程，需要时间和环境的长时间演化。本项实验中检测出样品反应后出现的蛭石矿物也许就是这个过渡的中间产物。因为，蛭石为含铁镁钙等的铝硅酸盐矿物，蒙脱石为含钠的铝硅酸盐矿物，绿泥石为含铁镁等的铝硅酸盐矿物，高岭石为铝硅酸盐矿物；随着时间和环境的进一步演化，蛭石可能脱铁镁或钠类质同象置换钙，于是高岭石或绿泥石或蒙脱石等就有可能生成。应该说，本项实验中发现样品反应后出现较多的蛭石矿物这一现象是一个重要的发现。从一个侧面证明了天然气作用于砂岩在一定条件下可以导致黏土矿物类型的转变。这对于下一步加强该项实验工作具有重要的启发意义。

表 15.11 实验样品反应前后有关地质地球化学参数的变化

项目		实验前		实验后		
		DWW27	DWW50	DWW27	DWW50（酸）	DWW50（碱）
地球化学特征参数	$U/10^{-6}$	7.2	2.4	10.9	2.0	1.4
	$Th/10^{-6}$	6.0	5.7	3.0	1.8	2.2
	$C_{org}/\%$	0.05	0.01	0.16	0.36	0.17
	$\delta S/\%$	0.46	0.03	0.34	0.03	0.03
	Th/U	0.83	2.375	0.28	0.9	1.57
化学全岩分析	$SiO_2/\%$	72.77	70.89	71.67	74.95	65.80
	$Al_2O_3/\%$	12.28	9.42	12.16	9.06	8.51
	$TFe_2O_3/\%$	3.21	3.21	2.67	2.09	2.18
	$CaO/\%$	0.78	3.91	1.16	2.63	7.81
	$MgO/\%$	1.32	1.25	1.40	1.04	1.32
	$MnO/\%$	0.02	0.03	0.02	0.02	0.07
	$TiO_2/\%$	0.35	0.40	0.40	0.30	0.30
	$P_2O_5/\%$	0.09	0.11	0.11	0.08	0.09
	$K_2O/\%$	3.42	2.91	3.54	3.04	2.69
	$Na_2O/\%$	2.49	1.64	2.06	1.53	1.25
	烧失量/%	3.75	6.58	5.20	5.66	10.24
	$FeO/\%$	2.04	1.22	1.28	0.39	0.46
	Fe^{3+}/Fe^{2+}	1.40	2.35	1.86	4.78	4.23
X射线衍射/%	石英	71	73	64	61	66
	斜长石	7	8	10	10	8
	绿泥石	—	3	—	—	—
	蒙脱石	7	4	6	8	6
	伊利石	—	2	2	1	2
	正长石	9	8	9	9	7
	黄铁矿	—	1	—	—	—
	方解石	4	—	—	4	6
	蛭石	—	—	3	3	3
	高岭石	—	—	4	—	—
	赤铁矿	—	—	—	1	1

第六节 天然气耗散蚀变的判识标志与铀成矿模式

一、盆地东北部油气耗散蚀变的判识标志

前述各项研究已经证实，本区存在着大规模的油气逸散，并产生了明显的蚀变效应，如绿色化、漂白现象、铀石的富集叠加，以及碳酸盐化、黄铁矿化等。通过盆地东北部该油气逸散蚀变典型实例的解剖，在此就有可能对由油气逸散作用所产生的一些标志或岩石学、矿物学、地质地球化学方面的有关指标进行总结。

1. 区域上存在油气逸散的地质背景和有利条件

东胜地区存在油气逸散的明显蚀变效应，那是与盆地中部大气区上古生界天然气向北和北东方向的大规模逸散作用这一背景分不开的。晚侏罗世—早白垩世盆地的构造-热事件使盆地大部分地区的有机质成熟度达到凝析气和干气生成阶段，烃源岩于早白垩世达到生排气高峰期。随后，晚侏罗世—早中新世晚期长达 2 亿年的西拗东隆格局及差异性整体抬升总体控制了天然气向北东、北方向的运移，在盆地乌兰格尔一带形成大量的白垩系油苗，但天然气的逸散已穿越东胜矿床地区，致使该处形成颇具规模的绿色化、漂白现象和超大型铀矿化。因此，区域上存在大规模油气逸散地质背景是该类蚀变形成的基础地质条件。

2. 空间分布：蚀变岩石与早期氧化岩石相伴而生，且后者呈残留状产出

东胜矿床控矿的绿色蚀变带可见呈"卷状"的形态，那是层间氧化带的典型形态（氧化岩石组成）；且在绿色化岩石中仍可见少量氧化岩石的残留，因此可以认为，绿色化为早期氧化岩石二次还原转化而来。紧邻绿色化层位之下的延安组顶部漂白岩石，从产状上可见较多的红色氧化岩石与之相伴产出，并且漂白砂岩中常可见褐铁矿的结核残留，也说明了白色岩石其前身为氧化岩石的特征。

3. 岩石地球化学特征：与围岩原生岩石相比具低 $\sum S$、高 Fe^{2+}/Fe^{3+} 值

研究区绿色化砂岩（蚀变带而非矿化带的绿色砂岩）和漂白岩石（没有后期黄铁矿化的进一步叠加的漂白砂岩）就具有这个特征；究其原因是因为其前身为氧化岩石，黄铁矿已被氧化，在还原为绿色化和漂白岩石之后继承了这一特点；且在这个过程中，Fe^{3+} 还原为 Fe^{2+}，在漂白岩石中 Fe^{2+} 被迁移带出，于是岩石被漂白；而在绿色化带中则保留了大量的 Fe^{2+}，并在后期富硅热液作用叠加作用下形成了铁镁绿泥石，于是绿色蚀变带形成。

4. 蚀变砂岩的矿物学特征常随后生黏土矿物类型的不同而转变

东胜矿床灰色砂岩黏土矿物以蒙脱石为主，高岭石次之；但是绿色化岩石却以绿泥石为主，高岭石大大减少；而白色化岩石却以高岭石含量占绝对优势。很明显，在还原

流体作用下，产生了大量特征的新生黏土矿物，从而使该类蚀变呈相应的具该黏土矿物特征的颜色外观。

5. 在蚀变区较广泛出现凸镜状不连续的碳酸盐化钙质胶结砂岩

其特点是形成不连续的钙质胶结砂岩，且呈椭球状分布；与呈层状分布的"板状"碳酸盐化钙质层形成明显的对比。该类"钙质层"其碳同位素明显为较大的负值，碳同位素判别指标表明其碳质来源与有机质成因有关。经研究认为，该类"钙质层"的成因为上古生界天然气上升后与地层中下渗的含氧水相遇，在喜氧细菌氧化甲烷的作用下产生二氧化碳，这样就为碳酸盐化提供了有机质性质的碳质来源。该类岩石还有一个特点，就是在其碳酸盐胶结物中有时可见大量细小的气、液烃包裹体，因个体太小，有时难于测试。因此，可以认为，油气逸散作用在岩石中很难留下大量的直接证据，这为该领域的研究增加了许多困难。

6. 蚀变岩石的方解石包裹体氢、氧同位素值明显偏高 ("同位素漂移" 现象)

东胜矿区所有蚀变类型岩石，如氧化岩石、绿色岩石、白色岩石、矿化岩石、碳酸盐化岩石、原生灰色岩石等，其碳酸盐氢氧同位素值在绿色化岩石、白色岩石及矿化岩石中明显偏高，形成峰值。个中原因认为是由于地下水与天然气混染，水中氢氧同位素，尤其是氢同位素混染碳氢化合物而使氢同位素发生明显的增大即"漂移"现象。这说明，油气逸散蚀变岩石在同位素方面也能留下明显的踪迹或作用证据。

7. 蚀变岩石的形成时代与该区油气耗散的时代相近

在东胜矿床绿色蚀变矿石中，可见绿泥石叶片中的铀石共生矿物，说明绿色化与矿化是同时生成的。而矿化年龄为早白垩世、晚白垩世、中新世。对直罗组油气充注伊利石钾–氩法测年表明，油气逸散时代为早白垩世、晚白垩世、渐新世末期。可见，蚀变年龄与油气耗散的时代基本上是相符的。

8. 蚀变岩石位于临近油气散失的"窗口"区域，属还原性地球化学环境

鄂尔多斯盆地中部上古生界天然气受东隆西拗形成的大斜坡的长期影响和控制，其油气逸散方向自晚侏罗世以来基本上为北、北东方向，逸散油气路经东胜地区，最后在乌兰格尔一带散失于大气之中，并在此处形成众多的白垩系油苗。因此，油气逸散蚀变形成的岩石，在空间位置上的明显特点，是处于油气散失的范围之内并靠近散失"窗口"处位置。

9. 蚀变区岩石的有机质富含腐泥质，具高芳烃、低非烃+沥青质特点

在东胜矿床含矿层位直罗组岩石中含较多的有机质细脉，经鉴定主体为煤质成分。但是，与认为没有受到油气作用的铀矿区，如吐哈盆地、伊犁盆地铀矿床相比，油气逸散区岩石中的有机质明显富含腐泥组的组分；吐哈和伊犁矿区有机质的演化发生于沉积成岩阶段，而东胜地区则发生于深埋后生阶段(油气作用的重要阶段)，这是一个重要的

差别。另外其有机质氯仿沥青"A"芳烃含量高，非烃+沥青质含量低，并且芳烃中含丰富的脂肪酸甲酯系列化合物。因此，地层岩石有机质中这些有机地球化学特点可作为油气逸散蚀变作用存在的重要标志。

二、天然气耗散蚀变及铀富集效应机理与成因模式

关于鄂尔多斯盆地北部天然气耗散蚀变的发现和研究，对盆地内油气运移方向、油气勘探，以及铀矿的找矿和勘探均具有重要的现实指导意义；同时对与油气作用有关的铀矿床类型，如东胜矿床的成因模式认识，以及油气逸散作用这一新领域和方向的研究、揭示油气-铀相互作用的科学原理等均具有重要的理论意义。

在此着重对研究区绿色化、漂白现象形成过程及成因机理模式作进一步分析和总结（图 15.35）。

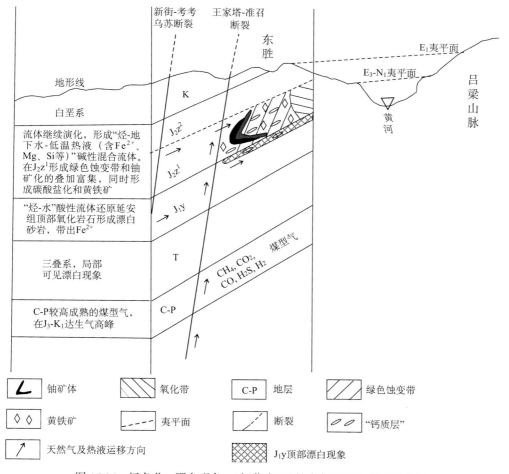

图 15.35 绿色化、漂白现象、"钙化木"及铀富集成矿的成因模式图

1. 酸性"烃类–大气水"流体作用于氧化砂岩形成漂白现象

大约在早白垩世末，鄂尔多斯盆地整体抬升，此时于中侏罗世—早白垩世大量生成的上古生界石炭–二叠系煤型天然气开始大量向北东方向运移逸散，在东胜地区南西沿新街–考考乌素断裂和王家塔–准召断裂向上和向东北方向运移逸散。到达延安组顶部，首先其中的大量还原剂如 CH_4、H_2S 等将含地下水之氧化砂岩中的 Fe^{3+} 还原形成 Fe^{2+}，而 Fe^{2+} 易于迁移造成砂岩总铁量的流失，有关反应如下：

对于甲烷：$CH_4+4Fe_2O_3+16H^+ = CO_2+10H_2O+8Fe^{2+}$

对于有机酸：$CH_3COOH+4Fe_2O_3+16H^+ = 2CO_2+10H_2O+8Fe^{2+}$

对于硫化氢：$2H_2S+Fe_2O_3+2H^+ = FeS_2+3H_2O+Fe^{2+}$

由于开始存在大量酸性气体和有机质作用，流体处于酸性环境，造成高岭石黏土矿物的形成。于是，延安组顶部漂白砂岩形成。

2. 流体由酸性转化为碱性的蚀变–成矿效应

流体继续演化，由酸性转化为碱性，在"烃类–大气水–含铁镁硅低温热液"混合流体作用下在直罗组形成绿色蚀变带和铀石矿化的后期富集叠加。随着漂白作用的进行，含大量 Fe^{2+} 的"烃–地下水"流体继续向上向北东迁移，进入直罗组地层，同样作用于直罗组地层中的早期层间氧化带砂岩并带出大量的 Fe^{2+}；进入晚白垩世，天然气逸散也达到高峰，此时流体中已积累丰富的 Fe^{2+}，流体演化为碱性；大约在中新世（仍可见中新世夷平面，图 15.35），沿着前期天然气上升通道即上述断裂构造有含硅铁组分为特征的低温热液叠加于含烃–地下水形成一种"烃–地下水–含硅镁铁低温热液"的混合流体，将氧化砂岩还原，交代砂岩中的泥质胶结物形成以绿泥石黏土矿物为主的绿色化蚀变带，同时砂岩中斜长石及黑云母也产生了部分绿泥石化。与此同时，烃类组分中的大量还原剂如 H_2，CH_4，CO，H_2S 作用于氧化还原过渡带，使早期矿化带加宽加厚，部分沥青铀矿转化为铀石，同时在热液中硅组分的参与下，大量新生铀石沉淀形成，叠加于早期矿化带中，形成了所谓的迁移卷头矿体和规模巨大的东胜铀矿床。因此，该油气逸散事件是东胜矿床矿量大的主要原因。反应如下：含大量铁镁的热液交代一般的铝硅酸盐类如（黏土、长石等）形成绿泥石：

$$2[AlSi_3O_8]^+（黏土、长石类等铝硅酸盐）+4(Fe,Mg)^{2+}+2(Fe,Al)^{3+}+10H_2O =$$
$$(Mg,Fe)_4(Fe,Al)_2Si_2O_{10}(OH)_8（绿泥石亚种）+4SiO_2+12H^+$$

部分有黑云母的绿泥石化：

$$2K(Mg,Fe)_3[AlSi_3O_{10}](OH)_2\{（黑云母）+4OH^-+2.5Fe^{2+}+8Al^{3+}+25e^- \longrightarrow$$
$$(MgFeAl)_3(OH)_6\{(MgFeAl)_3[(Si,Al)_4O_{10}](OH)_2\}（铁绿泥石）+2K^++2Si^{4+}+2.5Fe_3O_4$$

而实际取样测得迁移卷头处矿石年龄为 20 ± 2 Ma、8 ± 1 Ma，而两翼处矿石（代表早期的卷头矿石）年龄明显偏老，多数为 80 ± 5 Ma，这也证明了矿床存在矿化后期富集叠加的认识。

根据本区的铀矿物以铀石为主，并可能有残留的极少量沥青铀矿特点，可以认为铀石化的形成是弱碱或中性–强还原的环境所致，这又与本区直罗组地层测得有机质中含大量的脂肪酸甲酯系列化合物的认识相一致（该脂肪酸甲酯系列化合物的形成要求环境为严格的中性或弱碱性），也说明了油气逸散作用与铀成矿的 pH 环境是一致的。本区铀石的形成有两个方式：①是流体中 Si、U 组分达到一定浓度时直接从溶液中沉淀富集（新卷头处的后期富集叠加的矿体多数是这种）；②是早期形成的沥青铀矿的转化（如下式所示；两翼处矿体多为此种）；两者形成的前提都是溶液偏弱碱（碱性）-中性且具备较强的还原环境。

$$U[SiO_4]_{1-X_1}(OH)_{4X_1} \Longleftrightarrow UO_{2+X_2}+SiO_2+H_2O$$
$$（铀石）\qquad\qquad\qquad （沥青铀矿）$$

3. 不连续碳酸盐化"钙质层"及大量黄铁矿化的形成

与漂白作用和绿色化同时进行的还有直罗组地层中相应可见的不连续碳酸盐化"钙质层"的形成，以及大量的黄铁矿化。

上古生界天然气持续上升，与直罗组中下渗的含氧水相遇，在喜氧细菌氧化甲烷的作用下产生二氧化碳和水，反应方程式为

$$CH_4+O_2 \Longrightarrow CO_2+H_2O$$

这就为碳酸盐化提供了有机质来源性质的碳质来源，这与前面碳同位素大部分落在与有机质有关的碳酸盐的成因结论是相符的。

4. 有机质参与导致硫同位素偏负值

当沉积物或孔隙流体中的氧被消耗完之后，就开始了厌氧细菌还原硫酸盐的作用，于是产生了 H_2S，与天然气中少量的 H_2S 一道，与砂岩中的 Fe 反应形成硫同位素为较大负值的黄铁矿沉淀。反应方程式为

$$CH_4+SO_4^{2-} \Longrightarrow H_2S+HCO_3^-$$
$$2H_2S+Fe_2O_3+2H^+ \Longrightarrow FeS_2+3H_2O+Fe^{2+}$$

这就解释了前面研究中硫同位素具有明显偏负值的，即具有生物细菌作用特征的认识。

5. 后期天然气的保矿和铀的再富集叠加作用

在古新世—始新世间（约 56.5 Ma）盆地周缘裂陷形成（刘池洋等，2006），切割了东胜矿床北部和西北部物（矿）源；盆地周缘裂陷之后伊盟隆起发生一定的构造反转作用，此时如果没有充足还原剂的保矿作用，早期形成的富铀矿体恐怕又要重新氧化消失。然而，盆地在 K_1 末发生构造热事件，是石油、天然气形成的高峰期（任战利，2007），并从 100 Ma 一直至 E_3 约 32.4 Ma 时仍存在较大规模的油气耗散充注作用（王飞宇、张水昌，1997；吴柏林等，2006），因而当伊盟隆起发生构造反转时仍有大量的天然气充当保矿剂而使东胜铀矿早期矿化得以保存。

另外，保矿作用的同时，后期重又抬升也有可能进一步形成新矿体（由于地层中固有的铀源及深部铀源的作用，气体还原剂保矿作用的同时，作为还原剂可叠加形成部分新矿体）。从东胜铀矿成矿时代看，铀矿体的翼部（一般认为是早期形成）形成于 K_1-K_2，

卷头(一般认为是晚期形成)年龄约集中于 22.2~9.8 Ma (夏毓亮等, 2003; 向伟东等, 2006; 刘汉彬等, 2007), 说明保矿作用发生后仍可继续叠加富集形成新的富铀矿体。从伊盟隆起演化-改造的特点来看, 东胜铀矿大规模富集的可能性是完全存在的。

参 考 文 献

毕先梅, 程守田等. 2000. 内蒙古东胜地区高岭土矿床的岩石矿物学研究. 现代地质, 14(1): 45~51

蔡义各. 2008. 煤、气、油在铀成矿过程中作用的实验模拟. 西北大学硕士学位论文

戴金星, 陈英. 1993. 中国生物气中甲烷烃组合的碳同位素特征及其鉴别标志. 中国科学, 23(3): 43~47

丁万烈. 2003. 绿色蚀变带的地球化学性质及其找矿意义探讨. 铀矿地质, 19(5): 277~282

冯乔, 张小莉, 王云鹏等. 2006. 鄂尔多斯盆地北部上古生界油气运聚特征及其铀成矿意义. 地质学报, 80(5): 748~752

韩世庆, 王守德, 胡惟元. 1982. 黔东麻江古油藏的发现及其地质意义. 石油与天然气地质, 3(4): 317~326

李振宏. 2005. 鄂尔多斯盆地上古生界石千峰组气藏成藏时间. 西北油气勘探, 17(2): 8~13

李子颖, 方锡珩, 陈安平. 2007. 鄂尔多斯盆地北部砂岩型铀矿目标层灰绿色砂岩成因和找矿意义. 中国科学(D 辑), 37(增刊 I): 139~146

李子颖, 方锡珩, 陈安平等. 2009. 鄂尔多斯盆地东北部砂岩型铀矿叠合成矿模式. 铀矿地质, 25(2): 65~70

刘池洋. 2008. 沉积盆地动力学与盆地成藏(矿)系统. 地球科学与环境学报, 30(1): 1~23

刘池洋, 赵红格, 杨兴科等. 2003. 油气晚期-超晚期成藏定位——中国含油气盆地的重要特点. 见: 中国工程院, 环太平洋能源和矿产资源理事会, 中国石油学会. 21 世纪中国暨国际油气勘探. 北京: 中国石化出版社. 57~60

刘池洋, 赵红格, 桂小军等. 2006. 鄂尔多斯盆地演化-改造的时空坐标及其成藏(矿)响应. 地质学报, 80(5): 617~638

刘池洋, 张复新, 高飞. 2007. 沉积盆地成藏(矿)系统. 中国地质, 34(3): 365~374

刘池洋, 马艳萍, 吴柏林等. 2008. 油气耗散-油气地质研究和资源评价的弱点和难点. 石油与天然气地质, 29(4): 517~526

刘汉斌, 夏毓亮, 田时丰等. 2007. 东胜地区砂岩型铀矿成矿年代学及成矿铀源研究. 铀矿地质, 23(1): 23~29

刘庆生, 李海侠, 王芳等. 2002. 油气藏全空间磁学、地球化学与矿物学结构及意义——检验"烟筒效应"的形成机理. 地球科学——中国地质大学学报, 27(5): 67~644

刘友民. 1982. 陕甘宁盆地北缘乌兰格尔地区白垩系油苗成因及意义. 石油勘探与开发, 3: 39~42

刘正义, 秦明宽. 2008. 油气对砂岩型铀矿中铀等伴生元素富集成矿的模拟实验. 世界核地质科学, 25(1): 13~18

柳广弟, 郝石生. 1996. 鄂尔多斯地区古生界生烃史和排烃史的模拟. 石油大学学报(自然科学版), 20(1): 13~18

柳益群, 冯乔, 杨仁超等. 2006. 鄂尔多斯盆地东胜地区砂岩型铀矿成因探讨. 地质学报, 80(5): 761~767

马艳萍, 刘池阳, 王建强等. 2006. 盆地后期改造中油气运散的效应——鄂尔多斯盆地东北部中生界漂白砂岩的形成. 石油与天然地质, 27(2): 233~238

马艳萍, 刘池洋, 赵俊峰等. 2007. 鄂尔多斯盆地东北部中生界漂白砂岩的特征及其与天然气逸散的关系. 中国科学(D 辑), 37(增刊 I): 127~138

欧光习, 李林强, 孙玉梅等. 2006. 沉积盆地流体包裹体研究的理论与实践. 矿物岩石地球化学通报,

25(1)：1～11

庞雄奇，姜振学，左胜杰. 2002. 叠合盆地构造变动破坏烃量研究方法探讨. 地质论评，48（4）：384～390

蒲仁海，姚宗慧，张艳春. 2000. 鄂尔多斯盆地古构造演化在气田形成中的作用及意义. 天然气工业，20
　　（6）：27～29

任战利，张盛，高胜利等. 2007. 鄂尔多斯盆地构造热演化史及其成藏成矿意义. 中国科学（D辑），
　　37（增刊I）：23～32

妥进才，张明峰，王先彬. 2006. 鄂尔多斯盆地北部东胜铀矿区沉积有机质中脂肪酸甲酯的检出及意义.
　　沉积学报，24(3)：432～439

王大锐. 2000. 油气稳定同位素地球化学. 北京：石油工业出版社. 104～118

王飞宇，张水昌. 1997. 利用自生伊利石K-Ar定年分析烃类进入储集层的时间. 地质论评，43(5)：
　　540～546

王恒纯. 1990. 同位素水文地质概论. 北京：地质出版社

王驹，杜乐天. 1995. 论铀成矿过程中的气还原作用. 铀矿地质，11(1)：19～24

王庭斌. 2004. 中国气藏主要形成、定型于新近纪以来构造运动. 石油与天然气地质，25(2)：127～132

王震亮，张立宽，孙明亮等. 2004. 鄂尔多斯盆地神木-榆林地区上石盒子组-石千峰组天然气成藏机理.
　　石油学报，25(3)：37～43

吴柏林. 2005. 中国西北地区中新生代盆地砂岩型铀矿地质与成矿作用. 西北大学博士学位论文

吴柏林，邱欣卫. 2007. 论东胜矿床油气逸散蚀变的地质地球化学特点及其意义. 中国地质，34(3)：
　　455～462

吴柏林，王建强，刘池阳等. 2006. 东胜砂岩型铀矿形成中天然气地质作用的地球化学特征. 石油与天
　　然气地质，27(2)：225～232

吴元燕，平俊彪，吕修祥等. 2002. 准噶尔盆地西北缘油气藏保存及破坏定量研究. 石油学报，23(6)：
　　24～30

夏毓亮，林锦荣，刘汉彬等. 2003. 中国北方主要产铀盆地砂岩型铀矿成矿年代学研究. 铀矿地质，
　　19(3)：129～136

向伟东，李子颖，方锡珩等. 2006. 鄂尔多斯盆地东胜铀矿床成矿特征与成矿模式. 铀矿地质，22(5)：
　　257～266

肖新建，李子颖，方锡珩等. 2004. 东胜砂岩型铀矿床低温热液流体的证据及意义. 矿物岩石地球化学
　　通报，23(4)：301～304

杨华，张军，王飞雁等. 2000. 鄂尔多斯盆地古生界含气系统特征. 天然气工业，20(6)：7～11

张景廉. 2005. 铀矿物-溶液平衡. 北京：原子能出版社. 121～124

张俊，庞雄奇，刘洛夫等. 2004. 塔里木盆地志留系沥青砂岩的分布特征与石油地质意义. 中国科学（D
　　辑），34（增刊I）：169～176

张理刚. 1985. 稳定同位素在地质科学中的应用. 西安：陕西科学技术出版社

赵凤民，沈才卿. 1986. 黄铁矿与沥青铀矿的共生条件及在沥青铀矿形成过程中所起作用的实验研究.
　　铀矿地质，2(2)：193～199

赵伦山，张本仁. 1987. 地球化学. 北京：地质出版社

郑永飞，陈江峰. 2000. 稳定同位素地球化学. 北京：科学出版社

Beitler B, Chan M A, Parry W T. 2003. Bleaching of Jurassic Navajo sandstone on Colorado Plateau Laramide
　　highs: Evidence of exhumed hydrocarbon super giants? Geology, 31(12): 1041～1044

Chan M A, Parry W T, Bowman J R. 2000. Diagenetic hematite and manganese oxidesand fault-related fluid
　　flow in Jurassic sandstones, Southeastern Utah. AAPG Bulletin, 84(9): 1281～1310

Hey M H. 1954. A new review of the chlorites. Mineralogical Magazine, 30: 277~292

Kirkland D W, Denison R E, Rooney M A. 1995. Diagenetic alteration of Permian strata at oil fields of south central Oklahoma, USA. Marine and Petroleum Geology, 12(6): 629~644

Levandowski D W, Kaley M E, Silverman S R et al. 1973. Cementation in Lyons sandstone Colorado. American Association of Petroleum Geologists Bulletin, 57: 2217~2244

MacGregor D S. 1996. Factors controlling the destruction or preservation of giant light oil-fields. Petroleum Geoscience, 12(2): 197~217

Moulton G F. 1922. Some features of red bed bleaching. American Association of Petroleum Geologists Bulletin, 10: 304~311

Reeves F. 1922. Geology of the Cement oil field, Caddo County Oklahoma. US Geol Surv Bull, 726: 4~85

Segal D B, Ruth M D, Merin I S. 1986. Remote detection of anomalous mineralogy associated with hydrocarbon production, Lisbon Valley, Utah. The Mountain Geologist, 23: 51~62

Shebl M A, Surdam R C. 1996. Redox reactions in hydrocarbon clastic reservoire: Experimental validation of this mechanism for prosity enhancement. Chemical Geology, 132: 103~117

Surdam R C, Jiao Z S, MacGowan D B. 1993. Redox reactions involving hydrocarbons and mineral oxidants: A mechanism for significant porosity enhancement in sandstones. American Association of Petroleum Geologists Bulletin, 77: 1509~1518

第十六章　多种能源矿产热液活动地球化学记录[*]

多种能源矿产同盆共存的储(矿)层中蕴含着大量流体-岩石相互作用过程的信息。利用各种先进的分析测试手段,可以从目前发现的油气藏储层中提取各种有机-无机相互作用的信息,进而深入分析过程中有机-无机地球化学过程的耦合关系,特别是从观察到的特征成岩-成藏矿物组合中获取有关地球化学环境演变的重要参数,可以动态地反演成藏过程。

第一节　多种能源矿产成矿(藏)环境特征

鄂尔多斯盆地是集煤炭、油、气和铀矿等多种能源矿产同盆共存的一个大型能源基地(刘池阳等,2006),近年来,许多研究者从不同角度对油、气、煤和铀矿等多种能源矿产形成和共存机理进行了深入研究,表明这些能源矿产在形成地质条件、产状和分布规律等存在密切的联系。总结这些研究成果不难发现,油、气、煤和铀等多种能源矿产同存共生地质环境的氧化/还原条件对其分布具有明显的控制作用。已有研究表明,缺氧的还原环境是煤和油气烃源岩形成的主控因素之一,是对油气母质保存和成煤最有利的古环境。缺氧的还原环境常发育黑色或者碳质泥岩,富含硫化物、过渡族金属和 U 等元素,一些金属元素甚至富集形成矿床。砂岩型铀矿床成矿机理研究表明,铀在不同的地球化学环境中有不同的地球化学行为,铀元素在氧化环境中呈六价,容易溶解于中性或弱碱性水溶液中而活化迁移,铀在氧化/还原过渡带以四、六价并存,但以四价为主,铀在氧化/还原过渡带环境中沉淀富集(王剑锋,1986)。铀在还原环境中呈四价,以铀的简单氧化物(UO_2)的形式稳定存在,因此还原沉淀富集成矿的是砂岩型铀矿的主要成矿方式。

本节通过对东胜砂岩型铀矿成岩成矿氧化/还原条件及流体性质研究表明,东胜铀矿存在明显两期成岩成矿流体,早期为氧化条件下的酸性流体成岩成矿作用,晚期为还原条件下的碱性流体作用,铀沉淀富集成矿发生在成矿流体由氧化条件下的酸性流体转变为还原条件下的碱性流体过程中。因此,成岩成矿氧化/还原条件和流体性质变化是东胜铀矿形成的主要因素。

---

  * 作者:李荣西. 长安大学地球科学与资源学院,西安.
    E-mail: rongxi99@163.com

一、东胜铀矿成矿地质与地球化学特征分带性

野外地质观察和剖面对比综合分析发现，依据砂岩颜色，研究区直罗组下部含铀矿砂体从北向南可划分为 3 个不同的颜色带(图 16.1，表 16.1)，即北部和东北部剥蚀区砂岩为黄色带，中部砂岩颜色为灰绿色带，而南部为灰色带。研究认为，这三个颜色带实际上分别为不同的成岩环境造成的，其中黄色带实际上为黄色氧化带，灰绿色带为氧化/还原过渡带，灰色带为还原带(陈法正，2002；肖新建等，2004)。

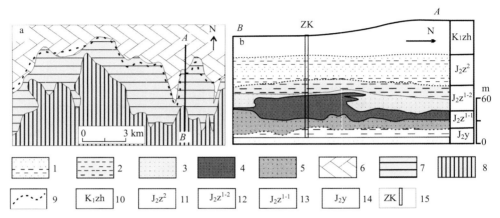

图 16.1 东胜铀矿区平面和剖面地质图(据陈法正，2002；肖新建等，2004，修改)

a. 东胜铀矿露头地质分带特征；b. 东胜铀矿剖面分带特征

1. 杂色中细粒砂岩夹泥岩；2. 灰绿色泥岩和泥质粉砂岩夹砂岩；3. 灰绿色中粗粒砂岩；4. 铀矿体；5. 灰白色中粗粒砂岩；6. 氧化带；7. 氧化–还原过渡带；8. 还原带；9. 氧化带前峰；10. 志丹群；11. 直罗组上段；12. 直罗组下段的上亚段；13. 直罗组下段的下亚段；14. 延安组；15. 钻孔

表 16.1 东胜铀矿氧化/还原带划分及其特征表

层 位		岩 性	次生矿物	蚀变作用类型	氧化/还原带
直罗组上段(J_2z^2)		杂色(紫红、黄、灰绿色)中细粒砂岩、粉砂岩夹泥岩	高岭石，褐色云母，褐铁矿，泥晶方解石	斜长石高岭土化，黑云母的褐云母化，褐铁矿化	氧化带
直罗组下段(J_2z^1)	上亚段(J_2z^{1-1})	灰绿色泥岩、粉砂岩和砂岩	高岭石，绿色云母，绿泥石，亮晶方解石，黄铁矿	斜长石高岭石化，黑云母的绿色云母化和绿泥石化，黄铁矿化，碳酸盐岩化	氧化/还原过渡带
	下亚段(J_2z^{1-2})	灰色、灰白色中粗粒砂岩，含矿层段	钠长石，绿帘石，绿泥石，白云母，亮晶方解石，草莓状黄铁矿	斜长石钠长石化，绿帘石化，白云母化，黄铁矿化，碳酸盐岩化	还原带

在垂向上，东胜砂岩型铀矿从上向下分为三个明显的岩性层段（肖新建等，2004）（图 16.1），上岩性段相当于直罗组上段（J_2z^2），为杂色（紫红、黄、灰绿色）中细粒砂岩、粉砂岩夹泥岩；中间岩性段相当于直罗组下段的上亚段（J_2z^{1-1}），为一套灰绿色泥岩、粉砂岩和砂岩；下岩性段相当于直罗组下段的下亚段（J_2z^{1-2}），为一套灰色、灰白色中粗粒砂岩，富含碳质碎屑。铀矿体位于中间岩性段和下岩性段之间，矿体分布受灰绿色砂岩和灰色、灰白色中粗粒砂岩接触带控制，含矿砂岩主要呈灰色，灰白色中粗粒砂岩。勘探钻孔自然伽马测井显示的伽马峰值异常主要出现在灰绿色砂岩和灰色、灰白色中粗粒砂岩交界面附近（张泓等，1995；肖新建等，2004）。

野外调研表明，平面上中部灰绿色砂岩带展布宽度达 20 km 左右，从钻孔岩心中看到中间岩性段的灰绿色砂岩炭屑有氧化迹象，砂岩中也可见褐铁矿斑点，因此，有人认为灰绿色带应为一古层间氧化带，氧化带的前峰线位于灰绿色与灰色带交界面上（陈法正，2002）。

二、东胜铀矿蚀变作用与成矿环境特征

东胜铀矿不同分带的岩性相似，但颜色不同，原因是蚀变造成的。氧化带红色、过渡带灰绿色和还原带灰色砂岩具相似成分成熟度和结构成熟度，红色和灰绿色砂岩含有大量褐色黑云母，但灰绿色砂岩粒度相对较细，填隙物含量高且其中绿色黑云母、绿泥石和绢云母含量更高；而灰色砂岩中暗色不透明矿物和白云母相对较多，褐色黑云母和绢云母相对较少。岩性差别是后期蚀变矿物不同而已。蚀变矿物包括高岭石、绢云母、褐色黑云母、绿色黑云母、褐铁矿、菱铁矿、泥晶方解石、绿泥石、钠长石、绿帘石、白云母、亮晶方解石、白云石和草莓状黄铁矿等。褐色黑云母最多，均是蚀变而成的；是导致不同分带颜色不同的主要原因，各分带褐色黑云母蚀变特征和含量不同。氧化带褐色黑云母含量最多，氧化/还原过渡带褐色黑云母发生了蚀变而形成大量自生的绿色黑云母。

1. 铀矿蚀变矿物特征

铀矿砂岩碎屑包括矿物碎屑和岩屑，矿物碎屑主要有石英、长石和黑云母，长石和黑云母蚀变作用明显，岩屑成分复杂，包括变质岩、火山岩和花岗岩等。东胜铀矿不同岩性段砂岩具相似的成分成熟度和结构成熟度，但是它们均发生了不同特征的蚀变作用（表 16.1）。显微镜下观察研究表明，氧化带杂色砂岩普遍发生了以氧化作用为特征的蚀变作用，砂岩泥质填隙物不同程度地发生碳酸盐岩化、绢云母化和伊利石化等蚀变现象（图 16.2）。其中长石碎屑多发生了以高岭土化为主的黏土化，黑云母蚀变成褐色云母，含有褐铁矿。

还原带的灰色、灰白色中粗粒砂岩为含矿砂岩，矿石矿物分析表明东胜铀矿的铀矿物以铀石为主，见有少量的钛铀矿和沥青铀矿，铀矿物多与黄铁矿伴生（肖新建等，2004）。含矿砂岩富含植物碎屑，含有较多的浸染状、草莓状黄铁矿，黑云母蚀变成绿泥石并有白云母共生，含矿砂岩见有绿帘石，长石发生了钠长石化（图 16.3）。大量矿化蚀

变岩矿学研究表明，东胜铀矿含矿砂岩的蚀变矿物组合有钠长石、碳酸盐岩矿物、绿泥石、绿帘石、黄铁矿和白云母等，反映出成矿流体具有低温热液流体特征。

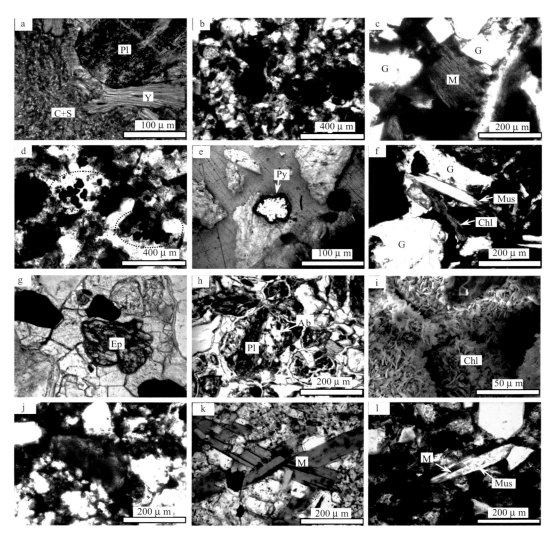

图 16.2　东胜铀矿矿化蚀变作用特征显微镜下照片

a. 氧化带砂岩泥质填隙物蚀变成伊利石（Y）、绢云母和泥晶碳酸盐岩矿物（C+S），斜长石碎屑（F）发生黏土化；正交偏光（+）；b. 氧化带杂色砂岩显微镜下特征，其中褐色部分主要为褐色云母，浅色或者无色部分为碎屑颗粒，单偏光（−）；c. 高倍显微镜下的氧化带杂色砂岩中褐色云母（M）和碎屑颗粒（G）特征，单偏透射光（−）；d. 氧化带杂色砂岩中褐铁矿，用虚线圈起来的黑色圆形体，单偏透射光（−）；e. 铀矿砂岩中的草莓状黄铁矿，箭头所指示，反射光；f. 铀矿砂岩中黑云母蚀变成绿泥石（Chl），有白云母（Mus）共生，箭头所指示，单偏透射光（−）；g. 铀矿砂岩中绿帘石（Ep），单偏光（−）；h. 铀矿砂岩斜长石（F）发生的钠长石化（Ab），斜长石（F）解理和整体轮廓可见，其内部干净部分（箭头所指示）为钠长石，同时新生钠长石包绕斜长石周围，单偏光（−）；i. 绿色砂岩中叶片状自生绿泥石在扫描电镜下特征，j. 杂色砂岩氧化蚀变的褐色云母环带，单偏光（−）；k. 杂色砂岩氧化蚀变的褐色片状云母（M），可见放射性形成的黑"晕"点，单偏光（−）；l. 灰色砂岩白云母（Mus）包裹的残留状黑云母（M），单偏光（−）

　　氧化/还原过渡带的灰绿色砂岩同时存在氧化环境和还原环境下的蚀变特征,包括斜长石高岭石化、黑云母的绿色云母化和绿泥石化、黄铁矿化、碳酸盐岩化等,但是特征最明显的就是其中有大量绿泥石自生矿物,而使岩石呈现绿色(图16.2)。

　　东胜铀矿矿化蚀变特征可从自生矿物变化反映出来,图16.3为X衍射分析的东胜铀矿不同分带自生矿物含量变化,可以看出自上而下从氧化带、氧化/还原过渡带到还原带,褐铁矿、高岭石、方解石、蒙脱石、黄铁矿、钠长石和绿帘石等矿物含量变化最大,其中在铀矿围岩砂岩和顶底板泥岩方解石和黄铁矿含量很低,但铀矿体砂岩含有较高的方解石、黄铁矿、蒙脱石、钠长石和绿帘石等。

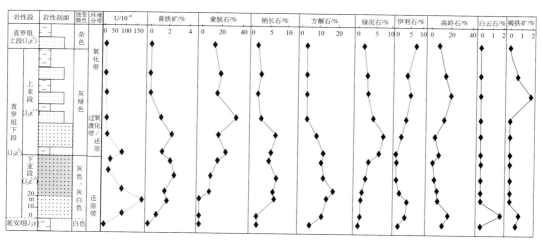

图16.3　东胜铀矿剖面上不同分带主要自生矿物含量变化

2. 成岩成矿蚀变期次与流体性质

　　根据蚀变矿物特征及其相互交代关系,可以识别出早、晚两个世代自生蚀变矿物组合:

　　1)早期:高岭石+绢云母+褐色黑云母+褐铁矿+泥晶方解石组合;

　　2)晚期:绿色黑云母+绿泥石+钠长石+绿帘石+白云母+亮晶方解石+草莓状黄铁矿。

　　自生蚀变矿物组合反映了成岩成矿流体特征,早期蚀变流体为氧化环境的酸性流体,其中褐铁矿和褐色黑云母等反映成岩成矿流体环境为氧化环境,而石英碎屑溶蚀、火山物质绢云母化、斜长石高岭石化和黏土化反映流体性质为酸性流体体系。晚期蚀变流体为还原环境下的碱性热液流体,具有热液蚀变流体的特征,其中绿色云母+绿泥石+草莓状黄铁矿为还原环境指相矿物组合,钠长石+绿帘石+白云母+亮晶方解石(白云石)为碱性流体指相矿物。铀矿形成发生在氧化/还原过渡带中,与晚期还原环境下碱性热液蚀变流体直接有关,铀矿形成于成岩成矿流体由早期氧化环境的酸性流体向晚期还原环境下的碱性热液流体转变过程中。

第二节　多种能源矿产热液活动地球化学记录

一、东胜铀矿热液成矿作用地球化学记录

稀土元素的化学性质非常相似,溶解度普遍较低,在风化、剥蚀、搬运、再沉积和成岩作用过程中元素分馏作用极为复杂。稀土元素的化学性质对揭示研究区沉积物的物源、判别古环境和古气候等具有重要的意义,也是当前元素地球化学的重点研究领域之一。沉积岩中微量元素的分布、分配与其形成时的环境密切相关,其中许多微量元素的赋存尚不受成岩等次生、后生变化的影响。因此,某些微量元素的含量高低,特别是某些相关元素的比值,能够成为沉积环境的良好判别标志。

1. 样品地质特征

样品采自核工业部二零八所岩心样,样品为砂岩样,在长安大学矿物实验室粉碎过筛 100 目,进行砂岩中微量、稀土元素的分析测试。所选取样品为有围岩、过渡带、矿石。样品是在西北大学教育部大陆动力学重点开放实验室分析的,采用 ELAN6100DRC 等离子体质谱仪进行样品测定,该仪器质谱采用 PE 公司的新一代 ICP-MS。

2. 微量元素特征及其与铀矿化关系

从微量元素分析见表 16.2,其标准化分布模式曲线见图 16.4。可以看出东胜砂岩型铀矿中围岩背景值低于克拉克值有 V、Ni、Cu、Sr、Nb、Ta 等(富集系数小于 1),二者相差无几的元素有 Sc、Cr、Co、Zn、Ga、Ge、Cs、Th 等(富集系数在 1 左右),相对富集的元素根据富集系数由大到小依次为 U、Hf、Ba、Be、Rb、Pb、Zr;所以矿石中伴生元素为 Hf、Ba、Be、Rb、Pb、Zr。对 U 和其伴生元素 Hf、Ba、Rb、Pb、Zr 的相关性分析结果表明,其含量高出克拉克值 2～5 倍,而且矿石比围岩也高出许多倍,例如,Hf 元素,不含矿围岩(铀含量 2.8 $\mu g/g$)的 Hf 含量为 2.66 $\mu g/g$,高出其克拉克值(1.5 $\mu g/g$)的 1.78 倍,而铀矿石(铀含量 174.1 $\mu g/g$)的 Hf 含量为 6.6 $\mu g/g$,其高出围岩的 2.8 倍,高出克拉克值的 4.4 倍。因此 Hf、Ba、Rb、Pb、Zr 与铀矿化关系密切相关,Hf、Zr 两元素与 U 相关性明显(图 16.5),其余伴生元素在铀矿石中虽有富集,但与 U 相关性不明显,可能是由围岩高背景引起的。因此 Hf、Zr 与铀矿化密切相关,可作为铀矿化的指示元素。Hf 和 Zr 元素为高场强亲地幔元素,其富集作用主要由内生地质作用驱动,多数为内生深源成因(刘英俊等,1986)。与东胜铀矿同为层间氧化带型的中亚地区铀矿不具有 Zr、Hf 元素富集现象。Hf、Zr 随着 U 含量增大而增大,说明铀矿成矿与深部物质有关。

鄂尔多斯盆地含丰富的煤、石油和天然气资源,所以东胜层间氧化带砂岩型铀矿成矿过程中有深部物质参与,氧化还原带的形成可能与含煤层气或油气流体作用有关,或者已形成的氧化带遭受了含煤层或油气流体的改造。在铀矿石样品磨制的光片中看到草莓状黄铁矿,铀矿石中黄铁矿的存在表明铀矿成矿作用环境属于还原环境,同时黄铁矿形态属于典型的草莓状生物成因的黄铁矿,证明铀矿成矿过程中有微生物有机质的参与。

表 16.2　东胜铀矿量微量元素分析结果

样品	克拉克值	W-1/10⁻⁶	富集系数	W-2/10⁻⁶	富集系数	W-3/10⁻⁶	富集系数	W-4/10⁻⁶	富集系数	W-5/10⁻⁶	富集系数	W-6/10⁻⁶	富集系数	W-7/10⁻⁶	富集系数
Li	21	49.7	2.37	45.7	2.18	31.2	1.49	49.9	2.38	56.4	2.68	14.15	0.67	16.4	0.78
Be	1.3	2.58	1.99	2.56	1.97	2.51	1.93	2.74	2.11	2.89	2.22	1.33	1.02	1.31	1.01
Sc	18	18.5	1.03	18.1	1.01	19.0	1.05	20.0	1.11	20.7	1.15	5.94	0.33	9.6	0.53
V	140	103	0.74	225	1.61	114	0.82	119	0.85	109	0.78	35.2	0.25	40.2	0.29
Cr	110	107	0.97	110	1.00	112	1.02	110	1.00	109	0.99	40	0.37	42	0.38
Co	25	23.0	0.92	23.6	0.94	20.6	0.82	21.9	0.88	26.5	1.06	4.17	0.17	7.8	0.31
Ni	89	48	0.54	49	0.55	46	0.51	44	0.50	52	0.59	10.0	0.11	16.1	0.18
Cu	63	31.9	0.51	27.3	0.43	49.8	0.79	44.3	0.70	46.2	0.73	16.7	0.26	12.5	0.20
Zn	94	98	1.04	113	1.20	103	1.09	104	1.11	114	1.22	23.5	0.25	27.5	0.29
Ga	18	24.8	1.38	23.4	1.30	25.0	1.39	24.5	1.36	24.7	1.37	12.8	0.71	13.6	0.75
Ge	1.4	1.69	1.20	1.68	1.20	1.50	1.07	1.56	1.11	1.76	1.26	1.04	0.74	2.48	1.77
Rb	78	174.0	2.23	163.9	2.10	110.5	1.42	108.3	1.39	106.6	1.37	76.4	0.98	80.0	1.03
Sr	480	375	0.78	358	0.75	326	0.68	346	0.72	386	0.80	299	0.62	322	0.67
Zr	130	199	1.53	190	1.46	209	1.60	281	2.16	209	1.61	80.6	0.62	318	2.45
Nb	19	15.3	0.80	15.1	0.79	15.4	0.81	16.6	0.87	17.1	0.90	4.73	0.25	8.80	0.46
Cs	1.4	5.94	4.24	6.57	4.69	4.79	3.42	4.25	3.04	2.79	1.99	1.03	0.73	1.35	0.96
Ba	390	792.3	2.03	699.6	1.79	714.7	1.83	728.6	1.87	866.6	2.22	923	2.37	746.4	1.91
Hf	1.5	4.72	3.15	4.45	2.97	4.82	3.21	6.67	4.45	5.08	3.39	2.66	1.77	6.60	4.40
Ta	1.6	0.95	0.59	0.96	0.60	1.01	0.63	1.06	0.67	0.89	0.55	0.30	0.19	0.59	0.37
Pb	12	21.47	1.79	25.16	2.10	22.89	1.91	22.89	1.91	22.56	1.88	9.99	0.83	12.60	1.05
Th	5.8	10.93	1.88	12.18	2.10	10.15	1.75	11.13	1.92	8.75	1.51	2.84	0.49	5.25	0.91
U	1.7	1.86	1.09	7.97	4.69	2.70	1.59	6.16	3.63	11.53	6.78	3.03	1.78	171.9	101.14

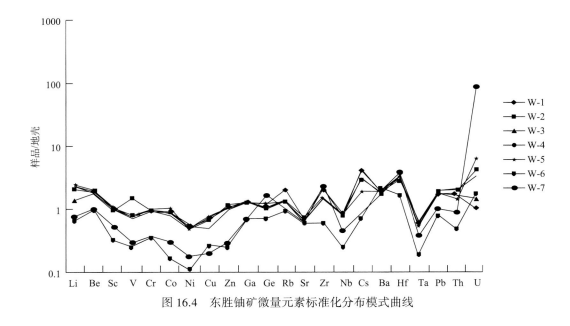

图 16.4   东胜铀矿微量元素标准化分布模式曲线

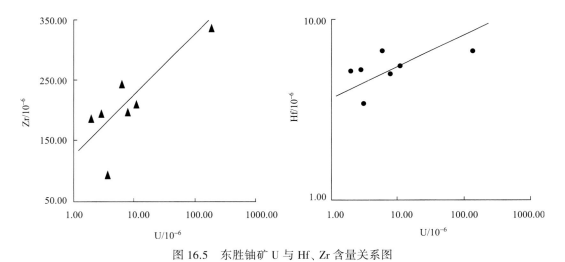

图 16.5   东胜铀矿 U 与 Hf、Zr 含量关系图

东胜铀矿相对围岩明显富集 U、Zr、Hf 等元素，以 Zr 和 Hf 高场强亲地幔元素富集为标志的深源物质参与是东胜铀矿的一个成矿作用特点。该特征与中亚地区层间氧化带型铀矿不同，中亚地区层间氧化带型铀矿不具有 Zr、Hf 元素富集现象。因此，以 Zr 和 Hf 高场强亲地幔元素富集为标志的热液物质参与是东胜铀矿成矿作用特点。

3. 东胜铀矿稀土元素及其与铀矿化的关系

由东胜铀矿稀土元素分析结果见表 16.3，其稀土元素配分曲线见图 16.6。可以看出东胜铀矿含矿层砂泥岩的稀土元素总量高于上地壳，REE 含量 $91.5 \times 10^{-6} \sim 301.9 \times 10^{-6}$，

表 16.3　东胜铀矿稀土元素分析结果

样品	W-1	W-2	W-3	W-4	W-5	W-6	W-7
岩性	红色粉砂岩	砖红色粉砂质泥岩中含绿色原斑点	灰绿色细砂岩	灰绿色泥质粉砂岩	含矿层顶板蚀变土岩	绿色中粒砂岩	灰色粗砂岩
地球化学分带	氧化带	氧化带	氧化还原过渡带	氧化还原过渡带	氧化还原过渡带	氧化还原过渡带	还原带
La/10^{-6}	51.9	49.0	55.6	53.9	54.3	20.7	48.4
Ce/10^{-6}	135.9	127.1	149	143.0	145	39.4	82.6
Pr/10^{-6}	11.8	11.05	12.7	12.4	13.3	4.39	8.20
Nd/10^{-6}	46.3	42.8	50.4	48.3	52.6	16.7	27.1
Sm/10^{-6}	8.06	7.36	9.09	8.62	9.11	2.83	4.09
Eu/10^{-6}	1.81	1.59	1.93	1.84	1.85	0.92	1.06
Gd/10^{-6}	7.55	6.83	8.50	8.17	7.97	2.53	4.37
Tb/10^{-6}	0.99	0.89	1.13	1.09	1.00	0.31	0.54
Dy/10^{-6}	5.19	4.79	6.03	5.93	5.03	1.60	2.93
Ho/10^{-6}	0.94	0.90	1.12	1.13	0.89	0.28	0.55
Er/10^{-6}	2.46	2.39	2.95	3.08	2.29	0.76	1.49
Tm/10^{-6}	0.36	0.37	0.44	0.48	0.34	0.12	0.23
Yb/10^{-6}	2.56	2.54	2.97	3.42	2.27	0.83	1.61
Lu/10^{-6}	0.38	0.38	0.45	0.53	0.34	0.13	0.25
$\sum$REE/10^{-6}	276.1	257.9	301.9	292.0	296.0	91.5	183.4
LREE/10^{-6}	255.77	238.9	278.72	268.06	276.16	84.94	171.45
HREE/10^{-6}	20.43	19.09	23.59	23.83	20.13	6.56	11.97
LREE/HREE	12.52	12.51	11.82	11.25	13.72	12.95	14.32
$(La/Yb)_N$	13.66	12.98	12.65	10.63	16.13	16.92	20.30
$(La/Sm)_N$	4.05	4.18	3.85	3.94	3.75	4.61	7.44
δEu	0.71	0.68	0.67	0.67	0.67	1.05	0.77
δCe	1.32	1.31	1.34	1.33	1.29	0.99	1.00
U/10^{-6}	1.86	7.97	2.70	6.16	11.53	3.03	174.1

$(La/Sm)_N = 3.85 \sim 7.44$，强烈富集轻稀土 $[(La/Yb)_N = 10.63 \sim 20.3$，$LREE/HREE = 11.25 \sim 14.32]$，弱的富铀异常（$\delta Eu = 0.67 \sim 1.05$），$\delta Ce = 0.99 \sim 1.34$，其中 LREE（$84.94 \times 10^{-6} \sim 278.72 \times 10^{-6}$）远高于 HREE（$6.56 \times 10^{-6} \sim 23.83 \times 10^{-6}$），铀矿层的 $(La/Sm)_N = 7.44$，$(La/Yb)_N = 20.3$，$LREE/HREE = 14.32$，都比围岩高，说明铀矿含矿层 LREE 富集，HREE 亏损，LREE/HREE 分异程度高，地壳演化成熟度高，随着铀含量增高砂岩的 $\sum REE$ 和各分量呈现增高趋势，LREE 和 LREE/HREE 相应有明显的增高，表明稀土元素，尤其是 LREE 在铀成矿过程中发生了富集。

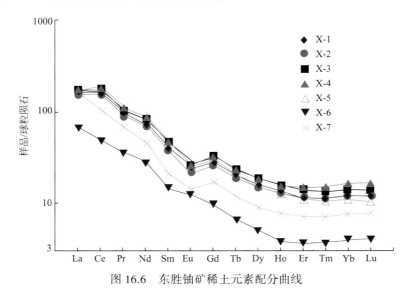

图 16.6　东胜铀矿稀土元素配分曲线

在 U 与稀土元素关系图中（图 16.7），LREE/HREE 及 $(La/Yb)_N$ 点分布呈直线关系，随围岩到含矿层逐渐富集，进一步说明了在铀矿化过程中，LREE 元素富集，LREE/HREE 值增大。

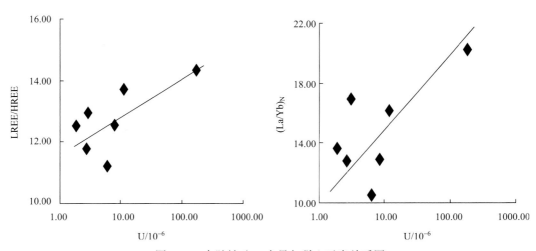

图 16.7　东胜铀矿 U 含量与稀土元素关系图

围岩–氧化带–过渡带样品的稀土分配模式一致，稀土模式曲线平滑右倾，δEu 为 0.67~1.05，呈现负 Eu 异常。轻重稀土元素间强烈分馏，LREE 发生了富集，HREE 亏损，矿石分馏更明显。δCe 为 0.89~1.35，围岩 Ce 为正异常，矿石为弱负异常。

砂岩 Eu 正异常原因一种是继承了原始母岩特征，二是成岩流体作用导致 Eu 与相邻稀土元素的分异。显著 Eu 正异常、强的 LREE 分异是热液流体普遍特征。氧化环境中的岩石会富集 Ce 而表现出 Ce 的正异常。

二、油气储层热水成岩作用地球化学记录

由于稀土元素在化学性质上的相似性和系统差异，经常作为一个整体出现在矿物和岩石中，且稀土元素相对受成岩作用改造的影响较小，所以被广泛用于地质作用过程中成岩、成矿作用等地球化学示踪剂（Henderson，1984）。

前面岩相学研究表明延长组砂岩存在蚀变成因的钠长石，为了研究钠长石成因及其代表的成岩流体特征，对采集的延长组 12 个砂岩样（采样地包括白豹、合水、姬塬、宁县等）中的蚀变钠长石矿物进行稀土元素分析测试，分析是在西北大学大陆动力学教育部重点实验室用 ICP-MS 测试，分析数据见表 16.4。使用 Boynton（1984）推荐的球粒陨石及北美页岩组合样 REE 数据作为标准化数值，对所测数据进行标准化，做出 REE 分配模式图（图 16.8）。可以看出，延长组砂岩胶结物中蚀变钠长石中的 REE 分配模式图总体特征是 ΣREE 为 138.74×10^{-6}，与上地壳 ΣREE 接近，δEu 为 1.62，表现为强的正异常特征；δCe 为 0.74，显示为弱的负异常特征，$(\text{La}/\text{Yb})_N$ 为 4.95，$(\text{La}/\text{Sm})_N$ 为 1.88，表明轻重稀土分馏作用较弱。

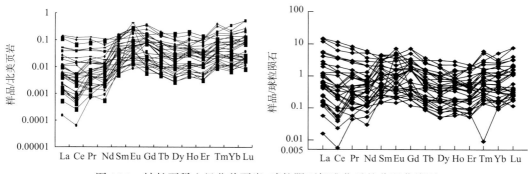

图 16.8　钠长石稀土经北美页岩/球粒陨石标准化后的分配曲线图

据前人研究报道，来源于海底的高温热流体普遍具有轻稀土富集（La–Gd）、重稀土亏损、显著的 Eu 正异常特征（以此代表纯热液流体端元组分组成）。而正常海水的稀土元素特征以 LREE 亏损、HREE 富集和显著的 Ce 负异常为标志。

海底热液沉积物作为热液流体和海水混合的产物，会兼有二者的一些特征（图 16.9）。洋中脊型高温（200 ℃）热液沉积物一般表现为 LREE 富集、HREE 亏损和 Eu 的正异常特征。由于热液沉积物形成时，热液流体和海水混合比例不同，会产生右倾斜程度不同的稀土配分模式（球粒陨石标准化）。随海水混合比例增多，热液沉积物稀土配分曲线逐渐变得平坦，并且出现 Ce 负异常和 Eu 负异常特征（图 16.9）。

表 16.4　延长组砂岩自生钠长石矿物稀土元素分析结果

薄片编号	分析点	层位	La /10⁻⁶	Ce /10⁻⁶	Pr /10⁻⁶	Nd /10⁻⁶	Sm /10⁻⁶	Eu /10⁻⁶	Gd /10⁻⁶	Tb /10⁻⁶	Dy /10⁻⁶	Ho /10⁻⁶	Er /10⁻⁶	Tm /10⁻⁶	Yb /10⁻⁶	Lu /10⁻⁶	Y /10⁻⁶	ΣREE /10⁻⁶	LREE /10⁻⁶	HREE /10⁻⁶	LREE/HREE	δEu	δCe
B12-5-3	1	长 8₁	4.320	7.430	0.840	2.180	0.64	0.157	0.780	0.069	0.31	0.101	0.34	0.076	0.48	0.107	0.580	17.83	15.57	2.26	6.88	0.68	0.94
	2		0.380	1.060	0.109	0.42	0.53	0.221	0.89	0.066	0.33	0.113	0.277	0.091	0.54	0.102	0.113	5.13	2.72	2.41	1.13	0.98	1.25
B2-1	1	长 4+5₁	0.072	0.084	0.059	0.32	0.42	0.110	0.42	0.071	0.226	0.050	0.163	0.048	0.195	0.072	0.060	2.31	1.07	1.25	0.86	0.80	0.31
	2		0.323	0.385	0.059	0.35	0.177	0.116	0.47	0.046	0.170	0.048	0.095	0.041	0.28	0.062	0.078	2.62	1.41	1.21	1.16	1.23	0.67
B5-4-8	1	长 8₁	0.053	0.042	0.041	0.233	0.24	0.076	0.42	0.029	0.102	0.037	0.134	0.020	0.234	0.050	0.049	1.71	0.69	1.03	0.67	0.73	0.22
	2		0.599	1.018	0.150	0.410	0.15	0.071	0.42	0.030	0.133	0.031	0.068	0.029	0.135	0.041	0.381	3.29	2.40	0.89	2.70	0.86	0.82
B6-4-4	1	长 7₂	0.047	0.066	0.0068	0.078	0.067	0.060	0.048	0.0087	0.052	0.0113	0.040	0.0091	0.031	0.0114	0.0164	0.54	0.32	0.21	1.54	3.23	0.89
	2		0.364	0.361	0.037	0.082	0.042	0.383	0.102	0.0095	0.034	0.0130	0.030	0.0081	0.102	0.0139	0.093	1.58	1.27	0.31	4.06	17.89	0.75
	3		1.740	3.050	0.368	1.720	0.517	0.534	0.518	0.066	0.275	0.051	0.083	0.010	0.045	0.0102	1.053	8.99	7.93	1.06	7.50	3.16	0.92
CH-4	1	长 6₁	0.290	0.390	0.150	0.78	0.90	0.34	1.90	0.174	0.71	0.160	0.37	0.199	0.69	0.25	0.192	7.30	2.85	4.45	0.64	0.79	0.45
	2		0.184	0.290	0.106	0.46	0.65	0.34	1.87	0.128	0.58	0.061	0.39	0.101	1.08	0.252	0.153	6.49	2.03	4.46	0.45	0.94	0.50
	3		0.148	0.370	0.128	0.41	0.84	0.257	1.31	0.117	0.61	0.079	0.35	0.168	0.59	0.133	0.139	5.51	2.15	3.36	0.64	0.75	0.65
G6-4-15	1		3.720	5.030	0.631	3.150	0.820	0.345	0.810	0.148	0.990	0.206	0.471	0.055	0.384	0.040	5.530	16.80	13.70	3.10	4.41	1.29	0.79
	2	4+5₂	0.129	0.278	0.037	0.103	0.119	0.028	0.123	0.0167	0.050	0.0147	0.039	0.0120	0.064	0.0132	0.084	1.03	0.69	0.33	2.09	0.71	0.97
	3		0.125	0.207	0.016	0.070	0.057	0.030	0.104	0.0076	0.048	0.0096	0.041	0.0173	0.068	0.0190	0.032	0.82	0.51	0.31	1.61	1.19	1.10
	4		0.136	0.149	0.011	0.080	0.086	0.0255	0.104	0.0115	0.062	0.0119	0.036	0.0122	0.082	0.0123	0.0207	0.82	0.49	0.33	1.47	0.82	0.93
G8-1-1	1	长 4+5₁	4.620	9.210	1.005	3.690	0.602	0.337	0.475	0.056	0.329	0.052	0.104	0.012	0.065	0.008	1.235	20.56	19.46	1.10	17.68	1.93	1.03
	2		0.711	1.565	0.187	0.595	0.103	0.021	0.095	0.021	0.114	0.028	0.076	0.013	0.096	0.010	0.588	3.64	3.18	0.45	7.01	0.66	1.03

续表

薄片编号	分析点	层位	La /10⁻⁶	Ce /10⁻⁶	Pr /10⁻⁶	Nd /10⁻⁶	Sm /10⁻⁶	Eu /10⁻⁶	Gd /10⁻⁶	Tb /10⁻⁶	Dy /10⁻⁶	Ho /10⁻⁶	Er /10⁻⁶	Tm /10⁻⁶	Yb /10⁻⁶	Lu /10⁻⁶	Y /10⁻⁶	ΣREE /10⁻⁶	LREE /10⁻⁶	HREE /10⁻⁶	LREE /HREE	δEu	δCe
G8-6-6	1	长4+5₂	0.194	0.186	0.048	0.35	0.34	0.082	0.68	0.076	0.41	0.064	0.105	0.049	0.43	0.068	0.090	3.08	1.20	1.88	0.64	0.52	0.46
	2		1.250	2.780	0.369	1.240	0.39	0.119	0.63	0.037	0.26	0.060	0.216	0.044	0.257	0.064	0.720	7.72	6.15	1.57	3.92	0.73	0.99
G8-8-4	1	长6₂	0.206	0.384	0.051	0.284	0.041	0.046	0.074	0.008	0.030	0.007	0.021	0.007	0.032	0.0065	0.220	1.20	1.01	0.19	5.43	2.55	0.90
H-5-1	1	长9₂	0.038	<0.042	0.040	0.182	0.097	0.070	0.41	0.032	0.165	0.037	0.119	0.038	0.201	0.052	0.070	1.52	0.47	1.05	0.44	1.07	0.26
	2		0.035	<0.031	0.023	0.197	0.25	0.045	0.46	0.0200	0.152	0.033	0.072	0.031	0.233	0.035	0.055	1.62	0.58	1.04	0.56	0.41	0.26
	3		0.050	<0.034	0.032	0.136	0.33	0.062	0.41	0.0194	0.097	0.043	0.091	0.024	0.153	0.043	0.103	1.52	0.64	0.88	0.73	0.52	0.20
	4		0.045	<0.045	0.026	0.208	0.21	0.030	0.39	0.034	0.079	0.032	0.121	0.019	0.118	0.037	0.041	1.39	0.56	0.83	0.68	0.32	0.32
Y-6-3	1	长6₁	0.356	0.831	0.035	0.126	0.050	0.017	0.075	0.0088	0.056	0.0071	0.0182	0.0060	0.029	0.0103	0.047	1.62	1.41	0.21	6.72	0.85	1.80
	2		1.647	2.870	0.316	1.240	0.207	0.084	0.163	0.024	0.114	0.025	0.050	0.017	0.067	0.009	0.848	6.83	6.36	0.47	13.59	1.40	0.96
	3		0.864	1.109	0.110	0.376	0.070	0.027	0.062	0.0059	0.027	0.0095	0.018	0.0045	0.037	0.0078	0.070	2.73	2.56	0.17	14.89	1.25	0.87
	4		0.078	0.080	0.0117	0.081	0.094	0.034	0.191	0.0067	0.076	0.0136	0.042	0.0191	0.115	0.0098	0.019	0.85	0.38	0.47	0.80	0.78	0.64
Y-6-4	1	长6₁	0.178	0.170	0.012	0.045	0.050	0.015	0.067	0.0069	0.024	0.0060	0.0146	0.0082	0.019	0.0058	0.017	0.62	0.47	0.15	3.10	0.78	0.88
	2		0.017	0.019	0.0069	0.018	0.042	0.0168	0.048	0.0041	0.0159	0.0049	0.0111	0.0045	0.0213	0.0082	0.0096	0.24	0.12	0.12	1.02	1.14	0.41
	3		0.158	0.211	0.019	0.065	0.029	0.016	0.031	0.0049	0.022	0.0068	0.0109	0.0057	0.038	0.004	0.018	0.62	0.50	0.12	4.05	1.59	0.92
	4		0.0048	<0.0046	0.0053	0.031	0.031	0.0108	0.049	0.0043	0.0167	0.0042	0.0151	0.000	0.0237	0.0057	0.0058	0.21	0.09	0.12	0.74	0.85	0.22
平均																	138.74					
上地壳																	146.37					
下地壳																	66.94					
全地壳																	86.9					

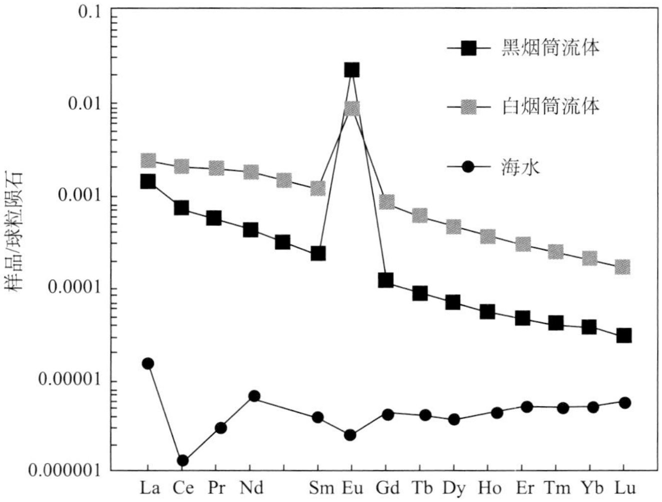

图 16.9 海底沉积物两个端元(典型海底热液流体和正常海水)
稀土元素配分曲线特征(Barrett, 1990)

对比延长组蚀变钠长石稀土分布特征,可以看出,延长组蚀变钠长石具有热液蚀变流体特征。与热流体有关沉积物称为热水沉积物,目前越来越多的研究表明,热液流体的活动极其广泛,许多沉积盆地以及世界一些著名沉积矿床都发现有热水沉积岩,有人称为喷流沉积或喷气沉积等。热水沉积及其成岩、成矿作用研究已成为现代成岩、成矿作用研究的热点。热水沉积物不同于普通沉积物,热水沉积岩种类繁多,主要与热水活动环境、温度压力等物理化学条件等有关(肖荣阁等,2001b)。

热水沉积物是热水系统水-岩作用形成的热流体与相应环境(海相与陆相环境)水体混合后的沉淀产物,其本身应记录着热液-相应环境水体之间相互作用的重要信息。所以,研究热水沉积岩稀土元素地球化学特征是分析古热水系统地球化学过程的重要途径之一。

热液成岩作用与热流体的参与有关,是热流体与环境水体混合后的沉淀物。热流体来源有其特殊的构造背景。大洋中脊裂谷构造环境中的热液沉积物温度在 200 ℃以上,普通地热和陆缘海槽,弧后盆地裂谷环境中的热液沉积物多为中低温组合(温度在 200 ℃以下)。热液流体和环境水体混合比例不同,会产生"右倾型""平坦型""微右倾型"稀土配分模式。纯洋中脊海底热液流体特征是轻稀土富集、重稀土亏损、显著的 Eu 正异常特征,而正常水体的特征为 LREE 亏损、HREE 微富集,显著的 Ce 负异常(图 16.9)。

通过对红海、大西洋、太平洋、冲绳海槽等海底热液活动区的热液沉积物研究,表明热液沉积物稀土元素配分模式反映了热液组分和海水的混合特征,但不同构造背景热液区,热液沉积物有其独特的特征。对海底热液稀土元素配分模式的形成机理从不同方面进行研究,表明控制海底热液稀土配分模式,特别是 Eu 异常的因素复杂,包括流体性质、与流体作用的岩石、流体-岩石作用过程中环境物理化学条件(Eh、pH、温度、压力)等(Barrett, 1990)。

Eu 正异常仅仅出现于温度 200 ℃以上的热液流体中,这说明温度是形成 Eu 异常的一个至关重要的因素。大量研究表明,虽然影响海底热液稀土元素组成的因素非常复杂，但是代表高温（200 ℃）热液流体的洋中脊型热液沉积物一般表现为具有低 ΣREE、LREE 较富集、HREE 亏损和 Eu 的正异常特征，通常由于热液沉积物形成时热液流体和海水混合比例的不同，可能会产生右陡倾斜型、一般右倾斜型和微右倾斜型的稀土配分模式（球粒陨石标准化）。而弧后盆地型热液区的热液沉积物一般表现为较高 ΣREE、富集 LREE、HREE 亏损、Ce 负异常和 Eu 负异常特征。

　　例如，太平洋 SER 地区的块状硫化物-硫酸盐及其"铁帽"的稀土配分模式显示 3 种类型（图 16.10）：①LREE 强烈富集和 Eu 正异常（图 16.10a）；②相对较平的分布，Eu 正异常、轻度 Ce 负异常（图 16.10b）；③轻度 LREE 富集和中等 Ce 负异常（图 16.10c）。从图 16.10a 到图 16.10c 显示热水沉积物的稀土配分模式逐渐变化的趋势，认为反映了热液组分逐渐减少而海水参与比例逐渐增加。热液沉积物表现出的稀土元素组成差异，实际上反映了不同流体端元组分参与比例的变化。

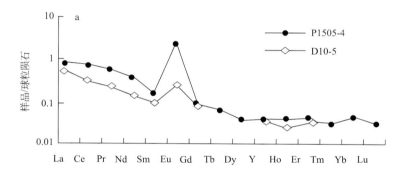

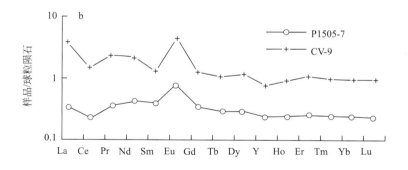

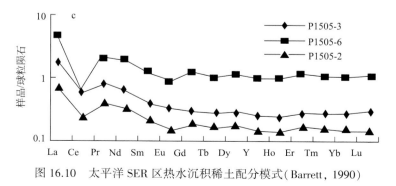

图 16.10　太平洋 SER 区热水沉积稀土配分模式（Barrett, 1990）

另外，由于 Ce、Eu 具变价行为，在不同流体环境中具有不同的地球化学行为，其中 Ce 在碱性-氧化环境下优先沉淀，表现为轻稀土亏损和强烈的 Ce 负异常特征；Eu 在酸性-还原环境下优先沉淀，表现为轻稀土富集和强烈的 Eu 正异常特征。

图 16.11—图 16.14 分别为延长组长 8、长 7、长 4+5 和长 2 油层组砂岩中钠长石蚀变矿物的稀土元素配分曲线，可以看出，长 8、长 7 和长 4+5 油层组砂岩中钠长石蚀变矿物的 LREE 富集，HREE 相对亏损，Eu 均不同程度地具有正异常，表明热液参与比例高，具有典型的热水沉积特征，而且成岩流体处于一种酸性-还原环境。

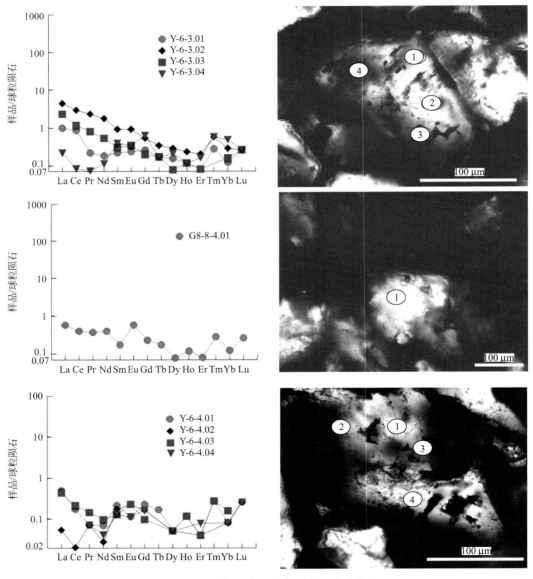

图 16.11　延长组长 8 钠长石稀土配分曲线

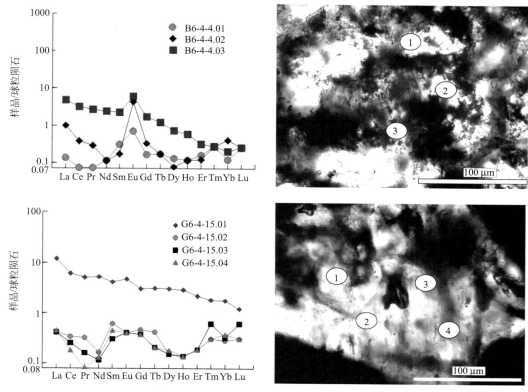

图 16.12　延长组长 7 钠长石稀土配分曲线

比较而言，长 2 油层组砂岩中钠长石蚀变矿物的 LREE 亏损、HREE 微富集，显著的 Ce 负异常，表明热液参与比例低，表现为一种碱性–氧化环境。这与长 2 油层地处相对浅部，受来自于盆地深部的热液活动影响小有关，而碱性成岩流体与长 2 油层组中存在的大量钙质胶结物一致。

从图 16.11—图 16.14 还可以看出，同一钠长石不同部位分析的稀土元素具有不同的稀土配分曲线特征，这可能反映了钠长石形成的阶段性，即不同成岩阶段流体组成中热液参与的比例不同。例如，图 16.12 所示的长 7 油层组砂岩钠长石的测点 G6-4-15.01 处于钠长石内部，LREE 富集，HREE 相对亏损，Eu 轻微正异常，表明热液参与比例高，表现为一种酸性–还原环境，属于早期热水沉积成因。而 G6-4-15.02 测点和 03 与 04 测点位于后期钠长石胶结物中，LREE 相对亏损，HREE 相对富集，Eu 轻微负异常，说明晚期热水参与比例低，表现为一种碱性–氧化的环境。

当然，热液流体原始来源环境不同，其成分也不同。根据热水活动环境可以分为海相与陆相环境，海相环境以海水及岩浆水为主要热水流体来源，海水化学成分稳定，其演化成为热水流体具有广泛的可比性，所形成的化学沉积物也可以进行比较。陆相环境以天水、沉积建造水及岩浆水为热水流体来源。但是，陆相天水与建造水演化为热水流体，主要与水岩作用有关，高温岩浆水的加入及岩浆作用使陆相热水流体成分复杂化，因此陆相热水流体及沉积物的可比性较差。不同的地热环境，因地热温度不同造成热水

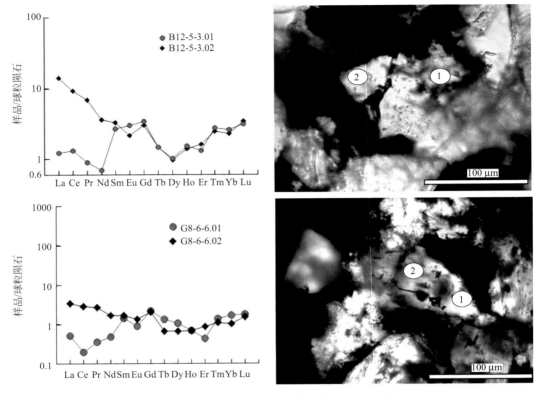

图 16.13　延长组长 4+5 钠长石稀土配分曲线

流体温度及其沉积物成分的差异。当然，即使在高温地热区热水在喷流沉积过程中因存在温度梯度的变化而出现沉积物的相变，存在由高温热水沉积相带向中低温热水沉积相带的变化。由岩浆活动形成的热水流体一般为中高温热水流体，例如，大洋中脊裂谷构造环境，温度在 250 ℃以上，多形成完整的热水沉积序列，从横向到纵向具有完整的高温到低温热水沉积组合。而以构造动力及普通地热增温活动所形成的热水流体多为中低温热水流体，形成温度在 250 ℃以下，其沉积物分带不明显，并且不同的地热区具有不同的沉积组合（肖荣阁等，2001a）。

　　以上应用稀土元素对延长组普遍发育的钠长石成因进行示踪研究，只是一个新的尝试和初步成果。实际上，越来越多的研究表明，沉积盆地热液流体的活动极其广泛，世界上许多沉积盆地的一些大型沉积矿床都发现有热液沉积岩，有人称为喷流沉积或喷气沉积等（Paul *et al.*，2010；Anil *et al.*，2010）。热液沉积及其成岩、成矿作用研究已成为现代成岩、成矿作用研究的热点。热液沉积物不同于普通沉积物，热液沉积岩种类繁多，主要与热液活动环境、温度压力等物理化学条件等有关。延长组储层砂岩中的钠长石以及热液作用值得重视和进一步研究，这对重新认识鄂尔多斯盆地油气形成时间、生烃门限深度、岩性油藏形成和分布以及勘探战略部署等均具有重要的指导意义。

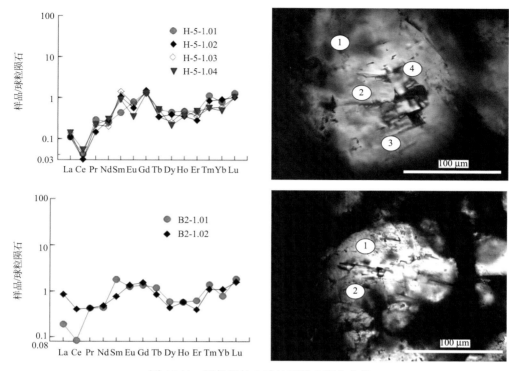

图 16.14 延长组长 2 钠长石稀土配分曲线

参 考 文 献

陈法正. 2002. 砂岩型铀矿的成矿地质条件与战略选区. 铀矿地质，18(3)：138~143

刘英俊，曹励明，李兆麟等. 1986. 元素地球化学. 北京：科学出版社

刘池阳，赵红格，谭成仟. 2006. 多种能源矿产赋存与盆地成藏(矿)系统. 石油天然气地质，27(2)：132~142

王剑锋. 1986. 铀矿地球化学教程. 北京：原子能出版社

肖荣阁，张汉城，陈卉泉. 2001a. 热水沉积岩及矿物岩石标志. 地学前缘，8(4)：379~385

肖荣阁，张宗恒，罗卉泉等. 2001b. 地质流体自然类型与成矿流体类型. 地学前缘，8(4)：245~251

肖新建，李子颖，方锡珩. 2004. 东胜砂岩型铀矿床低温热液流体的证据及意义. 矿物岩石地球化学通报，23(4)：301~304

张泓，白清昭，张笑徽等. 1995. 鄂尔多斯聚煤盆地形成与演化. 西安：陕西科学技术出版社. 82~120

Anil L P, Durbar R, Balaram V. 2010. Formation of hydrothermal deposits at Kings Triple Junction, northern Lau back-arc basin SW Pacific：the geochemical perspectives. Journal of Asian Earth Sciences，38：121~130

Barrett T J. 1990. Rare-earth element geochemistry of massive sulfides-sulfates and gossans on the Southern Explorer Ridge. Geology，18：583~586

Boynton W V. 1984. Cosmochemistry of the rare earth elements：Meteorite studies. In：Henderson P (ed). Rare Element Geochemistry. Amsterdam：Elsevier. 63~114

Henderson P. 1984. General geochemical properties and abundance of rare earth elements. In：Henderson P (ed). Rare Earth Element Geochemistiry. Amsterdam：Elsevier. 1~32

Paul R C, Wolfgang B, Jeffrey S. 2010. Rare earth element abundances in hydrothermal fluids from the Manus Basin, Papua New Guinea：indicators of sub-seafloor hydrothermal processes in back arc basin. Geochimica et Cosmochimica Acta，74：5494~5513

沉积盆地动力学与能源矿产研究进展丛书

丛书主编　刘池洋

油气煤铀同盆共存成藏（矿）机理与富集分布规律

（下册）

主编　刘池洋　吴柏林

科学出版社

北　京

内 容 简 介

　　本书为国家 973 项目"多种能源矿产共存成藏（矿）机理与富集分布规律"的总结成果，同时汇纳和补充了后续相关项目的成果和最新资料。全书共 7 篇 31 章。第一篇从全球最新资料、典型成矿域剖析和系统理论总结三方面，论述了油气煤铀同盆共存、成藏与分布。第二篇总结了鄂尔多斯盆地的深部结构、地温场和其演化、构造事件和埋藏史、新生代构造反转、高原演化与环境变迁。第三篇讨论了沉积有机相、地层和烃源岩富铀特征与分布、天然气运移耗散和其地矿效应、热液活动地化记录。第四篇介绍了盆地油气、煤和铀矿的成藏与分布；探讨了低渗透油田成藏模式、流体运移与天然气成藏、含煤岩系与铀成矿关系、西缘断褶带式和东胜砂岩型铀矿的成矿模式等。第五篇通过模拟实验探讨了天然气在铀成矿和铀在烃源岩生烃过程中的影响。第六篇讨论了煤型镓（铝）矿床和煤中伴生矿产的赋存及分布。第七篇探讨了多种能源矿产协同勘探模式，提出了沉积盆地成矿系统的新概念。

　　本书可供油、气、煤、铀能源地质勘探及开发和盆地地质等领域以及相关交叉学科的科研、技术人员和高等院校师生阅读、参考。

图书在版编目（CIP）数据

　　油气煤铀同盆共存成藏（矿）机理与富集分布规律：全 2 册/刘池洋，吴柏林主编. —北京：科学出版社，2016.10
　　（沉积盆地动力学与能源矿产研究进展丛书）
　　ISBN 978-7-03-051467-7

　　Ⅰ. ①油⋯　Ⅱ. ①刘⋯ ②吴⋯　Ⅲ. ①含油气盆地-共生矿物-矿床成因论-研究　Ⅳ. ①P618.130.201

　　中国版本图书馆 CIP 数据核字（2016）第 317334 号

责任编辑：胡晓春　王　运　孟美岑　焦　健　刘浩旻/责任校对：张小霞
责任印制：肖　兴/封面设计：王　浩

科 学 出 版 社 出版
北京东黄城根北街16号
邮政编码：100717
http://www.sciencep.com

北京利丰雅高长城印刷有限公司 印刷
科学出版社发行　各地新华书店经销

*

2016 年 10 月第　一　版　　开本：787×1092　1/16
2016 年 10 月第一次印刷　　印张：63 1/2
字数：1 450 000
定价：680.00 元（上、下册）
（如有印装质量问题，我社负责调换）

目　录

沉积盆地动力学与能源矿产——代丛书前言
前言

第三篇　有机-无机流岩作用与能源矿产共存物质基础

第四篇 鄂尔多斯盆地油气煤铀赋存、成藏(矿)与分布

第五篇　有机-无机能源矿产相互作用的实验模拟研究

第六篇　与能源矿产伴生的其他矿产资源

第七篇　多种能源矿产协同勘探模式与沉积盆地成矿系统

CONTENTS

The dynamics of sedimentary basins and energy minerals

Preface

| Part 1 | Coexisting characteristics, accumulation (mineralization) mechanism, and spatial enrichment law of oil/gas, coal and uranium in the same basin |

Part 2	Deep structure, tectonic-thermal characteristics and evolution in the Ordos Basin

Part 3   Fluid-rock interaction between organic and inorganic materials and its implications for co-existance of multi-energy resources

Part 4 Occurrence, mineralization and distribution of multi-energy resources in the Ordos Basin

Part 5 Experimental simulation of the interaction between organic and inorganic energy minerals

第四篇

鄂尔多斯盆地油气煤铀
赋存、成藏(矿)与分布

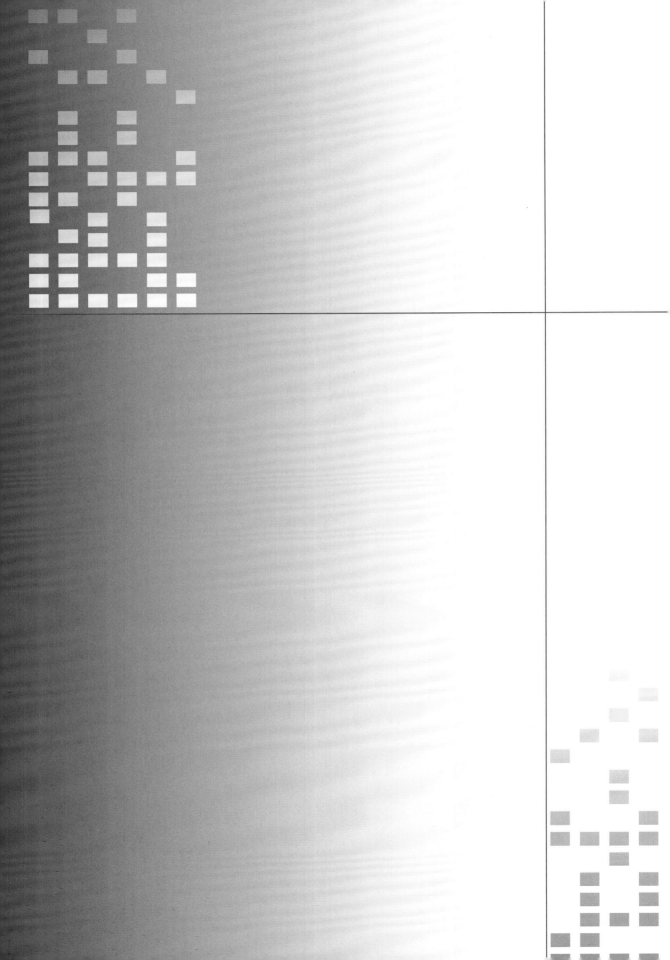

第十七章

鄂尔多斯盆地油气赋存、成藏与分布*

第一节 盆地油气赋存的地质背景

鄂尔多斯盆地地处华北克拉通西部，兼受滨太平洋构造域和特提斯-喜马拉雅构造域地壳运动的影响，是一个古生代稳定沉降，中生代拗陷迁移，新生代周边扭动、断陷的多旋回叠合盆地。古元古代末期中条运动敛合、固化逐渐形成较稳定的统一陆块；但因地壳薄，固化程度低，在中、新元古代受秦岭海槽开裂、扩张的影响，在北高南低的基底背景上，发育了一系列北东、北北东向的裂陷槽；早古生代，该区进入碳酸盐岩台地发育阶段；到晚古生代，进入克拉通内碎屑岩沉积发展阶段（陈孟晋等，2003）。中生代鄂尔多斯大型湖盆经历了发展—鼎盛—萎缩的演化阶段，新生代盆地进入了改造阶段。

一、盆地基底及构造特征

（一）盆地基底特征

鄂尔多斯盆地基底结构比较复杂，主要由三个不同的块体组成，重磁力异常明显，北部内蒙古异常区基本呈东西走向，呈弧形向南凸出，它代表了早期东西向的太古界集宁群及乌拉山群组成的变质基底。东部晋陕异常区为平缓的宽条带状，北东走向，代表新太古界五台山群及古元古界滹沱群组成的基底。西部甘陕磁力重力宽缓异常区，可能是另外一个固结程度不高的基底的反映。鄂尔多斯盆地具有双层结构，基底由太古宇及古元古界的变质岩构成，盖层为中新元古界、下古生界的海相碳酸盐岩层、上古生界—中生界的滨海相及陆相碎屑岩层。

鄂尔多斯中生代盆地的发育时限为中晚三叠世—早白垩世，晚白垩世以来为盆地的后期改造时期，盆地主体具克拉通内盆地特征，现今盆地为经过多期不同形式改造的残留盆地。该盆地叠加在早、晚古生代大型克拉通盆地之上，又属多重叠合型盆地，其性质为残延克拉通内盆地（赵重远、刘池洋，1992）或易延叠合型盆地（刘池洋等，2006）。新生界仅在局部地区分布。盆地经历了海相—海陆过渡相—陆相的演化过程，累计沉积厚度超过 20000 m，为油气生成提供了充足的物质条件。

---

* 作者：赵红格[1]，刘池洋[1]，张东东[1]，郭彦如[2]，彭治超[1]，付星辉[1]，王建强[1]，王飞飞[1]，马艳萍[3]，张孙玄琦[1].
  [1]西北大学地质学系，西安；[2]中石油勘探开发研究院，北京；[3]西安石油大学，西安.
  E-mail：zhaohg_75@sina.com

(二) 盆地构造特征

中生代内陆湖盆阶段是鄂尔多斯盆地石油形成和聚集时期。中生代初期该地区为大华北盆地的一个主体拗陷,至白垩纪演变为独立的内陆盆地,共发育 5 个陆相碎屑岩沉积旋回,厚度约 3000 m。其中晚三叠世延长组、早侏罗世富县组、延安组是中生代主要含油层系。晚三叠世延长期是大型内陆湖盆发生、发展到消亡的主要时期,沉积厚度千余米,湖盆全盛期的浅-深湖相泥岩是中生界油藏的主要源岩。受印支运动影响,三叠纪末盆地隆升,在高低起伏的古地貌上,侏罗纪形成了一套河流-沼泽相沉积(赵宗举,2000)。

新生代,鄂尔多斯盆地进入周缘断陷发展阶段。早白垩世末的燕山晚期构造运动,使鄂尔多斯盆地全面抬升,新生代仅在盆地周缘地区形成一系列断陷,而盆地内部主体仍以前期的构造面貌继续抬升遭受剥蚀至今(陈孟晋等,2003)。鄂尔多斯盆地现今的构造形态,总体上呈东翼宽缓、西翼狭窄的不对称盆地。盆地边缘断裂褶皱发育,而盆地内部构造相对简单,地层平缓,一般倾角不足 1°。盆地内仅发育一系列幅度较小的鼻状隆起构造。据长 1 底构造图分析,研究区内主要发育有 8~9 排自北而南近东西向的局部微弱倾的鼻状隆起带(傅强等,2002)。

尽管鄂尔多斯盆地为稳定的克拉通内拗陷盆地,盆地内褶皱和断层相对不发育,但在稳定背景上具有不稳定的因素,盆地边缘受到了多期次的应力作用。研究表明(曾联波、郑聪斌,1999;王景、凌升阶,2003;张莉,2003),在应力作用下盆地内裂缝仍然广泛存在。盆地内的裂缝主要是在燕山期形成的,其次是喜马拉雅期。王景和凌升阶(2003)应用岩心渗透率异常频率分析法研究了微裂缝的分布,指出陕北地区主要裂缝带呈北东(或北东东)向,断续带状延伸,而东西向裂缝带仅在局部地区出现。岩层中裂缝的发育程度明显受其单层厚度控制,在一定的层厚范围内,裂缝的平均间距与裂缝化的岩层厚度之间呈较好的正线性关系(曾联波、郑聪斌,1999),即在其他条件相同时,薄岩层中的裂缝比厚岩层更发育。纵向上,长 7、长 6、长 4+5、长 3、长 2、长 1 段内均发育裂缝,但长 1 和长 4+5 的发育程度相对较低(曾联波、郑聪斌,1999)。盆地内部广泛发育的微裂缝为油气运移提供了良好的通道,促成了烃源岩生成的油气运移到合适的圈闭中成藏。

盆地的陕北斜坡带,占据着盆地中部的广大范围,呈向西倾斜的平缓单斜,平均坡降 10 m/km,倾角小于 1°。在此大背景下,发育一系列的鼻褶构造,对陕北地区中生界油气富集具有关键性作用。

二、盆地古生界—中生界沉积环境

(一) 古生界沉积环境

鄂尔多斯盆地的变质基底和基岩顶面的起伏控制着该古生界的沉积格局。早古生代沉积与华北地区相似，为地台浅海沉积，但盆地西缘则受地槽沉降影响，为地台边缘沉积。这种地台稳定部分和边缘活动部分的对立，不仅控制着早古生代沉积，也控制着晚古生代沉积。

早寒武世辛集期、馒头期，鄂尔多斯主体是陆地，本区最初海水从西、南两个方向侵入本区西缘和南缘，形成了"L"形的海域，海域面积逐渐扩大，沉积了含磷碎屑岩，并逐渐过渡为碳酸盐岩。其西侧和南侧及外围发育了西缘环陆泥砂坪、含砂泥云坪和南缘环陆砂泥坪、泥云坪。向西、南逐渐过渡为开阔海，并与祁连海槽和秦岭海槽相连。馒头期在坪的外侧有贺兰山准滩、陇县准滩和耀参1井准滩。早寒武世毛庄期，海侵进一步扩大，鄂尔多斯陆进一步缩小。在它的西北侧和东北侧分别为砂泥坪和泥砂坪，而在西南侧则为泥坪。在这些坪的外侧还有桌子山准滩和耀参1井准滩。

中寒武世徐庄期，海侵又进一步扩大。鄂尔多斯陆一分为二成伊盟陆和吕梁陆，陆地面积更为缩小。在两个陆的周围发育着大面积的环陆含砂泥坪、泥坪及泥云坪等。与此同时，较高能量的碳酸盐滩也大量发育起来，滩外为开阔海，再向外仍为深水海槽。中寒武世张夏期，海侵达到高潮，此时伊盟陆和吕梁陆的范围进一步缩小。海水由浑水沉积为主转为清水沉积为主，水体能量较高。发育大量的滩和准滩，成为张夏期所独有的特征。滩外为开阔海，开阔海外仍为深水海槽。晚寒武世，海水开始退缩，陆地面积有所增大，吕梁陆沉没，但中部地区出现庆阳陆。区内分别出现了庆阳云坪、庆阳及彬县云灰坪。此时，发育竹叶滩，大都分布在坪周围。

早奥陶世冶里期，海退持续进行，统一的鄂尔多斯陆又复出现。只在其东缘、南缘及西缘为海域，水体较浅，并呈"U"形分布。亮甲山期继续维持冶里期的古地理轮廓。亮甲山期末，由于怀远运动的影响，海水全部退出本区，从而完成了从早寒武世辛集期到早奥陶世亮甲山期完整的海侵海退旋回。早奥陶世马家沟期，先后经历了三次海进和三次海退，海进和海退规模一次比一次大。三次大起大落，构成了早奥陶世马家沟期一套完整的海进海退旋回。除了发育潮坪和开阔海沉积之外，还有膏湖和膏盐湖沉积。马家沟期末，海水几乎全部退出了鄂尔多斯地区和整个华北地区。中奥陶世平凉早期，新的海侵开始。鄂尔多斯陆仅在西缘和南缘有一个狭窄的"L"形的海域，其中依次发育着碳酸盐缓坡、高能量的滩和深水斜坡等，再向外便是深水海槽。这一"L"形的海域阶梯状下陷的同生断裂发育，控制了其古地理面貌。深水斜坡带上重力流沉积十分发育。平凉期末，海水全部退出本区。晚奥陶世背锅山期，又一次海侵开始，但海水仅局限于本区的西南缘。近陆地区为浅水碳酸盐台地，向外为深水斜坡，与平凉期基本相似。晚奥陶世末期，受加里东运动影响，海水全部退出鄂尔多斯地区，本区整体上升为陆，遭受长期的剥蚀，故绝大部分地区缺失上奥陶统、志留系、泥盆系和下石炭统（李文厚等，2012）。

鄂尔多斯地区在晚石炭世形成了由中央古隆起分割的东西两个海盆（华北海和祁连海），西部沉降幅度大，上石炭统厚400～800 m，局部达1000 m，为潮坪潟湖相沉积。东部沉降幅度小，上石炭统一般厚度不足100 m，为滨浅海沉积，古隆起两侧均发育的含煤岩系。至早二叠世太原组沉积时，鄂尔多斯地区东西两缘海水侵入范围继续扩大，祁连、华北海盆连通，形成统一的以含煤为特征的滨海相沉积。随后，海水开始退出，表现为沼泽煤系沉积间夹浅海相石灰岩的海陆交互相沉积。在山西组期，海水退出北方大陆后，盆地中央隆起消失，转入了内陆河流、三角洲及湖泊沉积。而北方作为蚀源区上升迅速，剥蚀加剧，河流自北而南伸入湖区，沿湖岸广泛发育三角洲沉积。中二叠世石盒子期，河流三角洲沉积达到高峰，该期气候由温湿转向干旱，植物减少，地层中可采煤不复存在，沉积物颜色由浅灰变为紫红。晚二叠世石千峰期，三角洲-湖泊沉积体系进一步退化，盆地北部吴忠-定边-安塞-蒲县以北为冲积平原所占据，平凉-铜川-韩城以北为间歇湖沉积，盆地南部为滨海平原沉积，仅在银川天池一带有局部河流沉积。由此可见，晚古生代到早三叠世各时期发育的是由海向陆、由河向湖逐渐过渡的沉积(陈全红，2007)。

(二) 中生界沉积环境

晚三叠世延长期早期，由于盆地周缘相对抬升，形成面积大、水域广的大型鄂尔多斯湖盆。鄂尔多斯盆地上三叠统—白垩系为多旋回河流-湖泊相碎屑岩沉积，累计厚度可达 3000~4000 m，在盆地东南部保存的地层厚度最大。延长组和延安组是两套主要的含油气层系。

上三叠统延长组地层自下向上分为 10 个油层段。长 10~长 7 期为湖盆形成到发展的湖进期，表现为纵向上的正旋回沉积和平面上各期湖岸线逐步向外扩张的特征。长 7 期湖盆进入全盛时期，广阔水域形成浅湖-半深湖相的大型生油拗陷，沉积了范围可达 $10×10^4$ km^2，厚数百米的暗色生油岩系。长 6~长 1 期为湖盆三角洲建设发育期，湖水退缩逐渐消亡，表现为纵向上呈反旋回沉积，平面上各期湖岸线向湖心收敛的特征；盆地东部沉积受东部和东南部两大物源区的控制，发育湖盆河流-三角洲沉积体系，东北部发育安塞-延安三角洲，东南部发育黄陵-富县三角洲，这些三角洲紧邻生油中心，成为延长组的主要储集体。各期三角洲砂体与湖相或湖沼相泥岩间互，形成多套生储盖组合模式(王仲应，1996)。延长组物源方向来自盆地四周，晚三叠世早、中期北部和西南部是其主要物源方向，晚期随着西南方向地形的进一步抬升，西南部物源影响范围明显超出北部物源区(魏斌等，2003)。

上三叠统延长组沉积后盆地全面抬升，由于河流下切造成高低起伏的地貌景观。在此背景上发育了下中侏罗统延安组(含富县组)的河流-湖沼相沉积，由于河流对下伏延长组地层的切割，使延安组河道砂体直接覆盖于烃源岩层之上，成为有利的储集体，加之上覆湖沼相泥岩遮挡，形成良好的生储盖组合。然而，盆地东部延长期抬升比西部缓，支流岔沟不发育，河流下切能量有限，导致延安组砂体与延长组生油岩接触面积小，成藏条件变差。中侏罗世盆地再次接受沉积，表现为正旋回的沉积特点。下部直罗组为河流相沉积，向上逐渐变细，砂岩减少，泥岩增多，至安定期演变为湖沼相沉积，形成了一套覆盖全盆地的区域性盖层。晚侏罗世鄂尔多斯盆地整体抬升，沉积局限于盆地西缘，为近源粗碎屑沉积。早白垩世沉积范围扩大，为一套河湖相砂泥岩沉积。晚白垩世以来，盆地整体进入改造时期，大范围缺失沉积，周缘断陷盆地逐步发育，逐渐形成现今的面貌。

三、盆地油气资源概况

鄂尔多斯盆地含油层系为中上三叠统延长组和中侏罗统，产气层系为上古生界石炭-二叠系和下古生界奥陶系；呈现上油下气、南油北气的分布格局。盆地石油、天然气资源量分别为$86×10^8$ t和$11×10^{12}$ m³（杨俊杰，2002），其石油当量在全国诸含油气盆地中名列第三；但其资源探明程度还不到全国平均探明率的一半。

中国石油长庆油田公司于20世纪70年代在鄂尔多斯盆地开展大规模勘探以来，在古地貌成藏理论、三角洲成藏理论、多层系复合成藏理论、内陆拗陷湖盆中部成藏理论的指导下，先后发现了马岭、安塞、靖安、西峰、姬源和华庆等一大批油田。截至2012年年底，长庆油田已经累计在鄂尔多斯盆地探明石油地质储量$30.76×10^8$ t，2012年年产石油$2261×10^8$ t，天然气$290×10^8$ m³，年产油气当量达到$4500×10^4$ t石油当量，目前步入了快速发展的阶段，成为了我国油气产量最高的油气田（付金华等，2013）。2013年油气当量突破$5000×10^4$ t，2014年油气当量达到$5544.8×10^4$ t（卢向前、王晓雪，2015）。

第二节　古生界天然气赋存特征

一、古生界天然气概况

鄂尔多斯盆地古生界天然气藏分布广泛，勘探成果显著，为我国第一大天然气产出基地。目前，中国石油长庆油田公司（以下简称长庆油田）在鄂尔多斯盆地内已发现9个气田（苏里格、靖边、乌审旗、榆林、神木、米脂、子洲、胜利井、刘家庄），除靖边气田外，其余8个均为上古生界气田；截至2014年年底，天然气探明（含基本探明）储量达$5.7×10^{12}$ m³、天然气年产量达到$382×10^8$ m³（席胜利等，2015）。

古生代鄂尔多斯盆地属于华北克拉通盆地的一部分，主要接受了海相-海陆过渡相的沉积，形成了盆地天然气聚集成藏的有利条件，是目前盆地天然气的产出层位。目前在下古生界和上古生界都已经发现了天然气田。下古生界天然气主要分布在盆地中部的靖边大气田，累积探明储量超过$4000×10^8$ m³（王毅等，2014）。天然气主要储存在下古生界奥陶系马家沟组风化壳储层以及白云岩内幕储层中，气源兼有上古生界煤型气和下古生界油型气（陈安定，1994；黄第藩，1996；夏新宇等，1998；王传刚等，2009；米敬奎等，2012），在上覆铝土层、泥岩（煤系）、膏盐层封盖下形成下古生界油气系统。另外，大牛地气田也是下古生界风化壳气田的重要组成部分，储集层为马家沟组，先后在上组合（马五$_{1\sim4}$）风化壳岩溶储层、中组合（马五$_{5\sim10}$）和下组合马四白云岩储集体中发现了天然气。上古生界天然气主要分布在盆地北部地区的二叠系，且从南向北气层由老变新。主要储集在石炭-二叠系山西组和石盒子组三角洲沉积体系砂体储层中，以太原组和山西组煤系为气源岩，在上覆煤系、泥岩层封盖下形成上古生界天然气系统。目前已经发现并探明了苏里格、乌审旗、榆林、大牛地、子洲和米脂6个大气田，累计探明天然气地质储量达 15000×10^8 m^3(王毅等, 2014)。鄂尔多斯盆地古生界天然气具有煤成气的特点，为典型的致密砂岩气，主要分布于石炭-二叠系(表 17.1)，广覆式生烃的煤系烃源岩与大面积分布的致密砂岩储集层相互叠置，天然气近距离运移、大面积成藏，具有储集层非均质性强、含气层组多、面积大、储量丰度低、存在多个压力系统等特点，其中苏里格气田为典型代表(杨华、刘新社, 2014)。

表 17.1　鄂尔多斯盆地已发现气田基本情况统计表(据杨华、刘新社, 2014)

气田	发现年份	储集层层位	储集层岩性	探明储量/10^8 m^3	成因类型	主要气源岩
直罗	1972	T	砂岩	9.80	油型气	T 暗色泥岩
刘家庄	1976	P	砂岩	1.90	煤成气	C-P 煤系
胜利井	1980	P	砂岩	18.25	煤成气	C-P 煤系
米脂	1987	P	砂岩	358.48	煤成气	C-P 煤系
靖边	1989	O、P	碳酸盐岩、砂岩	6910.05	煤成气	C-P 煤系
乌审旗	1994	O、P	砂岩、碳酸盐岩	1012.10	煤成气	C-P 煤系
榆林	1995	P	砂岩	1807.50	煤成气	C-P 煤系
大牛地	1997	C、P	砂岩	4545.63	煤成气	C-P 煤系
苏里格	2000	P	砂岩	34943.41	煤成气	C-P 煤系
子洲	2003	P	砂岩	1151.97	煤成气	C-P 煤系
神木	2003	P	砂岩	934.99	煤成气	C-P 煤系
东胜	2010	P	砂岩	162.87	煤成气	C-P 煤系
柳杨堡	2012	C	砂岩	549.65	煤成气	C-P 煤系

注：苏里格气田探明储量中包含基本探明储量 22217.62×10^8 m^3。

二、天然气整体分布规律

已发现的苏里格庙、乌审旗、榆林和神木-子洲 4 个天然气主要富集带，它们均呈长条状近南北向平行分布(图 17.1)，与已知的盆地北部发育的主要三角洲体系的走向基本一致。其中，山西组山 2 气层主要集中于东部的榆林区及神木-子洲区，以前者的规模最大；而下石盒子组盒 8 气层主要集中于西部的苏里格庙、乌审旗地区。从已探明地质储量分布来看，层系上，95%储量分布在石盒子组盒 8 段、山西组山 1 段和马家沟组马五$_{1+2}$段气层，三角洲平原分流河道及三角洲前缘水下分流河道十分发育，河道沉积多期叠加并不断向前推进，形成了纵向上多期叠置、平面上复合连片的砂岩储集体。

奥陶系风化壳岩溶储集层和白云岩储集层是下古生界天然气富集的主要场所，已形成奥陶系风化壳和古隆起东侧白云岩两大勘探领域。

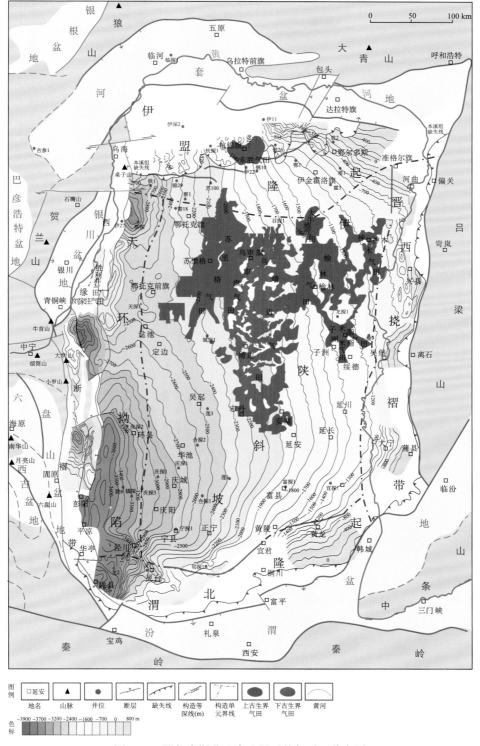

图 17.1　鄂尔多斯盆地古生界天然气平面分布图

三、下古生界天然气分布特征

1. 分布层位

鄂尔多斯盆地下古生界天然气主要赋存于中东部地区的下奥陶统马家沟组,它是盆地最重要的碳酸盐岩含气层位,自下而上由 6 个岩性段组成,其中马一段、马三段、马五段为含膏白云岩与盐岩发育段,为海退期沉积层段;马二段、马四段、马六段以白云岩、石灰岩为主,为海侵期沉积层段。其中,马五段是马家沟期最大一期的蒸发旋回,自上而下可以进一步划分为 10 个亚段,勘探证实,马五段中上部的马五$_{1+2}$、马五$_4$亚段是靖边风化壳大气田的主力产层(姚泾利等,2015),中下部的马五$_{5\sim10}$发育白云岩岩性气藏(杨华、包洪平,2012;黄正良等,2012;付金华等,2012)。马五段是马家沟期最大一期的蒸发旋回,其内部发育马五$_4$、马五$_6$、马五$_8$和马五$_{10}$ 4 个亚段主要的盐岩层段,尤其以马五$_6$亚段的盐岩分布范围为最广,面积约 5×10^4 km^2,盐岩最大累计厚度可以达到 130 多米。通常以马五$_6$亚段为界将奥陶系划分为盐上和盐下两段。鄂尔多斯盆地天然气勘探在以盐上风化壳等气藏勘探为重点的同时,对盐下领域也进行了不断的研究与探索(姚泾利等,2015)。

下古生界气藏以靖边气田为主,北起乌审旗东,南至志丹—安塞一带,主体呈带状分布(图 17.1)。主要产气层段为马家沟组马五$_{1+2}$亚段。气藏主要分布于盆地中部,具有面积大、带状分布的特点。奥陶系风化壳岩溶储集层和白云岩储集层是下古生界天然气富集的主要场所,现已形成奥陶系风化壳和古隆起东侧白云岩两大勘探领域。

2. 下古生界气藏分布主要影响因素

1)马家沟组马五$_{1+2}$亚段为白云岩储层,岩性较纯的细粉晶云岩孔隙结构较好、缝洞配置良好、基质物性好,因而储层有效性好,产能相对较高。

2)向东和东北倾斜的古地貌对储层的分布具有明显的控制作用,由西向东及由西南向东北方向的储层,其有效性逐渐变差,产能逐渐降低。

3)古沟槽网络决定了气藏的分布特征。靖边岩溶台地内已识别出的主沟槽,其展布方向主要为近东西向,由台地主体部位向盆地东部延伸,并具有等间距成排分布的特征(图 17.1)。支沟槽多为北西向和北东向,与破裂构造发育方向相一致。古沟槽是风化壳岩溶储层与古地貌成藏圈闭形成的重要因素。在古地貌成藏过程中,古沟槽网络的发育控制了气藏的分布和天然气的富集区带。

4)受控于奥陶系顶部风化壳岩溶储集体系,风化壳岩溶储层主要发育于古隆起斜坡带,是最有利的储集体。

5)气藏呈现出环中央古隆起区域性分布的特征,形成多层系叠合含气、大范围带状展布的岩性圈闭有利成藏区带。

3. 气藏具有双向运聚成藏模式

奥陶系马家沟组可划分为 3 套含气组合:马五$_{1\sim4}$为上部含气组合,储集层主要为风

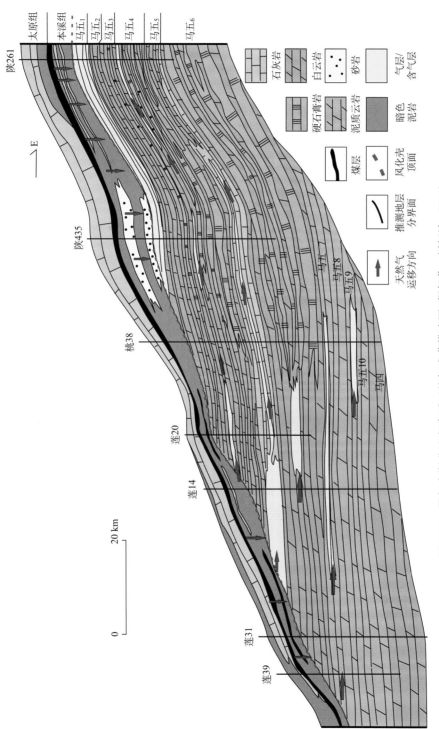

图 17.2 鄂尔多斯盆地奥陶系天然气成藏模式图（据杨华、刘新社，2014）

化壳岩溶；马五$_{5\sim10}$为中部含气组合，储集空间主要为白云岩晶间孔；马四段及其以下为下部含气组合，储集空间主要为白云岩晶间孔(杨华、刘新社，2014)。

加里东期，奥陶系顶部长期遭受风化剥蚀，马家沟组自东向西逐层剥露，上部风化壳储集层、中下部白云岩储集层均与上古生界煤系烃源岩直接接触(图 17.2)，形成两类天然气成藏模式。第一类是天然气在生排烃高峰期沿古沟槽及不整合面垂直向下运移，在风化壳储集层中聚集成藏，形成大型地层-岩性气藏(郑聪斌、张军，2001；赵文智等，2012)。气藏大面积展布，含气层位稳定，连片性好。第二类是天然气首先垂向运移进入奥陶系，再长距离侧向运移，在奥陶系石膏层下的白云岩储集层中聚集成藏，其运移方式既有垂向运移也有侧向运移。该类气藏分布不连续，具有局部高产、富集的特点。气体成分以烃类为主，甲烷含量普遍在 95% 以上，干燥系数($C_1/C_{1\sim5}$)大于 95%，甲烷碳同位素组成为 -36.31‰ ~ -32.62‰，乙烷碳同位素组成为 -34.51‰ ~ -26.46‰ (杨华、刘新社，2014)。

4. 下古生界气源岩

对于鄂尔多斯盆地下古生界气源还存在争议，有上古生界煤成气、下古生界油型和混源气等争议(夏新宇，2000；陈安定，2002；李贤庆等，2002；刘德汉等，2004；Cai *et al.*，2005；Dai *et al.*，2005；Liu *et al.*，2009；米敬奎等，2012；戴金星等，2014；杨华、刘新社，2014)。普遍认为上古生界气源岩主要来自上古生界煤成气，为煤成气的侧向供烃(图 17.2)(杨华等，2014)；下古生界烃源岩对生烃也有一定的贡献。最新的研究认为，鄂尔多斯盆地下古生界天然气以来源于上古生界煤系的煤成气为主，在盆地中东部盐下的储集层中发育下古生界自生自储油型气，且其发育一定规模的有效烃源岩，可作为下古生界天然气气源(刘丹等，2016)。根据下古生界天然气甲烷和乙烷碳同位素组成特征，可划分为不同成因的 3 个大类 4 个亚类：① $\delta^{13}C_1$ > -35.0‰ 且 $\delta^{13}C_2$ > -28.0‰，为源自上古生界煤系的典型煤成气，主要分布于苏里格、乌审旗一带；② $\delta^{13}C_1$ < -35.0‰ 且 $\delta^{13}C_2$ < -30.0‰，为源自下古生界烃源岩的自生自储油型气，主要分布于盆地中东部；③ 混合气，该类气又可分为正碳同位素系列混合气和负碳同位素系列混合气两个亚类，第一亚类气 $\delta^{13}C_1$ > -35.0‰，$\delta^{13}C_2$ < -28.0‰，$\delta^{13}C_1$ < $\delta^{13}C_2$，为源自上古生界煤系与灰岩的混合气，主要分布于盆地中部；第二亚类气 $\delta^{13}C_1$ > -37.0‰、$\delta^{13}C_2$ < -34.0‰，$\delta^{13}C_1$ > $\delta^{13}C_2$，为来自上古生界高熟煤成气与下古生界高熟油型气的混合气，主要分布在盆地南部吴起—华池一带烃源岩高过成熟区(刘丹等，2016)。

四、上古生界天然气分布特征

1. 分布位置和层位

勘探实践证明天然气在平面上主要分布于北纬 37°30′ ~ 39°15′，东经 107°30′ ~ 100°30′的三角洲平原分流河道及三角洲前缘水下分流河道砂体为主的沉积区或二者的过渡区。已发现的苏里格庙、乌审旗、榆林(陕 141 井区)和神木-子洲 4 个天然气主要富集带，它们均呈长条状近南北向平行分布，与已知的二叠纪北部发育的主要三角洲体系的走向基本一致。其中，山西组山 2 气层主要集中于东部的榆林区及神木–子洲区，以前者的规模最大；而下石盒子组盒 8 气层主要集中于西部的苏里格庙、乌审旗地区。

另外，盆地北部中石化大牛地气田、东胜气田也是上古生界的主要气田。西缘的胜利井气田和刘家庄气田是在逆冲构造带背景下的上古生界气田。在盆地南部中石化富县区块也有天然气发现。

2. 上古生界天然气藏分布特征

太原组气藏主要分布在神木—榆林一带，主体呈西南–东北走向。以三角洲平原相分流河道砂体为主。

山西组 2 段气层主要集中于东部的榆林及神木–子洲地区。以三角洲平原相分流河道砂体为主，是在海退背景、地表准平原环境下发育形成的。山西组山 2 段气层主要受控因素为：①天然气的生气强度控制了气田的分布；②三角洲的沉积环境及沉积作用对油气的富集具有明显的控制作用，三角洲平原分流河道及三角洲前缘水下分流河道砂体为主的沉积区是天然气富集的主要区域。山 2 砂体厚 10~25 m，呈条带状分布，最厚达 33 m，一般由 2~4 个小层组成，单层砂体厚 4~8 m。与盒 8 段砂体相比，厚度较小、层数较少，单层砂体厚度较大。主河道相对稳定，河道下切作用较为强烈。盒 8 期由于地形相对平缓，物源区陆源碎屑供应充足，河流摆动频繁，砂体的累计厚度大，在全盆地形成了广覆式分布的格局。山西组 1 段气藏分布苏里格及乌审旗以北地区，以三角洲平原相分流河道砂体为主，但在水进背景下形成，分流河道相对不太发育，砂体粒度也较细。

盒 8 段气藏主要分布在乌审旗–苏里格及绥德一带。盒 8 段分流河道是在水退背景下形成的，物源充分，分流河道往复摆动，形成了复合叠置砂体。盒 8 砂体在全盆地广覆式分布，厚 20~35 m，最厚达 48 m，一般由 4~8 个小层组成，单层砂体厚 4~6 m，砂体具有北厚南薄、层数北多南少的分布特征。

另外，2000 年首次在鄂尔多斯盆地东北部榆 17 井石千峰组地层中获得了工业性气流，相继又在该区先后发现了神 8 井区、盟 5 井区石千峰组气藏。石千峰组浅层气藏具有轻组分含量高、压力与压力系数低的特点，主要受砂岩岩性控制。燕山运动使盆地东部地层抬升和剥蚀并导致下部石盒子组等超压地层超压释放；石千峰组浅层气藏是下部超压地层超压释放使作为下部盒 8、山 2 等气藏的区域性盖层内产生一系列的泻压通道而形成的次生气藏。

3. 上古生界天然气分布规律

上古生界气藏分布与含气情况与沉积相带也有着密切的关系。受控于由北而南展布多条主砂体带。从近南北向河流三角洲沉积体系来看，主河道、河漫平原和冲积扇北端靠近物源区、储层物性较好的部位含水较普遍，而三角洲平原、三角洲前缘储层物性较差的地区则普遍含气，局部天然气富集。如南北走向的东胜–靖边河流三角洲沉积体中，河漫平原北部地区就出水，而南部则天然气富集；又如北北东–南南西走向的镇川–子洲河流三角洲沉积体，其河流三角洲部位天然气富集，而在晋西露头区的主河道或接近主河道地区钻孔则出水较多。盆地的气水分布与现今构造的关系更为密切。鄂尔多斯盆地现今构造东高西低、北高南低。盆地主体部位(中部)构造位置相对较低，但因其处于生气强度较强，又正好是三角洲平原、三角洲前缘"网状"砂体发育区，故天然气富集。

盆地天然气总体向东和东北方向运移。研究表明盆地北部发育 4 个河流–三角洲砂体，它们可能构成了天然气由南向北及北东运移的主要通道，特别是东侧东胜–靖边砂体和神木–绥德砂体不仅规模巨大，而且处于有利的油气系统天然气运移方向，构成盆地中重要的天然气运聚带。

五、典型气田解剖

（一）苏里格气田

1. 气田基本概况

苏里格气田是目前中国发现的一个超大型气田。2000 年经国家储委审批的探明储量为 $2204.75×10^8$ m^3，2001 年经 CNPC 预审通过的天然气储量 $3820.52×10^8$ m^3，累计天然气探明储量 $6025.27×10^8$ m^3，叠合含气面积 5944.2 km^2。苏里格气田是西部大开发的龙头工程——"西气东输"前两年的主力气田之一，同时也是陕京二线工程的最主要的资源基础。

苏里格气田位于长庆靖边气田西侧的苏里格庙地区(图 17.1)。区域构造属于鄂尔多斯盆地陕北斜坡北部中带，勘探范围西起内蒙古鄂托克前旗、北抵鄂托克后旗的敖包加汗，勘探面积约 20000 km^2。地表为沙漠、碱滩和草地。地形相对高差 20 m 左右，地面海拔一般为 1330~1350 m。

2. 低渗透岩性气藏地质特点

苏里格气田主力产气层为下二叠统山西组山 1 段至中二叠统下石盒子组盒 8 段，深度约 3200~3500 m，厚度约 80~100 m，为砂泥岩地层。盒 8 可分为 6 个小层，是一个低压、低渗透、低丰度，以河流砂体为主体储层的大面积分布的岩性气藏。

（1）构造特点及圈闭条件

苏里格气田位目的层底部构造形态为一由东北向西南倾斜的单斜，坡降大致为 3~10 m/km（图 17.3）。气田区发育多个北东向开口的鼻状构造，宽度 5~8 km，长度 10~35 km，起伏幅度 10~25 m。根据不同构造部位钻井资料研究表明，苏里格气田气藏分布受构造影响不明显，主要受砂岩的横向展布和储集物性变化所控制，属于砂岩岩性圈闭气藏。

（2）储层沉积体系和沉积相

苏里格气田晚古生代沉积体系划分为两大沉积体系、9 种微相类型。盒 8 段为辫状河沉积体系，山 1 段为过渡类型以辫状河河流体系为主，部分地区为辫状河三角洲沉积。

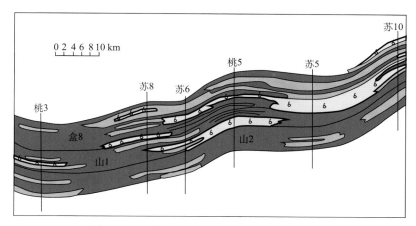

图 17.3　鄂尔多斯盆地苏里格气田气藏剖面图

苏里格气田盒 8 段为辫状河沉积体系，河道规模大，迁移性强，砂体大规模沉积，横向连片。盒 8 段粒度较粗，岩屑含量也较高，形成岩屑石英砂岩和岩屑砂岩。岩屑石英砂岩表现为粗岩相，石英含量较高，主要分布在心滩和河道充填下部，沉积水动力较强；而岩屑砂岩表现为中细岩相，岩屑含量高，主要分布在河道充填微相中，水动力较弱。粗岩相为有效储层，中细砂岩多为非储层，储层分布的非均质性强。以砂岩最发育的小层盒 8_2 为例，砂岩钻遇率为 90.7%，辫状河复合带宽度大，分布面积广。同时有效砂岩钻遇率也较大，为 50%，在复合砂体中约有一半井钻遇有效砂体，高能水道的分布密度较大。

山 1 段为过渡类型以辫状河河流体系为主，部分地区为辫状河三角洲沉积。河道规模小，迁移性强，砂体横向连片。岩屑石英砂岩表现为粗岩相，主要分布在心滩和河道充填下部，沉积水动力较强；而岩屑砂岩表现为中细岩相，主要分布在河道充填微相中，水动力较弱。粗岩相为有效储层，中细砂岩多为非储层，储层分布的非均质性强。以砂岩最发育的小层山 1_2 为例，砂岩钻遇率为 85%，辫状河复合带宽度大，分布面积广。同时有效砂岩钻遇率也较大，为 55%，在复合砂体中约有一半井钻遇有效砂体，高能水道的分布密度较大。

（3）有效砂体成因及其分布规律

苏里格气田盒 8 段储层中，只有辫状河砂岩中的粗岩相才能形成有效储层，造成了有效储层在空间分布的局限性和强非均质性。粗岩相主要分布在辫状河心滩微相和河道充填微相的下部，微相在沉积体系中的分布控制了有效储层的分布。

（4）储层特征

苏里格气田盒 8 段岩石类型主要为岩屑砂岩，砂岩以粗砂岩、中粗砂岩和中砂岩为主（70%），其次是中细砂岩、细砂岩和少量砾岩，砾石大小一般为 2~4 mm，属于细砾。盒 8 段储层砂岩来自北部的多个物源的混合沉积，岩屑含量高，类型繁多。砂岩中颗粒形态为次圆—次棱角状,以次棱角状为主,分选中等—较差。反映出河流水动力较强,距物源较近、沉积物快速堆积的特点。根据铸体薄片的观察,苏里格气田盒 8 段岩屑石英砂岩的主要孔隙类型以颗粒溶孔(铸模孔)、粒间孔为主。另外还有少量的微裂缝、泥质收缩缝、粒内破裂缝等。颗粒溶孔的孔径较大,一般为 0.2 ~ 0.6 mm,粒间孔孔径较小,一般为 0.03 ~ 0.06 mm,粒间溶孔孔径一般为 0.05 ~ 0.15 mm,微孔隙孔径小于 0.01 mm。

由于盒 8 段岩屑石英砂岩中颗粒溶孔发育,其孔径可相当于粒径,孔隙体积大;但因粒间杂基和高岭石等黏土矿物含量较高,表现为高孔隙度,中、低渗透率特征。由于大孔隙和微小的高岭石晶间微孔的存在,孔隙的分选性差。

苏里格地区盒 8 段储层孔径一般在 200 ~ 600 μm,而其平均喉道中值半径为 0.1580 μm,喉道半径在 0.06 ~ 0.1 μm 之间的孔隙体积占有效储层的 50% 左右,表现为相对大孔、细喉的特征。

总体来看,苏里格气田盒 8 段岩屑石英砂岩具有大孔细喉,相对高孔低渗特征。岩屑石英砂岩中颗粒溶孔发育,其孔径相当于粒径(可大于 500 μm),孔隙面积大,但由于粒间杂基和高岭石等黏土矿物含量较高,大孔隙和微小的残余粒间孔和高岭石晶间微孔共存,孔隙的分选性差,岩屑颗粒易压实变形,渗透率低,形成相对高孔低渗的特征。

苏里格地区盒 8 段辫状河粗岩相中石英类颗粒含量较高,抗压能力相对较强,保留了部分原生孔隙,有利于孔隙流体的的流动和溶蚀作用的发生,次生孔隙发育,是苏里格气田的主要储集层。苏里格地区有效储层与次生孔隙发育段相对应,溶蚀作用是控制有效储层形成的主要成岩作用。

(二) 靖 边 气 田

1. 气田基本概况

靖边气田(又称中部气田)勘探始于 1989 年,截至 2006 年年底累计探明天然气含气面积 6803.38 km^2(图 17.1),地质储量 4666.28×10^8 m^3。其中:靖边气田本部探明含气面积 4093.4 km^2,探明地质储量 2870.78×10^8 m^3;潜台东侧探明含气面积 2709.98 km^2,探明地质储量 1288.95×10^8 m^3。

2. 气藏地质特点

奥陶系马家沟组马五段(厚 300 ~ 360 m)是沉积厚度最大的一段,按照岩性组合特征、微体古生物及有关等时面标志层可进一步自上而下分为 10 个亚段。其中,风化壳地层主要包括残留的马六段及马五$_{1-5}$亚段(图 17.4)。由白云岩(溶斑云岩、含藻云岩)、灰岩、泥岩、蒸发膏岩及其过渡岩类(泥质云岩、云质泥岩、灰质云岩、云质灰岩、膏质云岩等)和少量颗粒云岩构成,厚度约 60 ~ 20 m。

(1) 风化壳地层岩性组合特征

在上述陆表海蒸发潮坪沉积环境控制下,风化壳地层记录中形成了由下而上有序的岩性组合：马五$_5$为稳定的黑灰岩段，局部夹灰质云岩、云质灰岩，平均厚度 25 m，为潮下带灰坪沉积。马五$_4$主要由灰质云岩、泥质云岩、膏质云岩、含藻云岩和溶斑云岩等岩类组成，平均厚度 40 m，为潮间带至潮上带沉积。马五$_3$主要由泥质云岩、云质泥岩夹含藻云岩构成，平均厚度 25 m，为潮间带泥云坪沉积。与马五$_4$顶部溶斑云岩相比，海水明显加深。马五$_2$主要由含藻云岩(白云岩中藻丝体发育)构成，平均厚度 8 m，为潮间带云坪沉积。马五$_1$主要由溶斑云岩、含藻云岩构成，平均厚度 20 m。

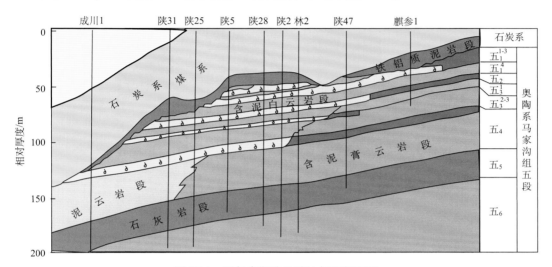

图 17.4　鄂尔多斯盆地靖边气田剖面图

(2) 前石炭纪古地貌

靖边古岩溶气藏位于稳定克拉通中央古隆起东北部，气藏所处的中部地区在加里东运动晚期整体抬升，使早古生代中奥陶世海退之后暴露地表的下古生界碳酸盐岩遭受了 130 Ma 的风化剥蚀、雨水冲刷及化学溶蚀、淋滤作用，形成了特殊的古岩溶地貌。在地表沿溪流、河道形成的溶蚀沟槽，以及地下渗流区、潜流区和塌陷区的岩溶作用共同作用下，马五段顶部形成了具不同发育程度的溶蚀孔、洞、缝系统，为古岩溶风化壳气田的形成提供了良好的储集空间。

鄂尔多斯地块晚奥陶世至早石炭世期间形成的奥陶系顶面古岩溶对油气的聚集十分有利。中石炭世再度发生海侵，整个华北克拉通沉积了海相及海陆过渡相的中、上石炭统和下二叠统煤系地层。因此，石炭系沉积与下伏风化壳地层之间属于填平补齐关系。对石炭系原始沉积厚度恢复研究表明，古地形明显呈现西高东低和向东南倾伏的特征，地形相对高差小于 70 m，根据气田宽度计算其平均坡度一般小于 0.001°。由于沉积时西部为海岸，构造抬升后，仍保留了西高东低的单斜趋势，因此，地表水由西向东呈径流特征。

利用残留厚度法进行古地貌研究，可恢复出台丘区(古潜台)、斜坡区、台内浅凹区、剥蚀区和沟槽五种不同的地貌单元。

（3）风化壳地层沉积环境特征

鄂尔多斯古岩溶气藏所处的中部地区沉积环境属于干旱气候条件下大面积的陆表海潮坪沉积。周期性的海平面变化使沉积物表面经常暴露，蒸发气候条件下碳酸盐沉积物生成率高，故在大范围内形成了向上变浅的碳酸盐蒸发潮坪沉积旋回。

根据储层岩性、颜色、成分、结构、构造、古生物、电性曲线特征划分出 10 个沉积微相：①潮上泥云坪；②潮上膏岩洼地；③潮上潮沟微相；④潮上含膏云坪微相；⑤潮间含藻云坪；⑥潮间潮道；⑦潮间颗粒滩；⑧潮间泥云坪；⑨潮下灰云或云灰坪；⑩潮下灰坪。

剖面上，沉积环境变化较快，海进海退频繁，总体上形成马五$_{4\sim5}$、马五$_{1\sim3}$两个向上变浅的沉积旋回。马五$_5$沉积了一套潮下较深水环境的云灰坪和(泥)灰坪的灰黑色泥晶灰岩，是马五段最大海侵期。马五$_4$海水开始退却，沉积微相以潮间泥云坪为主。马五$_3$沉积期本区以潮间泥云坪为主、潮上膏盐洼地及潮道和潮间颗粒滩局部出现。马五$_2$以潮间(含藻)云坪和泥云坪为主，开始出现含膏云坪，表现为向上变浅的海退序列。马五$_1$以潮上含膏云坪和潮间云坪为主，间有潮沟、颗粒滩，总体为持续海退。

统计表明，中部气田奥陶系风化壳气藏在平面上的分布与沉积微相带的展布关系十分密切，在含膏云坪与含藻云坪或者二者的叠合微相区内，各产层见气井比率高达70%，是主力储集层。而云灰坪微相和泥云坪与膏盐洼地–云坪、泥云坪–云坪等微相叠合区的见气井比率普遍较低。

（4）储层特征

靖边气田储层以泥粉晶云岩为主，部分云岩含硬石膏和盐岩。储层以方解石、白云石和泥质三种成分为主，占总矿物含量的96.6%；次要矿物包括硬石膏、硅质、黄铁矿；其他矿物含量很小。

黏土矿物以伊利石、伊蒙混层及高岭石为主。其中伊利石含量为52%，伊蒙混层含量为42.12%，高岭石含量为5.88%。黏土以不同的产状充填于孔隙之中和包裹于颗粒表面，不同程度地降低了孔隙与渗透性，同时包壳的形成也不同程度地增强了颗粒的抗压强度并阻止了次生加大的形成，降低成岩作用对孔隙的影响。

储层原生孔隙体系经成岩作用的改造后，形成了多种不同成因孔隙类型。主要有晶间孔(占总孔隙的28.9%)、晶间溶孔(19.8%)、膏盐晶模孔(7.4%)、溶孔、溶洞(34.7%)、微孔隙(9%)。

本区储层以细孔为主，粗孔和微孔也占有一定的比例。其中，粗孔主要分布在马五$_1^{1\sim3}$小层(89.8%)和马五$_4^{1a}$小层(9.1%)。

裂缝非常发育，主要有成岩收缩缝、硬石膏水化胀裂缝、溶解缝、岩溶坍塌缝、压溶缝、角砾缝、构造缝等。收缩缝俗称铁丝网缝，缝长1~2 cm，缝宽一般小于1 mm，镜下观察为5~30 μm，最宽50~60 μm，半充填方解石、白云石及有机质。裂缝密度一般为3~8 条/cm^2。硬石膏水化胀裂缝呈放射状和网络状分布，多被粉晶白云石或其他矿物充填。溶解缝形态呈蛇曲状或不规则状，缝壁呈蚕食状，缝宽不均一，为1~2 mm。岩溶坍塌缝又叫喀斯特缝，缝宽 0.03~0.05 mm，缝距 3~5 cm，裂缝密度 15~20 条/m，最密处可达 102 条/m，近水平分布。压溶缝的大缝为振幅型，小缝为锯齿状，顺层与斜交层面分布，缝内充填不溶残余物及有机质，有时可见次生石英及黄铁矿充填，缝宽 0.5~2 mm。角砾缝缝长 0.5~1.5 cm，缝宽小于 0.1 mm，形状不规则，分布不均一，常与成岩收缩缝及岩溶坍塌缝伴生，组成裂缝网络。构造缝早期形成的构造缝宽而短，常被泥质、有机质及次生矿物充填；晚期形成的构造缝窄而细，延伸远充填少，常切割前期裂缝。

结合孔隙结构特征，可将储层储集空间组合类型划分为三种：

1）裂缝-溶蚀孔洞型。溶斑细粉晶白云岩，孔隙类型包括似球状溶孔、不规则岩溶孔洞、膏模孔、石盐晶模孔和晶间孔、晶间溶孔。网状裂缝沟通溶蚀孔洞。

2）孔隙型。粉晶-细中晶白云岩（糖粒状白云岩），见残余粒屑结构。孔隙类型有晶间孔和晶间溶孔。孔隙度一般大于 6%，最高达 19%，渗透率一般大于 $0.5×10^{-3}$ μm^2，最高达 $316×10^{-3}$ μm^2。

3）晶间微孔-裂缝型。泥粉晶、细粉晶和藻纹层白云岩等。孔隙类型主要为晶间微孔，孔径一般小于 2 μm。层间微裂缝较发育，微裂缝宽度小于 0.1 mm，密度 10 条/cm。孔隙度一般小于 3.5%，渗透率小于 $0.5×10^{-3}$ μm^2。

（5）气藏特征

靖边气田甲烷含量为 90.7%~99.25%，占绝对优势，是典型的干气特征。乙烷含量较低，丙烷及其重烃含量更低。此外，天然气中普遍含 CO_2、H_2 和 H_2S。其天然气为低含硫气。天然气 CH_4%，C_{2+}% 在平面上有一定趋势的变化规律，从东向西、由北向南，随气层埋深增加，CH_4% 相对增大，C_{2+}% 相对减小。

奥陶系风化壳地层水在纵向上马五$_1$、马五$_4$、马四都有产水现象，平面上出水井分布在不同区块，零星分布。整个气层没有统一气水界面，平面上产水井分布规律不明显。地层水矿化度高，一般 100~160 g/L，$CaCl_2$ 水型，说明地下水交替作用很弱，与区域水动力场不连通。

陕甘宁盆地地温梯度介于 2.3~3.2 ℃/100 m，平均 2.8 ℃/100 m。奥陶系风化壳气层温度介于 86~125 ℃，平均 107.2 ℃。存在"靖边"北东方向展布的高地温异常带。南部探区陕 102、陕 109、陕 112 和富探 1 井，虽然处于陕 128—陕 9 一线以东，但地层温度偏高，可能该区还存在着一个异常高温区带。

通过 99 口井 111 个可用的测压点数据统计，实测气层压力值主要分布在 30~33 MPa。平面上从东向西、从东北向西南，气层埋深增加，压力也随之增大。大部分井的压力系数小于 1.0，平均 0.9411，是典型的欠压气田。

地层和气层的欠压特征，反映出储层与近地表水文系统不连通，是一个封闭的、自成体系的水动力系统。这与地层水矿化度高、$CaCl_2$ 水型反映的滞流水特点相吻合。

第三节　盆地中生界石油赋存特征

鄂尔多斯盆地中生界构造简单地层平缓，蕴含着十分丰富的石油资源，油藏广泛分布且独具特色。目前已在中生界发现了 37 个油田。本节通过对这些已发现油藏的剖析，总结了盆地中生界油藏的赋存特征和规律。

一、烃源岩特征

鄂尔多斯盆地油源对比分析表明，中生界石油主要来自延长组下部(长 4+5—长 9)，特别是长 7 段优质烃源岩。

鄂尔多斯盆地主要存在两套生油岩系，一套为三叠系延长组的暗色泥岩，另一套为侏罗系延安组的煤系烃源岩(陈安定，1989)。但无论是有机质丰度、有机质类型，还是有机质成熟度及生油能力均表明，三叠系延长组中部长 8—长 4+5，特别是长 7 烃源岩是鄂尔多斯盆地中生界主要的油源岩(张文正、李剑锋，2001；杨华、张文正，2005；张文正等，2006；吉利明，2007)，而侏罗系的煤系生油能力差(姚素平等，1999；罗霞，2003；姚素平，2004)。

1. 延长组长 7 段为最优质的油源岩

晚三叠世，鄂尔多斯盆地形成广阔的内陆湖泊沉积环境，丰富的植物性营养使湖生生物大量繁盛，发育了一套深湖-半深湖相暗色泥岩生油层。该套生油岩伴随着湖盆的扩张而发育，并随着湖盆的收缩，而逐步消失。长 9—长 8 期处于湖盆扩展期，有机质以腐殖型或腐泥-腐殖型为主。长 7 期湖盆扩展达到鼎盛时期，形成大范围的深水沉积，暗色泥岩厚度大于 80 m 的分布范围达 $9.0×10^4$ km^2，其他大部分地区的厚度为 20~60 m，生油母质以腐殖-腐泥型为主，长 7 泥岩、油页岩的发育规模和有机质类型反映出其作为重要油源岩的作用(杨华、张文正，2005)。长 6—长 4+5 期伴随着湖盆的逐步收缩，生油岩的分布范围明显缩少，仅在湖盆沉积中心发育腐泥-腐殖型烃源岩。晚三叠世晚期(长 1—长 3)，盆地气候干燥，以浅湖相、河流三角洲沉积为主，古植物较为发育，缺乏大量的水生生物，延长组上部(长 1—长 3)仍以腐殖型为主，因环境偏氧化以及三叠纪后期抬升剥蚀风化作用，显示有氧化型腐殖型特点。

烃源岩有机地化测试资料表明，延长组长 7 为最好生油层，其有机碳含量高达 5.81%，氯仿沥青"A" 0.6677%，总烃 4152.03 ppm。长 8、长 6、长 4+5 为较好的生油层，其有机碳含量多在 0.8%~4.2%，氯仿沥青"A" 0.1083%~0.6528%，总烃 391.00~2916.79 ppm。长 1—长 3 大部分样品有机碳<1.0%，氯仿沥青"A"<0.05%，烃含量<300 ppm，属于差烃源岩；长 9—长 10 有机质丰度低，有机碳含量一般 0.6%~0.8%，氯仿沥青"A" 0.03%，烃含量 150 ppm，属差生油层甚至非生油层(杨华、张文正，2005)。平面上，盆地中部庆阳、富县、吴旗和红井子范围内生油条件好，向盆地边缘，生油条件逐渐变差。

镜质组反射率、碳奇偶优势指数(OEP)、甾萜烷参数等有机质的成熟度指标反映出，延长组长 1—长 3 段泥岩干酪根、煤岩反射率主要分布于 0.66%~0.786%，OEP 介于 1.13~1.23，有机质成熟度仍为低成熟-成熟阶段，长 4+5—长 9 泥岩干酪根、煤岩反射率主要分布于 0.73%~1.06%，OEP 介于 1.02~1.07，普遍达成熟-高成熟阶段。其中长 7 段优质油源岩分布的绝大部分地区均已达到了成熟-高成熟早期($R^o = 0.9\% \sim 1.1\%$)的生油高峰阶段(杨华、张文正,2005)。

生排烃模拟实验表明(张文正等,2006),长 7 段油源岩具有产烃率高、高排烃效率的特性,成熟阶段的产油率达 357~417 kg/t,其累计产油率已达 400 kg/t 左右,排烃率达 72%,充分反映长 7 段优质源岩是中生界的主要生油层系以及其对中生界石油富集成藏的控制作用。

2. 侏罗系煤系源岩不具备生成工业油流的能力

早、中侏罗世,鄂尔多斯盆地发育陆相河湖、沼泽沉积,是中生代气候最为潮湿,木本植物的第二次繁盛期,也是一次主要的造煤期。通过侏罗系煤有机质丰度、类型、成熟度的综合评价,以及生排烃潜力的模拟实验表明,鄂尔多斯盆地煤有机质丰度较低、类型较差、成熟度不高、生油能力有限,形成工业油藏的可能性不大(姚素平等,1999;罗霞,2003;姚素平,2004)。

鄂尔多斯盆地延安组实测镜质组反射率数据反映,大部分地区的延安组镜质组反射率 R^o 低于 0.7%,东北角尚低于 0.5%,处于低成熟-未成熟阶段,唯有盆地南部吴旗—环县—庆阳一带,R^o 达到 0.8%,渐接近生油高峰,但这一地区煤系地层的厚度和类型均较差,因而生烃量十分有限。延安组有机质成熟度低也是制约其生烃的颈瓶。

3. 油源对比分析

鄂尔多斯盆地中生界的油-岩对比研究前人已经做了很多工作,陈安定(1989)、张文正和昝川莉(1997)、陈建平和黄第藩(1997)、张文正和李剑锋(2001)、郭艳琴等(2006)、侯林慧等(2007)、段毅等(2007)先后对原油和烃源岩的碳同位素、饱和烃气相色谱及萜烷、甾烷等生物标志化合物特征进行了分析,所获得的认识也较为一致:侏罗系原油与三叠系原油地球化学特征相似,油源岩为上三叠统延长组长 8—长 4+5 段半深湖-深湖相暗色泥页岩,特别是长 7 段优质烃源岩,而与侏罗系煤系烃源岩相差甚远。

中生界原油的饱和烃馏分色谱峰型完整,均呈单峰型,主峰碳为 $nC_{15}-C_{23}$,奇偶优势指数 OEP 值为 1.01~1.11,奇偶优势不明显,属于成熟原油。侏罗系原油 Pr/Ph 为 0.93~1.15,三叠系原油为 0.65~1.46,均呈姥植均势或植烷略占优势,反映了原油母质主要来源于半深湖弱还原沉积环境(侯林慧等,2007),而侏罗系煤和碳质泥岩的 Pr/Ph 值一般较高,明显以姥鲛烷优势,三叠系源岩 Pr/Ph 值与原油基本一致,植烷略占优势。在油岩 Pr/Ph 与 Pr/nC_{17} 关系图上(图 17.5),侏罗系和延长组原油构成一个点群,表明它们是同源的,母源均为还原-弱还原环境的长 8—长 4+5 段半深湖-深湖相泥岩(Pr/Ph 值小于 2),与长 3—延安组的河流、湖沼相弱氧化环境的泥岩(Pr/Ph 值大于 2)明显不同。

综上所述,盆地中生界原油属典型的淡水湖相油型油,与之对应的源岩为长 8—长4+5 段半深湖相偏腐泥型生油岩,最主要油源为长 7 段油页岩。另外,目前研究认为长 9_1 段的烃源岩可能也具有一定的生烃潜力(张文正等,2008)。

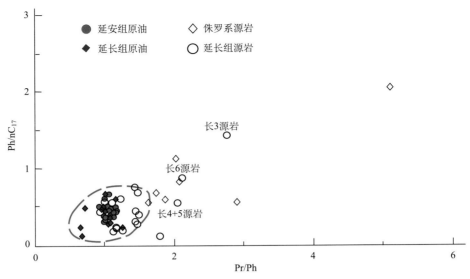

图 17.5 油-岩 Pr/nC_{17} 与 Pr/Ph 值关系图(据段毅等，2007；侯林慧等，2007)

二、储盖层特征

鄂尔多斯盆地在晚三叠世沉积了一套湖相-三角洲相碎屑岩建造，发育一套半深湖-深湖相的有效烃源岩，形成湖盆北部和东北部的北东-南西向三角洲储集体和湖盆西南部的北东-南西向三角洲储集体。晚三叠世末，印支期运动使盆地整体抬升接受剥蚀，在古侵蚀地貌的背景上，侏罗纪沉积了早期的填平补齐式的河流相砂体和晚期的三角洲分流河道相储集体。受湖盆形成演化的控制，盆地中生界纵向上主要形成了四大套含油组合(图 17.6)。三叠系延长组根据沉积旋回自下而上可划分为 10 个油层组：长 10—长 8 期为湖盆形成到发展的湖进期；长 7 期湖盆进入全盛时期，广阔水域形成浅湖-半深湖相的大型暗色泥岩、油页岩互层沉积拗陷；长 6 期湖水退缩，三角洲砂体广泛发育；长 4+5 期再一次发生湖扩；长 3—长 1 期湖水退缩并且湖盆逐渐消亡。由此构成了中生界下部的三套储盖组合，分别为长 8—长 7、长 6—长 4+5 和长 3+2—长 1 等，奠定了盆地延长组长 8、长 6、长 2 三个主要勘探目的层的地质基础。另外，侏罗系延安组的延 9、10 河道砂体与顶部的延 6—延 9 煤系地层构成了上部的第四大套含油组合。

因此，目前鄂尔多斯盆地含油层段多，石油广泛分布于中生界延安组和延长组两大层系中的 14 个地层组(包括直罗组、延 4+5、延 6、延 7、延 8、延 9、延 10、长 1、长 2、长 3、长 4+5、长 6、长 7、长 8 和长 10)，其中集中分布在延安组延 9、延 10 和延长组长 2、长 3、长 6、长 8 等层段(图 17.6)。

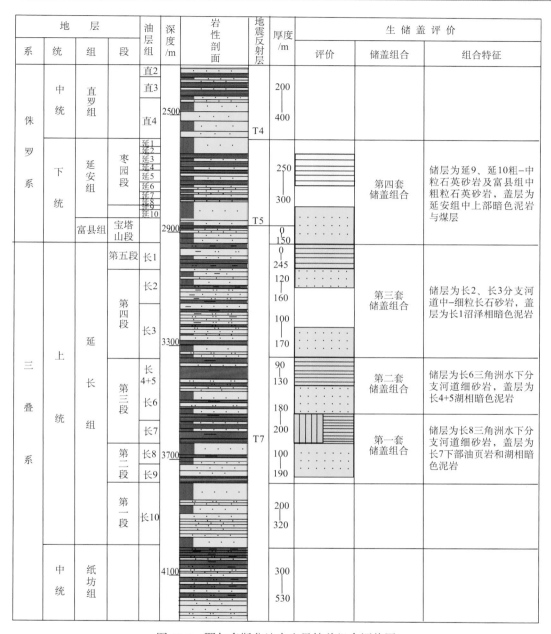

图 17.6　鄂尔多斯盆地中生界储盖组合评价图

三、油藏分布特征及规律

1. 中生界石油平面分布特征

目前，已经在鄂尔多斯盆地三叠系延长组长 10—长 2 均发现了油藏（图 17.7）。长 10 油藏主要分布在志丹一带，长 9 油藏主要分布于定边—姬塬一带，储层体均为三角洲前缘砂体。

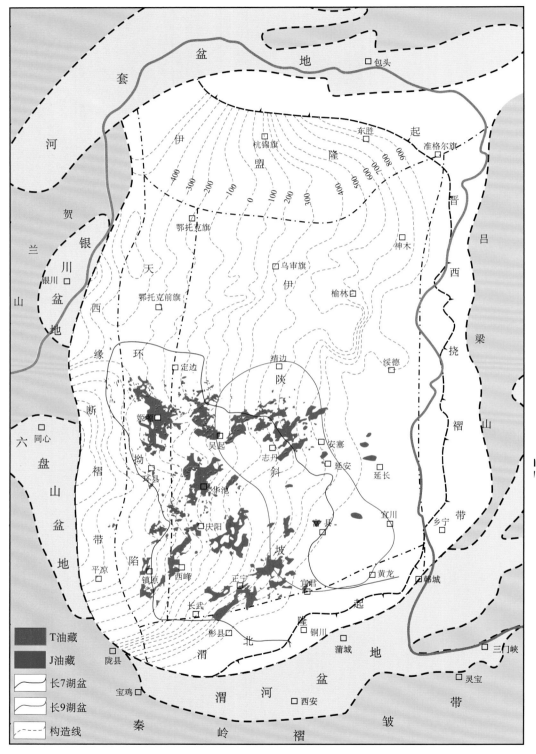

图 17.7　鄂尔多斯盆地中生界油藏平面分布图

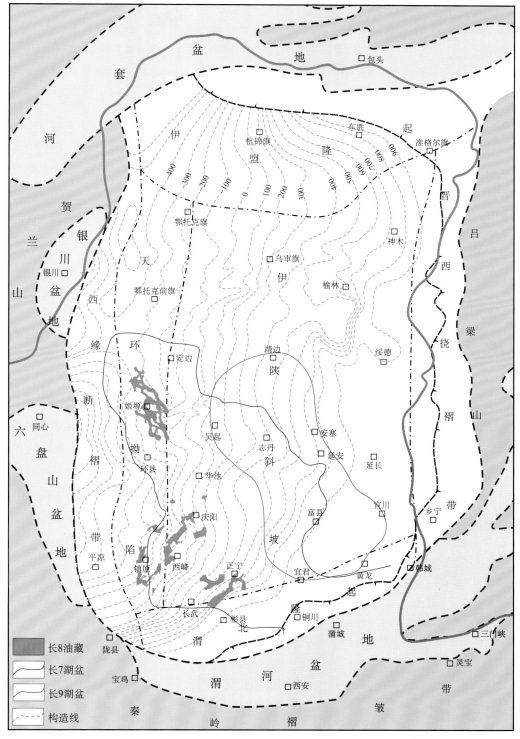

图 17.8　鄂尔多斯盆地三叠系延长期长 8 期油藏平面分布图

长 8 油藏主要分布在长 7 湖盆区西南和西北方向(图 17.8)。西南地区主要分布在镇原-西峰-庆阳及正宁地区,呈西南-东北条带分布;西北地区主要分布姬塬地区,呈西北-东南条带分布;受烃源岩及储层砂体共同控制。储集层是长 8 期湖盆发展演化阶段在盆地西南部相对陡坡地形上沉积形成的辫状河三角洲砂岩储集体,主要为水下分流河道和河口坝沉积,在平面上呈带状展布,横向宽 3~10 km,砂层厚 5~20 m,沉积颗粒相对较粗,分选较好,原生粒间孔较为发育,具备较好的储集条件。长 8 储集砂体不但在纵向上与上覆的烃源岩直接接触,而且横向上又与长 8 油层自身的烃源岩交互接触,与烃源岩的这种直接接触关系,是有利的生储配置。长 7 深湖相泥岩不但为长 8 油藏的形成提供了充足的烃源,而且为油气在长 8 油层中的聚集成藏起到了有利的封盖作用,与此同时,呈北东-南西向展布的分流河道间湾相泥岩为区域西倾背景上的油藏上倾方向提供了有利的遮挡条件,从而构成了较为有利的储盖配置关系。长 8 油藏以西南西峰油田为典型代表。

长 7 油藏主要分布在华池—庆阳一带,深水砂岩处于油源中心或与烃源岩互层共生,具有优先捕获油气的优势,有利于非常规致密油的形成。长 7 期具备大型深水砂岩形成的物源供给、湖盆底形和构造动力条件。在湖盆沉积中心发育大面积深水砂岩,砂体垂向叠合厚度较大,呈北西-南东向沿湖盆长轴方向延伸。长 7 段沉积期从盆地边缘向盆地中心依次发育:辫状河三角洲、重力流沉积、半深湖-深湖 3 种沉积类型。因此,储集砂体主要反映辫状河三角洲、砂质碎屑流沉积和浊流沉积等多种成因类型储集砂体。

长 6 油藏主要分布在庆阳、华池、吴起、志丹、安塞、富县、姬塬等地区,油藏平面分布主体呈西南-东北带状分布,该层位是鄂尔多斯盆地最主要的产油层(图 17.9)。长 6 期盆地东北部三角洲建造最为发育时期沉积形成的砂岩储集体为主要储油层。从长 6_2 至长 6_1 期,湖岸线持续向湖盆中心收缩,其间发育曲流河三角洲前缘分流河道砂体,由于地形较为平缓,河道横向摆动频繁,导致沉积砂体纵向上相互叠加,横向上复合连片,同时受湖浪的淘洗,砂岩分选较好,储层物性好。该类储集砂体不但在纵向上直接叠置于烃源岩之上,而且在横向上呈指状、朵状展布的三角洲前缘砂体直接穿插于深湖相泥岩之中,构成了最佳的生储配置。而在长 6 期分流河道间湾及洼地发育的泥岩则构成了储集体上倾方向的有利遮挡条件,互相叠置的储集砂体和微裂缝是油气纵向运移的重要通道,进而在三维空间上构成了长 6—长 4+5 的有利储盖组合,从而使盆地东北沉积体系(陕北地区)成为长 6 油藏的重要富集区。

长 4+5 油藏主要分布在姬塬—吴起、延安—安塞一带。长 4+5 期为新的一期湖进期,在长 6 期三角洲前缘砂体最为发育的地域沉积了呈互层状分布的长 4+5 浅湖相薄层泥质粉砂岩、粉砂质泥岩,成为东北三角洲油藏较好的区域性盖层。

长 2+3 油藏主要分布在华池、庆阳、正宁、宜君等地区,沿长 7 湖盆中心分布。长 1 油藏分布范围较小,零星分布于华池-庆阳、姬塬东南部。

侏罗系是盆地内最早的油气发现层系之一,先后找到了马岭、华池、吴旗、元城、樊家川、马坊等近 20 个油田,探明石油地质储量 2.7167×10^8 t,延 9、延 10 为主力含油层系。

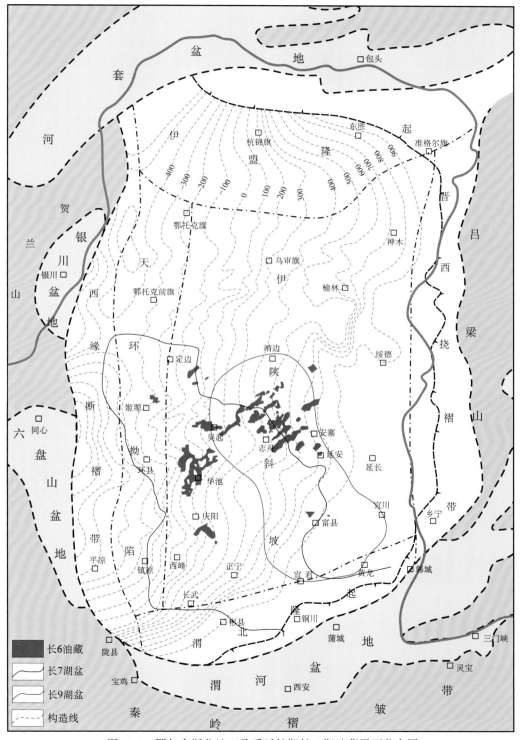

图 17.9　鄂尔多斯盆地三叠系延长期长 6 期油藏平面分布图

侏罗系油藏分布相对零散,其主体分布与三叠系油藏有重叠(图17.7)。油藏主要为受印支期构造运动形成的古地貌油藏。延安组主要为河流-沼泽相。侏罗系构造面貌与三叠系截然不同,因而侏罗系下部油气运聚条件与延长组有明显差别,延10顶(K_1末)构造图显示油气运移分隔槽基本沿大的主河道分布,且这些河道构成下伏延长组油源向侏罗系运移的主要通道。侏罗系延安组主要油层组砂体展布与前侏罗纪古地貌密切相关,具有古河谷中沉积厚,向河谷两侧古斜坡上沉积逐渐减薄的特征;延安组油藏其富集程度受控于河道砂体的分布、裂隙、古河谷的切割程度及压实构造等因素的制约。

2. 中生界油藏特征

鄂尔多斯盆地中生界受沉积和后期成岩作用的影响,整体表现为低孔低渗储层,层位越低、渗透性越差;与主要烃源岩直接接触的长6、长8段储层表现为超低渗特征,浮力在运移过程中完全不起作用。

三叠系延长组以长石砂岩为主(包括岩屑长石砂岩和长石砂岩),碎屑成分中石英(22%~60%)与长石含量(20%~56%)相对较低,岩屑(8%~17.3%)和填隙物(12%~17.2%)含量较高,矿物成熟度较低。砂岩以细砂、极细砂为主,填隙物中黏土矿物含量高。储层的孔隙类型多样,但面孔率极低。如陕北地区原生孔、次生孔并存,总面孔率为5%左右;陇东地区以原生粒间孔为主,面孔率仅3.2%~4.8%;姬塬地区长4+5油层原生孔、次生孔并存,总面孔率仅为3.87%。毛管压力曲线及孔隙图像资料显示,延长组储层约85%以上吼道小于4 mm,孔喉细小,连通性较差;从实测物性数据来看,延长组长8—长4+5平均渗透率小于$1×10^{-3}$ μm^2,长2+3为$5.41×10^{-3}$~$5.62×10^{-3}$ μm^2,长1渗透率相对较高,为$37.3×10^{-3}$ μm^2。

侏罗系延安组储层以长石质石英砂岩为主,碎屑成分中石英(70%~80%)较高,长石(10%~15%)和岩屑(10%~15%)较低。孔隙类型主要是粒间孔,由于石英含量高,杂基含量少,且成岩作用相对弱,因而面孔率较高(7.1%~16.6%)。毛管压力曲线反映,吼道较大(吼道半径大于4 mm的占70%以上),连通性较好。延安组平均渗透率$43.96×10^{-3}$ μm^2,也为中生界内最高值。

按照国内的划分标准(蒋凌志等,2004):渗透率介于$10×10^{-3}$~$50×10^{-3}$ μm^2属低渗透;渗透率介于$1×10^{-3}$~$10×10^{-3}$ μm^2属特低渗透;超低渗透储层渗透率小于$1×10^{-3}$ μm^2。中生界油层整体属于低渗透储层,其中长4+5—长8为超低渗储层。从目前延长组已经探明的储量分布来看,长庆油田延长组82%的探明储量为特低渗透和超低渗透储量。

3. 中生界油藏分布规律

(1)油藏分布受控于沉积体系和砂体带展布

中生界三叠系延长组为一套内陆湖盆沉积,主要发育东北、西南两大三角洲沉积体系。其中形成的三角洲隐蔽性油藏主要受控于大型三角洲砂体的展布,油藏类型以岩性油藏为主,具有储集条件差、非均质程度高、油水关系复杂、隐蔽性强的特点,延长组分流河道砂体呈条带状展布。

延长组沉积时，在湖盆的东北、东南、西南及西北诸方向都有能量较大的河流注入湖盆，由于物源供应充足，加之湖盆稳定，因而在主要河流注入区形成了规模较大的建设性三角洲复合体，砂体在纵向上多期叠加，横向上不断扩大，形成了规模不等、性质各异的隐蔽性岩性油藏。对延长组而言，分布于生油拗陷周缘三角洲砂体及水下扇砂体不仅构成了重要的油气运移通道，而且也是油气主要的储集体，而各砂带间的间湾泥质岩则构成其分隔屏蔽，在一定程度上阻挡了各砂带间油气的相互串通。目前已发现的三角洲油藏有两类：一类是三角洲前缘亚相河口坝砂体形成的岩性油藏；另一类是三角洲平原亚相分流河道砂体形成的构造-圈闭油藏。

由于生储盖配置关系的差异主要发育两种不同的石油成藏模式，即湖退背景下的东北曲流河三角洲成藏模式和湖侵背景下的西南辫状河三角洲成藏模式。其中，东北曲流河三角洲成藏模式以长6、长4+5、长2油层为主，以安塞、靖安、姬塬油田为代表；西南辫状河三角洲成藏模式以长8油层为主，以西峰、镇北油田为代表。

大面积展布的三角洲砂体为岩性油藏提供有利的场所。长8期盆地西南辫状河砂体因地形相对较陡，分流河道宽度较窄，呈条带状，延伸远砂体，厚度较大，砂厚5～20 m，宽度3～8 km。长6期，东北沉积体系由于古地形平缓，物源充沛，发育多条河流，为多个大型复合三角洲的发育创造了条件，形成延安、安塞、志靖和安边等三角洲。三角洲砂体横向稳定、规模大、连片性好，分流河道砂体厚10～20 m，横向宽度10～25 km。

目前，三叠系已发现的油田主要受这两大三角洲沉积体系控制，其中在东北三角洲沉积体系内发现了更多的探明储量，两个亿吨级大油田——安塞油田和靖安油田均位于东北部三角洲体系内。这是由于在整个晚三叠世沉积过程中，东北三角洲沉积体系从长2至长10一直发育，砂体厚度大、连片叠置分布，而且砂体颗粒较粗，分选中—好，物性较好；而西南地区扇三角洲沉积体系主要出现在长6—长9期，因其距离物源较近，砂岩中杂基含量、碳酸盐矿物含量较高，砂岩物性较差。

（2）油藏分布受控于烃源岩的分布范围

"源控论"认为生油拗陷控制烃源岩的分布，烃源岩的分布决定了油气田的分布，这是陆相盆地油气勘探长期实践经验和理论的总结，同时也是鄂尔多斯盆地中生界油气成藏的基本规律。

鄂尔多斯盆地三叠系延长组长7油层组发育了一套半深湖-深湖相优质烃源岩，这套烃源岩分布面积广阔(可达10×10^4 km^{2}以上)，累计厚度较大，最厚可达40 m以上(图17.10)。长7优质烃源岩位于上三叠统延长组第三段下部深湖亚相环境中，岩性主要为深灰-灰黑色油页岩、碳质泥岩、页岩、纹层状粉砂质泥岩夹灰褐色、褐色、深灰色粉砂岩和细砂岩。优质烃源岩中含介形虫、方鳞鱼等动物化石，少量植物碎片化石。长7段大段暗色油页岩俗称"张家滩页岩"，是中生界油藏的主力烃源岩，该烃源岩发育于深湖-半深湖相，代表了盆地发育的鼎盛期，表现为优质烃源岩具有厚度大、分布广、含油率稳定的特点。长7优质烃源岩形成期湖水环境最为安静，泥质岩中有机物质最为丰富，在盆地内分布比较稳定(图17.10)。测井曲线表现为自然电位异常负值、高电阻、高伽

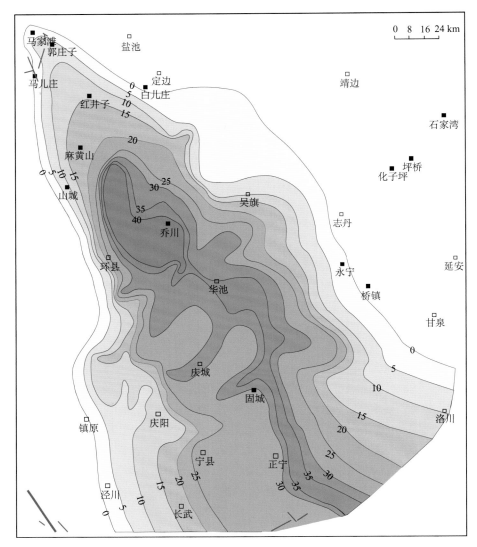

图 17.10 鄂尔多斯盆地延长组长 7 烃源岩厚度图(m)

马、高声波时差特征。另外，油气勘探也发现长 9_1 湖相黑色泥页岩烃源岩（即"李家畔页岩"），具有较好的生烃能力，是一套较优质烃源岩（张文正等，2006，2008）。根据钻孔测井资料识别，长 9_1 烃源岩主要分布于志丹地区南部，累计厚度大于 6 m 的烃源岩分布面积约为 4336 km^2，最大厚度约为 18 m（张文正等，2008）。志丹地区位于长 9_1 湖盆中心（图 17.7），油源对比结果指示为该地区附近油藏的部分油源来自长 9_1 烃源岩。

从目前发现的油藏分布规律来看，目前发现的油田绝大部分位于长 7 和长 9 湖盆的分布范围内（图 17.7），可见烃源岩的分布对油藏的形成具有重要的控制作用。三叠系延长组的油田主要分布在生油拗陷的内侧或外缘地区，特别是亿吨级的安塞、靖安大油田，均围绕着三叠系有效生油范围分布。由于三叠系油气具有"自生自储"的特征，特别对于主力油层长 6，其紧邻主力生油层长 7，最易接受生油岩排出的烃类，具有近水楼台先得月的优越条件。侏罗系本身不具备形成工业油气藏的油源条件，原油来自于三叠系（包括长 7 源岩生成的原油或延长组破坏的原油），因此侏罗系油田分布同样受三叠系的生油拗陷所控制，其富集很大程度取决于油气运移通道的发育特征，如盆地西部前侏罗纪古河道下切深度大，切穿层位多，油气向上运移量大，易形成油藏。故古地貌对油藏形成具有重要的影响（袁珍等，2013）；东部前侏罗纪古河道下切深度浅，限制了油气向上运移，不利于油气的富集成藏。从侏罗系主力含油层分布来看，延 9、延 10 的河道砂岩直接覆盖在延长组侵蚀面之上，首先接受从延长组沿河谷、砂体等通道运移来的油气，含油丰度高，发现储量占侏罗系总储量的 80%（图 17.7）。

（3）油藏分布受断裂/裂缝的影响明显

鄂尔多斯盆地地质构造性质虽以其稳定性而著称，但近年来，关于盆地在周边露头（如延河剖面、宜川剖面、清涧河剖面）和钻井岩心（如盆地南部的宁探 1 井和东北部的 ZJ 23 井）的中生界内发现天然裂缝的报道屡见不鲜（吴志宇，1997；曾联波、郑聪斌，1999；张莉，2003），而且来自于地质和地球物理方面的证据，也证实了盆地内基底断裂系统的存在（邸领军等，2003；赵文智，2003）。尽管目前对于断裂的发育规模、分布规律的认识程度较低，但这些基底断裂在中生代的"隐性"活动及其活动过程中产生的微裂缝和小断层，构成了油气垂向运移的通道，在上三叠统延长组和侏罗系油藏的形成中均发挥了重要作用（张文正，1996；邸领军等，2003；何自新，2003）。

三叠系石油受盖层裂缝分布影响，形成良好的运移通道，遇到适当储层就可以聚集成藏。盖层裂缝分布与盆地后期应力状态相关，早中侏罗世盆地南北向至北北东-南南西方向伸展；中侏罗世—晚侏罗世盆地东西、北西-南东、北东-南西方向挤压；早白垩世盆地东西、北西-南东、北东-南西方向伸展；早白垩世—晚白垩世盆地北西-南东方向挤压（张岳桥等，2006）。在短时期内盆地应力状态不断发生转变，促进盖层裂缝发育。并且油气运移期次与应力状态转化具有一定相关性。

裂缝系统对侏罗系油气聚集起到了控制作用，而其下部发现的长 4+5、长 6 油藏大多含水高，产能低，很可能表明原生油藏因断裂的作用而部分散失，溢出的油大多沿垂直裂缝运移到了上部侏罗系地层内聚集成藏。

邸领军等（2003 年）在地面地质调查、卫星系统、地震、重磁等资料的基础上，对盆地断裂系统进行了初步的描述，认为盆地内发育东西、南北、北西、北北西、北东、北北东等六组线性断裂。这些断裂具有近等间距性、断续成带、隐伏性、低幅度、低强度、多期次、斜滑运动为主的构造特点。赵文智（2003）认为鄂尔多斯盆地内至少存在 3 组不同方向的基底断裂，分别是东西、北东、北西向，这些断裂的"隐性"活动控制着盆地中生界的沉积体系发育和油气运聚成藏的部位。在北东向断裂分布带是延长组厚度最大的地区，并且该区域北东向水系发育，使湖盆南、北两岸分别形成长达 150 km 和 350～400 km，呈北东向展布的三角洲沉积体系；乌审旗-定边以西的北西向基底断裂发育区，同时也是长 8 段、长 6 段甚至长 2+3 段呈北西向展布的砂体主发育带。

此外，基底断裂的活动诱发了大量的微裂隙，地面露头调查、岩心观察以及测井解释均可发现延长组不同层位不同程度的微裂缝，绝大多数为角度垂直缝，这些裂缝

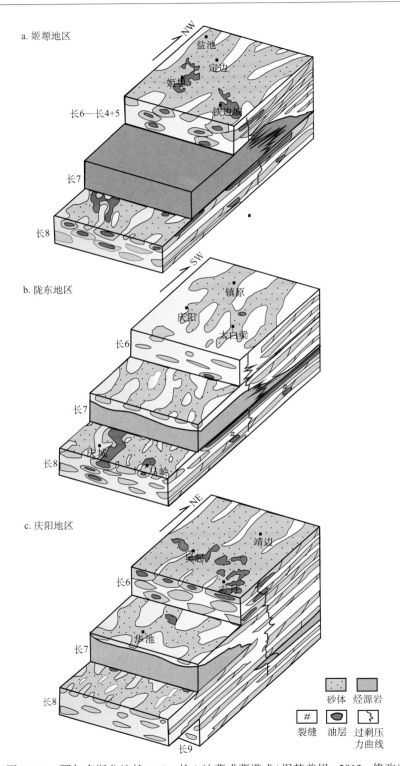

图 17.11   鄂尔多斯盆地长 4+5—长 8 油藏成藏模式(据楚美娟,2013,修改)

是油气纵向运移的重要通道，它们的存在与分布对油藏空间分布起着不容忽视的控制作用。

（4）油藏成藏模式

目前，三叠系油藏主要地区集中分布于姬塬、陇东、陕北和华庆地区（华池-庆阳地区），相应形成了4种不同类型的油气聚集成藏模式（图17.11、图17.12）。姬塬地区具有双向排烃、复合成藏模式：即长7段优质烃源岩异常发育，生烃增压作用强烈，使得生成的烃类流体在过剩压力的驱动下向上覆的长6—长4+5地层和下伏的长8地层中双向排烃，在多层系富集成藏；陇东地区的上生下储、下部成藏模式：长7烃源岩发育，存在较高过剩压力，下伏的长8油层组储层物性明显的要优于上覆的长6油层组储层物性，利于烃类大规模向下运移，在长8聚集成藏；陕北地区的油藏具有侧向运移、上部成藏模式：长7段烃源岩在该区不发育，主要为长9段的烃源岩，上覆长6储层物性远优于下伏长8储层物性，烃类优先在长6成藏，长8油藏规模有限（楚美娟等，2013）。而盆地中部地区（华池-庆阳-合水地区）位于湖盆中部，为延长组致密油分布区，即环县、吴起、志丹、正宁、宁县、庆阳圈定的范围内，为中晚三叠世的沉积中心，具有源内/

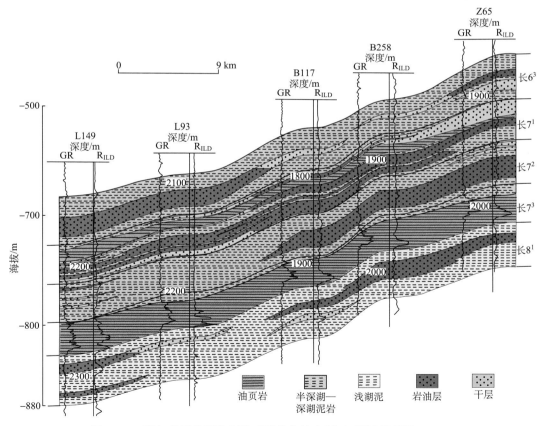

图17.12　鄂尔多斯盆地致密油成藏组合综合剖面（据姚泾利等，2014）

GR. 自然伽马；R_{ILD}. 深感应电阻率

近源成藏模式；纵向上，位于延长组的中部层位，即与油页岩互层共生或紧邻的致密砂岩储集层中，石油未经大规模长距离运移(图17.12)，主要为长6—长8油层组。其中，长8、陕北长6和华庆油田北部的长6油层组储集层主要为三角洲前缘和前三角洲沉积，以细砂岩为主，局部发育中-细砂岩；湖盆中部的长6、长7油层组主要为重力流沉积，以细砂岩、粉砂岩为主，储集层尤为致密，空气渗透率一般小于$0.3 \times 10^{-3} \ \mu m^2$。具有多成因砂体复合叠加规模大、储集层致密、孔喉结构复杂、刚性组分含量高、裂缝发育、含油性和原油物性较好、低压低产等特征。优质烃源岩与大面积厚层储集体互层共生，以及地史期生烃增压强排烃作用控制了延长组大面积叠合致密油的形成(姚泾利等，2014)。

参 考 文 献

陈安定. 1989. 陕甘宁盆地中生界生油层特征. 见：中国含油气盆地烃源岩评价编委会. 中国含油气盆地烃源岩评价. 北京：石油工业出版社. 421~437

陈安定. 1994. 陕甘宁盆地中部气田奥陶系天然气的成因及运移. 石油学报，15(2)：1~10

陈安定. 2002. 论鄂尔多斯盆地中部气田混合气的实质. 石油勘探与开发，29(2)：33~38

陈建平，黄第藩. 1997. 鄂尔多斯盆地东南缘煤矿侏罗系原油油源. 沉积学报，15(2)：100~104

陈孟晋，李剑，胡国艺等. 2003. 鄂尔多斯盆地碳酸盐岩油气成藏研究. "十五"科技项目成果报告. 17~36

陈全红. 2007. 鄂尔多斯盆地上古生界沉积体系及油气富集规律研究. 西北大学博士学位论文

楚美娟，李士祥，刘显阳等. 2013. 鄂尔多斯盆地延长组长8油层组石油成藏机理及成藏模式. 沉积学报，31(4)：683~692

戴金星，邹才能，李伟等. 2014. 中国煤成大气田及气源. 北京：科学出版社. 416~420

邸领军，张东阳，王宏科. 2003. 鄂尔多斯盆地喜山期构造运动与油气成藏. 石油学报，24(2)：34~37

段毅，张胜斌，郑朝阳等. 2007. 鄂尔多斯盆地马岭油田延安组原油成因研究. 地质学报，81(10)：1407~1414

付金华，白海峰，孙六一. 2012. 鄂尔多斯盆地奥陶系碳酸盐岩储集体类型及特征. 石油学报，28(3)：859~868

付金华，李士祥，刘显阳. 2013. 鄂尔多斯盆地石油勘探地质理论与实践. 天然气地球科学，24(6)：1091~1101

傅强，张国栋，王益有等. 2002. 陕北地区沉积相及勘探目标评价(长庆油田分公司研究院报告). 1~242

郭艳琴，李文厚，陈全红等. 2006. 鄂尔多斯盆地安塞-富县地区延长组-延安组原油地球化学特征及油源对比. 石油与天然气地质，27(2)：218~225

何自新. 2003. 鄂尔多斯盆地西北部地区天然气成藏地质特征与勘探潜力. 中国石油勘探，7(1)：56~67

侯林慧，彭平安，于赤灵等. 2007. 鄂尔多斯盆地姬塬-西峰地区原油地球化学特征及油源分析. 地球化学，36(5)：497~506

黄第藩，熊传武，杨俊杰. 1996. 鄂尔多斯盆地中部气田气源判识和天然气成因类型田. 天然气工业，16(6)：1~6

黄正良，陈调胜，任军峰等. 2012. 鄂尔多斯盆地奥陶系中组合白云岩储层及圈闭成藏特征. 石油学报，28(3)：859~868

吉利明. 2007. 鄂尔多斯盆地三叠纪疑源类及其与油源岩发育的关系. 石油学报，28(2)：40~43

蒋凌志,顾家裕,郭彬程. 2004. 中国含油气盆地碎屑岩低渗透储层的特征及形成机理. 沉积学报,22(1):13~18

李文厚,陈强,李智超等. 2012. 鄂尔多斯地区早古生代岩相古地理. 古地理学报,14(1):85~100

李贤庆,胡国艺,张爱云等. 2002. 鄂尔多斯中部气田下古生界天然气的气源研究. 现代地质,16(2):191~198

刘池洋,赵红格,桂小军等. 2006. 鄂尔多斯盆地演化-改造的时空坐标及其成藏(矿)响应. 地质学报,80(5):617~638

刘丹,张文正,孔庆芬等. 2016. 鄂尔多斯盆地下古生界烃源岩与天然气成因. 石油勘探与开发,43(4):1~10

刘德汉,付金华,郑聪斌等. 2004. 鄂尔多斯盆地奥陶系海相碳酸盐岩生烃性能与中部长庆气田气源成因研究. 地质学报,78(4):542~550

卢向前,王晓雪. 2015. 中国十大油气田最新排名亮相. 石油商报,2015年5月8日第四版

罗霞. 2003. 鄂尔多斯盆地侏罗系煤生、排油能力实验及其形成煤成油可能性探讨. 石油实验地质,25(1):76~80

米敬奎,王晓梅,朱光有等. 2012. 利用包裹体中气体地球化学特征与源岩生气模拟实验探讨鄂尔多斯盆地靖边气田天然气来源. 岩石学报,28(3):859~869

王传刚,王毅,许化政等. 2009. 论鄂尔多斯盆地下古生界烃源岩的成藏演化特征. 石油学报,30(1):38~45,50

王景,凌升阶. 2003. 特低渗透砂岩微裂缝分布研究方法探索. 石油勘探与开发,30(2):51~53

王毅,杨伟利,邓军等. 2014. 多种能源矿产同盆共存富集成矿(藏)体系与协同勘探——以鄂尔多斯盆地为例. 地质学报,88(5):815~824

王仲应. 1996. 鄂尔多斯盆地东南部中生界油气成藏条件分析. 断块油气田,3(4):9~13

魏斌,魏红红,陈全红等. 2003. 鄂尔多斯盆地上三叠统延长组物源分析. 西北大学学报(自然科学版),33(4):447~450

吴志宇. 1997. 安塞油田裂缝特征及对开发效果的影响. 低渗透油气田,2(3):22~26

席胜利,刘新社,孟培龙. 2015. 鄂尔多斯盆地大气区的勘探实践与前瞻. 天然气工业,35(8):1~9

夏新宇. 2000. 碳酸盐岩生烃与长庆气田气源. 北京:石油工业出版社

夏新宇,赵林,戴金星等. 1998. 鄂尔多斯盆地中部气田奥陶系风化壳气藏天然气来源及混源比计算. 沉积学报,16(3):75~79

杨华,包洪平. 2012. 鄂尔多斯盆地奥陶系中组合成藏特征及勘探启示. 天然气工业,31(12):11~20

杨华,刘新社. 2014. 鄂尔多斯盆地古生界煤成气勘探进展. 石油勘探与开发,41(2):129~137

杨华,张文正. 2005. 论鄂尔多斯盆地长7段优质油源岩在低渗透油气成藏富集中的主导作用. 地质地球化学特征. 地球化学,34(2):147~155

杨华,包洪平,马占荣. 2014. 侧向供烃成藏:鄂尔多斯盆地奥陶系膏盐岩下天然气成藏新认识. 天然气工业,34(4):19~26

杨俊杰. 2002. 鄂尔多斯盆地构造演化与油气分布规律. 北京:石油工业出版社

姚泾利,邓秀芹,赵彦德等. 2014. 鄂尔多斯盆地延长组致密油特征. 石油勘探与开发,40(2):150~158

姚泾利,包洪平,任军峰等. 2015. 鄂尔多斯盆地奥陶系盐下天然气勘探,中国石油勘探,20(3):1~12

姚素平. 2004. 鄂尔多斯盆地中生界煤成烃潜力的实验研究. 煤田地质与勘探,32(1):24~28

姚素平,张景荣,王可仁. 1999. 鄂尔多斯盆地延安组煤有机岩石学研究. 沉积学报,17(2):291~300

袁珍,李文厚,朱静等. 2013. 鄂尔多斯盆地陇东地区侏罗系古地貌恢复及其对石油聚集的影响. 地质通报,32(11):1806~1814

曾联波, 郑聪斌. 1999. 陕甘宁盆地靖安地区裂缝及其对油田开发的影响. 西安石油学院学报, 14(1): 16~18

张莉. 2003. 陕甘宁盆地储层裂缝特征及形成构造应力场分析. 地质科技情报, 22(2): 21~24

张文正, 李剑锋. 2001. 鄂尔多斯盆地油气源研究. 中国石油勘探, 6(4): 28~36

张文正, 昝川莉. 1997. 烃源岩残留沥青中正构烷烃分子的碳同位素研究. 沉积学报, 15(2): 212~215, 225

张文正, 杨华, 李剑锋等. 2006. 论鄂尔多斯盆地长 7 段优质油源岩在低渗透油气成藏富集中的主导作用——强生排烃特征及机理分析. 石油勘探与开发, 33(3): 289~293

张文正, 杨华, 李善鹏. 2008. 鄂尔多斯盆地长₉湖相优质烃源岩成藏意义. 石油勘探与开发, 35(5): 557~568

张岳桥, 施炜, 廖昌珍等. 2006. 鄂尔多斯盆地周边断裂运动学分析与晚中生代构造应力体制转换. 地质学报, 80(5): 639~647

赵文智. 2003. 鄂尔多斯盆地基底断裂对上三叠统延长组石油聚集中的控制作用. 石油勘探与开发, 30(5): 1~5

赵文智, 沈安江, 胡素云等. 2012. 中国碳酸盐岩储集层大型化发育的地质条件与分布特征. 石油勘探与开发, 39(1): 1~12

赵重远, 刘池洋. 1992. 残延克拉通内盆地及其含油气性——以鄂尔多斯盆地和四川盆地为例. 见: 中国地质学会编. "七五"地质科技重要成果学术交流会议论文选集. 北京: 科学技术出版社. 610~613

赵宗举. 2000. 合肥盆地基底构造属性. 地质科学, 35(3): 288~296

郑聪斌, 张军. 2001. 鄂尔多斯盆地奥陶系天然气成藏特征及气藏分布规律. 中国石油勘探, 6(4): 5~12

Cai C, Hu G, He H et al. 2005. Geochemical characteristics and origin of natural gas and thermochemical sulphate reduction in Ordovician carbonates in the Ordos Basin, China. Journal of Petroleum Science and Engineering, 48(3): 209~226

Dai J, Li J, Luo X et al. 2005. Stable carbon isotope compositions and source rock geochemistry of the giant gas accumulations in the Ordos Basin, China. Organic Geochemistry, 36(12): 1617~1635

Liu Q, Chen M, Liu W et al. 2009. Origin of natural gas from the Ordovician paleo-weathering crust and gas-filling model in Jingbian gas field, Ordos basin, China. Journal of Asian Earth Sciences, 35(1): 74~88

<table>
<tr><td>第十八章</td><td>鄂尔多斯盆地延长组低渗透油田的
成藏新模式 *</td></tr>
</table>

　　随着石油勘探程度的提高和技术进步，低渗透油藏已成为石油勘探与开发的重要目标。近年来，在我国松辽、渤海湾、鄂尔多斯、准噶尔、四川、柴达木等主要含油气盆地中，低渗透油气资源已成为剩余可探明储量的主体（张志强、郑军卫，2009；赵政璋等，2012）。因此，研究低渗透油藏的成藏模式，具有十分重要的意义。

　　按照我国碎屑岩储层物性评价标准（赵澄林等，1998），渗透率介于 $10 \times 10^{-3} \sim 50 \times 10^{-3}\ \mu m^2$ 的储层为低渗透储层，介于 $1 \times 10^{-3} \sim 10 \times 10^{-3}\ \mu m^2$ 者为特低渗透储层，小于 $1 \times 10^{-3}\ \mu m^2$ 者为超低渗透储层。在本章中如果没有特殊说明，小于 $50 \times 10^{-3}\ \mu m^2$ 的储层统称为低渗透储层。低渗透储层具有沉积物偏细、沉积物结构和矿物成熟度低、孔隙度低、孔喉半径小、成岩作用强、宏观和微观非均质性较强等特点（蒋凌志等，2004）。低渗透油藏的含油性和分布规律有别于一般的常规油藏（张志强、郑军卫，2009）。储层在形成之初具有较高的孔隙度和渗透率，而且是亲水的（Zhang et al.，2009）。成岩作用使其孔隙和喉道半径大幅度减小，而形成低孔低渗透储层。如果低渗透储层仍然亲水，那么石油要进入低渗透储层，就需要克服巨大的毛细管阻力。因此，关键的问题是，石油是如何进入低渗透储层并富集成藏的。油气勘探需要尽快解决之一问题。鄂尔多斯盆地低渗透-致密油勘探取得了突破性进展，已发现十三个含油有利区，面积超过 $1000\ km^2$。其中，西峰油田属大型整装低渗透油藏，位于一条连续的狭长砂带，断层不发育，古今地层产状平缓，最具典型性和代表性（赵政璋等，2012；Zhang et al.，2013）。本章在成岩作用、油气充注、运移路径、方向以及构造演化等多方面对西峰油田在进行剖析，揭示其成藏过程与机理，建立新的成藏模式，为在邻区和类似地区预测油气分布提供参考。

第一节　西峰油田的地质背景与成藏条件

一、地 质 背 景

　　西峰油田位于鄂尔多斯盆地西南部的陇东地区（图 18.1）。鄂尔多斯中生代盆地主体为一拗陷盆地，基底属于稳定的古生界华北克拉通。盆地自晚三叠世至早白垩世接受了多旋回河流–湖泊相碎屑岩沉积。依次沉积有上三叠统延长组、侏罗系和下白垩统，

---

　　* 作者：张刘平[1]，武明辉[2]，杨文秀[3]，罗晓容[1]，陈占坤[2]. [1]中国科学院地质与地球物理研究所，北京；[2]中国石化石油勘探开发研究院，北京；[3] Roxar Inc.，Houston，USA.
　　　E-mail：lpzhang@ mail.iggcas.ac.cn

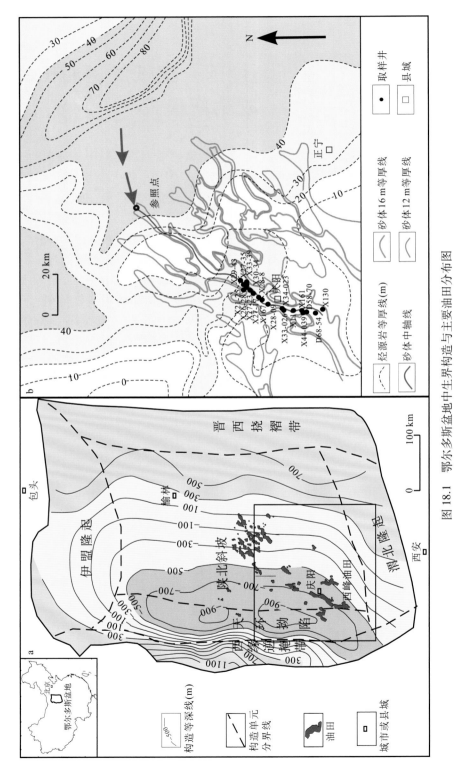

图 18.1　鄂尔多斯盆地中生界构造与主要油田分布图

a. 上三叠统延长组长 8 段顶部构造图(据陈瑞银等, 2006; Zhang et al., 2009); b. 陇东地区长 8 段砂体、烃源岩;
(据杨华、张文正, 2005; Zhang et al., 2013)及样品采集井分布图

累计厚度 3000~4000 m（杨俊杰，2002；Zhang et al.，2009）。古近系和新近系以红土洪积物为主，呈不规则分布；第四系被遍布盆地但厚度不等的黄土所覆盖（邸领军等，2003）。

晚三叠世，在现今鄂尔多斯盆地的南部形成了面积大、水域广的大型湖盆，接受了巨厚沉积（傅强等，2009）。根据湖盆沉积演化序列，前人自上而下把上三叠统延长组分为 10 段（杨俊杰，2002）。其中长 8 段—长 7 段沉积期为湖进期，其早期沉积为灰绿色块状砂岩，后期为灰绿色-灰黑色泥岩，总沉积厚度 100~300 m（陈安定，1989；付金华等，2004；杨华、张文正，2005）。长 7 段是研究区内最为重要的优质烃源岩层（张文正等，2006），下伏长 8 段泥岩也具有一定的生油能力（付金华等，2004）。长 7^3 亚段烃源岩有机质丰度异常高，在相当大的范围内超过了 30%（付金华等，2004；杨华、张文正，2005），有机质类型以 I、II_1 型为主，是盆地南部中生界的主力油源（张文正等，2006；赵政璋，2012）。

长 8 段沉积期陇东地区位于湖盆的西南部，沉积物源主要来自西南方向，形成了三大三角洲沉积，主要发育三角洲平原和三角洲前缘亚相（付金华等，2004），沉积了自南西向北东方向展布的带状砂体，如图 18.1b 所示。长 8^1 亚段主要为岩屑质长石砂岩和长石质岩屑砂岩，成分成熟度较低（席胜利等，2004）。

在三叠纪末期、中侏罗世末期及晚侏罗世晚期盆地部分地区遭受短暂的剥蚀（陈瑞银等，2006）。晚白垩世之后，盆地整体抬升并遭受剥蚀。至新生代，受扭动应力场的作用，在鄂尔多斯盆地南北两端形成断陷盆地，盆地西部受青藏高原隆起向东的挤压，在六盘山-贺兰山前形成挤压挠曲盆地，并使得鄂尔多斯盆地东部翘起，盆地大部地区遭受了严重的剥蚀（陈瑞银等，2006）。

二、成藏问题

关于西峰油田的成藏，至少需要研究两个问题。第一个问题是原油注入低渗透储层的力学机制。烃源岩中含量非常高的有机质在热演化过程中可能会形成较高的异常流体压力（Luo and Vasseur，1996）。已有学者推测，这是驱使原油注入低渗透储层的主要动力，并认为这套烃源岩对长 8^1 亚段的砂体直接向下供油（参见图 18.2），由此形成了岩性油藏。但是，在早白垩世末期埋藏深度最大、有机质热演化程度最高的情况下，西峰油田上覆烃源岩所能产生的过剩压力未超过 6 MPa（罗晓容等，2010）。原油要注入亲水的特低渗储层，则需要更高的压力。其压汞测试结果表明，排替压力约 1 MPa，进汞曲线中值压力约 10 MPa，而要达到最大进汞量所需压力约为 100 MPa。因此，仅靠烃源岩有机质生烃所产生的异常压力，不足以驱使原油注入这套储层。而事实是，西峰油田长 8^1 亚段含油储层中渗透率低于 $1\times10^{-3}\mu m^2$ 的岩心仍然呈现油浸显示。

第二个问题是西峰油田是属于常规油藏还是非常规油藏？西峰油田的储量逾 4 亿吨，含油层位为长 8^1 亚段。砂体平面图和剖面显示，砂体连续、厚度较稳定，为 80~110 m（图 18.1a、图 18.2）。砂体普遍含油，水层主要分布在 X60 和 X61 井以南。虽然经历了多期构造运动，长 8^1 亚段的顶面构造比较简单，总体特征表现为斜坡构造，倾向

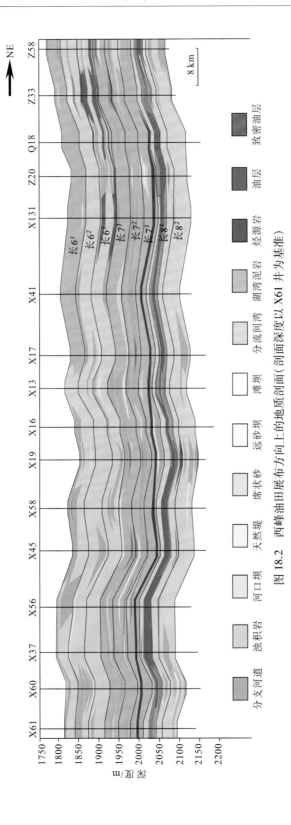

图 18.2 西峰油田展布方向上的地质剖面(剖面深度以 X61 井为基准)

南西西，平均倾角 0.33°，没有明显的断层和构造圈闭（图 18.1a、图 18.2；陈瑞银等，2006）。储层的平均岩心分析孔隙度为 10.3%，渗透率 $1.6 \times 10^{-3}\ \mu m^2$，属特低渗储层（赵澄林等，1998；杨俊杰，2002；何自新、贺静，2004）。总之，西峰油田具有油源充足、储量巨大、储层连续、低渗透、产状平缓、断层不发育等深盆油藏的典型特征，然而现今构造不显示油水倒置的分布。因此，西峰油田的成因不能简单地用已有常规和非常规油气藏成藏理论进行解释，剖析西峰油田，揭示其形成机理，对于充实油气成藏理论具有重要价值，可为认识低渗透油藏的分布规律提供新的依据。

第二节　西峰油田主力储层的成岩作用与油气充注历史

一、岩石学特征与压实作用

1. 岩石学特征

　　成岩作用在一定程度上受岩石初始成分控制。在研究成岩作用之前，需了解储层的岩石学特征。沿西峰砂体带选择代表井的岩心样品，进行了系统的铸体薄片镜下观察。西峰油田的主力储层以细砂岩和中砂岩为主，含少量粉砂岩，平均面孔率约为 8%。有些细砂岩和中砂岩拥有较多的孔隙，但粒径对孔隙的控制并不明显。砂岩中碎屑的磨圆程度差别较大，以火山岩屑磨圆最好，呈次圆状，部分可达浑圆状，石英及长石颗粒多呈次棱角状。砂岩分选以中偏好为主，且杂基含量普遍偏低，多数小于 5%，对孔隙不构成重要影响。

　　岩石中碎屑成分的统计结果表明，西峰油田的主力储层以长石岩屑砂岩和岩屑长石砂岩为主（图 18.3）。砂岩碎屑组分中，石英含量平均约为 40%；岩屑含量为 25%左右，岩屑长石砂岩居多。此外，薄片下常见斜长石绢云母化，黑云母常表现为水云母化和绿泥石化，喷发岩等岩屑则表现为绿泥石化。岩屑以喷发岩和千枚岩岩屑为主，其次为隐晶岩、板岩、石英岩、变质砂岩等。总之，储层中含有大量的不稳定组分。这些不稳定组分与地质流体容易发生相互作用。例如，长石、岩屑等硅铝酸盐碎屑在酸性流体的作用下易被溶蚀，而被溶蚀组分又是形成胶结物的重要物质来源。

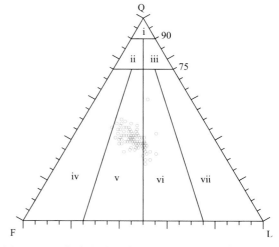

图 18.3　鄂尔多斯盆地陇东地区延长组长 8^1 层段的砂岩类型

i. 石英砂岩；ii. 长石石英砂岩；iii. 岩屑石英砂岩；iv. 长石砂岩；v. 岩屑长石砂岩；vi. 长石岩屑砂岩；vii. 岩屑砂岩；Q. 石英；F. 长石；L. 岩屑

2. 压实作用

　　碎屑沉积物进入准同生期之后，随着埋藏深度的加大，上覆沉积地层的加厚，原生孔隙迅速减小。在压实过程中，刚性颗粒相互挤压，旋转、错动，软碎屑(如沉积岩屑、低变质岩屑和云母等)发生形变(图版I-1)，使颗粒间接触的紧密程度提高，由点接触变为点-线接触为主的颗粒接触关系。当岩石中软碎屑含量较高时，压实作用可大幅度降低孔隙度和渗透率。本区压实作用较为强烈，一些长石颗粒甚至被压碎(图版I-2)。

图版I-3、图版I-4中，长石颗粒的边缘具有明显的港湾状溶蚀结构，但又被黑云母紧密包裹。很显然，这种紧密的接触关系是在某期溶蚀作用之后形成的。图版I-5、图版I-6中，发黄色荧光的原油沿解理注入长石颗粒，该长石颗粒因压实而折断，长石折断而产生的孔隙中没有荧光显示。这表明该期原油注入发生在长石被压断之前。一般情况下，压实作用主要发生在成岩作用的早期。到烃源岩大规模生排烃时，主要的压实作用已经发生。上述现象表明，在某期石英溶蚀之后和某期原油充注之后，盆地可能发生了再次沉降，从而引发再压实作用。总之，该区至少存在两期压实作用。

二、胶结作用与溶蚀作用

1. 胶结作用

(1) 石英次生加大与硅质胶结

石英碎屑的压溶和不稳定硅铝酸盐等的溶蚀是石英加大和硅质胶结作用的两大物质来源。因此，砂岩中石英碎屑的含量对石英加大和硅质胶结的发育程度有一定影响。本区砂岩储层中石英的含量较低。总体上，陇东地区多数样品的硅质胶结物不十分发育，如图版I-1—图版I-4所示。

另一方面，西峰油田主力储层中地质流体的活动也是形成石英加大和硅质胶结的一个重要因素。图版I-7中，长石溶蚀后，SiO_2就近析晶，而形成自生石英。这是酸性流体活动的典型特征。在有些部位，石英加大和硅质胶结较发育(图版I-8)。尤其在西峰油田的西南部，还见到二期和三期石英加大(图版II-1—图版II-4)。因此，西峰油田的主力储层至少经历了三期中-酸性流体的活动。

(2) 次生黏土矿物

在酸性水介质条件下，一些不稳定的骨架颗粒如长石及火山岩屑易被溶蚀。被溶组分除了可形成硅质胶结物之外，还可为高岭石的形成提供物质来源。酸性条件是次生高岭石形成的重要前提(徐同台等，2003)。在图版I-7中，长石溶蚀之后，形成了自生高岭石，表明确实是酸性流体所致。此外，粒间孔中的次生高岭石也伴有溶蚀现象(图版II-5)。多数次生高岭石受到沥青的浸染(图版II-6)，表明这些次生高岭石应形成于某期原油充注之前。

绿泥石主要以颗粒表面绿泥石膜的形式存在，如图版II-7、图版II-8所示。以往认为这种绿泥石膜是早期成岩作用的产物。图版II-8、图版III-1中，绿泥石膜在颗粒接触处并不发育，而是围绕孔隙沿颗粒边缘发育，且在颗粒接触处没有绿泥石膜被磨擦的迹象。这表明绿泥石膜的主体部分是在储层压实到一定程度之后形成的，是流体作用的产物。

颗粒边缘绿泥石膜有时被沥青浸染，难以识别。在较强的透射光照射下，可以识别出被原油浸染的绿泥石膜，如图版 III-2 所示。图版 III-3 中，孔隙边缘的碳质沥青薄膜不含矿物晶体，可利用膜的裂缝和块状特征进行鉴定。对于被油质沥青浸染的绿泥石（图版 III-4），可借助荧光显微镜区分绿泥石和沥青。

图版 II-3 中，在颗粒黏土薄膜的外缘生长了 I 期石英加大边，之后又形成一层绿泥石膜；此后形成 II 期加大边。石英加大和绿泥石膜的交替出现，反映了流体 pH 的振荡。总体上，本区砂岩中绿泥石和碳酸盐胶结物较发育（图版 I-8），为碱性孔隙介质条件。数量有限的酸性流体的注入虽然可造成短暂的酸性环境，但是随着流体-岩石相互作用，pH 升高。有限酸性流体的多期注入，可能是造成砂岩中流体 pH 发生振荡的原因。另一方面，绿泥石与原油注入也呈现出时间上的交替。图版 III-4 中，较厚的绿泥石膜是在 II 期原油充注（见下文）之后形成的。有些晶形较大的新鲜绿泥石，明显是在原油充注之后形成的（图版 III-5）。

在西峰油田的主力储层中，伊利石的形态多样，发育有丝状（图版 III-6）、片丝状（图版 III-7）和束状伊利石（图版 III-8），但都反映了自生特征。显然，这种伊利石也是流体活动的产物。伊利石和绿泥石都是碱性矿物，形成条件接近，均与 pH 的回荡有关。当流体中含较多的铁离子时，易形成绿泥石；而当含有较多的钾离子时，易形成伊利石。

伊-蒙混层矿物（I/S）主要呈蜂窝状和丝片状（图版 IV-1）。埋藏成岩演化过程中，伊-蒙混层矿物的混层比（%S）会发生显著变化。本区绝大多数样品的 %S 为 20～25。根据成岩作用阶段划分的国家行业标准（应凤祥等，2003），西峰油田的主力储层已演化到中成岩阶段 A 期。

（3）碳酸盐胶结物

研究区砂岩储层中的碳酸盐胶结物较发育，平均含量约 6%，最高含量可达 30%。含量较高的碳酸盐胶结物多呈连晶胶结，如图版 IV-2—图版 IV-4 所示。碳酸盐胶结物类型多样，主要包括方解石、铁方解石、白云石和铁白云石。其中，方解石和铁方解石对碎屑颗粒，特别是对长石的交代作用比较明显（图版 IV-4）。总之，碳酸盐胶结作用对西峰油田主力储层储集性能的改造比较明显。

在本区众多的碳酸盐胶结物中，铁方解石最发育，其形成取决于流体中钙离子与亚铁离子的比例。图版 IV-4 中，粒间铁方解石胶结物呈暗紫色，在长石颗粒内部，沿解理交代富钙长石的铁方解石颜色变浅，其铁的相对含量明显降低。在铁方解石形成后，贫铁流体的作用还可使铁方解石发生"退铁"作用。图版 IV-3 中，铁方解石被部分溶蚀，溶蚀边缘铁方解石的染色明显变浅。这期贫铁流体对岩石溶蚀之后，发生了原油注入，且原油已变为碳质沥青。图版 IV-5 中，方解石交代颗粒之后，形成绿泥石膜，且被沥青浸染。图版 I-8 中，铁方解石形成于 I 期加大之后；同一样品石英 II 期加大之后，形成含铁更高的方解石（图版 II-1）。铁白云石形成于铁方解石之后（图版 IV-6）。总之，本区至少存在两期碳酸盐胶结作用。

2. 溶蚀作用

在西峰油田长 8¹ 亚段，溶蚀作用虽不十分发育，但也可见到碎屑颗粒和胶结物的溶蚀现象。图版 I-7、图版 IV-7 示出长石的溶蚀；图版 IV-3 为 铁方解石的溶蚀现象；图版 II-4 显示石英加大边的溶蚀。石英的溶蚀应当是偏碱性流体作用所致，与碳酸盐胶结物和绿泥石等碱性矿物相对应。

根据前述酸性流体对岩石的溶蚀作用与石英和高岭石等酸性条件下形成的矿物之间的对应关系，溶蚀作用也具有多期次性。图版 I-3 中，长石颗粒的港湾状溶蚀发生在再压实作用之前，再压实作用使得溶蚀孔隙遭到了破坏。该图版中一长石颗粒的溶蚀孔却完整地保留了下来，是在再压实作用之后形成的。图版 IV-7 中，某期原油充注后，长石发生溶蚀，溶蚀孔隙保存完好，没有被压实的迹象，是在再压实作用之后形成的。图版 IV-8 显示原油沿裂隙注入储层的特征，原油已转化为碳质沥青。该裂隙两侧溶蚀孔发育且这些溶孔中没有碳质沥青。这些均表明，在原油充注并形成碳质沥青的前后以及在再压实作用的前后，均发生过规模较大的溶蚀作用。

三、盐水包裹体均一温度

在偏光显微镜下，发现了 100 多个盐水包裹体。由于本区石英加大边较不发育，发现的包裹体主要是石英次生裂缝及长石溶孔中的包裹体。这些盐水包裹体的气液比一般小于 30%。从中挑选了 43 个可进行均一温度测试的盐水包裹体，并进行了测试。其均一温度直方图 (图 18.4) 显示出三期流体活动，温度范围分别是 65 ~ 70 ℃，76 ~ 87 ℃ 和 97 ~ 120 ℃。根据碎屑岩成岩阶段划分的行业标准(应凤祥等，2003)，第一和第二温度段对应于早成岩阶段 B 期，第三个温度段对应于中成岩阶段 A 期。包裹体均一温度测试结果与上述观察中发现的三期古流体活动相吻合，也与伊-蒙混层矿物混层比 (%S) 的测试结果相吻合。

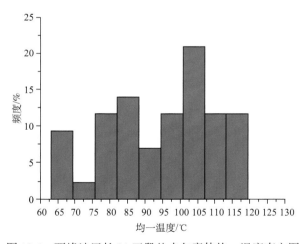

图 18.4　西峰油田长 81 亚段盐水包裹体均一温度直方图

我们对研究区的地层埋藏史及地热史进行了模拟，其方法见 Luo 和 Vasseur (1996)。西峰油田南端距离烃源灶较远。如果该部位显示出烃源岩排液引起的储层响应，则说明西峰油田的大部分主力储层都经历了相应的流体作用。图 18.5 为西峰油田南端 X61 井的埋藏史图，盆地经历了四次沉降与抬升剥蚀。将该井包裹体均一温度数据投在图上，可以发现第一和第二期流体作用主要发生在早侏罗世末期和晚侏罗世。早白垩世末期对映于第三期包裹体均一温度的分布范围。

　　早侏罗世末期，烃源岩的埋藏深度较浅，盆地抬升使烃源岩热演化中止（图 18.5），流体作用的规模有限，形成的包裹体也较少。到晚侏罗世，开始进入成熟阶段（陈瑞银等，2006），流体活动规模增强，形成的流体包裹体较多。但此后快速抬升，烃源岩有机质热演化再次中止。进入早白垩世，盆地大规模沉降，烃源岩热演化再次重启，在早白垩世末期达到最大生排烃期（付金华等，2004）。此次沉降幅度大、时间长，致使烃源岩的熟化作用引起的储层变化，时间长、范围广。总之，包裹体均一温度和埋藏史与烃源岩热演化史的研究结果相吻合。

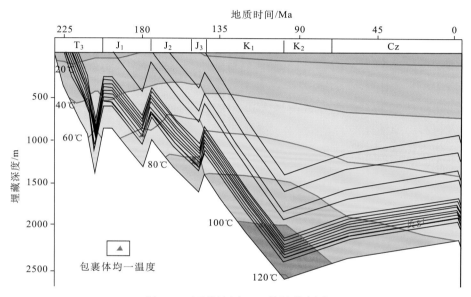

图 18.5　西峰油田 X61 井埋藏史图

四、油气充注过程

　　西峰油田主力储层中主要发育黄白色荧光沥青、蓝白色荧光沥青及碳质沥青。图版 V-1 中的棕黑色沥青，在紫外光的照射下可见黄白色荧光的油质沥青和不发荧光的碳质沥青（图版 V-2）。而且，黄白色荧光油质沥青溶解碳质沥青的特征比较明显。对碳质沥青的溶解，反过来也使油质沥青的荧光颜色发生了变化，邻近碳质沥青的油质沥青的荧光明显偏暗。在另一件样品中（图版 V-3，4），也发现了这种溶解作用的证据。这些均表明黄白色荧光油质沥青是在碳质沥青形成之后进入储层的。同样，蓝白色荧光油质沥青也是在碳质沥青形成之后进入储层的（参见图版 V-5）。不同荧光颜色的油质沥青在孔隙中没有完全混溶，其原因是低渗透储层的孔喉狭小（图版 V-6）。图版 III-4 显示两种荧光颜色的油质沥青。从产状看，黏土薄膜形成于发黄白色荧光沥青之后，蓝白色荧光沥青充注之前。

　　总之，本区至少经历了三期油气充注：第一期以碳质沥青为代表，第二期为黄白色荧光沥青，第三期为蓝白色荧光沥青。在每期油气充注之间，有无机流体的活动。碳质沥青主要是第一期油气充注后油气遭到破坏而残留下来的物质。它本身不具有富集成藏意义，但对储层的润湿性产生了重要影响，可为第二期尤其是第三期油气注入低渗透储层创造有利的条件。

五、成岩作用与油气充注的时间序列

根据偏光显微镜、荧光显微镜、电子显微镜观察研究，和流体包裹体、黏土矿物测试，以及由此获得的流体流动特征及其与成岩过程的关系，可梳理出西峰油田主力储层的流体流动、成岩作用与油气充注序列：

第一期流体活动：绿泥石→弱溶蚀→石英加大边→高岭石→方解石→原油充注→碳质沥青；

第二期流体活动：溶蚀→石英加大边(和/或硅质胶结)+高岭石→绿泥石→方解石→铁方解石→原油充注；

第三期流体活动：溶蚀→石英加大边(和/或硅质胶结)+高岭石→绿泥石→方解石→铁方解石→白云石+铁白云石→原油充注。

西峰油田主力储层中上述序列并非处处都存在，这是流体活动和油气充注的非均匀性决定的。为了更加有效地表示这种序列，参考碎屑岩成岩阶段划分规范的行业标准(应凤祥等，2003)，编绘了西峰油田主力储层的成岩演化与油气充注序列图(图18.6)。结合包裹体和埋藏史资料，西峰油田主力储层经历的三期流体作用发生的时间分别为早侏罗—中侏罗世、晚侏罗—早白垩世早期以及早白垩世晚期，对应于燕山早期、中期和晚期构造运动(高山林等，2000)。

第一期流体作用起于中侏罗世盆地沉降期。在成岩早期阶段压实是主要的成岩作用。压实作用引起的颗粒旋转和磨擦等，使得石英等颗粒被少量溶解，改造局部流体的酸碱度，并为自生石英和高岭石的形成提供一定的物质来源。在这一时期，西峰油田东北方向的延长组烃源岩在较高的古地温场条件下进入了低熟阶段(陈瑞银等，2006)。主力储层接受了一定规模的油气充注，使成岩作用复杂化。在原油充满度较高的部位，胶结和溶蚀基本停止；在充满度较低的部位，成岩作用继续进行。此后盆地快速抬升，中止了烃源岩的熟化过程。该期充注的原油遭到了大规模破坏，并形成了大量碳质沥青。

第二期流体作用主要发生在晚侏罗世。盆地的沉降使西峰油田古地温达到76～87℃。在盆地深凹处，烃源岩基本达到成熟阶段(陈瑞银等，2006)。从烃源岩排出的酸性流体与油气进入储层，引起溶蚀和胶结作用。其中碳酸盐胶结物明显增多，充填孔隙，甚至交代长石。储层的孔隙度和渗透率下降显著。此后，燕山中期构造运动使盆地抬升，生烃作用中止。

早白垩世盆地再次沉降，温度和压力大幅度提高。连通性较好的砂体排液畅通，随上覆负荷的增加，曾被溶蚀的岩石再次压实，使得储层渐趋致密。对孔隙空间而言，这是一次十分严重的破坏作用。随着盆地沉降，烃源岩进入主生油期。早

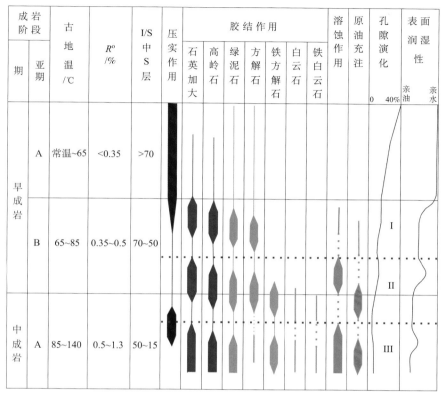

图 18.6　西峰油田主力储层成岩演化与油气充注序列

白垩世末期发生了燕山晚期构造运动，引发第三期流体作用，酸性流体和原油进入储层。在含油饱和度较低的部位，溶蚀-胶结作用仍在继续。储层中开始大量形成白云石和铁白云石。原油充注后的抬升与剥蚀，使得孔隙中流体的温度和压力大幅度下降，成岩反应减缓。此后，盆地没有发生显著的沉降。因此，现今孔隙度和渗透率与早白垩世末期的储层物性接近，即至早白垩末期西峰油田的主力储层已演变为低渗透储层。

第三节　西峰油田油气二次运移方向与里程

在运移追踪研究文献中，经常使用运移距离来描述油气运移。实际上，油气运移是在输导体中进行的，运移路径往往是曲线，并非直线。由于距离是直线的长度，不适于描述运移。因此，用运移里程描述运移路径的曲线长度更符合客观实际。

成藏研究除了需要了解低渗透储层形成过程与油气充注（即运移）的时间关系外，还需要掌握油气二次运移的方向、路径和里程。本节首先从油气运移指标入手，开展油气二次运移研究。

一、油气二次运移方向与里程的新型指标

　　油气二次运移的方向、路径和里程是进一步勘探所需的重要信息，但却一直是困扰石油地质家的难题。半个多世纪以来，人们基于极性有机分子在运移过程中被岩石选择性吸附的原理，一直试图在石油中寻找稳定的极性化合物如咔唑类含氮化合物，来直接反映油气运移方向和里程，但收效甚微(Zhang et al., 2013)。例如，苯并咔唑曾被认为不受成熟度影响(Larter et al., 1996)，但是后来的研究发现，其所受影响还比较强烈(Li et al., 1997; Clegg et al., 1997, 1998)。笔者进一步研究发现，这种经验性指标不可能会正确反映油气的运移方向和里程，因为石油中的任何化合物都会继承其母源特征，尤其受母源成熟度的影响。因此，在自然界中寻找不受母源影响的指标的做法行不通。只有"改找为建"，消除母源的影响，才能开展油气二次运移追踪。

　　我们以石油运移过程中的物质平衡原理和吸附理论为基础，建立了一维系统运移吸附层析作用的理论公式，揭示了极性化合物的含量在油气运移过程中的变化规律与母源成熟度的影响(Zhang et al., 2013)。

$$C(x,t) = C_0(t)e^{a_3 x} = a_1(1 + a_2 R^o)e^{a_3 x} \tag{18.1}$$

式中，$C(x,t)$ 为原油中某极性分子(如咔唑类化合物)在运移里程 x 处、t 时刻的浓度；$C_0(t)$ 代表原油注入点(即二次运移的起始点)的浓度，单位为 ng/g；R^o 是度量原油成熟度的变量，对于给定的有机相，它是时间的函数，因此 $C(x,t)$ 和 $C_0(t)$ 还可分别表示为 $C(x,R^o)$ 和 $C_0(R^o)$；a_1、a_2 和 a_3 均为常数，可通过式(18.1)和非线性回归分析求解。参数 a_1 反映了生烃和初次运移分馏的地球化学过程，其单位为 ng/g。a_2 为起始浓度随 R^o 的变化率[参见 Zhang 等(2013)的 Supplementary Equation (S12)]，它是无量纲参数。如果 $a_2>0$，$C_0(t)$ 随 R^o 的提高而升高；若 $a_2<0$，$C_0(t)$ 则随 R^o 的提高而降低。来自不同烃源岩有机相的原油，拥有不同的 a_1 和 a_2 值，反映不同的母源及其成熟度对极性化合物浓度的影响。参数 a_3 与可吸附化合物的迟滞因子呈正比，与原油的运移速率呈反比[参见 Zhang 等(2013)的 Supplementary Equation (S20)]，单位为 km^{-1}。在只有吸附作用且没有发生其他化学反应的情况下，a_3 小于零。总之，原油中微量极性分子的含量与母源成熟度可呈线性关系，与油气运移里程呈指数衰减关系，且 a_3 越小(即绝对值越大)，其浓度随运移里程衰减得越快。

　　上文中的油气注入点，在理论分析中用来确定绝对运移里程 x[参见 Zhang 等(2013)的 Supplementary Information]。但是，在实际工作中注入点很难确定，通常用参照点确定相对运移里程(图 18.1b)。参照点与充注点往往不重合，在两者之间必然存在里程差，即 Δx。尽管如此，在实际工作中可直接用相对运移里程和式(18.1)进行非线性拟合，估算 a_1、a_2 和 a_3，而不需要针对 Δx 进行任何校正。其原因是 a_2 和 a_3 参数不随 Δx 变化。尽管 a_1 随 Δx 改变，但不影响参照点之后的二次运移相对里程和运移方向研究。

　　起始浓度 $C_0(t)$ 包含有极性分子的生成和初次运移分馏等源输入方面的信息。R^o 在

0.45% ~ 1.3%变化范围内，$C_0(t)$随R°的变化比较稳定(Li $et\ al.$, 1997)，可用二次多项式进行描述。R°在较小的变化范围内，如在西峰油田原油R°的变化范围为0.7% ~ 0.8%，两者的关系变为线性关系 [即 $C_0(t) = a_1(1+a_2R^\circ)$]。

原油从烃源岩排出后，如果盆地没有发生大规模的沉降，二次运移过程中原油的热演化也基本停止(Zhang $et\ al.$, 2013)；二次运移过程中极性分子的吸附作用已达到平衡或局域平衡(Larter $et\ al.$, 2000)。因此，如果在二次运移之后原油没有发生其他次生变化(如生物降解等)，那么极性分子的现今浓度与原油成熟度(R° equiv.)就可用来代替$C(x,R^\circ)$和R°，直接研究二次运移。

式(18.1)实际上是针对一维均一运移系统推导出的公式。在真实一维运移系统中，孔隙度、岩石密度、吸附系数以及运移速率等都可能会发生变化。根据这些变量的变化情况，可将真实系统分为若干个相对均一的段进行分段研究，也可根据Zhang 等(2013)的 Supplementary Equation (S8)和(S20)将这些变量代入式(18.1)，得到条件发生显著变化的实际运移系统的公式。

为进一步确保油气运移研究的有效性，必须要选择合适的极性有机化合物。这些化合物应满足以下条件：①在原油中的含量应足够低，以使其吸附作用能满足线性等温方程；②在水中的溶解度很低或不溶于水，不受水洗作用的影响；③具有较强的吸附能力，确保其可呈现显著的吸附层析作用。有效应用这些化合物和式(18.1)进行油气运移研究的地质、地球化学条件包括：①油气沿上倾方向运移，降低的地温使原油热演化中止；②初次运移分馏系数基本上为一常数；③ R°与起始浓度的关系可用线性函数或二次多项式描述；④原油生物降解低于 PM 1 级(Peters and Moldowan, 1993)或生物降解的影响已被定量消除；⑤原油未发生显著的除水洗作用以外的其他油-水-岩反应，或这些反应所造成的影响已被定量消除(Zhang $et\ al.$, 2013)。

上述条件仅限定了次生变化，还需要消除源输入的影响才能有效地追踪油气运移。这就要对源输入的影响进行定量评价，包括有机相和成熟度的影响。我们从式(18.1)的全微分开始分析。

$$dC(x,R^\circ) = a_1a_2e^{a_3x}dR^\circ + a_1a_3(1 + a_2R^\circ)e^{a_3x}dx \qquad (18.2)$$

式中，$a_1a_2e^{a_3x}dR^\circ$代表来自某烃源岩有机相的原油因成熟度变化引起的微量极性分子的浓度变化；$a_1a_3(1+a_2R^\circ)e^{a_3x}dx$为运移过程中的吸附效应引起的浓度变化。

对于来自同一有机相的原油，成熟度影响指数(Maturity influence index, MII)定义为

$$\mathrm{MII} = \frac{|a_1a_2e^{a_3x}dR^\circ|}{|a_1a_2e^{a_3x}dR^\circ| + |a_1a_3(1 + a_2R^\circ)e^{a_3x}dx|} \times 100\%$$

$$= \frac{\left|\dfrac{a_2}{1 + a_2R^\circ} \cdot \dfrac{dR^\circ}{dx}\right|}{\left|\dfrac{a_2}{1 + a_2R^\circ} \cdot \dfrac{dR^\circ}{dx}\right| + |a_3|} \times 100\% = \frac{\left|\dfrac{d\ln(1 + a_2R^\circ)}{dx}\right|}{\left|\dfrac{d\ln(1 + a_2R^\circ)}{dx}\right| + |a_3|} \times 100\%$$

$$(18.3)$$

根据式(18.1)和式(18.2)，运移分馏贡献指数(Migration fractionation contribution index,

MFCI)等于 100−MII(Zhang *et al.*, 2013)。

成熟度影响指数定量描述烃源岩成熟度的源输入影响。在使用极性分子研究油气运移之前,应定量计算成熟度影响指数,查明是否存在显著的成熟度影响,以便确定是否需要进行定量消除。研究表明,当成熟度影响指数大于等于 5% 时,极性有机分子的浓度及其比值不能唯一地反映二次运移里程和方向,必须定量消除这种影响(Zhang *et al.*, 2013)。

为消除成熟度的影响,获取纯粹的极性分子二次运移分馏特征,对于来自相同烃源岩有机相的原油,建立了二次运移分馏指数(Secondary migration fractionation index,SMFI):

$$\text{SMFI} = \frac{C(x, R^{\circ})}{C_0(R^{\circ})} \times 100\% = \frac{C(x, R^{\circ})}{a_1(1 + a_2 R^{\circ})} \times 100\% \tag{18.4}$$

将式(18.1)代入式(18.4),得

$$\text{SMFI} = e^{a_3 x} \times 100\% \tag{18.5}$$

很明显,如果用参照点替换注入点,式(18.3)和式(18.5)仍然成立。二次运移分馏指数 SMFI 只反映运移分馏效应,因此是二次运移的计程器。参照点处的 SMFI 衡等于 100%,称为模型值。在多源供油的情况下,先按照有机相将原油分类,然后对于每种有机相分别计算 a_1、a_2、a_3 和 SMFI,以此减小有机相的影响。

根据式(18.5),还可以得出

$$\text{GM} = e^{\bar{a}_3 x} \times 100\% \tag{18.6}$$

式中,GM 是同种极性分子 SMFI 的几何平均值;$\bar{a}_3$ 是该种极性分子 a_3 的算数平均值。例如,GM(PEDMCA)代表 N-H 半裸露型(即 PEDMCA,Partially exposed dimethyl carbazoles)二甲基咔唑 SMFI 的几何平均值。

据式(18.6),可进一步得出

$$\text{GM}_1 / \text{GM}_2 = e^{(\overline{a_3^1} - \overline{a_3^2})x} \tag{18.7}$$

式中,GM_1 和 GM_2 分别是两种不同类型的极性有机分子 SMFI 的几何平均值;$\overline{a_3^1}$ 为类型一极性分子 a_3 的算数平均值;$\overline{a_3^2}$ 为类型二极性分子 a_3 的算数平均值。

根据极性有机分子的吸附原理,化合物的极性越强,吸附能力也就越强。式(18.7)表明,强极性与弱极性化合物的 $\text{GM}_1 / \text{GM}_2$ 值也随运移里程的增加而衰减,也是判断运移分馏效应的一个重要特征。

同理,对于两种不同类型的极性分子,其 SMFI 比值也可用来帮助人们鉴定油气运移分馏。根据式(18.5),有

$$\text{SMFI}_1 / \text{SMFI}_2 = e^{(a_3^1 - a_3^2)x} \tag{18.8}$$

式中,SMFI_1 为类型一单个极性有机分子的二次运移分馏指数;SMFI_2 为类型二单个极性分子的二次运移分馏指数。a_3^1 为类型一单个极性分子的 a_3;a_3^2 为类型二单个极性分子的 a_3。

总之,SMFI、$\text{SMFI}_1 / \text{SMFI}_2$、GM 及 $\text{GM}_1 / \text{GM}_2$ 都是二次运移里程 x 的函数,都可作为

二次运移的计程器，用来综合鉴定运移分馏效应，揭示运移方向和路径。如果用强极性化合物的 SMFI 和 GM 做分子，相对较弱极性化合物的 SMFI 和 GM 做分母，则 $SMFI_1/SMFI_2$ 和 GM_1/GM_2 值随运移里程呈指数衰减，因此式（18.4）至式（18.8）是判识运移分馏效应的重要标志。在注入点或参照点处，SMFI 和 GM 等于 100%，$SMFI_1/SMFI_2$ 和 GM_1/GM_2 均等于 1。使用这些指数进行二次油气运移研究的具体方法列于 Zhang 等（2013）和张刘平（2013）中，这里不再重复。

总之，针对源输入的影响，我们摒弃了在自然界中寻找化合物直接追踪二次运移的经验性做法，建立了消除母源影响且只反映油气运移的新型分子指标及其计算方法。

二、油气二次运移方向与里程

我们用新型指标与方法研究了西峰油田的油气二次运移，沿西峰砂带共采集原油样品 19 件（图 18.1）。油源对比结果表明，西峰油田的原油来自同一类型的源岩，且其地球化学特征与长 7 段烃源岩具有亲缘关系，西峰油田的原油主要来自长 7 段烃源岩（Zhang et al.，2013）。这一认识与前人研究成果相吻合（段毅等，2006）。因此，在西峰油田不需要对原油进行有机相分类。西峰油田单一油源、单一砂体且断层不发育的地质条件有利于进行一维横向油气运移分子地球化学追踪。另一方面，原油生物降解的 PM 级别均小于 1，也不需考虑生物降解的影响（Zhang et al.，2013）。

如上文所述，计算相对运移里程需要选择一个参照点。我们选择的参照点邻近烃源灶，位于西峰油田所在砂带的北东边缘（图 18.1b）。相对运移里程等于该参照点到取样井对砂带中轴线投影点之间的砂带中轴线长度。以这种方式我们计算了所有样品的相对运移里程（Zhang et al.，2013）。

为消除西峰油田母源成熟度对原油中极性分子的影响，计算了原油的各种成熟度参数。通过对比分析发现用二苯并噻吩类化合物计算的 R^o［R^o = 0.14（4,6-DMDBT/ 1,4-DMDBT）+0.57；DMDBT 为二苯并噻吩］（罗健等，2001）可有效地反映西峰油田的原油成熟度（Zhang et al.，2013）。该区原油成熟度变化范围较窄，为 0.69%~0.77%，且沿着可能的运移路径呈现出清晰的随相对里程增加而降低的变化趋势（图 18.7）。

在西峰油田，烷基咔唑的含量远远高于苯并咔唑，苯并咔唑的含量接近于零，使烷基咔唑/（烷基咔唑+苯并咔唑）近似等于 1。因此，我们仅应用烷基咔唑进行油气运移追踪。烷基咔唑的浓度呈现出明显的随相对运移里程增加而降低的特征（图 18.8a~f）。通常认为，这种特征反映二次油气运移（Li et al.，1994，1995，1997，1998；Stoddart et al.，1995；Larter et al.，1997）。倘若如此，它们的比值也应该反映油气运移。已有成果表明，烷基咔唑同系物的吸附能力受控于不同取代位置的烷基对 N-H 的屏蔽效应（Li et al.，1994，1995；Larter and Aplin，1995）。N-H 裸露型烷基咔唑（如 2,7-二甲基咔唑）的吸附能力比半裸露型烷基咔唑（如 1,7-二甲基咔唑）强；半裸露型烷基咔唑比全屏蔽性二甲基咔唑（如 1,8-二甲基咔唑）强（Dorbon et al.，1984；Brothers et al.，1991；Yamamoto et al.，1991；Li et al.，1995；Larter and Aplin，1995）。这种屏蔽效应会使图 18.8g~l 中的比值随运移里程的增加而降低。但是这种降低趋势并不明显。由于西峰油田基本上没有

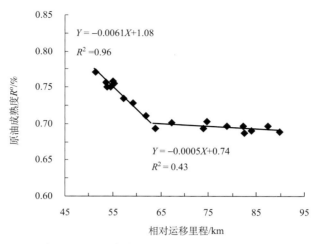

图 18.7　原油成熟度(R^o)沿西峰砂带的分布图

发生生物降解，其可能的影响因素应当是母源成熟度。

　　为了查明母源成熟度的影响，我们用成熟度影响指数 MII 进行了评价。需要注意的是，在式(18.3)中 a_1 已经被消掉了；a_2 和 a_3 虽有固定的地球化学含义，但是其数值取决于运移系统的特征和化合物。为了获得 a_2 和 a_3，应用式(18.1)、相对运移里程、原油成熟度以及二甲基咔唑类化合物的浓度进行了非线性回归分析[参见 Zhang 等(2013)的表 S1、S3~S5]。根据成熟度梯度(dR^o/dx)，将西峰砂带分为两段(图 18.7)。在 62~90 km 之间，dR^o/dx 非常小，成熟度影响指数很低(<5%)。在图 18.8g~i、k~l 中，该段烷基咔唑的比值可呈现出随运移里程增加而降低的趋势。但是，在 51~62 km 处，成熟度影响指数达到了 13.3%~51.1%(Zhang *et al.*, 2013)，比值的运移分馏效应也不明显(图 18.8g~l)。因此，当成熟度影响指数大于等于 5% 时，成熟度的影响不可忽略。

　　由于成熟度影响信息是由起始浓度承载的，因此从浓度中剔除起始浓度就可消除成熟度的影响。二次运移分馏指数(SMFI)正是这种计算的结果。图 18.9a~d 表示出单个咔唑化合物的 SMFI 与运移里程的关系。样品点相对于回归线都比较集中，且回归线全部穿过模型点(参照点处为 100%)。

　　已发表的文献常常使用咔唑类化合物含量的和或算数平均值作为运移指标，但从式(18.1)中可以发现，几何平均值更加合理。每种化合物都有它自己的 a_1、a_2 和 a_3，直接应用化合物含量的和，不仅不能消除影响，而且使指标的意义变得不明确。式(18.6)充分表明，SMFI 的几何平均值可有效追踪油气运移，而且可以作为某类极性分子的综合运移指标。图 18.9e~f 中，SMFI 的几何平均值与相对运移里程的相关性十分显著。式(18.1)中 a_3 是迟滞因子的函数，反映运移分馏的程度和化合物的吸附能力(Zhang *et al.*, 2013)。在同一运移系统中，其绝对值越大，相应化合物的吸附能力越强。图 18.9d~f 中的回归方程示出，裸露型、半裸露型和屏蔽型二甲基咔唑的 a_3 是分别为 -0.046 km^{-1}、-0.036 km^{-1} 和 -0.028 km^{-1}。这种序列与取代基屏蔽效应引起的吸附能力变化相吻合。根据式(18.7)和式(18.8)，计算了裸露型/半裸露、裸露型/屏蔽型、半裸露/屏蔽型二甲

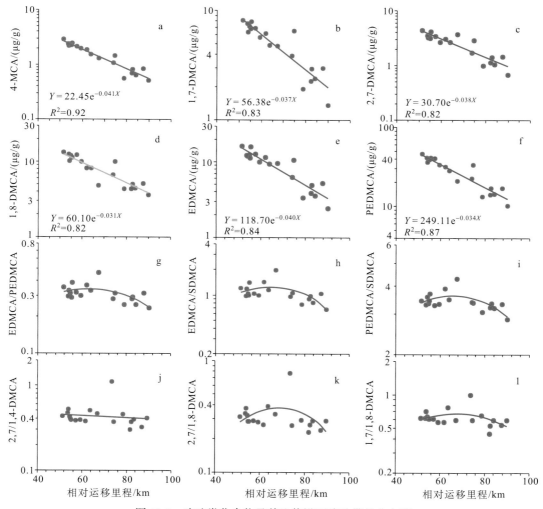

图 18.8　咔唑类化合物及其比值沿西峰砂带的分布图

基咔唑 SMFI 几何平均值的比值，以及相应的单个二甲基咔唑 SMFI 的比值。这些比值均随运移里程的增加而衰减，且所有的回归线全部穿过模型点（图 18.9g～l）。这些均表明，油气从烃源灶出发，在西峰砂带东北段进入，并沿砂带向西南方向运移，远端的原油运移了 90 km 以上。

　　总之，二次运移分馏指数及其几何平均值和比值与地质资料和实际数据相吻合，并与运移分馏的基本规律相符，极性分子的极性越强、吸附系数越大，其运移分馏越显著。西峰油田的油气运移地球化学追踪结果充分表明，西峰油田的油气以横向运移为主，而非纵向运移，运移方向为南西方向，路径为西峰砂带。长 7 段主力烃源灶主要位于西峰砂带北东方向（图 18.1b）。总之，上述运移追踪结果与烃源岩、输导体和油藏的空间配置关系相吻合。

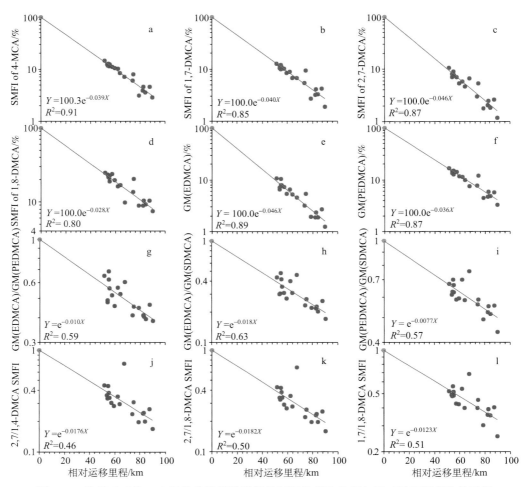

图 18.9　烷基咔唑的二次运移分馏指数及其几何平均值和比值与相对运移距离的关系图

参照点处($x=0$ km) 的 SMFI 值 100% 和 SMFI 比值 1 为模型值；所有的回归线均采用
实际数据拟合，没有采取强制通过模型点的措施

第四节　西峰油田的成藏过程与模式

　　油气二次运移追踪结果表明，原油在西峰砂带之中发生了远程运移。在低渗透储层中，原油必然在某种机制的作用下才可能发生远程横向运移，并在西峰油田聚集成藏。本节将重点研究西峰油田的运移成藏过程与机理，进而建立成藏模式。

一、原油注入模式

　　石油和天然气在注入低渗透储层时存在较大的差异。天然气可以以分子扩散的形式注入低渗透储层，而原油则主要以独立油相的形式注入。相对而言，原油注入低渗透储层要困难得多。因此，要了解低渗透油藏的成藏过程，首先就得研究石油的注入问题。

1. 前人成果

综合前人关于低渗透储层内油气运聚成藏的成果，可归纳出三种西峰油田可能的成藏模式：①原油高压注入；②低渗储层中存在渗透性相对较好的优势通道，油气沿着优势通道注入；③早期油气充注、晚期压实形成低渗油藏。如前文所述，西峰油田上覆烃源岩不能提供较高的下注动力。油气运移追踪结果表明，油气以横向运移为主。如果仅靠压力驱使，原油在低渗透储层中进行长达 90 km 以上的横向运移更不可能。因此，高压充注不是形成西峰油田的根本原因。

西峰油田的主力储层存在较强的非均匀性，油气可选择渗透性相对较好的最容易突破的通道运移。这种优势通道可以是非均一胶结和非均一溶蚀所致，也可以是裂缝。从盆地东部和北部露头上延长组内裂隙的发育状况（邸领军等，2003；席胜利等，2004）来看，穿过储层裂隙的密度大约为几十厘米一条，裂隙一般仅穿过单个砂岩层而止于泥岩层（何自新、贺静，2004）。不同方向的裂隙相互连通，可能在砂体内形成网络通道（邸领军等，2003；Zeng et al.，2008）。但是，这只能说明优势通道的运移问题。如前所述，原油进入低渗孔隙空间时需要 10~100 MPa 的过剩压差。因此，优势通道只能解决一部分运移的问题，而不能解决油气从优势通道进入低渗储层的问题。后者正是聚集成藏的关键。

关于低渗透油藏的形成机理，还有学者提出（朱家俊，2008），现今的低孔低渗储层在油气成藏时并非低孔低渗，而是具有较高的渗透率，油气充注后因上覆地层压力不断加大，储层发生压实作用，孔隙中的水优先被排挤出去，储层由较高渗变成低渗时，孔隙中就只剩下了原油。但是，上述成岩-成藏作用研究结果表明，西峰油田在关键成藏期之后经历了抬升与剥蚀，成藏后的强压实作用并不存在。

总之，已有成果不能较好地解释原油注入低渗透储层的问题，尤其不能解释西峰油田这一大型整装油田的成因。因此，需要根据新的观察与测试，建立低渗透储层的原油注入新模式。

2. 原油注入新模式

本章从油气充注与成岩过程入手，考虑不同期次油气运移充注时储层的物性条件，关注早期油气充注对储层润湿性的改造，结合长 7 优质烃源岩的生烃演化（杨华、张文正，1999）以及长 8^1 亚段含油储层润湿性（任晓娟等，2005；赵冀等，2006）等研究成果，揭示西峰油田长 8^1 亚段低渗透储层中的原油注入过程与机理。

在早侏罗世末期，延长组下部成藏组合（长 8 段）埋藏深度较浅，约 1000 m，地层温度约 60~70 ℃（图 18.5），成岩作用较弱，储层中保留了大量的原生孔隙，因此输导层具有良好的孔渗性（图 18.6）。这种物性条件有利于长 7 段优质烃源岩供给的低熟油在进入长 8 储层之后发生横向运移。由于烃源岩成熟度较低，不能形成异常高压，因此运移动力以浮力为主。西峰油田所在的陇东地区不存在构造圈闭，当时也没有形成岩性圈闭，且储层物性好，又不具备形成非常规油藏的低孔低渗条件，因此进入该砂体的低熟油难以聚集成藏。由于埋藏浅，原油生物降解等次生变化，残留部分转变为碳质沥青。残留的碳质沥青，使储层的表面润湿性向亲油方向转化。另一方面，低熟油含有大量的极性有机分子，容易吸附在矿物表面，可进一步改造储层的表面润湿性。例如，石英表面本来是亲水的，极性有机分子(如羧酸)可与石英表面的氧结合，可使其转变为亲油的表面(Barclay and Worden，2000)。根据岩心测试结果，西峰油田的主力储层具有中性-弱亲油性的特点(任晓娟等，2005；赵冀等，2006)。因此，早期注入的原油尽管没有聚集成藏，但是使储层的表面润湿性发生了变化。

进入晚侏罗世，埋藏深度增至 1200~1500 m，地层温度升至 80~90 ℃，储层成岩作用增强，烃源岩有机质的成熟度升高。鄂尔多斯盆地长 7 段优质烃源岩的热演化开始进入成熟阶段(黄彩霞等，2013)，生成的有机酸和二氧化碳注入西峰油田主力储层，与长石、岩屑等易溶组分发生水-岩反应，形成次生孔隙、高岭石及石英加大等。随着反应的进行，流体 pH 升高，到一定程度开始形成绿泥石和碳酸盐胶结物。酸性流体在储层中的流动及与之伴随的溶蚀和胶结作用，会使得物质发生再分配。局部可表现出孔隙度升高。高岭石集合体、富铁的黏土矿物(如绿泥石)具有亲油倾向，可能与黏土矿物吸附沥青质有关(李元昊等，2009；冷先刚等，2009)。长石蚀变使得其表面粗糙且含黏土矿物，因而蚀变的长石也具有亲油倾向(Barclay and Worden，2000)。碳酸盐矿物的表面通常也是亲油的(Anderson，1986)。尽管酸性流体与岩石相互可产生一系列新鲜的矿物表面，但是除石英外绝大部分次生矿物(如黏土矿物和碳酸盐矿物)不会使岩石的表面润湿性发生完全的倒转。尽管新生石英是亲水的，但是生成量少，且碳质沥青和众多的亲油矿物会维持岩石的亲油倾向。

在这一阶段，该区构造形态具有继承性(杨俊杰，2002；陈瑞银等，2006)，仍未形成构造圈闭和岩性圈闭。但是，成岩作用中发生的物质再分配，使储层的孔隙度和渗透率发生了变化。在西峰油田，距离烃源岩较近的储层，溶蚀作用较强；较远处，即上倾部位，溶蚀弱，胶结强。这种物质再分配方式与压实共同作用的结果是，上倾部位孔隙度和渗透率大幅度降低。此时进入储层的油气，没有发生生物降解，也没有全部散失，而是有相当一部分保留至今。此后，小幅度的抬升与剥蚀，使烃源岩的生排烃作用停止。

至早白垩世末期，盆地大幅度沉降，达到 2000~2500 m 及以深，地层温度达到 100~150 ℃，引发再压实作用，储层孔隙度和渗透率大幅度降低。另一方面，长 7 段优质烃源岩进入生烃高峰(黄彩霞等，2013)，继续排出酸性流体进入储层，并引发一定程度的溶蚀作用，但溶蚀程度较弱，对储层物性的改造不明显。相反地，铁方解石和铁白云石胶结作用较强，低孔低渗储层正是在这一时期形成的。西峰油田在经历了两期油气充注之后，表面润湿性得到了明显改善。在此阶段，大量的成熟油进入输导层中，由于原先被原油占据过的路径阻力最小，成熟油主要沿这些低阻通道侧向运移，并聚集形成油藏。

上述模式实际上是由一系列的运移—破坏散失—成岩改造—再运移的过程所构成，即西峰油田是多期流体活动和原油充注的结果。如果将这些过程所形成的最终结果当作一次运移成藏过程来看待，就必须要求十分苛刻及复杂的成藏条件。该模式可归纳为早期高渗充注-残余油和碳质沥青改造储层润湿性-晚期低渗充注。由于表面润湿性的改善，原油注入不需要极端高压的运移动力条件，而是通过未熟-成熟、高渗-低渗的源储演化组合解释低渗储层的原油注入机制。在含成熟油气的盆地中，烃源岩都经历过从未熟、低熟到成熟的演化阶段，低渗储层也是高渗储层通过成岩演化而形成的。因此，多数含油气盆地都会具备低渗透储层中原油注入的条件。

二、成藏新模式

根据上述观察，最后一期原油注入对成藏起到了关键作用，因此西峰油田的关键成藏期为早白垩世末期。该时期烃源灶位于较低的构造部位，向西南方向埋藏深度变浅。此后发生了强烈的抬升与剥蚀作用，陇东地区的地层倾向也放生了巨大变化。根据陈瑞银等（2006）对鄂尔多斯盆地剥蚀厚度的研究，我们绘制了早白垩世末期西峰油田的油藏剖面（图18.10）。该剖面显示，沿砂体展布方向，地层倾向北东，而现今构造表明西峰砂体北东高，西南低（图18.1a 和图18.2）。

早白垩世末期的古构造明显地支持着前文所述的油气运移方向，即油气运移从烃源灶进入西峰砂体，并沿砂体的上倾方向运移。这种运移特征符合砂体和流体势综合控制的基本规律，而且与烃源灶、输导体和油藏的空间配置关系相吻合。但是，古构造图（陈瑞银等，2006）和剖面（图18.10）均表明地层产状为一单斜，不存在构造、地层和岩性圈闭。因此，仅靠运移路径和方向，还不能解释原油在砂体长期保存的问题，因而需要研究石油注入后的保存问题。

早期生烃规模有限，低熟油和极性有机分子对储层的影响范围有限，西峰主力储层的表面润湿性向亲油方向的转化在空间上也是有限的，且邻近烃源岩的储层润湿性转化程度高，较远处转化程度低。油气在中性-油润湿低渗透储层中运移的阻力较小。但是，当油气穿过中性-油润湿低渗透储层，进入水润湿低渗透储层时，毛细管力就转变为油气继续向前运移的阻力。在地层倾角较小的情况下，浮力在储层上倾方向上的分量小，不能克服毛细管阻力，油气便可滞留成藏，油水倒置。在早白垩末期，西峰油田的主力储层在砂体延伸方向上的倾角非常小（图18.10），具备形成油水呈倒置分布的大型深盆油藏的条件。深盆油藏的形成与保存需要相对稳定的地质条件。但是，鄂尔多斯盆地在早白垩世末期之后经历了一系列的构造运动（陈瑞银等，2006）。油藏之所以能够保留至今，其重要原因是构造运动使储层产状近似水平，砂体在尖灭方向上上倾，深盆油藏转化为大型岩性油藏。从非常规油藏转化为常规油藏的封闭形式之后，油气便可长期保存。

总之，西峰油田经历了古深盆油的成藏阶段，早白垩世末期以来的构造运动使其转为岩性油藏。西峰油田所在的陇东地区存在多条平行砂带（参见图18.1b），沉积、构造演化又相似，成藏模式应当是相同的。以深盆油-岩性油藏复合成藏模式为指导，分析鄂尔多斯盆地东南部陇东地区的油气分布规律，可以得出陇东地区的多条砂带很可能含油连片。本项研究于2006年完成。当时西峰油田的储量规模为2亿多吨，其他砂带未取得重大发现。截至2015年，整个陇东地区已成为储量超10亿吨级的连片大油区。

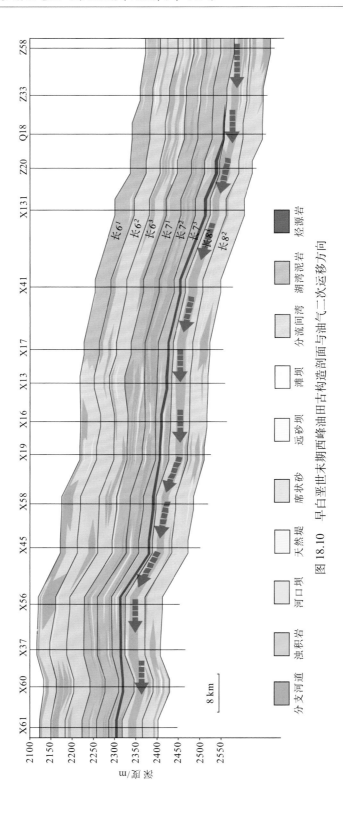

图18.10 早白垩世末期西峰油田古构造剖面与油气二次运移方向

对西峰油田的解剖使我们发现，早期储层没有经历较强的成岩作用，其孔隙度和渗透率较高，油气容易进入，但保存条件较差，油气容易散失或遭到破坏。残留的少量原油和碳质沥青使储层的表面润湿性向亲油方向转化。至关键成藏期，原油再次充注时，储层已演化为低渗透储层，储层润湿性的改变大幅度降低了毛细管阻力，甚至还可使毛细管力成为运移动力。因此，关键成藏期原油并不一定需要很高的压力才能注入低渗透储层。成熟烃源岩都经历了从未熟、低熟到成熟的演化阶段，深盆区域内的储层也经历了从相对高孔高渗到低孔低渗的演化。因此，本章提出的石油注入模式具有广泛的普适性。

成藏研究已受到广泛关注。由于地质演化的复杂性，一些油藏往往不是通过一种机理形成的。在这种情况下，仅靠单一机理、单一模式就难以有效预测油气分布。我们应用油气二次运移的新型指标开展了油气运移追踪，发现原油在关键成藏期沿砂体从东北端的低部位向高部位运移，当前缘运移至西峰油田的西南端，西峰油田就已形成，呈油水倒置。此时，为深盆油藏。之后的构造运动使砂体倾向反转，深盆油藏转为岩性油藏，更有利于长期保存。表面润湿性转化条件下的石油注入模式与深盆油-岩性油藏复合成藏模式，为揭示低渗透油气藏的分布规律提供了新依据和新思路。

参 考 文 献

陈安定. 1989. 陕甘宁盆地中生界生油层特征. 北京：石油工业出版社. 421~437

陈瑞银，罗晓容，陈占坤等. 2006. 鄂尔多斯盆地中生代地层剥蚀量估算及其地质意义. 地质学报，80
　　（5）：685~693

邸领军，张东阳，王宏科. 2003. 鄂尔多斯盆地喜山期构造运动与油气成藏. 石油学报，24(2)：34~37

段毅，吴保祥，张辉等. 2006. 鄂尔多斯盆地西峰油田原油地球化学特征及其成因. 地质学报，(2)：301~310

付金华，罗安湘，喻建等. 2004. 西峰油田成藏地质特征及勘探方向. 石油学报，25(2)：25~29

傅强，孙喜天，刘永斗. 2009. 鄂尔多斯晚三叠世湖盆特征恢复及地质意义. 同济大学学报（自然科学
　　版），37(11)：1537~1540

高山林，韩庆军，杨华等. 2000. 鄂尔多斯盆地燕山运动及其与油气关系. 吉林大学学报（地球科学版）：
　　30(4)：353~358

何自新，贺静. 2004. 鄂尔多斯盆地中生界储层图册. 北京：石油工业出版社. 42~47

黄彩霞，张枝焕，李宇翔等. 2013. 鄂尔多斯盆地南部地区延长组烃源岩生烃动力学研究及模拟结果分
　　析. 石油天然气学报，35(8)：21~27

蒋凌志，顾家裕，郭彬程. 2004. 中国含油气盆地碎屑岩低渗透储层的特征及形成机理. 沉积学报，22
　　（1）：13~18

冷先刚，孙卫，解伟等. 2009. 西峰油田庄58井区长81储层出水原因. 断块油气田，16(2)：89~91

李元昊，刘建平，梁艳等. 2009. 鄂尔多斯盆地上三叠统延长组低渗透岩性油藏物理模拟. 石油与天然
　　气地质，30(6)：706~713

罗健，程克明，付立新等. 2001. 烷基二苯并噻吩——烃源岩热演化新指标. 石油学报，22(3)：27~31

罗晓容，张刘平，杨华等. 2010. 鄂尔多斯盆地陇东地区长81段低渗油藏成藏过程. 石油与天然气地质，
　　31(6)：770~778

任晓娟，曲志浩，史承恩等. 2005. 西峰油田特低渗弱亲油储层微观水驱油特征. 西北大学学报（自然科
　　学版），35(6)：765~770

武明辉，张刘平，罗晓容等. 2006. 西峰油田延长组长8段储层流体作用期次分析. 石油天然气工业，27

(1)：33~36

席胜利, 刘新社, 王涛. 2004. 鄂尔多斯盆地中生界石油运移特征分析. 石油实验地质, 26(3)：229~235

徐同台, 王行信, 张有瑜等. 2003. 中国含油气盆地粘土矿物. 北京：石油工业出版社. 316~335

杨华, 张文正. 2005. 论鄂尔多斯盆地长7段优质油源岩在低渗透油气成藏富集中的主导作用：地质地球化学特征. 地球化学, 34(2)：147~154

杨俊杰. 2002. 鄂尔多斯盆地构造演化与油气分布规律. 北京：石油工业出版社. 50~56

应凤祥, 何东博, 龙玉梅等. 2003. 碎屑岩成岩阶段划分. 中华人民共和国石油天然气行业标准, SY/T 5477-2003. 北京：石油工业出版社

张刘平. 2013. 一种确定油气运移与成藏期次的新方法. 发明专利申请号：201310044887.X

张文正, 杨华, 李剑锋等. 2006. 论鄂尔多斯盆地长7段优质油源岩在低渗透油气成藏富集中的主导作用——强生排烃特征及机理分析. 石油勘探与开发, 33(3)：298~302

张志强, 郑军卫. 2009. 低渗透油气资源勘探开发技术进展. 地球科学进展, 24(8)：854~864

赵澄林, 胡爱梅, 陈碧珏等. 1998, 油气储层评价方法：中华人民共和国石油天然气行业标准(SY/T62852). 北京：石油工业出版社. 16

赵冀, 李春兰, 王文清等. 2006. 西峰白马区润湿反转剂驱模拟研究. 西南石油学院学报, 28(6)：74~77

赵政璋, 杜金虎, 邹才能等. 2012. 致密油气. 北京：石油工业出版社. 1~41

朱家俊. 2008. 低孔低渗油藏具高含油饱和度现象的地质成因分析——以胜利油区东营凹陷油藏为例. 石油天然气学报(江汉石油学院学报), 30(3)：64~67

Anderson W G. 1986. Wettability literature survey：Part 1 Rock /oil /brine interaction sand the effects of core handling on wettability. Journal of Petroleum Technology, 38：1125~1149

Barclay S A, Worden R H. 2000. Effect of reservoirw ettability on quartz cementation in oil fiels. In：Worden R H, Morad S (eds). Quartz Cementation in Sandstones. Spec Publs Int Ass Sediment, 29：103~117

Brothers I, Engel M H, Krooss B M. 1991. The effects of fluid flow through porous media on the distribution of organic compounds in a synthetic crude oil. Org Geochem, 17：11~24

Clegg H, Wilkes H, Horsfield B. 1997. Carbazole distributions in carbonate and clastic source rocks. Geochim Cosmochim Acta, 61：5335~5345

Clegg H, Wilkes H, Santamaria-Orozco D et al. 1998. Influence of maturity on carbazole and benzocarbazole distributions in crude oils and source rocks from the Sonda de Campeche, Gulf of Mexico. Org Geochem, 29：183~194

Dorbon M et al. 1984. Distribution of carbazole derivatives in petroleum. Org Geochem, 7：111~120

Krooss B M, Brothers L, Engel M H. 1991. Geochromatography in petroleum migration：a review. Geological Society, London, Special Publications, 59：149~163

Larter S R, Aplin A C. 1995. Reservoir geochemistry：methods, application and opportunities. Geological Society, London, Special Publication, 86：5~32

Larter S R et al. 1996. Molecular indicators of secondary oil migration distances. Nature, 383：593~597

Larter S R et al. 1997. Reservoir geochemistry：a link between reservoir geology and engineering? SPE Reservoir Engineering, 12(1)：12~17

Larter S R et al. 2000. An experimental investigation of geochromatography during secondary migration of petroleum performed under subsurface conditions with a real rock. Geoche Trans, 9：1~7

Li M, Larter S R, Frolov Y B. 1994. Adsorptive interactions between petroleum nitrogen compounds and organic/mineral phases in subsurface rocks as models for compositional fractionation of pyrrolic nitrogen compounds in petroleum during petroleum migration. J High Res Chrom, 17：230~236

Li M, Larter S R, Stoddart D *et al*. 1995. Fractionation of pyrrolic nitrogen compounds in petroleum during migration: derivation of migration related geochemical parameters. Geological Society, London, Special Publication, 86: 103~123

Li M, Yao H, Stasiuk L D *et al*. 1997. Effect of maturity and petroleum expulsion on pyrrolic nitrogen compound yields and distributions in Duvernay Formation petroleum source rocks in central Alberta, Canada. Org Geochem, 26: 731~744

Li M, Yao H, Fowler M G *et al*. 1998. Geochemical constraints on models for secondary petroleum migration along the Upper Devonian Rimbey-Meadowbrook reef trend in central Alberta, Canada. Org Geochem, 29: 163~182

Luo X R, Vasseur G. 1996. Geopressuring m echanism of organic matter cracking: numerical modelling. AAPG Bull, 80: 856~874

Peters K E, Moldowan J M. 1993. The Biomarker Guide: Interpreting Molecular Fossils in Petroleum and Ancient Sediments, New Jersey

Stoddart D *et al*. 1995. Petroleum heterogeneity and nitrogen compound speciation: An integrated geochemical and geological reservoir study of the North Sea Eldfisk chalk reservoir. Geological Society, London, Special Publication, 86: 257~280

Yamamoto M. 1992. Fractionation of azarenes during oil migration. Org Geochem, 19: 389~402

Yamamoto M, Taguchi T, Sasaki K. 1991. Basic nitrogen compounds in bitumen and crude oils. Chem Geol, 93: 193~206

Yang H, Zhang W. 2005. Leading effect of the seventh member high-quality source rock of the Yanchang Formation in the Ordos Basin during the enrichment of low-penetrating oil-gas accumulation: geology and geochemistry. Geochimica, 34(2): 147~154

Zeng L B, Gao C Y, Qi J F *et al*. 2008. The distribution rule and seepage effect of the fractures in the ultra-low permeability sandstone reservoir in east Gansu Province, Ordos Basin. Science in China (Series D: Earth Sciences), 51(Supp II): 44~52

Zhang L, Bai G, Luo X *et al*. 2009. Diagenetic history of tight sandstones and gas entrapment in the Yulin Gas Field in the central area of the Ordos Basin, China. Marine and Petroleum Geology, 26: 974~989

Zhang L, Li M, Wang Y *et al*. 2013. A novel molecular index for secondary oil migration distance. Scientific Reports, 3: 2487

图版说明和图版

图版 I

图版 I-1　软碎屑压实形变，使颗粒间接触的紧密程度提高。西 56 井，2028.96 m，10×10 (−)。

图版 I-2　长石颗粒被压碎。西峰油田西 41 井，2000 m，10×10 (+)。

图版 I-3　具有港湾状溶蚀结构的长石颗粒边缘被黑云母紧密包裹。这种紧密的接触关系是在某期溶蚀作用之后形成的。里 38 井，2395.38 m，10×20(−)。

图版 I-4　里 38 井，2395.38 m，10×20(−)。

图版 I-5　充有油质沥青的长石被压断，产生的次生孔隙中没有油，表明该压实作用是在某期原油充注之后发生的。庄 9 井，1699.55 m，10×10 (−)。

图版 I-6 庄 9 井,1699.55 m,10×10（F）。

图版 I-7 长石溶蚀后形成的自生石英和高岭石。庄 38 井,1727.6 m,2090×。

图版 I-8 石英加大和铁方解石胶结。西 13 井,2141.53 m,10×20(+)。

图版 II

图版 II-1 两期石英加大。西 13 井,2141.53 m,10×10(+)。

图版 II-2 两期石英加大。剖 22 井,1595.38 m,10×63(−)。

图版 II-3 三期石英加大。庄 12 井,1718.12 m,10×20(−)。

图版 II-4 三期石英加大。西 56 井,2028.25 m,10×63(+)。

图版 II-5 溶蚀孔隙和新鲜的次生高岭石。西 60 井,1591.125 m,10×10(−)。

图版 II-6 被油浸染的次生高岭石。西 61 井,1782.6 m,20×10 (−)。

图版 II-7 绿泥石膜。西 41 井,1995.46 m,3870×。

图版 II-8 绿泥石膜。西 61 井,2038.6 m,10×63(−)。

图版 III

图版 III-1 绿泥石膜与铁方解石胶结。庄 9 井,1699.55 m,10×10(−)。

图版 III-2 被沥青浸染的绿泥石膜。西 41 井,1995.46 m,10×63(−)。

图版 III-3 碳质沥青膜。西 56 井,2028.25 m,10×20(−)。

图版 III-4 两期油质沥青及其间的绿泥石膜。庄 9 井,1704.64 m,20×10(Y)。

图版 III-5 形成于碳质沥青之后的绿泥石。庄 16 井,1719.13 m,20×10(−)。

图版 III-6 丝状伊利石。庄 38 井,1872.66 m,3690×。

图版 III-7 片丝状伊利石。庄 38 井,1727.6 m,5910×。

图版 III-8 束状伊利石。西 13 井,2131.11 m,7800×。

图版 IV

图版 IV-1 蜂窝状和丝片状伊/蒙混层矿物。庄 38 井,1918.92 m,4500×。

图版 IV-2 铁方解石胶结。西 13 井,2131.10 m,10×10(−)。

图版 IV-3 铁方解石溶蚀孔隙和碳质沥青充填。剖 22 井,1634.1 m,10×10(−)。

图版 IV-4 铁方解石交代长石。西 48 井,2170 m,10×20(−)。

图版 IV-5 铁方解石交代长石和碳质沥青膜。剖 22 井,1692.1 m,10×10(−)。

图版 IV-6 铁方解石与铁白云石胶结。西 21 井,1878.6 m,10×20(−)。

图版 IV-7 长石溶蚀与碳质沥青。西 41 井,2000.03 m,10×10(−)。

图版 IV-8 碳质沥青脉及其后形成的溶蚀孔隙。西 60 井,1591.13M,10×5(−)。

图版 V

图版 V-1 孔隙中的沥青。西 41 井,1992.29 m,20×10(−)。

图版 V-2 孔隙中的碳质沥青和发黄白色荧光的油质沥青。西 41 井,1992.29 m,20×10(Y)。

图版 V-3 孔隙中的沥青。西 41 井,1990.88 m,20×10(−)。

图版 V-4 孔隙中的碳质沥青和发黄白色荧光的油质沥青。西 41 井,1990.88 m,20×10(Y)。

图版 V-5 碳质沥青和蓝白色荧光油质沥青。西 41 井,1995.46 m,20×10(Y)。

图版 V-6 黄白色荧光油质沥青和蓝白色荧光油质沥青。西 41 井,1997.2 m,20×10(Y)。

图版 I

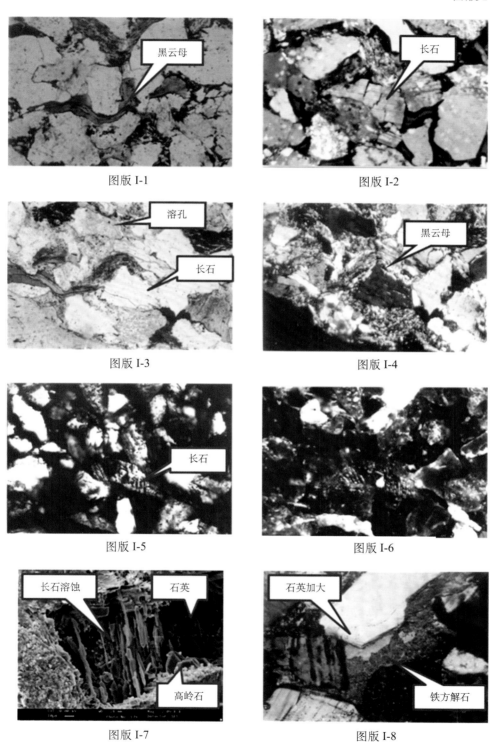

图版 I-1

图版 I-2

图版 I-3

图版 I-4

图版 I-5

图版 I-6

图版 I-7

图版 I-8

图版 II

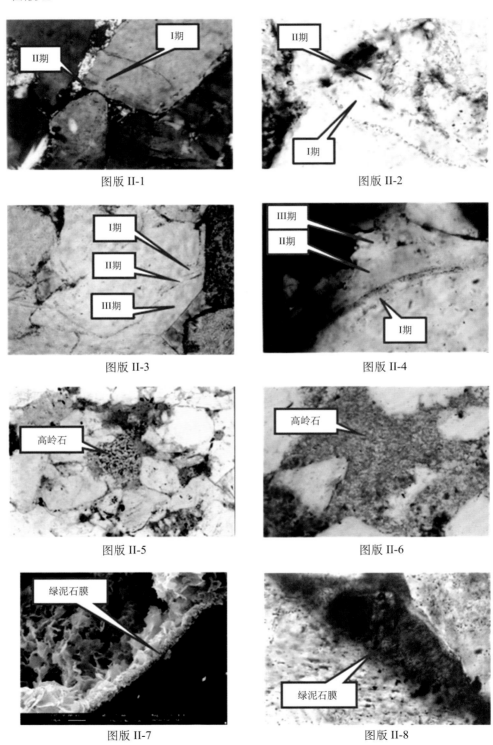

图版 II-1

图版 II-2

图版 II-3

图版 II-4

图版 II-5

图版 II-6

图版 II-7

图版 II-8

图版 III

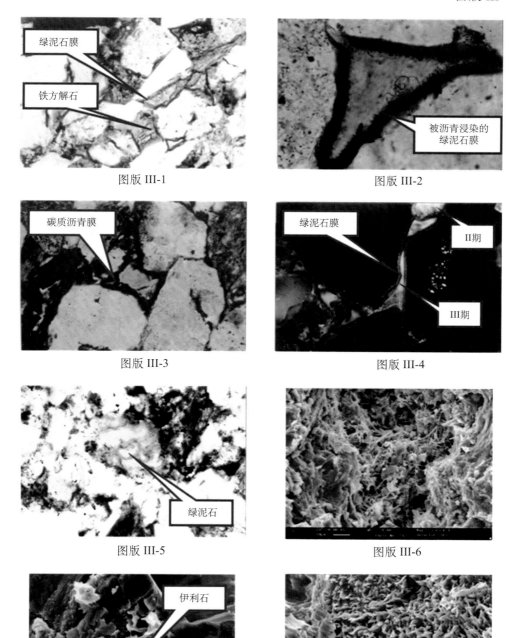

图版 III-1

图版 III-2

图版 III-3

图版 III-4

图版 III-5

图版 III-6

图版 III-7

图版 III-8

图版 IV

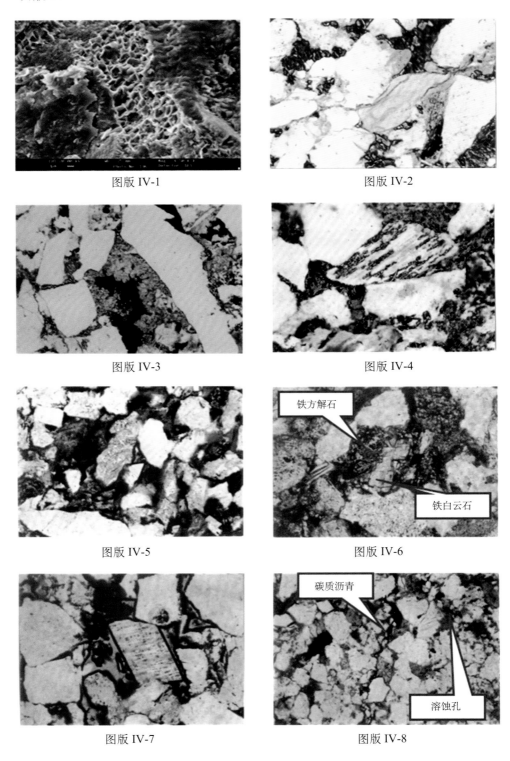

图版 IV-1

图版 IV-2

图版 IV-3

图版 IV-4

图版 IV-5

铁方解石

铁白云石

图版 IV-6

图版 IV-7

碳质沥青

溶蚀孔

图版 IV-8

图版 V

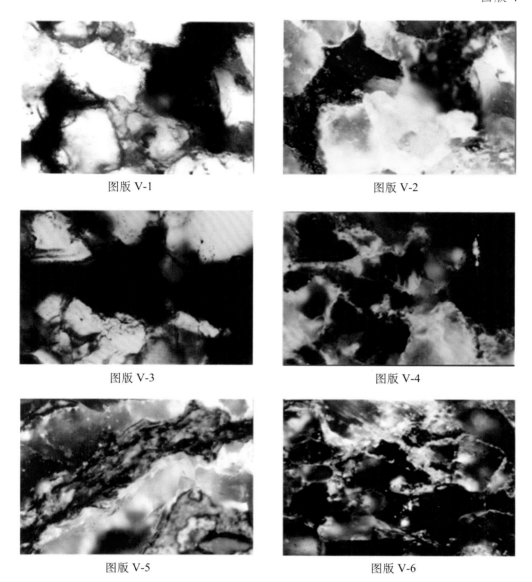

图版 V-1

图版 V-2

图版 V-3

图版 V-4

图版 V-5

图版 V-6

<table>
<tr><td>第十九章</td><td>盆地北部流体动力、运移通道
与成藏（矿）效应*</td></tr>
</table>

本章以非均质地层的水动力和水文地质解剖为基础，提出在研究相互分隔的地下水动力体系时，地势起伏与水势面的不协调导致的计算误差应予以高度重视。采用多种方法的相互约束恢复地质时期的古流体动力，将流体动力与岩石介质性能相耦合，综合评价了优势运移通道，在此基础上分析了天然气运移、成藏特点，提出了天然气运聚的时空分布模式。

第一节 水动力体系的分隔性

以往人们对水力输导层认识的仅仅适用于地表起伏不大的、连通的、均一的水动力体系，很多盆地属于纵、横向上相互分隔的水动力体系，有必要重新认识其中水动力分布的特征（如压力幅度的大小，水动力体系的连通性等）。本节从盆地中西部摆宴井与马坊地区、定边-安塞地区中生界的水文地质特征解剖入手，分析这一重要问题。

一、盆地中西部摆宴井与马坊地区的地层水特征

从盆地西部安定组（J_2a）—延长组（T_3y）的实测地层水密度、矿化度和主要离子浓度在纵向上变化看（图19.1—图19.3），地下应存在两种水动力类型：

一类以地处西缘逆冲带上的摆宴井等地区为代表，密度、矿化度随海拔均无明显变化，反映与地表水的沟通、交替作用较强，地层水处于开放体系内，初步分析与断层的垂向沟通作用有关。

另一类位于其东部的马坊等地区，在一定层位（直罗组底—延安组）以下仅仅500 m海拔范围内，地层水的密度从1.01 g/cm³迅速增至1.10 g/cm³，矿化度从20 g/L猛增至130 g/L，反映其与上覆地表水的交替作用很弱，处于较为封闭的水动力体系内。

相邻地区之间开放、封闭两类水动力体系的并存说明，地下流体在横向、纵向上均存在水动力体系的分隔。

* 作者：王震亮. 西北大学地质学系，西安.
  E-mail：wangzl@ nwu.edu.cn

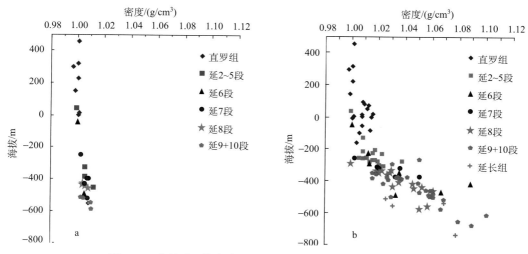

图 19.1　盆地中西部相邻两地区的地层水密度分布及其对比

a. 西缘摆宴井地区；b. 马坊-大水坑地区

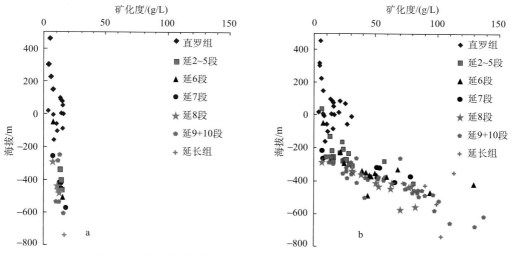

图 19.2　盆地中西部相邻两地区的地层水矿化度分布及其对比

a. 西缘摆宴井地区；b. 马坊-大水坑地区

二、定边-安塞地区中生界水文地质特征分析

目前，盆地深层地下水的系统研究比较薄弱，开展深层地下水的研究对油气的勘探和开发都具有重要的研究价值。研究区位于鄂尔多斯盆地中部，构造上横跨陕北斜坡、天环拗陷，西接西缘冲断带。中生界上三叠统延长组、侏罗系、下白垩统依次由西向东出露。该地区基底稳定，中生界地层水外补给源主要为下渗补给的大气降水和地表水，

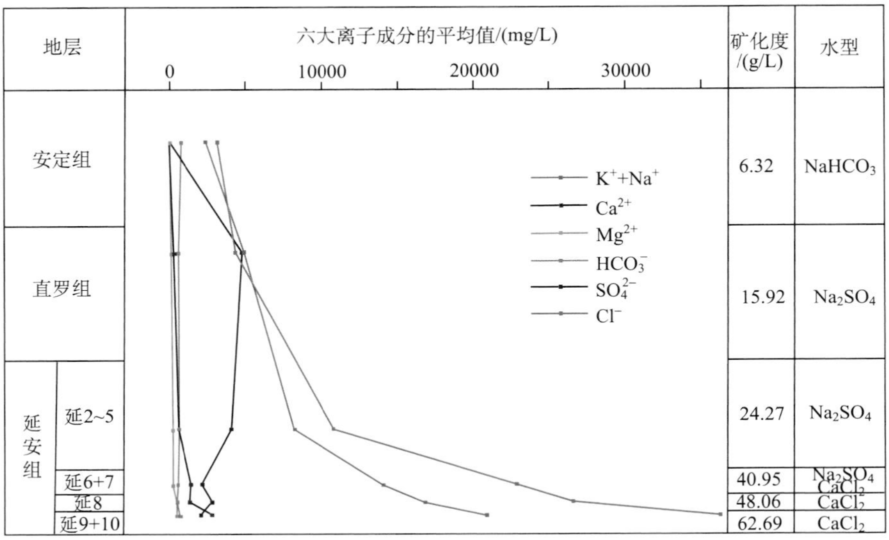

图 19.3   马坊-大水坑地区侏罗系地层水化学成分的垂向变化

在古水文地质中习惯上称为淋滤水(王德潜等,2005)。

(一)地下水动力系统的垂向分带

1. 浅部相对开启带

大气降水和地表水构成地下水的主要补给来源,由地形高差造成的流体势差下地下水由补给区向排泄区流动。埋深一般小于 1000 m,包括白垩系、侏罗系安定组、直罗组和东部局部沟壑露头处的延安组和延长组,地层水为矿化度小于 20 g/L 的 Na_2SO_4 型水和 $NaHCO_3$ 型水。

在白垩系内,地下水径流主要受地形控制,白于山和子午岭这些地形高处不仅是地下水分水岭,同时也是地下水的补给区,沟壑露头处为地下水局部排泄区。环河含水岩组的地下水以位于东西向的白于山为分水岭分别向南、向北发生径流(图 19.4),在白于山补给区一带水位最高约 1450 m,南部最低水位约 1200 m。从地下水径流特征分析,大气水为白垩系地层水的主要来源,而重力是其流动的主要动力。

从水化学的角度分析,白垩系地层水矿化度比较低,一般小于 10 g/L,大部分属 Na_2SO_4 水型,氢、氧同位素值接近盆地大气降水线,具大气起源水特征。据 [14]C 测定,白垩系地层水年龄为 4130~17930 a,远远小于白垩系沉积的时代。白垩系地层水主要来源于大气降水,符合重力流特征,因此将其划入浅部的相对开启带。

而在中侏罗统安定组和直罗组内,地层水也接近大气降水。安定组以湖相沉积为主,岩性主要为泥岩,岩性致密。安 48 井岩电特征曲线可以看出(图 19.5),安定组以泥岩为主,其上段泥岩厚度达 40 m,故可阻断上覆白垩系与侏罗系之间地层水的联系,可视为区域性的隔水底板。分析认为,直罗组地下水主要是接受西缘逆冲断层带的大气降

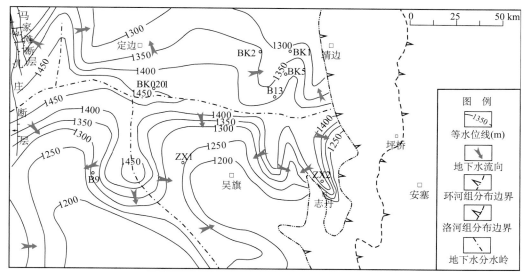

图 19.4　定边-安塞地区白垩系环河组地下水等水位线略图

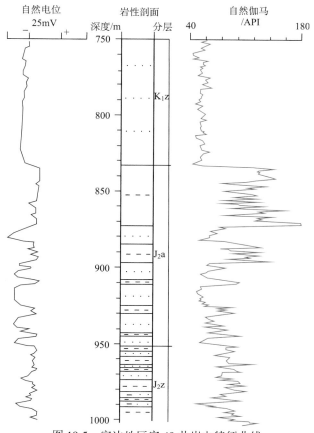

图 19.5　定边地区安 48 井岩电特征曲线

K_1z. 志丹群；J_2a. 安定组；J_2z. 直罗组

水补给,因直罗组属河流相沉积,物性条件比较好,加之地形总体西高东低,故直罗组地层水由西向东径流,在东部沟壑露头处转换成潜水向河流排泄,形成重力穿越流。直罗组地层水主要来源于大气降水,符合重力流特征,也将其亦划入浅部的相对开启带。

2. 中部过渡带

中部过渡带处于浅部相对开启带和深部相对封闭带之间的过渡类型,地下水来源不仅包括压实水,也包括大气降水和地表水,为具有混合成因的地层水。该带埋深一般处于 1000~1300 m,主体层位是延安组,地层水既包括高矿化度的 $CaCl_2$ 型水,也包括 20~30 g/L 的 Na_2SO_4 型水和 10~20 g/L 的 $NaHCO_3$ 型水,流体的迁移机理既包括压实流,又包括重力流。

根据延 10 段地层水水位分布规律(图 19.6),结合延 9+10 段矿化度和水型的分布,盆地西缘逆冲断层渗入水的影响最远波及大水坑—洪德城一带,在洪德城、大水坑、白湾子、新安边所围地区内是没有受到影响的压实水(古沉积水)。该区域延 9+10 段地层水为矿化度大于 30 g/L 的 $CaCl_2$ 型水,矿化度平均值为 73.79 g/L,rNa^+/rCl^- 值平均为0.85。在封闭型水动力环境内地下水由凹陷中心向东侧流动,在其外围受盆地西缘和东部露头区大气降水和地表水的影响地下水动力系统由封闭型向开启型转换。在封闭型水动力环境的外围向西延展到逆冲带,向东扩展到定边—张天赐—沙集一线的范围内为过渡类型的地下水动力系统,地下水为 Na_2SO_4 型水。Na_2SO_4 型水的矿化度平均值为27.24 g/L,rNa^+/rCl^- 值平均为1.09。定边—张天赐—沙集一线以东为相对开启的地下水动力系统,地下水为 $NaHCO_3$ 型水。

而在位于延 10 段之上的延 8 段内,$CaCl_2$ 型水范围明显缩小,大部分区域为相对开启的地下水动力环境,地下水为 $NaHCO_3$ 型水。由延 9+10 段到延 8 段地层水的变化规

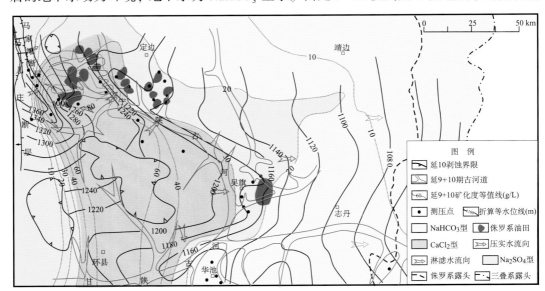

图 19.6　定边-安塞地区延 10 段地层水等水位线图与油田分布图

律,可以推测,自延 7 段到延 1 段内地层水将更趋于淡化,压实水逐渐被淋滤水代替。

综合分析,延安组上部地下水主要是在重力作用下由西向东流动,下部主要受压实作用控制,地下水流处于缓慢流动状态,压实流和重力流并存。因此,除东部局部出露的地层水处于开启状态外,定边–安塞地区的延安组大部分应划入中部过渡带。

3. 深部相对封闭带

流体流动主要靠压实水流,主要是沉积水在压实作用下补给地下水,流体的运动主要由不均衡压实引起由盆地沉降中心的深部位流向边缘和浅部的离心流。该带埋深一般大于 1300 m,涉及的层位主要是延长组(及其以下地层),地层水为矿化度大于 30 g/L 的 $CaCl_2$ 型水。

除东部局部出露地层的地下水受到大气降水属于开启状态外,延长组内大部分地下水属于深部的相对封闭带范围。自上而下,绝大部分地区长 1+2 段地层水为 $CaCl_2$ 型水,矿化度平均值为 68.05 g/L, rNa^+/rCl^- 平均值为 0.8。长 6 段地层 $CaCl_2$ 型水矿化度平均值为 74.95 g/L, rNa^+/rCl^- 平均值为 0.45。而长 6 段地层水矿化度呈变化较大的块状分布(图 19.7),没有侧向水交替所发生的高低变化趋向明显的特征;且等水位线与厚度变化趋势相一致,体现出压实水流的特征。

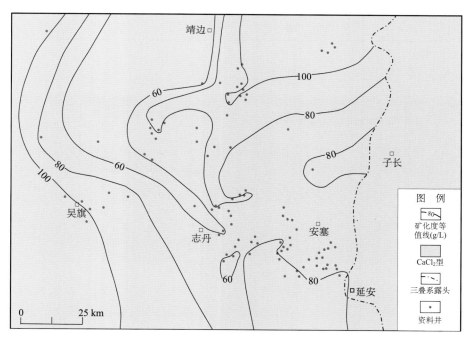

图 19.7　吴旗–安塞地区长 6 地层水矿化度和水型分布图

深部的相对封闭带地层水流主要是在压实作用下由凹陷中心向盆地边缘流动,研究区西侧为逆冲断层带,因此地下水主要由西向东极缓慢流动,并趋于停滞状态。

（二）综合水文地质剖面

为了对地层水垂向上的变化特征有比较明确的认识，选取了研究区东西向12口井绘制水文地质剖面(图19.8a)，进一步分析延长组与上覆白垩系、侏罗系地层水垂向上的变化特征(图19.8b)。

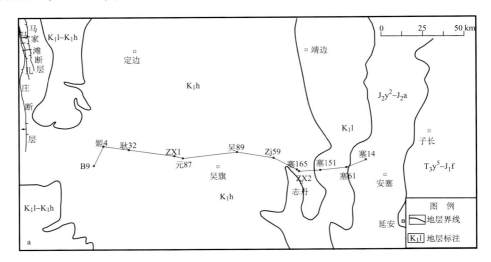

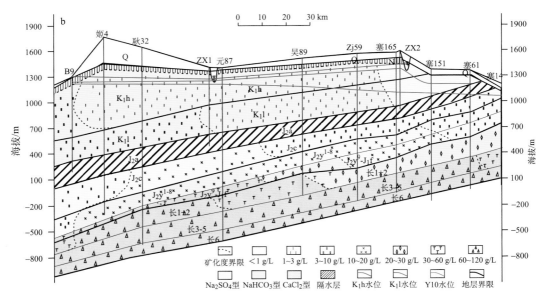

图 19.8　定边-安塞地区东西向的水文地质剖面(概念模式)

a. 剖面位置；b. 剖面

Q. 第四系；K_1h. 环河组；K_1l. 洛河组；J_2a. 安定组；J_2c. 直罗组；J_2y^{1-8}. 延安组 1~8 段；$J_2y^9-J_1f$. 延安组

9 段—富县组；T_3y. 延长组；长 1+2. 延长组 1+2 段；长 3-5. 延长组 3~5 段；长 6. 延长组 6 段

根据苏林分类白垩系地层水大部分为矿化度小于 10 g/L 的 Na_2SO_4 水型。新近系砂岩含水岩组富含石膏($CaSO_4 \cdot 2H_2O$),致使其地下水水质变差,因而影响到下伏白垩系地下水的水质,导致研究区白垩系地层水 SO_4^{2-} 的含量比较高。从剖面上可以看出邻近 ZX2 孔洛河组地层出露,受大气降水影响矿化度为小于 1 g/L 的 $NaHCO_3$ 水型(图 19.8b)。白垩系地下水水位埋深受地形控制除 B9 孔地形低环河组水头值高出地表 4 m 外,剖面上其他井环河组水位埋深 140.37~149.05 m,洛河组水位埋深 69.36~205.4 m,地下水的排泄受控于当地侵蚀基准面。

安定组可视为白垩系地层水的区域性隔水底板,它将浅层的重力水与深部的压实水相分隔。直罗组上覆区域性安定组隔水顶板,白垩系的地层水无法直接补给直罗组,分析其地下水来源主要是接受西缘逆冲断层带的大气降水补给。从研究区北部定边地区埋藏较深的 11 口井统计结果,直罗组地层水中 SO_4^{2-} 的含量很高,是其水文地质开启程度高的有力证据。在该水文地质剖面上,我们推测直罗组地层水为 $NaHCO_3$ 水型,西边靠近补给区矿化度为 3~10 g/L,向东径流缓慢矿化度逐渐增加 10~20 g/L,邻近地下水露头区受上覆地层水的淡化矿化度降低到 3~10 g/L。

延安组延 1 段—延 8 段,受到断层带的影响,西部地层水为矿化度仅 3~10 g/L 的 $NaHCO_3$ 型水,向东为 10~20 g/L 的 Na_2SO_4 型水和 $NaHCO_3$ 型水,邻近地下水露头区为矿化度 3~10 g/L 的 $NaHCO_3$ 型水。

延 9 段到富县组,西部为高矿化度(30~120 g/L)的 $CaCl_2$ 型水,向东依次分布 20~30 g/L 的 Na_2SO_4 型水和小于 20 g/L 的 $NaHCO_3$ 型水。延安组底部延 10 段地层水水位由西部地层深埋区向东部露头区逐渐降低,地下水的封闭性也相应变差。

上三叠统长 1 段至长 6 段中,长 1+2 段东部为矿化度 20~30 g/L 的 Na_2SO_4 水,往西逐渐变为矿化度 30~120 g/L 的 $CaCl_2$ 型水,长 3 段至长 6 段的地层均为矿化度大于 60 g/L 的 $CaCl_2$ 型水。

由此可见,定边-安塞地区白垩系—上三叠统地层水水化学类型具有明显的分带性。白垩系地层水受东部出露区大气降水和地表水的淡化,由东向西矿化度增大,水化学类型由 $NaHCO_3$ 水型→Na_2SO_4 水型,地下水径流受地形控制。侏罗系安定组为区域性隔水底(顶)板,推测直罗组地层水为 $NaHCO_3$ 水型,地下水由西向东形成重力穿越流。延安组延 8 段以上层位受东部出露区和西缘逆冲断层带大气降水的淡化影响,地层水 $NaHCO_3$ 水型→Na_2SO_4 水型→$NaHCO_3$ 水型。西缘逆冲断层带对延 8 段以下层位地层水基本没有影响,由西向东水化学类型由 $NaHCO_3$ 水型→Na_2SO_4 水型→$CaCl_2$ 水型,延 10 段地层水水位受压实作用控制由西向东逐渐降低。上三叠统长 1+2 段水化学类型 Na_2SO_4 水型→$CaCl_2$ 水型,长 3 段到长 6 段全部为 $CaCl_2$ 水型,说明长 1+2 段局部地层水受露头的影响外,在整个研究区范围内延长组地层水都处于相对封闭的水动力环境。概括来讲,研究区中生界地层水水化学垂向上由上至下矿化度逐渐增大,水化学类型由 Na_2SO_4 水型→$NaHCO_3$ 水型→Na_2SO_4 水型→$CaCl_2$ 水型,地下水的封闭性逐渐增强。综上所述,三种不同的地下水动力系统分带的分布范围及相关流体特征列于表 19.1,并建立了如图 19.9 所示的地下水动力环境和水流特征模式图(王晓梅、王霍亮,2008)。

表 19.1   定边–安塞地区中生界(上三叠统—白垩系)地下水动力系统划分

主要特征 \ 分带		浅部相对开启带			中部过渡带			深部相对封闭带
分布范围	埋深	一般<1000 m			一般 1000~1300 m			一般>1300 m
	层位	白垩系	安定组、直罗组	延安组和延长组局部沟壑露头处	除局部露头外的延安组			除局部露头外的延长组
流体动力特征	流体来源	大气降水和地表水			大气降水和地表水、压实水			压实水
	运移机理	重力流			压实流、重力流			压实流
	流向	分水岭为界向南、向北径流	由西向东径流	垂向径流为主	由西向东径流缓慢			由西向东径流趋于停滞状态
流体地球化学特征	水型	Na$_2$SO$_4$ 型	NaHCO$_3$ 型、Na$_2$SO$_4$ 型	NaHCO$_3$ 型	NaHCO$_3$ 型	Na$_2$SO$_4$ 型	CaCl$_2$ 型	CaCl$_2$ 型
	矿化度	<10 g /L		<10 g /L	10~20 g /L	20~30 g /L	>30 g /L	>30 g /L
	rNa$^+$/rCl$^-$	1.05~3.17			1.17~1.75	1.09~1.22	0.81~0.85	0.45~0.8

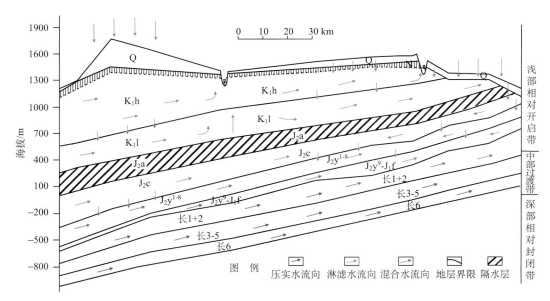

图 19.9   定边–安塞地区地下水动力环境划分示意图

地层符号含义同图 19.8

(三) 地下水动力系统的演化及其油气意义

盆地的地下水动力环境不是一成不变的,而是在不断地发展演化(Beitler *et al*.,

2003)。早白垩世鄂尔多斯盆地的沉陷，使各个地层达到其最大埋深，此时压实作用必然会成为促使地下水运动的主导因素。早白垩世末期至今，盆地内发生东升西降的翘倾构造运动，使盆地内的沉积岩系遭受到一次大规模的剥蚀，从东向西依次出露上三叠统延长组、侏罗系、白垩系。这时大气降水和地表水开始侵入地下，渗入水的运动主要受重力作用控制，因而地形因素的作用便显得突出。该次构造运动使延长组真正地受到一次大规模的剥蚀和渗入水的形成，破坏了流体的封闭性，形成了现今浅部和边部具重力流特征，中部和深部具压实流特征的叠合盆地类型。

(四)地下水动力系统的演化及其油气意义

盆地的地下水动力环境不是一成不变的，而是在不断地发展演化(Beitler et al., 2003)。早白垩世鄂尔多斯盆地的沉陷，使各个地层达到其最大埋深，此时压实作用必然会成为促使地下水运动的主导因素。早白垩世末期至今，盆地内发生东升西降的翘倾构造运动，使盆地内的沉积岩系遭受到一次大规模的剥蚀，从东向西依次出露上三叠统延长组、侏罗系、白垩系。这时大气降水和地表水开始侵入地下，渗入水的运动主要受重力作用控制，因而地形因素的作用便显得突出出来。该次构造运动使延长组真正得受到一次大规模的剥蚀和渗入水的形成，破坏了流体的封闭性，形成了现今浅部和边部具重力流特征，中部和深部具压实流特征的叠合盆地类型。

定边-安塞地区中生界延长组除局部露头外，其水动力系统属深部相对封闭带(Makowitz et al., 2006；Cartwright et al., 2007)，是油气勘探的有利目标区域。安塞油田和志丹油田等三叠系油田均位于深部相对封闭带，油气藏的保存条件很好。延安组除局部露头外，在洪德城、大水坑、白湾子、新安边所围地区内，属于压实水流控制的封闭型水动力环境，是油气勘探的有利目标区；向东扩展到定边—张天赐—沙集一线的范围内，是压实流-重力流交接的过渡类型和水动力环境，亦是油气聚集的有利区带。鄂尔多斯盆地早期石油勘探发现的马坊、红井子、东红庄和油房庄等侏罗系油田主要位于上述中部过渡带中的有利目标区域。

第二节　流体动力的分布与演化

一、神木-榆林地区流体压力分布与"负压"成因探讨

近年来，鄂尔多斯盆地上古生界的"负压"现象备受关注，但有关"负压"的成因目前仍然是一个世界性难题。前人曾总结了低压与天然气分布间的关系模式(Dickey and Cox, 1977；李熙哲等，2001；马新华等，2002；袁际华、柳广弟，2005)，但却基本未深究其发育时限与形成历史(王震亮等，2004；王震亮、陈荷立，2007)。神木-榆林地区位于鄂尔多斯盆地东北部，面积约 5×10^4 km²，地跨伊陕斜坡北部和伊盟隆起南部，该区上古生界是盆地目前天然气勘探的重点和热点地区。上古生界自下而上划分为：上石炭统本溪组(C_2b)、下二叠统太原组(P_1t)和山西组(P_1s)、中二叠统下石盒子组(P_2x)和上石盒

子组(P_2sh)与上二叠统石千峰组(P_3sh)。

(一) 现今实测储层的压力分布

根据重复电缆(Repeat Formation Tester，RFT)、完井试气等途径获得的压力资料，求出地层压力梯度数据。鉴于本区上古生界砂岩地层物性极为致密，测压时需要相当长的时间，工程难度较大，故若在同一深度段获得多个数据，则往往在进行比较、确认后，取其中较大的数据。

榆林气田(陕141气田)地层压力–深度分布：压力梯度0.900~0.986 MPa/100 m，平均0.952 MPa/100 m，且压力分布也不平行于静水压力线，说明其与外界之间的水力不连续。

米脂气田天然气试气结果显示，流体压力"有正有负"(表19.2)。

表 19.2　米脂气田天然气试气结果

井号	层位	射孔井段/m	静压/MPa	无阻流量/(m³/d)	压力梯度/(MPa/100 m)
米 1	盒 6	2034~2038	23.988	34490	1.178
米 1	盒 8+山 2	2083~2198	19.15	6300	0.895
米 2	盒 7	2107~2111	22.21	40426	1.053
米 4	盒 6+盒 8	2106~2209	18.718	22279	0.868

从全区地层压力的统计看(图19.10)，地层压力梯度大多为0.8~1.02 MPa/100 m，相比而言，因储层物性的差异，下石盒子组的压力梯度位于静水压力及以上的数据略多于

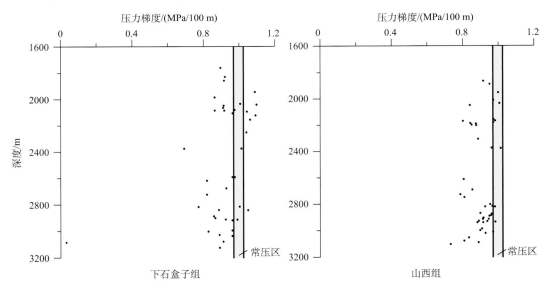

图 19.10　下石盒子组、山西组现今地层压力梯度

山西组。平面上，山西组基本上位于负压范围内(图 19.11)，压力梯度总体上南部高于北部，东部高于西部，属于静水压力的地区位于本区东南部的榆 10 – 镇川 11 井区。

　　现今不同层位之间的地层压力差别也较大，上石盒子组以下地层的气藏压力一般都在 20 MPa 以上，气藏之间的压力相差非常小(表 19.3)；而石千峰组气藏压力在 15 MPa 以下，最小的只有 7.1 MPa，压力比下部气藏压力小得多，如榆 17 井下石盒子组气藏和石千峰组气藏仅相差 200 多米，但气藏之间的压力却相差两倍之多，说明在气藏形成过程中经历了明显的压力释放过程。在石千峰组已发现的 3 个气藏的压力不仅比下部地层气藏压力小，且气藏相互之间的压力也相差很大。

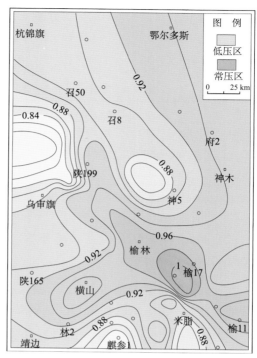

图 19.11　山西组现今压力梯度分布(MPa/100 m)

表 19.3　东部 8 口井在不同层位的地层压力梯度对比

井号	层位	压力梯度/(MPa/100 m)	井号	层位	压力梯度/(MPa/100 m)
榆 17	石千峰组	0.391	榆 17	下石盒子组	1.020
神 8	石千峰组	0.565	镇川 7	下石盒子组	1.123
盟 5	石千峰组	0.988	榆 17	山西组	0.979
镇川 8	下石盒子组	1.081	米 2	山西组	0.879
镇川 4	下石盒子组	1.095	镇川 2	太原组	1.117

(二) 地层"低压"的成因

　　区内上古生界内目前所测得的压力多为"低压"。从低压产生的机理分析，造成压力负异常(低压)的原因可能有三方面。

　　(1) 储层特别致密，钻井液容易引起污染，压力难以测准

　　对比、统计发现，本地区很多钻井在初试时往往地层压力偏低，且达不到工业气流标准。完井后相隔一段时间，对部分井重新射开试气时发现，天然气产量和地层压力都有一定程度的增长(表 19.4)。陕 201 井太原组、陕 83 井山西组、陕 69 井马家沟组五段内初试时的压力梯度分别为 0.8696 MPa/100 m、0.8915 MPa/100 m、0.9177 MPa/100 m；

2~7 年后重试时，其压力梯度已分别达到 0.9643 MPa/100 m、1.0105 MPa/100 m、0.9415 MPa/100 m，显示了致密地层钻开后压力的补充调整，更说明原始地层压力系统相互封隔、互不沟通。

表 19.4　部分钻井在油气初试和重试中获得的压力测试结果

井号	井段/m	层位	压力梯度[1]/（MPa/100 m）	压力梯度[2]/（MPa/100 m）
陕 201	2782~2792	P_1t	0.8696（1997 年）	0.9643（1999 年）
陕 83	2939~2945	P_1s	0.8915（初试）	1.0105（1999 年）
陕 69	3162.4~3185	O_1m^5	0.9177（1992 年）	0.9415（1999 年）

注：压力梯度[1] 为初试结果；压力梯度[2] 为重试结果。

（2）石炭–二叠系砂体(水力输导层)不连续，非均质性强，按通常的压力计算方法容易造成压力的人为降低

以往人们在计算静水压力时，一般是从地表开始起算的，但这种方法仅适用于水势面与地势相差不大、承压水层相互连通的情况，此时地层水处于同一个水动力体系内（图 19.12a）。

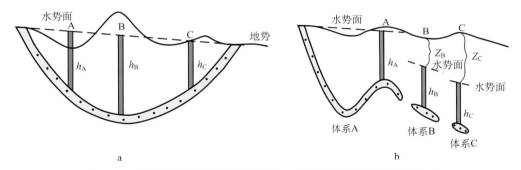

图 19.12　连续和不连续水力输导层中水势面与地势之间的差别大小
对压力计算的影响(据王震亮、陈荷立，2007)

而在各自独立的水动力体系间，水势面与地表面之间的距离相差甚远。加之鄂尔多斯盆地上古生界砂体的纵、横向连通性差，同一层位内的若干砂体被泥岩相互分隔（Sweet and Sumpter，2007），即使在同一砂岩体内，因成岩作用强弱的不同导致物性的非均质性，也可存在不同的水动力体系（图 19.12b）。其中体系 A 的水势面与地势基本一致，压力的计算可近似自地表算起。而体系 B、体系 C 的水势面与地表间的垂直距离分别为 Z_B、Z_C，此时的压力起算点应分别自 Z_B、Z_C 深处开始。以 B 点为例，如果此时仍从地表起算，压力梯度为

$$P_g = P_B/(h_B + Z_B) \tag{19.1}$$

将明显小于其本来的压力梯度：

$$P_g = P_B/h_B \tag{19.2}$$

从而表现为明显的"负压"异常。但这种"异常"显然是人为因素造成的,并不反映地下压力的真实分布状况。

(3) 构造抬升卸载的影响

鄂尔多斯盆地在早白垩世之后发生了较为强烈的构造抬升,引起地层剥蚀。据计算,本地区的地层剥蚀量可达 1000~2000 m(程绍平等,1998;邸领军等,2003;陈瑞银等,2006b)。随着上覆负荷的部分卸载,目的层内孔隙体积的弹性膨胀量远大于隙间水,孔隙体积增大;地层温度降低,流体遇冷收缩,体积变小(Xie et al., 2003)。这些因素的综合效应,有可能引起流体压力的降低。

二、古流体压力恢复

以神木-榆林地区石炭-二叠系的现今压力分布为基础,以压实恢复、包裹体温压测试获得的古压力数据为约束,利用盆地模拟技术恢复出古压力的演化史(王震亮等,1997;罗晓容等,2007;Wang and Chen,2007)。

(一) 根据压实研究恢复最大埋深时期的古流体压力

因沉积物压实效应的不可逆性,由压实曲线经平衡深度法计算出的流体压力,应反映该地区处于最大埋深状态下的地层压力分布状况。据研究(王震亮等,2004),受区域构造-沉积历史的影响,鄂尔多斯盆地大部分地区在早白垩世末埋深最大,因而计算的过剩压力更多反映了这一时期的情况。

通过累计读取区内 150 余口钻井的砂、泥岩测井曲线(包括自然伽马、声波时差、电阻率等),编制了这些井的综合压实曲线。确定出本地区的正常压实趋势后,利用平衡深度法比较真实地再现出最大埋深时期的古流体压力。

1. 最大埋深时期过剩压力的平面分布

从下石盒子组盒 8 段过剩压力平面分布(图 19.13a)上可以看出,根据过剩压力大小的分布大致可以把研究区分为东部和西部。东部压力基本上介于 5~8 MPa,仅在北部的神 6 井区、双 48-双 23 井区过剩压力大于 8 MPa;西部地区的过剩压力普遍高于东部地区,介于 10~15 MPa,过剩压力大于 12 MPa 的有两个地区,分别是北部的杭锦旗-乌审召地区,南部靖边地区的陕 160-陕 165 井区,过剩压力的大小分布不均匀,变化较剧烈。

山西组山 1 段过剩压力平面分布图基本上与盒 8 段的分布特点类似(图 19.13b),也可以分为东部和西部两部分。东部地区的过剩压力介于 5~8 MPa,分布比较均匀;西部过剩压力位于 8~14 MPa,压力大于 12 MPa 的较高过剩压力区域与盒 8 段的分布类似,位于北部杭锦旗东部的盟 1-召 50 井区、乌审召地区和乌审旗南部的陕 133-陕 157 井区。因此,从最大埋深时期盒 8 段、山 1 段过剩压力的平面分布看,总体上具有南高北低、西高东低的共同特点。

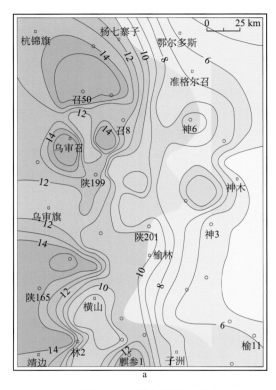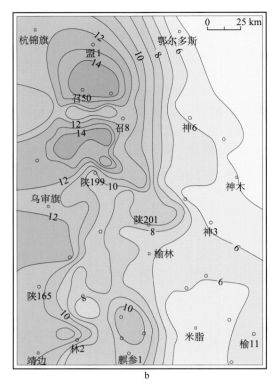

图 19.13 最大埋深时期盒 8 段(a)、山 1 段(b)的过剩压力平面分布(MPa)

2. 过剩压力在剖面上的分布特征

为了更好了解过剩压力的纵、横向变化,我们编制了 9 条过剩压力剖面(南北 4 条,东西 5 条)。

剖面 II 为南北向展布的麒参 1 -召 8 井剖面(图 19.14),位于研究区中部,总体上发育大于 5 MPa 的超压体,厚度较大,且连通整个剖面。麒参 1 井、陕 218 井和召 8 井上石盒子组层位发育有局部范围的大于 10 MPa 的超压体,延伸不远。陕 218 -陕 141 井的底部在山西组、下石盒子组发育一个小于 5 MPa 的超压体,横向连通,陕 205 井在石千峰组和下石盒子组分别发育两个小于 5 MPa 的小范围的超压体。

剖面 IV 为榆 5 -盟 5 井剖面(图 19.15),位于研究区的东部。在剖面的南北两端的榆 5 -榆15 井区和榆 17 -盟 5 井区处的石千峰组和上石盒子发育有大于 4 MPa 的超压体,且在神 4 井的深部发育有局部范围的大于 8 MPa 的超压体。剖面中部的榆 4 井-榆 14 井长达 35 km 的距离处存在过剩压力的水动力封盖缺口,可以作为天然气向上运移的良好通道。

剖面 VI 为东西向展布的剖面召 4 -神 4 井(图 19.16),整个剖面发育大于 7.5 MPa 的超压体,连通性好。在陕 199 -陕 204 井区和神 5 -神 4 井区底部发育小于 7.5 MPa 的超压体,召 4 井区和陕 204 -神 1 井区两处发育大于 10 MPa 的超压体。

剖面 IX 为东西向展布的剖面(陕 25 -榆 13 井)(图 19.17),其中陕 25 -麒 3 井、铺 2 -

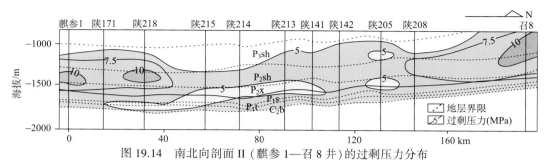

图 19.14　南北向剖面 II (麒参 1—召 8 井) 的过剩压力分布

P$_3$sh. 石千峰组；P$_2$sh. 上盒子组；P$_2$x. 下石盒子组；P$_1$s. 山西组；P$_1$t. 太原组；C$_2$b. 本溪组

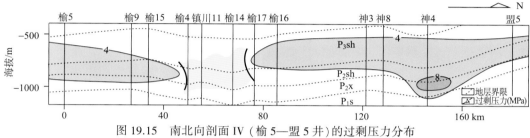

图 19.15　南北向剖面 IV (榆 5—盟 5 井) 的过剩压力分布

地层符号含义同图 19.14

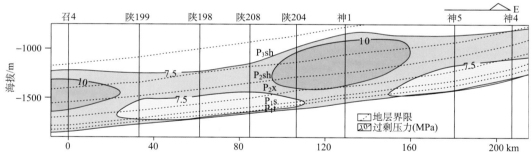

图 19.16　东西向剖面 VI (召 4—神 4 井) 的过剩压力分布

地层符号含义同图 19.14

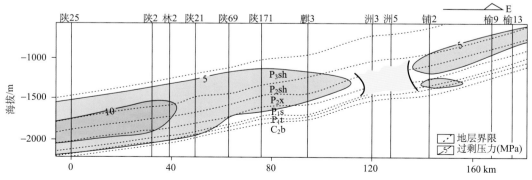

图 19.17　东西向剖面 IX (陕 25—榆 13 井) 的过剩压力分布

地层符号含义同图 19.14

榆 13 井分别发育大于 5 MPa 的超压体，且前者纵向范围较大，且内部于陕 25 -林 2 井处有大于 10 MPa 的超压体。剖面中部偏东洲 3 -洲 5 井处存在过剩压力的水动力封盖缺口，可以作为天然气继续向上运移的通道。

（二）利用包裹体测试分析计算古压力

流体包裹体形成温度和压力是包裹体研究中两个最重要的热力学参数。但如何运用包裹体数据计算包裹体捕获时的形成压力，尚属于世界性的科研难题（Bhullar *et al.*，1999；Munz *et al.*，1999；Marchand *et al.*，2000；Parnell *et al.*，2001；米敬奎等，2003；Wilkinson *et al.*，2004；刘德汉等，2007；刘建章等，2008）。

根据本地区实际情况，采用了不混溶流体包裹体作为地质温度计和压力计。具体做法是用显微测温法测定出包裹体的均一温度、冷冻温度后，再结合每一包裹体成分，计算其密度。利用其中两个极值包裹体的密度和成分代表当时不混溶流体单相的密度和组分，用单相流体状态方程来描述其 *p-V-T* 关系。将两个状态方程联立求解，即可求出不混溶流体包裹体组合的形成温度和压力（刘斌、沈昆，1999）。

基于上述分析思路，研究中共选取了神 3、盟 5、召 4、桃 6、榆 17 这 5 口井的 17 块砂岩样品进行显微镜下鉴定和冷热台下测温。镜下可见，本地区砂岩内发育的流体包裹体多产于石英碎屑的早期、晚期微裂隙内，在油气运移过程中被捕获，反映了油气运移时期的流体组分及其所处的温度、压力环境。包裹体的成分类型包括含盐子矿物水溶液类、气态烃类、含沥青质烃类、液态烃类等，粒度大小一般 2～5 μm，颜色多稍带灰黑—灰黑色。有关包裹体成分的测试分析在法国 J-Y 公司生产的 RAMANOR-U1000 型激光拉曼探针上完成。

根据实测和计算获得的地层压力，并考虑各井在早白垩世末的上覆地层总剥蚀量，可计算出包裹体形成时的古流体压力以及相应的古压力梯度和古过剩压力（表 19.5）。其中，剥蚀量的计算是根据鄂尔多斯盆地的构造-沉积背景（程守田等，1997），采用压实曲线法、地层对比法和镜质组反射率法联合求出的。

以盟 5 井下石盒子组 1809.70 m 处的浅灰色中粗砂岩样品为例，包裹体形成于早期微裂缝中，成分类型有水溶液和气态烃类包裹体，后者中含有 CO_2、N_2、CH_4、C_3H_6 等。应用矿物（石英）平衡热力学计算法，确定包裹体形成时的古流体压力为 40.6 MPa，如果考虑到该井所在地区在晚白垩世约有 770 m 的剥蚀厚度，则可推算出，本井处上石盒子组的古流体压力梯度可达 1.57 MPa/100 m，过剩压力可达 14.66 MPa。综合表 19.5 结果，神木-榆林地区上古生界在地质历史上的古流体压力梯度可达 1.34～1.66 MPa/100 m，而古过剩压力则在各井之间有较大差别，最小为 10 MPa，最大可达 22 MPa。

总之，压实研究和包裹体测试结果均显示，鄂尔多斯盆地上古生界在地质历史时期确实存在超压，现今所见的低压应是后期形成的（王震亮，2002；张立宽等，2004），从而为利用盆地模拟技术恢复古压力演化提供了重要的约束条件。

表19.5　神木–榆林地区上古生界砂岩包裹体形成时期的古流体压力恢复结果

井号	样品埋深 /m	层位	岩　性	K_2 剥蚀量 /m	包裹体形成 压力/MPa	古压力梯度 /(MPa/100 m)	古过剩压力 /MPa
神3	1987.30	P_2x	浅灰绿色不等粒砂岩	1080	41.0	1.34	10.16
	1988.40	P_2x	浅灰绿色不等粒砂岩	1080	41.1	1.34	10.25
	1988.40	P_2x	浅灰绿色不等粒砂岩	1080	42.2	1.38	11.35
	2068.10	P_1s	浅灰色含砾粗砂岩	1080	48.2	1.53	16.55
	2082.65	P_1s	灰色含砾粗砂岩	1080	45.5	1.44	13.70
盟5	1668.60	P_2sh	浅灰绿色中砂岩	770	35.9	1.47	11.38
	1809.70	P_2x	浅灰色中粗砂岩	770	40.6	1.57	14.66
	1888.85	P_1s	浅灰色砾状粗砂岩	770	41.2	1.55	14.47
	1888.85	P_1s	浅灰色砾状粗砂岩	770	41.8	1.57	15.07
	1913.05	P_1s	浅灰色中粗粒砂岩	770	39.3	1.46	12.32
召4	3008.15	P_2x	浅灰绿色中砂岩	350	55.6	1.66	21.83
	3032.10	P_1s	灰色中砂岩	350	55.9	1.65	21.89
桃6	3363.60	P_2x	浅灰色含砾不等粒砂岩	510	60.9	1.57	21.95
	3364.90	P_2x	浅灰色含砾粗砂岩	510	56.8	1.47	17.84
榆17	2091.90	P_2x	浅灰绿色中粗砂岩	1130	46.1	1.43	13.70
	2094.00	P_2x	浅灰绿色中粗砂岩	1130	46.1	1.43	13.68
	2169.75	P_1s	浅灰色中粗砂岩	1130	47.1	1.43	13.93
	2262.95	P_1t	灰色含砾粗砂岩	1130	48.5	1.43	14.38
	2264.95	P_1t	深灰、灰色粗砂岩	1130	51.9	1.53	17.76

(三) 神木–榆林地区石炭–二叠系内形成压力异常的主要地质因素

1. 欠压实作用

神木–榆林地区石炭–二叠纪沉积环境,造就了有利超压形成的岩性组合关系(Chen et al., 2003; Vejak, 2008)。具体表现为砂岩、泥岩互层,且砂体在纵、横向上的连续性差;泥岩较为发育,砂岩颗粒较细;二叠纪以后上覆地层至早白垩世末的快速沉积(程守田等,1997)(图19.18),为超压的形成提供了外部条件(Luo et al., 1992)。

2. 生烃作用

石炭–二叠系煤系烃源岩主要包括煤和暗色泥岩组成的煤系地层。热模拟实验结果表明,煤型气的主要成分是甲烷及甲烷同系物,其次是二氧化碳。气态烃产率随着源岩热演化程度的增加而逐渐增大。晚侏罗世—早白垩世,盆地处于异常高地热场,太原组有机质达到凝析气和干气阶段大部分地区 R^o 达2.0%以上。南部进入干、湿气混生阶

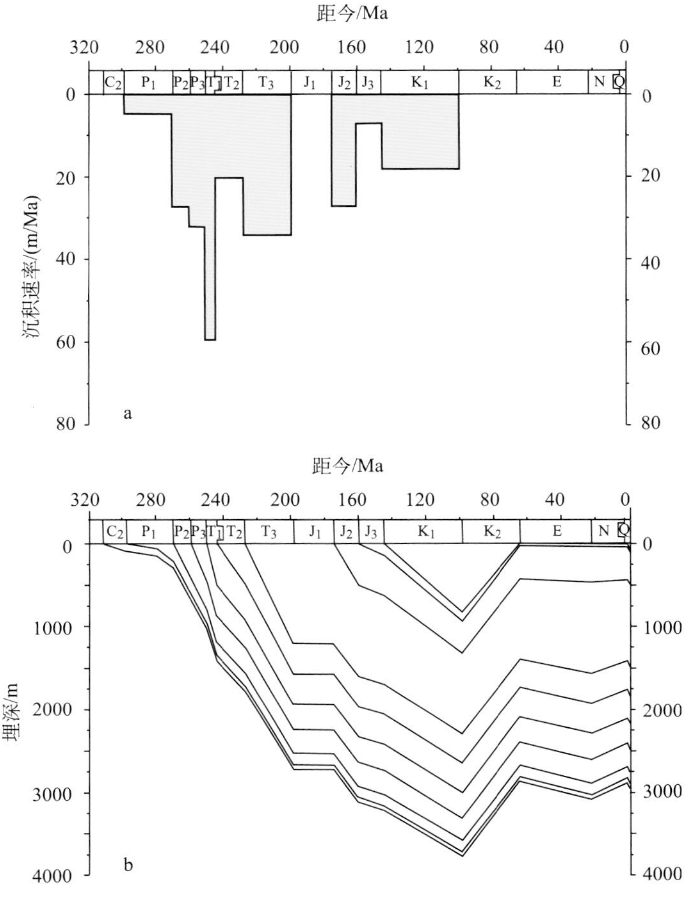

图 19.18 陕 171 井的平均沉积速率分布(a)与埋藏史曲线(b)

段,形成以盆地东部为主、西部次之的广覆式生烃,东部地区的生气强度可达 $50×$ 10^8 m^3/km^2 以上,烃源岩的累计排烃也达到顶峰期,排气强度可达 $40×10^8$ m^3/km^2。天然气大量生成并进入已致密化的储集层孔隙内,也是促使压力增高的重要原因(Law et al.,1998;付少英等,2002;Luo et al.,2003;郝芳,2005;Tian et al.,2008)。

总之,石炭-二叠系在某些地质时期内完全有可能形成超压。但因各地区之间沉积、成岩、生烃作用的差异,形成超压的幅度也将有所差别。

(四) 利用盆地数值模拟技术恢复古压力演化历史

1. 原理与方法

盆地模拟是石油地质理论与计算技术相结合的产物,有助于实现对某些石油地质过程的定量描述和恢复(Welte et al.,1997;Sorenson,2005;Muggeridge et al.,2005;Underdown and Redfern,2008)。有关古流体压力的恢复可借助描述压力发育历史的数学模型进行。

从异常压力的成因机制出发，模拟计算中依据 4 个基本前提：①压实过程中岩石的不可压，孔隙流体可压；②流体在孔隙介质中的流动为线性渗流，服从达西定律；③流体流动中质量守恒；④水力裂缝方式可使泥岩中过高的压力得以释放、降低。表达流体压力演化历史的方程为(王震亮等，1997)：

$$(\phi \cdot \beta_f + \beta_s) \cdot \frac{dp}{dt} = \frac{1}{\rho_f} \cdot \text{div} \left\{ \frac{k \cdot \rho_f}{\mu_f} [\overrightarrow{\text{grad} p} - \rho_f \cdot \vec{g}] \right\} + \beta_s \cdot \frac{dS}{dt} + \alpha_f \cdot \phi \cdot \frac{dT}{dt} + q_f$$

(19.3)

式中，β_s 和 β_f 分别为岩石和流体的压缩系数；ρ_f、μ_f 分别为流体的密度和动力学黏度；p 为流体压力；S 为上覆总负荷；α_f 为流体的热膨胀系数；T 为温度；q_f 是单位体积内流体的体积增长率；t 为时间。该式反映了流体压力随时间的变化，故可用来恢复其演化历史。需要指出，盆地模拟结果的准确与否，主要取决于模型的正确建立、参数的仔细选取和适当的实现方法。在进行数值模拟时，应尽可能多地以不同途径获得的古状态参数(如古压力、古温度实测结果)作为约束条件(Xia *et al.*, 2006)，所用到的主要参数有：压实系数、剥蚀厚度(陈瑞银等，2006b)、孔-渗关系、古地温(任战利等，2007)、流体密度、压实骨架密度等。共选择 155 口井作为模拟控制点，通过 12 条横剖面、8 条纵剖面的进行 2D 模拟，这些剖面较为均匀地覆盖了全区，能够客观、真实地反映出流体压力的状况。

2. 古压力演化特点

不同地区之间，因孕育和保持异常压力的能力差异，所形成的异常压力幅度及其演化历史有明显差别(图 19.19)。

西部的陕 171 井，晚二叠世末石炭-二叠系内开始出现超压；晚三叠世末，石炭-二叠系底部的过剩压力可达 15 MPa；至早白垩世末处于最大埋深状态时，其过剩压力则可高达 20 MPa 以上。中部的陕 141 井处，石炭-二叠系内的异常压力演化历史与西部相似，即在晚二叠世开始出现超压，在晚三叠世和早白垩世的过剩压力均在 10 MPa 以上。

东部的榆 17 井处，石炭-二叠系内的异常压力主要出现于早三叠世-早白垩世，过剩压力幅度在 5~10 MPa，其中底部的过剩压力在晚三叠世-晚侏罗世最为发育，过剩压力可达 10 MPa，白垩纪后压力明显衰减。至于北部的盟 8 井处，仅在中三叠世-晚白垩世孕育过最大幅度不超过 5 Ma 的过剩压力。

为展示同一地层在不同地区之间异常压力演化的差别，图 19.20 综合对比了部分井山西组底部在不同时期的过剩压力分布。研究发现，异常压力的发育、演化历史发育晚三叠世末和早白垩世末两个过剩压力高峰。在地质历史上分别于晚三叠世和早白垩世末出现过两个高峰，压力的增、减历史构成两个压力旋回。流体压力的这一发育、演化历史与该地区的构造、沉积历史密切相关。在快速沉积、埋藏作用阶段，有利于异常压力的形成和保持，过剩压力将会逐渐增加；而伴随着构造运动的加强，地层被抬升、遭受剥蚀，原有超压体中的压力得到一定程度的释放，过剩压力将会逐渐减小，甚至降至静

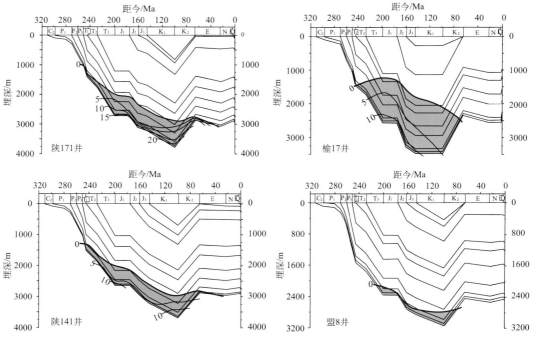

图 19.19 陕 171 井等的埋藏史和过剩压力发育史

水压力或略呈负压。

同时还发现,不同地区两个时期的过剩压力幅值大小不一样,研究区中、西部一般情况下最大过剩压力幅值处于 K_1 末时期(图 19.20a),此时处于最大埋深时期;而东南部最大过剩压力幅值位于 T_3 末时期(图 19.20b)。这反应了不同地区沉积、成岩、生烃等地质作用的差异性(陈瑞银等,2006a)。

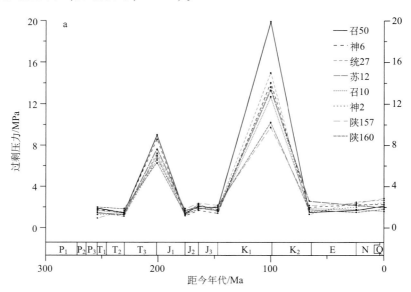

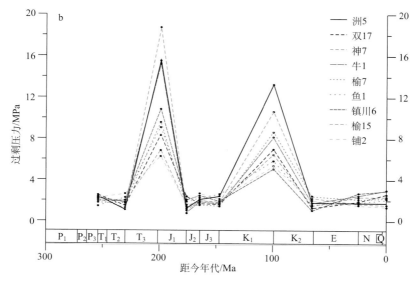

图 19.20　神木–榆林地区山西组过剩压力演化的两种类型
a. 中西部；b. 东部

第三节　天然气运移的优势通道

一、提出了评价砂岩输导能力的两个关键参数

砂体是否具有输导能力，是输导介质的连通能力与流体动力共同作用的结果，在宏观的沉积相、砂体展布、孔隙结构及古孔隙度、渗透率恢复的基础上(Bloch et al., 2002；胡宗全，2003；Dillon et al., 2004；付金华等，2005；Jonk et al., 2005；邱隆伟，2006；丁晓琪等，2007；Bowen et al., 2007；Neilson and Oxtoby, 2008)，结合流体动力引入了储存系数和流动系数的概念。

储存系数表示岩层储存流体的空间能力，公式如下：

$$C_v = h \times \phi \tag{19.4}$$

式中，h 为砂体厚度；ϕ 为孔隙度。

流动系数表示岩层允许油、气通过的能力，公式如下：

$$C_f = \rho \cdot g \cdot h \cdot \frac{k}{\mu} \cdot \frac{dH}{dl} \tag{19.5}$$

式中，ρ 为天然气密度；h 为砂体厚度；k 为渗透率；μ 为天然气黏度；dH/dl 为气势梯度。因可将 μ 视为定值，因此流动系数我们采用 $C_f \times \mu$ 的值来反映。

由于这两个公式把砂岩的介质特点(厚度、孔隙度、渗透率)与流体动力(气势梯度)很好地结合起来，因此，应用"储存系数"和"流动系数"来评价砂岩的输导性能全面反映了流体在连续性岩石介质中运移、聚集的实际情况。

以现今发现气田所在区域的最小储存系数、流动系数值作为下限,可以作为天然气发生运移、成藏的基础,即"有效输导体"。此处所谓"有效",是指有可能形成天然气藏。按这一下限将储存系数和流动系数进行叠加,可以确定出"有效输导体"的分布范围。当然,因两个参数的单位不同,需将其进行无量纲化处理后才能叠加。

二、砂岩输导性能的分布

根据不同成岩阶段影响砂岩物性的主要控制因素,恢复出 K_1 末等主要成藏期的物性展布,计算了砂岩储存系数和流动系数。

1. 储存系数分布特征

盒8段储存系数分布范围介于0.7~2.2(图19.21a),该值大于1的区域分布较广,南部与北部相连通,有利于流体向北部的运移。值大于1.3的高值区分布于北部鄂尔多斯至南部地鄂5井,西北部杭锦旗南至乌审旗地区呈南北向条状分布,子洲-米脂地区,靖边东北部和乌审旗东部的局部地区。

山1段储存系数较盒8段差,分布于0.1~1.6(图19.21b),该值小于1的地区占较大面积,值大于1.3的地区明显小于盒8段,仅分布于米脂东北部的榆10-榆11井区、榆林西部的统5-陕116井区、西北部乌审召地区和中北部的召53-霍2井区。

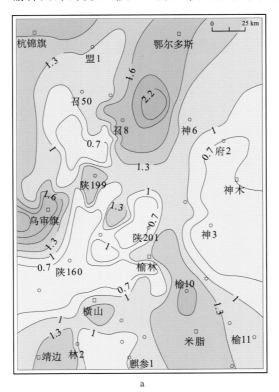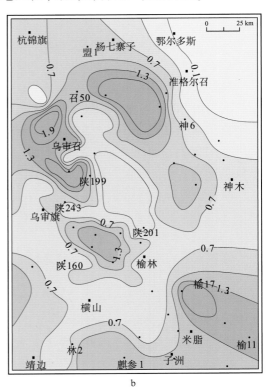

图 19.21　神木-榆林地区早白垩世盒8段(a)、山1段(b)的储存系数平面分布

2. 流动系数分布特征

盒 8 段的流动系数具有南低北高的分布特征(图 19.22a)，该值介于 5~40，大于 20 的高值区位于研究区北部的乌审召−杭锦旗−鄂尔多斯地区、南部的子洲−米脂−榆林区域。

山 1 段流动系数的特点也具有南低北高的特点(图 19.22a)，但数值较盒 8 段小，平面上小于 10 的区域占较大面积，大于 12 的为高值区，分布于乌审召−乌审旗区域往南延至榆林地区、南部子洲地区。

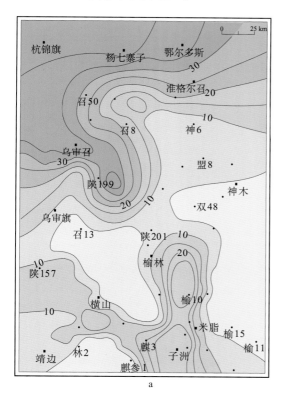 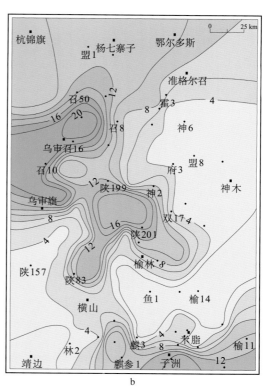

图 19.22　神木−榆林地区早白垩世盒 8 段(a)、山 1 段(b)的流动系数平面分布

三、砂岩优势运移通道的分布

通过对不同层位内气田所在之处的储存系数和流动系数的研究对比，确定了盒 8 段有效输导体以储存系数 0.20、流动系数 0.05 为界限，山 1 段以储存系数 0.20 和流动系数 0.10 为界限(这些值均已进行过无量纲化处理)，由此可勾画出盒 8 段、山 1 段的有效输导体范围。

从盒 8 段在主要成藏期——早白垩世的储存系数(图 19.21a)和流动系数(图 19.22a)的分布看，总体上有效输导体的分布北部明显好于南部，这与北部的物性较好有关。成藏期有利砂体输导体的范围分布于北部的乌审旗-准格尔召-鄂尔多斯地区，南部的靖边-子洲-米脂地区，且南部和北部有效输导体相连通(图 19.23a)，有利于天然气自南部生气中心向北部的运移。

从山 1 段在主要成藏期——早白垩世的储存系数(图 19.21b)和流动系数(图 19.22b)的分布看，该套地层总体上也是北部好于南部，且南北向相连通。有效输导体分布于：横山北部至乌审旗-乌审召-杭锦旗-准格尔召地区，南部地区分布于靖边-子洲地区，且南北向连通性好(图 19.23b)。恢复出主要成藏时期的有效输导体的展布范围，对于精细刻画油气运移、成藏活动，提高油气地质过程研究的精度，具有十分重要的理论意义，同时又有很强的实用性。

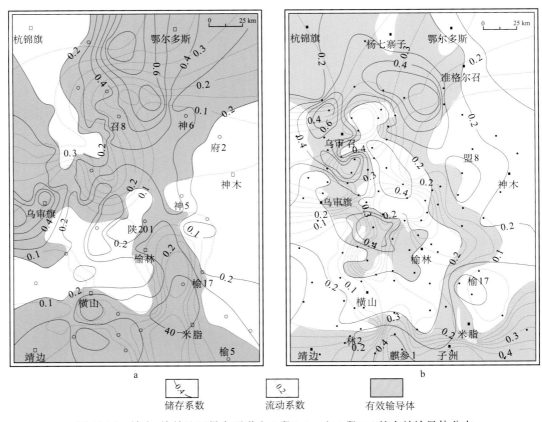

图 19.23 神木-榆林地区早白垩世盒 8 段(a)、山 1 段(b)的有效输导体分布

四、断裂和裂缝有利于油气的垂向运移

1. 盆地北部的断裂展布

由于构造运动的多期性和应力活动方式的多样性，使得本区断裂在其规模、形态及活动时期方面都不尽一致。杭锦旗地区共发现大小断裂三十余条，既有正断层，也有逆

断层。主要发育泊尔江海子断裂、三眼井断裂及乌兰吉林庙断裂。从浅(T4 反射层,对应于直罗组底)、中(T7 反射层,对应于延长组底)、深(T9 反射层,对应于上古生界底)各层位的断裂系统分布可见,该区断裂在平面分布上具有不均衡性,以泊尔江海子断裂、三眼井断裂及乌兰吉林庙断裂一线为界具有"北密南疏"的分布特征,主要以近东西向、北东向和北西向 3 个方向展布(图 19.24),它们平面上延伸较长,走向基本一致,由东向西呈台阶状横贯盆地北部,纵向上断开层位多。其余断裂均为延伸较短规模较小的断裂。

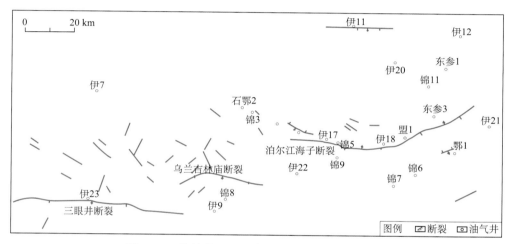

图 19.24 杭锦旗地区上古生界底界(T9)断裂系统

其中,泊尔江海子断裂为一条断面北倾的逆断层,区内延伸长度自下而上变小,下部长约 75 km,上部长约 68 km,断裂错断了下白垩统志丹群底界(T3)之下的所有层位,断面倾角上陡下缓(图 19.25),下部上古生界底界(T9)部位的倾角为 40°~50°,向上至中侏罗统直罗组底界(T4)部位增大为 70°~75°。垂直断距纵向上从下往上逐渐变小,T9 断距最大,T4 断距最小,反映了断裂活动的长期性。该断裂自西向东其不同地段的断距有别,自下而上,断裂的倾角、断距也有所不同的,反映了断裂不同地带所受的应力大小在同一时期的不同。

2. 裂缝

因盆地北部横跨鄂尔多斯盆地 3 个构造区块,且发育断裂(张莉,2003),加上印支期、燕山期和喜马拉雅期三期运动的影响,故发育较多裂缝发育(图 19.26)。如泊尔江海子断裂两侧裂缝较为发育,其中锦 4 井和锦 5 井裂缝发育密度分别达到 0.35 条/m 和 0.26 条/m 从而改善了输导条件,有利于油气的运移。

除构造裂缝外,还应注意超压下形成的水力裂缝在油气运移中的作用。前人研究结果显示,当孔隙流体压力达到其静岩压力的 85% 时,岩石将沿着最小剪切应力面破裂,从而形成大量水力裂缝。这种破裂通常是幕式或周期性发生的,其形成周期可达 100 a~1 Ma(Parnell et al.,1998)。鄂尔多斯盆地上古生界在早白垩世普遍存在一定幅度的高

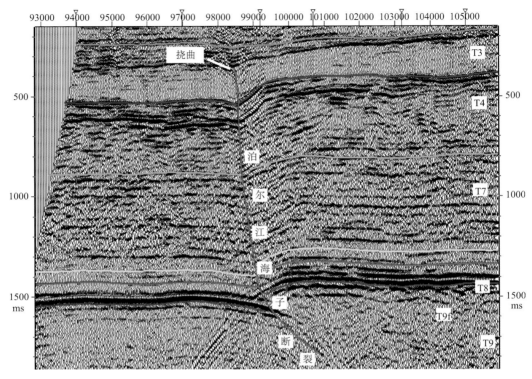

图 19.25 泊尔江海子断裂剖面图

a

b

图 19.26 杭锦旗地区储层内的裂隙及其方解石充填
a. 高角度裂缝，锦评 1 井，2316.7 m；b. 方解石充填裂缝，锦 12 井，2104 m

压，尤其是南部和西部地区，因此势必形成一定数量的水力裂缝，将大大提高油气的运移效率。

3. 优势输导体系评价

综合岩性、断裂、裂缝和不整合面分布特征，评价和预测了油气成藏关键时期，盆地北部上古生界各个层组的优势输导层。先以山西组为例加以说明。具体分布在以下 3 个地区(图 19.27)。

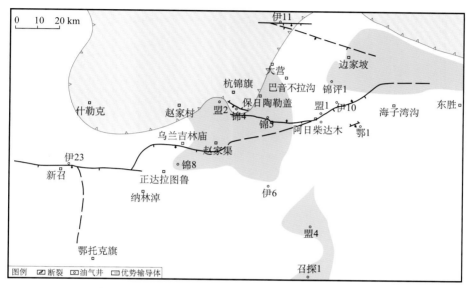

图 19.27　杭锦旗地区山西组优势输导通道分布预测

(1) 拉不扔-乌兰吉林庙地区

该区位于冲积扇根部，砂体厚，大部分都在 20 m 以上，沉积物颗粒粗，孔隙发育，平均可达 10%；在断裂附近，裂缝发育，形成渗透率级差；属溶蚀作用相，有利于次生孔隙发育。

(2) 什股壕及其以东地区

该区位于冲积扇根部，砂体厚，大部分都在 20 m 以上，沉积物颗粒粗，孔隙发育，平均可达 10%；受燕山晚期运动影响，抬升较高，裂缝发育，平均渗透率在 2×10^{-3} μm^2 以上。

(3) 盟 4-召探 1 井区

该区属辫状河沉积，砂体厚，都在 25 m 以上；渗透率和孔隙度的最大和平均值差异较大，形成了级差优势。

4. 东胜地区断裂构成了油气向上运移的有利通道

据航测遥感中心航磁解译资料，东胜地区有北东向断裂(F_7、F_{21})。东胜矿化集中区位于上述两组区域性断裂构造的交汇部位(图 19.28)。

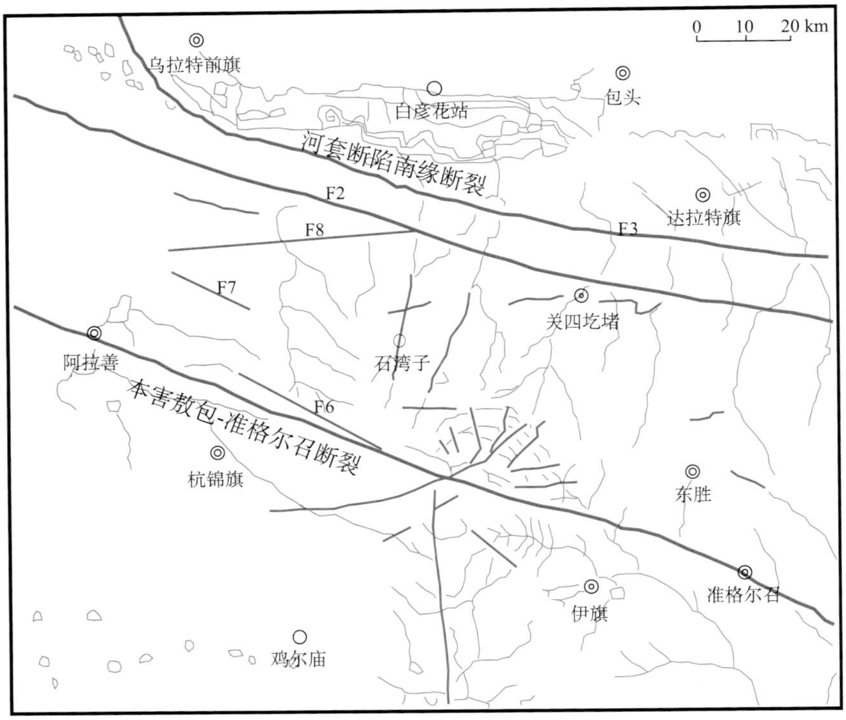

图 19.28 本害敖包-准格尔召断裂展布示意图(据刘德长,2006)

本害敖包-准格尔召断裂位于东胜市南,断层走向北西西,断层性质为正断层,断层长度大于 200 km。深部断裂的发育与浅部不协调,深部较为发育。该断裂形成于安定组沉积时或沉积以后早白垩世沉积以前,活动于中生代晚期至今,断裂整体形成时间为早白垩世东胜组沉积期间或之后。该断裂总体至少切入奥陶系,但西深东浅,西部切入到结晶基底。

该断裂是一条贯通性断裂。它对该区的铀成矿起到构造地球化学障的作用,从地表切入基底的贯通型断裂对成矿更为有利。具体表现为:承压水的减压带、排泄带(局部)透气带;沟通深部汽、水、油;活动带内断裂的多次活动,导致成矿的多期性。

因此,从垂向通道条件分析,油气完全有条件从古生界向上运移至铀矿层,并在铀矿的赋存中发挥重要作用(马艳萍等,2007;Li et al.,2007;李子颖等,2009)。

第四节 天然气的运移、成藏规律

一、气势梯度演化与天然气的运移、成藏阶段

作为流体能量具体体现的流体动力,是影响油气运移聚集成藏的根本性因素。在计算地质历史时期的气势时,古压力、古高程(由古埋深转化而来)可经盆地模拟得出,针对天然气在地下较高压力和温度下,其压缩和膨胀性十分明显这一物理性质,根据实测

天然气的性质,求出了神木-榆林地区现今天然气地下密度与地层压力的统计关系(图 19.29)。据此,只要能够获得目的层在不同时期的古压力,就能推测出当时的天然气地下密度,这为计算气势等古流体动力,提供了重要依据。

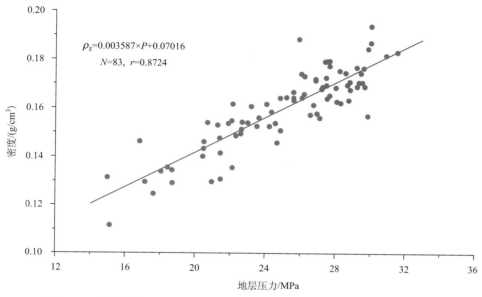

图 19.29　神木-榆林地区古生界天然气地下密度与地层压力间的统计关系

气势的大小只能说明天然气运移的趋势,而直接控制天然气运移的是势梯度的大小(王震亮、陈荷立,2007),因此需要定量研究气势梯度的大小及其随地质历史的演化特征,由此为油气运移、成藏研究提供更为直接的证据(图 19.30)。从 7 口重点井的气势梯度变化看,J_3 末是 J_2 末气势梯度的 1.93 倍、2.5 倍、1.49 倍、1.40 倍、2.44 倍、1.11 倍,伊 6 井区仅占 J_2 末气势梯度的 72%;K_2 末是 K_1 末气势梯度的 1.78 倍、1.51 倍、2.39 倍、3.13 倍、2.73 倍,林 2 井、伊 6 井区仅占 K_1 末气势梯度的 98%、80%;N 末气势梯度是 E 末的 2.71 倍、1.27 倍、1.56 倍、2.41 倍、1.18 倍,林 2 井仅占 E 末的 78%。从气势梯度的平均值看,上述三个时期的气势梯度分别达到前一时期的 1.66 倍、1.90 倍、1.65 倍。据此提出,神木-榆林地区上古生界内的天然气运移成藏作用存在两个主要运移成藏期(J_3—K_1中、K_2中—E)和一个调整期(N 中后)。

此外,从南部(陕 243、林 2、麒参 1、榆 17 井)、北部(神 6、伊 6 井)的气势梯度分布与演化的对比来看,南部大部分地区在 J_3、K_2、N 3 个时期较之前一时期气势梯度有明显增加,且气势梯度整体幅度较大,说明这三个时期内促使天然气的运移、成藏、调整的流体动力较大。而北部地区势梯度整体较小,且在前述 3 个时期没有明显的气势梯度增高,整体处于比较平缓的态势,有利于接受南部运移来的天然气,显示天然气向北部运移的必然性。

这一研究结果显示,异常流体压力与天然气运移间关系较为复杂:①深埋时期,过剩压力幅度最大,适于排烃;气势梯度较小,不适于大规模侧向运移和成藏;②当地层

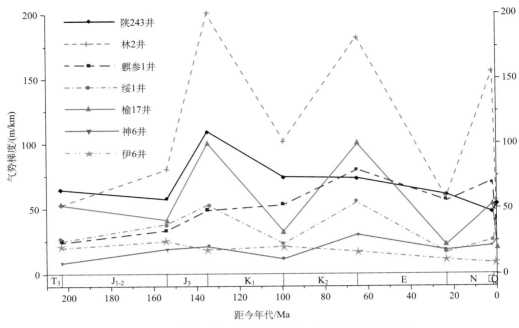

图 19.30　部分井区山西组气势梯度在主要地质时期的变化

抬升时，过剩压力幅度小，不适于排烃；但气势梯度较大，直接作用于天然气运移的动力快速增大，增加了天然气的运移性，其成藏活动也最为活跃，适于大规模侧向运移和成藏。

　　这一新认识反映了构造深埋、抬升两大阶段流体动力与天然气的运移、成藏的复杂关系，呈现明显的阶段性、多期性(宋岩等，2001，2002；王震亮、陈荷立，2002；Song et al.，2002；王震亮等，2007)。

二、泥岩与压力的联合封盖与天然气垂向的差异性运移、成藏

1. 气层、含气层在不同层段的分布

　　石炭-二叠系砂岩储集层较为发育，加之与砂岩层相间的泥岩构成直接盖层，为天然气的聚集提供了有利条件，因此几乎各层组都有气层分布。考虑到气层分布的广泛性和复杂性，试气结果往往并不全面，现以测井解释的气层、含气层厚度占所在小层厚度的比例为依据，分析不同层组内的气层和含气层厚度分布(图 19.31)。在所统计的 262 口井中，有 253 口井在砂岩储层中见到气层和含气层，约占总井数的 96.6%。从各层段气层、含气层所占的比例看，天然气在纵向上集中分布于山西组(气层厚度占总厚的 44.9%，含气层厚度占总厚的 34.6%)和下石盒子组(气层厚度占总厚的 42.1%，含气层厚度占总厚的 48.7%)，其中又以山西组的山 2 段、山 1 段和下石盒子组的盒 9 段、盒 8 段天然气分布最为集中。

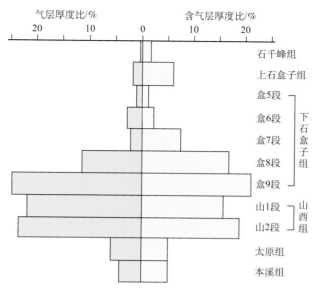

图 19.31　神木-榆林地区上古生界气层、含气层累计厚度在各层段间的分布频率

2. 泥岩和压力的联合封盖与两种运移、成藏模式

从含气层段的分布层位看，整体上处于上石盒子组和石千峰组区域性泥岩盖层以下，后者同时又是天然气向上运移的压力封盖层，为气藏的保存提供了双重保障。

有鉴于此，我们总结出石炭-二叠系泥岩盖层和流体超压的联合封闭及其在地区间的差别，导致天然气向上的差异性运移、成藏。上古生界在早白垩世末最大埋深时期，将处于不同流体动力背景下的天然气运移成藏模式划分为以下两种类型(图 19.32)。

模式 A：天然气向上只能运移至上石盒子组底，途中在山西组、下石盒子组内就近聚集。

模式 B：天然气向上运移至上石盒子组后，因盖层的压力封闭性能偏低甚至不具压力封盖性，气可通过裂缝、砂体等途径继续向上运移，从而形成上石盒子组、石千峰组浅层气藏。浅层气的成藏主要因为发育纵向上的过剩压力封盖缺口，天然气可突破传统的区域性盖层，进入上覆的有利储层聚集成藏。

3. 浅层的丰富含气显示应为天然气向上运移的结果

近年来，在榆 17、盟 5、府 2、神 8、神 3 井的区域性盖层的石千峰组或上石盒子组浅层也有了天然气勘探的突破(王震亮等，2004；李振宏等，2005)，证明了天然气不仅可以横向运移，而且可以在合适的条件下产生纵向的运移。

目前已在研究区的多处浅层发现含气显示，有 5 口井在浅层的石千峰组试气获得工业气流。还在 42 口井的浅层的上石盒子组、石千峰组发现气测显示。井的分布比较集中，可以分成 4 个区域。这既显示天然气向上运移的广泛性，又指示了浅层天然气勘探的重要性。

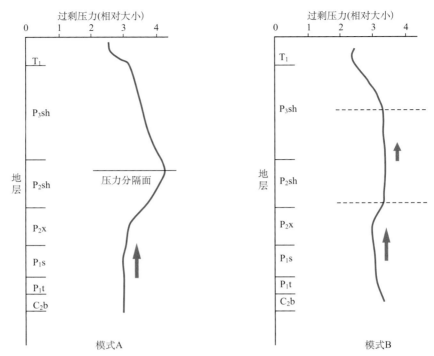

图 19.32   天然气在过剩压力作用下的两种运移成藏模式

T₁. 下三叠统；其余地层符号含义同图 19.14

三、流体动力分布与天然气的侧向运移

1. 流线图指示的天然气侧向优势运移

流线图中流线反映的是势梯度的方向，即运移方向，用流线的方式可以更直观的反映天然气的运移方向(Hindle，1997；Bekele *et al*.，1999)。T_3 末时期天然气主要以向北部运移为主(图 19.33a)，有利聚集地区主要位于研究区西北部的乌审召地区，东部的榆林东部地区，往北部一直到东胜地区皆为天然气的有利聚集区域。

J_2 末时期(图 19.33b)，天然气从东南部的高势区域，具有向四周运移的趋势，主要聚集区域位于西部的横山-靖边地区，西北部的杭锦旗地区，和东北部的东胜地区。

至 K_1 末期(图 19.33c)，天然气的有利聚集区域与 J_2 末类似，主要聚集区域位于西部的靖边地区、乌审旗地区、榆林南部地区、神木南部地区和东北部的东胜地区。

K_2 末至今(图 19.33d)，天然气运聚特征相似，天然气主要运移方向以向东运移为主，天然气的主要聚集区域位于西南部的横山地区，东部从米脂地区往北部鄂尔多斯地区都是天然气的有利聚集地区。

总之，从天然气的流线图上可以看出，现今气藏的分布位置，乌审旗地区、榆林地区、米脂地区等，在地史上曾经作为天然气的有利聚集区域。研究区东北部的东胜地区

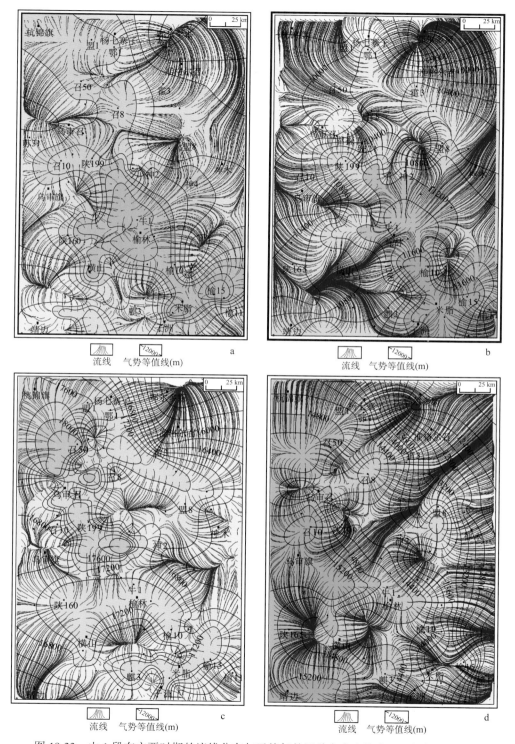

图 19.33 山 1 段在主要时期的流线分布与天然气的运移方向和聚集区(流线汇聚处)

a. T₃ 末; b. J₂ 末; c. K₁ 末; d. K₂ 末

从 T_3 末至今的长达 200 Ma 的漫长时间里,一直处于低的气势区域内,作为天然气的有利聚集区域。

2. 天然气沿优势运移方向的运移特征

三叠纪末期至中侏罗世的流体势分布特征相似,西部、北部为低势区域,为天然气的运移指向区域,但是此时期的生排气量较少。因此现对主要成藏时期(早、晚白垩世)的优势运移方向进行分析。

从图 19.34 中可以看出,K_1 末时期天然气的运移方向可以分为 3 个区域,向北运移区域(I),向西运移区域(II),向东运移区域(III),有利于向北部运移的区域占很大面积,因此该时期以天然气向北运移为主要趋势。

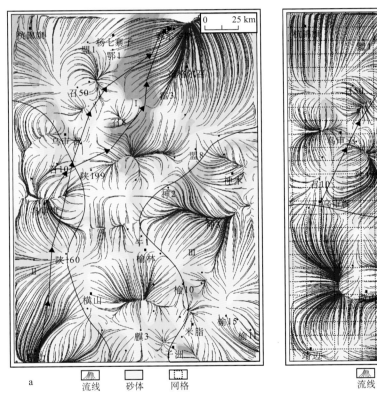

图 19.34　山 1 段在 K_1 末(a)、K_2 末(b)的优势运移方向及分区

在研究区内选取距东胜地区最远的靖边地区(蓝线)和最近的乌审旗地区(绿线)两个位置(图 19.34),可以分别估算出位于这两个地区的天然气运移至东胜地区所用的时间。根据砂体厚度与孔隙度分布的叠加图,选择孔隙空间相似的范围取一个计算单元,取参数的平均值。计算结果表明,靖边地区的天然气运移至鄂尔多斯地区需 9.6 Ma,而较近的乌审旗地区的天然气需 5.9 Ma,因此判断出天然气在 K_1(145.5~99.6 Ma)时期长达 46 Ma 的时间内已经到东胜地区。

K₂末，天然气的运移方向可以分为两个区域，北部主要向东北运移区域(I)，中南部向东运移区域(II)。以乌审旗气田的天然气为例，计算出经历 4.8 Ma 即天然气可以向东北到达东胜地区。这说明东胜地区作为天然气运移的优势指向地区，可以获得充足的天然气，并可参与到铀矿的形成和赋存(Li *et al.*, 2007)。

四、成岩流体信息记录的油气充注时间

1. 利用包裹体均一温度确定充注时间

本次研究采用的仪器是英国 Linham 公司的 THMS600G 冷热台，测定误差为±0.1 ℃，显微镜为日本产的 Olympus，另配 100 倍的长焦工作镜头。

实验中测得了 21 个样品的 240 个温度点，研究区的包裹体发育于石英颗粒中的愈合裂缝中，裂缝有石英颗粒内部的，也有切穿石英颗粒的。包裹体类型主要有液烃包裹体、气烃包裹体和盐水包裹体(图 19.35)3 种。两种产状的包裹体均一温度分布都有 3 个峰值，3 个峰值位于 95~110 ℃、115~135 ℃和 140~160 ℃区间(图 19.36)，结合研究

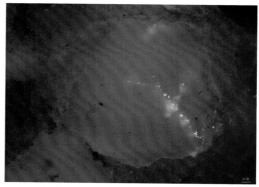

统33井，盒8段，2734.4 m 10×20 单偏光和荧光
石英颗粒内裂纹中发淡黄色荧光的油包裹体

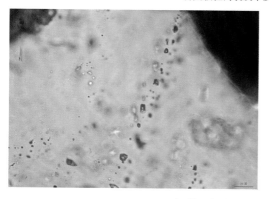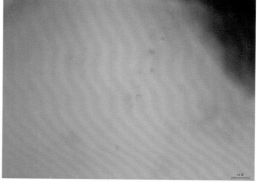

府2井，盒8段，1849.43 m 10×40 单偏光和荧光
切穿石英颗粒裂纹中不发荧光的气烃包裹体

图 19.35 研究区包裹体的发育特征

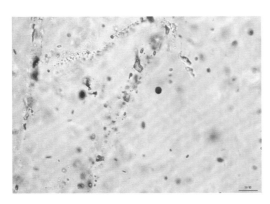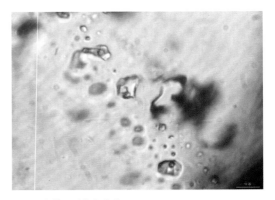

霍3井，山1段，2256.0 m 10×100 含盐子矿物包裹体

图 19.35　研究区包裹体的发育特征(续)

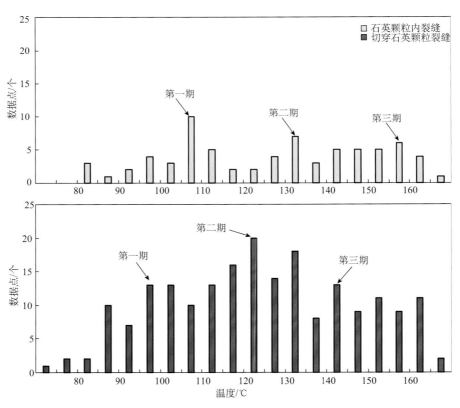

图 19.36　包裹体均一温度分布直方图

区埋藏史图得知，这 3 个温度峰值对应于地史上的中、晚侏罗世—早白垩世时期，主要集中在早白垩世时期，位于烃源岩的主要生排气时期之内。

2. 自生碳酸盐矿物的碳、氧同位素证据

现今研究区发育的碳酸盐胶结物主要为铁白云石、铁方解石。稳定 C、O 同位素分析表明(图 19.37),δ^{13}C 分布范围为 $-12‰\sim-4‰$,δ^{18}O 约分布在 $-16‰\sim-9‰$,分布相对集中,为 II 期碳酸盐,形成于早白垩世末期,为中成岩作用 A 期产物;仅有一个样品显示较高的 δ^{18}O 异常,表明是早期形成的方解石胶结物。

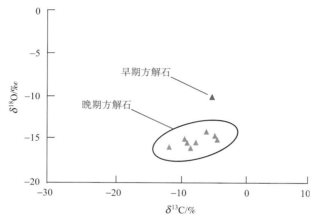

图 19.37 自生碳酸盐的碳、氧同位素分布

这些数据证明了晚期方解石的发育可以作为烃类在储层中大规模运移的标型矿物(Losh *et al.*,2002),指示大规模排烃末期。

3. 伊利石测年证据

从研究区北部(乌审召-准格尔召)选取 5 口井砂岩中的自生伊利石 K-Ar 同位素年代分析,从测试结果看(图 19.38),2 个样品的年龄为 188 Ma、192 Ma,属于早侏罗世,3 个样品的年龄为 145 Ma、155 Ma、156 Ma,属于晚侏罗世。

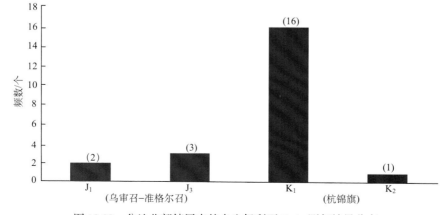

图 19.38 盆地北部储层中的自生伊利石 K-Ar 测年结果分布

而在本区西侧的杭锦旗地区，10 口井 17 块储层砂岩样品进行了同样的测试，显示的油气充注时间 100~140 Ma，在 115 Ma 左右居多，主要记录着早白垩世中晚期的油气活动。

对比东、西相邻两个地区自生伊利石测年结果(图 19.38)，东部油气充注的时间明显早于西部，说明东部地区在充足的流体动力作用下，在侏罗纪即已开始了向北的运移，而西部则在白垩纪才开始运移。

五、神木–榆林地区上古生界天然气的运移、成藏模式

综合流体动力、输导体、排烃史等研究结果(付金华等，2001；席胜利等，2004；杨华等，2005；李剑等，2005)，我们将天然气的成藏阶段划分为：晚三叠世—中侏罗世的缓慢成藏阶段，中侏罗世末—早白垩世末的大规模运移成藏阶段和晚白垩世至今的调整运移阶段(王震亮等，2004；王震亮、陈荷立，2007；Wang and Chen，2007)。

现以山西组为例，就天然气运移成藏的时、空分布进行简要分析。

三叠纪时期地层快速沉积，导致了地层水排出受阻，地层压实不充分，从而产生较高的过剩压力。从过剩压力演化史来看，此时期位于第一个过剩压力高峰区之内，过剩压力值介于 3~12 MPa，此时烃源岩进入生烃门限，有助于烃类从烃源岩中排出。由于

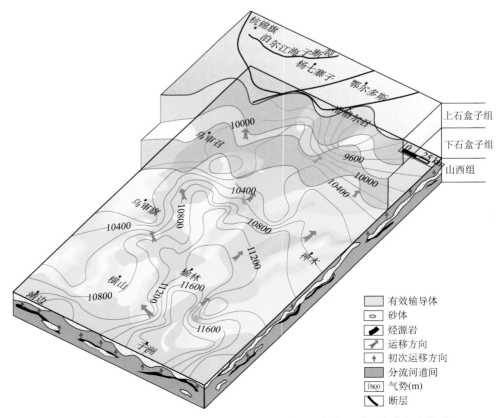

图 19.39　神木–榆林地区山西组在中晚侏罗世天然气的运移、成藏概念模式

势梯度较低,不能形成大规模的运移,因此该时期烃源岩在过剩压力的作用下主要进行初次运移为主。

中晚侏罗世时期气势的分布类似于三叠纪时期,此时高气势区域仍位于东南部,在向北方向的气势作用下,沿着较好的有效输导体缓慢地向北部、西北部运移(图19.39)。

早白垩世时期为地史上的最大埋深时期(图19.40),过剩压力达到最高,处于第二个过剩压力高峰时期,值介于5~20 MPa,较高的过剩压力有助于烃类从高压中心向外运移。此时气势高值区较前一个时期向西部偏移,在气势的驱动下,以近南北向的三角洲平原分流河道砂体为疏导体,从研究区的西南部大规模的向北部运移,运移过程中逐步驱替出地层中的水。在构造较高的鼻状突起部位、有效输导体发育区及地层的上翘部位成藏。该时期天然气的成藏主要受运移动力、有利沉积相带等的控制,天然气在西南部高气势的驱动下向东北部运移,东胜地区为低气势区,又由于靠近三角洲物源,物性较好,成为天然气运移的指向区域。

早白垩世时期为地史上的最大埋深时期(图19.40),过剩压力达到最高,处于第二个过剩压力高峰时期,值介于5~20 MPa,较高的过剩压力有助于烃类从高压中心向外运移。此时气势高值区较前一个时期向西部偏移,在气势的驱动下,以近南北向的三角

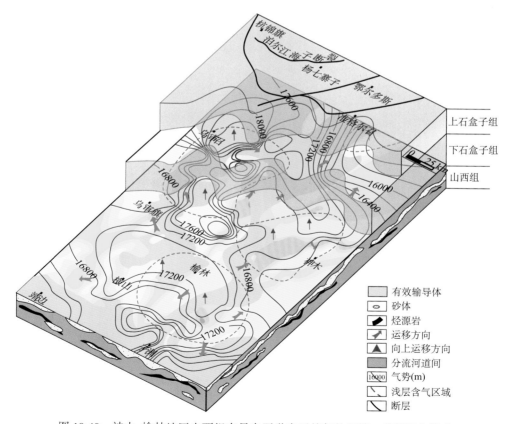

图19.40　神木-榆林地区山西组在早白垩世末天然气的运移、成藏概念模式

洲平原分流河道砂体为疏导体,从研究区的西南部大规模的向北部运移,运移过程中逐步驱替出地层中的水。在构造较高的鼻状突起部位、有效输导体发育区及地层的上翘部位成藏。该时期天然气的成藏主要受运移动力、有利沉积相带等的控制,天然气在西南部高气势的驱动下向东北部运移,东胜地区为低气势区,又由于靠近三角洲物源,物性较好,成为天然气运移的指向区域。

晚白垩世(图 19.41),地层抬升强烈,温度、压力降低,该时期气势梯度反而升高,驱动着天然气继续较大规模的运移,使得此时天然气的成藏作用仍然较活跃。此时的运移方向较早白垩时期有较大的变化,主要以向东、东北部运移为主,但是由于主要运移方向与近南北向展布的砂体近乎垂直,运移方向上物性变化较剧烈,非均值性较严重,因此天然气的向东运移并不通畅,导致了天然气就近聚集成藏,天然气藏基本上都形成于本时期。西部的杭锦旗-乌审召-鄂尔多斯地区的天然气仍然向东北部运移,因此天然气向东北至东胜地区的运移是稳定的,这种趋势甚至延伸至今,也无多大变化,从而为东胜大型砂岩型铀矿的形成提供了充足的还原物质和还原环境。

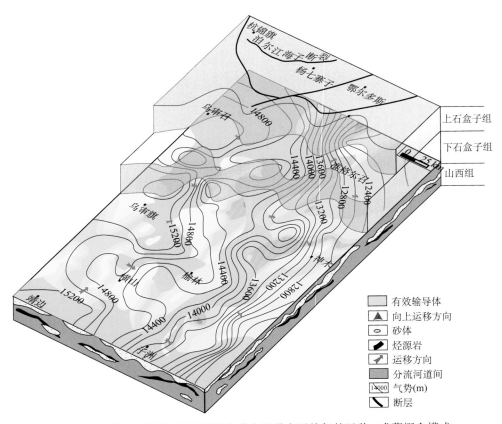

图 19.41 神木-榆林地区山西组在晚白垩世末天然气的运移、成藏概念模式

总之,鄂尔多斯盆地东北部(东胜地区)一直处于气势低值区,为天然气的运移指向区域,鄂尔多斯地区的天然气可以通过附近的深大断裂向上部运移,可在东胜地区直罗组特大型铀矿的形成中发挥重要作用(图 19.42)。

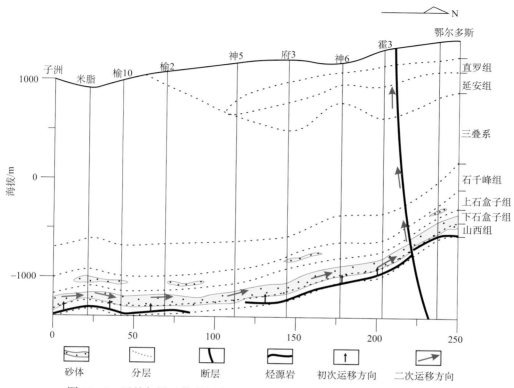

图 19.42　天然气沿砂体的侧向运移与沿盆地北部断层的垂向运移示意图

综上所述认为：

1）根据盆地实际地层压力、地层水特征的分析，初步证实了水动力体系在纵向上的分隔性，认为在压力分隔层上、下的地层，处于不同的压力系统内。如对于盆地西部的马坊地区而言，这一分隔层位于直罗组底—延安组中部。因此在计算地层压力的某些参数(如压力系数、压力梯度、过剩压力等)时，特别是评价压力系统时应充分考虑封隔层的影响。

2）解剖了定边-安塞地区中生界的水文地质特征。白垩系地下水为开放的重力流，侏罗系安定组为重要的水力分隔层，其下的直罗组地层水由西向东形成重力穿越流，延安组内压实流和重力流并存，三叠系延长组地层水主要为 $CaCl_2$ 型，体现出压实流的特征。现今表现为浅部和边部具重力流特征、中部和深部具压实流特征。

3）根据实测地层压力梯度分析了现今压力的分布规律，下石盒子组仅在研究区东南、西北部超过 0.92 MPa/100 m，接近常压，大部分地区压力梯度仅有 0.76~0.82 MPa/100 m，过剩压力负异常 4~5.5 MPa。"负压"主要由致密储层压力难以测准、地势起伏与水势面的不协调导致的计算误差、地层抬升致使压力散失等因素引起。其中，岩层致密难以测准在致密储层内普遍存在，计算误差需引起高度重视。

4）上古生界存在有利于形成超压的地质因素，石炭-二叠系砂岩、泥岩互层，且砂体连续性差；二叠纪以后地层的快速沉积，是超压形成的诱因；天然气在致密地层中的大量生成，也是重要原因。在实测压力、压实研究和包裹体分析获得古压力数据约束下，以盆地数值模拟为主线，恢复出流体压力的演化历史。石炭-二叠系在地质历史上至少存在 T_3 末、K_1 末两个异常压力高峰，其过剩压力幅度可达 5~20 MPa。

5）发现从抬升前后(J_2 末/J_3 末、K_1 末/K_2 末、E 末/N 末）3 个时期的气势梯度对比，且主要在神木-榆林的南部，抬升后气势梯度的平均值分别达到前一时期的 1.66 倍、1.90 倍、1.65 倍，气势梯度整体幅度较大，说明这 3 个时期内促使天然气的运移、成藏、调整的流体动力较为充足，提出了天然气的运移成藏作用存在两个主要运移、成藏期（J_3-K_1 中、K_2 中-E）和一个调整期（N 中后）。而北部地区势梯度整体较小，且在前述三个时期没有明显的气势梯度增高，整体处于比较平缓的态势，有利于接受南部运移来的天然气，显示天然气向北部运移的必然性。

6）根据地质时期的流线分布，分析了天然气的优势运移方向，半定量计算了沿优势运移方向的天然气运移特征。K_1 时期，天然气主要向北部、东部运移；K_2 末，北部天然气主要向东北运移区域，中南部向东运移区域，运移量大体相当。如果天然气从乌审旗气田向东北运移，经历 4.8 Ma 即可到达东胜地区。

7）综合流体动力、优势运移通道、油气运移成藏信息、油气地质综合条件等，建立了地质历史时期天然气的成藏模式。三叠纪，研究区东南部产生较高的过剩压力，此时油气开始从烃源岩中排出，但侧向运移较弱；中、晚侏罗世，天然气开始第一次大规模运移。早白垩世，中西部地区过剩压力达到最高，从西南部开始大规模的向北部运移。晚白垩世，受地层抬升的影响，气势梯度明显升高，天然气的运移、成藏作用十分活跃，主要向东、东北部运移为主，导致了天然气就近聚集成藏。在盆地北缘，天然气可以通过附近的深大断裂运移至上部，在直罗组铀矿的形成中起到重要作用。

致谢：西北大学地质学系硕士研究生王晓梅、管红、刘晶晶、罗荣涛、王飞龙等先后参加了本章的部分研究工作，在此一并致谢。

参 考 文 献

陈瑞银，罗晓容，陈占坤等. 2006a. 鄂尔多斯盆地埋藏演化史恢复. 石油学报，27（2）：43~47

陈瑞银，罗晓容，陈占坤等. 2006b. 鄂尔多斯盆地中生代地层剥蚀量估算及其地质意义. 地质学报，80（5）：685~693

程绍平，邓起东，闵伟等. 1988. 黄河晋陕峡谷河流阶地和鄂尔多斯高原第四纪构造运动. 第四纪研究，（3）：238~248

程守田，黄焱球，付雪洪. 1997. 早中侏罗世大鄂尔多斯古地理重建与内陆坳陷的发育演化. 沉积学报，15（4）：43~49

邸领军，张东阳，王宏科. 2003. 鄂尔多斯盆地喜山期构造运动与油气成藏. 石油学报，24（2）：34~37

丁晓琪，张哨楠，周文等. 2007. 鄂尔多斯盆地北部上古生界致密砂岩储层特征及其成因探讨. 石油与天然气地质，28（4）：491~496

付金华，段晓文，姜英昆. 2001. 鄂尔多斯盆地上古生界天然气成藏地质特征及勘探方法. 中国石油勘探，6（4）：68~75

付金华，王怀厂，魏新善等. 2005. 榆林大型气田石英砂岩储集层特征及成因. 石油勘探与开发，32（1）：

30~32

付少英,彭平安,张文正等. 2002. 鄂尔多斯盆地上古生界煤的生烃动力学研究. 中国科学(D辑),32
 (10):812~821

郝芳. 2005. 超压盆地生烃作用动力学与油气成藏机理. 北京:科学出版社

胡宗全. 2003. 鄂尔多斯盆地上古生界砂岩储层方解石胶结物特征. 石油学报,24(4):40~43

李剑,罗霞,单秀琴. 2005. 鄂尔多斯盆地上古生界天然气成藏特征. 石油勘探与开发,32(4):54~59

李熙哲,冉启贵,杨玉凤. 2001. 鄂尔多斯盆地上古生界深盆气气水分布与压力特征. 见:傅诚德等. 深
 盆气研究. 北京:石油工业出版社. 121~128

李振宏,席胜利,刘新社. 2005. 鄂尔多斯盆地上古生界天然气成藏. 世界地质,24(2):174~181

李子颖,方锡珩,陈安平等. 2009. 鄂尔多斯盆地东北部砂岩型铀矿叠合成矿模式. 铀矿地质,25(2):
 65~70

刘斌,沈昆. 1999. 流体包裹体热力学. 北京:地质出版社. 119~140

刘德汉,卢焕章,肖贤明. 2007. 油气包裹体及其在石油勘探和开发中的应用. 广州:广东科技出版社

刘建章,陈红汉,李剑等. 2008. 鄂尔多斯盆地伊-陕斜坡山西组2段包裹体古流体压力分布及演化. 石
 油学报,29(2):226~230

罗晓容,喻健,张刘平等. 2007. 二次运移数学模型及其在鄂尔多斯盆地陇东地区长8段石油运移研究
 中的应用. 中国科学(D辑),37(增I):73~82

马新华,王涛,庞雄奇等. 2002. 深盆气藏的压力特征及成因机理. 石油学报,23(5):23~27

马艳萍,刘池洋,赵俊峰等. 2007. 鄂尔多斯盆地东北部砂岩漂白现象与天然气逸散的关系. 中国科学
 (D辑),37(增I):127~138

米敬奎,肖贤明,刘德汉. 2003. 利用储层流体包裹体的PVT特征模拟计算天然气藏形成压力. 中国
 科学(D辑),33(7):679~685

邱隆伟. 2006. 陆源碎屑岩的碱性成岩作用. 北京:地质出版社

任战利,张盛,高胜利等. 2007. 鄂尔多斯盆地构造热演化史及其成藏成矿意义. 中国科学(D辑),37
 (增刊):23~32

宋岩,夏新宇,王震亮等. 2001. 天然气运移和聚集动力的耦合作用. 科学通报,46(22):1906~1910

宋岩,王毅,王震亮等. 2002. 天然气运聚动力学与气藏形成. 北京:石油工业出版社

王德潜,刘祖植,尹立河. 2005. 鄂尔多斯盆地水文地质特征及地下水系统分析. 第四纪研究,23(1):
 6~14

王晓梅,王震亮. 2008. 鄂尔多斯盆地中部中生界地下水动力系统. 石油与天然气地质,29(4):
 479~484

王震亮. 2002. 盆地流体动力学及油气运移研究进展. 石油实验地质,24(2):99~103

王震亮,陈荷立. 2002. 试论古水动力演化的旋回性与油气的多期次运聚. 沉积学报,20(2):339~344

王震亮,陈荷立. 2007. 神木-榆林地区上古生界流体压力分布演化及对天然气成藏的影响. 中国科学
 (D辑),37(增I):49~61

王震亮,罗晓容,陈荷立. 1997. 沉积盆地地下古水动力场恢复. 西北大学学报(自然科学版),27(2):
 155~159

王震亮,张立宽,孙明亮等. 2004. 鄂尔多斯盆地神木-榆林地区上石盒子组-石千峰组天然气成藏机理.
 石油学报,25(3):37~43

王震亮,刘林玉,于轶星等. 2007. 松辽盆地南部腰英台地区青山口组油气运移、成藏机理. 地质学报,
 81(3):419~427

席胜利,刘新社,王涛. 2004. 鄂尔多斯盆地中生界石油运移特征分析. 石油实验地质,26(3):229~235

杨华, 付金华, 魏新善. 2005. 鄂尔多斯盆地天然气成藏特征. 天然气工业, 25(4): 5~8

袁际华, 柳广弟. 2005. 鄂尔多斯盆地上古生界异常低压分布特征及形成过程. 石油与天然气地质, 26(6): 792~799

张立宽, 王震亮, 于在平. 2004. 沉积盆地异常低压的成因. 石油实验地质, 26(5): 422~426

张莉. 2003. 陕甘宁盆地储层裂缝特征及形成构造应力场分析. 地质科技情报, 22(2): 21~24

Beitler B, Chan M A, Parry W T. 2003. Bleaching of Jurassic Navajo sandstone on Colorado Plateau Laramide highs: Evidence of exhumed hydrocarbon supergiants? Geology, 31(12): 1041~1044

Bekele E, Person M, Marsily G. 1999. Petroleum migration pathways and charge concentration: A three dimensional model: Discussion. AAPG Bulletin, 83: 1015~1019

Bhullar A G, Karlsen D A, Backer-Owe K et al. 1999. Dating reservoir filling—a case history from the North Sea. Marine and Petroleum Geology, 16: 581~603

Bloch S, Lander R H, Bonnell L. 2002. Anomalously high porosity and permeability in deeply buried sandstone reservoirs: origin and predictability. AAPG Bulletin, 86(2): 301~328

Bowen B B, Martini B A, Chan M A et al. 2007. Reflectance spectroscopic mapping of diagenetic heterogeneities and fluid-flow pathways in the Jurassic Navajo Sandstone. AAPG Bulletin, 91(2): 173~190

Cartwright J, Huuse M, Aplin A. 2007. Seal bypass systems. AAPG Bulletin, 91(8): 1141~1166

Chen H H, Wang J H, Xie Y H et al. 2003. Geothermometry and geobarometry of overpressured environments in Qiongdongnan Basin, South China Sea. Geofluids, 3: 177~187

Dickey P A, Cox W C. 1977. Oil and gas reservoirs with subnormal pressures. AAPG Bulletin, 61(12): 2134~2142

Dillon C G, Worden R H, Barclay S A. 2004. Simulations of the effects of diagenesis on the evolution of sandstone porosity. Journal of Sedimentary Research, 74(6): 877~888

Hindle A D. 1997. Petroleum migration pathways and charge concentration: a three-dimensional model. AAPG Bulletin, 81(9): 1451~1481

Jonk R, Hurst A, Duranti D et al. 2005. Origin and timing of sand injection, petroleum migration, and diagenesis in Tertiary reservoirs, south Viking Graben, North Sea. AAPG Bulletin, 89(3): 329~357

Law B E, Ulmishek G F, Slavin V I. 1998. Abnormal pressures in hydrocarbon environments (AAPG Memoir 70). The American Association of Petroleum Geologists

Li Z Y, Fang X H, Chen A P et al. 2007. Origin of gray-green sandstone in ore bed of sandstone type uranium deposit in North Ordos Basin. Science in China (Series D), 50(Supp II): 165~173

Losh S, Walter L, Meulbroek P et al. 2002. Reservoir fluids and their migration into the South Eugene Island Block 330 reservoirs, offshore Louisiana. AAPG Bulletin, 86(8): 1463~1488

Luo X R, Vasseur G. 1992. Contributions of compaction and aquathermal pressuring to geopressure and the influence of environment conditions. AAPG Bulletin, 76(10): 1550~1559

Luo X R, Dong W L, Yang J H et al. 2003. Overpressuring mechanisms in the Yinggehai Basin, South China Sea. AAPG Bulletin, 87(4): 629~645

Makowitz A, Lander R H, Milliken K L. 2006. Diagenetic modeling to assess the relative timing of quartz cementation and brittle grain processes during compaction. AAPG Bulletin, 90(6): 873~885

Marchand A M E, Haszeldine R S, Macaulay C I et al. 2000. Quartz cementation inhibited by crestal oil charge: Miller deep water sandstone, UK North Sea. Clay Minerals, 35: 201~210

Milkov A V, Goebel E, Dzou L et al. 2007. Compartmentalization and time-lapse geochemical reservoir surveillance of the Horn Mountain oil field, deep-water Gulf of Mexico. AAPG Bulletin, 91(6): 847~876

Muggeridge A, Abacioglu Y, England W *et al*. 2005. The rate of pressure dissipation from abnormally pressured compartments. AAPG Bulletin, 89(1): 61~80

Munz I A, Johansen H, Holm K *et al*. 1999. The petroleum characteristics and filling history of the Froy field and the Rind discovery, Norwegian North Sea. Marine and Petroleum Geology, 16: 633~651

Munz I A, Wangena M, Girardb J P *et al*. 2004. Pressure-temperature-time-composition (*P-T-t-X*) constraints of multiple petroleum charges in the Hild field, Norwegian North Sea. Marine and Petroleum Geology, 21: 1043~1060

Neilson J E, Oxtoby N H. 2008. The relationship between petroleum, exotic cements and reservoir quality in carbonates-A review. Marine and Petroleum Geology, 25: 778~790

Parnell J, Carey P, Duncan W. 1998. History of hydrocarbon charge on the Atlantic margin: Evidence from fluid-inclusion studies, West of Shetland. Geology, 26(9): 807~810

Parnell J, Middleton D, Chen H H *et al*. 2001. The use of integrated fluid inclusion studies in constraining oil charge history and reservoir compartmentation: examples from Jeanne d'Arc Basin, offshore Newfoundland. Marine and Petroleum Geology, 18: 535~549

Song Y, Xia X Y, Wang Z L *et al*. 2002. Interaction of fluid dynamic factors in the migration and accumulation of natural gas. Chinese Science Bulletin, 47(14): 1207~1211

Sorenson R P. 2005. A dynamic model for the Permian Panhandle and Hugoton fields, western Anadarko Basin. AAPG Bulletin, 89(7): 921~938

Sweet M L, Sumpter L T. 2007. Genesis field, Gulf of Mexico: Recognizing reservoir compartments on geologic and production time scales in deep-water reservoirs. AAPG Bulletin, 91(12): 1701~1729

Tian H, Xiao X M, Wilkins R W T *et al*. 2008. New insights into the volume and pressure changes during the thermal cracking of oil to gas in reservoirs: Implications for the in-situ accumulation of gas cracked from oils. AAPG Bulletin, 92(2): 181~200

Underdown R, Redfern J. 2008. Petroleum generation and migration in the Ghadames Basin, north Africa: A two-dimensional basin-modeling study. AAPG Bulletin, 92(1): 53~76

Vejbæk O V. 2008. Disequilibrium compaction as the cause for Cretaceous-Paleogene overpressures in the Danish North Sea. AAPG Bulletin, 92(2): 165~180

Wang Z L, Chen H L. 2007. The distribution and evolution of fluid pressure and its influence on natural gas accumulation in the Upper Paleozoic of Shenmu-Yulin area, Ordos Basin. Science in China (Series D), 50(Supp II): 59~74

Welte D H, Horsfield B, Baker D R. 1997. Petroleum and Basin Evolution. Verlag Berlin: Springer

Wilkinson M, Haszeldine R S, Ellam R M *et al*. 2004. Hydrocarbon filling history from diagenetic evidence: Brent Group, UK North Sea. Marine and Petroleum Geology, 21: 443~455

Wilkinson M, Haszeldine R S, Fallick A E. 2006. Hydrocarbon filling and leakage history of a deep geopressured sandstone, Fulmar Formation, United Kingdom North Sea. AAPG Bulletin, 90(12): 1945~1961

Xia X P, Sun M, Zhao G C *et al*. 2006. U-Pb and Hf isotopic study of detrital zircons from the Wulashan khondalites: constraints on the evolution of the Ordos terrene, Western Block of the North China Craton. Earth and Planetary Science Letters, 241: 581~593

Xie X N, Jiu J J, Tang Z H *et al*. 2003. Evolution of abnormal low pressure and its implication for the hydrocarbon system in the southern uplift zone of Songliao basin, China. AAPG Bulletin, 87(1): 99~119

第二十章

鄂尔多斯盆地煤地质特征、分布规律与资源潜力 *

鄂尔多斯盆地是一个世界级煤盆地；其中含有晚古生代、三叠纪、侏罗纪三套煤系。该盆地的现代煤地质研究始于 20 世纪初，我国学者(赵国宾，1931；何春荪，1936；王竹泉，1937；何春荪、张尔道，1948；何春荪等 1948；黄劭显、杜恒俭，1948)根据自己的地质调查成果，论述了相关煤田的含煤地层、构造特征和煤炭资源前景。新中国成立后，内蒙古、山西、陕西、甘肃和宁夏等省区的煤田地质勘探部门在东胜煤田、准格尔煤田、桌子山煤田、河东煤田、陕北侏罗纪煤田、渭北煤田、黄陇煤田、华亭–安口煤田进行了大规模的煤田地质勘探(中国煤田地质总局，1993)。经过由浅部向深部的扩展勘探以及大量石油钻井的揭露，特别是经历 20 世纪 50 年代末、70 年代和 90 年代初的 3 轮煤田预测之后，已经基本摸清了整个盆地的煤田地质特征和煤炭资源家底。

第一节 石炭–二叠纪煤田地质特征与资源潜力

一、含煤层位与煤层

晚古生代含煤地层在整个鄂尔多斯盆地都有分布，但是，埋藏深度小于 2000 m 的煤田和煤炭资源仅限于在盆地的周缘分布，即西缘北段的桌子山–贺兰山以及灵武、横城和韦州一带、东缘准格尔和河东煤田和南缘渭北煤田。

鄂尔多斯盆地西缘的红土洼组和羊虎沟组，以及东缘的本溪组，均含有薄煤层和煤线，少数煤层甚至达可采厚度，但是，分布范围有限，不具工业意义；下石盒子组仅见有煤线和未达工业开采厚度的薄煤层。因此，鄂尔多斯盆地的晚古生代主要含煤层位，与华北其他地区一样，是太原组和山西组。

根据鄂尔多斯盆地太原组和山西组煤层的分布特点，可将其分为①西部厚煤带，②中央薄煤带，③东部厚煤带(图 20.1)。

西部厚煤带位于桌子山—石炭井—石嘴山—横城一线，太原组和山西组煤层的总厚度在 10 m 以上；东部厚煤带北起内蒙古准格尔旗、向南经兴县、离石和柳林、大宁，到渭北煤田的韩城。东部厚煤带太原组和山西组煤层总厚度在北段(准格尔旗–保德段)最厚，向南逐渐变薄，不过，煤层总厚均在 10 m 以上。中央薄煤带位于鄂尔多斯地块的中

* 作者：张泓，晋香兰，李小彦，李贵红，张慧. 中煤科工集团西安研究院有限公司，西安.
E-mail: qgjjxl@163.com

央，北部从杭锦旗或乌兰格尔隆起开始，向南经鄂托克旗、乌审旗、吴旗、延安、庆阳、宁县，直达铜川—彬县一带，并作南北向展布；其煤层总厚小于 10 m。

　　鄂尔多斯盆地石炭-二叠纪煤层总厚度东西分带、南北分异的特点显然受古构造和沉积环境的控制。不断增多的事实表明，鄂尔多斯盆地在晚古生代成煤期存在 3 个构造单元：①西部断陷-沉降带；②中央隆起带；③东部浅拗带（张泓等，1995a，b，2005）。

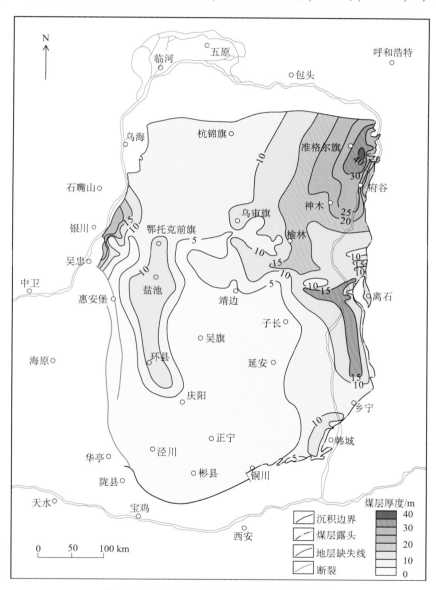

图 20.1　鄂尔多斯地块晚古生代煤层厚度图

　　中央隆起带是东部浅拗带与西部断陷-沉降带之间的正向地貌-构造单元，其西界大体位于桌子山东麓—盐池—平凉一线，东界是东胜、榆林、延安、黄陵的连线。它是早古生代中央隆起带的继承和发展（张泓等，1995a，b；冯增昭等，1991）。中央隆起带将晚石炭世 Bashkirian 期—Moscovian 期沉积分隔为东、西互不相连的两部分，直到早二叠世 Asselian 期—Artinskian 早期才消失。对比分析表明，西部厚煤带和东部厚煤带分别与西部断陷-沉降带和东部浅坳带大体一致，中央薄煤带与中央隆起带的范围基本吻合。这一奇特现象清楚地暗示了古构造对聚煤作用的控制。

据晚古生代成煤期沉积环境分析(程保洲，1992；陈钟惠、武法东，1993；尚冠雄，1997)，成煤环境在研究区自北而南是逐渐变化的。例如，在盆地的东部，内蒙古准格尔煤田晚古生代主煤层的成煤环境是河流-上三角洲平原，原始泥炭成煤沼泽很少受海水的影响；相对稳定的成煤环境造就了那里广泛分布的厚煤层；而在河东煤田的南部(与大宁地区)，晚古生代的成煤环境以潮坪、障蔽岛为主，成煤泥炭沼泽常受海水侵袭，多形成高硫薄煤层。

鄂尔多斯盆地的太原组和山西组普遍含煤，但不同煤田(煤矿区)或区块的含煤性差异很大(表 20.1)。太原组一般含煤 2~9 层(西缘可达 16 层)，可采和局部可采者仅 2~5 层，最大累计厚度 31.23 m；主要可采煤层位于中下部。山西组含煤 2~7 层，可采和局部可采者 2~4 层，单个煤层的最大厚度为 55.28 m (准格尔煤田)；主要可采煤层位于山西组的下部。

表 20.1　鄂尔多斯盆地不同地区太原组和山西组的含煤性特征

区块或矿区	含煤面积/km²	资源丰度/(10⁶ t/km²)	岩组	煤层总厚*(层数)	可采总厚*(层数)	最大单层厚度/m	煤类
石炭井	128.0	19.97	山西组	3.83~40.14(3~6)	16.77(2~4)	16.52	肥、焦煤
			太原组	24.04(8~15)	11.09(3~7)	12.58	
马连滩-苏峪口	391.2	19.29	山西组	4.45~8.31(4~7)	7.45(5)	6.81	无烟煤
			太原组	3.30~11.11(10~15)	9.41(9~10)	8.42	
沙巴台-正谊关	86.5	26.12	山西组	5.61~12.47(3)	10.68(2~3)	9.52	焦煤-无烟煤
			太原组	6.21~10.16(16~25)	11.32(4~13)	10.43	
石嘴山	40.1	30.25	山西组	6.21~17.35(3~4)	12.61(3)	11.75	气、肥煤
			太原组	9.86~19.49(10)	21.40(6~9)	17.68	
乌海	2156.0	17.92	山西组	5.76~29.41(10)	27.61(2~5)	10.97	气、肥、焦煤
			太原组	3.29~31.23(7~16)	17.67(8)	8.12	
横城	169.6	13.42	山西组	5.87~10.87(5)	12.57(3)	5.54	气、肥煤
			太原组	4.36~10.67(4~5)	8.70(3)	7.17	
韦州	638.2	21.43	山西组	2.51~8.76(6~9)	6.45(5)	5.24	肥煤-贫煤
			太原组	4.32~9.47(10~15)	8.30(6)	6.30	
准格尔	8738.6	19.73	山西组	3.05~73.18(5~7)	28.3(4)	55.28	长焰煤
			太原组	2.31~18.71(7)	5.05(3)	7.18	
府谷	1813.6	29.98	山西组	4.44~10.81(3)	4.5~5.5(2)	8.81	长焰、不黏、气煤
			太原组	4.79~23.36(5~8)	4~11.00(4)	16.38	

续表

区块或矿区	含煤面积 /km²	资源丰度 /(10⁶ t/km²)	岩组	煤层总厚*（层数）	可采总厚*（层数）	最大单层厚度/m	煤类
保德-偏关	2172.6	14.47	山西组	2.42~3.85（1~3）	3.50（1）	7.92	长焰、不黏、气煤
			太原组	8.30~26.88（5~7）	22.49（4）	16.83	
吴堡	1310.9	9.26	山西组	3.50~11.26（4~6）	4.19~8.81（1）	9.72	肥、焦、瘦煤
			太原组	3.56~15.19（9）	2.5~10.00（4）	12.48	
离石-柳林	1806.0	9.64	山西组	2.68~13~65（5~6）	6.45（4）	5.90	肥、焦、瘦煤
			太原组	2.50~26.58（5~7）	11.30（5）	5.05	
乡宁	4672.6	13.89	山西组	3.09~10.47（3~6）	7.00（2）	8.65	焦、瘦、贫煤
			太原组	1.20~9.44（3~7）	3.30（3）	5.19	
韩城	2461.5	13.25	山西组	1.18~12.27（4）	3.95（2）	9.26	焦、瘦、贫、无烟
			太原组	1.24~17.98（9）	5.79（2）	10.80	
澄合	2056.0	9.11	山西组	0.70~5.92（2~4）	1.20（1）	3.44	瘦、贫煤
			太原组	1.35~16.40（4~7）	4.10（2）	9.47	
蒲白	1340.4	5.40	山西组	0.70~8.51（3~5）	2.80（2）	6.01	瘦煤
			太原组	1.52~4.46（4~6）	2.50（2）	2.33	
铜川	2168.3	3.33	山西组	2.20~10.89（2~5）	5.5（3）	6.89	焦、贫、瘦煤
			太原组	1.20~6.82（4~6）	1.3（1）	6.62	

* 单位：m。

二、煤岩、煤质特征

鄂尔多斯盆地石炭-二叠纪煤的宏观煤岩类型，以半亮煤、半暗煤为主，暗淡煤次之，光亮煤较少；其中，太原组半亮煤和光亮煤稍多，山西组半暗煤和暗淡煤较多。煤岩显微组分分析结果（表20.2）表明，镜质组（V）含量一般60%~70%，其中，以无结构镜质体（包括均质镜质体和基质镜质体）占主导地位，结构镜质体和结构半镜质体次之，盆地西部煤的镜质组含量高于东部；惰质组（I）含量在20%左右，主要为半丝质体和丝质体，其次为微粒体、菌类体等，个别煤层惰质组含量可达30%；壳质组（E）含量变化较大，低煤级煤在5%左右，个别煤层达10%以上，主要为角质体、孢子体、木栓质体、树脂体，壳质组分个体宽大，盆地东缘煤的壳质组含量高于西缘。

多数煤矿区的煤中矿物总量（M）在10%左右，葫芦斯太和石嘴山矿区甚至高达20%；鄂尔多斯盆地晚古生代煤中的矿物质主要为黏土矿物，硫酸盐、碳酸盐、氧化物矿物较少。其中，黏土矿物多为褐色、黑色分散粒状，浸染在均质镜质体或结构镜质体胞腔中，其次呈褐灰色团块出现，山西组煤可见蠕虫状高岭石。硫酸盐矿物主要为黄铁矿，以不规则团块状、粒状或晶体状形态出现，太原组煤中黄铁矿较多，有莓粒状黄铁矿，另少量白铁矿。碳酸盐矿物主要为灰色团块状方解石，有时充填在裂隙中；有少量放射状菱铁矿。氧化物主要为石英矿物，呈团块状分布在镜质体中。

表 20.2 鄂尔多斯盆地石炭-二叠纪主要煤层的煤岩、煤质分析结果

矿区	煤层	层位	显微组分/%				R_{max} /%	工业分析/%		
			V	I	E	M		A_d	$S_{t,d}$	V_{daf}
乌海	3	山西组	56	37.8	1.7	4.2	1.105	5.81	0.71	29.74
	6	太原组	62.4	28.7	0.7	8.2	1.130	7.24	1.28	28.41
	8		78.9	13.3	0.1	7.7	1.085	6.58	2.68	31.77
乌达	2	山西组	68.4	24.7	3.9	2.8	1.016	7.40	0.57	30.86
	3		77.4	15.3	4.2	3.0	0.978	6.86	0.57	32.05
	9	太原组	77.0	20.5	0.6	1.9	1.076	3.78	2.19	29.66
	10		69.4	25.9	1.4	3.1	1.002	5.36	2.15	31.37
葫芦斯太	3	山西组	71.8	6.6	0.9	20.8		25.66	0.51	24.97
	5		71.1	7.4	0.6	20.8		26.53	0.57	22.50
	10	太原组	81.2	8.1	0.2	10.5		26.54	3.02	21.68
石嘴山	2	山西组	53.6	24.8	2.8	18.8	0.96	35.69	0.55	37.10
	3		53.4	23.2	6.8	16.6	0.94	35.37	0.62	35.55
	5		77.3	15.6	3.9	3.2	0.85	6.80	2.62	36.35
	6	太原组	61.3	17.9	4.6	16.2	0.96	27.31	2.40	35.60
	7		61.4	18.3	5.1	15.2	0.92	26.80	1.80	36.45
	8		58.7	17.1	6.4	17.8	0.84	39.20	2.43	39.77
	9		50.3	20.7	9.0	20.0	0.96	32.34	2.71	35.46
石炭井	3	山西组	63.6	16.2	0.0	20.2	1.434	25.45	0.50	23.03
	5		68.6	18.1		13.3	1.430	24.38	0.64	22.83
	10	太原组	74.8	11.6		13.6	1.281	19.69	2.63	19.06
	11		74.1	15.7		10.2	1.313	20.20	2.26	21.50
沙巴台	3	山西组	69.9	25.0	0.4	4.7		26.65	0.40	17.89
	5		69.8	15.5		14.7		30.04	0.58	17.28
	10	太原组	82.8	13.4		3.8		26.81	2.92	17.50
	11		66.0	26.3		7.7	2.238	25.86	2.05	15.83
准格尔	2	山西组	67.6	26.4	1.5	4.5	0.618	26.49	0.57	40.93
	3		77.9	18.6	1.8	0.7	0.637	25.89	0.40	43.95
	5		43.9	35.5	6.7	13.9	0.587	21.90	0.85	38.95
	6	太原组	74.5	15.8	6.6	3.1	0.546	21.07	0.53	38.49
	11		45.9	29.2	6.0	18.1	0.578	28.84	1.14	38.86
府谷	2	山西组	75.4	12.4	10.8	1.4	0.73	11.72	0.50	39.05
	3		72.2	13.3	9.7	4.8	0.73	10.97	0.63	40.52
	6	太原组	71.7	17.3	9.0	2.0	0.68	7.60	2.39	38.04
	9		65.4	22.9	7.7	4.0	0.69	12.88	1.56	37.05
	10		58.3	24.2	5.8	11.7	0.70	18.31	1.77	36.64

续表

矿区	煤层	层位	显微组分/%				R_{max}/%	工业分析/%		
			V	I	E	M		A_d	$S_{t,d}$	V_{daf}
兴县	9	太原组	61.1	26.7	5.0	7.2	0.76	12.64	2.06	34.19
	10		62.2	21.9	6.3	9.6	0.77	20.21	1.51	36.22
三交	5	山西组	72.3	18.1		9.6	1.121	22.03	0.53	22.84
	9	太原组	66.4	22.7		10.9	1.360	20.31	2.44	19.23
柳林	3	山西组	71.8	17.8		10.4	1.264	21.94	0.49	24.98
	5		75.9	7.1		17.0	1.500	28.04	0.88	24.20
	11	太原组	82.1	11.6		6.3	1.504	23.62	1.65	20.06
铜川	3	山西组	76.2	20.7		3.1	1.729	5.52	1.70	16.64
	5		72.7	25.0		2.3	1.677	5.50	1.30	17.38
	8	太原组	85.4	10.6		4.0	1.702	7.54	4.42	17.45
	15		90.0	8.6		14	1.782	6.62	3.02	16.33
澄城	8	太原组	68.3	29.6	0.1	2.0	1.697	7.39	2.43	16.71
	10		77.1	19.7		3.2	1.759	6.75	2.05	16.28
蒲白	3	山西组	89.6	9.8		0.6	1.802	4.33	0.58	14.96
	10	太原组	85.9	11.5		2.6	1.954	6.89	3.44	13.99
韩城	3	山西组	59.8	33.1		7.1	1.84	22.48	1.83	19.00
	5		70.9	21.7		7.4	1.91	16.24	1.53	16.24
	9	太原组	73.1	14.0		12.9	1.66	25.14	5.53	21.28
	11		81.1	13.3		5.6	1.86	21.94	3.02	17.15

　　同一煤田太原组煤与山西组煤显微组成不同。由于太原组形成于近海型低位泥炭沼泽，成煤植物遭受生物降解的凝胶化作用强烈，镜质组含量高于山西组，且以无结构镜质体占绝对优势，基质镜质体含量相对较高，均质镜质体相对较低。太原组煤的惰质组含量低于山西组。壳质组在低煤级煤中荧光性较强，可见似石油物质，有荧光质体、渗出体等，太原组煤中有藻类体，而山西组煤则少见。

　　煤质分析结果表明(表20.2)，鄂尔多斯盆地晚古生代煤挥发分(干燥无灰基)变化在13.99%~43.95%。从区域上看，盆地北部煤的挥发分高，向南随煤级增高逐渐降低。煤的灰分(干燥基)产率为3.78%~39.20%，部分煤层的灰分产率小于10%，大部分在20%~30%，属低灰、中灰、高灰煤。煤中全硫(干燥基)为0.37%~5.53%，一般为1%~2%。其中，山西组煤的硫分小于1%，太原组多大于1%，渭北煤田煤的硫分高达5%。同一煤田太原组煤与山西组煤质分析结果明显不同：太原组煤的挥发分低于山西组煤，灰分和硫分高于山西组煤，这些差别反映了成煤环境的不同。

　　鄂尔多斯盆地西缘的石炭-二叠纪煤的镜质组反射率(表20.2)变化在0.84%~2.238%。在内蒙古乌海、乌达、葫芦斯太等矿区，煤的镜质组反射率在1%左右，煤级为中变质阶段的肥煤, 宁夏石嘴山和石炭井, 为肥煤和焦煤, 沙巴台有贫煤出现。盆地东缘煤的镜质组反射率为0.4%~1.92%, 在内蒙古准格尔煤田和陕西府谷地区, 煤的镜质组反射率最低, 为长焰煤和气煤, 向南到山西兴县、柳林一带, 逐渐转变为中变质阶段的肥煤和焦煤, 渭北煤田主要为高变质的瘦煤和贫煤。从整个盆地看, 煤的镜质组反射率从北向南逐渐增高; 盆地西缘煤的变质程度高于东缘。

三、主要煤田与煤炭资源潜力

鄂尔多斯盆地的晚古生代煤田主要分布于周缘地区, 从勘探开发程度分析, 分布区既有煤矿生产区、也有勘探区和预测区。受煤炭资源开发利用的经济、技术条件限制, 多数煤矿生产区目前的开采深度不超过650 m, 勘探深度小于1000 m; 煤田预测的深度下限是2000 m。

鄂尔多斯盆地晚古生代煤系埋藏深度在2000 m以浅的含煤面积为32150 km^2, 有486.13×10^9 t煤炭资源。在这个范围内, 根据国家主管部门批准的矿区边界、自然地理界线、行政区划界线, 并结合开发程度、勘探程度和构造复杂程度, 分为17个煤田(煤矿区)或区块(图20.2)。

鄂尔多斯盆地晚古生代煤田(煤矿区)或区块的煤炭资源的丰度至少相差一个数量级; 其中, 石嘴山矿区和府谷地区的资源丰度最高, 分别为30.25×10^6 t/km^{2}和29.98×10^6 t/km^2, 而蒲白矿区和铜川矿区的煤炭资源丰度最低, 分别为5.40×10^6 t/km^{2}和3.33×10^6 t/km^2。从总体上看, 盆地北部的煤炭资源丰度高于南部。

鄂尔多斯盆地晚古生代煤炭资源的煤类齐全, 其中, 以变质中等的气煤、肥煤、焦煤(包括1/3焦煤)和瘦煤为主, 其次是高变质程度的贫煤、无烟煤以及低变质程度的长焰煤。中变质煤经洗选后, 灰分产率可降至12.5%以下, 硫分产率在1%以下者, 应优先应用于炼焦; 贺兰山部分地区(葫芦斯太、沙巴台、正谊关和马连滩)无烟煤的各项指标符合气化用煤要求; 而准格尔、偏关、府谷、保德一带的长焰煤、不黏煤是良好的动力用煤。

根据煤田构造的复杂程度、煤炭资源特点、勘探和开发利用的现状与前景, 并结合开发的外部条件(地形地貌、水源、交通、电力供应等), 可将鄂尔多斯盆地晚古生代煤田(煤矿区)或区块分为4类: ①开发类区块, 包括石炭井矿区、石嘴山矿区、乌海矿区、准格尔煤田、柳林-离石矿区、韩城矿区。这类煤田(矿区)的共同特征是, 煤炭资源丰度高, 勘探程度高, 深部有可观的预测资源量, 煤田构造比较简单, 煤炭资源利用方向明确, 煤矿生产的各类配套设施齐全, 已根据经济发展需要建成的国有大型煤炭生产企业, 年产量均在10×10^6 t/a以上, 也是目前各省区的重要煤炭工业基地。②近期后备开发类区块, 主要有吴堡、府谷、保德-偏关、乡宁、横城的区块。这类区块煤炭资源丰度较高, 勘探程度较低, 煤田构造比较简单, 已有地方国营煤矿生产, 煤矿建设的配套设施正在建设或需要进一步完善。③远景开发类区块, 包括马连滩-苏峪口、沙巴台-正谊关、韦州等区块。这类区块的特征是, 煤田构造比较复杂、勘探程度低, 开发建设的外部条件差, 目前仅有小煤矿生产。④资源枯竭类区块, 主要有铜川矿区, 蒲白矿区, 澄

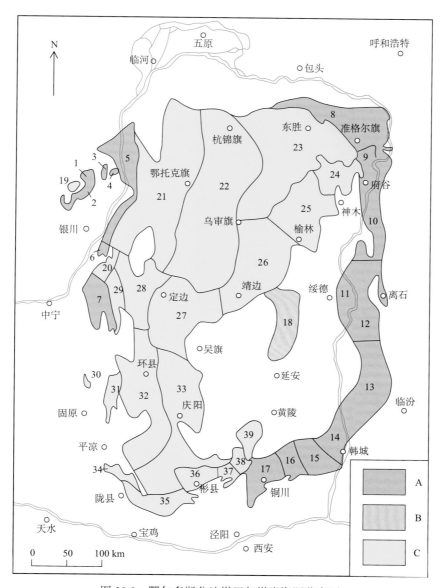

图 20.2　鄂尔多斯盆地煤田与煤炭资源分布图

A. 晚古生代煤炭资源分布区块或煤田(煤矿区)：1. 石炭井；2. 马连滩-苏峪口；3. 沙巴台-正谊关；4. 石嘴山；5. 乌海；6. 横城；7. 韦州；8. 准格尔；9. 府谷；10. 保德-偏关；11. 吴堡；12. 离石-柳林；13. 乡宁；14. 韩城；15. 澄合；16. 蒲白；17. 铜川。

B. 三叠纪煤炭资源分布区块：18. 子长。

C. 侏罗纪煤炭资源分布区块或煤矿区：19. 汝箕沟；20. 碎石井；21. 鄂托克；22. 杭锦旗；23. 东胜；24. 神木北部；25. 大保当；26. 榆林-横山；27. 靖边-定边；28. 盐池；29. 马家滩；30. 炭山；31. 王洼；32. 环县；33. 庆阳；34. 华亭；35. 陇县；36. 彬县-长武；37. 旬邑东部；38. 焦坪；39. 黄陵

合矿区。经几十年的大规模煤炭资源开发，这类矿区的浅部煤炭资源已经近于枯竭，现有的部分生产矿井已经报废，或已进入老年期；深部的勘探程度低；虽有一定的预测煤炭资源量，但因煤质差，煤的利用方向受限制，或者因煤中硫含量高，加工利用的环境压力大。

第二节　三叠纪煤田地质特征与资源潜力

鄂尔多斯盆地的三叠纪煤系分布于盆地中部的延安—子长—子洲—富县—黄陵一带(图20.2)，含煤层位是上三叠统瓦窑堡组，含煤6组30余层，单层厚度多在0.40 m以下，煤层累计厚度11.00 m；其中，只有子长、蟠龙一带的煤层达到可采厚度。子长-蟠龙地区的瓦窑堡组含煤7~15层，一般6层，单层厚度多在0.20~2.93 m；其中，3号煤和5号煤为主要可采煤层，前者的厚度为0.75 m，后者2.00 m左右；大理河以北，5号煤层分叉变薄。

根据显微组分定量分析，主要可采煤层的镜质组含量在70%以上，惰质组含量在延安、富县小于10%，在子长可达20%，壳质组含量5%左右，矿物质总量一般小于10%左右(表20.3)。镜质组反射率为0.738%~0.88%，为低煤级气煤。

表 20.3　鄂尔多斯盆地三叠纪煤的煤岩煤质分析结果

井　田	煤层	显微组分 /%				R_{max} /%	煤质分析 /%		
		V	I	E	M		A_d	$S_{t.d}$	V_{daf}
富县牛武	1	76.1	8.2	6.5	9.2	0.88	23.07	2.36	37.74
延安建设	1	72.6	8.4	8.4	10.6	0.83	22.83	1.07	39.67
子长	3	73.5	18.2	6.0	2.3	0.738	4.30~31.18	0.45~2.85	34.42~42.64
	5	64.6	22.7	4.1	8.6	0.74	7.10~32.08	0.26~1.04	35.97~44.30

瓦窑堡组煤的工业分析结果表明，挥发分为34.42%~44.30%，灰分产率4.30%~32.08%，硫分0.26%~2.85%。瓦窑堡组煤的氢含量较高，可达5.2%以上；低温干馏焦油产率达12%以上，属于富油煤，是理想的获取焦油的煤层。

子长-蟠龙三叠纪含煤区东部为煤层露头，北、西、南以煤层可采边界为界，面积约1159.3 km²，资源丰度为1.28×10⁶ t/km²，探明和预测煤炭资源为1.48×10⁹ t，占全盆地煤炭资源总量的0.07%。因此，三叠纪煤的经济地位在鄂尔多斯煤盆地中是微不足道的。三叠纪煤均为中灰、特低硫-低硫、中高发热量、中-强黏结性、高焦油产率的气煤；可优先应用于低温干馏和配焦。

第三节　侏罗纪煤田地质特征与资源潜力

一、含煤层位与煤层分布规律

鄂尔多斯盆地的侏罗纪含煤地层是延安组。除吴旗以东和无定河以南的富县、延安

地区以外，凡是有延安组分布的地方，都有可采煤层赋存；延安组所含煤层以厚度大，
煤质优良而著称；自下而上共发育 5 个煤组，每个煤组由 1~7 个煤层组成。延安组的含
煤层数（可采煤层数）、煤层厚度等含煤性特征在不同地区的差异性很大，盆地东北部
（东胜、神木、榆林），延安组含煤 10~19 层，煤层累计厚度 15~45 m，可采和局部可采
煤层 6~10 层，最大单层厚度一般 10 m 左右；在盆地的西缘（汝箕沟、碎石井、马家滩、
炭山），延安组含煤 10~37 层，可采煤层总厚 20~55 m。在局部地区，单个煤层的最大
厚度可达 50 m 以上。例如，陇东华亭矿区延安组底部 10 号煤的最大厚度达 60.12 m，贺
兰山汝箕沟地区延安组上部的 2⁻¹ 煤层和 2⁻² 煤层在大峰沟合并成一个煤层，最大厚度达
80.54 m。在盆地南部（黄陵、焦坪、彬县），延安组含煤 4~8 层，但是，达到可采厚度者
仅 1~2 层，平均可采厚度 5~10 m；其中，位于延安组底部煤组主要可采煤层的最大厚
度可达 7~34 m（表 20.4）。

表 20.4　鄂尔多斯盆地延安组的含煤性特征

区块或矿区	含煤面积/km²	资源丰度/(10⁶ t/km²)	煤层总厚*（层数）	可采总厚*（层数）	最大单层厚度/m	煤类
汝箕沟	86.50	14.52	7.70~56.40（17）	55.10（7）	80.54	无烟煤
碎石井	724.9	17.95	7.50~26.59（37）	21.65（6）	12.52	不黏煤
鄂托克	15404.0	24.71	5.00~25.00（15）	18.50（6）	12.70	不黏-气煤
杭锦旗	21764.2	12.7	5.20~21.45（12）	13.50（5）	11.45	弱黏煤
东胜	16622.0	14.24	5.60~48.44（19）	16.70（10）	10.33	不黏煤
神木北部	2381.6	9.67	10.00~25.00（4）	18.50（9）	12.30	长焰、不黏煤
大保当	6767.0	9.16	5.50~27.00（10）	16.25（6）	12.07	长焰、不黏煤
榆林-横山	10868.5	7.13	1.25~3.52（9）	2.65（1）	3.44	弱黏-不黏煤
靖边-定边	9335.5	9.76	5.42~26.89（27）	18.00（6）	4.12	弱黏煤
盐池	4168.8	25.47	4.50~26.59（37）	18.00（12）	7.70	气煤
马家滩	943.8	26.72	3.70~25.47（35）	20.20（14）	6.95	不黏煤
炭山	73.4	18.22	2.50~20.10（21）	16.00（9）	5.20	长焰煤
王洼	898.8	14.26	2.10~21.40（19）	12.84（6）	4.50	长焰、不黏煤
环县	8728.3	10.24	1.50~11.45（9）	8.60（6）	3.90	气煤
庆阳	10835.5	4.73	2.00~9.25（7）	6.10（5）	3.25	不黏、弱黏煤
华亭	211.8	26.38	1.22~76.58（10）	28.60（5）	60.19	长焰、不黏煤
陇县	1106.0	6.79	0.23~7.13（5）	5.00（1）	10.00	长焰煤
彬县-长武	1178.5	7.37	0.20~29.28（8）	8.97（2）	23.86	不黏、弱黏煤
旬邑东部	516.6	2.74	0.00~26.40（8）	6.30（2）	15.40	不黏煤
焦坪	476.1	6.45	0.00~45.37（8）	8.6~12.6（2）	34.00	不黏、弱黏煤
黄陵	1290.9	1.71	0.25~12.40（4）	5.81（1）	7.39	弱黏-气煤

* 单位：m。

 鄂尔多斯盆地延安组煤的含煤性和煤层发育特点，受成煤环境和古构造-地貌形态的控制。据新近研究成果(钱丽君等，1987；李思田，1992；李宝芳等，1995；张泓等，1995a，b；庄军等，1996；中国煤田地质总局，1996；王双明、张玉平，1999)，河流(主要是曲流河)和湖泊三角洲沉积体系是最为重要的含煤沉积体系；前者的成煤环境是天然堤限定的岸后泛滥盆地，后者主要是废弃的三角洲朵体。图 20.3 是延安组煤层(单层厚度>0.1 m 者)累计厚度等值线图。从中可以看出，吴旗以东和无定河以南的富县、延安地区为无煤区，这个范围与鄂尔多斯盆地延安组沉积时低能湖泊沉积体系所占据的位置完全重合，这就表明，延安附近的湖盆水体深，不是成煤环境。

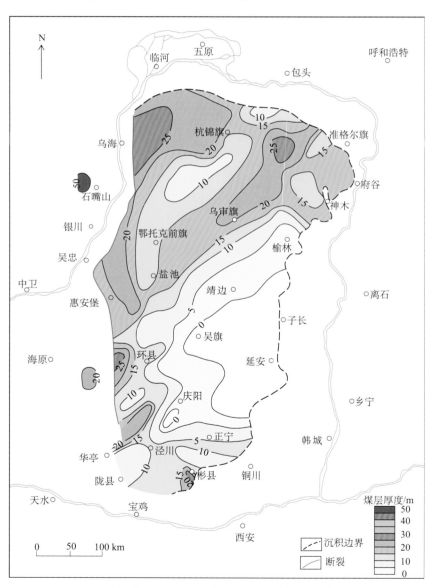

图 20.3　鄂尔多斯盆地延安组煤层总厚度图

围绕上述无煤区,煤层等厚线基本上呈(半)环带状分布。但是,煤层层数、厚度横向变化规律等在盆地的不同部位常表现出不同的特点。例如,在盆地北部的东胜、榆林、神木煤矿区,延安组的 5 个煤组发育齐全,可采煤层层数多,煤层分布广,厚度变化不大,但厚度最大的主要可采煤层位于含煤序列的上部;盆地西部以煤层层数多、单个煤层厚度小、分叉合并现象频繁为主要特征;盆地南部的焦坪、彬长煤矿区仅在含煤岩系的下部发育一个主要可采煤层,该煤层的分布范围、厚度和结构均受成煤前的古构造-地貌形态的控制。从总体上说,主要可采煤层是向着盆缘分叉、向湖盆中心变薄尖灭的。

成煤沉积环境不同,可以造成某些原生煤质参数(如灰分、硫分含量)的重大差异。总体上看,煤的灰分和硫分产率围绕延安附近的无煤区呈(半)环带状分布:距湖相区越近,煤中的灰分和硫分产率愈高,远离湖相区,灰分和硫分产率很低。例如,盆地北部东胜-神木一带主要可采煤层的原煤灰分产率 5%~10%,全硫产率小于 0.7%,而接近湖盆的横山一带,主要可采煤层的原煤灰分产率大于 10%,原煤的全硫产率增高至 0.88%~2.55%。

不同沉积背景中,湿沼泽水体的地球化学性质,是影响煤中灰分和硫分产率的主因。远离湖盆时,位于岸后泛滥盆地的湿地多形成高位沼泽和穹丘状泥炭田(domed peat),水源补给主要来自大气降水,水体处于弱还原状态,最终导致了低灰、低硫煤的形成。接近湖相区的湿地多形成低位或平坦状泥炭田(planar peat),常受湖水周期性侵入或水位季节性涨落的影响;由于地表水或地下水的注入,增加了泥炭沼泽中的可溶性无机盐和不溶矿物质含量,从而导致了煤中灰分产率的增加;同时,由于较深的呆滞水体使泥炭沼泽处于较强的还原状态,形成了含量大于 1% 的高硫煤。

二、煤岩、煤质特征

鄂尔多斯盆延安组煤的宏观煤岩类型在不同煤田和不同煤层变化较大,但在总体上,顶部煤组的煤层(1^{-2} 煤)和底部煤组的煤层(5^{-2} 煤)中,暗淡煤和半暗煤居多,半亮煤和光亮煤较少;其他煤组的主要煤层(2^{-2} 煤、3^{-1} 煤、4^{-2} 煤),则以半暗型和半亮型为主,暗淡型和光亮型煤较少。

据延安组煤的显微组分定量分析统计成果(表 20.5),多数煤层的有机组分含量在 90% 以上。壳质组分含量在 2% 左右,镜质组和惰质组含量都比较高,并呈互为消长关系。

各延安组煤层的平均矿物总量为 1.4%~35.2%。其中,黏土类矿物 0.3%~30.8%,硫化物矿物 0.1%~1.5%,碳酸盐矿物 0.1%~2.5%,氧化物矿物占 0~4.6%。

煤的镜质组反射率为 0.42%~3.54%。其中,高煤级无烟煤(镜质组反射率:3.46%~3.54%)仅见于贺兰山地区(汝箕沟、大峰口、二道岭);其他地区延安组煤的镜质组反射率变化在 0.42%~0.75%,其中,1^{-2} 煤为 0.44%~0.54%,2^{-2} 煤为 0.48%~0.59%,3^{-1} 煤为 0.49%~0.59%,4^{-2} 煤为 0.50%~0.64%,5^{-2} 煤为 0.42%~0.75%,显示煤的镜质组反射率有随深度增加逐渐增大的趋势。

表20.5 延安组主要煤层显微组分定量数据统计成果

地区	煤层	显微组分/%				地区	煤层	显微组分/%			
		V	I	E	M			V	I	E	M
汝箕沟	2^{-1}	51.2	42.6	0.6	5.6	东胜	1^{-2}	27.5	69.1	1.3	2.1
	2^{-2}	59.6	37.4	0.0	3.0		2^{-2}	31.8	64.0	1.9	2.3
	3^{-1}	54.6	42.2	0.2	3.0		3^{-1}	33.9	63.7	0.8	1.6
	3^{-2}	52.1	43.7	0.0	4.2		4^{-2}	37.1	60.3	1.0	1.6
	4^{-2}	59.8	34.0	0.0	6.2		5^{-2}	17.5	80.3	0.8	1.4
马家滩	1^{-2}	60.5	33.0	1.7	4.8	神木北部	1^{-2}	42.4	52.2	1.5	3.9
	2^{-2}	36.4	55.8	1.8	6.0		2^{-2}	57.6	39.1	0.9	2.4
	3^{-1}	38.9	53.4	1.1	6.6		3^{-1}	60.4	36.5	1.0	2.1
	4^{-2}	62.1	31.9	1.2	4.8		4^{-2}	56.6	40.2	1.1	2.1
	5^{-2}	26.7	63.2	1.3	8.8		5^{-2}	44.2	50.4	1.3	4.1
灵武	1^{-2}	31.0	60.6	1.7	6.7	榆林-横山	1^{-2}	48.7	40.1	2.2	9.0
	2^{-2}	39.1	50.0	2.3	8.6		2^{-2}	58.1	34.7	1.8	5.4
	3^{-1}	42.7	50.9	1.7	4.7		3^{-1}	65.2	26.8	2.5	5.5
	4^{-2}	56.8	32.9	2.9	7.4		4^{-2}	76.1	18.9	2.3	2.7
	5^{-2}	30.4	60.2	2.4	7.0		5^{-2}	46.0	48.3	1.9	3.8
炭山	1^{-2}	66.2	2.2	0.0	31.6	大保当	2^{-2}	59.8	36.6	1.2	2.4
	2^{-2}	72.3	4.3	0.4	23.0		3^{-1}	55.8	40.7	1.6	1.9
	3^{-1}	78.2	8.0	0.5	13.3		4^{-2}	50.1	46.7	1.3	1.9
	4^{-2}	51.7	12.4	0.7	35.2		5^{-2}	48.7	46.8	1.8	2.7
王洼	2^{-2}	67.2	11.9	1.1	19.8	彬县-长武	5^{-2}	38.5	51.9	3.3	6.3
	3^{-1}	65.1	22.7	1.3	10.9	焦坪	5^{-2}	35.1	54.9	1.3	8.7
	4^{-2}	73.1	15.0	0.5	11.4	店头	5^{-2}	44.9	43.8	1.4	9.9
安口	5^{-2}	56.4	39.0	1.0	3.6	上石节	5^{-2}	64.0	17.5	10.3	8.2
华亭	5^{-2}	56.1	37.0	3.5	3.4	黄陵	5^{-2}	45.3	49.5	0.8	4.4

延安组煤的大量工业分析数据显示(表20.6),汝箕沟煤的平均水分含量很低(0.76%~0.98%),其他地区煤的平均水分含量变化在2.20%~11.77%;灰分产率变化更大(4.30%~48.56%),但总体上说,多数煤的灰分产率小于10%,属于特低灰-低中灰煤,而王洼、炭山、焦坪等地的延安组煤中灰-高灰煤。在垂向上,2^{-2}煤、3^{-1}煤、4^{-2}煤率多为低灰煤,1^{-2}煤、5^{-2}煤为低中灰煤。煤中的挥发分除汝箕沟低于10%外,其他地区变化在31.21%~42.02%,垂向上,1^{-2}煤、5^{-2}煤的挥发分相对较低,而2^{-2}煤、3^{-1}煤、4^{-2}煤的挥发分高。挥发分是表征煤级的参数之一,对于判别煤的利用途径(焦化、液化)及燃烧特性极为重要。

表 20.6 延安组煤主要工业分析和元素分析数据统计成果

煤矿区煤产地	煤层编号	工 业 分 析					元 素 分 析			
		M_{ad}/%	A_d/%	V_{daf}/%	$S_{t,d}$/%	$Q_{net,d}$/(10^6J/kg)	C_{daf}/%	H_{daf}/%	O_{daf}/%	N_{daf}/%
汝箕沟	1^{-2}	0.87	12.95	10.60						
	2^{-1}	0.93	7.13	8.20	0.20	32.55	94.14	3.43	1.56	0.68
	2^{-2}	0.98	8.03	8.29	0.23	32.92	93.58	3.62	1.70	0.87
	3^{-1}	0.92	9.83	7.99	0.28	31.81	93.08	3.85	1.80	0.79
	4^{-2}	0.76	9.49	6.65	0.37	32.69	93.76	3.53	1.66	0.65
	5^{-2}	0.87	12.41	7.99	0.42	31.47	94.17	3.39	1.31	0.72
灵武	1^{-2}	10.70	10.19	34.10	0.70	26.64	79.60	4.61	14.33	0.95
	2^{-2}	11.77	6.37	31.21	0.81	28.02				
	3^{-1}	9.64	7.94	33.40	0.78	27.99				
	4^{-2}	9.85	7.98	36.16	0.51	28.30				
	5^{-2}	8.71	10.32	33.65	0.38	27.42				
马家滩	1^{-2}	11.03	11.04	32.03	1.20	26.62				
	2^{-2}	10.66	6.87	31.60	0.93	28.3				
	3^{-1}	9.43	9.88	32.64	0.94	27.43				
	4^{-2}	8.82	8.60	35.50	0.58	27.27				
	5^{-2}	6.98	15.87	31.62	0.50	26.45				
炭山	2^{-2}	2.72	33.90	39.41	0.86	21.09	76.44	5.30	15.91	1.65
	3^{-1}	2.67	19.89	41.01	0.87	25.05				
	4^{-2}	2.20	48.56	42.02	0.26					
王洼	2^{-2}	9.27	15.56	40.63	2.21	21.09	76.73	5.05	14.47	1.05
	3^{-1}	10.28	11.69	38.32	1.60	25.05				
	4^{-2}	9.04	18.26	38.87	1.22					
东胜	1^{-2}	9.89	8.94	32.00	0.66	27.12	79.05	4.60	15.89	0.89
	2^{-2}	10.16	7.39	32.50	0.46	27.72	79.62	4.74	14.57	0.90
	3^{-1}	7.72	7.58	36.04	0.53	28.36	80.57	4.70	13.23	1.09
	4^{-2}	8.92	8.31	33.48	0.48	27.97	80.54	4.85	13.36	1.00
	5^{-2}	6.76	11.13	32.86	0.44	27.61	81.66	4.73	12.41	1.02
神木北部	1^{-2}	7.39	10.19	35.04	0.55	27.35	81.45	4.80	12.60	0.91
	2^{-2}	8.06	6.05	35.05	0.45	29.48	81.10	5.17	12.61	0.90
	3^{-1}	6.40	7.91	38.03	0.58	29.06	80.66	5.15	12.59	1.15
	4^{-2}	7.40	7.59	33.89	0.30	29.80	81.93	5.03	11.81	1.01
	5^{-2}	7.46	7.57	31.87	0.30	29.45	82.50	4.86	11.46	0.95

续表

煤矿区煤产地	煤层编号	工 业 分 析					元素分析			
		$M_{ad}/\%$	$A_d/\%$	$V_{daf}/\%$	$S_{t,d}/\%$	$Q_{net,d}$ $/(10^6 J/kg)$	$C_{daf}/\%$	$H_{daf}/\%$	$O_{daf}/\%$	$N_{daf}/\%$
榆林–横山	1^{-2}	5.40	13.05	36.43		25.82	82.99	5.04	9.97	1.03
	2^{-2}	5.79	11.73	38.21		27.22				
	3^{-1}	6.29	10.18	35.42		28.34				
	4^{-2}	5.12	11.10	36.26	0.88	28.3				
	5^{-2}	5.15	8.10	33.90	0.47	29.94				
大保当	1^{-2}	6.55	11.50	33.67	0.68	28.21	83.14	5.58	10.08	1.03
	2^{-2}	5.69	7.21	37.58	0.69	28.05				
	3^{-1}	5.44	7.65	37.27	0.45	28.11				
	4^{-2}	6.18	9.04	37.25	0.40	28.46				
	5^{-2}	4.91	10.80	35.97	0.43	27.64				
华亭	5^{-2}	7.27	12.18	37.11	0.69	27.35	78.91	4.88	14.89	0.90
黄陵	4^{-2}	4.55	16.13	36.21		25.42	83.44	5.06	9.67	1.07
	5^{-2}	3.77	15.67	35.03	0.79	25.51				
彬县–长武	5^{-2}	4.10	16.36	32.70	0.90	28.32	84.01	4.81	9.48	0.86

硫分是煤中最重要的有害组分之一。汝箕沟煤全硫含量均值最低(0.2%~0.42%),其他地区的煤中硫含量多在1%以下,为特低硫、低硫煤。不过,王洼、彬县–长武、黄陵等地的部分煤层的全硫含量可达2%。工业要求煤中磷含量不超过0.05%,延安组上部 1^{-2}、2^{-2} 号煤中磷含量多小于0.01%,3^{-1} 号煤为0.002%~0.043%,4^{-2} 号煤为0.01%~0.042%,5^{-2} 号煤多在0.01%~0.047%,但榆林–横山、黄陵、彬县–长武等地的 5^{-2} 煤的磷含量较高(0.055%~0.099%)。

鄂尔多斯盆地延安组煤的元素分析结果显示,汝箕沟煤中碳含量最高(93.08%~94.17%),其他地区均在80%左右;汝箕沟煤中氢含量均值较低(3.39%~3.85%),其他地区为4.60%~5.58%;汝箕沟煤的氧含量均值为1.16%~3.07%,其他地区为9.41%~15.91%;煤中氮含量均值在1.0%左右,汝箕沟煤的碳含量最低(0.65%~0.87%)。延安组各煤层的 H/C(原子比)均值分布在0.6~0.8,其中,大保当煤的 H/C(原子比)最高,汝箕沟煤最低(0.43~0.49)。

发热量是燃烧和动力用煤的重要指标之一。延安组各煤层的发热量,除汝箕沟煤大于 31×10^6 J/kg 外,其他地区煤的发热量均值在 25×10^6~29×10^6 J/kg;在东胜、灵武、马家滩、华亭、神木北部、榆林–横山、大保当等地,煤的发热量均大于 27×10^6 J/kg,属特高热值煤;而王洼、炭山、焦坪、黄陵、彬县–长武等地煤的发热量在 25×10^6~26×10^6 J/kg,为高热值煤。

三、主要煤田与煤炭资源潜力

　　研究区的侏罗纪煤田，除汝箕沟和炭山外，均分布于鄂尔多斯盆地内部；延安组煤层的最大埋藏深度在内蒙古鄂托克旗西南部和宁夏盐池西部（双井子-大水坑）附近超过2000 m，其他地区均小于2000 m。经详细估算，鄂尔多斯盆地侏罗纪煤层埋藏深度小于2000 m 的面积为 113660 km^2，煤炭资源量为 1487.66 ×10^9 t。不同煤田（矿区）或区块的煤炭资源丰度在 1.71×10^6～26.39×10^6 t/km^2。值得注意的是，煤炭资源丰度高的区块主要集中于鄂尔多斯盆地的西部，盆地南部的黄陇煤田 [包括黄陵、焦坪、旬邑东部和彬县-长武区块（矿区）] 的资源丰度比较低，两者相差 1 个数量级以上（表 20.4）。

　　考虑煤田构造复杂程度、煤层埋藏深度、勘探开发程度、自然地理与行政区划等各种因素，将延安组煤层埋深小于 2000 m 的区域分为 21 个煤田（矿区）或区块（图 20.2），进而归并为如下类型：①开发类区块，包括汝箕沟、碎石井、华亭、东胜、神木北部、大保当、黄陵、焦坪、彬县-长武等矿区。这些煤矿区的构造简单，可采煤层厚度大、稳定，煤质优良，多数已有大型国有煤炭企业生产，或国家已经批准了煤矿区开发建设规划，正在建设中，年产量或规划年产量多在 10×10^6 t/a。②近期后备开发类区块，主要有马家滩、旬邑东部、榆林-横山、陇县等区块。近期后备开发类区块的共同特征是，有一定数量埋藏深度小于 1000 m 的煤炭资源，勘探程度低，有些区块的煤田构造比较复杂（如马家滩），煤矿建设的配套设施不完善。③勘探-远景开发类区块，包括庆阳、王洼、炭山等区块。这类区块构造比较复杂，或者煤层埋藏较深，勘探程度很低，开发建设的外部条件差，目前只有地方煤矿生产，是否具有建设大型煤矿的潜力，需要进一步评价。④预测类区块，包括鄂托克旗、杭锦旗、盐池、环县、靖边-定边等区块。这类区块的煤层埋藏深度大于 1000 m，按照煤矿开采的经济、技术条件现状和未来发展趋势，至少近几十年不会对这类煤炭资源进行开发。

　　鄂尔多斯盆地延安组煤的变质程度较低，以长焰煤和不黏煤为主，部分地区有弱黏煤、气煤和无烟煤。低变质煤是良好的发电和动力用煤，但它们基本特征是低灰、低硫、中-高发热量、热稳定性好，机械强度高，因此，应首先用于气化，部分可作为液化用煤、低温干馏用煤和制造活性炭。汝箕沟的无烟煤举世闻名，又被称作"太西煤"；其主要特征是低灰、低硫，碳含量高，应首先用于高炉喷吹，或用作生产炭素以及其他化工产品的原料。

第四节　煤炭资源与开发现状分析

　　鄂尔多斯盆地埋深 2000 m 以浅共有煤炭资源 1975.278×10^9 t，约占全国煤炭资源总量（5569.749×10^9 t）（毛节华、许惠龙，1999）的 35.45%。其中，侏罗纪、石炭二叠纪和三叠纪煤炭资源分别占 75.32%、24.61% 和 0.07%；经过近 50 年的勘探和新近一轮的煤田预测，获得查明的煤炭资源量 366.708×10^9 t，潜在（预测）的煤炭资源量为 1608.57×10^9 t；如果按照埋藏深度计算，小于 1000 m、1000～1500 m 和 1500～2000 m 的煤炭资源分别占总量的33.33%、28.11%、38.67%。如果按照行政区划计算,鄂尔多斯盆地的内蒙古自治区部分占有的煤炭资源最多(57.19%),其次是陕西省部分(20.52%);而鄂尔多斯盆地的宁夏回族自治区部分、甘肃省部分和山西省部分分别占全盆地煤炭资源总量的9.38%、7.26%和5.65%(图20.4)。鄂尔多斯盆地的煤炭资源虽然十分丰富,但是,已经探明或控制的可供近期开发的资源量所占的比例不高。

　　鄂尔多斯盆地的煤岩、煤质分析结果表明,晚古生代煤的煤类齐全,既有低变质长焰煤,也有中等变质程度的气煤、肥煤、焦煤和瘦煤,也有高变质无烟煤;侏罗纪煤除汝箕沟有无烟煤外,其他地区均多为低变质长焰煤、不黏煤和弱黏煤,显得煤类单调。从行政区划分析,内蒙古自治区、宁夏、山西等省区所辖的鄂尔多斯盆地部分,煤类比较齐全;鄂尔多斯盆地的甘肃省部分只有低煤级煤(长焰煤、不黏煤),缺乏肥煤、焦煤和无烟煤,而陕西省部分虽有少量炼焦配煤和无烟煤,但埋藏较深,目前难于利用,因此,其煤炭资源仍以低煤级煤为主。

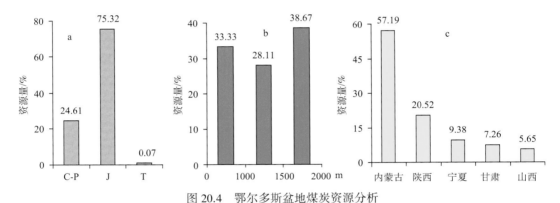

图20.4　鄂尔多斯盆地煤炭资源分析
a. 按成煤地质时代; b. 按煤层埋藏深度; c. 按行政区划

　　鄂尔多斯盆地丰富、煤类齐全的煤炭资源在我国占有独特的地位。随着我国煤炭工业的战略西移,目前已经成为重要的煤炭生产基地之一,同时,必将成为我国21世纪的重要能源供应地。从全盆地目前的煤矿布局来看,埋藏深度800 m以浅的煤炭资源都处于开发状态;少数老矿区(如澄合、蒲白)的浅部煤炭资源已近于枯竭,有些地区的超强度开发,已造成有些煤种的资源短缺。随着开发的增加,采取有效措施对特殊煤种的资源进行保护;目前,急需保护的是汝箕沟的低灰、低硫优质无烟煤("太西煤")资源。盆地东北部的低灰、低硫、低煤级长焰煤是优质液化用煤,也是一种战略性资源,应进行保护性开发。

第五节　煤层气资源

　　煤层气(又称煤层甲烷或煤矿瓦斯)是煤矿生产过程中的有害气体。但是,由于20世纪70年代的能源危机,人们对于煤层气的认识发生了由灾害到资源的转化(Mavor *et al*., 1996; Flores, 1998; Beamish and Crosdale, 1998)。煤层气与常规天然气的根本区别是，甲烷气体分子大都附着于煤基质，而不是以游离态或溶于地层水的形式出现的；以单分子层密集排列于煤基质空隙内壁的甲烷气体均呈吸附态，故煤层气虽类似流体，但不服从常规天然气那样的理想气体定律。

一、太原组和山西组煤储层特征

煤层是具有典型双孔隙系统的储层。煤储层特征或物理参数包括含气量、吸附扩散特征、渗透率、储层压力、含气饱和度和原地应力等。

煤层的吸附特征是评价煤储层特征的必不可少的参数。鄂尔多斯盆地晚古生代煤空气干燥基 Langmuir 体积为 $13.23 \sim 35.39$ m^3/t；干燥无灰基 Langmuir 体积变化在 $15.51 \sim 38.55$ m^3/t；Langmuir 压力为 $1.21 \sim 5.92$ MPa（表 20.7，图 20.5、图 20.6）。很显然，晚古生代煤的吸附能力，除准格尔煤田、府谷、河东煤田的兴县以北部分较低外，其他地区都较高。

表 20.7 鄂尔多斯盆地晚古生代煤等温吸附试验数据

煤层	地区（煤矿区）	空气干燥基 $V_L/(m^3/t)$			干燥无灰基 $V_L/(m^3/t)$			P_L/MPa		
		最小	最大	平均	最小	最大	平均	最小	最大	平均
山西组主煤层	准格尔			13.23			15.51			5.92
	吴堡			18.00			23.21			1.94
	大宁-吉县	19.16	35.39	25.79	22.05	38.55	28.83	1.63	2.98	2.19
	韩城	19.88	22.68	21.28	21.83	31.05	26.45	1.68	2.76	2.25
	石炭井			17.71			24.60			3.71
太原组主煤层	吴堡	14.65	21.07	18.41	18.70	22.59	20.69	1.93	2.63	2.31
	大宁-吉县	14.23	27.02	21.93	19.79	37.95	26.28	1.21	3.93	2.00
	韩城	20.20	21.94	21.07	26.83	27.93	27.38	1.65	3.13	2.39
	澄合	16.51	17.96	17.24	22.94	23.04	22.99	2.41	2.26	2.34
	蒲白	16.48	19.41	17.95	21.74	24.21	22.98	1.92	2.26	2.09
	石炭井			19.92			22.93			2.56

煤的吸附作用与其物理-化学属性密切相关（Crosdale et al.，1998）。Ettinger 等（1966）曾从不同角度研究影响煤的吸附特性的主要因素。鄂尔多斯盆地晚古生代煤的等温吸附试验结果与中外学者已经完成的试验（Moffa and Weale，1955；Joubert et al.，1973；Levy et al.，1997；张群、杨锡禄，1999；Kroose et al.，2002；钟玲文等，2002）证明，无论是干燥基或者平衡水分煤样，均表现出煤的吸附能力随温度的升高而降低、随压力的加大而增加的总趋势，也就是说，煤的吸附能力与温度之间呈负相关关系，而与压力呈正相关关系。甲烷的吸附能力与煤的灰分产率呈明显的负相关（Meissner，1984；Choate et al.，1986；Ayers and Kelso，2002）。就煤的吸附属性而言，甲烷气体附着在煤表面而不是灰分层或煤层中的分散无机物，即使是保存在与煤层有关的碳质泥岩中的气

体，也吸附在有机颗粒而不是无机颗粒或矿物质(Gan et al.，1972；Scott，2002)。甲烷的吸附能力随水分的增加而降低；每一种煤都存在一个水分上限，超过这个界限，吸附能力将不再降低。煤岩类型影响煤的吸附能力；同一煤层中，亮煤的吸附能力明显高于暗煤(Crosdale et al.，1998)；在煤级相等的情况下，富镜质组煤的吸附能力高于富惰质组煤。煤级通常被认为是影响煤的吸附能力的主要原因之一；在平衡水条件下，煤的吸附能力随煤级的升高而增加。鄂尔多斯盆地石炭-二叠纪煤为中-高煤级煤。盆地西缘(石嘴山、石炭井)因叠加岩浆热变质作用，煤级高，煤的吸附能力相对较强。在盆地东缘，煤级自北而南升高，因此，韩城煤的吸附性能远高于准格尔煤。

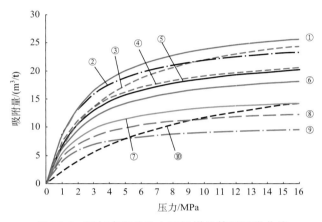

图 20.5　鄂尔多斯盆地太原组煤的等温吸附曲线
①韩城；②大宁-吉县；③石炭井；④蒲白；⑤澄合；⑥吴堡；⑦兴县；⑧临县；⑨府谷；⑩准格尔

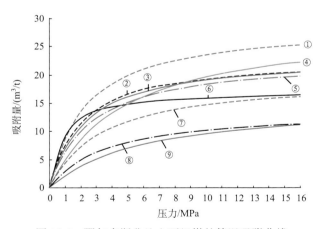

图 20.6　鄂尔多斯盆地山西组煤的等温吸附曲线
①大宁-吉县；②吴堡；③韩城；④石炭井二矿；⑤澄合权家河；⑥兴县；⑦临县；⑧府谷；⑨准格尔

鄂尔多斯盆地晚古生代煤层的实测含气量为 1.19~27.20 m³/t；其中，盆地东缘(准格尔、河东煤田)由北向南呈现"低—高—低"变化的特点；南部的渭北煤田，韩城煤的含气量 4.23~23.25 m³/t，平均 13.74 m³/t，澄合矿区煤的含气量 4.05~11.97 m³/t，平均 8.01 m³/t，铜川煤的平均含气量 5.43 m³/t；在盆地西缘，石嘴山煤的含气量 3.50~ 8.40 m³/t；韦州矿区煤的含气量达 2.87~10.68 m³/t。鄂尔多斯盆地晚古生代煤层的实测含气饱和度为 54.41%~83.32%，渗透率 0.003×10⁻³~59.00×10⁻³ μm²，储层压力为 7.56~ 14.76 MPa，储层压力梯度变化在 0.67~1.31 MPa/100 m。

二、延安组煤储层特征

除汝箕沟外，鄂尔多斯盆地其他地区的延安组煤多为低灰、低煤级煤。已有的等温吸附试验结果表明，空气干燥基 Langmuir 体积为 13.62~25.01 m³/t，干燥无灰基 Langmuir 体积为 15.14~29.61 m³/t，Langmuir 压力较集中（表 20.8，图 20.7），主要分布在 9.0~11.0 MPa；煤的孔隙容积较大，为 0.1177~0.2781 cm³/g，显示煤的吸附能力较强。

表 20.8　鄂尔多斯盆地部分地区延安组煤的等温吸附试验数据

地　区	V_L/(m³/t)		P_L/MPa	R_{max}/%
	空气干燥基	干燥无灰基		
东胜布尔洞沟	24.07	27.33	16.70	0.55
焦　坪	18.72		6.08	0.58
华　亭	22.50	25.38	14.16	0.55
乌审旗苏 2 井	15.8		3.96	
横　山	13.25		3.50	0.53
店头北川	16.81		3.28	
合水-宁县	13.24		4.57	
彬　县	9.04		3.65	0.51
神　府	16.66		2.65	
灵武磁窑堡矿	24.02	28.33	23.29	0.39
大峰口露天矿	41.59	47.76	2.91	3.35

实际勘探资料表明，延安组煤层含气量大多很低。在黄陵、焦坪矿区，煤级为气煤，含气量 3.0~8.0 m³/t。彬长矿区在煤层平均埋深 600 m 左右，煤层含气量 0.01~6.29 m³/t。华亭矿区煤的含气量更低，只有 0.01~1.18 m³/t。

延安组煤层埋藏较浅（多小于 2000 m），储层压力低。不过，在低储层压力的背景中，也存在较高区域。侏罗系煤层实测渗透率数据较少。从盆地内部构造简单、原生煤体结构保存完好、煤变质程度低、煤的孔隙、裂隙较发育等特点判断，煤层渗透率不会太低，至少高于晚古生代煤。这一点从近期焦坪矿区低煤级煤的煤层气开发效果证明侏罗系煤层渗透性好。

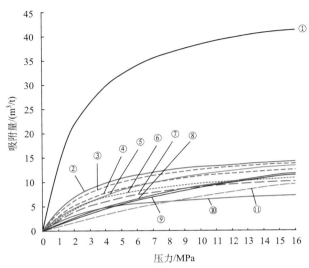

图 20.7　鄂尔多斯盆地延安组煤的等温吸附曲线

① 汝箕沟大峰口;② 神府;③ 店头北川;④ 焦坪;⑤ 乌审旗苏 2 井;⑥ 横山;
⑦ 合水-宁县;⑧ 华亭矿;⑨ 东胜布尔洞沟;⑩ 彬县;⑪ 灵武磁窑堡

三、煤层气资源

鄂尔多斯盆地煤层气资源的估算最初是由张新民等(1991)完成的。此后,冯福闿等(1995)算得的煤层气资源量为 6613.797×10^9 m³。中国煤田地质总局(1998)认为延安组的低煤级煤的含气量低于其计算下限(4 m³/t),估算的 2000 m 以浅的煤层气资源量只有 3990.9×10^9 m³。长庆油田勘探开发院于 2001 年对于鄂尔多斯盆地 300~1500 m 的煤层气总资源量的估算结果为 8300×10^9 m³。最近,张新民等(2002)又一次用气含量法(容积法)预测了该盆地的煤层气资源,获得 300~2000 m 的资源总量为 9940.656×10^9 m³;而冯三利等(2002)公布的煤层气资源量数据是 10723.57×10^9 m³。

不同单位或学者对鄂尔多斯盆地煤层气资源量的估算结果差别较大,其主要原因是使用的计算方法、基础参数、计算范围各不相同造成的。目前常用的煤层气资源量的估算方法很多,如类比法、容积法、产量递减法、压降曲线法、物质平衡法和储层模拟法等。然而,煤层或煤储层是既有裂隙孔隙系统又有基质孔隙系统的双孔隙介质,煤层气是以固-气-液三相互相作用的方式并主要以吸附态储集于煤层之中的;再者,煤层气井的生产动态也完全不同于常规天然气。因此,容积法和储层模拟法较适用于煤层气资源量的估(计)算。

储层模拟法主要是应用数值模拟器对已经获得的储层参数和早期生产数据(或试排采数据)进行拟合,进而获得气井的预测生产曲线和可采资源量。容积法估算煤层气资源量的可靠性,除取决于煤层气地质和储层条件的认识程度外,更依赖于含气量参数选择的正确与否。

鄂尔多斯盆地用直接法测得含气量数据分布极不均匀,且绝大多数来自小于 1000 m的深度。为了弥补这一缺陷,按照等温吸附试验结果、煤岩学特征、煤层埋藏深度和煤层气的生成和封闭保存条件,建立了比较合理的气含量预测数学模型,进而得到了

2000 m 以浅的含气量等值线(图 20.8)。它基本上反映了煤层含气量在鄂尔多斯盆地的变化趋势：由盆地边缘向盆地内部，含气量随着煤层埋藏深度的加大而增加。据此，实现了煤层气资源的估算(表 20.9，图 20.9)。

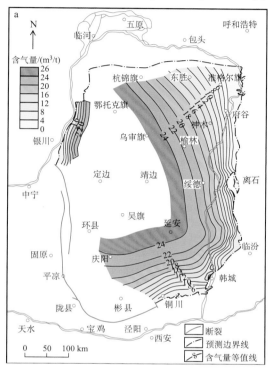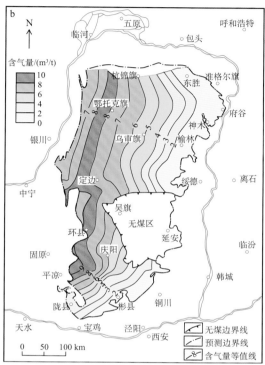

图 20.8　鄂尔多斯盆地山西组(a)和延安组(b)主煤层含气量等值线图

表 20.9　鄂尔多斯盆地煤层气资源估算结果

煤田或区块名称	编号	含煤层位	资源丰度 /(10^9 m³/km²)	资源量 /10^9 m³	不同深度的资源量/10^9m³		
					300~1000 m	1000~1200 m	1200~2000 m
渭北煤田	A1	上古生界(山西组和太原组)	0.050~0.067	766.186	177.486	105.687	483.013
晋陕边境	A2		0.090~0.164	3099.051	771.983	288.004	2039.064
准格尔	A3		0.097~0.113	917.807	178.151	110.881	628.775
桌子山-韦州	A4		0.122~0.134	686.338	394.324	57.325	234.689
合　　计				5469.382	1521.944	561.897	3385.541
黄陇煤田	B1	侏罗系(延安组)	0.020~0.028	104.061	35.705	68.356	
盐池-平凉	B2		0.017~0.076	1931.111	82.927	256.361	1591.823
陕北	B3		0.034~0.092	1099.141	385.721	43.706	669.714
东胜-鄂托克	B4		0.029~0.143	4762.534	413.447	1088.690	3260.397
沙井子-王洼	B5		0.022	26.978	26.978		
合　　计				7923.825	946.578	1457.113	5521.934
总　　计				13393.207	2468.522	2019.010	8907.475

鄂尔多斯盆地埋深 300~2000 m 的煤层气资源总量为 13393.207×10⁹ m³。其中,上古生界煤层气资源为 5469.382×10⁹ m³;侏罗系煤层气资源为 7923.825×10⁹ m³(表20.9)。上古生界煤层气资源丰度高,平均为 0.062×10⁹~0.129×10⁹ m³/km²,煤层气最富集的地区位于盆地东缘,资源量为 3099.051×10⁹ m³,资源丰度平均为 1.29×10⁸ m³/km²;侏罗系煤层气富集程度也较高,盆地北部煤层气资源量达 4762.534×10⁹ m³,资源丰度平均为 0.093×10⁹ m³/km²。

深度是影响煤层气勘探开发的主要地质因素之一,理想的煤层气开发深度为 1200 m 以浅。鄂尔多斯盆地石炭−二叠纪煤层埋藏深度在 300~1200 m 的面积约 26323.82 km²,煤层气资源量 2083.841×10⁹ m³,占埋深 300~2000 m 资源量的 38.1%;延安组煤层埋深 300~1200 m 的面积约为 55705.05 km²,煤层气资源量为 2401.891×10⁹ m³,占埋深 300~1200 m 侏罗系资源量的 30.31%。

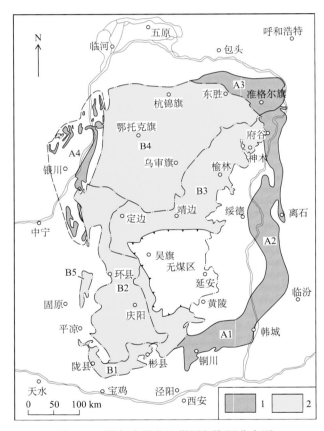

图 20.9　鄂尔多斯盆地煤层气资源分布图

1. 上古生界煤层气资源分布区:A1. 渭北煤田;A2. 晋陕边境;A3. 准格尔;A4. 桌子山−韦州。

2. 侏罗系煤层气资源分布区:B1. 黄陇煤田;B2. 盐池−平凉;B3. 陕北煤田;B4. 东胜−鄂托克;B5. 沙井子−王洼

鄂尔多斯盆地的煤层气资源虽然十分丰富,但除盆地东缘煤层气勘探开发程度较高外,其他地区的勘探和研究程度较低,尤其是盆地内低煤级煤的煤层气开发。因此,提高该盆地的煤层气地质研究程度，加快勘探、开发步伐，对于缓解我国清洁能源短缺的现实有重要意义。

参 考 文 献

陈钟惠，武法东. 1993. 华北晚古生代含煤岩系的沉积环境和聚煤规律. 武汉：中国地质大学出版社

程保洲. 1992. 山西晚古生代沉积环境与聚煤规律. 太原：山西科学技术出版社

冯福闿，王庭斌，张士亚等. 1995. 中国天然气地质. 北京：地质出版社

冯三利，叶建平，张遂安等. 2002. 鄂尔多斯盆地煤层气资源及开发潜力分析. 地质通报，21（10）：658~662

冯增昭，陈继新，张吉森. 1991. 鄂尔多斯地区早古生代岩相古地理. 北京：地质出版社

何春荪. 1936. 甘肃煤田地质概论. 地质论评，10：171~198

何春荪，张尔道. 1948. 陕西宜君焦家坪煤田地质. 工商部中央地质调查所地质汇报，37：101~106

何春荪，刘增乾，张尔道. 1948. 甘肃东部煤田地质. 工商部中央地质调查所地质汇报，37：41~72

黄劭显，杜恒俭. 1948. 宁夏石炭井大武口间煤田地质. 工商部中央地质调查所地质汇报，37：117~120

李宝芳，李祯，林畅松等. 1995. 鄂尔多斯盆地中部下中侏罗统沉积体系和层序地层. 北京：地质出版社

李思田. 1992. 鄂尔多斯盆地东北部层序地层及沉积体系分析——侏罗系富煤单元的形成、分布及预测基础. 北京：地质出版社

毛节华，许惠龙. 1999. 中国煤炭资源预测与评价. 北京：科学出版社

钱丽君，白清昭，熊存卫等. 1987. 陕西北部侏罗纪含煤地层及聚煤规律. 西安：西北大学出版社

尚冠雄. 1997. 华北晚古生代煤地质学研究. 太原：山西科学技术出版社

王双明，张玉平. 1999. 鄂尔多斯侏罗纪盆地形成演化与聚煤规律. 地学前缘，6（增刊）：147~155

王竹泉. 1937. 陕西韩城煤田地质. 国立北平研究院地质研究所地质汇报，30：25~35

张泓，白清昭，张笑薇等. 1995a. 鄂尔多斯聚煤盆地形成与演化. 西安：陕西科学技术出版社

张泓，白清昭，张笑薇等. 1995b. 鄂尔多斯聚煤盆地的形成及构造环境. 煤田地质与勘探，23（3）：1~9

张泓，何宗莲，晋香兰等. 2005. 鄂尔多斯盆地构造演化与聚煤作用-1：500000 鄂尔多斯煤盆地地质构造图简要说明. 北京：地质出版社

张群，杨锡禄. 1999. 平衡水分条件下煤对甲烷的等温吸附特征研究. 煤炭学报，24（4）：566~570

张新民，张遂安，钟玲文等. 1991. 中国煤层甲烷. 西安：陕西科学技术出版社

张新民，庄军，张遂安. 2002. 中国煤层气地质与资源评价. 北京：科学出版社

赵国宾. 1931. 陕西泾洛两河间之地质. 国立中央研究院地质研究所丛刊，2：61~113

中国煤田地质总局. 1993. 中国煤田地质勘探史，第三卷，地区篇. 北京：煤炭工业出版社

中国煤田地质总局. 1996. 鄂尔多斯盆地聚煤规律与煤炭资源评价. 北京：煤炭工业出版社

中国煤田地质总局. 1998. 中国煤层气资源. 徐州：中国矿业大学出版社

钟玲文，张慧，郑玉柱等. 2002. 煤在温度和压力综合作用下的吸附性能及气含量预测. 煤炭学报，27（6）：581~585

庄军，吴景均，张群等. 1996. 鄂尔多斯盆地南部早中侏罗世聚煤特征与煤的综合利用. 北京：地质出版社

Ayers W B, Kelso B S. 1989. Knowledge of methane potential for coalbed resource grows, but need more study. Oil & Gas J, 87：64~67

Beamish B B, Crosdale P J. 1998. Instantaneous outbursts in underground coal mines：an overview and association with coal type. Int J Coal Geol, 35：27~55

Crosdale P J, Beamish B B, Valix M. 1998. Coalbed methane sorption related to coal composition. Int J Coal Geol, 35: 147~158

Choate R, MacCord J P, Rightime R T. 1986. Assessment of natural gas from coalbeds by geological characterization and production evaluation. In: Rice D (ed). Oil and Gas Assessment. AAPG Studies in Geology, 21: 223~245

Ettinger I L, Eremin I, Zimakov B et al. 1966. Natural factors influencing coal sorption properties. 1. Petrography and the sorption properties of coals; 2. Gas capacity found in weathering zone of coal deposits; 3. Comparative sorption of carbon dioxide and methane on coals; 4. Intensification of coal sorptive activity under the influence of ore-bearing intrusion; 5. Some special features of sorption of anthracite coal of the Eastern Donbas. Fuel, 45: 267~371

Flores R M. 1998. Coalbed methane: from hazard to resource. Int J Coal Geol, 35: 3~26

Gan H, Nandi S P, Walker P L R. 1972. Nature of the porosity in American coals. Fuel, 5: 272~277

Joubert J I, Grein C T, Bienstock D. 1973. Sorption of methane in moist coal. Fuel, 52(3): 181~185

Krooss B M, Bergen F, Gensterblum Y et al. 2002. High-pressure methane and carbon dioxide adsorption on dry and moisture-equilibrated Pennsylvanian coals. Int J Coal Geol, 51: 69~92

Levy J H, Day S J, Killingley J S. 1997. Methane capacities of Bowen Basin coals related to coal properties. Fuel, 74: 1~7

Mavor M J, Paul G W, Saulsberry J L et al. 1996. A guide to coalbed methane reservoir engineering. Gas Research Institute, Chicago

Moffat D H, Weale K E. 1955. Sorption by coal of methane at high pressures. Fuel, 34: 449~462

Meissner F F. 1984. Cretaceous and lower Tertiary coals as sources for gas accumulations in the Rocky Mountain area. In: Woodward J, Meissner F F, Clayton J L (eds). Source Rocks of the Rocky Mountain Region, 1984 Guidebook, Rocky Mount Assoc Geol. 401~433

Scott A R. 2002. Hydrogeologic factors affecting gas content distribution in coal bed. Int J Coal Geol, 50: 363~387

Wang C C. 1925. On the stratigraphy of Northern Shansi. Bull Geol Soc China, 4(1): 57~66

第二十一章

鄂尔多斯盆地南部砂岩型铀矿分布及其基本特征*

近年来，随着鄂尔多斯盆地南部铀矿地质勘查工作的开展，已在盆地南部店头双龙地区、彬长地区取得了重要的找矿进展，新发现了类似于盆地北部的砂岩型铀矿体或矿带，并引起广大地质学者的关注。从砂岩型铀成矿地质背景、成矿条件及铀矿化特征等方面分析对比显示，盆地南部与北部存在着许多相似之处，同时，也存在一定的差异性。通过分析总结盆地南部砂岩型铀成矿条件、铀矿化特征及成矿规律，并与盆地北部铀矿区对比研究，建立适合该盆地特点的找矿标志和成矿模式，对于指导盆地南部铀矿找矿、尽快取得突破具有重要意义。

第一节 盆地南部铀矿类型及时空分布

一、主要铀矿类型

鄂尔多斯盆地南部铀矿化分布广泛，先后发现店头铀矿床、国家湾铀矿床、惠安堡铀矿区及数十处铀矿化(点)带，其铀矿化工业类型以砂岩型为主，含铀煤泥岩型、泥(灰)岩型次之，前者已形成具有工业意义铀矿床，后者仅以铀矿化(点)存在。依据铀矿化成因可将鄂尔多斯盆地南部铀矿化划分为沉积成岩型、后生改造型两大类型。

1) 沉积成岩型铀矿：主要赋存于下三叠统、上三叠统及部分下白垩统等层位之中，铀矿化受层位控制明显，与同沉积形成的富含有机碳、硫化物的沉积岩有关。其铀成矿年龄与含矿层形成时代基本一致，反映出同沉积富集成矿的特点。代表性铀矿床(点)有焦家汇铀矿点、白水铀矿点等。

2) 后生渗入改造型铀矿：可进一步划分为潜水氧化带型、层间氧化带型及古氧化-还原改造、热液改造型等，铀矿化主要赋存于中侏罗统直罗组、延安组及下白垩统志丹群(六盘山群)等地层中的透水岩层(砂体)之中，含矿层均受到过明显的后生氧化-还原作用的改造，铀成矿作用与多期复成因的氧化-还原、热液改造作用有关，铀矿化主要受氧化-还原过渡带的控制。如盆地西南部国家湾铀矿床、盆地东南部店头铀矿床、惠安堡铀矿等。

---

* 作者：李卫红，徐高中，陈宏斌，龚斌利，李保侠. 核工业二〇三研究所，咸阳.
　E-mail: weihongli@yahoo.com.cn

二、铀矿化的空间分布

盆地南部铀矿床（点）在空间上有一定的分布规律（图 21.1）。

1）平面上铀矿化主要分布于盆地周缘地区，形成盆地东南缘店头-彬县矿化集中区、白水-韩城矿化集中区、西南缘平凉-陇县矿化集中区及盆地西缘中段惠安堡矿化集中区等四个矿化集中区，上述矿化集中区多为盆地晚期构造抬升区，即自流水发育的地区。

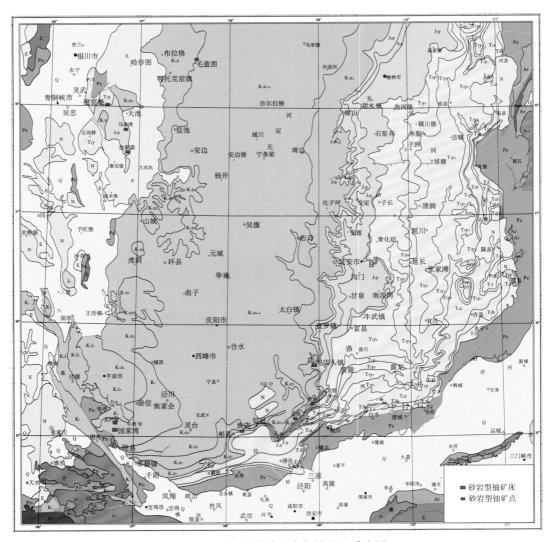

图 21.1 鄂尔多斯盆地南部铀矿地质略图

2）铀矿化主要受特定的赋矿层位控制（表 21.1）。其中，中侏罗统直罗组是目前主要的产矿层位。店头铀矿床和惠安堡铀矿均产于直罗组下岩段灰色砂岩中。下白垩统志

表 21.1　鄂尔多斯盆地铀矿化赋存层位及油气、煤主要储层对应图

地 层					含 矿 性			
界	系	统	群/组	代号	铀	煤	石油	天然气
新生界	第四系			Q				
	新近系			N				
	古近系			E				
中生界	白垩系	下统	志丹群 泾川组	K_1z_6				
			罗汉洞组	K_1z_5	▨			
			环河–华池组	K_1z_{3+4}	■			
			洛河组	K_1z_2				
			宜君组	K_1z_1				
	侏罗系	中统	安定组	J_2a				
			直罗组	J_2z	■			
		下统	延安组	J_1y	▨	■	▨	
			富县组	J_1f		■	▨	
	三叠系	上统	延长组	T_3y		■		
		中统	纸坊组	T_2z				
		下统	和尚沟组	T_1h	▨			
			刘家河组	T_1l	▨			
古生界	二叠系	上统	石千峰组	P_2s	▨			
			上石盒子组	P_2sh				
		下统	下石盒子组	P_1x				▨
			山西组	P_1s		■		
	石炭系	上统	太原组	C_3t		■		▨
			本溪组	C_3b		■		

丹群、六盘山群也是重要铀矿化层位，国家湾铀矿床产在六盘山群马东山组、李洼峡组灰色砂岩与紫色砂质泥岩接触的灰色砂岩之中。中侏罗统延安组矿化主要分布于盆地东西两侧，但矿化规模不大。

3）铀矿化空间展布宏观上与区域构造环境关系密切，受盆缘相对稳定的构造斜坡带或局部构造稳定区的控制。如店头-彬县矿化集中区、白水-韩城矿化集中区总体位于渭北隆起带与伊陕斜坡结合部位的稳定构造斜坡带；平凉-陇县矿化集中区及惠安堡矿化集中区位于天环向斜西南翼的次级凹陷区和盆地西缘褶断带的局部构造稳定区。

三、砂岩型铀成矿时间序列

通过对区内铀矿床矿石 U-Pb 同位素测年数据分析，结合盆地改造与砂岩型铀成矿关系研究，明确盆地南部砂岩型铀成矿时间主要与中生代晚期以来三次沉积间断期有关（李卫红、徐高中，2005），并具有多阶段累积叠加成矿的特点（表21.2）。

表 21.2　鄂尔多斯盆地砂岩型铀矿成矿阶段划分简表

铀成矿阶段 铀矿床	铀预富集阶段 （J_2 末-J_3）	主要成矿阶段 （K_1 末-E_1）	叠加富集阶段 （E_2-N_1）	油气还原保矿及改造 阶段（N_2-Q）
东胜铀矿床	149±16 Ma	109 Ma、85~88 Ma、 76 Ma、56 Ma	20±2 Ma、16.5 Ma、8±1 Ma	
店头铀矿床		110~98 Ma	51.5±8 Ma、41±9.3 Ma	
焦家汇铀矿点		102±4 Ma		
国家湾铀矿			18.58 Ma	
惠安堡铀矿		59.2±0.3 Ma	21.9±0.1 Ma 6.2±0.6 Ma	

1）中侏罗世、早白垩世盆地拗陷沉积阶段，是砂岩型铀矿主要找矿目的层形成和铀预富集的重要时期。早中侏罗世阶段，盆地物源主要来自于盆地西北、西南部富铀的老变质岩系及中酸性花岗岩的蚀源区，地层铀背景丰度普遍较高，加之气候温湿，沉积层中富含有机质、黄铁矿等还原物质，有利于铀的同沉积预富集。早白垩世断(拗)陷沉积阶段，在盆地中后期环河-华池组、罗汉洞组及泾川组之中，发育灰色、灰绿色河流相砂体，并富含一定的有机质、黄铁矿等还原物质，同时，早白垩世气候总体呈半干旱、干旱状态，有利于铀元素的活化运移及在含矿层中蒸发浓缩，对铀的同沉积预富集成矿有着重要意义。

2）晚侏罗世以来盆地抬升剥蚀、沉积间断期是砂岩型铀成矿作用的重要时期。从东胜铀矿床（夏毓亮等，2003）、惠安堡铀矿区、黄陵店头、陇县国家湾铀矿床获得的铀成矿年龄大体有如下几组：149±16 Ma、124±6 Ma、120±11 Ma、110~98 Ma、109 Ma，大体相当于晚侏罗世到晚白垩世；59.2 Ma、51 Ma、41 Ma、21.9 Ma、20±2 Ma、18.58±0.60 Ma、8±1 Ma、6.2 Ma、6.8 Ma，相当于古近纪到新近纪中新世晚期。这些成矿时期与盆地的抬升、目的层遭受淋滤改造、层间氧化广泛发育相一致，显示了铀成矿的多期多阶段性与盆地构造发展演化多阶段抬升、沉积间断期关系密切。

盆地砂岩型铀成矿主要阶段如下：①中侏罗世末—晚侏罗世铀预富集成矿阶段；②早白垩世中晚期—古新世铀主要成矿阶段；③始新世—中新世铀叠加富集成矿阶段；④上新世末—现今油气逸散保矿及侵蚀改造阶段，具有多期多阶段累积成矿的特点。

第二节　盆地南部砂岩型铀矿基本特征

一、铀成矿环境

（一）构造环境

依据地质演化和构造性质鄂尔多斯盆地可划分为天环拗陷、陕北斜坡、伊盟隆起、渭北隆起、晋西挠褶带、西缘冲断构造带等6个一级构造单元。目前盆地南部侏罗-白垩系残留盆地主体位于渭北隆起带与陕北斜坡、天环拗陷接触过渡区，除西缘冲断构造带和渭北隆起带西南段盆缘区构造相对活跃、局部中生界盖层中发育挠褶断裂外，盆地南部大多数地区构造较稳定，中生界盖层总体呈向盆内缓倾的构造斜坡带产出，具备形成砂岩型铀矿的基本构造条件。从盆地中生代晚期地质演化历史分析，晚侏罗世（J_3）期间，在区域近东西向挤压应力作用下盆地西缘、东缘和西南缘地区发生冲断推覆、差异抬升，盆地内部形成东隆西拗的构造格局，陕北斜坡及天环向斜开始形成。之后，陕北斜坡沉积间间断时间长达26.2 Ma（161.2~135 Ma），古气候干旱炎热，有利于中侏罗统直罗组目标层中潜水、层间氧化带的发育和砂岩型铀矿化的形成。晚白垩世（K_2）期间，盆地全面隆升，盆地西缘挤压上升，陕北斜坡和天环向斜继续形成，盆地东部的晋西挠褶带部位抬升更为强烈。盆地边缘地区在下白垩统地层中形成一些宽缓的褶曲和断裂构造。在渭北隆起内的彬县-黄陵挠褶带，延安组、直罗组和下白垩统总体构成北西向缓倾斜的单斜构造，其中又叠加有舒缓的背向斜，这对目标层中潜水、层间氧化带的发育和砂岩铀矿化的形成极为有利。店头铀矿床即位于渭北隆起中的庙彬褶皱带与陕北斜坡带的过渡部位，地层产状总体向西缓倾，倾角小于5°，断裂构造不发育，有利于层间氧化带的发育和砂岩型铀矿化的形成。国家湾矿床则位于天环向斜南端次一级的李家河向斜南翼，下白垩统地层向北东向缓倾（倾角8°~12°），是沿基底凹陷发育的宽缓向斜，对层间氧化带的发育和砂岩型铀矿化的形成亦是有利的。

（二）含矿地层及其岩性-岩相-地球化学特征

盆地南部砂岩型铀矿主要赋存于下三叠统和尚沟组、中侏罗统直罗组下段（延安组上部）和下白垩统泾川组及罗汉洞组等地层之中。

盆地东南缘白水铀矿点含矿层为浅湖相下三叠统和尚沟组，含矿岩性为棕红色砂岩、紫红色泥岩夹多层浅色砂岩层。铀矿化主要位于浅色砂岩夹层与紫红色泥岩、砂岩接触部位。含矿层中砾岩疏松，细砂岩一般致密坚硬，多为铁质和钙质胶结，并富含有机质、黄铁矿等还原性物质。砂体厚度一般小于 5～10 m，延伸不稳定。由于岩石成岩度高、渗透系数较小，后生氧化和还原作用基本不发育。

中侏罗统延安组为河流-湖泊三角洲相为主的灰、灰绿、灰黑色含煤碎屑岩。早、晚期为河流相沉积，中期为河流、三角洲、湖泊相沉积。自下而上可分为 5 个岩性段，在延安以北一带保存最全，其余广大地区均遭受了不同程度的剥蚀。盆地南部的焦坪—彬县一带仅保存了下部的一、二段地层。砂岩为长石石英砂岩、石英砂岩。砂体厚 5～30 m，以中细砂岩为主，碳质、有机质发育。渗透系数 0.12～0.23 m/d，最大可达 5.8 m/d。愈靠近沉积中心——延安地区，砂体厚度小，成岩程度增高，胶结致密坚硬。远离沉积中心的地带，如磁窑堡-惠安堡，成岩程度较低，疏松性渗透性较好，具备一定的砂岩铀成矿有利条件。砂岩多为长石岩屑和长石砂岩，泥质胶结、次疏松-疏松。灰色砂岩有机碳含量为 2.28%，Fe^{3+}/Fe^{2+} 值为 0.538，二价硫及全硫均较高，分别为 0.26% 和 0.48%。具较强的还原能力，为还原型原生地球化学类型。

中侏罗统直罗组为灰绿色、灰色砂岩与灰紫色、杂色泥岩、泥质粉砂岩互层。早期以辫状河沉积为主，中、晚期以曲流河和交织河沉积为主，河漫湖广布。下段发育灰色、灰绿色长石石英砂岩、岩屑长石砂岩，以中粗粒砂岩为主。富含有机碳、黄铁矿。属于还原型原生地球化学类型。下岩段的上部出现了含紫红色斑块的灰色、灰绿色砂岩，几乎不含有机碳，属于氧化-还原过渡的岩性地球化学类型。上段为河湖相紫红色、棕红色泥岩、粉砂岩互层，属于氧化的岩性地球化学类型。赋存于直罗组的铀矿化，以盆地东南部店头铀矿床为代表，含矿层为直罗组下岩段辫状河相灰白色、灰色及杂色中粗粒、中细粒长石砂岩、长石石英砂岩。下岩段上部以含紫红色斑块的灰绿色、灰白色中细粒砂岩为主，不含有机物，含较多的泥岩、粉砂岩透镜体；下岩段下部为灰白色、灰色含碳中粗粒、中粒长石石英砂岩，底部局部地段含砾岩层。铀矿化层分布在下岩段上部杂色层与下部灰色岩层过渡部位的灰色砂岩中。

赋存于下白垩统的铀矿化，以盆地西南缘国家湾铀矿床为代表，含矿层为下白垩统泾川组(早期划分定名为六盘山群)，总体上为辫状河沉积，具有河流相沉积的砂夹泥或砂泥互层结构，砂体主要是灰绿色细-中粗粒长石石英砂岩，厚 20～40 m，富含有机质、黄铁矿，泥质胶结，岩石疏松。渗透系数 0.5～5 m/d，疏松性、渗透性好，对潜水、层间氧化带铀矿化的形成有利。

(三) 水文地质及水化学环境

盆地南部铀矿化主要形成于燕山中晚期(J_3、K_2)—喜马拉雅早期($E-N_1$)水文地质演化阶段。延安组、直罗组、下白垩统志丹群具有砂岩铀矿化形成有利的水文地质及水化学环境。

燕山中晚期(J_3、K_2)，古地下水主要由盆地的东、北、西缘补给区向南西、南南东流动。现代补给区以盆地西缘、北缘为主，西南缘、东南缘为次，排泄区位于盆地东缘的延安-黄陵地区，承压区介于上述之间，现代地下水对古地下水有一定的继承性。店头矿区直罗组含水层在浅部与潜水连通，沿倾向向西转为承压水，从东向西形成氧化带、过渡带、还原带水文地球化学带。

喜马拉雅早期（E-N$_1$），古地下水主要由盆地的西、西南补给区向北东东、北东和南南西流动。国家湾矿区马东山组含水层的补给区在西部、西南部山区，向北东方向径流，排泄源在排路湾—龙门镇一线。从南向北、由浅到深形成氧化-还原水文地球化学分带。

（四）铀成矿物质来源

在侏罗纪和白垩纪沉积阶段，盆地南部的蚀源区为西部的阿拉善古陆和南部的秦岭山，白垩纪以后还有东部的晋西挠褶带。盆地铀源可来自蚀源区古老变质岩系及花岗岩体。古元古界中条群篦子沟组、滹沱群南台组、二道洼群的黑云母石英片岩为含铀层。分布于陇县—岐山一带的下寒武统辛集组，下段岩性为含磷块岩的生物碎屑灰岩、含磷碳质片岩，碳质板岩也是区域含铀层。此外，延安组、直罗组富含大量腐殖质、碳质和煤屑；下白垩统为杂灰色层，其中灰色、灰绿色层也含一定的碳质、有机质，含矿层本身铀背景丰度较高，它们也为砂岩型铀成矿提供了重要的铀源。

二、主要铀矿床基本特征

店头铀矿床、国家湾铀矿床是鄂尔多斯盆地南部具有代表性的砂岩型铀矿床，现将其铀矿床基本特征简述如下。

（一）店头铀矿床

1. 成矿地质背景

店头铀矿床位于渭北隆起中的庙彬褶皱带与陕北斜坡带的过渡部位。区内构造活动较弱，地层产状总体向西缓倾，倾角小于5°，发育一系列北东方向展布的舒缓开阔的小型褶曲，断裂构造不明显（图21.2）。区内为一套中生代陆相地层出露区，自下往上依次为上三叠统延长组（T$_3$y）细碎屑岩；中侏罗统延安组（J$_2$y）含煤碎屑岩以及直罗组（J$_2$z）河流相碎屑岩；下白垩统志丹群（K$_1$z）不整合覆盖在直罗组之上，为一套干旱气候条件下形成的紫红色、橘红色块状粗中粒砂岩。其中直罗组是矿床的赋矿层位（图21.3），根据岩性特点分为上下两个岩性段，上岩性段为一套河湖相紫红色、棕红色泥岩、粉砂岩互层；下岩性段为一套辫状河相灰白色、灰色及杂色中粗粒、中细粒长石砂岩、长石石英砂岩局部含粉砂岩、泥岩夹层。下岩性段上部以含紫红色斑块的灰绿色、灰白色中细粒砂岩为主，不含有机物，含较多的泥岩、粉砂岩透镜体，下部碎屑颗粒较粗，为灰白色、灰色含碳中粗粒、中粒长石砂岩、长石石英砂岩，底部局部地段含砾岩层。铀矿化层分布在上部杂色层与下部灰色岩层过渡部位的灰色砂岩中。

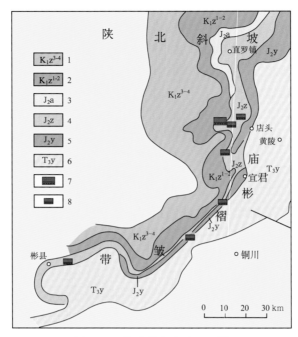

图 21.2   黄陵县店头地区区域

1. 下白垩统：志丹群华池、环河组；2. 下白垩统：志丹群宜君、洛河组；3. 中侏罗统：安定组；
4. 中侏罗统：直罗组；5. 中侏罗统：延安组；6. 上三叠统：延长组；7. 铀矿床；8. 铀矿点

地　　层			柱状图	厚度/m	主要岩性
中侏罗统	直罗组 J_2z	上岩段 J_2z^1		25 ~ 108	紫红、棕红、杂色泥岩与粉砂岩互层，夹中细粒砂岩，含薄层石膏
		下岩段 J_2z^2		11 ~ 50	紫红色、局部夹灰白色中细粒砂岩、粉砂岩、泥岩，粒度由上向下变粗
				14 ~ 55	灰白色、局部灰绿色、紫红色中粗粒砂岩、粗砂岩及细砂岩，下部含砾，含有机质及黄铁矿。是主要含矿层

图 21.3   店头地区直罗组地层柱状图

2. 铀矿化特征

（1）矿体的空间特征

店头铀矿化赋存于直罗组下岩性段上部灰绿色、杂色褪色蚀变带（古氧化带）与下部灰色砂岩过渡界面之下的灰色含碳砂岩中，垂向分带明显，铀矿化上受古氧化-还原界面的控制。平面上铀矿化受古层间氧化带前锋线的控制，即铀矿化产于灰绿色、杂色褪色蚀变带（古氧化带）与相邻的灰白色、灰色砂体之中。矿体呈层状、似层状和透镜状，与地层产状基本一致，北北东向不规则状展布，向北西缓倾。矿化层一般为 1~2 层，个别达 5~6 层，剖面上呈平行状排列（图 21.4）。矿体一般长 400 m，宽度 200~300 m，厚度一般 0.46~3.06 m，最厚 14.2 m；品位变化较大，一般 0.024%~0.072%，最高达 0.101%。平米铀量一般 1.36~2.48 kg/m²，最高 27.15 kg/m²。

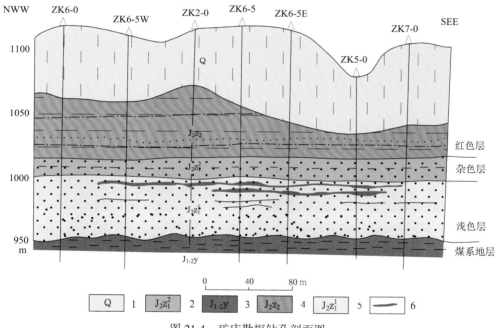

图 21.4　矿床勘探钻孔剖面图

1. 第四系黄土；2. 直罗组下段第二层；3. 延安组；4. 直罗组上段；5. 直罗组下段第一层；6. 铀矿体

（2）矿石岩性及主要金属硫化物特征

含矿主岩为灰色、灰白色中细粒长石砂岩、长石石英砂岩。岩石呈灰白色，中-细粒结构为主，次为粗粒结构，斜层理、小型交错层理、水平层理、波状层理构造，胶结物主要为泥质（黏土质、高岭土、云母），次为钙质、铁质，一般含量 10%~20%。固结程度以较疏松为主。含矿砂岩中钾长石和有机质、碳化植物碎屑含量较高（图 21.5），其中有机质含量与铀矿化品位呈正相关关系。发育水云母化、绢云母化、高岭石化蚀变（图 21.6）。

图 21.5   富有机质、煤屑的灰色砂岩

图 21.6   含矿砂岩填隙物中的绢云母化

矿石中金属矿物以硫化物形式存在，少量为硒化物。主要矿物有黄铁矿、黄铜矿、闪锌矿、方铅矿以及硒铅矿(见图 21.7、图 21.8、图 21.9、图 21.10，表 21.3)。

图 21.7   黄铜矿分布在黄铁矿边缘

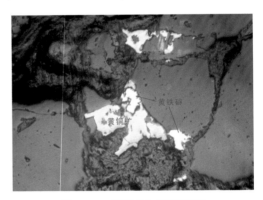

图 21.8   黄铜矿包裹黄铁矿

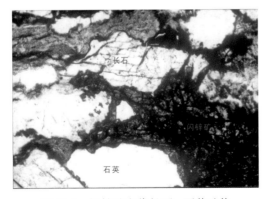

图 21.9   闪锌矿交代长石、石英矿物

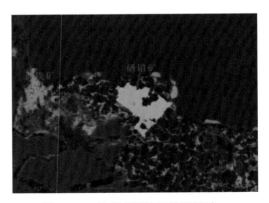

图 21.10   分布在颗粒间的硒铅矿，
电子背散射图像 330×

其矿物组合与低温矿床中的金属硫化物组合相同,硒铅矿是在该矿床首次发现,同东胜铀矿床中硒铅矿相似呈自形晶状,被认为是在缺 S 的强还原环境下的产物。上述金属硫化物、硒化物矿物颗粒细小,一般小于 0.2 mm,结晶较差多为他形晶。按照矿物的包裹、穿插关系,黄铁矿、方铅矿及闪锌矿形成较早,黄铜矿形成略晚,它们均可沿裂隙穿插交代碎屑物。黄铁矿与铀矿物关系较为密切。

表 21.3 黄陵地区店头铀矿床主要金属矿物电子探针分析成分(%)

样品号	矿物名称	Cu	Pb	Se	Zn	Co	Ni	Ti	Fe	S	As	总量
$E_{05k}6\text{-}3$	闪锌矿	0.042	/	/	56.750	/	/	/	/	31.68	/	88.47
$E_{05k}6\text{-}3$	黄铁矿	/	0.141	/	0.045	0.083	/	/	43.57	53.44	1.29	98.57
$E_{05k}1\text{-}2\text{-}1$	黄铜矿	31.29	/	/	0.108	0.066	/	0.002	35.17	33.96	/	100.59
$E_{05k}1\text{-}2\text{-}1$	黄铜矿	31.92	0.107	/	0.079	0.023	0.042	/	33.76	33.52	/	99.45
$E_{05k}1\text{-}1\text{-}1$	黄铁矿	/	0.051	/	0.047	/	0.099	0.025	48.89	49.25	0.60	98.96
$E_{05k}1\text{-}1\text{-}1^{*}$	硒铅矿	/	67.35	32.68	/	/	/	/	/	/	/	100

注:分析单位为长安大学成矿作用及其动力学实验室。* 为能谱测试值。

(3) 铀的存在形式

铀主要以铀矿物和吸附形式存在。铀矿物主要为铀石(早期认为是沥青铀矿),同东胜铀矿床中铀石相比较,店头铀矿床中铀石明显富铀、贫硅。铀石矿物颗粒细小(0.003 ~ 0.02 mm),多以胶状、粒状、纤维状、纺锤状分布在有机质(沥青)脉边缘,镜质体裂隙边缘,黄铁矿中及周围,常与 SiO_2、有机质(沥青)、黄铁矿等共生或伴生(图 21.11、图 21.12、图 21.13、图 21.14)。吸附状铀主要被矿石中有机物及黏土矿物所吸附。

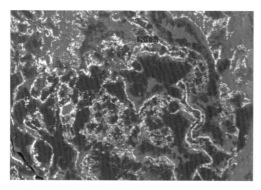

图 21.11 铀石分布在有机物(沥青脉)边缘与 SiO_2 共生,电子背散射图像 150×

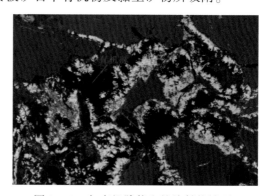

图 21.12 与有机脉伴生的放射状铀石,电子背散射图像 100×

经电子探针对矿石中铀矿物随机测试结果(表 21.4),铀矿物中 U 含量为 53.89% ~ 57.24%,平均为 55.96%,Si 含量为 4.66% ~ 6.54%,平均为 5.79%。U/Si(原子比)为 1.00 ~ 1.42,平均为 1.15,铀石理论原子比值接近 1 : 1,略有富 U,另外含微量的 Al、Ti、Fe、Zn、Pb 等元素。

图 21.13　铀石包裹在胶状黄铁矿中，
电子背散射图像 70×

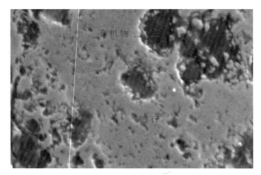

图 21.14　铀石中残留的有机物，
电子背散射图像 800×

表 21.4　店头铀矿床铀石电子探针成分（%）

样　号	岩　性	U/%	Si/%	Al/%	Ti/%	Fe/%	Cu/%	Zn/%	Pb/%	U/Si（原子比）	矿物
E_{05k}1-1-1	灰色含碳砂岩	56.43	5.63	0.28	0.19	0.078	0.078	0.068	0	1.17	铀石
E_{05k}1-3-1	灰色砂岩	56.29	4.66	0.40	0.21	0.034	0	0.11	0.078	1.42	铀石
E_{05k}6-3	灰色含碳砂岩	57.24	6.54	0.49	0.08	0.18	0	0.014	0.44	1.02	铀石
E_{05k}1-2-1	灰色砂岩	53.89	6.34	0.36	0.076	0	0.044	0.17	1.24	1.00	铀石
平　均　值		55.96	5.79	0.38	0.14	0.073	0.031	0.091	0.44	1.15	

注：分析单位为长安大学成矿作用及其动力学实验室。

（4）成矿年龄

早期测定的矿石铀矿物同位素年龄为 98~110 Ma，本次对店头铀矿床同一矿化层的矿化砂岩样品，进行全岩 U-Pb 同位素等时线方法测试的结果为 41.8±9.3 Ma 和 51.0±5.8 Ma（表 21.5，图 21.15、图 21.16）。上述铀矿石形成时期正好对应于该区晚白垩世、始新世抬升剥蚀(沉积间断)期，此阶段，气候干旱炎热，含矿层直罗组出露地表，长期受到来自古秦岭-中条山地(蚀源区)含氧含铀地下水的氧化淋滤、下渗改造，构成该区潜水、层间氧化带发育及铀矿化形成的主要时期。

表 21.5　店头铀矿床矿石 U-Pb 同位素分析结果表

样品编号	岩性	U/(mg/g)	Pb/(mg/g)	铅同位素组成			
				^{204}Pb	^{206}Pb	^{207}Pb	^{208}Pb
E_{05k}1-1-1	灰色含碳砂岩	25117	1563	1.510	36.281	18.650	43.918
E_{05k}1-2-1	灰色砂岩	16940	4998	1.282	28.789	20.410	49.519
E_{05k}1-3-1	灰色砂岩	657	114	1.179	34.921	18.962	44.938
E_{05k}1-4-1	灰色含碳砂岩	5067	80	0.789	54.454	14.547	30.209
E_{05k}6-3	灰色含碳砂岩	986	77.2	0.321	78.833	8.600	12.246

注：分析单位为核工业北京地质研究院分析测试中心。

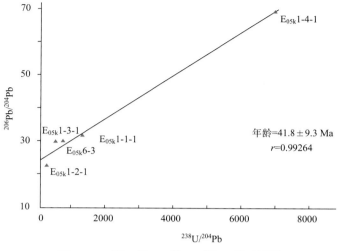

图 21.15　$^{238}U/^{204}Pb$-$^{206}Pb/^{204}Pb$ 等时线图

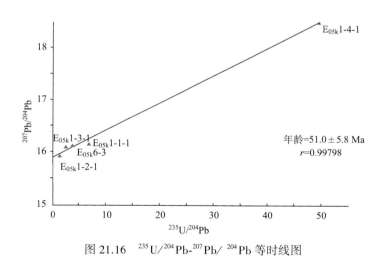

图 21.16　$^{235}U/^{204}Pb$-$^{207}Pb/^{204}Pb$ 等时线图

（5）直罗组含矿砂体中油气显示及其与铀矿化关系

店头矿区直罗组下段的含矿砂体上部普遍发育呈似层状、条带状展布的灰绿色蚀变带，并在灰绿色蚀变砂岩或下部灰色砂岩层中均发现油砂、油斑和沥青脉等油气逸散现象。同时，在灰绿色褪色蚀变砂体内也残留有早期潜水或层间氧化作用形成的紫红色、褐黄色残留斑点或斑块。经电子探针分析和光学显微镜观察发现，砂岩油斑中沥青主要充填在碎屑颗粒裂隙中或颗粒间。暗褐色油浸砂和灰色含碳砂岩的氯仿沥青"A"及族组分分析结果显示，区内砂岩中的氯仿抽提物含量不高，一般为 0.0013%～0.0028%，最高达0.4198%，族组分三角图中 27 样品投影于生油母岩区附近，1 个样品分布在煤型母岩区附近，4 个样的芳烃含量较高，既不同于油型母岩也不同于煤型母岩类型（图 21.17），可能为三叠系油气与少量侏罗系煤型烃混合残留产物。含矿主岩中灰色含碳砂岩的紫外荧光强度明显高于上覆正常围岩,且强度峰值主要分布在 360～380 nm 波长之间(表 21.6),同中质油的荧光峰值特征相近。上述特征表明,店头铀矿区直罗组含矿砂体层中曾经历过油气(水)的逸散聚集及中低温热液蚀变改造。结合盆地南部油气成藏演化资料分析,大致在晚白垩世—古近纪、新近纪时期,随着盆地抬升隆起,盆地深部的三叠系延长组油气藏发生破坏或调整,来自深部的油气(以中质油为主的油气热液)沿断裂及微裂隙由下向上、由西北向东南渭北隆起区运移,在中侏罗统直罗组(延安组)砂体中逸散、聚集,使直罗组下段早期形成的氧化砂体发生还原性褪色蚀变,形成似层状、条带状展布的灰绿色蚀变带,并伴有不均匀油斑、油浸砂、沥青质出现。这种油气(水)的还原作用对直罗组下段早期形成的砂岩型铀矿起到重要的保矿作用,并使早期铀矿化受到调整和改造,铀矿化得到进一步富集,这从矿区富矿岩石与酸解烃含量呈正相关关系而得到证实。

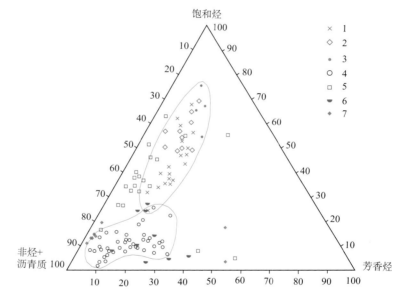

图 21.17 店头铀矿床直罗组砂岩氯仿沥青"A"族组分三角图

1. 东濮地区 E_3 生油岩;2. 鄂尔多斯 T_3y 生油岩;3. 四川 J_1 生油岩;4. 煤系煤或暗色泥岩;
5. 店头直罗组暗褐色砂岩;6. 东胜直罗组砂岩;7. 十红滩中下侏罗统砂岩

表 21.6 店头地区直罗组砂岩紫外荧光强度结果表

样 号	岩 性	320 nm	360 nm	380 nm	405 nm	备 注
E_{05k}1-1-1	灰色含碳砂岩	1329	1111	895.2	602.4	矿石
E_{05k}6-1-1	灰色含碳砂岩	119.6	535.6	650.2	493.2	
E_{05k}6-1-2	黑褐色粉砂岩	408.8	2783	3137	2373	矿石
E_{05k}6-3	灰色含碳砂岩	152.5	596.8	797.7	635.2	矿石
E_{05k}5-2	棕红色细砂岩	175.5	311	263.9	135.4	正常围岩

注:分析单位为核工业 203 研究所分析测试中心。

3. 店头铀矿床成矿模式

店头铀矿床成矿作用与东胜铀矿床基本相似，具有多期复成因的特点，即铀成矿作用经历了中侏罗世含矿层铀同沉积预富集、晚侏罗世古潜水氧化铀成矿、早白垩世末—古近纪潜水–层间氧化铀成矿、中新世晚期油气还原加改造及上新世—现今剥蚀改造等成矿阶段（图 21.18）。

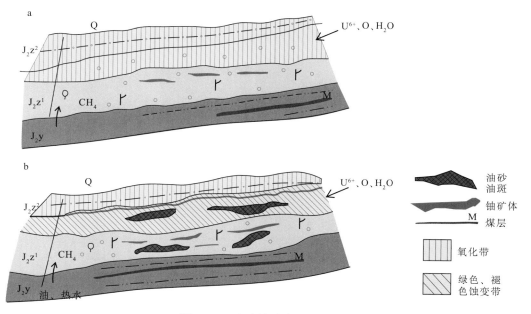

图 21.18 店头铀矿成矿模式图
a. J_3-E_2 古潜水–层间氧化成矿阶段；b. K_2-N_2 油气还原叠加保矿阶段

中侏罗世直罗组沉积时期，盆地南部物源主要来自西部、西南部富铀的早前寒武世变质结晶基底，古气候处于温湿环境，在直罗组下部沉积过程中，富含有机质等还原介质条件有利于铀的吸附、沉淀富集，在直罗组下段灰色砂岩层中形成了区域分布的铀预富集层。中侏罗世晚期古气候向干旱转化，在直罗组上部和安定组形成一套杂色及红色泥岩和碎屑岩沉积，在之后的沉积埋藏、压实作用过程中，使直罗组上部红色泥岩中大量含氧含铀沉积水向相邻的直罗组下段灰色砂岩中排泄，使直罗组灰色砂岩上部发生氧化、淋滤作用，铀在砂岩氧化–还原界面附近沉淀、形成一定的富集。

晚侏罗世期间，盆地东部整体抬升，古气候干旱，含矿层直罗组遭受风化剥蚀和地表含氧含铀水氧化淋滤改造，发育古潜水（层间）氧化带，在含矿层中形成铀矿化。早白垩世晚期—古近纪早中期，区内普遍隆升掀斜，含矿层受到长期剥蚀和含铀含氧地下水的淋滤改造，在直罗组含水层中发育潜水–层间氧化带，在层间氧化带过渡部位 U^{6+} 被还原物质（碳化植物碎屑、黄铁矿等）还原、吸附沉淀富集，形成主要工业铀矿体。

晚白垩世以来，特别是中新世晚期，盆地深部（延长组）油气沿断裂及透水层由下向上、由西北向东南渭北隆起区逸散，原潜水–层间氧化带被油气二次还原，形成灰绿色、灰白色褪色蚀变带及油斑、油浸砂，早期铀矿体发生叠加改造，形成富铀矿石。上新世—现今区内进一步抬升隆起，早期形成的铀矿床部分已暴露于近地表，再次遭受风化剥蚀，乃至破坏。

（二）国家湾铀矿床

1. 成矿地质背景

国家湾铀矿床位于盆地西缘冲断构造带南段景福山-华亭冲断构造带中次级洼陷的边缘(图 21.19)，即位于李家河向斜的南翼，向斜南翼地层倾角陡 8°~12°，形成向盆内缓倾的宽缓单斜构造，为层间氧化带的形成提供了有利的地下水径流、排泄源条件。

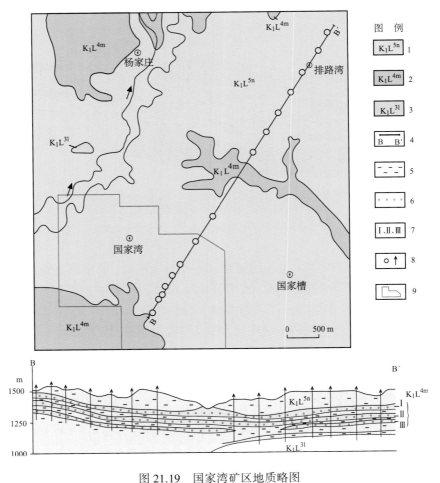

图 21.19　国家湾矿区地质略图

1. 乃家河组；2. 马东山组；3. 李洼峡组；4. 地质剖面线；5. 泥岩；
6. 含矿砂岩；7. 含矿层编号；8. 钻孔；9. 矿床范围

含矿层为下白垩统六盘山群马东山组（图 21.20），其厚 142~255 m，自上而下细分为 3 个透水层和 3 个隔水层，3 个透水层为灰绿色为主的细-粗砂岩，一般厚 25~40 m。3 个隔水层为蓝灰、灰紫、灰、砖红色粉砂质泥岩、泥岩。砂体中冲刷面发育，板状交错层理发育，砂岩厚度远大于泥岩，为辫状河沉积。铀矿化产于顶部第一层砂体中，含矿主岩为灰绿色中细粒长石石英砂岩，泥质胶结，结构疏松，富含有机质、黄铁矿等。

地　层			柱状图	厚度/m	主　要　岩　性	沉积相
群	组	代号				
下白垩统六盘山群	乃家河组	K_1L^{5n}		>30	下部蓝灰色泥岩、砂质泥岩夹砂岩透镜体，上部为紫红色砂、泥岩互层	湖泊
	马东山组	K_1L^{4m}		30~60	顶部为含水层，岩性为灰紫、灰绿色疏松的细粒、中粗、粗粒长石石英砂岩，泥质结构，夹蓝灰及棕红色泥岩及砂质泥岩薄层	河流相
				20~40	为不透水层，由灰紫、蓝灰色细砂岩、砂质泥岩、泥岩组成。砂岩多为钙质胶结，致密	
				20~50	中部含矿含水层，岩性为灰紫、灰绿、黄褐色疏松中粗粒、粗粒长石石英砂岩，泥质胶结为主，泥质成分减少	
				2~20	不透水层，以灰白色钙质细砂岩、灰色泥岩为主	
				20~40	下部含矿含水层，以灰紫色、灰黄色、黄褐色疏松砂岩为主，夹薄层泥岩	
	李洼峡组	K_1L^{31}		60~70	红色细砂岩、砂质泥岩互层，为相对隔水层	

图 21.20　国家湾铀矿床含矿层柱状

该区地下水的补给区为西南部山区，地下径流向北东方向流动，排泄源位于排路湾—龙门镇一线，矿床位于东西向和北东向汇水减压带内，具备渗入型地下水的动力条件。马东山组为承压含水层，渗透系数为 0.5~5 m/d，地下水化学类型为 $HCO_3 \cdot SO_4$-$Ca \cdot Na$ 型，矿化度为 1~1.5 g/L，pH 为 6.8~7.7，水化学分带从南向北水动力增强，氧化能力降低，由氧化-还原的变化趋势。浅部地下水以 HCO_3^- 为主，pH 为 7.5~8，矿化度小，铀含量高，向深部转变为 HCO_3^- 和 SO_4^{2-}、Cl^- 型，pH 为 7.5~9.8，矿化度为 0.3~1.5 g/L，铀含量低，表明浅部仍处于氧化环境，深部应存在氧化还原过渡带。

盆地西南部蚀源区元古宇变质岩系和印支期花岗岩为富铀地质体，铀含量 $3.25 \times 10^{-6} \sim 4.25 \times 10^{-6}$，为铀成矿提供主要的铀源。同时，含矿层六盘山群和尚铺组、李洼峡组、马东山组、乃家河组、铀含量达 $1.7 \times 10^{-6} \sim 8.9 \times 10^{-6}$，也可为铀成矿提供铀源。

2. 铀矿化特征

铀矿化主要受层间氧化带控制，矿体主要产在马东山组砂体中，矿体呈薄层状，透镜状。铀矿化在剖面上赋存于层间氧化带中或附近,以上、下边部及前锋部位居多,从平面看大部分仍处在氧化带范围内,就局部看矿体产在氧化带边部或前锋部位,即氧化–还原过渡部位,矿体的形成与层间氧化带有直接的关系。矿体形态以板状为主,也见有卷状矿体(图21.21),具多层性。矿体走向多为北东或近南北向;矿体规模较小,一般长 100~200 m,最长 320 m,厚度一般小于 2 m,最厚 3.15 m;矿体平均厚度 0.73 m,平均品位 0.057%;矿体埋深 50~200 m。

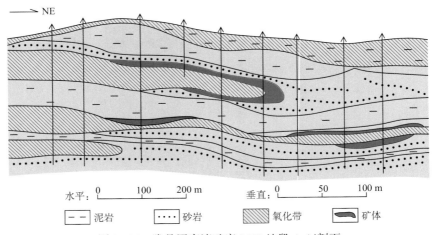

图 21.21　陇县国家湾矿床 1431 地段 A-A′剖面

含矿主岩为灰色细粒–中粗粒长石石英砂岩及岩屑长石砂岩(图21.22),含有机质、黄铁矿等还原剂,泥质、钙质胶结,岩石疏松。铀主要以吸附状态存在于砂岩胶结物中,还有沥青铀矿(图21.23)、次生铀矿物、铜铀云母、钾钒铀矿、硅钙铀矿等存在。

图 21.22　长石石英砂岩(矿石)(+) 400×

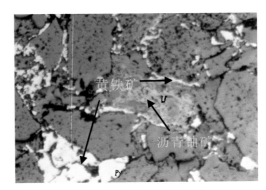

图 21.23　网脉状沥青铀矿与胶状黄铁矿共生(−) 100×

2008 年度新获得国家湾铀矿成矿年龄,铀矿石 U-Pb 等时线年龄 18.58±0.60 Ma(图21.24),铀成矿作用主要形成于中新世早期,与该区抬升剥蚀改造期相一致。

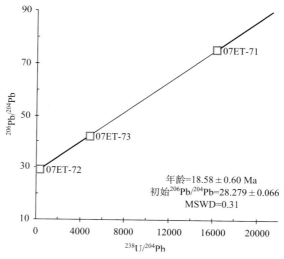

图 21.24　国家湾铀矿石铀–铅同位素等时线年龄模式图

3. 国家湾铀矿床成矿模式

依据国家湾铀矿床矿化特征及铀矿化地表严重偏镭(平衡系数 2~26)特点分析,该矿床为层间氧化带型及叠加后期潜水氧化改造残留型的成因特点。晚白垩世—中新世阶段,该区抬升隆起掀斜,由蚀源区(古秦祁造山带)地下水和大气降水提供的含氧含铀水,沿盆缘含矿含水层出露区下渗,在

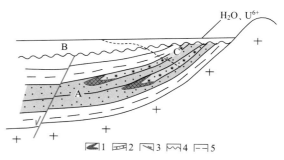

图 21.25　国家湾铀成矿模式略图

A. 成矿体系; B. 地层超覆埋藏体系; C. 隆起剥蚀体系;
1. 铀矿体; 2. 层间氧化带; 3. 断裂; 4. 不整合面; 5. 剥蚀界线

渗流过程中不断溶解围岩中的成矿物质并形成层间氧化带,铀以络合物形式迁移,在有机碳、硫化物等还原地球化学障作用下发生沉淀富集成矿,形成层间氧化带型铀矿。上新世以来该区进一步抬升隆起,含矿层又受到一定的剥蚀及地表潜水的氧化、淋滤改造,形成现今潜水氧化改造型残留铀矿(图 21.25)。

第三节　盆地南部与北部砂岩型铀成矿综合对比研究

一、盆地南部与北部铀成矿条件对比

(一)构造条件

鄂尔多斯北缘构造位置处于伊盟隆起区,盆地中生界盖层总体呈南西向缓倾的构造

斜坡带产出,盖层中断裂褶皱不发育,构造稳定。盆地南部位于渭北隆起与陕北斜坡、天环拗陷接触过渡区,除西缘冲断构造带和渭北隆起西段构造相对活跃、局部中生界盖层中发育挠褶断裂外,盆地南部大多数地区构造相对稳定,中生界盖层总体呈向盆内缓倾的构造斜坡带产出。从盆地构造演化历史分析,盆地南北缘在 J_3、K_2、E_2-E_1、N_1 时期均经历了抬升,出现沉积间断期(刘池洋等,2006),含铀矿目标层均受到多期地(表)下水的淋滤改造,盆地南北缘均具备形成砂岩型铀矿的构造条件。从构造条件相比较而言,盆地北缘构造斜坡带规模更大、稳定性更强,对形成区域性层间氧化带铀矿更为有利;盆地南部,在盆地的东南部具有规模较大、相对稳定的构造斜坡带,而盆地西南部由于西缘冲断构造带的影响,仅存在局部构造斜坡带。

(二) 含矿地层及其岩性-岩相-地球化学特征

鄂尔多斯盆地北部含矿地层主要为中侏罗统直罗组下段地层,由一套温暖潮湿-半干旱气候环境下的辫状河沉积体系及曲流河沉积体系构成,其中下亚段辫状河砂体是该区主要的含矿层位。其中辫状河道亚相砂体厚达 40~140 m,分布稳定,辫状河道的边部砂体厚度 20~50 m,辫状河的分支河道砂体厚度多为 30~50 m。砂体中含一定量的有机碳、煤屑、黄铁矿等还原性物质,砂岩胶结疏松-次疏松,部分岩屑和胶结物发生绿泥石化。渗透系数 0.3~0.54 m/d。

盆地南部含矿地层主要为中侏罗统直罗组下段(局部延安组上部)和下白垩统泾川组等地层。直罗组下段为辫状河沉积,其中东南部店头-双龙地区直罗组下段砂体厚度25~60 m,砂岩胶结主要呈致密状,局部次疏松,其原因是在最晚期又发生碳酸盐化胶结,部分高岭土化、绿泥石化较强的砂岩渗透性较好。渗透系数 0.0002~0.015 m/d。盆地南部耀县—彬县—长武—麟游一带,直罗组下段砂体以 5~10 m 砂体为主,少量为20~30 m、大于 30 m 砂体(龚斌利、李卫红,2005)。砂岩胶结程度为次疏松-疏松状,砂体中含一定量的有机碳、煤屑、黄铁矿等还原性物质,属于还原型原生地球化学类型。盆地南部平凉-镇原-宁县北地区属直罗组下段主河道分布区,砂体厚度较大(50~70 m),但是其埋深较大,多在1000 m 以下,目前不具备勘查的经济效益。下白垩统泾川组含矿层(早期划分定名为六盘山群)主要分布于盆地西南部,在盆地边缘为辫状河曲流河相沉积,具有河流相沉积的砂夹泥或砂泥互层结构,砂体主要是灰绿色细-中粗粒长石石英砂岩,厚 20~40 m,富含有机质、黄铁矿,泥质胶结,岩石疏松。渗透系数0.5~5 m/d,疏松性、渗透性好,对潜水、层间氧化带铀矿化有利。

从含矿层砂体的规模、稳定性及成岩程度分析,盆地北部直罗组下段含矿砂体厚度较大、分布稳定、胶结疏松,总体较盆地南部直罗组含矿层对铀成矿更为有利,但是,盆地南部含矿层较北部多,盆地西南部下白垩统泾川组也是值得重视的含矿层有利层位。

(三) 水文地质及水化学条件

盆地南北缘直罗组和延安组含水层都经历相同的水文地质演化过程。鄂尔多斯盆地

在 J_3、K_2、E_2-E_1、N_1 时期，出现沉积间断，古气候从晚侏罗世—新近纪为半干旱—干旱，为渗入型水动力盆地发育期，第四纪为开放渗出型盆地发育期，在这几次沉积间断中，晚侏罗世、晚白垩世—始新世抬升剥蚀持续的时间长，条件最为有利。

盆地北缘直罗组，在盆地东北缘出露区接受大气降水补给，径流流向南、南西部，向乌兰木伦河及南部低洼沟谷中排泄。直罗组单位涌水量 $9.84 \sim 54.64$ m^3/d，地下水类型为 $Cl \cdot HCO_3$-Na，矿化度 $0.5 \sim 1.6$ g/L，渗透系数为 $0.013 \sim 0.054$ m/d。

盆地南部直罗组和延安组含水层，在盆缘露头区接受地表水及大气降水渗透补给，埋藏区受区域侧向补给和上部地下水渗透补给，含水层被沟谷切割以泉的形式排泄于地表，或以现代河流及支流为排泄区。新生代以前的古水文地质时期，直罗组和延安组中断裂发育，形成完善补径排体系。其中在店头双龙矿区，直罗组含水层从东向西，由上向下形成氧化—过渡—还原的水文地球化学分带性，水化学类型、氧化还原电位（Eh）、溶解氧、矿化度、水中铀含量呈规律性变化。在彬县-耀县地区直罗组渗透系数为 $0.00111 \sim 0.0164$ m/d，水质类型为 HCO_3-Na、$SO_4 \cdot HCO_3$-Na、SO_4-Na、$SO_4 \cdot Cl$-Na $\cdot$ K 型，对层间氧化带的形成比较有利。

（四）铀　源　条　件

盆地北缘蚀源区不同时代中酸性花岗岩，铀含量较高，$4.1 \times 10^{-6} \sim 12 \times 10^{-6}$，直罗组铀含量 $3.8 \times 10^{-6} \sim 15.8 \times 10^{-6}$，延安组铀含量 4.9×10^{-6}。南缘秦岭蚀源区前寒武系变质岩系及不同时代中酸性花岗岩，铀含量较高，$4 \times 10^{-6} \sim 10 \times 10^{-6}$。直罗组铀含量较高，$2.19 \times 10^{-6} \sim 7.83 \times 10^{-6}$。北缘和南缘铀源条件均较好，北缘铀源更为丰富。

二、店头铀矿床与东胜铀矿床主要特征对比

通过店头铀矿床与东胜铀矿床特征对比研究，认为二者在构造环境、含矿层位、后期改造、后生蚀变及矿化特征等方面具有相似性（表21.7），具有类似的成矿作用过程，其矿床特征完全可以对比（陈宏斌等，2006）。店头铀矿床与东胜铀矿床分别处于伊盟隆起、渭北隆起与陕北斜坡的过渡部位，具有相同的铀矿产出层位和地层结构，都位于中侏罗统直罗组下岩性段绿色或褪色蚀变岩石与灰色、灰白色砂岩的过渡部位的灰色砂岩中（李子颖等，2008），均为一套河流相砂体。直罗组中同样存在来自深部烃源层的油或气显示。铀矿化特征店头铀矿床与东胜铀矿床相似，矿体形态同样以板状为主，受绿色或褪色蚀变带的控制，铀矿物以铀石为主，矿石中发育基本相同的后生蚀变和金属矿物组合类型反映出低温热液的特征。铀成矿时间较为接近，主要从早白垩世晚期到中新世晚期，店头铀矿床成矿时间略晚。因此，店头铀矿床与东胜铀矿床可能属于同一种成因类型的铀矿床，具有相似的控矿因素和成矿机理。

但是，在含矿层成岩程度、含油气类型等方面，店头铀矿床与东胜铀矿床存在着明显的差异。店头地区直罗组砂岩成岩作用经历了同生沉积浅埋—短暂抬升改造—深埋成

表 21.7 鄂尔多斯盆地东胜铀矿床、店头铀矿床主要特征对比一览表

属 性		东胜铀矿床	店头铀矿床
构造	构造位置	伊盟隆起南侧与伊陕斜坡过渡部位	渭北隆起与陕北斜坡过渡部位
	地层产状	地层倾向西南，倾角 1°~3°	地层倾向西北，倾角 1°~3°
地层	含矿层位	中侏罗统直罗组下岩性段下亚段	中侏罗统直罗组下岩性段下亚段
	盖层	直罗组上岩性段红色粉砂岩、泥岩	直罗组上岩性段红色粉砂岩、泥岩
岩性	含矿层岩性	灰色长石岩屑砂岩	灰色含碳长石砂岩，长石石英砂岩
	成岩程度	弱	中等，石英次生加大
岩相	含矿层岩相	低弯度辫状河	网状河
油气	油气显示	绿色蚀变，绿泥石化，油气包裹体	油斑，油浸砂，褪色蚀变，沥青脉
	主要烃源层	上古生界烃源层	中生界三叠系烃源层
	主要生烃类型	煤成天然气	中质油、凝析气
	生、排烃高峰时间	早白垩世晚期	早白垩世晚期
	烃运移方向	由西南向乌兰格尔隆起北东方向运移	由西北向渭北隆起南东东方向运移
矿层中有机质	成熟度	有机质镜质组反射率 $R° \approx 0.44\%$	有机质镜质组反射率 $R° \approx 0.86\%$、1.11%
	显微组分	镜质体 92.5%、丝质体 2.9%、沥青质体 4.7%	镜质体 72%、丝质体 16.5%、沥青质体 11.5%
后生蚀变	古氧化蚀变	绿色蚀变带中残留紫红色、暗红色杂斑	褪色蚀变带中残留紫红色、黄色杂斑
	还原蚀变	绿色蚀变、绿泥石化	褪色蚀变
铀矿化特征	矿体形态	板状，复杂卷状	板状
	铀矿物	主要铀石，少量钛铀矿	主要铀石
	金属矿物	黄铁矿、黄铜矿、方铅矿、锐钛矿、硒铅矿	黄铁矿、黄铜矿、方铅矿、闪锌矿、硒铅矿
	蚀变类型	水云母化、绢云母化、高岭石化、硅化、绿泥石化、碳酸岩化	水云母化、绢云母化、高岭石化（硅化）
	控矿因素	绿色蚀变带与灰色岩石界线控矿	褪色蚀变带与灰色岩石界线控矿
	成矿温度	60~150 ℃	?
	成矿时间	149 Ma、120 Ma、70~80 Ma、20 Ma、8 Ma	98~110 Ma、41.8 Ma、51.0 Ma

岩—大幅度抬升氧化还原改造的成岩演化过程。直罗组砂岩主要经历了压实作用、胶结作用、交代作用等的叠加改造，其中压实作用和胶结作用普遍，对砂岩的改造最为强烈，是该区岩石致密、孔渗低的重要影响因素。显微镜观察以及扫描电镜、黏土矿物 X 衍射分析，该区主要的黏土矿物为绿泥石、高岭石、伊利石以及伊-蒙混层，蒙皂石几乎全部转化，伊-蒙混层的混层比均小于 10，显示了较高成熟度和成岩强度。

店头地区直罗组岩石成岩程度较高，含矿层的压实作用明显，主要表现为颗粒间紧

密堆积，接触关系主要为线接触-凹凸接触；塑性颗粒由于压实作用变形弯曲，如黑云母，局部层段显示压实定向组构；石英等脆性颗粒碎裂，裂隙较发育。胶结作用强烈，常见绿泥石胶结、高岭石胶结、伊利石胶结、硅质胶结、碳酸盐胶结、局部石膏胶结等。石英次生加大现象普遍，成岩程度较高(达到中成岩 A2 亚期)，而东胜铀矿含矿层的成岩程度较低。

　　店头铀矿床矿化主岩中丝质体和沥青质明显较高，有机质成熟度店头铀矿床高(其含矿砂岩层镜质组反射率 R^o 为 0.86%~1.11%)；而东胜矿床镜质体含量较高，有机质成熟度较低(R^o 为 0.35%~0.44%)。店头铀矿床矿化主岩可能发生过局部热事件及有少量油气生成，这可能与该地区含矿地层曾经埋深较大及盆地南部地热异常较高有关。

　　油气显示两地区也存在明显差异，店头地区以油藏破坏石油、油浸砂泄漏为主，沿店头—焦坪—铜川庙湾煤矿一带，延安组及直罗组砂体中分布大范围的油浸砂或原油，与油气水有关的绿色还原蚀变较东胜地区弱些；而东胜地区则以天然气显示为主，由于天然气迁移能力和化学活泼性较液态油强，造成盆地北部东胜-大营地区大面积绿色蚀变带，其铀矿化较好。而盆地南部店头地区则形成不稳定分布的灰绿色蚀变带和透镜状油聚集带，其铀矿化变化大。东胜铀矿床矿石中出现少量复杂卷状矿体；矿化岩石中绿泥石化、碳酸岩化发育；矿石中含少量钛铀矿、锐钛矿，而店头铀矿床矿石中则出现闪锌矿；绿泥石化、碳酸岩化蚀变较弱，这可能与两矿床古氧化作用形式及成矿流体成分不同有关。

　　总之，盆地南部店头(双龙)铀矿床与北部东胜铀矿床在铀成矿背景、成矿条件、油气逸散及铀矿化特征等方面有许多相同之处，也存在明显的差异，只有客观准确的认识和总结盆地南部与北部铀矿成矿的内在共同特征与规律，明确铀矿主控因素，建立适合该盆地特点的找矿标志和成矿模式，才能有效地指导找矿工作，获得好的找矿成果。

参 考 文 献

陈宏斌，徐高中，王金平等. 2006. 鄂尔多斯盆地南缘店头铀矿床矿化特征及其与东胜铀矿床对比. 地质学报，80(5)：724~732

龚斌利，李卫红. 2005. 鄂尔多斯盆地直罗组和志丹群砂岩型铀矿形成条件及找矿方向. 西北铀矿地质，31(1)：7~11

李卫红，徐高中. 2005. 鄂尔多斯盆地后期改造与砂岩型铀成矿关系初步分析. 西北铀矿地质，31(2)：18~23

李子颖，方锡珩，陈安平等. 2008. 鄂尔多斯盆地东北部砂岩型铀矿叠合成矿模式. 铀矿地质，25(2)：65~70

刘池洋. 2005. 盆地多种能源矿产共存富集成藏(矿)研究进展. 北京：科学出版社. 17~25

刘池洋，赵红格，桂小军等. 2006. 鄂尔多斯盆地演化-改造的时空坐标及其成藏(矿)响应. 地质学报，80(5)：617~638

吴柏林，王建强，刘池阳等. 2006. 东胜砂岩型铀矿形成中天然气地质作用的地球化学特征. 石油与天然气地质，27(2)：225~232

夏毓亮，林锦荣，刘汉彬等. 2003. 中国北方主要产铀盆地砂岩型铀矿成矿年代学研究. 铀矿地质，19(3)：129~36

第二十二章

鄂尔多斯盆地断褶带式砂岩铀矿地质特征与成矿作用[*]

根据中亚典型水成铀矿理论和预测准则,鄂尔多斯盆地西缘属于构造活动较强烈的逆冲断褶带,不利于层间氧化带型砂岩铀矿形成。核工业二〇三研究所通过综合研究,提出"在活动构造区内,相对和缓的构造活动时期及构造活动相对稳定的区段也是砂岩型铀成矿有利的时空区域"的创新评价思路,预测惠安堡地区具备层间氧化带砂岩型铀成矿条件,经过综合研究及 2005~2010 年的钻探勘查验证,发现了铀矿带长度十多公里、规模达中型以上的惠安堡铀矿床。矿床产出于油、气、煤多矿产富集区,具有独特的断褶带式铀成矿模式及油-气-煤-铀叠合成矿作用。

第一节　惠安堡地区铀成矿环境

一、构造-沉积演化

惠安堡地区位于盆地西缘断褶带的马家滩断褶带,属逆冲推覆体的前缘地带(图 22.1)。马家滩断褶带西起老盐池断裂、东至马柳断裂,呈北宽南窄带状展布,断褶带内由一系列近南北走向的背(向)斜和断裂构成。背斜核部地层多由延长组、延安组及直罗组组成,两翼地层一般以延安组、直罗组和安定组为主。地表新生界覆盖厚度近 200 m。

断褶带北部以褶皱为主,断层较少,褶皱宽缓、轴向近南北,轴面东倾,向南倾伏,构造比较简单;中南部褶皱、断层均较发育,褶皱较紧密,轴向北北西,一般向南倾伏,走向断层有断面西倾的主干断层和断面东倾的次级断层,主干断层切割背向斜,横向断层切割走向断层及褶皱,显示出构造的多期活动性。

该区侏罗系沉积之后经历了多期次构造演化-改造。其中中燕山运动(J_3末),近东西向挤压构造运动在本区表现较为强烈,使侏罗系及其以前的地层发生褶皱、断裂和隆升,形成一系列近南北走向的冲断褶皱带,奠定了盆地西缘逆冲断褶带的构造雏形,同时,断褶带上的地层也遭受到初次剥蚀和地表水淋滤改造。

早白垩世,该区再度下沉,接受了早白垩世半干旱-干旱气候环境下河湖相杂色碎屑岩沉积(志丹群)。早白垩世末—晚白垩世初该区发生区域抬升,与盆地其他地区一样,普遍缺失晚白垩世—古新世地层。这一时期该断褶带中的地层遭受到长时期剥蚀改造,而且曾达到准平原化的程度。该阶段气候干旱,含矿层侏罗系局部已被剥露于地表,受到长时期的地表水淋滤改造。

---

[*] 作者:徐高中、李保侠、李卫红、贾恒. 核工业二〇三研究所,咸阳.
E-mail:highxu@vip.sina.com

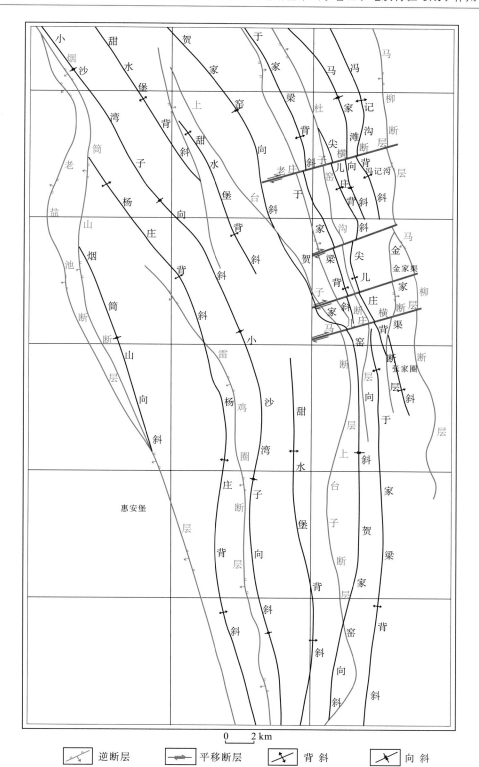

图 22.1　马家滩断褶带构造分布图

进入始新世,其他地区相对抬升。而现今盆地西部(即西缘断褶带和天环拗陷)发生不均匀的整体抬升,整个盆地总体呈现为东高西低格局。

古近纪渐新世开始,鄂尔多斯盆地整体抬升,现今盆地之西(如中宁-罗山之西)开始裂陷,出现相对独立、彼此分割的银川-河套和六盘山断陷,局部地区接受渐新世沉积。该区表现为差异隆拗、抬升剥蚀为主。

大约在 22±2 Ma,即古近纪末、新近纪初,盆地西缘总体以弱的差异升降运动为特点,自南而北开始抬升。造成中新统与渐新统之间的不整合接触,如牛首山东侧烽台坡地区中新统红柳河组(N_1h)与渐新统清水营组(E_3q)之间的平行不整合接触。大约到距今 8 Ma,即中新世晚期,盆地发生反转,鄂尔多斯盆地及邻区西高东低的地貌景观开始出现,并造成了干河沟组(N_1g)与下伏红柳沟组(N_1h)之间的角度不整合或平行不整合。这两次构造作用使该区受到一定的抬升和剥蚀,含矿层侏罗系砂体再次遭受到地表和地下水的淋滤改造。

上新世以来,随着盆地西北边缘引张断裂的进一步活动,银川盆地开始发生强烈断陷和向南发展,贺兰山进一步抬升崛起,银川盆地的形成已基本阻隔了蚀源区(贺兰山-宁卫北山)与该区地下水动力的联系。同时,上新世以来的构造运动使区内缘断褶带受到明显地影响,使早期断裂构造进一步活化,盆地深部油气和热液沿断裂构造向上部运移、逸散,使该区再次受到油气和热液作用的改造。

上述构造演化-改造分析显示,该区虽处于西缘断褶带构造活动区,经历了多期次构造运动和改造,但是,惠安堡地区晚侏罗世之后,构造环境相对较为稳定,主要发生翘倾式的差异升降。与北区贺兰山-银川地堑和南区六盘山地区相比,该区是鄂尔多斯盆地西部相对最稳定的地区。同时,晚燕山运动以来的多次抬升、剥蚀作用使侏罗系在背斜核部出露于地表,为大气降水、含氧含铀地下水向含矿层(砂体)内下渗、淋滤改造提供了有利的条件。因而,该区具备形成层间氧化带砂岩铀矿成矿的有利构造条件。

二、含矿层岩性-岩相-岩石地球化学特征

盆地西缘目前铀矿勘查深度内,有利砂岩型铀成矿的沉积建造主要为中侏罗统直罗组、延安组及下白垩统志丹群。在惠安堡地区,砂岩型铀矿含矿沉积建造主要为中侏罗统直罗组和延安组。

惠安堡地区中侏罗统直罗组分为上、下两个岩性段,与下伏延安组假整合接触,多围绕几个背斜核部在延安组外侧不对称展布。由灰、灰白色中粗粒砂岩和灰绿色泥岩、粉砂岩组成,从早到晚由辫状河相向曲流河及泛滥平原相演变。主要为长石石英砂岩、长石砂岩,碎屑成分以石英、长石为主,少量岩屑、云母、重矿物。石英含量一般 60%~80%,长石含量一般 15%~20%,岩屑和云母约占 6%。泥质胶结,较疏松-疏松、分选中等,次棱角-次圆状。砂岩矿物成分成熟度和结构成熟度较低(图 22.2、图 22.3)。长石多为条纹长石,次为正长石,斜长石,微斜长石。见长石高岭土化、绢云母化,正长石、斜长石泥化,黑云母绿泥石化。岩屑以花岗岩为主,次为石英岩,云母石英片岩,炭板岩及火山岩岩屑。物源为北西和西部蚀源区的侵入岩、变质岩、火山岩等。泥质胶结物

主要有水云母、高岭石，含量 1%～8%。钙质胶结物为方解石。岩石中普遍有黄铁矿，其含量约 6%。长石高岭土化、绢云母化，黑云母绿泥石化增加了砂岩的疏松渗透性。

图 22.2　直罗组下段较疏松中粒长石砂岩图　　　　　图 22.3　直罗组上段砂岩砂状结构图
粒间孔隙中白云石交代早期菱铁矿(+) 10×3.3　　　　不均匀分布的方解石交代、胶结碎屑(+) 132×

直罗组下段以辫状河沉积为主，地层厚度在北部冯记沟地段较薄，厚度最大 148.2 m，最小 72.4 m，平均 99.29 m。在南部金家渠地段地层较厚，最大 333 m，最小 115.5 m，平均 144.35 m。底部为延安组顶板稳定的粉砂岩、泥岩和煤层，上部是直罗组上段稳定的粉砂岩和泥岩，构成稳定的泥-砂-泥结构。岩性为灰色、灰白色、浅黄色、浅红色中粗砂岩为主，细砂岩、粉砂岩为次，底部夹有碳质泥岩。该段砂岩分选好，磨圆中等，渗透性好，厚度较稳定，砂体厚度一般在 20～70 m，含砂率 68.22%～90.14%，砂泥比 2.15～9.14。砂岩中含大量碳化植物碎屑、黄铁矿等还原物质。构成区内主要找矿目标层段。

直罗组上段为一套曲流河沉积，地层厚度 0～336 m。岩石粒度较细，主要由灰色、灰绿色、紫红色泥岩、粉砂岩组成，夹 3～9 层浅灰色、浅黄色、棕红色细砂岩。砂岩夹层厚度小于 40 m，大多为 5～25 m，岩石粒度以细粒为主，分选好，磨圆中等，厚度不稳定，也发育了较大规模的层间氧化带及铀矿化。

惠安堡地区延安组砂岩主要以碎屑为主，杂基含量较少。碎屑平均含量 91.2%，基质含量 8.8%。从矿物成分看，多为长石岩屑砂岩和长石砂岩，碎屑成分以石英、长石为主，岩屑、云母、重矿物少量。石英含量一般 67%～77%，长石含量一般 15%～20%，岩屑和云母约占 7%。泥质胶结、胶结较疏松-疏松，分选中等，次棱角-次圆状。矿物成分成熟度和结构成熟度较低。长石多为斜长石和碱性长石，泥化强烈，黑云母绿泥石化普遍，岩屑以花岗岩为主，石英岩、云母石英片岩、碳质板岩及火山岩岩屑次之，反映物源为北部和西部蚀源区的侵入岩，变质岩、火山岩等。泥质胶结物成分主要有水云母、高岭石，钙质胶结物为方解石。

该区中侏罗统直罗组为灰白，灰、灰黑色为主的原生还原地球化学类型。取样分析有机碳为 0.07%～0.12%，Fe^{3+}/Fe^{2+} 为 0.9～1.0，全硫较高为 0.40%～0.99%（表 22.1）。灰、浅灰色中粗砂岩中富含炭屑、黄铁矿等还原物质，局部见有油浸、油迹和油斑等现象。因此，直罗组原生砂岩为灰色岩类，有利于层间氧化带型铀矿的形成。

表 22.1 惠安堡地区直罗组下段灰色砂岩地球化学指标一览表

地 段	U /10^{-6}	Th /10^{-6}	C$_{有机}$ /10^{-2}	ΣS /10^{-2}	CO$_2$ /10^{-2}	Fe^{3+} /10^{-2}	Fe^{2+} /10^{-2}	Fe^{3+}/Fe^{2+}
金家渠地段平均值	5.3(10)	5.6(7)	0.11(15)	0.40(16)	1.43(15)	0.45(16)	0.57(16)	0.90(16)
冯记沟地段平均值	4.0(3)	4.2(2)	0.07(4)	0.99(4)	3.71(4)	0.76(3)	0.60(3)	1.00(3)

注：核工业二〇三研究所分析测试中心分析测试；括号内数字为样品数。

惠安堡地区延安组属于灰色碎屑岩类。灰色砂岩有机碳为 0.18%，价铁比为 0.30，呈现灰、浅灰色中细砂岩夹细、粉砂岩薄层，夹层中富含炭屑、黄铁矿，局部见有油浸、油迹和油斑等现象。在金家渠地段背斜西翼也形成了一定规模的层间氧化带及其控制的铀矿化。

三、水文地质条件

从水文地质演化旋回分析，该区在 K_2—E_2、N_1 等沉积间断时期，是地下水渗入作用发育的主要时期，当时古气候为干旱—半干旱，盆地西北部古银川隆起构成该区地下水补给区，地下水补给源为大气降水和基岩裂隙水，地下水总体由西向东径流，渗入水由其含水岩组的出露区(背斜核部)向盆地深部运移，并通过断裂构造或沉积相变而排泄。地下水主要为 Cl·S-N·C 型，矿化度为 0.87~8.08 g/L。直罗组上段以灰绿色泥岩和粉砂岩为主，构成隔水顶板，底部分布着延安组的灰色泥岩，粉砂岩和煤层，构成稳定的隔水底板。下段含水层以大型的辫状河砂体为主，砂岩较疏松，泥质胶结为主，渗透系数 0.01~3.33 m/d，富水性及透水性较好。延安组砂岩次疏松，渗透系数 0.09~3.61 m/d。有利于层间氧化带型铀矿化的形成。

四、后生氧化–还原作用

由于晚白垩世以来经受多期的抬升剥蚀及地表潜水、层间渗入水的长期淋滤、氧化作用，该区中侏罗统直罗组、延安组地层(砂体)中发育大量潜水或层间氧化带蚀变现象，其中潜水氧化带深度一般可达几十米至上百米；层间氧化带主要发育在侏罗系背斜的东、西翼部，一般沿倾向上延伸宽度在数百米以上，沿走向断续延伸长度在 2~10 km，层间氧化带发育深度一般可达 500 m 以上。反映出该区后生氧化改造作用条件是较为发育和普遍的，这对层间氧化带砂岩型铀矿的形成是极为有利的。

该地区油藏储集层主要为延长组及延安组下部的砂体，油藏富集于由逆冲构造形成的圈闭或岩性圈闭之中，形成了马家滩—摆宴井一带众多的油田(刘池洋等，2005)。油气演化资料表明，晚侏罗世—早白垩世已达到生烃高峰期，油气藏开始形成，晚白垩世—新近纪时期随着该区多次构造抬升及活动，油气藏受到改造、破坏，并沿断裂构造向上部层位(直罗组、延安组)逸散、运移，在含矿层中形成油浸砂和相关的绿色还原性蚀变现象,这进一步增强了含矿层(直罗组、延安组)的还原能力(李子颖等,2009)。同时,该区延安组中有机质和煤层,在后期成岩过程中会产生大量的煤层气,煤层气逸散到延安组及上部的直罗组砂体中,对含矿层岩石产生后生还原作用,为铀成矿提供还原环境。

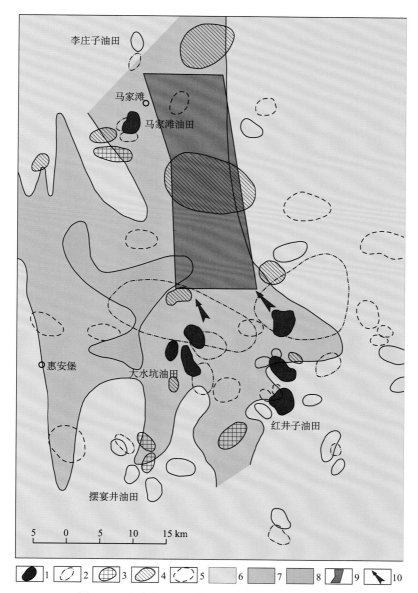

图 22.4　惠安堡地区油气、煤分布及铀矿预测略图

1. 已知油气田;2. 已知油气田富集环形体;3. Ⅰ类油气田富集环形体;4. Ⅱ类油气田富集环形体;5. Ⅲ类油气田富集环形体;6. 厚度<10 m 的煤层;7. 厚度为 10~30 m 的煤层;8. 厚度>30 m 的煤层;9. 铀矿成矿预测区;10. 油气运移方向

五、铀 源 条 件

该区古元古代结晶岩系和不同时代的花岗岩铀含量较高，区内含矿层侏罗系直罗组、延安组沉积物源来自盆地西北部元古宙—古生代富铀变质岩、花岗岩、中酸性火山岩类，原始沉积物中铀源较丰富，加之沉积时，气候温暖潮湿，地层中富含大量腐殖质、碳质和煤等，对铀元素有较强的吸附作用，形成了铀背景丰度较高的富铀层位，如直罗组灰色砂岩中铀背景丰度达 4.50×10^{-6}，延安组灰色砂岩中铀背景丰度为 4.11×10^{-6}，因而，含矿层本身可为铀成矿提供重要的铀源。

刘池洋等(2005)已查明三叠系延长组中存在大面积的富铀泥岩、页岩层(富铀烃源岩)及凝灰岩。这些都可能为该区砂岩型铀成矿提供一定的铀源。

必须强调，铀源条件对于构造相对活动的盆地西缘区铀成矿具有重要意义。由于构造相对活动区的层间氧化带发育时间较短，形成时期也较晚，蚀源区和目的层的铀源丰富，加之多期次的构造活动造成铀成矿作用的多期次，更有利于铀的活化、迁移和再富集，为砂岩型铀成矿提供多期次铀源以及衍生铀源，有利于砂岩型铀成矿。

综合上述分析，惠安堡地区虽然构造活动相对活跃和复杂，但是，在晚白垩世之后，总体以差异抬升为主，长期处于构造和缓期，含矿层在近地表呈宽缓背向斜构造带产出，并在背斜核部被剥露于地表，为含氧含铀地下水下渗、淋滤改造提供了有利的构造条件；该区铀源丰富，含矿层中侏罗统直罗组、延安组发育多层河流相砂体，具有良好的"泥-砂-泥"，并富含有机质、煤层等还原性物质。因此，核工业二〇三研究所于 2005年结合本地区石油、煤炭、核工业等系统地质研究和勘探成果综合分析，提出惠安堡-马家滩地区为煤炭、油藏、铀矿等多种能源矿产空间上共存富集的有利成矿(藏)区(图22.4)，具备良好的砂岩型铀成矿条件和形成中、大型规模铀矿的成矿潜力，将该区预测为砂岩型铀成矿Ⅰ级远景区。

第二节   惠安堡砂岩型铀矿床矿化特征

并随之开展了钻探勘查验证，先后共投入钻探工作量数万米，施工钻孔百余个，发现了铀矿带长度十多公里、规模已经达中型以上的惠安堡砂岩型铀矿。

一、层间氧化带的发育特征

(一) 层间氧化带空间分布

惠安堡地区，围绕尖儿庄、甜水堡和冯记沟等较大规模背斜的东、西两翼，直罗组上、下段发育总体走向南北的层间带，延安组也发育一定规模的层间氧化带。目前，已经在南部金家渠和北部冯记沟两个地段发现了大规模层间氧化带及其控制的铀矿化。

金家渠地段，尖儿庄背斜东翼层间氧化带总体发育方向自西向东，直罗组下段Ⅰ号层间氧化带长度 5.4 km, 倾向延伸 500~880 m; II 号层间氧化带长度 10 km, 倾向延伸 400~775 m; 背斜东翼延安组 III 号层间氧化带长度 2.4 km, 倾向延伸大于 400 m。

冯记沟地段, 冯记沟背斜东翼氧化带前锋自西向东发育, 直罗组下段氧化带长度 5 km, 倾向延伸 500~530 m; 直罗组上段氧化带长度 1.4 km, 倾向延伸 500 m。背斜西翼直罗组下段氧化带前锋自东向西发育, 长度 3 km, 倾向延伸 960 m。

（二）氧化带的岩石地球化学特征

氧化砂岩大多为黄褐色、淡黄色、褐黄色, 局部为浅红色, 以褐铁矿化为主, 次为赤铁矿化。根据岩石颜色, 含变价元素的矿物(黑云母、黄铁矿、磁铁矿等暗色矿物)和岩石组合和其地化参数, 大致划分出氧化带、过渡带(矿石带)、铀晕带和还原带(黄净白、李胜祥, 2007)。氧化带又可分成完全氧化亚带和不完全氧化亚带。

氧化带岩石的碳化植物碎屑大部分被氧化殆尽, 仅保留氧化铁交代的残迹。岩石的 Fe^{3+}/Fe^{2+} 值高, 一般大于 3, S 含量小于 0.05%。还原带的砂岩颜色为灰-深灰色, 常见较多的碳化植物碎屑和黄铁矿, 其 S 含量通常大于 0.10%, 高者大于 0.30%, Fe^{3+}/Fe^{2+} 值小于 0.50。氧化-还原过渡带的砂岩呈浅灰-灰色, 含碳化植物碎屑及较多的黄铁矿, 但可见到一些氧化形成的褐铁矿斑点, 其特征介于氧化带和还原带之间。

二、铀矿化的空间分布及形态

金家渠地段围绕尖儿庄背斜分布有 3 条铀矿带, 铀矿化主要沿尖儿庄宽缓背斜的东、西翼部展布(图 22.5), 在背斜东翼矿体断续长度 2~10 km, 在背斜西翼矿体长度 2 km。

冯记沟地段, 冯记沟背斜东翼直罗组下段发育铀矿带长度 1.0 km, 直罗组上段分布 4 个长度 0.4 km 的铀矿带; 背斜西翼发育铀矿带长度 0.3 km, 走向北东-南西。

铀矿体形态以板状矿体为主, 次为卷状、透镜状(图 22.6、图 22.7)。目前勘查深度内铀矿化埋藏深度 100~500 m。矿体在倾向上延伸范围较小, 铀矿化多产于疏松、较疏松灰色、褐黄色中粗、细砂岩中, 部分产于致密钙质岩石、灰色粉砂岩中, 位于层间氧化带的上、下翼或氧化带和过渡带及前缘带, 矿化明显受到层间氧化带和构造的双重控制。

三、铀矿体的品位及厚度

铀矿体厚度变化范围是 1.00~6.20 m, 平均为 3.66 m, 变异系数为 0.50, 属于中等变化程度。工业铀矿品位 0.0120%~0.0385%, 平均为 0.0230%, 变异系数为 0.36, 品位较低, 但变化稳定。工业铀矿孔平米铀量为 1.01~3.49 kg/m², 平均为 1.84 kg/m², 变异系数为 0.45。总体来看, 惠安堡铀矿床矿体的厚度、品位、平米铀量变化不大、较稳定。

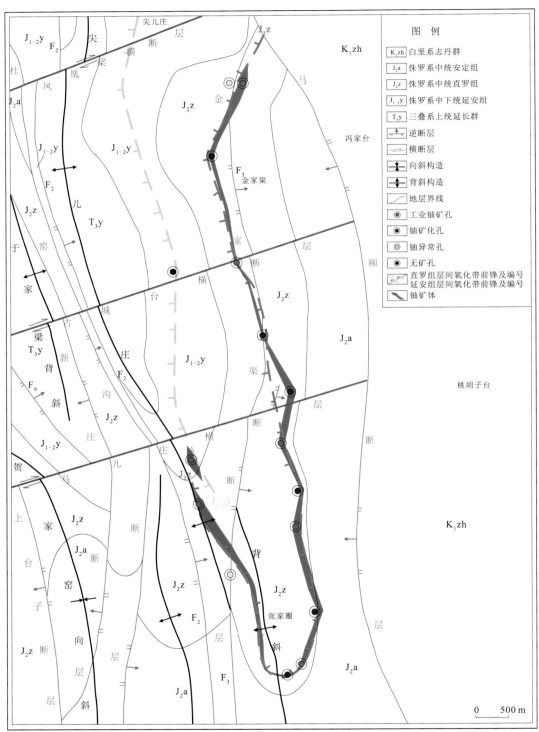

图 22.5 金家渠地区铀矿地质略图

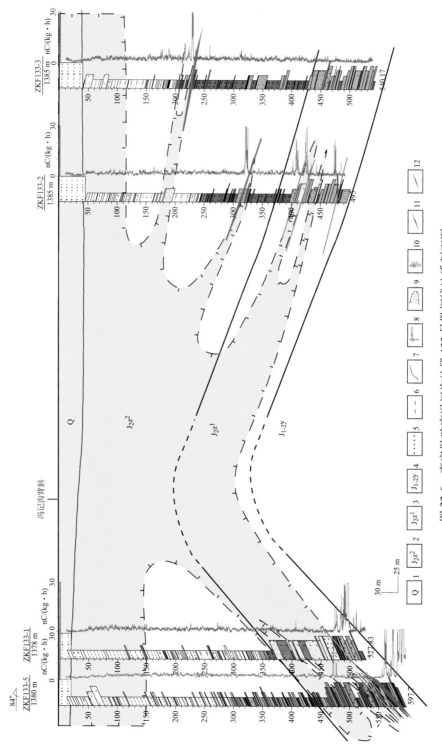

图 22.6　惠安堡矿床冯记沟地段 133 号勘探线地质剖面图

1. 第四系；2. 直罗组上段；3. 直罗组下段；4. 延安组；5. 砂岩；6. 泥岩；7. 地质界线；
8. 钻孔及其编号；9. 氧化带前锋线；10. 伽马曲线；11. 铀矿体；12. 铀矿化

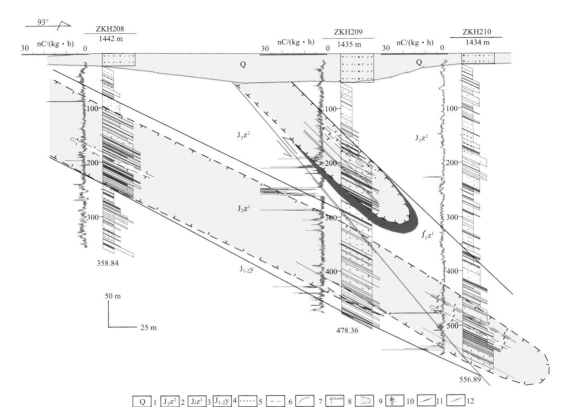

图 22.7　惠安堡矿床金家渠地段 2 号勘探线地质剖面图

1. 第四系；2. 直罗组上段；3. 直罗组下段；4. 延安组；5. 砂岩；6. 泥岩；7. 地质界线；
8. 钻孔及其编号；9. 氧化带前锋线；10. 伽马曲线；11. 铀矿体；12. 铀矿化

四、铀矿石物质组分特征

惠安堡铀矿床的矿石大部分属于砂岩型矿石。砂岩型铀矿石的岩石粒度差别较大，从粗砂岩至细砂岩均有铀矿化。赋矿岩石主要为砂岩，以长石砂岩为主，少量岩屑长石砂岩。砂岩碎屑以石英、长石和岩屑为主，其次为黑云母、白云母、绿泥石，少量碳屑和重矿物。少量自生矿物(黄铁矿和黏土矿物)。石英占 40%~50%，次棱角状，以正常消光为主，少量波状消光，表面具有弱溶蚀，局部见有裂纹。长石占 30%~40%，为钾长石和斜长石。钾长石较斜长石多，钾长石以钾钠条纹长石为主，少量微斜长石，具有条纹双晶和格子状双晶。黑云母、白云母含量一般为 1%~3%，以黑云母为主，其次为白云母。黑云母不稳定，易发生水解，变成绿泥石。在压实作用下发生弯曲、变形。岩屑占 10%~25%，以花岗岩和中酸性火山岩岩屑为主，少量云母石英片岩、石英岩、粉砂岩和泥岩岩屑，局部富含浸染状黄铁矿泥灰质砾石。

化学分析结果(表 22.2)，直罗组下段疏松–较疏松砂岩型铀矿石中，$SiO_2+Al_2O_3$ 为

80.56%~90.40%，呈高硅酸型铀矿石，其他成分所占份额较少。少量钙质砂岩铀矿石，其中硅铝质组分 $SiO_2 + Al_2O_3$ 为 61.36%~65.99%，碱质组分 $CaO + MgO$ 为 11.82%~12.96%，烧失量达 13.4%，矿物组成为碳酸盐类矿物，呈胶结物形式存在，同时含少量黄铁矿。

表 22.2 惠安堡铀矿床直罗组下段砂岩型铀矿石硅酸盐全分析结果表（%）

岩 性	SiO_2	TiO_2	Al_2O_3	Fe_2O_3	FeO	MgO	MnO	CaO	Na_2O	K_2O	P_2O_5	烧失量
灰色中砂岩	75.65	0.40	12.94	0.90	0.18	0.13	0.01	0.63	2.16	3.20	0.03	3.34
浅灰色细砂岩	73.23	0.50	13.36	1.22	1.51	0.62	0.03	1.09	2.76	3.20	0.10	2.39
褐黄色含砾粗砂岩	74.77	0.25	9.81	2.86	0.45	0.59	0.07	2.08	1.96	3.27	0.05	3.44
浅灰色粗砂岩	70.59	0.18	9.97	0.12	0.82	0.62	0.12	5.84	1.99	3.05	0.04	5.94
灰色中砂岩	77.41	0.30	10.93	0.91	0.34	0.65	0.04	1.36	2.36	3.41	0.02	2.23
灰色含砾粗砂岩	79.17	0.18	10.38	1.48	0.18	0.26	0.01	0.63	2.09	3.33	0.03	1.86
灰色含砾粗砂岩	76.31	0.22	10.04	1.15	0.24	0.75	0.06	2.13	2.07	3.45	0.04	2.91
浅灰色细砂岩	72.57	0.25	13.36	0.89	1.40	0.81	0.06	1.68	2.38	3.42	0.08	2.84
褐黄色含砾粗砂岩	77.41	0.18	11.11	0.95	0.42	0.18	0.02	1.09	2.44	3.78	0.10	1.71
浅灰色粗砂岩	78.29	0.15	10.60	0.49	0.72	0.52	0.03	0.91	2.10	3.51	0.04	2.17
灰色粗砂岩	79.83	0.20	10.57	0.49	0.60	0.39	0.01	0.54	2.26	3.63	0.06	1.41
平均值（11）	75.93	0.26	11.19	1.04	0.62	0.50	0.04	1.63	2.23	3.39	0.05	2.75
浅灰色钙质中砂岩	56.07	0.25	9.92	0.55	2.98	3.22	0.30	8.43	1.82	2.29	0.03	13.6
浅灰色钙质粗砂岩	54.32	0.20	7.04	1.19	5.25	3.39	0.65	9.65	1.38	1.97	0.71	13.2
平均值（2）	55.19	0.23	8.48	0.87	4.12	3.31	0.48	9.04	1.60	2.13	0.37	13.4

注：核工业二〇三研究所分析测试中心分析测试。

五、矿石地球化学特征及后生蚀变

矿石分为较疏松砂岩型、致密砂岩型和致密钙质砂岩型。从表 22.3 可以看出：

1）较疏松砂岩型矿石：铀含量 4.3×10^{-6}~537×10^{-6}，变化范围较大，但总体为中低品位矿石；钍含量平均为 6.88×10^{-6}；有机碳含量 0.005%~2.76%，个别可达 7.56%，平均为 0.82%，变化不大；全硫含量 0.024%~3.90%，变化不大，平均为 1.23%，局部富含二硫化铁；二氧化碳含量 0.05%~11.99%，平均为 4.24%，为含碳质，局部含量高；Fe^{3+}/Fe^{2+} 值为 0.16~14.36，平均 1.96，比值较高，反映大部分为弱氧化矿石。

2）致密砂岩型矿石：铀含量 141×10^{-6}~1150×10^{-6}，变化大，大部分为低–中等品位矿石；钍含量平均为 6.84×10^{-6}；有机碳含量 0.01%~0.77%，平均为 0.42%，变化较大，局部富含碳屑；全硫含量 0.023%~2.47%，变化较大，平均为 0.79%，局部富含二硫化铁；二氧化碳含量 0.04%~12.78%，平均为 3.82%；Fe^{3+}/Fe^{2+} 值为 0.10~4.37，平均为 0.89，以二价铁为主，个别样品富含黄铁矿，Fe^{3+}/Fe^{2+} 值低，反映矿石还原程度高。

表 22.3 惠安堡铀矿床砂岩铀矿石地球化学指标一览表

岩石类型	U /10^{-6}	Th /10^{-6}	C_{有机} /10^{-2}	ΣS /10^{-2}	CO_2 /10^{-2}	Fe^{3+} /10^{-2}	Fe^{2+} /10^{-2}	Fe^{3+}/Fe^{2+}
较疏松砂岩	113(24)	6.88(18)	0.82(34)	1.23(35)	4.24(35)	1.40(28)	1.16(28)	1.96(27)
致密砂岩	490(6)	6.84(3)	0.42(13)	0.79(12)	3.82(4)	2.27(9)	1.17(9)	0.89(9)
致密钙质砂岩	173(3)	5.53(2)	2.06(4)	2.52(4)	8.99(4)	1.70(3)	1.90(3)	1.28(3)

注：核工业二〇三研究所分析测试中心分析测试；括号内数字为样品数。

3) 致密钙质砂岩型矿石：铀含量 $162\times10^{-6} \sim 200\times10^{-6}$，为低品位矿石；钍含量平均为 5.53×10^{-6}；有机碳含量平均为 2.06%。由于钙质胶结作用，致使成矿后改造作用弱或无，原生碳屑得到较好的保存。钻孔采取的矿心也反映出这一特征。全硫含量平均为 2.52%，金家渠地段比冯记沟地段全硫含量高；二氧化碳含量平均为 8.99%，钙质呈基底式胶结，显微镜下可见不规则粒状方解石和自形白云石充填孔隙、胶结碎屑；Fe^{3+}/Fe^{2+} 值平均为 1.28，反映矿石为弱氧化环境。

影响砂岩矿石渗透性的最主要成分是其中的碳酸盐胶结物及其存在形式。砂岩矿石碳酸盐化大体可分为 3 期。第 1 期为泥晶方解石，方解石晶粒直径仅为几微米。泥晶方解石集合体，常形成放射状球粒，呈结核或团块状产出，扫描电镜下泥晶方解石组成球状或花朵状，这期方解石形成于成岩期。第 2 期碳酸盐为亮晶方解石(或称粗晶方解石)，方解石晶粒较粗，直径为 $0.5 \sim 2$ mm 或更大，常交代石英，在碳酸盐化强烈的地段，还有交代微斜长石、斜长石和岩屑的现象，并呈基底式胶结砂粒碎屑，这期碳酸盐化为成岩期后的产物。第 3 期碳酸盐化为白云石化或铁白云石化，常呈自形的菱面体晶形产于杂基中(图 22.8)，并见白云石交代方解石的现象。由于白云石的形成明显晚于方解石，且地表见有白云石脉(图 22.9)。因此，这期碳酸盐化应为后生改造期的产物。

图 22.8 致密浅灰色钙质中砂岩图
白云石交代早期菱铁矿，后期黄铁矿化(+) 50×

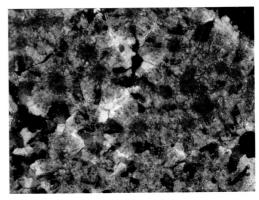

图 22.9 愁不井地表矿化带白云石脉图
白云石交代花瓣状菱铁矿(+) 50×

六、矿石中铀的存在形式

通过放射性 α 径迹照像（图 22.10）查明，矿石中铀赋存形式以吸附状态为主，少量铀矿物形式。铀主要由 Fe-Ti 氧化物和黄铁矿吸附，少量云母、黏土质等吸附。所见 Fe-Ti 氧化物多为含铀的白钛石化碎屑状 Fe-Ti 氧化物，碎屑被溶蚀、分解，颗粒边缘变得浑圆，大颗粒分解成细粒（细粒化），内部变得浑浊不清（浊化）。镜下（图 22.11）呈隐晶质不透明或半透明状，斜照单偏光下为棉絮状或被铁染成浅褐、浅红色赤铁矿、金红石、锐钛矿混合物——白钛石。部分蚀变 Fe-Ti 氧化物被黄铁矿交代，保留明显的交代结构。在部分矿石中见到保留在火山岩屑长石中的钛铀矿的良好晶体以及砂岩中碎屑状钛铀矿。放射性照相表明 Fe-Ti 氧化物多见疏密不一的 α 径迹，少量含有细小的沥青铀矿物。说明 Fe-Ti 氧化物为主要的富铀介质，因此可以认为 Fe-Ti 氧化物为铀的重要富集剂。

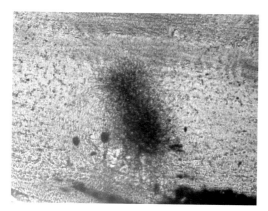 

图 22.10 矿石中含铀矿物 α 径迹（-）66×　　　图 22.11 氧化钛铁矿、黄铁矿与铀矿物共生（-）66×

七、铀矿物共生组合特征

直罗组上段砂岩矿石中铀矿物主要为沥青铀矿、铀石。表 22.4 及铀矿石电子探针背散射图（图 22.12、图 22.13、图 22.14、图 22.15、图 22.16、图 22.17）显示主要为以下四种铀矿物组合：

1）沥青铀矿、白铁矿-氧化钛铁矿组合；
2）沥青铀矿、铀石、白铁矿-黄铁矿、氧化钛铁矿、赤铁矿-硒铁矿、硒铅矿组合；
3）少量沥青铀矿、铀石-氧化钛铁矿、赤铁矿、褐铁矿-自然硒组合；
4）沥青铀矿、少量铀石、白铁矿-氧化钛铁矿、黄铁矿组合。

铀石和硒铁矿、自然硒和硒铅矿偏向不完全氧化环境中，形成比沥青铀矿早，具有较明显的元素垂向分带性，即 U-Se-U，与层间氧化带的分带特征一致，反映其成因属于层间氧化带型铀成矿。

表 22.4   惠安堡矿床直罗组上段砂岩矿石中铀矿物、含铀矿物空间组合特征一览表

样号	岩 性	岩石所处位置	铀矿物	含铀矿物	伴生矿物	组合关系
CY166	灰绿色细砂岩	矿带上部贫矿石	少量沥青铀矿	氧化钛铁矿	白铁矿	沥青铀矿沿氧化钛铁矿边缘由外向内交代
CY167	灰绿色细砂岩,局部呈褐红斑块	矿带上部富矿石	沥青铀矿、铀石	黄铁矿、氧化钛铁矿、草莓状黄铁矿、赤铁矿	少量硒铁矿、硒铅矿白铁矿	黄铁矿交代氧化钛铁矿、铀石交代黄铁矿、沥青铀矿交代铀石、黄铁矿及草莓状黄铁矿
CY168	灰绿色细砂岩,局部褐红斑块及浅黄星点	矿带中部、不完全氧化的过渡带	少量沥青铀矿、铀石	氧化钛铁矿、赤铁矿、褐铁矿	较多的自然硒	自然硒有交代氧化钛铁矿现象
CY169	灰绿色细砂岩	矿带下部富矿石	沥青铀矿、少量铀石、钛铀矿	氧化钛铁矿、黄铁矿	白铁矿	沥青铀矿与黄铁矿伴生并交代氧化钛铁矿

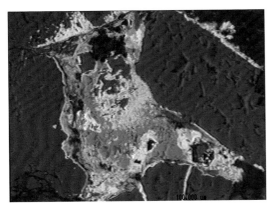

图 22.12   电子探针背散射图一
沥青铀矿(灰白色)围绕黄铁矿(灰色)生长,
其中部分为铀石

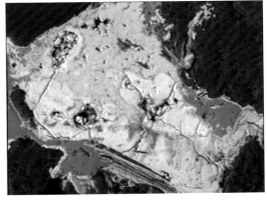

图 22.13   电子探针背散射图二
铀石(灰白色)与黄铁矿(灰色)相伴生,其中亮的
部分铀含量较高,暗的部分中硅含量较高

　　电子探针表明:铀与碎屑 Fe-Ti 氧化矿物的蚀变产物关系密切。在转化成二硫化铁的各个阶段中,在 Fe-Ti 氧化矿物颗粒边缘上的 TiO_2 铀特别丰富。铀与钛、铁、硫、硅、钙一起还产在蚀变的铁钛氧化物中的同心圆带状结构的次级相中。颗粒中的某些硅与铀广泛结合在一起,形成了铀石。

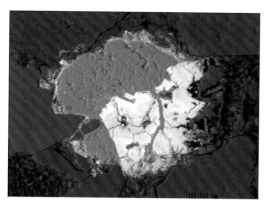

图 22.14　电子探针背散射图三

与黄铁矿（灰色）伴生的铀矿物（灰白色），主要为铀石，
其中亮的部分铀含量高，为沥青铀矿

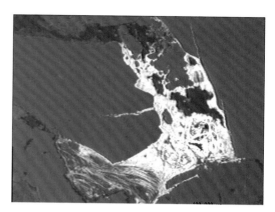

图 22.15　电子探针背散射图四

产于碎屑粒间杂基的沥青铀矿（灰白色）

图 22.16　电子探针背散射图五

自然硒（灰白色）产于钛铁矿（灰色）旁侧并穿插其中

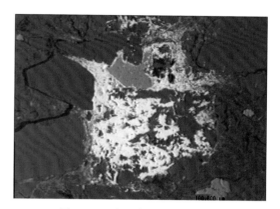

图 22.17　电子探针背散射图六

与黄铁矿（浅灰色）伴生的沥青铀矿（白色）

八、铀矿成矿年龄

核工业二○三研究所勘查工作中，采取 6 个矿石样进行了矿物铀铅法同位素年龄测定，结果表明直罗组下段砂岩铀矿石等时线成矿年龄为 6.5 Ma（表 22.5，图 22.18），应为新近纪中新世晚期成矿，与该区喜马拉雅运动的抬升时期吻合。

表 22.5　惠安堡矿床铀矿石铀铅同位素年龄测定结果一览表

样品编号	U /%	Pb /(μg/g)	测　试　结　果						
			$^{238}U/^{204}Pb$	$^{208}Pb/^{204}Pb$	Std	$^{206}Pb/^{204}Pb$	Std	$^{206}Pb/^{204}Pb$	Std
07EZK62	0.028	6.62	2800	39.906	0.005	15.800	0.002	19.41	0.002
07EZK69	0.026	7.67	2176	39.174	0.004	15.780	0.002	18.93	0.002

续表

样品编号	U /%	Pb /(μg/g)	测 试 结 果						
			$^{238}U/^{204}Pb$	$^{208}Pb/^{204}Pb$	Std	$^{206}Pb/^{204}Pb$	Std	$^{206}Pb/^{204}Pb$	Std
07EZK72	0.024	8.67	1818	39.629	0.006	15.723	0.002	18.90	0.002
07EZK95	0.394	9.09	44931	39.759	0.004	18.795	0.002	60.51	0.006
07EZK98	0.055	5.19	7522	40.121	0.005	15.885	0.002	25.29	0.003
07EZK105	0.074	7.07	8085	40.372	0.004	16.462	0.002	31.55	0.003

核工业北京地质研究院分析测试中心分析测试。

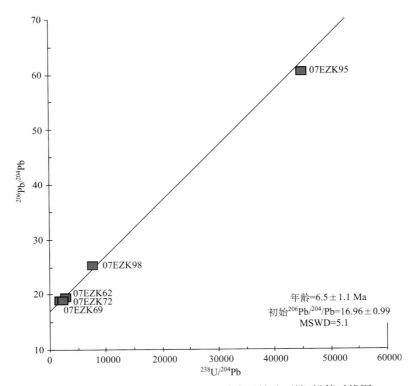

图 22.18　惠安堡地区直罗组下段砂岩型铀矿石铀-铅等时线图

第三节　西缘断褶带式惠安堡铀成矿模式

惠安堡矿床是独具特色的、受断褶带构造背景控制的层间氧化带砂岩型铀矿(张金带等，2005；李保侠等，2010；郭庆银等，2010)。铀成矿作用及成矿模式总结如下(图 22.19)。

1) 早中侏罗世燕山运动Ⅰ、Ⅱ幕阶段，鄂尔多斯盆地大范围发生拗陷，气候温暖潮湿，形成一套中下侏罗统延安组、直罗组上、下段灰色河流相含煤碎屑岩沉积建造，其原始沉积物中本身富铀。同时，富含腐殖质、植物碎屑和碳质泥岩等还原介质，在沉积

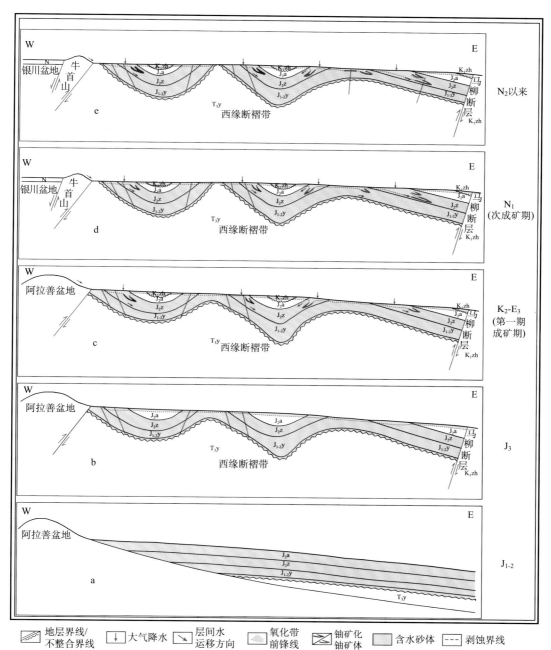

图 22.19　鄂尔多斯盆地西南缘断褶带式砂岩铀矿成矿模式

过程中对铀有较强的还原和吸附作用，有利于铀的沉积预富集，形成铀富集层（砂岩铀背景丰度达到 $4.11×10^{-6}～4.50×10^{-6}$），为后期铀成矿奠定了铀源基础（图 22.19a）。

2）晚侏罗世第 III 幕燕山运动阶段（J_2 末—J_3），盆地西缘形成逆冲、逆掩构造带，使该区含矿层及其下伏地层发生褶皱、断裂和上升，形成近南北向褶断带雏形，含矿层呈宽缓褶曲状分布的空间格局,同时,气候转为半干旱-干旱,褶断带上的含矿层也遭受到初次剥蚀和地表水及潜水淋滤改造,在含矿层砂体中形成潜水氧化带铀矿化或异常(图 22.19b)。

3)早白垩世,在伸展构造背景下,本区发生断陷和拗陷,形成了下白垩统志丹群,角度不整合上覆于延安组、直罗组和安定组上(图 22.19c)。这一时期,蚀源区富铀岩石出露地表,干旱的古气候条件使其中的铀发生活化、迁移到盆地内部,在砂岩中发生预富集,形成品位较低的铀矿化;在富含有机质的泥岩中富集,品位较低。

4)晚白垩世—渐新世第 IV、V 幕燕山运动和第 I 幕喜马拉雅运动阶段,该区全面抬升隆起,侏罗系、白垩系剥露于地表,遭受到长时期(60 Ma)剥蚀改造。该阶段气候干旱,来自西北部蚀源区(阿拉善古陆、古银川隆起)含氧含铀地下水和大气降水,沿直罗组(延安组)透水层出露区(背斜核部)或地表断裂构造向下入渗,在渗流过程中不断氧化围岩、并溶解其中的铀元素,向盆内推进形成层间氧化带,在背斜翼部随着含矿溶液中氧的耗尽,铀在富集还原剂地段(层间氧化带翼部、前锋)被卸载、吸附、还原沉淀富集成矿(图 22.19c)。

5)渐新世末期,盆地周边发育伸展断陷,盆地内部沉降,沉积了清水营组(E_3q)红色湖相沉积。这时期蚀源区的铀源被断陷盆地所切断,地下水渗入作用明显减弱,目的层的氧化和成矿作用一度中断。

6)中新世阶段,盆地西缘总体以较弱的差异升降运动为特点。在该区发生了两次明显地抬升运动,一次是中新世早期(23 Ma 左右),另一次是中新世中晚期(8~5 Ma),这两次构造作用使断褶带受到一定程度的抬升和剥蚀,含矿层侏罗系砂体再次遭受盆地内部大气降水和地下水的氧化淋滤改造,使早期的层间氧化带进一步向前推进,形成层间氧化带砂岩型铀矿的叠加改造成矿作用(图 22.19d)。

7)上新世以来,随着盆地西北边缘引张断裂的进一步活动,银川盆地开始了强烈断陷,贺兰山进一步隆升崛起,银川盆地的形成就基本阻隔了蚀源区(贺兰山-卫宁北山)与该区地下水动力的联系,层间渗入砂岩型铀成作用基本停止。同时,上新世以来的构造运动使区内断裂构造进一步活化,盆地深部油气和热液沿断裂构造和砂岩层向上部运移、逸散,在局部地段对早期形成的层间氧化带发生"二次"还原蚀变(黄褐色砂岩转变为灰绿色砂岩),早期砂岩型铀矿受到一定的叠加改造(图 22.19e)。

该矿床产出于油、气、煤多矿产富集区(参见图 22.4),研究证实发育油-气-煤-铀叠合成矿作用。铀矿化位于层间氧化带的翼部和前锋附近,其发育方向与层间氧化带的发育方向一致,基本是由西向东或由东向西双向发育,铀矿化严格受层间氧化带直接控制,且铀矿化与油气还原作用关系密切。已有油气勘探成果表明,西缘断褶带延长组赋存的油气自西向东向地势抬升的惠安堡—马家滩一线以东运移,并在广泛分布、埋深数百米到两千余米的侏罗系延安组、直罗组及其以上地层中成藏。惠安堡地区正好位于这一油气活动逸散区,油气逸散为该区层间氧化带发育及其控制的砂岩型铀矿形成提供了大规模持续的良好还原作用环境,以及在西缘断褶带难得的后期保矿还原环境。本区特有的断褶带式油-气-煤-铀叠合成矿机理及其模式,对我国西部乃至世界上类似地区油-气-煤-铀等多种矿产勘查研究有重要的借鉴意义。

参 考 文 献

郭庆银，李子颖，于金水等. 2010. 鄂尔多斯盆地西缘中新生–代构造演化与铀成矿作用. 铀矿地质，26
　　（3）：137~144

黄净白，李胜祥. 2007. 试论我国古层间氧化带砂岩型铀矿床成矿特点、成矿模式及找矿前景. 铀矿地
　　质，23(1)：7~16

李保侠，贾恒，于宏伟. 2010. 鄂尔多斯盆地西缘惠安堡地区铀成矿特点. 铀矿地质，26(4)：201~207

李子颖，方锡珩，陈安平等. 2009. 鄂尔多斯盆地东北部砂岩型铀矿叠合成矿模式. 铀矿地质，25(2)：
　　65~70

刘池洋，赵红格，王锋等. 2005. 鄂尔多斯盆地西缘(部)中生代构造属性. 地质学报，79(6)：737~747

张金带，徐高中，陈安平等. 2005. 我国可地浸砂岩型铀矿成矿模式初步探讨. 铀矿地质，21(3)：
　　139~145

第二十三章	鄂尔多斯盆地东北部侏罗纪含煤岩系与铀成矿关系[*]

鄂尔多斯盆地是中国西部的大型含能源盆地，侏罗系是重要的含煤和含铀岩系。以往人们对含煤岩系的研究更多地关注煤及煤层气的聚集规律。但是，自从 2000 年人们在鄂尔多斯盆地东北部侏罗纪含煤岩系中发现了中国最大的砂岩型铀矿床（东胜铀矿田）（Zhou et al.，2002；Chen et al.，2004，Zhou et al.，2005），铀矿地质学家便将注意力集中到砂岩型铀矿床本身的特征研究中。研究认为东胜铀矿床具有特殊性（Li et al.，2008a），是一个古砂岩型铀矿床（黄净白、李胜祥，2007；Li et al.，2007；彭云彪，2007；韩效忠等，2008），并具有"叠合成矿"的特征（Li et al.，2008b）。但是笔者的研究发现，东胜铀矿田是侏罗纪含煤岩系的一种伴生矿产，侏罗纪含煤岩系的煤成烃可能参与了铀成矿的整个过程。

对于古砂岩型铀矿而言，研究还原介质是揭示铀成矿过程和保存改造过程的重点。一些测试显示，东胜铀矿层中含有丰富的有机质和甲烷（Cai et al.，2005；Tuo et al.，2007；彭云彪，2007；彭云彪等，2007；韩效忠等，2008），甲烷是铀成矿的最佳还原剂。关于甲烷的来源一些研究者认为甲烷来自于下伏的石炭-二叠纪含煤岩系（张复新等，2006；吴柏林等，2006a；吴柏林、邱欣卫，2007）。众所周知，东胜铀矿床距下伏石炭-二叠纪含煤岩系的地层厚度平均为 1970 m，在断裂构造极不发育的地质背景下，甲烷的垂向输导存在困难。笔者认为，与铀矿床伴生的侏罗纪含煤岩系的煤成烃作用不容忽视，因为侏罗纪含煤岩系本身具有一定的生烃能力，而且地层结构和盆地构造演化过程也具备烃类向铀储层（矿层）运移的基本地质条件（焦养泉等，2015）。

本章选择了鄂尔多斯盆地东北部中生界的延安组和直罗组为研究目标，深入总结了侏罗纪含煤-含铀岩系的基本地质结构特征，建立了煤层-铀储层-铀矿体的空间配置关系模式（即地质结构模型），探讨了侏罗纪含煤岩系微弱生烃作用可能对东胜铀矿床成因的制约关系。

第一节 含煤-含铀岩系等时地层格架

一、含煤-含铀岩系的基本结构

鄂尔多斯盆地东北部侏罗系主要由富县组、延安组、直罗组和安定组组成（张泓等，

[*] 作者：焦养泉，吴立群，荣辉，王小明. 中国地质大学，武汉.
E-mail：yqjiao@cug.edu.cn

1998)。地层对比发现，富县组和安定组主要分布于研究区南部神木地区，而延安组和直罗组则全区发育。层序地层学研究认为，侏罗系可以分为 4 个三级层序，它们分别对应于富县组、延安组、直罗组和安定组(图 23.1)。

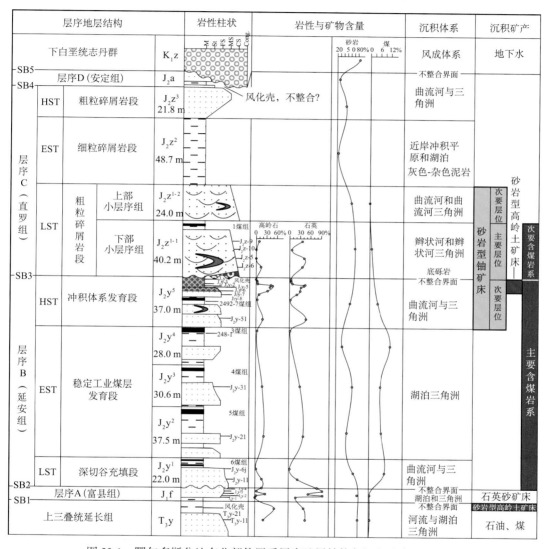

图 23.1　鄂尔多斯盆地东北部侏罗系层序地层结构与沉积矿产配置关系

　　十几年的勘探证实，延安组是重要的含煤岩系(李思田等，1992；王双明，1996)，而直罗组是重要的含铀岩系(Bureau of Geology, CNNC, 2002；Chen *et al.*, 2004；彭云彪，2007；Li *et al.*, 2007)。延安组含有 5 层重要工业煤层，顶界面和底界面均为不整合面，内部可进一步划分为 3 个体系域，其中低位体系域(LST)和高位体系域(HST)的河流沉积作用明显，而湖泊扩展体系域(EST)则以湖泊三角洲为主(Li *et al.*, 1992；李思田等，1995)。直罗组也由 3 个体系域组成(Jiao *et al.*, 2005)，低位体系域由两个准层序组构成。其中，下部准层序组是辫状河和辫状河三角洲成因，是主要含矿层；上部准层序组是曲流河和曲流河三角洲成因，是次要含矿层(焦养泉等，2005)。

近年来的勘探表明，延安组的高位体系域不仅是次要的砂岩型铀矿产出层位(杨建新，2005；王敏芳等，2006)，也是砂岩型高岭土和石英砂岩的产出层位(黄焱球等，1997)。

二、直罗组与延安组含煤岩系特征

在鄂尔多斯盆地东北部，露头调查和钻孔资料表明直罗组与延安组一样同属含煤岩系，只是聚煤作用略差。

在东胜神山沟—黄铁棉图沟一带，直罗组底部——下段下亚段顶部具有 2~5 层薄煤层，累积风化煤厚度局部可以超过 1.5 m (图 23.2)。无独有偶，在东胜铀矿田勘探区以及其西北部的泊尔江海子、柴登一带的煤田钻孔中，甚至于在盆地西部的一些石油钻孔中的直罗组底部也发现有煤层。但是与延安组煤层相比，直罗组煤层的厚度有限(图 23.3)。

图 23.2　东胜地区直罗组底部含煤岩系(1 号煤层)的地表露头与地下钻孔对比

a. 神山沟露头；b. 钻孔 ZK0-871 (两点相距 15 km)

在东胜地区，煤田地质学家将直罗组的煤层命名为 1 煤组，将直罗组之下的延安组煤层编号依次命名为 2 煤组—6 煤组(李殿华，2007)。

近年来，在鄂尔多斯盆地以西的贺兰山汝箕沟地区发现直罗组中段含有工业可采煤层，煤层厚度平均值为 1.25 m，预测可采煤层分布面积为 30 km²，煤层远景资源量约5000 万吨(张建国、简绍广，2007)。

由此可见，直罗组并非已往人们所认为的非含煤岩系，只是与延安组比较而言为次要含煤岩系。从这个意义上讲，鄂尔多斯盆地北部侏罗纪古气候由潮湿变为干旱的时间

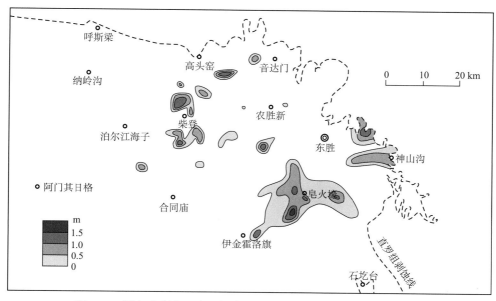

图 23.3　鄂尔多斯盆地东北部直罗组 1 号煤层与碳质泥岩等厚度图

点并不是人们以往认为的延安组末期，变化的准确时间应该在直罗组沉积早期，即直罗组下段(J_2z^1)和中段(J_2z^2)之间。在超越现今鄂尔多斯盆地的贺兰山一带，潮湿-干旱转换的时间点推移至直罗组沉积的中段(J_2z^2)。由此看来，中侏罗世由聚煤作用显示的古气候演变（潮湿—干旱转换）在盆地北部—贺兰山一带具有逐渐向西迁移的趋势和特征。与聚煤作用标识的潮湿古气候标志相对应的是直罗组杂色建造所代表的干旱古气候标志，它们固有的"上下组合"结构在区域上也具有向西迁移的特征。

　　在研究区，直罗组的砂岩型铀矿（铀储层）正好位于下部延安组主要含煤岩系与上部直罗组次要含煤岩系之间，即直罗组的下段(J_2z^1)中（焦养泉等，2006；焦养泉等，2007）。从这个意义上讲，直罗组的铀储层产出于含煤岩系之中，砂岩型铀矿可以看作是该区侏罗纪含煤岩系的一种伴生矿产（图 23.1、图 23.2）。

三、直罗组与延安组间区域性不整合界面特征

　　虽然延安组和直罗组可以统称为侏罗纪含煤岩系，但是其间的沉积过程并不连续，研究认为直罗组与延安组之间为一区域性（冲刷）不整合面。这一不整合界面在盆地北部和南部的表现是不同的。在盆地南部，直罗组与延安组之间表现为角度不整合，直罗组与下伏延安组的不同煤层组相接触，局部缺失延安组的高位体系域（第 V 成因地层单元）甚至是部分湖泊扩展体系域（第 IV 成因地层单元—第 II 成因地层单元）（图 23.4）。在盆地北部，直罗组与延安组之间表现为平行不整合和冲刷接触关系（图 23.4）。不整合面之下为保存程度不等的白色古风化壳，局部风化壳受古地表水流改造而形成了砂岩型高岭土矿床和纯石英砂岩河道（图 23.5）。古风化壳之上局部保留底砾岩（焦养泉等，

2005)。由于古风化壳之上发育的直罗组底部砂体(铀储层)具有辫状河–辫状河三角洲成因,因此直罗组底部砂体的河道化作用明显,下蚀作用在一些地区可以切穿下伏延安组顶部的1~2个工业煤层组,下切深度可达10~20 m左右,对工业煤层可以形成宽达36~37 km的冲刷带。

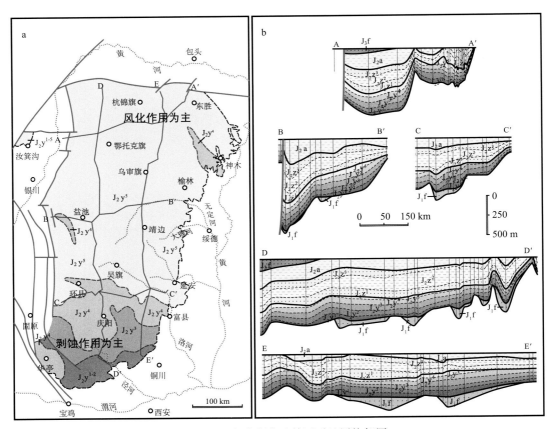

图 23.4 鄂尔多斯盆地侏罗系地层格架图

a. 前直罗组地质图; b. 侏罗系地层格架

在研究区,通过对延安组和直罗组煤层的系统取样和测试分析发现,延安组和直罗组之间的不整合非常明显。微观煤岩特征鉴定发现,较之于延安组煤层而言,直罗组煤层的镜质组降低而惰性组增加。延安组第 I 单元—第 IV 单元煤层以半暗型煤为主,煤的水分、灰分、挥发分以及煤中的 C、H、N、S 变化不大。但是,在延安组顶部的第 V 单元风化煤中,煤变为暗淡型,煤的水分、灰分、挥发分以及煤中的 C、H、N、S 波动较大。相比较而言,直罗组的宏观和微观煤岩类型、工业分析和元素分析与延安组均有较大的区别,尤其是煤中 C 含量较低,灰分产率较高。

这一区域性的(冲刷)不整合面反映了含煤岩系和含铀岩系在形成过程中的不连续性,延安组沉积之后有一次明显的构造作用强化事件。相比之下,盆地南部抬升作用强,剥蚀作用发育;盆地北部抬升作用弱,代而以风化作用为主(图 23.4、图 23.5)。

图 23.5　鄂尔多斯盆地东北部直罗组与延安组之间的古风化壳

a. 东胜神山沟含煤-含铀岩系典型剖面, 注意延安组顶部的白色风化壳——砂岩型
高岭土矿床(其中的煤层及其根土岩一同被风化); b. 东胜黄铁棉图沟延安组顶部沉
积剖面, 注意其中发育的纯石英砂岩河道; c. 神木考考乌苏沟延安组顶部的白色风
化砂岩及其与上覆直罗组暗色细粒分流间湾沉积

这一区域性的(冲刷)不整合面也是划分延安组和直罗组两个三级层序的重要层序
界面(图 23.1)。

第二节　侏罗纪含煤岩系生烃能力

多年的研究认为, 鄂尔多斯盆地东北部是延安组含煤岩系煤变质程度最低区域, 煤
层的 R^o 约为 0.5%, 为褐煤(李思田等, 1992; 杨起, 1996; 王双明, 1996; 孙万禄,
2005)。低阶煤是否具有生烃能力? 通过对国内外低阶煤生烃的调研特别是在研究区的
测试证明, 鄂尔多斯盆地侏罗纪含煤岩系具有一定生烃能力。但是, 盆地北部侏罗纪含
煤岩系的生烃量有限, 尚不足以形成工业性的煤层气藏。也正是由于这一点, 笔者认为

侏罗纪含煤岩系适当的生烃量可能对区域古层间氧化作用及其之后的二次还原作用(重要的铀成矿过程)起到了恰到好处的制约和促进作用。

一、国内外低阶煤生烃能力调查

通过调研发现，美国粉河盆地古近系和新近系低煤阶褐煤($R^o = 0.3\% \sim 0.4\%$)、澳大利亚苏拉特盆地古近系和新近系长焰煤–气煤($R^o = 0.3\% \sim 0.6\%$)、加拿大艾伯塔盆地侏罗系和白垩系煤层($R^o = 0.3\% \sim 0.8\%$)，均具有较强的生烃能力，煤层气资源量巨大，有的地区已经成为工业化产气区。笔者通过对国内外 21 个沉积盆地和地区的 40 组数据统计分析发现(图 23.6)，低阶煤的 R^o 与煤层含气量具有正相关性，相关方程为：$y = 0.4606e^{4.2207x}$。所以，低阶煤具有一定生烃能力，但是与高变质程度的煤相比产气量较低。如果以该回归方程以及杨起等(2005)提供的东胜地区延安组煤炭资源量(727.45×10^8 t)为基本参数进行计算，则当取 R^o 为 0.45%时，延安组可以生成 2218.72×10^8 m³ 的煤层气(表 23.1)。

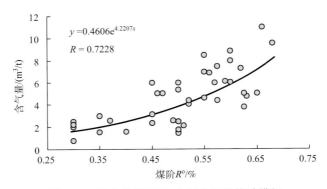

图 23.6 国内外低阶煤 R^o 与含气量统计模板

表 23.1 鄂尔多斯盆地东胜地区低阶褐煤产气量

计算方法一 (统计法)	回归方程		x (R^o，%)	y (含气量，m³/ t)	煤储量 /10^8 t	总产气量 /10^8 m³
	$y = 0.4606e^{4.2207x}$		0.45	3.05	727.45	2218.72
计算方法二 (热解模拟法)	煤储量/10^8 t	镜质组/%	丝质组/%	\multicolumn{2}{c}{$R^o_{max} < 0.65\%$产烃率}	总产气量 * /10^8 m³
				镜质组/(kg/t)	丝质组/(kg/t)	
	727.45	47.53	23.64	2.13	1.73	2028.29

*产烃量与产气量换算时采用了标准状态下(105 Pa，15.55 ℃)甲烷的密度(0.6773 kg/m³)。

二、东胜褐煤热解模拟成烃实验

在研究区，李思田等(1992)对东胜褐煤(R^o_{max} 0.4%)的热解模拟成烃实验表明，当

R^o_{max}<0.65%时，镜质组产烃率为2.13 kg/t，丝质组产烃率为1.73 kg/t（图23.7）。这也说明延安组的含煤岩系具有一定的生烃能力。事实上，在研究区南部埋藏较深的乌审旗一带，新近的勘探证实侏罗系含煤岩系具有丰富的煤层气资源。油气资源战略选区（国家油气专项）研究认为，鄂尔多斯盆地侏罗系煤层气的生成面积可达71330 km²，资源量可达52775×10⁸ m³，可采资源量为6164×10⁸ m³。

在东胜地区，如果以727.45×10⁸ t的煤储量和褐煤热解模拟成烃实验参数计算，东胜地区曾经产生过2028.29×10⁸ m³的总产气量（表23.1）。

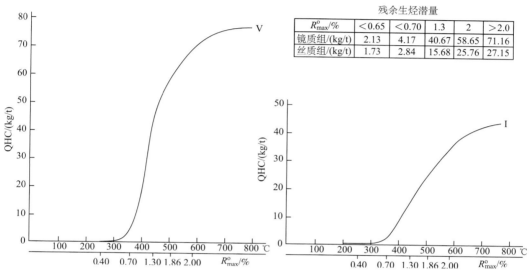

残余生烃潜量					
R^o_{max}/%	<0.65	<0.70	1.3	2	>2.0
镜质组/(kg/t)	2.13	4.17	40.67	58.65	71.16
丝质组/(kg/t)	1.73	2.84	15.68	25.76	27.15

图23.7　东胜褐煤（R^o_{max} 0.4%）镜质组和丝质组的热解模拟成烃实验（据李思田等，1992）

三、东胜地区煤层瓦斯含量测试

在研究区，测试发现延安组各煤层均有残留瓦斯，其中CH_4平均占5.06%（表23.2）。瓦斯含量随煤层埋深总体具有增加的趋势（图23.8a）。统计发现，瓦斯含量与CH_4含量总体呈现弱的正相关（图23.8b），而与CO_2呈负相关。

表23.2　研究区延安组煤层埋深、镜质组反射率、残留瓦斯含量、瓦斯成分数据表

煤层	埋深/m	镜质组反射率 R^o_{max}/%			残留瓦斯含量/(cm³/g)			瓦斯成分/%		
		最大值	最小值	平均值	最大值	最小值	平均值	CH_4	CO_2	N_2及其他
2号煤层组	518.08~699.66	0.57	0.47	0.50	0.10	0.01	0.04	3.89	3.91	92.20
3号煤层组	576.22~785.12	0.62	0.49	0.56	0.20	0.02	0.08	5.35	1.49	93.16
4号煤层组	599.67~851.37			0.50	0.24	0.05	0.09	4.91	3.43	91.66
5号煤层组	634.82~871.59	0.60	0.50	0.55	0.27	0.01	0.08	7.08	4.24	88.68
6号煤层组	648.33~914.03	0.58	0.46	0.55	0.12	0.01	0.07	4.08	3.05	92.87

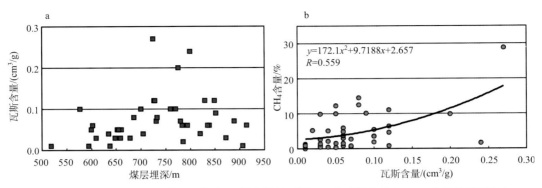

图 23.8   东胜地区延安组煤层埋深与瓦斯含量关系图(a)及瓦斯含量与 CH_4 含量关系图(b)

事实上，一些学者也认为延安组低阶煤可以形成煤层气。冯三利等(2002)、杨起等(2005)、张培河(2007)研究认为，鄂尔多斯盆地侏罗系煤层气资源量分别为 $66775.1 \times 10^8 \ m^3$、$15977.52 \times 10^8 \ m^3$ 和 $79238.25 \times 10^8 \ m^3$。胡宝林等(2003)和杨起等(2005)研究认为，东胜地区侏罗系煤层气资源量为 $4364.7 \times 10^8 \ m^3$。

第三节   侏罗纪含煤岩系对铀成矿的潜在影响

一、直罗组铀储层中低成熟度甲烷

近几年的研究，人们在直罗组铀储层中检测到了丰富的甲烷。东胜铀矿床含矿砂岩酸解烃类的 CH_4 含量达 237.63~1467.1 μL/kg (彭云彪等，2007)(表 23.3)。现场采集的钻井"岩屑罐顶气"(gas on top of cutting tank)中，CH_4 含量达 400.520~2212.200 μL/kg (吴柏林等，2006a)(表 23.4)。

表 23.3   皂火壕铀矿床不同矿化段酸解烃统计(据彭云彪等，2007)

矿化类型	样品数	分析结果/(μL/kg)						
		CH_4	C_2H_6	C_3H_8	iC_4H_{10}	nC_4H_{10}	iC_5H_{12}	nC_5H_{12}
无矿段<0.005%	7	156.12	35.214	18.63	1.438	3.7187	1.4904	1.5637
矿化段 0.005%~0.049%	7	174.93	37.263	15.69	2.0085	1.6953	0.5802	0.5800
富矿段>0.05%	5	569.43	99.419	48.43	4.1538	7.8757	2.6864	2.4494

虽然人们对直罗组铀储层中的甲烷来源和成因的认识不尽相同，但是也测试到了部分低温(含烃)流体的信息。如检测到含矿砂岩方解石胶结物包裹体均一温度有一组为 40~70 ℃ (吴柏林等，2006b)、钻井"岩屑罐顶气"甲烷 $\delta^{13}C_1$ 为-57.2‰~-32.3‰ (吴柏林等，2006a)(表 23.4)、含矿砂岩中黄铁矿单矿物的 $\delta^{34}S$ 为-41.0‰~-25.1‰ (吴柏林等，2006b；彭云彪，2007)。这些信息可能是侏罗系低煤阶生物成因煤层气(Soctt et al.，1994)运移的痕迹与记录。另外，孙晔和李子颖(2007)在延安组和直罗组的煤层和煤屑

中也直接发现了煤成烃的证据。

侏罗系的低成熟含烃流体能否参与到砂岩型铀矿的成矿过程之中，除了取决于铀储层与煤系地层的空间配置关系之外，还受控于盆地古构造活动事件。

表 23.4　东胜、吐哈、伊犁矿区"岩屑灌顶气"成分和碳同位素分析结果（据吴柏林等，2006a）

样品号	甲烷 /(μL/kg)	乙烷 /(μL/kg)	丙烷 /(μL/kg)	氮气 /(μL/kg)	氢气 /(μL/kg)	二氧化碳 /(μL/kg)	碳同位素 $\delta^{13}C/‰$，PDB			地区
							甲烷	乙烷	丙烷	
MCQ-1	42.542	4.613	0.280	$100.40×10^{-4}$	$1.887×10^{-4}$	$2.442×10^{-4}$	−31.0	−12.8		吐哈盆地西南缘
MCQ-2	6.263	0.507	0.651	$4.06×10^{-4}$	231.724	8161.103	−28.6			
MCQ-3	13.422	4.721	1.938	$19.01×10^{-4}$	9476.129	3684.194	−27.0	−26.6		
MCQ-4	3.276			$17.35×10^{-4}$	111.176	4292.206	−40.4			
MCQ-5	7.500	0.951	0.774	$8.49×10^{-4}$	426.000	1887.000	−34.6	−23.7		
DQ2	2212.200	102.3	31.160	$11.68×10^{-4}$		4611.470	−57.2	−28.7	−26.8	东胜矿床
DQ3	14.350	6.010	7.860	$6.96×10^{-4}$		6648.400	−32.3	−30.5	−23.7	
DQ4	400.520	35.75	8.360	$9.11×10^{-4}$		1696.110	−33.7	−26.3	−26.0	
YM1	10.630	3.110	1.840	$9.20×10^{-4}$	381.700	4538.770	−34.2	−27.8	−31.6	伊犁盆地南缘
YM2	7372.050	613.31	141.950	$2.16×10^{-5}$	1302.340	8232.700	−38.9	−24.7	−24.6	
YM3	6132.980	494.9	79.900	$1.70×10^{-5}$		6055.160	−40.9	−26.1	−23.7	

二、铀储层与含煤岩系之间甲烷疏导的基本地质条件

直罗组与延安组的接触关系为侏罗纪低成熟含烃流体与铀储层沟通奠定了基础。在煤系地层中含烃流体的输导和运移取决于岩石的多孔介质特征。测试发现，研究区的煤层与铀储层之间的孔隙度和渗透率具有较大的差别（表 23.5）。因此，被煤系地层包围且

表 23.5　鄂尔多斯盆地侏罗系煤层与砂岩的物性测试比较表

层位	岩石类型	水平渗透率/$10^{-3}μm^2$		垂直渗透率 /$10^{-3}μm^2$	孔隙度 /%	地点	资料来源
		平行古水流	垂直古水流				
延安组含煤岩系	河道砂岩	62.1	42.7	24.8	21.1	神木	焦养泉、李祯，1995
	砂体中的厚层植物碎屑	0.6	0.6	0.13	13.8	神木	焦养泉、李祯，1995
	煤层	4.04			8.8	拧条塔	杨起等，2005
	煤层	0.022			2.8	汝箕沟	杨起等，2005
	煤层	0.257			7.8	汝箕沟	杨起等，2005
	煤层	1.12			5.2	华亭矿	杨起等，2005

续表

层位	岩石类型	水平渗透率/$10^{-3}\mu m^2$		垂直渗透率/$10^{-3}\mu m^2$	孔隙度/%	地点	资料来源
		平行古水流	垂直古水流				
直罗组铀储层	粉砂岩	0.597			24.1	东胜	彭云彪, 2007
	细砂岩	174.5			26.87	东胜	彭云彪, 2007
	中砂岩	80.45			23.65	东胜	彭云彪, 2007
	钙质细砂岩	9.29			12.8	东胜	彭云彪, 2007
	钙质中砂岩	18.33			17.25	东胜	彭云彪, 2007

局部切割下伏工业煤层的直罗组铀储层可以构成低成熟含烃流体的运移空间。另外，沉积盆地中的不整合界面也早已被证实为流体运移的活跃空间(Hindle, 1999; Bekele et al., 1999)。由此看来，直罗组底部砂体(铀储层)及其附近的不整合界面是侏罗纪含煤岩系低成熟含烃流体的主要运移通道。

三、煤层甲烷聚集-释放周期与铀成矿周期匹配特征

鄂尔多斯盆地的构造演化历史可能驱动了侏罗纪含煤岩系低成熟含烃流体的形成、聚集和散失过程。综合研究区的盆地充填结构及其构造演化过程，并结合古地貌及其原型盆地恢复，模拟获取了东胜地区含煤-含铀岩系的埋藏历史(图23.9)。按照煤层气的

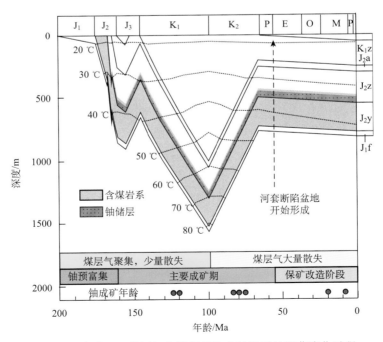

图 23.9　东胜地区侏罗纪含煤岩系和含铀岩系的埋藏演化过程
注意煤层气和砂岩型铀矿形成演化的关键时间及与埋藏史匹配关系

形成与开发机理，可以依据含煤-含铀岩系的埋藏演化历史大致推测研究区侏罗纪含煤岩系煤层甲烷的形成、聚集与散失过程。通过与东胜铀矿床成矿年龄的对比发现，侏罗纪煤层气形成演化过程与铀成矿具有良好的周期匹配性。

（1）第一阶段——延安组-直罗组-下白垩统沉积期，煤层气以聚集为主，少量散失的煤层气可能参与到了铀成矿过程中

在直罗组铀储层及安定组发育时期，下伏主要含煤岩系（延安组）就开始生烃（生物成因气）。

直到早白垩世沉积期，侏罗纪含煤岩系总体处于埋藏阶段，模拟获取的延安组底部埋深一度曾经达到 1525 m（图 23.9）。推测该阶段应该是侏罗纪含煤岩系煤层气形成的"鼎盛"时期，而且煤层气的成因逐渐由早期的生物成因气向热演化气转化。

自延安组沉积开始至早白垩世沉积结束，东胜地区侏罗系总体上以煤层气的形成、吸附和聚集为主，煤层气的散失应该是次要的。推理分析认为，该阶段煤层气的散失主要有两种途径：一种是延安组末期和晚侏罗世（末期）两次短暂的构造抬升和沉积间断可能伴随有一定量的煤层气散失；第二种途径可能贯穿于整个演化阶段，一直有少量的煤层气运移到铀储层中参与了铀成矿的过程。

在研究区，成矿年龄显示从中侏罗世到早白垩世处于主要铀成矿期的前半段，第二种煤层气的散失途径对铀成矿可能起到了促进作用。由煤层到铀储层，煤层气的注入可以提高含铀岩系的还原能力，但是此阶段煤层气注入量相对于来自盆缘造山带（阴山山脉）的含铀含氧成矿流体要弱得多，少量煤层气的注入尚不至于影响到古层间氧化带的发育（图 23.10a）。

（2）第二阶段——晚白垩世，煤层气大量散失，充注到铀储层中的煤层气可能促成了稳定的古层间氧化带的发育，为铀矿的形成奠定了重要环境地质条件

晚白垩世，鄂尔多斯盆地总体处于抬升期，研究区侏罗纪含煤-含铀岩系被大幅度抬升，埋藏史模拟获取的东胜地区抬升幅度约为 750 m，在神山沟—黄铁棉图一带皂火壕铀矿床甚至被抬升剥蚀至地表（图 23.9）。含煤岩系大幅度抬升必然会导致煤层泄压，从而使煤层气大量析出与散失，散失的煤层气就有可能大规模地注入到铀储层中（图 23.10b）。

该阶段，由于大量煤层气的充注再一次提高了铀储层的还原能力，从而抑制了铀储层中古层间氧化带的快速推进。这一过程，有利于铀储层中氧化作用与还原作用在空间上达到稳定的平衡，从而形成了稳定的区域古层间氧化带，这为铀在古层间氧化带边界特别是前锋线附近持续的、高效的吸附与成矿奠定了重要的环境地质条件（图 23.10a）。吴柏林等（2006a）对直罗组铀储层中自生伊利石 K-Ar 同位素测年也证实了天然气充注时间主要为 $121.0\pm3.1\sim134.5\pm2.3$ Ma 和 $85.3\pm2.6\sim95.6\pm3.5$ Ma。前者对应于主要成矿期的前半段（即第一阶段），而后者对应于主要成矿期的后半段（即第二阶段）。如果能够确认铀储层中自生伊利石是由于天然气的充注事件造成的，那么两次充注的天然气最有可能是来自于侏罗纪含煤岩系中的煤层气。

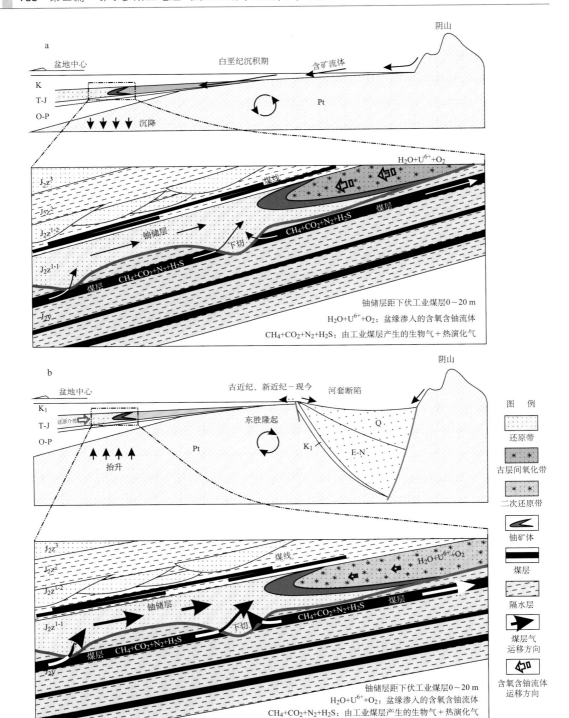

图 23.10 鄂尔多斯盆地东北部含煤岩系–铀储层–砂岩型铀矿三者之间的成因联系与模式

a. 铀成矿阶段; b. 还原保护与改造阶段。注意在铀成矿期和保矿改造期铀储层内部
含铀含氧流场与含煤岩系含烃流场能量的相对变化

（3）第三阶段——始新世至今，铀成矿作用终结，煤层气继续充注可能致使早期形成的古层间氧化带发生二次还原，铀矿得以保存

至始新世，河套断陷发育，切断了阴山与盆地的联系，铀成矿所必需的含铀含氧流体供给中断，大规模铀成矿作用终结。比较之下，此期注入到铀储层中的含烃流体量大大强于源于"东胜梁"地表的含氧流体注入量。大量的侏罗系煤层气注入使早期形成的层间氧化带发生二次还原，因此，砂岩型铀矿在还原环境中得以保存(图 23.10b)。

所以，在东胜地区，较低的变质程度以及晚白垩世大幅抬升使侏罗纪含煤岩系不具备生成工业煤层气藏的条件，但是恰到好处的煤层气充注量和时间匹配，为铀成矿和二次还原保矿提供所需要的外来还原剂是可能的。

人们对多种能源矿产同盆共存富集规律已获得共识，但要求证彼此之间的制约关系仍然有很长的路要走。就古老的东胜铀矿而言，对铀储层中还原介质来源的讨论显然是解开铀成矿成因机理和复杂演化过程的核心问题。笔者凭借多年从事煤及煤层气地质学和盆地铀资源研究和教学经验，基于十五年来对鄂尔多斯盆地侏罗纪含煤-含铀岩系地质结构和盆地构造演化历史的了解和认识，提出了本论题并进行了合理的地质推理，认为侏罗纪含煤岩系的生烃作用可能对东胜铀矿床的形成具有潜在影响。截至目前，一些与之相关的前沿科学问题仍然在探索和求证之中。需要申明的是，笔者希望同行们高度关注盆地北部侏罗纪含煤-含铀系的固有配置关系以及所生烃类物质的运移关系，因为"近水楼台先得月"。低阶煤具有生烃能力，由煤层到铀储层适当的煤层气充注对铀成矿有利，但是大规模的充注未必是好事——抑制层间氧化带发育，不利于铀成矿。当然，这并不是说盆地北部铀储层中的含烃流体百分之百来自侏罗纪含煤岩系，也有可能来自石炭-二叠纪或者晚三叠世含油岩系烃类物质的参与，但该区的地质结构告诉我们深部烃类物质的参与一定是次要的。

参 考 文 献

冯三利, 叶建平, 张遂安. 2002. 鄂尔多斯盆地煤层气资源及开发潜力分析. 地质通报, 21(10): 658~662

胡宝林, 杨起, 刘大锰等. 2003. 鄂尔多斯盆地煤层气资源多层次模糊综合评价. 中国煤田地质, 15(2): 16~19

黄净白, 李胜祥. 2006. 试论我国古层间氧化带砂岩型铀矿床成矿特点、成矿模式及找矿前景. 铀矿地质, 23(1): 7~16

黄焱球, 程守田, 付雪洪. 1997. 东胜煤系高岭土矿床地质特征及开发利用前景. 煤田地质与勘探, 25(6): 10~13

韩效忠, 张字龙, 姚春玲等. 2008. 鄂尔多斯盆地东北部砂岩型铀成矿模式研究. 矿床地质, 27(3): 415~422

焦养泉, 李祯. 1995. 河道储层砂体中隔挡层的成因与分布规律. 石油勘探与开发, 22(4): 78~81

焦养泉, 陈安平, 王敏芳等. 2005. 鄂尔多斯盆地东北部直罗组底部砂体成因分析——砂岩型铀矿床预测的空间定位基础. 沉积学报, 23(3): 371~379

焦养泉, 吴立群, 杨生科等. 2006. 铀储层沉积学——砂岩型铀矿勘查与开发的基础. 北京: 地质出版社

焦养泉, 吴立群, 杨琴. 2007. 铀储层——砂岩型铀矿地质学的新概念. 地质科技情报, 26(4): 1~7

焦养泉, 吴立群, 彭云彪等. 2015. 中国北方古亚洲构造域中沉积型铀矿形成发育的沉积-构造背景综合分析. 地学前缘, 22(1): 189~205

李思田, 程守田, 杨士恭等. 1992. 鄂尔多斯盆地东北部层序地层及沉积体系分析——侏罗系富煤单元的形成、分布及预测基础. 北京: 地质出版社

李思田, 林畅松, 解习农等. 1995. 大型陆相盆地层序地层学研究——以鄂尔多斯中生代盆地为例. 地学前缘, 2(3-4): 133~136

李殿华. 2007. 东胜煤田乌兰希里区煤岩层对比. 中国煤田地质, 19(增2): 157~160

彭云彪. 2007. 鄂尔多斯盆地东北部古砂岩型铀矿的形成与改造条件分析. 中国地质大学博士学位论文

彭云彪, 陈安平, 方锡珩等. 2007. 东胜砂岩型铀矿床烃类流体与成矿关系研究. 地球化学, 36(3): 267~274

孙晔, 李子颖. 2007. 东胜地区煤成烃的发现及其意义. 铀矿地质, 23(2): 77~83

孙万禄. 2005. 中国煤层气盆地. 北京: 地质出版社

王双明. 1996. 鄂尔多斯盆地聚煤规律及煤炭资源评价. 北京: 煤炭工业出版社

王敏芳, 焦养泉, 杨琴等. 2006. 鄂尔多斯盆地东北部延安组铀异常与沉积体系的关系. 现代地质, 20(2): 307~314

吴柏林, 邱欣卫. 2007. 论东胜矿床油气逸散蚀变的地质地球化学特点及其意义. 中国地质, 34(3): 455~462

吴柏林, 王建强, 刘池阳等. 2006a. 东胜砂岩型铀矿形成中天然气地质作用的地球化学特征. 石油与天然气地质, 27(2): 225~232

吴柏林, 刘池阳, 张复新等. 2006b. 东胜砂岩型铀矿后生蚀变地球化学性质及其成矿意义. 地质学报, 80(5): 740~747

杨建新. 2005. 鄂尔多斯盆地北东部延安组第V岩段层间氧化带特征及铀成矿条件分析. 铀矿地质, 21(4): 204~207

杨起. 1996. 中国煤变质作用. 北京: 煤炭工业出版社

杨起, 刘大锰, 黄文辉等. 2005. 中国西北煤层气地质与资源综合评价. 北京: 地质出版社

张复新, 乔海明, 贾恒. 2006. 内蒙古东胜砂岩型铀矿床形成条件与成矿作用. 地质学报, 80(5): 733~739

张建国, 简绍广. 2007. 内蒙古贺兰山煤田二道岭矿区直罗组成煤环境分析. 西北地质, 40(1): 89~93

张泓, 李恒堂, 熊存卫. 1998. 中国西北侏罗纪含煤地层与聚煤规律. 北京: 地质出版社

张培河. 2007. 低变质煤的煤层气开发潜力——以鄂尔多斯盆地侏罗系为例. 煤田地质与勘探, 35(1): 29~33

Bureau of Geology, CNNC. 2002. Sandstone-type Uranium Deposits in China: Geology and Exploration Techniques. Beijing: Atomic Energy Press

Bekele E, Person M, Marsily G. 1999. Petroleum migration pathways and charge concentration: A three dimensional model: Discussion. AAPG Bulletin, 83: 1015~1019

Chen A P, Miao A S, Wu R G et al. 2004. Mineralization characteristics of Dongsheng uranium mineralized area in Ordos Basin, China. In: IAEA (ed). Recent Developments in Uranium Resources and Production with Emphasis on in situ Leach Mining. IAEA-TECDOC-1396, IAEA, Vienna. 69~78

Cai C F, Li H T, Luo X R. 2005. Petroleum-related origin for sandstone-hosted uranium deposits in the Dongsheng area, Ordos Basin (China). In: Mao J W, Bierlein F P (eds). Mineral Deposit Research:

Meeting the Global Challenge. Berlin Heidelberg: Springer-Verlag. 229~232

Jiao Y Q, Wu L Q, Wang M F *et al.* 2005. Forecasting the occurrence of sandstone-type uranium deposits by spatial analysis: An example from the northeastern Ordos Basin, China. In: Mao J W, Bierlein F P (eds). Mineral Deposit Research: Meeting the Global Challenge. Berlin Heidelberg: Springer-Verlag. 273~275

Li S T, Yang S G, Hu Y X *et al.* 1992. Analysis of depositional processes and architecture of the lacustrine delta, Jurassic Yanan Formation, Ordos Basin. China Earth Sciences, 1(3): 217~231

Li Z Y, Fang X H, Chen A P *et al.* 2007. Origin of gray-green sandstone in ore bed of sandstone type uranium deposit in north Ordos Basin. Science in China Series D-Earth Sciences, 50(s2) 165~173

Li Z Y, Jiao Y Q, Fang X H *et al.* 2008a. A special kind of sandstone type uranium deposit related to Jurassic paleochannel systems in northeastern Ordos Basin, China. 33rd International Geological Congress, Resumes, vol. 33, Abstract 1324453

Li Z Y, Chen A P, Fang X H *et al.* 2008b. Origin and superposition metallogenic model of the sandstone-type uranium deposit in the northeastern Ordos Basin, China. Acta Geologica Sinica, 82(4): 745~749

Hindle A D. 1999. Petroleum migration pathways and charge concentration: a three-dimensional model—reply. AAPG Bulletin, 83: 1020~1023

Tuo J C, Ma W Y, Zhang M F *et al.* 2007. Organic geochemistry of the Dongsheng sedimentary uranium ore deposits, China. Applied Geochemistry, 22(9): 1949~1969

Soctt A R, Kaiser W R, Ayers W B *et al.* 1994. Thermogenic and secondary biogenic gases, San Juan Basin. AAPG Bulletin, 78(8): 1186~1209

Zhou W, Chen Z, Li J *et al.* 2002. ISL-amenable sandstone-type uranium deposit: global aspects and recent development in China. In: Bureau of Geology, CNNC (ed). Sandstone-type Uranium Deposits in China: Geology and Exploration Techniques. Beijing: Atomic Energy Press. 1~23

Zhou W, Liu S, Wu J, Wang Z. 2005. Sandstone type, uranium deposits in NW China. Uranium production and raw materials for the nuclear fuel cycle-Supply and demand, economics, the environment and energy security. Proceedings of an International Symposium, IAEA-CN-128, Vienna. 152~159

第二十四章　东胜地区砂岩型铀矿有机地球化学特征与有机质来源[*]

　　有机质与多种类型的矿床,尤其是与铀矿床共生的现象早已为人们所熟知。沉积型矿床的形成过程常常伴随着不同来源或不同类型的有机质的参与。同时有机质也是反映古环境,成岩历史和成岩变化的良好标志物。因此,对于与沉积型矿床伴生的有机质的分析和研究可以得到一些用其他方法难以得到的重要信息。研究和分析与铀矿床共生的有机质所采用的研究方法包括 ^{13}C 核磁共振法,UV 荧光光谱法,气相色谱和热解-气相色谱-质谱,元素分析法,气相色谱,热解-气相色谱,以及气相色谱-质谱等。本项研究工作中,我们用热解分析法、气相色谱-质谱技术和单体化合物碳同位素分析方法对比分析了鄂尔多斯盆地东胜砂岩型铀矿区含矿砂岩和富有机质夹层中的有机质的有机地球化学特征。分析结果表明,含矿砂岩中的有机质与富有机质夹层样品中的有机质在地球化学特征方面存在着非常明显的差异。富有机质夹层中的有机质在正构烷烃分布特征上以高分子量的化合物为特征,主峰碳变化在 C_{25}、C_{27} 或 C_{29} 之间,在 $C_{25} \sim C_{29}$ 化合物系列之间呈现明显的奇数碳优势分布。而含矿砂岩中的有机质则以 C_{21} 或 C_{22} 为主峰碳,以中等分子量的正构烷烃化合物为特征,基本不具有或仅具有微弱的奇数碳优势分布特征。含矿砂岩中的有机质在脂肪酸甲酯分布特征上以 C_{16} 为主峰,以 $C_{14} \sim C_{22}$ 之间的低分子量化合物为主,而富有机质夹层中的有机质在脂肪酸甲酯分布特征上则以 C_{24}、C_{26} 或 C_{28} 为主峰,以 C_{20} 以上的高峰子量化合物为主,并具有非常明显的偶数碳优势分布特征。含矿砂岩中的有机质其正构烷烃比富有机质夹层样品中的正构烷烃具有明显偏轻的碳同位素组成。上述特征表明,在东胜砂岩型铀矿区,含矿砂岩中的有机质与富有机质夹层中的有机质可能具有明显不同的有机质来源。其中富有机质夹层中的有机质可能主要来源于高等植物为主的母质输入,而含矿砂岩中的有机质则主要以水生生物或菌藻类等低等生物的输入为主。相应样品中正构烷烃化合物与正构脂肪酸甲酯化合物无论在分布特征,还是在化合物碳同位素组成方面都非常相似,表明二者之间存在着明显的成因联系。因此,我们认为,样品中的正构脂肪酸甲酯化合物可能是正构脂肪酸化合物向正构烷烃化合物转化过程中的过渡产物。脂肪酸甲酯的形成与富铀溶液和有机质相互作用有关。而脂肪酸甲酯的分布特征又可以直接的反映有机质的来源。因此,岩石可溶有机质中是否含有脂肪酸甲酯,可以反映有机质是否参与了铀的成矿作用,而脂肪酸甲酯在样品中的分布特征,又能直接反映参与铀成矿作用的有机质的类型及其来源。

---

　　* 作者:妥进才、张明峰、马万云. 甘肃省油气资源研究重点实验室,中国科学院油气资源研究重点实验室,兰州.

　　E-mail:jctuo@ns.lzb.ac.cn

第一节　样品与实验

一、样　　品

鄂尔多斯盆地是我国十分重要的含油气盆地之一。盆地中主要的油气田均分布在盆地的中部、中南部地区。已经确认的主要烃源岩包括下古生界海相烃源岩、上古生界煤系地层和中生界陆相地层。盆地内主要的油气生产层位包括侏罗系、三叠系和上古生界。东胜砂岩型铀矿床主要局限在鄂尔多斯盆地北部的东胜市附近。商业性的砂岩型铀矿床主要发育于侏罗系直罗组下段。在东胜地区直罗组下段可进一步划分为上、下两个亚段。直罗组下亚段主要以辫状河道沉积和辫状三角洲沉积为主并以辫状三角洲平原为主要沉积体系。直罗组上亚段主要以曲流河沉积和曲流河三角洲沉积为主并以曲流河三角洲平原为主要沉积体系（焦养泉等，2005）。一般情况下，砂岩型铀矿床主要位于100~200 m深度，厚度变化在30~40 m，含矿岩石主要以砂岩和粉砂岩为主，但砂岩和粉砂岩中普遍分布着薄层的富有机质层，岩性包括暗色泥岩、碳质泥岩和煤。因此，砂岩型铀矿床与富有机质层共存是鄂尔多斯盆地东胜砂岩型铀矿床的一大特点。这种富含有机质的地层中同时又富含铀的现象在世界各地都是比较常见的，已经发现的高含铀的富有机质沉积包括泥炭（Kochenov et al.，1965；Lopatkina，1967；Schmidt-Collerus，1979；Granier et al.，1979；Idiz et al.，1986；Zielinski and Meier，1988）、富含腐殖质的淤泥（Kolodny and Kaplan，1973；Halbach et al.，1980；Johnson et al.，1987）、煤（Breger et al.，1955；Ergun et al.，1960；Breger，1974；Ilger et al.，1987）、黑色页岩（Beers，1945；Swanson，1960；Leventhal，1981；Coveney and Martin，1983；Andersson et al.，1983；Dahl et al.，1988）以及沥青等（Capus，1979；Cortial，1985；Landais and Connan，1986）。有机质与铀矿床之间这种密切的共生关系表明有机质的还原作用可能是铀矿床形成的重要化学过程之一（Spirakis，1996）。此外，已有的研究结果表明，在铀矿床沉积过程中，从物理角度有机质也起到了两个方面的作用，一个是以藻席的形式捕捉铀颗粒，另一个则是将铀矿吸附至有机质上（Spirakis，1996）。因此，与铀矿床共生的有机质的来源及其有机地球化学特征将为分析和研究铀矿床的成因类型及其形成机理提供十分重要的信息。为此，本项研究工作中我们从鄂尔多斯盆地东胜砂岩型铀矿区采集了含矿砂岩、暗色泥岩、碳质泥岩和煤样，包括7口井共17块岩心样（图24.1），以分析和研究其中有机质的有机地球化学特征。另外，为对比起见，还采集了邻近东胜砂岩型铀矿区神山沟煤矿和神山沟剖面相同层位的露头样品6块。

二、实　验　方　法

样品粉碎后用氯仿抽提72小时，可溶有机质用石油醚沉淀沥青质后再经硅胶-氧化铝色谱柱分离为饱和烃、芳烃和非烃馏分，冲洗剂分别为石油醚、二氯甲烷和甲醇。对饱和烃、芳烃馏分进行 GC-MS 分析。仪器为 Hewlett Packard 6890N 色谱和 Hewlett

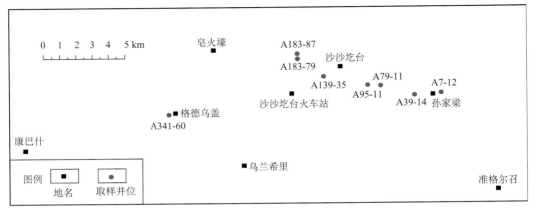

图 24.1   东胜砂岩型铀矿区采样位置图

Packard 5973N 质谱连用仪。DB-5 型石英毛细柱(30 m × 0.25 mm),载气为氦气,程序升温条件:在 80 ℃ 恒温 1 min,然后以 3 ℃/min 的速度从 80 ℃ 升至 280 ℃,再恒温 20 min。离子源温度为 230 ℃。分析过程中分别在饱和烃和芳烃馏分中加入定量的氘代正构烷烃化合物($C_{24}D_{50}$)和三联苯化合物作为内标进行化合物的定量化分析。在分析过程中未对任何馏分作任何形式的甲基化处理。正构烷烃和脂肪酸甲酯单体化合物的碳同位素分析在 Delta Plus XP 色谱-同位素质谱仪上进行。其中的色谱仪为 Finnigan GC COMBUSTION III 系统。采用与 GC-MS 分析完全相同的色谱条件。经过色谱仪分离以后的单体化合物在温度为 830 ℃ 的氧化炉内转化为 CO_2,再进行相应化合物的碳同位素组成分析。分析过程中随时用已知其碳同位素组成的正构烷烃混合标样($C_{16} \sim C_{32}$ 正构烷烃)对仪器的精度进行检查。化合物的碳同位素组成均以 PDB 标准给出。

第二节   有机质的地球化学特征及其来源

一、生烃潜力和有机质类型

岩石热解分析结果和样品的其他基本地球化学参数分别列于表 24.1 和表 24.2 中。从表中数据可以看出,不同的样品其有机碳含量变化非常大。例如分析的样品中,煤样的有机碳含量变化在 53.27% ~ 67.57% 之间,碳质泥岩的有机碳含量变化在 6.15% ~ 31.24% 之间,泥岩的有机碳含量变化在 0.22% ~ 2.65% 之间。而含矿砂岩和粉砂岩的有机碳含量则明显偏低,变化在 0.10% ~ 1.95% 之间。热解分析结果表明,所分析的样品的氢指数一般均低于 150 mg/g TOC,最高值也只有 304 mg/g TOC。最高热解峰温(T_{max})均在430 ℃ 以下,说明所分析的样品基本上处在未成熟-低成熟热演化阶段。根据前人的研究结果(Powell,1988),从有机质类型的角度来看,在有效的烃源岩中,其所含的总有机质中至少应有 10% ~ 20% 的有机质属于 I 型有机质或至少应有 20% ~ 30% 的有机质属于 II 型有机质(Powell and Boreham,1994)。从基本的地球化学参数方面来看,有效的烃源

表 24.1　研究样品的热解分析数据

样号	井号	岩性	井深/m	TOC/%	T_{max}/℃	S_1/(mg/g)	S_2/(mg/g)	S_3/(mg/g)	I_H/(mg/g TOC)	I_O/(mg/g TOC)
T0401	ZKA7-0	碳质泥岩	135	20.06	428	1.58	57.28	5.86	285	29
T0402	ZKA39-14	粉砂岩	143	0.10	434	0.04		0.13		130
T0403	ZKA39-14	碳质泥岩	180	8.49	432	0.22	9.12	2.94	107	34
T0404	ZKA95-11	碳质泥岩	154	7.64	430	0.14	10.44	4.9	136	64
T0405	ZKA95-11	粉砂岩	181	0.22	437	0.02	0.01	0.16	4	72
T0406	ZKA139-35	碳质泥岩	175	14.63	427	0.36	30.1	6.28	205	42
T0407	ZKA139-35	碳质泥岩	176	15.48	423	0.6	31.24	6.4	201	41
T0408	ZKA139-35	碳质泥岩	205	6.15	434	0.14	5.02	1.96	81	31
T0409	ZKA183-79	泥岩	165	1.72	426	0.05	2.89	0.67	168	38
T0410	ZKA183-79	泥岩	170	0.87	434	0.06	0.6	0.36	68	41
T0411	ZKA183-87	粉砂岩	124	0.14	356	0.05		0.31		221
T0412	ZKA183-87	泥岩	172	1.32	429	0.03	1.95	0.6	147	375
T0413	ZKA183-87	煤	175	61.25	431	0.34	21.14	16.48	34	26
T0414	ZKA341-60	碳质泥岩	191	12.15	429	0.88	37	3.38	304	27
T0415	ZKA341-60	泥岩	246	2.65	424	0.03	4.65	1.01	175	38
T0416	ZKA341-60	碳质泥岩	249	31.24	432	0.68	31.18	8.48	99	27
T0417	ZKA341-60	粉砂岩	234	0.22	418	0.1	8.43	4.56	111	60
T0418	神山煤窑	煤	煤窑	64.99	429	0.5	30.86	27.68	47	42
T0419	神山煤窑	煤	煤窑	67.57	429	0.86	47.56	28.16	70	41
T0420	神山煤窑	煤	煤窑	62.58	430	0.56	37.68	25.76	60	41
T0421	神山沟剖面	煤	露头	53.27	423	2.34	56.2	39.68	105	74
T0422	神山沟剖面	砂岩	露头	1.91	467	0.01	0.39	5.8	20	303
T0423	神山沟剖面	砂岩	露头	0.05	348	0.03		0.39		780

表 24.2 研究样品的基本地球化学参数

样号	井号	岩性	井深/m	TOC/%	"A"/%	"A"/TOC/%	HC/"A"/%	HC/TOC/%	沥青"A"族组成/% 沥青质	饱和烃	芳烃	非烃
T0401	ZKA7-0	碳质泥岩	135	20.06	1.43508	7.1539	16.72	1.20	38.10	9.12	7.60	45.18
T0402	ZKA39-14	粉砂岩	143	0.10	0.00117	1.1699	38.83	0.45	58.51	21.81	17.02	2.66
T0403	ZKA39-14	碳质泥岩	180	8.49	0.25818	3.0410	22.34	0.68	49.10	8.82	13.52	28.56
T0404	ZKA95-11	碳质泥岩	154	7.64	0.33627	4.4014	20.11	0.89	48.76	10.03	10.08	31.13
T0405	ZKA95-11	粉砂岩	181	0.22	0.00354	1.6105	37.90	1.20	42.81	23.35	14.55	19.29
T0406	ZKA139-35	碳质泥岩	175	14.63	0.78117	5.3395	22.46	1.20	31.05	9.92	12.53	46.49
T0407	ZKA139-35	碳质泥岩	176	15.48	1.35172	8.7321	16.85	1.47	39.34	7.66	9.19	43.82
T0408	ZKA139-35	碳质泥岩	205	6.15	0.21296	3.4628	17.17	0.59	51.47	4.60	12.57	31.36
T0409	ZKA183-79	泥岩	165	1.72	0.01783	1.0366	53.89	0.56	11.15	32.54	21.35	34.96
T0410	ZKA183-79	泥岩	170	0.87	0.05347	6.1464	5.68	0.35	81.94	2.32	3.35	12.38
T0411	ZKA183-87	粉砂岩	124	0.14	0.00430	3.0691	15.67	0.48	79.75	9.02	6.66	4.58
T0412	ZKA183-87	泥岩	172	1.32	0.07837	5.9374	8.94	0.53	83.13	3.51	5.43	7.93
T0413	ZKA183-87	煤	175	61.25	0.66756	1.0899	21.69	0.24	45.39	3.78	17.91	32.91
T0414	ZKA341-60	碳质泥岩	191	12.15	0.60758	5.0007	28.30	1.42	57.41	13.94	14.36	14.29
T0415	ZKA341-60	泥岩	246	2.65	0.17540	6.6190	13.45	0.89	68.81	4.18	9.26	17.75
T0416	ZKA341-60	碳质泥岩	249	31.24	1.10881	3.5493	22.74	0.81	51.85	6.22	16.52	25.42
T0417	ZKA341-60	粉砂岩	234	0.22	0.10412	1.3736	47.16	0.65	18.31	4.37	42.81	34.50
T0418	神山煤窑	煤		64.99	0.55455	0.8533	19.50	0.17	41.58	5.26	14.25	38.92
T0419	神山煤窑	煤		67.57	1.24070	1.8362	15.04	0.28	54.97	4.94	10.10	29.99
T0420	神山煤窑	煤		62.58	1.05613	1.6876	17.69	0.30	51.13	4.79	12.89	31.18
T0421	神山沟剖面	煤		53.27	2.91292	5.4682	6.31	0.34	50.28	2.55	3.76	43.41
T0422	神山沟剖面	砂岩		1.91	0.00124	0.0650	49.79	0.03	46.47	38.17	11.62	3.73
T0423	神山沟剖面	砂岩		0.05	0.00111	2.2289	41.07	0.92	56.70	26.79	14.29	2.23

岩的 H/C（原子比）至少应处在 0.8~0.9，或者其热解氢指数值一般至少应处 220~300 mg/g TOC之间（Powell，1988；Hunt，1991；Powell and Boreham，1994）。但是在热解氢指数与最高热解峰温关系图上（图 24.2），此次分析的所有样品几乎都落在 III 型有机质的分布区域，其成熟度（R^o）一般均低于 0.6%。这表明，鄂尔多斯盆地东胜砂岩型铀矿区含矿砂岩和富有机质层中的有机质基本上属于较差或非烃源岩的范围。

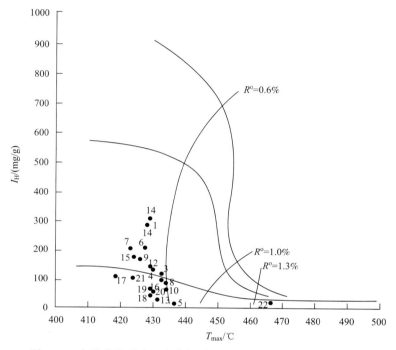

图 24.2　东胜砂岩型矿区富有机质层位有机质类型和热演化特征

可溶有机质的含量在不同样品类型之间变化也非常大（表 24.2），例如分析的煤样的可溶有机质含量变化在 0.5546%~2.9129%之间，碳质泥岩的可溶有机质含量变化在 0.2130%~1.4351%之间，泥岩的可溶有机质含量变化在 0.0035%~0.1754%之间，而砂岩和粉砂岩的可溶有机质含量则变化在 0.0011%~0.1041%之间。在可溶有机质的总组成中，所有的样品均表现为低饱和烃和芳烃（<50%，质量分数），高非烃和沥青质的特点（>50%，质量分数）。这也从另一个侧面反映了所分析的样品其有机质基本上处在未成熟—低成熟热演化阶段的特征。

二、链烷烃分布特征

图 24.3 所示的是所有样品中正构烷烃化合物的含量及其分布特征，计算出的样品的相关链烷烃参数列于表 24.3 中。从图 24.3 中可以看出，样品可溶抽提物中的正构烷烃化合物一般分布在 C_{15}~C_{33}。但样品类型不同，样品可溶抽提物中的正构烷烃化合物的含量及其分布特征明显不同。其中，富有机质层样品（泥岩、碳质泥岩和煤）可溶抽提物

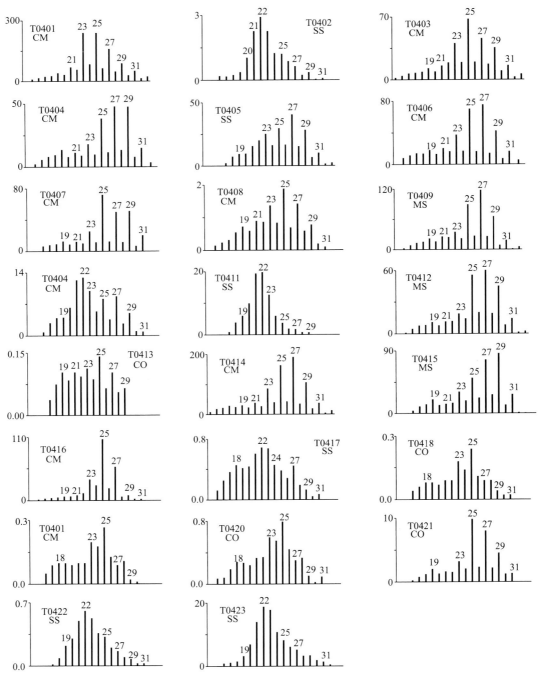

图 24.3　东胜地区岩石样品中正构烷烃化合物的含量(μg/g TOC)及其分布特征

CM 为碳质泥岩；SS 为粉砂岩或砂岩；MS 为泥岩；CO 为煤

表 24.3　研究样品的链烷烃参数

样号	井号	井深/m	岩性	C_{max}	Pr/Ph	Pr/nC_{17}	Ph/nC_{18}	C_{21}^-/C_{22}^+	$(C_{21}+C_{22})/(C_{28}+C_{29})$	CPI	OEP
T0401	ZKA7-0	135	碳质泥岩	C_{25}	10.17	2.18	0.19	0.19	0.93	3.15	3.48
T0402	ZKA39-14	143	粉砂岩	C_{22}	13.75	2.50	0.14	0.44	8.68	1.38	1.10
T0403	ZKA39-14	180	碳质泥岩	C_{25}	22.20	13.60	0.53	0.23	0.53	2.75	3.14
T0404	ZKA95-11	154	碳质泥岩	C_{27}	2.96	2.76	0.80	0.27	0.33	3.55	3.71
T0405	ZKA95-11	181	粉砂岩	C_{27}	0.49	0.89	0.59	0.21	0.82	2.04	2.32
T0406	ZKA139-35	175	碳质泥岩	C_{27}	2.63	1.20	0.48	0.31	0.65	3.87	4.57
T0407	ZKA139-35	176	碳质泥岩	C_{25}	2.95	2.91	0.87	0.21	0.35	4.82	5.50
T0408	ZKA139-35	205	碳质泥岩	C_{25}	6.79	3.85	0.33	0.40	1.28	2.07	2.91
T0409	ZKA183-79	165	泥岩	C_{27}	1.78	1.26	0.62	0.24	0.55	3.36	4.02
T0410	ZKA183-79	170	泥岩	C_{22}	1.05	1.08	0.73	0.52	3.34	1.95	1.00
T0411	ZKA183-87	124	粉砂岩	C_{22}	0.45	0.98	0.49	0.85	26.92	1.42	1.05
T0412	ZKA183-87	172	泥岩	C_{27}	2.18	1.16	0.49	0.18	0.36	3.02	3.42
T0413	ZKA183-87	175	煤	C_{25}	2.13	2.24	0.57	0.56	1.58	1.76	1.84
T0414	ZKA341-60	191	碳质泥岩	C_{27}	0.95	0.84	1.02	0.26	0.47	3.82	4.46
T0415	ZKA341-60	246	泥岩	C_{29}	4.50	2.88	0.49	0.20	0.26	3.13	4.00
T0416	ZKA341-60	249	碳质泥岩	C_{25}	7.98	3.48	0.35	0.12	1.41	3.55	4.02
T0417	ZKA341-60	234	粉砂岩	C_{22}	1.02	1.00	0.88	1.17	8.98	1.41	0.97
T0418	神山煤窑	煤窑	煤	C_{25}	2.75	2.38	0.72	0.41	1.41	1.44	1.71
T0419	神山煤窑	煤窑	煤	C_{25}	1.40	1.86	1.15	0.48	1.55	1.23	1.52
T0420	神山煤窑	煤窑	煤	C_{25}	1.09	0.92	0.56	0.41	1.57	1.25	1.42
T0421	神山沟剖面	露头	煤	C_{25}	2.87	1.28	0.29	0.20	0.47	3.11	3.91
T0422	神山沟剖面	露头	砂岩	C_{22}	0.56	1.78	0.84	0.46	6.05	1.23	1.04
T0423	神山沟剖面	露头	砂岩	C_{22}	2.64	1.51	0.42	0.36	4.92	1.24	1.02

中的正构烷烃化合物一般以高分子量的化合物为主，以 C_{25}、C_{27} 或 C_{29} 为主峰，并在 C_{23} ~ C_{29} 化合物分布区间呈现明显的奇数碳优势(CPI 值分布范围：1.23 ~ 4.82，OEP 值分布范围：1.42 ~ 5.50)(表 24.3)。上述特征进一步证实了所分析的富有机质层样品(泥岩、碳质泥岩和煤)中的有机质基本上处在未成熟至低成熟热演化阶段的判断。此外，大部分富有机质层样品均呈现明显的姥鲛烷对植烷的优势分布特征(Pr/Ph 值分布范围：1.40 ~ 22.20)，为明显的陆相烃源岩或煤系有机质的特征。与此相反，在含矿砂岩和粉砂岩中，正构烷烃则以中等分子量的化合物为主，以 C_{22} 为主峰碳，在 C_{23} ~ C_{29} 化合物分布区间基本不具有或仅呈现微弱的奇数碳优势(CPI 值分布范围：1.23 ~ 2.04，OEP 值分布范围：0.97 ~ 2.32)(表 24.3)。此外，在大部分富有机质层样品中，正构烷烃化合物的含量也明显高于其在含矿砂岩和粉砂岩样品中的含量。相对而言，岩心样品(T0401 ~ T0417)中的正构烷烃化合物在含量上也明显高于露头和采矿面样品中(T0418 ~ T0423)正构烷烃化合物的含量。

类脂化合物作为生物标志类的化合物，其来源与生物前身物密切相关，因而其分布特征可以提供有机质的形成环境及母质来源等方面的重要信息(Sauer et al., 2001)。例如，以高等植物为母质来源的有机质其正构烷烃化合物以 C_{25} ~ C_{35} 高分子量化合物为主，具有明显的奇数碳优势分别特征(Castillo et al., 1967；Rieley et al., 1991；Collister et al., 1994；Chikaraishi and Naraoka, 2003)，而以水生生物为母质来源的有机质其正构烷烃化合物分布特征以 C_{23} 和 C_{25} 为主峰的中等分子量化合物为主(Baas et al., 2000；Ficken et al., 2000)。以菌藻类为母质来源的有机质其正构烷烃化合物分布特征则以 C_{15}、C_{17} 和 C_{19} 为主峰的低分子量化合物为主(Han et al., 1968；Gelpi et al., 1970)。

因此，鄂尔多斯盆地东胜砂岩型铀矿区含矿砂岩、粉砂岩和富有机质层可溶抽提物中正构烷烃化合物分布特征方面明显的差别可能反映了其有机质在母质来源方面的明显差异。富有机质层样品中的有机质主要以高等植物为母质来源，而含矿砂岩、粉砂岩中的有机质则主要来源于水生生物(妥进才等, 2006；Tuo et al., 2007)。

事实上，含矿砂岩、粉砂岩中的有机质正构烷烃化合物所具有的相对低含量，以中等分子量为主(主峰碳为 nC_{22})，不具有明显的奇偶优势等分布特征也可能意味着，如果含矿砂岩、粉砂岩中的有机质也主要以高等植物为母质来源的话，那么，其中的有机质必定已经经历过强烈的微生物改造过程。以往的研究结果已经表明，微生物的改造作用可以使原本以高分子量化合物为主，具有明显奇数碳优势分布特征的正构烷烃化合物变为以中等分子量化合物为主，不具有明显奇数碳优势的正构烷烃化合物分布特征(Grimalt et al., 1988)。但是，还没有明显的证据证明东胜砂岩型铀矿区含矿砂岩、粉砂岩中的有机质已经经历过明显的微生物的改造过程。

三、脂肪酸甲酯化合物的分布特征

从绝大部分所分析的样品(17/23)的芳烃馏分中都检测到了呈系列分别的脂肪酸甲酯化合物。图 24.4 所示的是典型样品(T0416)的芳烃总离子流图以及正构碳二十六脂肪酸甲酯和正构碳二十八脂肪酸甲酯的质谱棒图。图 24.5 给出了所有检测到的脂肪酸甲酯系列化合物在样品中的含量及其分布特征。可以看出，所有样品中的脂肪酸都被自然酯化为相应的脂肪酸甲酯化合物。其脂肪酸部分的碳数范围一般变化在 $C_{14} \sim C_{32}$。

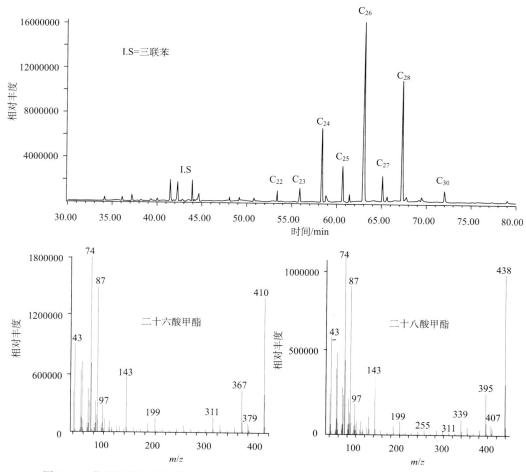

图 24.4　典型样品的芳烃馏分 GC-MS 分析总离子流图(上)、正二十六酸甲酯(下左)和正二十八酸甲酯(下右)的质谱棒图

　　脂肪酸是生物体的重要组成部分。但在生物体中脂肪酸往往与醇、醛等其他的类脂化合物形成酯(或角质蜡)类化合物(Baker，1982)。在近、现代沉积物中，脂肪酸是可溶有机质的重要组成部分(段毅等，1995，1996；向明菊等，1997；周友平等，1998；王占生等，2004；林卫东等，2004)。在未成熟原油以及低成熟的烃源岩中，脂肪酸也都被认为是十分重要的生烃母质(王培荣等，1995；张松林等，1999；史继扬、向明菊，2000；史继扬等，2001)。但在地质体(近现代的沉积物、泥炭、煤以及未成熟的原油)中，类脂化合物通常都是以酸、醇、醛、酮和烃类的形式存在的。在地质体中检出以脂肪酸甲酯(或乙酯)形式存在的脂肪酸化合物则是十分罕见的(徐雁前等，1994；瞿文川等，1999)。因此，个别地质环境条件下存在脂肪酸甲酯形式的类脂化合物，可能意味着该地质体具有不同于其他沉积体的特殊的地质环境条件。在本项研究工作中，我们分别从有机质含量

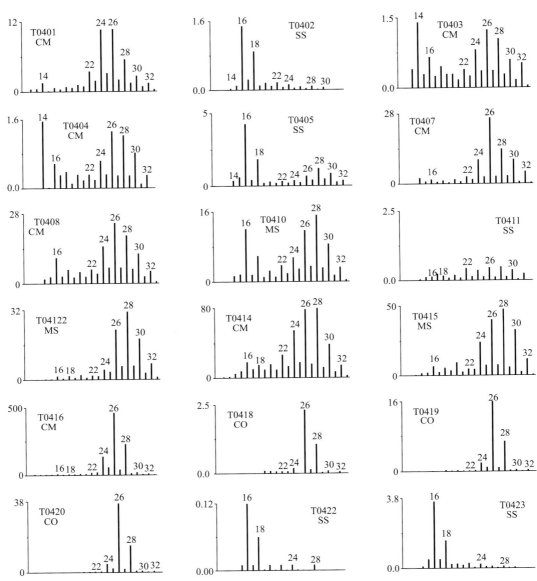

图 24.5　东胜地区岩石样品中脂肪酸甲酯化合物的含量(μg/g TOC)及其分布特征

CM 为碳质泥岩；SS 为粉砂岩或砂岩；MS 为泥岩；CO 为煤

变化范围很大的煤、碳质泥岩、泥岩以及砂岩和粉砂岩样品中检出了丰富的脂肪酸甲酯系列化合物。在分布特征上，脂肪酸甲酯系列化合物与相应样品中的正构烷烃系列化合物极为相似(对比图 24.3 和图 24.5)。因此，脂肪酸甲酯系列化合物很可能就是正构烷烃系列化合物十分重要的母质来源，或者说，正构脂肪酸甲酯化合物可能是正构脂肪酸化合物转化为正构烷烃化合物过程中的过渡产物。

不同样品中，脂肪酸甲酯化合物的含量存在很大的差别。其中含矿砂岩、粉砂岩中脂肪酸甲酯化合物的含量相对比较低，变化在 1~5 μg/g TOC (图 24.5)，而富含有机质层样品中，脂肪酸甲酯化合物的含量则明显偏高，变化在 1.5~500 μg/g TOC。不同样品中，脂肪酸甲酯系列化合物在分布特征上也存在着十分明显的差别。含矿砂岩、粉砂岩样品中的脂肪酸甲酯系列化合物一般分布在 C_{14}~C_{30}，以 C_{16} 为主峰碳，具有明显的偶数碳优势，但 C_{20} 以上的脂肪酸甲酯系列化合物的含量非常低（图 24.5）。相反，富有机质层样品中的脂肪酸甲酯系列化合物一般以高分子量的化合物为主，以 C_{24}、C_{26} 或 C_{28} 为主峰碳，在 C_{20} 以上的系列化合物中呈现强烈的偶数碳优势分布特征。仅在极少数的富有机质层样品（T0403、T0404 和 T0410）中，脂肪酸甲酯系列化合物呈现双峰分布特征，主峰碳分别为 C_{14} 或 C_{16} 和 C_{26}，并在高分子量的化合物分布范围呈现强烈的偶数碳优势分布特征。含矿砂岩、粉砂岩与富有机质层样品在脂肪酸甲酯化合物的含量和分布特征方面的明显差异可能也预示着这两种类型沉积体中的有机质在母质来源方面的差别（妥进才等，2006；Tuo *et al*.，2007）。

同正构烷烃化合物的分布特征类似，正构脂肪酸系列化合物的分布特征也可以用来表征沉积物中有机质的母质类源特征（Silliman *et al*.，1996；Wilkes *et al*.，1999）。一般情况下，以高等植物腊为主要母质来源的有机质其正构脂肪酸系列化合物分布在 C_{22}~C_{32} 并以 C_{24} 或 C_{26} 为主峰碳，而以菌藻类为主要母质来源的有机质其正构脂肪酸系列化合物分布在 C_{12}~C_{22} 并以 C_{16} 为主峰碳。因此，东胜砂岩型铀矿区不同类型岩石样品中正构脂肪酸系列化合物在含量和分布特征方面的明显差异说明，富有机质层样品中的有机质应以高等植物为主要母质来源，而含矿砂岩、粉砂岩样品中的有机质则应以菌藻类低等生物为主要母质来源。这与正构烷烃化合物所反映的母质来源特征是一致的。东胜砂岩型铀矿区不同类型岩石样品中的有机质具有不同的来源，这种不同来源表明，矿区富有机质层中的有机质对砂岩型铀矿的形成没有产生明显的影响，能够对该矿区砂岩型铀矿的形成产生影响的有机质只能是外来的有机质，而且这种外来有机质的母质来源应主要以菌藻类和水生生物等偏腐泥型的有机质为主。

地质体中脂肪酸甲酯化合物的存在需要在相应的沉积体中维持一个比较严格的弱碱性-中性的环境。这种弱碱性-中性的成岩环境不仅对该地区有机质中脂肪酸甲酯化合物的形成和保存产生重要影响，而且有可能对该地区砂岩型铀矿床的形成产生了某些积极的作用。

四、正构烷烃化合物单体化合物的碳同位素组成特征

表 24.4 列出了分析的所有样品的正构烷烃化合物的碳同位素组成，图 24.6 所示的是样品正构烷烃化合物的碳同位素组成曲线。从表 24.3 和图 24.6 可以看出，样品类型不同，其正构烷烃化合物的碳同位素组成存在很大的差别。例如，ZKA39-14 井碳质泥岩样品中的正构烷烃化合物的碳同位素组成变化在 −30.60‰~−27.23‰，而该井粉砂岩样品中正构烷烃化合物的碳同位素组成变化在 −30.12‰~−33.66‰（表 24.4，图 24.6a），相比而言，粉砂岩样品中正构烷烃化合物的碳同位素组成比碳质泥岩样品中相应碳数的正构烷烃化合物的碳同位素组成偏轻约 2‰~5‰。正构烷烃化合物中这样大差别的碳

表 24.4 研究样品有机质中正构烷烃化合物单体的碳同位素组成（$\delta^{13}C/‰$，PDB）

样号	井号	井深/m	岩性	C_{16}	C_{17}	C_{18}	C_{19}	C_{20}	C_{21}	C_{22}	C_{23}	C_{24}	C_{25}	C_{26}	C_{27}	C_{28}	C_{29}	C_{30}	C_{31}	平均
T0401	ZKA7-0	135	CM		-28.60	-30.57	-30.74	-31.90	-29.30	-30.10	-28.48	-30.11	-28.62	-30.24	-29.58	-30.90	-32.91	-33.72	-32.81	-30.57
T0402	ZKA39-14	143	SS						-30.12	-30.58	-33.23	-30.33	-33.66	-32.67	-32.84	-32.42				-31.98
T0403	ZKA39-14	180	CM			-30.22	-30.60	-30.06	-28.19	-28.25	-27.24	-28.75	-27.59	-27.74	-28.05	-27.25	-28.98	-28.63	-30.23	-28.70
T0404	ZKA95-11	154	CM		-30.33	-30.59	-30.73	-31.65	-32.29	-31.38	-32.20	-31.77	-32.10	-34.93	-35.42					-32.13
T0405	ZKA95-11	181	SS		-29.36	-30.44	-31.69	-31.20	-30.94	-31.59	-30.63	-30.58	-28.33	-28.51	-28.63	-28.38	-28.51	-29.13	-30.08	-29.87
T0406	ZKA139-35	175	CM	-29.25	-30.59	-31.95	-29.82	-32.75	-31.95	-31.47	-30.68	-31.13	-30.50	-32.77	-31.07					-31.16
T0407	ZKA139-35	176	CM		-29.67		-29.68	-31.82	-31.88	-30.21	-30.18	-31.23	-30.85	-31.61	-31.70		-31.52		-31.87	-31.02
T0409	ZKA183-79	165	MS	-29.23	-29.49	-29.76	-28.34	-29.30	-29.97	-29.60	-28.52	-28.40	-27.97	-27.99	-27.65	-28.74	-28.01	-28.62	-29.23	-28.80
T0410	ZKA183-79	170	MS		-29.28	-30.78	-30.16	-30.84	-30.50	-30.53	-29.79	-29.38	-27.54	-28.05	-27.57	-28.77	-28.85	-28.47		-29.32
T0411	ZKA183-87	124	SS				-32.28	-32.27	-31.62	-31.39	-31.20	-30.85	-30.96	-31.17	-30.47	-33.57	-29.88			-31.42
T0412	ZKA183-87	172	MS		-28.83	-29.47	-28.07	-28.62	-29.38	-29.48	-27.71	-27.41	-26.95	-27.50	-27.15	-27.78	-27.76	-28.22	-28.97	-28.22
T0414	ZKA341-60	191	CM	-31.53	-31.92	-32.83	-31.32	-31.15	-33.67	-33.07	-34.01	-35.98	-33.05	-33.02	-33.51	-34.00	-34.10	-34.33	-36.15	-33.35
T0415	ZKA341-60	246	MS		-26.64	-27.96	-27.02	-27.36	-27.57	-26.97	-26.15	-26.62	-25.76	-25.96	-25.82	-26.22	-26.33	-24.49	-28.88	-26.65
T0416	ZKA341-60	249	CM		-27.06	-29.02	-29.12	-28.02	-26.71	-27.69	-27.19	-27.58	-27.06	-28.19	-27.43	-28.51	-29.08	-26.75	-30.98	-28.02
T0421	神山沟剖面	露头	CO				-30.08	-27.36	-29.02	-33.06	-27.44	-29.25	-28.06	-31.45	-29.12	-26.80	-30.61	-28.31		-29.21
T0422	神山沟剖面	露头	SS				-32.06	-33.21	-33.39	-33.50	-32.94	-33.59	-31.67	-34.61		-32.98	-31.42			-32.94
T0423	神山沟剖面	露头	SS					-31.38	-31.77	-32.30	-32.42	-31.25	-30.35	-32.59	-31.09					-31.64

注：CM 为碳质泥岩；SS 为粉砂岩或砂岩；MS 为泥岩；CO 为煤。

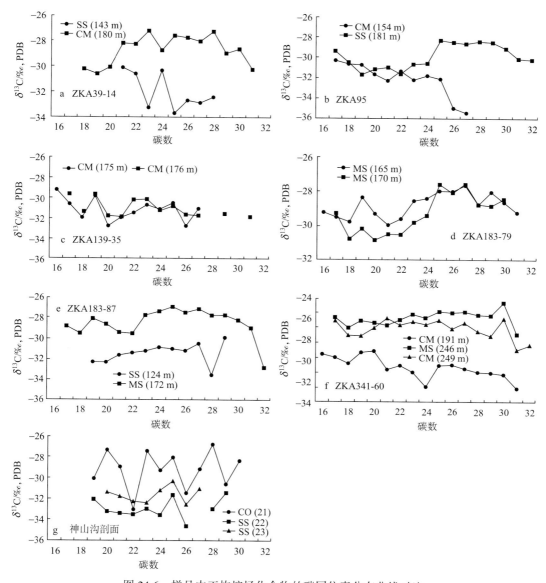

图 24.6　样品中正构烷烃化合物的碳同位素分布曲线对比

同位素组成显然不可能是热演化程度不同引起的。以往的研究结果表明，由相同或相类似的有机母质在不同热演化阶段形成的正构烷烃化合物在同位素组成方面不可能存在如此大的差异（Bjorøy et al., 1994；Hall et al., 1994）。因此，不同类型样品中正构烷烃化合物在碳同位素组成方面的差异进一步证实了其有机质在母质类型方面的差异，即碳质泥岩样品中的有机质主要来源于陆生的高等植物，而粉砂岩样品中的有机质则主要来源于菌藻类等低等生物。在 ZKA95-11 井（图 24.6b），碳质泥岩和粉砂岩样品中的低分子量正构烷烃化合物（$<C_{22}$）具有基本相同的碳同位素值，变化在 $-32.29‰$ ~ $-29.36‰$，而碳质泥岩样品中的高分子量正构烷烃化合物（$>C_{23}$）比粉砂岩样品中相应碳数的高分子量正构烷烃化合物($>C_{23}$)的碳同位素值偏轻约2‰~6‰。这说明，碳质泥岩和粉砂岩样品中的低分子量正构烷烃化合物($<C_{22}$)具有相同母质来源，即菌藻类等低等生物或水生生物。而碳质泥岩样品中的高分子量正构烷烃化合物($>C_{23}$)也主要来源于菌藻类等低等生物或水生生物，但粉砂岩样品中的高分子量正构烷烃化合物($>C_{23}$)则可能主要来源于陆生的高等植物。在ZKA9139-35井中(图24.6c)，两块碳质泥岩样品正构烷烃化合物的碳同位素值基本一致，变化在-31.88‰~-29.67‰之间，说明碳质泥岩样品中的有机质均来源于相同的母质，即陆生的高等植物。而在ZKA9183-79井(图24.6d)，两块泥岩样品中的高分子量正构烷烃化合物($>C_{25}$)具有基本相同的碳同位素组成，变化在-31.16‰~-27.54‰之间，但在埋藏较深的泥岩样品(170 m)中，低分子量正构烷烃化合物($>C_{24}$)的碳同位素值比埋藏较浅的泥岩样品(165 m)中相同碳数的低分子量正构烷烃化合物的碳同位素值偏轻约1‰~2‰。这说明，尽管两块泥岩样品中的正构烷烃化合物可能均来源于陆生的高等植物，但埋藏较深的泥岩样品中可能还含有相对比较多的菌藻类等低等生物或水生生物的贡献。与ZKA39-14井的情况类似，在ZKA183-87井中(图24.6e)，粉砂岩样品中正构烷烃化合物的碳同位素值变化在-33.57‰~-29.88‰之间，而泥岩样品中正构烷烃化合物的碳同位素值变化在-29.48‰~-26.95‰之间，两者相比，前者比后者偏轻约3‰~4‰。显然也是由于其母质来源不同所致。

从正构烷烃化合物和正构脂肪酸甲酯系列化合物的分布特征方面以及正构烷烃化合物单体的碳同位素组成方面都可以明显地看出，东胜砂岩型铀矿区含矿砂岩、粉砂岩和富有机质沉积中的有机质具有明显不同的母质来源。但在富有机质沉积层中，不同样品之间在其有机质母质来源方面也存在着一定的差异。例如在ZKA341-60井中(图24.6f)，埋藏相对较浅的碳质泥岩样(191 m)其正构烷烃化合物的碳同位素组成变化在-36.15‰~-31.15‰之间，而埋藏相对较深的碳质泥岩样(249 m)和泥岩样中(246 m)，其正构烷烃化合物的碳同位素组成则变化在-30.98‰~-24.49‰之间，相比而言，埋藏较浅的碳质泥岩样(191 m)在其正构烷烃单体化合物碳同位素组成方面比埋藏较深的碳质泥岩(249 m)和泥岩样(246 m)的正构烷烃单体化合物碳同位素组成偏轻约4‰~6‰。这种较大的碳同位素组成差异显然也不可能是由热演化程度的差异引起的。从具有强奇偶优势分布的正构烷烃和强偶奇优势分布的正构脂肪酸甲酯化合物分布特征方面也表明上述样品中的有机质热演化程度比较接近而且均处在相对低的热演化阶段(未成熟–低成熟)。而以高碳数化合物为主的正构烷烃和脂肪酸甲酯系列化合物的组成和分布特征同时也表明上述样品中的有机质基本上都是以陆源高等植物为主要母质来源。同样以高等植物为主要母质来源的广西百色盆地州景矿古近系和新近系褐煤中的正构烷烃化合物也具有类似于埋藏较浅的碳质泥岩(191 m)样品中正构烷烃化合物的碳同位素组成(Schoell et al.，1994)。尽管上述不同样品在其正构烷烃单体化合物碳同位素组成方面存在比较大的差别，但上述样品正构烷烃化合物的碳同位素值却都处以在高等植物为主要母质来源的正构烷烃化合物的碳同位素范围之内(Schoell et al.，1994；Simoneit et al.，1997；Tuo et al.，2003)。因此，总体上以高等植物为主要母质来源的有机质组成情况同样可以在不同样品正构烷烃化合物碳同位素组成方面产生比较大的差异，但这种差异肯定与更为细微基础上的母质来源和沉积环境的差异有关。对现代高等植物中正构烷烃化合物的碳同位素分析结果表明，来源于 C_4 植物的正构烷烃化合物，其碳同位素组成变化在 $-26‰ \sim -20‰$ 之间（平均值为 $-23‰$），而来源于 C_3 植物的正构烷烃化合物，其碳同位素组成变化在 $-43.0‰ \sim -28.0‰$ 之间（平均值为 $-34‰$）（Collister *et al.*，1994）。因此，我们认为，尽管所分析的样品中的有机质均以陆源高等植物为主要母质来源，但在更细微的母质输入方面，上述样品之间可能仍然存在着明显的差别。侏罗纪时，地球上还没有出现 C_4 植物，上述不同样品之间在正构烷烃化合物碳同位素组成上的显著差异显然不是由代谢方式不同的高等植物（例如 C_4 植物和 C_3 植物）输入量上的差异引起的。而且上述样品中正构烷烃化合物的碳同位素值也更接近于 C_3 植物正构烷烃化合物的碳同位素值。从 Pr/Ph 值对比来看，埋藏较浅的碳质泥岩样品（191 m）是所分析的所有样品中唯一的一个 Pr/Ph 值小于 1 的样品，这也说明，与其他的样品相比，该碳质泥岩样品（191 m）形成于还原性更强，更有利于偏腐泥型有机质堆积的沉积环境。

与岩心样品类似，在神山沟剖面样品中（图 24.6g），两块砂岩样品中的正构烷烃化合物比煤样中的正构烷烃化合物具有明显偏轻的碳同位素组成。显然也是与不同类型的沉积体中有机质具有明显不同的母质来源有关。

五、正构脂肪酸甲酯单体化合物的碳同位素组成特征

脂肪酸和蜡酯是高等植物蜡和现代沉积物中常见的化合物（Baas *et al.*，2000）。早在 20 世纪 60 年代，就有学者提出脂肪酸及其酯可以形成石油的观点。Cooper（1962）、Cooper 和 Bray（1963）发现近代沉积物中的正构烷烃化合物具有奇数碳优势，而脂肪酸却具有偶数碳优势，据此认为沉积物中的正构烷烃化合物是由脂肪酸脱羧反应以后形成的。此后，众多的学者相继开展了一系列有关近、现代沉积物中的游离脂肪酸和烃源岩干酪根中的结合脂肪酸生烃方面的研究工作（Jurg and Eisma，1964；Shimoyama and Jones，1972；Haddad，1992；Andersen *et al.*，1993；王培荣等，1995；向明菊等，1997；张在龙等，1998；史继扬、向明菊，2000；史继扬等，2001；王占生等，2004）。研究结果表明，沉积物中的游离脂肪酸和烃源岩干酪根中的结合脂肪酸均可以成为地质体中正构烷烃化合物的母质来源。但由于在地质体中很少能够见到以甲酯类形式存在的脂肪酸化合物。因此，脂肪酸甲酯能否成为地质体中正构烷烃化合物的直接来源，还未见到相关的报道。此次在绝大部分样品中都检测出了脂肪酸甲酯系列化合物，但由于脂肪酸甲酯是从芳烃馏分中检测到的，在大部分样品中都有与芳烃化合物共溢出的现象，只在 4 个脂肪酸甲酯系列化合物非常高的样品中（T0412、T0414、T0415 和 T0416）测得了脂肪酸甲酯系列化合物的碳同位素组成。

在这 4 个样品中，脂肪酸甲酯化合物在分布特征上与相应样品中的正构烷烃化合物非常相似，只不过前者呈现强烈的偶数碳优势，而后者则呈现强烈的奇数碳优势（图 24.7）。在所有其他含有脂肪酸甲酯化合物的样品中，脂肪酸甲酯化合物与相应样品中的正构烷烃化合物在高分子量化合物范围内的分布特征也非常相似。这种分布特征方面的相似性暗示了上述 2 个系列的化合物可能具有成因方面的联系。即正构烷烃可能直接

来源于脂肪酸甲酯系列化合物。至少上述两个分布特征完全相同的化合物系列应该来源于完全相同的母质即正构脂肪酸系列。相比而言，正构烷烃化合物的奇数碳优势分布程度比相应样品中正构脂肪酸甲酯系列化合物的偶数碳优势程度要弱一些，即正构脂肪酸甲酯系列化合物的 CPI 和 EOP 值均比相应样品中正构烷烃化合物的 CPI 和 OEP 值要大（图 24.7）。这个现象说明正构脂肪酸甲酯系列化合物有可能是正构脂肪酸系列化合物向正构烷烃化合物转化过程中的中间产物。脂肪酸甲酯的形成与富铀溶液与有机质相互作用有关。而脂肪酸甲酯的分布特征又可以直接的反映有机质的来源。因此，岩石可溶

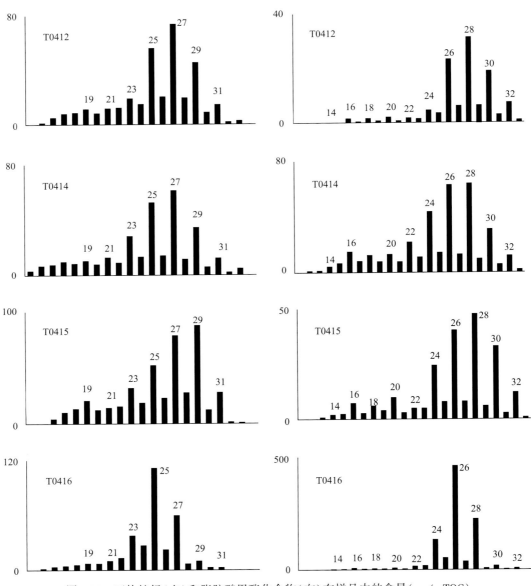

图 24.7   正构烷烃(左)和脂肪酸甲酯化合物(右)在样品中的含量(μg/g TOC)及化合物分布特征对比

有机质中是否含有脂肪酸甲酯，可以反映有机质是否参与了铀的成矿作用，而脂肪酸甲酯在样品中的分布特征，又能直接反映参与铀成矿作用的有机质的类型及其来源。

分析的 4 个样品（T0412、T0414、T0415 和 T0416）的正构脂肪酸甲酯系列化合物碳同位素组成列于表 24.5 中，图 24.8 对比性的给出了上述样品正构烷烃和正构脂肪酸甲酯系列化合物的碳同位素分布曲线。可以看出，有 3 个样品（T0412、T0415 和 T0416）的正构烷烃系列化合物的碳同位素值分布在 $-30.0‰ \sim -25.0‰$ 之间（表 24.4，图 24.8），而 T0414 号样品正构烷烃系列化合物的碳同位素值分布在 $-36.15‰ \sim -31.15‰$（平均值为 $-33.35‰$）。相比而言，T0414 号样在正构烷烃化合物的碳同位素组成方面比其他 3 个样品（T0412、T0415 和 T0416）的正构烷烃化合物平均偏轻 $5.13‰ \sim 6.70‰$（图 24.8）。与此相类似，3 个样品（T0412、T0415 和 T0416）的正构脂肪酸甲酯化合物的碳同位素值也分

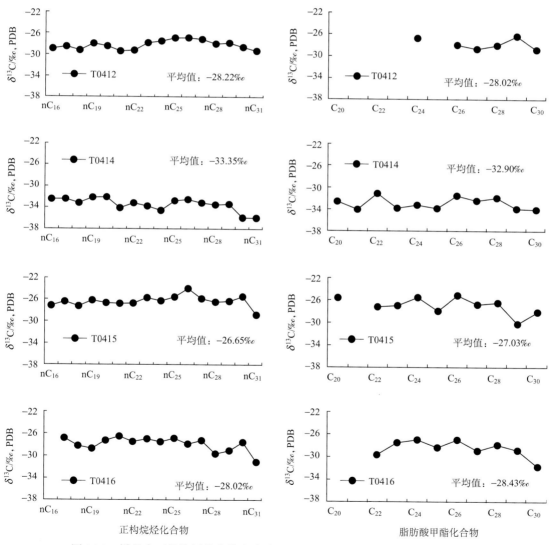

图 24.8　样品中正构烷烃化合物和脂肪酸甲酯化合物的碳同位素分布曲线对比

布在-30‰~-25‰之间(表24.5,图24.8),而在T0414样中,其正构脂肪酸甲酯化合物的碳同位素值则分布在-34.00‰~31.05‰之间(平均值为-32.90‰),其平均值比其他3个样品也明显偏轻4.47‰~5.87‰(表24.5,图24.8)。不论造成这种差异的具体原因是什么,但所有样品中脂肪酸甲酯化合物的碳同位素组成与相应样品中正构烷烃化合物的碳同位素组成都处在完全相同的变化范围之内。进一步说明,脂肪酸甲酯与相应样品中的正构烷烃化合物都来源于相同的母质。在热稳定性方面,脂肪酸甲酯的稳定性要低于正构烷烃化合物,考虑到样品中脂肪酸甲酯化合物的偶数碳优势比相应样品中正构烷烃化合物的奇数碳优势更突出的特点,同时,在绝大部分成熟度比较高的烃源岩中几乎都不存在以游离形式存在的脂肪酸或脂肪酸甲酯。因此,我们有理由认为,随着有机质热演化程度的升高,沉积物中的脂肪酸或脂肪酸甲酯必定会转化为热稳定性更高的正构烷烃化合物(妥进才等,2006;Tuo et al.,2007)。

表 24.5　4个泥岩和碳质泥岩样中脂肪酸甲酯化合物单体的碳同位素组成($\delta^{13}C$/‰,PDB)

样号	井号	井深/m	岩性	C_{20}	C_{21}	C_{22}	C_{23}	C_{24}	C_{25}
T0412	ZKA183-87	172	岩性					-26.97	
T0414	ZKA341-60	191	碳质泥岩	-32.58	-34.01	-31.05	-33.79	-33.17	-33.83
T0415	ZKA341-60	246	岩性	-25.67		-27.23	-27.04	-25.55	-27.94
T0416	ZKA341-60	249	碳质泥岩			-29.55	-27.40	-26.90	-28.21

样号	井号	井深/m	岩性	C_{26}	C_{27}	C_{28}	C_{29}	C_{30}	平均
T0412	ZKA183-87	172	岩性	-27.99	-28.83	-28.10	-26.34	-28.89	-28.02
T0414	ZKA341-60	191	碳质泥岩	-31.44	-32.37	-31.81	-33.84	-34.00	-32.90
T0415	ZKA341-60	246	岩性	-25.20	-26.79	-26.46	-30.28	-28.14	-27.03
T0416	ZKA341-60	249	碳质泥岩	-26.87	-28.80	-27.81	-28.73	-31.58	-28.43

六、有机质来源分析

沉积岩中有机质与铀矿床密切共生的关系表明有机质的还原作用是铀矿床形成过程中十分重要的化学过程(Spirakis,1996)。另外,在铀矿床沉积过程中,从物理角度有机质还有两个方面的重要作用,一个是以藻席的形式捕捉铀颗粒,另一个则是将铀离子吸附至有机质上(Spirakis,1996)。因此,与铀矿床共生的有机质的来源及其有机地球化学特征将为分析和研究铀矿床的成因类型及其形成机理提供十分重要的信息。岩石热解、气相色谱-质谱分析结果表明,在东胜砂岩型铀矿区,含矿砂岩中的有机质与富有机质夹层中的有机质可能具有明显不同的有机质来源。其中富有机质夹层中的有机质可能主要来源于高等植物为主的母质输入,而含矿砂岩中的有机质则主要以水生生物或菌藻类等低等生物的输入为主。这种不同来源表明,矿区富有机质层中的有机质对砂岩型铀矿的形成没有产生明显的影响,能够对该矿区砂岩型铀矿的形成产生影响的有机质只能是外来的有机质(妥进才等,2006;Tuo et al.,2007;Tuo et al.,2010)。

参 考 文 献

段毅，文启彬，罗斌杰. 1995. 南沙海洋和甘南沼泽现代沉积物中单个脂肪酸碳同位素组成及其成因. 地球化学，24(3)：270~275

段毅，罗斌杰，钱吉盛等. 1996. 南沙海洋沉积物中脂肪酸地球化学研究. 海洋与第四纪地质，16(2)：23~31

焦养泉，陈安平，王敏芳等. 2005. 鄂尔多斯盆地东北部直罗组底部砂体成因分析. 沉积学报，23(3)：371~379

林卫东，周永章，沈平. 2004. 南海中部表层沉积物中脂肪酸的组成、分布及来源. 广西师范学院学报（自然科学版），21(4)：11~15

瞿文川，王苏民，张平中等. 1999. 太湖沉积物中长链脂肪酸甲酯化合物的检出及意义. 湖泊科学，11(3)：245~250

史继扬，向明菊. 2000. 未熟和低熟烃源岩中脂肪酸的赋存形式与分布特征. 科学通报，45(16)：1771~1775

史继扬，向明菊，屈定创. 2001. 未熟-低熟烃源岩中脂肪酸的模拟实验及演化. 科学通报，46(18)：1567~1571

妥进才，张明峰，王先彬. 2006. 鄂尔多斯盆地北部东胜铀矿区沉积有机质中脂肪酸甲酯的检出及意义. 沉积学报，24(3)：432~439

王培荣，姚焕新，陈奇等. 1995. 伊敏湖底褐煤抽提物中有机氧化合物的组成特征. 江汉石油学院学报，17(2)：33~37

王占生，王培荣，林任子等. 2004. 沥青质和非烃中脂肪酸的组成差异. 石油勘探与开发，31(3)：65~68

向明菊，史继扬，周友平等. 1997. 不同类型沉积物中脂肪酸的分布、演化和生烃意义. 沉积学报，15(2)：84~88

徐雁前，刘生梅，段毅. 1994. 柴达木盆地第四系沉积物中长链脂肪酸乙酯化合物的检出及意义. 沉积学报，12(3)：99~105

张松林，崔明中，李振西等. 1999. 盐湖相低熟油脂肪酸的组成与分布特征. 沉积学报，17(1)：130~155

张在龙，孙燕华，劳永新等. 1998. 未熟生油岩中含铁矿物对脂肪酸低温催化脱羧生烃的作用. 科学通报，43(24)：2649~2653

周友平，史继扬，向明菊等. 1998. 可溶一元正脂肪酸分布模式表征参数有效性分析. 中山大学学报（自然科学版），37(增刊)：114~118

Andersson A, Dahlman B, Gee D G. 1983. Kerogen and uranium resources in the Cambrian alum shales of the Billingen-Falbygden and Narke area, Sweden. Geol Foeren Stockholm Foerh, 104：197~209

Andersen B, Barth T, Throndsen T. 1993. Generation potential of carbon dioxide and organic acids from North Sea source rocks, yields and carbon isotopic composition. In：Oygard K (ed). Organic Geochemistry, Poster Session from the 16th Internal Meeting on Organic Geochemistry. Stavanger. 281~284

Baas M, Pancost R, Geel V et al. 2000. A comparative study of lipids in Sphagnum species. Organic Geochemistry, 31：535~541

Baker E A. 1982. Chemistry and morphology of plant epicuticular waxes. In：Cutler D F, Alvin K L, Price C E (eds). The Plant Cuticle. London：Linn Soc Symp Ser. 10：139~165

Beers R F. 1945. Radioactivity and organic matter content of some Paleozoic shales. Bull Am Assoc Pet Geol,

29：1~22

Bjorøy M, Hall P B, Moe R P. 1994. Stable carbon isotope variation of n-alkanes in Central Graben oils. In：Telnæs N, Graas G V, Øygard K (eds). Advance in Organic Geochemistry 1993. Organic Geochemistry. 22：355~381

Breger I A. 1974. The role of organic matter in the accumulation of uranium. In：Fornation of Uranium Ore Deposits. AIEA, Athens. 99~124

Breger I A, Deul M, Rubinstein S. 1955. Geochemistry and mineralogy of a uraniferous lignite. Econ Geol, 50：206~226

Capus G. 1979. Matiéres organiques et minéralisations uraniféres：example des basins permo-carboniféres de l'Aumance (Allier) et de Lodéve (Herault). Thése, Inst Nat Polytech de Lorraine, Nancy

Castillo J B D, Brooks C J W, Cambie R C et al. 1967. The taxonomic distribution of some hydrocarbons in gymnosperms. Phytochemistry, 6：391~398

Chikaraishi Y, Naraoka H. 2003. Compound-specific δD-$\delta^{13}C$ analyses of n-alkanes extracted from terrestrial and aquatic plants. Phytochemistry, 63：361~371

Collister J W, Rieley G, Stern B et al. 1994. Compound-specific $\delta^{13}C$ analyses of leaf lipids from plants with differing carbon dioxide metabolisms. Organic Geochemistry, 21：619~627

Cooper J E. 1962. Fatty acids in recent and ancient sediments and petroleum reservoir. Nature, 193：744~746

Cooper J E, Bray E E. 1963. A postulated role of fatty acids in petroleum formations. Geochim Cosmochim Acta, 27：1113~1127

Cortial F. 1985. Les bitumes de Francevillien (Protérozoïque inférieur du Gabon, 2000 M. a. et leurs Kérogènes. Relations avec les minéralisation uraniféres. Thesis, Strasbourg

Coveney R M, Martin S P. 1983. Molybdenum and other heavy metals of the Mecca Quarry and Logan Quarry Shales. Econ Geol, 78：132~149

Dahl J, Hallberg R, Kaplan I R. 1988. Effects of irradiation from uranium decay on extractable organic matter in the Alum Shales of Sweden. Organic Geochemistry, 12：559~571

Ergun S, Donaldson W F, Breger I A. 1960. Some physical and chemical properties of vitrains associated with uranium. Fuel, 39：71~77

Ficken J J, Li B, Swain D L et al. 2000. An n-alkanes proxy for the sedimentary input of submerged floating freshwater aquatic macrophytes. Organic Geochemistry, 31：745~749

Gelpi E, Schneider H, Mann J et al. 1970. Hydrocarbons of geochemical significance in microscopic algae. Phytochemistry, 9：603~612

Granier C, Monteil G, Trichet J. 1979. Relative behaviour of uranium and lead in some acidic and chelating environments. In：Ahrens L M (ed). Origin and Distribution of the Elements. New York：Pergamon Press. 667~671

Grimalt J O, Torras E, Albaigesé J. 1988. Bacterial reworking of sedimentary lipids during sample storage. Advances in Organic Geochemistry 1987. Pergamon Press Plc. Organic Geochemistry, 13：741~746

Haddad R I. 1992. Quantifying early diagenesis of fatty acids in a rapidly accumulating coastal marine sediment. Organic Geochemistry, 19(1-3)：205~216

Halbach R O, Borstel D V, Gundermann K D. 1980. The uptake of uranium by organic matter substances in a peat bog environment on a granitic bedrock. Chemical Geology, 29：117~138

Hall P B, Stoddart D, Bjorøy M et al. 1994. Detection of petroleum heterogeneity in Eldfisk and and satellite fields using thermal extraction, pyrolysis-GC, GC-MS and isotope technique. In：Telnæs N, Graas G V,

Øygard K（eds）. Advance in Organic Geochemistry 1993. Organic Geochemistry, 22：383～402

Han B J, McCarthy E D, van Hoeven W *et al*. 1968. Organic geochemical studies, II. A preliminary report on the distribution of aliphatic hydrocarbons in algae, in bacteria, and in a recent lake sediment. Proceedings of the National Academy of Sciences, 59：29～33

Hunt J M. 1991. Generation of gas from coal and other terrestrial organic matter. Organic Geochemistry, 17：673～680

Idiz E F, Carlisle D, Kaplan I R. 1986. Interaction between organic matter and trace metals in a uranium rich bog, Kern County, California, USA. Applied Geochemistry, 1：573～590

Ilger J D, Ilger W A, Zingaro R A *et al*. 1987. Modes of occurrences of uranium in carbonaceous uranium deposits：characterization of uranium in a South Texas（USA）lignite. Chemical Geology, 63：197～216

Johnson S Y, Otton J K, Macke D L. 1987. Geology of the Holocene surficial uranium deposit of the north folk of Flodelle Creek, northeastern Washington. US. Geol Surv Bull, 98：77～85

Jurg J W, Eisma E. 1964. Petroleum hydrocarbons：generation from fatty acids. Science 144：1451～1452

Kochenov A V, Zinevyev V V, Lovaleva S A. 1965. Some features of the accumulation of uranium in peat bogs. Geochem Int, 2：65～70

Kolodny Y, Kaplan I R. 1973. Deposition of uranium in the sediment and interstitial water of an anoxic fjord. In：Ingerson E（ed）. Proc Int Symp Hydrochemistry and Biogeochemistry, Tokyo, 1970. 418～442

Landais P, Cannan J. 1986. Source rock potential and oil alteration in the uraniferous basin of lodéve（Hérault, France）. Sci Geol Bull, 39：293～314

Leventhal J S. 1981. Pyrolysis gas chromatography-mass spectrometry to characterize organic matter and its relationship to uranium content of Appalachian Devonian black shales. Geochimica et Cosmochinica Acta, 45：883～889

Lopatkina A P. 1967. Conditions of accumulation of uranium in peat. Geochem Intl, 4：577～588

Powell T G. 1988. Development in concepts of hydrocarbon generation from terrestrial organic matter. In：Wagner H C, Wagner L C, Wang F F H, Wong F L（eds）. Petroleum Resource of China and Related Subjects. Circum-Pacific Council for Energy and Mineral Resources Earth Science Series, 10：807～824

Powell T G, Boreham C J. 1994. Terrestrially source oils：where do they exist and what are our limits of knowledge? —a geochemical perspective. In：Scott A C, Fleet A J（eds）. Coal and Coal-bearing Strata as Oil-prone Source Rocks? Oxford：Geological Society Special Publication No. 77. 11～29

Rieley G, Collier R J, Jones D M *et al*. 1991. Source of sedimentary lipids deduced from stable carbon-isotope analyses of individual compounds. Nature, 352：425～427

Sauer P T, Eglinton T I, Hayes J M *et al*. 2001. Compound-specific D/H ratios of lipid biomarkers from sediments as a proxy for environmental and climatic conditions. Geochimica et Cosmochimica Acta, 65：213～222

Schmidt-Collerus J. 1979. Investigation of the relationship between uranium deposits and organic matter. Denver Research Inst, DOE Report GJBX, 13(79)：195～281

Schoell M, Simoneit B R T, Wang T G. 1994. Organic geochemistry and coal petrology of Tertiary brown coal in the Zhoujing mine, Baise Basin, South China—4. Biomarker sources inferred from stable carbon isotope compositions of individual compounds. Organic Geochemistry, 21(6-7)：713～719

Schoell M, Simoneit B R T, 王铁冠. 1995. 广西百色盆地州景矿第三系褐煤有机地球化学与煤岩学研究 IV. 单化合物碳稳定同位素推断生物标志物起源. 沉积学报, 13(4)：73～81

Shimoyama A, Jones W P. 1972. Formation of alkanes from fatty acids in the present of $CaCO_3$. Geochim

Cosmochim Acta, 36: 87~91

Silliman J E, Meyers P A, Bourbonniere R A. 1996. Record of postglacial organic matter delivery and burial in sediments of Lake Ontario. Organic Geochemistry, 24: 463~472

Simoneit B R T, Schoell M, Kvenvolden K A. 1997. Carbon isotope systematics of individual hydrocarbons in hydrothermal petroleum from Escanaba Trough, Northeastern Pacific Ocean. Organic Geochemistry, 26 (7-8): 511~515

Spirakis C S. 1996. The roles of organic matter in the forma tion of uranium deposits in sedimentary rocks. Ore Geology Reviews, 11: 53~69

Swanson V E. 1960. Oil yield and uranium content of Black shales. US Geolog Surv Prof Pap 356-A, 44

Tuo J, Wang X, Chen J et al. 2003. Aliphatic and diterpenoid hydrocarbons and their individual carbon isotope compositions in coals from the Liaohe Basin, China. Organic Geochemistry, 34: 1615~1625

Tuo J C, Ma W Y, Zhang M F et al. 2007. Organic Geochemistry of Dongsheng sedimentary uranium ore deposits, China. Applied Geochemistry, 22(9): 1949~1969

Tuo J C, Chen R, Zhang M F et al. 2010. Occurrences and distributions of branched alkylbenzenes in the Dongsheng sedimentary uranium ore deposits, China. Journal of Asian Earth Sciences, 39(6): 770~785

Wilkes H, Ramrath A, Negendank J F W. 1999. Organic geochemical evidence for environmental changes since 34,000 yrs BP from Lago di Mezzano, central Italy. Journal of Paleolimnology, 22: 349~365

Zielinski R A, Meier A L. 1988. The association of uranium with organic matter in Holocene peat: an experimental leaching study. Applied Geochemistry, 3: 631~643

第二十五章

鄂尔多斯盆地北部东胜砂岩型铀矿成矿特征和模式 *

  鄂尔多斯盆地北部东胜砂岩铀矿床是本世纪初铀矿勘查在鄂尔多斯盆地北部直罗组中发现的大型铀矿床。它的发现使鄂尔多斯盆地作为重要能源资源盆地又增加了一种重要的能源矿产。铀矿化产于侏罗纪直罗组灰绿色砂岩与灰色砂岩之间的过渡带中。矿化目标层砂岩颜色均呈还原色调。东胜砂岩铀矿的这一独特特征不同于一般的砂岩型铀矿床(黄世杰,1994;Finch,1996;李子颖等,2006,2007),即铀矿化产于氧化色的黄色调和还原色的灰色调之间(李子颖等,2007)。国内外对与砂岩铀矿有关的氧化带砂岩再还原的系统研究不多见,比较有代表性的工作是美国学者对得克萨斯州与油气有关的砂岩铀矿床的研究(Goldhaber *et al.*,1978;Adams and Smith,1981)。东胜砂岩铀矿床的发现及其独特的成矿现象,是与盆地的地质构造演化和地球化学作用密不可分的(李子颖等,2007,2009)。研究区除铀矿外,还有产于中下侏罗统延安组中的大型煤矿和较强的油气作用显示。

第一节 东胜砂岩铀矿地质背景和基本特点

一、地 质 背 景

  鄂尔多斯盆地是从中新元古代接受沉积以来,在古亚洲、特提斯和环太平洋三大构造域的作用下交切、叠加与复合而成,构造演化非常复杂。盆地基底具有"双重"性,结晶基底为太古宇—新元古界,属于间接基底;地台沉积盖层为中元古界—中生界三叠系,充当了盆地的直接基底;盆地盖层为中生界侏罗系—新生界第四系地层(李思田等,1992;何自新,2003)。

  盆地的结晶基底为太古宇及新元古界变质岩系,太古宇的集宁群、乌拉山群以及新元古界的色尔腾山群、二道凹群主要出露于盆地北部的蚀源区;结晶基底为地台沉积盖层、中新生代盖层沉积提供了物源和铀源。盆地的直接基底由中元古界变质岩系、下古生界碳酸盐岩地层和中生界三叠系碎屑岩系组成,在盆地北部有不同程度的出露,直接为盆地盖层提供丰富的物源和铀源。

  研究区沉积盖层出露的主要是中生代沉积地层(图25.1),上三叠统延长组主要是含砾砂岩和泥岩与粉砂岩互层,产油和煤;中下侏罗统延安组岩性主要是长英质砂岩、泥

---

 * 作者:李子颖,方锡珩,孙晔,夏毓亮,秦明宽,欧光习. 核工业北京地质研究院,北京.
  E-mail:zyli9818@126.com

岩和粉砂岩组成,产煤;中侏罗统直罗组是含矿目标层,主要由灰色、灰绿色砂岩及杂色粉砂岩和泥岩组成,平行或局部角度不整合于延安组之上;安定组主要岩性为灰绿色泥质砂岩、紫红色细砂岩、泥岩夹钙质胶结的白色细砂岩,与下伏直罗组呈平行不整合接触关系;上侏罗统芬芳河组在研究区基本不发育。下白垩统岩性主要是紫红、灰绿砂砾岩、砂岩和紫红、棕红色粉砂质泥岩夹砂岩、砾岩薄层,与上下地层均为角度不整合关系。古近纪、新近纪地层基本缺失,第四纪砂土厚度数米到数十米不等,研究区经历多期次的构造活动,其与铀矿化有着密切的关系(李子颖等,2007,2009;Li et al.,2008a,b)。

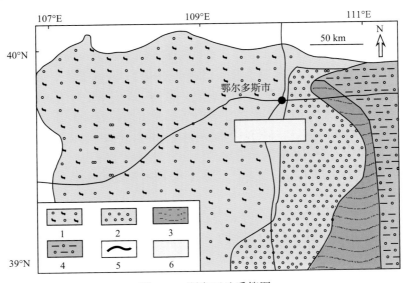

图 25.1　研究区地质简图
1. 下白垩统;2. 侏罗系;3. 三叠系;4. 古生界;5. 公路;6. 重点研究区

含矿主岩为直罗组下段下亚段砂岩,岩石颜色以深灰-浅灰色为主,浅部或近地表多呈灰绿色,地表由于强烈氧化,则呈灰黄-浅黄褐色。岩石成岩程度不高,结构疏松,一般为粒序层,有粗细韵律性变化,见交错层理,局部含较多泥砾(多位于粒序层的底部)。有时砂岩中含较多云母碎片,定向排列,显示出微层理。

碎屑颗粒磨圆度和分选性均较差,砂粒多呈次棱角状-次圆状,粗细混杂,所谓粗砂岩、中粒砂岩、细砂岩,仅以目估主要碎屑粒度确定。据显微镜下粒度统计,大多数为含砾粗砂岩、中粗粒砂岩、含粗砂中粒砂岩、中细粒砂岩等。

含矿目标层直罗组一般为粒序层,有粗细韵律性变化,见交错层理。岩石结构疏松,碎屑颗粒磨圆度和分选性均较差,颗粒多呈次棱角状-次圆状。岩性大多数为含砾粗砂岩、中粗粒砂岩、含粗砂中粒砂岩、中细粒砂岩等,矿物成分主要是石英、长石和岩屑、云母。

砂岩中杂基含量一般小于10%,碳酸盐含量小于0.5%,以接触胶结为主,孔隙式胶结为辅.部分砂岩碳酸盐化强烈,碳酸盐含量可达10%~20%或更高,呈基底式胶结。有时碳酸盐含量大于50%，形成"砂屑灰岩"。碳酸盐几乎全为方解石，方解石多为粒径较大的亮晶方解石，少数为粒径0.002~0.005 mm的微晶方解石集合体，有时可见碳酸盐球粒。

直罗组砂岩碎屑成分比较复杂，以石英为主，并含有较多的长石和岩屑，云母也较多，还含有一些重砂矿物，其碎屑特征简述如下：

石英：石英是碎屑的主要成分，约占碎屑总量的40%~45%，它是比较稳定的矿物，无明显蚀变，仅在碳酸盐化强烈的岩石中部分被碳酸盐交代。

长石：长石约占碎屑总量的30%~35%，其中以钾长石为主，约占长石总量的2/3，其次为斜长石。钾长石多为具格子状双晶的微斜长石及具钠长石条带的条纹长石。多数斜长石具细而密的聚片双晶，为酸性的更长石，少数斜长石双晶条带较宽、消光角大，为中长石、长石碎屑大部分都未遭受明显蚀变，但部分长石黏土化较强，钾长石主要是高岭石化，斜长石主要为水云母化、绿泥石化和绿帘石化。

岩屑：砂岩中含有较多岩屑，约占碎屑总量的20%~25%，其成分主要为变质岩碎屑，岩性以石英岩、云母石英片岩为主。由于花岗岩结晶较粗，一般不易形成岩屑，故花岗岩碎屑相对较少，此外还见有花岗斑岩、流纹岩、安山岩及粉砂岩等岩屑。砂岩中岩屑成分直接说明其来源的多成分特征。

云母：云母碎屑含量变化较大，一般为2%~5%，局部可多达8%~10%，常近于平行排列。一般来说，粗砂岩和中粗粒砂岩含云母碎屑较少，而中细粒砂岩或细砂岩含云母碎屑较多，反应云母是在相对弱的水动力条件下沉淀的。云母碎屑中以黑云母为主，有少量白云母，黑云母又以褐色黑云母为主，其次为绿色黑云母，它多为褐色黑云母蚀变的产物。此外，黑云母常遭受不同程度的绿泥石化，形成叶绿泥石。

碳化植物或有机质碎屑：它在砂岩中分布很不均匀，一般含量少于小于0.5%，但局部砂岩中可高达5%~10%。其中碳化植物碎屑相对较少，多为有机质条带，其成分多是煤屑。

重砂矿物：重砂矿物总量一般很少，<0.5%，但在中细粒砂岩中可局部富集成层产出，达1%以上。其中最常见的矿物是石榴子石，其次为锆石，独居石碎屑颗粒相对较大，无色。此外，还有黑电气石、楣石、褐帘石、磷灰石；金属矿物以黄铁矿为主，局部见有球粒状黄铁矿，为成岩期形成的，其次为钛铁矿，多遭受不同程度氧化，强烈氧化的钛铁矿，最终形成锐钛矿晶簇。

综上所述，东胜地区直罗组下段目标层砂岩含长石碎屑及岩屑较多，应定名为岩屑长石砂岩。此外，砂岩中含长石碎屑和岩屑多，云母碎屑含量也较高，这反映出近源沉积的特征，距蚀源区不远。从岩屑的成分来看，蚀源区主要岩石为花岗质和变质岩岩石，少量火山岩。

二、矿床的基本地质特征

矿石主要为疏松、较疏松的浅灰色、深灰色长石砂岩，少量岩屑长石砂岩和长石石英砂岩，不等粒砂状结构，块状构造。碎屑物含量较高，多大于90%，胶结物含量较低，一般小于 10%。矿石以接触式胶结为主，可见孔隙式胶结。胶结物以水云母为主，次为方解石，还有黄铁矿、针铁矿、褐铁矿。

东胜砂岩铀矿床不同于一般砂岩铀矿床的一个显著特点是铀矿化产于直罗组灰绿色砂岩与灰色砂岩之间的过渡带中(图 25.2)，即均产在目前看到的还原砂体中。

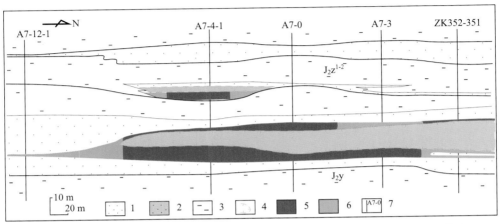

图 25.2　皂火壕矿床孙家梁地段 A7 号勘探线剖面示意图（据 208 大队勘探剖面修改）

1. 灰色砂岩；2. 绿色砂岩；3. 泥岩；4. 氧化带前锋线；5. 工业矿体；6. 矿化体；7. 钻孔及编号

东胜砂岩型铀矿床主要呈东西向展布，矿体主要产于直罗组下亚段辫状河砂体中，沿层间氧化带前锋线的发育方向展布，只有个别矿体产于上亚段的曲流河砂体中(焦养泉等，2005)。

主矿体的剖面形态以卷状、板状为主，少数为透镜状。矿体下翼为平整的板状，连续性好，主要发育于含矿砂体的中下部，呈水平状，与顶、底板的产状略不一致，其尾部具有薄而长的特点，与顶底板的产状基本一致。矿体上翼呈透镜状，靠近顶板产出，厚度薄、连续性差。矿体上、下翼对比而言，下翼比上翼连续性好、厚度大、延伸距离长。主矿体总体上呈现为由翼部向卷头部位逐渐收敛、变厚，最后合并为卷头矿体，呈楔形尖灭。

矿体顶界埋深在几十米到几百米不等，矿体埋深受地形控制明显，但总体上显示由北东向南西逐渐加大。从砂体的成矿几率来看，成矿砂体的最佳厚度是 25~40 m，其中 30~35 m 区间成矿概率最高。成矿的最佳含砂率值为 75%~90%，其中 80%~85% 区间成矿概率最高。

矿化层中经常见到特殊夹层即钙质层，其矿物成分与砂岩无明显差异，主要差别是杂基几乎全被碳酸盐交代，并部分交代砂粒碎屑。其全岩碳酸盐含量一般为 10%~20%，局部地段其含量甚至超过 50%，可称之为"砂屑灰岩"。

碳酸盐几乎全为方解石，局部有少量的菱铁矿。方解石的形成大体可分为四期，即成岩期形成的泥晶方解石结核或团块，后生酸性氧化期沉淀于酸碱界面的粗晶方解石，还原期后形成的粗晶方解石和晚期形成的细脉状方解石。

成岩期形成的泥晶方解石，晶体非常细小，粒径为 0.002~0.005 mm，呈集合体产出，构成钙质结核或小的团块，是形成钙质层的基础。在后生酸性氧化蚀变期，处于氧化带中的砂岩，其中的钙质结构或团块被地下水溶解，带入深部，在酸碱界面处沉淀下来，形成粗晶方解石，其粒径一般为0.5~2 mm。由于地下水的长期作用，碳酸盐不断地沉淀下来，最终形成钙质夹层。还原期后的粗晶方解石及晚期的方解石细脉的蚀变规模较小，不构成钙质夹层的为一体。

由于地下水的酸碱界面与氧化还原界面位置大体一致，所以钙质夹层主要集中分布在铀矿化地段。随着氧化带的逐步向前推进，部分早期形成的钙质夹层处于氧化带中，但地下水的溶解作用是缓慢进行的，不可能将其全部溶解带走。所以，在氧化带中可见残留的钙质夹层。且因其渗透性极差，不能被后期的油、气还原，仍保留着氧化带的特征，岩石呈灰紫色。

铀在矿石中主要以铀石和吸附形式产出，铀石多呈胶状结构，仅局部见铀石呈柱状或针状。铀石多与黄铁矿伴生，围绕黄铁矿边缘沉淀，并部分交代黄铁矿，铀石也与有机质有着密切的关系。有时见铀石与硒铅矿、锐钛矿伴生。此外，也见有铀石单独呈细脉状产于碎屑颗粒间或围绕碎屑颗粒沉淀，偶见铀石集合体产于碎屑中。

伴随铀矿化，元素Sc、Mo、Se、V、Re等元素具有明显的富集现象，并在垂向和水平方向上具有明显的分带性，说明铀成矿与潜水和层间氧化作用均有关系。

第二节　东胜砂岩铀矿灰绿色砂岩成因研究

一、灰绿色砂岩特征

（一）基本特征

灰绿色砂岩总体分布于研究区的北部和东北部，呈半环状包围灰色砂岩，在剖面上呈舌状体插入灰色砂岩之中，与层间氧化带的空间分布形态极为相似（李子颖等，2007）。

灰绿色砂岩具较致密的手标本特征，呈不同色调的绿色（图25.3a），肉眼或放大镜下基本上看不到黄铁矿及炭屑（或有机质细脉），局部可见泥砾有一很薄的氧化圈。但有时灰绿色砂岩中夹有碳酸盐含量很高的灰紫色钙质砂岩夹层，其中可见遭受强烈氧化的碳化植物残屑（图25.3a）。灰绿色砂岩的宏观特征表明，它在形成灰绿色颜色之前，曾经遭受强烈的氧化作用，这种氧化的残留没有被完全绿色化是由于较强的碳酸盐化作用封闭包裹得以保存。

岩矿鉴定结果表明，目标层灰绿色砂岩与灰色砂岩在矿物成分上并无明显差异，只是灰绿色砂岩中绿泥石含量相对多一些，为叶绿泥石和鳞绿泥石，含量一般小于1%。叶绿泥石多数为黑云母的蚀变产物，而鳞绿泥石则为斜长石或片岩等蚀变的产物。但岩石中大部分的黑云母呈褐色、未遭受明显蚀变，仅部分蚀变为绿色黑云母。岩石中还有一些绿帘石，胶结物中有较多绿色水云母，一般不含黄铁矿，偶见少量黄铁矿大颗粒。部分灰绿色砂岩碳酸盐化较强，局部见黑云母遭受强烈氧化（氧化残余），并部分被碳酸盐交代（图25.3b）。此外，灰绿色砂岩中一般钛铁矿保留很少，多被锐钛矿晶簇取代。

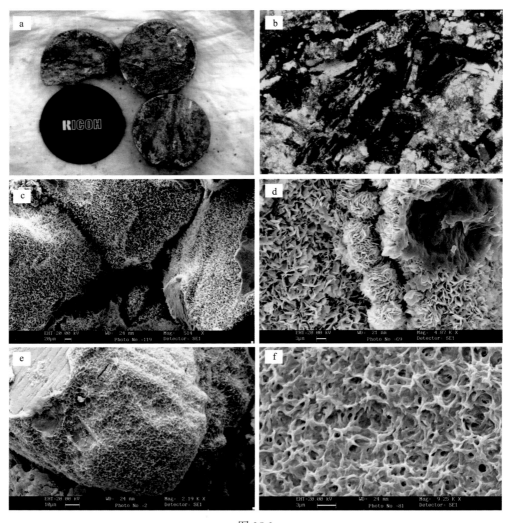

图 25.3

a. 钻孔岩心中灰绿色岩屑长石砂岩及其中氧化残留物；b. 灰绿色砂岩层中灰紫色钙质砂岩强烈氧化的黑云母残留(+)×120；c. 灰绿色岩屑长石砂岩碎屑颗粒表面覆盖极薄的一层针叶状绿泥石(扫描电镜)；d. 灰绿色岩屑长石砂岩碎屑颗粒表面的针叶状绿泥石和绒球状绿泥石(扫描电镜)；e. 灰色岩屑长石砂岩碎屑颗粒表面覆盖极薄的一层蜂巢状的蒙皂石(扫描电镜)；f. 灰色岩屑长石砂岩碎屑颗粒表面的蜂巢状蒙皂石(扫描电镜)

（二）矿物学特征

砂岩的全岩 X-射线定量分析结果列于表 25.1 中。灰绿色砂岩含钾长石较灰色砂岩明显高，分别是 24.7% 和 16%；而方解石和黄铁矿则明显低，方解石的含量分别是 0.4% 和 5.6%，黄铁矿的含量分别是 0.1% 和 1.1%；二者的斜长石和石英的含量基本相当。灰色砂岩的黏土含量为 17.5%～35.4%，平均值 25.6%；灰绿色砂岩的黏土含量为 20.8%～37.4%，平均值 28.2%，灰绿色砂岩黏土含量要高于灰色砂岩。这些特征反映出灰绿色砂岩曾经历过较强的后生改造蚀变作用。而作为原生带的灰色砂岩，无明显的后生改造现象,所以黏土总量较低。灰色砂岩与灰绿色砂岩之间在黏土分成上的差异主要表现在高岭石和绿泥石的含量上,二者的黏土矿物相对含量见表25.2。灰色砂岩中高岭石含量较高,平均值为45.0%,绿泥石含量较低,平均值只有3%;而灰绿色砂岩高岭石平均含量为26%,绿泥石平均含量值高达20.75%。灰色砂岩与灰绿色砂岩蒙皂石和伊利石含量相当,二者均不含混层矿物(表25.2)。可见灰绿色砂岩中绿泥石含量高是砂岩呈绿色调的主要原因。

表 25.1　东胜铀矿床全岩 X 射线衍射定量分析结果表

样号	岩　性	矿物种类和含量/%					
		石英	钾长石	斜长石	方解石	黄铁矿	黏土
DS-104	浅灰色中粗粒岩屑长石砂岩	40.6	18.8	12.3	5.6	0.7	22.0
DS-127	浅灰色中粒岩屑长石砂岩	36.5	13.0	12.9	0.9	1.3	35.4
DS-168	浅灰色粗粒岩屑长石砂岩	42.7	12.4	16.0	5.2	0.9	22.8
DS-172	浅灰色粗粒岩屑长石砂岩	38.7	20.0	13.4	1.1	/	26.8
DS-174	浅灰色粗粒岩屑长石砂岩	43.3	20.0	9.7	0.4	0.8	25.8
DS-182	浅灰色粗粒岩屑长石砂岩	33.6	14.5	14.3	8.1	0.5	29.0
DS-183	浅灰色粗粒岩屑长石砂岩	29.6	13.0	17.9	18.2	3.8	17.5
平均	浅灰色中–粗粒岩屑长石砂岩	37.9	16.0	13.8	5.6	1.1	25.6
DS-123	灰绿色中粒岩屑长石砂岩	46.2	19.0	13.0	0.6	0.4	20.8
DS-129	灰绿色中粒岩屑长石砂岩	23.7	38.8	9.9	0.7	/	26.9
DS-166	灰绿色中粗粒岩屑长石砂岩	28.6	21.8	13.4	/	/	36.2
DS-169	灰绿色粗粒岩屑长石砂岩	30.4	22.7	9.5	/	/	37.4
DS-181	灰绿色粗粒岩屑长石砂岩	42.3	21.9	13.4	/	/	22.4
DS-186	灰绿色中粗粒岩屑长石砂岩	33.2	33.0	12.2	/	/	21.6
DS-187	灰绿色中粗粒岩屑长石砂岩	36.2	15.8	14.9	1.3	/	31.8
平均	灰绿色中–粗粒岩屑长石砂岩	34.4	24.7	12.3	0.4	0.1	28.2

注:中国石油勘探开发研究院石油地质实验研究中心分析。

表 25.2　东胜铀矿床黏土样品 X 射线衍射分析结果表

样号	岩　性	黏土矿物相对含量/%					混层比/%		
		S	I/S	I	K	C	C/S	I/S	C/S
DS-109	浅灰色中粒岩屑长石砂岩	41	/	2	54	3	/	/	/
DH-220	浅灰色中粒岩屑长石砂岩	58	/	3	36	3	/	/	/
平均	浅灰色中粒岩屑长石砂岩	49.5		2.5	45	3	/	/	/
DH-247	淡灰绿色中粒岩屑长石砂岩	58	/	2	24	16	/	/	/
DS-108	灰绿色中粒岩屑长石砂岩	63	/	5	27	5	/	/	/
DS-123	灰绿色中粒岩屑长石砂岩	44	/	2	30	24	/	/	/
DS-129	灰绿色中粒岩屑长石砂岩	37	/	2	23	38	/	/	/
平均	灰绿色中粒岩屑长石砂岩	50.5	/	2.75	26	20.75	/	/	/

注:中国石油勘探开发研究院石油地质实验研究中心分析。S. 蒙皂石, I. 伊利石, K. 高岭石, C. 绿泥石。

二、灰绿色砂岩黏土矿物扫描电镜研究

为进一步阐明灰绿色砂岩绿泥石的特征，对其进行了扫描电子显微镜研究，发现灰绿色砂岩与灰色砂岩的最大区别，在于灰绿色砂岩碎屑颗粒表面覆盖有极薄的一层针叶状绿泥石(图25.3c，d)，这是岩石呈绿色的主要原因。此外，灰绿色砂岩中也含有一些片状和绒球状绿泥石(图25.3d)及蒙皂石、高岭石。而灰色砂岩中仅见少量片状的绿泥石，碎屑颗粒表面则为蜂巢状的蒙皂石，粒间主要是蠕虫状的高岭石(图25.3e，f)。扫描电子显微镜对黏土矿物的成分定量能谱分析结果列于表25.3，分析结果表明，灰绿色砂岩中的蒙脱石较灰色砂岩中的蒙脱石具有较高的铁和镁的含量，说明灰绿色砂岩蚀变相对处于较碱性的环境。灰色砂岩中的蒙脱石更接近高岭石，并大部分转为高岭石，其主要是长石水解的产物。灰绿色砂岩中绿泥石铁的含量高于镁，属于铁镁绿泥石。灰绿色砂岩特征的绿泥石化说明发生后期蚀变时处于较碱性的环境，不同于灰色砂岩中以高岭石为主的酸性蚀变。

表 25.3   东胜铀矿床黏土矿物扫描电镜能谱分析结果表(%)

岩　性	矿物	SiO_2	TiO_2	Al_2O_3	FeO	MgO	CaO	K_2O	Na_2O	总量
灰色中~粗粒岩屑长石砂岩	蒙脱石	57.46	0.17	19.28	2.18	3.76	2.27	0.28	1.19	86.77
	蒙脱石	57.56	0.00	21.17	1.17	4.76	1.70	0.10	1.49	87.94
	蒙脱石	56.65	0.10	20.58	1.78	4.94	1.58	0.28	1.94	87.87
	蒙脱石	58.28	0.24	21.64	0.79	5.08	1.21	0.48	2.30	90.02
	蒙脱石	57.25	0.21	21.16	0.71	4.39	1.18	0.28	2.54	87.73
	蒙脱石	58.01	0.20	20.36	1.10	4.26	1.32	1.91	1.50	88.65
	平　均	57.5	0.2	20.7	1.3	4.5	1.5	0.6	1.8	88.2
	高岭石	49.49	0.05	36.03	0.24	0.75	0.27	0.15	0.37	87.35
	高岭石	48.18	0.07	37.90	0.12	0.39	0.09	0.06	0.17	86.97
	高岭石	47.54	0.05	35.55	0.21	0.52	0.11	0.07	0.35	84.40
	平　均	48.4	0.1	36.5	0.2	0.6	0.2	0.1	0.3	86.2
灰绿色中~粗粒岩屑长石砂岩	绿泥石	30.32	0.11	21.02	22.84	11.77	0.31	0.16	0.92	87.58
	绿泥石	32.75	0.10	20.05	22.92	10.40	0.42	0.14	0.91	87.77
	绿泥石	31.42	0.10	21.94	20.12	11.67	0.24	0.14	0.90	86.54
	绿泥石	36.05	0.10	21.61	18.22	10.58	0.37	0.13	0.98	88.04
	平　均	32.6	0.1	21.2	21.0	11.1	0.3	0.1	0.9	87.5
	蒙脱石	53.68	0.27	21.16	2.81	4.61	1.22	0.52	1.70	85.98

注：中国石油勘探开发研究院石油地质实验研究中心分析。

三、灰绿色砂岩元素地球化学特征

（一）主量元素地球化学特征

矿物学研究结果表明，灰绿色砂岩与灰色砂岩相比，其最大差别在于基本不含黄铁矿和炭屑。这一结论进一步由它们的岩石化学全分析结果所证实。如表 25.4 所示，灰色砂岩硫含量平均值为 0.75%；而灰绿色砂岩硫含量平均值为 0.04%，确实反映出绝大多数灰绿色砂岩基本不含黄铁矿。其次有机质含量也有差异，灰色砂岩有机碳含量平均值为 0.68%；而灰绿色砂岩有机碳含量平均值仅为 0.11%。由于取样时未取含大量有机质脉的灰色砂岩样品进行分析，所以灰色砂岩的平均值明显偏低，实际其有机碳含量还要高。尽管如此，同样反映出灰绿色砂岩有机碳含量较低，与宏观上见不到碳化植物碎屑或有机质细脉是一致的。灰绿色砂岩的 FeO 含量平均值为 2.36%，Fe_2O_3 含量平均值为 0.91%，Fe_2O_3/FeO 值平均为 0.41。灰色砂岩 FeO 含量平均值为 3.02%，Fe_2O_3 含量平均值为 0.36%，Fe_2O_3/FeO 值平均为 0.12。总体来说，灰绿色砂岩与灰色砂岩之间全铁的含量差别不大，灰绿色砂岩的 Fe_2O_3/FeO 值略高于灰色砂岩的（表 25.4）。灰绿色砂岩具有较低的硫和有机质含量及略高的 Fe_2O_3/FeO 值均说明其在成为绿色之前曾遭受较强的氧化作用。

表 25.4　东胜铀矿床砂岩岩石化学全分析结果（%）

分析结果	SiO_2	Al_2O_3	Fe_2O_3	FeO	MgO	CaO	Na_2O	K_2O	H_2O^+	CO_2	TiO_2	P_2O_5	MnO	S	$\dfrac{Fe_2O_3}{FeO}$	总量
平均值(6) *	68.16	11.51	0.91	2.36	1.33	3.96	1.91	3.14	2.68	2.83	0.55	0.08	0.10	0.04	0.41	99.55
平均值(6) **	70.92	12.06	0.36	3.02	1.12	1.64	2.09	3.32	2.38	1.02	0.46	0.14	0.05	0.75	0.12	99.33

注：数据由核工业北京地质研究院化学分析方法分析。* 灰绿色中–粗粒岩屑长石砂岩；** 灰色中–粗粒岩屑长石砂岩（括号中数据为统计样品数）。

（二）微量元素地球化学特征

表 25.5 列出了灰绿色和灰色岩屑长石砂岩的放射性元素铀、钍和砂岩型铀矿化中常伴生的钼、硒、钒及铅、钇、锡、钪、锆和铌等元素的分析结果。数据表明，灰绿色砂岩中铀的含量较灰色砂岩明显偏低，前者铀含量平均值为 3.38×10^{-6}，而后者为 14.33×10^{-6}，二者钍含量变化不大，因此，它们的钍/铀值是前者大，平均值为 1.78，后者小，为 0.31。灰绿色砂岩中铀、钍含量及钍/铀值说明其中铀有明显的迁出，这也说明灰绿色砂岩曾遭受了较强的氧化作用。这一过程也被灰绿色砂岩中钼和钒的含量所证实，钼和钒在氧化作用过程中常和铀共迁移，并在还原环境中沉淀富集。从表 25.5 中数据还可得知，灰绿色砂岩较灰色砂岩具有较高的钇、锆和铌等元素的含量，这些偏碱性的元素富集却是与灰绿色砂岩绿色（绿泥石）化过程中，由于碱性流体带入所致。灰绿色砂岩微量

元素地球化学特征也表明其在较早的时候经历了偏酸性的氧化作用，而后又经历了偏碱性的绿泥石化蚀变作用。

表 25.5 东胜铀矿床微量元素的不同分带统计(10^{-6})

分析结果	Th	U	Mo	Se	Pb	Y	Sn	V	Sc	Zr	Nb	Th/U
平均值(10)*	6.02	3.38	3.43	1.63	18.39	21.41	1.92	58.78	8.19	193.65	13.35	1.78
平均值(5)**	4.46	14.33	25.21	0.89	18.38	7.40	2.26	71.56	6.12	151.60	9.62	0.31

注：数据由核工业北京地质研究院等离子体质谱方法分析，相对误差小于5%。* 灰绿色中-粗粒岩屑长石砂岩；** 灰色中-粗粒岩屑长石砂岩(括号中数据为统计样品数)。

四、灰绿色砂岩成因及对铀矿化的指示意义

岩石学、矿物学和地球化学的研究结果均表明：灰绿色砂岩经历了早期氧化作用和晚期再还原作用。

(一)灰绿色砂岩早期氧化作用的证据

1)灰绿色砂岩在平面上总体分布于研究区的北部和东北部，呈半环状包围灰色砂岩，在剖面上呈舌状体插入灰色砂岩之中，与层间氧化带的空间分布形态相似。

2)灰绿色砂岩中的泥砾具有一薄层氧化边，其中的钙质夹层中由于钙质杂基全被碳酸盐交代，岩石的渗透性极低，保存有早期的氧化矿物和植物碎屑残迹。

3)矿物上和灰色砂岩相比基本不含黄铁矿，有机质脉小，但黏土矿物含量高，钛铁矿也基本上被氧化。

4)地球化学上具有较低的硫和有机碳含量，略高的 Fe_2O_3/FeO 值，这与矿物研究结果相一致；矿化元素铀和伴生元素钼、钒等明显迁出，含量较低。

(二)晚期再还原作用

晚期再还原作用导致砂岩由氧化色(黄色调)转化成现今所看到的还原色(灰色调)。晚期还原作用的性质为潜育化作用，即非硫化氢的还原作用，尽管高价铁被还原成低价铁，但不形成黄铁矿，所以硫含量低。研究结果表明，灰绿色砂岩绿色的主要原因是其碎屑颗粒表面均覆盖有极薄的一层针叶状绿泥石。这种绿泥石化的还原蚀变作用与晚期的油气作用有着密切的关系。首先，宏观上，油气不仅在灰绿色砂岩中，而且在研究区出露的其他地层(如白垩纪地层)中均发现有油苗和相关的油气漂白蚀变作用，事实上，研究区是鄂尔多斯盆地油气的逸散区；微观上，在砂岩中也发现大量的油气包裹体，从酸解烃样品的分析结果来看，岩石的烃含量较高，其中以甲烷、乙烷、丙烷、乙烯和丙烯为主(表 25.6)。岩石烃含量与岩性有一定关系，以钙质砂岩含量为最高，其次为中细粒砂岩，而粗砂岩和中粗粒砂岩最低，这进一步证明油气作用的存在。其次，由

于油气的作用在灰绿色砂岩中产生了较强的碳酸盐化，并在碳酸盐方解石中发现了较多的油气包裹体（图25.4），它们是油气作用的直接显示（郑永飞、陈江峰，2000；肖新建等，2004）。

表25.6　目标层岩石中烃含量

样号	岩　性	分　析　结　果/(μL/kg)								
		甲烷	乙烷	丙烷	异丁烷	正丁烷	异戊烷	正戊烷	乙烯	丙烯
TW-102	灰绿色细砂岩	573.7	81.5	24.1	1.1	7.8	2.0	3.6	52.0	36.1
TO2-07	灰绿色细砂岩	316.8	40.7	14.2	0.8	4.0	1.7	11.2	26.8	16.4
TW-107	灰色细砂岩	402.4	44.1	14.7	0.9	4.7	0.8	3.9	32.4	20.1
TO2-09	灰色细砂岩	339.2	53.2	25.3	1.6	6.7	2.3	13.2	43.2	30.3
TO2-14	灰色细砂岩	23.9	3.3	1.2	0.1	0.4	1.0	3.5	2.1	1.3
TW-108	绿色中细砂岩	831.9	102.3	20.7	1.2	9.0	2.0	3.5	61.8	9.9
TW-109	绿色中细砂岩	409.1	60.4	26.4	1.4	8.2	2.2	3.6	36.4	21.7
TW-104	灰色中细砂岩	435.0	58.6	17.8	1.1	5.8	1.4	8.2	44.1	30.3
TW-003	灰色中细砂岩	236.9	35.7	16.7	0.9	5.3	1.3	3.1	21.7	14.0
TO2-04	灰色中细砂岩	102.0	14.3	4.9	0.4	1.5	1.1	2.3	8.5	5.3

注：中国石油勘探开发研究院分析。

图25.4　直罗组晚期亮晶方解石中呈灰色、无色–灰色、显示浅蓝色荧光的气烃、气液烃包裹体
左为单偏光，右为UV激发荧光照片

　　对灰绿色砂岩中的碳酸盐胶结物进行了分离提纯和测定了其中的碳、氧同位素组成（见表25.7）。表25.7中碳同位素结果表明，有机油气成因碳的确参与了碳酸盐胶结物的形成，而氧同位素组成说明形成碳酸盐的流体主要为大气降水、卤水性质。

　　此外，对目标层砂岩中的有机碳同位素组成进行了分析，其$\delta^{13}C$值为$-26.1‰\sim$ $-23.9‰$，介于下部延长组地层原油（$-32.7‰\sim-29.9‰$）、油页岩、泥岩（$-30‰\sim-28‰$）与延安组煤样（$-24.5‰\sim-22.4‰$）之间。有机碳同位素特征表明，研究区目标层砂岩层中的有机质具有煤成气及油气混合来源，这也表明在砂岩形成后发生了强烈的油气作用。研究表明鄂尔多斯盆地北部也存在良好的油气圈闭存在条件(王凤国, 2003; 孙晔等, 2004)。

表 25.7   东胜矿区直罗组砂岩方解石胶结物碳、氧同位素测试结果

样品编号	层位	样品名称	岩 性	$\delta^{13}C/‰$, PDB	$\delta^{18}O/‰$, PDB	$\delta^{18}O/‰$, SMOW
B19-56-3	J_2z_1	方解石	灰绿色砂岩	−6.9	−12.3	+18.2
B19-64-3	J_2z_1	方解石	灰绿色砂岩	−12.8	−13.8	+16.7
B19-64-5	J_2z_1	方解石	灰绿色砂岩	−18.2	−12	+18.5
B19-64-9	J_2z_1	方解石	灰绿色砂岩	−31.0	−9.9	+20.7
B19-80-1	J_2z_1	方解石	灰绿色砂岩	−23.9	−10.2	+20.3

注: 中国地质科学院矿产资源研究所实验室分析, 误差±0.2‰。

油气流体总体偏碱性, 具有很强的还原作用, 高价铁被还原成低价铁。在这种还原和偏碱性的流体条件下, 黑云母产生绿泥石化, 反应过程是

$$K\{(Mg,Fe)_3[AlSi_3O_{10}](OH)_2\}+Mg^{2+}+OH^-+Al^{3+}\longrightarrow$$
$$(Mg,Al)_3(OH)_6\{(Mg,Fe,Al)_3[(Si,Al)_4O_{10}](OH)_2\}+K^++Fe^{2+}$$

同时, 流体中的硅、镁、铁、铝等也会形成绿泥石, 并沉淀附着在矿物颗粒表面, 反应过程是

$$SiO_4^{4-}+Mg^{2+}+Fe^{2+}+Al^{3+}+OH^-+O_2\longrightarrow(Mg,Al)_3(OH)_6\{(Mg,Fe,Al)_3[(Si,Al)_4O_{10}](OH)_2\}$$

揭示了灰绿色砂岩绿泥石化的形成过程。

(三) 对铀矿化的指示意义

众所周知, 灰绿色砂岩指示的是还原地球化学环境。如果没有真正认识它的成因则很容易把它当做未氧化过的层位, 这对铀矿的勘查产生适得其反的工程部署影响, 从而越是揭露越是远离矿化带, 达不到发现矿床的目的。相反, 认识到它是古氧化作用再还原的产物, 则能跳过现象看到本质, 在鄂尔多斯盆地北部灰绿色砂岩指示的是较强的古氧化作用, 即发生了较强的层间氧化铀成矿作用, 这就是为什么东胜铀矿化受灰绿色砂岩和灰色砂岩之间的过渡部位控制。这一规律认识对鄂尔多斯盆地北部砂岩铀矿化的扩大产生重大指导作用, 对勘查同类矿床, 特别是在富产油气、煤的盆地中寻找砂岩型铀矿具有重要的实际指导意义。

第三节   直罗组砂岩的蚀变作用

一、蚀变作用的类型

东胜地区直罗组砂岩的蚀变类型较多, 大体上可分为黏土蚀变、碳酸盐化和金属矿化(包括铀矿化)三类, 现分类简述于下。

（一）黏 土 蚀 变

黏土蚀变包括水云母化、高岭石化、绿泥石化和蒙皂石化，绿帘石化一般不属于黏土蚀变的范围，但它常与水云母化或绿泥石化相伴生，故将其包括在黏土蚀变中叙述。

1. 水云母化

区内砂岩的水云母化，主要表现为斜长石的水云母化，其次为杂基的水云母化。但并不是所有的斜长石均水云母化，有的碎屑斜长石并无水云母化。因此，这种水云母化，应为一种蚀源区岩石的蚀变(即为蚀源区水云母化的岩石，被剥蚀搬运来的，不是沉积之后形成的)。至于杂基中的水云母化，在单偏光下呈淡绿色鳞片状，有点类似绿泥石，但在正交偏光下，干涉色较高(为二级)，易于与绿泥石区分。杂基中的水云母可能是成岩期的蚀变产物。X 射线衍射分析均定名为伊利石族，必须进行黏土提纯后再衍射分析，才能确定究竟是伊利石还是水云母。

2. 高岭石化

砂岩的高岭石化，有钾长石的高岭石化和杂基的高岭石化。但钾长石的高岭石化较弱，在显微镜下表现为高岭石呈尘点状(或称之为云雾状)长石表面分布，但有较多的碎屑钾长石表面十分"干净"，并无高岭石化。因此，这种高岭石化，也是一种蚀源区岩石的蚀变。而杂基中的高岭石化相对较强，在显微镜下为细小的鳞片状集合体，低正突起，干涉色很低，为一级灰白色。根据过去在火山岩地区工作的经验，这种大鳞片的高岭石集合体应该是迪开石，迪开石为热水蚀变的产物。但 X 射线衍射分析定名为高岭石，要进一步区分是高岭石还是迪开石，要进行黏土提纯后才能鉴定。在扫描电子显微镜下杂基中(粒间)的高岭石呈较大的假六方片状集合体，鳞片相互迭置呈蠕虫状。根据中国石油勘探开发研究院电镜室的工作经验，迪开石的横断面为梯形，而高岭石为矩形，故应该是高岭石。究竟是高岭石还是迪开石，尚需进一步工作才能证实。杂基中的高岭石为成岩期及后生氧化期的蚀变产物。

3. 绿泥石化

砂岩的绿泥石化主要有 3 种，即黑云母的绿泥石化，杂基中的绿泥石化和碎屑颗粒表面薄膜状的绿泥石化。黑云母的绿泥石化也是一种源区岩石的蚀变，部分黑云母变为叶绿泥石，绿泥石呈叶片状，在镜下呈浅绿色，多色性显著，中正突起，具柏灵蓝或紫色的异常干涉色，正延长，为含铁高的绿泥石，少数呈负延长，为含镁高的绿泥石。杂基中的绿泥石为鳞绿泥石，呈细小的鳞片状集合体，在镜下呈浅绿色，中正突起，具褐色的异常干涉色，可能为成岩期或后期还原作用的产物。在灰色砂岩和灰绿色砂岩中均有前两种绿泥石化，但似乎灰绿色砂岩中多一些。第三种为披覆于碎屑颗粒表面的极细小的针叶状绿泥石集合体，在光学显微镜下无法鉴定，仅在碎屑颗粒边缘有一极薄的绿色镶边。在扫描电子显微镜下这种绿泥石为极细小的针叶状绿泥石集合体。第三种绿泥石是灰绿色砂岩中特有的一种蚀变,在灰色砂岩中没有见到,它是后期还原作用的产物。

4. 蒙皂石化

蒙皂石在光学显微镜下无法鉴定,主要依据 X 射线衍射分析和扫描电子显微镜进行鉴定。矿区内无论是灰色砂岩、灰绿色砂岩或矿石,黏土矿物均以蒙皂石为主,占黏土总量的 37%~73%。但总体来说,灰色砂岩相对蒙皂石含量相对高一些。在扫描电子显微镜下,蒙皂石集合体主要呈蜂巢状产出,还有少量呈丝状、絮状产出。蒙皂石(蜂巢状)主要形成于成岩期,部分蒙皂石(丝状及絮状)为后生氧化及晚期还原作用的产物。

5. 绿帘石化

绿帘石主要交代斜长石,常与水云母化或绿泥石化伴生。绿帘石在显微镜下呈浅黄绿色,弱多色性,高下突起,干涉色为二级,具异常干涉色。绿帘石主要呈浸染状细粒或细粒集合体产出,有时呈碎屑状产出。它也是一种蚀源区的蚀变,但可能部分形成于强烈碳酸盐化期(强烈碳酸盐化的岩石中,有较多的绿帘石)。

(二) 碳 酸 盐 化

碳酸盐化大体可分为四期:

第一期为泥晶方解石的生成,方解石晶粒直径仅为几微米。泥晶方解石集合体,常形成放射状球粒,呈结核或团块状产出,这期方解石形成于成岩期。

第二期碳酸盐为亮晶方解石(或称粗晶方解石),方解石晶粒较粗,直径为 0.5~2 mm 或更大。这期碳酸盐化分布面积大,以矿化地段表现最强,是本区最强烈的一期碳酸盐化。方解石常交代杂基并部分交代碎屑颗粒,在碳酸盐化特别强烈的地段,砂粒碎屑呈残留状,方解石含量大于碎屑含量,可称为"砂屑灰岩"。碳酸盐化较强的砂岩中常保留有早期氧化的残迹,如浸染状分布的铁氧化物、氧化的碳化植物碎屑残迹等,反映出该期碳酸盐化为氧化期后的产物。

第三期碳酸盐化在显微镜下的特征,与第二期碳酸盐化极为相似,不好区分,它形成于晚期还原作用之后,方解石强烈交代灰绿色砂岩的杂基和砂粒碎屑。这期碳酸盐化的分布范围和与第二期的区分还值得进一步研究。

第四期碳酸盐化是区内最晚期的碳酸盐化,呈方解石细脉或微脉产出,其分布范围和强度都远不及上述三期。

(三) 金 属 矿 化

1. 褐铁矿化

褐铁矿并不是一种矿物名称,它是铁氧化物的混合体,其成分以针铁矿为主,并含有少量的黄钾铁矾及其他铁的氧化物等杂质。它是后生氧化期的产物,但由于区内晚期的还原作用十分强烈,仅在氧化的钛铁矿边缘有少量的残留。但在碳酸盐化强烈的地段，早期后生氧化作用的产物保存得比较好，岩石呈灰紫色，黑云母被氧化呈深褐色。

2. 黄铁矿化

黄铁矿化大体可分为四期：

第一期黄铁矿化为成岩期的产物，主要表现为杂基中浸染状分布的黄铁矿细粒。多数黄铁矿呈自形-半自形的立方体，少数呈胶状的球粒状，还有少量黄铁矿细粒产于钙质结核中。

第二期黄铁矿为成岩晚期或成岩期后的产物，在杂基中呈稀疏分布的少量大颗粒黄铁矿，其粒径一般为 $0.1 \sim 2.0$ mm。

第三期黄铁矿为后生氧化期后的产物，数量很少。黄铁矿围绕氧化的钛铁矿边缘沉淀，并部分交代钛铁矿的氧化产物。

第四期黄铁矿亦非常少见，主要呈黄铁矿细脉或微脉产出，它可能是晚期还原作用之后的热事件的产物。

3. 白铁矿化

在铀矿石中有少量的白铁矿，呈显微粒状或板状产出，与铀矿物伴生。在反射光单偏光下与黄铁矿不易区分（反射色稍稍偏白，呈黄白色），而在正交偏光下则易于区分，白铁矿具强烈的非均值性和鲜明的偏光色。白铁矿形成于低温的酸性环境（与黄铁矿相比），可能在酸性地下水的作用下，部分细粒黄铁矿被蚀变成白铁矿。因此，白铁矿很可能在酸性氧化期的还原带中生成。

4. 锐钛矿化

锐钛矿主要位于钛铁矿强烈氧化的部位，呈晶簇状产出，在显微镜下为较自形的板状与锥状的聚形，无色透明，突起极高，干涉色也很高。通常钛铁矿氧化后只形成白钛石，不形成锐钛矿，锐钛矿很可能是在晚期热事件的作用下，白钛石重结晶的产物。

5. 硒铅矿、硒铁矿和硒钴镍铁矿化

区内矿石中与铀矿物相伴生的金属矿物还有少量的硒铅矿、硒铁矿及硒镍钴铁矿等，推测为还原期后热事件的产物。

二、蚀变作用期次

热液矿床的形成，虽然可有多次的成矿事件的迭加，但每次活动时间都短，通过脉体的相互穿插和矿物的交代等关系，蚀变期次的划分是比较容易的。而后生矿床的形成是一个长期累积的过程，其成矿作用长达数十个百万年或更长，蚀变期次的划分是很困难的。现只能根据成矿环境的变迁，划分出几个蚀变阶段（表 25.8），其中后四期蚀变为后生蚀变。

表 25.8 蚀变期次及蚀变作用类型表

蚀变期次	蚀变作用类型
蚀源区蚀变	高岭石化,水云母化,绿泥石化,绿帘石化
成岩期蚀变	蒙皂石化,高岭石化,碳酸盐化,黄铁矿化
早期氧化酸性蚀变	高岭石化,褐铁矿化,白钛石化,白铁矿化(?)
氧化期后弱碱性蚀变	碳酸盐化,黄铁矿化(?),绿帘石化
晚期还原弱碱性蚀变	绿泥石化,蒙皂石化
还原期后热改造	锐钛矿化,碳酸盐化,黄铁矿化,硒铅矿化,硒铁矿化,硒钴铁矿化

蚀源区蚀变主要反映蚀源区岩石的蚀变特征,其中包括钾长石的高岭石化,黑云母的绿泥石化,斜长石的水云母化、绿泥石化、绿帘石化等。此外,可能还有部分岩屑的黄铁矿化(岩屑中的浸染状细粒黄铁矿)。

成岩期蚀变产物为成岩期形成的新矿物,其中包括钙质结核和团块,杂基中浸染状分布的细粒黄铁矿,蒙皂石及高岭石等。

早期氧化酸性蚀变是形成层间氧化带和铀矿化最主要的时期。含自由氧(并含有铀)的地表水沿渗透层(夹于泥质层之间的砂岩层)向下渗入,使砂岩遭受强烈的氧化作用,形成针铁矿、黄钾铁矾、白钛石和高岭石等蚀变矿物。同时,随着含氧地下水的渗入,使砂岩中的铀氧化为可溶解的六价铀,带入深部。在氧化-还原过渡带,六价铀被黄铁矿或有机质等再还原为不溶解的四价铀,沉淀下来。由于黄铁矿等硫化物的氧化分解,形成硫酸根离子(SO_4^{2-}),因此地下水呈酸性。酸性的氧化水还可将砂岩中的碳酸盐溶解,并随之带入深部,在酸碱障的部位再沉淀下来,形成碳酸盐化。可能在酸性地下水的作用下,将部分黄铁矿蚀变成白铁矿。

在酸性氧化水的长期作用下,氧化带不断地向深部推移,形成了规模较大的层间氧化带和一定规模的铀矿化。随着氧化带逐渐地向深部推移,强烈氧化带砂岩中的碳酸盐也不断地被溶解,带入深部,同时地下水由酸性变为弱碱性,在酸碱障的部位沉淀。这个酸碱障推测位于靠近氧化前锋线的氧化带、氧化-还原过渡带及还原带靠近氧化-还原过渡带的部位。方解石交代杂基,并部分交代碎屑,呈孔隙-基底式胶结。在碳酸盐化比较强的部位,岩石的孔隙几乎全被方解石充填,岩石的渗透性非常低,使靠近氧化带前锋线的岩石,不能被晚期的还原作用所"破坏","原始"的氧化状态得以保留。

在大规模早期酸性氧化作用和其后的碳酸盐化之后,即进入晚期还原的弱碱性蚀变期。在这个时期有大量的非硫化氢的还原性气体渗入本区,使黄褐、紫红、灰紫等色的氧化砂岩,被还原为带不同绿色色调(浅黄绿色-暗灰绿色)的砂岩。同时在碎屑颗粒表面,形成许多极细小的针叶状绿泥石,及一些含铁、镁较高的蒙皂石,反映出为弱碱性蚀变(绿泥石和蒙皂石主要形成于弱碱性环境)。由于铀石中的铀均为四价铀,而晶质铀矿中的铀并非全为四价铀,其中含有部分六价铀。因此,铀石的形成于 Eh 值相对较低的还原环境。同时铀石主要形成于相对偏碱性的环境,并要求有一定的可溶性 SiO_2 浓度($H_4SiO_4^0 \geq 10^{-3.5} \sim 10^{-2.7}$ mol/L H_2O)。因此,铀石很可能形成于这个时期,交代早先已形成的胶状形态的晶质铀矿,形成极细微的柱状晶体集合体的铀石。

还原期后区域热改造的年龄目前还不能确定，有待于区域构造的分析和磷灰石裂变径迹年龄的测定结果。该热事件使早先形成的白钛石重结晶为锐钛矿，以及生成钛铀矿及与铀石相伴生的硒铅矿、硒铁矿和硒钴镍铁矿等，并使方解石发生重结晶（方解石中的包体均一法测温结果为 73~175 ℃）（肖新建等，2004）。

第四节　有机质特征及其与铀成矿的关系

东胜砂岩铀矿床有一个显著特点，就是赋矿层位固体有机质（脉体）非常发育，并且铀矿石常常与其伴生，表明二者之间关系密切。产状主要有层状和脉体状两种；其中层状居多，多数为劣质煤层或煤线，以煤屑的形式存在，但是有的特征不太明显，肉眼难以识别究竟是沥青还是煤屑。众所周知，沥青和煤的成因不同，沥青是石油的衍生物，而煤则是高等植物埋藏成岩演化的结果，二者成因不同，准确鉴定有助于查明有机作用与铀成矿之间的关系。

一、矿层固体有机质的类型鉴定

东胜铀矿床的铀矿石常常与固体有机质脉体伴生，穿层脉体颜色黑，表面有光泽、具贝壳状断口，硬度小，燃烧不变软。仅凭对标本的肉眼观察难以断定是煤还是沥青。

煤中的镜质体源于陆相高等植物的木质纤维组织，经过凝胶化作用形成。由于泥盆纪以前还没有高等植物，所以不会有镜质体，一般认为，泥盆纪之前的样品为沥青的可能性大，而泥盆纪以来的样品则需要进一步鉴定。由于研究样品赋存于中生代侏罗系地层，此时高等植物已经存在，所以依靠这种办法也无法对样品做出判断。

前两种方法不能对矿层固体有机质类型作出准确的判断，由于煤与沥青的光学性质不同，笔者进一步利用显微镜光度计进行光学鉴定，结果提供了确凿的证据。本次选取21 个代表性样品，对整个含矿层进行了面上的控制，样品结果可以代表整个东胜铀矿区。

1. 煤岩的显微组分

镜下观察表明，所有样品都具有镜质组、惰质组和壳质组 3 种显微组分，具备煤的显微组分特征。样品的显微组分，部分是煤化了的植物残体，如结构镜质体、丝质体和壳质组分（陈佩元等，1996），这三种组分在样品中均已检测到；而植物分解的产物如无结构镜质体也存在于样品中。也就是说，研究区样品具备典型的腐殖煤的显微组分特征。

为了进一步证明上述结论，笔者进一步研究了铀矿层下伏延安组煤岩的显微组分，并与矿层有机质脉体进行了对比。结果表明下伏延安组煤属于典型的长焰煤，与矿层有机质脉体的显微组分特征具有很好的一致性，从而进一步证实了上述结论。

2. 植物胞腔结构

样品的显微组分中，发现了普遍存在的植物胞腔，植物胞腔的存在，是固体有机质脉体源于高等植物的有力证据。可能由于热演化以及成岩作用的原因，部分细胞结构保存相对完整，但多数遭受破坏，说明热演化程度较高，成岩改造作用较强。对于研究而言，植物胞腔几乎全部存在于镜质组分和惰质组分中，而壳质组分则是作为结构镜质体中的胞腔充填物存在的。

(1) 镜质体组分中的植物胞腔

镜质组是微镜煤的主体，镜质体组分包括结构镜质体和无结构镜质体，对于研究区样品，植物细胞结构主要存在于结构镜质体中，而无结构镜质体中没有发现植物细胞，这也符合煤显微组分的一般规律。胞腔保存程度的好坏反映了地质过程中压实和构造破坏等动力、热力条件的存在和变化。

胞腔保存完好的称为结构镜质体 1，其细胞结构基本完好，形变较轻微，无胞腔充填物。胞腔保存差的称为结构镜质体 2，这类胞腔在研究区占重要地位，细胞腔保存不甚完整，遭受到一定或者严重的破坏。

结构镜质体胞腔内的充填物主要有以下两种：一是被有机质充填，并且这种有机质主要是壳质组分。以荧光质体、树脂体和微粒体含量居多，另外见到少量的小孢子体充填的情况；其中荧光质体常呈条状和油滴状展布，微粒体常常与树脂体或者荧光质体共生。第二种情况是植物胞腔被无机矿物充填。相对于有机充填物而言，充填的无机矿物较少，样品中检测到黄铁矿、黑色黏土和方解石。其中黄铁矿的充填很有规律，基本上都充填在矿段煤屑的有机显微组分胞腔中，非矿石煤屑中的植物胞腔很少见黄铁矿充填的情况，这指示了黄铁矿和铀矿石存在一定的关系；并且黄铁矿的充填产状有两种类型，一是草莓状黄铁矿；二是呈团块状充填。

(2) 惰质组分中的植物胞腔

惰质组主要源于植物细胞壁的纤维素和木质素。细胞腔中空或被矿物质或有机质充填，空胞腔因光线散射呈黑色。研究区的惰质组分中，丝质体和半丝质体中细胞结构明显存在，而微粒体则是大多作为结构镜质体植物胞腔的充填物而存在的。

丝质体中的胞腔：丝碳在显微镜下就叫做丝质体。根据成因，丝质体分为火焚丝质体和降解丝质体两种。研究区没有发现火焚丝质体碎屑。也就是说只有降解丝质体一种情况，部分丝质体的植物胞腔因受破坏而发生不规则变形，胞腔中部分中空，部分充填黄铁矿。

半丝质体中的胞腔：半丝质体中的细胞结构没有丝质体中保存得好，主要有灰白色半丝质体，细胞结构明显存在，呈扁椭圆形，方向排列性比较好；灰色结构镜质体与灰白色半丝质体的比较照片，半丝质体的细胞结构明显被破坏而成弧状、波状，具一定的定向排列性，部分胞腔充填有亮白色黄铁矿；灰色均质镜质体、半丝质体共存的照片，半丝质体细胞结构破坏较严重，胞腔内充填细颗粒黄铁矿，显微组分之间的空隙中明显存在亮黄白色黄铁矿集合体。

（3）不具备沥青的荧光性特点

对于沥青的荧光性，Robert（1988）研究认为，大部分沥青在 R_b^o 为 0.3%~0.9% 之间无荧光，但有的沥青在 R_b^o 为 0.5%~0.7% 时具有铁锈色荧光，与镜质体的荧光相似。本次研究对 22 个固体有机质进行了 R^o 测试。22 个样品的 R_{min} 范围是 0.33%~0.49%；R_{max} 的范围是 0.36%~0.61%；R^o 均值为 0.35%~0.53%；标准差为 0.02%~0.05%；测点数 12~55。通过对 22 个样品进行荧光测定，均没有荧光显示，表明矿层的有机质脉体不存在某些沥青具有的铁锈色荧光（陈中凯、金奎励，1995）。

（4）其他镜下特征

在低至中等演化阶段，沥青在显微镜下表现为均一结构，反射光下表面均一、干净；而本次研究的样品则具有煤岩专属特征的各种显微组分，反射光下明显不具有均一结构。另外，煤中的均质镜质体常见垂直层理方向的裂隙（陈佩元等，1996），而研究区样品在镜下发现了这些典型的裂缝（图 25.5），这是低–中级演化阶段的沥青所不具备的特征。

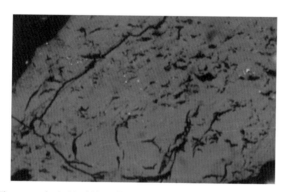

图 25.5　灰色均质镜质体，次生裂隙较明显，有分叉现象
×500，油浸反射光

3. 样品鉴定结果

通过以上手标本特征、产出时代、荧光性分析、镜下光学特征等手段，对矿层固体有机质进行了较为系统的鉴定，可以断定其是煤屑而不是沥青。矿层固体有机质与下伏延安组腐殖煤的特征有很好的一致性。特别是镜下光学分析提供了大量可靠的证据：

1）样品具备煤岩显微组分特征。

2）具备丰富的植物细胞结构。结构镜质体中植物胞腔最多，多充填有树脂体、荧光质体、微粒体及少量的小孢子体；丝织体和半丝质体中的胞腔数量其次，部分充填有黄铁矿。细胞结构整体保存程度较差，反映了沉积后的地质改造作用。

3）不同分带对比发现，与过渡带相比，原生带的植物细胞结构数量较多、保存程度较好，代表了原始沉积的状况；而过渡带的植物细胞结构相对经历了较严重的破坏，植物细胞结构数量相对较少，说明煤的热变质程度较高，并且经历了后来的改造，而这种改造作用可能与铀的富集沉淀有关，可能是有机-无机相互作用的很好证据，这也说明铀成矿经历了较强的后期改造作用。

二、有机质与铀成矿的关系研究

研究表明，有机质与铀成矿关系密切，主要表现为有机质在铀矿床中具有不同的地球化学分带特点。考虑到今后铀矿勘查需要和便于操作的特点，研究总结出主要有机找矿标志(表25.9)。

表25.9　东胜铀矿床有机找矿标志

有机质	具体有机指标		过渡带标志	原生带标志	古氧化带标志
固体有机质	煤的热变质程度		高	低	不发育肉眼可见固体有机质
	煤级		长焰煤(初级阶段)	褐煤、褐煤-长焰煤	
煤成烃	煤生烃显微组分		树脂体、荧光质体以及煤成烃残留物微粒体等生烃显微组分严重亏损	树脂体、荧光质体以及煤成烃残留物微粒体等生烃显微组分相对富集	
有机质的丰度	有机碳		最高(0.72%)	较高(0.68%)	最低(0.11%)
可溶有机质	氯仿沥青"A"族组分		以非烃+沥青质含量占主导地位，表明在四种族组分中，非烃+沥青质与铀的关系最为密切		
	正构烷烃	$\sum C_{21^-}/\sum C_{22^+}$	较高(0.912%)(数值越高代表成熟度越高)	较低(0.713%)	高(1.072%)

(一) 固体有机质与铀成矿

1. 固体有机质的宏观分布特征

根据东胜铀矿床多条剖面的岩心观察，发现铀矿床中的煤屑有以下宏观分布规律：

1) 灰色含矿砂岩段与上覆灰绿色砂岩段相比，前者普遍发育煤屑，而后者基本不含煤屑。这一典型宏观特征预示了灰色含矿砂岩与固体有机质关系比较密切，同时，灰绿色砂岩中煤屑的普遍缺失可能是由于其处于古氧化带环境，其中的煤屑遭受破坏所致。

2) 灰色含矿砂岩段中煤屑的分布范围大于铀矿石的分布范围，在氧化带、过渡带和还原带都有富集，在过渡带和还原带富集程度较高，这说明固体有机质和目前矿床中铀矿石的富集区不存在一一对应关系。但是在灰色砂岩段里面，富矿砂岩和不含矿砂岩相比，绝大多数铀矿石富集带与煤屑伴生，煤屑与铀矿石的伴生概率大于不含矿砂岩，表明铀矿石富集带存在着固体有机质的更大富集系数，反映了二者之间存在深层次关联。

2. 煤的显微组分的不同分带特征

（1）煤有机显微组分的横向分带特征

将过渡带和原生带中的煤屑分成两组进行显微组分定量统计，发现二者显微组分的构成比例具有明显的差别。过渡带与原生带相比，镜质组分近于相等，然而前者中的惰质组和无机矿物含量显著增高（分别为 2.8 倍和 1.8 倍），且壳质组含量明显亏损（0.45 倍）。因此，过渡带中的煤屑具有惰质组、无机矿物的富集以及壳质组相对亏损的规律，表明铀在过渡带的沉淀富集可能与这些因素有关。

1）惰质组分的分带特征

过渡带和原生带的惰质组分相比，前者的丝质体和半丝质体含量很高（分别为 8.1 倍和 3.6 倍），碎屑惰质组的含量也高（2.9 倍）；只有微粒体含量严重亏损，原生带是过渡带的 5.6 倍。这就是说，过渡带中的有机质组分伴随着丝质体、半丝质体和碎屑惰质体的富集以及微粒体的严重亏损。

丝质体和半丝质体富集，说明高等植物煤化过程中经历的丝炭化作用程度更强。而丝炭化程度高又说明高等植物在沉积煤化过程中，特别是在沉积前或在沉积表面上的炭化、氧化、腐败作用以及真菌腐蚀均作用比较强烈，这些作用对铀矿富集可能是有利的。

据镜下观察，过渡带中的碎屑惰质体含量高，分析原因有两个：一是埋藏前生物化学降解作用或运移过程中的机械破碎；二是在埋藏后遭受负载压力或构造破坏。过渡带中碎屑惰质体的富集，表明了东胜砂岩铀矿含矿砂体经历了水流的渗入作用，并且古水动力较强。

原生带煤屑微粒体是过渡带的 5.6 倍，说明原生带微粒体非常富集而过渡带微粒体严重亏损。研究区所有样品中普遍存在微粒体，表明直罗组早期处于腐泥、腐殖共存的沉积环境。相对于过渡带和古氧化带而言，微粒体在原生带的富集，标志着原生带中的固体有机质煤有较强生烃能力，这样可以赋予原生带较大的还原容量，对于铀在原生带的前方富集沉淀具有重要意义。

2）壳质组分的分带特征

原生带中的壳质组是成煤植物中稳定性强、在泥炭化作用、褐煤直到低级烟煤阶段的成岩作用期间几乎没有发生实质性变化而保存在煤中的组分；过渡带中的煤屑往往伴随着壳质组的严重亏损。过渡带和原生带多个样品定量检测统计表明，过渡带出现壳质组亏损现象，主要是因为树脂体严重缺乏造成的，其中原生带中的树脂体是过渡带中的 22.2 倍之多。

前人研究表明，树脂体是煤成烃的重要有机组分（黄第藩等，1995；孙旵等，2006）本研究区原生带树脂体高度富集，并且热演化程度为 0.5 左右，已达到生成低熟油的门限值，所以原生带中的固体有机质煤已经具备了生烃能力，可以生成低熟油，为铀矿在该区沉淀提供了较高还原容量，创造了较好的地层还原物质基础。

因此从固体有机质煤的横向不同分带特征来看，古氧化带中的固体有机质煤基本不发育；过渡带和还原带中含量丰富，但是二者有别，这是不同地球化学分带中的有机显微组分和亚组分不同造成的，微粒体和树脂体的强烈分带性是造成地球化学有机质分带的原因，这两种组分的富集使得原生带中的煤具有较好生烃能力，低熟油的存在形成较强的地层还原容量，可以阻挡氧化前锋线的前移，对铀在过渡带沉淀的作用不可忽视。所以，这些有机显微组分的差别可以作为东胜铀矿床横向分带的识别标志，是在该研究区扩大找矿规模的重要有机地球化学微观识别标志之一。

(2) 煤有机显微组分的纵向分带特征

这里所说的纵向分带特征是指赋矿层位与下伏延安组地层的煤显微组分分带特征。通过对两个不同地层煤岩样品的 3 种有机显微组分鉴定和定量统计，直罗组和延安组相比而言，镜质组和惰质组差别最大，直罗组中的镜质组是延安组的 1.45 倍，无机矿物是后者的 1.2 倍；而延安组的惰质组是前者的 7.4 倍、壳质组是前者的 1.45 倍；直罗组中有机质的成熟度略低于延安组，说明热变质程度较延安组低。可见，显微组分的不同主要体现在三大显微组分的含量上。

众所周知，油气烃类物质的存在可以对铀矿的形成起到还原作用，东胜铀矿区油气显示的发现也是对该矿床进行有机研究的重要可观基础。油气有正常油气和煤型油气之分，煤成烃作为烃类物质，同样能够为铀的还原沉淀创造条件，但是煤成烃的问题在砂岩铀矿床有机地球化学研究中尚很少有前人提及。前人已经认识到油气与铀成矿之间关系密切，但是往往以起到"还原作用"笼统概括之；对于有机作用与铀成矿的关系，前人从腐殖酸角度研究较多，认为腐殖酸对于铀矿的形成主要起到吸附、络合以及还原作用。但腐殖酸仅仅是有机质研究内容的一部分，我们需要从有机地球化学角度全面考虑而不能仅仅局限于"腐殖酸"范畴。东胜铀矿床中煤成烃的发现，让我们认识煤成烃与铀成矿的关系成为可能。煤岩的三大有机显微组分均有生烃潜力，其关键在于是否具有富氢组分以及含量的高低。目前学术界关于镜质组和惰质组的生烃问题尚存争议，而壳质组分是公认的富氢显微组分，其生烃问题研究最为深入。

直罗组赋矿砂岩中的煤与下伏延安组的煤相比，二者均富集树脂体。矿层中的固体有机质煤在不同分带中的特点是，过渡带和氧化带中的树脂体明显少，还原带中的树脂体明显多。

上述特点有重要的地质意义，因为树脂体和微粒体是煤成烃的重要生烃标志，矿区中煤(直罗组含矿层)的生烃组分含量较高，说明具有生烃意义，对于增加地层的还原容量具有重要意义。由于这种生烃能力直接赋存在侏罗系地层中，所以使得赋矿砂岩具有先天的还原物质基础；加上断裂构造发育，油气运移主幕在早白垩世末期发生，在研究区一带共同构成有利的还原环境，从而使得铀矿物在研究区一带沉淀成矿。

另外有意义的是，从横向不同地球化学分带来看，原生带的生烃组分最为富集，而过渡带和古氧化带中的生烃组分很少，说明原生带中的伴生固体有机质具有更强的生烃能力，其赋予地层更强的还原性容量，从这个角度讲，正是这种固体有机质的微观差别，是铀矿在过渡带沉淀的有利有机指相，而也许正是这些固体有机质内在差别的过渡之处，才是氧化–还原前锋线的内在指示标志。

就矿层固体有机质的生烃(煤成烃)能力来讲,由于有机质的数量有限,所以这种先天性的供给性不足必然造成其本身不会产生商业性的油气藏,但是对于铀成矿来讲,只要能够提供适合于沉淀的地层的还原容量就够了;相反,如果研究区具有大的工业油气藏的话反而不好,因为这样会导致还原性更强,不利于铀在该处沉淀(孙晔、李子颖,2007)。

3. 煤中的矿物组分与铀的富集

赋矿砂岩的煤屑中,主要富集了黄铁矿、黑色黏土、方解石和石英等矿物,并且过渡带煤屑中矿物的含量明显高于非矿石砂岩煤屑中的含量。黏土矿物对铀矿物具有强烈的吸附作用,这也许就是过渡带中的煤屑富集黑色黏土的原因。仔细对比过渡带与原生带煤屑中的无机矿物,发现前者往往富集黄铁矿,而原生带煤屑中基本不含黄铁矿或者含量甚微,这个规律非常典型。过渡带煤屑中的黄铁矿往往赋存在显微组分的植物胞腔或次生孔隙中(图25.6a、b);黄铁矿的产状主要有两种类型,即颗粒状和集合体状。根据黄铁矿的充填情况和赋存空间,判断黄铁矿应当属于后来充填物质。铀矿石煤屑中的黄铁矿和黏土含量高,有利于铀的吸附和沉淀。因此,东胜铀矿石与黄铁矿关系密切,并且铀石常常环绕在黄铁矿的周缘沉淀,说明黄铁矿高含量可能是矿层煤屑富铀的重要原因之一。

4. 铀在煤中的赋存状态

研究表明,煤屑中铀的富集可能与惰质组分(丝质体、半丝质体、碎屑惰质体)的富集、无机矿物特别是黄铁矿和黏土的富集有关。为此,笔者进行了煤屑中铀赋存状态的分析测试研究。

为了进一步观察铀矿物与伴生有机质的接触关系,对部分富集固体有机质的铀矿石进行了放射性照相。结果发现,煤屑具有富集铀的现象。图25.6c为偏光显微镜下照片,见黑色有机质脉体(煤屑);图25.6d为相对应的放射性径迹蚀刻照相,可见径迹勾勒出有机质脉体的形状,铀在有机质中呈不规则分散状分布。

通过对矿段煤屑中铀的富集状态进行扫描电镜观察,发现铀的赋存状态有两种,并且以有机分散吸附态占据主要地位。

一是无机结合态:以铀石矿物颗粒形式存在。铀石的存在方式与煤屑中的无机矿物,尤其是黄铁矿关系密切,常与黄铁矿伴生。黄铁矿的产状主要有两种,一是块状,铀石常存在于块状黄铁矿的边缘(图25.6e);二是集合体状(草莓状和球状集合体),铀石常常分布在这些微粒黄铁矿的表面(图25.6f)。

二是有机分散吸附态:这种分散状的细小铀矿物颗粒在扫描电镜下观察不到,但是可以利用放射性照相手段实现,径迹蚀刻显示了以分散状态存在的铀的分布。由于煤屑中存在许多显微组分的细胞腔,如结构镜质体胞腔、丝织体和半丝织体的细胞腔,这些胞腔中或者中空,或者充填有黑色黏土、黄铁矿、方解石、石英等矿物;另外,均质镜质体中多存在裂隙。这些中空植物胞腔、胞腔充填物、裂隙以及具有吸附作用的有机显微组分,使得煤的比表面积大,结构较为疏松,吸附能力强,构成了有机质的内在吸附剂;

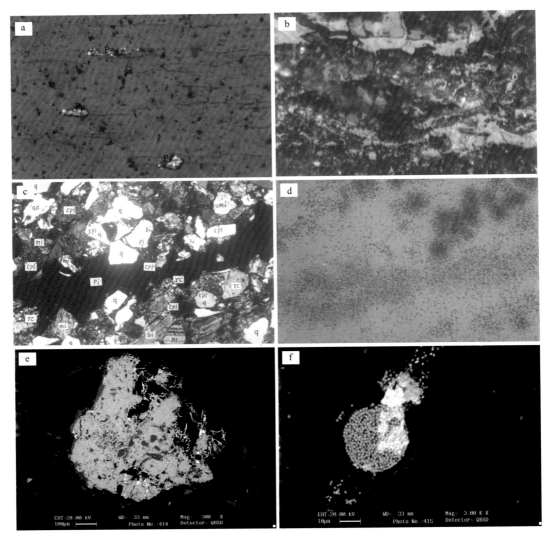

图 25.6

a. 植物胞腔中充填有草莓状黄铁矿(×500,油浸反射光);b. 灰色基质镜质体及黑色黏土矿物(×500,油浸反射光);c. 煤屑富集铀的现象,显微镜下照片(×41,单偏光);d. 视域放射性照相显示铀在固体有机质中以分散吸附状态存在;e. 铀石赋存在块状黄铁矿的边缘(扫描电镜);f. 固体有机质(煤屑)中的部分植物胞腔中存在铀石交代草莓状黄铁矿的现象(扫描电镜)

铀矿物就充填或吸附在这些胞腔孔隙、裂缝以及有机吸附剂中,主要以吸附状态存在。

5. 煤的热变质与铀的关系

根据前文述及,东胜砂岩铀矿伴生煤屑的变质程度以长焰煤的初级演化阶段为主,褐煤-长焰煤、褐煤次之。分析测试表明,富铀煤屑的 R^o 均值为 0.475%;贫铀煤屑的 R^o 均值 0.438%,可见富铀煤屑的热演化程度较贫铀煤屑高;延安组第五单元煤样的 R^o 均值 0.497%。热演化程度（R^o）由高到低的顺序为：延安煤>铀矿石煤屑>非矿石煤屑。铀矿石煤屑比非矿石煤屑的热演化程度偏高，是有机找矿的一个重要标志，可能与有机-无机相互作用以及铀的放射性衰变产生热量有关。

进一步研究表明，随着铀品位的变化，矿床伴生煤屑呈现规律性变化，二者之间有较好的相关性。在铀矿床的不同地球化学分带中，过渡带中铀的品位最高，与之相对应，过渡带中的煤屑的煤级高于其他分带中的煤屑。过渡带煤屑成熟度比其他分带中的高，说明随着铀的含量增加、品位升高，其伴生煤屑的热演化程度也升高。这是有机质与无机铀矿相互作用的体现，可能是由于铀的放射性衰变产生热量，从而加速了有机质的成熟过程。

6. 煤的有机分带规律

总体来看，不同分带的样品中，过渡带中的煤级较高，主要是长焰煤；原生带中的样品为褐煤、褐煤-长焰煤；古氧化带中的煤不发育；延安组煤属于长焰煤。煤的这种分带规律体现了铀矿床的有机地球化学分布特征，表 25.10 是东胜铀矿床某代表性剖面中煤的有机地球化学相的不同分带情况。

表 25.10　东胜铀矿床某代表性剖面中煤的有机分带规律

地球化学分带名称		原生带	过渡带	古氧化带
煤的有机分带规律	显微组分	壳质组多(5.3%)	惰质组多(6.1%)	肉眼可见固体有机质很少，未参与讨论
	亚显微组分	树脂体多(3.78%) 微粒体多(0.78%)	丝质体和半丝质体多	
	变质程度	低(0.31%~0.43%)	高(0.45%~0.58%)；铀的品位与有机质变质程度呈正相关关系	
	煤级	褐煤、褐煤-长焰煤	全部为长焰煤	
	生物成因黄铁矿	发现存在	发育霉球状 Py，生物成因	没发现

综上所述，固体有机质与铀的关系可概括如下：

1) 矿床中的固体有机质是煤(屑)，没有发现石油蚀变而成的固体沥青，煤与东胜铀矿床的关系密切。

2) 固体有机质(煤)具有分带规律：固体有机质的煤岩有机(亚)显微组分、热变质程度、煤级等指标均有明显的分带性特点，这可以作为有效的有机找矿标志。与原生带进行比较，过渡带中固体有机质煤的煤成烃组分亏损、热成熟度较高、煤级全部为长焰煤(原生带中为褐煤、褐煤-长焰煤)；除此之外，铀的富集带与有机质的热变质程度相对较高相对应。这些结果源于有机-无机相互作用，并且初步研究认为，铀的放射性衰变以及热量的产生对这种分异起到重要作用。

3) 固体有机质中含有无机矿物，过渡带中的黑色黏土、黄铁矿等相对富集，表明有机质与这两种矿物关系密切。黄铁矿可以作为找矿的还原指示剂，黏土常常与有机质结合形成有机黏土复合体，有机黏土复合体的吸附以及络合作用对于铀的成矿过程有利。

在砂岩铀矿床中,不论是在有机质还是在砂岩中,黄铁矿和有机黏土复合体与铀的赋存状态关系最为密切。

(二) 煤成烃与铀成矿

研究表明,东胜铀矿床中的煤成烃有其鲜明的特征,这些特征表明煤成烃与东胜铀矿床之间具有深刻的内涵。

1. 煤成烃组分的分带规律

研究过程中发现,生烃母质树脂体、煤成烃固体残留物微粒体以及次生有机组分渗出沥青体具有一个共性特点,即原生带中相对富集而过渡带(矿化带)中严重亏损。根据多条剖面的定量统计,原生带中树脂体的含量是过渡带的 22.2 倍,微粒体是 5.6 倍。

根据不同分带有机质的热演化程度定量统计,过渡带中固体有机质的热演化程度都高于原生带,其中过渡带的成熟度均值为 0.46%,而原生带的成熟度均值为 0.44%。另外,过渡带中煤屑的煤级都比原生带要高,过渡带固体有机质全部处于长焰煤的初级阶段,而原生带固体有机质的煤级要么是褐煤,要么处于褐煤-长焰煤的过渡阶段,全部低于过渡带煤的级别。

由上可知,与原生带相比,过渡带的固体有机质具有热演化程度高、煤级高和煤成烃组分亏损的特点。这些现象的共同出现不是偶然,我们知道,过渡带和原生带的最大区别在于放射性元素铀的富集和贫乏。铀具有放射性,除了部分微生物参与铀成矿之外(Lovley *et al.*, 1991),铀是绝大多数生命物质的剧毒性物质。铀的放射性衰变热作用会对伴生的有机质进行影响并对其进行改造,使有机质发生了比原生带有机质更为强烈的热变质作用,进而加速了有机质的热演化进程,并在某种程度上对有机质热演化起到了明显的"催化"作用,这应该是出现上述众多分带现象的内在根源。在这个过程中,铀的放射性衰变产生的热量等也是不容忽视的因素。有关该领域的研究,前人很少报道,是进行有机-无机相互作用研究中值得深入探索的问题。

上述分析表明,原生带和过渡带的有机分带特征很可能与铀的放射性衰变作用直接相关。从这个意义讲,正是铀矿改造产生的强烈有机分带性,使得我们可以将其作为找矿的有效标志。

2. 煤成烃与油气包裹体的关系

煤成烃在东胜铀矿床中确实存在,其运移到砂岩当中,势必要影响到包裹体的成分。换言之,煤成烃构成了油气包裹体的一种来源。

研究表明,对于研究区而言,生烃母质树脂体和荧光质体具有幕式排烃的特点,并且研究区的煤成烃至少已经发生了三幕生(排)烃阶段,综合考虑树脂体和荧光质体同时和间互排烃的特点,生烃母质的综合排烃过程基本上对应着有机质成熟度的 3 个演化阶段,即第一个阶段为 0.39% ~ 0.40%,第二个阶段为 0.41% ~ 0.51%,第三个阶段为 0.52% ~ 0.58%。其中第一个阶段由树脂体排烃,此时荧光质体尚处于积累阶段。第二个阶段为树脂体和荧光质体共同作用所致，该阶段的一个重要特点是除了树脂体以外，荧光质体开始参与排烃，二者间互排烃或同时进行，该阶段的煤成烃表现为两种生烃母质的共同贡献。第三个排烃阶段主要由荧光质体承担起了生烃的任务，树脂体在该阶段的贡献位于次要地位。综合来看三次排烃过程，与煤成烃的相关理论吻合较好。研究表明，树脂体的生烃门限在 $R^o = 0.24\% \sim 0.35\%$，在未低熟阶段（$R^o < 0.55\%$），主要表现为生成液态石油的贡献（程克明等，1995）；煤成烃理论还认为，煤系烃源岩在 $R^o < 0.55\%$ 的未成熟阶段以树脂体生烃为主，主要生成天然气、凝析油和原油（程克明等，1995）。基于相关认识，根据研究区的有机质成熟度范围 $0.31\% \sim 0.58\%$，可以说，树脂体生成的煤成烃既产出液态石油，又产出天然气。荧光质体的煤成烃特点与树脂体相似，但是其生烃时间明显滞后于树脂体，这与前人的研究结果一致（程克明等，1995）。

　　基于以上分析，东胜侏罗系的煤成烃具有三次集中排烃期，必然对应发育三期包裹体，这与前人研究结果非常吻合。东胜赋矿砂岩共发育三期油气包裹体，早期为重质油（稠油）、中期为中质油气、晚期为轻质油气并且以天然气为主，并且认为这三期包裹体中，尤其以第三期包裹体最为发育。煤成烃的三次排烃阶段，必然会给包裹体打上深深的烙印，三期包裹体的存在，正是煤的三次排烃的地质化石记录。包裹体中检测到液态石油和气、液两相共存的情况，这也正是煤成烃所具备的成分。另外重要的是，相对于第一、第二期包裹体而言，第三期包裹体最为发育，并且以天然气为主，充分说明第三期包裹体除了铀矿床中的煤成烃(气)的贡献外，必然有更强大的外源，这就是源于深部古生界天然气的大规模向上逸散。同时，第三期包裹体反映了重大的事件，与鄂尔多斯盆地油气大规模运移的关键时刻相一致，并且对应着燕山运动第三幕的强烈发生。可以说，研究区的侏罗系煤系地层与深部向上逸散的大规模天然气相互叠加，促进了铀成矿后"二次还原"作用的发生，并且对业已形成的矿体进一步改造。

3. 煤成烃的开始时间与铀的主要成矿期

　　沉积物埋藏后依次经历成岩阶段和后生阶段，其中成岩阶段相对时间短暂，后生阶段则是砂岩铀成矿的主要阶段。煤成烃理论认为，树脂体生烃发生在成岩作用早期，树脂体一进入成岩阶段就开始了它的生、排烃过程（王铁冠等，1995）。由于东胜铀矿的主要成矿期发生在后生阶段，所以煤成烃的开始时间先于铀的主要成矿期。另外，铀成矿年代学研究表明，东胜铀矿床的主要成矿期发生在早白垩世末期-新近纪期间，这时已经处于后生阶段，显然大大滞后于煤成烃的时间。也就是说，煤成烃先期为赋矿层位提供了还原容量，为铀在东胜矿区的富集沉淀提供了还原屏障。

　　事实上，延安组高等植物开始沉积后，便进入了深埋的地质历程。我们不仅要重视与后生水成铀矿关系密切的抬升期，还要关注地层抬升之前的埋藏期，这是因为在埋藏期内发生着有利于铀成矿的作用，对于东胜研究区来讲就是煤化作用和煤成烃作用。赋矿地层特别是延安组的高等植物经历了短暂的泥炭阶段后（高等植物在水体或者沼泽中发生煤化作用，经历泥炭阶段一般需要 1 万年左右），便开始了地质时期漫长的深埋阶段。铀成矿作用主要发生在早白垩世末期的地层抬升之后，但是从延安组沉积到早白垩末期地层大规模抬升之前，地层经历了长达近 85 Ma 的深埋阶段。在这个阶段中，泥炭大概占用了 1 万年的时间可以忽略不计，所以整个沉降阶段（近 85 Ma）基本上全部处于褐煤的演化阶段。煤岩学告诉我们，不同类型的煤岩，其有机显微组分特点不同，东胜铀矿床具备生烃母质如树脂体、荧光质体等富氢显微组分，这是煤岩组分的物质结构决定的。所以在长达近 85 Ma 的阶段中，在早白垩世末期的地层大规模抬升之前，在铀的主要成矿期之前，东胜铀矿床的煤系地层（直罗组、延安组）已经先期具备了还原物质基础，所以煤开始成烃发生在铀的主要成矿期之前并不难理解。

4. 煤成烃的规模

侏罗系煤成烃开始生烃先于东胜铀成矿的主要成矿期，但是，煤成烃的规模怎样？这是亟待回答的问题，因为据此可以考虑煤成烃是否可以为铀成矿提供必需的还原容量。

前文已述，延安组煤层和矿层的薄煤层、煤线和煤屑均具有一定的煤成烃能力，东胜铀矿区下伏延安组煤层储量丰厚，其煤成烃的规模比含矿层中的煤成烃规模要大得多，对铀成矿起的作用不容忽视。另外，深部古生界天然气的向上逸散对铀成矿更提供了强大的还原容量。

煤成烃理论认为，要形成具有工业价值的煤成油气藏，煤系地层中树脂体含量的下限是 5%（王铁冠，1995）；东胜铀矿床 10 个原生带样品树脂体的平均值为 3.78%，3 个延安组的样品树脂体含量平均值 3.5%（样品数量少导致其含量可能降低），其含量与工业下限值比较接近。也就是说，东胜含矿层位和下伏延安组不具备生成工业油气藏的条件，但是对于庞大的煤系地层来讲，为铀成矿提供所需要的还原容量是可能的。

分析表明，东胜铀矿床古氧化带有机碳的平均含量是 0.11%，过渡带（矿化带）有机碳的平均含量 0.72%，原生带有机碳的平均含量 0.68%。原苏联的门库杜克砂岩铀矿床中有机碳的平均含量 0.04%~0.05%，大大低于东胜铀矿床的有机碳平均含量。可见，东胜铀矿床矿层本身的有机碳含量具备铀成矿所需要的还原容量。

与侏罗系煤成烃的规模相比，地层深部古生界天然气向上逸散的规模更大，为铀成矿提供了强大的外来还原剂，从而使得赋矿地层保持相对持续的还原容量，更有利于铀矿床的形成和保存。

5. 煤成烃的持续性

煤成烃具有幕式排烃的特点；实际上，煤成烃到现在仍在进行，换言之，其幕式排烃尚未结束。

首先，荧光强度、荧光变异性质分析表明，荧光强度的快速下降对应着生油高峰，而荧光的消失是其生油结束的标志（赵长毅、金奎励，1992）。针对研究区样品而言，东胜铀矿床煤岩中的树脂体、孢子体、荧光质体等壳质组分目前生烃尚未结束，因为其荧光尚未消失。模拟实验表明，树脂体的荧光消失时的镜质组反射率分别约为 1.0%（卢双舫，1996），目前样品中树脂体对应的镜质组反射率为 0.31%~0.58%，距离其荧光消失的成熟度还相差很远；钟宁宁等（1995）还认为，"荧光质体在进入最大生油期时荧光消失，几乎可以全部转变为烃类"，所以东胜矿区侏罗系煤系地层树脂体、荧光质体的生烃过程仍在进行。但是由于其含量不断减少，所以生烃规模应该逐渐减少。另外，由于煤层埋深较浅，类似于吐哈盆地侏罗系的煤成烃问题（王铁冠等，1995），其煤岩组分在早白垩末期已经基本定型。

其次，目前矿床中有机质的成熟度仍然处于未-低熟阶段。原生带中的树脂体和荧光质体仍然非常发育，个别样品树脂体的含量高达 22.9%，说明有机质的生烃作用仍然在进行。这种到目前仍然生烃的状态使得矿层中的还原容量得到及时的补充和维持，这对于东胜矿体的保存和破坏的避免，意义重大。

研究区侏罗系的煤成烃与铀成矿关系深刻。煤成烃组分具有强烈的分带性特点，与铀富集引起的改造有关，同时又是有效的找矿标志。煤成烃可以形成还原屏障，有利于铀成矿作用的发生。研究区的煤成烃模式主要是树脂体和荧光质体生烃。矿层本身的固体有机质具有煤成烃作用，为铀成矿提供了自身还原剂。延安组的煤成烃通过构造裂隙向上运移，为铀成矿提供了一种外在还原剂。深部古生界煤成气的向上大规模逸散，更是为铀矿床的存在提供了强有力的外来还原剂。

1）煤成烃具有显著的"幕式"排烃的特点，并且发生了 2~3 期集中排烃的过程，对应着 2~3 期油气包裹体的发育，从而将煤成烃运聚期次与油气包裹体的发育期次很好的对应起来。在烃类的 3 次运移当中，第三期包裹体最为发育，且以天然气为主，说明这一期天然气更多地源于深部天然气的大规模向上逸散；第三期包裹体的发育与鄂尔多斯盆地油气大规模运移的关键时刻相一致。研究区的侏罗系煤系地层与深部向上逸散的大规模天然气相互叠加，促进了铀成矿后"二次还原"作用的发生，并且对业已形成的矿体进一步改造。

2）侏罗系煤开始成烃、排烃和运移的时间发生在铀的主要成矿期之前，在铀成矿之前先期为赋矿地层提供了还原物质基础（还原容量）。研究区侏罗系煤成烃的规模不能形成工业油气藏，但是较为接近工业油气藏标准的下限；加之深部古生界煤成气的更强有力的逸散作用，所以完全可以满足铀成矿所需要的还原容量。

3）煤成烃具有持续生烃的特点，目前仍然生烃的状态使得矿层中的还原容量得到及时的补充和维持，这有利于东胜矿体的保存，但是不利于后期的进一步铀富集。

三、矿石的成矿年龄测定

东胜地区砂岩型铀矿成矿年龄研究表明，孙家梁地段铀矿化具有典型的卷状铀矿体特征，矿体不同部位的矿化年龄不同，矿体翼部的成矿年龄较老，成矿年龄为 120±11 Ma 和 80±5 Ma，即成矿作用发生在早白垩世和晚白垩世；矿体卷头部位的成矿年龄为 20±2 Ma、8±1 Ma，铀矿化作用发生在新近纪的中新世和上新世。沙沙圪台地段的铀矿体是呈不规则的卷状，卷头和翼部成矿年龄基本一致，有 124±6 Ma 和 80±5 Ma 的成矿年龄。

中侏罗世末至白垩纪，燕山运动一直使盆地边缘发生隆起构造变形，因为成矿环境不断受到改造作用，可能发育一定程度的层间氧化带，而形成矿化现象。孙家梁地段和沙沙圪台地段成矿年龄为 120±5 Ma 和 85±5 Ma，即成矿时期发生在燕山运动中晚期，与地壳抬升密切相关。

新生代时期盆地周围构造运动形成断陷盆地,同时盆地仍不断抬升,并可能伴随有热事件,地层水动力坡度较大,对原有铀矿进一步改造形成富矿体。孙家梁地段卷头部位的成矿年龄为 8 ± 1 Ma、20 ± 2 Ma,即成矿时期发生在新近纪的中新世和上新世。该时期的铀矿体富含放射成因的初始铅,表明成矿作用是对原先铀矿体的改造向前推移的结果。因此东胜地区砂岩型铀矿床是后生水成多次叠加改造再富集而形成的砂岩型铀矿床。

第五节　东胜砂岩型铀矿叠合成矿模式

鄂尔多斯盆地东北部砂岩型铀矿床的形成经历复杂的地质构造过程,表现出铀源、成矿流体和成矿作用的多重叠合性。

一、成 矿 铀 源

鄂尔多斯盆地东北部砂岩型铀矿化铀源具有来自于蚀源区岩石、中生代地层及部分油气水带入的多源特征(Li et al., 2008a, b)。

1. 蚀源区铀源

鄂尔多斯盆地东北部沉积物源主要来自于盆地的北西部、北部蚀源区,盆地北西部、北部大面积分布的太古代、早元古代结晶岩系和不同时代的花岗岩类岩体铀含量一般较高,不仅是研究区侏罗系直罗组和延安组的物源和铀初始富集的铀源,同时也为后期成矿提供一定的铀源。海西中期的各类岩体铀含量相对较低,一般在 $3\times10^{-6}\sim4\times10^{-6}$;海西中期—燕山早期各类岩体铀含量较高,一般在 $4\times10^{-6}\sim8\times10^{-6}$,其中印支期花岗岩($\gamma_5^1$)铀含量高达 12.0×10^{-6}。鄂尔多斯盆地东北部蚀源区岩石总体具有较高的铀含量,可为研究区砂岩型铀矿的形成提供较丰富的铀源。

2. 中生代地层铀源

延安组和直罗组及华池-环河组形成于温暖潮湿气候条件,富含大量的腐殖质、碳质和煤层,具有较强的铀吸附还原能力,使地层本身在沉积过程中富集了大量的铀,延安组、直罗组和华池-环河组砂岩的铀含量均较高。

根据航放资料的分析,鄂尔多斯盆地东北部存在大面积的铀高场区,这些高场区的分布与三叠系、侏罗系地表露头区相吻合,且在研究区的侏罗系延安组露头附近见大量的航放异常点(铀含量达 11×10^{-6},正常为 $2\times10^{-6}\sim3\times10^{-6}$),说明侏罗系、三叠系铀丰度值高,作为成矿目标层位及直接基底可为铀成矿提供丰富的铀源;而西部铀含量低,可能为其上覆厚层白垩系沉积物的缘故。

通过研究目标层直罗组沉积砂体的 U-Pb 同位素演化特征,计算样品中原始铀含量(U_0)和铀的近代得、失(ΔU)情况。鄂尔多斯盆地东北部直罗组砂体现测铀含量为

$2.40×10^{-6}～9.61×10^{-6}$，平均值为 $4.35×10^{-6}$；原始铀含量 U_0 平均值高达 $21.95×10^{-6}$，说明直罗组沉积时富铀，但不均一，具有典型的富铀砂体特点。U-Pb 同位素研究还表明，直罗组氧化带岩石丢失了大量铀，也应是铀矿化重要铀来源之一。

含矿层灰绿色砂岩（古氧化作用的产物）的平均铀含量（$3.00×10^{-6}$）明显低于灰色砂岩的平均铀含量（$6.10×10^{-6}$），相差（$3.10×10^{-6}$），也表明灰色砂岩氧化后有明显的铀丢失。

3. 油气流体的铀源贡献

分析数据表明，石油、油层水较地表水具有数倍至数十倍的高铀含量，油气及油层水中的铀和其他金属元素聚集，是由于在有机酸的酸溶、萃取和金属-有机络合作用下，源自深部不同时期形成的富铀砂体、盆地内含铀火山岩、火山碎屑岩、盆地基底岩石以及存在铀预富集的生油母岩。鄂尔多斯盆地东北部油气的作用是一种普遍的现象，铀成矿带较原生带和古氧化带含有较高的油气流体包体及油气流体包体中较高的铀含量，均说明油气流体对成矿铀源作出了一定的贡献。

二、铀 的 迁 移

通常认为，在典型砂岩型铀矿形成过程中，铀的迁移是以碳酸铀酰络合物的形式进行搬运，有关这方面的论述和文献很多，在此不再赘述。本文着重讨论有机酸对铀迁移的影响。

1. 有机酸的形成

干酪根和煤通过热裂解可产生大量的有机酸，干酪根的含氧基团在岩石中矿物氧化剂（黏土矿物中的 Fe^{3+} 和聚硫化物）的氧化作用下也可形成有机酸，有机酸对铀有较大的迁移能力，这就为什么可以解释，在砂岩型铀成矿的氧化带，由于有机酸和铀共迁移，导致有机质含量降低，而在过渡带富集的现象。此外，有机酸还可以在深埋藏的晚成岩阶段（R^0 大于 1.3%），由烃类与硫酸盐矿物之间的热化学氧化还原反应生成。在有机酸形成的不同阶段，还伴随有大量有机成因的 CO_2 形成，成矿流体中 CO_2 含量的增加也有利于铀以碳酸铀酰络合物的形式进行迁移，但同时使碳酸盐化增强。因此，矿层中的有机质不仅可作为铀成矿的还原剂，而且在氧化条件下还可作为促使铀迁移的有利介质。

2. 有机酸对岩石组分的溶解

近几年来的实验研究表明，油气和油层水中有机酸特别是双官能团羧酸的存在能使铝硅酸盐矿物中铝离子的活动性大大增强，可使钾长石这样的铝硅酸盐矿物溶解度增加。在有机酸存在的情况下，铝硅酸盐矿物将失去稳定，铝被络合形成络合物而易于迁移形成次生溶孔。但是，络合物的稳定性与 pH 有关，如果携带络合物的流体的 pH 发生明显变化，那么络合物可能发生去稳定作用，沉淀像高岭石这样的矿物，并充填部分孔隙，产生高岭石化蚀变的现象。干酪根在大于 80 ℃时还可产生酚类酸性有机物，这种化合物与金属络合，使矿物溶解，产生次生孔隙。

有机酸还可络合二氧化硅。原油的生物降解产物（有机酸等）可以和溶解的 SiO_2 络合，从而加速石英和铝硅酸盐矿物在中性 pH 条件下的溶解过程。实验表明：草酸可以络合 SiO_2，在天然的和被污染的地下水系统中，硅酸易于和苯二甲酸、其他二元酸、腐殖酸、灰黄霉酸发生络合作用。这种作用被认为是在构造热事件背景下，成矿流体中硅质组分增加的原因。

综上所述，有机酸的分布十分广泛。鄂尔多斯盆地北部油气作用很强，由于油气和油层水中有机酸的溶解和强烈的络合作用，使得主要的造岩矿物长石、石英等发生不同程度的溶蚀、蚀变而产生大量的次生孔隙，同时伴随大量的铀有机络合物形成，促使铀的迁移。

三、铀 的 富 集

铀的富集是载铀成矿流体在流到特定场所时，由于其物理化学条件的改变，原来稳定的化合物或络合物变得不稳定，使铀产生卸载沉淀。影响含铀成矿流体条件改变的重要介质是有机质，它对铀沉淀的作用主要有还原和吸附作用：

在还原条件下，有机质对铀有明显的吸附作用，特别是与有机质中的腐殖酸和富里酸有关。腐殖酸分子结构中存在桥键、碳网而具有疏松的海绵状结构，大量分子可以分布在其孔隙中。UO_2^{2+} 离子的富集和铀有机络合物的凝聚程度决定吸附 UO_2^{2+} 的数量。在 pH = 3.4 的酸性环境下，吸附铀达到最大值。泥炭及褐煤吸附铀的能力最强，随着变质程度增高，有机质吸附铀的能力降低。

几乎所有固体的沥青和许多种煤（主要是其中的腐殖酸）均具备了使铀还原和沉淀的条件。能还原铀的物质可以是沉积时带入盆地的植物残骸，也可以是成岩之后带入的沥青、油气等。还原反应速度取决于有机质性质及反应温度。

研究区铀矿在形成的晚期经历了特殊的构造热事件，由于热的双重作用产生具有很强迁移能力的成矿流体，使成矿流体富集 U、Mo、Re、V、Se 及 Si、Ti、P、REE（稀土）等。这种成矿流体的性质往往呈碱性。因此，导致成矿流体物质沉淀的主要因素是溶液的性质产生改变，从碱性转化到酸性（酸化）。在强烈油气的还原作用下，这种流体由碱性向酸性转化造成矿化物质沉淀。

四、成 矿 模 式

根据鄂尔多斯东北部铀矿床形成的条件、控制因素和成矿机理分析，该矿床形成具有非常复杂的成矿过程，经历了构造的多期次的"动-静"偶合、潜水氧化与层间氧化成矿作用的叠加、油气-热流体的复合改造等地质成矿作用。

鄂尔多斯东北部铀矿的成矿模式可以总结为"叠合成矿模式"（Metallogenic Superposition Model；图 25.7；Li et al.，2005，2008a，b；李子颖等，2006，2009），可分为四个阶段。

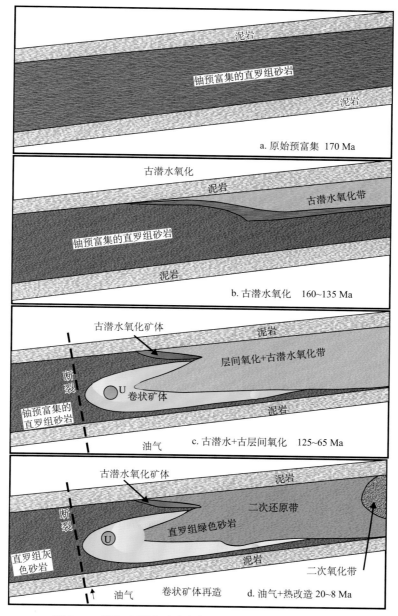

图 25.7　鄂尔多斯盆地东北部砂岩型铀矿叠合成矿模式

a. 原始预富集阶段；b. 古潜水氧化作用阶段；c. 古层间氧化作用阶段；d. 油气还原加热改造作用

（1）原始预富集阶段

直罗组辫状河含铀灰色砂体是铀成矿的物质基础，它是在潮湿气候条件接受沉积的，还原介质的发育有利于铀的预富集，形成富铀地层，为后期氧化还原成矿作用奠定了铀源基础。

（2）古潜水氧化作用阶段

古潜水氧化作用阶段主要发生在中、晚侏罗世。在直罗组沉积后，由于盆地抬升和掀斜运动，加上古气候由潮湿已转变为干旱-半干旱，含氧含铀水沿地层中砂体垂向向下渗透，形成古潜水氧化作用，并在含矿层中形成一定量的铀富集和矿化。

（3）古潜水和古层间氧化作用阶段

古层间氧化作用是形成鄂尔多斯盆地北部铀矿化的主成矿作用。主要发生在晚侏罗世—早白垩世早期，在这一时期，盆地抬升和掀斜运动，使盆地北部蚀源区及直罗组长期暴露地表并遭受长期的风化剥蚀，古气候为干旱-半干旱，含氧含铀水沿地层中砂体向下渗透，在砂岩层运移过程中将其中的铀不断淋出，铀随着含氧水不断向前运移和富集，形成"古层间氧化带砂岩型铀矿床"。

（4）油气(煤成气)还原和热改造作用

研究区油气(煤成气)的还原作用是多期次的，成矿富集带较多的油气包体的存在表明在成矿作用时期，油气(煤成气)参与了成矿作用；在成矿作用后期直到现在，由于构造活动和抬升减压等作用伴随多期次的油气(煤成气)还原作用，其中最重要的就是对含矿层的二次还原作用，导致古氧化带砂岩变为灰绿色砂岩，二次还原作用对早期形成的古矿具有保矿作用。

研究区矿床在形成之后，大约在 20~8 Ma 时期发生了较强烈的热改造作用，形成铀石、硒化物、硫化物和一些高温矿物，以及 P、Se、Si、Ti、REE 等元素的叠加富集，使该铀矿床具有自己独特的特征。

参 考 文 献

陈佩元等. 1996. 中国煤岩图鉴. 北京：煤炭工业出版社

陈中凯，金奎励. 1995. 天然固体沥青的有机岩石学特征. 煤田地质与勘探，23(4)：18~22

程克明，王铁冠，钟宁宁等. 1995. 烃源岩地球化学. 北京：科学出版社

何自新. 2003. 鄂尔多斯盆地演化与油气. 北京：石油工业出版社

黄第藩，秦匡宗，王铁冠等. 1995. 煤成油的形成和成烃机理. 北京：石油工业出版社. 1~444

黄世杰. 1994. 层间氧化带砂岩型铀矿的形成条件和判据. 铀矿地质，10(1)：6~13

焦养泉，陈安平，杨琴等. 2005. 砂体非均质性是铀成矿的关键因素之一——鄂尔多斯盆地东北部铀成矿规律探讨. 铀矿地质，21(1)：8~16

李思田，程守田，杨士恭等. 1992. 鄂尔多斯盆地东北部层序地层及沉积体系分析. 北京：地质出版社

李子颖，陈安平，方锡珩等. 2006. 鄂尔多斯盆地东北部砂岩型铀矿成矿机理和叠合成矿模式. 矿床地质，25(增刊)：245~248

李子颖，方锡珩，陈安平等. 2007. 鄂尔多斯盆地北部砂岩型铀矿目标层灰绿色砂岩成因. 中国科学（D 辑），37(增刊 I)：139~146

李子颖，方锡珩，陈安平等. 2009. 鄂尔多斯盆地东北部砂岩型铀矿叠合成矿模式. 铀矿地质，25(2)：

65～70

卢双舫. 1996. 有机质成烃动力学理论及应用. 北京: 石油工业出版社

孙晔, 李子颖. 2007. 东胜地区煤成烃的发现及其意义. 铀矿地质, 23(2): 77～83

孙晔, 李子颖, 肖新建. 2004. 油气圈闭与鄂尔多斯盆地北部铀成矿关系的探讨. 铀矿地质, (6): 337～343

孙晔, 李子颖, 肖新建等. 2006. 岩石热解技术在砂岩铀矿床烃类性质检测中的应用. 世界核地质科学, 23(3): 125～129

王凤国. 2003. 鄂尔多斯盆地杭锦旗地区油气化探特征及含油气远景评价. 物探与化探, 27(2): 104～114

王铁冠, 钟宁宁, 侯读杰等. 1995. 低熟油气形成机理与分布. 北京: 石油工业出版社

肖新建, 李子颖, 陈安平. 2004a. 东胜地区砂岩型铀矿床后生蚀变矿物分带特征初步研究. 铀矿地质, 20(3): 136～140

肖新建, 李子颖, 方锡珩等. 2004b. 东胜砂岩铀矿床成矿过程中低温热液流体的证据及意义. 矿物岩石地球化学通报, 23(4): 301～305

赵长毅, 金奎励. 1992. 显微组分荧光机理及其生烃性能. 第五届有机地球化学学术讨论会论文摘要汇编. 109～110

郑永飞, 陈江峰. 2000. 稳定同位素地球化学. 北京: 科学出版社

Adams S S, Smith R B. 1981. Geology and recognition criteria for sandstone uranium deposits in mixed fluvial-shallow marine sedimentary sequences, South Texas. US Department of Energy, Grand Junction Office, Colorado, USA

Finch W I. 1996. Uranium provinces of North America—Their definition, distribution, and models. US Geol Surv Bull, 2141: 18

Goldhaber M B, Reynolds R L, Rye R O. 1978. Origin of a south Texas roll-type uranium deposit: II. Sulfide petrology and sulfur isotope studies. Economic Geology, (73): 1690～1705

Li Z Y, Dong W M, Guo Q Y. 2004. Metallogenetic features and perspective evaluation of sandstone-type uranium mineralization in Hailaer Basin, NE China. In: IAEA (ed). Recent Developments in Uranium Resources and Production with Emphasis on in situ Leach Mining. IAEA-TECDOC-1396, IAEA. 91～100

Li Z Y, Chen A P, Fang X H et al. 2005. Metallogenetic conditions and exploration criteria of Dongsheng sandstone type uranium deposit in Inner Mongolia, China. In: Mao J W, Bierlein F P (eds). Mineral Deposit Research: Meeting the Global Challenge. Springer. 291～294

Li Z Y, Fang X H, Chen A P et al. 2007. Origin of gray-green sandstone in ore bed of sandstone type uranium deposit in North Ordos Basin. Science in China, Series D: Earth Science, 50(Supp II): 165～173

LI Z Y, Chen A P, Fang X H et al. 2008a. Origin and superposition metallogenic model of the sandstone-type uranium deposit in the northeastern Ordos Basin, China. Acta Geologica Sinica, 82(4): 745～749

Li Z Y, Jiao Y Q, Chen A P et al. 2008b. A special kind of sandstone type uranium deposit related to Jurassic paleochannel systems in northeastern Ordos Basin, China. In: Patyk-Kara N et al. (eds). Fluvial Palaeo-systems: Evolution and Mineral Deposits. Moscow. 109～119

Lovley D R, Pillips E J P, Gorby Y A et al. 1991. Microbial reduction of uranium. Nature, 350: 413～416

第五篇

有机-无机能源矿产相互
作用的实验模拟研究

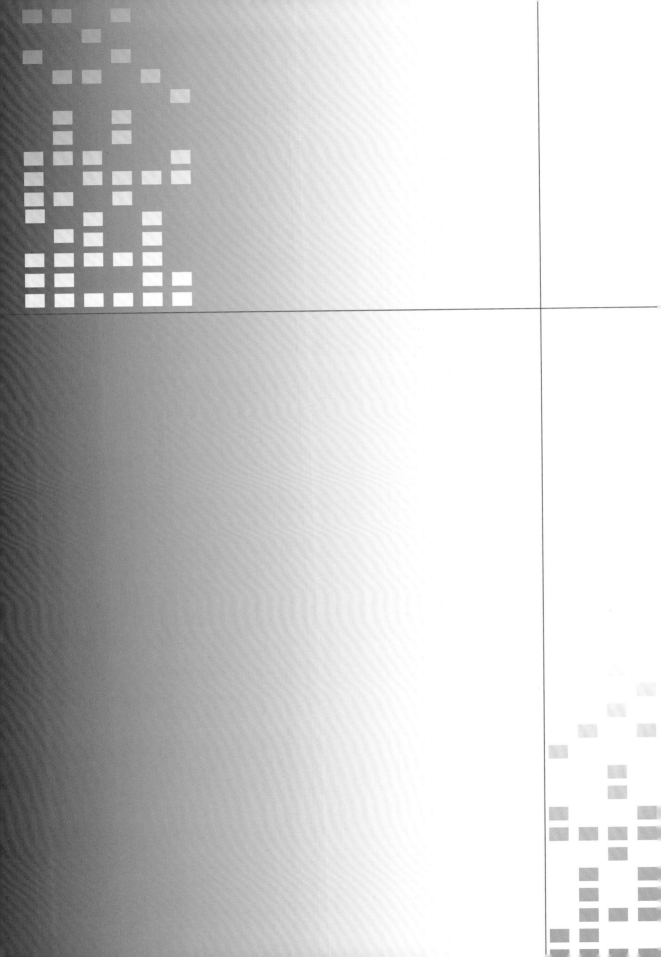

第二十六章　天然气在铀成矿中的作用[*]

鄂尔多斯盆地目前所发现的气田主要位于盆地中北部，产层主要为下古生界奥陶系和上古生界石炭–二叠系。两产层的天然气烃类组成以甲烷为主，甲烷含量几乎都大于90%。除东部气田镇 1 井、镇 6 井上二叠统上石盒子组、麒参 1 井下二叠统下石盒子组等产层中的天然气重烃含量大于 5.56%，干燥系数小于 94.18%，奥陶系产层的天然气重烃含量很低，以小于 1% 为主，石炭系和下二叠统山西组产层的天然气重烃含量也低于1.91%，干燥系数通常大于 95.67%，特别是奥陶系产层的天然气，干燥系数多数高达98% 以上，表现出了明显的干气特征。盆地已发现的天然气从气田数量和产储量来看，绝大多数为上古生界天然气，其气源岩为石炭–二叠系煤系地层。在盆地北部伊盟隆起区所发现的油气显示和天然气耗散、流岩作用所形成的各类蚀变、成矿现象，均与来自盆地中部的成熟煤型天然气有关（刘池洋等，2005；刘池洋等，2006）。本章所进行的模拟实验，所用的天然气均采自石炭–二叠系气田。

第一节　模拟实验及其产物和反应历程

关于天然气在铀成矿过程中的还原作用，前人已经做过一些实验模拟研究（Andreas and Kerr，1972；Nakashjma，1984）。研究比较出色的是赵凤民、沈才卿等（沈才卿、赵凤民，1985；赵凤民、沈才卿，1986），他们曾进行过 H_2、H_2S 与含铀溶液反应合成沥青铀矿的模拟实验，实验是在冷风自紧式高压釜中进行的，初始含铀溶液是铀浓度为23.8 mg/L 的硝酸铀酰溶液，实验所需的 H_2S 是通过硫代乙酰胺在高温高压条件下分解产生的，他们在不同温度下进行的实验都出现了沥青铀矿（主要成分为 UO_2）。胡凯进行了用加热分解有机质产生的 H_2、CH_4 与含铀溶液反应的实验，结果产生了晶质铀矿–石墨组合（胡凯、张祖还，1987）。王驹等通过热力学计算证实了天然气在铀成矿过程中的重要的还原作用（王驹、杜乐天，1995），他们推出的 H_2、CH_4、CO、H_2S 与铀酰离子（UO_2^{2+}）的反应方程式如下：

$$UO_2^{2+} + H_2 \longrightarrow UO_2\downarrow + 2H^+$$

$$CH_4 + 4UO_2^{2+} + 2H_2O \longrightarrow 4UO_2\downarrow + CO_2 + 8H^+$$

$$UO_2^{2+} + 2CO + H_2 + H_2O \longrightarrow UO_2\downarrow + C\downarrow + HCO_3^- + 3H^+$$

$$UO_2^{2+} + H_2S + 10OH^- \longrightarrow 4UO_2\downarrow + SO_4^{2-} + 6H_2O$$

---

[*] 作者：赵建社，梁玲玲，蔡义各，张荣兰. 西北大学化学与材料科学学院，西安.
E-mail：jszhao@ nwu.edu.cn

一、实 验 方 法

上述学者基本上都采用了天然气中的单一或多种组分作为模拟物来研究,我们以采自鄂尔多斯盆地北部大气田区所产的天然气与硝酸铀酰作用,模拟两者之间的反应,由于 H_2S 在铀成矿过程中的还原作用研究的比较透彻,所以选择除去 H_2S 的天然气为模拟反应物,设计了一系列实验来模拟天然气在铀成矿过程中的还原作用。以采自鄂尔多斯盆地靖边县所产的天然气为反应物,与含有硝酸铀酰的溶液进行低温还原反应。反应装置如图 26.1 所示。具体的模拟实验方法为:将 5.0 g 硝酸铀酰(或加入采自东胜铀矿的铀矿石和伴生元素($1 g V_2O_5$、$1 g Mo_2O_3$、$1 g SeO_2$)、50 mL 乙醇、20 mL 水的混合溶液置于实验装置中的三颈烧瓶中,然后在低温范围内(30~80 ℃)通入天然气 48 h,反应完成后将反应产物抽滤、干燥,通过 X 射线粉末衍射(XRD)对实验产物进行分析。

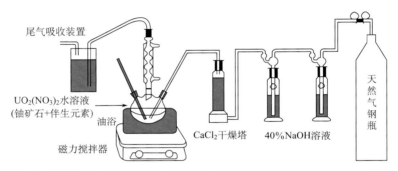

图 26.1   天然气在铀的成矿过程中的还原反应实验的装置示意图

二、实 验 产 物

分别以天然气以及天然气加入铀矿石和伴生元素与 UO_2^{2+} 在不同温度下实验,确定了模拟实验的主要产物。反应完成后将反应产物抽滤、干燥,通过 X 射线粉末衍射(XRD)对实验产物进行分析,另外,测定了不同温度下反应前后溶液的 pH、Eh 值,计算了产物的产量。同时,通过反应产物的扫描电镜对实验模拟产物其进行了进一步印证。实验结果分别如图 26.2—图 26.5 和表 26.1、表 26.2 所示。通过分析发现,模拟实验的主要产物为 UO_2。

表 26.1   天然气与 UO_2^{2+} 在不同温度下的实验模拟产物

T	30 ℃	40 ℃	50 ℃	60 ℃	70 ℃	80 ℃
反应前溶液 pH	2.52	2.65	2.88	2.79	2.83	2.75
反应后溶液 pH	1.16	2.24	1.91	1.76	1.89	2.02

续表

	T	30 ℃	40 ℃	50 ℃	60 ℃	70 ℃	80 ℃
反应前溶液	$E_{测定值}$/V	0.0406	0.0419	0.0437	0.0443	0.0458	0.0472
	E/V	0.2038	0.2025	0.2007	0.2001	0.1986	0.1972
反应后溶液	$E_{测定值}$/V	0.2453	0.2471	0.2600	0.2688	0.2837	0.3066
	E/V	−0.0009	−0.0027	−0.0156	−0.0244	−0.0393	−0.0622
产量/g		0.186	0.159	0.257	0.210	0.202	0.110
产物		UO_2	UO_2	UO_2	UO_2	UO_2	UO_2

注：仪器为 SDC 数字电位差综合测试仪(南京桑力电子设备厂)；正极(参比电极)为 232 型饱和甘汞电极(上海罗素科技有限公司)；负极为铂电极(上海康宁电光科技有限公司)

$$E_{饱和甘汞电极} - E = E_{测定值} \qquad E = E_{饱和甘汞电极} - E_{测定值} = 0.2444 - E_{测定值}$$

表 26.2　天然气与 UO_2^{2+} (加入铀矿石与伴生元素)在不同温度下实验模拟产物

	T	30 ℃	40 ℃	50 ℃	60 ℃	70 ℃	80 ℃
反应前溶液 pH		2.79	2.92	2.71	2.69	2.88	2.74
反应后溶液 pH		1.60	1.71	1.77	1.80	1.88	2.01
反应前溶液	$E_{测定值}$/V	0.0403	0.0415	0.0429	0.0441	0.0457	0.0469
	E/V	0.2041	0.2029	0.2015	0.2003	0.1994	0.1975
反应后溶液	$E_{测定值}$/V	0.2456	0.2500	0.2653	0.2741	0.2881	0.3112
	E/V	−0.0022	−0.0056	−0.0209	−0.0297	−0.0437	−0.0668
产量/g		0.161	0.172	0.198	0.131	0.165	0.122
产物		UO_2	UO_2	UO_2	UO_2	UO_2	UO_2

注：表注同表 26.1。

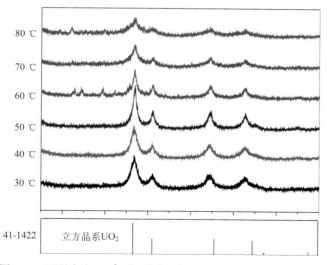

图 26.2　天然气与 UO_2^{2+} 在不同温度下反应所得产物的 XRD 图

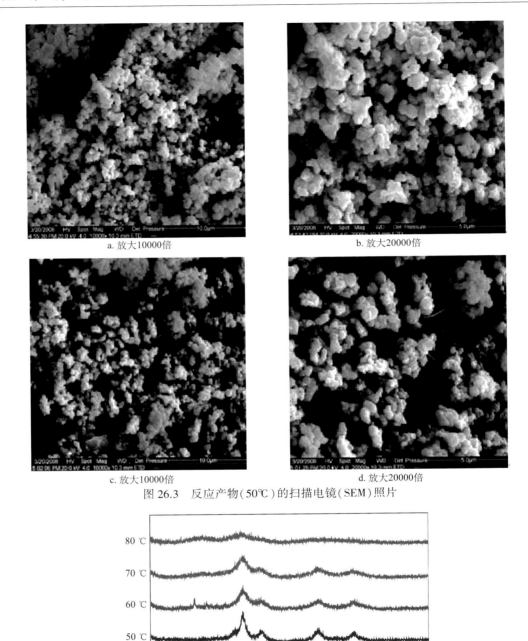

a. 放大10000倍   b. 放大20000倍

c. 放大10000倍   d. 放大20000倍

图 26.3 反应产物(50℃)的扫描电镜(SEM)照片

图 26.4 天然气与UO_2^{2+}(加入铀矿石与伴生元素)在不同温度下反应所得产物的 XRD 图

a. 放大10000倍　　　　　　　　　　　　b. 放大20000倍

c. 放大10000倍　　　　　　　　　　　　d. 放大20000倍

图 26.5　加入铀矿石与伴生元素后反应产物(50℃)扫描电镜(SEM)照片

三、反 应 历 程

　　为了揭示模拟实验中天然气所起还原作用的具体反应历程,将反应后的铀酰溶液进行了气相色谱分析(图 26.6),对天然气在铀成矿过程中所起还原作用的反应历程进行推测,并且将推测的反应式进行了热力学函数焓(H)及吉布斯自由能(G)的计算。

　　根据我们所做的模拟实验,反应前的铀酰溶液的 pH 值为酸性,说明铀酰离子在水中部分水解生成 $UO_2(OH)^+$:

$$UO_2^{2+} + H_2O \longrightarrow UO_2(OH)^+ + H^+ \tag{1}$$

将实验反应后的溶液进行了气相色谱分析,发现反应后的溶液中 CH_3OH 的含量有了不同程度的增大,由气相色谱图可知,甲醇的出峰位置在 2.603~2.635 min,乙醇的出峰位置在 2.782~2.811 min,反应前所用乙醇(色谱纯)含有的 CH_3OH 量非常小,而反应后的溶液

1~6 所测得的甲醇含量有了明显的增多。根据所做的模拟实验数据推测 $UO_2(OH)^+$ 与 CH_4 反应生成 CH_3OH、UO_2 及 H^+：

$$UO_2(OH)^+ + CH_4 \longrightarrow UO_2\downarrow + CH_3OH + H^+ \tag{2}$$

通过 Gaussian 03W 程序对反应式(2)进行了热力学函数(H 和 G)的计算(表 26.3)，可以看出，在各个温度下，ΔG 数值都为负值，表明反应能自发的向右进行，这与我们所做模拟实验的情况相吻合。ΔG 数值的变化程度不大($-21.2323 \sim -22.3113$ kcal/mol[①])，说明在 30~80 ℃ 范围内，六个温度下所做模拟实验的反应过程和结果几乎完全相同。

在反应后的溶液中通过气相色谱检测出 CH_3OH 含量的增加，提出了天然气在还原铀酰离子过程中的新历程，即 CH_4 在还原 UO_2^{2+} 的过程中生成了 CH_3OH。通过这个实验可以说明天然气在整个铀的成矿过程中不仅具有运输作用还具有还原作用。

总之，在实验室条件下设计了一系列实验，以采自实际地矿的天然气为模拟反应物来模拟天然气在铀成矿过程中还原作用，这在前人所做的工作中是没有的。在低温实验条件下，将天然气通入到含有铀酰离子的溶液中进行反应，得到的模拟实验主要产物为 UO_2，将得到的反应产物进行了一系列化学表征检测，并且在反应后的溶液中通过气相色谱检测出 CH_3OH 含量的增加，提出了天然气在还原铀酰离子过程中的新历程，即 CH_4 在还原 UO_2^{2+} 的过程中生成了 CH_3OH。通过对采自鄂尔多斯盆地的天然气进行实验模拟可以得知，在鄂尔多斯盆地东胜铀矿的形成过程中，天然气起着非常重要的还原作用。

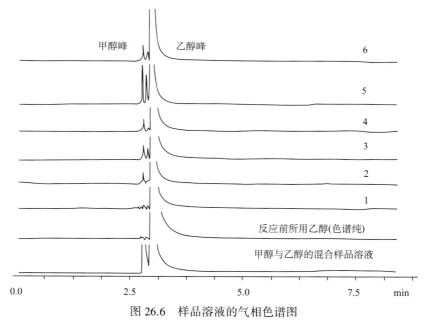

图 26.6　样品溶液的气相色谱图

1. 30 ℃ 反应后溶液；2. 40 ℃ 反应后溶液；3. 50 ℃ 反应后溶液；
4. 60 ℃ 反应后溶液；5. 70 ℃ 反应后溶液；6. 80 ℃ 反应后溶液

---

① 　1 cal = 4.1868 J。

表 26.3　天然气（CH₄）与 UO₂²⁺ 还原反应在不同温度下的热力学函数值

温度/℃	UO₂(OH)⁺		CH₄		UO₂	
	H /(kcal/mol)	G /(kcal/mol)	H /(kcal/mol)	G /(kcal/mol)	H /(kcal/mol)	G /(kcal/mol)
30	−636.185	−660.18	−480.204	−493.737	−523.521	−541.896
40	−635.999	−660.974	−480.118	−494.185	−523.407	−542.505
50	−635.812	−661.776	−480.031	−494.636	−523.291	−543.116
60	−635.622	−662.581	−479.942	−495.088	−523.175	−543.731
70	−635.431	−663.394	−479.853	−495.545	−523.057	−544.350
80	−635.238	−664.211	−479.762	−496.003	−522.939	−544.972

温度/℃	CH₃OH		H⁺		ΔH	ΔG
	H /(kcal/mol)	G /(kcal/mol)	H /(kcal/mol)	G /(kcal/mol)	/(kcal/mol)	/(kcal/mol)
30	−609.075	−626.430	1.506388	−6.82235	−14.7006	−21.2323
40	−608.964	−627.005	1.555259	−7.09864	−14.6988	−21.4490
50	−608.851	−627.583	1.605130	−7.37585	−14.6939	−21.6633
60	−608.736	−628.165	1.655001	−7.65421	−14.6920	−21.8804
70	−608.618	−628.749	1.704872	−7.93421	−14.6861	−22.0941
80	−608.499	−629.337	1.754743	−8.21574	−14.6833	−22.3113

第二节　地质验证和创新机理

一、地质验证

脂肪酸是生物体的重要组成部分，但在生物体中脂肪酸往往与醇、醛等其他的类脂化合物形成酯（或角质蜡）类化合物（Baker，1982）。在近、现代沉积物中，脂肪酸是可溶有机质的重要组成部分（段毅等，1996；向明菊等，1997；林卫东等，2004）。在未成熟原油以及低成熟的烃源岩中，脂肪酸也被认为是十分重要的生烃母质（张松林等，1999；史继扬等，2001）。但在地质体（近现代的沉积物、泥炭、煤以及未成熟的原油）中，类脂化合物通常都是以酸、醇、醛、酮和烃类的形式存在的。在地质体中检出以脂肪酸甲酯（或乙酯）形式存在的脂肪酸化合物则是十分罕见的（徐雁前等，1994；瞿文川等，1999）。因此，个别地质环境条件下存在脂肪酸甲酯形式的类脂化合物，可能意味着该地质体具有不同于其他沉积体的特殊的地质环境条件。妥进才等人分别从有机质含量变化范围很大的煤、碳质泥岩以及泥岩样品中检出了丰富的脂肪酸甲酯系列化合物（妥进才等，2006）。甲醇与脂肪酸作用易于形成脂肪酸甲酯系列化合物，这为我们的实验结果"甲烷在还原 UO₂²⁺ 的过程中同时生成了甲醇（CH₃OH）"提供了间接的证据。

二、创 新 机 理

从实验模拟、测试分析、反应机理和理论计算诸方面研究了天然气对铀成矿的作用，进一步深化和论证了天然气对铀成矿的积极作用和相关理论。前人推测的反应机理为甲烷与 UO_2^{2+} 发生氧化还原反应生成 UO_2 和 CO_2。照此机理很难解释在盆地北部东胜铀矿区含矿地层（J_2z）不同岩性样品中均检出的"丰富的脂肪酸甲酯系列化合物"的来源。

在对上述天然气实验结果进行理论模型过渡态模拟时发现，甲烷在还原 UO_2^{2+} 的过程中生成了甲醇而不是二氧化碳。我们运用热力学函数（ΔH 和 ΔG）理论计算证实了上述反应是可以自发向右进行的。另外，在实验过程中通过气相色谱检验实验产物，发现了甲醇的吸收峰，证实了反应产物是甲醇。结合理论计算及实验结果推测出的反应机理如下：UO_2^{2+} 在酸性水溶液中首先反应生成 $UO_2(OH)^+$，然后中间产物 $UO_2(OH)^+$ 再与甲烷发生氧化还原反应得到 UO_2 和 CH_3OH。

$$UO_2^{2+} + H_2O \longrightarrow UO_2(OH)^+ + H^+$$

$$UO_2(OH)^+ + CH_4 \longrightarrow UO_2\downarrow + CH_3OH + H^+$$

其总反应方程式为：

$$UO_2^{2+} + CH_4 + H_2O \longrightarrow UO_2\downarrow + CH_3OH + 2\,H^+$$

在上述铀元素沉淀过程中伴生的甲醇（CH_3OH）与脂肪酸作用就易于形成脂肪酸甲酯系列化合物。我们提出的天然气还原铀酰离子的新历程与盆地北部东胜铀矿区含矿地层富含脂肪酸甲酯系列化合物检测结果相互印证。这一创新机理能够很好地解释含矿地层脂肪酸甲酯系列化合物的来源。

以上分别独立进行的地质体检测、模拟实验和理论计算，不谋而合、彼此印证。三者从不同角度共同证明，是天然气的还原作用形成了东胜超大型砂岩型铀矿床。

参 考 文 献

段毅，罗斌杰，钱吉盛等. 1996. 南沙海洋沉积物中脂肪酸地球化学研究. 海洋与第四纪地质，16(2)：23~31

胡凯，张祖还. 1987. 有机质在产子坪层控型铀矿形成过程中的作用. 中国科学院地球化学研究所有机地球化学开放实验室年报，161~168

林卫东，周永章，沈平. 2004. 南海中部表层沉积物中脂肪酸的组成、分布及来源. 广西师范学院学报（自然科学版），21(4)：11~15

刘池洋，谭成仟，孙卫等. 2005. 盆地多种能源矿产共存富集成藏（矿）研究进展. 北京：科学出版社. 1~16

刘池洋，赵红格，谭成仟等. 2006. 多种能源矿产赋存与盆地成藏（矿）系统. 石油与天然气地质，27(2)：131~142

瞿文川，王苏民，张平中等. 1999. 太湖沉积物中长链脂肪酸甲酯化合物的检出及意义. 湖泊科学，11(3)：245~250

沈才卿，赵凤民. 1985. 17~115℃沥青铀矿的合成及其形成速度的实验研究. 铀矿地质，1(3)：1~10

史继扬，向明菊，屈定创. 2001. 未熟-低熟烃源岩中脂肪酸的模拟实验及演化. 科学通报，46(18)：
        1567~1571

妥进才，张明峰，王先彬. 2006. 鄂尔多斯盆地北部东胜铀矿区沉积有机质中脂肪酸甲酯的检出及意义.
        沉积学报，24(3)：432~439

王驹，杜乐天. 1995. 论铀成矿过程中的气还原作用. 铀矿地质，11(1)：19~24

向明菊，史继扬，周友平等. 1997. 不同类型沉积物中脂肪酸的分布、演化和生烃意义. 沉积学报，
        15(2)：84~88

徐雁前，刘生梅，段毅. 1994. 柴达木盆地第四系沉积物中长链脂肪酸乙酯化合物的检出及意义. 沉积
        学报，12(3)：99~105

张松林，崔明中，李振西等. 1999. 盐湖相低熟油脂肪酸的组成与分布特征. 沉积学报，17(1)：130~155

赵凤民，沈才卿. 1986. 黄铁矿与沥青铀矿的共生条件及在沥青铀矿形成过程中所起作用的实验研究.
        铀矿地质，2(4)：193~198

Andreas H V，Kerr P F. 1972. Uranium organic matter association at La Bajada，New Mexico. Economic
        Geology，67(1)：41~54

Baker E A. 1982. Chemistry and morphology of plant epicuticular waxes. Linnean Society Symposium Series，
        10：139~165

Nakashjma S. 1984. Experimental study of mechanisms of fixation and reduction of uranium by sedimentary
        organic matter under diagentic hydrothermal conditions. Ceochim Cosmochim，48(4)：2321~2329

第二十七章　铀在烃源岩生烃演化中的作用[*]

有机-无机相互作用在大自然中普遍存在，在矿产资源形成过程中具有重要的作用和意义。世界能源矿产的勘探实践和现状表明，有机油、气、煤和无机铀不仅同盆共存富集存在普遍，而且这四种重要能源矿产的含矿层位联系密切，空间分布复杂有序，赋存环境和成藏（矿）作用有机相关，成藏（矿）-定位时期相同或相近，这其中蕴含着深刻的科学内涵（刘池洋等，2005，2006，2007，2009），其中有机-无机相互作用是多种能源矿产共存成藏（矿）的深层原因。笔者对国内外烃源岩中的铀含量做了较全面的统计，并测定了鄂尔多斯盆地、酒东、酒西、周口、泌阳等拗陷中有关烃源岩的铀含量。统计及测试结果表明，有相当量的烃源岩中有铀的富集。美国地质调查局公布的油页岩、麦加页岩和明矾页岩铀含量分别高达 48.8 ppm、130 ppm 和 206 ppm（Huyck，1990；Leventhal，1993），俄克拉荷马州和艾奥瓦州宾夕法尼亚纪（C_2）黑色页岩中的铀含量最高分别达 101 ppm 和 212 ppm（Anna and Timothy，2004）。加拿大西部上贝萨河组和马斯卡瓦组（D-C_1）中铀含量最高值分别达 194 ppm 和 161 ppm（Ross and Bustin，2009）。中国鄂尔多斯盆地三叠纪延长组（$T_3y^{1,3}$）泥质烃源岩的铀含量较高，含量高者可达 41.6 ~ 83.2 ppm（张文正等，2008；毛光周，2009）。因而，探讨铀对烃源岩生烃演化的影响具有重要的科学理论意义和实际应用价值。

本章通过加铀和不加铀的烃源岩生烃模拟实验结果的对比研究，探讨无机放射性元素铀在有机油气生成过程中的作用。实验中在富含 I、II、III 型干酪根的低熟烃源岩（含煤）中加入铀，通过不同模拟温度下烃类产物的变化，评价铀在烃源岩（含煤）生烃演化过程中的作用。

第一节　油气生成过程中的有机-无机相互作用

一、烃类生成过程中的无机催化作用

催化反应可以降低反应活化能、提高反应速度、影响反应机理，进而改变生成物种类及生成物的量。大量的勘探实践与研究结果显示，地下化学环境对油气形成和组成有着非常重要的影响（Seewald，2001，2003）。无机化合物，如水和矿物及微量元素（过渡族元素、重金属元素以及放射性元素等）可以作为反应物或催化剂，参与有机质的演化

---

[*] 作者：毛光周[1]，刘池洋[2]。[1]山东科技大学地球科学与工程学院，青岛；[2]西北大学地质学系，西安.
　　E-mail：gzmaonjunwu@163.com

过程(刘洛夫、李术元，2000；Seewald，2003；王先彬等，2003；戴金星等，2005；潘长春等，2006；周世新等，2006)。

费-托合成反应($CO_2+H_2 \longrightarrow C_nH_m+H_2O+Q$)及$HCO_3^-+4H_2 \longrightarrow CH_4+OH^-+2H_2O$解释了非生物成因烃类的形成机制，此反应过程中地质催化作用是非常重要的(Horita and Berndt，1999；Sherwood et al.，2002)。

二、水在烃类生成中的作用

石油的形成是一个有机质加氢去氧、氮等(Hunt，1979)杂元素的过程，因此，氢含量被认为是有机质成烃潜力的关键，传统观点是部分有机质缩合，从而提供烃类生成所需的氢(Tissot and Welte，1978)，外源氢在有机质生烃中的作用同样为人们所关注(Lewan，1997；Schimmelmann et al.，1999，2001；Seewald，2003)。当有额外氢源存在时，传统的生烃模式会发生较大的改变，只要有碳存在，氧化产物(有机酸和二氧化碳)和甲烷就能够源源不断地形成(Seewald，2003)。

水参与成烃演化过程的化学反应，在产物的氢同位素组成上亦具明显反映，对水中的氢参与沉积有机质成烃演化过程的认识(Price，1994；Seewald，1994，2003；Lewan，1997；Seewald et al.，1998；Schimmelmann et al.，1999，2001；刘文汇、王万春，2000)有助于修正传统的源岩中的有机氢是石油和天然气氢的唯一来源的观点(Tissot and Welte，1984；Hunt，1996；Baskin，1997)，完善油气形成理论(王晓峰等，2006)。

在有机质高温演化阶段，烃类中的氢主要来源于变质基岩和水的高温分解或在放射性元素及金属氧化物等的催化作用下发生放射性分解形成有反应能力的氢，并由氢对含碳物质产生氢化作用形成烃类(据刘文汇、王万春，2000)。

三、铀及含铀物质的地质催化作用

按照原子结构理论，铀核最外层的价电子为$5f^36d^17s^2$，可形成3、4、5、6四种价态，6价态最稳定。当铀形成6价态时，在5f、6d、7s、7p轨道上有16个空轨道。空轨道多、离子半径大、核电荷多以及具有多种价态的变化等因素，使铀具有独特良好的配位性能。它能与许多配位体形成配位化合物，因此具有良好的络合催化及氧化还原催化特性(Pass et al.，1960；王德义，1985；Taylor et al.，2003；Madhavaram and Idriss，2004)。

目前，对烃源岩中铀元素存在可能产生的影响的研究，主要有以下四个方面：

1)烃源岩中铀元素的放射性生热，会提高地层中有机质的成熟度，加速烃源岩的热演化，这在反映有机质热演化程度的镜质体反射率数值上会有相应的响应(Cassou et al.，1975；梅水泉等，1998；王社教等，1999)。

2)在烃源岩沉积形成过程中，铀元素可能为成烃生物提供一定的能量，维持其自身繁殖发育(Lin et al.，2006)甚或导致其勃发。在这一过程中，产生出了H，H与地质体中的C结合，可能成为油气的生成原因之一。同时，放射性使得这些微生物得以生存繁衍，也为油气的生成提供了物质基础。

3）关于铀元素存在对烃源岩生烃演化可能产生积极作用方面的实验研究（卢红选等，2008；毛光周，2009；毛光周等，2012a，2014；Mao et al.，2014）。

4）与其他元素一起，做为沉积、构造环境判别方面的微量元素参数。

第二节　铀在烃源岩生烃演化中作用的实验研究

一、模拟实验中铀的加入形式

目前，在论证铀的存在对生烃影响的模拟实验中，铀的加入主要有如下形式：

1）加入铀金属氧化物（UO_3）（妥进才等，2006[①]）。在地质环境中，铀并非以纯的铀金属氧化物形式存在，而是与其他离子或因素共同作用于油气形成演化全过程的。

2）反应堆辐射（苗建宇等，2006[②]）。自然界存在的铀是 ^{238}U、^{235}U、^{234}U 三种放射性同位素的混合物，核反应堆的放射源与自然界中存在的铀在其所含的同位素比例上有较大的差别。因此，在核反应堆中的照射并不能完全代表自然界中 U 的自然辐射作用。何况在地质环境中，铀对烃源岩生烃演化的影响并非全是放射性辐射作用，而应是一个综合作用和效应。

3）加入铀矿石。地质环境中的铀矿石的成分复杂，似与地质事实相符，但这种受多因素影响的混合、综合结果，要确切反映铀元素在生烃过程中的具体作用比较困难，本研究中在 I 型低熟烃源岩生烃模拟实验中所加的铀即为铀矿石（毛光周等，2012a）。

4）加入铀溶液。此方法更接近地质条件和环境实际，且减少了其他因素的影响，本研究中在 II、III 型低熟烃源岩（含煤）生烃模拟实验中所加的铀即为铀溶液（毛光周等，2012b，2014；Mao et al.，2014）。在地下地质环境中一般不缺水，而且水在油气形成过程中具有重要的作用（Lewan，1997；Schimmelmann et al.，1999，2001；刘文汇、王万春，2000；Seewald，2003），尤其是在有放射性铀存在的情况下更是如此。有水条件下，有机质生烃演化过程为

$$C_{20}H_{42} + 4H_2O \Longrightarrow C_{16}H_{34} + 2CH_4 + 2CH_3COOH \tag{1}$$

$$C_nH_{2(n+1)} + 2nH_2O(l) \Longrightarrow nCO_2(aq) + (3n+1)H_2(aq) \tag{2}$$

$$CH_3COOH(aq) + 2H_2O(l) \Longrightarrow 2CO_2(aq) + 4H_2(aq) \tag{3}$$

$$CaCO_3 + 2H^+ \Longrightarrow Ca^{2+} + CO_2(aq) + H_2O(l) \tag{4}$$

其总反应为（Helgeson et al.，1993；Seewald，2003）

$$RCH_2CH_2CH_3 + 4H_2O \rightarrow R + 2CO_2 + CH_4 + 5H_2$$

二、模拟实验中铀溶液类型的选择

因为硝酸铀酰溶液易于获得，因而目前已有的加纯铀溶液的模拟实验常用硝酸铀酰

---

① 妥进才等. 2006. 国家重点基础研究发展计划（973）项目（编号：2003CB214600）内部报告
② 苗建宇等. 2006. 国家重点基础研究发展计划（973）项目（编号：2003CB214600）内部报告

（卢红选等，2008），但实际地质环境中的铀主要是以碳酸铀酰的形式存在的，而且硝酸铀酰中的 NO_3^- 在 H^+ 存在条件下具有极强的氧化性，尤其是在高温下进行的模拟实验更是如此，这种强氧化性将使产物中的烃类大量转化为 CO_2（卢红选等，2008），进而影响实验的合理性。因而本研究中所加的纯铀溶液选择碳酸铀酰溶液（毛光周等，2012b，2014；Mao et al.，2014），以与地质事实尽量吻合，且提高了实验的准确性。

三、模拟实验中铀的加入量

实验中所加铀的含量，以前述对国内外烃源岩中铀含量的统计与测试为依据。同时适量增加模拟实验中的铀含量，以求既接近地质事实，又突出铀在烃源岩生烃演化过程中的作用。

第三节　实验样品与方法

一、样　　品

为了模拟完整的生烃过程，本次实验中所用泥质烃源岩样品采自南阳盆地泌阳凹陷钻井岩心的核桃园组三段（Eh³）灰色泥岩，为较低成熟度烃源岩，烃源岩样品的基本地球化学参数见表 27.1。研究区已发现源于同层位烃源岩的工业油气藏（何会强等，2001；赵全民等，2002；中国石化河南油田分公司石油勘探开发研究院，2007[①]；李水福等，2010）；煤样为选自山东黄县北皂的低熟煤（ $R^o=0.38\%$ ，TOC=79.00%）。

表 27.1　烃源岩样品基本有机地球化学参数

样号	干酪根类型	层位	深度/m	R^o/%	TOC/%	S_1/(mg/g)	S_2/(mg/g)	S_1+S_2/(mg/g)	T_{max}/℃	I_H/(mg/g C)	I_{HC}/(mg/g C)
N	I	Eh³	1213	0.645	3.27	0.48	21.39	21.87	441	654	15
N12	II	Eh³	1567.3	0.703	1.61	0.20	5.54	5.74	432	344	13
N1	III	Eh³	320	0.632	1.26	0.22	3.05	3.27	424	242	17

烃源岩样品有机碳含量较为丰富、氢指数高、成熟度低，已生成的烃类很少，因而适于进行模拟生烃实验。

本文所用的碳酸铀酰纯铀溶液（ UO_2CO_3 ），来自核工业北京地质研究院，$\rho_U=1.08$ mg/L，换算成铀浓度则为1000 ppm。

铀矿石（T9）来自吐哈盆地十红滩铀矿床，层位为中侏罗统西山窑组，深度在200~400 m。T9 的 U 元素含量高，为 566.05 ppm，从而可以在模拟实验中降低铀矿石的样品量，减小实验中因样品量过大而对产物产生的"稀释"作用。

[①]　中国石化河南油田分公司石油勘探开发研究院. 2007. 泌阳凹陷核三下段烃源条件及资源潜力评价

二、样品处理

将岩石样品用去离子水清洗风干后碎至 80~100 目，搅拌均匀。再按不同干酪根类型烃源岩中加入铀的形式及有、无铀的加入进行相应的配比。

1) Ⅰ 型样品。烃源岩与铀矿石有如下 3 组配比：①只有烃源岩（编号 N，无外加铀）；② $m_{烃源岩}:m_{铀矿石}=4:1$（编号 NU1，铀含量约为 100 ppm）；③ $m_{烃源岩}:m_{铀矿石}=1:1$（编号 NU2，铀含量约为 250 ppm）。实验中水的加入量根据所用烃源岩的量，烃源岩与水的质量比为 10:1。

2) Ⅱ 型样品。烃源岩与纯铀溶液有如下两组配比：①岩石样：去离子水 = 10:1，实验样品编号 N12；②烃源岩：纯铀溶液：去离子水 = 20:1:1，实验样品编号 N12U，换算为所加的铀含量为 50 ppm。

3) Ⅲ 型样品。烃源岩与纯铀溶液有如下两组配比：①岩石样：去离子水 = 10:1，实验样品编号 N1；②岩石样：纯铀溶液：去离子水 = 20:1:1，实验样品编号 N1U，相当于加入的铀含量为 50 ppm。

4) 低熟煤样品。配比与 Ⅱ、Ⅲ 型样品一致，无铀及加铀实验样品编号分别为 BZ 及 BZU。

铀加入量的确定以笔者对烃源岩中铀含量的测定（毛光周，2009）及对前人相关数据的统计为依据。为了便于实验产物的分析测定，降低实验误差，模拟实验中各温度点烃源岩样品用量不低于 100 g，保证产物足够进行各项分析测试工作。

三、实验方法与过程

生烃模拟实验所用的反应器为一套新型的加温加压热模拟实验装置。该套装置的主要参数为：温度变化范围 0~600 ℃，控温精度 ≤0.5%±1 ℃，恒温时间 ≥100 h。釜体耐压 50 MPa，压力显示精度 ±0.01 MPa。实验中的载气为 99.9 % 的氮气，压力为 5~14 MPa。

两组热模拟实验的温度点均为 200 ℃、250 ℃、300 ℃、350 ℃、400 ℃和450 ℃。对烃源岩模拟实验而言，此温度域总体涵盖了油气生成所经历的温度。每个温度点所进行的实验均采用搅拌均匀的同类样品的新样品。共使用了 12 件测试样品，进行了 12 次单独的模拟实验（Ⅰ 型样品共进行 N、NU1、NU2 三组 18 次单独模拟实验）。每一个温度点气态烃和液态烃的量，均是该温度点下模拟实验的生成量。因此，样品在每一个温度点均只经历了一个反应的全过程，从而满足物质平衡的原则。

将处理好的样品放入清洗干净并试漏检查后的高压釜，盖好高压釜盖，并用氮气反复置换，最后抽真空，每次均用新的样品一次加热到预定温度恒温（如 300 ℃）。反应结束，高压釜温度降至室温后，采用排饱和食盐水的方法收集热解气及凝析油。气体收集装置预先抽真空，用水准瓶校准液面。打开高压釜的排气阀门，热解气通过集气装置中的液氮冷阱集气管及水冷螺旋管，进入气体计量管进行收集并定量。液体接收管中的水和凝析油经二氯甲烷收集后分离、定量并做相应的测试。整个管路中的液体都要用二氯甲烷充分冲洗收集。打开高压釜盖，倒出釜中的残样，用二氯甲烷冲洗釜盖和釜体，再将二氯甲烷蒸馏，残余油转移至称量瓶中并定量。模拟残样进行氯仿抽提并定量。对所得热解气、凝析油、氯仿沥青"A"（残余油）进行相应的定量与分析测试。

气分析的检测环境温度为 27 ℃，湿度为 50%。所用检测仪器为 6890 plus 四阀五柱型气相色谱仪，采用的分析方法标准为天然气的组成分析气相色谱法 GB/T 13610-2003。

饱和烃色谱分析采用安捷伦 6890N 型气相色谱仪，初温 70 ℃，终温 320 ℃，升温速率 8 ℃/min，汽化室温度 310 ℃，检测室温度 320 ℃，色谱柱 HP-5，30 m×0.25 m，分流比 100∶1，FID 检测器。

色质分析采用 TRACE2000/SSQ-7000 色谱-质谱联用仪，依据 GB/T18606-2001《气相色谱-质谱法测定沉积物和原油中生物标志物》（2001）及 SY 5397-91《生物标志物谱图》（1991）检测。

第四节　铀在 I 型烃源岩生烃演化中的作用

一、烃　产　量

根据生烃模拟实验中样品 N、NU1 及 NU2 所得的相关分析测试数据做对比分析（图 27.1），来评价铀对烃源岩烃类生成中的作用。从图 27.1 可以看出，铀的加入对烃源岩生烃模拟实验产物及有关参数有着比较明显的影响。

实验过程中的总气量持续升高，三者之间的变化较复杂，但总量差距很小，考虑到实验中生成的气体量很多且复杂，有有机气体，也有无机气体，无比较基础，故不做详细比较（图 27.1a）。

在 350 ℃ 前的低温条件下，NU1 和 NU2 的烃气量高于 N 的烃气量，并且铀含量高的烃气产量也高，即 $NU2_{烃气} > NU1_{烃气} > N_{烃气}$。高于 350 ℃ 后，NU1、NU2 烃气量低于 N，并且铀含量越高，烃气量越低，即 $NU2_{烃气} < NU1_{烃气} < N_{烃气}$。在 350 ℃，$NU2_{烃气} < N_{烃气} < NU1_{烃气}$（图 27.1b、d）。即在铀存在的条件下的烃源岩模拟实验过程中，350 ℃ 为烃气量生成的转折温度，低于 350 ℃，加铀烃源岩烃气量高于无铀烃源岩，并且铀含量越高，烃气量越高；高于 350 ℃，加铀烃源岩烃气量低于无铀烃源岩，并且铀含量越高，烃气量越低。说明铀在低于 350 ℃ 的低温阶段对烃气量的生成有催化作用，而高于 350 ℃ 的高温阶段，却对烃气的生成有迟滞作用。但从 400 ℃ 后烃气量的变化情况可以看出，N 在 450 ℃，NU1、NU2 在 400 ℃ 后大相对分子质量烃发生键的断裂，形成低相对分子质量烃，不饱和的烯烃被氢饱和，使生成的烃的干气化程度增加，同时也是水在生烃过程中提供氢，使生烃过程中产生 CO_2 及 H_2 的温度点。铀的存在使得这一变化的温度点降低了约 50 ℃。

除 400 ℃ 为"异常"温度点外，CO_2 是有铀存在的烃源岩产量高，且铀含量越高，CO_2 产量越高，即 $N_{CO_2} < NU1_{CO_2} < NU2_{CO_2}$，$\varphi(CO_2, N)/\varphi(CO_2, NU1)$ 基本在 0.70 ~ 0.89（400 ℃ 除外），$\varphi(CO_2, N)/\varphi(CO_2, NU2)$ 基本在 0.22 ~ 0.68（图 27.1c）。说明铀的存在

促进了反应的进行和 CO_2 的生成。400 ℃ 这一"异常"温度点应该为长链烃类裂解成低相对分子质量短链烃，不饱和的烯烃被水所提供的氢所饱和生成饱和的烷烃，烃类相对分子质量降低，向干气演化，CO_2 和 H_2 大量生成的温度点。

H_2 的产出在不同温度点含量及变化不同，应该和生成的 CO_2、CH_4 等综合解释，铀的存在对这些气体在不同温度点的生成的影响不同。总体来看，除个别温度点外，高含量的铀（NU2）在烃源岩的生烃过程中可以降低 H_2 的产量，而相对较低含量的铀（NU1）可以促进 H_2 的生成，在 350~500 ℃，$\varphi(H_2,N)/\varphi(H_2,NU1) = 0.41~0.99$，$\varphi(H_2,N)/\varphi(H_2,NU2) = 1.01~1.85$（图 27.1e）。说明适量铀的存在可以促使 H_2O 进入到烃源岩的生烃过程中，同时促进 H_2 的产量，说明铀含量较高的烃源岩生烃较好，但是铀含量过高则对生烃不利。

在 325 ℃ 前，铀的存在对甲烷/总烃没有促进作用，反而有迟滞作用，且铀含量越高，甲烷/总烃越低。在 350~400 ℃，$NU1_{甲烷/总烃} < N_{甲烷/总烃} < NU2_{甲烷/总烃}$，似乎说明在 350~400 ℃ 如果铀含量不足（NU1），对甲烷/总烃量会有迟滞作用，而如果铀达到一定的含量（NU2），则会有一定的催化作用（图 27.1f）。在高于 400 ℃ 后，铀的存在降低了甲烷/总烃的量，应该是因为此时因铀的催化裂解使得生成了更多的烃（相对分子质量降低，物质的量升高）而造成的，而低于 325 ℃ 时，因为生成的轻烃较少（铀的催化裂解作用在低温阶段作用不大，甲烷含量低），所以甲烷占总烃的比例低，325~425 ℃（图 27.1f）是这种转变发生的温度区间。

铀的存在降低了凝析油的产量，并且铀含量越高，凝析油的产量越低，即 $NU2_{凝析油} < NU1_{凝析油} < N_{凝析油}$（图 27.1g）。铀的存在降低了实验过程中热解油的产量，并且铀含量越高，其产量越低，并且从 350 ℃ 后液态烃的产量降低，同时对应着气态烃量的显著增加（图 27.1b、d、g、h、i、j），且整体显示铀能促进模拟实验中液态烃生成高峰的提前到来，提前约 50 ℃ 至 300 ℃（图 27.1h、i、j）。其原因十分复杂，而铀促进生成烃的裂解或在相应实验温度点有机质直接降解成气态烃可能是其原因之一。

从总产烃来看，铀的存在使液态烃的产量降低，而对气态烃的生成也基本没有促进作用，所以铀的存在对总产烃还是有降低作用，并用铀含量越高，总产烃越低（图 27.1k、l）。从图 27.1k 可以看出，在 350 ℃ 以上，N 的总产烃虽有起伏，但基本不再有多少变化，但 NU1 和 NU2 的总产烃却有所增加。从图 27.1l 可以看出，在 350~400 ℃，N 的总产烃有所降低，在 450~500 ℃ 基本无变化，而 NU1 和 NU2 的总产烃却快速增加。对比图 27.1k、l 中纵坐标可以看出，虽然铀的存在不能促进更多地生成烃，但在高温阶段（高于 350 ℃）相对 N 可增加总烃的生成，并且对小相对分子质量的轻烃的生成有很大的促进作用。

对 N 及 NU1、NU2 生烃模拟实验中所得的相关参数进行的对比分析发现，铀的存在促使长链烃类在 400 ℃ 后裂解成低相对分子质量的短链烃，不饱和的烯烃被水所提供的氢所饱和生成饱和的烷烃，烃类相对分子质量降低，向干气演化，CO_2 和 H_2 大量生成，且铀的存在使得这一变化的温度点降低了 50 ℃。铀可以促进总油生成高峰的提前到来。铀的存在对小相对分子质量的轻烃的生成有很大的促进作用。

铀矿石的加入对烃源岩生烃演化的这种不明显的促进作用或者阻碍作用应该是因为

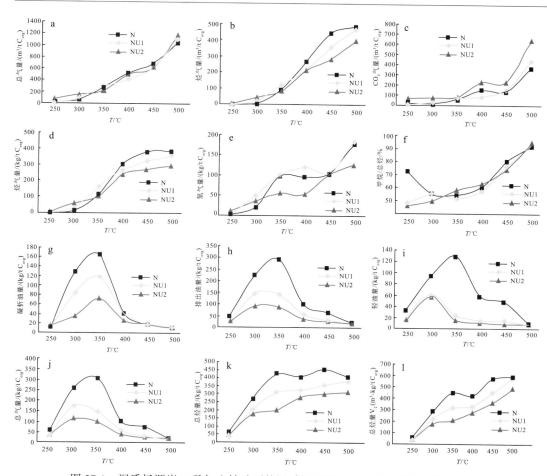

图 27.1　泥质烃源岩 N 及加入铀矿石的泥质烃源岩 NU1、NU2 相关参数对比图

铀矿石是种复杂的混合物，在铀对烃源岩生烃演化有促进作用的同时，样品中的其他一些因素[如碳酸盐类矿物（妥进才等，1995；祖小京等，2007）（表 27.2）]却对烃源岩的生烃演化有一定的阻碍作用，甚至这种阻碍作用占据了上风，因此这种各种综合因素的综合反应使得铀矿石的加入对烃源岩生烃演化的作用不明显甚至有阻碍作用。

表 27.2　样品中矿物的相对含量

样品	石英	方解石（含镁）	方解石	绿泥石	铁白云石	斜长石	伊蒙混层	伊利石	蒙脱石	黄铁矿	钾长石	碳基磷灰石	石膏	高岭石	未检出
N	12	31	—	7	5	11	13	6	—	3	4	5	1	—	2
T9	42	—	—	—	8	13	—	2	13	2	8	5	—	5	2

二、天然气组分

对比 N 和 NU1、NU2 生烃模拟实验各温度点生成的天然气组分，以评价铀对烃源岩生烃模拟实验过程中对天然气组分的影响(图 27.2)。由图 27.2 可以看出,铀的存在对烃源岩生烃模拟实验中的天然气组分有较大的影响。

适量铀的存在(NU1)可以提高天然气中 H_2 的产量,使得 $\varphi(H_2,N)/\varphi(H_2,NU1)$ 在 $0.51\sim0.91$(仅 350 ℃时该值为 1.06),并且可使 H_2 的生成高峰降低约 50 ℃至 300 ℃。而较多铀的存在(NU2)可以降低实验中生成天然气中 H_2 的产量,使得 $\varphi(H_2,N)/\varphi(H_2,NU2)$ 在 $0.90\sim1.77$(仅 450 ℃时该值为 0.90),使 450 ℃成为 NU2 在实验中生成 H_2 的次高峰(图 27.2a)。即适量的铀能使 H_2 提前释放,并且产量也增加,而较高含量铀的存在却使 H_2 在模拟实验中生成的天然气的组分中的含量降低。

较高的铀含量(NU2)会显著降低实验中 CO 的产量,使得 $\varphi(CO,N)/\varphi(CO,NU2)$ 在 $1.05\sim3.56$(仅 450 ℃时该值为 0.48)。较低的铀含量(NU1)在低温阶段(400 ℃以下)可以使 CO 的产量升高,而在高温阶段(450 ℃以上)却降低了 CO 的产量(图 27.2b)。铀的存在能使 CO 较多、较快地向 CO_2 转化,尤其在高温情况下这种促进作用更加显著,这在 CO_2 的含量(图 27.2c)变化中有很好的对应关系。从图 27.2b、c 可以看出,NU2 的 CO_2 含量与 N 的 CO_2 含量变化步调非常一致,只是在量方面不同,显示出 NU2 的 CO_2 产量高于 N 的 CO_2 产量,使 $\varphi(CO_2,N)/\varphi(CO_2,NU2)$ 在 $0.51\sim0.74$(仅 250 ℃时该值为 1.05)。说明铀的存在对烃类演化有催化作用。

在低温条件下(低于 350 ℃),铀的存在可以提高模拟生烃实验中烃源岩的天然气组分中 CH_4 的含量;而在高温阶段(高于 350 ℃),铀却会降低实验中 CH_4 的产量(图 27.2d)。即铀的存在能使烃源岩在模拟实验过程中提前释放出 CH_4,因而在高温阶段使 CH_4 的产量降低,当然这也与高温阶段 CO_2 等气体过多的生成对天然气中 CH_4 含量的“稀释”作用有一定关系。

铀的存在能使乙烷在生烃模拟实验过程中提前生成,高含量的铀(NU2)使烃源岩在实验过程中的乙烷生成高峰温度(450 ℃)降低,向 350 ℃迁移,从而使 450 ℃成为实验过程中乙烷生成的次高峰温度。总体上来看,铀能使乙烷生成的高峰期产量下降(图 27.2e)。

烃源岩生烃模拟实验中丙烷的生成高峰温度为 400 ℃,铀的存在能使烃源岩生烃模拟实验中丙烷的生成提前,使丙烷的消失温度提高,丙烷的生成高峰温度不变,但使其高峰产量降低,而且这种影响是铀含量越高越显著,$\varphi(丙烷,N)/\varphi(丙烷,NU1)=0.22\sim0.75$(400 ℃时该值为 1.06),$\varphi(丙烷,N)/\varphi(丙烷,NU2)=0.18\sim0.92$(400 ℃时该值为 1.41,见图 27.2f)。

铀在烃源岩生烃模拟实验全过程中都能显著提高异丁烷的产量,并且高含量的铀的存在(NU2)能使原烃源岩样品(N)的生烃高峰温度(400 ℃)降低约 100 ℃至 300 ℃,使 400 ℃成为异丁烷生成的次高峰温度(图 27.2g)。

铀的存在能使烃源岩生烃模拟实验过程中丁烷提前生成,且消失温度提高。适量铀的存在(NU1)在模拟实验全过程中都能增加丁烷的产量,且高峰期丁烷的产量也显著增加。高含量的铀的存在(NU2)能使丁烷的生成提前,但在高峰期(350~400 ℃)的产量降低(图 27.2h)。

铀能使烃源岩生烃模拟实验中各温度阶段异戊烷的产量显著增加,并且高含量的铀

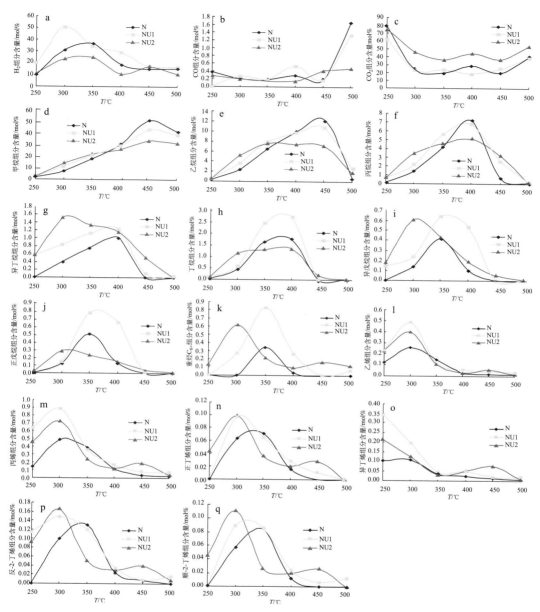

图 27.2　无铀烃源岩样品 N 及加铀烃源岩样品 NU1、NU2 的模拟实验天然气组分对比

（NU2）能使异戊烷的高峰温度降低约 50 ℃至 300 ℃（图 27.2i）。

铀的存在能使实验中正戊烷提前生成，且消失温度增高。适量的铀（NU1）能显著提高烃源岩生烃模拟实验全过程中正戊烷的产量，而高含量的铀（NU2）能使正戊烷提前生成，并且使正戊烷生成的高峰温度降低约 50 ℃至 300 ℃，而使 350 ℃时正戊烷的产量显著降低，φ（正戊烷，N）/φ（正戊烷，NU2）= 0 ~ 0.83（350 ℃时该值为 2.14），见图 27.2j。

铀的存在能显著提高烃源岩生烃模拟实验过程中重烃 C_{6+} 的产量，高含量的铀还能使重烃 C_{6+} 的生成高峰温度降低约 50 ℃ 至 300 ℃（图 27.2k）。

由图 27.2g（异丁烷）与图 27.2h（丁烷）、图 27.2i（异戊烷）与图 27.2j（正戊烷）的变化情况可以看出，铀能显著提高烷烃的异构化程度，即铀可以使烷烃较长的碳链断裂，从而一方面使生成的烷烃的干气化程度增高（图 27.2d 中 CH_4 含量变化），另一方面使这些断裂的碳链置换中心碳原子上的氢，使烷烃的异构化程度增高，同时使 H_2 的产量也产生一定的变化（图 27.2a）。

铀在低温条件下能显著提高烃源岩生烃模拟实验中烯烃的产量，即铀可以使烃源岩提前生成烯烃，降低烯烃的生烃门限。除 350 ℃ 外，铀的存在能够显著提高乙烯、丙烯、正丁烯、异丁烯、反-2-丁烯、顺-2-丁烯的产量（图 27.2l～q）。

图 27.2 中无铀烃源岩样品 N 与加铀烃源岩样品 N1U、N2U 中烯烃产量的变化情况有几点明显的特征值得注意：①在低于 350 ℃ 的条件下，铀的存在能显著提高模拟实验中烯烃的产量，而在 350 ℃ 以上虽然烯烃的量仍有增加，但增加量并不大，在 350 ℃ 时，铀的存在却降低了模拟实验中生成的气体中烯烃的含量，说明 350 ℃ 为烃源岩生烃模拟实验过程中铀使烯烃产量变化的转折温度点，并且铀的存在可以使烯烃在 350 ℃ 时开始向饱和的烷烃转变；②在 450 ℃ 时，高含量的铀（N2U，$250×10^{-6}$ U）的存在使烯烃的产量有较大的增加，使 450 ℃ 成为烯烃生成的一个次高峰温度，预示着高含量的铀可以在 450 ℃ 的高温条件下增加烯烃的产量，这与 450 ℃ 条件下 H_2 含量的升高相对应，可能预示着高含量的铀在 450 ℃ 的高温条件下可能还会使相应的烷烃向不饱和烃转化，同时使生成的天然气中的 H_2 含量增高（图 27.2a）；③在整个生烃模拟实验过程中的异丁烯的总产量大于正丁烯的总产量，尤其是含铀样品这种规律更加明显（图 27.2n、o），说明铀的存在能提高模拟实验中生成的烯烃的异构化程度，使得烯烃碳链中的甲基断裂，与中心碳原子结合，同时因氢的释放而增加了模拟实验天然气产物中 H_2 的含量（图 27.2a）；④铀的存在在整体上能够使生成的烯烃的分子在晶格中排得更加紧密，因而使模拟实验中天然气产物中的反-2-丁烯的含量高于顺-2-丁烯的含量（图 27.2p、q）。

烯烃、烷烃在烃源岩生烃模拟实验中不同温度点产量的变化情况与其键能有关，在 350 ℃ 时，烯烃的双键率先断裂，向饱和烃转化，因而造成此温度条件下烯烃含量的降低，同时烷烃产量增高，并且烷烃的高峰温度高于烯烃的高峰温度。尔后烷烃的 C—C 键断裂，使模拟实验中产物的干气化程度提高，同时烷烃的异构化程度也提高（图 27.2）。

三、模拟实验的其他产物

1. 族组分

模拟实验中产物的族组分对比见图 27.3。除个别温度点外，加铀烃源岩在生烃模拟实验过程中不同温度点的饱和烃含量低（图 27.3a），芳烃含量高（图 27.3b），铀的存在可以降低族组分的饱和烃/芳烃值，并且铀含量越高，对饱和烃/芳烃值的降低越显著（图 27.3e），非烃与沥青质含量方面也表现出加铀的样品要相对较无铀样品 N 较高的趋势

（图 27.3c、d）。因此，存在铀的烃源岩样品较无铀烃源岩样品的族组分表现出更加与低熟油相似的特征，从而意味着铀的存在利于低熟烃源岩早期生成低熟油气，铀的存在有利于低熟油气的形成。

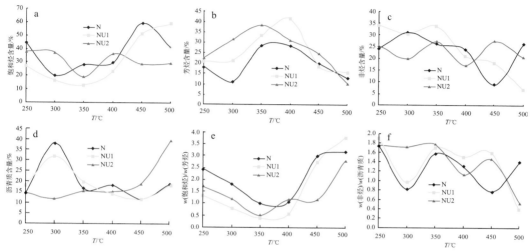

图 27.3 无铀烃源岩样品 N 及加铀烃源岩样品 NU1、NU2 的族组分对比

2. 模拟实验产物饱和烃气相色谱特征

N、NU1、NU2 在不同模拟温度点（250～500 ℃）产物的饱和烃气相色谱谱图及特征参数有较大的不同，其相关参数对比见图 27.4。

除个别温度点外，铀的存在可以降低实验中饱和烃的主峰碳数（图 27.4a）、奇偶优势（OEP）（图 27.4b）、$w(Pr)/w(nC_{17})$ 值、$w(Ph)/w(nC_{18})$ 值（图 27.4d、e），提高产物中饱和烃的 $w(Pr)/w(Ph)$ 值（图 27.4c）、$w(nC_{21-})/w(nC_{22+})$ 值（图 27.4f）、异构烷烃轻/重比 $w(i$轻$/i$重$)$（图 27.4g）、$w(C_{21}+C_{22})/w(C_{28}+C_{29})$ 值（图 27.4h），并且基本均表现出铀含量高者相应变化更加明显的趋势。说明铀的存在能使烃源岩的成熟度增加，使低熟烃源岩容易达到生烃门限，促使未熟–低熟油气的生成，从而使铀的存在成为未熟–低熟油气形成的无机促进因素之一。铀还能够促使烃源岩生烃模拟实验中长链烃碳链的断裂，使产物的相对分子质量变小，小相对分子质量异构烷烃的含量增加，从而增加产物中 CH_4 等小相对分子质量烃类的产量，使产物的干气化程度增加。

3. 模拟实验产物的色质特征

对 N、NU1、NU2 的生烃模拟实验产物进行色质分析及相关特征参数的比较（图 27.5）。由图 27.5 可以看出，在生烃模拟实验中，铀的存在引起相关表征有机质成熟度特征的生物标志化合物参数值的变化，说明铀可以影响烃源岩的演化程度，促使烃源岩成熟度发生变化。

除个别温度点外，铀的存在可以提高产物的 $C_{29}w(20S)/w(20S+20R)$ 值（图 27.5a）、

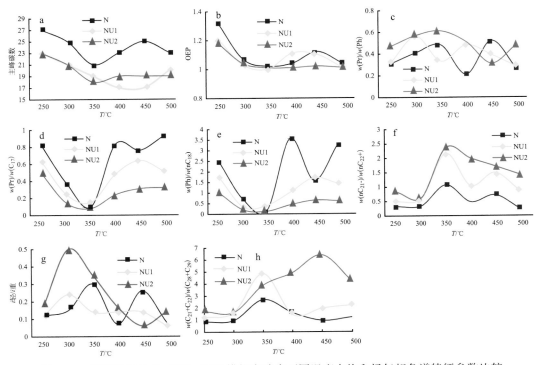

图 27.4 烃源岩样品 N、NU1、NU2 模拟实验中不同温度点饱和烃气相色谱特征参数比较

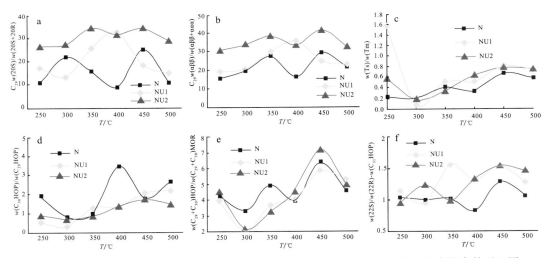

图 27.5 烃源岩样品 N、NU1、NU2 在生烃模拟实验过程中的相关生物标志化合物参数对比图

C_{29} $w(\alpha\beta\beta)/w(\alpha\beta\beta+\alpha\alpha\alpha)$ 值（图 27.5b）、$w(Ts)/w(Tm)$ 值（图 27.5c）、$w((C_{29}+C_{30})HOP)/w((C_{29}+C_{30})MOR)$ 值（图 27.5e）、$w((C_{31} HOP)22S)/w(22R)$ 值（图 27.5f），降低 $w(C_{30}HOP)/w(C_{29}HOP)$ 值（图 27.5d），并且铀含量越高，这种变化越明显。说明铀可以促进有机质的成熟，降低烃源岩的生烃门限，使低熟烃源岩在早期生成烃类。

　　以上无铀烃源岩样品 N 及含铀烃源岩样品 NU1、NU2 生烃模拟实验中产物的生物标志化合物特征表明，加铀的样品较无铀样品产物的生物标志化合物表现出更加成熟的特征，说明铀可以使有机质的成熟度提高，降低烃源岩的生烃门限，使低熟烃源岩在早期生成烃类。

　　综上所述，铀的存在对小相对分子质量的轻烃的生成有很大的促进作用，铀可使长链烃类在 400 ℃ 以上裂解成低相对分子质量的短链烃，烃类相对分子质量降低，向干气演化，同时 CO_2 和 H_2 大量生成，且铀的存在使得这一变化的温度点降低了 50 ℃。

　　铀的存在能提高模拟实验中生成的烯烃的异构化程度，在整体上能够使生成的烯烃分子在晶格中排得更加紧密，并促使烯烃在 350 ℃ 时开始向饱和的烷烃转变。

　　铀可以使有机质的成熟度提高，有利于低熟烃源岩早期生成低熟油气，有利于低熟油气的形成。因此铀的存在是未熟-低熟油气形成的可能无机促进因素之一。

第五节　铀在 II 型烃源岩生烃演化中的作用

一、烃　产　量

　　根据生烃模拟实验中样品 N12 及 N12U 所得的相关分析测试数据做对比分析（图 27.6），来评价铀在烃源岩烃类生成中的作用。从图 27.6 可以看出，铀的加入对烃源岩生烃模拟实验产物及有关参数有着比较明显的影响。

1. 气态烃产量

　　不高于 300 ℃ 条件下，铀的存在降低了模拟实验中总气体的产量，在不低于 350 ℃ 的条件下，铀的存在提高了总气体的产量（图 27.6a）；铀的存在提高了实验中 H_2 的产量（除 350 ℃ 外）（图 27.6b）。除个别实验点外，铀的存在会增加烃气的生成（图 27.6c、d），同时还会促进烃类的裂解，使不饱和烃向饱和烃转化（除 250 ℃ 外）（图 27.6l），促使 H 进入烃的结构，使所生成烃的干气化程度增加（图 27.6k）。气态产物的变化应该是由如下一系列反应引起的（Horita and Berndt, 1999；Sherwood et al., 2002；Lin et al., 2006）。

$$H_2O +(\alpha \cdot \gamma) \longrightarrow H^+ + OH^-$$

$$2OH^- \longrightarrow HOOH$$

$$2HOOH \longrightarrow 2H_2O + O_2$$

$$2H^- \longrightarrow H_2$$

$$CO_2+H_2 \longrightarrow C_nH_m + H_2O+ Q$$

$$HCO_3^- + 4H_2 \longrightarrow CH_4+ OH^- + 2H_2O$$

2. 液态烃产量

　　除个别温度点外，实验中液态烃的产量有如下特征：N12U 的轻油产量低于 N12

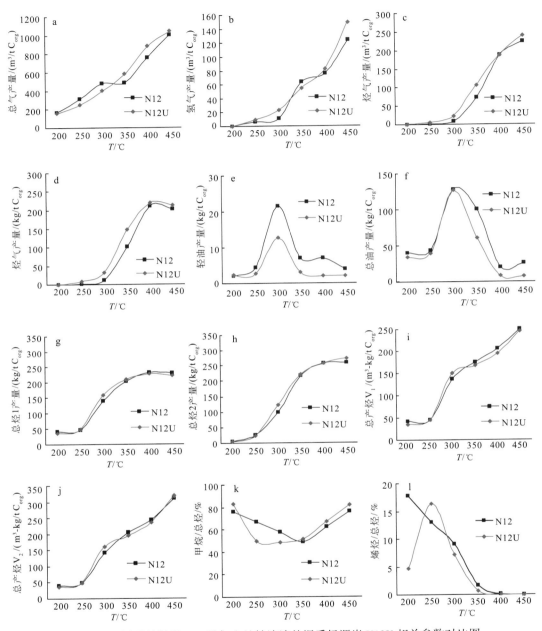

图 27.6　泥质烃源岩 N12 及加入纯铀溶液的泥质烃源岩 N12U 相关参数对比图

（图 27.6e），N12U 的总油量低于 N12（图 27.6f），二者的生油高峰温度均为 300 ℃。N12U 较 N12 液态烃产量的降低，应该是由于实验过程中铀对不同相态产物的作用不同及产物相态间的转化引起的。

　　铀的存在有使整个生烃过程向低温方向移动的趋势（图 27.6g～j），从而在曲线上表现出铀在不高于 300 ℃ 的温度条件下可促进烃源岩生烃，而在不低于 350 ℃ 的温度条件下阻碍生烃的趋势。

以上有关 N12 及 N12U 生烃模拟实验中所得的相关参数的对比分析发现，铀的存在可以促进烃类生成过程中外来氢源中 H 的加入，使不饱和烃向饱和烃转化，促进长链烃的裂解，从而使 CH_4 的含量提高，产物的干气化程度增加。铀的存在整体上增加了气态烃的产量而降低了液态烃的产量，但整体上对总烃的生成没有太明显的影响，从而表现出铀在不高于 300 ℃的温度条件下有利于烃源岩生烃，在不低于 350 ℃的温度条件下有碍生烃的趋势。

二、天然气组分

对 N12 和 N12U 各温度点生成的天然气组分作图（图 27.7）比较，可以看出，铀的存在对天然气组分有较大的影响。

除 200 ℃和 400 ℃外，N12U 的 CO_2 产量低于 N12（图 27.7c）。铀可以促进费-托合成反应（$CO_2 + H_2 \longrightarrow C_nH_m + H_2O + Q$）及 $HCO_3^- + 4H_2 \longrightarrow CH_4 + OH^- + 2H_2O$ 的进行，造成 CH_4 含量的升高（图 27.7d）、CO_2 含量的降低（图 27.7c）及其他烃类含量的变化（图 27.7）。CH_4 的增加来自于铀在烃源岩生烃过程中促使不饱和烃向饱和烃转化、长链烃向短链烃转化，从而使产物的干气化程度增加造成的。

铀能在实验过程中不同温度点使乙烷、丙烷、异丁烷、丁烷、异戊烷、正戊烷的生成提前的趋势（图 27.7e~k），这与达到相应温度后铀的存在促使长链烷烃发生裂解，向甲烷转化有关。

铀能改变实验过程中烯烃的产量（图 27.7k~p）：①铀能在低于 300 ℃条件下使烯烃产量提高，而高于 350 ℃后使其产量降低，从而使其产出高峰温度降低了 50 ℃，变为 300 ℃，而未加铀的样品其产出高峰温度为 350 ℃（异丁烯的两个峰值温度分别为 250 ℃和 300 ℃），整体表现出铀的存在使烯烃的生成提前的趋势，说明铀的存在可以使烯烃在高于 300 ℃（异丁烯高于 250 ℃）时向饱和的烷烃转变。②实验过程中异丁烯的产量大于正丁烯的产量，尤其在含铀样品中这种规律更加明显（图 27.7m、n），说明铀的存在能提高模拟实验中生成的烯烃的异构化程度，使得烯烃碳链中的甲基断裂，与中心碳原子结合，同时因 H 的释放而增加了模拟实验天然气产物中 H_2 的含量（图 27.7a）。③铀的存在在整体上能够使生成的烯烃的分子的晶格排得更加紧密，因而使模拟实验中天然气产物中的反-2-丁烯的含量高于顺-2-丁烯的含量（图 27.7o、p）。

烯烃、烷烃在烃源岩生烃模拟实验中不同温度点产量的变化情况与其键能有关，在 300 ℃（有铀）及 350 ℃（无铀）后（铀的存在使这种转变发生的温度降低了 50 ℃），烯烃的双键率先断裂，向饱和烃转化，因而造成此温度条件下烯烃含量的降低，同时烷烃产量增加，并且烷烃的高峰温度较烯烃的高峰温度分别高 50 ℃。尔后烷烃的 C—C 键断裂，使产物的干气化程度提高，同时烷烃的异构化程度也提高（图 27.7），而铀的存在使得这一过程加速进行。

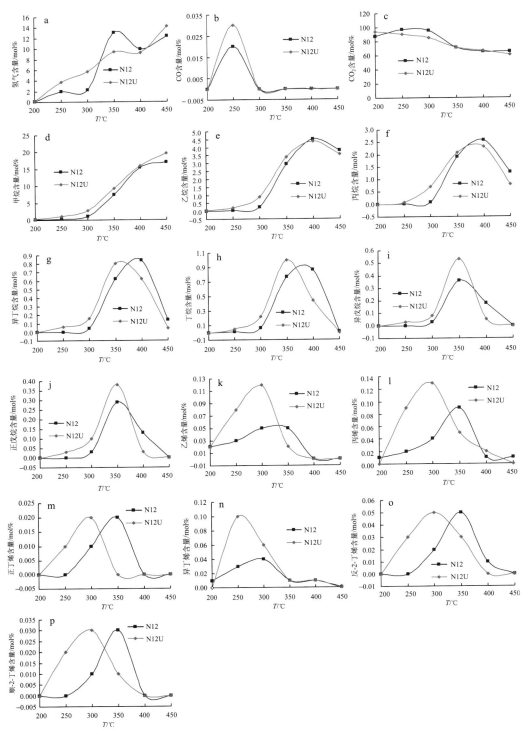

图 27.7   无铀烃源岩样品 N12 及加铀烃源岩样品 N12U 的模拟实验天然气组分对比

三、模拟实验产物的气相色谱和色质特征及其波动性

1. 饱和烃气相色谱特征

N12、N12U 在不同模拟温度点（200~450 ℃）产物的饱和烃气相色谱谱图及特征参数有较大的不同，其相关参数对比见图 27.8。

除个别温度点外，铀可以提高模拟实验中饱和烃的 Pr/nC_{17} 及 Ph/nC_{18} 值（图 27.8 d、e），使饱和烃的奇偶优势（OEP）较无铀样品相对远离 1（图 27.8b）；N12U 较 N12 的饱和烃的 nC_{21-}/nC_{22+} 值低（图 27.8f）、异构烷烃轻/重比（i 轻/i 重）低（图 27.8g）、$(C_{21}+C_{22})/(C_{28}+C_{29})$ 值低（低于 400 ℃）（图 27.8h）；铀可以降低实验产物中饱和烃的 Pr/Ph 值（图 27.8c），并表现出 N12U 较 N12 的 Pr/Ph 随模拟温度的升高变化整体滞后的特征，N12U 中相应温度点饱和烃 Pr/Ph 较 N12 低。

由 N12 及 N12U 的饱和烃气相色谱特征参数对比发现，铀的存在使模拟实验产物表现出与低熟油气更加相似的特征，铀可能是未熟-低熟油生成的有利条件之一。

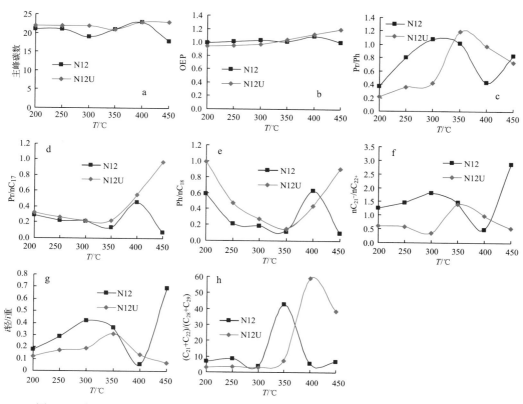

图 27.8　烃源岩样品 N12、N12U 模拟实验中不同温度点饱和烃气相色谱特征参数比较

2. 实验产物的色质特征

对 N12、N12U 的生烃模拟实验产物进行了色质分析及相关特征参数的比较（图 27.9）。由图 27.9 可以看出，在生烃模拟实验中，铀的存在引起相关表征有机质成熟度特征的生物标志化合物参数值的变化，说明铀可以影响烃源岩的演化进程，导致烃源岩成熟度的变化。

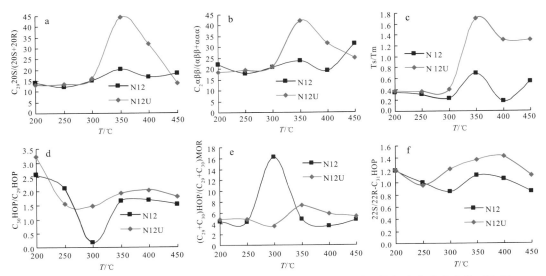

图 27.9　烃源岩样品 N12、N12U 在生烃模拟实验过程中的相关生物标志化合物参数对比图

除个别温度点外，铀的存在可以改变实验产物的 C_{29} 甾烷 20S/（20S+20R）值（图 27.9a），提高 C_{29} 甾烷 $\alpha\beta\beta/(\alpha\beta\beta+\alpha\alpha\alpha)$、Ts/Tm、（$C_{30}$ HOP/C_{29} HOP）、（C_{29}+C_{30}）HOP/（C_{29}+C_{30}）MOR 及（C_{31} HOP22S/22R）值（图 27.9b~f）。说明铀可以提高有机质的成熟度，降低烃源岩的生烃门限，使低熟烃源岩早期生成烃类，同时在高温阶段阻止有机质过度成熟，利于烃的生成及所生成烃的保存。铀可能是低熟油气生成的无机促进因素之一。

3. 实验结果中参数变化的波动性

从以上实验结果来看，有关参数变化具有一定的波动性，可能与以下因素有关：①从实验结果分析，铀的存在可能会降低 C═C 与 C─C 键的断裂温度，并且在不同温度点对各种化学键的断裂的影响程度不同；②各种参数在低温下波动性更明显，应该是因为低熟烃源岩在低温阶段产物中不稳定组分较多，变化复杂，从而造成波动性较大的结果。

就在有铀存在条件下进行的 II 型低熟烃源岩生烃模拟实验来看，有如下阶段性的认识：

铀的存在可以促使不饱和烃向饱和烃转化，促进长链烃的断裂，促进低分子量烃类的产生，从而使 CH_4 的含量提高，使生成的烃类的干气化程度增加。

铀可以提高有机质的成熟度，降低烃源岩的生烃门限，使低熟烃源岩早期生成烃类；同时在高温阶段阻止有机质过度成熟，利于烃的生成及保存。铀可能是未熟-低熟油气生成可能的无机促进因素之一。

据此推论，富铀低熟烃源岩分布区可能会成为低熟油气勘探的有利区带。这种提前生成的少量油气可以使所在储层变为亲油性，为后期大规模生成的油气运移成藏提供有利的条件，使得即使是致密的储层，也能形成大规模的工业油气藏。

第六节 铀在 III 型烃源岩生烃演化中的作用

一、烃 产 量

从有、无铀元素加入的烃源岩生烃模拟实验结果（图 27.10）的对比分析可以看出，铀的加入对 III 型烃源岩生烃模拟实验的产物及相关参数有着比较明显的影响。

1. 气态烃产量

铀的存在，在一定的程度上提高了烃源岩的气体产量（除 400 ℃外）（图 27.10a），并促使烃源岩生成更多的 H_2（图 27.10b）。其所生 H_2 量的增加在 250 ℃之后更为明显。生烃过程中 H_2 的生成和量的增加，与前述反应式（1）~（4）所示的反应过程相吻合。在铀元素存在的情况下，在本实验的温度域 CO_2 产量近于呈线性增加；与不加铀的实验相比，CO_2 产量在低温增加，而在高温有所降低（图 27.10c）。两组样品之间 CO_2 这种无明显规律的变化，可能与前述方程 27.3 中不同温度段 CO_2 的产率不同有一定的关系。

对生成的烃气通过体积（$m^3/t\ C_{org}$；图 27.10d）或重量（$kg/t\ C_{org}$；图 27.10e）进行计量，所表现的特征不同。用体积计量进行对比（图 27.10d），加铀样品所生成的烃气多于不加铀的样品。用重量进行计量对比（图 27.10e），在 400 ℃以下，与体积计量的结果相同，但在高温阶段（400~450 ℃），加铀样品比不加铀样品所产生的烃气有所减少，但体积为高。这说明铀的存在，不仅会使生成的烃气的量增加，而且还可能会促进烃类的裂解，使长链烃裂解为短链烃，不饱和烃向饱和烃转化（图 27.10p），促使 H 进入烃的结构，使所生成烃的干气化程度增加（图 27.10o）。加铀样品较不加铀样品的产物中烯烃/总烃值，在较低温度段要低，在较高温段（350~450 ℃）接近（图 27.10p），而甲烷/总烃值相对较高（除 250 ℃外）（图 27.10o）。即铀的存在可以促进烃类生成过程中外来氢源中 H 的加入，使产物中的不饱和烃向饱和烃转化，产物的干气化程度增加，促进烃源岩的烃气产率。

2. 液态烃产量

除个别温度点外，加铀样品液态烃生成所需的温度均比不加铀样品的温度要低（图 27.10f~i）。凝析油、排出油和总油量的产出曲线均向低温方向发生了较明显的整体移动（图 27.10f、h），且凝析油和总油量的高峰期产量明显增加（图 27.10f、j）。铀的存在，虽降低了轻油的产量，但却使轻油产出峰温降低了 50 ℃（图 27.10g），也使低温阶段（低于 350 ℃）残留油总体较多（图 27.10i）。

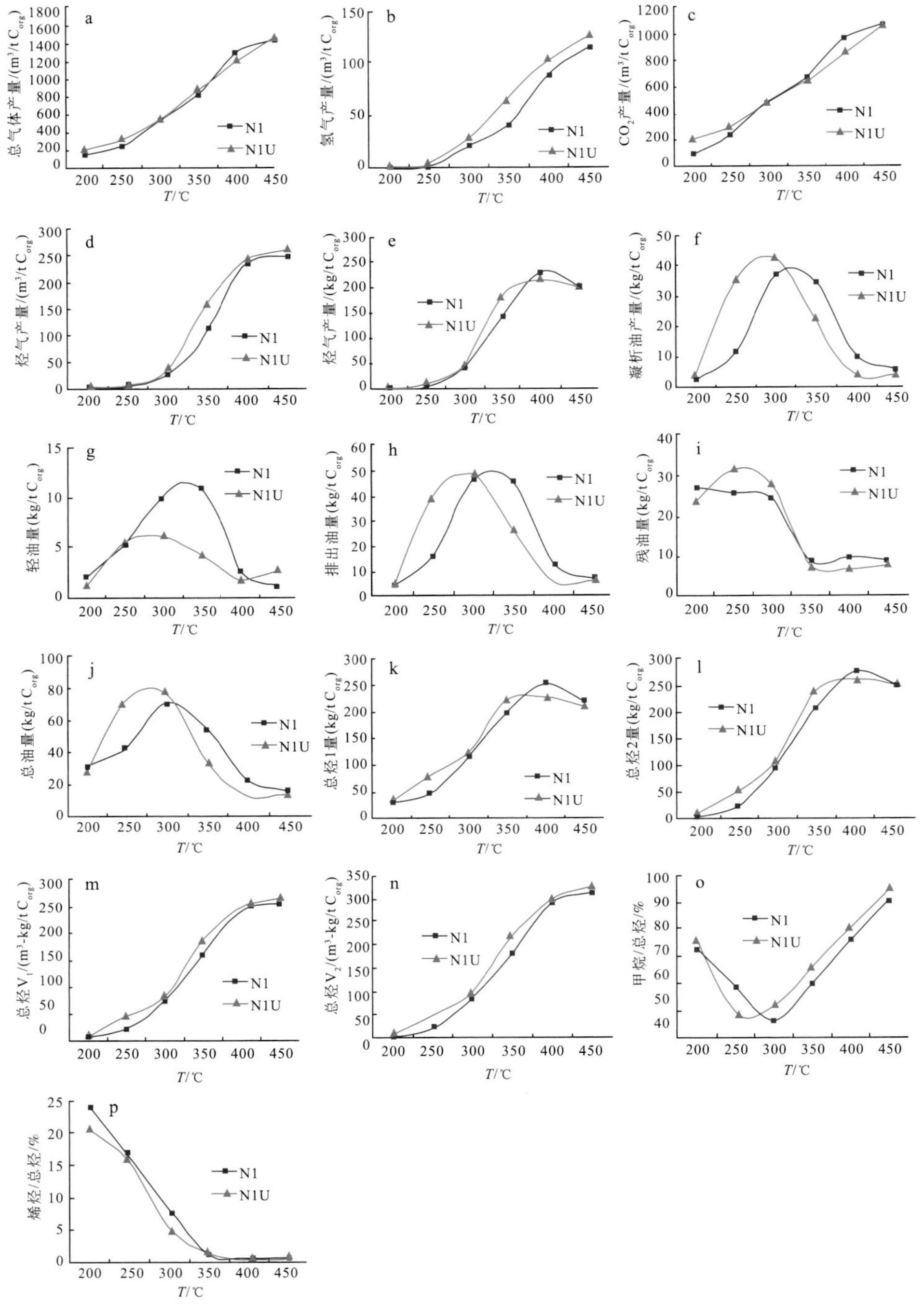

图 27.10 有(N1U)、无(N1)铀加入泥质烃源岩热模拟过程中相关产物对比图

图中物质量为各温度点下每吨有机碳的物质产量。排出油量=凝析油+轻油；残留油量=残样量×沥青“A”×10；总油量=排出油+残留油；总烃 1 量=总油(kg/t C_{org})+烃气(kg/t C_{org})；总烃 2 量=总油(kg/t C_{org})+烃气(kg/t C_{org})+烃气(kg/t C_{org})(由 1/2 氢气换算而来)；总烃 V_1 量=总油(kg/t C_{org})+烃气(m^3/t C_{org})；总烃 V_2 量=总油(kg/t C_{org})+烃气(m^3/t C_{org})+1/2 氢气(m^3/t C_{org})

3. 总烃产量

为了对所生成的总烃有一个较全面的了解,本文分别对总烃$_1$、总烃$_2$、总烃 V_1、总烃 V_2(图 27.10k~n)进行对比分析。除总烃$_1$ 和总烃$_2$ 的两个高温点外(图 27.10j、k),加铀样品的 4 条总生烃量曲线与不加铀样品相比,均向低温方向发生了整体移动(图 27.10k~n),且在各温度点生烃量均有所增加,加铀样品与不加铀样品总烃产出的高峰温度基本相同。重量计的总烃产量在高温阶段有所降低而体积计的总烃产量增加的趋势放缓,这主要是在高温阶段,如反应式(1)~(4)所示的反应显著发生,而铀的存在使相关反应加速进行,促进烃类的裂解,生成较多小分子量的烃类。

由上述可见,铀的存在使烃源岩的总烃产量(物质的量或体积)有所增加,同时降低了生烃的门限温度,促使长链烃的裂解,对低分子量的烃类的生成具有促进作用。

二、天然气组分

铀的参与使烃源岩产物中天然气各类组分发生了程度不同的变化(图 27.11):使 H$_2$ 产量明显增加(图 27.11a);在低温(200~350 ℃)阶段,生成的 CO 量降低(图 27.11b),而 CO$_2$ 量变化不明显(图 27.11c);在高温阶段(>350 ℃),所产出的 CO 量增加(图 27.11b),CO$_2$ 量有所减少(图 27.11c);加铀样品生成的 CO$_2$ 量总体低于不加铀样品(图 27.11c)。这种变化应与铀在不同温度条件下对 CO$_2$、烃类以及中间产物 CO 之间的转化的影响有关。

铀的存在,使烃源岩模拟产物中 CH$_4$ 的产量在 300 ℃ 开始明显增加(图 27.11d)。这应与铀在生烃过程中使不饱和烃向饱和烃转化、长链烃向短链烃转化,从而使产物的干气化程度增加有关。

在低于 400 ℃温度点(乙烷含 400 ℃),铀的存在增加了乙烷和丙烷的产出量,而在高温阶段使其产出量降低(图 27.11e、f)。这可能与模拟实验过程中铀的存在在高温阶段促使乙烷及丙烷发生裂解,向甲烷转化有关。

铀可以使烷烃较长的碳链断裂,一方面使生成的烷烃的干气化程度增高,使产出的 CH$_4$ 量增加(图 27.11d),另一方面使这些断裂的碳链置换中心碳原子上的 H,使烷烃的异构化程度增高(图 27.11g 与 h、i 与 j),同时使 H$_2$ 的产出量也明显增加(图 27.11a)。

铀的存在显著降低了重烃 C$_{6+}$ 的产出量(图 27.11k),说明在生烃过程中铀可使长碳链的重烃发生裂解,向低分子量的烃类转化。

铀的参与改变了实验过程中烯烃的产量(图 27.11l~q):①在较低温条件下使烯烃的产量提高,在高温阶段使其产量降低。实验结果显示 300~400 ℃为铀存在使生烃过程中各类烯烃产出量发生明显变化的转折温度点,据此推测铀的存在可能使烯烃在 300~400 ℃后大量转变成烷烃;②异丁烯的产出量大于正丁烯的产出量,尤其是含铀样品这种规律更加明显(图 27.11n、o),说明铀的存在能提高模拟实验中生成的烯烃的异构化程度,使得烯烃碳链中的甲基断裂,与中心碳原子结合,同时因 H 的释放而增加了天然气产物中 H$_2$ 的含量(图 27.11a);③铀的存在使生成的烯烃的分子排列更加紧密,致使天然气产物中反-2-丁烯的含量高于顺-2-丁烯(图 27.11p、q)。

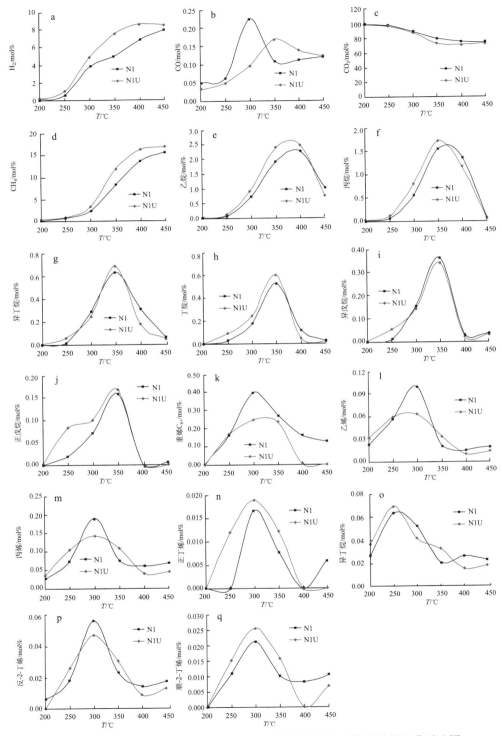

图 27.11　有(N1U)、无(N1)铀加入烃源岩热模拟实验产物天然气组分对比图

三、族组分特征

除个别温度点外，含铀样品饱和烃含量低（图 27.12a），芳烃含量高（图 27.12b），饱/芳值低（图 27.12e），非烃与沥青质含量高（图 27.12c、d、f）。因此，相对而言，加入铀的烃源岩样品的族组分表现出与低熟油更为相似的特征。换言之，铀的存在可使烃源岩在较低门限温度环境中即可较早生成（低熟）油气。

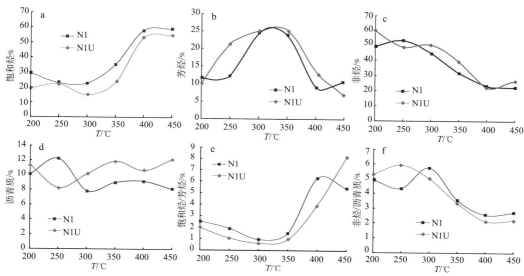

图 27.12　有（N1U）、无（N1）铀加入烃源岩热模拟实验产物族组分对比图

四、饱和烃气相色谱和色质特征

1. 饱和烃气相色谱

加铀与不加铀烃源岩样品在不同模拟温度点产出的饱和烃气相色谱特征参数有较大的不同（图 27.13）。除个别温度点外，铀的存在，可以降低饱和烃的 Pr/nC_{17} 值（图 27.13c）和 Ph/nC_{18} 值（图 27.13d），提高 Pr/Ph 值（图 27.13b），在 400 ℃后明显增加饱和烃的奇偶优势（OEP），使其远离 1（图 27.13a），说明加铀样品较不加铀样实验产物成熟度较低。铀的存在可使烃源岩产出的饱和烃的 nC_{21-}/nC_{22+} 量及（$C_{21}+C_{22}$）/（$C_{28}+C_{29}$）量在低温阶段提高，在高温阶段降低（图 27.13e、f）。这表明在低温阶段，铀可以促进长链烃的裂解，降低产物的分子量，与前述碳链断裂的情况和认识一致。

比较两类样品的饱和烃气相色谱特征参数可知：①铀的存在可使烃源岩的生烃门限温度降低（或成熟度增加），在相对温度较低的环境中生成（低熟、未熟）油气；②铀还能够促使实验中长链烃碳链的断裂，使产物的分子量变小，小分子量异构烷烃的含量增加，从而增加产物中 CH_4 等小分子量烃类的产量，使产物的干气化程度增加。

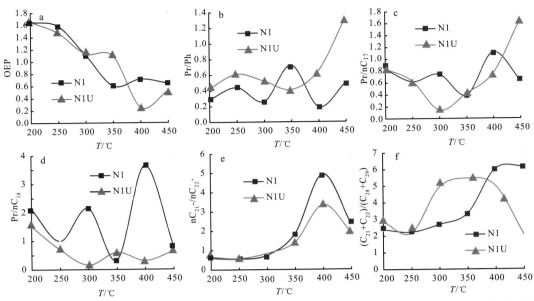

图27.13 有(N1U)、无(N1)铀加入烃源岩热模拟实验中不同温度点饱和烃气相色谱特征参数对比图

2. 色质特征

在生烃模拟实验中，铀的存在引起 C_{29} 甾烷 20S/(20S+20R) 值、C_{29} 甾烷 $\alpha\beta\beta/(\alpha\beta\beta+\alpha\alpha\alpha)$、Ts/Tm 值、$C_{30}$ HOP/C_{29} HOP 值、$(C_{29}+C_{30})$ HOP/$(C_{29}+C_{30})$ MOR 值、C_{31}HOP22S/22R值等有机质生物标志化合物参数值的变化(图27.14)。说明铀可以影响烃源岩的演化程度，促进烃源岩成熟度的变化，进而影响到低熟烃源岩的生烃过程及生烃特征。

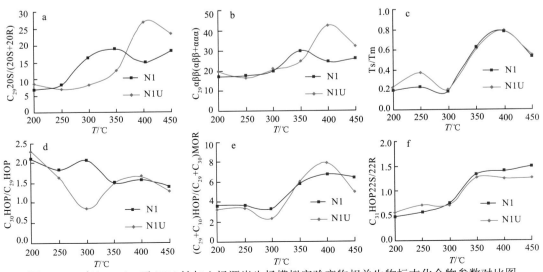

图27.14 有(N1U)、无(N1)铀加入烃源岩生烃模拟实验产物相关生物标志化合物参数对比图

　　模拟实验产物的族组分、色谱、色质特征表明,铀可能是未熟–低熟油生成的有利条件之一。

五、铀在 III 型低熟烃源岩生烃演化中的作用

　　从实验结果推测,铀的存在可能促进烃类生成过程中外来氢源[如地质体中普遍存在的水(刘文汇、王万春,2000)]中 H 的加入,使不饱和烃向饱和烃转化(Lewan et al.,1979),促进长链烃的断裂,使高碳数的烃发生裂解,促进低分子量烃类的产生,从而提高 CH_4 的含量,同时使烃源岩生成更多的 H_2,使生成的烃类的干气化程度增加,该过程可以用如下一系列反应过程加以解释:(Horita and Berndt,1999;Sherwood et al.,2002;Lin et al.,2006)。

$$H_2O + (\alpha \cdot \gamma) \longrightarrow H^+ + OH^-$$
$$2OH^- \longrightarrow HOOH$$
$$2HOOH \longrightarrow 2H_2O + O_2$$
$$2H^+ \longrightarrow H_2$$
$$CO_2 + H_2 \longrightarrow C_nH_m + H_2O + Q$$
$$HCO_3^- + 4H_2 \longrightarrow CH_4 + OH^- + 2H_2O$$

　　从实验结果来看,铀对烃源岩有机质热解成烃过程确实产生了一定的影响,它促使烃源岩早期生成烃类,并通过促进液态烃类(长链烃)的裂解增加了实验过程中气态产物的产率,使产物的分子量降低,干气化程度增加。烯烃、烷烃在不同温度点产量的变化情况应该与其键能有关,在 300℃ 及 400℃ 后,烯烃的双键率先断裂,向饱和烃转化(徐光宪、赵琛,1956),因而造成此温度条件下烯烃含量的降低和烷烃含量的增高,并且烷烃的高峰温度与烯烃的高峰温度分别为 350℃ 与 300℃,烷烃的高峰温度高出烯烃的高峰温度约 50℃。尔后烷烃的 C—C 键断裂,使产物的干气化程度提高(刘文汇、王万春,2000),同时烷烃的异构化程度也提高(图 27.11)。铀的存在还影响到烯烃双键及 C—C 键的断裂,使这一过程加速进行,从而影响到产物烯烃、烷烃以及不同分子量烃类的产率。铀的存在还影响到实验产物的成熟度特征,并表现于气相色谱及色质谱图和特征参数。

　　笔者此前所做的工作表明,铀的存在可以促使 I 型及 II 型烃源岩不饱和烃向饱和烃转化,促进长链烃的断裂,促进低分子量烃类的生成,从而使 CH_4 的含量提高,使生成的烃类的干气化程度增加。铀可以降低烃源岩的生烃门限,使低熟烃源岩早期生成烃类,同时在高温阶段阻止有机质过度成熟,利于烃的生成及所生成烃的保存(毛光周,2009;毛光周等,2012a,2012b)。铀可能是未熟–低熟油气生成可能的无机促进因素之一。

　　综上所述,通过对 III 型低熟烃源岩中加入铀元素的生烃热模拟实验,主要取得以下认识:

　　1)铀的参与,可使烃源岩中气态烃产出率有所提高,总气量增加。

2）铀可使生烃过程产物中饱和烃增多，分子量变小，从而使 CH_4 的产出量提高，生成的烃类的干气化程度增加。

3）铀的存在可降低烃源岩生烃门限温度，在相对较低温阶段生成液态烃，产出的总烃量（重量或体积）增加。这意味着铀的存在可能有利于在烃源岩演化的早期阶段生成未熟-低熟油气。这对探讨未熟-低熟油气的形成及其条件和环境提供了新的思路。

第七节　铀在低熟煤生烃演化中的作用

从有、无铀元素加入的低熟煤生烃模拟实验结果（图 27.15）的对比分析可以看出，铀的加入对煤生烃模拟实验的产物及相关参数有着比较明显的影响。

一、烃　产　量

加铀样品的总生烃量整体较不加铀样品量高（除最高温 450 ℃）（图 27.15i），表明铀在煤的生烃过程中总体具有较积极的作用。而铀在煤生成液态烃过程中的积极作用则更加明显，尤其在 300~350 ℃ 的液态烃生成高峰温度区间更是如此（图 27.15d~h），具体表现为，除个别温度点外，铀的存在使煤的凝析油生成高峰温度提前到来（图 27.15d），生成高峰温度的排出油（图 27.15e）及轻油（图 27.15f）量增加，残余油量整体增加（图 27.15g），因而铀使得煤在生烃模拟实验过程中油的总产量增加（除最高温 450 ℃ 外）（图 27.15h）。

在铀使煤生成总烃量整体增加的背景下（图 27.15i），产物中 CH_4 所占比例明显提高（图 27.15c），说明在生烃模拟实验过程中，铀不但能使煤生成更多的烃，而且使所生成烃的发生裂解，长链烃的碳链断裂，促使 H 进入烃的结构，降低产物中 H_2 的比例（除400 ℃外）（图 27.15b），生成较多小分子量的烃类（如 CH_4），使所生成烃的干气化程度增加（图 27.15c），并使相应温度点的烃气产量降低（质量计）（图 27.15a）。

由上述可见，铀的存在，使煤的总烃产量有所增加，促使长链烃的裂解，对低分子量的烃类的生成具有促进作用。

二、天然气组分

铀的参与使煤生烃模拟实验产物中天然气各类组分发生了程度不同的变化（图27.15）：H_2 比例明显增加（除 300 ℃ 外）（图 27.15j）；天然气产物中 CO 的比例升高（除最高温 450 ℃ 外）（图 27.15k）。这种变化应与铀对 CO_2、烃类以及中间产物 CO 之间的转化的影响有关。

铀的存在，使煤生烃模拟实验天然气产物中 CH_4 的比例整体增加（除 300 ℃ 外）（图27.15l）。这应与铀在生烃过程中使不饱和烃向饱和烃转化、长链烃向短链烃转化，从而使产物的干气化程度增加有关，这与模拟实验产物天然气组分中生烃 C_{6+} 的变化趋势一致（除 250~300 ℃ 外）（图 27.15q），同时乙烷、丙烷、丁烷、异丁烷的比例也有所变化

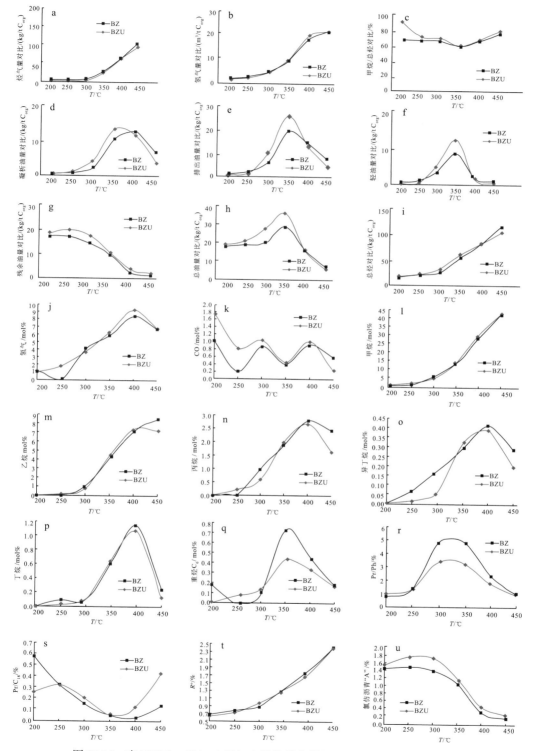

图 27.15　有（BZU）、无（BZ）铀加入低熟煤热模拟过程中相关产物对比图

（图 27.15m～p）。以上天然气产物组分比例变化曲线图中，300 ℃是一个重要的产量变化温度点，在相关的生烃模拟实验中应该关注该温度点，在 300 ℃左右加密实验温度点。

三、模拟实验其他特征与认识

加铀与不加铀煤在不同模拟温度点产出的饱和烃气相色谱特征参数有较大的不同（图 27.15r～s）。除低温的 200 ℃外，铀的存在，可以降低 Pr/Ph 值（图 27.15r），提高 Ph/nC$_{18}$值（图 27.15s），说明加铀样品较不加铀样品实验产物成熟度高，这与模拟实验结束后加铀煤的反应物"残渣"R^o 较未加铀样品高的测定结果相一致（除 300 ℃处）（图 27.15t）。

加铀煤的模拟实验产物中氯仿沥青"A"较不加铀的整体含量高（图 27.15u），说明铀的存在提高了煤中的有机质向石油转化的程度。

铀在煤的生烃演化过程中具有重要的作用。铀的参与在低温阶段（不高于 400 ℃）可以显著增加煤生烃模拟实验中液态烃的产率，增加总烃产率，可使煤生烃过程产物 CH$_4$ 的产出量提高，生成的烃类的干气化程度增加。

铀在煤生烃演化过程中的作用及机理值得开展进一步研究工作，为多种能源矿产共存成藏（矿）机理的研究及多能源矿产协同勘探与综合开发提供理论指导与依据。

第八节 模拟实验结果差异性分析及其与地质实际之间相关性

一、模拟实验结果差异性分析

I 型干酪根样品的生烃模拟实验表明，铀的存在（铀矿石）使液态烃的产量有所降低，对气态烃的生成没有明显影响，对总产烃量基本没有影响，这可能与以下因素有关：①铀矿石是复杂的混合物，在铀对烃源岩生烃演化有促进作用的同时，铀矿石中的其他一些物质（碳酸盐等矿物、元素等）对烃源岩生烃或铀的作用（在不同温度条件下）会有一定的抑制作用；②加铀后烃源岩生烃总量的增加的明显程度为 III 型（含煤）>II 型>I 型。外源氢的加入，是有机质生烃量增加的重要原因（Lewan，1997；Schimmelmann et al.，1999，2001；Seewald，2003）。在地下深处，铀可以使水发生分解（Lin et al.，2006），放出 H$^+$[H$_2$O+（α·γ）——→H$^+$+OH$^-$]，成为外源氢的来源（之一）。这些外源氢活性大，易与烃源岩中的 C 结合，将会形成更多的碳氢化合物（烃类）（见图 27.16）。在三种类型烃源岩中 H 的含量为 III 型（含煤）<II 型<I 型，而 C 的相对含量则相反，若有充足的外源氢加入，生烃量的增加自然是 III 型>II 型>I 型。

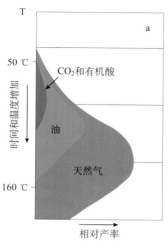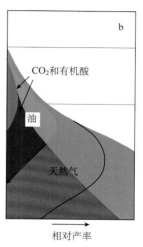

图 27.16　传统干酪根生烃演化(a)与外源氢参与生烃过程(b)生烃演化模式图(据 Seewald，2003)

二、模拟实验结果与地质实际之间相关性实验讨论

大自然的实际过程是多因素综合的复杂过程，油气的形成、组成、演化是一个受多因素综合影响的、复杂的、长期的地质过程，并且不同的因素及组合在不同条件下的作用效果应该不同。在这样复杂的系统级过程中，区分某一因素的作用十分困难。因此，通过实验来认识某一单因素可能起到的作用十分必要。本章展示的实验结果表明，铀对烃源岩的生烃演化确实能够起到某种程度的促进作用。因此，在实际的油气勘探实践中，需要注意铀的存在。

地质环境中的多因素、低浓度、低温度、长时间累积效果与实验室的单因素、高浓度、高温度、短时间反应之间肯定存在很大的差异。生烃模拟实验有关的加铀形式有很多种，但如前所述，从地质实情分析，似乎是碳酸铀酰更加合适。铀对成烃的贡献也不应该是单纯的催化作用或者放射性为生物繁衍提供能量(Lin *et al.*，2006)和放射性生热等，而是有可能在不同的阶段、不同的条件下起不同的作用，或者作用的效果不同。但这些差异并不影响我们通过实验来讨论烃源岩中的铀在油气生成过程中具有一定的积极作用。

烃源岩的生烃过程是在较低的温度和较长的时间条件下进行的，但在模拟实验中无法完全模拟实际地质条件下的温度和时间条件，因而在实验中采用提高温度及增加铀含量的方法来弥补反应时间的不足。

从本章展示的实验结果来看，随着温度的升高，生成的烃类总量不断增加。液态烃产量先增后减而气态烃的产量基本持续增加。铀的存在可以促进烃源岩液态烃的提前生成，并在低温阶段使液态烃产量有较明显的提高，并可以促进烃源岩气态烃的产量增加，从而促进烃源岩总烃的产量。

该文生烃模拟实验的结果和认识意义重大，将会给油气地质研究、资源评价和勘探带来诸多新的思考和启发。

　　未熟-低熟油是一种重要的非常规能源资源，在陆相盆地中分布广泛，对其成因、资源规模及重要性的认识也有较大的争议（毛光周等，2012c）。本文的工作表明，铀的存在可能在未熟-低熟油气生成过程中具有一定的积极作用。因此，在有铀等无机因素存在的情况下，低熟烃源岩区的低熟油勘探就可能具有一定的潜力。进而推论，富铀低熟烃源岩分布区可能会成为低熟油气勘探的有利区带，这种少量烃类的提前生成和运移，可能促使成岩早期阶段孔渗性能良好的储层较大范围地变为亲油性（罗晓容等，2010），为后期大规模生成的油气运移和成藏创造有利条件，使得即使致密储层也有形成大规模商业油气藏（田）的可能。

　　油、气、煤、铀多能源矿产同盆共存成藏（矿）的深层原因为有机-无机相互作用（刘池洋等，2013），有机质在无机铀的富集成矿中的重要作用已基本得到共识，无机铀在有机油、气形成演化中所起的研究同样具有重要的意义。铀在烃源岩生烃演化过程中作用的研究将为多能源矿产共存成藏（矿）成因机理的研究提供实验素材及理论支持。同时，多矿种的综合勘探开发已经或即将成为一种潮流。

　　中国北方含油气盆地属油气煤铀富集的中东亚能源矿产成矿域的组成部分（刘池洋等，2007）。国内外已有的地面调查和航磁等勘测已经揭示，中国北方盆地北邻的广阔地区，总体处于相对富铀的区域背景之中（刘池洋等，2007）。我国陆相盆地的油气又主要分布在北方诸含油气盆地之中。这之间有无联系，有何成因联系？我国北方松辽、鄂尔多斯、准噶尔等油气资源丰富的盆地，据已有油气理论和常规资源评价方法所得的油气资源量，屡屡被油气勘探实践和发现所突破。是已有的油气评价理论和方法不完善，还是由于我国油气地质特征的特殊性而这些理论方法不完全适用？若为后者，在我国含油气盆地中对油气成生和资源规模有重要影响的个性因素又是什么？本章实验所揭示的铀元素参与可使烃源岩生烃量有所增加的结果，应是此重要因素之一。可见，本章的工作和认识，对我国油气资源规模和远景评价这一重大问题有可能产生新的启发和思考。

　　综上所述，笔者认为：①铀的参与，可使烃源岩中气态烃产出率有所提高，总气量增加；②铀的存在可以促使不饱和烃向饱和烃转化，促进长链烃的断裂和低分子量烃类的产生，从而使 CH_4 的含量提高，使生成的烃类的干气化程度增加；③铀的存在能提高模拟实验中生成的烯烃的异构化程度，在整体上能够使生成的烯烃的分子在晶格中排列更加紧密，并能促使烯烃在 350 ℃时开始向饱和的烷烃转变；④铀的存在可以提高有机质的成熟度，降低烃源岩的生烃门限，使低熟烃源岩早期生成低熟油气，有利于低熟油气的形成，同时在高温阶段阻止有机质过度成熟，利于烃的生成及所生成烃的保存。这意味着铀的存在可能有利于在烃源岩演化的早期阶段生成未熟-低熟油气，从而使铀成为未熟-低熟油气形成的可能无机促进因素之一。这对探讨未熟-低熟油气的形成及其条件和环境提供了新的思路。

　　据此推论，历史上的富铀低熟烃源岩分布区可能会成为低熟油气勘探的有利区带。这种提前生成的少量油气可以使所在储层变为亲油性，为后期大规模生成的油气运移成藏提供有利的条件，使得即使致密的储层，也能形成大规模的工业油气藏。

　　本研究所得实验结果对石油地质学的理论研究及勘探实践具有重要的启迪和参考价

值,展示了与已有认识明显不同的现象。但由于实验样品数量有限,样品类型(盆地类型、时代、形成环境和干酪根类型等)较为单一,铀在烃源岩生烃演化过程中的作用机理、过程、化学反应以及铀的作用方式等细节问题还有待进一步探讨,所获认识尚需更多的实践和相关研究的检验、论证、补充和完善。

参 考 文 献

戴金星,秦胜飞,陶士振等. 2005. 中国天然气工业发展趋势和天然气地学理论重要进展. 天然气地球科学,16(2):127~142

何会强,李永林,乔桂林等. 2001. 河南舞阳和襄城两凹陷未熟-低熟油形成模式及勘探前景. 现代地质,15:302~308

李水福,胡守志,何生等. 2010. 泌阳凹陷北部斜坡带生物降解油的油源对比. 石油学报,31:976~951

刘池洋,谭成仟,孙卫等. 2005. 多种能源矿产共存成藏(矿)机理与富集分布规律研究. 见:刘池洋主编. 盆地多种能源矿产共存富集成藏(矿)研究进展. 北京:科学出版社. 1~16

刘池洋,赵红格,谭成仟. 2006. 多种能源矿产赋存与盆地成藏(矿)系统. 石油与天然气地质,27:131~142

刘池洋,邱欣卫,吴柏林等. 2007. 中-东亚能源矿产成矿域基本特征及其形成的动力学环境. 中国科学(D辑),37:1~15

刘池洋,邱欣卫,吴柏林等. 2009. 中-东亚能源矿产成矿域区划和盆地类型. 新疆石油地质,30:412~418

刘池洋,毛光周,邱欣卫等. 2013. 有机-无机能源矿产相互作用及其共存成藏(矿). 自然杂志,35:47~54

刘洛夫,李术元. 2000. 烃源岩催化生烃机制研究进展. 地质论评,46(5):491~498

刘文汇,王万春. 2000. 烃类的有机(生物)与无机(非生物)来源——油气成因理论思考之二. 矿物岩石地球化学通报,19:179~186

卢红选,孟自芳,李斌等. 2008. 含铀物质对泥岩有机质热模拟生烃产物的影响. 沉积学报,26:324~329

罗晓容,张刘平,杨华等. 2010. 鄂尔多斯盆地陇东地区长 8^1 段低渗油藏成藏过程. 石油与天然气地质,31:770~778

毛光周. 2009. 铀对烃源岩生烃演化的影响. 西北大学博士学位论文

毛光周,刘池洋,刘宝泉等. 2012a. 铀对(Ⅰ型)低熟烃源岩生烃演化的影响. 中国石油大学学报,36:172~181

毛光周,刘池洋,张东东等. 2012b. 铀对(Ⅱ型)低熟烃源岩生烃演化的影响. 地质学报,86:1833~1840

毛光周,刘池洋,高丽华. 2012c. 中国未熟-低熟油的基本特征及成因. 山东科技大学学报(自然科学版),31:76~85

毛光周,刘池洋,张东东等. 2014. 铀在Ⅲ型烃源岩生烃演化中作用的实验研究. 中国科学:地球科学,44:1740~1750

梅水泉,周续业,李小朗等. 1998. 诸广-九嶷地区富铀矿的水成叠加作用初探. 铀矿地质,14:7~11

潘长春,耿安松,钟宁宁等. 2006. 矿物和水对干酪根热解生烃作用的影响——Ⅲ. 甾、萜烷(烯)的形成与热演化. 地质学报,80(3):446~453

妥进才,王随继. 1995. 油气形成过程中的催化反应. 天然气地球科学,6(2):37~40

王德义. 1985. 铀(238)在催化中的应用及防护. 现代化工,(1):59,45

王社教, 胡圣标, 汪集旸. 1999. 塔里木盆地沉积层放射性生热的热效应及其意义. 石油勘探与开发, 26: 36~38

王先彬, 妥进才, 李振西等. 2003. 天然气成因理论探索——拓宽领域、寻找新资源. 天然气地球科学, 14(1): 30~34

王晓峰, 刘文汇, 徐永昌等. 2006. 水在有机质形成气态烃演化中作用的热模拟实验研究. 自然科学进展, 16(10): 1275~1281

徐光宪, 赵琛. 1956. 碳氢化合物中化学键的键能和键热. 化学学报, 22: 426~440

张文正, 杨华, 杨奕华. 2008. 鄂尔多斯盆地长 7 优质烃源岩的岩石学、元素地球化学特征及发育环境. 地球化学, 37: 59~64

赵全民, 杨道庆, 江继刚等. 2002. 舞阳、襄城盐湖盆地未熟油地球化学特征、判别标志及成因. 地质地球化学, 30: 49~53

周世新, 邹红亮, 解启来等. 2006. 沉积盆地油气形成过程中有机-无机相互作用. 天然气地球科学, 17(1): 42~47

祖小京, 妥进才, 张明峰等. 2007. 矿物在油气形成过程中的作用. 沉积学报, 25(2): 298~306

Anna M C, Timothy W L. 2004. Trace metal records of regional paleoenvironmental variability in Pennsylvanian (Upper Carboniferous) black shales. Chemical Geology, 206: 319~345

Baskin D K. 1997. Atomic H/C ratio of kerogen as an estimate of thermal maturity and organic matter conversion. AAPG Bulletin, 81(9): 1437~1450

Cassou A M, Connan J, Correia M et al. 1975. Etudes chimiques et observation microscopiques de la matière organique de quelques mineralisations uranifères. In: Le Phénomène d'Oklo. Vienna: IAEA-SM-204. 195~206

Helgeson H C, Knox A M, Owens C E et al. 1993. Petroleum, oil field waters, and authigenic mineral assemblages: Are they in meta stable equilibrium in hydrocarbon reservoirs? Geochimica et Cosmochimica Acta, 57: 3295~3339

Horita J, Berndt M E. 1999. A biogenic methane formation and isotopic fractionation under hydrothermal conditions. Science, 285: 1055~1057

Hunt J M. 1979. Petroleum Geochemistry and Geology. San Francisco: W. H. Freeman and Company

Hunt J M. 1996. Petroleum Geochemistry and Geology, 2nd edition. San Francisco: W. H. Freeman and Company

Huyck H L O. 1990. When is a metalliferous black shale not a black shale? In: Grauch R I, Huyck H L O (eds). Metalliferous Black Shales and Related Ore Deposits—Proceedings, 1989 United States Working Group Meeting, International Geological Correlation Program Project 254, U. S. Geological Survey Circular 1058. 42~56

Leventhal J S. 1993. Metals in black shales. In: Engel M H, Macko S A (eds). Organic Geochemistry, Principles and Applications. New York: Plenum Press. 581~592

Lewan M D. 1997. Experiments on the role of water in petroleum formation. Geochimica et Cosmochimica Acta, 61: 3691~3723

Lewan M D, Winters J C, McDonald J H. 1979. Generation of oil-like pyrolysates from organic-rich shales. Science, 203: 897~899

Lin L H, Wang P L, Rumble D et al. 2006. Long-term sustainability of a high-energy, low-diversity crustal biome. Science, 314: 479~482

Madhavaram H, Idriss H. 2004. Acetaldehyde reactions over the uranium oxide system. Journal of Catalysis,

224(2): 358~369

Mao G Z, Liu C Y, Zhang D D *et al*. 2014. Effects of uranium on hydrocarbon generation of hydrocarbon source rocks with type-III kerogen. Science China: Earth Sciences, 57: 1168~1179

Pass G, Littlewood A B, Burwell R L J. 1960. Reactions between hydrocarbons and deuterium on chromium oxide gel (Ⅱ): isotopic exchange of alkanes. The Journal of the American Chemical Society, 82: 6281~6283

Price L C. 1994. Metamorphic free-for-all. Nature, 370: 253~254

Ross D J K, Bustin R M. 2009. Investigating the use of sedimentary geochemical proxies for pale environment interpretation of thermally mature organic-rich strata: Examples from the Devonian-Mississippian shales, Western Canadian Sedimentary Basin. Chemical Geology, 260: 1~19

Schimmelmann A, Lewan M D, Wintsch R P. 1999. D/H isotope rations of kerogen, bitumen, oil, and water in hydrous pyrolysis of source rocks containing kerogen types Ⅰ, Ⅱ, ⅡS, Ⅲ. Geochimica et Cosmochimica Acta, 63: 3751~3766

Schimmelmann A, Boudou J P, Lewan M D *et al*. 2001. Experimental controls on D/H and $^{13}C/^{12}C$ ratios of kerogen, bitumen and oil during hydrous pyrolysis. Organic Geochemistry, 32: 1009~1018

Seewald J S. 1994. Evidence for metastable equilibrium between hydrocarbons under hydrothermal control. Nature, 370: 285~287

Seewald J S. 2001. Aqueous geochemistry of low molecular weight hydrocarbons at elevated temperatures and pressures: Constraints from mineral buffered laboratory experiments. Geochimica et Cosmochimica Acta, 65: 1641~1644

Seewald J S. 2003. Organic-inorganic interaction in petroleum-producing sedimentary basins. Nature, 426: 327~333

Seewald J S, Benitez-Nelson B C, Whelan J K. 1998. Laboratory and theoretical constraints on the generation and composition of natural gas. Geochimica et Cosmochimica Acta, 62(9): 1599~1617

Sherwood B L, Westgate T D *et al*. 2002. A biogenic formation of alkanes in the Earth's crust as a minor source for global hydrocarbon reservoirs. Nature, 416: 522~524

Taylor S H, Hutchings G J, Palacios M L *et al*. 2003. The partial oxidation of propane to formaldehyde using uranium mixed oxide catalysts. Catalysis Today, 81: 171~178

Tissot B P, Welte D H, Ward J A. 1978. Petroleum Formation and Occurrence—A New Approach to Oil and Gas Exploration. Berlin, Heidelberg, New York: Springer Verlag

Tissot B P, Welte D H. 1984. Petroleum Formation and Occurrence. New York: Springer Verlag

第六篇

与能源矿产伴生的其他矿产资源

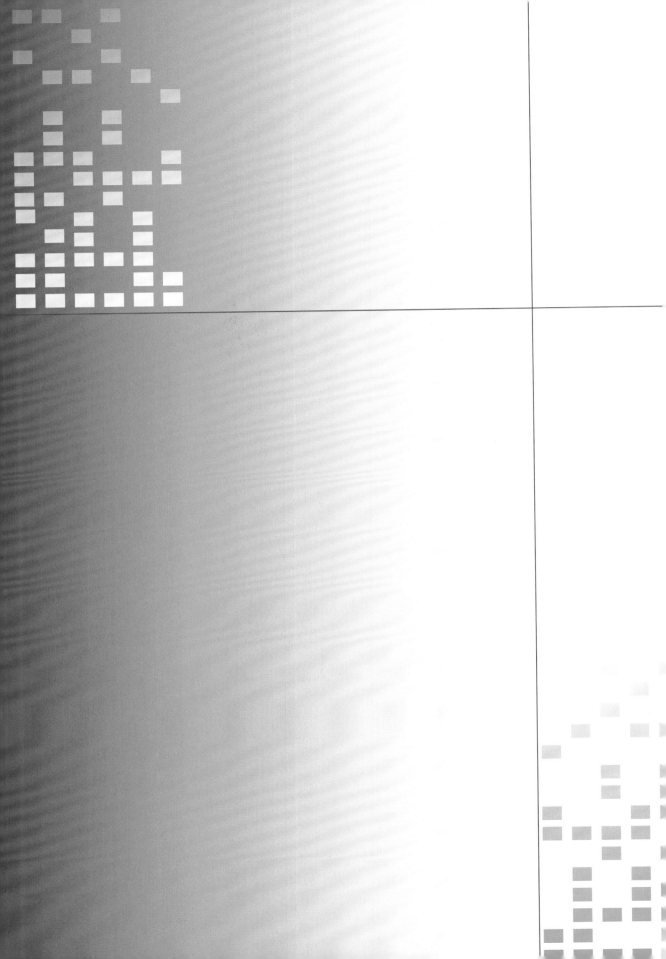

<table>
<tr><td>第二十八章</td><td>煤型镓(铝)矿床形成、特征
及其分布*</td></tr>
</table>

煤中有益金属元素和共(伴)生矿床的研究，是煤地质学研究的一个重要方向(任德贻、代世峰，2009；Seredin and Dai，2012；Seredin et al.，2013)。20 世纪 80 年代以来，全球矿产资源日趋紧缺，我国也面临经济快速发展带来的矿产资源短缺的巨大压力，寻找和研发新型矿产资源对保证我国资源安全体系具有重要的意义。

煤是一种具有还原障和吸附障性能的有机岩和矿产，其资源量和产量巨大，分布面积广阔，在特定的地质条件下，可以富集 Ge、Ga、U、稀土和铝等有益元素，并达到可资利用的程度和规模，国内外已经发现了一些与煤共(伴)生的金属矿床(庄汉平等，1998；Hu et al.，1999；戚华文等，2003；Zhuang et al.，2006；Dai et al.，2006a，b；代世峰等，2006a；黄文辉等，2007；Seredin and Finkelman，2008)。与煤共伴生的锗矿床以云南临沧煤-锗矿床、内蒙古乌兰图嘎煤-锗矿床、俄罗斯远东地区的巴甫洛夫卡煤-锗矿床和比金煤-锗矿床为典型代表，一些学者对这四个煤-锗矿床的成矿机理进行了深入研究(庄汉平等，1998；Hu et al.，1999；戚华文等，2003；Zhuang et al.，2006；黄文辉等，2007；Seredin and Finkelman，2008)。同生的煤-铀矿床较少见，形成煤-铀矿床主要与铀的后生矿化作用有关，主要有三种类型：达科他型、科罗拉多型和吉尔吉斯型(Yudovich and Ketris，2001)。

我国内蒙古准格尔煤中超常富集的镓的发现(Dai et al.，2006a，b；代世峰等，2006a)，亦为煤中稀有分散元素的成矿理论补充了素材。镓属于典型分散元素，自然界中很难形成独立的矿床，镓资源的主要来源为铝土矿(涂光炽等，2004)。根据唐修义和黄文辉(2004)、Finkelman(1993)、Swaine(1990)、Bouška 和 Pešek(1999)、Spears 和 Zheng(1999)、Palmer 等(2004)的资料，自然界多数煤中镓的含量小于 20 $\mu g/g$，平均为 5~10 $\mu g/g$。虽然有些学者报道过自然界一些煤中的镓达到了工业品位(30 $\mu g/g$)，但这些煤层仅仅是局部富集镓，不足以达到成矿规模，不具有开采利用价值。对煤中镓的赋存状态研究的较少，由于 Ga 和 Al 地球化学性质的相似，煤中镓一般与黏土矿物有关，镓主要以类质同象取代铝而赋存在含铝矿物中。另外，硫化物矿物(如闪锌矿)中也可能含有镓(Swaine，1990)。近来，笔者在内蒙古准格尔煤田发现了与煤共生的超大型镓矿床(代世峰等，2006a；Dai et al.，2006b)，准格尔煤田所处的特殊的古地理位置和煤中超常富集镓的特殊载体勃姆石(代世峰等，2006b)，决定了该镓矿床是目前国际上发现的独特的镓矿床类型。

* 作者：代世峰，赵蕾，王西勃，任德贻，李丹，张勇. 中国矿业大学，北京.
E-mail: daishifeng@gmail.com

第一节　准格尔黑岱沟矿煤层的煤岩学和煤化学特征

一、煤岩学特征

准格尔煤田地处鄂尔多斯盆地东北缘，煤田南北长 65 km，东西宽 26 km，面积 1700 km²，根据国家煤炭工业局规划发展司提供的资料[①]，截至 1996 年底，该矿区已探明的煤炭保有储量为 $2.51×10^{10}$ t。它是鄂尔多斯盆地中煤层最富集的地带，也是沉积相变最明显的地带，石灰岩在煤田内全部尖灭，逐渐相变为陆相碎屑岩(刘焕杰等，1991)。准格尔煤田的含煤岩系包括上石炭统本溪组、太原组和下二叠统山西组，含煤岩系总厚 110~160 m，下伏中奥陶统石灰岩，上覆上石盒子组、下石盒子组、石千峰组、刘家沟组等非含煤地层。该区主采煤层 6 号煤位于太原组的顶部，厚度为 2.7~50 m，平均厚度为 30 m，是在三角洲沉积体系背景下形成的一巨厚煤层。

二、煤化学特征

准格尔煤田黑岱沟 6 号煤层的各分层(图 28.1)煤化学和镜质组反射率如表 28.1 所示。从中可以看出，该煤层属于低等煤化程度的烟煤，镜质组反射率 R^o_{ran} 为 0.57%~0.6%，均值为 0.58%，它是鄂尔多斯盆地晚古生代煤中变质程度最低的煤。鄂尔多斯盆地晚古生代煤的镜质组反射率范围较大，从盆地东北缘的准格尔煤田($R^o_{ran}=0.58\%$)到盆地西南缘的韦州煤田($R^o_{ran}=4\%$)逐渐增大。

根据 6 号煤层各分层在整个煤层中所占的厚度比例(7 个分层厚度占的比例自上而下依次为 9.6%、11.3%、8.4%、24.3%、31.5%、6.4%和 8.5%)和各分层的挥发分，计算出 6 号煤层的挥发分均值为 33.5%，它是鄂尔多斯盆地晚古生代煤中最高的(表 28.1)。灰分产率的均值为 17.72%。

除 ZG6-5 分层为中硫煤外，其余各分层均属于低硫煤($S_{t,d}<1$)。ZG6-5 分层的硫以硫化物硫为主($S_{p,d}=0.8\%$)。按照厚度权重的方法，计算出整个煤层的全硫含量为 0.73%，属于低硫煤。通过对 ZG6-1、ZG6-2 和 ZG6-3 分层基质镜质体中有机硫的 SEM-EDX 定量分析，发现基质镜质体中有机硫的含量为 0.63%，同煤化学分析结果基本一致，表明这些分层煤中的硫主要为有机硫。

准格尔煤田黑岱沟 6 号煤层各分层(图 28.1)的显微组分和矿物组成如表 28.2 所示。该煤层显微组分的最显著特点是惰质组和壳质组含量高。各分层惰质组的含量为 20.4%~46.6%，按照厚度权重的方法，计算出整个煤层的惰质组含量为 37.4%。壳质组的含量为 2.3%~10.8%，均值为 7.1%。与鄂尔多斯盆地其他煤田晚古生代煤的显微组成相比，该煤层的惰质组和壳质组含量是最高的，而镜质组含量是最低的。镜质组以均质镜质体和基质镜质体为主，其含量分别为 9.3%~40.1% (均值为 19.1%)和 1.7%~16.8%

---

① 国家煤炭工业局规划发展司. 1998. 中国煤矿主要矿区图集(上册)

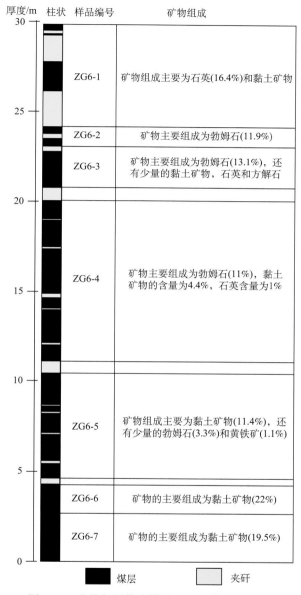

图 28.1 准格尔黑岱沟煤矿区 6 号煤层柱状图

表 **28.1** 准格尔黑岱沟 **6** 号煤层的煤化学特征和镜质组反射率(%)

分层样品	M_{ad}	A_d	V_{daf}	$S_{t,d}$	$S_{p,d}$	$S_{s,d}$	$S_{o,d}$	R^o_{ran}
ZG6-1	5.22	25.13	39.9	0.5	nd	nd	nd	0.59
ZG6-2	5.95	23.3	29.12	0.31	nd	nd	nd	0.58
ZG6-3	5.15	18.88	36.16	0.56	nd	nd	nd	0.58

续表

分层样品	M_{ad}	A_d	V_{daf}	$S_{t,d}$	$S_{p,d}$	$S_{s,d}$	$S_{o,d}$	R^o_{ran}
ZG6-4	5.59	16.86	33.63	0.34	nd	nd	nd	0.57
ZG6-5	5.02	11.07	33.04	1.41	0.8	0.14	0.47	0.58
ZG6-6	4.43	24.89	35.59	0.38	nd	nd	nd	0.57
ZG6-7	4.32	22.99	30.12	0.63	nd	nd	nd	0.6
权衡均值	5.19	17.72	33.5	0.73	nd	nd	nd	0.58

注：M. 水分；A. 灰分；V. 挥发分；S_t. 全硫；S_p. 硫化物硫；S_s. 硫酸盐硫；S_o. 有机硫；ad. 收到基；daf. 干燥无灰基；d. 干燥基；R^o_{ran}. 镜质组随机反射率；nd. 未检测。

（均值为 10.9%）。在 ZG6-2 中，团块状镜质体占优势（22.9%）。

在 ZG6-1 和 ZG6-2 分层中，镜质组含量大于惰质组含量，在 ZG6-3、ZG6-5、ZG6-6 和 ZG6-7 分层中，惰质组含量大于镜质组含量，在 ZG6-4 中，镜质组含量和惰质组含量接近。

惰质组以半丝质体和碎屑惰质体为主，其含量分别为 6.3%～36.2%（均值为 18.6%）和 5.7%～11.8%（均值为 8.2%）。在 ZG6-4 分层中，有的丝质体发生膨化（图 28.2a），部分为菌解半丝质体；丝质体胞腔中有时充填腐殖质（图 28.2b）；微粒体在 ZG6-2、ZG6-3 和 ZG6-4 中含量也较高，顺层理分布于基质镜质体中。在 ZG6-1 分层中有菌类体。ZG6-2 和 ZG6-3 中的碎屑惰质体含量较高，其含量分别为 11.8% 和 11.1%。

6 号煤层的壳质组含量为 2.3%～10.8%，均值为 7.1%。以 ZG6-7 中壳质组含量最高（10.8%），而 ZG6-2 中壳质组含量最低（2.3%）。壳质组以孢子体和角质体为主，大孢子体一般成堆出现（图 28.2c），而小孢子体主要分布在基质镜质体中（图 28.2d）。角质体主要是厚壁角质体，也有薄壁角质体，主要镶在均质镜质体边缘（图 28.2e）。有树脂体，ZG6-1 的树脂体含量为 1%。在 ZG6-1 和 ZG6-3 中有少量的树皮体，但含量甚微，低于检测限。在 ZG6-2 中树脂体和角质体有被氧化的现象（图 28.2f）。

在矿物组成上，准格尔 6 号煤层剖面自下而上明显分成四段，第一段由 ZG6-1 组成，第二段由 ZG6-2、ZG6-3 和 ZG6-4 组成，第三段由 ZG6-5 组成，第四段由 ZG6-6 和 ZG6-7 组成。这四段的矿物组成有很大差别（图 28.1）。自上而下特征如下：

1）X 射线衍射分析和光学显微镜下测定 ZG6-1 分层的矿物组成以石英为主，含量高达 16.4%（表 28.2），略有顺层理分布的特征，石英造成煤的矿化现象比较严重（图 28.2d），其存在形态表明，可能属于陆源碎屑成因。

2）ZG6-2、ZG6-3 和 ZG6-4 的组成以超常富集的勃姆石为主，其含量分别为 11.9%、13.1% 和 11%（表 28.2），如此高含量的勃姆石存在于煤中，在国内外尚无报道。另外，这 3 个分层中高岭石含量分别为 4.3%、3.6% 和 4.4%。

3）ZG6-5 的矿物组成以高岭石为主，含量为 11.4%，含少量的勃姆石（3.3%）以及痕量的黄铁矿。

4）ZG6-6 和 ZG6-7 的矿物以高岭石为主，含量分别为 22% 和 19.5%，有痕量的黄铁矿、石英和方解石，未见勃姆石。

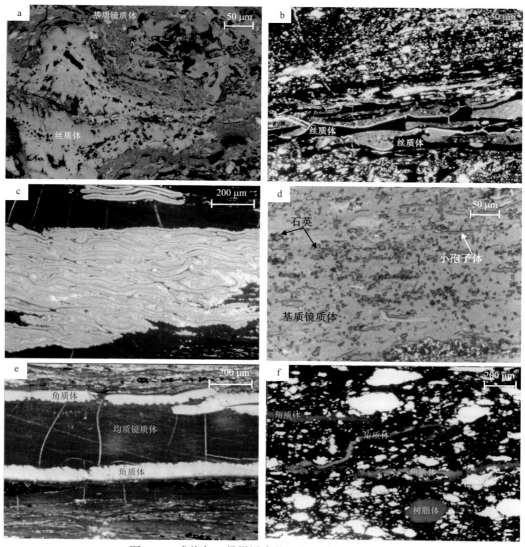

图 28.2　准格尔 6 号煤层中的显微组分和矿物特征

a. 膨化的丝质体(油浸，反射单偏光)；b. 丝质体胞腔中充填腐殖质(透射光)；c. 成群出现的大孢子体(透射光)；d. 小孢子体和石英(反射单偏光)；e. 镶在均质镜质体边缘的角质体(透射光)；f. 被氧化的树脂体、角质体和孢子体(透射光)

表 28.2　准格尔煤田 6 煤层的显微组分和矿物组成(%)

显微组成	ZG6-1	ZG6--2	ZG6-3	ZG6-4	ZG6-5	ZG6-6	ZG6-7	权衡均值
结构镜质体	bdl	0.7	bdl	0.8	1.3	0.2	0.2	0.7
均质镜质体	11.5	1.7	8.9	12.4	14.5	16.8	2.5	10.9
团块镜质体	0.2	22.9	2.9	0.4	2.2	2.2	9	4.5
基质镜质体	40.1	16.2	20.8	22.3	14.9	13.1	9.3	19.1
碎屑镜质体	1.5	1.7	1.6	1	1.5	0.6	1.5	1.3

续表

显微组成	ZG6-1	ZG6--2	ZG6-3	ZG6-4	ZG6-5	ZG6-6	ZG6-7	权衡均值
镜质组总量	53.3	43.2	34.2	36.9	34.4	32.9	22.5	36.6
孢子体	2.2	1.5	3.1	7.5	6.4	6.1	9	5.6
角质体	0.4	0.8	1	1	1.4	0.8	1.2	1.0
树脂体	1	0.4	0.2	0.8	bdl	bdl	0.6	0.4
木栓质体	0.2	bdl	bdl	bdl	bdl	bdl	bdl	0
壳质组总量	3.8	2.3	4.3	9.3	7.8	6.9	10.8	7.1
丝质体	5	1.2	5.2	6.6	5.9	7.3	2.3	5.2
半丝质体	6.3	9	16.5	16.5	23	19.7	36.2	18.6
粗粒体	0.4	3.4	3.5	2	1.5	1.3	1.7	1.9
菌类体	0	0	0	0	0.2	0	0	0.1
微粒体	3	5.8	5.3	4.4	2.9	0.9	1.5	3.5
碎屑惰质体	5.7	11.8	11.1	7.2	8.9	7.1	4.9	8.2
惰质组总量	20.4	31.2	41.6	36.7	42.2	36.5	46.6	37.4
黏土矿物	5.5	4.3	3.6	4.4	11.4	22	19.5	9.0
黄铁矿	0	0	0	0	1.1	0.4	0.4	0.4
石英	16.4	4.5	1.6	1	bdl	0.2	0.2	2.5
方解石	0.7	0.5	0.8	bdl	bdl	1.1	bdl	0.3
勃姆石	bdl	11.9	13.1	11	3.3	bdl	bdl	6.1
菱铁矿	0	bdl	0.8	bdl	bdl	0	bdl	0.1
金红石	bdl	1.6	bdl	0.8	bdl	bdl	bdl	0.4
矿物总量	22.6	22.8	19.9	17.2	15.8	23.7	20.1	18.8

注：bdl. 低于检测极限。

第二节　镓的资源/储量评估

一、中国煤中镓以及世界上煤中镓的背景值

中国各时代煤中镓的含量的算术均值为 6.64 μg/g，分布范围为 0.05~170 μg/g，在各聚煤期中，石炭-二叠纪煤中镓的算术均值最高，为 9.88 μg/g，华南晚二叠世煤中镓的含量的算术均值为 8.27 μg/g，北方早、中侏罗世煤中镓的含量算术均值最低，为 2.77 μg/g（表 28.3）（Dai et al., 2012a）。

世界上主要产煤国家煤中镓的含量如表 28.4 所示。Finkelman（1993）报道的美国煤中镓的算术均值为 5.7 μg/g；英国主要煤田煤中镓的含量范围为 0.6~7.5 μg/g，算术均值为 3.42 μg/g（Spears and Zheng, 1999）；德国鲁尔煤田石炭纪煤中镓的含量为 3.0 μg/g（Mackowsky, 1982）；Ketris 和 Yudovich（2009）评估的世界煤中镓的平均值为 5.8 μg/g。

表 28.3 中国各时代煤中的镓

时代	样品数/个	储量权重值	计算值/（μg/g）	算术平均值/（μg/g）	储量比例	各时代煤中元素含量分值/（μg/g）
C-P	1026	19.174	189.397	9.88	0.381	3.764
P_2	>336	3.950	32.700	8.27	0.075	0.620
T_3	11	0.216	2.407	9.48	0.004	0.038
J_{1-2}	775	18.707	51.885	2.77	0.396	1.097
J_3-K_1	141	4.836	36.189	7.48	0.121	0.905
E-N	33	0.885	4.218	4.77	0.023	0.110
总数	1986	47.768	316.796	6.63	1	6.64

表 28.4 世界主要产煤国家煤中镓的含量

国家	Ga 含量范围/（μg/g）	Ga 含量均值/（μg/g）	数据来源
美国	0.3~45	5.7	Finkelman（1993）
澳大利亚	3~10	5	Dale 和 Lavrencic（1993）
英国	0.6~7.5	3.42	Spears 和 Zheng（1999）
土耳其	0.85~20	5.8	Palmer 等（2004）

根据 Bouška 和 Pešek（1999）的资料，世界褐煤中镓的算术均值为 5.22 μg/g。根据 Swaine（1990）的资料，自然界中镓的含量均值约为 5 μg/g。

从上述资料可以看出，自然界中镓的背景值为 5~7 μg/g，镓含量超出 20 μg/g 的煤层在自然界中很少见。

二、准格尔黑岱沟矿煤层中镓的资源/储量评估

铝土矿中的镓是世界镓资源的最主要来源，全世界铝土矿中镓的含量一般为 50~250 μg/g，而中国的铝土矿成矿时代主要集中在石炭纪，占中国全部铝土矿总数的 70%。如前所述，煤中镓的含量一般小于 10 μg/g，通常情况下不具有工业价值。准格尔煤田特殊的古地理位置和古气候条件，导致了煤中高含量的镓，镓主要来源于本溪组的铝土矿，镓和铝具有较大的惰性，绝大部分可转到残积物中，再以胶体的形式搬运到泥炭沼泽中，并再次在煤中得以富集。

根据 6 号煤层各分层在整个煤层中所占的厚度比例(7 个分层厚度占的比例自上而下依次为 9.6%、11.3%、8.4%、24.3%、31.5%、6.4% 和 8.5%)和各分层中镓的含量，计算出各典型剖面镓的权衡均值分别为 34.80 μg/g、37.45 μg/g、35.60 μg/g、31.85 μg/g、39.41 μg/g 和 44.72 μg/g。对 6 个典型剖面 Ga 的权衡均值进行算术均值计算，得出 6 个典型剖面 Ga 的算术均值为 37.31 μg/g。

煤层顶板和底板中镓的含量低，6 个典型剖面的顶底板中镓的含量均未达到工业品位，因此，顶底板中镓的潜在利用价值较低。

结合黑岱沟 6 号煤中镓载体的特殊性和复杂性，该矿 6 号主采煤层是世界上独特的与煤共(伴)生的超大型镓矿床。截至 2006 年底，黑岱沟露天矿的保有资源储量为 131484.94×10^4 t（表 28.5），按照镓在煤层中的均值 37.31 μg/g 计算，镓在黑岱沟矿的保有资源储量为 4.9057×10^4 t（表 28.6）。根据国土资源部 2000 年颁布的《矿产资源储量规模划分标准》，镓储量大于等于 2000 t 为大型矿床，400~2000 t 为中型矿床，小于 400 t 为小型矿床。

表 28.5 截至 2006 年底黑岱沟矿的煤炭资源量（根据神华准能提供的资料；10^4 t）

年度	当年动用资源储量	当年动用储量	当年动用资源量	上年年末保有资源储量	上年年末保有储量	上年年末保有资源量
				141311.46	127538.55	13772.91
1996~1999	892.48	877.26	15.22	140418.98	126661.29	13757.69
2000	462.54	452.91	9.63	139956.44	126208.38	13748.06
2001	604.09	562.55	41.54	139352.35	125645.83	13706.52
2002	963.73	901.03	62.70	138388.62	124744.80	13643.82
2003	1197.37	1163.97	33.40	137191.25	123580.83	13610.42
2004	1690.44	1472.54	217.90	135522.81	122108.29	13392.52
2005	1865.72	1672.71	193.01	133635.09	120435.58	19199.51
2006	2150.15	1811.52	338.62	131484.94	118624.06	12860.89
累计	9826.52	8914.49	912.02			

注：年末保有资源储量(A+B+C+D)=年末保有储量(平衡表内储量 A+B+C)+年末保有资源量(平衡表外储量 D)。

表 28.6 黑岱沟主采 6 号煤层中的镓资源/储量表（10^4 t）

资源/储量 固体矿产	资源/储量(111b+331+332)	基础储量(111b)	资源量(331+332)	可采储量(111)
煤炭	131484.94	118624.06	12860.89	113879.10
镓	4.9057	4.4259	0.4798	4.2488

注：黑岱沟主采 6 号煤层的煤炭储量/资源量根据神华准能提供的资料统计。

根据最新的中华人民共和国国家标准《固体矿产地质勘查规范总则》(GB/T 13908-2002)和中华人民共和国地质矿产行业标准《煤、泥炭地质勘查规范》(DZ/T 0215-2002)，结合黑岱沟主采 6 号煤层的资源/储量和煤层中镓的含量，计算出黑岱沟镓的资源/储量如表 28.6 所示。计算结果表明：

1）黑岱沟主采 6 号煤层中镓的资源/储量(111b+331+332)为 4.9057×10^4 t。从地质可靠程度上讲，这部分资源/储量是探明的(111b+331)和控制的(332)资源/储量；从经济意义方面，属于经济的(111b)和内蕴经济的(331+332)；从可行性评阶段方面，属于可行性研究(111b)和概略研究(331+332)。

2）黑岱沟主采 6 号煤层中镓的基础储量(111b)为 4.4259×10^4 t，可采储量(111)为 4.2488×10^4 t。从地质可靠程度上讲，这部分基础储量和可采储量是探明的，地质可靠程度最高;从经济意义上讲,是经济的,经济意义最大;从可行性评价阶段方面,属于可行性研究阶段,评价阶段最高。

3)黑岱沟主采6号煤层中镓的资源量(331+332)为0.4798×10⁴ t。从地质可靠程度上讲,这部分资源量是探明的(331)和控制的(332)资源量;从经济意义方面,属于内蕴经济的,经济意义较差;从可行性评价程度方面,属于概略研究,可行性评价程度最低。

三、准格尔哈尔乌素矿主采煤层中镓的含量和剖面分布

哈尔乌素矿是一大型露天矿,其主采6号煤层中镓的含量为7.41~39.6 μg/g,均值为18.22 μg/g(表28.7)(Dai *et al.*,2008)。所采集的哈尔乌素6号煤层钻孔样品中镓的含量虽然其未达到工业品位30 μg/g,但其工业利用价值亦值得高度重视。首先,所采集的钻孔样品是在矿区的边坡位置,矿区中部的煤层中是否富集镓尚不清楚;其次,自然界煤中镓的含量很少超过18 μg/g,哈尔乌素矿煤中镓的含量远高于自然界煤中镓的常见值(5~7 μg/g);第三,该主采煤层的一些分层中富集镓,如H-6-C和H-7-C分层,其镓的含量均超出工业品位(30 μg/g),含量分别达到39.6 μg/g和35.72 μg/g,如果矿区按照分层开采,则这些分层中镓的利用更需高度关注。

哈尔乌素矿主采6号煤层中夹矸的镓含量为21.52~53.54 μg/g,顶板和底板中镓的含量分别为53.91 μg/g和30.0 μg/g(表28.7)。顶板、底板和夹矸中镓的均值为33.6 μg/g,高于镓作为共(伴)生矿床的工业品位。

表 28.7　哈尔乌素矿 6 煤层、夹矸和顶底板中镓的含量(μg/g)

含量	煤	顶板	底板	夹矸
最小值	7.41			21.52
最大值	39.6	53.91	30.0	53.54
均值	18.22		33.6	

黑岱沟和哈尔乌素矿相邻的官板乌素矿主采6号煤层中镓的含量相对较低,均值为12.9 μg/g(Dai *et al.*,2012b),仍然是中国煤中镓含量均值的近2倍。内蒙古大青山煤田阿刀亥矿煤中镓含量均值为16.3 μg/g(Dai *et al.*,2012c),低于黑岱沟主采煤层中镓的含量,与哈尔乌素主采煤层中镓的含量接近。

第三节　准格尔煤中镓的主要载体与镓富集

一、准格尔煤中镓的主要载体(勃姆石)及其成因

虽然勃姆石(AlOOH)可以存在于某些煤系地层的黏土岩夹矸中,并对其进行了一些研究工作(梁绍暹等,1997;刘钦甫、张鹏飞,1997),但是对煤中勃姆石的赋存、成因在

国内外尚未见公开报道的资料，其主要原因就是它在煤中较为罕见。Bouška 等（2000）认为勃姆石在煤中是非常稀少的。Ward（1989，2002）认为在个别煤中存在痕量的勃姆石，但高含量的勃姆石在煤中是非同寻常的。Goodarzi 等（1985）、Harvey 和 Ruch（1986）、Palmer 和 Lyons（1996）、Patterson 等（1994）、Hower 等（2001）、Vassilev 等（1994）分别对加拿大、澳大利亚、美国和保加利亚的煤中矿物进行了研究，未发现勃姆石。Tatsuo（1998）、Tatsuo 和 Makoto（1996）在日本北海道的石狩湾煤田古近纪煤的低温灰化产物中发现了少量勃姆石。除此之外，国内外对煤中勃姆石的研究再无公开报道。

　　勃姆石在黑岱沟 6 号煤层的 ZG6-2、ZG6-3 和 ZG6-4 分层中异常富集，含量分别达 11.9%、13.1% 和 11%，在 ZG6-5 中的含量为 3.3%，如此高含量的勃姆石在煤中是非常罕见的，而这些分层也是镓富集的分层。在准格尔煤田 6 号煤层的形成初期（对应的煤分层为 ZG6-7 和 ZG6-6），准格尔煤田北偏西方向的地势高，而南偏东的地势低，陆源碎屑物质主要来自北西方向的阴山古陆广泛分布的中元古代钾长花岗岩（王双明，1996），因此在 ZG6-7 和 ZG6-6 分层中所形成的矿物和鄂尔多斯盆地其他地区煤的矿物组成差别不大，以陆缘碎屑黏土矿物为主。在煤层形成的中期（相对应的煤分层为 ZG6-5、ZG6-4、ZG6-3 和 ZG6-2），煤田的北东部开始隆起，并有本溪组铝土矿出露，煤田处于北偏西的阴山古陆和北偏东本溪组隆起的低洼地区，聚煤作用持续进行，古河流的方向为北偏东，陆源碎屑主要来自聚煤盆地外部的北偏东方向的本溪组隆起。根据石炭纪灰岩氧、碳同位素值及其环境意义，石炭纪灰岩是在正常海相环境中形成的，太原组形成期古水温平均为 29~32℃，说明当时该地区气候炎热。准格尔煤田晚石炭世的古纬度在北纬 14° 左右（程东等，1984；林万智，1984）。这种热带湿热气候利于本溪组风化壳三水铝石的形成。三水铝石为氧化的开放环境的产物。三水铝石以及少量的黏土矿物在水流的作用下，以胶体的形式经过短距离的搬运到达准格尔泥炭沼泽中。准格尔煤田距离风化壳的距离很近。随着泥炭的持续聚积，到对应的煤分层为 ZG6-1 时，北偏东方向的本溪组隆起下降，陆源碎屑的供给转变为北偏西方向的阴山古陆的中元古代钾长花岗岩，除在 ZG6-1 分层中的大量石英外，主要为黏土矿物。泥炭聚积作用结束后，成岩作用成为影响煤中矿物组成和变化的主控因素。ZG6-5、ZG6-4、ZG6-3 和 ZG6-2 分层中三水铝石胶体溶液在上覆沉积物的压实作用下，发生脱水作用形成勃姆石。勃姆石在煤中呈各种形态，但主要呈团块状分布于基质镜质体中，有的以单独的团块状或不规则的团块状形式出现，并呈絮凝状（图 28.3a），有的充填在成煤植物的胞腔中（图 28.3b），也有的以连续的团块状或串珠状出现（图 28.3c）。勃姆石的这些分布特征反映了它胶体成因的特点。山西河曲本溪组铝土矿富含勃姆石（刘长龄、时子祯，1985），华北地区本溪组铝土矿和准格尔煤田富集勃姆石分层中的重矿物组合特征相似，均有锆石、金红石和方铅矿等，亦是 6 号煤层中勃姆石来源于本溪组铝土矿的佐证。

　　SEM-EDX 定量测试结果表明，镓在勃姆石中的含量为 0.01%~0.22%，均值为 0.09%。除 6 号分层（ZG6-6）中的黏土矿物外，镓在各分层中的显微组分、黏土矿物、金红石、方铅矿和磷锶铝石等组成中含量很低或低于检测极限（0.01%）。ZG6-6 煤分层中的镓的含量为 65.4 μg/g，但主要赋存在黏土矿物中，镓在黏土矿物中的含量为 0.02%~

0.06%，均值为 0.03%。由于 ZG6-6 的厚度仅占全层厚度的 6.4%，是 7 个分层中最薄的分层，而富含勃姆石的分层(ZG6-2、ZG6-3、ZG6-4 和 ZG6-5)的厚度占全层厚度的 75.5%，因此煤中超常富集的勃姆石是镓的主要载体，少量的镓赋存于黏土矿物中。

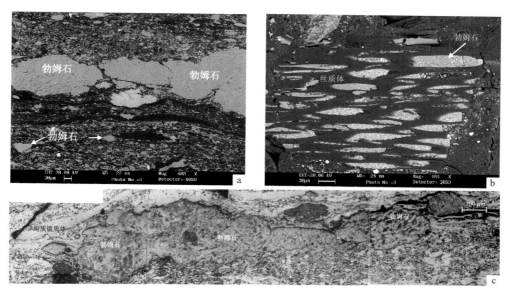

图 28.3　准格尔 6 号煤中勃姆石的赋存特征

a. 充填植物胞腔中的勃姆石(SEM, 二次电子像)；b. 团块状勃姆石(SEM, 二次电子像)；
c. 串珠状连续分布的勃姆石(反射单偏光)

与黑岱沟矿煤中镓的载体不同的是，在官板乌素矿煤中镓的主要载体为磷锶铝石(Dai *et al.*, 2012b)。阿刀亥矿煤中镓的主要载体是黏土矿物和硬水铝石，其中硬水铝石是三水铝石受到岩浆入侵后脱水形成的产物(Dai *et al.*, 2012c)。

二、准格尔黑岱沟煤层煤中镓富集的煤相演变

煤相的研究可为成煤条件、成煤过程和成煤原始物质等方面提供成因信息。可以从堆积作用类型、植物群落、沉积环境(包括 pH 值, 细菌活动性和硫的补给性)、氧化还原电位和地球化学条件等方面来确定煤相及其演化特征。煤-镓矿床中显微组分特征与煤相的研究，可以为镓及其特殊载体勃姆石的来源、迁移和富集等提供成因依据，为同类矿床的寻找和研发提供理论参考。

泥炭堆积过程中潮湿条件主要通过高的 GI 和 TPI 值反映，并且高的 TPI 值主要通过高含量的有结构的镜质组来体现，干燥沼泽条件通过低的 GI 和 TPI 值反映，并且低的 TPI 值主要通过低含量的有结构的惰质组(丝质体和半丝质体)来体现。根据 TPI-GI 关系，可以把煤层的形成环境分为陆地、山麓沉积、干燥森林沼泽、上三角洲平原、潮湿森林沼泽、湖泊和下三角洲平原。根据 GWI-VI 关系，可以把沼泽古环境分为开放水体草沼、树沼和藓沼等，按照水动力条件可分为低位泥炭沼泽、中位泥炭沼泽和高位泥炭沼泽。

本次研究所用的这 4 个参数的公式表述如下：

$$GI = \frac{镜质组 + 粗粒体}{半丝质体 + 丝质体 + 碎屑惰质体} \tag{28.1}$$

$$TPI = \frac{结构镜质体 + 均质镜质体 + 丝质体 + 半丝质体}{基质镜质体 + 粗粒体 + 碎屑惰质体 + 碎屑镜质体 + 团块镜质体} \tag{28.2}$$

$$GWI = \frac{胶质镜质体 + 团块镜质体 + 黏土矿物 + 石英 + 碎屑镜质体}{结构镜质体 + 均质镜质体 + 基质镜质体} \tag{28.3}$$

$$VI = \frac{结构镜质体 + 均质镜质体 + 丝质体 + 半丝质体 + 菌类体 + 分泌体 + 树脂体}{基质镜质体 + 碎屑惰质体 + 藻类体 + 碎屑壳质体 + 角质体} \tag{28.4}$$

其中 GI 和 TPI 的计算公式根据 Diesse（1982，1986），并对 TPI 参数做了修正。GWI 和 VI 的计算公式根据 Calder 等（1991）。根据国际煤岩学和有机岩石委员会（ICCP）对显微组分新的划分方案和定义（International Committee for Coal and Organic Petrology，1998），团块镜质体是凝胶镜质体（Gelovitrinite）中的显微组分，而凝胶镜质体是镜质组的显微组分亚组（Maceral subgroup），凝胶镜质体并不对应于某一特定的植物组织，而属于腐殖凝胶物质。碎屑镜质体属于镜质组的显微组分亚组，主要由细小的凝胶化的植物残体组成，或单独出现或被无定形的镜质组所胶结（International Committee for Coal and Organic Petrology，1998）。因此，本次计算植物组织保存指数 TPI 时，把团块镜质体和碎屑镜质体放于公式的分母中。以此计算出的 GI、TPI、GWI 和 VI 值如表 28.8 所示，TPI-GI 和 GWI-VI 的关系如图 28.4 和图 28.5 所示。

表 28.8　准格尔黑岱沟主采 6 号煤层的煤相参数

煤相参数	ZG6-1	ZG6-2	ZG6-3	ZG6-4	ZG6-5	ZG6-6	ZG6-7
GI	3.16	2.12	1.15	1.28	0.95	1.00	0.56
TPI	0.48	0.23	0.77	1.1	1.54	1.81	1.56
VI	0.59	0.76	1.41	1.59	2.74	3.17	3.98
GWI	0.46	2.44	0.77	0.50	0.60	0.83	2.52

TPI-GI 关系图中沉积环境的划分根据 Diessel（1982，1986），GWI-VI 关系图中泥炭沼泽类型（如高位泥炭沼泽和低位泥炭沼泽）的划分根据 Calder 等（1991）。该主采煤层中镓及其特殊载体勃姆石的富集部位集中在 ZG6-2、ZG6-3、ZG6-4 和 ZG6-5 分层，并且以 ZG6-3、ZG6-4 和 ZG6-5 为主。结合泥炭聚积期间的陆源供给和成煤植物等因素，镓和勃姆石富集分层相对应的泥炭沼泽的介质条件和沉积环境有如下特征（代世峰等，2007；Dai et al.，2007）：

1）在 ZG6-3、ZG6-4 和 ZG6-5 分层所对应的泥炭聚积期间，地表水有丰富的水源供给，潜水位较高，陆源养分供给充分，利于成煤植物的生长和大量繁殖。该阶段陆源碎屑供给主要来自盆地北偏东方向的本溪组风化壳，以三水铝石胶体溶液为主，胶体溶液带来的其他物质亦充分。在这些分层中发现有锆石、金红石、磷锶铝石等矿物，稀土元

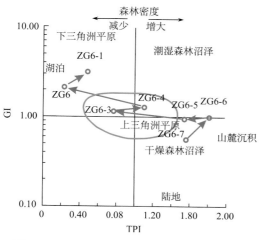

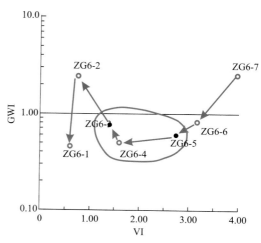

图 28.4　准格尔黑岱沟 6 煤层 TPI-GI 关系图　　　图 28.5　准格尔黑岱沟 6 煤层 GWI-VI 关系图

素含量亦很高，ZG6-3 分层中稀土元素的含量高达 685.6 μg/g。

2）孢粉分析发现，6 号煤层中化石孢粉组合有 15 属 31 种，其中蕨类植物孢子 14 属 29 种，属种丰富，约占组合的 94%，且以三缝孢类居多；裸子植物花粉 1 属 2 种，占组合的 6%，而且仅见无缝单囊类，未见双囊类花粉。由 6 号煤层的孢粉组合推测，成煤植物绝大多数为蕨类植物和少量种子蕨，特别是观音座莲类植物，反映当时较湿热的气候特征。

3）由于地表水供给充分，带入了沼泽中充分的氧，丝炭化作用进行强烈，导致煤中惰质组含量较高，有的显微组分有被明显氧化的痕迹，如角质体和小孢子体、树脂体和树皮体。树脂体遭受氧化后，可见外圈和内圈的反射色深浅不一。除了壳质组外，镜质组也留下了被氧化的痕迹，在 ZG6-2 中，团块状镜质体残留有氧化裂隙。在基质镜质体中有石膏，属于氧化环境的产物。6 号煤层中间分层中高含量的微粒体与这些分层形成的偏氧化的环境相对应，暗示微粒体可能是次生细胞壁或细分散的腐殖碎屑在泥炭化作用早期经过氧化作用形成。ZG6-3 分层中存在分泌体，可能是树脂体的氧化产物。在显微煤岩类型上，ZG6-3 至 ZG6-5 分层以微亮暗煤为主，说明这些分层是在干燥沉积条件下或潜水面高低交替变化使泥炭表面周期性干燥的环境下形成的。

4）GI-TPI、GWI-VI 以及矿物组合特征所反映出的略偏碱性的沼泽介质条件以及充足氧的供给，利于细菌的活动。部分半丝质体被细菌分解，形成菌解半丝质体，细胞结构变得模糊。同时，由于地表水供给充分，沼泽向潮湿方向发展，丝质体和半丝质体可以吸水膨胀后发生膨化现象，甚至演化为粗粒体。未膨化的丝质体和膨化的丝质体相比，膨化的丝质体中部的反射色高，而未膨化的丝质体的反射色较为均一。同时，这些分层中高含量粗粒体的存在，亦可能是成煤母质先经历了凝胶化作用，又经历了丝炭化作用后的产物。

5）泥炭沼泽演化至 ZG6-2 阶段，地下水流动指数很高，水动力条件较强，植物组织保存指数很低，形成了以森林沼泽沉积的微暗亮煤为主的显微煤岩类型，所形成的各种组分排列较为杂乱，表现出混杂堆积的特征。较为强烈的水动力条件可以使从物源区搬运来的微碳质泥岩发生再沉积作用，再沉积的微碳质泥岩亦证实该聚煤盆地的物源区不远。

6）泥炭沼泽演化至煤层顶部分层 ZG6-1，覆水加深，GI 达到最大值，经充分凝胶化作用形成的基质镜质体含量很高，达到 40.1%，而 GWI 和 VI 均达到最小值。整个沼泽处于下三角洲平原中，以石英为主的陆源碎屑供给加快，煤的矿化现象严重，石英的含量高达 16.4%，泥炭堆积作用显著减弱并逐渐停止。

从以上分析可以看出，镓矿床中镓的富集除了充分的陆源供给以外，镓和勃姆石在泥炭沼泽中富集的最佳条件为 ZG6-3、ZG6-4 和 ZG6-5 三个过渡带：

1）从 GI 和 TPI 反映的煤相特征来看，主采 6 号煤层经历了由干燥森林沼泽向潮湿森林沼泽演变的过程，镓和勃姆石的富集处于潮湿森林沼泽和干燥森林沼泽的过渡阶段，但偏向于干燥森林沼泽，并处于一种弱碱性和弱氧化环境。

2）整个煤层经历了由山麓沉积、上三角洲平原到下三角洲平原的演变，镓和勃姆石的富集主体上处于过渡带的上三角洲平原沉积。

3）镓和勃姆石富集于森林密度和森林指数处于由大变小的过渡带。整个煤层演化的过程，也是植被指数减小的过程，并且镓和勃姆石富集的部位集中在植被指数最大值向最小值转变的中间阶段。

4）在泥炭周期性堆积中，镓和勃姆石富集的分层居于两个高位泥炭沼泽转折处的低位泥炭沼泽。

第四节　准格尔电厂燃煤产物的矿物学和地球化学

煤炭在开采、运输、存储和利用过程中可能会对周围的环境产生影响，其中煤燃烧对环境的影响最大。电厂煤燃烧后的产物主要有底灰、飞灰和气体。燃煤过程中释放的有害微量元素，在一些国家和地区已严重影响动植物的正常生长和人类的身体健康。煤中的矿物质是粉煤灰的主要来源。随着有机质的燃烧，煤中的大部分矿物质在锅炉高温条件下经过一系列复杂的物理、化学变化，最后成为燃煤产物的主要成分。

燃煤产物中的矿物是元素的主要载体，迄今在飞灰中发现的矿物或矿物组大约有 316 和 188 种（Vassilev and Vassileva，2007），根据成因可分为原生矿物、次生矿物和新生矿物三种（Vassilev and Vassileva，1996）。Vassilev 和 Vassileva（2007）认为元素的存在形式往往比元素的化学组成在粉煤灰的利用中更起主导作用。另一方面，矿物质在锅炉内的转化过程和行为影响到锅炉的结渣程度，对锅炉运行的安全性和经济性有重要影响（Gupta et al.，1999）。因此，研究燃煤产物的矿物组成以及煤燃烧过程中矿物质的转化机理有重要的理论和现实意义。

内蒙古准格尔黑岱沟煤中超常富集镓和铝，并且燃煤电厂粉煤灰中高度富集铝和镓（陈江峰，2005；赵蕾等，2008；Dai et al.，2010），其铝的富集程度非常罕见。因此对该电厂燃煤产物的矿物组成研究，不仅对评估燃煤产物对环境的影响研究具有重要理论价值，而且对铝和镓的提取技术研究更具有重要的现实意义。值得指出的是，煤利用过程中可能产生的一系列环境问题，如煤燃烧过程中一些有害微量元素的迁移和重新富集，是开发煤系共(伴)生金属矿床时也需要注意的问题。如准格尔哈尔乌素矿煤中含高含量的 F 等有害微量元素(Wang et al., 2011)。

一、样品采集和实验方法

准格尔电厂装机容量为 2×100 MW，锅炉年发电量为 12×10^8 kWh 左右。飞灰采用水膜除尘器收集。包括飞灰和底灰在内的灰渣年排放量为 38×10^4 t，其中飞灰占 90% 左右，是主要的燃烧产物。收集的飞灰和底灰通过管道输送到距电厂东南方向约 3 km 的小纳林沟灰场堆放储存。

同时采集了省煤器飞灰、除尘器飞灰、底灰以及连续 5 天的炉前煤样品，其中除尘器飞灰为水膜除尘器出口的固液混合物经过自然沉淀后得到的固体。利用 120 目、160 目、300 目、360 目和 500 目的分级筛将省煤器飞灰分离为 6 个粒径级别的飞灰。

粒度分级选取省煤器飞灰而不是除尘器飞灰，是考虑到飞灰具有火山灰活性，经过水膜除尘器的作用，会表现出胶凝性质，即使经过干燥后，飞灰颗粒之间可能还有较多的颗粒相互粘连，造成分离后的飞灰样品偏离要求的粒径范围。此外除尘器飞灰经过水膜除尘器后，与水发生反应，一些成分可能发生变化，例如石灰转变为方解石，硬石膏转变为石膏等，影响实验结果的准确性。

在装有石墨单色器的铜靶的 X 射线衍射仪(XRD)上进行矿物组成的分析，用 40 kV 和 40 mA 功率全谱扫描记录 X 射线衍射谱，扫测范围 2θ 为 $20° \sim 70°$。利用 VEGAII.LMU 型带能谱仪的扫描电镜(SEM-EDX)对燃煤产物进行了矿物学研究和显微结构观察，SEM-EDX 的加速电压为 20 kV，标样为 Co 标，电流为 10^{-10} A。

二、准格尔矿区和电厂炉前煤的矿物组成

表 28.9 列出了准格尔电厂炉前煤的工业分析和硫分分析结果。矿区和电厂炉前煤均为低硫煤(<1.0%)，炉前煤中的灰分与矿区的原煤相比显著增高。造成这种情况的原因是只有矿区煤质相对较差的 6 下分层的煤进入选煤厂洗选，并且电厂用煤为选煤厂中煤，而不是最优质的精煤。

Dai 等(2006a)的研究结果表明，准格尔矿区主采煤层的矿物组成主要有高岭石、勃姆石、石英和方解石，其中勃姆石在煤层矿物总量中的平均含量为 33.7%，高含量的勃姆石是其区别于其他矿区煤的显著特点(Dai et al., 2006a)。显微镜下观察分析发现，准格尔电厂炉前煤中的矿物成分非常单一，主要的矿物是高岭石和勃姆石。尽管电厂用煤主要来自矿区的 6 下分层，而富集勃姆石的 6 中分层的煤没有进入电厂，但勃姆石在炉前煤的矿物组成中仍然占矿物总量的21.1%，高岭石、石膏、方解石和石英分别占 71.1%、3%、2.5% 和 1.9% (陈江峰，2005)。

表 28.9 准格尔电厂炉前煤的工业分析(%)

样品编号 工业分析	C20	C21	C22	C23	C24	炉前煤均值	黑岱沟矿区 (Dai *et al.*, 2006a)
M_{ad}	3.62	3.51	3.35	3.13	2.91	3.3	5.19
A_d	36.89	34.11	33.21	30.48	30.24	32.99	17.72
$S_{t,d}$	0.33	0.41	0.42	0.43	0.39	0.4	0.73

注：C20~C24 为连续五天所采炉前煤。

三、燃煤产物中的玻璃体和矿物组成

利用扫描电镜对准格尔电厂的飞灰进行整体和单个颗粒进行图像观察(图 28.6)。粉煤灰由大小不一、形状不规则的颗粒组成，部分颗粒接近球状，一些颗粒之间有不同程度的粘连，部分大颗粒表面有破碎的痕迹，有的粒径较大的微珠表面黏附着颗粒细小的微珠。

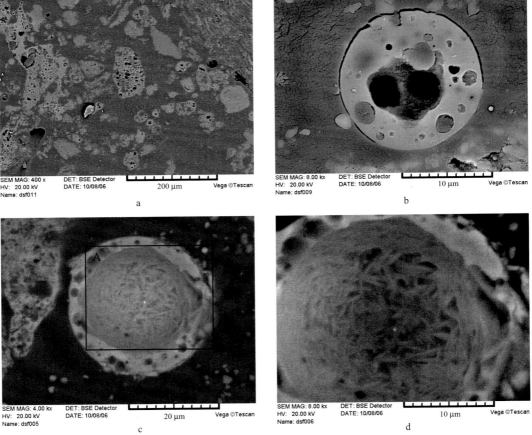

图 28.6 准格尔电厂的飞灰(扫描电镜背散射电子像)

a. 准格尔电厂飞灰整体面貌; b. 硅铝质空心微珠; c. 硅铝质微珠; d. 微珠表面的针状莫来石(图 28.6c 中 A 区域放大)

准格尔电厂燃煤产物的 X 射线衍射谱图见图 28.7。表 28.10 列出了燃煤产物的物相组成和烧失量。从中可以看出,底灰的烧失量明显高于除尘器飞灰和省煤器飞灰的烧失量,而省煤器飞灰的烧失量稍高于除尘器飞灰的烧失量(表 28.10)。烧失量在一定程度上可以反映飞灰中的残炭量,表明底灰中的残炭量明显较高于飞灰,飞灰在锅炉到烟囱的迁移过程也是残炭量降低的过程。

表 28.10　准格尔电厂燃煤产物的物相组成(%)

样　品	矿　　物					玻璃体	烧失量
	莫来石	刚　玉	石　英	方解石	钾长石		
除尘器飞灰	37.4	3.9	2	0.2	0.2	52.6	3.7
省煤器飞灰	34.9	4	1.6	0.3	0.2	54.8	4.1
底灰	27.2	3.2	2	0.5	0.3	54.4	12.4

注:烧失量测试条件为 750 ℃下灼烧 4 小时。

能够被粉末 X 射线衍射检测出来的矿物种类较为单一,有莫来石、刚玉、石英、方解石和钾长石(表 28.10),这主要是由炉前煤比较单一的矿物组成决定的。不同燃煤产物中能够测定的物相种类基本相同,只有含量上的差别。三种产物中的主要矿物均为莫来石,而刚玉和石英含量较少,方解石和钾长石的含量更低。

1. 莫来石

燃煤产物中的莫来石主要由高岭石、伊利石等黏土矿物分解转化而来。燃煤产物的矿物组成是由炉前煤的矿物组成决定的,具有高含量高岭石煤的燃烧产物中一般富集莫来石(Vassilev and Vassileva,1996)。Spears(2000)认为高岭石主要转化成了莫来石。准格尔炉前煤的矿物中高达 71.1% 的高岭石(陈江峰,2005)决定了飞灰中有高含量的莫来石(37.4%~34.9%),大大高于邵龙义等(2004)检测的莫来石在首钢飞灰中的含量(3.95%~15.52%)。

准格尔电厂莫来石在底灰、省煤器飞灰、除尘器飞灰中含量有明显的增加的趋势,这表明莫来石含量与灰粒停留在高温区的时间呈正相关关系。莫来石作为一种次生矿物,是煤中矿物燃烧过程中转变为玻璃体冷却后析出的,而不是原有矿物直接发生相变得到的。莫来石是玻璃体继续结晶形成的,这一点可以由莫来石保持球状外壳得到验证。这些矿物保持了球状的外形,说明它们在燃烧过程中经历了黏性的液相过程(Henry et al.,2004)。图 28.6c、d 所示为准格尔电厂硅铝质飞灰内部的针状莫来石结晶。硅铝质飞灰中不同方向的针状莫来石提供了飞灰表面的张力(Sokol et al.,2000)。

2. 刚玉

准格尔炉前入料煤中未检测出刚玉,刚玉应该是燃煤产物中的次生矿物。刚玉的熔融温度高达 2050 ℃,是黏土矿物熔融后经重新结晶而成的。

刚玉在三种燃烧产物中的含量和莫来石有相似的变化趋势,只是在省煤器飞灰和除尘器飞灰中差别不大。这也说明了刚玉是由玻璃体充分结晶形成的。在已报道的文献

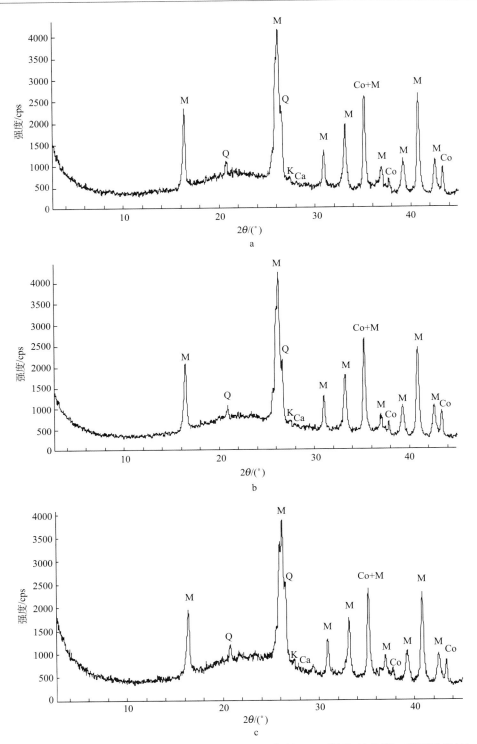

图 28.7 准格尔电厂除尘器飞灰、省煤器飞灰和底灰的 XRD 谱图（均为第二天所采样品）

a. 除尘器飞灰；b. 省煤器飞灰；c. 底灰（M. 莫来石；Q. 石英；Co. 刚玉；K. 钾长石；Ca. 方解石）

中，刚玉在燃煤产物飞灰和底灰中几乎都不能检测出或者含量极低。因此刚玉可能是高铝粉煤灰中典型的矿物成分。

3. 其他矿物

其余的矿物如石英、方解石和钾长石含量非常少，它们在底灰和飞灰中的含量不具有明显的变化规律。一般认为方解石和钾长石是原煤中未发生变化的残留矿物，属于原生矿物。需要指出的是，石灰与水反应可能生成方解石（Hower *et al.*，1999；Kukier *et al.*，2003），因此除尘器飞灰中含有的方解石可能部分属于新生矿物。

一些学者认为石英在燃烧过程中并不熔融，但也有一些学者认为石英在燃烧过程中发生了部分熔融（Spears，2000）。煤粉炉的高温区温度一般在 1500~1600 ℃，并且由于焦炭的燃烧过程是放热反应，局部的实际温度可能高于炉膛的温度。石英的熔融温度为1400 ℃（Goodarzi，2006），因此在这样的情况下，石英颗粒存在部分熔融的可能性。准格尔电厂除尘器飞灰中石英含量比省煤器飞灰中有所升高（表 28.10），推测石英可能是先熔融转化为玻璃相，部分又重新结晶。

4. 玻璃体

玻璃体的含量在省煤器飞灰和底灰中的含量差别不大，除尘器飞灰中玻璃体含量低于在省煤器飞灰和底灰中的含量。Mardon 和 Hower（2004）研究燃用美国肯塔基东部亚烟煤的电厂飞灰时发现在飞灰在从省煤器、机械除尘器到电除尘器的过程中，其中的玻璃体含量是增加的。准格尔粉煤灰中有较高的莫来石，而莫来石是由玻璃体结晶产生的，省煤器飞灰在锅炉中的停留时间较除尘器飞灰要短，结晶出来的莫来石量要低于省煤器飞灰，因此玻璃体含量相对较多。

四、不同粒度级别飞灰中的矿物组成

不同级别飞灰的产率的见表 28.11。可以看出，大部分飞灰粒径小于 160 目，这部分飞灰的体积占全部飞灰体积的 81.2%。

表 28.11　飞灰颗粒粒径分布

粒径/目	>120	120~160	160~300	300~360	360~500	<500
比例/%（体积分数）	8.7	10.1	40.5	9	16	15.7

图 28.8 为 6 个分级飞灰样品的 X 射线衍射图谱。不同粒径飞灰的物相定量分析见表 28.12。从中可以看出：飞灰的颗粒越小，所含的玻璃相越少，而刚玉有增多的趋势，进一步验证了刚玉是玻璃相继续结晶形成的。莫来石的含量则是随着粒径的减小先增加再减少。而一些已有的研究成果（Matsunaga *et al.*，2002；Mardon and Hower，2004）认为，小颗粒的粉煤灰比大颗粒的粉煤灰有更多的玻璃相；徐文东（2004）研究烟道飞灰时发现，除了最小粒径级别的飞灰外，莫来石随着飞灰的粒度减小而减少，玻璃体的含量则

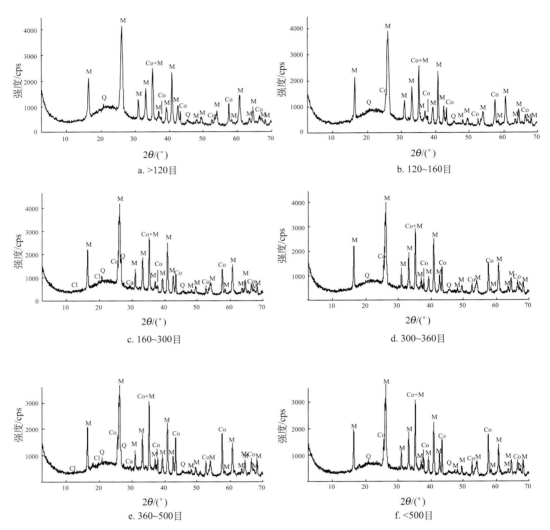

图 28.8   准格尔电厂不同级别飞灰样品的 X 射线衍射图谱

M. 莫来石；Co. 刚玉；Q. 石英；Ca. 方解石；Cl. 黏土矿物

相反，但是在最细的粒级中，莫来石和石英的含量仍然较高；Goodarzi（2006）发现布袋除尘器收集到的飞灰颗粒粒径小于静电除尘器，并且前者的玻璃体和莫来石含量都大于后者。然而本次研究结果与上述的研究成果都不相同。陈江峰（2005）进行粉煤灰合成莫来石实验时发现，提高温度和延长受热时间都利于莫来石的形成，但相对而言高温下缩短恒温时间比低温下延长恒温时间更有利于莫来石的形成。莫来石是准格尔电厂飞灰中的主要矿物，并且基本上都是次生的，颗粒较小的飞灰虽然可能在炉膛内停留时间较短，但局部受热温度更高，更有利于莫来石的结晶，因此莫来石含量更高，同时玻璃体含量则更少。而莫来石含量在粒径 300~360 目的飞灰中达到最高值后又开始随着粒径减小而降低，这可能是由于小于 360 目的飞灰在炉膛中停留的时间极短造成的。

表 28.12　准格尔电厂 6 个粒径级别的飞灰样品的物相组成

粒度/目	矿物/%						玻璃体/%	烧失量/%
	莫来石	刚玉	石英	钾长石	方解石	黏土矿物		
>120	32.3	3.5	1.4	0.1	0	0	51.5	11.2
120~160	35.4	4.5	1.1	0	0	0	53.4	5.6
160~300	35.3	4.8	1.5	0.1	0.2	2	49.4	6.7
300~360	37.5	6.4	0	0.1	0	0	49.7	6.3
360~500	35.9	7.9	1.5	0.3	0.3	2.6	45.9	5.7
<500	35.6	10.9	0.9	0.1	0	1.3	45	6.2

注：烧失量测试条件为 750 ℃下灼烧 4 小时。

　　石英的含量很少，并且含量与飞灰的粒径没有明显的关系。黏土矿物主要存在于粒径相对较小的飞灰中。

　　准格尔电厂燃煤产物的矿物组成主要由炉前煤的矿物组成决定，炉前煤中高含量的高岭石和勃姆石决定了燃煤产物中高含量的莫来石。

　　准格尔电厂燃煤产物中的莫来石和刚玉属于次生矿物，大部分钾长石、方解石和黏土矿物属于原生矿物，部分原生的石英可能发生了熔融作用。随着飞灰粒径的减小，刚玉含量呈上升的趋势，而玻璃体含量呈降低趋势。莫来石含量随着飞灰粒径的减小而升高，可能由于颗粒较小的飞灰虽然在炉膛内停留时间较短，但局部受热温度更高，更有利于莫来石的结晶；而莫来石含量在粒径 300~360 目的飞灰中达到最高值后又开始随着粒径减小而降低，可能是小于 360 目的飞灰在炉膛中停留的时间极短造成的。

<h2 style="text-align:center">参 考 文 献</h2>

陈江峰. 2005. 准格尔电厂高铝粉煤灰特征及其合成莫来石的试验研究. 中国矿业大学(北京)博士学位论文

程东, 沈芳, 柴东浩. 1984. 山西铝土矿的成因属性及地质意义. 太原理工大学学报, 32(6): 576~579

代世峰, 任德贻, 李生盛. 2006a. 内蒙古准格尔超大型镓矿床的发现. 科学通报, 51(2): 177~185

代世峰, 任德贻, 李生盛等. 2006b. 鄂尔多斯盆地东北缘准格尔煤田煤中超常富集勃姆石的发现. 地质学报, 80(2): 294~300

代世峰, 任德贻, 李生盛等. 2007. 内蒙古准格尔黑岱沟主采煤层的煤相演替特征. 中国科学(D 辑), 37(增刊 I): 119~126

黄文辉, 孙磊, 马延英等. 2007. 内蒙古自治区胜利煤田锗矿地质及分布规律. 煤炭学报, 32(11): 1147~1151

梁绍暹, 任大伟, 王水利等. 1997. 华北石炭–二叠纪煤系黏土岩夹矸中铝的氢氧化物矿物研究. 地质科学, 32(4): 478~485

林万智. 1984. 中朝板块晚古生代的古地磁特征. 物探与化探, 8(5): 297~305

刘长龄, 时子祯. 1985. 山西、河南高铝黏土铝土矿矿床矿物学研究. 沉积学报, 3(2): 18~36

刘焕杰, 张瑜瑾, 王宏伟等. 1991. 准格尔煤田含煤建造岩相古地理研究. 北京: 地质出版社. 22~49

刘钦甫, 张鹏飞. 1997. 华北晚古生代煤系高岭岩物质组成和成矿机理研究. 北京: 海洋出版社. 24~38

戚华文, 胡瑞忠, 苏文超等. 2003. 陆相热水沉积成因硅质岩与超大型锗矿床的成因——以临沧锗矿床

为例. 中国科学（D 辑），33（3）：236~246

任德贻，代世峰. 2009. 煤和含煤岩系中潜在的共伴生矿产资源——一个值得重视的问题. 中国煤田地质，21（10）：1~4

邵龙义，陈江峰，吕劲等. 2004. 燃煤电厂粉煤灰的矿物学研究. 煤炭学报，29（4）：449~452

唐修义，黄文辉. 2004. 中国煤中微量元素. 北京：商务印书馆. 6~11，136~141，293~310

涂光炽，高振敏，胡瑞忠等. 2004. 分散元素地球化学及成矿机制. 北京：地质出版社. 368~395

王双明. 1996. 鄂尔多斯盆地聚煤规律及煤炭资源评价. 北京：煤炭工业出版社. 254~312

徐文东. 2004. 电厂燃煤中主要有害元素的种类、迁移及潜在环境影响. 中国科学院研究生院博士学位论文

赵蕾，代世峰，张勇等. 2008. 内蒙古准格尔燃煤电厂高铝粉煤灰的矿物组成与特征. 煤炭学报，33（10）：1168~1172

庄汉平，卢家烂，傅家谟等. 1998. 临沧超大型锗矿床锗赋存状态研究. 中国科学（D 辑），28（增刊）：37~42

Bouška V, Pešek J. 1999. Quality parameters of lignite of the North Bohemian Basin in the Czech Republic in comparison with the world average lignite. International Journal of Coal Geology, 40：211~235

Bouška V, Pešek J, Sykorova I. 2000. Probable modes of occurrence of chemical elements in coal. Acta Montana, Ser. B. Fuel, Carbon, Mineral Process, Praha, 10（117）：53~90

Calder J H, Gibbing M R, Mukhopadhay P K. 1991. Peat formation in a Westphalian B pidemont setting. Cumberland Basin, Nova Scotia：implication for the maceral-based interpretation of rheotrophic and raised paleomires. Bulletin of Society of Geology, France, 162（2）：283~298

Dai S, Ren D, Chou C L et al. 2006a. Mineralogy and geochemistry of the No. 6 coal（Pennsylvanian）in the Junger Coalfield, Ordos Basin, China. International Journal of Coal Geology, 66：253~270

Dai S, Ren D, Li S. 2006b. Discovery of the superlarge gallium ore deposit in Junger, Inner Mongolia, North China. Chinese Science Bulletin, 51（18）：2243~2252

Dai S, Ren D, Li S et al. 2007. Coal facies evolution of the main minable coal-bed in the Heidaigou Mine, Jungar Coalfield, Inner Mongolia, northern China. Science in China D：Earth Sciences, 50（Sup II）：144~152

Dai S, Li D, Chou C L et al. 2008. Mineralogy and geochemistry of boehmite-rich coals：New insights from the Haerwusu Surface Mine, Jungar Coalfield, Inner Mongolia, China. International Journal of Coal Geology, 74：185~202

Dai S, Zhao L, Peng S et al. 2010. Abundances and distribution of minerals and elements in high-alumina coal fly ash from the Jungar Power Plant, Inner Mongolia, China. International Journal of Coal Geology, 81：320~332

Dai S, Ren D, Chou C L et al. 2012a. Geochemistry of trace elements in Chinese coals：A review of abundances, genetic types, impacts on human health, and industrial utilization. International Journal of Coal Geology, 94：3~21

Dai S, Jiang Y, Ward C R et al. 2012b. Mineralogical and geochemical compositions of the coal in the Guanbanwusu Mine, Inner Mongolia, China：Further evidence for the existence of an Al（Ga and REE）ore deposit in the Jungar Coalfield. International Journal of Coal Geology, 98：10~40

Dai S, Zou J, Jiang Y et al. 2012c. Mineralogical and geochemical compositions of the Pennsylvanian coal in the Adaohai Mine, Daqingshan Coalfield, Inner Mongolia, China：Modes of occurrence and origin of diaspore, gorceixite, and ammonian illite. International Journal of Coal Geology, 94：250~270

Dale L S, Lavrencic S. 1993. Trace elements in Australia export thermal coals. Australian Coal Journal, 39: 17~21

Diessel C F K. 1982. An appraisal of coal facies basin on maceral characteristics Australian Coal Geology, 4: 478~483

Diessel C F K. 1986. On the correlation between coal facies and depositional environments. Proc. 20th Symp. On Advances in the Geology of the Sydney Basin. Department of Geology, University of Newcastle, NSW, 19~22

Finkelman R B. 1993. Trace and minor elements in coal. In: Engel M H, Macko S A (eds). Organic Geochemistry. New York: Plenum Press. 593~607

Goodarzi F. 2006. Characteristics and composition of fly ash from Canadian coal-fired power plants. Fuel, 85: 1418~1427

Goodarzi F, Foscolos A E, Cameron A R. 1985. Mineral matter and elemental concentrations in selected western Canadian coals. Fuel, 64: 1599~1605

Gupta R, Wall T F, Baxter L A. 1999. The Impact of Mineral Impurities in Solid Fuel Combustion. New York: Plenum

Harvey R D, Ruch R R. 1986. Mineral matter in Illinois and other US coals. In: Vorres K S (ed). Mineral Matter in Coal Ash and Coal. American Chemical Society Symposium Series, 301: 10~40

Henry J, Towler M R, Stanton K T et al. 2004. Characterisation of the glass fraction of a selection of European coal fly ashes. Journal of Chemical Technology and Biotechnology, 79(5): 540~546

Hower J C, Rathbone R F, Robertson J D et al. 1999. Petrology, mineralogy, and chemistry of magnetically-separated sized fly ash. Fuel, 78: 197~203

Hower J C, Williams D A, Eble C F et al. 2001. Brecciated and mineralized coals in Union County, Western Kentucky coal field. International Journal of Coal Geology, 47: 223~234

Hu R, Bi X, Su W et al. 1999. Ge rich hydrothermal solution and abnormal enrichment of Ge in coal. Chinese Science Bulletin, 44 (Sup.): 257~258

International Committee for Coal and Organic Petrology. 1998. The new vitrinite classification (ICCP System 1994). Fuel, 77: 349~358

Ketris M P, Yudovich Y E. 2009. Estimations of Clarkes for carbonaceous biolithes: world average for trace element contents in black shales and coals. International Journal of Coal Geology, 78: 135~148

Kukier U, Ishak C F, Summer M E et al. 2003. Composition and element solubility of magnetic and non-magnetic fly ash fractions. Environmental Pollution, 123(2): 255~266

Mackowsky M T. 1982. Minerals and trace elements occuring in coal. In: Stach E, Mackowsky M T, Teichmuller M, Taylor G H, Chandra D, Teichmuller R (eds). Textbook of Coal Petrology. Berlin: Gebruder Borntraeger. 153~170

Mardon S M, Hower J C. 2004. Impact of coal properties on coal combustion by-product quality: examples from a Kentucky power plant. International Journal of Coal Geology, 59: 153~169

Matsunaga T, Kim J K, Hardcastle S et al. 2002. Crystallinity and selected properties of fly ash particles. Materials Science and Engineering, 325(1-2): 333~343

Palmer C A, Lyons P C. 1996. Selected elements and major minerals from bituminous coal as determined by INAA: implications for removing environmentally sensitive elements from coal. International Journal of Coal Geology, 32: 151~166

Palmer C A, Tuncalý E, Dennen K O et al. 2004. Characterization of Turkish coals: a nationwide perspective.

International Journal of Coal Geology, 60: 85~115

Patterson J H, Corcoran J F, Kinealy K M. 1994. Chemistry and mineralogy of carbonates in Australian bituminous and sub-bituminous coals. Fuel, 73: 1735~1745

Seredin V V, Dai S. 2012. Coal deposits as potential alternative sources for lanthanides and yttrium. International Journal of Coal Geology, 94: 67~93

Seredin V V, Finkelman R B. 2008. Metalliferous coals: A review of the main genetic and geochemical types. International Journal of Coal Geology, 76: 253~289

Seredin V V, Dai S, Sun Y et al. 2013. Coal deposits as promising sources of rare metals for alternative power and energy-efficient technologies. Applied Geochemistry, 31: 1~11

Sokol E V, Maksimova N V, Volkova N I et al. 2000. Hollow silicate microspheres from fly ashes of the Chelyabinsk brown coals (South Urals, Russia). Fuel Processing Technology, 67: 35~52

Spears D A. 2000. Role of clay minerals in UK coal combustion. Applied Clay Science, 16: 87~95

Spears D A, Zheng Y. 1999. Geochemistry and origin of elements in some UK coals. International Journal of Coal Geology, 38: 161~179

Swaine D J. 1990. Trace Elements in Coal. London: Butterworths

Tatsuo K. 1998. Relationships between inorganic elements and minerals in coals from the Ashibetsu district, Ishikari coal field, Japan. Fuel Processing Technology, 56(1~2): 1~19

Tatsuo K, Makoto K. 1996. Mineralogical composition of the Ashibetsu coals in the Ishikari coalfield, Japan. Shigen Chishitsu, 46(1): 13~24

Vassilev S V, Vassileva C G. 1996. Occurrence, abundance and origin of minerals in coals and coal ashes. Fuel Processing Technology, 48: 85~106

Vassilev S V, Vassileva C G. 2007. A new approach for the classification of coal fly ashes based on their origin, composition, properties, and behaviour. Fuel, 86: 1490~1512

Vassilev S V, Yossitora M G, Vassileva C G. 1994. Mineralogy and geochemistry of Bobov Dol coals, Bulgaria. International Journal of Coal Geology, 26: 185~213

Wang X, Dai S, Sun Y et al. 2011. Modes of occurrence of fluorine in the Late Paleozoic No. 6 coal from the Haerwusu Surface Mine, Inner Mongolia, China. Fuel, 90: 248~254

Ward C R. 1989. Minerals in bituminous coals of the Sydney basin (Australia) and the Illinois basin (USA). International Journal of Coal Geology, 13: 455~479

Ward C R. 2002. Analysis and significance of mineral matter in coal seams. International Journal of Coal Geology, 50: 135~168

Yudovich Y E, Ketris M P. 2001. Uranium in Coals. Syktyvkar: Komi Science Center. 1~84 (in Russian)

Zhuang X, Querol X, Alastuey A et al. 2006. Geochemistry and mineralogy of the Cretaceous Wulantuga high-germanium coal deposit in Shengli coal field, Inner Mongolia, Northeastern China. International Journal of Coal Geology, 66: 119~136

第二十九章　煤中伴生矿产的形成与分布[*]

近年来，随着科学技术的飞速发展和测试仪器的更新，煤炭中蕴藏的共、伴生矿产的研究愈来愈引起重视。研究和开发煤中共伴生矿产，是进行多种矿产综合勘探、综合开发利用、促进矿山循环经济发展的重要工作，也是缓解矿产资源的供需矛盾，并形成经济新增长点的一个重要途径。

第一节　煤中伴生矿产研究进展

一、煤中伴生矿产的基本概念

共生矿产是指同一矿床或矿区内，存在两种或两种以上有用组分（矿石、矿物、元素），分别达到工业品位，或虽未达到工业品位，但已达到边界品位以上，经论证后可以制定综合工业指标的一组矿产，即为共生矿产。伴生矿产是指同一矿床（矿体内），经济上不具单独开采价值，但能与其伴生的主要矿产同时被开采提取出来供工业综合利用的有用矿物或元素。

煤中共生矿产是指与煤具有成因上共生且共同出现的其他矿产。煤中伴生矿产是指与煤不一定具成因联系的共同出现的其他矿产。煤中共、伴生矿产指的是与煤在成因上共生、或不具成因联系而伴生在一起的共同出现的其他矿产。

煤是一种特殊的具有还原障和吸附障性能的矿产，在特定的地质条件下，可以富集如锂、镓、锗、铀、稀土元素等金属元素，另外贵金属元素如铂族元素（PGEs）、金、银、铌、铯、钪、铷和锑等也在煤中富集并达到可利用的程度和规模。煤中伴生矿产主要包括煤中赋存的具有工业价值的金属元素等。在我国煤中伴生的矿产种类多、分布广、资源相对丰富，具有很高的经济价值。

二、国外煤中伴生矿产研究进展

在 20 世纪 40 年代以前的煤中微量元素研究早期阶段，苏联、美国和澳大利亚的一些学者主要对煤灰和煤尘中的钒、锗、铍、硼和镓进行了测定。第二次世界大战后，随着半导体材料的广泛应用和核子武器的出现，广大学者对煤中一些战略矿产资源如镓和

---

[*]　作者：孙玉壮，肖林. 河北工程大学，邯郸.

　　E-mail：syz@hebeu.edu.cn

铀等开展了地质调查和研究，同时，也对煤和含煤岩系中伴生元素的分布规律、赋存状态和成矿作用进行了大量的研究。

20世纪80年代至90年代初，国际上煤中微量元素的研究更加深入和广泛，出版了一系列关于煤中微量元素的专著，代表性的如：捷克斯洛伐克 Bouška（1981）的《煤的地球化学》、南斯拉夫 Valkovic（1983）的《煤中微量元素》、苏联 Клер 等（1987）的《苏联含煤岩系和含油页岩岩系的成矿作用和地球化学：元素富集规律及其研究方法》和 Swaine（1990）的《煤中微量元素》等。他们主要探讨了煤中微量元素的丰度、分布规律、赋存状态、富集机理以及其富集与各种地球化学障、相邻金属成矿区的关系。

近年来，在国际油气资源较为紧缺的条件下，各国对煤炭资源的综合开发和洁净化利用越来越重视。美国、俄罗斯、加拿大、澳大利亚、英国、保加利亚、土耳其、希腊等国家的众多学者都对各自国家煤中微量元素的分布规律、赋存状态进行了研究，对元素异常富集的成因机制进行了探讨。俄罗斯学者 Юдович 和 Керис 在《煤中无机质》一书中，从煤层、煤产地和煤田三个层次上分析了影响煤中元素富集的因素。Solari 等（1989）、Finkelman（1993）、Finkelman 等（1998）、Bouška 等（2000）、Klika 和 Kolomaznik（2000）、Querol 等（2001）、Mastalerz 和 Drobniak（2012）在其论著中阐述了煤中微量元素的赋存状态或元素亲和性。Seredin 和 Finkelman（2008）、Riley 等（2012）、Sia 和 Abdullah（2011）、Prachiti 等（2011）、Wagner 和 Tlotleng（2012）等学者各自对本国煤中包括金属元素在内的微量元素的分布规律、赋存状态、元素异常富集的成因机制进行了探讨。Ketris 和 Yudovich（2009）指出煤中微量元素的含量是众多地球化学分析的重要的科学依据。

需要特别指出的是，俄罗斯学者 Arbuzov 等（2011）对煤和含煤岩系中有用伴生元素、共生矿产的研究值得关注。早在1989年 Юдович 就出版了《一克的价值高于几吨煤》一书，介绍了世界各国煤中可能可以利用的异常高含量的微量元素及其潜在价值。Середин、Повренных、Магазина 和 Шлирт 对远东地区和西伯利亚地区煤中和含煤岩系中有工业价值的金和铂族元素的矿物学，锑、铌和稀土异常富集以及煤-锗矿床的成因等地质和地球化学问题进行了详细的研究。Арбузов 等（2000）在《库兹涅茨煤田煤中稀有元素》一书中，论述了煤中伴生稀有微量元素的综合利用价值和可能性，并探讨了库兹涅茨煤田煤中稀有元素综合利用的前景。近几年，俄罗斯对远东地区煤中的锗和稀土元素进行了开发利用（Seredin et al.，2013）。

三、国内煤中伴生矿产研究进展

20世纪50年代到70年代，我国煤炭和地矿部门在地质勘探中，对煤中铀、锗和镓等有用伴生元素进行了研究，初步确定了镓和锗等元素在一些矿区的煤层中富集的工业品位和综合利用品位。从20世纪80年代开始至今，煤炭、地矿、国土资源等部门日益重视煤中微量元素的研究（任德贻等，2006）。经过近30年的深入研究，取得了一系列成果，主要体现在以下几个方面：

第一，我国煤中微量元素含量和分布。李文华等（1994）、肖达先（1989）、李河名等（1993）、Yang 等（2012）、Zhuang 等（2012）等学者对我国不同时代、不同地区的煤层煤心样品中的微量元素含量进行了分析；赵继尧等（2002）发表了中国不同地区煤中 44 种微量元素的背景值；唐修义和黄文辉（2004）出版了《中国煤中微量元素》专著，通过大量的数据详细研究了中国煤中微量元素的含量水平；任德贻等（2006）、白向飞（2002）、白向飞等（2003）根据 26 个省的 504 个煤矿的 1123 个样品分别估算了22 种和 31 种微量元素的含量水平；Zhao 等（2009）通过统计分析 177 个样品，确定了华北石炭二叠系煤中镓的含量水平；Dai 等（2012a）和 Sun Y Z 等（2010）给出了中国煤中锂的含量水平。

第二，我国煤中微量元素富集的成因类型。赵峰华（1997）初步提出了我国煤中微量元素富集的成因类型。曾荣树等（2000）、庄新国等（1999，2001）、刘桂建（1999）、张军营（1999）、孔洪亮等（2002）、Dai 等（2010a，2012a，b）对我国不同矿区煤中矿物特征、微量元素及其富集机理进行了详细研究。黄文辉等（1999）研究了华北晚古生代煤中稀土元素的地球化学特征。任德贻等（2006）总结出煤中微量元素富集的 6 种作用类型，分别为：陆源富集型、岩浆热液富集型、火山作用富集型、大断裂-热液作用富集型、地下水作用富集型和沉积环境-生物作用富集型。

第三，煤中共伴生有益矿产研究。张淑苓等（1988）、胡瑞忠等（2000）、戚华文等（2003）从不同的角度对云南临沧帮卖大型煤伴生锗矿床中锗的赋存状态、矿化作用和成因机制进行了详细的研究；杜刚等（2003）、代世峰等（2005）、黄文辉等（2007）、张琦等（2008）对内蒙古胜利煤田乌兰图嘎煤-锗矿床的分布规律和元素地球化学性质进行了分析。周义平和任友谅（1982）对西南上二叠统煤田中镓的分布及地球化学特征进行了研究；代世峰等（2006）在内蒙古准格尔煤田发现了超大型煤伴生镓矿床，并研究了其富集的机理；Zhao 等（2009）在邢台煤田中发现了一中型的煤伴生镓矿床；Sun 等（2012a，b）指出准格尔煤田官板乌素煤矿煤中锂的含量达到了 266 μg/g，可以作为伴生矿产开发；代世峰等（2006）指出准格尔煤田官板乌素煤矿煤中稀土的含量达到 154 μg/g，黑岱沟煤矿最高达到 255 μg/g，可以综合回收利用。

总之，出于煤炭综合开发利用和环境保护的目的，中国学者关于煤中微量元素的研究成果颇丰，可以说处于世界先进行列。但是，仍然存在两个突出问题：第一，虽然一些学者报道煤中发现伴生金属元素富集，但是除了锗矿以外，多数发现并没有被有关部门和大多数学者认可，主要原因是这些发现源自于几十个样品或一两个剖面，没有进行深入研究，而矿床的认定需要一定量的采样点、采样线数据；第二，只有在现有条件下可以开采和利用的矿物才能称为矿床，因此，煤伴生金属元素的提炼工艺、是否经济合算就成为认定煤伴生矿床的关键问题。经过近几年的努力，这两个方面目前已经取得重要进展，例如：通过在山西平朔矿区采取 800 块样品的数据证明山西平朔矿区 Li 的含量超过综合回收利用品位，并由省煤炭行业协会组织专家认定为煤伴生锂矿，经过国内外资料联网查新，证明煤伴生锂矿属于新型成矿类型。特别是随着大量煤伴生金属的发现，其提取技术也已经进入中试和工业利用阶段（Seredin *et al.*，2013）。

第二节　中国煤中主要伴生矿产

一、煤中伴生锂

(一) 综　述

锂(Li)为稀碱元素之一，是自然界中最轻的金属，也是一种重要的能源金属。在高能锂电池、受控热核反应中得到广泛应用，是解决人类长期能源供给的重要原料。1927年 Ramage 在研究英国 Nowich 煤气工厂的烟尘时首次将发射光谱用于煤的研究，在煤中发现了锂元素。1980 年，在美国地球化学委员会组织编写的《与环境质量与健康有关的煤中微量元素地球化学》一书中就列出了煤中锂含量的世界平均值为 15.6 μg/g(Finkelman, 1995)。此后，一些国外研究者统计了煤中锂丰度的世界平均值(表 29.1)。苏联学者在《煤中杂质元素》一书(Юдович, 1978)中列出锂等 38 种元素在褐煤和烟煤中含量的世界平均值(Sun et al., 2013a)。Finkelman (1993)根据美国地质调查所国家煤炭资源数据库的资料总结了美国煤中包括锂在内的 52 中微量元素的含量值。

表 29.1　煤中锂含量统计表(μg/g)

地　区	时代	样品数目	最大值	最小值	算术均值
世界范围(Sun R Y et al., 2010)			80	1	14
美国(Finkelman, 1993)		7848	370	0.1	16
土耳其(Kara-Gulbay and Korkmaz, 2009)	J	15	2.2	0.1	0.71
土耳其(Karayigit et al., 2006)	N	48			46
英国(Xu, 2003)		23			20
澳大利亚(Xu, 2003)		231			20
原苏联(Zhao et al., 2002)					6
挪威(Lucyna et al., 2009)		9	5	0.1	1.74
朝鲜(Hu et al., 2006)			190	2	
中国煤中(Sun R Y et al., 2010)		1274	152	0.1	32
中国煤中(Sun Y Z et al., 2010)					31.8
中国煤中(赵继尧等, 2002)	C-N	354	231	0.5	14
中国华北(赵继尧等, 2002)	C-P	43	87	6	14
中国华北(代世峰等, 2003)	Pz$_2$	96	96.7	4.6	43.91

从表 29.1 可以看出，自然界中绝大多数煤中锂的含量很低并且分布极不均匀，虽然世界不同地区煤中锂的含量变化很大，但都没有达到独立锂矿或伴生锂矿的工业品位，多数煤中锂的含量平均值小于 20 μg/g，世界煤中锂的均值为 14 μg/g，美国煤中锂的算术均值 16 μg/g，澳大利亚煤中锂的算术均值为 12 μg/g，原苏联煤中锂的平均值仅为

6 μg/g。但是，近几年发现了在煤中超常富集锂的现象。Sun 等（2013a）在山西宁武煤田平朔矿区和准格尔煤田发现两个超大型煤中伴生锂矿，并提出了煤中锂的富集机理、分布规律、主控因素和成矿模式。这是世界上首次在煤中发现伴生锂矿。下面进行详细介绍。

（二）平朔矿区煤中锂

1. 平朔矿区煤中锂的含量

平朔矿区主要可采煤层有 4、9 和 11 号煤层（表 29.2）。煤中锂的含量列于表 29.3，可以看出：9 号煤中锂的含量均值为 152.14 μg/g，是中国煤中锂含量平均值的 7 倍。最大值为 346.76 μg/g（AJL-H 剖面），最小值为 33.67 μg/g（JG2-3 剖面）。各矿含量差别较大，安家岭露天矿 9 号煤中锂含量最高，达到了 206.44 μg/g，接下来依次为井工二矿（175.93 μg/g）、安太堡露天矿（143.85 μg/g）、井工一矿（138.88 μg/g）和井工三矿（95.58 μg/g）（Deng and Sun，2011；Sun et al.，2013a，b）。

表 29.2　平朔矿区煤层概括

煤层	厚度/m	间距/m	夹矸/层	稳定性	煤类
4-1	$\frac{2.40\sim18.92^{*}}{8.87}$	$\frac{0.65\sim8.85}{3.00}$	0~7	稳定	QM、CY
4-2	$\frac{0.20\sim6.2}{2.14}$	$\frac{0.60\sim16.00}{4}$	0~2	较稳定	QM、CY
5	$\frac{0\sim4.34}{0.93}$	$\frac{4.00\sim22.11}{12.5}$	0~1	不稳定	QM、CY
6	$\frac{0\sim1.95}{0.29}$	$\frac{0.61\sim21.65}{14}$	0~1	不稳定	QM
8	$\frac{0\sim2.40}{0.31}$	$\frac{0.85\sim13.35}{5.00}$	0~2	较稳定	QM
9	$\frac{2.4\sim36.31}{14.02}$	$\frac{1.00\sim10.5}{2.00}$	0~11	稳定	QM、CY
10	$\frac{0\sim2.05}{0.67}$	$\frac{0.75\sim10.5}{5}$	0~1	不稳定	QM、CY
11	$\frac{0\sim8.72}{3.61}$		1~3	稳定	QM、CY

注：QM=气煤；CY=长焰煤。* 分子为最小—最大值，分母为平均值。

由于从来没有在煤中发现锂的富集，世界上还没有煤中伴生锂矿的工业品位标准。如果把粉煤灰作为一种固体矿产看待，可以参照矿床标准。国标"稀有金属矿产地质勘探规范（DZ/T/0203-2002）"给出的伟晶岩伴生锂综合回收工业性指标是 Li_2O 的质量分

表 29.3 平朔矿区 9 号煤中锂的含量（μg/g）

矿名	剖面号	Li	矿名	剖面号	Li	矿名	剖面号	Li
安家岭	AJL-A	87.83	安太堡	ATB-D	191.77	井工一矿	AJL-JG1-9#-D	101.40
	AJL-D	263.07		ATB-E	140.79		均值	138.88
	AJL-E	219.24		ATB-F	216.89	井工二矿	JG2-1	163.65
	AJL-F	206.85		ATB-G	176.74		JG2-2	164.42
	AJL-G	216.33		ATB-H	68.93		JG2-3	33.67
	AJL-H	346.76		ATB-I	140.20		JG2-9-A	169.04
	AJL-I	248.90		ATB-J	57.60		JG2-9-B	281.80
	AJL-J	216.17		ATB-K	252.49		JG2-9-D	218.88
	AJL-K	112.68		ATB-L	300.57		JG2-9-E	153.70
	AJL-L	140.15		ATB-M	176.21		JG2-9-G	222.27
	AJL-M	248.46		ATB-N	90.07		均值	175.93
	AJL-N	170.87		均值	143.85	井工三矿	JG3-1	71.10
	均值	206.44	井工一矿	1 剖面	92.78		JG3-2	120.06
安太堡	ATB-A	60.67		AJL-JG1-9#-A	146.72		均值	95.58
	ATB-B	81.44		AJL-JG1-9#-B	155.23	平朔矿区均值		152.14
	ATB-C	59.56		AJL-JG1-9#-C	198.25			

数 ≥0.2%。若以 0.2% 的含量为边界，折算出 9 号煤中锂的含量达到 80 μg/g 即为煤中伴生锂的边界品位（Sun et al., 2012a）。对于煤中锂的综合回收利用指标，最早由 Ketris 和 Yudovich（2009）提出，他们认为煤中锂的综合回收利用指标应该为 100 μg/g。陈平和柴东浩（1998），赵运发等（2004）提出伴生 Li_2O 综合利用边界品位为 $w(Li_2O) = 0.05\%$。孙玉壮等（2014）综合考虑上述各种因素，提出煤中锂的综合回收利用指标应该为 120μg/g。根据 9 号煤的工业分析结果，9 号煤的精煤灰分在 9% 左右，煤灰和炉渣中 Li_2O 的质量分数为 0.35%，根据上述各种标准，已经达到了伴生矿产的水平。

对平朔矿区 11 号煤的 16 处剖面各煤层的样品分析显示（表 29.4），11 号煤中锂的

表 29.4 平朔矿区 11 号煤中锂的含量（μg/g）

矿名	剖面号	Li	矿名	剖面号	Li	矿名	剖面号	Li
安家岭	AJL-11-A	320.02	安太堡	2 剖面	67.28	井工二矿	JG2-11-B	960.63
	AJL-11-B	238.99		ATB-11-A	246.67		JG2-11-C	299.35
	AJL-11-C	306.88		ATB-11-B	439.68		JG2-11-D	913.74
	AJL-11-D	206.46		ATB-11-C	184.88		JG2-11-E	564.20
	AJL-11-E	403.67		ATB-11-D	150.42		均值	579.24
	均值	295.2		均值	218.62	平朔矿区均值		364.35
安太堡	1 剖面	222.79	井工二矿	JG2-11-A	158.26			

平均含量为 364.35 $\mu g/g$，最大值为 960.63 $\mu g/g$。远远超过了上述学者提出的伴生锂矿的综合利用指标。

对平朔矿区 4 号煤的 23 处剖面各煤层的样品分析显示（表 29.5），4 号煤中锂的平均含量为 120.93 $\mu g/g$，最大值为 211.28 $\mu g/g$。同样超过了上述学者提出的伴生锂矿的综合利用指标。

表 29.5　平朔矿区 4 号煤中锂的含量（$\mu g/g$）

矿名	剖面号	Li	矿名	剖面号	Li	矿名	剖面号	Li
安家岭	AJL-4#-A	122.97	安太堡	ATB-4#-D	141.23	井工一矿	均值	140.63
	AJL-4#-B	195.59		ATB-4#-E	131.30	井工二矿	JG2-4-A	171.06
	AJL-4#-C	159.80		ATB-4#-F	65.85		JG2-4-B	89.00
	AJL-4#-D	109.37		均值	114.40		JG2-4-C	211.28
	AJL-4#-E	61.47	井工一矿	AJL-JG1-4#-A	190.71		JG2-4-D	82.83
	AJL-4#-F	42.37		AJL-JG1-4#-B	129.00		JG2-4-E	12.94
	均值	115.26		AJL-JG1-4#-C	104.03		均值	113.42
安太堡	ATB-4#-A	141.79		AJL-JG1-4#-D	85.97	平朔矿区均值		120.93
	ATB-4#-B	93.03		AJL-JG1-4#-E	134.60			
	ATB-4#-C	113.17		AJL-JG1-4#-F	199.44			

关于宁武煤田 6 号煤层和 11 号煤层中锂含量，前人也做过一些研究和统计，如庄新国等（1999，2001）、代世峰等（2003）、唐修义和黄文辉（2004），但所给出的锂含量均远远低于 Sun 等（2013）所测数据，多数仅略高于全国煤中锂的平均丰度，有的甚至低于平均丰度。这种含量的巨大差别是由于仪器的精度引起还是采样地点不同引起，有待于进一步研究。

2. 平朔矿区煤中锂的分布特征

1）9 号煤。平朔矿区 9 号煤中锂的分布大致特征为：在安太堡露天矿东南部及安家岭露天矿的中部偏西部，即在整个矿区的中南部区域锂的含量较高，在矿区北部的井工三矿锂的含量较低。锂含量最高值出现在 AJL-H 处剖面（346.76 $\mu g/g$）。

2）11 号煤。平朔矿区 11 号煤中锂的分布大致特征为：整体含量较高，控制区锂含量基本上都在 90 $\mu g/g$ 以上，在控制区内的边缘部锂的含量较高，而中部含量较低，最高点位于矿区东部的井工二矿东缘。

3）4 号煤。平朔矿区 4 号煤中锂的分布大致特征为：在安太堡露天矿南部、安家岭露天矿的北部及井工二矿的中部含量较低，而在整个矿区的边缘部区域锂的含量较高，最高点位于矿区东部的井工二矿东缘。

3. 平朔矿区煤中锂的赋存状态

研究资料表明煤中 Li 的富集状态既有无机结合态，也存在有机结合态。锂在煤中的富集按成因分主要有三类：生物成因、吸附成因和陆源富集。多数学者认为煤中 Li 的富集主要与矿物成分有关。Lucyna 等（2009）指出煤中与有机质相关的 Li 属于生物成因和吸附成因，与矿物关系密切的 Li 属于陆源富集。平朔矿区煤中含锂的矿物主要是多硅锂云母、硅锂纳石、磷酸锂铁矿、铁锂云母、锂云母，这些矿物主要形成于高温岩浆岩中。在成煤沼泽中，这些含锂矿物经过搬运与泥炭一起沉积下来，在沉积阶段发生富集（Lucyna et al., 2009）。

4. 平朔矿区煤中伴生锂矿的储量

按照煤灰中 Li_2O 的含量 0.2% 为综合回收利用品位（孙玉壮等，2014），平朔矿区 4 号煤、9 号煤和 11 号煤中伴生的锂矿均达到了煤中伴生矿产的要求。平朔矿区 4 号煤层储量约为 27.1×10^8 t，9 号煤层储量约为 36.7×10^8 t，11 号煤储量约为 10.5×10^8 t，可以算出 4 号煤中伴生锂矿储量约为 32.77×10^4 t，9 号煤中伴生锂矿储量约为 55.84×10^4 t，11 号煤中伴生锂矿储量约为 39.35×10^4 t，为一超大型煤中伴生锂矿。

为了更精确的计算煤中伴生的锂矿，孙玉壮等（Sun et al., 2013a）计算了平朔矿区有采样剖面控制范围内的煤层，用地质块段法圈定锂的储量。锂的含量介于 $80 \sim 160$ μg/g 的 9 号煤的分布面积约为 4.0×10^7 m²，根据地质报告，9 号煤平均厚度约为 13.5 m，视密度为 1.42 g/cm³，锂的含量取均值 120 μg/g，据此计算出锂的储量为 47588 t。锂含量超过 160 μg/g 的 9 号煤的分布面积约为 1.2×10^7 m²，锂的含量取均值 200 μg/g，据此计算出锂的储量为 204053 t。9 号煤通过剖面控制锂的储量有 252641 t。根据《稀有金属矿产地质勘查规范》（DZ/T0203-2002）附录 B 的关于"稀有金属矿产资源/储量规模划分"的规定，平朔矿区煤中伴生的锂矿为一超大型的锂矿。4 号煤和 11 号煤用地质块段法圈定锂的储量分别为 102044 t 和 48923.3 t。

（三）准格尔煤田

1. 煤中锂的含量

准格尔煤田地处鄂尔多斯盆地东北缘，煤田南北长 65 km，东西宽 26 km，面积 1700 km²，截至 1996 年底，该矿区已探明的煤炭保有储量为 2.51×10^{10} t。

准格尔煤田官板乌素矿锂含量最高，其 6 号煤中锂的几何平均值达到 229 μg/g。按此计算，灰分中锂的含量可达 3771 μg/g，换算成 Li_2O 的含量是 8082 μg/g，即 0.802%（Xu et al., 2011）。按照孙玉壮等（2014）提出的煤伴生锂综合回收工业性指标 ≥0.2%，煤灰中锂的含量已经远远超过此标准，甚至达到伟晶岩独立锂矿的工业品位（0.8%，DZ/T/0203-2002）。照此计算，黑岱沟、哈尔乌素煤矿煤中锂的含量也超过伴生锂综合回收工业性指表（Sun et al., 2012b, 2013c）（表 29.6）。

表 29.6　准格尔煤田部分矿区煤中锂的含量($\mu g/g$)

矿名	剖面号	Li	矿名	剖面号	Li	矿名	剖面号	Li
官板乌素	GB1-1	41	官板乌素	GB-A15*	88	黑岱沟	HD-B6	264
	GB1-2	15		GB-A16*	81		HD-B7	277
	GB1-3	89		GB-A17*	710		HD-B8	311
	GB1-4	109		GB-A18*	361		HD-B9	1
	GB1-5	110		GB-B1*	135		HD-C1	161
	GB1-6	76		GB-B2*	236		HD-C2	32
	GB1-7	496		GB-B3*	224		HD-C3	17
	GB1-8	676		GB-B4*	464		HD-C4	95
	GB2-1	96		GB-B5*	363		HD-C5	379
	GB2-2	53		GB-B6*	342		HD-C6	157
	GB2-3	64		GB-B7*	114		HD-C7	89
	GB2-4	162		GB-B8*	442		HD-C8	115
	GB2-5	46		GB-B9*	80		HD-C9	108
	GB2-6	91		GB-B10*	165		HD-C10	107
	GB2-7	14		GB-B11*	307		算术平均值	143
	GB-seam1	177		GB-B12*	198	哈尔乌素	HW6(1)-1	76
	GB-seam2	204		GB-B13*	211		HW6(1)-2	30
	GB-seam3	128		GB-B14*	88		HW6(1)-3	203
	GB-seam4	126		GB-B15*	252		HW6(2)-1	34
	GB-seam5	331		GB-B16*	166		HW6(2)-2	26
	GB-seam6	339		GB-B17*	123		HW6(2)-3	20
	GB-A1*	267		GB-B18*	566		HW6(2)-4	17
	GB-A2*	348		算术平均值	229		HW6(2)-5	16
	GB-A3*	273	黑岱沟	HD-A1	151		HW6(2)-6	99
	GB-A4*	265		HD-A2	124		HW6(3)-1	45
	GB-A5*	426		HD-A3	23		HW6(3)-2	10
	GB-A6*	251		HD-A4	13		HW6(3)-3	101
	GB-A7*	145		HD-A5	226		HW6(3)-4	34
	GB-A8*	282		HD-A6	292		HW6(3)-5	13
	GB-A9*	85		HD-A7	197		HW6(3)-6	115
	GB-A10*	162		HD-B1	121		HW3-4-0	202
	GB-A11*	101		HD-B2	22		HW6(4)-1	106
	GB-A12*	563		HD-B3	312		HW6(4)-2	100
	GB-A13*	525		HD-B4	115		HW6(4)-3	172
	GB-A14*	183		HD-B5	15		HW6(4)-4	54

续表

矿名	剖面号	Li	矿名	剖面号	Li	矿名	剖面号	Li
哈尔乌素	HW6(4)-5	120	哈尔乌素	HW6(6)-2	49	哈尔乌素	HW-D5	163
	HW6(5)-1	60		HW6(6)-3	177		HW-D6	342
	HW6(5)-2	24		HW6(6)-4	41		HW-D7	74
	HW6(5)-3	35		HW6(6)-5	187		HW-D8	412
	HW6(5)-4	78		HW6(7)-1	19		HW-D9	80
	HW6(5)-5	80		HW6(7)-2	94		HW-D10	165
	HW6(5)-6	172		HW6(7)-3	215		HW-D11	37
	HW6(5)-7	9		HW6(7)-4	27		HW-D12	198
	HW6(5)-8	464		HW-D1	135		HW-D13	41
	HW6(5)-9	383		HW-D2	86		HW-D14	88
	HW6(5)-10	498		HW-D3	224		HW-D15	58
	HW6(6)-1	88		HW-D4	124		算术平均值	119

*据 Sun 等，2012b。

2. 锂和常量元素的关系

从图 29.1 可以看出，锂与灰分含量呈现正相关因此推断，锂主要存在于无机矿物中。这种现象可能表明锂在煤的沉积阶段富集。孙玉壮等（Sun et al., 2013c）使用六步连续的化学萃取过程，证实了这个观点，其结果显示仅有 4% 锂与有机物质有关。据此，高岭石、勃姆石、绿泥石族矿物吸附锂主要形成在煤沉积阶段。

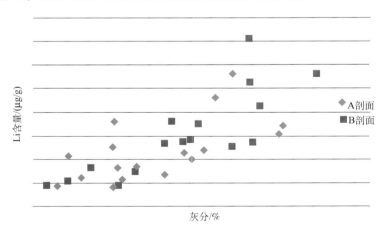

图 29.1　锂与灰分之间的关系

图 29.2a 显示出锂与氧化铝是正相关的，但锂与 Si/Al 则表现出很强的负相关性（图 29.2b），这表明锂可能与一个或多个含铝矿物具有相关性。本区矿物高岭石、勃姆石和绿泥石族矿物都是含锂矿物。

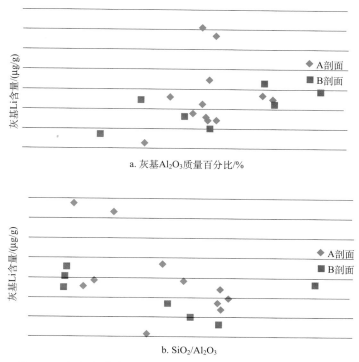

a. 灰基Al₂O₃质量百分比/%

b. SiO₂/Al₂O₃

图 29.2　锂与灰分中 Al_2O_3 百分含量和 SiO_2/Al_2O_3 之间的关系

3. 准格尔煤田煤中锂的形成机制

2008 年代世峰等对准格尔煤田哈尔乌素煤矿 6 号煤层中锂含量较高进行研究，认为中元古阴山古陆的钾长花岗岩石主要的物源区。而官板乌素煤矿在哈尔乌素煤矿的北部，更接近于阴山古陆，且官板乌素煤层中的锂含量，比哈尔乌素煤矿煤层中的锂含量还要高，因此可以推断，官板乌素煤矿煤层中的锂的主要物源区也是阴山古陆。另外，6 号煤层下伏本溪组铝土矿中锂含量高达 412 $\mu g/g$（作者未发表的数据），Al_2O_3 为 23%~77%（张复新等，2009），这也可能是 6 号煤层中锂的含量较高的另外一个原因（Sun *et al.*，2013a）。

二、煤中伴生镓

1. 综述

关于煤中镓的研究已有 50 多年的历史，由于镓资源的不足，自 20 世纪 90 以来，人们加强了对煤中镓的研究。Finkelman（1993）报道的美国煤中镓的算术均值为 5.7 $\mu g/g$；任德贻等（2006）报道的中国各时代煤中镓含量的算术均值为 6.52 $\mu g/g$，石炭-二叠系煤中镓的算术均值最高，达到了 9.88 $\mu g/g$。根据 2014 年版《矿产资源工业要求手册》，煤中镓的综合回收利用品位为 30 μg/g。

代世峰等（2006）在内蒙古准格尔盆地发现了煤中伴生的超大型镓矿床。孙玉壮等（Sun et al., 2013c）在山西宁武煤田平朔矿区发现了超大型煤中伴生镓矿。并提出了煤中镓的富集机理、分布规律、主控因素和成矿模式。

2. 准格尔煤田

根据代世峰等（2006）的研究，镓在准格尔煤田 6 号煤层中的含量为 44.8 μg/g，镓的保有储量为 $6.3×10^4$ t，预测储量为 $8.57×10^5$ t，为超大型镓矿床。有关准格尔煤田 6 号煤层中的伴生镓矿将在本书的另一章详细介绍。

3. 平朔矿区

（1）平朔矿区煤中镓的含量与分布

1）平朔矿区 9 号煤

平朔矿区 9 号煤中镓的含量列于表 29.7。可以看出，9 号煤中镓的含量均值为 22 μg/g，约是中国煤中镓含量平均值的 3 倍。最大值为 70.89 μg/g（JG2-9-D 剖面），最小值为 8.27 μg/g（AJL-K 剖面）。

表 29.7　平朔矿区 9 号煤中镓的含量（μg/g）

矿名	剖面号	Ga	矿名	剖面号	Ga	矿名	剖面号	Ga
安家岭	AJL-A	24.80	安太堡	ATB-D	21.14	井工一矿	AJL-JG1-9#-D	18.11
	AJL-D	28.34		ATB-E	14.09		均值	21.9
	AJL-E	16.65		ATB-F	28.47	井工二矿	JG2-1	17.98
	AJL-F	28.91		ATB-G	22.76		JG2-2	31.82
	AJL-G	14.26		ATB-H	11.20		JG2-3	9.75
	AJL-H	9.02		ATB-I	20.92		JG2-9-A	31.01
	AJL-I	14.23		ATB-J	22.68		JG2-9-B	26.36
	AJL-J	28.21		ATB-K	24.00		JG2-9-D	70.89
	AJL-K	8.27		ATB-L	30.00		JG2-9-E	15.43
	AJL-L	13.73		ATB-M	11.47		JG2-9-G	34.49
	AJL-M	26.09		ATB-N	11.96		均值	29.72
	AJL-N	30.83		均值	20.30	井工三矿	JG3-1	17.82
	均值	22.56	井工一矿	1 剖面	16.21		JG3-2	13.25
安太堡	ATB-A	20.57		AJL-JG1-9#-A	24.75		均值	15.54
	ATB-B	12.60		AJL-JG1-9#-B	24.78	平朔矿区均值		22.00
	ATB-C	32.35		AJL-JG1-9#-C	25.67			

井工二矿 9 号煤中镓含量最高，达到了 29.72 μg/g，接下来依次为安家岭露天矿
(22.56 μg/g)、井工一矿(21.9 μg/g)、安太堡露天矿(20.30 μg/g)、井工三矿(15.54 μg/g)。

煤中伴生镓元素含量超过 30 μg/g 则达到煤中镓的工业利用品位。虽然目前煤层中
镓的含量较低，但是考虑综合提取加工的过程中，镓会在粉煤灰和炉渣中进一步富集，
在提取液中的浓度进一步浓缩，可达到其工业利用标准。依据目前的数据看，9 号煤中
镓的含量均值为 22 μg/g。镓在煤层中的分布是不均匀的，往往集中于煤层的某一部位，本
次研究发现，在 9 号煤层的上部约 5 m 厚的分层里，如 AJL-A 剖面、ATB-C 剖面、ATB-L 剖
面和 JG2-2 剖面等(表 29.8)，镓的含量超过工业品位，达到了煤中伴生镓矿的标准。

表 29.8　部分镓含量超过 30 μg/g 煤层样品统计

剖面编号	样品编号	Ga/(μg/g)	剖面编号	样品编号	Ga/(μg/g)	剖面编号	样品编号	Ga/(μg/g)
AJL-A 剖面	AJL-A-0	31.3	AJL-A 剖面	均值	52.14	ATB-C 剖面	ATB-C-5	29.4
	AJL-A-1	59.1	ATB-C 剖面	ATB-C-1	22.05		ATB-C-6	58.78
	AJL-A-2	45.9		ATB-C-2	10.71		均值	32.35
	AJL-A-3	41.6		ATB-C-3	46.79			
	AJL-A-4	82.8		ATB-C-4	26.35			

9 号煤中镓的含量在矿区的西部含量偏低，东部较高，若以 30 μg/g 做一界线，矿区
的东部区域 9 号煤的含量达到了伴生镓矿的标准，控制区内镓含量最高点位于矿区东部
的井工二矿东缘。在纵向上看，9 号煤的上部 5 m 镓含量较高，部分区域也达到了伴生
镓矿的标准。

2）平朔矿区 11 号煤

对平朔矿区 11 号煤的 16 个剖面各煤层样品分析显示，11 号煤中镓的平均含量为
38.99 μg/g，最大值为 57.64 μg/g。远远超过了伴生镓矿的品位(表 29.9)。平朔矿区 11
号煤中镓的分布大致特征为：整体含量较高，达到综合利用的要求，仅在控制区内北部
一带(安太堡露天矿东部、井工二矿西部)含量较低，呈现出东南高、西北低的特点。

表 29.9　平朔矿区 11 号煤中镓的含量(μg/g)

矿名	剖面号	Ga	矿名	剖面号	Ga	矿名	剖面号	Ga
安家岭	AJL-11-A	57.64	安太堡	2 剖面	15.15	井工二矿	JG2-11-B	54.33
	AJL-11-B	40.57		ATB-11-A	33.56		JG2-11-C	37.37
	AJL-11-C	50.10		ATB-11-B	32.21		JG2-11-D	50.37
	AJL-11-D	37.54		ATB-11-C	39.53		JG2-11-E	36.56
	AJL-11-E	49.74		ATB-11-D	30.39		均值	40.7
	均值	47.12		均值	29.14	平朔矿区均值		38.99
安太堡	1 剖面	24.02	井工二矿	JG2-11-A	24.88			

3）平朔矿区4号煤

对平朔矿区11号煤的两处剖面煤层样品分析显示，4号煤中镓的平均含量为35.7 μg/g，最大值为57.34 μg/g。达到了伴生镓矿的品位（表29.10）。

表29.10　平朔矿区4号煤中镓的含量（μg/g）

矿名	剖面号	Ga	矿名	剖面号	Ga	矿名	剖面号	Ga
安家岭	AJL-4#-A	34.41	安太堡	ATB-4#-B	42.23	井工二矿	AJL-JG1-4#-B	38.56
	AJL-4#-B	45.05		ATB-4#-C	33.76		AJL-JG1-4#-C	28.52
	AJL-4#-C	38.02		ATB-4#-D	51.86		AJL-JG1-4#-D	21.29
	AJL-4#-D	41.51		ATB-4#-E	27.37		AJL-JG1-4#-E	35.56
	AJL-4#-E	35.76		ATB-4#-F	37.76		AJL-JG1-4#-F	25.77
	AJL-4#-F	14.15		均值	38.08		均值	35.38
	均值	34.82	井工二矿	AJL-JG1-4#-A	57.34	平朔矿区均值		35.7
安太堡	ATB-4#-A	35.52						

平朔矿区4号煤中镓的分布大致特征为：整体含量较高，达到综合利用的要求，控制区中部（安家岭露天矿中部、井工二矿中东部）含量较低，控制区内镓含量最高点位于矿区东部的井工二矿。

（2）平朔矿区煤中镓的赋存状态

目前，关于煤中镓的赋存状态的研究还很少，研究深度也有待进一步加强。煤中超常富集的镓究竟受何种因素影响，其赋存状态是受有机质控制，还是与无机矿物有关，或者受两者共同作用，均需要进一步研究。吴国代等对准格尔部分超常富集镓的煤层进行了分析，认为煤中镓与灰分成正相关，与全硫成正相关，黏土矿物勃姆石与高岭石等均可能是镓的载体。黄文辉和赵继尧（2002）提出煤中镓受无机组分影响更大，可能置换黏土矿物中部分铝元素，造成黏土矿物中镓含量增加，并随着沉积作用进入到了煤层中。张军营在黔西南上石炭统和二叠系煤中发现，黄铁矿中和方解石中镓平均含量分别为1.8 μg/g、3.26 μg/g，均较该时期煤中镓含量水平低，而在顶底板和夹矸中镓平均含量达到20.61 μg/g，镓在黏土类矿物较多的样品中富集程度明显较高。代世峰等（2006）发现内蒙古准格尔盆地6号煤中镓元素平均含量达44.8 μg/g，且认为镓超常富集的载体为勃姆石。

准格尔黑岱沟煤中镓的超常富集与镓的亲铝性有关，可能是因陆源碎屑中黏土矿物随煤层沉积，而且镓由于其特殊性质被逐级保存下来，造成了镓的超常富集。易同生等（2007）对贵州凯里下二叠统梁山组煤层柱状剖面上镓的分布状况、赋存状态和地质成因进行了研究，认为镓主要地质载体为硬水铝石。

孙玉壮等（Sun et al.，2013c）在研究平朔矿区煤时发现，部分煤层中镓元素整体含量水平较高。超常富集状态明显。同时在采样中观察到，煤层中有多层薄层夹矸存在，分层明显，与夹矸和底板接触的样品镓的平均含量较高。研究中发现煤中很多细胞腔被黏土矿物充填。在镜下还发现了大量蠕虫状的勃姆石。

通过上述分析，认为华北石炭二叠系煤中镓元素的超常富集与黏土矿物关系密切，煤中的勃姆石等黏土矿物可能是镓富集的主要载体。这其中的主要原因是镓和铝的地球化学性质相似，镓主要是以类质同象取代铝而赋存在含铝的矿物中，如高岭石、勃姆石等。

（3）平朔矿区煤中伴生镓矿的储量

依据现有资料，镓主要存在于黏土矿物中，那么灰分和炉渣中会进一步富集镓，达到开发利用的标准。平朔矿区 11 号煤中镓的均值为 38.99 μg/g，储量约为 4.23×10^4 t。平朔矿区 4 号煤中镓的均值为 35.7 μg/g，储量约为 9.67×10^4 t。

根据镓含量的分布图，把含量超过 30 μg/g 这一工业品位作为边界，圈定 9 号煤控制区东部范围伴生镓矿范围内储量约为 0.93×10^4 t。4 号煤和 11 号煤通过剖面控制镓的储量分别为 3.22×10^4 t 和 0.48×10^4 t。根据《中国主要工业类型矿床规模划分标准》，可以判断这是一个超大型的镓矿床。

三、煤中伴生铝

（一）综　　述

粉煤灰主要是由煤中矿物质在燃烧过程中经过复杂的物理化学变化而形成的，国外文献中称为"飞灰"或者"磨细燃料灰"。粉煤灰的化学成分主要是 SiO_2、Al_2O_3、Fe_2O_3、TiO_2、MgO、CaO 以及其他碱金属氧化物和稀有元素。其中 Al_2O_3 含量较高的粉煤灰被称为高铝粉煤灰，具有很高的开发利用价值。依据目前技术水平，含 $Al_2O_3$30% 以上的就可视为高铝粉煤灰。粉煤灰中含有很多有用的物质可以回收利用，其中氧化铝在粉煤灰中的质量分数可达 15%～40%，最高可达 50% 左右，可代替铝土矿成为制备氧化铝（Al_2O_3）的一种很好的资源。粉煤灰中铝（Al）含量很高，如能通过一定的处理工艺，提取粉煤灰中的铝，不仅可解决大量粉煤灰堆积带来的污染问题，同时避免了粉煤灰资源的浪费。

据资料统计：美国粉煤灰中氧化铝的含量范围为 3%～39%，算术平均值为 23%；美国伊利诺伊州粉煤灰中氧化铝的含量范围为 17%～23%，算术平均值为 20%；澳大利亚粉煤灰中氧化铝的含量范围是 15%～28%，算术平均值是 24%；英国粉煤灰中氧化铝的含量范围为 24%～34%，算术平均值为 27%；日本粉煤灰三氧化二铝平均含量为 25.86%，美国为 20.81%，英国为 26.99%，德国为 24.93%，只有波兰高达 32.39%。

我国每年排放的粉煤灰量高达 4000×10^4 t。粉煤灰中 Al_2O_3 的含量一般为 15%～38%，平均为 25%，是一个巨大的铝资源宝库。自 20 世纪 50 年代，波兰 Grzymek 教授（Hosterman et al.，1990）以高铝煤矸石或高铝粉煤灰（Al_2O_3>30%）为主要原料从中提取氧化铝并利用其残渣生产水泥以来，国内外许多学者对粉煤灰提铝技术做了大量研究。从粉煤灰中提取氧化铝（氢氧化铝）或铝盐工艺有很多，但主要是碱法烧结和酸浸法两类，且大部分工艺还处于实验室研究阶段，工业化应用很少。目前，国内外许多学者正对碱法烧结粉煤灰提铝技术进行深入研究。在考虑对废渣、废气及废液进行利用，推行清洁生产的同时，还应在选择合适助熔剂降低烧结温度、熟料自粉化、铝硅分离、高品质铝产品、硅钙渣精利用等技术方面加大研究力度，进一步降低能耗和产品成本、提高产品质量、增强市场竞争力。我国从粉煤灰中提取氧化铝的研究可追溯到 20 世纪 50 年代，山东铝厂曾考虑过从粉煤灰中提取氧化铝，以后湖南、浙江等省也有单位进行过此类研究，至 1980 年安徽省冶金研究所和合肥水泥研究院在进行提取氧化铝和制造水泥的实验室规模的试验后，提出用石灰烧结、碳酸钠溶出工艺从粉煤灰中提取氧化铝，其硅钙渣做水泥的工艺路线。经过滤后得铝酸钠溶液粗液，再经脱硅、碳分、过滤工艺得到 $Al(OH)_3$，最后煅烧工艺得 Al_2O_3 产品。此工艺能耗较高，但可提供 CO_2 循环利用。国内主要研究酸溶法，但 Al_2O_3 的溶出率一般只有 20%~30%，最高不过 40%，资源利用率低。

（二）平 朔 矿 区

1. 平朔矿区煤中铝的含量

平朔矿区 9 号煤灰分中 Al_2O_3 的质量分数均值为 40.70%（表 29.11）。安家岭 9 号煤灰分中含量最高，达到了 42.32%。最低的为井工二矿，均值为 38.64%，但是总体相差不大。因此，平朔矿区 9 号煤的煤灰属于高铝粉煤灰（表 29.11）。2013 年孙玉壮等（Sun et al.，2013c）利用酸法和碱法综合提取煤灰中铝、镓、锂的研究，根据富镓、富锂高铝粉煤灰的物理化学特点，开发出从此类粉煤灰中综合提取铝、镓、锂和稀土的工艺技术。平朔集团开发出从粉煤灰中提取白炭黑的专利技术。除此之外，国内外还没有关于从粉煤灰中提锂技术，或从粉煤灰中综合提取铝、镓、锂的工艺技术的报道。

表 29.11　平朔矿区 9 号煤灰分中 Al_2O_3 的含量百分数（%）

矿名	剖面号	Al_2O_3	矿名	剖面号	Al_2O_3	矿名	剖面号	Al_2O_3
安家岭	AJL-A	42.53	安太堡	ATB-A	42.01	安太堡	ATB-N	47.64
	AJL-D	43.93		ATB-B	37.99		均值	42.21
	AJL-E	41.08		ATB-C	42.05	井工一矿	JG1-1	40.47
	AJL-F	38.96		ATB-D	42.82		均值	40.47
	AJL-G	37.37		ATB-E	37.37	井工二矿	JG2-1	40.28
	AJL-H	45.58		ATB-F	40.76		JG2-2	37.54
	AJL-I	38.88		ATB-G	41.39		JG2-3	38.09
	AJL-J	46.01		ATB-H	43.31		均值	38.64
	AJL-K	44.46		ATB-I	41.65	井工三矿	JG3-1	38.79
	AJL-L	42.67		ATB-J	37.02		JG3-2	40.95
	AJL-M	41.13		ATB-K	44.09		均值	39.87
	AJL-N	45.22		ATB-L	36.36	平朔矿区均值		40.7
	均值	42.32		ATB-M	56.45			

2. 平朔矿区煤中铝的分布

通过对已有数据的整理分析，平朔矿区 9 号煤中铝的分布大致特征为：整个矿区中煤中铝的分布比较均匀，较低的区域出现在井工四矿附近。据地质资料显示，平朔矿区 9 号煤地质储量约为 36.7×10^8 t，9 号煤的灰分约为 25%，据此计算，9 号煤中 Al_2O_3 的储量约为 3.7×10^8 t。现阶段的工作显示，9 号煤中 Al_2O_3 的储量约为 1×10^8 t。

（三）准格尔煤田

1. 准格尔盆地高铝煤的资源特性

（1）高铝煤化学组分特征

准格尔矿区各主要矿井中煤样煤灰的主要组分为 SiO_2 和 Al_2O_3，Fe_2O_3、TiO_2、CaO 和 MgO 等组分的含量极少。除了酸刺沟煤矿煤样中煤灰 Al_2O_3 的含量最低为 38.52% 外，其余矿井的煤灰 Al_2O_3 含量均超过了 40%，其中黑岱沟露天矿、蒙泰不连沟煤矿、哈尔乌素露天矿以及黄玉川煤矿的煤灰中 Al_2O_3 含量较高，黑岱沟露天煤矿煤灰中 Al_2O_3 含量最高，达到了 70.01%。

（2）高铝煤的矿物学特征

从通常意义上来讲，煤中常见的无机矿物主要有石英、黏土矿物、碳酸盐矿物、硫化物矿物。氢氧化物矿物如褐铁矿、铝土矿、针铁矿在煤中常见，对其成因的研究也较多，三水铝石在煤中少见，勃姆石、黑锌锰矿、水镁石和羟钙石等矿物在煤中偶见或罕见。使用 XRD 分析对黑岱沟、哈尔乌素矿区 6 号煤层样品进行矿物学分析，XRD 分析表明准格尔盆地黑岱沟 6 号煤层中的主要矿物成分为勃姆石、高岭石和少量方解石，而哈尔乌素 6 号煤层煤中的主要矿物为高岭石和勃姆石。由于煤中未见其他含铝矿物，因此认为，煤灰中铝含量偏高的原因是煤层中或煤层夹矸中含有异常富集的勃姆石和高岭石。

（3）高铝煤的氧化铝含量变化规律

准格尔盆地 6 号煤层煤的煤灰中 Al_2O_3 含量为 28.54% ~ 64.9%，平均 40.76%。6 号煤层在准格尔盆地中部黑岱沟矿区南部、牛连沟矿区西南部和东平矿区内的煤中 Al_2O_3 含量最高，分布范围最大。煤田东部煤中 Al_2O_3 含量高于西部区域，北部高于南部。高铝煤炭品质较高的优势矿区依次为：黑岱沟、东坪、牛连沟、哈尔乌素、圪柳沟、龙王沟、酸刺沟、孔兑沟、西蒙蒙达、魏家峁。长滩矿区煤中 Al_2O_3 含量最低，小于 40%。

准格尔盆地 9 号煤层煤灰中 Al_2O_3 含量为 4% ~ 69.47%，平均 38.76%。该煤层在煤田北部的孔兑沟矿区煤灰中 Al_2O_3 的含量最高，向南逐渐降低。煤灰中 Al_2O_3 含量大于 40% 的区域分布较零散，在孔兑沟、牛连沟、圪柳沟、龙王沟、黑岱沟、西蒙蒙达等矿区内均有分布，其他矿区内煤中 Al_2O_3 含量略低，一般小于 40%。

根据《铝土矿、冶镁菱镁矿地质勘查规范》（DZ/T0202-2002），氧化铝的含量>40%并且铝硅比大于1为铝土矿的边界品位。在准格尔煤田，煤灰中氧化铝平均含量达45.6%，已经超过铝土矿的边界品位。6号煤层底板的本溪铝土矿主要由铝矾土、砂岩，泥岩和粉砂岩组成。张复新和王立社（2009）认为6号煤层下伏本溪组高铝沉积岩是准格尔盆地高铝的主要物源，准格尔煤田6号煤层中Al₂O₃主要来源于下部的铝土矿。由此，高岭石、勃姆石和绿泥石族矿物或者来源于阴山古陆的钾长花岗岩，或者来源于下伏本溪组的铝土矿中（Sun et al., 2012c）。

2. 准格尔盆地高铝煤成因初探

准格尔盆地煤层中氧化铝含量较高，主要源于煤中富含富铝矿物，如高岭石和勃姆石等（Dai et al., 2006b；Sun et al., 2012c）。这些富铝矿物的存在主要取决于准格尔盆地泥炭堆积时期陆源碎屑物质输入、物质组成、搬运方式及沉积成岩作用等。富铝矿物主要来自于阴山古陆和本溪组风化壳。内蒙古洋壳的消减和俯冲作用使得华北板块北部隆升形成阴山古陆，成为华北盆地的主要物源区。晚石炭世晚期这种隆升作用不断加强，使得整个华北板块发生翘翘板式的升降移位，由南隆北倾机制转变为南倾北隆机制。在准格尔盆地6号煤形成初期，准格尔盆地北偏西方向的地势高，而南偏东方向地势低，陆源碎屑物质主要来自北西方向阴山古陆广泛分布的中元古代钾长花岗岩。在煤层形成中期，煤田的北东部开始隆起，并有本溪组铝土矿出露，煤田处于北偏西的阴山古陆和北偏东本溪组隆起围起的低洼地区，聚煤作用持续进行，水流方向为北偏东，表明陆源碎屑主要来自于北偏东的本溪组隆起，晚石炭世的热带湿热气候有利于本溪组风化壳三水铝石的形成，三水铝石及少量的黏土矿物在水流的作用下以胶体的形式经过短距离搬运到达准格尔泥炭沼泽。在煤层形成晚期，北偏东方向的本溪组隆起下降，陆源碎屑的供给又转为北偏西方向的阴山古陆的中元古代花岗岩。

四、煤中伴生锗

（一）综　　述

Goldschmidt于1930年首先发现煤中含有锗。1933年他和Petes从英国达勒姆矿区的烟煤煤灰中检测到锗含量高达1.1%，这就使从煤灰中提炼锗成为可能。在20世纪50年代英、美、澳大利亚、日本、苏联等各国都重视相关调查研究（Swaine, 1990）。我国也在50年代末到60年代初展开过煤中锗资源调查。在1963～1965年学术刊物上开始研讨有关煤中锗的理论问题（王国富、王连登，1963；汪本善，1965）。迄今为止，锗是研究得最早和最多的煤中可利用伴生元素。

锗是一种典型的稀有分散元素，极少见到单矿物，多与其他矿床共生，其地壳丰度约为1.25 μg/g。据有关资料统计，目前已探明的锗资源总量为8600 t，其中我国已探明的锗资源总量约为4097～6154 t，储量居世界首位。

锗是研究得最早和最多的煤中可利用伴生元素。自然界所有煤中都含有锗，但只有在特殊地质条件下锗才有可能富集于煤里，达到可被回收利用的品位。绝大多数煤中的锗含量很低。锗在煤层内的分布很不稳定。且不说锗含量在平面上的变化大，即使在一个矿区的不同煤层之间，在一个煤层的不同分层之间，在煤层内不同煤岩类型之间，锗含量的差异都可达几十或几百倍。一般认为：煤系地层底部的煤层往往富锗；薄煤层中含锗常多于厚煤层；在煤层内的顶部（有时还有底部）分层含锗量较高；镜煤和光亮煤含锗量多于其他煤岩类型。因此研究煤中锗要特别注意样品的代表性，切不可凭一两个样品的分析数据作出判断，也不可不加分析地取平均值作为评价依据。原苏联检测到世界上煤中锗含量的最高值是 6000 $\mu g/g$（Клер и др.，1987）；美国煤中的锗的含量范围为 0.01~220 $\mu g/g$，算术平均值为 5.24 $\mu g/g$（6189 个样品中总结获取）；英国煤中的锗的含量范围为 0.3 ~13 $\mu g/g$，算术平均值为 4.4 $\mu g/g$。

国内外对煤中锗的赋存状态研究较详细，比较一致的意见是：与有机质结合是锗在煤中的主要赋存状态。多数研究者认为，二者以某种化学结合的方式成为腐殖酸锗络合物及锗有机化合物。锗易富集在侧链与官能团发育的、有序度低的低煤级煤中，已发现的有工业价值的富锗煤几乎都属褐煤。煤中以吸附态赋存的锗既可被有机质吸附，也可被黏土矿物吸附。此外，在硫化物和硅酸盐矿物中也有可能检测到极少量的锗。

煤中锗一般品位为 1~10 $\mu g/g$ 左右，平均值在 5 $\mu g/g$ 左右，根据 2014 年版《矿产资源工业要求手册》，当低灰分煤中锗达到 10 $\mu g/g$ 时则可回收。

（二）云南临沧锗矿

云南临沧锗矿床是最近发现的锗矿床，因其储量大，异常富集（最大品位大于 1000 $\mu g/g$），而受到国内外地质学家的高度重视。临沧矿区由帮卖、勐旺、励托和临沧四个矿化盆地构成，其中以帮卖盆地的锗矿化最好（敖卫华等，2007）。帮卖盆地位于西南三江构造带的临沧花岗岩体上，为一总体走向为 NW330° 的不对称向斜断陷盆地，盆地基底为海西—燕山期花岗岩体。盆地内古近系和新近系含煤地层由下、上煤组组成。与矿化关系密切的下煤组（N_1^1–N_1^6）为花岗质成分的碎屑岩、砂岩夹煤层、砾岩、细砂岩夹透镜状煤层。主要岩相为冲积相、洪积相和湖泊沼泽相。

1. 锗的矿化特征

临沧盆地锗矿化主要发生在盆地西缘含煤地层中，与盆地西缘的二云母花岗岩（γ_{5mc}^1）分布一致。在缺少二云母花岗岩而且缓倾斜的盆地东缘则少矿化。二云母花岗岩含锗 3.5 $\mu g/g$，风化二云母花岗岩含锗小于 0.5 $\mu g/g$。淋滤率大于 85%（庄汉平等，1997）。盆地周边普遍发育的黑云母花岗岩含锗 1.7 $\mu g/g$，风化黑云母花岗岩含锗 0.9 $\mu g/g$，淋滤率为 47%。因此，从空间分布和锗品位特征看，盆地周边的花岗岩，尤其是要产于靠近花岗岩基的早期沉积的 N_1^2 和 N_1^3 煤层中，在较晚期沉积的 N_1^{4+5} 和 N_1^6 地层中矿化规模较小。主矿体呈层状展布，与 N_1^1 和 N_1^2 的界线整合。在主矿体下伏的花岗质砂（砾）岩中一般无矿化，表明锗矿化与有机质关系密切。此外，从整个盆地来看，矿化主要发生在每一沉积周期的早期边缘沉积物中，在晚期形成的、位于盆地中心的地层中较少矿化(<1%)。这种在沉积周期和沉积旋回上的早期矿化特征,表明早期物源对锗矿化具有一定的控制作用。

在矿化地段,锗在垂直剖面上的分布很不均匀,锗的高未矿化的褐煤最低为0.3 μg/g;碳质泥岩最高达974 μg/g,最低时小于0.3 μg/g。

同一矿层中,褐煤锗含量高于相邻的碳质泥岩,而碳质泥岩高于相邻的砂岩,矿化的褐煤与相邻砂岩的锗含量相差上千倍。对52件岩心样品的锗含量统计表明,煤和泥岩中锗含量均呈双峰型分布,而且二者的分布十分相似,并可明显区分出两个区间,分别为0.22~12 μg/g和90~1800 μg/g,这表明褐煤和碳质泥岩均发生过锗的富集作用(庄汉平等,1997)。褐煤低峰组锗含量平均为3.57 μg/g,主要是非矿化地层中的样品;高峰组平均为587.28 μg/g,全为矿化层中的样品(在矿化层中也有少量样品锗的含量小于12 μg/g)。碳质泥岩低峰组平均值为3.17 μg/g,高峰组为537.83 μg/g,样品分布特征与褐煤基本相似。褐煤和碳质泥岩两组平均值比较接近,褐煤略高于碳质泥岩。

2. 有机质特征

由于锗的富集与有机质密切相关,这里对临沧锗矿中的有机质做一介绍。临沧锗矿床的矿化煤属褐煤型的半暗、半亮煤,少量为亮煤及暗煤。根据锗的含量,临沧锗矿床的褐煤和碳质泥岩可分为锗含量大于90 μg/g的高锗煤(高锗泥岩)和含量小于12 μg/g的低锗煤(低锗泥岩)。各种证据表明,高锗煤、高锗泥岩与低锗、低锗泥岩中的有机质在许多特征上存在明显的差异。

(1)宏观物理特征

高锗煤呈灰黑色,具块状构造,较疏松、破碎,常见有次生裂纹和网状裂隙,主要组分密度为1.60~1.70 g/cm³;低锗煤呈黑色,条带状构造,致密,一般少见次生裂隙,主要组分密度为1.40~1.60 g/cm³。高锗泥岩呈灰白色,较疏松,有次生裂隙;低锗泥岩呈灰黑色,具条带状构造,致密,少见裂隙。

(2)有机质类型

Rock-Eval分析表明,碳质泥岩中有机质为II型,褐煤为III型或II_2型干酪根(庄汉平等,1997)。高锗煤为III型,其I_H值除个别外均小于130,而低锗煤为II型,利于锗的矿化。这一结果与红外光谱分析是一致的。同低锗煤样品相比,高锗样品(煤或泥岩)富含氧官能团,表明锗的矿化与有机质中的含氧基团有关。

(3)煤岩显微组分

腐殖组:低锗煤中腐殖组含量小于70%,一般为40%~65%,种类较多,有均匀凝胶体、揉质体、木质结构体和碎屑腐殖体,还可见到植物表皮的嫩牙组织。高锗泥岩中腐殖组含量较少(<20%),组成特征与高锗煤类似;低锗泥岩则与低锗煤类似。腐殖体反射率测定结果表明,高锗样品腐殖体反射率除个别外均大于0.415%,而低锗样品小于0.415%。详细的腐殖体反射率研究表明,高锗样品与低锗样品腐殖体反射率的差异主要

是由腐殖体的组成不一样所致，高锗煤主要由团块腐殖体组成，低锗煤中少有团块腐殖体，而一般在同一样品中团块腐殖体反射率是最大的，均质腐殖体次之，胶质和基质腐殖体最低。仅从腐殖体反射率难以区分出高锗煤和低锗煤成熟度的高低。

类脂组：临沧锗矿床中褐煤在显微镜下可见的类脂组有孢子体、角质体、树脂体、藻类体和沥青渗出体。高锗煤和低锗煤中类脂组含量均低于 5%，但它们的显微荧光特征有些差异。

惰质组：高锗煤和低锗煤中均含有一定量的丝质体。丝质体呈长椭圆形，壁较厚，反射率明显高于相邻的腐殖体，腔内被无机矿物所充填。高锗煤中富含菌类体。菌类体显示出明显的细胞结构，细胞壁较厚，反射率高于相邻的腐殖体。细胞膜将体腔分隔成许多圆形小室，室内被黏土矿物充填。

（4）临沧锗矿成因

临沧锗矿床锗的矿化主要发生在盆地早期沉积岩中，每一沉积周期形成的边缘相褐煤和碳质泥岩中富锗。锗矿床的最初锗源与盆地西缘的二云母花岗岩有关。锗在不同岩石中的矿化程度不同，而且与有机质关系密切。高锗煤（高锗泥岩）与低锗煤（低锗泥岩）中有机质特征呈现出明显的差异。与低锗煤（低锗泥岩）相比，高锗煤（高锗泥岩）中有机质偏腐殖型，富含氧官能团，并富含团块腐殖体、藻类体和菌类体，而凝胶腐殖体和结构腐殖体较少。褐煤和碳质泥岩发生相同程度的矿化，矿化富集系数为 164 和 169，砂岩基本上没有锗矿化。

（三）内蒙古胜利煤田乌兰图嘎锗矿

1. 乌兰图嘎锗矿概况

乌兰图嘎煤-锗矿床位于早白垩世断陷盆地内，面积约为 0.72 km^2，地处胜利煤田西南一隅（杜刚，2008）。矿区地层主要为下白垩统白彦花群赛汉塔拉组，该段含煤 5 层（组），煤岩类型为半暗-暗淡型褐煤。其中 6-2，7，9，11 号煤层为不稳定的局部可采煤层。6-1 号煤层全区分布，层位稳定，结构简单，厚度为 0.82~16.66 m，平均为 9.88 m，而锗矿与 6-1 号煤层同体共生，是锗矿的主要载体，含锗品位最高可达 1530 μg/g。乌兰图嘎煤-锗矿床 6-1 号煤层褐煤总储量 6 Mt，锗平均品位为 244 μg/g，按此计算锗金属储量约 1805 t。杜刚等（2003）和杜刚（2008）详细研究了乌兰图嘎煤-锗矿床，下面予以概述。

2. 锗含量

大部分地区锗含量在 200 μg/g 以上，在露采坑一带锗含量均在 400 μg/g 以上，最高达到 700 μg/g 以上，而在东西方向锗含量偏低，在 200 μg/g 以下。乌兰图嘎采区锗矿东南约有 0.2 km^2 的范围，6-1 煤组锗品位在 100~700 μg/g 之间，矿体厚度 0.80~2.03 m。在矿区西北部边界以外约有 0.45 km^2 的范围，6-1 煤组锗品位大约在 169~345 μg/g 之间，矿体厚度 10~20 m 不等（黄文辉等，2007）。

在水平方向上，锗矿体的分布主要集中在胜利煤盆西南角落里，是胜利煤盆的最富集点。其余盆地边缘地带零星有锗异常点。煤层中富集的锗来源于成煤泥炭沼泽周围的原始物质供给区。对胜利煤田外围采集的不同岩体样品进行光谱分析和化学分析，发现西南部燕山中期二长花岗岩锗品位为 15.28 μg/g，南部和东部中酸性岩浆岩锗品位在2.53~4.96 μg/g 之间，而在煤田北部的二叠系地层和火山喷发岩体及小型硅质岩脉中锗品位很低。因此认为，胜利煤田西南部一带为锗的原始物源区，在其附近煤层中锗品位较高，而其他区域比较低，正说明这一点。

胜利煤田煤-锗矿床锗含量沿煤层纵向分布不均，可以多次出现聚锗高峰，大多数在煤层底部夹矸下部出现聚锗的高值，个别夹矸锗品位达到工业品位，认为锗的富集基本上是与成煤植物泥炭化阶段同步进行。锗在成煤过程中同步沉积，富集。夹矸起到对底部煤层的保护作用，防止了底部煤层富集锗的淋滤和流失，同时使得煤层中的碳质泥岩夹矸也富集锗。而整个含锗6-1 号煤层中，锗在纵向分布上的起伏变化，与成矿沼泽微环境有关，同时随锗源供给条件的变化而变化，当锗源供给条件充沛时，锗在煤层中的富集便出现高值，如果供给出现不足，能够赋存在煤层中的锗量减少，纵向上就会出现锗品位的凹谷。

3. 锗富集的地质因素分析

内蒙古胜利煤田煤-锗矿床的地质特征与其他地方的煤-锗矿床相比有许多相同之处，但是胜利煤田所处的成煤盆地类型和规模有较大不同，特别是在胜利煤田中，不像云南临沧帮买盆地那样有非常直接和明显的火成岩影响背景。在云南省西部，含有富锗煤的新生代盆地的基底都是由可提供丰富锗源的花岗岩组成的。帮卖盆地西侧分布的二云母花岗岩的锗含量平均值达 3.5 μg/g，盆地东侧分布的黑云母花岗岩的锗含量平均值是 1.7 μg/g。另外，成煤期的气候条件也很重要。温暖潮湿的气候有利于花岗岩的风化，如研究发现风化后的二云母花岗岩的锗含量降为 0.5 μg/g 以下，淋滤率大于 80%；风化后的黑云母花岗岩的锗含量降到 0.9 μg/g，淋滤率为 47%。由此可见，含锗较高的二云母花岗岩和温暖湿热的气候条件对锗的迁移与再富集起到重要作用。火山作用更是对锗的迁移有重要影响，岩浆热液或与之相关的构造带热液活动可以使锗从岩石中活化出来，直接通过热液迁移出去，并在成煤沼泽中由有机质固定下来。刘金钟和许云秋（1992）在对内蒙古伊敏褐煤盆地研究后发现，火山活动直接导致了五牧场地区部分褐煤变质为烟煤。热液活动使得锗活化并迁移到成煤沼泽中，含锗地下水的不稳定注入又使得锗含量在煤层中具分带性。该区褐煤中锗丰度背景值为 4~10 μg/g，热变质作用形成的烟煤中锗含量平均值降为 2~5 μg/g。在烟煤带之上和近地表之下的低变质煤（挥发份析出率大于 37%）里形成锗的富集带，其锗含量平均值为 15 μg/g，最高值为 450 μg/g。

以往研究均表明富锗煤形成需具备两个条件：

1）要有含锗丰富的岩石背景；

2）要有适宜的热液活动和局限还原的成煤沼泽。

研究表明胜利煤田内富锗煤的形成也具备这些地质因素。在胜利煤田富锗矿床带的西部附近发现有二长花岗岩和闪长岩存在，经采样化验，锗含量在 15 μg/g 以上，这些岩石中的锗如遇岩浆热液作用，会迅速氧化分解并释放出来，以锗酸溶液的形式溶于水中，并随水运移到成煤盆地中，由有机质吸附而最终富集成矿。

成煤沼泽虽然具备从溶液中富集锗的能力，但富锗溶液的水力学特点将直接影响锗最终在煤层中的分带富集。由于沼泽中的腐殖质具备超强的吸附能力，从母岩释放出来并进入溶液中的锗总体上还达不到饱和，有机质可以及时吸附由溶液带来的锗，如果溶液中锗含量少，那么煤层富集到的锗也就少。帮卖盆地周围被花岗岩环绕，汇水面积比盆地盖层面积大四倍，汇水区既是蚀源区又是地下水补给区，因此含锗溶液能较好地汇入盆地。在胜利煤田，这样的富锗溶液只是在成煤盆地的一端存在，西部方向控制盆地格局的同生断层不但影响煤层厚度，而且最终影响了煤-锗矿床的空间和平面分布。胜利煤田煤-锗矿床煤样中常量、微量元素和稀土元素的分析，在一定程度上可以反映煤-锗矿床的地球化学性质及成矿的地质背景，并可追溯其物源。

研究发现，锗矿露采坑煤中锗含量与碱性元素 K、Na、Mg、Ca、Al 等的含量呈正比关系，说明有利于煤-锗成矿的环境为偏碱性还原环境，比较平静停滞的水文沼泽条件提供了充足的时间，更有利于含锗溶液在沼泽中被有机质充分吸附，从而更有利于锗在泥炭中聚集。

数据表明锗的含量与煤灰分指数呈负相关关系。许多研究者认为这种现象主要是因为锗具有强烈的有机亲和性，但这只是部分原因，成煤期注入成煤沼泽中的水流强度变化才是最重要的原因。水流强，带进来的矿物质就多，同时水中锗的含量也相应较低，也就是说冲积进来的富含矿物质的水流起到了稀释的作用，因为沼泽中的腐殖物质对锗的吸附能力始终是充足有余的，注入沼泽的溶液中锗的原始含量对锗的富集起到控制作用。水流较弱条件下，溶液中锗浓度高，沼泽中的腐殖物质在还原碱性条件下充分吸附溶液中的锗而使之在有机组分中富集。

五、煤中伴生铀

早在 1975 年，Berthoud 就从美国丹佛附近的煤中检测出铀。1956 年 Vine 报道了美国煤中含铀的情况，指出在南达科他、北达科他、怀俄明、蒙大拿、科罗拉多、新墨西哥等地都发现了富含铀的煤。在英国的沃里克郡，德国的巴伐利亚，巴西南部，匈牙利的 Xj-ka，我国西北的侏罗系煤田，云南的古近系和新近系煤田以及原苏联及其他一些国家也都发现富含铀的煤。1955 年和 1958 年，在日内瓦召开的第一、二届和平利用原子能会议上，众多研究者报告了煤和其他含有机质的岩石中赋存铀的研究成果。这是人们研究煤中铀的高潮期。我国煤田地质系统也于 1960 年前后开展了煤中铀的普查。这些工作都是为勘查资源而专门调查研究异常富集铀的煤。自然界大多数煤中含铀量是比较低的。

关于富铀煤中铀的富集问题，北京铀矿选冶研究所张仁里提出，铀-煤共生矿有三种成因类型：同生沉积类型，铀在泥炭化阶段进入沼泽；后生沉积类型，铀在煤化阶段进入煤层；多次矿化富集类型（张仁里，1984）。我国西北部某侏罗系煤田中的富铀煤都是经历多次矿化富集而成。因为腐殖物质在富集铀中起了重要作用，所以富铀煤都是低煤级的褐煤和亚烟煤，而且还往往在灰分高和薄的煤层内。

至于煤中铀的工业品位和放射防护标准，张仁里（1984）主张，在没有制订正式标准前，可先以煤灰中铀含量对照铀矿石的工业品位进行评价，铀矿石的工业品位为 0.05% 铀含量，伴生铀矿工业品位可降到 0.02%；当铀含量超过 0.021%，应作为放射生废物处理。

综合国内外研究者提出的意见，铀在一般煤中的赋存状态有以下三种：

1）与有机质结合；

2）呈类质同象赋存在锆石、磷灰石、金红石、独居石、碳酸盐矿物、磷酸盐矿物、稀土磷酸盐矿物内；

3）被黏土矿物吸附。

在极富铀的煤中发现独立的铀矿物，据国外报道（黄文辉、唐修义，2002），已经从煤中检测出的含铀矿物有：晶质铀矿、水硅铀矿、钙铀云母、铜铀云母、钒钾铀矿。又据张仁里报道，在我国的煤中检测到铀黑、晶质铀矿、板菱铀矿、钒钙铀矿（张仁里，1982）。

张仁里（1982，1984）、张仁里等（1987）还研究了富铀煤中铀的两种加工类型。按他的意见，评价铀–煤共矿要综合考虑铀和煤的利用价值。他提出"铀–煤矿"和"含铀煤"两种加工类型。

1）铀–煤矿：若煤中铀可产生的能量大于有机质可产生的能量，而且煤灰中铀含量高于铀的工业品位，这种煤可称为"铀–煤矿"。其加工处理应以提取铀为主，附带利用煤的热能。我国西北某侏罗系煤田就有这种"铀–煤矿"，其煤中的含铀量可高达 0.1%，煤灰中含铀量达 0.5% 以上，而这种煤的热值为 15500~23800 J/g。

2）含铀煤：若煤中铀可产生的能量虽大于有机质可产生的能量，可是煤灰中的铀含量低于铀工业品位，但高于放射性防护规定。这种煤称为"含铀煤"。

例如：我国某地下志留统石煤含铀 0.018%，煤灰含铀 0.03%，煤的热值很低，只有 9660 J/g。还有一种煤也可称"含铀煤"，即煤灰中铀含量接近工业品位，但是煤中有机质产生的能量大于铀可产生的能量，高于放射防护规定。例如：我国某地上二叠统煤，含铀量为 0.0014%，煤灰含铀量是 0.011%，煤的热值比较高，为 32000 J/g。这两种"含铀煤"煤灰中的铀虽具有利用的可能性，但至今尚无利用的先例。

我国广西合山煤中铀含量的算术均值达到 71.72 μg/g，四川安县煤为 55.6 μg/g，贵州贵定煤为 92.75 μg/g，云南砚山干河煤达 178 μg/g，其中，除广西合山外，均为小型煤矿，储量有限，硫分很高，属不应开采之列。

山西晋城矿区，有一个采样点的铀含量为 42.40 μg/g。河南平顶山矿区、湖南涟邵矿区、重庆松藻矿区、新疆伊宁矿区以及云南干河、蒙自、建水、临沧矿区局部煤样中铀含量高达 25~90 μg/g，个别超过 100 μg/g。伊犁盆地洪海沟 ZK0161 井褐煤中铀及其他元素的地球化学研究中也发现该井中下侏罗统 11、12 号煤层中铀含量极高：11 号煤中铀含量的加权平均值为 78.525 μg/g，12 号煤中铀含量的加权平均值高达 599.07 μg/g。据代世锋等（Dai et al.，2015）报道，新疆伊犁煤田铀最高含量可达 7207 μg/g。如此高的含量，可以作为煤伴生铀矿开发利用。

六、煤中伴生稀土元素

1. 综述

稀土元素就是化学元素周期表中的镧系元素——镧（La）、铈（Ce）、镨（Pr）、钕（Nd）、钷（Pm）、钐（Sm）、铕（Eu）、钆（Gd）、铽（Tb）、镝（Dy）、钬（Ho）、铒（Er）、铥（Tm）、镱（Yb）、镥（Lu），以及与镧系15个元素密切相关的两个元素–钪（Sc）和钇（Y）共17种元素，简称稀土（REE）。可分为轻稀土元素（LREE）（La、Ce、Pr、Nd、Sm、Eu）和重稀土元素（HREE）（Gd、Tb、Dy、Ho、Er、Tm、Yb、Lu）。

煤中的稀土元素研究有两方面的意义：一个是地质成因方面上的，由于稀土元素在地质学研究中具有示踪剂的作用，其地球化学特征可以提供许多可靠的成因与环境信息，包括聚煤期泥炭沼泽的介质环境和物源区的地质背景情况以及成煤后的其他地质作用影响过程；另一个是资源经济利用方面的，如在俄罗斯远东新生界煤、库兹涅茨的二叠系煤中发现有高含量稀土元素的煤，其含量局部可达 $300 \sim 1000 \ \mu g/g$，有望作为 REE 的新资源加以利用。但世界其他地区一般煤的 REE 含量偏低，难于利用，如 Valcovic 计算的世界煤的 REE 含量平均值为 $46.3 \ \mu g/g$，由 Finkelman 提供的美国煤总的 REE 数值是 $62.1 \ \mu g/g$。Birk 和 White（1991）对加拿大悉尼盆地煤测定的总 REE 是 $30 \ \mu g/g$。但煤灰中稀有元素和稀土元素丰度要高得多，特别是富含这些元素的煤灰常具有经济价值，根据 Finkelman 对美国所做的计算，煤和煤灰可以保证该国每年对大多数稀有元素和稀土元素的不少于一半的需求量。我国学者专门对煤中稀土元素的系统研究虽然不多，但也有一些有见地的报道，如陈冰如等（1989）、赵志根（2002）、王运泉（1994）和庄新国等（1999）均对我国不同地区的煤做了稀土元素的测定和成因研究。

赵志根（2002）研究煤中稀土元素发现，煤中稀土元素与灰分（Si、Al、Fe 等）呈正相关性，表示煤中稀土元素主要赋存于硅酸盐矿物中。因为具有稳定的地球化学性质，不易受到地质作用的影响，在含煤岩系中容易被保存。根据各稀土元素不同的分布情况和赋存状态，在一定程度上可以反映煤层的形成条件，是研究煤层地质成因和物质来源的重要参数。当煤中稀土元素含量达到富集时，则可作为稀土矿产的新来源进行工业开采。

稀土元素也属于微量元素，稀土元素有一些特殊的地球化学性能，如它的化学性能稳定，均一化程度高，不易受到变质作用影响，一旦"记录"在含煤岩系中，就容易被保存下来，是研究煤地质成因的地球化学指示剂。

2. 准格尔煤田煤中稀土

稀土元素在准格尔煤田 6 号煤层中富集，在全层煤样中的均值为 $255 \ \mu g/g$，在 ZG6-3分层煤样中的含量高达$715.1 \ \mu g/g$（Dai *et al.*，2006a，2012b）。而我国华北晚古生代煤中的均值为 $111.2 \ \mu g/g$，中国大多数煤中稀土元素总量为 $137.9 \ \mu g/g$，美国煤中稀土元素总量为 $62.1 \ \mu g/g$，Valkovic 估算的世界大多数煤中稀土元素的总量为 $46.3 \ \mu g/g$。准格尔煤田全层样品灰化产物中稀土元素的总量为 $763.81 \ \mu g/g$，在 ZG6-3 分层煤样灰化产物中的含量高达 2586.03 μg/g（Dai *et al.*，2006a）。稀土元素在电厂燃煤产物飞灰中的总量为 508.92 μg/g，在底灰中总量为 206.36 μg/g。电厂燃煤产物中高含量的稀土元素，亦表明稀土元素在整个矿区主采 6 号煤层中普遍富集。煤、煤的灰化产物和电厂燃煤产物中稀土元素的分配具有类似特征，δEu 和 δCe 一般小于 1（ZG6-7 煤分层中的 δCe 为1.10），表现出 Eu 和 Ce 的负异常；轻重稀土元素之比（L/H）较高，明显富集轻稀土元素。Yudovich 和 Ketris（2006）提出煤中稀土元素的含量达到 300 μg/g 可以作为伴生矿产开发利用。因此，准格尔煤田煤中高含量的稀土元素也是可利用资源。

我国煤中稀土元素富集的报道很多，但是，样品数量不足以证明已经达到伴生矿产的要求，需要进一步开展研究工作。

七、煤中铌钽锆铪

在神奇的稀有金属王国里，一些金属元素由于镧系收缩效应，电子结构和物理化学性质相似，具有"元素对"的矿物特征，常常成对出现在矿物中，如钽和铌、锆和铪（熊炳坤，2005）。

铌是英国科学家查理斯·哈契特在 1801 年发现的金属，铌是一种难熔的稀有金属，为闪亮的银白色，具有耐腐蚀、抗疲劳、抗变形、热电传导性能好、在高温下具有极好的电子发生性能、热中子俘获截面小、超导性能极佳等特点。

在自然状态中，铌元素一般存在于铌矿、铌-钽矿、烧绿石和黑稀金矿中。铌和钽长期以来被认为是地球化学"同卵双胞胎"。世界铌矿分布有着鲜明的特点，主要集中在巴西、加拿大，在埃塞俄比亚、尼日利亚、俄罗斯、美国、中国等地区也有分布。20 世纪 60 年代以前，主要来自含铌铁的花岗岩及其砂矿，自从挪威首次从烧绿石中提取铌获得成功，碳酸盐岩烧绿石矿床成为铌的主要来源，占世界总储量的 90% 以上，其次则为含铌铁矿、钽铁矿的花岗岩、花岗伟晶岩矿床（刘霏，2013）。

在自然界中，铌钽主要存在于四种类型的矿床中，分别是：伟晶岩矿床、气-热型液矿床、接触交代矿床、表生矿床。花岗伟晶岩是最重要的工业铌钽矿床。中国的铌钽矿床大部分位于华南地区，在四川攀西地区、新疆北部及内蒙古也有零星分布（王汾连等，2012）。高浓度的铌、钽在含煤地层中可以找到但不常见。

锆和铪在自然界中共生，一般锆矿物中的铪只占锆铪总质量的 1%~2%，也有少量含铪高的矿物可达到 5% 以上。锆在地壳中的含量丰富，质量分数为 2% 较常用金属铜、铬、锌要多（Yudovich and Ketris，2006）。锆铪被称为稀有金属的主要原因是提取工艺复杂。我国锆铪资源居世界中等水平。近年出版的中国《矿产资源综合利用手册》，对中国锆铪资源储量作了阐述。手册指出中国已发现锆铪矿床近百处，1995 年末中国 ZrO_2 保有储量为 $3.728×10^6$ t，锆英石保有储量为 $2.0592×10^6$ t，其中 98% 集中在广东、海南、广西、云南和内蒙古。已发现的矿床分岩矿和砂矿两大类，分别占总储量的 30% 和 70%。岩矿储量几乎全部集中在内蒙古孔鲁特矿，该矿为碱性花岗岩矿床，含锆铪矿物主要为锆石，有铌、铍、金、稀土多种有用元素伴生。但此矿由于选矿困难，暂未开采和利用。我国具有工业意义的锆矿为分布在东南沿海的砂矿，包括滨海沉积砂矿、河流冲积砂矿、沉积砂矿和风化壳砂矿。锆砂多为钛铁矿、金红石、铌铁矿、独居石和磷忆矿的伴生矿物，矿石的品位为 0.04%。目前开发利用的含锆铪的矿床主要有：广东南山独居石矿、海南甲子锆矿、沙笼钛矿、清澜钦矿和南岗钛矿等。锆砂在选钛矿过程中回收。

　　如果以锆砂含铪 1% 计，中国的铪资源总计为 $5\times10^4\sim8\times10^4$ t。已探明储量的铪矿有 4 处，集中在广西和山东，共有铪 1800 t，为资源总量的 2.2%，均为锆砂矿床。目前，主要开采和应用的锆铪矿物原料主要是锆英石（$ZrSiO_4$）和斜锆石（ZrO_2）。锆英石主要从砂矿特别是海滨砂矿中开采，主要产地在沿海诸国，如澳大利亚、巴西、美国、印度。斜锆石主要从岩矿中采选，主要产地在南非。而锆英石又常与钛铁矿、金红石和独居石共生，因此，锆英石往往作为钛铁矿采选时的副产品。锆英石作为制取金属锆、铪和锆化学制品的原料，产量不断增加。

　　Dai 等（2010b）在云南东部地区发现了富集 Nb（Ta）、Zr（Hf）、REE、Ga 的多金属矿化层（Yudovich and Ketris, 2006）。过去多认为该矿化层属正常沉积的泥岩、粉砂岩或粉砂质泥岩，而 Dai 等（2010b）的研究结果表明其属火山碎屑成因。该矿化层赋存在滇东上二叠统主要的含煤地层——宣威组的底部，大部分厚 2～5 m，在自然伽马曲线上有明显的正异常，可能是高含量的放射性元素 Th 和 U 所致。矿化层中某些稀有金属氧化物的含量已超过相关工业开采品位：$(Nb, Ta)_2O_5$ 的含量为 302～627 μg/g，超过风化壳型铌钽矿床的最低工业开采品位；$(Zr, Hf)O_2$ 的总和为 3805～8468 μg/g，超过了滨海砂矿型锆矿床的工业品位，部分地区的含量甚至超过了风化壳型锆矿床的工业开采品位；稀土氧化物（镧系元素+钇的氧化物总和）为 1216～1358 μg/g，其中轻稀土的含量达到或超过了风化壳型稀土矿的边界/工业品位；至于镓，其含量则在 52.4～81.3 μg/g 之间，也已经超过铝土矿中镓的工业开采品位（Dai et al., 2010b）。

　　相比宣威组正常的沉积泥岩，该矿化层具有较高的 Nb/Ta 和 Zr/Hf 比值，表明该矿化层是由碱性火山灰蚀变而来的。虽然有较高的稀有金属含量，但显微镜和 X 射线衍射分析结果没有常见的含铌、锆、稀土、镓的矿物，因此这些元素可能是以离子吸附态赋存的。矿化层中的矿物主要有：石英、伊蒙混层、高岭石、磁绿泥石及钠长石（Dai et al., 2010b）。

第三节　煤中伴生矿产的成因类型及利用前景展望

一、煤中伴生矿产的成因类型

煤中伴生矿产成因类型主要有以下四种形式（Seredin et al., 2013）。

1. 陆源控制型：稀有元素以离子或胶体形式随地表水进入煤层

　　1）代世峰等（2006）在准格尔煤田 6 号煤中发现超常富集的勃姆石是镓的主要载体，镓在勃姆石中的含量均值为 0.09%，勃姆石在全层煤样中的含量为 6.1%，在主采分层中的含量均值为 7.5%。勃姆石是泥炭聚积期间盆地北部隆起的本溪组风化壳铝土矿中的三水铝石胶体溶液被短距离带入泥炭沼泽中，在泥炭聚积阶段和成岩作用早期经压实脱水凝聚而成。初步估算表明，该镓矿床镓的保有储量为 6.3×10^4 t，预测储量为 8.57×10^5 t，为超大型镓矿床。准格尔煤田所处的特殊的古地理位置和煤中镓的特殊地质载体，决定了该矿床是目前为止世界上独特的镓矿床类型。

2）2013 年孙玉壮等（Sun et al.，2013b）在山西宁武煤田平朔矿区和准格尔煤田发现两个超大型煤中伴生锂矿。研究资料表明煤中锂的富集状态既有无机结合态，也存在有机结合态。锂在煤中的富集按成因分主要有三类：生物成因、吸附成因和陆源富集。多数学者认为煤中锂的富集主要与矿物成分有关。Lucyna 等指出煤中与有机质相关的锂属于生物成因和吸附成因，与矿物相关密切的锂属于陆源富集（Xu，2003）。平朔矿区煤中含锂的矿物主要是多硅锂云母、硅锂纳石、磷酸锂铁矿、铁锂云母、锂云母，这些矿物主要形成于高温岩浆岩中。在成煤沼泽中，这些含锂矿物经过搬运与泥炭一起沉积下来，在沉积阶段发生富集（Sun Y Z et al.，2012）。

2. 凝灰岩型：随火山喷发的酸性或碱性火山灰落入到沉积盆地中形成的

耐火黏土岩中的火山灰蚀变黏土岩对肯塔基州东部的煤的地球化学特征产生重要影响。与煤层中其他夹层相比，火山灰蚀变黏土岩富含锆（570~1820 μg/g，灰基）。更为特殊的是，火山灰蚀变黏土岩紧邻的上覆煤层中锆的含量更高达（2870~4540 μg/g，灰基）。Crowley 等（1989）和 Andrews 等（1994）认为煤层底部富集的锆主要来自于植物根系对火山灰中富锆矿物的吸收，且锆主要以碳酸盐稀土矿物和有机质吸附形式存在。

火山灰蚀变黏土岩下伏紧邻煤层中的稀土元素（Y+∑REE）的含量也比 tonstein 夹层中的含量高得多，煤中 Y+∑REE 的含量范围是 1965~4198 μg/g（灰基），而 tonstein 中期含量仅为 511~565 μg/g。可以推断，煤层中 Y+∑REE 富集的主要原因是地下水对火山灰中的淋滤作用，使稀土元素进入独居石和纤磷钙铝石。煤层中耐火黏土岩夹矸中微量元素的分布充分表明。火山灰会对整个煤层形成过程中微量元素地球化学特征产生重要影响（Seredin et al.，2012）。

3. 入渗型：随地下水流动运移到煤层，在煤层中富集

世界煤中硒元素含量为 1.3 μg/g（Ketris and Yudovich，2009），比上地壳中硒元素平均含量 0.09 μg/g 高出许多（Rudnick and Gao，2003）。哈萨克斯坦 Kol'dzhatsk 煤矿煤层及煤层围岩中硒的含量为 0.03%~0.3%，如此高的硒的富集与煤中伴生铀矿相关（Dai et al.，2008）。另外，一些煤中高含量的硒（10~100 μg/g）也与煤中的硫化物关系密切（Kislyakov and Shchetochkin，2000）。由于硒的高挥发性且易被飞灰颗粒吸附，硒会在飞灰中高度富集，约是原煤中的 20~100 倍。

煤中硒元素的富集主要有两种成因。一是硒随富氧地表水入渗到煤层中而富集，硒主要与铀，钼和铼富集在煤层风氧化带中。二是在粗砂岩中，硒主要位于新月状（卷舌状）褐铁矿化体后方铀和其他元素含量较低的位置。

4. 出渗型：来自地层深部的流体携带的元素在煤层中析出而富集

研究表明胜利煤田乌兰图嘎锗矿内富锗煤形成的具备这些地质因素：有含锗丰富的岩石背景；有适宜的热液活动和局限还原的成煤沼泽。在胜利煤田富锗矿床带的西部附近发现有二长花岗岩和闪长岩存在，经采样化验，锗含量在 15 μg/g 以上，这些岩石中的锗如遇岩浆热液作用，会迅速氧化分解并释放出来，以锗酸溶液的形式溶于水中，并随水运移到成煤盆地中，被有机质吸附而最终富集成矿。

另外，研究发现一种元素可以有多种方式富集，多种元素也可以以一种方式富集。

二、煤中伴生矿产利用前景展望

近年来，煤中伴生矿产的研究进展引起广大学者、学术团体、政府和企业的关注。Seredin 等（2013）认为煤田是稀有金属有希望的资源。Yudovich 和 Ketris（2006）、Sun 等（2012c）和孙玉壮等（2014）提出了部分煤伴生金属元素的综合利用指标。煤中伴生矿产研究成果被国际有机岩石学会（TSOP）在 2013 年第 6 期新闻通报中报道、美国地质科学研究院（AGI）在 2014 年第 1 期地学展望中报道。2013 年 4 月，中国国土资源部发布"2012 中国国土资源公报"，报道在山西平朔和内蒙古准格尔煤田发现伴生锂资源。神华集团准格尔煤矿于 2011 年建成从煤灰中提取 Al_2O_3 和镓的工厂（Seredin et al.，2013）；中煤平朔煤业公司于 2011 年建成从煤灰中提取 Al_2O_3 的工厂，一期工程年处理煤灰 20×10^4 t。特别是中煤平朔煤业公司针对煤灰中铝硅比小于 1 的特点，开发出了先提取白炭黑，再提取氧化铝的工艺。因此，煤伴生金属矿产成矿机理、提取工艺技术和综合勘探与综合开发利用的研究具有广泛前景。但是，有关研究仍然存在一些突出问题。

首先，煤中某些金属元素的局部富集并不一定形成伴生矿产。只有按照勘探规范中要求的点和线，通过大量样品数据分析，才能确定是否形成伴生矿产。例如，在山东、河北、河南和新疆的某些煤田都有镓局部富集的报道，但进一步的工作证明都没有达到伴生矿产的要求。

第二，由于没有提出对煤炭进行多种伴生金属矿产综合勘探的要求，在煤炭勘探时没有对多种伴生金属元素含量进行化验，也没有保存有关煤样。一旦煤炭勘探结束，没有人再投入巨大资金进行煤伴生金属矿产勘探。

第三，没有煤伴生金属矿产评价指标体系。由于煤伴生金属元素的巨大潜在价值和综合开发利用的社会意义还没有得到政府与企业的认可，大部分煤伴生金属矿产的评价指标体系没有制定，仅有一些国家提出了锗和镓的评价指标。没有煤伴生金属矿产评价指标体系也是没有对煤炭进行多种伴生金属矿产综合勘探的重要原因。

第四，大部分煤中伴生金属元素的提取工艺技术还不成熟。虽然建立了一些从煤中提取锗、镓、稀土元素等的工厂，发明了一些专利，甚至建立了一些中试车间，但与工业化生产还有距离，需要进一步加强有关研究。

参 考 文 献

敖卫华, 黄文辉, 马延英等. 2007. 中国煤中锗资源特征及利用现状. 资源与产业, 9(5): 16~18

白向飞. 2002. 中国煤中微量元素分布赋存特征及其迁移规律试验研究. 煤炭科学研究总院博士学位论文

白向飞, 李文华, 杨天荣等. 2003. 大同侏罗纪10~11#煤中微量元素分布赋存特征. 煤炭转化, 25(4): 92~95

陈冰如, 杨绍晋, 钱琴芳. 1989. 中国煤矿样品中砷、硒、铬、铀、钍元素含量分布. 环境科学, 10(6): 23~26

陈平, 柴东浩. 1998. 山西铝土矿地质学研究. 太原: 山西科学技术出版社

代世峰, 任德贻, 李生盛. 2003. 华北若干晚古生代煤中稀土元素的赋存特征. 地球学报, 24(3): 273~278

代世峰, 任德贻, 唐跃刚. 2005. 煤中常量元素的赋存特征与研究意义. 煤田地质与勘探, 33(2): 1~5

代世峰, 任德贻, 李生盛. 2006. 内蒙古准格尔超大型镓矿床的发现. 科学通报, 51(2): 177~185

杜刚. 2008. 内蒙古胜利煤田锗-煤矿床地质特征. 北京: 煤炭工业出版社

杜刚, 汤达祯, 武文等. 2003. 内蒙古胜利煤田共生锗矿的成因地球化学初探. 现代地质, 17(4): 453~458

胡瑞忠, 苏文超, 戚华文等. 2000. 锗的地球化学、赋存状态和成矿作用. 矿物岩石地球化学通报, 19(4): 215~217

黄文辉, 唐修义. 2002. 中国煤中的铀、钍和放射性核素. 中国煤田地质, 14: 54~63

黄文辉, 赵继尧. 2002. 中国煤中的锗和镓. 中国煤田地质, 14: 64~69

黄文辉, 杨起, 汤达祯等. 1999. 华北晚古生代煤中稀土元素地球化学特征. 地质学报, 73(4): 360~369

黄文辉, 孙磊, 马延英. 2007. 内蒙古自治区胜利煤田锗矿地质及分布规律. 煤炭学报, 32(11): 1147~1150

孔洪亮, 曾荣树, 庄新国. 2002. 煤中微量元素研究现状. 矿物岩石地球化学通报, 21(2): 121~126

李河名, 费淑英, 王素娟等. 1993. 鄂尔多斯中侏罗世含煤岩系煤的无机地球化学研究. 北京: 地质出版社

李文华, 熊飞, 姜英. 1994. 煤中有害微量元素在高硫煤中的存在状态. 煤化工, (4): 20~23

刘霁. 2013. 全球铌矿资源的勘探开发与投资研究. 中国矿业, 22(7): 135~137

刘桂建. 1999. 兖州矿区煤中微量元素的环境地球化学研究. 中国矿业大学博士学位论文

刘金钟, 许云秋. 1992. 次火山热变质煤中Ge, Ga, As, S的分布特征. 煤田地质与勘探, 20(5): 27~32

戚华文, 胡瑞忠, 苏文超. 2003. 陆相热水沉积成因硅质岩与超大型锗矿床的成因——以临沧锗矿床为例. 中国科学(D辑), 33(3): 236~246

任德贻, 赵峰华, 代世峰等. 2006. 煤的微量元素地球化学. 北京: 科学出版社

孙玉壮, 赵存良, 李彦恒等. 2014. 煤中某些伴生金属元素的综合利用指标探讨. 煤炭学报, 39(4): 744~748

唐修义, 黄文辉. 2004. 中国煤中微量元素. 北京: 商务印书馆

汪本善. 1965. 我国某些煤中锗的成矿条件. 地质科学, 4: 198~207

王汾连, 赵太平, 陈伟等. 2012. 铌钽矿研究进展和攀西地区铌钽矿成因初探. 矿床地质, 31(2): 393~308

王国富, 王连登. 1963. 某些煤中锗存在状况的初步研究. 地质学报, 45(1): 55~71

王运泉. 1994. 煤及其燃烧产物中微量元素分布赋存特征研究. 中国矿业大学研究生部博士学位论文

肖达先. 1989. 煤中砷及其赋存形态研究. 见：煤炭科学研究总院西安分院文集, 第三集. 西安：陕西科学技术出版社. 36~48

熊炳坤. 2005. 稀有金属王国里的姐妹花锆和铪. 稀有金属快报, 25(1)：41~42

易同生, 秦勇, 吴艳艳等. 2007. 黔东凯里梁山组煤层及其底板中镓的富集与地质成因. 中国矿业大学学报, 36(3)：330~334

曾荣树, 庄新国, 杨生科. 2000. 鲁西含煤区中部煤的煤质特征. 中国煤田地质, 12(2)：10~15

张复新, 王立社. 2009. 内蒙古准格尔黑岱沟超大型煤型镓矿床的形成与物质来源, 36(2)：417~423

张军营. 1999. 煤中潜在毒害微量元素富集规律及其污染性抑制研究. 中国矿业大学（北京）博士学位论文

张军营, 任德贻, 许德伟等. 1999. 黔西南煤层主要伴生矿物中汞的分布特征. 地质论评, 45(5)：539~542

张琦, 戚华文, 胡瑞忠等. 2008. 乌兰图嘎超大型锗矿床含锗煤的矿物学. 矿物学报, 4：426~438

张仁里. 1982. 铀-煤矿的特征及其处理. 矿冶工程, 8(7)：53~63

张仁里. 1984. 铀-煤共生矿的成因及矿石加工类型划分的探讨. 地质论评, 30(1)：73~76

张仁里, 谢访友, 张能成等. 1987. 含铀煤燃烧过程中煤灰烧结现象的研究. 核化学与放射化学, 9(1)：14~21

张淑苓, 尹金双, 王淑英. 1988. 云南帮卖盆地褐煤中锗存在形式的研究. 沉积学报, 6(3)：29~40

赵峰华. 1997. 煤中有害微量元素分布赋存机制及燃煤产物淋滤试验研究. 中国矿业大学（北京）博士学位论文

赵继尧, 唐修义, 黄文辉. 2002. 中国煤中微量元素的丰度. 中国煤田地质, 14(增刊)：5~13

赵运发, 亓小卫, 王志勇等. 2004. 山西铝土矿稀有稀土元素综合利用评价. 世界有色金属, 6：35~37

赵志根. 2002. 含煤岩系稀土元素地球化学研究. 北京：煤炭工业出版社

周义平, 任友谅. 1982. 西南晚二叠世煤田煤中镓的分布和层间氧化带内镓的地球化学特征. 地质论评, 28(1)：47~59

庄汉平, 刘金钟, 傅家谟等. 1997. 临沧超大型锗矿床有机质与锗矿化的地球化学特征. 地球化学, 26(4)：44~52

庄新国, 杨生科, 曾荣树等. 1999. 中国几个主要煤产地微量元素特征. 地质科技情报, 18(3)：63~66

庄新国, 龚家强, 王占岐等. 2001. 贵州六枝、水城煤田晚二叠世煤的微量元素特征. 地质科技情报, 20(3)：54~58

Andrews W M, Hower J C, Hiett J K. 1994. Lithologic and geochemical investigations of the Fire Clay coal bed, southeastern Kentucky, in the vicinity of sandstone washouts. International Journal of Coal Geology, 26(1)：95~115

Arbuzov S I, Volostnova A V, Rikhvanoa L P et al. 2011. Geochemistry of radioactive elements (U, Th) in coal and peat of northern Asia (Siberia, Russian Far East, Kazakhstan, and Mongolia). International Journal of Coal Geology, 86(4)：297~305

Berthoud E L. 1975. On the uranium, sliver, iron etc.in the Tertiary formation of Colorado Territory. Academy of Natural Sciences, 27：363~366

Birk D, White J C. 1991. Rare earth elements in bituminous coals and underlays of the Sydney Basin, Nova Scotia：Element sites, distribution, mineralogy.International Journal of Coal Geology, 19：219~251

Bouška V. 1981. Geochemistry of Coal. Amstedam, Academia, Praha：Elsevier

Bouška V, Pešek J, Sykorova I. 2000. Probable modes of occurrence of chemical elements in coal. Acta Montana, Ser B Fuel, Carbon Mineral Processing, Praha, 10(117)：53~90

Crowley S S, Stanton R W, Ryer T A. 1989. The effects of volcanic ash on the maceral and chemical composition of the coal bed, Emery Coal Field, Utah.Organic Geochemistry, 14: 315~331

Dai S F, Ren D Y, Chou C L et al. 2006a. Mineralogy and geochemistry of the No. 6 coal (Pennsylvanian) in the Jungar Coalfield, Ordos Basin, China. International Journal of Coal Geology, 66: 253~270

Dai S F, Ren D Y, Li S S. 2006b. Discovery of the superlarge gallium ore deposit in Junger, Inner Mongolia, North China. Chinese Science Bulletin, 51: 2243~2252

Dai S F, Li D, Chou C L et al. 2008. Mineralogy and geochemistry of boehmite-rich coals: New insights from the Haerwusu Surface Mine, Jungar Coalfield, Inner Mongolia, China. International Journal of Coal Geology, 74: 185~202

Dai S F, Zhao L, Peng S P et al. 2010a. Abundances and distribution of minerals and elements in high-alumina coal fly ash from the Jungar Power Plant, Inner Mongolia, China. International Journal of Coal Geology, 81(4): 320~332

Dai S F, Zhou Y P, Zhang M Q et al. 2010b. A new type of Nb (Ta)-Zr(Hf)-REE-Ga polymetallic deposit in the late Permian coal-bearing strata, eastern Yunnan, southwestern China: Possible economic significance and genetic implications. International Journal of Coal Geology, 83: 55~63

Dai S F, Ren D Y, Chou C L et al. 2012a. Geochemistry of trace elements in Chinese coals: A review of abundances, genetic types, impacts on human health, and industrial utilization. International Journal of Coal Geology, 93: 3~21

Dai S F, Zou J H, Jiang Y F et al. 2012b. Mineralogical and geochemical compositions of the Pennsylvanian coal in the Adaohai Mine, Daqingshan Coalfield, Inner Mongolia, China. International Journal of Coal Geology, 94: 250~270

Dai S F, Yang J Y, Ward C R et al. 2015. O´Keefe Geochemical and mineralogical evidence for a coal-hosted uranium deposit in the Yili Basin, Xinjiang, northwestern China. Ore Geology Reviews, 70: 1~30

Deng X L, Sun Y Z. 2011. Coal petrological characteristics and coal facies of No. 11 seam from the Antaibao mine, Ningwu coalfield, China. Energy Exploration and Exploitation, 29(3): 313~324

Finkelman R B. 1993. Trace and minor elements in coal. In: Engel M H, Macko S (eds). Organic Geochemistry. New York: Plenum Press. 593~607

Finkelman R B. 1995. Modes of occurrence of environmentally-sensitive trace elements of coal. In: Swaine D J, Goodarzi F (eds). Environmental Aspects of Trace Elements of Coal. Dordrecht: Kluwer Academic Publishers. 24~50

Finkelman R B, Bostic N H, Du L et al. 1998. Influence igneous intrusion on the inorganic geochemistry of bituminous coal from Pitki County, Colorado. International Journal of Coal Geology, 38: 223~241

Goldschmidt V M. 1930. The occurrence of germanium in coals and coal products. Gesellschaft Wissenschaffer Göttingen, Mathematical Physics Klasse Nachrichten, 4: 398~401

Hosterman J W, Patterson S H, Good E E. 1990. World Nonbauxite Aluminum Resources Excluding Alunite. Washington: US Government Printing Office

Hu J, Zheng B, Finkelman R B et al. 2006. Concentration and distribution of sixty-one elements in coals from DPR Korea. Fuel, 85: 679~688

Kara-Gulbay R, Korkmaz S. 2009. Trace element geochemistry of the Jurassic coals in the Feke and Kozan (Adana) Areas, Eastern Taurides, Turkey. Energy Sources, Part A, 31: 1315~1328

Karayigit A I, Bulut Y, Karayigit G. 2006. Mass balance of major and trace elements in a coal-fired power plant. Energy Sources, Part A, 28: 131~132

Ketris M P, Yudovich Y E. 2009. Estimations of Clarkes for Carbonaceous bioliths: world averages for trace element contents in black shales and coals. International Journal of Coal Geology, 78: 135~148

Khanchuk A I, Ivanov V V, Blokhin M G et al. 2013. Coal deposits as promising sources of lithium. The Society for Organic Petrology Newsletter, 30(4): 13~15

Khanchuk A I, Ivanov V V, Blokhin M G et al. 2014. Coal deposits as promising sources of lithium. Geospectrum 2014 Winter, 10~12

Kilka Z, Kolomaznik I. 2000. New concept for the calculation of the trace element in affinity in coal. Fuel, 79(6): 659~670

Kislyakov Y M, Shchetochkin V N. 2000. Hydrogenic Ore Formation. Moscow: Geoinformmark (in Russian)

Lucyna L P, Monika J F, Stanislaw C et al. 2009. Geochemical distribution of trace elements in Kaffioyra and Longyearbyen coals, Spitsbergen, Norway. International Journal of Coal Geology, 80: 211~223

Mastalerz M, Drobniak A. 2012. Gallium and germanium in selected Indiana coals. International Journal of Coal Geology, 94: 302~313

Prachiti P K, Manikyamba C, Singh P K et al. 2011. Geochemical systematics and precious metal content of the sedimentary horizons of Lower Gondwanas from the Sattupalli coal field, Godavari Valley, India. International Journal of Coal Geology, 86(2-3): 83~100

Querol X, Klika Z, Weiss Z et al. 2001. Determination of element affinities by density fractionation of bulk coal sample. Fuel, (80): 83~96

Riley K W, French D H, Farrell O P et al. 2012. Modes of occurrence of trace and minor elements in some Australian coals. International Journal of Coal Geology, 94: 214~224

Rudnick R L, Gao S. 2003. Composition of the continental crust. In: Rudnick R L (ed). The Crust Treatise on Geochemistry, vol. 3. Amsterdam: Elsevier

Seredin V V, Finklman R B. 2008. Metalliferous coals: A review of the main genetic and geochemical types. International Journal of Coal Geology, 76: 253~289

Seredin V V, Dai S F, Chekryzhov I Y. 2012. Rare metal mineralization in tuffaceous strata of the Russian and Chinese coal basins. In: Yudovich Y E(ed). Diagnostics of Volcanogenic Rocks in Sedimentary Strata. Syktyvkar: Geoprint. 165~167 (in Russian)

Seredin V V, Dai S F, Sun Y Z et al. 2013. Coal deposits as promising sources of rare metals for alternative power and energy-efficient technologies. Applied Geochemistry, 31: 1~11

Sia S G, Abdullah W H. 2011. Concentration and association of minor and trace elements in Mukah coal from Sarawak, Malaysia, with emphasis on the potentially hazardous trace elements. International Journal of Coal Geology, 86(4): 179~193

Solari J A, Fiedler H, Schnerder C L. 1989. Modeling of the distribution of trace elements in coal. Fuel, 68: 536~539

Sun R Y, Liu G J, Zheng L G et al. 2010. Geochemistry of trace elements in coals from the Zhuji Mine, Huainan Coalfield, Anhui, China. International Journal of Coal Geology, 81: 81~96

Sun Y Z, Li Y H, Zhao C L. 2010. Concentrations of lithium in Chinese coal. Energy Exploration and Exploitation, 28(2): 97~104

Sun Y Z, Yang J J, Zhao C L. 2012a. Minimum mining grade of associated Li deposits in coal seams. Energy Exploration and Exploitation, 30(2): 167~170

Sun Y Z, Zhao C L, Li Y H et al. 2012b. Li distribution and mode of occurrences in Li-bearing coal seam 6# from the Guanbanwusu Mine, Inner Mongolia, Northern China. Energy Exploration and Exploitation,

30(1)：109~130

Sun Y Z, Zhao C L, Li Y H *et al*. 2012c. Relationship between lithium enrichment and organic matter in Coal Seam 6 from the Guanbanwusu Mine, Inner Mongolia, China. Baijing, 29th Annual Meeting of the Society for Organic Petrology, Program and Abstracts, 114~116

Sun Y Z, Zhao C L, Li Y H *et al*. 2013a. Li distribution and mode of occurrences in Li-bearing Coal Seam 9 from Pingshuo Mining District, Ningwu Coalfield, northern China. Energy Education Science and Technology Part A：Energy Science and Research, 31(1)：47~58

Sun Y Z, Zhao C L, Li Y H *et al*. 2013b. Further Information of the Associated Li Deposits in the No. 6 Coal Seam at Jungar Coalfield, Inner Mongolia, Northern China. Actc Geologic Sinica, 87(4)：1097~1108

Sun Y Z, Zhao C L, Zhang J Y *et al*. 2013c. Concentrations of valuable elements of the coals from the Pingshuo Mining District, Ningwu Coalfield, northern China. Energy Exploration and Exploitation, 31(5)：727~744

Swaine D J. 1990. Trace Elements in Coals. London：Butterworth

Valkovic V. 1983. Trace Elements in Coal. Boca Raton：CRC Press

Vine J D. 1956. Uranium-bearing coals in the United States. US Geology Survey Professor Paper, 280：300

Wagner N J, Tlotleng M T. 2012. Distribution of selected trace elements in density fractionated Waterberg coals from South Africa. International Journal of Coal Geology, 94：225~237

Xu J, Sun Y Z, Kalkreuth W. 2011. Characteristics of trace elements of the No. 6 Coal in the Guanbanwusu Mine, Junger Coalfield, Inner Mongolia. Energy Exploration and Exploitation, 29(6)：827~842

Xu M H. 2003. Status of trace element emission in a coal combustion process：a review. Fuel Processing Technology, 85：215~237

Yang M, Liu G J, Sun R Y *et al*. 2012. Characterization of intrusive rocks and REE geochemistry of coals from the Zhuji Coal Mine, Huainan Coalfield, Anhui, China. International Journal of Coal Geology, 94：283~295

Yudovich Y E, Ketris M P. 2006. Valuable Trace Elements in Coal. Ekaterinburg：UrB RAS (in Russian)

Zhao C L, Qin S J, Yang Y C *et al*. 2009. Concentration of gallium in the Permo-Carboniferous coals of China. Energy Exploration and Exploitation, 27(5)：333~343

Zhao J S, Tang X Y, Tang W H. 2002. Modes of occurrence of trace elements in coals. Coal Geology of China, 14：5~17

Zhuang X G, Su S C, Xiao M G *et al*. 2012. Mineralogy and geochemistry of the Late Permian coals in the Huayingshan 2 coal-bearing area, Sichuan Province, China. International Journal of Coal Geology, 94：271~282

Арбузов С И, Ершов В В, Поцелуев А А. 2000. Редкие элементы в углях Кузнецкого бассейна. Кемерово：Изд-во КПК

Юдович Я Э. 1978. Геохимия ископаемых углей (Неорганические компоненты). Н. П. Юшкин. Наука. Ленингр. отд-ние

Юдович Я Э. 1989. Грамм дороже тонны. Редкие элементы в углях

Клер В Р, Волкова Г А, Гурвиц Е М и др. 1987. Металло гения и Геохимия У леносных и Слану есоде рж анцех Толщ СССР. Геохимия Элементов. Москва：Наука. 1~239

第七篇

多种能源矿产协同勘探模式与沉积盆地成矿系统

<table>
<tr><td rowspan="2">第三十章</td><td>鄂尔多斯盆地多种能源矿产</td></tr>
<tr><td>分布特征与协同勘探*</td></tr>
</table>

鄂尔多斯盆地位于华北克拉通西部，横跨陕、甘、宁、蒙、晋五省区，盆地面积 $25 \times 10^4 \text{ km}^2$（刘池洋等，2005，2006），是石油、天然气、煤、铀矿等能源矿产同盆共存富集的盆地，也是目前国内石油、天然气储量、产量增长最快的盆地。鄂尔多斯盆地是叠加在早、晚古生代大型克拉通盆地之上的中生代盆地，晚白垩世以来经历了后期改造（刘池洋等，2006），但总体上均以整体升降为主，缺乏内部构造，为能源矿产的保存创造了良好的条件。鄂尔多斯地区发育中部下古生界靖边碳酸盐岩大气田、盆地北部上古生界苏里格庙、榆林和大牛地等碎屑岩大气田、安塞和西峰等中生界碎屑岩油田以及上古生界和中生界煤层气和页岩气（魏永佩、王毅，2004；李五忠等，2005；杨华等，2006；刘新社等，2007；薛军民等，2008；张云鹏等，2008）。上古生界和中生界发育多套煤系地层，在盆地周缘形成大量煤矿（顾广明等，2006；李增学等，2006）。近年来随着大规模砂岩型铀矿的勘探开发，发现砂岩型铀矿常常与石油、天然气、煤产在同一盆地中（王驹、杜乐天，1995；Charles，1996；李怀渊等，2000；李亮等，2001；孙晔等，2004；刘建军等，2005；冯乔等，2006）。鄂尔多斯盆地铀主要富集在侏罗系和白垩系，在盆地周缘形成多个铀矿及矿化点（王双明、张玉平，1999；陈宏斌等，2006；邢秀娟等，2006；吴柏林、邱欣卫，2007），而三叠系延长组泥岩的高伽马特征也是富含铀的原因（谭成仟等，2007；赵军龙等，2009）。这些矿产之间存在一定的联系，对一个盆地的多种能源矿产的勘探可以实现统一规划、信息共享和协同勘探（刘池洋等，2006；顾广明等，2006；李增学等，2006；邓军等，2006；薛军民等，2008；杨伟利等，2010；王毅等，2014）。

第一节　盆地多种能源矿产的时空分布特征

纵向上，除煤层气外，石油、天然气、煤和铀富集在不同层位或同一层位不同层段，形成多层位成藏（矿）。由下到上具有天然气、煤、石油、铀矿的分布规律（表30.1）。天然气主要富集在下古生界奥陶系碳酸盐岩风化壳储层、上古生界山西组和石盒子组砂岩储层中；煤在层位上分布比较广，主要有石炭−二叠系太原组和山西组潮坪沼泽相煤系、三叠系延长组顶部和侏罗系延安组陆相河流−湖盆沼泽相煤系。石油为陆相湖盆成因，分布在中生界上三叠统延长组和中、下侏罗统的富县组和延安组三角洲前缘砂体和河道砂体中。铀主要成矿于中侏罗统直罗组和白垩系罗汉洞组河流相砂岩中。平面上，石

* 作者：王毅，杨伟利，王传刚，吴柏林，姚素平. 中国石化石油勘探开发研究院，北京.
E-mail：wangyi.syky@sinopec.com

表 30.1 鄂尔多斯盆地多种能源矿产层位分布表

地 层		多种能源	沉积相	盆地演化阶段
系	统			
白垩系		铀	河流相	后期改造
侏罗系	上侏罗统		冲积扇	内陆湖盆
	中侏罗统	石油,煤,铀	湖泊-河流	
	下侏罗统	石油,煤	河流	
三叠系	上三叠统	石油,煤,铀	湖泊相	
	中三叠统		湖泊	
	下三叠统		河流-湖泊	
二叠系	上二叠统	天然气	湖泊	华北克拉通滨浅海
	下二叠统	天然气,煤	河流-三角洲	
石炭系	上石炭统	天然气,煤	潮坪	
	中石炭统	煤	潟湖-潮坪	
奥陶系	中奥陶统	天然气	斜坡	华北克拉通陆表海
	下奥陶统	天然气	台地,陆架	
寒武系			台地	

油、天然气、煤、铀矿总体具有满盆煤、南油北气、周缘铀矿的勘探现状(图30.1)。

因此,从空间上来看,不同地质时代,鄂尔多斯盆地多种能源矿产具有不同的分布规律:下古生界——中部气;上古生界——北部气,全盆煤;中生界——南部、西南部油,北部、西部煤,周缘铀。

一、天 然 气

1. 下古生界天然气分布特征

下古生界天然气主要分布在盆地中部的靖边大气田,构造上位于伊陕斜坡中部,累积探明储量超过 $4000×10^8 m^3$。寒武纪-奥陶纪陆表海沉积及奥陶纪末长达1.5亿年的风化剥蚀形成了下古生界马家沟组风化壳储层以及白云岩内幕储层,下古生界天然气主要分布在这两类储层中。下古生界天然气以下古生界平凉组、背锅山组烃源岩为主(王传刚等,2009),经早期在中央古隆起形成古油藏,后期原油裂解,构造由西高东低调整为东高西低,裂解气向东运移聚集形成;部分来自上古生界煤系地层,在局部地区进入下伏下古生界风化壳储层聚集形成。这些天然气在上覆铝土层、泥岩(煤系)、膏盐层封盖下形成下古生界油气系统。

2. 上古生界天然气分布特征

上古生界天然气主要分布在盆地北部的二叠系,且从南向北气层由老变新。主要分

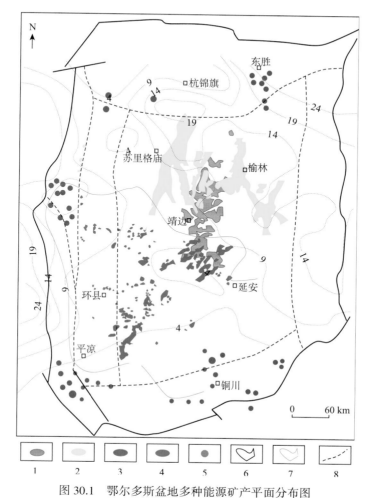

图 30.1　鄂尔多斯盆地多种能源矿产平面分布图

1. 下古生界天然气；2. 上古生界天然气；3. 延长组油；4. 延安组油；5. 铀矿；
6. 中生界煤范围；7. 上古生界煤厚度等值线(m)；8. 构造分区线

布在石炭-二叠系山西组和石盒子组三角洲沉积体系砂体储层中，以太原组和山西组煤系为气源岩，在上覆煤系、泥岩层封盖下形成上古生界的天然气系统。目前已经发现并探明了苏里格、乌审旗、榆林、大牛地、子洲和米脂等 6 个大气田，累计探明天然气地质储量达 15000×10^8 m^3。

二、石　　油

中生界三叠系延长组油藏分布在定边、吴旗、安塞、延安、庆阳、西峰等地区，构造上位于伊陕斜坡中、南部和天环拗陷局部地区。侏罗系延安组油藏分布在盆地西南部，在定边-吴旗-庆阳-平凉范围内，构造上位于伊陕斜坡西南部和天环拗陷中部。延长组油藏主要呈北东-南西向分布，与盆地基底性质比较吻合。赵文智等（2003）认为，基底内部北东向断层对上覆中生界石油的展布具有一定影响。北东向基底断层可能是鄂尔多斯地块基底形成时期，在地块内部形成早期北东向鄂尔多斯地块的核部，小地块在其南北成北东向拼合，其基底物性参数呈北西向变化（邓军等，2006），导致后期基底断层北东向展布（潘爱芳等，2005）。北东向展布的基底断层影响了上覆中生界内部储层的展布、特性以及油气的聚集成藏。无论延长组油藏还是延安组油藏，其烃源岩都为三叠系延长组暗色泥岩。该烃源岩于晚侏罗世早期进入生油门限，早白垩世晚期达到生油高峰，原油向延长组三角洲前缘砂体和延安组下切河道砂体运移、聚集、成藏，经历了晚白垩世以来的保存和调整。

三、煤和煤层气

鄂尔多斯盆地自下而上有石炭-二叠系、三叠系和侏罗系三套含煤岩系，主要分布于石炭-二叠系的太原组、山西组，三叠系的瓦窑堡组和侏罗系的延安组及直罗组。三期煤系盆地形成的构造背景不同，充填过程中形成的含煤岩系和煤层的特点各异（王双明，1996）。

1. 上古生界煤的分布特征

在鄂尔多斯盆地不同部位，石炭-二叠系煤的煤种是不同的，在北部主要为长焰煤、气煤，中部为焦煤，南部为瘦煤、贫煤和无烟煤。上古生界煤层的分布主要集中在盆地东西两侧。总的来看，煤系在区内的分布，具有东、西部厚，中部薄而稳定的特点，其中东西部煤层累计厚度 15~35 m，中部煤层累计厚度 4~8 m。

2. 三叠系煤层的分布特征

三叠系煤系属于大陆盆地型沉积，沉积体系为湖泊三角洲沉积体系。三叠纪末期，湖盆消亡，形成陆相煤系地层，主要发育于瓦窑堡组的上部，类脂组含量高，且镜质组的主要类型为富氢的基质镜质体，有机地球化学特征表明瓦窑堡煤系煤为 II 型有机质，含煤性较好，含煤面积大，煤厚较稳定，煤层总厚达 11 m 左右。

3. 侏罗系煤层的分布特征

中侏罗世，内陆湖盆再次发育，形成延安组三角洲沉积体系砂体，晚期湖盆消亡，大面积发育湖盆沼泽相。侏罗系含煤岩系在盆地北缘和西缘可采煤层层数多、分布面积广、横向较稳定、累计厚度大。其中延安组为主要含煤地层，以细碎屑岩、泥质岩为主，夹煤层。

4. 煤层气

煤层气有利地区主要沿盆缘分布，石炭-二叠系煤层煤级高，为气煤—无烟煤，含气量高；侏罗系煤层煤级低，以长焰煤为主，含气量相对低。现今煤层对天然气的吸附强度，总体上东部吸附强度最大，西部次之，中部最小（刘新社等，2007）。

四、铀矿和铀矿化分布特征

鄂尔多斯盆地铀矿化显示包括铀矿床、铀矿点、铀矿化点和异常点等直接矿化显示，还包括物化探和水文、放射性水文异常等指示深部可能有铀矿化的间接显示。已发现各类铀矿化、异常点带1万余个，其中发现大型铀矿床1个、中型铀矿床4个（产于北缘东胜矿化集中区），小型矿床2个，矿点数十个，主要围绕盆地边缘分布，以盆地东缘最多，其次为西缘，且在东、西缘有集中分布于东北、西北两端的趋势（赵军龙等，2008，2009）。铀矿化在各层位中的分布不均匀，主要产于中侏罗统直罗组，其次为下白垩统志丹群。其成矿物质的来源具多元性和多期性，有沉积同生带入、表层后生渗入和下部次生侵入。

五、多种能源矿产分布特征

多种能源在空间上的展布具有一定的规律，其随层位迁移的主要控制因素是盆地构造演化（王毅等，2014）。早古生代，鄂尔多斯地区为陆表海环境，整体属于华北克拉通的演化背景，在盆地西南缘形成台缘斜坡和海槽环境，并沉积了平凉组、背锅山组海相烃源岩及马家沟组碳酸盐岩。中奥陶世之后的长期抬升剥蚀，马家沟组碳酸盐岩形成风化壳储层，与上覆铝土盖层有机配合形成下古生界天然气，且在中部聚集成藏。晚古生代，盆地进入克拉通拗陷演化阶段，早期海侵，海水东西两个方向侵入，在鄂尔多斯地区形成潟湖-潮坪沉积，形成了后期大面积分布煤系地层；后期海退，在南北海槽闭合挤压作用下，形成盆地南北差异，上古生界北部物源占主导地位，在盆地北部形成了连片分布的良好储层，导致上古生界油气主要在盆地北部聚集成藏。进入三叠纪晚期，盆地进入内陆湖盆发育阶段早期，盆地南部为深湖-半深湖区，沉积了中生界烃源岩，其北部、西部和南部发育大量三角洲砂体，石油在烃源岩周缘砂体近缘聚集成藏，从而三叠系油藏主要分布在南部。侏罗纪中期，盆地沉积中心依然在南部，相对三叠纪东移，在盆地西部、西南及北部形成古河道及河道间沼泽环境，形成大面积沼泽泥炭沉积，中生界煤系分布在盆地西、北部。侏罗纪晚期，盆地南北继续遭受剥蚀，西缘逆冲，形成前陆盆地，基底隆升剥蚀形成铀矿。晚三叠世下古生界烃源岩进入生烃门限，盆地演化后期的构造热事件导致地温梯度升高，烃源岩到早白垩世达到生烃高峰，下古生界油气向盆地中心聚集，上古生界油气在北部储层聚集，三叠系油气沿烃源岩周边分布，且在侏罗纪时通过西缘断层和古河道的运移在盆地西南部聚集成藏；盆地周缘的富铀沉积在古生界天然气释放和中生界煤系地层吸附天然气的背景下富集成矿。

第二节　多种能源矿产成生与共存关系

根据多种能源矿产的成矿(藏)背景、成矿(藏)过程、成矿(藏)模式及勘探实践等，分析了多种能源矿产的成生和共存关系。

勘探实践证实，鄂尔多斯盆地多种能源矿产之中，油–气（三叠系油气藏）、煤（三叠系瓦窑堡煤系）–油之间存在共存关系；煤（上古生界煤系）–气（上古生界气）存在共存关系、铀（东胜砂岩型铀矿）–气存在弱共存关系。从生成角度，油–气（下古生界气藏的生成）、煤–气（上古生界气藏）、气–铀间存在相关性；煤–油（三叠系煤系）和煤–铀（东胜砂岩型铀矿的还原性流体来自上古生界煤系）之间存在弱相关性（表30.2）（杨伟利等，2010）。

表 30.2 鄂尔多斯盆地多种能源矿产成生与共存关系

成生 ＼ 共存	油	气	煤	铀
油	—	相关	弱相关	不相关
气	相关	—	相关	弱相关
煤	弱相关	相关	—	弱相关
铀	相关	相关	弱相关	—

一、油 与 煤

煤系中生油有机质来源于富氢显微组分。煤成油理论已经被很多学者证实（程克明、张朝富，1994；孟元林等，1995），但是煤成油规模小，难以形成大型油田，鄂尔多斯盆地中生界主要煤层侏罗系煤的生烃能力有限（罗霞等，2003），局部地区存在煤成油。

油与煤共存主要是原油赋存于煤层中。鄂尔多斯盆地东南缘黄陇焦坪矿区陈家山、下石节、崔家沟等煤矿在井下掘进巷道和采煤工作面上都发现大量原油，下石节煤矿在一采煤巷道中曾有持续一周日产原油 $10\sim120$ m^3 的记录，一个月内累积产量达 1300 m^3。陈家山煤矿某大巷掘进头油气喷涌，最大产油量达 30 t/d，持续数十天。这些油气储集于中下侏罗统延安组和直罗组，在三叠系延长组上部也有大量油气。人们普遍认为这些油气来自中下侏罗统煤系地层，并被认为是典型的煤成油（郭玉辉等，1988）。但是鄂尔多斯盆地中生界煤成烃潜力实验认为侏罗系煤成烃潜力低，成熟度低，难以形成工业性油气藏（姚素平等，2004b）。有机地球化学分析认为这些原油来自三叠系湖相泥岩，而非侏罗系煤成油（陈建平、黄第藩，1997）。三叠系瓦窑堡煤系研究认为，其沉积环境和煤显微组分组成均可以和吐哈盆地作对比，其大量的富氢镜质体（基质镜质体 B）将大大提高煤的生油潜力。热模拟实验结果也显示了富含壳质组的瓦窑堡煤系煤具有较高的油气生成潜力（表30.3、表30.4），液态烃最高产率约 74 kg/t 煤，其中排出油量为 45 kg/t 煤，且在此阶段以前，主要产物以油为主，油气比大于 1；气态烃产量在 600 ℃时，即无烟煤阶段，可达到 158.49 m^3/t 煤。煤的物质组成是油气生成潜力和质量的内在因素。瓦窑堡煤系煤热模拟油气产率及其组成与煤的显微组分组成密切相关，因为在瓦窑堡煤系煤成烃母质主要为富氢镜质体（基质镜质体）和小孢子体，还含有一定数量的大孢子体、角质体和藻类体等，所以生油潜力高，煤的生排油温度范围宽，是由富氢镜质体和各个类脂组显微组分的生烃演化过程的差异造成的。但是，这种生油只是局部存在，未能形成规模。

表 30.3　热模拟实验样品特征

显微组分/%			岩　石　热　解			有机碳/%	氯仿沥青"A"/%	R^o/%
V	I	E	S_1/（mg/g）	S_2/（mg/g）	I_H/（mg/g TOC）			
75.2	13.8	11.0	11.48	198.51	265.0	74.82	1.4399	0.55

表 30.4　热模拟烃产率数据表

模拟温度/℃	气态烃产率/（m³/t 煤）	氯仿沥青"A"/%	油产率/（kg/t 煤）	"A"+排出油/%	气态烃含量/%	R^o/%	煤阶
原样		1.4399		1.4399		0.55	长焰煤
250	0.039	3.8972	0	3.8972	0.0067	0.72	长焰煤
300	0.575	4.1139	2.496	4.3635	0.08152	0.80	气煤
350	11.11	2.9142	45.076	7.4218	1.3148	1.10	肥煤
400	48.80	0.1957	37.816	3.9773	5.0572	1.88	瘦煤
450	96.99	0.2370	14.970	1.5207	8.8559	2.36	贫煤
500	124.21	0.0112	6.766	0.6878	9.4292	3.23	无烟煤
600	158.49	0.0112	0	0.0112	11.3279	5.66	无烟煤

二、油　与　气

油与气都是流体矿产，在鄂尔多斯盆地皆为有机成因。石油主要是腐殖质形成，干酪根类型主要为 I 型和 II 型。天然气主要有两种类型，一是油型气，是早期形成的原油裂解气或有机质深埋藏高温裂解气；二是煤型气，是煤层演化过程中释放出的甲烷气体。鄂尔多斯盆地中生界主要是陆相湖盆有机质演化生成的油，上古生界主要是煤层演化生成的煤型气，下古生界暗色泥岩则是经历早期的古油藏裂解形成气。下古生界海相烃源岩平凉页岩干酪根碳同位素（$\delta^{13}C$）与有机质热演化阶段关系不大，受风化作用的影响甚小，是西、南缘平凉组烃源岩有机质类型评价的最有利手段。露头样品的有机质类型绝大多数属于 I 型，其次是 II₁ 型，以深水斜坡相为主要分布区带的平凉组烃源岩有机质类型非常好，具有典型的海相烃源岩特征。西缘南部的环 14 井至平凉线以西地区有机质成熟度 R^o 在 0.7% 以下，为低成熟；西缘中北部地区均进入成熟、高成熟阶段；盆地南部渭北隆起区平凉组 R^o 值普遍较高，已进入高成熟至过成熟阶段。依据连续生烃的原理，即进入生油窗之后，原有的干酪根继续生烃，达到生气窗之后，逐渐进入生气阶段，原生成的原油裂解成气。同时，鄂尔多斯地区早古生代的古隆起上存在大量的古油藏的证据，证明曾经生成原油，该原油经裂解生成天然气。因此，鄂尔多斯盆地下古生界原油和下古生界天然气之间具有成生关系。

石油与天然气共存主要以气顶气和溶解气两种形式存在。油气共存的层位为中生界三叠系延长组和侏罗系延安组。

油中气主要是指天然气(狭义)以溶解气的形式存在于石油中的油、气共存富集形式,常见于饱和或过饱和油藏中。油中天然气的特点是重烃气含量高,有时可达40%。天然气的含量不等,少则每吨几至几十立方米,多则每吨可达几百至上千立方米。鄂尔多斯盆地石油中天然气的含量变化较大,其中,上三叠统延长组内陆湖泊三角洲油气田含量较高。如马岭、华池、城壕、吴旗、马坊、安塞、摆宴井等油气田的溶解气等(曹晓宏、倪志英,2005)。

气顶气系指天然气与石油共存于油气藏中,其中的天然气呈游离气顶状态的油、气共存富集形式。天然气在成因和分布上均与石油关系密切,重烃的含量可达百分之几到几十,仅次于甲烷,属于湿气范畴。随着地层压力的增减,气顶气可溶于石油或者析出。在油气藏中气顶体积的大小与其化学组成及地层压力有关。鄂尔多斯盆地与石油共存富集的天然气资源,除溶解气和单独的气藏气以外,目前只有直罗油田中的天然气是以气顶气的形式与石油伴生。

三、油气与铀矿

鄂尔多斯盆地铀矿主要为砂岩型铀矿。盆地东北部东胜铀矿赋存于中侏罗统直罗组杂色砂岩中,侏罗纪-白垩纪鄂尔多斯盆地北部隆起区大面积分布的富铀变质岩和花岗岩遭受风化剥蚀,被大气降水搬运到当时地貌较低的东胜地区形成其铀源(李荣西等,2006)。早期形成铀矿化的古层间氧化带,后期在下部天然气的还原作用下富集成矿,平面上铀矿位于油气逸散带的源岩方向(吴柏林等,2006;刘池洋等,2008)。盆地南缘赋存于直罗组的店头铀矿床早期形成潜水-层间氧化带型铀矿床,上新世末以来,构造抬升,盆地深部原油逸散到含矿层,使早期形成的氧化蚀变发生褪色蚀变,对早期铀矿起到还原保矿作用,但其还原作用比天然气弱。因此,砂岩型铀矿的形成或叠加富集与油和天然气都有一定关系,但是共存关系明显很弱。

砂岩型铀矿产于中、新生代渗入型自流水盆地的疏松砂岩层中。其成矿机理是:当隆起区基岩或拗陷区沉积盖层中富含铀时,在地表及地下含氧水的淋滤下,铀被氧化并溶于水中,通过裂隙、孔隙渗透到岩石中,经径流区向排泄区运移,遇适当的地球化学障(通常是氧化-还原过渡带)而还原沉淀,形成卷状、带状或不规则状铀矿体,并伴有强烈的褐铁矿化、黏土化等蚀变(刘建军等,2005)。铀的地球化学性质决定了砂岩型铀矿的形成需要氧化-还原的流体环境,而油气可以为这种环境转化提供大量的氧化-还原剂。来自地表、近地表的富铀氧化流体在砂岩中向下运移,与来自下部的富油气还原流体混合,形成氧化-还原障,富铀氧化流体在氧化-还原条件下铀富集成矿。

鄂尔多斯盆地砂岩型铀矿的形成与油气具有一定的成生关系,典型矿床为东胜铀矿床(图30.2)。其成矿作用基本可分两个阶段,早期以层间氧化作用为主,晚期以油气还原作用成矿为主。还原油气提供大量铀沉淀还原剂,形成了强大的还原性环境,对盆地铀富集作用明显,使过渡带加厚加宽从而使铀得以超常富集并且得到较好的保存(窦继忠等,2005;杨华等,2006;邢秀娟等,2006;吴柏林等,2006,2007;吴柏林、邱欣卫,2007;薛军民等,2008)。油气的还原作用留下了明显的痕迹,如明显相关的砂岩蚀变主要有绿色化、漂白作用、部分的碳酸盐化和黄铁矿化等。东胜矿区范围内控矿的砂岩绿色蚀变带及延安组顶部发育的大范围砂岩漂白现象以及北部乌兰格尔一带可见众多的白垩系油苗等，说明油气在空间上已贯穿作用于整个铀矿形成区，因而东胜铀矿的形成是在还原型油气作用的环境中形成的。

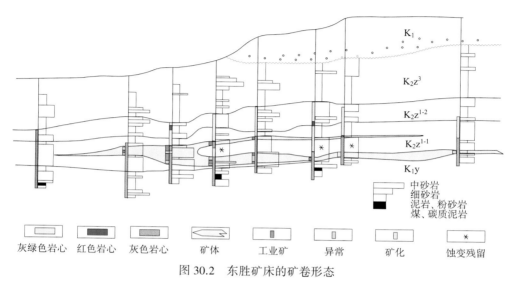

图 30.2　东胜矿床的矿卷形态

对上述油气运聚与铀矿化的时间关系进行对比，结合磷灰石裂变径迹年龄发现盆地有过三次较明显的抬升降温事件，即 J_2–K_1、K_2–E_1、N_1（图 30.3）。而这与天然气运移充注和铀成矿年龄三者均有一种非常明显的响应关系。因此，天然气运聚与东胜矿床的铀

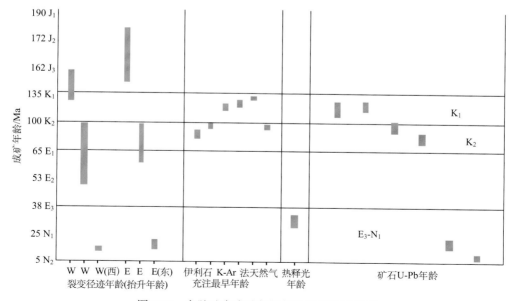

图 30.3　东胜矿床成矿年龄与油气运聚关系图

富集作用无论是在地质地球化学特征，还是在时空耦合方面均具有非常密切的响应关系。

　　无论在石油还是在石油的灰分中均检测出铀，它主要存在于石油的胶质、沥青质组分中。石油中铀的含量为 $10^{-8} \sim 10^{-6}$，在灰分中则为 $10^{-4} \sim 10^{-2}$。铀可能以有机金属络合物的形式存在于石油中。由于石油中铀的含量非常低，其没有工业利用价值。地浸砂岩型铀矿的形成与油气具有一定的成生关系。但是，因为两种矿床又具有不同的特点，铀矿富集成矿后不再迁移，油气成藏后可能因为后期的条件改变而二次运移，因此，两种矿藏虽然有成生关系，但是同一地区具有成生关系不一定共存。其共存主要表现在油气等有机质对铀的吸附作用成矿共存。这种共存主要形式是油气藏在深层，铀矿在浅层，铀矿分布在油气藏侧上方。在鄂尔多斯盆地，铀矿主要与天然气有共存关系，如苏里格庙气田与什里图–乌兰柴登层间氧化带砂岩型铀矿成矿远景区。

四、煤 与 铀 矿

　　煤与铀矿的关系，一方面表现为煤生成的煤型气对铀矿的叠加富集，另一方面表现为煤对铀的吸附作用和还原作用。后者主要是煤中的腐殖酸和富里酸，特别是腐殖酸可以与铀酰离子吸附和络合。其吸附能力由泥煤向褐煤方向增加，再向石墨方向又减少。随着盆地热演化程度提高，成煤作用中产生的有机酸又被还原而沉淀，从而导致褐煤中铀含量较高。因此，煤与铀具有一定的相关关系和共存关系。

　　铀在煤中主要以微量元素的形式存在。目前已知具有工业价值的富铀煤层大多形成于陆相沉积环境，尤其在褐煤层中较多。这些富铀煤层多位于煤盆地基底结晶岩之上，有的与酸性喷出岩互层出现。此外，浅海相沥青质页岩或我国的石煤也普遍含有铀，且常与磷、钒等元素共生。这类铀矿床储量大，但品位低。铀在煤中主要以钠的有机化合物出现。在泥炭堆积时期，多呈铀有机络合物形式迁移，以不同的腐殖酸盐络合物方式被搬运。当腐殖酸氧化，络合物破坏，或者铀有机络合物与某些盐类起化学作用，或由于吸附作用的结果而沉淀下来，铀也可以铀的胶密体形式迁移，受到有机质等的还原作用也可沉淀下来。在泥炭堆积和成煤阶段，有机质对铀的富集作用明显。植物残骸分解形成的腐殖酸溶液，能使进入沼泽水中的铀的络合物分解，形成铀酰离子，通过吸附作用、离子交换或络合、螯合作用而形成铀酰腐殖酸盐。成煤阶段中，由于 Eh 值降低，与腐殖酸呈吸附、络合或离子交换的铀酰离子解析，受到还原作用而沉淀成富铀体。

　　铀多富集于煤层的顶、底板附近，向煤层中心含量逐渐减少，铀的含量多随煤灰分的增加而减少。通过对鄂尔多斯盆地西北缘贺兰山煤田山西组和太原组中不同岩性的 Th/U 研究（代世峰等，2002），发现含煤岩系中 Th/U 一般大于 0.54 而小于 6.03，不同成煤时代和不同岩性中 Th/U 差别较大。总体说来，山西组和太原组相对应的岩性中，山西组的 Th/U 大于太原组的，即陆相形成的煤层其 Th/U 较大，而受海水影响形成的岩石地层其 Th/U 较小。在山西组中，Th/U 按照夹矸>顶板>底板>煤层的顺序排列；在太原组中，按照黄铁矿结核>顶板>煤层>底板>夹矸的顺序排列。

五、气　与　煤

鄂尔多斯盆地上古生界煤系地层是盆地气藏的主要源岩，形成了榆林、苏里格、大牛地、米脂等气田，并贡献了下古生界靖边气田的形成，所谓煤成气。煤成气排出煤层在砂岩、碳酸盐岩储层中聚集成藏则共生不共存，若在煤层中聚集则形成煤层气，煤与气共存。

鄂尔多斯盆地含石炭-二叠系和侏罗系两套含煤岩系，煤层发育，厚度大。石炭-二叠系煤层煤级高，为气煤—无烟煤，含气量高，为 $2.46 \sim 23.25$ m³/t；侏罗系煤层煤级低，以长焰煤为主，含气量低，为 $0.01 \sim 6.29$ m³/t。全盆地煤层气总资源量为 10723×10^8 m³，占全国煤层气总资源量的三分之一，煤层气勘探开发潜力巨大。煤层气开发最有利区包括鄂尔多斯东缘的河东煤田和陕北石炭-二叠系煤田、鄂尔多斯南缘的渭北煤田，有利区块包括鄂尔多斯南部黄陇煤田、鄂尔多斯西部庆阳含煤区和灵武-盐池-韦州含煤区。鄂尔多斯盆地庆阳地区煤层气资源量 11181.1481×10^8 m³（张云鹏等，2008），大宁地区 18000×10^8 m³（孙斌等，2008）。

第三节　多种能源矿产成矿阶段划分与成矿系统分析

一、多种能源矿产成矿阶段划分

1. 多种能源矿产成藏（矿）条件对比

鄂尔多斯盆地多种能源油、气、煤、铀具有不同的源、藏（矿）形成环境和成矿（藏）过程（表30.5）。石油主要形成于三叠系深湖-半深湖相和深海-半深海相暗色泥岩中，在还原环境中，腐泥质经过生物降解或热解形成石油，在一定的流体压差下沿疏导体系运移，在合适的位置——圈闭中聚集成藏。鄂尔多斯盆地圈闭形成主要是在三角洲前缘砂体、滑塌浊积砂体和河流相砂体中。虽然西北地区侏罗系存在煤成油，但是在鄂尔多斯盆地不明显，中生界煤的生烃潜力很小（姚素平等，2004a）。天然气具有与石油相似的源岩，主要是潟湖、沼泽相泥炭、煤系和深海-半深海相的暗色泥岩，鄂尔多斯盆地天然气主要来源是下古生界深海-半深海相暗色平凉页岩、上古生界暗色泥岩和上古生界潮坪-沼泽相泥炭、煤系，前者腐泥质经过热解形成原油，在温度持续升高的条件下裂解成天然气，后者腐殖质在成煤过程中形成大量天然气，这些天然气保留在煤层中形成煤层气、沿疏导体系运移，在奥陶系风化壳、上古生界三角洲、河流相砂体形成的圈闭中聚集成藏。煤主要形成于海滨或湖泊沿岸、三角洲平原、冲积平原、冲积扇前缘形成的泥炭沼泽环境，大量的植物堆积，在氧化环境下，经生物作用和腐殖化等煤化过程在原地聚集成煤。铀矿则是物源区源岩（岩浆岩、变质岩）在氧化环境条件下被淋滤或水洗，铀以离子方式被搬运至地下还原环境中被还原、富集，或地下深层卤水中携带的铀离子在还原环境的富矿砂层中成矿，成矿层位属于河流相或三角洲相环境砂体，经历了先氧化后还原的异地化学成矿过程。

表 30.5　鄂尔多斯盆地多种能源矿产成藏(矿)条件对比

矿产种类	源		藏(矿)		环境	成藏(矿)过程	源-藏(矿)关系
	岩性	沉积相	岩性	沉积相			
油	暗色泥岩、页岩、煤	深湖-半深湖、深海-半深海	砂岩	三角洲、河流相、浊积相	还原	生物、化学-物理过程	异地
气	煤系、页岩、暗色泥岩	潟湖、沼泽、半深海-深海	砂岩、碳酸盐岩	三角洲、河流相、风化壳	还原氧化	生物、化学-物理过程	异地
煤	泥炭、植物	海滨或湖泊沿岸、三角洲平原、冲积平原、冲积扇前缘	煤系		氧化	生物、化学过程	原地(异地)
铀(砂岩型)	岩浆岩、变质岩、深层卤水		砂岩	河流相三角洲	氧化还原	化学过程	异地

2. 多种能源成藏(矿)演化阶段划分

　　综合天然气、石油、煤和铀的成藏(矿)关键要素和盆地构造演化历史,将鄂尔多斯盆地多种能源成藏(矿)演化划分为三个演化阶段:成矿(藏)准备阶段、主要成矿(藏)阶段和保存阶段(魏永佩、王毅,2004)。其中成矿准备阶段又细分为富含铀的混合岩片麻岩形成、碳酸盐岩古风化壳岩溶体系形成、碎屑岩生储盖组合沉积与聚煤三个亚阶段;主要成矿阶段细分为铀聚集、天然气聚集和石油聚集三个亚阶段(图 30.4)。

　　在盆地沉积之前,富含铀的酸性和中酸性火成岩、变质岩已经为铀成矿准备了物质来源。在石炭-二叠纪、三叠纪和侏罗纪,由于古气候的变化和构造作用,存在三个重要的聚煤期,煤系既是形成煤炭的物质基础,同时也为形成天然气提供优质源岩。然而三套煤系对天然气的贡献大小差异较大,这主要归因于早期形成的石炭-二叠系煤系演化程度高,具有较大的生排烃潜力,是古生界天然气的最主要源岩。而三叠-侏罗系煤系成熟度较低,尚未达到生排烃的高峰期,它们只能作为低阶的煤。中侏罗世古气候由温湿向干旱的转化时期形成的氧化-还原带也促使了铀矿的聚集成矿。在晚侏罗世—早白垩世,受到区域沉降和热演化的联合作用,石炭-二叠系的煤系达到生排烃的高峰期,生成的天然气一部分向下运移聚集在其下的古风化壳岩溶缝洞储集体中,大部分运移聚集在煤系以外的各种砂体中,一部分保留在煤层成为煤层气。中生代晚三叠世沉积的延长组,在早白垩世也进入生排烃的高峰期,这是盆地中南部石油聚集成藏的关键时期。晚白垩世及其以后,各种能源矿产进入调整、改造和保存阶段。

　　中生代晚三叠世沉积的延长组,生油岩厚度为 $300 \sim 400$ m,有效生油岩分布面积达到 8×10^4 km^2,生油指标为好—较好。晚白垩世—古近纪、新近纪,这些烃源岩进入生排烃的高峰期,这一时期也是盆地中南部石油聚集成藏的关键时期。中生界的石油系统虽

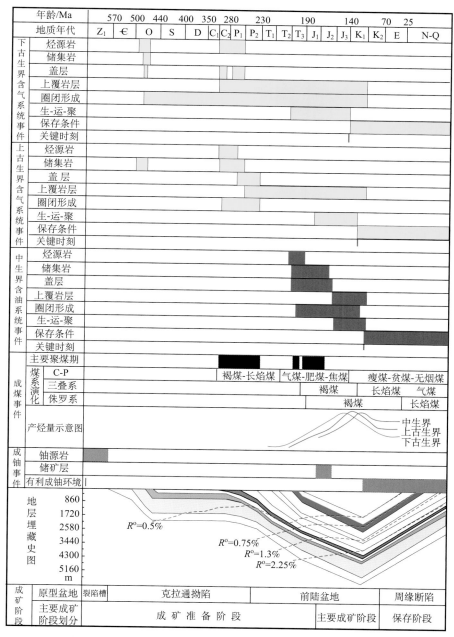

图 30.4　鄂尔多斯盆地多种能源矿产成矿系统综合对比分析图

然是较为独立的含油系统，但是该系统与三叠-侏罗系的煤系作为一个整体对古生界的天然气无疑起到区域的封盖作用。

　　以上分析表明，鄂尔多斯盆地石油、天然气、煤和铀的成矿机理虽具有一定的差异性，但它们是相互关联的矿产，都是盆地构造热演化和古气候变化的结果。与单个含油系统、含气系统、成铀和聚煤机理相比，盆地多种能源成矿是一个更为复杂的系统。对鄂尔多斯盆地油、气、煤和铀成矿机理的对比研究表明，煤系似乎在这些能源矿产的形成过程中扮演着较为重要的角色。

二、盆地多种能源矿产的成矿系统分析

1. 盆地多种能源矿产共存系统

鄂尔多斯盆地石油、天然气、煤和铀等能源矿产可以概括为无机矿产（铀矿）和有机矿产（油、天然气、煤及煤层气）两类，它们的成矿机理虽然各具独特性，但都是在盆地形成、演化和后期改造过程中逐步富集成藏（矿）的，其成因和分布存在相互关联和彼此影响，同属同一盆地成矿（藏）系统（邓军等，2005a）。因此，多种能源矿产成藏（矿）系统就是指在盆地演化过程中无机和有机成矿过程相互作用而导致无机、有机等多种能源矿产共生与共存的一个自然系统，它包括控制矿床（藏）形成和保存的全部地质要素和成矿（藏）作用动力过程以及所形成的各种能源矿产按照一定的分布规律分布的整体。我们提出多种能源矿产成矿（藏）系统旨在从成矿（藏）时间与空间，各种成矿（藏）作用及其相互关联等方面探讨沉积盆地尺度的多种能源矿产的成矿（藏）系列与分布规律。

沉积盆地的演化过程实际上就是盆地周边的隆升剥蚀和盆地内部沉降沉积对立统一体不断调整与演化的过程。周边的抬升剥蚀不但提供了盆地内部沉积的物源，同时也提供了无机矿产的物质基础；而盆地沉降沉积也造就了有机矿产形成的物质基础。这些物质基础在一定的地质条件下相互作用、相互影响形成共存的成矿（藏）系统。鄂尔多斯盆地有机矿产分布于盆地内部，无机矿产则分布于盆–山转换部位。这样的分布特征是整个盆地演化的过程中各种内、外地质动力因素共同作用的结果。首先构造运动控制着盆地内部沉降、沉积充填、隆升与构造热事件等盆地的演化过程，进而决定了盆地内部有机矿产的源、运、聚和改造过程。周缘构造活动及其盆山作用则控制着无机矿产的形成与改造过程。例如盆地边缘分布的砂岩型铀矿，可以解释为在特定条件下，来自盆内烃源灶含油气的还原有机流体在构造应力和上覆地层压实作用下沿疏导层（节理、断层和砂岩层）从内向外、自下而上运移，而来自周缘高地或造山带基岩铀源区的含铀氧化无机流体在重力作用下，沿渗透率较大的透水层自上而下向盆地内部输运，还原性油气与氧化性含铀流体在盆缘斜坡过渡带相遇，导致无机流体关键物理化学参数转变，使铀元素沉淀富集（图30.5）。

共存成矿系统的存在表明各种能源矿产成矿要素存在一定的关联性，且无机成矿和有机成藏两种性质完全不同的地质过程之间存在着耦合作用。主要成矿过程可概括为三种：一是有机流体的运聚物理过程，有机流体向盆地高部位运移聚集，形成油气藏或煤层气藏；二是无机流体的物理–地球化学输运过程，无机流体向盆地低部位运移过程中，在层间氧化带成矿；三是无机与有机地球化学作用过程，氧化状态的含铀无机流体与还原状态的有机流体通过化学反应形成氧化还原障及在氧化–还原界面处成矿。因此在整个盆地演化过程中，共存系统中有机和无机矿产的形成过程相互关联，就位空间按照一定的规律分布。

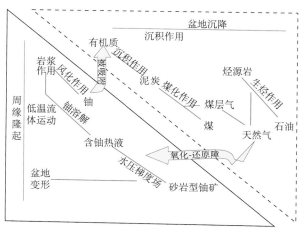

图 30.5 沉积盆地多种能源矿产共存成矿系统形成示意图

2. 多种能源矿产共存系统的主控因素

多种能源矿产的形成与保存受成盆期构造格局的控制，也受成盆期后构造改造作用的影响。对于鄂尔多斯盆地，晚侏罗世—早白垩世的构造作用和后期改造，对多种能源矿产的形成及定位产生了重要影响（刘池洋等，2006）。晚侏罗世晚期—白垩纪初古太平洋封闭，使亚洲大陆与西太平洋古陆间强烈斜向碰撞发生了燕山造山运动，盆内主要表现为西缘逆冲推覆构造的形成和大部分地区晚侏罗世地层的缺失及前期地层的剥蚀，造成了白垩系与下伏不同时代地层间广泛的角度不整合接触关系。同时，晚侏罗世至早白垩世，盆地周缘构造-岩浆活动也非常强烈，是晚古生代以来最重要的岩浆热事件发生时期，形成了异常高古地温场（任战利等，1996，2006）（图 30.6）。早白垩世的快速沉积，又使早期地层埋藏达到最大深度，这一阶段的快速埋藏和热事件的双重作用对油气煤的生成具有决定性作用。所以，鄂尔多斯盆地晚侏罗世—早白垩世高古地温梯度与强

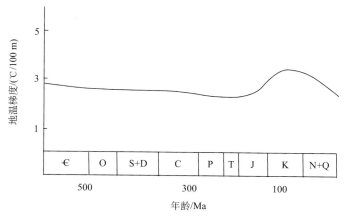

图 30.6 鄂尔多斯盆地地温梯度演化模式曲线（据任战利等，1996）

烈的构造活动相伴而生，从而很快促进烃源岩的成熟演化、加速生烃过程，促进煤级升高。

从鄂尔多斯盆地热演化史与油气的关系来看（图30.4），无论是下古生界气源岩还是上古生界气源岩，天然气大规模生成期均在中生代晚期的晚侏罗世到早白垩世。早白垩世，盆地沉积负载达到最大，古地温梯度亦达到最高，促使下古生界烃源岩向高成熟演化，进入干气阶段，有大量天然气生成。上古生界从晚三叠世开始生气，早中侏罗世有天然气排出，至晚侏罗世—早白垩世达到生烃和排气的高峰。中生界主要生油层也是在早白垩世，伴随着盆地基底最后一次大幅度沉降而进入成熟门限。上述表明，尽管古生界烃源岩进入生油门限较早，但晚侏罗世—早白垩世仍是下古生界和上古生界天然气的主要生成时期，同时也促使中生界生油层开始成熟并进入生油高峰，即在早白垩世末，三套烃源岩大体同步达到生烃高峰，因而该阶段对盆地油气生成的贡献显著。

对于石炭–二叠系、三叠系及侏罗系的煤化过程而言，其煤化作用也主要发生在晚侏罗世—早白垩世，煤的最高热演化程度是在早白垩世达到的。煤的最高热演化程度形成时期与油气生成高峰期也基本一致。

至于盆地周缘层间氧化带的富铀聚集，亦在大规模天然气释放和中生界煤系地层大量吸附天然气的背景下不断持续富集成矿。现有的资料表明，铀成矿时代具有十分明显的多期性。从全盆尺度看，已获取的铀矿化时代有：① 186±13 Ma～177±16 Ma，属中侏罗世（J_2）；② 124±6 Ma～119±6 Ma，属早白垩世（K_1）中晚期；③ 84±4 Ma～74±14 Ma，属晚白垩世（K_2）中晚期；④ 51 Ma±20 Ma，属古近纪古新世（E_1）；⑤ 21±9 Ma～20±2 Ma；属新近纪中新世（N_1）早期；⑥ 8±1 Ma，属新近纪中新世（N_1）晚期。可见，主要成矿时代为早白垩世及其以后，这主要与早白垩世大规模天然气的形成运移以及以后构造改造作用导致的天然气散失运移有关。

第四节　多种能源矿产协同勘探

一、协同勘探的基本原则与能源矿产的综合判识体系

1. 协同勘探的基本原则

多种能源矿产同盆共存为协同勘探奠定了物质基础，多种能源矿产的综合判识体系为协同勘探奠定了方法基础。目前，针对单矿种的勘探理论与实践成果比较丰富，多矿种的协同勘探理论与实践成果很少。协同勘探从理论到实践都是一种探索过程。

多种能源矿产的协同勘探应该基于经济效益最大化和勘探方法最优化原则。这就需要：①两种及两种以上能源矿产的协同勘探；②多能源矿产勘探的技术方法具有共通性；③勘探部署具有可比性。鄂尔多斯盆地油、气、煤、铀共存，勘探方法、部署以及共存判识上都具有共通性或相似性，具备协同勘探的基础条件。

表 30.6　鄂尔多斯盆地多种能源矿产综合判识体系

方　法			石　油	天然气	煤	铀
宏观	航空物探	航磁	高波数弱异常	高频异常(浅层)		微异常，高频低幅
		航放	低铀低钾	低铀低钾		高异常点
	地震		纵波速度降低、振幅增大、频率降低	亮点、AVO现象、振幅增大、频率降低、反射轴下拉	振幅增大、频率降低	
	化探		高异常	高异常		Th、U、Rb为主异常
	遥感		影像异常，影纹结构异常，颜色色调变化		高热惯量、强可见光吸收线性延伸	矿化蚀变信息异常
	电法	激发极化法	高激化率、低电阻率		高激化、高电阻、高极化率	
微观	地表	显示	油苗	气苗	煤层	层间氧化带
		岩石颜色	褐色	褐色	黑色	灰色略带黄-灰白
	测井	电阻率	高电阻率	高电阻率	低电阻率	
		声波时差	高声波时差	特高且有强烈抖动	高声波时差	
		自然电位	有幅度	有幅度	有幅度	有幅度(砂岩型)
		自然伽马能谱				高铀低钾
深度分析	流体地球化学	铀含量/(μg/L)	微量			0.73~3
		伴生元素				Mo、Re、V、Se、Th、Sc
		Eh/mV	$-442 \sim -10$			$-200 \sim 246$
		溶解氧含量/(μg/L)	0			0~3.6
		Fe^{3+}/Fe^{2+}	<1			≈1
		有机质含量/%	>1.05			0.1~4
		还原硫含量/%	多数>2			0.01~0.6
		pH	7.5~9			7.0~7.5
		水化学类型	Cl-Na型为主			Cl·SO_4-Na·Ca型
		矿化度	0.5~314			0.18~10
	沉积有机相		覆水草本相、开阔湖盆藻质相、湿地草木混生相	陆地森林、湿地森林、覆水草本相、开阔湖盆藻质相、湿地草木混生相	陆地森林、湿地森林、覆水草本相、湿地草木混生相	

2. 能源矿产的综合判识体系

盆地资源勘探初期,重、磁、电法勘探搞明白盆地的结构、基底类型和特征等,根据不同的矿产,会采取不同的勘探方法,得到不同的勘探数据。这些方法包括遥感、航磁、航测、野外踏勘、化探、地震、钻井、录井、测井、激发极化等方法,得到初步数据,在进一步研究的基础上,还有沉积有机相分析和流体地球化学分析等方法。根据不同矿产种类的形成机理、赋存规律和各自在测井、地震、激发极化、航空物探、化探、地表显示、有机相、流体地球化学等上的具体表征,提出了多种能源矿产的综合判识体系(表 30.6),在多种手段共同限制下以期明确和判定矿产种类。这种综合判识体系可以划分为地上判识体系和地下判识体系、深度分析的判识体系等。

二、协同勘探模式和方法

1. 协同勘探模式

根据多种能源矿产的空间分布规律、共存关系、协同勘探的基本原则,建立了鄂尔多斯盆地的协同勘探模式,将盆地划分为七个协同勘探区,在盆地不同区以不同的矿产勘探为主,其他矿产为辅进行协同勘探。

A 区:"C-U-G"协同勘探区

基本属于伊盟隆起,煤炭资源广泛分布,可采煤层层系多(石炭−二叠系、三叠系、侏罗系)(图 30.7),埋藏浅,资源丰富,勘探开采成本低,是首选的能源矿产。地浸砂岩型铀矿常产于中、新生代渗入型自流水盆地的疏松砂岩层中,以东胜铀矿为主的砂岩型铀矿床的分布证明金属铀矿是 A 区第二种主要的能源矿产。在杭锦旗地区的少数探井中获得过工业气流,说明虽然受断裂构造破坏影响,该区成为天然气的逸散地,但仍属于上古生界天然气勘探的远景区,天然气资源属于该区第三层次的矿产资源。远离中生界主烃源灶,伊盟隆起有油苗发现,但至今未发现油藏,其油苗可能是中生界煤系生成的低熟油,难以成藏。

从成矿背景看,该区位于盆地边缘,其北部地区长期隆升遭受剥蚀,古生界沉积了泥炭沼泽相,奠定了成煤的基础。中生代,该地区远离湖盆,形成大面积河流相砂体沉积,同时,古老岩系物源提供了铀源条件。煤演化过程中,一方面煤阶提高,另一方面释放天然气为铀矿富集成矿提供还原条件,并形成该条件下的能源矿产的"C-U-G"协同勘探模式,首选矿产是煤(C),其次是铀矿(U),再次是天然气(G)。自上而下侏罗系煤、铀并举;三叠系以煤为主;石炭−二叠系先天然气、后煤炭的协同勘探组合。

B 区:"G-C"协同勘探区

包括伊陕斜坡和天环拗陷北部地区,伊陕斜坡北部地区(基本在北纬 38°以北)是鄂尔多斯盆地天然气的主产区,目前发现有下古生界靖边气田、上古生界苏里格、乌审旗、榆林、子洲、大牛地气田等,是我国陕气东输的基地。勘探成果证实苏里格气田逐步西扩,推测天环拗陷北部上古生界应该存在西北方向的物源和三角洲砂体,是天然气勘探的重要接替区。鄂尔多斯地区广布的上古生界煤系烃源岩为天然气成藏提供了充足气

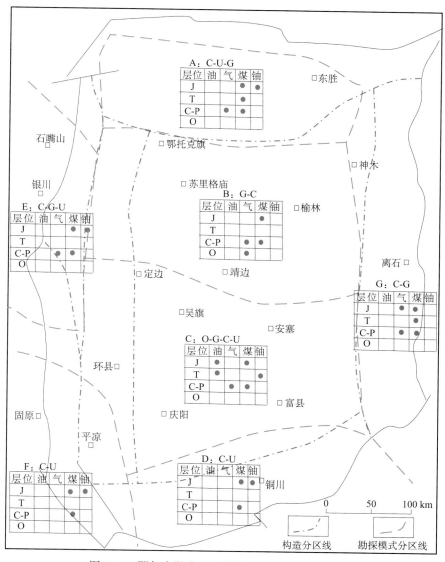

图 30.7　鄂尔多斯盆地多种能源矿产协同勘探模式

源，该区广泛分布的三角洲砂体为成藏提供了有利的储集空间。勘探实践证实天然气是该区的首选资源矿产。该区属于沙漠覆盖地带，煤层较之盆地周围地区埋藏深，但丰富的煤炭资源在该区仍具有重要地位，是盆地内煤炭生产的接替区。离中生界主烃源灶较远，石油难以在该区聚积。由于构造较稳定，断裂不发育，缺乏铀矿形成必备条件。

从成矿背景看，该区早古生代的陆表海背景叠加晚古生代的华北克拉通盆地，形成早期的聚煤条件和油气的储集条件，随煤阶升高，煤成气形成被释放，并在上下地层聚集、成藏。中生界叠加内陆湖盆的河流、沼泽沉积，后期改造微弱。因此形成"G-C"的协同勘探模式：自上而下侏罗系以煤为主；石炭-二叠系气、煤并举；奥陶系以气为主

（图 30.7）。该组合的形式多样，既有煤与煤层气的组合形式，又有下古生界天然气与煤组合，还有煤与上古生界天然气组合。

C 区："O-G-C-U"协同勘探区

包括伊陕斜坡南部和天环拗陷南段，是目前主要的油田分布区，已发现靖安、姬塬、西峰等亿吨级大油田。三叠系主力烃源灶和湖相三角洲砂体为近源成藏提供了得天独厚的条件；侏罗系河道砂体储层物性好，也有许多勘探突破（摆宴井油田、马坊油田），因此，石油是该区勘探首选矿产。鄂尔多斯地区南部具有上、下古生界海相泥岩和煤系烃源岩，下古生界礁滩、风化壳和上古生界三角洲前缘砂体等储集条件以及良好的生储盖组合，具有良好的天然气勘探潜力（杨伟利等，2009）。侏罗系和石炭-二叠系煤炭资源在该区广泛分布，煤炭资源是该区排在油、气之后的又一类有机能源矿产资源。该区铀矿未有明确发现，但三叠系延长组高伽马泥岩的研究认为该层段具有较高的铀含量，但深度大，是技术提高后的潜在勘探区。

从成矿背景看，该区早古生代为华北陆表海碳酸盐及台地边缘沉积，晚古生代叠加华北克拉通滨浅海碎屑岩、煤系，中生代三叠纪叠加了陆相湖盆的沉降沉积中心和三角洲前缘沉积，侏罗纪演化为河流-沼泽相，并形成重要的聚煤期，这种背景控制了其"O-G-C-U"的矿产协同勘探模式：自上而下，侏罗系油、煤并举；三叠系以石油为主，兼探铀矿；石炭-二叠系以天然气勘探为主，兼顾煤炭勘探；奥陶系以天然气勘探为主（图 30.7）。

D 区："C-U"协同勘探区

以渭北隆起为主，包括了伊陕斜坡的南部边缘地区。受构造抬升影响，中生界和上古生界煤层埋藏浅分布广泛，已经有侏罗系和石炭-二叠系大规模煤炭开采，是该区首选资源矿产。中生界埋藏浅，断裂构造发育，为铀矿的形成提供了先决条件，目前已经发现了大量铀矿床点，是铀矿勘探开发的有利地区。该区靠近盆地边缘，构造发育，不利于油气藏的保存。

该区的成矿背景为早古生代为台地边缘及斜坡沉积，晚古生代叠加华北克拉通滨浅海碎屑岩、泥炭沼泽相，中生代叠加河流-沼泽相沉积，后期改造较强，早期地层出露，形成"C-U"协同勘探模式：自上而下，侏罗系煤炭、铀矿勘探并举；石炭-二叠系以煤炭资源勘探为主（图 30.7）。

E 区："C-G-U"协同勘探区

属于盆地西缘逆冲带的中北部地区。该区煤系地层厚度大（中生界煤层累计厚度可达 10 m 以上；石炭-二叠系煤层累计厚度可达 14 m 以上）、分布广、埋藏浅甚至出露地表，勘探成本低，已有大型煤炭生产基地（如乌达煤矿），煤炭是该区首选的资源矿产。上古生界气源富足，在储层落实的前提下，上古生界天然气勘探前景不容忽视，已经发现了刘家庄气田、胜利井气田等气田，天然气是该区第二位矿产资源。西缘逆冲带自印支期以来构造活动活跃，中生界埋藏浅，为浅层砂岩型铀矿的形成提供了地质条件，已经发现多个铀矿点。

该区早古生代为台缘斜坡沉积，晚古生代叠加华北克拉通滨浅海碎屑岩、泥炭沼泽沉积，中生代叠加三角洲平原-前缘、河流-沼泽相沉积，后期逆冲、抬升形成"C-G-U"的协同勘探模式：自上而下，侏罗系煤炭、铀矿勘探并举，以煤为主；石炭–二叠系以天然气和煤炭资源勘探同步进行为特征（图 30.7）。

F 区："C-U"协同勘探区

包括西缘逆冲带中南部和天环拗陷西南部地区。该区煤层厚度大（石炭–二叠系煤层累计可达 24 m 以上；侏罗系煤层累计厚度可达 10 m 以上），与 E 区类似，受构造抬升影响，煤层埋藏浅，甚至出露地表，勘探成本低。F 区属于盆地多个构造单元的交汇地区，西缘和南缘构造活动对其均有影响，对浅层砂岩型铀矿的形成提供了有利条件，是铀矿勘探的有利地区。远离油气源区，构造复杂，不利于油气藏的形成和保存。因此，F 区为"C-U"的协同勘探模式。

该区早古生代为台缘斜坡沉积，晚古生代叠加华北克拉通滨浅海碎屑岩、煤系，中生代叠加河流–沼泽相沉积，后期挤压活动强，形成"C-U"的协同勘探模式：自上而下，侏罗系煤炭、铀矿勘探并举，以煤为主；石炭–二叠系以煤炭勘探为主（图 30.7）。

G 区："C-G"协同勘探区

属于晋西挠褶带。该区煤炭资源丰富（中生界煤层累计厚度可达 24 m；石炭–二叠系煤层累计厚度可达 14 m 以上），受构造抬升影响，煤层埋藏浅，是该区首选矿产资源。同时石炭–二叠系和侏罗系煤系地层中富含大量煤层气，是该区第二种有利矿产资源。

该区位于鄂尔多斯盆地东缘，早古生代为华北陆表海碳酸盐台地沉积，晚古生代叠加华北克拉通滨浅海沉积，大面积形成聚煤环境，同时远离早古生代庆阳古隆起。中新生代的后期调整，该区抬升，中生界被剥蚀，从而只有煤和煤层气发育，形成"C-G"的协同勘探模式：自上而下，侏罗系煤、气勘探并举，以煤为主；石炭–二叠系勘探煤、气并举，以气为主（图 30.7）。

2. 协同勘探方法

不同矿产的形成机理、赋存规律各具特色，在测井、地震、激发极化、航空物探、化探、地表显示、沉积有机相、流体地球化学等方面的勘探表征也有所差异。依据协同勘探模式、勘探经济技术条件和勘探状况，制定了针对不同协同勘探区的勘探组合方法（图 30.8）。

A 区：铀矿出露点和含矿层在遥感和航放上有明显反映，这是大范围发现铀矿床的有效手段。针对该区铀矿点多、资源丰富特点，应该首选实施遥感和航放工作。同时，浅层砂岩型铀矿是目前该区开采的主要对象，而该类型矿产又与地表显示（如漂白砂岩）密切相关，野外工作是铀矿勘探的必备手段。浅层煤炭资源勘探成本低，易于开采，野外地质工作也是勘探煤炭资源的重要手段。地震勘探对于揭示地下地层展布、构造、圈闭都很有效，是该区煤炭和天然气勘探的有利手段。化探是发现油气异常区（油气晕）的有效手段，该区油气苗多，易于利用化探手段发现天然气和追踪天然气藏。钻井和激发极化是后续阶段揭露地下信息的必备方法。因此，该区的协同勘探方法及其应用顺序为：遥感→航放→野外→地震→化探→钻井→激发极化。

B 区：该区是天然气勘探开发较成熟地区，前期完成了大量的地震和钻井工作。结合下古生界风化壳储层分布规律复杂、上古生界有利储层砂体层系多、纵向叠置、横向

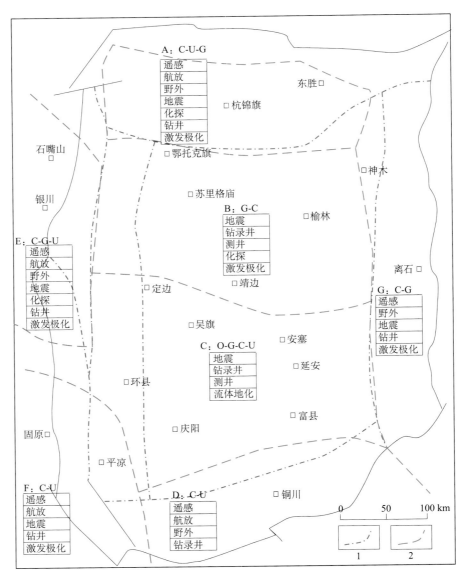

图 30.8　鄂尔多斯盆地多种矿产资源协同勘探方法
1. 构造分区线；2. 协同勘探模式分区线

摆动、甜点确定困难等特点，首要的工作是提高地震精度和三维地震。对未知区开展新的地震和钻井工作，对新井和老井尽兴复查，为天然气勘探扩展和煤炭生产的接替做好准备。该区的协同勘探方法及其应用顺序为：地震→钻录井→测井→化探→激发极化。

　　C区：该区是盆地石油勘探生产集中地区。但三叠系延长组存在多物源、三角洲砂体横向摆动、垂向叠置、砂层纷繁复杂、有利储层砂体预测困难等特点，加之黄土塬地区地震品质差，该区同样需要提高地震解释精度和加强三维地震工作。新钻井和老井复查是隐蔽油气藏发现和其他能源矿产发现的良好手段。流体地球化学方法对于研究中生界油气运聚历史和运移方向、分析砂岩型铀矿富矿层位非常必要。从地质特征、勘探生产状况、多种能源矿产的协同勘探模式等方面综合考虑，该区的协同勘探方法及其应用顺序为：地震→钻录井→测井→流体地化。

D 区：该区是煤炭和铀矿的富集区，煤层埋藏浅甚至出露地表，野外和浅钻就可以解决勘探问题。而铀矿的勘探难度较大，因此从协同勘探角度出发，首选遥感和航放方法，结合野外地质勘探和浅钻寻找铀矿资源。该区的协同勘探方法及其应用顺序为：遥感→航放→野外→钻录井。

E 区：该区是煤炭、天然气、铀矿的协同勘探区，从协同勘探角度考虑，遥感和航放是首选手段。受构造影响煤层埋藏浅甚至出露地表，野外、地震和钻井都是有效的勘探手段。该区天然气勘探具有较好前景，因此地震和钻井是必需手段。由于浅层铀矿和天然气逸散在地表都有异常，化探也是协同勘探的有效手段。因此，该区的协同勘探方法及其应用顺序应为：遥感→航放→野外→地震→化探→钻井→激发极化。

F 区：特征与 E 区基本类似，但不是天然气勘探的远景地区。从 F 区的地质特征、勘探生产状况、多种矿产资源的协同勘探模式等方面综合考虑，该区的协同勘探方法及其应用顺序为：遥感→航放→地震→钻井→激发极化。

G 区：该区是煤炭和煤层气的协同勘探区，从该区的地质特征、勘探生产现状、多种矿产的协同勘探模式等方面考虑，该区的协同勘探方法及其应用顺序为：遥感→野外→地震→钻井→激发极化。

多种能源矿产在鄂尔多斯叠合盆地的富集和共存在空间上具有一定的规律性，由下到上具有天然气、煤、石油、铀矿的纵向分布规律和"南油北气"的现今油气发现、满盆含煤、铀矿周缘分布的平面分布规律。不同矿产之间存在复杂的生成和共存关系，但其富集成矿和保存基本都是从晚侏罗世到早白垩世开始的。在多期盆地叠合的背景下，在不同地区形成了不同的矿产组合方式，综合分析成藏(矿)背景、成藏(矿)条件、成藏规律等，将鄂尔多斯地区划分了七个协同勘探区，在每个勘探区建立了协同勘探模式。结合矿产勘探的方法和前期矿产勘探的基础，在勘探方法最优化和经济效益最大化的原则下，针对不同协同勘探模式区制定了今后的勘探方法。但是，多种能源矿产的协同勘探尚处于理论探讨阶段，多种能源矿产的协同勘探涉及多部门、多系统的利益，真正的实施需要进一步完善和多系统的联合、有机的配合来完成。

参 考 文 献

曹晓宏, 倪志英. 2005. 鄂尔多斯盆地中生界天然气同位素特征及成因类型. 天然气地球科学, 15(5)：617~671

陈宏斌, 徐高中, 王金平, 李卫红, 赵希刚. 2006. 鄂尔多斯盆地南缘店头铀矿床矿化特征及其与东胜铀矿床对比. 地质学报, 80(5)：724~823

陈建平, 黄第藩. 1997. 鄂尔多斯盆地东南缘煤ység侏罗系原油油源. 沉积学报, 15(2)：100~104

程克明, 张朝富. 1994. 吐鲁番-哈密盆地煤成油研究. 中国科学(B 辑), 24(11)：1216~1221

代世峰, 任德贻, 李生盛. 2002. 煤及顶板中稀土元素赋存状态及逐级化学提取. 中国矿业大学学报, 31(5)：12~16

邓军, 王庆飞, 高帮飞等. 2005a. 鄂尔多斯盆地演化与多种能源矿产分布. 现代地质, 19(4)：538~545

邓军, 王庆飞, 黄定华等. 2005b. 鄂尔多斯盆地基底演化及其对盖层控制作用. 地学前缘, 12(3): 91~99

邓军, 王庆飞, 高帮飞等. 2006. 鄂尔多斯盆地多种能源矿产分布及其构造背景. 地球科学, 31(3): 330~336

窦继忠, 张复新, 贾恒. 2005. 内蒙古东胜砂岩型铀矿后生成矿与油气关系. 西北地质, 38(4): 65~70

冯乔, 张小莉, 王云鹏等. 2006. 鄂尔多斯盆地北部上古生界油气运聚特征及其铀成矿意义. 地质学报, 80(5): 748~752

顾广明, 李小彦, 晋香兰. 2006. 鄂尔多斯盆地优质煤资源分布及有利区块. 地球科学与环境学报, 28(4): 26~30

郭玉辉, 王昶, 陈佩元. 1988. 渭北下石节煤矿中下侏罗统含煤岩系生油可能性研究. 煤田地质与勘探, 16(1): 17~20

李怀渊, 张守鹏, 李海明. 2000. 铀-油相伴性探讨. 地质论评, 46(4): 355~361

李亮, 王永康, 张建晔. 2001. 在油气藏周围寻找砂岩型铀矿. 西安石油学院学报, 17(5): 7~12

李荣西, 赫英, 李金保等. 2006. 东胜铀矿流体包裹体同位素组成与成矿流体来源研究. 地质学报, 80(5): 753~760

李五忠, 王一兵, 孙斌等. 2005. 中国煤层气资源分布及勘探前景. 天然气工业, 24(5): 7~11

李增学, 李江涛, 韩美莲等. 2006. 鄂尔多斯盆地中生界聚煤规律及对多能源共存富集的贡献. 山东科技大学学报, 25(2): 1~5

刘池洋, 赵红格, 王锋等. 2005. 鄂尔多斯盆地西缘(部)中生代构造属性. 地质学报, 79(6): 737~747

刘池洋, 赵红格, 桂小军等. 2006. 鄂尔多斯盆地演化-改造的时空坐标及其成藏(矿)响应. 地质学报, 80(5): 617~638

刘池洋, 马艳萍, 吴柏林等. 2008. 油气耗散-油气地质研究和资源评价的弱点和难点. 石油与天然气地质, 29(4): 517~526

刘建军, 李怀渊, 陈国胜. 2005. 利用铀-油关系寻找地浸砂岩型铀矿. 地质科技情报, 24(4): 67~72

刘新社, 席胜利, 周焕顺. 2007. 鄂尔多斯盆地东部上古生界煤层气储层特征. 煤田地质与勘探, 35(1): 37~40

罗霞, 李剑, 胡国艺等. 2003. 鄂尔多斯盆地侏罗系煤生、排油能力实验及其形成煤成油可能性探讨. 石油实验地质, 25(1): 76~80

孟元林, 李泰明, 丁文龙等. 1995. 汤原断陷煤成油初步研究. 大庆石油学院学报, 19(1): 35~38

潘爱芳, 赫英, 黎荣剑等. 2005. 鄂尔多斯盆地基底断裂与能源矿场成藏成矿的关系. 大地构造与成矿学, 29(4): 459~464

任战利, 张盛, 高胜利等. 1996. 鄂尔多斯盆地热演化史与油气关系的研究. 石油学报, 17(1): 17~24

任战利, 张盛, 高胜利等. 2006. 鄂尔多斯盆地热演化成都异常分布区及形成时期探讨. 地质学报, 80(5): 674~684

孙斌, 邵龙义, 李五忠等. 2008. 大宁地区煤层气成藏控制因素分析. 天然气工业, 28(3): 40~46

孙晔, 李子颖, 肖新建等. 2004. 油气圈闭与鄂尔多斯盆地北部铀成矿关系探讨. 铀矿地质, 20(6): 337~343

谭成仟, 刘池阳, 赵军龙等. 2007. 鄂尔多斯盆地典型地区放射性异常特征及其地质意义. 中国科学(D辑), 37(增I): 147~156

王传刚, 王毅, 许化政等. 2009. 论鄂尔多斯盆地下古生界烃源岩的成藏演化特征. 石油学报, 30(1): 28~45

王春江, 王有孝, 罗斌杰等. 1997. 民和盆地中侏罗统煤-油页岩层系生油特征. 沉积学报, 15(1): 60~64

王驹, 杜乐天. 1995. 论铀成矿过程中的气还原作用. 铀矿地质, 11(1): 19~24

王双明. 1996. 鄂尔多斯盆地聚煤规律及煤炭资源评价. 北京: 煤炭工业出版社

王双明, 张玉平. 1999. 鄂尔多斯盆地侏罗纪盆地形成演化和聚煤规律. 地学前缘, 6(增): 147~155

王毅, 杨伟利, 邓军等. 2014. 多种能源矿产同盆共存富集成矿(藏)体系与协同勘探, 地质学报, 88(5): 815~824

魏永佩, 王毅. 2004. 鄂尔多斯盆地多种能源矿产富集规律的比较. 石油与天然气地质, 25(4): 385~392

吴柏林, 邱欣卫. 2007. 论东胜矿床油气逸散蚀变的地质地球化学特点及其意义. 中国地质, 34(3): 455~462

吴柏林, 刘池洋, 张复新等. 2006. 东胜砂岩型铀矿后生蚀变地球化学性质及其成矿意义. 地质学报, 80(5): 740~747

吴柏林, 刘池阳, 王建强. 2007. 层间氧化带砂岩型铀矿流体地质作用的基本特点. 中国科学(D辑), 37(增刊I): 157~165

邢秀娟, 柳益群, 樊爱萍. 2006. 鄂尔多斯盆地店头地区砂岩型铀矿成因初步探讨. 中国地质, 33(3): 591~597

薛军民, 高胜利, 高鹏. 2008. 鄂尔多斯盆地神木地区上古生界煤储层特征及含气潜力. 石油实验地质, 30(1): 37~41

杨华, 席胜利, 魏新善等. 2006. 鄂尔多斯多旋回叠合盆地演化与天然气富集. 中国石油勘探, (1): 17~24

杨伟利, 王毅, 孙宜朴等. 2009. 鄂尔多斯盆地南部上古生界天然气勘探潜力. 天然气工业, 29(12): 1~4

杨伟利, 王毅, 王传刚等. 2010. 鄂尔多斯盆地多种能源矿产分布特征与协同勘探. 地质学报, 84(4): 579~586

姚素平, 胡文瑄, 薛春燕等. 2004a. 瓦窑堡煤系有机岩石学特征及煤成烃潜力研究. 沉积学报, 22(3): 518~524

姚素平, 张景荣, 胡文瑄等. 2004b. 鄂尔多斯盆地中生界煤成烃潜力的实验研究. 煤田地质与勘探, 32(1): 24~28

张云鹏, 向蓉, 岑学文. 2008. 宁县-合水地区延安组煤层气开发潜力分析. 内蒙古石油化工, (10): 126~129

赵军龙, 戴华林, 谭成仟等. 2008. 浅析鄂尔多斯盆地铀富集分布特征及影响因素. 铀矿冶, 27(4): 211~214

赵军龙, 谭成仟, 刘池洋. 2009. 鄂尔多斯盆地铀富集分布的影响因素. 地质学报, 83(2): 158~165

赵文智, 胡素云, 汪泽成等. 2003. 鄂尔多斯盆地基底断裂在上三叠统延长组石油聚集中的控制作用. 石油勘探与开发, 30(5): 1~5

Charles S S. 1996. The roles of organic matter in the formation of uranium deposits in sedimentary rocks. Ore Geology Review, 11(1-3): 53~69

第三十一章　沉积盆地成藏(矿)系统[*]

大陆是由沉积盆地、造山带及地盾三种属性和特征显著不同的构造单元所构成。其中沉积盆地所占面积最大。若将经后期改造但仍有沉积矿产勘探远景的残留沉积盆地(体)计算在内,盆地的面积约占大陆总面积的4/5(刘池洋,2008)。海洋总面积约占地球表面总面积的71%(刘德生等,1988)。从地貌形态和正在接受沉积等方面考虑,大洋似可看作一种特殊的巨型沉积盆地或由若干个沉积盆地(体系)组成的超级沉积盆地域(群),故又常称其为大洋盆(地)。将上述分布在海陆的现存盆地一并考虑,地球表面的总面积约94%被沉积盆地所覆盖。可见,在大陆或世界地质和地球动力学研究中,沉积盆地和盆地动力学处于极为重要的地位。

本章主要讨论和总结沉积盆地动力学和沉积盆地成矿系统的关系,盆地成矿系统的成矿特点及影响因素、成矿作用及过程和其成矿环境与背景。

第一节　沉积盆地动力学与盆地成矿系统

一、沉积盆地动力学

目前,对沉积盆地动力学内涵的理解或定义因人而异,差别较大。有的强调深部作用,有的突出盆山耦合,有的侧重于区域板块构造运动或构造环境等。已有的认识和研究,抓住了沉积盆地动力学主要内容的(某些)重要方面,促进并深化了此领域的研究。笔者认为,沉积盆地不是一个简单的构造形迹或几何外形,而是一个被沉积物所充填的地质实体,其动力学内涵或定义应包括盆地形成(前述认识大多侧重于此)和沉积充填作用及其过程。

大中型沉积盆地的形成(沉降)、演化和改造,总体受地球深部系统内动力地质作用的控制;而盆地内沉积物的充填、埋藏和成岩,则总体受地球表层系统外动力地质作用的制约。地球表层系统包括岩石圈浅表层、水圈、大气圈和生物圈及其相互作用。其外动力地质作用表现为风化、生物、剥蚀、搬运、沉积、埋藏、压实固结及成岩、胶结、溶蚀等;在外动力地质作用控制下的水体汇聚、沉积充填和埋藏压实过程中,水体和沉积物的重力负荷作用会促使和加强盆地进一步沉降(图31.1)。

沉积盆地将地球深部系统的内动力地质作用和地球浅表层系统的外动力地质作用有

[*] 作者:刘池洋[1],张复新[1],赵俊峰[1],马艳萍[2],张少华[1],徐崇凯[1],高飞[1]. [1]西北大学地质学系,西安;[2]西安石油大学,西安.

E-mail: lcy@ nwu. edu. cn

机耦合，自然构成了一个各圈层内、外地质动力相互作用的统一盆地动力学系统（图31.1）。该系统的活动虽有其明显的相对独立性，但总体受地球动力学大系统的控制，属后者的重要组成部分。故笔者将沉积盆地动力学的内涵理解和定义为：直接控制和明显影响盆地沉降和沉积充填的地球内、外动力地质作用有机耦合的统一动力学系统和演化过程，属地球动力学大系统的重要组成部分；自然也是大陆动力学的重要组成部分（刘池洋，2008）。

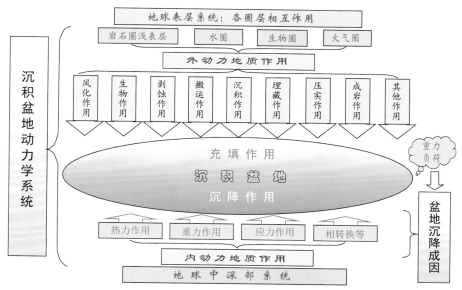

图 31.1　沉积盆地动力学与地球各圈层地质作用关系图(据刘池洋，2008)

二、沉积盆地成矿系统

在集地球各圈层内、外地质动力相互作用于一体的沉积盆地动力学系统演化过程中，自然伴随着多种矿产的形成和成藏(矿)。沉积盆地的成矿作用发生在最活跃、最广阔的地壳表层层圈作用带，有岩石圈、水圈、大气圈、生物圈等相互作用，还直接受到宇宙天体的影响，包括之间的物质和能量交换。因此，地壳浅表环境的表生成矿作用和常温-低温成矿作用的内容是极为丰富的(翟裕生等，2000)。

沉积盆地矿产资源丰富，油气、煤、油页岩、沥青、膏盐、水晶、玛瑙、黏土矿、明矾石矿、重晶石-毒重石矿等非金属矿产和砂岩型铀矿、砂岩型铜矿、热泉型金-银矿、砂金矿、铬铁砂矿、磁铁-钛铁砂矿、大洋锰结核、沉积钒矿、金属硫化物的黑白烟囱、铝土矿、铝土型锗矿、铝土型镓矿、煤型锗矿和煤型镓矿床(代世峰等，2006)等金属矿产以及水资源等汇集共存于一盆(刘池洋等，2005)。这些能源和非能源、金属与非金属矿产同盆共存，共同构成了一个矿产资源丰富、类型多样、相对独立、成矿作用有不同程度的内在成因联系与耦合关系、自然统一的矿产赋存单元和成藏(矿)大环境，称之为盆地成藏（矿）系统（刘池洋等，2006；刘池洋，2008）。

沉积盆地成矿系统中诸多矿产同盆共存、相互作用、彼此影响、富集成藏和有序分布等之间有着密切的内在联系和自然统一的地球动力学背景。

沉积盆地成藏（矿）系统有其自身的成矿特点和成矿环境。将其作为一种独立成矿系统提出，旨在突出其个性；以与造山带和前寒武纪地盾等已有各类成矿系统（体系）（於崇文等，1998；翟裕生，1999，2000；陈毓川等，2006a，b；陈衍景，2006）相并列和区别。这有利于更深刻理解和认识盆地成藏（矿）系统的特点和成矿规律，有益于提高沉积型矿产勘探的成效。同时旨在强调盆地中不同类型、不同成因沉积型矿产的成藏（矿）不是孤立存在和单独出现；其形成和分布相互关联、彼此影响，有一定的规律性；某一种矿产的发现，本身就可能隐含着其他沉积矿产存在，或彼此提供有益的成矿与找矿信息。对其专门研究，必将揭示各种沉积矿藏同盆共存的内在联系、成藏模式和分布规律，丰富和发展已有成矿理论体系。这将为盆地内多种沉积矿产兼顾，全方位、立体式、科学高效、协同勘探和综合预测及评价奠定理论基础，使人们期盼已久的一叶知秋、举一反三、由此及彼、探深找盲的资源预测和综合勘探、评价成为可能（图31.2）。

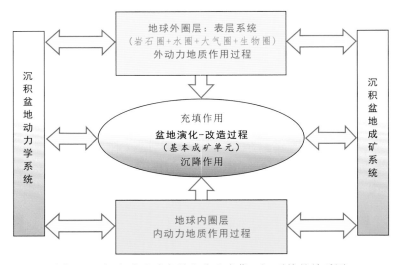

图31.2 沉积盆地动力学和盆地成藏（矿）系统的关系图

第二节 成矿特点及影响因素

沉积型矿产的形成和富集，是在盆地演化的统一内动力地质作用环境中，明显受地球表层系统（岩石圈表浅层、水圈、大气圈和生物圈）外动力地质作用（风化、生物、剥蚀、搬运、沉积、埋藏、成岩）的制约。这是各类沉积矿产共存的地质基础和环境背景。在盆地环境和其形成演化-改造过程中形成的各类沉积矿产，与其他构造单元环境和成矿系统矿产的形成相比，必然会有其独特个性。而形成于盆地内的各类沉积矿产之间，无疑又会有鲜明的共性。这些共性可归纳为以下几点。

一、低温低压环境

在沉积盆地成藏(矿)系统，成矿环境和成矿作用以常温常压、低温低压或中低温中低压为特色。这是与造山带等成矿系统中岩浆或变质成矿作用(陈衍景，2006)的显著不同之处。

盆地在表生沉积和表浅部埋藏压实及成岩和次生富集成藏(矿)的环境，以常温常压或低温低压为特色，一般温度低于 50~70 ℃，压力较小，沉积物缺失明显的变质特征。

沉积地层随着埋藏深度增加，温度由常温向低-中温转变，压力逐步增大，有机成矿物质遂发生明显转化。进入 30~50 ℃，褐煤形成；在 150 ℃煤化程度为瘦煤；到 190~240 ℃，煤已变质成半无烟煤-无烟煤。石油一般在 60~150 ℃ 范围内生成；到 150~200 ℃（可上延到 250 ℃）烃源岩已属过成熟，所生烃类的相态主要为干气和低-中变质的沥青。目前，世界上最深的油、气藏分别在美国墨西哥湾盆地和西内盆地，深度分别为 6540 m、8083 m。据此推断，在地下深处压力较高的环境中，液态和气态烃完全消失的温度可分别高于 200 ℃ 和高达 350 ℃（李明诚，2004）。肖贤明等通过对模拟实验和生产实际的综合研究，提出将页岩气 EqRo 的下限值确定为 3.5%[①]。其自然界的热演化环境，大致相当于 300~350 ℃。

涂光炽院士论及的沉积改造矿床改造阶段及后成矿床成矿阶段的温度一般在 70~250 ℃ 区间；金的沉积改造矿床多在 250~350 ℃（涂光炽等，1988）。如在沉积岩型铅锌矿床中，除现代海底热水型外，另外 3 类（沉积喷流型、密西西比型和砂岩型）的成矿温度均在 80~150 ℃ 区间（张复新，2005；杨永强等，2006）。

近年来国内外众多的矿床分析、实验模拟及相关测温的研究结果表明，一些过去认为的高中温热液矿床，实际上是在低于 200℃ 条件下形成的（涂光炽等，1998）。如 Au、Ag、U、Pb、Zn、Pt 族、REE 等成矿元素，在低温条件下的地球化学习性相当活跃，它们在浅成低温条件下可出现大规模矿化富集，许多非金属矿床密集区也是低温地球化学作用的直接产物（朱创业，2000）。各类热液进入低温条件下的成矿作用和产物，自然会与高温条件下有诸多不同。

涂光炽等（1988）指出：在中低温条件下，无机成矿元素或成矿物质可经地质作用的改造而形成较大规模的层控矿床，是因其较活泼的地球化学行为。这些活泼元素①可以形成易溶络合物，呈金属浓度较大的络合物搬运；②在自然界大多是变价元素，随环境变化而改变其价态，呈高价时易搬运迁移，变为低价时沉淀聚集；③部分成矿元素具不同程度的挥发性，较易活化转移，如 Hg-Sb-As 等。

概而述之，沉积盆地成藏(矿)系统的温度一般低于 200 ℃（或 250 ℃）；在特定的环境和特别的矿床可向上扩展到 350 ℃。这与造山带成矿系统的低(中)温成矿温度大体一致（涂光炽等，1988，1998；张复新，2005；杨永强等，2006），但二者的成矿作用方

---

① 肖贤明等. 2016. 中国南方古生界页岩气赋存机理和资源潜力评价（国家 973 项目总结报告）

式大有不同。造山带成矿系统所处构造背景活动性强，内生成矿作用为主或影响明显（张复新，2005；陈衍景，2006）。

二、开放体系(环境)

在盆地中，普遍存在成矿物质的进入和外出；对矿藏所属空间而言，甚至存在矿体本身，如流体矿产石油、各类天然气等的进入和外出。

盆地中不同沉积型矿产形成环境的开放程度是不同的；且随成矿阶段的不同而发生变化。如盐类、铝土矿床属于完全开放环境；砂岩型铀矿床、砂岩型铜矿床的形成由开放逐步过渡为半开放-半封闭环境；油气与煤等形成于相对较封闭的环境中。一般而言，盆地内沉积型矿产形成的初期，特别是成矿原始物质的聚集，完全处于开放环境，形成富含分散成矿物质的矿源层(岩)等有利含矿建造；随着深埋、压实、成岩-成矿作用的进行，遂逐步演变为半开放至半封闭环境。

然而变质矿床形成时，虽出现新的矿物共生组合、重结晶和变质热液，但总的来看，矿藏形成之后成矿物质的进入和外出是十分有限的，其形成的介质条件总体属封闭体系（涂光炽等，1988）。岩浆作用的成矿环境也大致如此。显然，这种变质或岩浆成矿系统与盆地成藏(矿)系统的环境是截然不同的。

即使处于相对封闭环境中的沉积矿产，特别是流体矿产，在矿藏中也不同程度地发生成矿物质的进入和外出。如油藏或气藏，在烃源岩被深埋增温成熟后的不同生烃阶段，所生成的油气均可能运移输入到同一油气藏。不同成熟度的油、气混合赋存于同一油、气藏并不鲜见，甚或已属常态。

可见，沉积矿藏形成于开放系统这一特点，决定其矿藏形成时限的厘定为一大难题。对大部分沉积矿藏而言，来自矿产本身测试的精确确定其成矿时间从理论上来看是不可能的，流体矿产尤甚。对固体沉积矿产而言，只有对成矿矿物进行微区定年，才可能获得该矿物相对较精确的形成时限。在对更多矿物样品测试获得较多微区测年结果综合分析的基础上，才可能确定该矿藏的形成时限。

三、成矿流体的重要作用

在沉积矿藏成藏(矿)和定位的整个过程中，以水为主体的各类流体是最为活跃的介质，以多重身份始终参与其中：既影响各类矿产的形成环境，又是该环境的重要组成部分；既是成藏(矿)物质搬运、聚散和成藏(矿)的动力，又直接参与成藏(矿)物质的交换甚至物质转化和反应；同时，又与周邻岩石和各矿产相互作用；既是连接某种成矿作用的矿源、运移和储矿三个关键环节的纽带，又为不同类别(有机-无机能源、金属-非金属矿产)、不同相态(气、液、固态)、多种沉积矿产之间联系的媒介和桥梁，在其中起着极为重要的作用(刘池洋等，2005，2006)。

大部分矿床是在水热流体参与下形成的，但并非所有流体都参与成矿。根据水的赋存环境和成矿贡献，可将其分为地质流体和成矿流体两类(肖荣阁等，2001)。

越来越多的研究揭示，绝大多数矿产的形成都与成矿流体的活动有关。成矿流体的形成主要与地质作用有关，是萃取、溶解、搬运和浓集成矿物质的媒介（翟裕生，1999；肖荣阁等，2001；刘池洋等，2005，2006）。大规模流体活动或流体的稳定、充足程度是整个矿床（田）形成过程中各环节的关键和主要控制因素（翟裕生，1999）。

由前述可知，一些在200 ℃之内或温度稍高的热液，完全有可能为盆地中埋藏较深的沉积物在压实成岩过程中排出的流体。当其在对流循环中淋滤、溶蚀或解析了围岩中成矿物质的情况下，这些热液就可能成为矿化度较高、富含金属元素的热卤水。

低-中低温流体广泛出现于不同大地构造环境中，在海陆相沉积盆地不同演化-改造过程中均普遍存在，其中以盆地发育过程最为活跃和多见。

低-中低温成矿流体在油气藏、砂岩型铀矿等矿产的形成中处于不可或缺的重要地位，砂岩型铜矿、密西西比型铅锌矿及卡林型金矿等矿产的形成也与之密切相关。

四、生物-有机质-有机流体成矿作用明显

对各类矿床的深入研究和对比揭示，生物和有机质（流体）对成矿作用影响普遍、意义重要（殷鸿福等，1994，1999；贾跃明，1996；Patrick et al.，1997；陈远荣等，2002；卢家烂等，2004；刘池洋等，2006，2013）。由于生物、有机质及含有机质流体在盆地中较普遍存在和活动，因而其对沉积矿产的形成影响尤甚。其影响常因环境不同和地质时代演变而差异明显。其成矿作用的方式主要有以下5种类型。

1. 直接转化为矿产

被埋藏的生物有机质可直接转化为矿产，如油气、煤及油页岩、沥青等有机能源矿产。这为沉积盆地成矿系统所独有。

生物在其自身的生理活动过程中，从稀溶液中浓缩沉淀成矿元素，从而造成了这种元素在生物体中富集。当生物死后在海底或湖底被埋藏，经成岩作用后便能造成生物体中的成矿元素富集成矿（刘魁梧，1990）。

2. 具有富集成矿元素的能力

嗜铁、嗜磷、嗜铜、嗜锰等细菌以及藻类和高等植物的同化作用和代谢作用能吸收大量的金属或非金属离子，死后生物体堆积埋藏经过成岩演变或热变质过程，去除了挥发组分留下有用元素堆积成矿。这类矿床如藻磷块岩、生物灰岩、藻锰矿、硅藻土、叠层石铜矿、赤铁矿以及硫磺矿床等（刘魁梧，1990）。

3. 直接及间接参与成矿并与多种成矿物质进行物理与化学作用

有机质是金属元素活化、迁移和富集成矿的重要媒介和催化剂，有机-金属络合物是金属元素迁移的重要形式之一（陈远荣等，2002）。有机质与多种成矿物质进行物理与化学作用，对金属成矿组分的萃取、吸附、络合、降解、迁移、沉淀有积极作用，直接导致成矿作用发生（Patrick et al.，1997；殷鸿福等，1999）。

4. 有机质的吸附作用

有机质可吸附较多的成矿物质。如在河口沉积物中，Hg 多被有机质吸附。在不同吸附剂对 Hg 的吸附能力排序中，有机质吸附能力最强，远强于黏土矿物和胶体（涂光炽等，1988）。

5. 改变成矿环境

微生物和有机质（流体）的参与，使成矿环境的地质、物理和化学条件发生改变，特别使其还原性增强，使金属还原沉淀不溶化合物，还原铜、硫、锌等硫化物矿床中的 SO_4^{2-} 或代谢有机硫化物提供 S^{2-}；而有些微生物能使金等金属还原沉淀（殷鸿福等，1994）。

成矿环境的还原性增强，导致一些元素和化合物改变价态，进而改变其迁移和沉淀行为。如 H_2S 被细菌氧化后能产生单质硫磺，三价铁被 H_2S 还原后能生成二价铁等（刘魁梧，1990）；可使氧化环境中易溶解迁移的六价铀还原成不易溶解的四价铀而沉淀，富集在煤层、烃源岩和黑色泥页岩和砂岩之中。

大量研究表明，沉积岩型层状铜矿床、砂岩型铀矿床的成矿物质沉淀是由还原作用导致的（Schmandt et al.，2013）。盆地中的还原剂或还原性物质，可能包括地层中降解的有机物质、流动的碳氢化合物或者成岩黄铁矿。沉积岩型层状铜矿床中发现天然气或者原油的例子很多（Selley et al.，2005；刘玄等，2015）。

五、热演化与岩浆活动的影响

1. 热演化的重要影响

热力作用，或由区域地热场和局部热事件引起的岩石热演化，对成矿物质的转化、生成和矿产性质及产状有重要影响；同时通过控制成矿物质在流体中的溶解度、浓度、相态和流动方向等，又直接控制或间接影响着成矿物质的迁移、聚散、成矿和就位及分布。如 U(Ⅵ)络合反应的稳定常数随着温度的升高而增大（Pablo et al.，1999；Rao et al.，2003）。实验研究揭示，用 O_2 作为氧化剂在不同温度下进行 U(Ⅳ)的氧化溶解对比实验，发现浓度低的重碳酸盐溶液的温度从 10 ℃ 增加到 60 ℃，会使 U(Ⅳ)的氧化速率增加一个数量级；若重碳酸盐浓度高，反应速率可增加到两个数量级，显示温度对 UO_2 的氧化具有较大促进作用（Pablo et al.，1999）。这对研究和认识在较高温度环境中 U(Ⅳ)随流体迁移或沉淀具有重要意义。

热演化对有机能源矿产的形成至关重要，热动力作用直接参与和宏观控制其形成，总体决定成矿物质反应和转化的程度、阶段与相态等。如根据烃源岩生烃过程所经历的热演化程度的不同，将烃源岩的生烃过程分为未成熟、成熟、高成熟和过成熟等阶段。对烃源岩、煤随温度增高而发生的成矿作用及其明显变化前已述及。

2. 岩浆-热液活动对成矿作用的影响

沉积矿产的成矿物质主要来自盆地形成演化期间沉积的矿源层、邻近地层，或蚀源区；在成盆期后的盆地改造阶段，汇入盆地的流水仍可从处于表生环境的周邻露头蚀源区携带成矿物质进入储矿层。此成矿物质来源和后成、外生成矿作用，与陈毓川等划分的沉积、表生和含矿流体三种成矿作用有关(陈毓川等，2006b)；而与成矿物质主要来自深部及基底和内生、同生成矿的岩浆作用成矿显著不同。

明显受断裂活动控制的各类断陷盆地或与构造活动带临近的盆地边部，在盆地发育期间常伴随有性质和规模不同的岩浆活动。岩浆或热液活动可发生在盆地演化的不同阶段。一般相对最为强烈的时期多出现在断陷盆地裂陷的鼎盛阶段，常与主力烃源岩的发育时期相同或相近，对水体中生物的繁盛或勃发有重要影响，有利于优质烃源岩的形成。如我国东部和东南近海的渤海湾、江汉、珠江口等新生代裂陷盆地。这些岩浆和(或伴随的)热液活动，一般对成矿环境和成矿作用会有一定程度影响甚或较明显影响，但其物质大多鲜有直接成矿或直接参与成矿作用(刘池洋等，2007b)。

但在造山带等活动区发育的断陷盆地，特别是其中的热水沉积，可形成连续性好、具一定规模的菱铁矿-重晶石-含碳质硅质岩互层的热水沉积岩系。该岩系中含少量有机碳质、发育多金属硫化物莓球(黄铁矿、黄铜矿、方铅矿、闪锌矿等)，构成含矿性好的含矿岩系或容矿岩系。经构造-热液的改造形成沉积-改造型热水沉积型矿床。如秦岭中柞-山盆地产有银洞子超大型银-铅锌矿床，超大型大西沟菱铁矿床；镇-旬盆地产出超大型沉积-改造型公馆汞锑矿床，金龙山-丘岭大型微细浸染型金矿，锡铜沟大型热水沉积改造型铅锌矿床；板-沙盆地产出有大型微细浸染型马鞍桥金矿；凤太盆地产出三个(铅硐山、八方山、银母寺)大型热水沉积改造型铅锌矿床，三个(八卦庙、太白、庞家河)微细浸染型金矿；西-和盆地产出中国第一大阳山超大型微细浸染型金矿床，中国第二大厂坝超大型热水沉积改造型铅锌矿床。在该区，大-中型热水沉积改造型铅锌矿床及微细浸染型金矿床多达数十例，资源丰富，成为我国重要的有色金属与贵金属基地。

第三节 成矿作用和过程

一、初始成矿物质的赋存大多呈分散状

在盆地中，不同沉积矿产成矿物质的来源、聚集、形成和赋存状态差别较大。相对于相邻非矿源层而言，矿源层内原始成矿物质的丰度要高得多；但其初始成矿物质的迁移和分布大多呈分散状。

油气煤等有机矿产的原始成矿物质，均呈分散状赋存在细粒沉积物中，且完全形成于源岩层沉积阶段。在分散固态有机质被沉积埋藏后，随地球化学环境和温压条件等的变化，开始向各种有机能源矿产转化。其中液态油和气态天然气进一步运移、聚集，遂在有利储层和圈闭中富集成藏(矿)。

无机成矿物质在矿源岩中也大致呈细分散状，并以吸附态(主要被有机质和黏土、

胶体矿物吸附）、微粒矿物或类质同象形式存在（涂光炽等，1988）。但其成矿物质的来源较为广泛，且一般具有多期性及长期性。

如砂岩型铀矿、铜矿等金属矿产成矿物质的来源即具有以蚀源区一元为主，同时兼有多元性和多（长）期性：分散的初始成矿物质可沉积同生带入、浅埋藏准同生成矿物质重新组合、表层后生渗入和基底或深部次生侵入等。进而通过在盆地边缘沉积相分选预富集、埋藏和成岩-后生作用，在地球化学环境发生变化的地带（包括受赋存或迁移而来的油气-煤还原作用的影响）而沉淀、聚集、成矿。这与油气有机矿产由分散到富集成藏的过程和特点明显不同。

在鄂尔多斯盆地北部准格尔煤田黑岱沟矿上古生界太原组巨厚煤层中，发现与煤共（伴）生的超大型镓矿床，镓超常富集的载体为勃姆石（代世峰等，2006；Dai et al., 2006）。在华北克拉通山西宁武煤田平朔矿区太原组及山西组煤中也发现了具超大型储量的伴生镓矿和锂矿（Sun et al., 2013）。镓属典型的分散元素，自然界中很难形成独立的矿床和矿物；对镓在煤中独立成矿的机理鲜有研究。对其形成环境和区域背景及与煤层、铝土矿层共（伴）生等特点的初步分析认为，应是在分散元素镓相对富集的背景下和表生环境中，经过多种地质作用、多期次、不同形式的改造、迁移-富集而逐渐成矿的。尽管其成矿过程较为漫长、主控因素十分复杂（Dai et al., 2012），但在表生条件下镓的相对富集（应为含分散元素镓的母岩在奥陶纪晚期华北克拉通整体抬升，遭受长达约1.5亿年的化学风化、淋滤和物质分选、迁移，致使风化壳的残留物质中镓相对富集）和被搬运、充填到盆地时与煤的有机成矿物质相关的同沉积环境，对镓的富集成矿起到了重要作用。可见，该矿床的发现对分散金属元素在沉积环境中高度富集成矿提供了难得的剖析实例，具有重要的科学意义和应用价值。

这同时提示人们，煤及油气（层）中伴（共）生的金属元素的富集或成矿，是一个值得重视、具有广阔应用前景的研究领域和重要的研究方向。

二、从矿源聚集到成矿环境发生转变

沉积盆地系统原始成矿物质的来源和汇集可分为外源和内源两大部分。外源主要通过不同方式搬运、充填到盆地中的沉积物和流体而带入；物源区成矿组分与成矿元素的丰度对原始成矿物质的贫富和赋存状态有重要影响。内源组分及成矿物质以生息繁衍在盆地内的生物和其活动、作用的产物为主，如烃源岩中有机质的来源。外源和内源原始成矿物质的汇集，主要发生在表生、氧化、常温常压环境中，通过岩石圈表层、水圈、大气圈和生物圈间相互作用所完成。

随着沉积物的埋藏、压实和成岩作用的相继或断续发生，原始成矿物质所处的环境氧逸度降低，由氧化环境向还原环境、从开放系统往半开放-半封闭系统转变；温度和压力增高，流体性质也发生相应变化。于是，不同类型的有机物质分别向油、气或煤转化。在自然界金属成矿元素大多为变价元素：处于高价氧化状态易溶搬运；在低价还原状态溶解度降低而沉淀。Pb、Zn一般虽不是变价元素，但在氧化条件下溶解度急剧增加易于搬运，在还原条件下溶解度降低导致沉淀（涂光炽等，1988）。

所以,从成矿物质初始聚集到成矿作用发生和矿产形成的整个过程,成矿物质所处的环境发生了显著的变化。这是盆地成矿系统矿产形成的一大特点。

值得注意的是,在盆地形成演化及改造的不同阶段,通过岩浆作用或热流体活动也可使盆地基底和之下深部的物质进入到沉积地层之中。这些来自深部的物质,通过多种方式、不同程度地参与或影响了沉积矿产的形成和分布。

三、成矿过程的三阶段

沉积矿藏的形成,一般都经历了原始成矿物质的活化迁移→初步聚集形成异常丰度→富集成藏(矿)及后期改造成矿定位三个阶段。

如沉积阶段预富集的分散有机质,必须经过埋藏-成岩阶段才可能转化(并非都能转化)为成矿物质——油气、煤。固体煤矿在此阶段即已形成;而流体油气则需经过进一步运移,在有储盖层和圈闭的有利场所才聚集成藏,且随后还可能发生多次不同形式的改造和不同规模的聚、散、失。

原始有机成矿物质聚集的时间和空间一般较易确定,主要受沉积作用控制。后两个成矿阶段发生在成矿物质埋藏之后,一般在盆地演化的末(晚)期和成盆期后相继发生。在大中型盆地,各阶段发生的时限可能会因地而异,各地各阶段发生的时限前后会有重叠。在叠合盆地和后期改造较明显的改造盆地,油气成矿过程的三阶段可能会多次出现,各期次、各阶段具体时限的厘定较为复杂,但尚有规律可循。

砂岩型铀矿、铜矿等金属矿床的形成,也经历了随地质环境变化由沉积阶段成矿物质预富集、在埋藏成岩阶段迁移-聚集-淀积和成矿及改造定位的过程。但各阶段发生的具体时限却不易划分。因其成矿物质的汇聚不限于沉积充填阶段,常具多期性和长期性。在其容矿层沉积之后,甚至盆地沉积作用结束、盆地消亡之后或成矿期间,通过地表水汇流下渗、潜水径流、建造封存水活动甚或下部、深部热流体携带等方式,仍可继续有分散的后成外生或内生成矿物质输入,进而接续聚集-成矿。在盆地的后期改造阶段,输入的成矿物质对铀、铜等矿床形成的贡献往往更大(刘池洋等,2005,2006)。

在盆地沉积矿藏的形成过程中,三个阶段相继发生、密切相关,然特征有别;并可能在空间上彼此叠替,时间上多次出现;不同矿产各成矿阶段又自有其特征和个性。

沉积矿产成藏(矿)的过程和主要阶段,与盆地演化-改造的过程和阶段及主要地质事件有密切的耦合关系。后者是前者发生的基础和背景,前者对后者有明显的响应(叶连俊,1993)。盆地演化和后期改造各阶段的主要地质事件在空间上是不均匀的,所产生的成藏(矿)效应也必然因地而异。这种差异将直接控制和显著影响各类矿床,特别是各种流体矿藏的形成、赋存、聚散、成藏(矿)-定位和分布。

四、运移的动力和途径

含矿流体的运移,是矿源岩成矿物质向储矿层富集的主要载体和搬运形式,是(沉积)矿藏形成重要而关键的环节;其运移的规模和方向明显受运移的动力和途径制约。

（一）运移的动力

1. 压实作用和异常压力

在沉积物埋藏压实过程中，因重力负荷增加、孔隙减少而驱使孔隙流体不断排出迁移。由于压实程度、孔隙和温度变化等的不均一性，沉积地层在某些时间和局部层段会因欠压实而产生异常高压。此高压的幕式释放，将促使流体发生动态排出和运移。异常高压主要发生在压实程度较高阶段和渗透性差的细粒岩层中，因而其压力释放对恰逢生烃高峰期的烃源岩中油气的排出和运移意义重要。从沉积层中排出和运移的流体成矿物质（如油气），或流径过程萃取成矿物质而形成的含矿流体，向上和向四周运移，在孔隙度高、裂隙发育、适于成矿物质聚集的地带富集成矿。如沉积型铅锌矿就主要是这样形成的（张复新，2005；杨永强等，2006）。

2. 构造作用

构造应力及其产生的不同形式的变形和高差变化，总体控制着区域流体运动的动力和方向，宏观影响着温-压条件的变化，直接制约着成矿流体迁移的通道和容矿空间的分布及优劣，因而是流体运移的主要驱动力。

3. 渗流携带作用

地表水和大气降水等向盆地潜流渗入，在流经蚀源区和含矿岩系萃取各种盐类和成矿物质，当成矿物质达到过饱和，或在环境变化的适合条件下，流体中成矿物质发生沉淀、进而富集成矿。

4. 分子扩散

流体中含矿物质的浓度不同时，会产生高浓度流体中的成矿物质向低浓度流体扩散。在地下深处渗透性较差、流体运动缓慢的成岩后生阶段，这是流体中成矿物质迁移的一种重要方式。如油气，特别是天然气分子扩散对成藏意义更为重要。

5. 挥发作用和浮力

盆地沉积层中挥发作用主要发生在各种天然气（煤型气、CO、CH_4、H_2S、H_2O、CO_2）及少数元素中。石油和各种天然气的密度小于水，浮力可使其向上运移。这对其本身成矿具有富集和逸散两种不同的作用。但上升的成矿物质，对浅成及表生氧化物质的还原作用和化学反应，可使处于高价态下渗的成矿物质还原为低价态而沉淀成矿，同时出现碳酸盐、硫化物、硅酸盐矿物的结晶和分带。

（二）运移的途径

沉积建造中的孔隙是成矿流体的天然通道和最为常见的运移途径；同时也是常见的

赋矿空间。油气藏、砂岩型铀矿床和铜矿床等矿产均是如此。

构造作用形成的断裂和节理，不仅本身为重要的运移通道，而且将不同深度、不同岩性岩层中的孔、缝、洞相连，构成立体式的流体交换网络，促使了更广阔范围的流体运移和交换。

在地下较深处较普遍存在着与异常高压有成因联系的非构造微裂缝。当地下较深部地层中孔隙流体异常压力很(较)高(达到上覆静水压力的 1.6~2 倍时)(李明诚，2004)时，在烃源岩等细粒岩层中就可以产生张性微裂而释放异常高压和排出流体；随后微裂缝又闭合。异常高压的形成和释放是幕式、间歇进行的，因而微裂缝则出现幕式张而复闭和闭而复张变化(涂光炽等，1988)。

在泥质烃源岩中，油气的生成等作用是产生流体异常高压和微裂缝的重要原因，后者又是油气初次运移的重要动力和通道。二者因果相关、相继同步进行，使生烃和排烃连续进行(李明诚，2004)。

地层中的层理、不整合面以及岩石中的缝合线等，也可成为流体运移的途径。特别是在地层倾角较大时，不整合面和层理对含矿流体运移的影响不可忽视。

五、矿源岩与储集层组合关系多样

除煤等特别固体矿产外，对与流体成矿作用联系密切的沉积矿产而言，只要岩石有孔、缝、洞，携带成矿物质的流体可以进入其中，就均有成为储矿层的可能。

油气以沉积岩砂岩及碳酸盐岩为主；孔缝洞发育的各类沉积岩、岩浆岩和变质岩，均可成为油气储层。如渤海湾盆地辽河、渤中和济阳等拗陷发现的岩浆岩储层；酒泉盆地鸭尔峡油田和渤中拗陷的基岩油气藏均以变质岩为储层。所以，流体矿产油气的烃源岩与储集层的时代关系多样，在断陷盆地断层两盘垂直落差较大的地带更是如此。在中国含油气盆地有自生自储(大庆油田等)、新生古储(任丘油田等)、古生新储(老君庙、克拉 2 号油气田等)等成藏组合。

一般认为，金属矿产矿源岩与容矿层往往呈同层或邻层的近源关系，因而其成矿物质运移距离较短。如砂岩型铀、铜等矿床。事实上，金属矿床容矿层中提供的成矿物质，是流体从沉积物源区和流经的岩层中以溶解、萃取等形式运移而来的；同时还有来自下部或深部热流体携带而来的。所以，其成矿物质来源多元，搬运距离有远有近；矿源岩与储集层的组合关系更为多样。若成矿期有断距较大断裂活动参与，其组合关系就更为复杂。

六、聚集成矿场所

不同沉积矿产对其聚集成矿场所的要求有所差异，但其共同点是：均需要有孔隙较发育的储矿岩层和容矿空间，并被岩性、构造或地球化学突变层(带)所围限圈闭。

孔隙较发育、渗透性较好的砂岩层、孔缝洞较发育的碳酸盐岩、火山岩及变质岩等岩层和各类构造破碎带，均可成为与流体成矿作用有关的沉积矿产的储矿岩层。这些储矿岩层被渗透性差的岩层封盖，在背斜、断层等构造圈闭和岩性尖灭、地层遮挡等圈闭中，形成容矿空间。若其在成矿流体可及的范围内，就有可能形成油气藏、砂岩型铀、铜等矿床。

不同沉积矿藏对封盖层的要求不尽相同。油气藏和砂岩型铀矿等金属矿床，大多都要求在储矿岩之上存在渗透性差的岩层。如泥页岩和膏盐层，以阻止油气、矿质气液的逸散和成矿物质与邻层的连通，对成藏、成矿起着圈闭或障壁作用。

膏盐层本身为盆地重要的有用沉积矿产，也是流体矿产油气藏极佳的盖层。但由于其易溶性和特有的地球化学性能，在金属-非金属矿产形成中常扮演了其他更为重要的角色。含硫类等组分的流体可形成硫矿床；且常为砂岩型铀、砂岩型铜矿床成矿过程中硫和盐类的来源，大大补充了活动流体中多种碱金属及阴离子等组分含量，显著提高了下渗水萃取含矿层中金属等成矿物质的能力，对于矿床形成有时起着举足轻重作用。

金属矿床的形成，除上方的封盖条件外，下方或侧翼岩性-岩相、构造或地球物理化学条件，特别是地球化学环境的边界-转化带（翟裕生，1997，1999，2001；翟裕生等，2004）或突变层（带），同样为成矿作用重要而不可或缺的条件。如砂岩型铀、铜矿床往往形成于具氧化还原过渡带特征的地球化学环境突变带（障）位置。

七、矿源岩与矿藏形成有（较长）时间间隔

沉积矿产原始成矿物质聚集与矿藏形成-定位之间间隔的时间较长，甚或时差可达几亿年。这是沉积矿产的又一大特点。如古生代或中生代的烃源岩，可分别在中生代晚期，甚或新生代晚期才大量生烃、运聚成藏；之间相隔时间可达1亿年甚或更长。其油气藏（田）定位的时间更晚（刘池洋等，2003）。

如酒泉盆地的早白垩世烃源岩，于新近纪晚期生排烃，储集在新近纪末—第四纪初形成的老君庙背斜之中。塔里木盆地北部满西地区的哈德逊亿吨级油田，油源层为中上奥陶统（地层年限435~465 Ma），其成烃和成藏主要发生在5 Ma以来（梁狄刚，2013[①]）。烃源岩形成与生烃-成藏间隔的时间达4亿多年。

对于砂岩型铀、铜矿床，沉积型铝土矿床，铝土型锗矿和煤型镓矿床等金属矿床，成矿大多发生在中-新生代或晚古生代。但许多矿源岩直接来自太古宙或元古宙变质-岩浆建造，需要经过相当长时间的风化、剥蚀和各种地球化学作用，方可将有用成矿组分彻底分解出来，最终通过沉积作用达到预富集效果或直接成矿。

八、后期改造明显：动态成矿过程

沉积矿藏（床）的规模、形态和分布位置等易随地质构造环境的变化而发生改变（易变性），甚或破坏、消失。其中以流体（如油、气）和其形成具流体性能或受流体影响明显（如铀矿以及膏盐等）的矿产尤甚（刘池洋，1996；刘池洋等，2000）。

---

① 梁狄刚. 2013. 一个古老生油层晚期成藏的实例

对于砂岩型铀矿等形成与流体成矿作用联系密切的金属矿床，在有外来含矿氧化流体和深部氧化还原过渡带，或深部、或下部还原性气体的联合作用，方可使成矿物质沉淀聚集。这一过程基本在沉积–埋藏–成岩作用阶段和不同性质流体交换范围内完成。但若其所处环境发生变化，如储矿层抬升又重新进入受表生或表浅层氧化作用为主的环境，这些对环境敏感的变价元素，就会发生新的迁移，从而使原矿床的规模、形态等发生改变，甚至破坏或消失。现今所存在的这类金属矿床，除少数处于较稳定的构造环境外，大多数形成时间较晚。因而其遭受后期改造的期次少，被改造的强度较弱。

所以，沉积矿藏（床）的形成过程、规模、形态和分布位置等是动态的。在成矿期后的改造过程中，矿藏（床）可再生叠加成矿，也可形成新的次生矿藏或消失。中国大陆活动性强，盆地后期改造强烈而普遍。重视和专门研究后期各种改造作用对沉积矿床成矿作用的正反两方面影响，具有重要的理论和现实意义。

九、成矿期次多、矿藏定位时间晚

对油气有机流体矿产而言，烃源岩的成熟生烃主要受温度的控制。形成时代较老而成熟度不高的烃源岩，随盆地构造变动而会发生多次升降和地温场变化，相应就发生多次生烃、多期运移–聚集和多期成藏。我国的含油气盆地，大多都具有多期成藏的特点（刘池洋，1996；刘池洋等，2000）。

砂岩型铀矿等与流体成矿作用联系密切的金属矿床，由于成矿物质来源的多样性和特殊性，成矿作用的多期性和长期性，矿床特点必然显示叠加与改造的特征。

成矿作用的多期性和成矿物质的多期叠加成矿，是沉积矿产成矿物质富集和矿藏形成的重要方式和途径。

上述特点决定了沉积矿藏（床）的形成，特别是矿藏（床）的定位时代相对较晚，有时很晚。如我国的含油气盆地，大部分油气成藏时期较晚（刘池洋等，2003；戴金星等，2003；贾承造等，2006），其成藏–定位主要发生在 20 Ma 以来；部分盆地和地区油气藏（田）目前仍处于调整和形成中（刘池洋等，2003）。

在东起我国松辽盆地，西止里海，东西连绵逾 6000 km 的中东亚成矿域，砂岩型铀矿床主要形成于中生代晚期以来，以新生代（晚期）为主，大部分矿床挽近时期甚或现今仍在成藏（矿）（刘池洋，2008）。

盆地演化末（晚）期和之后，为沉积矿产重要的成藏（矿）和定位期。这是多数盆地油气生成、聚散和成藏–定位的关键时刻，也是铀矿最重要的成矿阶段，同时为煤质煤级演变和同盆共存的各类能源矿产相互作用的主要时期（刘池洋等，2005，2006）。

所以，沉积矿藏（矿）形成后的保存和保存条件的研究是必要而重要的（翟裕生，1999；刘池洋等，2003）。

十、各类矿产成矿作用的关联性

盆地内沉积矿产资源丰富、类型多样；然而不同类型矿产之间的关联方式或关系类型却千变万化、差别颇大。

万变不离其宗。既然各类沉积矿产在盆地发生、演化及改造中形成和共存，就必然有着重要的内在联系和直接或间接的依存关系。这就类似于同一群落生态中的生物多样性和生物链的关系：各类生物之间虽有必然亲缘关系或直接变异演化联系者甚少，而具亲和性、同存俱盛者和有食物链式依存关系者居多；也有具排他性、有此无彼、互不同存者等等。这些联系是多种沉积矿产同盆共存、组合分布，或群落生态中各类生物同存共盛、分区生存的必然性和其研究的重要性及必要性。

对这些关系的梳理、厘定和其形成环境的研究、揭示，无疑对各类矿产形成（或生物生存）的机理和其分布及预测提供了科学依据和理论基础。

如在全球范围内，普遍发现汞-锑矿化与油气盆地关系密切。在该类金属矿区，赋矿层和矿体中往往富含有机碳、沥青质。但这些金属矿床却与油气藏和煤田并不同盆共存。这种成分相伴相关，但又赋存相左现象是何原因（Patrick et al.，1997），可否作为找矿勘探依据，值得研究。

又如，我国大陆主体在全球砂岩型铀矿集中分布的纬度（北纬 20°～50°）带内。我国前新生代内生铀矿集中分布在南方（黄净白、黄世杰，2005）露头区，与其相邻的众多中新生代陆相盆地具有丰富铀成矿物质来源。但我国目前已探明的砂岩型铀矿的资源量 95% 以上却分布在北纬 35° 之北的北方中新生代陆相盆地中，且常与油、气、煤等能源矿产同盆共存富集。这种砂岩型铀矿的分布格局，与已经查明和证实的我国中新生代陆相盆地的油气北富南贫、煤炭北多南少惊人地一致，表明其间有着密切的深层次内在联系。

无独有偶，中亚为世界铀资源最丰富的地区之一，现已探明 7 个铀矿区。其中 5 个沉积型铀矿区集中分布在中南部诸盆地，这些盆地大多已探明有丰富的油气、煤资源。然夹于哈萨克斯坦境内 2 个内生铀矿区之间的田吉兹盆地，面积 $4×10^4 km^2$，应不乏铀源，但该盆地迄今尚没有油气发现，也未发现沉积型铀矿床（刘池洋等，2007a）。

以上现象表明，铀的成矿物质来源（即蚀源区含铀建造的存在）和临近蚀源区的盆地边部砂体的展布，是形成砂岩型铀矿的基本地质条件。铀物质来源的丰度是能否形成矿床的重要因素和必要条件，但不是决定因素和唯一条件。铀成矿物质只有在特定的盆地沉积环境和物理化学条件下，才可能富集成矿床。

再如，在蕴有多种沉积矿产资源的沉积盆地成藏（矿）系统中，盆地内矿产资源的分布会具有同心环形、半环形等成藏（矿）分带性：一般金属矿床（如砂岩型铀矿、砂岩型铜矿）分布于盆地近蚀源区的盆地边缘斜坡带，可有煤层与之共存同一空间；天然气和深成气可与之形成交叉重叠。而沉积层厚度大、埋藏深的盆地中部拗陷区，往往是油气赋存和聚集的主要地区。

十一、成矿物质富集特点与成矿类型

矿产的成因直接影响甚或决定其赋存状态与空间分布。

根据成矿物质富集与含矿层沉积的时间先后关系，可将沉积型矿产的形成大致分为以下三类情况。

1. 同沉积矿源成矿型

分散成矿物质或在沉积过程中汇聚富集成矿，如大多数泥岩型铀矿和煤岩型铀矿、沙金矿等；或经深埋成岩过程中温压环境变化而转化成矿，如煤、页岩油气等。这类矿产的赋存和分布主要受初始沉积环境和建造特征的控制；后期各种地质作用的叠加改造会对该矿藏产生一定的影响，但对赋存状态和分布特点影响相对较小。

2. 沉积期后矿源聚集成矿型

在含矿层沉积埋藏和成岩后，分散的成矿物质或在浅表层由水携带进入孔隙发育的地层中，或与含矿层同沉积的分散物质再迁移聚集，或来自含矿层之下的成矿物质被各类流体带入，在地球化学温压环境适合的部位汇聚富集成矿。如成矿物质源自不同途径的砂岩型铀矿和一些在盆地环境中形成的膏盐等低温脉状矿体。矿源的多元性和在含矿层沉积之后才发生聚集或才进入含矿层聚集成矿是这类矿藏的特性。成矿物质既然来得自由，自然去得容易。这就决定了这类矿藏在赋存状态和分布特点上的不稳定性，或易变性，即易于随所处环境的后期变化而改变，甚或消失。

3. 沉积期后矿源物质转化成矿型

分散成矿物质在沉积埋藏后，初始成矿物质经埋藏成岩过程温压、地球化学环境的变化而转化为成矿物质，进而发生运移、聚集和成矿，如常规油气藏。初始成矿物质需经过沉积后的转化，然后再发生运移、聚集成藏，是这类矿藏有别于以上两类的特点。换言之，不发生转化就没有成矿物质(如油气)，或仅是不能成矿的初始成矿物质(如分散在地层中的有机质)；不迁移、聚集难以形成矿藏。

此特点决定了这类成矿物质和矿藏的赋存与分布具有"聚、散、变、失、留"五种情况或五种形式。在此以油气为例。有机质转化为烃类流体之后，离开烃源岩母体发生运移，运移的结果有四：汇聚富集形成油气藏；分散赋存于地层中；运移途中与围岩和运载流体发生化学作用，转变为非烃类物质；迁移达地表散失或轻组分散失而残留下各类沥青和稠油等烃类物质。留在烃源岩中没有运移出去的烃类物质，近十多年来作为非常规油气(页岩气、页岩油)，采用新的技术手段已开采成功并取得显著经济效益，被誉为"页岩气革命"正改变着油气资源的格局和人们的观念。可以预测，油气资源短缺的重大需求和随着科技进步的可行，丰度较低分散赋存于地层中的油气也可能会引起人们的关注和重视。

受"非常规油气"成功开采和"页岩气革命"巨大影响的启发，似可预测，目前因技术和成本等原因尚不能开采的一些矿产，随着科技的不断进步和矿产资源日益匮乏的需求，在不久的将来这些矿产有可能成为新的可利用的重要资源，如非砂岩型沉积铀矿、深部煤和膏盐等。

第四节   成矿环境与背景

一、不同构造环境特征有别

沉积盆地内同盆共存的各类矿产的成矿期次、成矿特点、组合关系和分布规律等，总体受盆地类型等地球动力学环境演化的影响明显。只有将多种沉积矿产形成-富集-成藏置于盆地形成、演化和改造的动态过程和统一动力学背景之中，才可能揭示各类沉积矿产同盆共存富集的基本规律和成藏（矿）机理及其主控因素。

如北半球砂岩型铀矿在数量和总资源量上均在全球占主导地位，与该区域新生代以来发生的阿尔卑斯-喜马拉雅构造运动和拉拉米运动有着密切的成因联系（刘池洋等，2005，2007b）。

根据地球构造动力学环境的不同，可将盆地成藏（矿）系统分为裂陷伸展、聚敛、转换、克拉通等大的类型系列，各大类型盆地系列又有多种特征有别的盆地类型（刘池洋等，2015）。在大中型盆地内部又可进一步分为规模不等、级别不同的成矿构造单元。盆地所处的大地构造位置和基底性质的不同，其成矿作用和矿产类型也差别较大。如发育在造山带中的盆地，多金属、贵金属矿产较为发育；而油气和煤有机矿产、盐类、砂岩型铀矿等主要赋存在位于克拉通的盆地或中间地块盆地之中。

我国大陆有别于世界主要大陆的显著地质特点是活动性强、深部作用活跃，盆地后期改造强烈（刘池洋，1996；刘池洋等，2000）。盆地的原始面貌和其中的沉积矿产（特别是流体矿产）的赋存状态，常会随时空变化而发生改变。在探讨各种沉积矿产同盆共存关系、赋存环境、富集成藏（矿）和主控因素及区域背景时，应剔去后期改造的影响，再现不同阶段的原始盆地面貌和成矿条件及环境，从动态演化的角度揭示其内在成因联系和构造变动及改造在沉积矿产成藏（矿）中的正、反两方面作用。

二、时间上的阶段性

地球表层水圈、大气圈和生物圈的演化，直接控制着岩石圈表浅层的物理-化学环境和盆地内的沉积建造，明显影响着沉积矿产的形成、富集成藏（矿）和其特征。因而在地质历史的不同阶段，产生类型不同、特征有别的沉积矿产。

有机矿产油气、煤的形成及富集程度，受生物演化影响明显，主要形成和赋存在古生代以来发育的沉积盆地中。在适于生物生长和繁盛的时代，有机矿产更为丰富。在陆生植物大量繁衍的石炭-二叠纪和侏罗纪，为全球的两大主要聚煤期。在地质历史上，显生宙有 6 个时期烃源岩较为发育，全球油气储量的 91.5% 来自这 6 套烃源岩（图31.3）。其中在生物繁衍鼎盛的白垩纪，油气储量最为丰富。

近年来，对中-新元古界的油气勘探和研究均取得了主要进展，证实该套地层具有生烃能力和资源潜力，并已在俄罗斯东西伯利亚、阿曼、印度和中国四川的中-新元古界发现规模原生油气储量，并投入商业化开发生产（孙枢、王铁冠，2016）。这是一套值得重视的油气勘探新层系。由于中–新元古代处于生物演化繁盛之初，加之地层时代古老，其油气资源在规模上会逊于显生宙各时代主要烃源岩(图 31.3)。

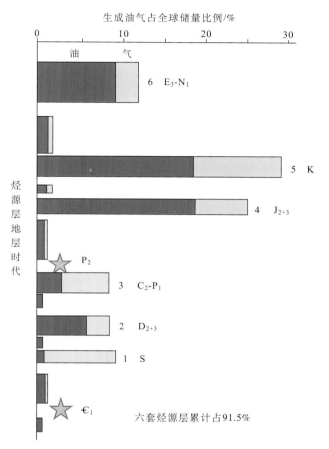

图 31.3　不同时代烃源层生成油气在全球储量所占比例示意图

据梁狄刚，2008，转引自孙枢、王铁冠，2016

沉积岩型层状铜矿床在全球的重要性仅次于斑岩型铜矿床，但在约 2.0 Ga 前并不发育。研究表明，地球在约 2.45 Ga 以前的太古宙大气处于极度贫氧状态，至约 2.4~1.9 Ga 地球大气中才出现一定浓度的游离氧(Holland，2006)。全球最古老的 Udokan 铜矿床以及中条山铜矿带的形成时代正是在约 2.4~2.0 Ga 发生的全球大氧化事件期间或稍晚(刘玄等，2015)。可见，沉积岩型层状铜矿床的形成，与地球大气中游离氧的存在和浓度息息相关。

铀元素属亲氧元素。外生铀矿床的形成和类型，与地球表层环境的演变关系密切。在古中元古代，始有微生物作用，在高 CO_2 和少 O_2 环境中，盛行物理风化，形成石英卵石砾岩型铀矿床。到中元古代中期—新元古代，大气和水中游离氧含量增多(多于现代20%)，CO_2 相对减少，气候从潮湿温暖转变为炎热干旱，形成不整合面型铀矿床。晚中生代—新生代，温暖潮湿和半干旱炎热气候交替，大气氧明显增高，到早白垩世达到最大值，为渗入成矿作用创造了条件，形成大量砂岩型铀矿床，并发育含铀磷块岩（赵凤民，2006[①]）。

除表生环境演变外，地球演化的重要阶段和演化中发生的重大地质事件，如超大陆的裂解等，会使地球表层系统发生重大变革，同时也伴有大规模成矿作用（陈毓川等，2007；刘玄等，2015）。例如，新元古代—中寒武世，中国和澳大利亚、印度、越南大量磷矿床的形成，与当时生命大爆发，即海洋中菌、藻类微生物的空前繁茂及小壳化石第一次出现有关（叶连俊，1993；翟裕生，1997）。

三、空间上的分区性及偏富极

目前国内外矿产勘探和开发的实践已经揭示，包括油气在内的几乎所有矿产资源，在空间分布上极不均匀，具有明显的分区性，大凡存在着富者更富、贫者愈贫、贫富相差极为悬殊的偏极性或偏富极现象（刘池洋等，2007a）。沉积矿产在同一盆地的不同地区，或同一成矿区（域）中的不同盆地均是如此。

尽管已发现的砂岩型铀矿遍布全球，但其富集成矿区的集中分布却有明显的分区性。无论砂岩型铀矿床的数量，还是总资源量，北半球（北纬20°~50°）均占主导地位。其中以中-东亚分布最为集中，中亚最丰富。中亚目前已探明砂岩型铀矿床数逾百个（刘池洋等，2005，2007a）；仅在哈萨克斯坦境内探明的可地浸砂岩型铀资源量，约占世界总量的40%（详见本书第一章）。

再如古砾岩型金铀矿仅发育于古南方（冈瓦纳）大陆的非洲（南非、加纳）和南美（巴西），而未见于古北方（劳亚）大陆的欧亚及北美；钾盐矿床多见于北半球（两个超大型钾盐矿，一个在加拿大，一个在西伯利亚），而且大中型钾盐矿也多分布于欧亚大陆；不整合脉型铀矿富集区主要见于加拿大中北部和澳大利亚北部（涂光炽、李朝阳，2006）等。

世界上各类超大型矿田（床）的储量极富而数量极少。其数量仅占世界上已发现矿床总数的7%，然而其所拥有的矿产储量却达65%（翟裕生，1997，1999，2001；翟裕生等，2004）。

超大型矿田（床）极为罕见，甚或独一无二。如全球已探明的常规石油剩余储量的2/3在中东波斯湾盆地，估计再不会发现与之资源规模相当的第二个油区；全球常规天然气剩余探明储量近1/3在俄罗斯，等等。

对油气而言，不仅我国和全球不同油区或盆地油气资源贫富悬殊，就是在同一个含油气盆地，其地质条件貌似相同或相近的拗陷或凹陷，其油气资源也常相差极大。如南襄盆地，面积 1.7×10^4 km²，包括泌阳、南阳和襄阳-枣阳三个凹陷，是我国著名的"小而富"盆地。但该盆地已探明油气地质储量的92.8%和已生产原油的95%以上来自不到盆地面积6%（面积仅1000 km²）的泌阳凹陷。

可见，在全球、各大洲或盆地、矿集区及其内部各单元等不同尺度，各类矿产资源贫富相差悬殊的明显分区性存在普遍，笔者称其为自然界矿产资源成生分布中的"二八

[①] 赵凤民. 2006. 有关铀成矿作用的几个问题. 西北大学学术报告

法则(或现象)"。即约 20% 左右的矿藏(数量)或矿区(面积),拥有或贡献了 80% 左右的矿产资源(刘池洋,2013)。

对大型、超大型矿田(床)的成矿机理的探索,长期以来人们乐而不疲,但迄今尚无实质性突破。已有研究所总结的成矿条件、环境和控矿因素等,并不足以揭示其矿产资源如此超常富集;也不能说明同样具备这些条件和因素的矿区,为什么却没有巨量的储量。显然,这其中必定隐藏着目前各类矿产地质理论尚未关注、勘探家还不重视、但对矿产资源成生却十分重要的主控因素或地质作用有待进一步揭示。对各类超常富集矿藏的研究,需要突破常规理念、理论和模式的约束,通过超常的思维和超常的技术路线去探索。

四、随时间发展,多样性更明显

总的来看,从成矿的矿种和矿床类型等方面综合考虑,似乎有成矿时代越老,矿种越少的演化趋势(涂光炽、李朝阳,2006)。换言之,随着地球演化历史的变新和时间发展,成矿物质(矿种)具有由少到多,矿床类型由简到繁,成矿频率由低到高,聚矿能力由弱到强的发展趋势(翟裕生,1997)。这反映了成矿系统有由初级堆积成矿-过渡型化学改造成矿-高级熔炼成矿的发展趋势(李人澍,1996)。沉积盆地成藏(矿)系统各类沉积矿产也总体显示出这一演化趋势。

陈毓川、汤中立院士等对中国成矿体系的综合研究和系统总结指出,随地质时代由老到新演化,中国沉积矿床的成因类型显现出逐渐增多、趋于多样化的规律。在元古宙仅发育胶体化学沉积型(铁、锰)、生物化学沉积型(磷)和热水沉积型(FeS_2、Pb-Zn、Cu、REE),到古生代及中新生代还发育有机沉积成岩型(油气、煤、油页岩等)、蒸发沉积型(石膏、石盐、芒硝、钾盐及重晶石)、黑色页岩型(铜、铀、钒)、风化型(耐火黏土、铁铌稀土、膨润土、高岭土等)、机械沉积型(砂矿等)、砂岩型(铀、铜等)等(陈毓川等,2007)。

综上所述,沉积盆地成藏(矿)系统有其自身的成矿特点和规律,具有相对独立的、统一的成藏(矿)环境和动力学背景。这些鲜明的个性与造山带和地盾等成矿系统显著不同,应将其作为一种独立的成矿系统(单元)列出,命名为盆地成藏(矿)系统,以与其他成矿系统相并列和区别。

对沉积盆地成藏(矿)系统进行专门研究和系统总结,探讨和揭示各种沉积矿藏同盆共存的内在联系、相互作用、组合模式和分布规律,必将会对各相关矿产科学的研究和已有认识产生新的思考和启迪,丰富和发展成矿理论;从而推动盆地成藏(矿)系统科学理论的建立,促进单矿种学科的进一步发展、完善;同时促进和指导盆地系统多种矿产的协同勘探和综合开发。

有必要指出,尽管有些层控等矿床的形成经历了与岩浆活动、构造变动或变质作用有关的高-较高温(热液)压的成矿作用的影响和改造,已不属于前述盆地成矿系统范畴。但这些矿床的形成与早期盆地沉积特征和成矿物质的分散状聚积有着密切的联系。若无前者，后期各种地质作用引发的高-较高温(热液)压成矿作用也未必都能形成矿床。

这与沉积岩和沉积盆地分别是副变质岩和造山带的早期物质形成和演化阶段一样，盆地成矿系统的成矿物质聚集和成矿作用也是高中温压环境中层控等相关矿床形成过程不可分割的有机组成部分。沉积盆地演化阶段矿产的(预)富集或成矿物质的聚集作用，对层控等金属、非金属矿床形成过程的全面认识和成矿机理的深刻揭示具有重要意义。这也是对沉积盆地成矿系统研究的另一方面重要意义。

参 考 文 献

陈衍景. 2006. 造山型矿床、成矿模型及找矿潜力. 中国地质, 33(6): 1181~1196

陈毓川, 王登红, 徐志刚等. 2006a. 对中国成矿体系的初步探讨. 矿床地质, 25(2): 155~163

陈毓川, 裴荣富, 王登红. 2006b. 三论矿床的成矿系列问题. 地质学报, 80(10): 1501~1508

陈毓川, 汤中立, 薛春纪. 2007. 中国成矿体系与区域成矿评价(上). 北京: 地质出版社. 439~449

陈远荣, 贾国相, 戴塔根. 2002. 论有机质与金属成矿和勘查. 中国地质, 30(3): 257~262

代世峰, 任德贻, 李生盛. 2006. 内蒙古准格尔超大型镓矿床的发现. 科学通报, 51(2): 177~185

戴金星, 卫延召, 赵靖舟. 2003. 晚期成藏对大气田形成的重大作用. 中国地质, 30(1): 10~19

黄净白, 黄世杰. 2005. 中国铀资源区域成矿特征. 铀矿地质, 21(3): 129~138

贾承造, 何登发, 石昕等. 2006. 中国油气晚期成藏特征. 中国科学(D辑), 36(5): 412~420

贾跃明. 1996. 流体成矿系统与成矿作用研究. 地学前缘, 3(4): 253~258

李明诚. 2004. 石油与天然气运移. 北京: 石油工业出版社

李人澍. 1996. 成矿系统分析的理论与实践. 北京: 地质出版社

刘池洋. 1996. 后期改造强烈——中国沉积盆地的重要特点之一. 石油与天然气地质, 17(4): 255~261

刘池洋. 2008. 沉积盆地动力学与盆地成矿系统. 地球科学与环境学报, 30(1): 1~23

刘池洋. 2013. 矿产资源成生分布的偏富极——自然界的"二八法则". 地质学报, 87(增刊): 187

刘池洋, 赵重远, 杨兴科. 2000. 活动性强, 深部作用活跃——中国沉积盆地的两个重要特点. 石油与天然气地质, 21(1): 1~6

刘池洋, 赵红格, 杨兴科等. 2003. 油气晚期-超晚期成藏定位——中国含油气盆地的重要特点. 见: 中国工程院, 环太平洋能源和矿产资源理事会, 中国石油学会编. 21世纪中国暨国际油气勘探. 北京: 中国石化出版社. 57~60

刘池洋, 谭成仟, 孙卫等. 2005. 多种能源矿产共存成藏(矿)机理与富集分布规律研究. 见: 刘池洋主编. 盆地多种能源矿产共存富集成藏(矿)研究进展. 北京: 科学出版社. 1~16

刘池洋, 赵红格, 谭成仟等. 2006. 多种能源矿产赋存与盆地成藏(矿)系统. 石油与天然气地质, 27(2): 131~142

刘池洋, 邱欣卫, 吴柏林等. 2007a. 中-东亚能源矿产成矿域基本特征及其形成的动力学环境. 中国科学, 37(专辑): 1~16

刘池洋, 张复新, 高飞. 2007b. 沉积盆地成藏(矿)系统. 中国地质, 34(3): 365~374

刘池洋, 毛光周, 邱欣卫等. 2013. 有机-无机能源矿产相互作用及其共存成藏(矿). 自然杂志, 35: 47~54

刘池洋, 王建强, 赵红格等. 2015. 沉积盆地类型划分及其相关问题讨论. 地学前缘, 22(3): 1~26

刘德生, 段绍伯, 唐小妹等. 1988. 世界地理. 北京: 高等教育出版社

刘魁梧. 1990. 生物成矿作用的机理、分类及某些特征. 地球科学进展, 5(3): 25~28

刘玄, 范宏瑞, 胡芳芳等. 2015. 沉积岩型层状铜矿床研究进展. 地质论评, 61(1): 45~63

卢家烂, 傅家谟, 彭平安等. 2004. 金属成矿中的有机地球化学研究. 广州: 广东科技出版社

孙枢, 王铁冠. 2016. 中国东部中-新元古界地质学与油气资源. 北京: 科学出版社. 371~397

涂光炽, 李朝阳. 2006. 浅谈比较矿床学. 地球化学, 35(1): 1~5

涂光炽等. 1988. 中国层控矿床地球化学(第三卷). 北京: 科学出版社. 1~36

涂光炽, 高振敏, 程景平等. 1998. 低温地球化学. 北京: 科学出版社

肖荣阁, 张宗恒, 陈卉泉等. 2001. 地质流体自然类型与成矿流体类型. 地学前缘, 8(4): 245~251

杨永强, 翟裕生, 侯玉树等. 2006. 沉积岩型铅锌矿床的成矿系统研究. 地学前缘, 13(3): 200~205

叶连俊. 1993. 生物成矿作用的思考、论据与展望. 见: 生物成矿作用研究. 北京: 海洋出版社. 1~5

殷鸿福, 谢树成, 周修高. 1994. 微生物成矿作用研究的新进展和新动向. 地学前缘, 1(3-4): 148~156

殷鸿福, 张文淮, 张志坚等. 1999. 生物成矿系统论. 武汉: 中国地质大学出版社

於崇文, 岑况, 鲍征宇等. 1998. 成矿作用动力学. 北京: 地质出版社. 1~23

翟裕生. 1997. 地史中成矿演化的趋势和阶段性. 地学前缘, 4(3-4): 197~203

翟裕生. 1999. 论成矿系统. 地学前缘, 6(1): 13~27

翟裕生. 2000. 成矿系统及其演化——初步实践到理论思考. 地球科学, 25(4): 333~339

翟裕生. 2001. 矿床学的百年回顾与发展趋势. 地球科学进展, 16(5): 719~724

翟裕生, 邓军, 崔彬等. 1999. 成矿系统与综合地质异常. 现代地质, 13(1): 1~7

翟裕生, 彭润民, 邓军等. 2000. 成矿系统分析与新类型矿床预测. 地学前缘, 7(1): 123~132

翟裕生, 彭润民, 向运川等. 2004. 区域成矿研究法. 北京: 中国大地出版社

张复新. 2005. 砂岩型铀矿与浅成低温热液矿床. 见: 刘池洋主编. 盆地多种能源矿产共存富集成藏 (矿)研究进展. 北京: 科学出版社. 164~171

朱创业. 2000. 成矿系统研究现状及发展趋势. 成都理工学院学报, 27(1): 50~53

Dai S F, Ren D, Li S. 2006. Discovery of the superlarge gallium ore deposit in Junger, Inner Mongolia, North China. Chinese Science Bulletin, 51(18): 2243~2252

Dai S F, Zou J, Jiang Y *et al.* 2012. Mineralogical and geochemical compositions of the Pennsylvanian coal in the Adaohai Mine, Daqingshan Coalfield, Inner Mongolia, China: Modes of occurrence and origin of diaspore, gorceixite, and ammonianillite. International Journal of Coal Geology, 94: 250~270

Holland H D. 2006. The oxygenation of the atmosphere and oceans. Philosophical Transactions of the Royal Society, 361(1470): 903~915

Pablo J D, Casas I, Giménez J *et al.* 1999. The oxidative dissolution mechanism of uranium dioxide. I. The effect of temperature in hydrogen carbonate medium. Geochimica et Cosmochimica Acta, 63(19/20): 3097~3103

Patrick L, Andrew P. 1997. Organic matter in hydrothermal ore deposits. In: Hubest L B (ed). Geochemistry of Hydrothermal Ore Deposits. 3rd [s.l.]. John Wiley & Sons. 613~645

Rao L, Garnov A Y, Jiang J *et al.* 2003. Complexation of uranium (VI) and samarium (III) with oxydiacetic acid: Temperature effect and coordination modes. Inorganic Chemistry, 42(11): 3685~3692

Schmandt D, Broughton D, Hitzman M W *et al.* 2013. The Kamoa Copper Deposit, Democratic Republic of Congo: Stratigraphy, diagenetic and hydrothermal alteration, and mineralization. Economic Geology, 108 (6): 1301~1324

Selley D, Broughton D, Scott M *et al.* 2005. A new look at the geology of Zambian Copperbelt. Economic Geology, 100th Anniversary Vollume: 965~1000

Sun Y Z, Zhao C L, Li Y H *et al.* 2013. Li distribution and mode of occurrences in Li-bearing Coal Seam 9 from Pingshuo Mining District, Ningwu Coalfield, northern China. Energy Education Science and Technology Part A: Energy Science and Research, 31(1): 47~58